孟子厚 仝 欣 牛 欢◎著

双耳听觉与空间声感知的实验原理

Experimental Study on Binaural Listening and Spacial Sound Perception

中国传媒大学出版社
·北 京·

图书在版编目(CIP)数据

双耳听觉与空间声感知的实验原理/孟子厚,仝欣,牛欢著. --北京:中国传媒大学出版社，2023.9
ISBN 978-7-5657-3296-6

Ⅰ.①双… Ⅱ.①孟… ②仝… ③牛… Ⅲ.①听觉—实验 Ⅳ.①Q437-33

中国版本图书馆 CIP 数据核字(2022)第 177985 号

双耳听觉与空间声感知的实验原理

SHUANGER TINGJUE YU KONGJIAN SHENG GANZHI DE SHIYAN YUANLI

著　　者　孟子厚　仝　欣　牛　欢
责任编辑　张继媛
封面设计　拓美设计
责任印制　李志鹏

出版发行　中国传媒大学出版社
社　　址　北京市朝阳区定福庄东街 1 号　　邮　　编　100024
电　　话　86-10-65450528　65450532　　传　　真　65779405
网　　址　http://cucp.cuc.edu.cn
经　　销　全国新华书店

印　　刷　北京中科印刷有限公司
开　　本　787mm×1092mm　1/16
印　　张　34.75
字　　数　868 千字
版　　次　2023 年 9 月第 1 版
印　　次　2023 年 9 月第 1 次印刷

书　　号　ISBN 978-7-5657-3296-6/Q・3296　　定　　价　158.00 元

本社法律顾问:北京嘉润律师事务所　郭建平

前　言

声音的传输和重放要借助声电与电声换能设备，自有电声设备以来，声音的传输和重放经历了从单声道到双声道立体声，再到平面环绕声、三维立体声、全景声、沉浸声等阶段。在现代信息技术的推进和支撑下，在多声道技术的平台上声音的重放方式层出不穷。不论声音的传输和重放方式如何，声音最终的接收端是人的双耳。人是靠双耳来感知声音的，声音传输和重放技术的终极目标是让人的双耳能感受到原来的声场特性，也就是声音所传输的动态的空间感。

单通道声音无法营造空间感中最基本的声像方位感，早期的单声道传输和重放很难说有空间感。虽然人靠单只耳朵也能感受到声场的某些信息，但是人对声场空间信息的感知绝大部分是靠双耳机理实现的，单声道所携带的声音信息并不能满足听音者对空间信息的感知需求，在物理上也无法复原重构原声场。早期的AB制、XY制、MS制等的双声道立体声的出现极大地改善了空间信息的传输和重放，这种传统的立体声持续了很多年，一直到现在还是广播和消费类音响的立体声主流制式。

随着生活节奏的加快和个人隐秘听音方式需求的增加，耳机听音方式在现代社会越来越普及，甚至在某些场合成了主流的听音方式，如在行走、运动以及在公共场所中的个人通信和听音。但是当传统的双声道立体声用耳机重放时，人们发现听音效果很不理想，声像混淆和头中声像是传统立体声用耳机重放时与生俱来的缺陷，基本上很难消除。鉴于这个问题，出现了双耳录音并衍生出了双耳听觉技术。用人工头模和仿真耳现场录音然后用耳机重放，可以大大外化头中声像，空间感也得到了明显的改善和增强。因而也有人把双耳录音和基于人头传递函数（HRTF）的声音制作称为全息录音，认为HRTF技术可以解决所有空间感的重放问题。但是在深入思考和研究后人们发现，目前主流的基于HRTF的双耳技术其实并非全能的，也并非全息技术，虽然它比传统的双声道录音重放方式优越很多，但是它其实是对空间信息的压缩或只是对一部分空间信息的拾取和传输。

即使双耳录音或双声道录音包含了足够多的空间信息，但是在用音箱进行重放时，其空间感仍然不理想，最多也就是在前方有限的范围里可以重现声场的部分信息。全方位的多声道重放是重现全方位声场信息的一个办法，但是录音通道是有限的，并且重放声道的路数不可能无限制增多。即使在某些制式的全景声电影声音重放技术中，声音对象可以有很多，但是基础（创作）声道和重放声道都是有限的。有限的录音通道或创作声道和重放的多通道之间如何解码变换以达到最佳的重放效果，这也是需要研究和探讨的问题，至今没有最佳的答案。

迄今为止学术界的主流观点一致认为人对声场空间信息的感知，尤其是对声音方位和声源运动的感知是完全依靠双耳时间差、双耳能量差以及部分频谱因素的。这个观点似乎不容置疑，但是在双耳技术的实践与应用中，这三个因素并不能解释全部的听觉感知现象，也不能在所有的场合完全重构和恢复原声场的空间信息甚至空间感。典型的问题是中垂面上重放声像的感知和混淆，在中垂面上进行录音回放纯音声源时，理论上这三个因素可以做到前后都没有差别，因而重放时会发生前后混淆。但是，听者在实际声场（即使是自由场）中大部分是可以感知判断前后的纯音声源的，对于这个现象经典理论难以解释。

对现有经典理论的学习和理解是我们研究和探索科学问题的基础，尊重现有的知识和前人的经验非常必要，可以避免从头做起或者走许多弯路。但是人们往往容易忽略一个事实：现有理论都是对前人经验和研究工作的归纳，其实都是有限的知识并且是有局限性的。而且大部分看似完善的理论体系都是建立在简化假设的基础上的，并不能完全反映实际的情况。比如对耳道的假设，认为它是一个笔直的刚性管道，类似一个波导管。这个假设有利于简化理论分析，以及在工业上制定统一的技术标准。但是人的耳道远远不是一个刚性壁的波导管所能描述的，在解剖学上就根本不存在这样的假设。还有鼓膜也不是一个均匀的弹性膜片，在解剖学上是一个各向异性的非均匀、非线性的构造，更类似一个矢量传感器，而不是一个只传感一维声压（标量）的传声器膜片。

科学理论和知识的本质特征是可以被证伪的。如果一个理论不能被证伪，不能被怀疑，那它就不是科学的。科学知识都是人们在某个阶段、某个条件下所获得的经验知识的归纳和简化，因此科学需要创新，需要不断被质疑和改进。如果拘泥于现有的教科书上的知识和学界的主流观点，就难以进步，遇到难以解决的问题也就无所适从了。听觉科学本质上是实验科学，基础知识的积累和理论的建立都来自实验研究的总结。听觉科学的进一步探索和创新，也需要靠实验研究来推动。

虽然在双耳听觉和空间声感知领域已经有许多研究基础和成果，但是从双耳技术和空间声感知技术的应用需求来看，现有知识和理论的深度和广度还都远远不够，满足不了应用技术的研发对基础理论的需求。鉴于这样的情况，中国传媒大学传播声学研究所近20年来在实际应用需求的驱动下，开展了双耳听觉和空间声感知领域的基础研究，而且这些研究基本上都是原创性的实验研究。具体的研究选题涉及声学头模的功能和特性、仿真耳和耳道的声学特性和功能、HRTF的应用问题、听觉隐性线索的研究、运动声源的感知、听感空间扩展、全景声技术的实验基础、基于声景原理的空间声渲染、全景声录音制式等方面。本书就是这些研究工作的汇集，主要内容来自承担这些实验研究的研究生论文。这些论文包括：

全　欣，《头相关听觉方向感知隐性线索的仿真与实验分析》（博士学位论文）；

全　欣，《声学头模录音的适用性分析》；

杨天琪，《头模双耳录音听感效果分析》；

李　莉，《耳廓结构模型声学特性的测量与分析》；

赵　伟，《耳廓精细结构对声音位置感知的影响》；

魏　鑫，《声学头模的特性分析》；

吴　静，《模拟耳道的传输特性分析》；

冯雪飞,《不同结构声学头模 HRTF 的主成分分析》;
魏　晓,《基于 HRTF 主成分分析的声像混淆改善算法》;
赵　冬,《基于 HRTF 的运动音效的模拟与仿真》;
洪　轩,《空间感增强型多单元耳机的实验与分析》;
王　欢,《多通道耳机结构设计与效果分析》;
梁　嫚,《耳机重放下早期反射声对声像方位感知的影响》;
李成林,《双耳听觉重放体验系统的设计与实现》;
郑雯雯,《声学头模场景录音的降噪处理方法分析》;
郑晓林,《语言传输指数 STI 与双耳听感清晰度关系的实验分析》;
李　慧,《声学头模语音录音清晰度分析》;
蒋昭旭,《双耳差频声刺激下的脑波及心理变化》;
潘学丰,《双耳分听任务中不同声音场景对语速感知的影响》;
牛　欢,《影视全景声重放中的虚拟声像生成技术》(博士学位论文);
申少雄,《垂直轴向距离感知的实验分析》;
张茂成,《上方与下方声像效果的模拟与生成》;
牛　欢,《早期反射声虚拟空间感的效果分析》;
范书成,《三通道双耳录音的五声道重放》;
晁钰静,《正八面体全景录音传声器系统的效果评测》;
甄　茹,《全景声仿真算法与平台设计》;
刘鹏超,《多声道渲染中的声景重构方法》;
张宇慧,《小空间环绕声重放听感效果分析》。

本书共 15 章。第 1 章为绪论,介绍了双耳听觉和空间声感知的基础理论和实验研究方法;第 2 章、第 3 章、第 4 章介绍了与头模、耳廓、耳道有关的研究内容,这是双耳听觉和双耳录音技术的基础;第 5 章介绍了双耳录音的适用性方面的实验研究结果,也引出了双耳听觉里存在的问题;第 6 章、第 7 章分别从数值仿真和听音实验两个方面比较细致地研究了双耳听觉在方向感知上的隐性线索,从数值仿真和实验上都验证了除时间差、能量差、频谱线索外还存在其他的方向感知线索,隐性感知线索在时间差、能量差、频谱线索比较明显时是不起作用的,但是当这些常规线索消失或不显著时,隐性线索可能就可以解释某些听觉现象了;第 8 章介绍了多通道全景声耳机的设计和实验工作;第 9 章介绍了 HRTF 在空间感知任务上的应用和实验评测;第 10 章介绍了在语音清晰度感知上双耳听觉的作用,以及声源的空间因素对语音清晰度感知的影响;第 11 章、第 12 章、第 13 章介绍了水平面、垂直面以及运动状态下声像的方位感、距离感和空间感的基础性实验,这些工作是全景声电影进行声效渲染的基础;第 14 章介绍了小空间里面的空间感的感知问题,以及如何对小空间在听感上进行虚拟扩展的实验研究工作,这部分工作对居家影音环境和微影院环境的改善提供了一些启发;第 15 章介绍了基于声景重构的多声道渲染的实验研究工作,这部分工作对传统的单声道和双声道电影在多声道平台上的重放提出了一种思路。全书的每一章都标注出了对应的研究生的选题和论文题目,如需进行更深入和全面的了解可以参考相应的学位论文。

本书的内容虽然属于基础性的实验研究,涉及的都是原理性的问题,但是研究工作的出发点都来自实际应用的需求和驱动，而且研究工作的结论对实际应用也有直接的启发。鉴于实验条件的局限和作者理论水平有限，本书难免存在问题和谬误。本书的编撰意在抛砖引玉，与同行和感兴趣的研究者共享我们这些年来的经验和遇到的问题，衷心希望得到学界和业界读者的批评和指正。全书的编撰虽然由署名作者完成，但是实际的作者是这些年来承担和参与相关研究工作的同学们，在此一并声明和致谢。书中如出现学术问题，本书署名作者负全部责任。本书的出版如能对读者和业界有所裨益，我们会深感庆幸，并且感谢对本书的出版做出贡献的出版社编辑和同学们。

孟子厚　仝　欣　牛　欢

2022 年 2 月

目录 CONTENTS

第1章　绪论

1.1　双耳听觉的生理基础

1.1.1　听觉系统结构及功能

耳是听觉器官，从生理构造上可以分为外耳、中耳和内耳三部分（见图1.1）。人耳将声波转换成机械振动，再对这些振动的频率成分进行分析，并将它们转换为电信号和神经信号传输到大脑听觉中枢，形成听觉。神经信号在耳蜗神经核、脑干核团和更高级别的大脑中进行更深入的处理，使人能够识别和利用原始声音中携带的许多复杂信息[1]。

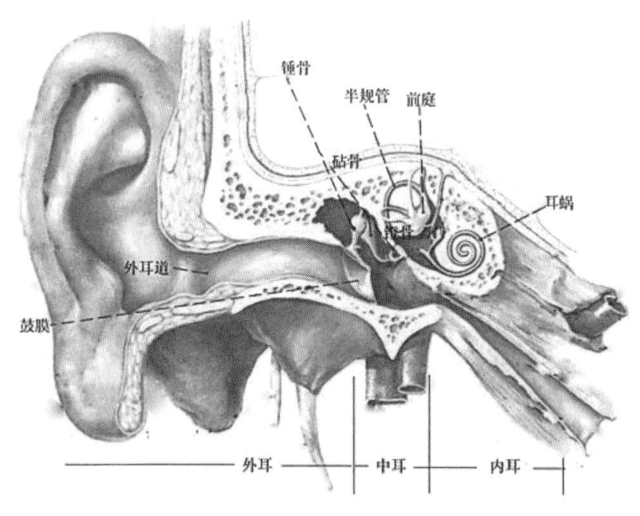

图1.1　人耳结构图

外耳由耳廓和耳道构成。耳道的末端由一张半透明的圆锥形薄膜封闭，称为耳膜或鼓膜，它会随着声波的作用发生相应的弹性形变。耳廓与耳道连接，形成一个一端像喇叭开口的管道谐振器，共振频率为3kHz～4kHz。

鼓膜内部是一个约2cm^{3}的密封腔体，称为中耳室或鼓室，里面有三块听小骨。锤骨依靠锤骨柄附着在鼓膜上，另一端依次连接砧骨和镫骨，它们组成了灵活的机械结构。镫骨的椭圆形底板与耳蜗的前庭窗相连。鼓膜的振动通过上述三块听小骨传递到耳蜗，在这个过程中压强增加，体积速度降低，从而使空气的低阻抗与充满液体的耳蜗的高阻抗相匹配。阻抗转换大部分是通过将鼓膜较大面积（约 $70mm^2$）上的力传递到镫骨底板较小的面积（约 $3mm^2$）上实现的，同时也得益于锤骨与砧骨的杠杆比例（1.3∶1）以及鼓膜复杂的形变模式。在它们的共同作用下，传递到内耳的信号强度大大增加。另外，中耳中的咽鼓管是沟通鼻咽腔和鼓室的管道，可以调节鼓室内气压与外界的平衡，以保证鼓膜正常振动。

内耳的主要结构是耳蜗。耳蜗形似蜗牛壳，是一个盘旋 2.75 圈的骨质管状结构，管长约 35mm。耳蜗沿着管长方向被两个膜隔开成三个通道，前庭阶与蜗管之间的是前庭膜，蜗管与鼓阶之间的是基底膜。前庭阶和鼓阶为外部通道，在耳蜗顶端是连通的，内部充满淋巴液。镫骨的振动通过前庭窗使耳蜗内的淋巴液波动，由此引起基底膜产生弯曲振动。在基底膜上附着有柯蒂氏器，在柯蒂氏器的内沿有一排内毛细胞，在基底膜的中间有三到五排外毛细胞，每根毛细胞都与末梢神经相连，它们在淋巴液运动的作用下形成神经脉冲信号，通过神经纤维传至大脑皮层的听觉中枢，形成听觉。

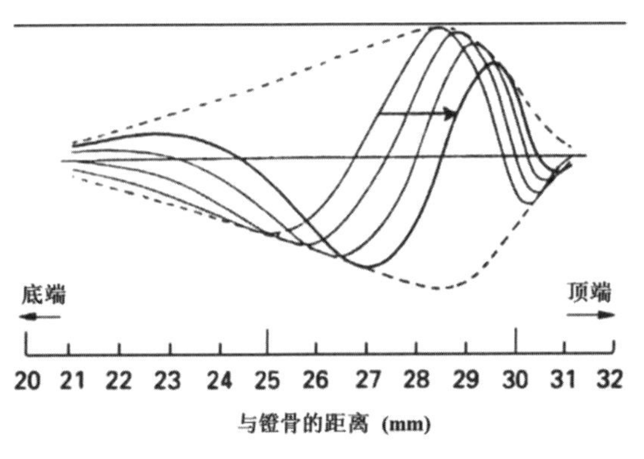

图 1.2　沿基底膜的行波图(200Hz)

基底膜及其相关的结构和流体，从整体看来就像一系列谐振器，每个谐振器的频率都略有不同。基底膜的底端（镫骨输入端）又窄又厚，顶端又宽又薄，因此高频在基底膜的底端附近引起最大的振动，而低频则在顶端附近引起最大的振动。由于相邻谐振器的高度耦合，整个系统就像一个高阶滤波器，基底膜对频率的响应是以行波的方式进行的。图 1.2 中的这四条曲线显示出低频时振动的瞬时位移模式是如何从左（底端）向右（顶端）移动的，位移沿着虚线缓慢地增加到最大值，然后快速地下降到零，出现最大值的位置与频率大小有关，因此人能感知到不同的频率。高频时也会产生类似的图案，但出现最大振动幅度的位置靠近底端[2]。

综上，听觉产生的全过程是：声波被耳廓收集后，经过耳道抵达鼓膜，引起鼓膜振动，振动通过中耳听骨链的传递，在内耳前庭窗处引起耳蜗淋巴液和基底膜的振动，使内耳耳蜗柯蒂氏器中的毛细胞受刺激，最后由毛细胞转换成神经冲动，经听觉神经传送到大脑皮层听觉中枢，产生听觉。图 1.3 是人耳结构功能类比图，外耳的任务是拾音，中耳起放大器的作用，而内耳则相当于一个频率分析与信号处理器[3]。

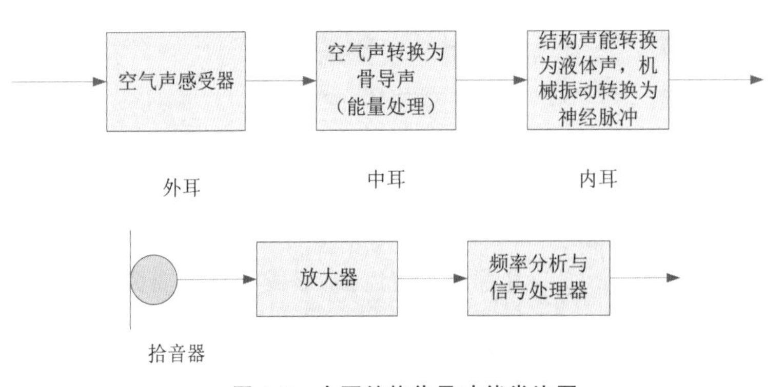

图 1.3　人耳结构传导功能类比图

以上所述是最主要的一种听觉传导途径——声波通过空气传导进入内耳。还有另一种次要的听觉传导途径——颅骨传导。由于耳道、鼓室及内耳结构都是依靠颅骨的支撑而存在的，因此当声波作用在颅骨时，耳蜗壁就会跟着振动，从而带动内耳淋巴液产生相应波动，进而引起基底膜的振动，产生听觉。在正常听觉情况下，由骨导传入耳蜗的声能在总体听觉中的作用甚微，但当气导明显受损时，骨导的作用就会相应增强。

1.1.2 双耳听觉的生理基础

(1)双耳差异

人的听觉系统不仅能够感知声音的响度、音高和音色，还能够对声源进行空间定位，而空间定位主要依赖双耳听觉。人的头部近似椭球体，面部有眼、口、鼻等结构，左右两侧有双耳，双耳间距约 17cm。在自由声场中，声波从声源发出，经过头部、耳廓等的作用后分别到达双耳(图 1.4)。

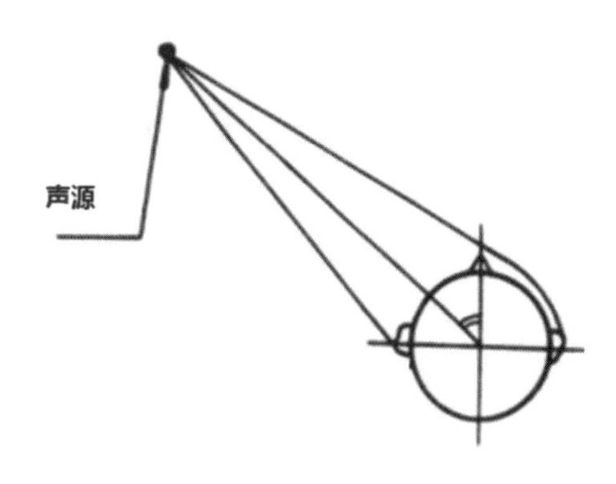

图 1.4 人听取真实声源的过程

由于双耳之间具有一定的距离，从而使声波到达两耳耳道入口处具有声程差，导致到达双耳的声音具有时间差(ITD，Internal Time Difference)和强度差(ILD，Internal Level Difference)，伴随着时间差还会产生相位差。低频时，波长远大于头部尺寸，声波会绕过头部到达双耳，且两耳获得的声信号基本没有强度差别；而随着频率增加，波长越来越短，头部对声波的阻挡作用越来越明显，就会形成对高频声波的遮蔽作用，使双耳间强度差越来越明显，同时也使到达双耳的声波具有频谱上的差异。图 1.5 和图 1.6 为将人头模拟成一个直径为 17.5 cm 的刚性球后，平面声波入射时的双耳时间差和双耳强度差[4]。其中图 1.5 的双耳时间差是根据图 1.7 的方法求得的，它考虑了声波

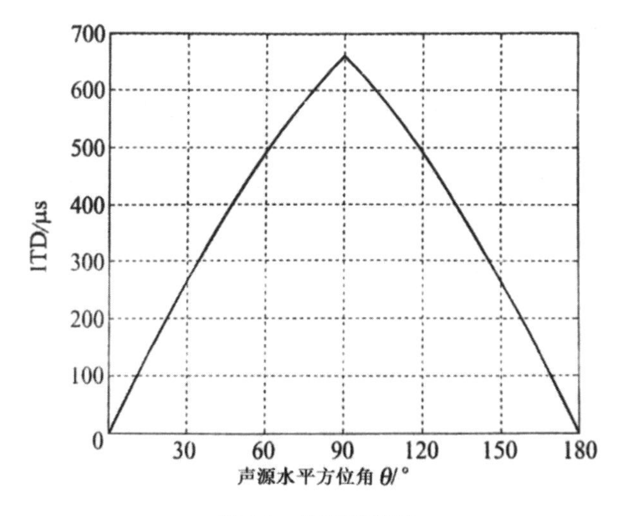

图 1.5 双耳时间差

在头部弯曲表面的传输。设头部的半径为 a，声速为 c，则平面波入射时双耳时间差随声源水平方位角 θ 变化的计算公式为[4][5]：

$$ITD(\theta)=\frac{a}{c}(\sin\theta+\theta) \qquad 0 \leq \theta \leq \frac{\pi}{2} \tag{1.1}$$

图 1.6 的双耳强度差则是通过求解刚性球对平面波的散射方程而得到的[4]。计算时没有直接采用频率 f 作为计算参数，而是采用了 ka。k 为波数，a 为头的半径，ka 为 0.5、1.0、2.0、4.0 和 8.0 时分别对应的频率大约是 300Hz、600Hz、1.2kHz、2.5kHz 和 5.0kHz。

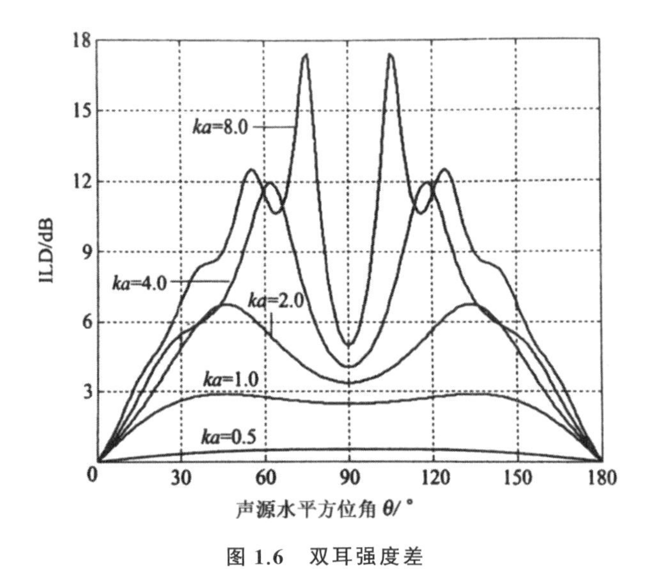

图 1.6　双耳强度差

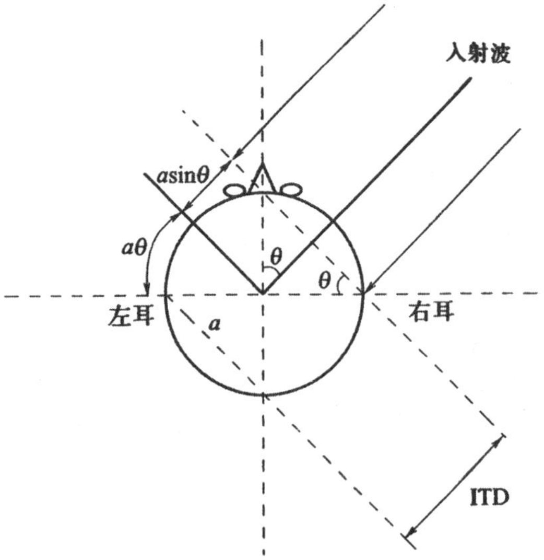

图 1.7　水平面双耳时间差计算示意图

由此可见，这些双耳差别与声源入射的水平方向有较明显的对应关系，因此它们可作为声源水平方位角的定位线索。

而在球面波的情况下，声源的距离也会影响双耳间的信号差别。图1.8给出的是，在上述刚性球体模型下，309Hz的点声源位于不同距离、不同水平方位角时的双耳强度差[4]。从图中可以看出，当声源较近时，可以获得较大的双耳强度差，声源位于正右方0.109m时，ILD可以达到26dB。随着声源距离的增加，ILD减小。当声源距离达到1.4m时，最大的侧向ILD下降到2dB左右；当声源无限远时，ILD在1dB以下。另外，声源距离也会引起双耳时间差的变化，但变化幅度不大[4]。

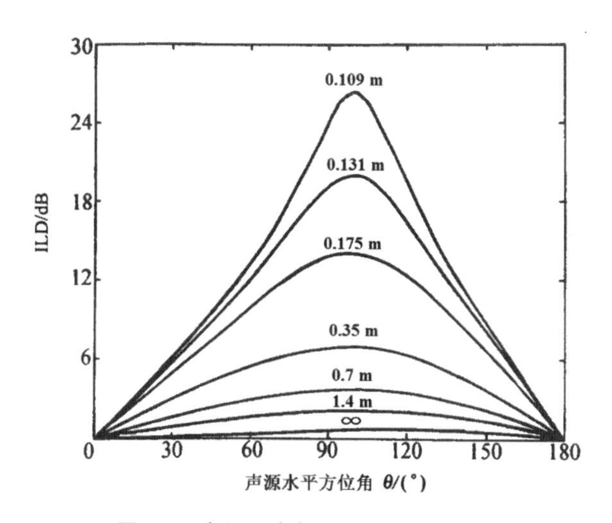

图1.8　声源距离与双耳强度差的关系

(2)耳廓效应

经典的瑞利理论认为，低频(1.5kHz以下)时，双耳时间差(相位差)是方向定位的主要因素；1.5kHz～4kHz情况下，双耳时间差(严格来说是群延迟)和强度差对方向定位共同起作用；4kHz～5kHz的高频情况下，双耳强度差是方向定位的主要因素[4][6][7]。但是以上这些因素仅能解释水平方位角的分辨能力，还不足以完全解释空间定位的问题，其中最典型的问题就是中垂面及前后镜像声源的定位。假设人头是一个球体，没有外耳廓，那么在空间内会存在一些圆锥面(图1.9)，在这些面上所有点的双耳时间差和强度差均一致，所以仅凭这两个因素是无法进行方向定位的，这个锥面即所谓的混淆锥(cone-of-confusion)，中垂面就是一个特殊的混淆锥。由于耳廓的存在，这个圆锥面上各点的双耳时间差和强度差会产生微小差别，但在这个圆锥面附近一定能够找到一些双耳时间差和强度差完全一致的点，将这些点连起来所形成的面就是实际的混淆锥，只不过它是一个变形的非标准的圆锥面而已。若想区别混淆锥上的声源方向，除双耳差异之外，必然还需要其他生理、物理定位线索，耳廓效应就是其中重要的一种。

位于头部两侧的耳廓，与头部有一定的夹角，且具有耳甲艇、耳甲腔、耳屏和对耳屏等精细的结构(见图1.10)。耳廓结构会引入除原始声音之外的两个重要回声：一个回声随着声源的水平方位角变化而变化，有0～80 μs的延迟；另一个回声是与声源的垂直俯仰角有关的，有100～300 μs的延迟，这个延迟的大小决定了声源的俯仰角[8]。

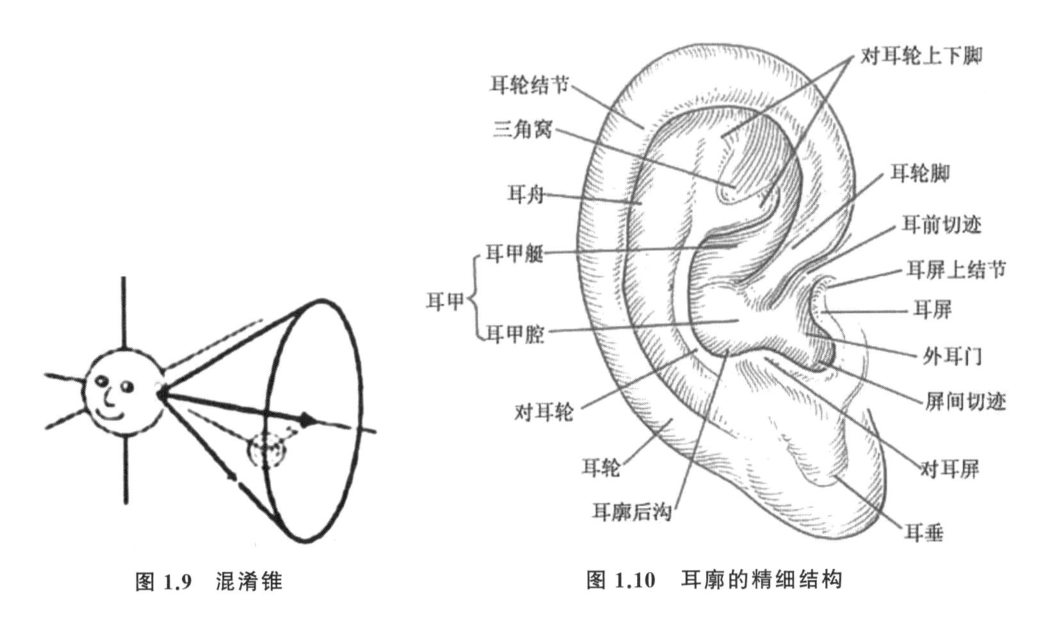

图 1.9 混淆锥

图 1.10 耳廓的精细结构

而且,外耳廓这种复杂的非对称结构,使声波从不同方向入射到达耳廓时,被耳廓的不同部位反射,经过反射的声波与直接入射进耳道的声波在耳道口处干涉叠加,产生不同的峰谷值,引起频谱变化。因此即使是在混淆锥上的声源,发送到双耳耳道入口处的声波频谱也会有所不同,由此可辨别混淆的声源方向。图 1.11 所示为从正上方和正前方入射的声波,经过耳廓的作用进入耳道时的频谱图[4][9]。

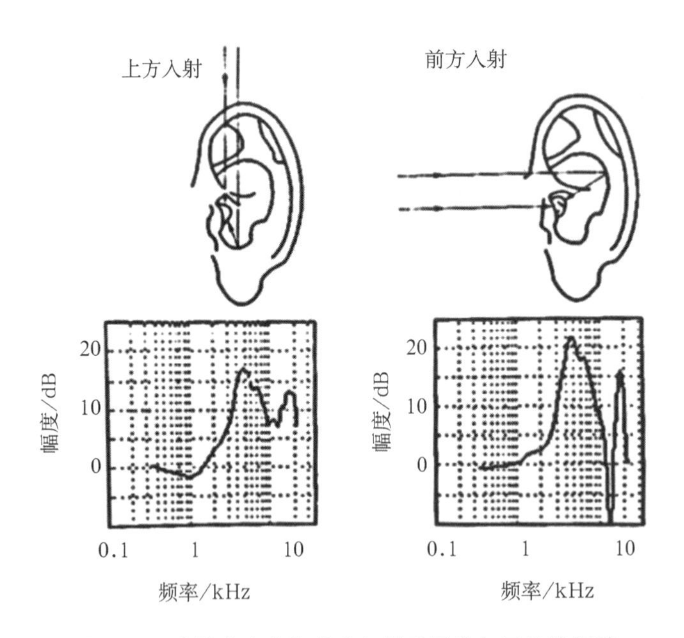

图 1.11 声波从上方和前方入射时耳道入口处的频谱

综上可知,即使仅凭一只耳朵,也能判断出声源的入射方向,只不过准确度较低。

(3)头相关传输函数

上述头部、耳廓等结构对声波的作用可以用头相关传输函数 HRTF(Head-Related Transfer Function)来描述,它是一个与生理尺寸、声源方向、频率及距离有关的函数(见图1.12～图1.14)。HRTF 的作用主要体现在 200 Hz 以上,出现由反射、散射、衍射及干涉等引起的明显峰谷值。头部和肩膀主要影响进入耳道的中频声音,而耳廓则在更高的频率范围(3kHz 以上)改变进入耳道的声音。

图 1.12 为当声源从正前方入射时,四名被试的 HRTF[10]。从图中可以看出,大体的峰谷趋势变化有一定的共性,但峰谷值出现的位置及大小各不相同,这取决于每个人的生理尺寸。

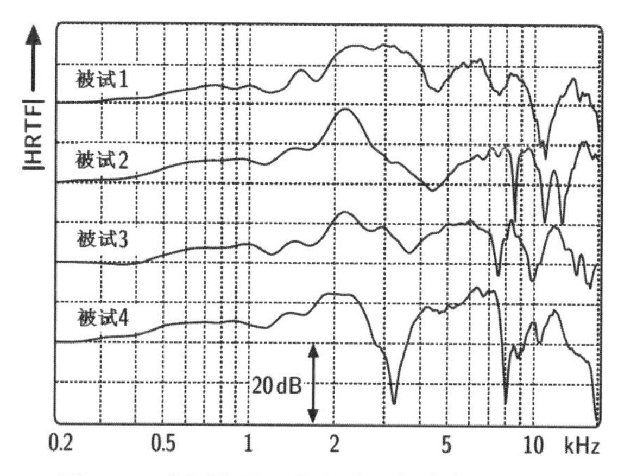

图 1.12　声源位于正前方时四名被试的 HRTF

图 1.13 为一对双耳 HRTF 以及其相应的时域响应 HRIR(Head-Related Impulse Response,头相关脉冲响应)的例子。从图中可以看出,声源是从左侧入射的,因为左耳 HRTF 曲线(黑色)的幅度明显高于右耳(灰色),且右耳曲线在高频衰减更严重。从脉冲响应图中也可以看出,声音先到达左耳,振幅更大[10]。

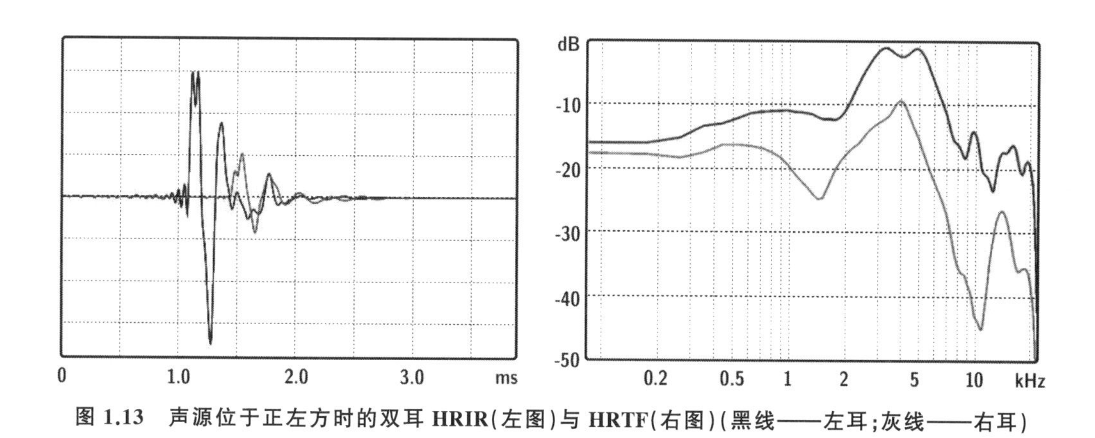

图 1.13　声源位于正左方时的双耳 HRIR(左图)与 HRTF(右图)(黑线——左耳;灰线——右耳)

图 1.14 是在近场条件下,声源距离对 HRTF 的影响[4][11],可以看出声源位于不同距离时,HRTF 峰值和谷值的幅度以及高频的衰减程度都有明显不同。

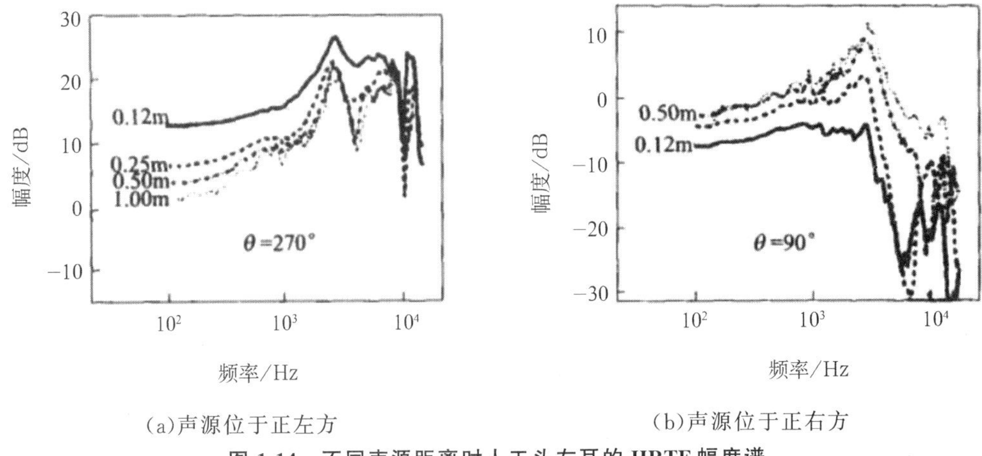

(a)声源位于正左方　　(b)声源位于正右方

图 1.14　不同声源距离时人工头左耳的 HRTF 幅度谱

(4)头部动态因素

人在自然听音的过程中,头部会不自觉地发生微小转动,这也有助于区分前后、上下镜像易混淆的声源方向。假如在头部右侧的某个混淆锥上,水平面右前方和右后方两个易混淆的镜像角度,由于双耳时间差和强度差完全一致,只能依靠耳廓的频谱效应进行判断,但这种定位线索相对较弱,仍然可能出现方向判断错误的情况。假如此时让头部微微向左转动,就会改变这两个方向的声源到达双耳的时间差和强度差。对于右前方的声源来说,头部向左转动,使声源相对于头部的方向更偏向右侧,从而使双耳差别变大;而对于右后方的声源来说,相对于头部的方向更偏向正后方,双耳差别变小。由此就可以区别右前方和右后方镜像的声源方向。其实,头部向任意方向转动,都会改变声源相对于头部的方向,进而改变双耳时间差、双耳强度差及耳廓频谱效应,来帮助判断声源方向。

1.2　空间声的感知心理

听觉属于人的一种知觉,而知觉是刺激直接作用于感官而产生的。目前认知心理学将知觉看作人对感觉信息的组织和解释,这个过程通常被认为是一系列连续阶段的信息加工过程,依赖于过去的知识和经验。模式识别是一种基本的认知能力或智能,它是将感觉信息与长时记忆中的有关信息进行比较,再判断它与哪个长时记忆中的事件能够最佳匹配的过程[12]。对于空间声的感知也是如此,听者将双耳获得的信息与过往的听觉经验进行对照,以此来判断声源或是虚拟声像的方向及距离。另外,视觉、触觉以及对声源的熟悉程度等非声学因素也对空间听觉定位有很大的影响[13][14]。

1.2.1　单声源的空间感知

(1)水平方位角感知

人们对声源方位的判断有一个精准度,称为最小可觉差(JND,Just Noticeable Differences)或定位模糊度(Localization Blur),它与声源内容及入射方向有很大关系,水平面上的定位模糊度最小。

表1.1是由Blauert总结的关于正前方声源水平方位定位模糊度的多项实验结果[6]。

表1.1 正前方声源的水平方向定位模糊度

来源	信号源类型	定位模糊度
Klemm (1920)	脉冲(咔嗒声)	0.75°～2°
King and Laird (1930)	脉冲(咔嗒声)序列	1.6°
Stevens and Newman (1936)	正弦信号	4.4°
Schmidt et al.(1953)	正弦信号	>1°
Sandel et al.(1955)	正弦信号	1.1°～4.0°
Mills (1958)	正弦信号	1.0°～3.1°
Stiller (1960)	窄带噪声、余弦猝发音	1.4°～2.8°
Boerger (1956)	高斯猝发音	0.8°～3.3°
Gardner (1968)	语音	0.9°
Perrott (1969)	不同起振、衰减时间和频率的猝发音	1.8°～11.8°
Blauert (1970)	语音	1.5°
Haustein and Schirmer (1970)	宽带噪声	3.2°

对于水平方向定位来说，随着声源位置从正前方向两侧移动，水平定位模糊度随之增大，正左、正右方的声源定位模糊度为正前方声源的3～10倍[15][16]，而当声源移到后方时，定位模糊度再次减小，为正前方声源的2倍左右[6]。

声源定位除了发生水平方位角的偏移，还会出现前后镜像混淆的现象。如果声源包含4kHz以上的频率信息，前后混淆现象则很少出现[17]。

当使用单耳进行水平方向定位时，声源所包含的频率信息直接影响着定位[18]。以1kHz带宽的窄带噪声为例，使其中心频率从4kHz变化到14kHz。当中心频率为4kHz时大部分被试将声源定位在前方，8kHz时定位在侧方，这种声像由前方变化到侧方的现象在9kHz～12kHz时重复出现，在13kHz和14kHz时声像又回到前方。当声源信号是具有高频的宽带信号时，听音者可以很好地定位所有水平面的声源，当声源的带宽减小至1kHz时，对于偏离中垂面的声源定位，单耳频率线索的作用将盖过双耳差线索的作用，听者不再依据声源的实际位置来进行定位，而是根据声源频率成分所对应的方向来进行定位[19]。

(2)俯仰角感知

俯仰角的定位精度要比水平方向差。当声源位于正前方时，陌生人连续语音、熟人连续语音以及白噪声的俯仰角定位模糊度分别为17°、9°和4°[6]。只有当声源是带有4kHz以上频率信息的宽带信号时才有较高的准确率，如果是窄带的高频声则定位效果会变差[20][21]。图1.15为在头部静止条件下，采用65 phon的熟人语音作为声源时，7名被试的俯仰角定位情况[6][22]。

与水平面上的方向定位情况类似，对于窄带声源在中垂面上的俯仰角定位，频率成分是最主要的定位依据。带宽为1kHz、中心频率为4kHz时声源定位在与眼齐平的高度，当中心频率以1kHz为步长增加、带宽保持1kHz不变时，则声像沿着中垂面向上移动，在12kHz

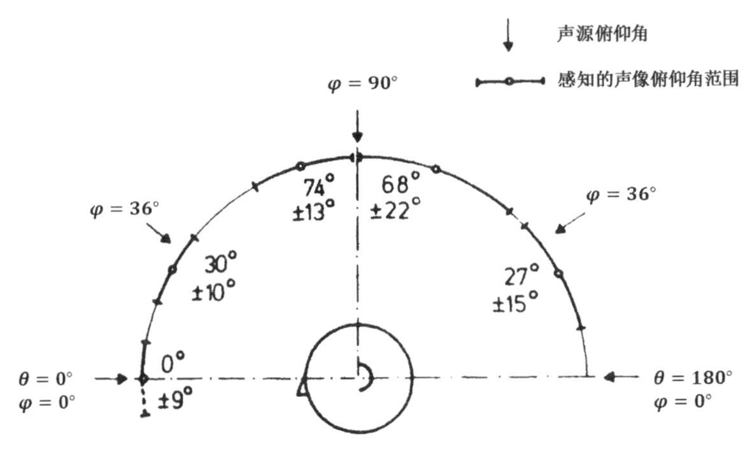

图 1.15 中垂面上俯仰角定位模糊度

时声像达到后方，而在 13kHz 和 14kHz 时又回到前方，显然此时的声源定位与真实声源的位置无关[20]。另一个 1/3 倍频程带宽噪声中垂面定位实验也得到类似结果[23]。

(3)距离感知

人感知声源距离的能力比方向定位能力差一些。近场时，可以根据双耳时间差、强度差及频谱因素来判断声源距离(见图 1.8 和图 1.14)。但远场的距离感知能力要比近场差，这是因为在远场条件下，听者双耳获得的信号差异及耳廓频谱信息基本只与声源方向有关，随声源距离而发生的变化微乎其微。因此，需要其他线索帮助定位，如主观响度、频谱变化及环境反射等。

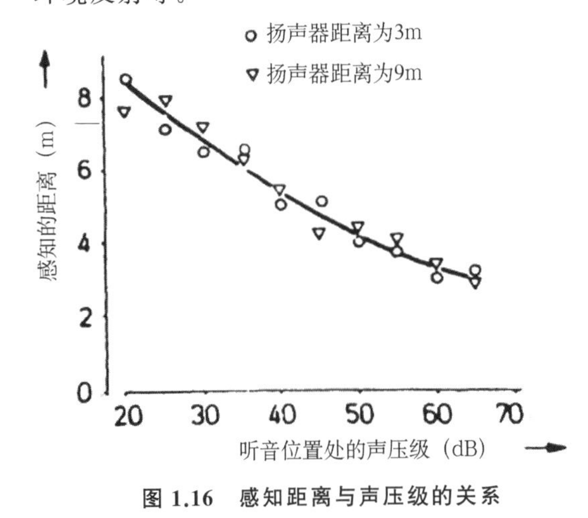

图 1.16 感知距离与声压级的关系

在自由场条件下，球面波某点的声强与传播距离成平方反比关系。因此人们根据听觉习惯，则认为响度大的声音距离近，响度小的声音距离远。图 1.16 为用扬声器播放不同声压级的声音，被试所感知到的距离。在自由场条件下，在被试正前方等间距放置五只扬声器，但只有第一只扬声器(距离被试 3m)和第五只扬声器(距离被试 9m)发声[6][24]。由实验结果可知，被试所感知到的声源距离与实际的声源距离(即扬声器位置的远近)无关，而与被试接收到的声压级有关。声压级越大，响度相对越大，感知到的距离就越近。且需要特别注意的是，从图 1.16 中可以看出，当感知的声源距离减小一半时，声压级增加了 20dB，而不是按照平方反比增加 6dB[6]。这是因为人是依据感知的响度值而不是绝对的声压级值来判断距离的。响度是一个主观心理量，它不仅随距离变化，它还与声源本身频谱特征、声功率、辐射方向及环境属性等因素有关，因此主观响度只能提供对声源的相对距离信息。

Zahorik 等人推导出，在自由场条件下，人们感知到的声源距离 r' 与声源实际物理距离

r之间的关系可以用$r'=kr^a$来表示。其中k和a是与听者的个性化生理参数、不同声源类型及声音方向有关的常数,公认a约等于0.4,k略大于1。Zahorik等人的实验结果表明,人们总是低估近处(r约小于1.6m)声源的距离,高估远处(r约大于1.6m)声源的距离,且存在一个最大感知距离[25]。图1.17中的曲线为在自由声场条件下,5名被试感知到的声源距离与声源实际距离关系[6][26],与Zahorik等人的结论类似。

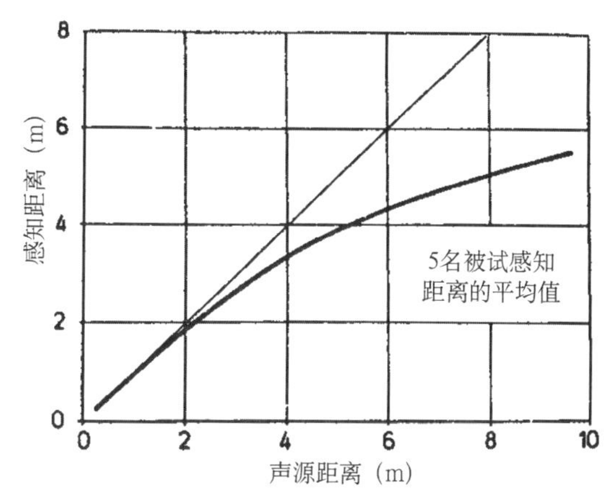

图1.17　感知距离与声源距离的关系

若在一个有环境反射的空间,且考虑空气吸声的作用时,人耳接收到的频谱会随着声传播距离发生改变。空气引起的频谱变化主要体现在高频部分,尤其是远距离传播下高频衰减更明显。而反射面的材质不同会具有不同的声学特性,对频率的吸收范围和程度也会不同,造成接收到的频谱发生改变[27],由此来判断声源的距离。然而频谱的改变也是相对的距离定位因素,因为不能完全确定接收到的频谱是由于空气和环境的作用,还是声源本身就具有这样的频谱特点。

在一个封闭空间中,到达接收点的直达声和混响声的声能比(简称直混比)也会影响感知到的声源距离[25]。直混比与房间声学特性有关,随着声源的距离变化而变化。声源距离越近,接收到的声音中直达声能量的比率越大;声源越远,混响声能占总体声能的比率越大。混响因素可以提供绝对的声源距离估计,而不受总声源强度的影响[28][29]。

此外,动态因素引起的双耳因素变化以及多普勒效应,也都有助于声源距离定位。

1.2.2　相干声源的空间感知

假设自由声场中存在多个相干声源(若是在有反射的环境中,可将反射声看作由在反射方向等价距离的一个相干声源发出来的相干波),它们分别经过HRTF的作用到达听者双耳,并在两耳分别进行叠加干涉后进入耳道,此时听觉系统就会将双耳处得到的信息(双耳时间差、双耳强度差、双耳相位差及频谱因素等)与以往的认知经验做比较,如果得到的双耳信息恰好能与来自空间某位置的声源入射情况相同,则听觉系统就会认为声音是从该位置传来的。由于该位置上可能并没有实际声源存在,因此将在该位置形成的声音听感称作虚拟声源或虚拟声像,简称声像。现在各种制式的多声道重放方式正是基于这个感知原理。在此以立体声重放为例进行描述。

(1)双扬声器实验

自1940年Boer著名的双扬声器实验开始,很多学者都对通道间时间差和强度差对听觉定位方向的影响进行了研究。图1.18分别给出了当两扬声器所放信号内容完全相同,仅存在时间差和仅存在强度差时声像方向定位的情况[30][31]。两图中的虚线为采用Boer扬声器设置(两扬声器连线中点与听音位的距离等于两扬声器的间距,即两扬声器主轴夹角约53°)播放语音信号的实验结果,实验过程中不限制被试头部的活动,可以看出声像在±20°内与时间差和强度差均成近似的线性关系。而实线为 Wendt 采用脉冲声的实验结果，要求被试头部保持固定，两扬声器主轴夹角为 60°。从图中可以看出，Wendt 的曲线与 Boer 的曲线有较明显的差别，尤其是时间差的结果，曲线相对较缓，且不是线性的[6]。但两个实验总体变化趋势是一致的，扬声器的摆位设置、声源信号、头部动态以及被试人群都会影响最终的实验结果。一般认为，当两扬声器通道间的声级差增加到 18dB 及以上时，声像即定位停留在声压级较大的扬声器方向；当两扬声器通道间的时间差为 1.5～30ms 时，声像则定位在先发声的扬声器方向，即优先效应。

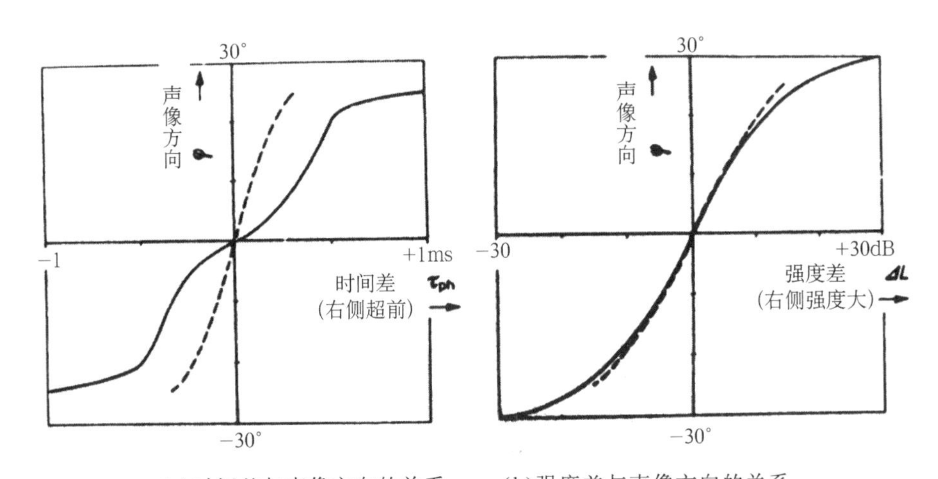

(a)时间差与声像方向的关系　　(b)强度差与声像方向的关系

(虚线：Boer 的实验结果；实线：Wendt 的实验结果)

图 1.18　两通道间的时间差和强度差与声像方向的关系

当然在实际听音时，不可能仅存在时间差或仅存在强度差，一定是二者的共同作用。图 1.19 是 Michael Williams 的研究成果——Williams 曲线[32]，表示的是在一个标准听音室中，当两个扬声器主轴夹角为 60°时，通道间时间差和强度差共同作用下的声像定位情况。

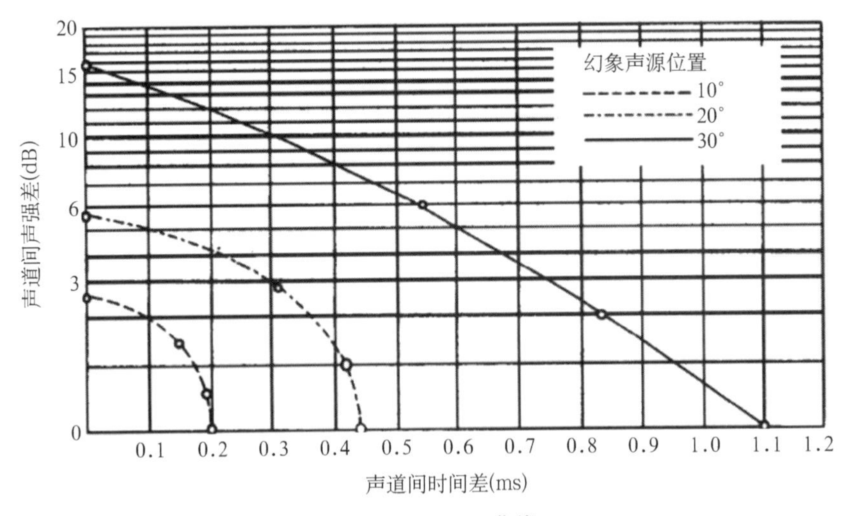

图 1.19　Williams 曲线

(2)优先效应

当空间内两个相干声源先后发声,声像会随着时间差的增加向先发声的声源方向移动;当时间差超过3ms后(也有认为是1.5ms的,这个临界时间差与声源的性质及听者本人有关),声像即固定在先发声的声源方向。这种现象就是声音的优先效应,又称哈斯效应。该理论认为:当两声源时间差在3~30ms之间时,声音听起来来自未延迟的声源,感觉不到延迟声源的存在;当时间差在30~50ms范围内时,可以识别出延迟声源的存在,但仍然感觉声音来自未延迟声源;当时间差超过50ms时,便可明显听到两个声源。[33]在一定条件下,即使第二个声源的强度较第一个声源强,优先效应仍然存在。通常第二个声源的强度较第一个声源高10~15dB时,听觉系统才会察觉到第二个声源的存在[4]。

1.2.3 非相干声源的感知

当多个非相干声源同时发声时,可以对各个声源分别定位,但这些声源之间会互相掩蔽。而双耳听觉不仅能够进行声源空间定位,还能起到噪声抑制的作用,可以从多个方向的非相干声源中空间分离出目标声源,产生一种抑制噪声的双耳效应。

(1)空间掩蔽释放

当有多个声源出现且方向相同时,目标声音会被其他声音影响而使听阈提高,这就是掩蔽现象。但当目标声源与其他声音位于空间中不同方向时,可以在一定程度上减弱掩蔽效应,产生空间掩蔽释放,这通常用于提高语音可懂度。众多研究表明,人为将目标语音信号偏离噪声信号的方向(很多研究都采用了改变双耳时间差的方式),就能获得更高的语音可懂度,产生掩蔽释放[34][35][36][37]。

(2)鸡尾酒会效应

听觉系统可以从一个嘈杂的环境中有效地获取目标声源信息的能力,就是“鸡尾酒会效应”,是空间掩蔽释放的一个典型场景。鸡尾酒会效应与双耳空间听觉有着密切关系,双耳听觉空间定位所提供的空间信息能够帮助听觉系统更有效地获取目标声源。

另外,鸡尾酒会效应还是一个听觉注意现象,通常出现在两种情况下:一是当我们将注意力集中在某个声音上时,二是当听觉器官突然受到某个刺激的时候。例如在一个鸡尾酒会中,周围很多人在说话,还有音乐、脚步、餐具碰撞声等,但是我们仍然能够集中注意力听朋友的谈话或欣赏酒会上的音乐,而对周围的嘈杂声音充耳不闻。若此时远处突然有人在说自己的名字,我们也马上就会注意到,即使之前根本没有注意到那人的讲话。

1.3 双耳技术

由于双耳声压包含了声音的主要空间信息,因而可采用放置在人工头(或真人)双耳处的一对微缩传声器进行录音。拾取得到的双耳声信号经放大、传输和记录等过程后,再用一对耳机进行重放,从而在倾听者双耳处产生和原声场一致的主要空间信息,实现声音空间的重建,这就是双耳技术的基本原理。通俗地说,就是利用人工头代替倾听者进行倾听,它可以重放出声源的空间定位信息和反射声带来的周围声学环境的信息。

1.3.1 双耳录音技术

对于双耳录音的发展历史，Stephan Paul 做了一个较完整的回顾[38]。“双耳”(Binaural)一词，最早由 Alison 于 1861 年提出，用来描述在人类听觉过程中的双耳[39]。20 世纪 20 年代，Fletcher 第一个将“双耳”一词用于录音技术中，且在当时“仿真头”(Dummy Head)和“人工头”(Artificial Head)两个词已经被使用[40][41][42]。

(1)初步探索阶段

第一个双耳系统是由 Fletcher 和 Sivian 于 1927 年发明的“双耳”电话系统[42](图1.20)。在用皮制或布制的，内部充满海绵橡胶、羊毛或棉花的球体两面齐平安装两只传声器，来模拟三维空间内声波传导至人耳的过程中受到的头部阴影和散射作用。输出信号经过放大后再由耳机进行重放。

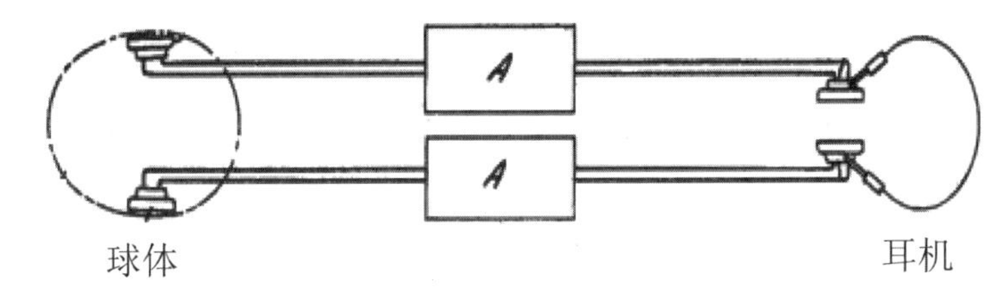

图 1.20 Fletcher 和 Sivian 发明的“双耳”电话系统

1927 年，W.Bartlett Jones 发明了一款球形人工头，他将球体上的两只传声器向前倾斜了一些角度，用来模拟人耳廓的朝向[43]。1955 年德国公司 Schoeps 制造了一款直径 20cm 的铝制球形传声器，两侧装有 2 只全指向传声器，当时只生产了几个样本。多年后，Schoeps 生产了正式的球体传声器产品 KFM6 和升级版 KFM360(见图 1.21)[44]。也有用其他形状的物体来模拟头部遮蔽作用的拾音方式(图 1.22～图1.24)[45]。需要说明的是这种在两只传声器之间安装一个球体、障板或其他障碍物来模拟头部作用的方法并不能算作真正的双耳录音技术，因为耳廓效应并没有被包含在其中，可将其看成传统立体声拾音制式的变形，因此在重放时可采用耳机也可采用扬声器进行重放，无须做特别的处理。

图 1.21 KFM360 球形传声器

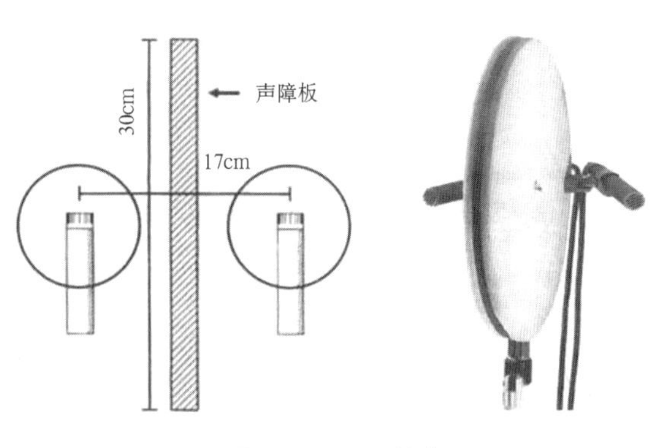

图 1.22 OSS 制式

图 1.23　SASS 制式

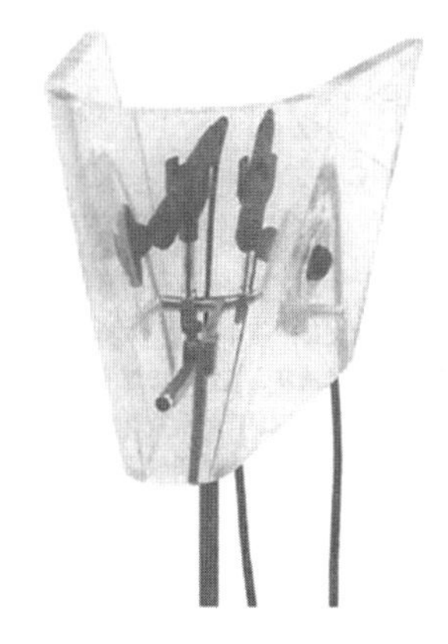
图 1.24　CLARA 制式

(2)实验研究领域

利用仿真人模型进行录音,最早见于 1928～1930 年间 Firestone 的研究[40]。他用蜡制作了一个仿真人头,用木头制作了一个躯干,将受话器放置于耳朵的位置。20 世纪 30 年代,贝尔实验室发明的 Oscar 仿真头问世[40],它用蜡制成,紧挨双耳的脸颊处安装有两支传声器(图 1.25)。20 世纪 30 年代,荷兰飞利浦公司发明了第一款模拟女性的仿真头(见图1.26),在左右耳廓分别内置了一只电容传声器,尺寸仍然比较大[46],耳廓第一次真正对双耳信号起作用了。20 世纪 40 年代,贝尔实验室在 Oscar 的基础上又研发了 Oscar II(见图1.27),将传声器放置到耳道口处,但振膜在耳甲腔外 5mm 处[47]。20 世纪 50～60 年代是双耳技术的黄金年代,有大量关于人类听觉和人头等因素对声波传输到双耳过程的影响的研究,相继出现了许多用于实验研究的各类人工头模:带有耳道的人工头、为了测量缩尺模型房间参数的按比例缩小的头模、根据儿童头型尺寸群体测量而制作的儿童头模、对大量被试 HRTF 进行定位实验后依照定位性能最佳的头部尺寸制作的人工头等[38]。

图 1.25　Oscar 仿真头

图 1.26　女性仿真头

图 1.27　Oscar II

在 KEMAR 出现以前,仿真头的制作没有一个标准,要么就是在商场人形模特基础上制作,要么就是以研究者自己的头部形状制作。来自美国楼氏电子旗下工业研究所的 Burkhard 和 Sachs 是第一个采用大规模人体测量数据来定义人工头几何尺寸的。1972 年他们研制出了 KEMAR(图 1.28),它的仿真耳能够模拟开放、半封闭和封闭时的耳道和鼓膜阻抗，且几年后又推出了不同尺寸的耳廓。KEMAR 是第一个公认的参考级别人工头，被助听器行业采纳为标准(IEC959)。可以从网络下载到 KEMAR 的 HRTF 数据，很多双耳技术的研究都以 KEMAR 为基础和参考[38][48][49][50]。

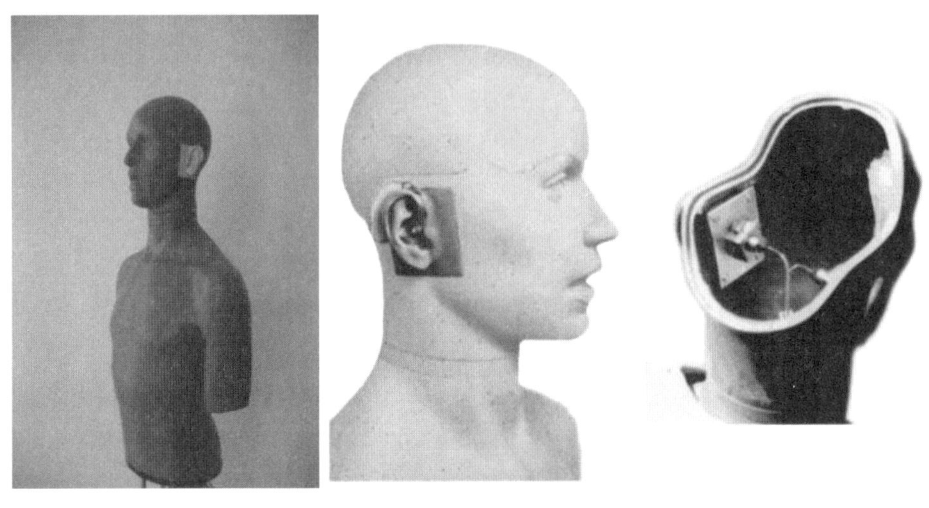

图 1.28　KEMAR

(3)广播录音领域

在专业广播及音乐录音领域也逐渐开始使用人头双耳录音的方式。1969 年德国 Sennheiser 公司在柏林国际无线电通信博览会上展出了 Oskar 人工头(图 1.29)，主要用于广播剧和音乐录音[38]。在柏林赫兹研究所制作的人工头的基础上，德国 Neumann 公司 1973 年发布了他们的第一款人工头产品 KU80[38]，同年就出现了世界第一个双耳广播节目——由美国电台(RIAS)制作的 *Demolition*[51]。这款人工头在 1981 年和 1990 年有了升级版 KU81 和 KU100(图 1.30)，它们主要被应用于广播、音乐会现场、剧院、自然界声景等录音，是专业录音领域使用最普遍的仿真头产品。

图 1.29　Sennheiser Oskar 公司的人工头产品

图 1.30　Neumann KU100

3Dio公司自2012年起推出了一系列双耳录音传声器。它们具有精细的耳廓结构,但省略了头部,用一个长方体连接双耳(图1.31)。3Dio双耳录音传声器广泛应用于ASMR的制作,同时也涉猎影视、音乐、游戏等领域。

图1.31 3Dio FS II

为了使录得的双耳信号与听音者本人匹配,Sennheiser于1974年发布了一款双耳录音头戴装置MKE-2002(图1.32),它形似一个听诊器,可以佩戴在真人或假人头上,两个微型传声器被置于耳道入口处,能够实现个性化双耳录音[52]。1977年Yasuda以索尼的名义申请了一项双耳录音头戴系统的专利,这款录音头戴系统形状类似头戴式耳机,两个传声器配有防风罩(图1.33)[53]。2017年Sennheiser又推出了AMBEO智能耳麦(图1.34),在耳机听筒上配置了全指向性话筒,实现了移动式3D头戴全景录音。

图1.32 Sennheiser MKE-2002

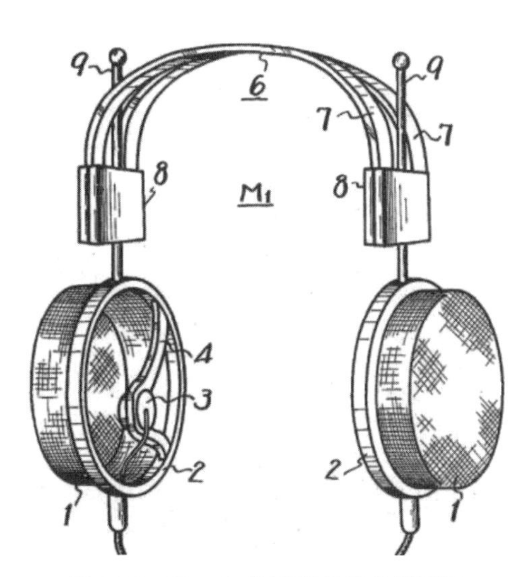

图1.33 Yasuda的双耳录音头戴系统

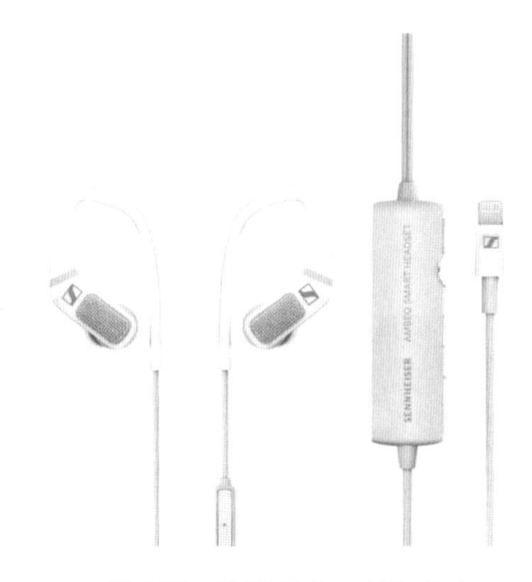

图 1.34 AMBEO Smart Headset

(4)工业化产品测量领域

20 世纪八九十年代,人工头进入工业产品化时代,很多公司都推出了一系列人工头产品,主要应用于汽车、噪声、电话、耳机等测量。

Head Acoustics 公司的人工头产品(图 1.35)均带有简化耳廓的简化头部和肩部。

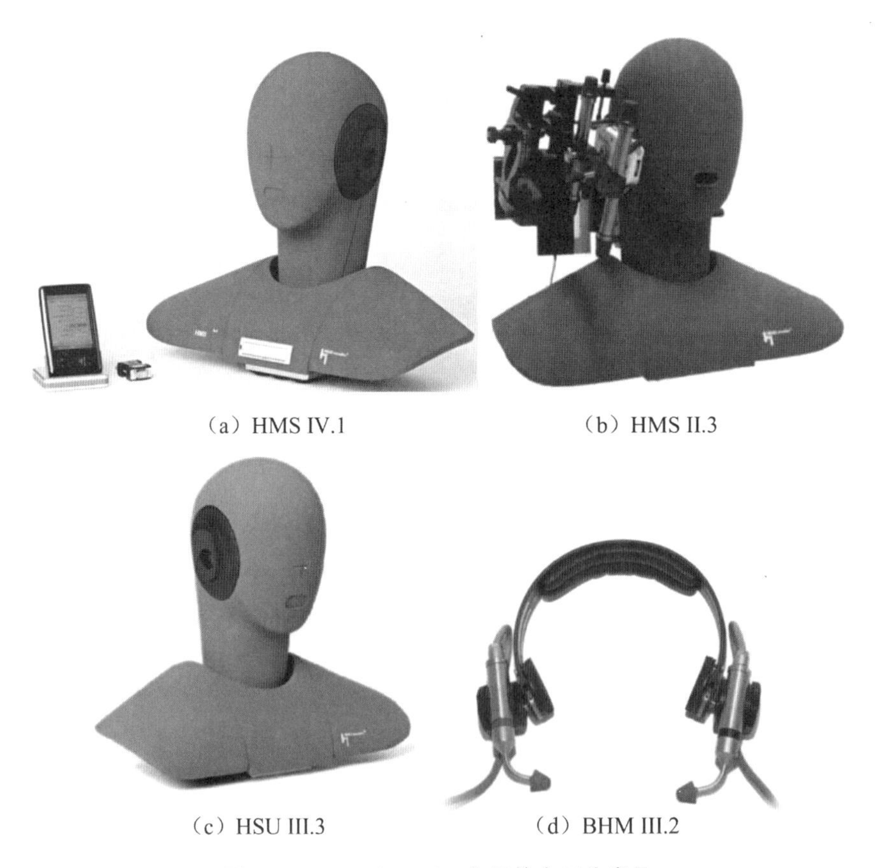

(a) HMS IV.1　(b) HMS II.3

(c) HSU III.3　(d) BHM III.2

图 1.35 Head Acoustics 公司的人工头产品

HMS Ⅳ系列主要用于噪声和振动测量。HMS Ⅳ.1(图1.35－a)是一个带有压缩闪存、无线遥控、三维激光指示器和USB接口的数字人工头测量系统,可不依赖电脑等其他设备独立使用。其主要应用于机动车、家用设备、电动工具等技术产品的研究、优化声音质量、双通道测量以及噪声诊断。HMS Ⅱ系列是用于电子通信测量的,其中HMS Ⅱ.3(图1.35－b)是同时带有简化耳模型和人工嘴的测量系统,可对电话的传声器、听筒、头戴系统、耳机等进行测量。HSU Ⅲ系列是带有模拟传声器的人工头-肩单元,多用于双耳录音,也可像任何测量传声器一样使用。HSU Ⅲ.1适用于高声压级测量,如安全气囊爆炸测试、脉冲声音测量。HSU Ⅲ.3(图1.35－c)用于声压级非常低的录音。BHM Ⅲ系列(图1.35－d)是双耳头戴传声器,它具有高质量的电容话筒,可以进行真人录音和测量。

Brüel & Kjær公司生产了一系列头和躯干模拟器(HATS,Head and Torso Simulator)。其中4128型(图1.36－a)是装有人工嘴和标有刻度的仿真耳模型的人体头部和躯干模型,它是理想的现场电声测量工具,比如测量电话听筒(包括手机和无线电话)、耳机、电话会议设备、话筒、助听器等。4100型(图1.36－b)仅有仿真耳没有人工嘴,主要用于录制汽车、家用电器、办公设备噪声,声质量评价与优化,耳机和听力保护器的测评,以及双耳声录音和音乐录音。

德国Cortex仪器公司(现属于法国阿海珐集团01dB公司)发布了一款带有人头和躯干的仿真模型MK1,后来01dB公司又推出了MK2(图1.37)[38]。

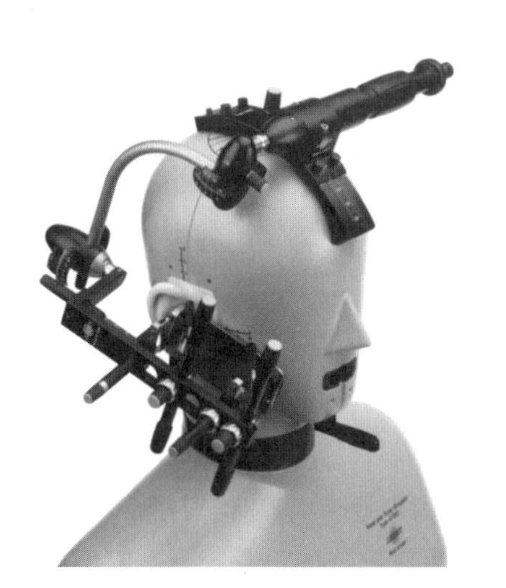

(a)B&K 4182

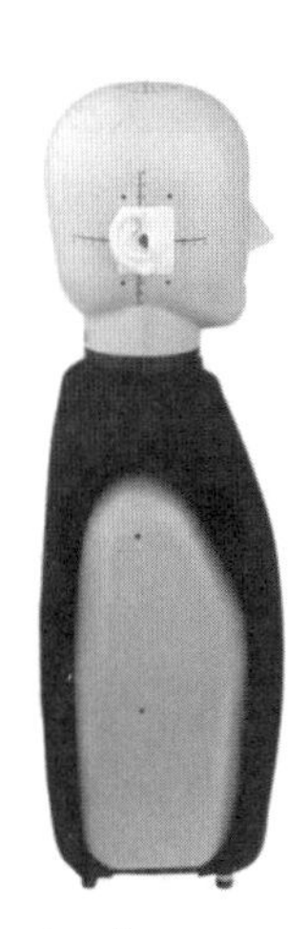

(b)B&K 4100

图1.36 B&K公司的人工头产品

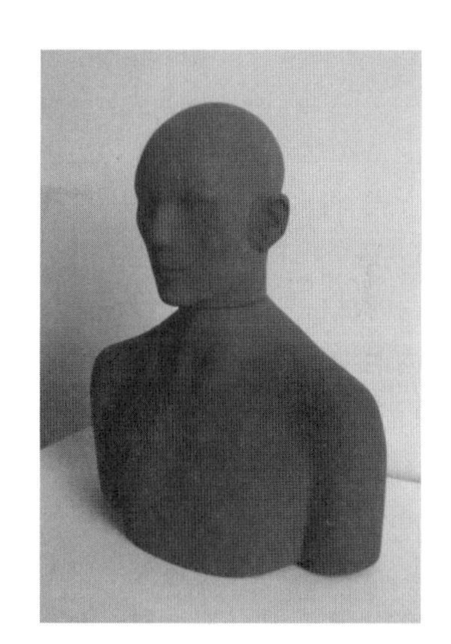

图1.37 01dB公司的MK2

上面所介绍的人工头绝大多数是按照西方人的生理参数设计制作的,而头部尺寸、耳廓形状等生理尺寸随地域的不同而不同,且对声学特性影响较大,因此上述头模可能并不一定适合亚洲人。为了更符合中国人的生理特点,中国传媒大学传播声学研究所依据中国成年人面部尺寸标准设计了一系列头模。这项工作在后续章节将有详细介绍。

1.3.2 双耳合成技术

使用传声器进行双耳录音，可以准确记录真实声场中的各种声音场景，包括环境声学特性、声源的位置及运动状态。但这种方式限定了只能捕捉真实声场中自然发生的场景。而在很多领域（例如游戏、影视及虚拟现实等），经常需要通过声音设计和编辑来创造现实生活中不存在的声音场景，因此双耳合成技术（也称作双耳渲染技术）成为一种非常重要的制作工具。图 1.38 为利用双耳合成技术重建虚拟听觉环境的典型系统结构图[4]。

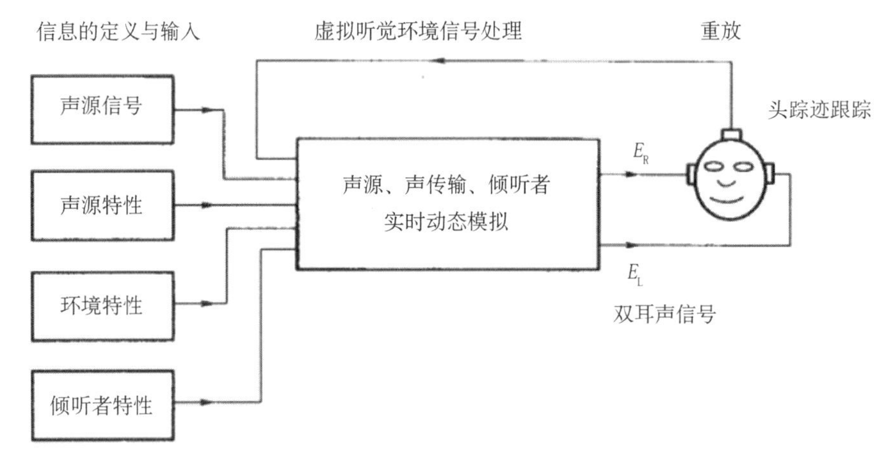

图 1.38 双耳渲染虚拟听觉环境系统图

20 世纪 80 年代末，数字信号处理技术首次被应用于实现精确的双耳渲染，用信号处理的方式，将声源信号经过一个 HRTF 滤波器，来模拟不同方向、不同距离的多个静态或动态声源以及声学环境在双耳处产生的信号，构建虚拟场景，获得逼真的听觉空间印象[51]。HRTF 对应的时域信号是 HRIR（Head-Related Impulse Response，头相关脉冲响应），将声源信号与相应方向的 HRIR 或带有环境特性的 BRIR（Binaural Room Impulse Response，双耳房间脉冲响应）进行卷积，这样得到双耳信号的过程就是利用双耳合成技术获得双耳虚拟听觉的过程。

双耳渲染的早期应用，主要集中在 5.1 环绕声信号的再制作上，称作 HSS 算法（Headphone Surround Sound，耳机环绕声）。利用 HRTF 虚拟出 5 个扬声器的位置，来改善耳机回放的听感，且不需要增加额外的人工制作成本。2014 年，英国广播公司（BBC）进行了一项在线研究，评估听众对 5.1 混音的音频剧 *Under Milk Wood* 重放方式的偏爱情况。有四种重放方式：直通（Surround pass-through）、下变换的立体声（Stereo down-mix）、双耳处理 1（Binaural 1，虚拟听音室）和双耳处理 2（Binaural 2，自由声场）[54]。虽然两种 HSS 在听感上的改善不是非常明显，但对 60 名听众的调查结果显示，与立体声混音相比，听众对 HSS 的偏爱程度压倒性胜出。不仅选择 HSS 版本的人数最多，听取 HSS 版本的总时间也最长。当然，这些结果可能会有些偏差，因为观众可能是有意识地自己选择了这个版本，也可能是有新奇的因素影响了选择[51]。2013 年，法国广播电台推出了一个名为 nouvOson 的网站，里面许多节目都有 5.1 版和双耳版。一项针对 121 名用户的调查发现，超过 85% 的听众喜欢双耳效果[55]。在最初的几年里，nouvOson 上的双耳节目基本是使用 5.1 环绕声 HSS 方法制作的，之后开始使用一个等角的8通道水平环绕的布局，这样可以提供更有效的双耳信号，同时也很容易下变换成5.1，以供使用扬声器重放。2017年，nouvOson网站空间被重新命名为Hyper Radio，到2020年初，该网站已经有大约400个双耳节目了[51]。

HSS算法受到5.1环绕声输入格式的限制，扬声器的布局是水平的，不可能创造一个令人信服的3D空间场景。虽然可以将扬声器布局扩展到3D，但这种基于通道的方法仍然限制了虚拟声音场景的分辨率。近些年来，BBC和法国广播电台都使用了基于对象的渲染方法。每个声源或声源对象都是用各自的双耳HRTF滤波器独立处理的，而不是使用虚拟扬声器布局作为中间环节。声源可以渲染到任何三维位置，并且可以为每个场景和声源选择最合适的渲染参数[51]。

当前一些音乐播放器及视频网站开始设有“杜比全景声音效”和“DTS音效”选项；2021年，Apple Music开放了支持杜比全景声的空间音频，SONY推出了360 Reality Audio，这些均是利用双耳渲染技术来为耳机用户提供更加沉浸式的虚拟空间听觉。

广播、音乐类节目需要在发布之前完成渲染，但在其他应用领域（例如游戏和虚拟现实系统）都是在重放端本地渲染的。一般制作方会提前获得一套通用的HRTF数据库，但通用的HRTF可能会由于与听者本人的生理尺寸不匹配造成声像混乱，若加入头部跟踪的动态因素这个问题将有所改善。目前，一些研究团队（例如Facebook Reality Labs、SONY Headphones app的研发团队等）一直在研究能够快速准确地获得个性化HRTF的方法，使听者获得最佳三维空间听感，主要是通过拍照获取耳廓生理参数计算出HRTF，目前已有一些产品面世。此外，一些耳机（例如Air Pods Pro、SONY耳机、小米真无线降噪耳机3等）也开始提供HRTF模式，将输入耳机的信号进行双耳渲染处理，使听者获得更有空间感的听觉感受，这也是这些耳机的一个重要卖点。

1.4 全景声制作

1.4.1 全景声录音技术

（1）重合指向性录音技术

早在1931年，Blumlein第一次向人们展示了真正意义上的空间信息拾取技术，后来人们也将Blumlein的空间拾取技术称为重合式立体声拾取方法，它是经典传声器拾取方法之一[56]。双通道立体环绕声X/Y的拾取方法，是使用两只相互重合且具有特定指向性（如心形）的传声器，使它们的轴心分别指向左前方和右前方。根据传声器指向性的特性可以知道，前方范围内的声源信号在两个传声器处的幅值不相同，由此可根据两个传声器接收到信号的幅值比例或者声压级差来指代声源的方向信息。此外，还可以采用两只具有不同指向性的传声器重合起来拾取声源空间信息，它们的输出可以通过线性组合的方式得到等价于心形指向特性的传声器输出，这种技术称为立体声M/S拾取[45]。

Blumlein的立体声重合传声器拾取方法可以引申到完整水平面和三维空间场域的信息拾取。1973年Gerzon提出的FOA（First Order Ambisonic）系统[57]，如图1.39左侧图所示，研究采用一阶球谐函数截断方法，使用四个彼此独立的传声器来采集空间信息，包含全指向传声器和三个互相垂直的八字形指向性传声器，这些传声器布放开来分别拾取空间直角坐标系下 X、Y、Z 三个方向的信息，所有的传声器都具备非常严格的排布要求，这样做能够保证在扬声器系统中心点位置处高品质地重建出原始声场信息，声场重建时采用四通道的线性组合来分配四个扬声器的输出比例信息。另外还有一种基于 FOA 声场信息采集的方案，使用正四面体分布的四个传声器采集空间信息，该正四面体传声器所采集的四通道称为 A-format 格式。前人对重合传声器拾取技术的研究已经取得了长足的发展，重合传声器拾取了声场空间信息，通过空间谐波(空间傅里叶或球谐函数)级数分解，得到不同阶数的信息。如果想要准确地重构出原声场信息，就需要得到一定阶数的声场谐波信息。由于球谐函数所能够展开的阶数有限，FOA 方法在重建声源声场半径以及频率范围方面都极大地受到限制，可以发现 FOA 在低频信号重现出较好的性能，却在高频信号重建时收效甚微。

图 1.39　Ambisonic 系统

另一种系统称为 HOA(High Order Ambisonics)系统，如图 1.39 右侧图所示。这种技术具有很高的声像分辨和精准的定位效果，若要获得更好的视听体验，需要极大数量的扬声器进行匹配，随着球谐函数阶数的增加，还原声场的半径以及最高频率会明显提高。因此，HOA 系统在准确还原声场时必须依赖庞大的扬声器数目。

(2)空间指向性录音技术

空间指向性传声器技术是指采用两只或多只空间上不同距离的传声器组合拾取信息的方法，利用不同方向的声源到各传声器的距离不同，在传声器信号中产生时间差(也可能同时包括声级差)，这些传声器信号的时间差代表了声源的方向信息。例如水平面信息拾取系统 A/B、OCT-Surround、INA-5[58] 等，如图 1.40 所示，其为 INA-5 系统的传声器位置排布。

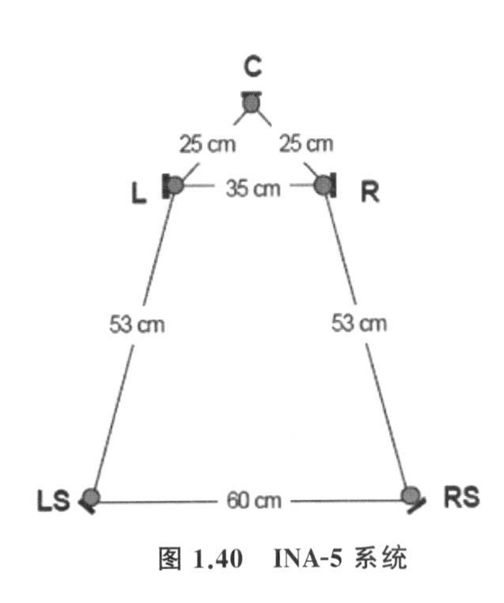

图 1.40　INA-5 系统

随着多通道环绕声系统的发展，传声器空间信息拾取技术也不再局限于水平方向的信息，而是开始尝试添加一些具有高度属性的传声器。2012 年，来自纽约大学的 Paul Geluso 在普通的环绕声传声器技术中增加了 MZ

传声器[59]，并重放到7.0(5.0+2)通道上。从主观评价结果可以看出，采用了MZ技术的传声器比5.0声道混音出来的高度层通道音效更好。2015年Will Howie等人[60]搭建了一套纯实验性质的十四通道双层传声器阵列，与传统的5.1立体声制式相比，十四通道双层传声器阵列拥有更好的包围感和真实感。2015年Hyunkook Lee[61]提出的一种录音制式在Hamasaki Square制式的基础上，在构建的录音制式顶部一米处布置四个朝上的心形传声器。相对于Hamasaki Square来说，增加有高度传声器的阵列，在3D LEV方面的效果得到明显提升。但是，这些研究还是缺乏必要的声学理论支撑，仅仅还处于实验阶段。

空间指向性传声器也是一种传统的空间信息拾取方法，常用于立体环绕声和多通路声音的拾取。其结构相对来说比较简单，且容易搭建，很适合实际录音工作。但是在声源信息还原时就很难实现声场的精准重现，并且传声器接收到的信号存在时间差，导致在还原声源信号时存在信号的相互干扰，引起音色失真。

1.4.2 声音制作技术

在电影录音领域有这样的说法，“电影的声音是设计出来的”，即优秀的电影声音是经过艺术思考、声音录制、声音制作呈现出来的，而非简简单单地直接录制而成。声音“设计”体现的是创作的概念，而非“录音”仅仅是还音的根本，是在声音创作过程中综合考虑声音总体构成要素的整体构思与设计。声音制作的过程大致包括两个方面——同期和后期，其中同期主要为对白、环境音及一些特殊效果的实时录音[62]。

声音方面的制作大致分为对白录制(同期及后期补录)、动效编辑(动效录制及拟音)、音效编辑、环境声编辑、特效效果制作、音乐编辑、混录(完成预混，最终缩混成片)。后期基本采用数字音频工作站来进行工作。数字音频工作站是继承性非常高的综合音频系统，具有极强的数据处理能力，包括录音、还音、声音剪辑、声效处理、多轨混缩等。传统的环绕声和全景声制作大部分混缩是基于Channel-Based的方式，声源信息通过传统的panning算法与输出通道设置之间产生直接关联。但目前重放系统中扬声器数量不同，重放的硬件设变发生变化时，很难将传统制作声音仅仅通过简单的上下变换算法来得到理想的重放感知效果。

Object-Based的方式，无论全景声环境下的扬声器数量、位置及硬件设备等变化，都可以相对准确地定位；这与环绕声模式的上下变化间存在本质上的差异。此方式主要把三维声场视作一个直角坐标系或极坐标系的虚拟空间，空间里的任意一个点声源所处的位置都可以通过特定的Panning算法用一组数值来表示，把这些数值写进元数据，就可以从制作端继承到重放端。重放端解码器只要能够通过元数据识别再结合重放端实际的扬声器配置，就能实现声源的精确定位，从而建立声源与扬声器之间的间接关联。

另外目前更多应用于虚拟现实增强技术(VR/AR)领域的制作是Scene-Based方式，其核心理论算法原理来自Ambisonics，三阶以上称为HOA，且阶数越高，还原的特定声场越接近于真实声场。但是其只能表现以特定拾音为圆心位置的三维场景信息，场景进行实时切换时，此方式基本不适用了。

1.5 回放技术

1.5.1 双耳信号的回放技术

(1)立体声耳机重放

耳机是再现双耳声音的最自然、最有效的方式。因为无论是录制的还是合成的双耳信号,都是在重现或模拟耳道入口处的声音,所以只有在耳道入口处重放双耳信号才能最真实准确地还原声场,因此入耳式耳机是最佳选择。需要注意的是,耳机本身的频率响应应尽可能平直,不能影响 HRTF 的效果。

除了入耳式耳机以外,耳罩式耳机也是十分常见的耳机类型。采用耳罩式耳机进行重放时,双耳声信号经过耳机与外耳的耦合传输进入耳道,从耳机的电信号输入到耳道入口处参考点的输出声压的传输函数定义为 HpTF(Headphone to Ear Canal Transfer Function,耳机到耳道传输函数)。耳机本身的频率响应特性以及复杂的耳廓耦合作用,使 HpTF 具有明显的峰谷结构[4]。为了消除 HpTF 对重放的影响,通常用 HpTF 的逆函数对双耳声信号进行均衡。如果左右耳的传输特性或传声器的特性不相同,应该分别进行均衡滤波。测量 HpTF 的过程会包含耳机以及传声器的频率响应,因此进行逆滤波时可以很好地将耳机的频率响应的影响去除,但会引入传声器的影响,因此应采用频响尽量平直的测量传声器来测量 HpTF。若测量 HpTF 时采用与获取双耳信号(或测量 HRTF)时相同的传声器,则可以抵消传声器对传输特性的影响。

佩戴耳机时不能保证每次的佩戴位置及对耳廓造成的压迫形变精确一致,会导致每次测量结果有所不同。因此,不能使用单次测量的 HpTF 设计耳机重放均衡滤波器,否则可能会比不做均衡处理效果更差。若采用多次测量的 HpTF 平均值设计均衡滤波器,可在一定程度上改善均衡的效果,但不能对每次佩戴耳机的传输特性进行完全补偿[63]。众多学者对 HpTF 测量的重复性进行了研究[64][65][66],实验结果显示 HpTF 的中低频具有良好的重复性,幅度谱的方差最低可达 1dB 以下,而高频的方差较大,最差的情况可达 9dB,采用听觉特性平滑的方式可降低重复测量 HpTF 在高频上的差异。

由于 HpTF 与外耳的生理结构及尺寸有很大的关系,因此与 HRTF 类似,HpTF 也是具有个性化特征的,差异主要表现在高频的幅度谱特征[4][64][67]。因此理想情况下也应该采用个性化的 HpTF 设计耳机重放均衡滤波器。否则,个性化 HpTF 的差异将有可能掩盖或破坏个性化 HRTF 所带来的声源定位信息。

(2)立体声扬声器重放

如果将双耳信号直接用一对立体声扬声器进行重放,将引入交叉串声(Crosstalk)。从图 1.41 中可以看出,当听取立体声扬声器重放时,左耳接收到的不仅是从左扬声器重放出来的左通道信号,还有从右扬声器播放出来的右通道信号,右耳也同时接收到两个扬声器重放出来的两个通道的信号,这种现象称作交叉听闻现象。由于双耳信号已经包含了头部和耳廓的作用,因此左耳信号应该直接进入且只进入听者的左耳耳道,右耳信号应该直接进入且只进入听者的右耳耳道。若是由两只扬声器分别直接播放左、右耳信号，就会使进入听者左耳耳道的声音串入右耳信号，右耳耳道串入左耳信号，即产生交叉串声。并且在这个过程中，双耳信号会再次经过听者头部和耳廓的作用，这不符合正常的听音逻辑。因此用一对立体声扬声器重放双耳信号，需要做串声消除处理(Crosstalk Cancellation)，即在馈给扬声器重放前对双耳信号进行预校正，以消除交叉串声及头部和耳廓二次作用的影响(图 1.42)[4]。

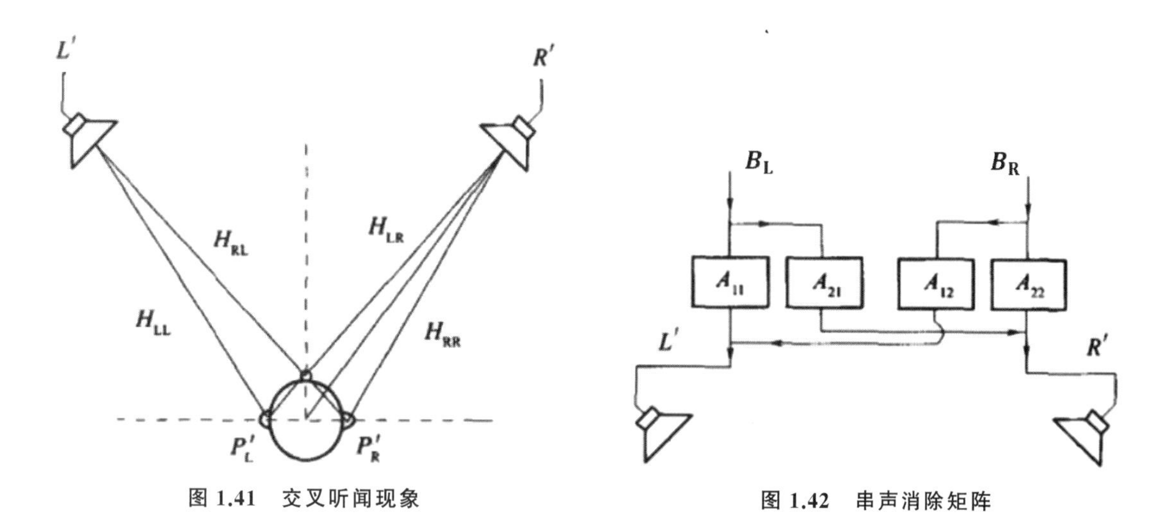

图 1.41　交叉听闻现象　　　图 1.42　串声消除矩阵

假设从扬声器出发到达双耳的传递函数为 H_{**}（即各扬声器方向的 HRTF 函数），下角标第一位表示听音者的左耳或右耳，下角标第二位表示左或右扬声器，例如，H_{LR}表示从右扬声器出发到达听音者左耳道入口处的传输函数。我们的目标是使两只扬声器播放的信号到达双耳后，在双耳处获得的频域信号 P_L' 和P_R' 与原始双耳频域信号B_L 和B_R 相同，将此时扬声器播放出来的频域信号设为L' 和R' 。则有：

$$\begin{bmatrix} H_{LL} & H_{LR} \\ H_{RL} & H_{RR} \end{bmatrix}\begin{bmatrix} L' \\ R' \end{bmatrix}=\begin{bmatrix} P_L' \\ P_R' \end{bmatrix}=\begin{bmatrix} B_L \\ B_R \end{bmatrix} \tag{1.2}$$

可以求出：

$$\begin{bmatrix} L' \\ R' \end{bmatrix}=\frac{1}{H_{LL}H_{RR}-H_{LR}H_{RL}}\begin{bmatrix} H_{RR} & -H_{LR} \\ -H_{RL} & H_{LL} \end{bmatrix}\begin{bmatrix} B_L \\ B_R \end{bmatrix} \tag{1.3}$$

则图 1.42 中的串声消除矩阵可表示为：

$$\begin{bmatrix} A_{11} & A_{12} \\ A_{21} & A_{22} \end{bmatrix}=\frac{1}{H_{LL}H_{RR}-H_{LR}H_{RL}}\begin{bmatrix} H_{RR} & -H_{LR} \\ -H_{RL} & H_{LL} \end{bmatrix} \tag{1.4}$$

假设扬声器布置以及 HRTF 数据是完全左右对称的，则扬声器到同侧耳的传输函数$H_{LL}=H_{RR}=\alpha$，扬声器到异侧耳的传输函数$H_{LR}=H_{RL}=\beta$，则可得到：

$$\begin{cases} A_{11}=A_{22}=\dfrac{\alpha}{\alpha^2-\beta^2} \\ A_{12}=A_{21}=\dfrac{\beta}{\alpha^2-\beta^2} \end{cases} \tag{1.5}$$

$$\begin{bmatrix} L' \\ R' \end{bmatrix} = \frac{1}{\alpha^2 - \beta^2} \begin{bmatrix} \alpha & -\beta \\ -\beta & \alpha \end{bmatrix} \begin{bmatrix} B_L \\ B_R \end{bmatrix} \tag{1.6}$$

将串声消除矩阵扩展到多扬声器的情况，就可以得到用扬声器重放双耳声信号的普遍理论[4]。假设需要用 M 个扬声器来重放双耳信号，各扬声器播放的频域信号为 $L_1, L_2, \cdots, L_M$，各扬声器传递到左耳的传递函数为 $H_{L1}, H_{L2}, \cdots, H_{LM}$，各扬声器传递到右耳的传递函数为 $H_{R1}, H_{R2}, \cdots, H_{RM}$，那么(1.2)式就扩展为：

$$\begin{bmatrix} H_{L1} & H_{L2} \cdots & H_{LM} \\ H_{R1} & H_{R2} \cdots & H_{RM} \end{bmatrix} \begin{bmatrix} L_1 \\ \cdots \\ L_M \end{bmatrix} = \begin{bmatrix} P_L' \\ P_R' \end{bmatrix} = \begin{bmatrix} B_L \\ B_R \end{bmatrix} \tag{1.7}$$

双耳信号 B_L 和 B_R 经过串声消除矩阵由 M 个扬声器重放出来，即：

$$\begin{bmatrix} L_1 \\ L_2 \\ \cdots \\ L_M \end{bmatrix} = \begin{bmatrix} A_{11} & A_{12} \\ A_{21} & A_{22} \\ \cdots & \cdots \\ A_{M1} & A_{M2} \end{bmatrix} \begin{bmatrix} B_L \\ B_R \end{bmatrix} \tag{1.8}$$

由(1.7)式和(1.8)式可得：

$$\begin{bmatrix} H_{L1} & H_{L2} \cdots & H_{LM} \\ H_{R1} & H_{R2} \cdots & H_{RM} \end{bmatrix} \begin{bmatrix} A_{11} & A_{12} \\ A_{21} & A_{22} \\ \cdots & \cdots \\ A_{M1} & A_{M2} \end{bmatrix} = \begin{bmatrix} 1 & 0 \\ 0 & 1 \end{bmatrix} \tag{1.9}$$

可简化写成：

$$[H]\ [A] = \boldsymbol{E} \tag{1.10}$$

其中 $\boldsymbol{E}$ 是 2×2 的单位矩阵。

当 M=2 时，即使用两个扬声器来进行重放，与上述两通道立体声扬声器的情况一致。这时 $[H]$ 是可逆的，那么(1.10)式有唯一精确解 $[A]=[H]^{-1}$，即(1.4)式。

当 M>2 时，$[H]$ 的秩为 2，$[A]$ 的未知数 2M 大于线性方程的个数 4，那么 $[A]$ 就有无数组精确解。通过矩阵 $[H]$ 伪逆求得的解为：

$$[A] = [H]^* \{[H]\ [H]^*\}^{-1} \tag{1.11}$$

其中，$[H]^*$ 表示 $[H]$ 的转置共轭矩阵。这是使(1.8)式馈给扬声器的信号总功率达到最小的解[4]。

以上这种串音消除方式需要做系统反转，所获得的 3D 声音质量会有一定的下降，影响空间听感。Takeuchi 和 Nelson 提出了一种 OSD(Optimal Source Distribution，最佳声源分布)算法，通过简单的相位变化实现完美的串声消除[68]。

1.5.2 全景声回放技术

(1)声场重建技术

1967 年，来自伊利诺斯理工学院的 Camras 首次成功地在一定范围空间内对原声场信息进行重现，扬声器被均匀地布放在所选择的范围空间中，听众可以在特定范围空间内来回移动[69]。此外，著名的 Ambisonic 系统利用惠更斯[70]原理设计重放系统，该系统能够适用于更大空间的声场信息重现。该重放系统展开原始信号的球谐函数，求得其零阶和一阶球谐函数，并分配到四个声道，最后将这四个声道按照线性组合的方式去驱动扬声器。由于这种方法在重放前需要求解原始信号的零阶和一阶球谐函数，对原始信号的依赖比较大，而且仅仅是在低频时表现良好，而对于高频信号或者听众偏离中心较远时就不太适用。此外，基于声场信息的高阶分解，如柱面二维谐波或者球面三维谐波分解，则是着重针对上述 Ambisonic 仅适用于低频的缺陷而提出的，目的是解决高频信号重放不佳的问题，但是其需要大量的扬声器来重放。

波场合成则是另外一种声场空间信息还原技术，最初由 Berkhout 于 1993 年提出。他将 Kirchhoff-Helmholtz 积分中的封闭区域 V 视为一个空间平面，仅需要将有限的扬声器等间距布放成环形扬声器阵列就可以完成水平空间合成的声场。2012 年，M.Cobos[71]提出将传声器紧凑地布置在一起，以拾取空间声场信息。后期对传声器接收的信号进行时频分析，再利用波场合成方法还原，既保持了原声场空间信息，同时又清晰地解析出声源信号。波场合成技术需要许多紧凑部署的传声器阵列来协同采集空间信息，同时还需要多个传声器来推导出各个扬声器驱动信号的权重。Tikhonov 正则化是各个扬声器重放时权重的主流计算方法，既能够提高重放系统的稳定性，还能够保证声场信息重放时的空间听觉感受。波场合成技术与之前提到的 Ambisonic 方法相似，均是基于 Kirchhoff-Helmholtz 积分的物理多通道声场还原方法。与之相比，波场合成方法要想在比较大的空间范围内还原双耳可听频率范围的声音信号，则需要依靠多个扬声器搭建的系统（根据空间采样定律，针对最高频率为 20kHz 的声信号，利用波场合成技术重建声场时扬声器的间隔不能大于 0.85cm，即使是用一个半径 1m 的环状阵列来恢复其内的平面声场，也需要至少 735 个扬声器），由此可知，波场合成方法虽然能够很好地还原出原声场空间信息，但是依赖的设备非常庞大，仅仅处于实验室阶段。

另一方面，基于音频对象的重现方法是指根据扬声器和音频对象（或虚拟声源）的空间方位信息，推算出扬声器分配比例以及驱动信号的方法。基于音频对象的再现利用平移定律可以实时地呈现原声场空间信号。两种主流的基于对象的音频重放系统为立体声系统以及围绕听众的多个通道组成的环绕声扬声器系统，立体声能够很好地呈现出声像。基于幅度平移的理论，主流的做法是使用矢量基幅度平移（Vector-based Amplitude Panning ，VBAP）[72]方法或者基于距离的幅度平移（Distance-based Amplitude Panning，DBAP）[73]将原声场空间信号在二维和三维空间定位出来。VBAP 基于三维平移法则，其中三个扬声器形成三角形布局以重现原空间声场信息。DBAP 仅考虑虚拟声源和扬声器的位置进行还原，因此这种方法不必依赖规则的扬声器布局。此外，在基于对象的重建环境中，为了获得更佳的听觉感受，通常需要听众位于扬声器阵列的中心。

(2)回放系统

全景声是一种新的音频技术，它在之前平面二维的环绕声的基础上增加了垂直方向的第三个维度，可以通过传声器拾取声场空间信息，再通过扬声器系统或者耳机进行再现，使收听者能够感知每个声源的方向，从而还原原始的声音场景。相对于三维环绕声而言，其可以实现声场包围，展现更多声音细节，提升观众的听觉感受。2009年，电影历史上获得最高票房(27亿美元)的3D作品《阿凡达》，运用了三维多媒体技术，从平面影视观影感受跃升到三维立体视频感受，由此三维音视频系统逐渐进入人们的生活中，成为竞争焦点。2012年4月，美国杜比实验室宣布了一项重要的研究成果——Dolby Atmos(杜比全景声)。众所周知，早期的音频平台难以提供沉浸体验和逼真音效，杜比全景声技术的出现，则很好地解决了这一局限性。因此，杜比全景声很快成为下一代影视作品中的标准配置。同年6月，杜比全景声技术被应用于迪士尼动漫电影《勇敢的传说》，给观众带来了震撼的视听体验。与此同时，由于三维音频技术的发展与三维视频技术的发展不匹配，所以不论是商场中的影院还是家中的电视，主流技术仍采用"三维视频和立体环绕声"的方案。2012年，动态图像专家组(Motion Picture Expert Group，MPEG)对三维立体声重建做出了标准化的定义[74]，三维音频的重建应该从水平、垂直和距离三个自由度来衡量，声像重建必须包含以上三个自由度信息指标。现在的立体声或者平面环绕声音频系统方案所能够重建出来的声像仅仅只包含水平这一个单一自由度指标，由此重建的声像只能依赖于扬声器所在的平面，严格地说这种技术与3D音视频所定义的指标相差甚远。此外，近几年国内涌现出的三维沉浸式音频重放系统主要有中国多维声(13.1)、WANOS全景声系统、音王22.5.8全景声系统、飞达六面声、和Holosound全息声等，但国内的沉浸式音频系统在制作、编码、打包、解码、音频水印和现有系统的兼容性等方面未有实质性的突破，且各家系统的实现方案各具特点，造成我国数字电影三维声制作烦琐、兼容性差、还音质量参差不齐等突出问题，很难在专业影院进行推广。三维多媒体音频技术在重建音频声像时在诸多方面的感受无法保证一致，正是这些已知却又难以解决的缺陷导致观众在观影或听音乐时的沉浸感和真实感不佳，难以达到动态图像专家组所规定的标准，更难给观众一种身临其境的感受。

参考文献

[1]TALBOT-SMITH M.Audio engineer's reference book[M].Routledge，2012.

[2]VON BÉKÉSY G，WEVER E G.Experiments in hearing[M].New York：McGraw-Hill，1960.

[3]齐娜，孟子厚.音响师声学基础[M].北京：国防工业出版社，2006.

[4]谢菠荪.头相关传输函数与虚拟听觉[M].北京：国防工业出版社，2008.

[5]WOODWORTH R S，SCHLOSBERG H. Experimental psychology[M]. Oxford and IBH Publishing，1954.

[6]BLAUERT J.Spatial hearing：the psychophysics of human sound localization[M].MIT press，1997.

[7]RAYLEIGH L.XII.On our perception of sound direction[J].The London，Edinburgh，and Dublin philosophical magazine and journal of science，1907，13(74)：214-232.

[8]HEBRANK J，WRIGHT D.Are two ears necessary for localization of sound sources on the median plane? [J].The journal of the acoustical society of America，1974，56(3)：935-938.

[9]LI M.Implementation of a model of head-related transfer functions based on principal

components analysis and minimum-phase reconstruction[D].The University of Kaisers-lautern, Germany, 2003.

[10]VORLÄNDER M. Auralization [M]. Berlin/Heidelberg, Germany: Springer International Publishing, 2020.

[11]BRUNGART D S, RABINOWITZ W M. Auditory localization of nearby sources. Head-related transfer functions[J].The journal of the acoustical society of America, 1999, 106(3):1465-1479.

[12]王甦，汪安圣.认知心理学[M].北京:北京大学出版社,1992.

[13]MERSHON D H, DESAULNIERS D H, AMERSON T L, et al.Visual capture in auditory distance perception:Proximity image effect reconsidered.[J].J Aud Res, 1980, 20(2):129-136.

[14]COLEMAN P D.Failure to localize the source of an unfamiliar sound[J].The journal of the acoustical society of America, 1962, 34:345-346.

[15]STEVENS S S, NEWMAN E B.The localization of actual sources of sound[J].The American journal of psychology, 1936:297-306.

[16]TANNING F M.Directional, audiometry:i.directional white-noise audiometry[J].Acta oto-laryngologica, 1970, 69(1-6):388-394.

[17]MUSICANT A D, BUTLER R A. The influence of pinnae-based spectral cues on sound localization[J].The journal of the acoustical society of America, 1984, 75(4): 1195-1200.

[18]BUTLER R A, FLANNERY R.The spatial attributes of stimulus frequency and their role in monaural localization of sound in the horizontal plane[J].Perception & psychophysics, 1980, 28(5):449-457.

[19]MUSICANT A D, BUTLER R A.Influence of monaural spectral cues on binaural localization[J].The journal of the acoustical society of America, 1985, 77(1):202-208.

[20]BUTLER R A, HELWIG C C.The spatial attributes of stimulus frequency in the median sagittal plane and their role in sound localization[J].American journal of otolaryngology, 1983, 4(3):165-173.

[21]BELENDIUK K, BUTLER R A.Spectral cues which influence monaural localization in the horizontal plane[J].Perception & psychophysics, 1977, 22(4):353-358.

[22]DAMASKE P, WAGENER B. Richtungshörversuche über einen nachgebildeten Kopf (Investigations of directional hearing using a dummy head)[J]. Acustica, 1969, 21(1): 30—35.

[23]BLAUERT J. Sound localization in the median plane[J]. Acta acustica united with acustica, 1969, 22(4):205-213.

[24]GARDNER M B. Distance estimation of 0° or apparent 0°-oriented speech signals in anechoic space[J]. The journal of the acoustical society of America, 1969, 45(1): 47-53.

[25]ZAHORIK P，BRUNGART D S，BRONKHORST A W.Auditory distance perception in humans：a summary of past and present research[J]. Acta acustica united with acustica，2005，91(3)：409-420.
[26]VON BÉKÉSY G. The moon illusion and similar auditory phenomena [J]. The American journal of psychology，1949，62(4)：540-552.
[27]INGARD U.A review of the influence of meteorological conditions on sound propagation[J].The journal of the acoustical society of America，1988(104)：3048-3058.
[28]CARLILE S.Virtual auditory space：generation and[M].RG Landers，1996.
[29]BRUNGART D S .Control of perceived distance in virtual audio displays[C]//International Conference of the IEEE Engineering in Medicine & Biology Society.IEEE，1998.
[30]DE BOER K.Stereophonic sound reproduction[J].Philips technical review，1940(5)：107-114.
[31] WENDT K. Das Richtungshören bei der Überlagerung zweier Schallfelder bei Intensitäts-und Laufzeitstereophonie [D]. Rheinisch-Westfälische Technische Hochschule Aachen，1963.
[32]周小东.录音工程师手册[M].北京：中国广播电视出版社，2006.
[33]谢兴甫.立体声原理[M].北京：科学出版社，1981.
[34]EDMONDS B A，CULLING J F.The spatial unmasking of speech：evidence for within-channel processing of interaural time delay[J].The journal of the acoustical society of America，2005，117(5)：3069-3078.
[35]吴艳红，李文瑞，陈婧，等.主观空间分离下的汉语信息掩蔽效应[J].声学学报，2005，30(5)：462-467.
[36]谢志文，尹俊勋，饶丹.空间掩蔽效应的实验研究[J].声学学报，2006，31(4)：363-369.
[37]KIDD JR G，MASON C R，BEST V，et al.Stimulus factors influencing spatial release from speech-on-speech masking[J].The journal of the acoustical society of America，2010，128(4)：1965-1978.
[38]PAUL S.Binaural recording technology：a historical review and possible future developments[J].Acta acustica united with Acustica，2009，95(5)：767-788.
[39]WADE N J，DEUTSCH D.Binaural hearing - before and after the stethophone[J].Acoustics today，2008，4(3)：16-27.
[40]HAMMER K，SNOW W.Binaural transmission system at academy of music in philadelphia[J].Memorandum MM-3950，Bell Laboratories，1932.
[41]FIRESTONE F A.The phase difference and amplitude ratio at the ears due to a source of pure tone[J].The journal of the acoustical society of America，1930，2(2)：260-270.
[42]FLETCHER H，SIVIAN L.Binaural telephone system：US Patent 1624486[P].1927.
[43]BARTLETT J W .Method and means for the ventriloquial production of sound：US Patent 1855149[P].1932.
[44]WUTTKE J.Mikrofonaufsätze[M].Schalltechnik Schoeps，2000.

[45]李伟.立体声拾音技术[M].北京:中国广播电视出版社，2004.
[46]DE BOER K，VERMEULEN R.Eine Anlage für einen Schwerhörigen[J].Philips technische rundschau，1939，4:329-332.
[47]COHEN J.Sensación y percepción auditiva y de los sentidos menores[R].Editorial Trillas，1973.
[48]BURKHARD M D，SACHS R M.The knowles electronics manikin for acoustic research[R].Knowles Electronic Franklin Park，IL，1972.
[49]BURKHARD M D，SACHS R M.Anthropometric manikin for acoustic research[J].The journal of the acoustical society of America，1975，58(1):214-222.
[50]BURKHARD M D.A manikin useful for hearing aid tests - revisited[C]//Proc.International Congress of Acoustics ICA.2004.
[51]PATERSON J ，LEE H .3D Audio[M].Routledge，2021.
[52]GRIESE H J，WARNING P F，WICHMANN K H.Method of stereophonic recording:US Patent 3969583[P].1976.
[53]YASUDA H.Stereo microphone apparatus:US Patent 4037064[P].1977.
[54]PIKE C，NIXON T，EVANS D. Under milk wood in headphone surround sound[J].BBC R&D Blog，2014.
[55]NICOL R，EMERIT M，RONCIÈRE E，et al.How to make immersive audio available for mass-market listening[J].EBU technical review，2016，14.
[56]BLUMLEIN A D. Improvements in and relating to Sound-transmission，sound-recording and sound-reproducing systems[J]. Journal of the audio engineering society，1958，6(2)：91-130.
[57]GERZON M A.Periphony:with-height sound reproduction[J].Journal of the audio engineering society.1973，21(1):2-10.
[58]甄钊.环绕声音乐制式录音理论与实践[M].北京:中国电影出版社，2012.
[59]卢敬仁.影院多维度环绕声技术的中国之路——“中国多维声 13.1”评析[D].南京:南京艺术学院，2016.
[60]WILL H，RICHARD K，MATTHEW B，et al.Listener preference for height channel microphone polar patterns in three-dimensional recording[C].AES 139nd Convention，New York，USA，2015.
[61]LEE H.2D-to-3D ambience upmixing based on perceptual band allocation[J].Journal of the audio engineering society，2015，63(10):811-821.
[62]鹿楠楠.三维声制作发展现状[J].现代电视技术，2018(4):3.
[63]KULKARNI A，COLBURN H S.Variability in the characterization of the headphone transfer-function[J].The journal of the acoustical society of America，2000，107(2)：1071-1074.
[64]PRALONG D.The role of individualized headphone calibration for the generation of high fidelity virtual auditory space[J]. The journal of the acoustical society of

America, 1996, 100(6):3785-3793.

[65]MCANALLY K I, MARTIN R L. Variability in the headphone-to-ear-canal transfer function[J].Journal of the audio engineering society, 2002, 50(4):263-266.

[66]钟小丽.典型耳罩式和入耳式耳机的均衡比较[C]//中国声学学会第九届青年学术会议论文集,2011.

[67]MØLLER H, HAMMERSHØI D, JENSEN C B, et al. Transfer characteristics of headphones measured on human ears[J]. Journal of the audio engineering society, 1995, 43(4):203-217.

[68]TAKEUCHI T, NELSON P A.Extension of the optimal source distribution for binaural sound reproduction[J].Acta acustica united with acustica, 2008, 94(6):981-987.

[69]Camras M. Approach to recreating a sound field[J]. The journal of the acoustical society of America, 1968, 43(6): 1425-1431.

[70]Berkhout A J, de Vries D, Vogel P. Acoustic control by wave field synthesis[J]. The journal of the acoustical society of America, 1993, 93(5): 2764-2778.

[71]COBOS M, SPORS S, AHRENS J, et al. On the use of small microphone arrays for wave field synthesis auralization[C]// AES 45th International Conference, Helsinki, Finland, 2012.

[72]PULKKI V, KARJALAINEN M. Multichannel audio rendering using amplitude panning[J]. Signal processing magazine IEEE,2008,25(3):118-122.

[73]LOSSIUS T, BALTAZAR P, DE LA HOGUE T. DBAP-distance-based amplitude panning[M]. Ann Arbor, MI: MPublishing, University of Michigan Library, 2009.

[74]胡瑞敏, 王晓晨, 张茂胜, 等. 三维音频技术综述[J]. 数据采集与处理, 2014, 29(5): 661-676.

第 2 章　头模的声学特性*

2.1　仿真头模概述

2.1.1　研究背景与现状

人工头模录音技术成熟、操作简单，只需两个通道即可获得生动的立体声场效果，适合于移动多媒体技术中立体声的录制和重放，同时，在虚拟现实、特殊场合培训以及三维游戏制作等场合也可得到广泛应用。传统的立体声节目采用耳机重放时，经常要受到头中声像(inside-the-head localization)以及前后声像混淆(front-back confusion)的干扰，重放声场自然度差。为改善耳机重放的质量，双耳录音技术(binaural recording technique)应运而生。由于双耳声压包含声音的主要空间信息，将所得的双耳声压信号经放大、传输、记录等过程后，再用一对耳机进行重放，从而在倾听者双耳处产生和原声场一致的主要空间信息，最大程度地克服了采用传统录音耳机重放时出现的弊端，声场逼真度好[1]。双耳录音可以通过真人双耳信号或采用仿真人工头模录制。采用仿真人工头模技术可大大简化双耳录音的过程，同时也具有良好的空间感和声场逼真度，但普及起来却有一些难度。分析其原因，主要还得归结于它只适用于耳机回放这样的情况，因而限制了该技术的普及和应用，而新媒体的出现及人们对耳机回放需求的日益增加，为该技术的普及提供了机会和条件；另一方面，目前对适合此项技术普及的标准声学头模的基础研究一直缺乏，没有实质性展开。国外现有的头模基本上都是针对双耳听觉以及声学测量的某一特定研究领域的，而且缺乏“大众”化的特征。

人工头模细节(头的大小、耳廓的精细结构、肩部等)越接近真人，双耳录音的逼真度就会越高。然而过分追求细节的逼真度会增加人工头的造价成本，并且由于人听觉感知具有一定的模糊性，因而人工头模的设计目标是希望它能够最大限度地真实反映聆听者人头的声学特性，包括人头五官、头发、肩部的散射作用，耳廓对接收到的声波的散射、衍射作用等等，并不是要对所有细节进行百分之百的完全精确复制。本章的主要内容就是设计制作代

* 本章内容主要来自《声学头模的特性分析》，魏鑫，中国传媒大学硕士学位论文，2008 年 5 月；《不同结构声学头模 HRTF 的主成分分析》，冯雪飞，中国传媒大学硕士学位论文，2009 年 5 月。

表中国人声学特性的简化头模，通过对不同尺寸、不同官能结构的头模进行声学测量及分析，试图找出头部不同细节结构对头相关传输函数 HRTF 幅度谱的影响，进一步讨论其对听觉感知的影响，从而建立有效的生理参数模型，更好地解释头部生理结构模型与听觉定位系统和头相关传输函数的关系。

目前国外采用人工头模进行双耳听觉方面的研究和工作开展得比较多，主要应用在声学测量、噪声控制、音质评价等方面[2][3][4][5]。常见的人工头模主要分两类：一类是对头部各细节进行精确复制的仿真人工头模，一类是将头部结构进行简化的简化人工头模。仿真人工头模主要有 KEMAR 及 MK2B 等。KEMAR 人工头模广泛应用在电信行业、听力保护、噪声控制等行业，以及录音和产品的声质量评价等方面。它主要是参照 20 世纪五六十年代几个不同测量所得到的西方人群平均生理数据设计而成[6]。MK2B 主要应用在自动控制行业、PC 产业、军工领域及大学等科研机构，用于声品质、心理声学研究。其外部尺寸、传声器在耳中的位置和声波的方向性均与 IEC 60959(DIN V 45608)标准相匹配。

简化人工头模主要有纽曼系列、B&K 系列、Head Acoustics 系列等。纽曼系列主要包括 KU 80、KU 81 及 KU 100，主要用于头相关双耳录音、房间声学环境的测量与分析等。B&K 系列人工头产品主要有 B&K 4128 及 B&K 4100，它们都是参照 ITU-T Rec.P.58，IEC 959 和 ANSI S 3.36-1985 标准设计而成的，包括头和躯干两部分，外部造型简单，但却能对人头和躯干附近的声场进行准确模拟，频率响应与真人相差无几。B&K 4128 常用于耳机、电话等电声测量，B&K 4100 则常用于录音。Head Acoustics 公司的人工头产品主要分为两大类：一类主要用于噪声方面的研究，包括 HMS 系列(HMS Ⅳ.0 及Ⅳ.1)及 HSU 系列(HSU Ⅲ、HSU Ⅲ.1-Ⅲ.3)等；另一类则用于耳机、电话的电声测量等电信行业，包括 HMS Ⅱ.3- Ⅱ.6 等。它们均对耳廓及头部结构进行了简化，仅保留了声学相关的部分，并且只有肩部，没有整个躯干。其头部形状近似一个椭球，主要尺寸参数及特性符合 ITU-T Rec.P.58 标准中的相关要求。此外，Genuit 在 1986 年提出的简化几何构造的人工头专利、丹麦 Aalborg 大学研制的用于双耳录音的简化人工头 VALDEMAR 等应用也比较广泛[7]。图 2.1 给出了几种比较常见的人工头模。

头相关传输函数与受试者的生理尺寸密切相关。研究表明，头高、头宽、头深等头部参数对 HRTF 及 ITD、ILD 影响显著[8]。目前国外的人工头产品都是根据几十年前的尺寸标准设计而成的，与现今有所差异；同时，相应的尺寸标准只是取自一定地域范围内有限人群的平均值，并不能代表所有的人，具有一定的局限性[9][10][11]。考虑到我们对儿童的 HRTF 特性所知甚少，需要相应的具有代表性定位因素的人工儿童头。目前已有研究指出，儿童的 HRTF 与成人的相差很远[12]。于是国际上的专家开始计划研究制定新的人工头国际标准，包括代表不同年龄范围的人工头标准(主要是改变头、耳等的大小、精细结构等)，组成人工头"家族"。标准的制定过程包括广泛的数据采集、参数的统计平均，此外还应该包含 HRTF 的数值计算和所有专家统一认定的有限数量的几何数据，并且这些数据能够按不同的年龄和地区进行分组[13]。

国内人工头录音多是选用国外的产品。国外几种典型的人工头模都是根据西方人种的平均生理尺寸设计的，中国人与西方人的头部生理外形、尺寸存在一定的差异性，国外的人工头模不一定完全适用于中国人；而且受技术垄断的影响，国外的人工头模价格十分昂贵，

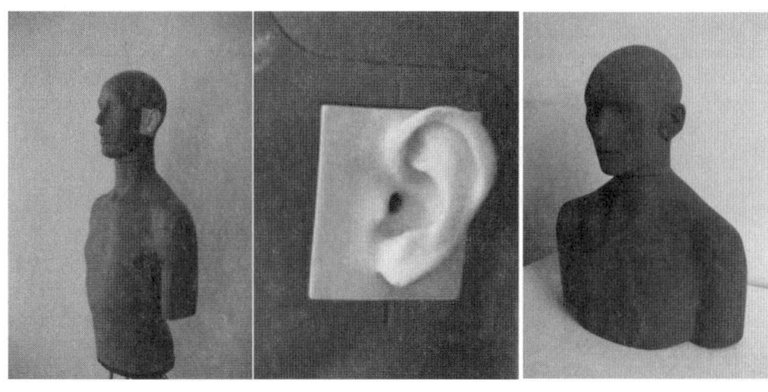

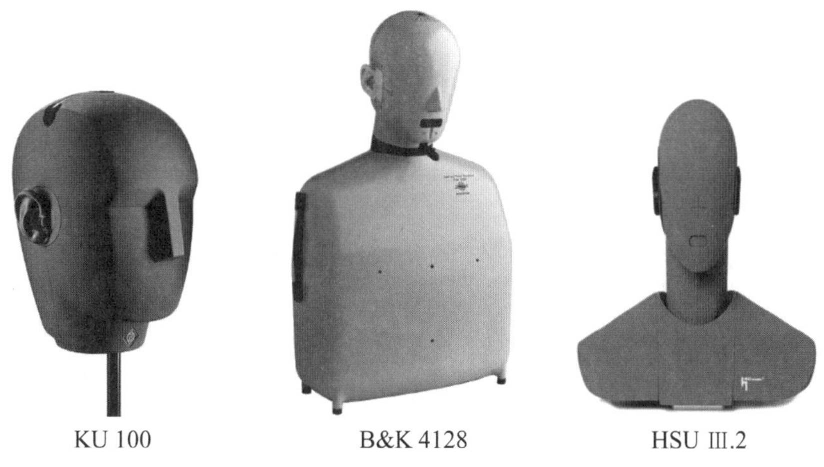

图 2.1　国外不同类型的人工头模

也不利于普及人工头双耳录音技术。国内已制定人体参数测量方法,如《成年人头面部尺寸》(GB/T 2428—1998)等,未成年人人体尺寸、头面部尺寸、手部号型、足部号型等 4 项国家标准已完成草案,即将向社会征求意见。基于上述现状,中国传媒大学传播声学研究所开始了基于中国人生理尺寸的中国人标准声学头模的研制工作,自主研发了中国成年男性的仿真头模 BHead210 及包括标准耳在内的 11 种不同细节结构的耳廓模型,如图 2.2 所示。BHead210 采用 GB/T 2428—1998 标准,对人头部各个细节进行了精确复制,头相关传递函数和头形参数更加符合国人的实际情况。

此外,参照中国未成年人与成年人头面部尺寸国家标准、成年男性头型三维尺寸国家标准[14][15],设计并制作了 3 种具有不同尺寸的椭球简化头部模型,分别代表从儿童到成年人的头部尺寸变化,如图 2.3 所示。其中长轴对应头全高,短轴对应头宽,具体尺寸见表 2.1。为研究头部各结构的影响,还特别在简化头模上添加了不同的官能结构(耳廓、鼻子、头发等)(见图 2.3)。在后续章节中,将对不同大小与官能结构的简化椭球模型进行 HRTF 仿真与测量,并对结果进行分析研究,讨论头型尺度与官能结构对 HRTF 幅度谱的影响,进而建立两者之间的关系,为研制适合中国人的标准声学头模、补偿个性化 HRTF 等问题提供基础准备。

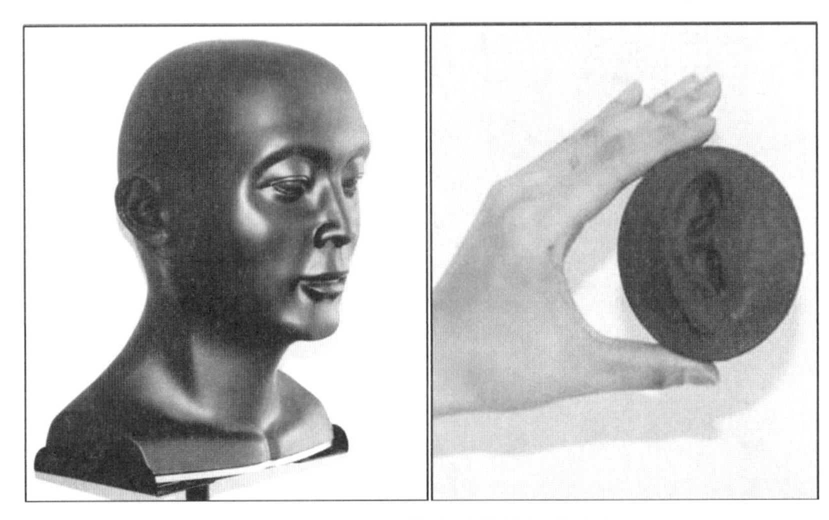

图 2.2 BHead210 仿真头模及标准耳廓

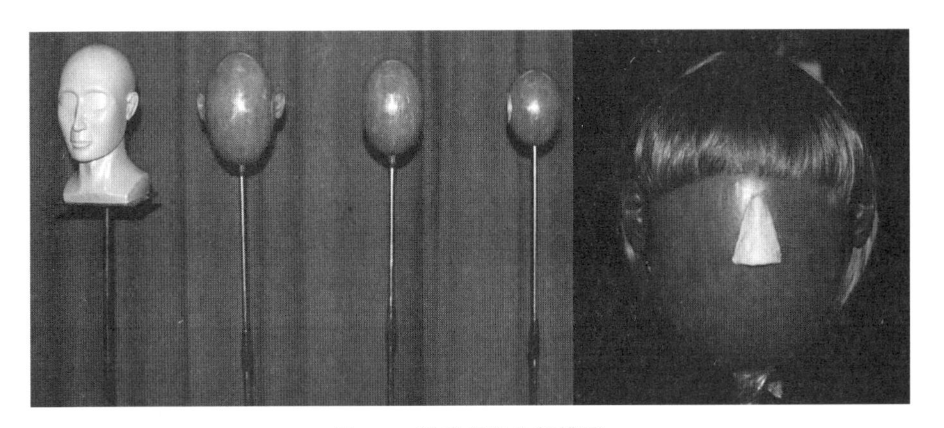

图 2.3 椭球简化头部模型

表 2.1 头模尺寸参数表 (单位:mm)

尺寸参数 \ 头模编号	1号(小头模)	2号(中头模)	3号(大头模)
长轴(头全高)	173	213	250
短轴(头宽)	138	157	172.3

2.1.2 头模的坐标系与传递函数

在空间听觉的研究中,点声源的位置是由声源相对于头部的方向和距离决定的。通常取与耳道入口平齐的头部中心作为坐标原点,由原点指向声源的矢量称为声源的方向矢量,它完全决定了声源的空间位置。可以在空间定义三个特殊的平面:水平面(Horizontal Plane)、中垂面(Median Plane),以及侧垂面(Lateral Plane)或称前平面(Front Plane)。三个平面相互垂直,并且在坐标原点相交。

常见的空间坐标系统有三种，分别为顺时针球坐标系统、逆时针球坐标系统及双耳极坐标系统[1]。本章拟采用顺时针球坐标系统。如图 2.4 所示，声源的空间位置由坐标(r,θ,φ)所决定。其中 $0 \leqslant r < +\infty$ 为声源与原点的距离，仰角 $-90° \leqslant \varphi \leqslant +90°$ 为方向矢量与水平面的夹角，方位角 $-180° \leqslant \theta < 180°$ 为方向矢量在水平面的投影与中垂面的夹角。左右耳分别位于 0°仰角、−90°方位角与 0°仰角、90°方位角处。文中所有分析结果如没有特殊说明，均以右耳为参照进行。

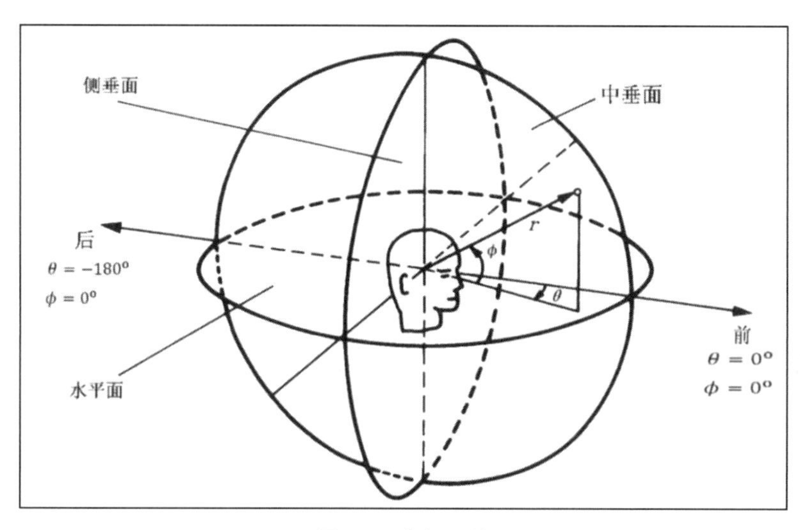

图 2.4　坐标系统

头相关传输函数(head-related transfer function，HRTF)描述了在自由场下声波从声源到双耳的传输过程，它反映了生理结构对声波的综合滤波效果。HRTF 是声源方向、距离、频率的连续函数，并且与生理结构和尺寸密切相关，是具有明显个性化特征的物理量。它包含有关声源定位的主要信息(ILD、ITD、谱因素等)。

Gierlich 首先将影响 HRTF 的主要因素分成两类：一类是与方向有关的因素，包括躯体影响、肩膀反射、头部衍射和反射、耳廓和耳腔的反射；另一类是与方向无关的因素，包括耳腔共振以及耳道与鼓膜的阻抗(图 2.5)。Gierlich 还将与方向有关的因素，按照其作用的大小逐一排列，排在最底下的因素对 HRTF 影响最大，排在最上面的因素则对 HRTF 影响最小。而那些与方向无关的因素的作用也不容忽视。从声波的物理参数来看，HRTF 对声波的影响主要表现在对声波的幅度和相位的改变，这不仅使到达两耳的声波各自包含不同的频谱内容，而且与声源信号也不同。HRTF 主要受以下三个因素影响：

①个人因素。不同的人有不同的 HRTF，这正是由于不同的人头、耳及躯干等身体因素不同。

②频率因素。不同的频率会有不同的 HRTF，因此 HRTF 是频率的函数。

③位置因素。不同的声源位置决定了不同的 HRTF，因此 HRTF 也是声源方向、距离的函数。

HRTF 的测量早期采用模拟技术。随着计算机和数字信号处理技术的发展，目前 HRTF 的测量过程完全采用软件控制，由计算机产生的测量信号经声卡 D/A 变换和功率放大器后馈给扬声器。利用放置于被测对象双耳处的传声器捡拾声信号，传声器的输出经放大、A/D变换后输入计算机，最后由计算机对信号进行处理，得到HRIR或HRTF[1]。

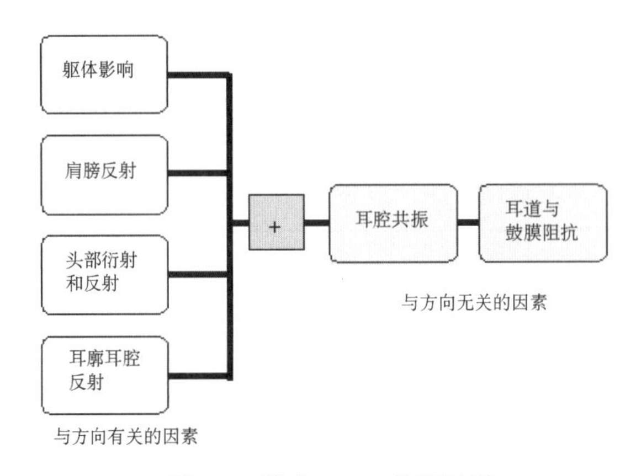

图2.5　影响HRTF的诸因素

测量通常选在消声室进行。被测对象(人工头或真人受试者)位于坐标原点，扬声器被布置在半径为r的球面上(通常取r>1.2的远场，此时HRTF近似与r无关)。为了测量空间全方位的HRTF，需要改变测量对象与扬声器之间的相对位置，常用的方法是固定其中的一个，然后借助其他设备改变另一个的方位。测量中应选用频响在工作范围内尽可能平直，且非线性、失真少的扬声器系统，而对功率放大器、传声器、放大器等无特殊要求。普遍采用微缩传声器作为测量传声器，并对耳道进行封闭(封闭耳道法)。测量信号多采用伪随机信号中的MLS(最大长度序列)信号。当然，在实际测量中为了减少虚拟听觉重放的主观音色改变，还需对HRTF进行均衡处理，包括测量均衡、自由场均衡和扩散场均衡等[16][17]。

国内外已有多个课题组对HRTF进行了测量，建立了不同空间方向的HRTF数据库，部分结果已公开，被应用于科学研究领域。MIT媒体实验室通过对KEMAR人工头进行测量，公布了MIT数据库[18]，该数据库在目前研究中的应用是最多的；丹麦的B.P.Bovbjerg等人对VALDEMAR人工头进行了2°间隔的高空间分辨率测量，建立了共包括11975个方向远场数据的HRTF数据库[19]；CIPIC数据库是对43名真人受试者采用封闭耳道法测量得到的，是目前真人HRTF数据库中空间分辨率较高，同时受试者人数最多的一个[20]；华南理工大学对52名受试者(男、女各半)进行测量，建立了中国人样本的高空间分辨率的头相关传输函数数据库，并对测量结果进行了特性分析[21]。本章结合研究需要，对不同大小与官能结构的头模进行HRTF测量，并对其进行分析。

2.2　刚性圆球与椭球头模的HRTF仿真

2.2.1　刚性圆球模型HRTF计算

目前，获取HRTF的方法共有两种：一是通过实际测量测得，二是通过理论计算获取。测量得到的HRTF较为准确，但由于HRTF是具有个性化特征的物理量，而HRTF的测量需要复杂的条件和设备，并且是一项非常耗时的工作，对每个人进行个性化 HRTF 测量是不实际的；对 HRTF 进行理论计算能克服这方面的问题，但它需要将头部、躯干等简化为规则对称的几何形状，因而得出的 HRTF 是真实值的近似值。目前常用于 HRTF 计算的模型包括头部刚球模型、椭球模型及 HRTF 的雪人模型等。相对于刚性圆球模型来说，由于椭球在外观上与真人更加贴近，所以许多研究便用椭球模型代替圆球模型模拟人的头部。本章提出的简化头模也是采取了椭球的简化结构。但椭球与刚性圆球模型究竟有多大差异，具体体现在哪里，还没有一个具体的说明。本节将从理论计算仿真角度出发，将两种不同头型的 HRTF 进行对比分析，为简化头模的设计构造提供理论依据；同时通过计算获得不同头部尺寸的 HRTF，分析头部尺寸对 HRTF 的影响。

刚性圆球模型是最简单的 HRTF 计算模型。瑞利在 19 世纪末便开始采用刚性圆球模型分析双耳声压。他略去耳廓、躯干等的作用，将头部简化成半径为 a 的刚性球体，假设入射声波是平面波（无限远场）。Cooper 等人给出了相应的计算程序[22]。但由于瑞利的研究是基于无限远场的情况，缺乏声源位于头部附近的近场双耳声压分析，而实际上，声源距离是有限的。因而 Rabinowitz 等人便开始了这方面的研究，并于 1993 年给出了相应的解决方案，提出了声源位于头外任意距离时双耳声压的计算方法。

假设点声源为 $S_\omega e^{-i\omega t}$，则距离声源为 r 的头中心处自由场声压为：

$$p_{ff}(r,\omega,t) = -i\omega \frac{\rho_0 S_\omega}{4\pi r} e^{i(kr-\omega t)} \tag{2.1}$$

式中，$k=\omega/c=2\pi f/c$ 为波数。

按照 Rabinowitz 等人的理论，球表面上测量点的声压为：

$$p_s(r,a,\omega,\theta,t) = \frac{i\rho_0 c S_\omega}{4\pi a^2} \Psi e^{-i\omega t} \tag{2.2}$$

式中，θ 为球中心和声源之间的连线与球中心到球面上测量点的连线之间的夹角。

$$\Psi = \sum_{m=0}^{\infty} (2m+1) P_m(\cos\theta) \frac{h_m(kr)}{h_m'(ka)}, r > a \tag{2.3}$$

故

$$H(\rho,\mu,\theta) = \frac{p_s}{p_{ff}} = -\frac{\rho}{\mu} e^{-i\mu\rho} \Psi \tag{2.4}$$

式中，

$$\mu = ka = f\frac{2\pi a}{c} \tag{2.5}$$

$$\rho = \frac{r}{a} \tag{2.6}$$

$$\Psi(\rho,\mu,\theta) = \sum_{m=0}^{\infty} (2m+1) P_m(\cos\theta) \frac{h_m(\mu\rho)}{h_m'(\mu)}, \rho > 1 \tag{2.7}$$

为了编程实现 HRTF 的理论计算，需对上面得到的表达式进行进一步修改。经过递推运算及参数替换，便得到：

$$H(\rho,\mu,\theta) = \frac{\rho}{i\mu} e^{-i\mu} \sum_{m=0}^{\infty} (2m+1) P_m(\cos\theta) \frac{Q_m(1/i\mu\rho)}{\frac{m+1}{i\mu} Q_m(\frac{1}{i\mu}) - Q_{m-1}(\frac{1}{i\mu})}, \rho > 1 \tag{2.8}$$

式中，

$$P_m(x)=\frac{2m-1}{m}xP_{m-1}(x)-\frac{m-1}{m}P_{m-2}(x)\text{ , }P_0(x)=1,P_1(x)=x \tag{2.9}$$

$$Q_m(z)=-(2m-1)zQ_{m-1}(z)+Q_{m-2}(z),m=2,3,\ldots,Q_0(z)=z,Q_1(z)=z-z^2 \tag{2.10}$$

通过式(2.8)便可实现声源位于头外任意距离时刚性圆球模型的 HRTF 理论计算。下面计算不同尺寸刚性圆球模型的远场 HRTF,并进行对比,分析头部尺寸对 HRTF 的影响。为了将圆球模型与椭球模型的计算结果进行对比,为后续简化头模的 HRTF 测量做理论准备,刚性圆球模型尺寸大小的选取参照椭球简化头模的尺寸参数,同样分为大、中、小三个号,分别以简化头模的长轴作为刚性圆球的直径,具体尺寸参数见表 2.2。

表 2.2 刚性圆球模型尺寸参数表 （单位:mm）

尺寸 头模编号 / 尺寸参数	1 号(小头模)	2 号(中头模)	3 号(大头模)
半径	86.5	106.5	125

考虑到圆球的对称性,分别计算声源入射方向与参考耳到圆球中心连线的夹角为 0°、45°、90°、135°、180°时,不同大小刚性圆球模型无限远场 HRTF 的对数幅度谱。图 2.6、图 2.7 分别给出了夹角为 0°与 135°时 3 个刚性圆球模型的幅度谱。结果表明,刚性圆球模型尺寸大小的不同,并没有改变 HRTF 幅度曲线的波形,但却使其发生了平移:随着半径的增大,其频率曲线向低频方向移动。尺寸大小相差越多,幅度值差别越大。声源位于参考耳同侧

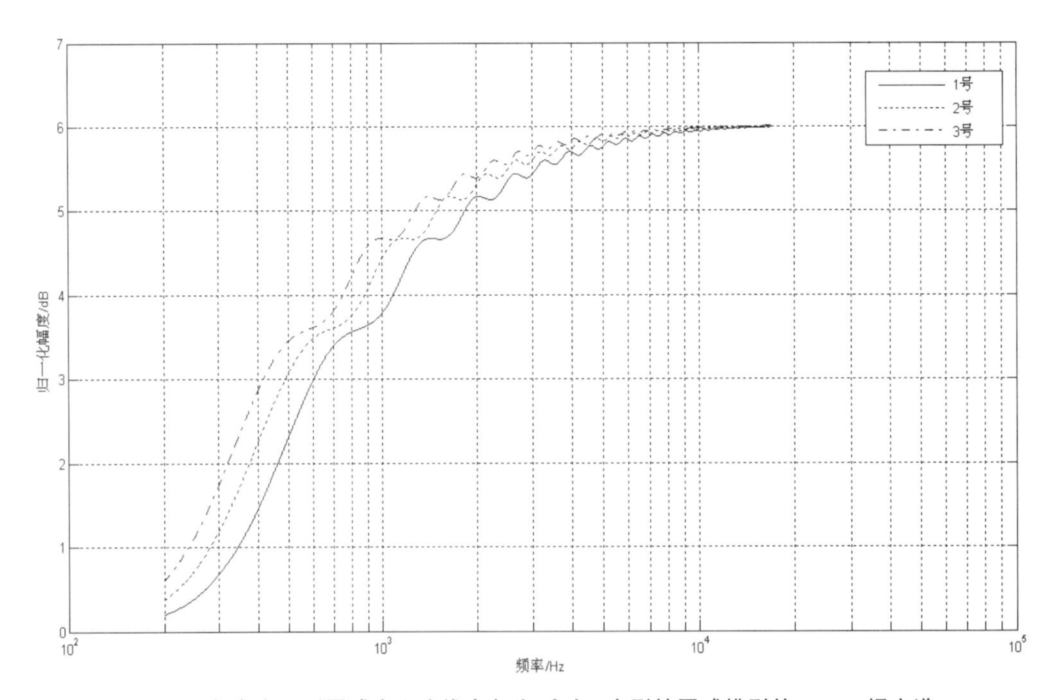

图 2.6 与参考耳到圆球中心连线夹角为 0°时 3 个刚性圆球模型的 HRTF 幅度谱

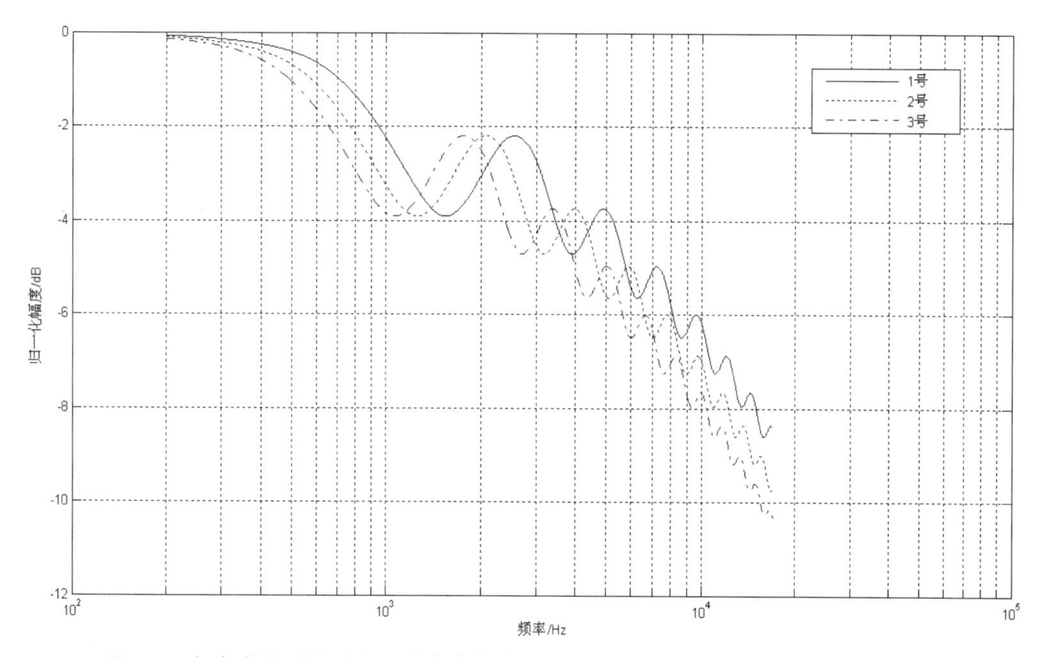

图 2.7 与参考耳到圆球中心连线夹角为 135°时 3 个刚性圆球模型的 HRTF 幅度谱

时，尺寸大小对 HRTF 幅度谱的影响要小于声源位于异侧的情况。因此头部尺寸的大小对异侧声源影响显著。

2.2.2 椭球模型 HRTF 计算

刚性圆球模型是最早的 HRTF 计算模型，人们用圆球近似模拟人的头部进行 HRTF 计算。但通过对真人头部参数进行研究发现，人的头高普遍大于头宽，头部构造不是一个简单的球体，而是更接近于椭球体；同时，研究也证实椭球模型的频率特性与真人更加贴近。于是人们便开始寻求相应的方法，用椭球模型代替刚性圆球模型，进行 HRTF 计算。R.W. Novy 和 K.Sugiyama 最先开始了这方面的研究[23]。但由于他们假设入射声波是平面波，因此只能用于远场 HRTF 的计算。Hyun Jo 等人将声源设为点声源，克服了上面的问题，提出刚性椭球模型 HRTF 的计算方法，并给出了相应的计算程序[24]。

在椭球坐标系统中，点声源可表示为：

$$p_i = A_0 \frac{e^{i(kR-2\pi ft)}}{R}$$
$$= 2ikA_0 \sum_{m=0}^{\infty}\sum_{n=m}^{\infty} \frac{\varepsilon_m}{N_{mn}(h)} S_{mn}(h,\cos\theta_0) S_{mn}(h,\eta) \Xi_{mn}^{(1)}(h,\xi)[\Xi_{mn}^{(1)}(h,\xi_0) + i\Xi_{mn}^{(2)}(h,\xi_0)]\cos(m\varphi)e^{-2\pi ift} \tag{2.11}$$

式中各个符号的具体含义参见文献[23]和[24]。

利用球体表面的刚性边界条件，得到椭球模型的 HRTF 为：

$$H=\frac{p_s+p_i}{p_{ff}}$$

$$=\frac{\left\{\begin{array}{l}2ik\displaystyle\sum_{m=0}^{\infty}\sum_{n=m}^{\infty}\frac{\varepsilon_m}{N_{mn}(h)}S_{mn}(h,\cos\theta_0)S_{mn}(h,\eta)\Xi_{mn}^{(1)}(h,\alpha)[\Xi_{mn}^{(1)}(h,\xi_0)+i\Xi_{mn}^{(2)}(h,\xi_0)]\cos(m\varphi)\\-\displaystyle\sum_{m=0}^{\infty}\sum_{n=m}^{\infty}C_{mn}S_{mn}(h,\eta)[\Xi_{mn}^{(1)}(h,\alpha)+i\Xi_{mn}^{(2)}(h,\alpha)]\cos(m\varphi)\end{array}\right\}}{\frac{e^{ikR}}{R}} \tag{2.12}$$

式中，$C_{mn}=i2k\dfrac{\varepsilon_m}{N_{mn}(h)}S_{mn}(h,\cos\theta_0)\dfrac{\Xi_{mn}^{(1)'}(h,\alpha)[\Xi_{mn}^{(1)}(h,\xi_0)+i\Xi_{mn}^{(2)}(h,\xi_0)]}{\Xi_{mn}^{(1)'}(h,\alpha)+i\Xi_{mn}^{(2)'}(h,\alpha)}$。

对 HRTF 进行计算时，需将式(2.12)中的 H 拆分为实部与虚部两部分，即：

$$H=\frac{H_R+iH_I}{\frac{e^{ikR}}{R}} \tag{2.13}$$

$$H_R=-B_{mn}\left\{\begin{array}{l}\Xi_{mn}^{(1)}(h,\alpha)\Xi_{mn}^{(2)}(h,\xi_0)\\-\dfrac{\Xi_{mn}^{'(1)}(h,\alpha)\Xi_{mn}^{(2)}(h,\alpha)(\Xi_{mn}^{(1)}(h,\xi_0)\Xi_{mn}^{'(1)}(h,\alpha)+\Xi_{mn}^{(2)}(h,\xi_0)\Xi_{mn}^{'(2)}(h,\alpha))}{\Xi_{mn}^{'(1)}(h,\alpha)^2+\Xi_{mn}^{'(2)}(h,\alpha)^2}\\-\dfrac{\Xi_{mn}^{'(1)}(h,\alpha)\Xi_{mn}^{(1)}(h,\alpha)(\Xi_{mn}^{(2)}(h,\xi_0)\Xi_{mn}^{'(1)}(h,\alpha)-\Xi_{mn}^{(1)}(h,\xi_0)\Xi_{mn}^{'(2)}(h,\alpha))}{\Xi_{mn}^{'(1)}(h,\alpha)^2+\Xi_{mn}^{'(2)}(h,\alpha)^2}\end{array}\right\} \tag{2.14}$$

$$H_I=B_{mn}\left\{\begin{array}{l}\Xi_{mn}^{(1)}(h,\alpha)\Xi_{mn}^{(1)}(h,\xi_0)\\-\dfrac{\Xi_{mn}^{'(1)}(h,\alpha)\Xi_{mn}^{(1)}(h,\alpha)(\Xi_{mn}^{(1)}(h,\xi_0)\Xi_{mn}^{'(1)}(h,\alpha)+\Xi_{mn}^{(2)}(h,\xi_0)\Xi_{mn}^{'(2)}(h,\alpha))}{\Xi_{mn}^{'(1)}(h,\alpha)^2+\Xi_{mn}^{'(2)}(h,\alpha)^2}\\+\dfrac{\Xi_{mn}^{'(1)}(h,\alpha)\Xi_{mn}^{(2)}(h,\alpha)(\Xi_{mn}^{(2)}(h,\xi_0)\Xi_{mn}^{'(1)}(h,\alpha)-\Xi_{mn}^{(1)}(h,\xi_0)\Xi_{mn}^{'(2)}(h,\alpha))}{\Xi_{mn}^{'(1)}(h,\alpha)^2+\Xi_{mn}^{'(2)}(h,\alpha)^2}\end{array}\right\} \tag{2.15}$$

式中，$B_{mn}=2k\dfrac{\varepsilon_m}{N_{mn}(h)}S_{mn}(h,\cos\theta_0)S_{mn}(h,\eta)\cos(m\varphi)$。

本节将按照上面的计算公式进行仿真，对长短轴具有不同尺寸的刚性椭球模型进行 HRTF 仿真计算、比较(尺寸参数见表 2.1)，讨论 3 个不同大小的简化头模 HRTF 频谱特性的差异。在后续章节中，还会将本节仿真结果与实测 HRTF 结果进行对比，从仿真与实际测量两个角度综合比对，分析头部尺寸对 HRTF 的影响。

考虑到椭球的对称性，声源入射方向分别取仰角为 0°与 45°两种情况，方位角依次为 −90°、−45°、0°、45°、90°。图 2.8～图 2.10 分别给出了声源以 0°仰角、−45°方位角，45°仰角、−90°方位角，45°仰角、45°方位角入射时，3 个椭球模型的 HRTF 幅度谱。由图可以看出，改变椭球模型的尺寸，不仅会使 HRTF 幅度曲线平移，同时曲线的走势也会发生改变。这是椭球模型相对于圆球模型最大的不同之处。此外，相对于圆球而言，椭球模型尺寸的大小对 HRTF 的影响更明显。与圆球相似，声源位于参考耳同侧时，尺寸大小对 HRTF 幅度谱的影响要小于声源位于异侧的情况。可见，以椭球模拟头部，更能显示出头部尺寸大小对 HRTF 的影响。

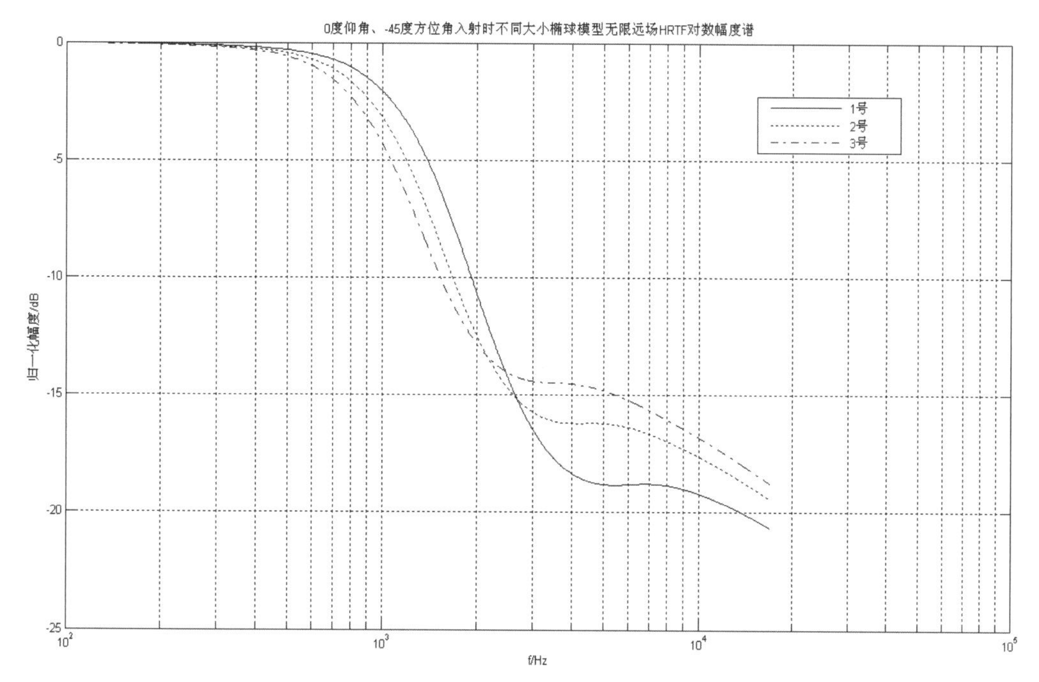

图 2.8　水平面上－45°方位角入射时 3 个椭球模型幅度谱

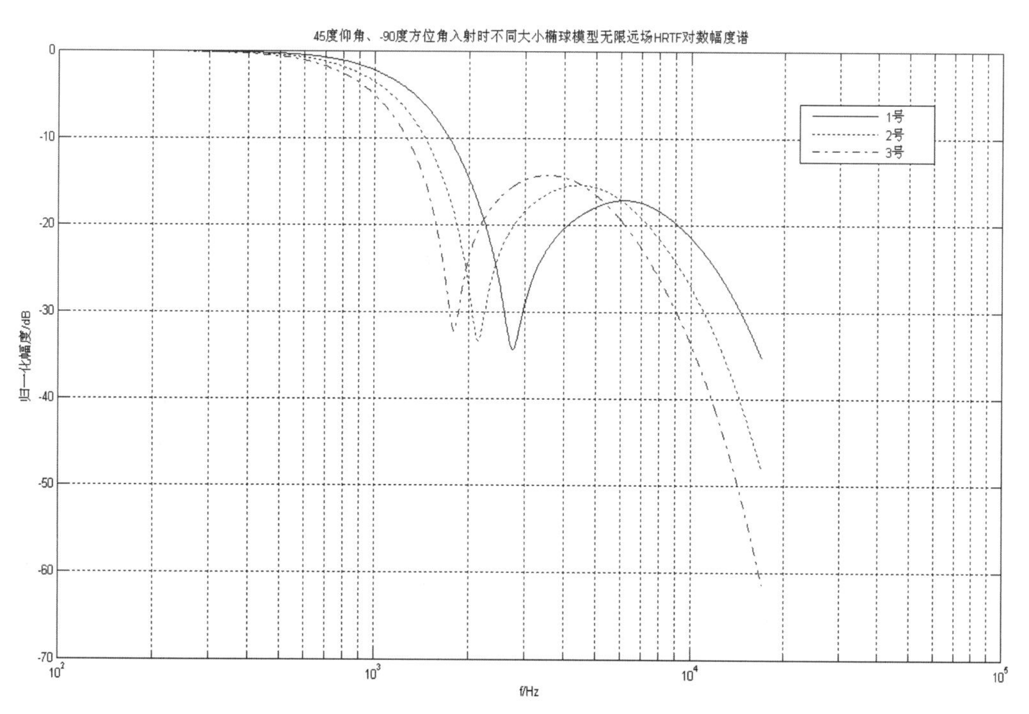

图 2.9　45°仰角、－90°方位角入射时 3 个椭球模型幅度谱

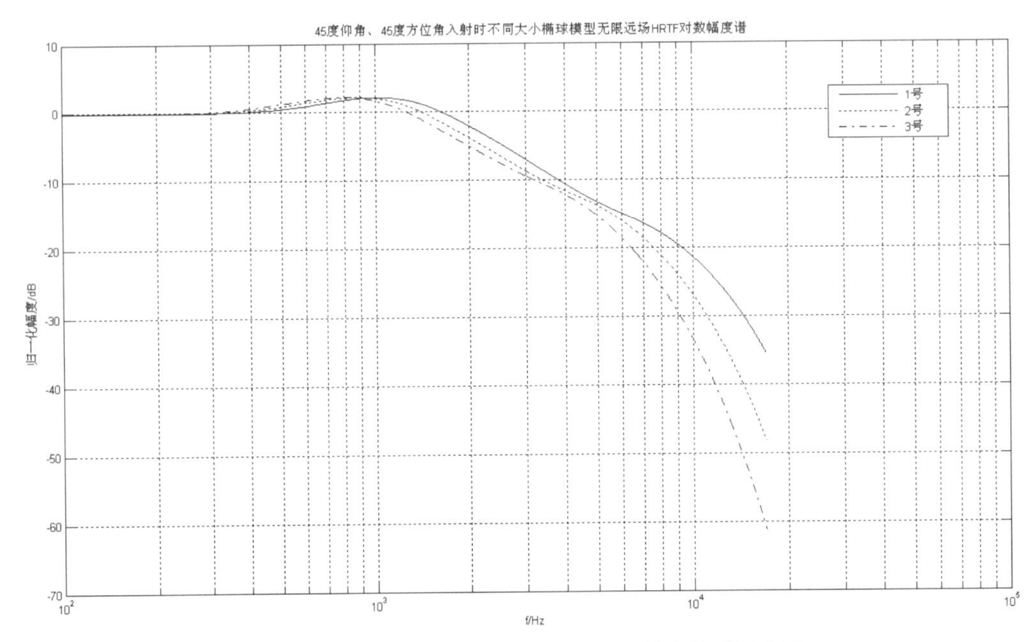

图 2.10 45°仰角、45°方位角入射时 3 个椭球模型幅度谱

2.2.3 刚性圆球模型与椭球模型 HRTF 对比

前面分别对不同大小的刚性圆球模型与椭球模型 HRTF 从理论计算上分析了两种模型的大小对 HRTF 的影响,并将结果进行对比,椭球模型更能体现头部的声学特性。需要注意的是,因为缺失了耳廓,所以无论是刚性圆球模型还是椭球模型,均与实际人头的 HRTF 有明显差异,高频波峰、波谷不明显。但去除耳廓因素,采用这两种模型,单纯讨论头型以及头部尺寸因素对 HRTF 的影响还是有一定意义的。在前面研究的基础上,继续对两种模型进行对比分析,通过计算不同方位入射声源的 HRTF,分析其异同,进而分析头型对 HRTF 的影响,并为简化头模的设计提供理论依据。

这里主要对 3 号(大头模)刚性圆球与椭球模型进行对比分析(尺寸参数见表 2.1 与表 2.2)。考虑到圆球与椭球的对称性,声源入射方向分别取仰角为 0°与 45°两种情况,方位角依次为－90°、－45°、0°、45°、90°。

图 2.11～图 2.13 分别给出了声源以 0°仰角、－45°方位角,0°仰角、90°方位角,45°仰角、－90°方位角入射时,2 种头模的 HRTF 幅度谱。计算结果表明,圆球与椭球的 HRTF 幅度谱在低频段近乎相同,而在中高频则出现较大的差别。并且,相比水平面的情况,45°仰角时两者在低频段的一致性更好,而中高频的差异性更加明显。由此可见,头部形状的作用在中高频段将逐渐明显,并且以 45°仰角入射时更加突出。当声源从参考耳异侧入射时(方位角为－90°、－45°),圆球与椭球 HRTF 频谱曲线的走势是一致的,都是随着频率的升高幅度值减小,只是椭球曲线下降得更快,使得圆球的幅度值要大于椭球,并且随着频率的升高,差别增大;声源从参考耳同侧入射时(方位角为 0°、45°、90°),f≥1kHz 处,圆球曲线的幅度值是随频率的升高而增大,而椭球则刚好相反,随频率的升高而减小,两者的走势相反(水平面上 90°方位角时以 1.8kHz 为界)。整体来说,椭球相对于圆球来说波形没有那么平滑,出现了

一定的峰和谷，这与实际人头更加贴近，从而从理论上证实了用椭球作为头部的模型，会更好地再现头部的声学特性。

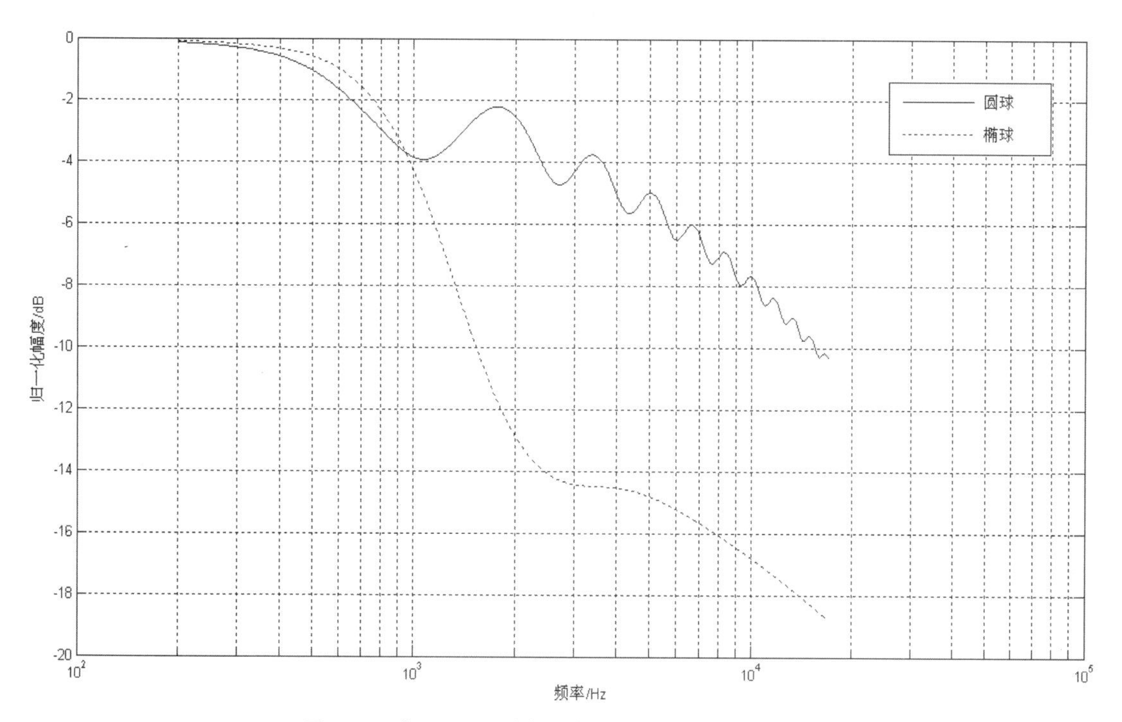

图 2.11　水平面－45°方位角入射时 2 种模型幅度谱

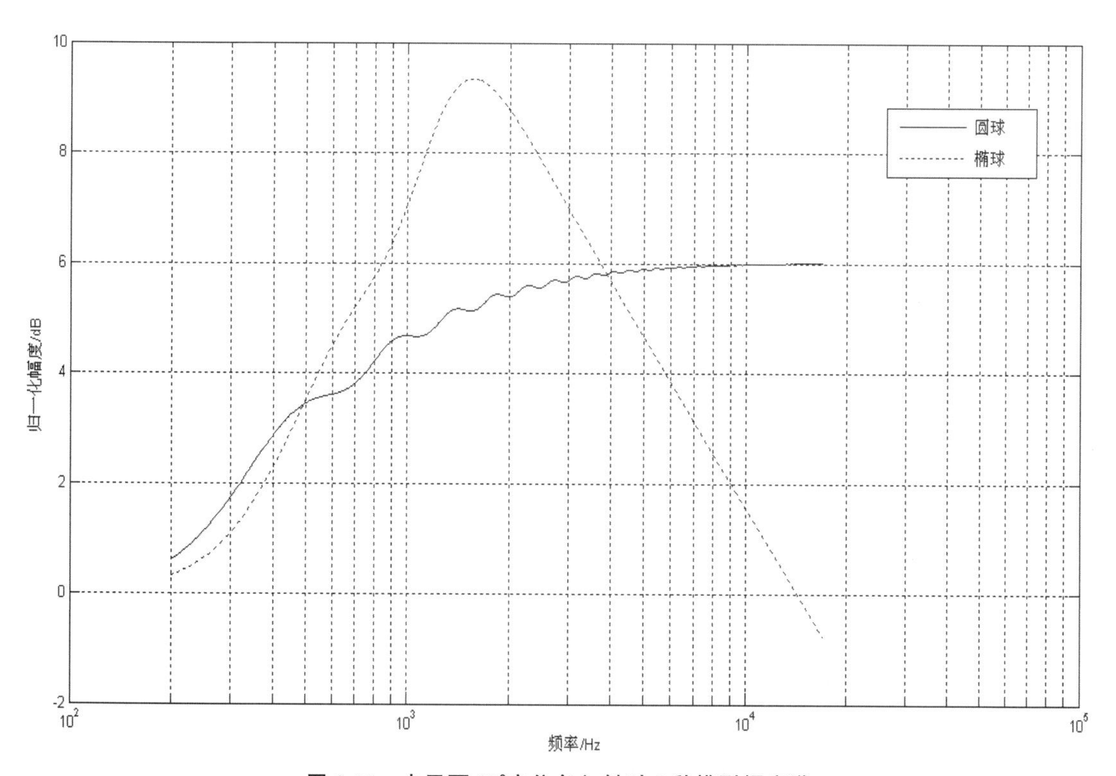

图 2.12　水平面 90°方位角入射时 2 种模型幅度谱

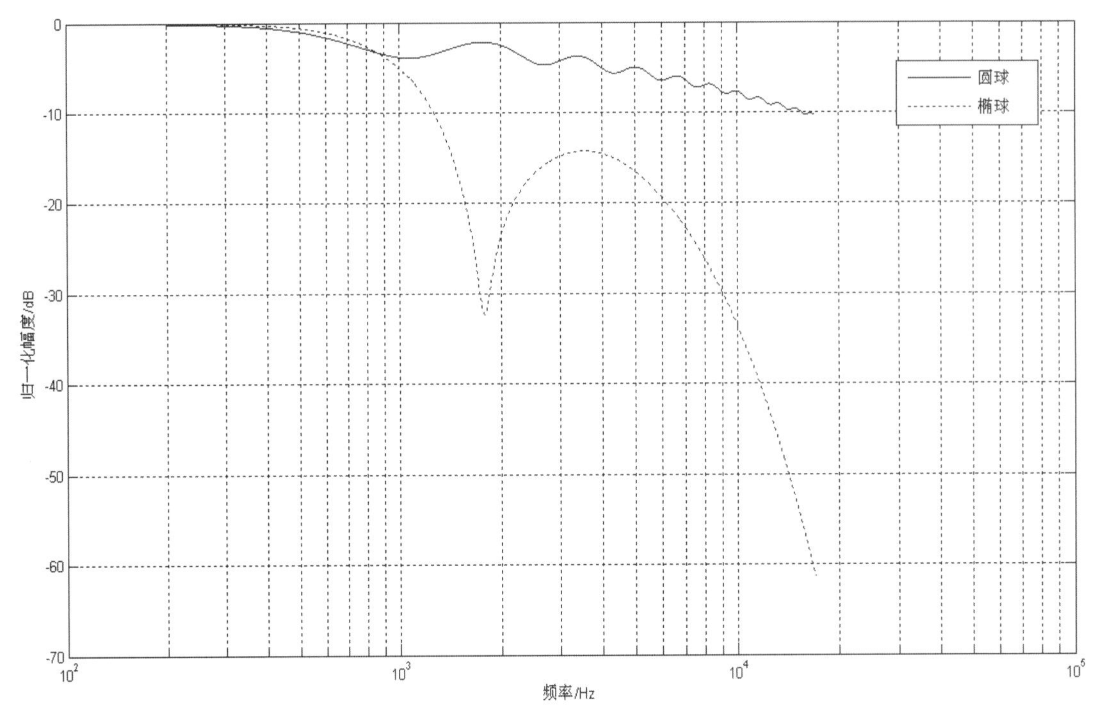

图 2.13　45°仰角、−90°方位角入射时 2 种模型幅度谱

2.3　头型与官能结构的影响

2.3.1　不同头型尺寸与官能结构的头模的测量

研究表明,头部尺寸以及头部的细节官能结构(如鼻子、耳廓、头发等)的差异,对 HRTF 均有一定的影响。为了更好地研究分析具有不同头型尺寸与官能结构的头模的声学特性差异,确定影响人工头模声学特性的主要因素,简化人工头模的细节结构,有必要对不同的人工头模进行 HRTF 测量。

分组对不同尺寸、不同结构的头模分别进行 HRTF 测量。一是对不同尺寸的简化椭球头模(1 号、2 号、3 号头模)进行 HRTF 测量,各头模均安装有统计学意义上的平均耳廓(标准耳),除耳廓外无其他任何官能结构;二是对不同官能结构的头模进行 HRTF 测量,包括简化头模(3 号头模)不加任何官能结构、加耳廓、加耳廓加鼻子、加耳廓加鼻子加头发及 BHead210(BHead210 及标准耳如图 2.2 所示)。图 2.14 给出了实验中用到的各个头模。所有头模的测量环境、方法等都是一致的,不同之处只是改变了头部尺寸,添加了耳廓等不同结构,弥补了理论计算的不足,使实验更具说服力与应用价值。

测量场所选在实验室短混响录音间。该房间长 4000mm,宽 3500mm,高 2500mm,墙壁厚 120mm;简易浮筑结构,下铺地毯,四周及顶棚铺设超细吸音棉且留有 50mm 空腔;混响时间在 125Hz 为 0.23s,250Hz 以上低于 0.1s;屋内外隔振量达到 60dB 左右;频率特性基本平直,低频略有提升;本底噪声的等效连续 A 声级为 19.7dB(空调关)。

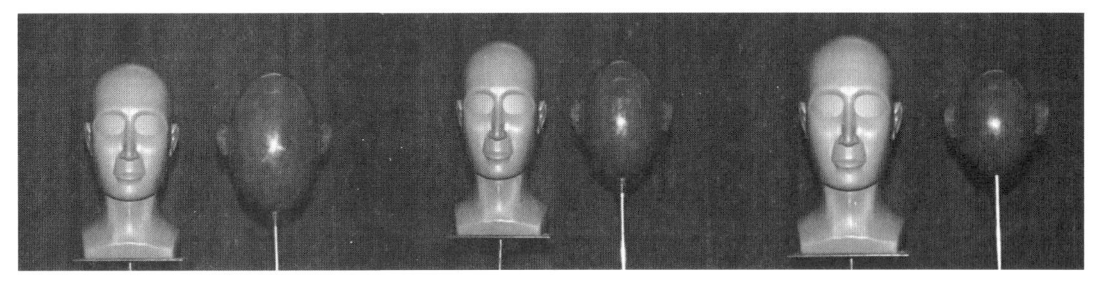

大、中、小简化头模与 BHead200

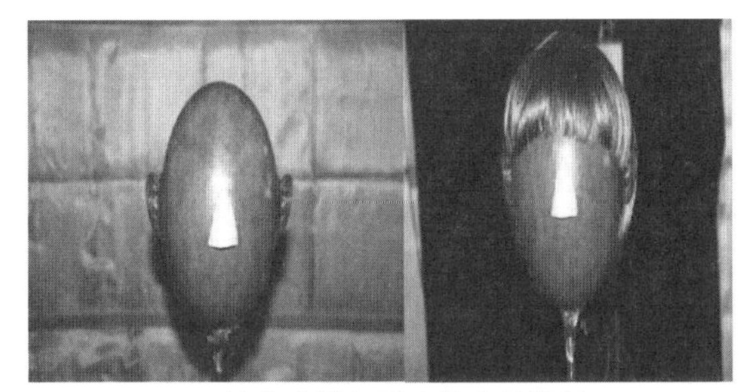

简化头模加耳廓等官能结构

BHead210

图 2.14　HRTF 测量实验中的头模

由于实验条件的限制，耳廓均用同样大小的标准耳。实验中要保证各部分耳廓安装角度的一致性，并且在不加耳廓时，要保证耳道入口处的位置与有耳廓时相同。鼻子由橡皮泥捏成简化结构，按《成年人头面部尺寸》(GB/T 2428—1998)国家标准中的尺寸成比例装在简化头模的相应位置处。头发部分则要保证露出耳廓，并将其捋顺。将准备好的仿真头模放置在支架的托盘上，仔细调整位置后使支架垂直杆的延长线过耳道入口连线的中点，用螺钉将人工头固定在托盘上；将简化头模直接架在支架上。调整支架高度使耳道入口距地面 1.2m。

测量采用 DPA 4060BM 微缩传声器。测量前，将其分别置于人工头左右耳道口处，顶端与耳道入口平齐，自然封闭。将四只同型号 3 英寸全频带音箱固定于支架或顶棚上，并进行调整，使每只音箱单元轴心指向头模中心，距其 1.2m(远场)；以头模正中水平面为基准，仰角分别为$-45°$、$0°$、$45°$、$90°$；使四只音箱保持在同一平面内。

完成前期人工头的安装及测量设备的搭建后，便开始 HRTF 的测量。具体测量过程为：由计算机产生采样频率为 44.1kHz、精度为 16bit、阶数为 13 的 MLS 序列，由声卡和功放馈给转换开关，转换开关将信号分配给四只音箱；利用放置于耳道入口处的传声器捡拾扬声器所发信号，传声器拾取信号经过话放和声卡，最终传入计算机。

测量时以方位角 $\Delta\theta=5°$ 为间隔由 $\theta=0°$ 开始旋转头模，在每个方位角上分别拾取仰角 $\varphi=\pm 45°$、$0°$ 三个扬声器的左右耳信号，顺时针旋转半周后，再记录 $\varphi=90°$ 的扬声器信号，得到全空间(除仰角$-90°$)以 5 度为分辨率的 217 个方位的信号。

对不同大小、不同结构的头模均按上述方法进行 HRTF 测量，最终得到不同情况下以 5 度为分辨率的 217 个方位的 1519 个信号。将得到的信号经去卷积运算得到原始的 HRIR。为了消除扬声器等系统对测量结果的影响，将扬声器取逆后的脉冲响应与原始 HRIR 进行卷积，从而实现扬声器频率响应的修正。最后，将得到的结果进行离散化傅里叶变换，得到头相关传输函数 HRTF。

2.3.2 不同头型尺寸与官能结构的头模的声学特性

根据对不同头型尺寸与官能结构的两组头模进行的 HRTF 测量，对这两组的测量结果进行分析。主要分析 3 个不同大小的椭球简化头模（加标准耳）HRTF 幅度谱特征，分别对声源位于 45°、−45°及 0°仰角时，不同方位角下不同大小头模的差异性进行分析。

声源位于水平面时不同大小简化头模的测量数据分析：

图 2.15～图 2.17 分别给出了大、中、小头模在水平面上不同方位角的 HRTF 幅度谱。

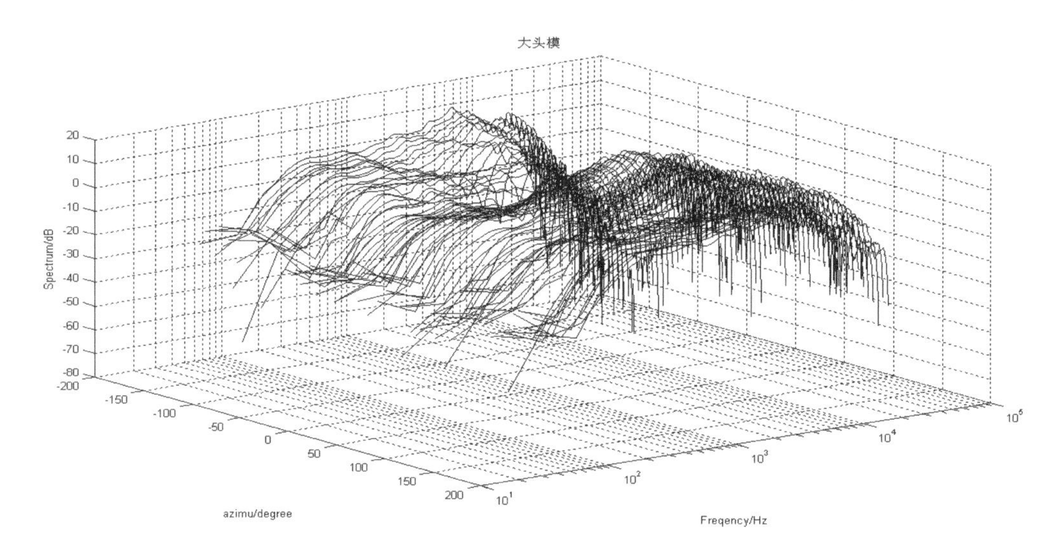

图 2.15 大头模在水平面不同方位角的 HRTF 幅度谱

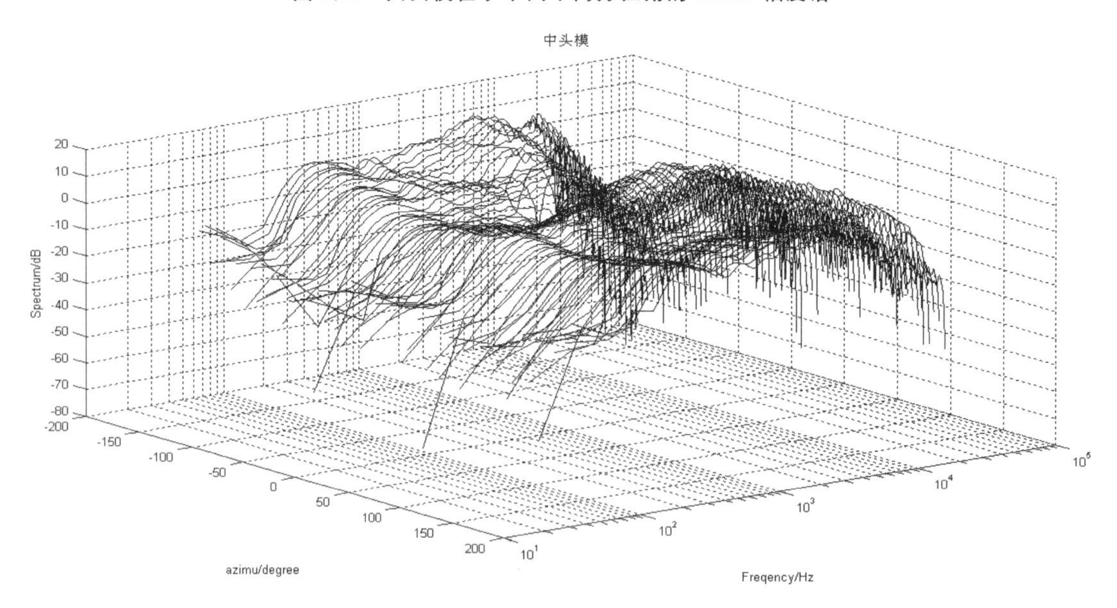

图 2.16 中头模在水平面不同方位角的 HRTF 幅度谱

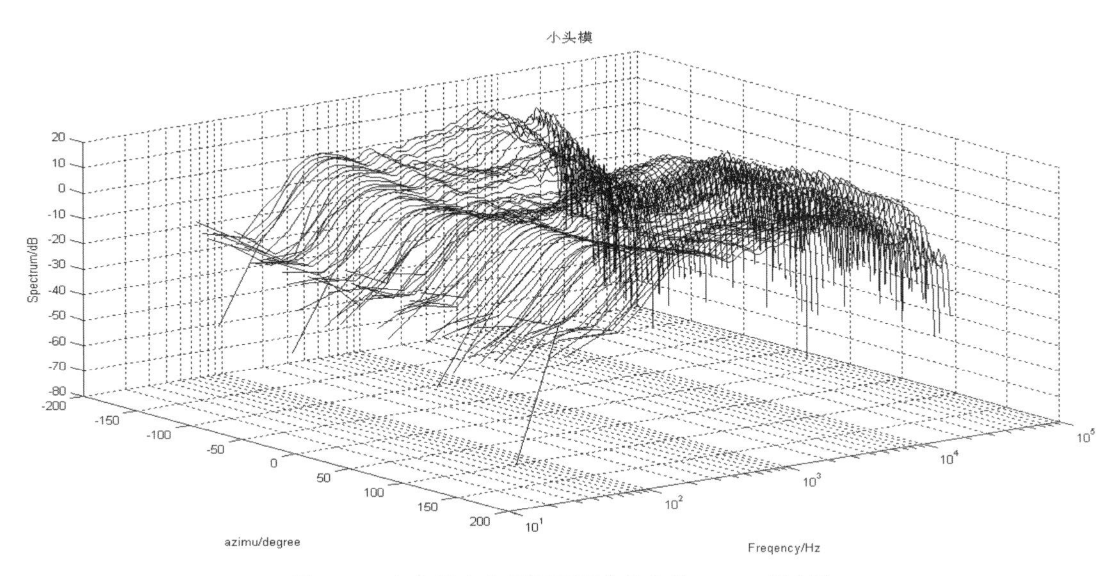

图 2.17　小头模在水平面不同方位角的 HRTF 幅度谱

由以上三个图可以看出，总体来说三者的差异不是很明显，幅度谱变化不大，但在某些方位小头模的幅度谱较其他两个头模在中高频有大约 3dB 的提升。相对于声源位于耳朵同侧的情况，其在异侧时头部尺寸的影响更加显著。

进一步比较可以看出，声源位于水平面耳朵同侧时，总体来说头部尺寸对 HRTF 幅度谱影响并不明显，差异性主要体现在幅度值与谷点尖锐度上，而谷点位置基本不变。声源位于头部右前方 0°～60°区域内，随头部尺寸的增大，谷点更加明显；而在头部右后方 135°～160°区域内，与前面的情况相反，随头部尺寸的减小，谷点更加明显。另外，在 65°～95°方位角范围内，3 个头模幅度曲线表现为大、中头模具有较好的一致性，而小头模则与之存在一定的幅度差异。随着声源向头右后方移动，3 个头模的谷点频率提高，直到声源位于 100°方位角时，第二谷点消失。整体来说，头部尺寸相差越大，其幅度谱差异也会越大。并且，相比在头前方，声源位于头后方时，头部尺寸对幅度曲线的影响较小，特别是在声源位于 100°～120°方位时，头部尺寸几乎对 HRTF 幅度谱没有影响。图 2.18～图 2.20 分别给出了声源位于水平面上耳同侧方向，方位角分别为 0°、90°、120°时不同大小头模的 HRTF 幅度谱。

图 2.21～图 2.23 分别给出了声源位于水平面上耳朵异侧－20°、－65°、－105°方位时不同大小头模的 HRTF 幅度谱。声源位于水平面耳朵异侧时，在头部左前方 0°～－30°处，头部尺寸几乎对 HRTF 幅度谱没有影响；在－35°～－65°处，头部尺寸的影响逐渐突出，具体表现为随着头部尺寸的增大，幅度值减小。并且，随着声源向头后方移动，差异增大。在头左侧中间区域－70°～－130°范围内，头部尺寸对幅度曲线的影响再度扩大，3 个头模的幅度曲线差异明显；在头部左后方－135°～－180°处，头部尺寸的影响减小，并且随着声源向头后方移动，影响越来越小，直到－160°～－180°方位角处，头部尺寸几乎对 HRTF 幅度谱没有影响。可见，声源位于水平面耳朵异侧时，头部尺寸主要在头部中间－70°～－130°方位处对幅度曲线影响显著，而在头部前方与后方区域影响较小。

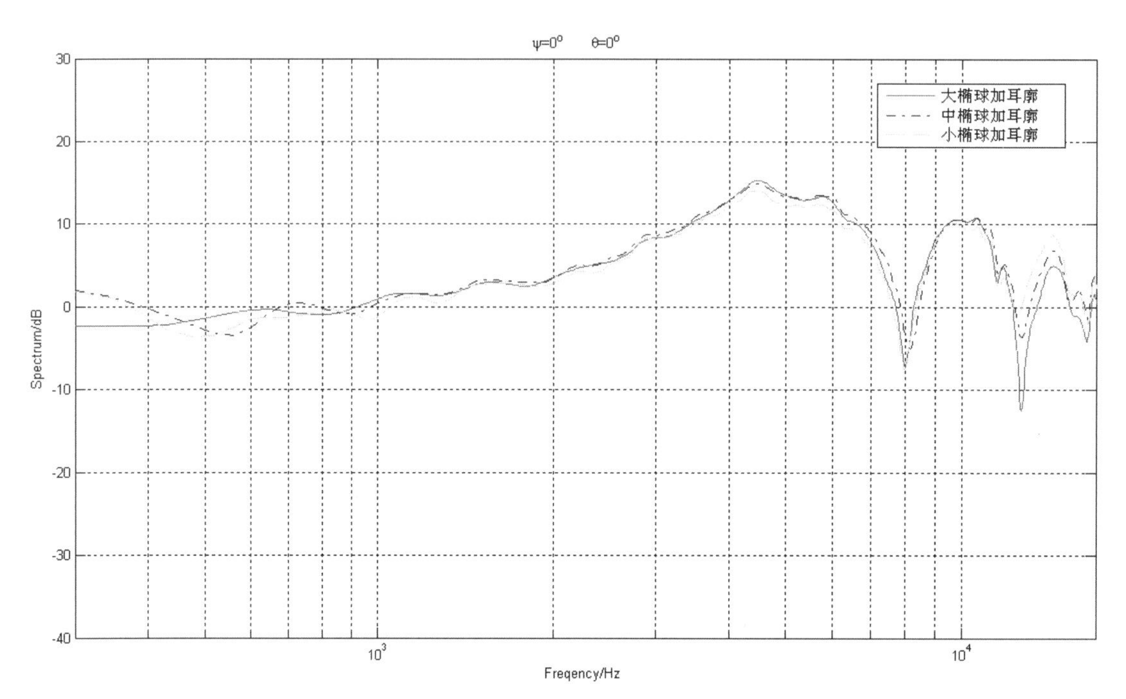

图 2.18 声源位于 0°仰角、0°方位角时 3 个头模幅度谱

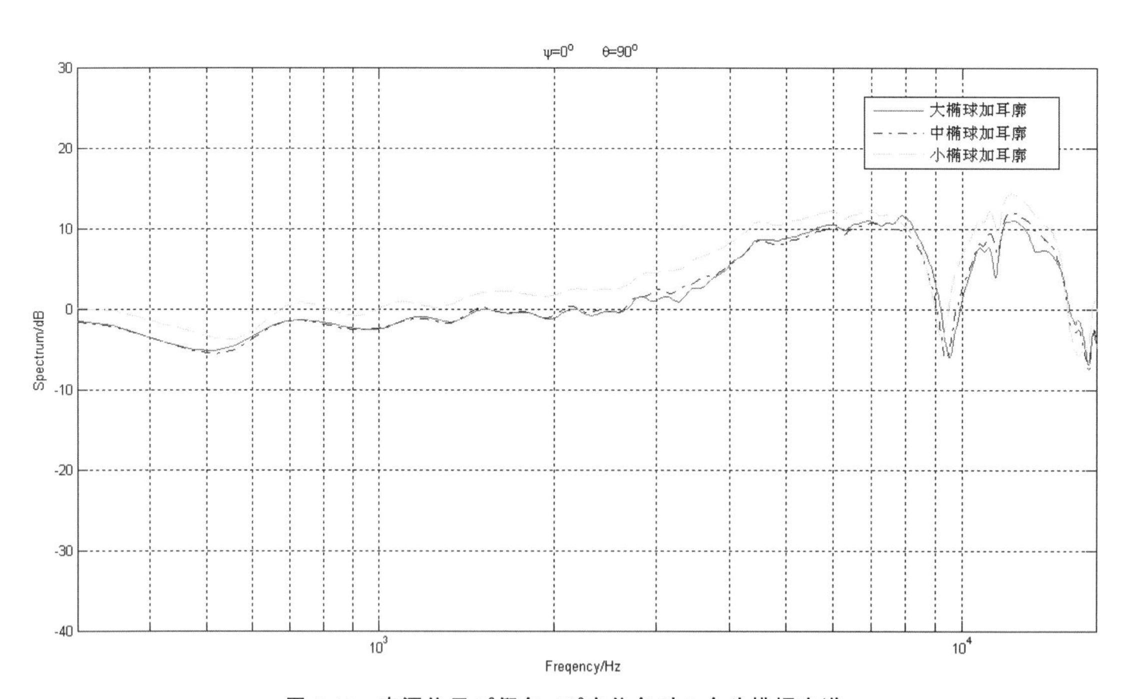

图 2.19 声源位于 0°仰角、90°方位角时 3 个头模幅度谱

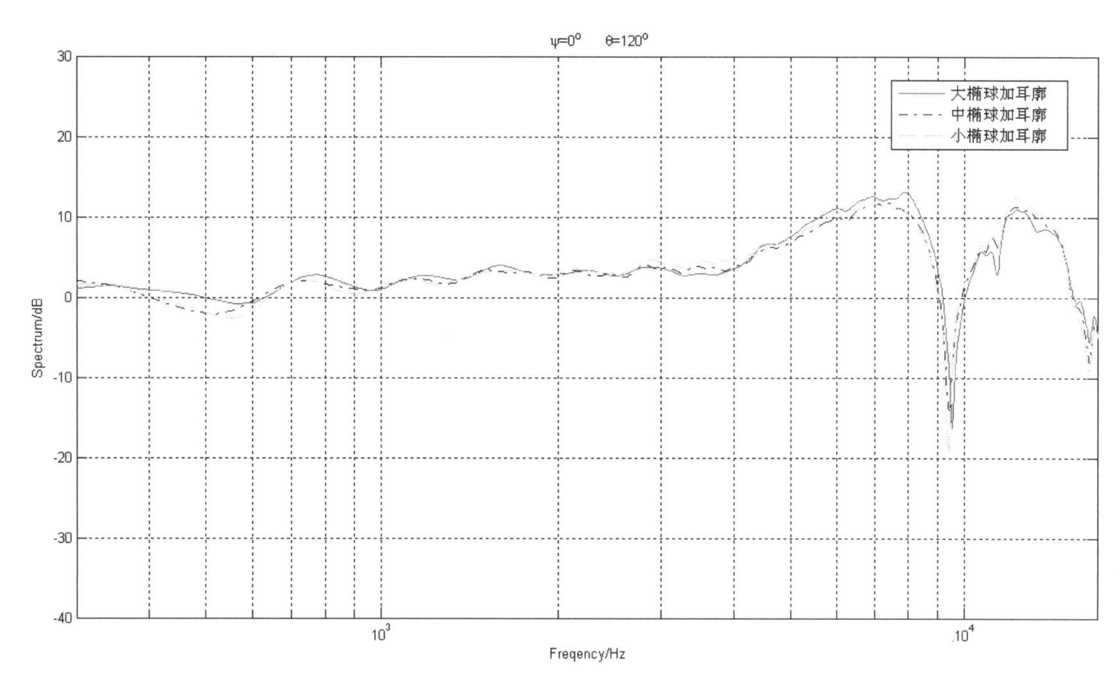

图 2.20　声源位于 0°仰角、120°方位角时 3 个头模幅度谱

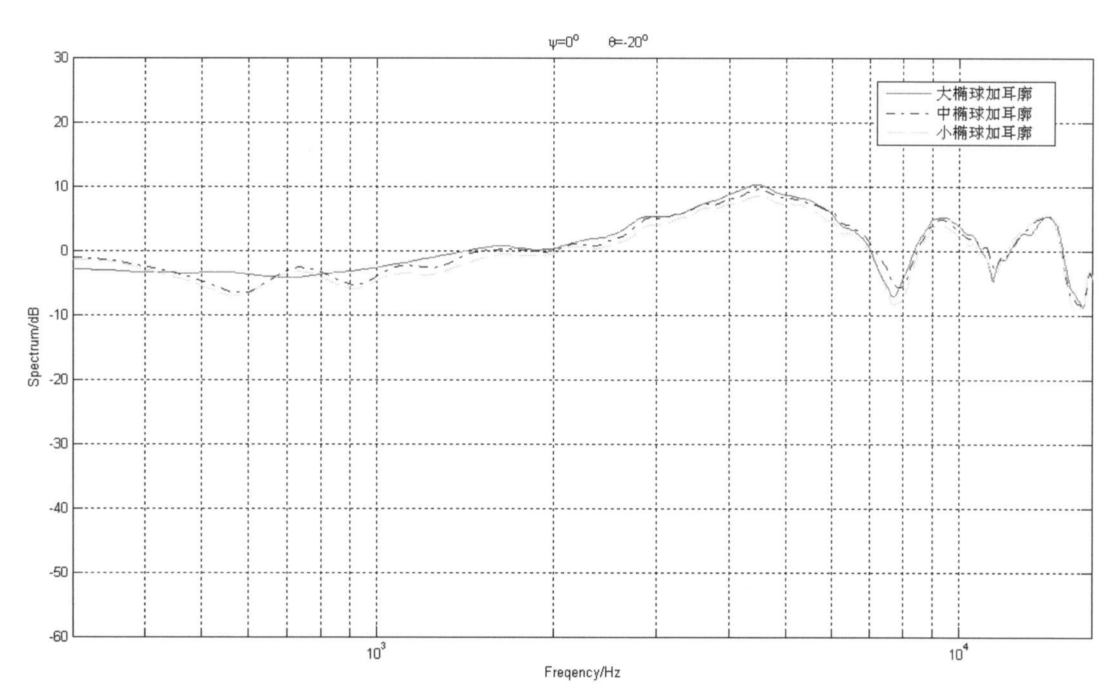

图 2.21　声源位于 0°仰角、－20°方位角时 3 个头模幅度谱

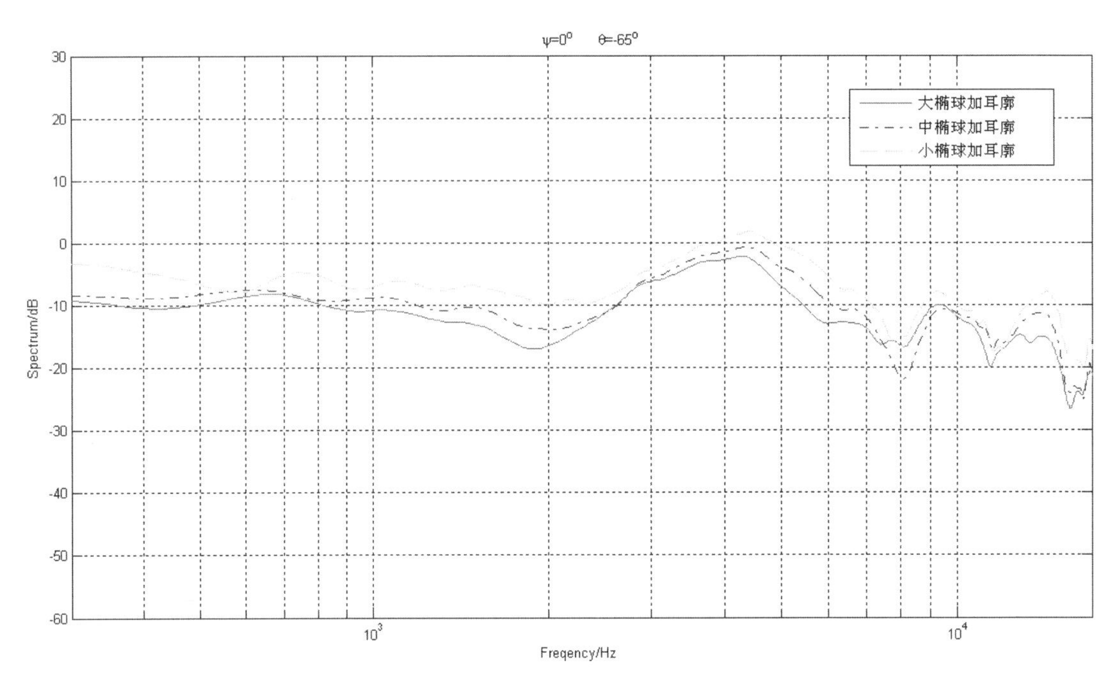

图 2.22　声源位于 0°仰角、−65°方位角时 3 个头模幅度谱

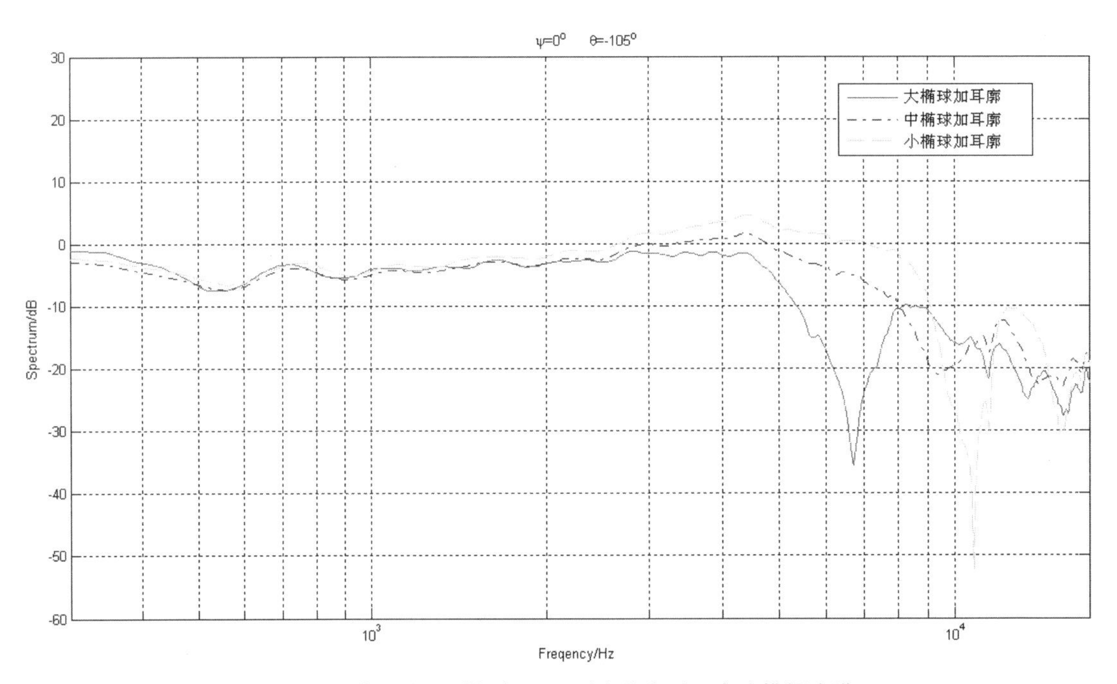

图 2.23　声源位于 0°仰角、−105°方位角时 3 个头模幅度谱

相比声源位于耳朵同侧的情况，声源位于耳朵异侧时 3 个头模的幅度谱差异更加明显。总体来说，声源位于水平面头部右后方 100°～120°、左前方 0°～－30°与左后方－160°～－180°时，头部尺寸几乎对 HRTF 幅度谱没有影响，而在头左侧中间区域－70°～－130°范围内，3 个头模具有明显差异。

声源位于 45°仰角时不同大小简化头模的测量数据分析：

声源位于 45°仰角时，整体来说 3 个头模的幅度谱差异不是很明显，相对于声源位于耳朵同侧的情况，声源位于耳朵异侧时头部尺寸的影响更加显著。声源位于耳朵同侧时，头部尺寸对幅度谱影响很小。在头部右前方 0°～150°方位处，头部尺寸的影响主要表现在幅度值存在一定的差异，但差别不大；在头部右后方 155°～180°方位处，3 个头模的谷点尖锐度存在较大差异，并且随着声源向头后方移动，高频处幅度曲线的峰值出现较大差别，随着头部尺寸的减小，峰值增大。整体来看，声源位于 0°～135°方位角范围内，3 个头模的谷点并不明显，特别是在 0°～40°方位处，并无谷点存在。而从 140°往后，谷点逐渐明显，特别是在 155°～180°方位处，谷点十分明显。相对来说，声源位于头部右前方 0°～150°方位处，头部尺寸对幅度谱影响较小，而在155°～180°范围内，影响较大。图 2.24～图 2.26 分别给出了声源位于 45°仰角耳朵同侧 35°、85°、170°方位时不同大小头模的 HRTF 幅度谱。

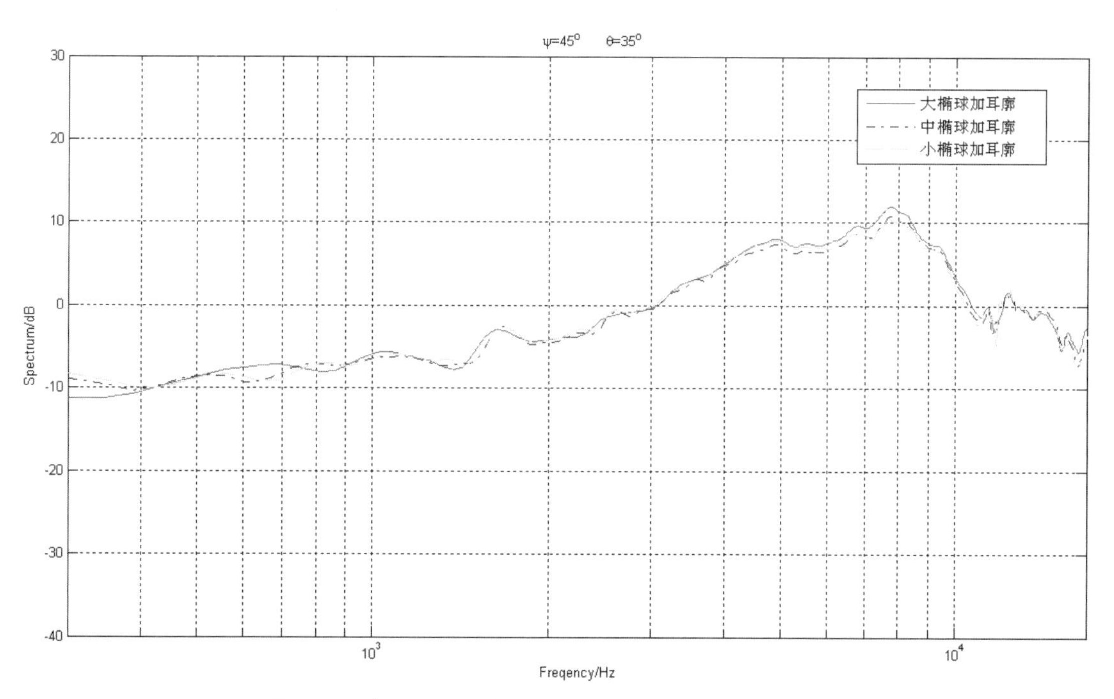

图 2.24　声源位于 45°仰角、35°方位角时 3 个头模幅度谱

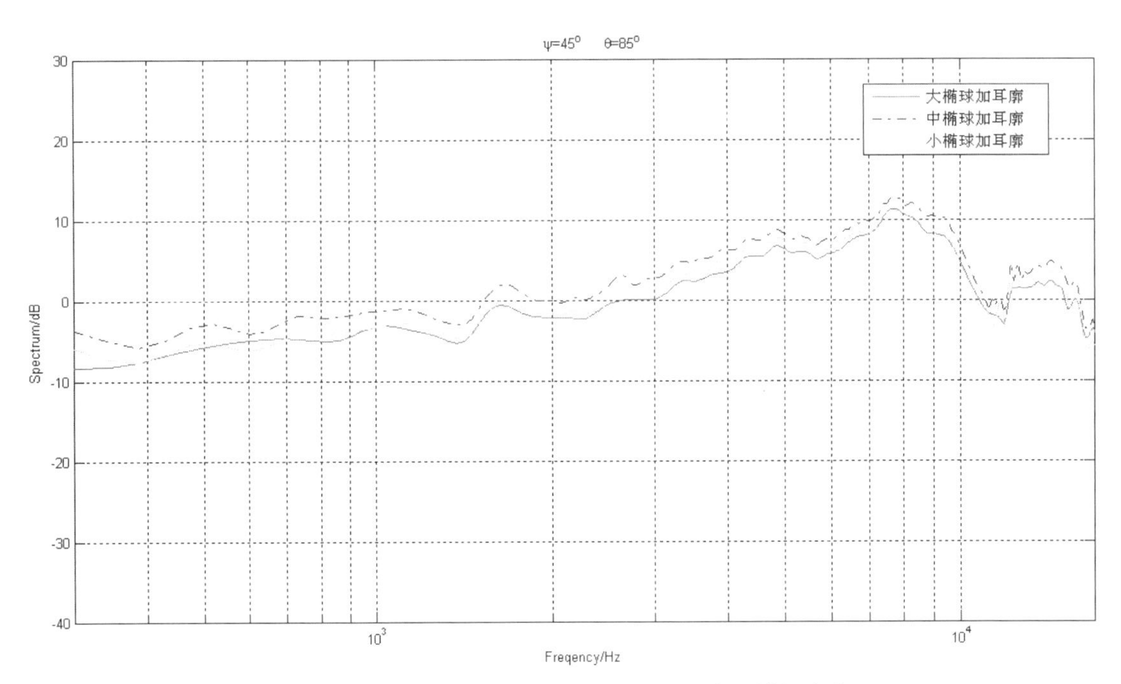

图 2.25 声源位于 45°仰角、85°方位角时 3 个头模幅度谱

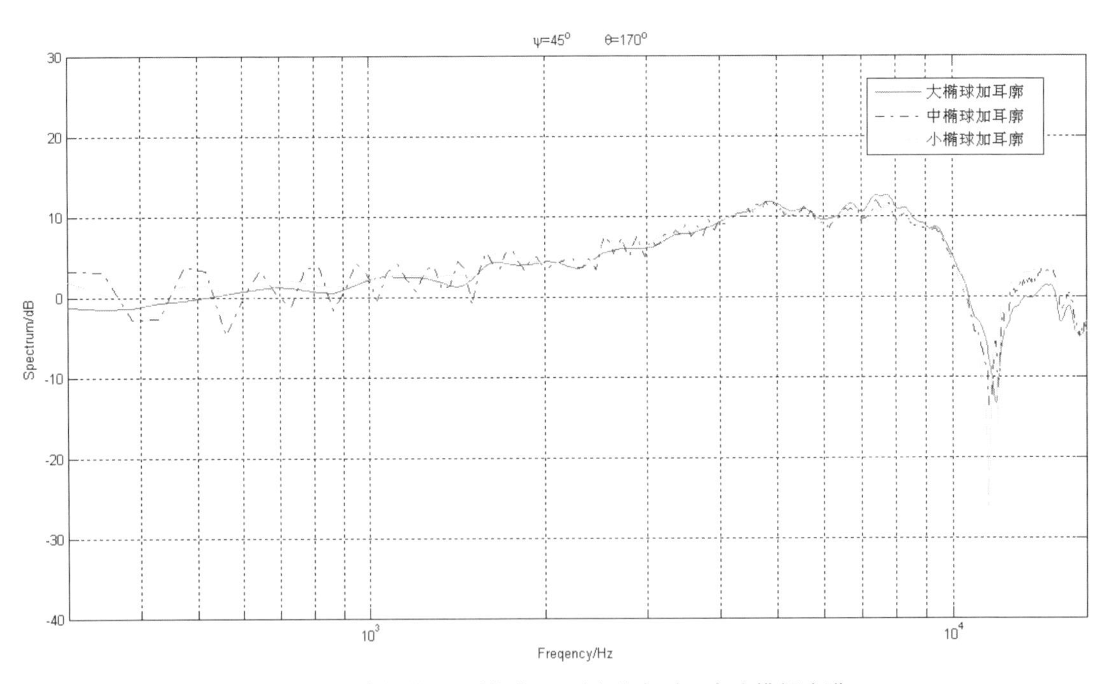

图 2.26 声源位于 45°仰角、170°方位角时 3 个头模幅度谱

图 2.27～图 2.29 分别给出了声源位于 45°仰角、耳朵异侧－60°、－90°、－160°方位时不同大小头模的 HRTF 幅度谱。声源位于 45°仰角耳朵异侧时，3 个头模的 HRTF 幅度谱差异不大。相对于大头模，中小头模具有更好的一致性。在头部左前方 0°～－90°方位处，3 个头模在 f＝15kHz 左右处均具有明显的耳廓谷，并且谷点尖锐度存在较大差异，但谷点位置差别不大。在中频处，除－40°～－55°、－80°～－90°方位处出现了一定的幅度差异，3 个头模均具有较好的一致性；在头部左后方－95°～－180°方位处，谷点逐渐变得不明显，直到－120°时谷点消失。同时，头部尺寸的影响变小，并且随着声源向头后方移动，影响越来越小，直到－155°～－165°方位处，头部尺寸几乎对幅度谱没有影响。另外，在－80°～－105°方位处，中小头模在 f＝12kHz 左右出现了一个明显的谷值，与大头模存在显著差异。整体来看，声源位于头部左后方时三者的一致性要好于左前方的情况。可见，声源位于耳朵异侧时，头部尺寸主要在头部前方区域对幅度谱产生影响。

总体来说，声源位于 45°仰角时，头部尺寸对幅度谱影响不大。相对于耳朵同侧，声源位于耳朵异侧时三者的差异更加突出。另外，声源位于耳朵同侧 0°～135°、异侧－95°～－180°方位处，3 个头模的谷点不明显，而在 140°～180°、0°～－90°方位处谷点十分突出，并且谷点尖锐度存在较大差异，而谷点位置却差别不大。总体来说，声源位于 45°仰角、头部右前方 0°～150°与左后方－95°～－180°方位处，头部尺寸对幅度谱影响较小，而在右后方 155°～180°与左前方 0°～－90°方位处，则影响较大。可见，声源位于 45°仰角时，头部尺寸主要对头部右后方与左前方入射声源的 HRTF 幅度谱产生影响。

当声源位于－45°仰角时不同大小简化头模的测量数据分析：

当声源位于－45°仰角时，整体来说中小头模具有较好的一致性，而大头模则与它们存在一定的差异，并且在高频处差异更加明显。同时，相对于耳朵同侧，声源位于耳朵异侧时

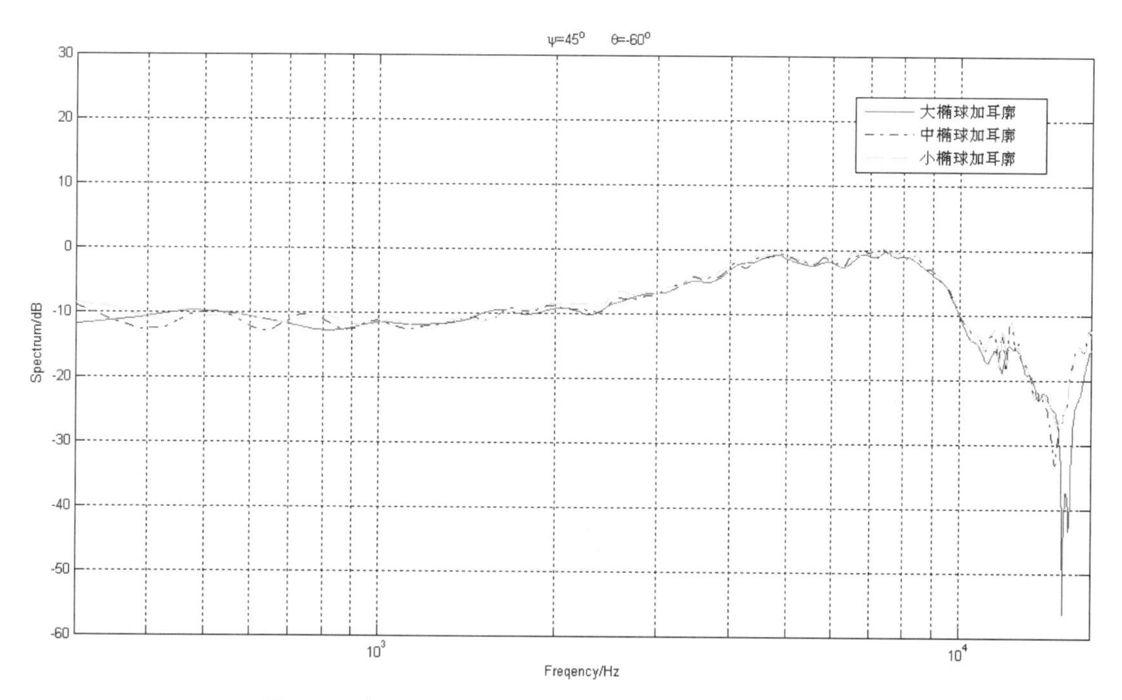

图 2.27　声源位于 45°仰角、－60°方位角时 3 个头模幅度谱

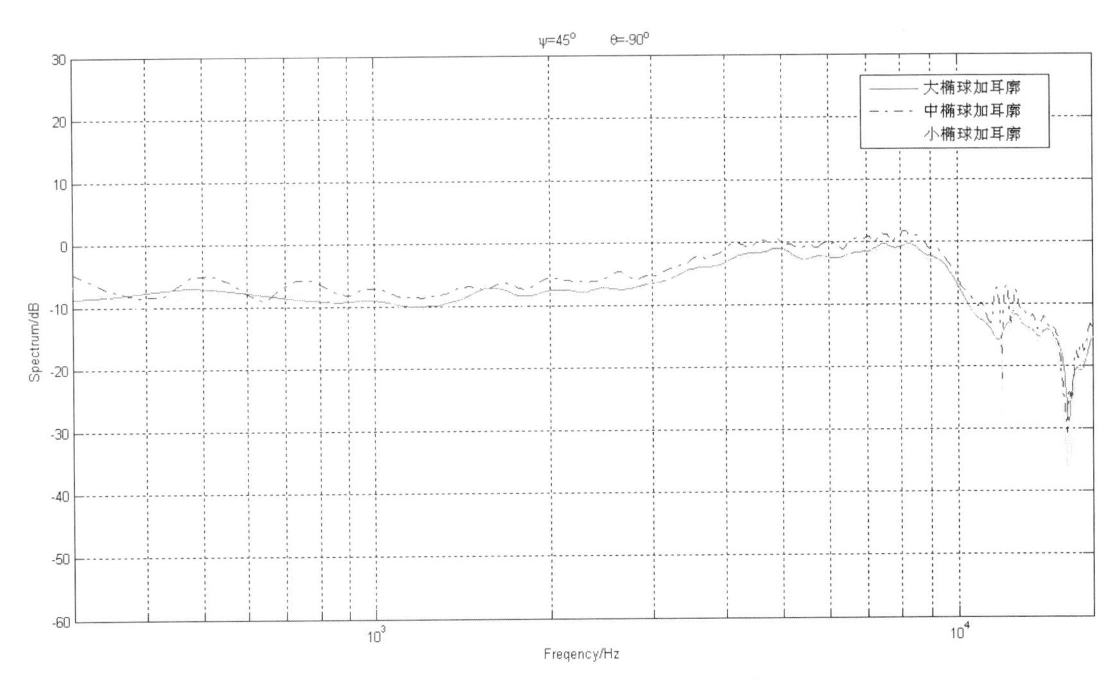

图 2.28　声源位于 45°仰角、−90°方位角时 3 个头模幅度谱

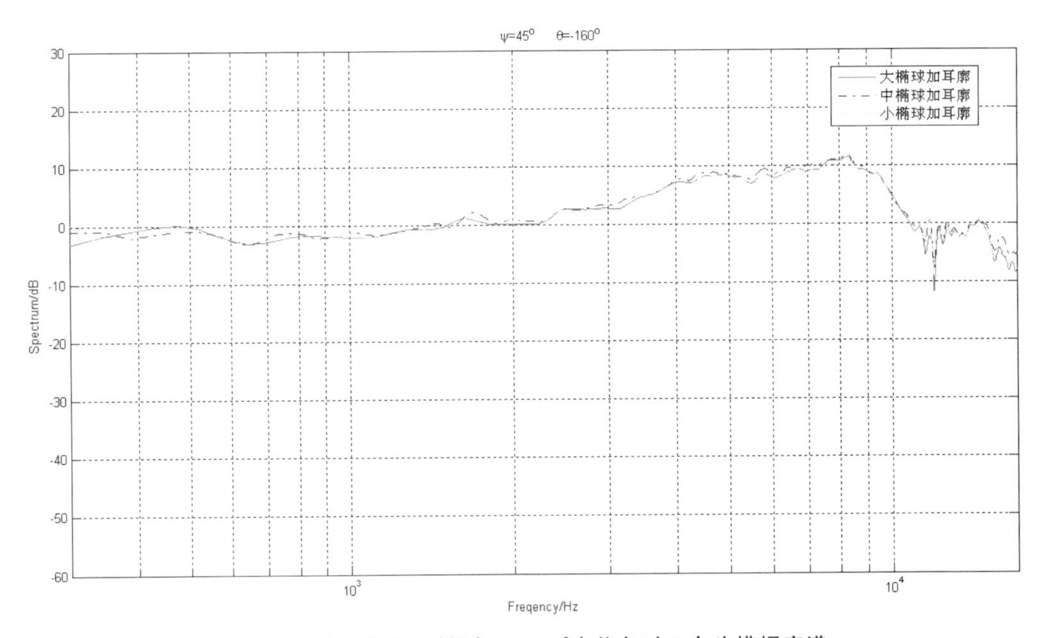

图 2.29　声源位于 45°仰角、−160°方位角时 3 个头模幅度谱

头部尺寸的影响更加突出。声源位于耳朵同侧时，头部尺寸对 HRTF 幅度谱影响不大。相对于大头模，中小头模具有更好的一致性。在头部右前方 0°～140°方位处，总体来说，中频处中小头模具有较好的一致性，大头模则幅度值略小于它们；在高频处 3 个头模均具有明显的第一、第二谷点，并且随着头部尺寸的增大，第一谷点深度变浅，而第二谷点则更加明显，但谷点位置却差别不大；在右后方 145°～180°方位处，3 个头模的谷点变得不明显，并且差异变

小,头部尺寸对幅度曲线影响较小。另外,随着声源向头右后方移动,谷点频率升高,直到 180°方位处第二谷点消失。图 2.30～图2.31分别给出了声源位于－45°仰角耳朵同侧 25°与 180°方位时不同大小头模的 HRTF 幅度谱。

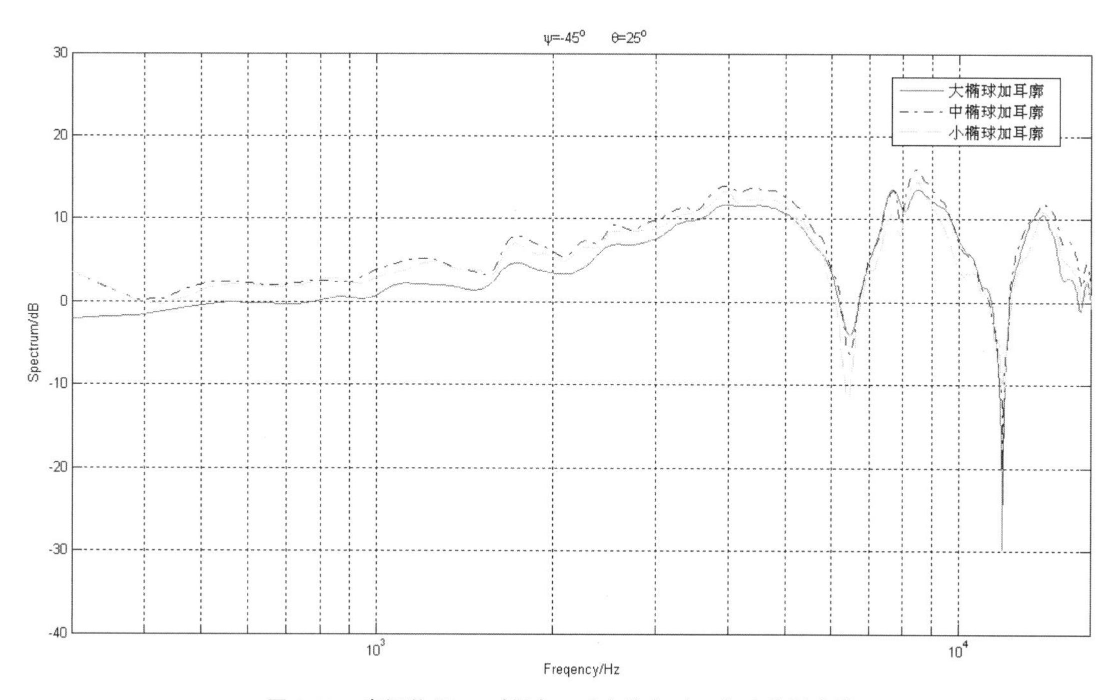

图 2.30　声源位于－45°仰角、25°方位角时 3 个头模幅度谱

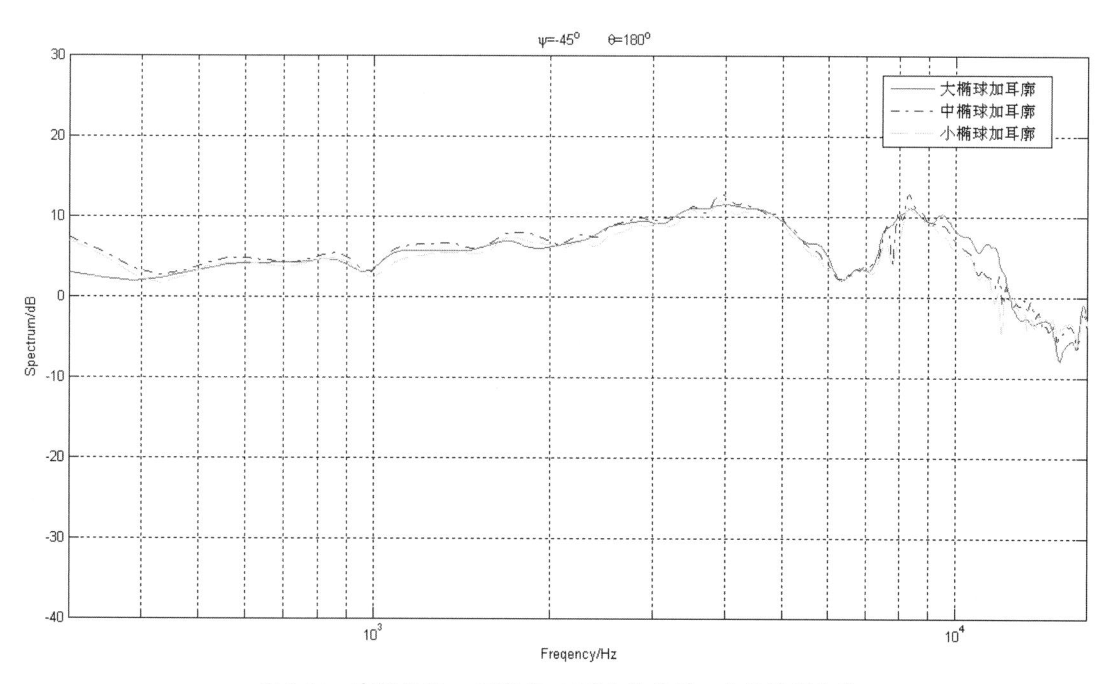

图 2.31　声源位于－45°仰角、180°方位角时 3 个头模幅度谱

图 2.32～图 2.34 分别给出了声源位于－45°仰角耳朵异侧－40°、－135°、－175°方位时不同大小头模的 HRTF 幅度谱。声源位于－45°仰角耳朵异侧时，3 个头模幅度谱的差异主要表现为大头模与中小头模之间的差别。在头部左前方 0°～－60°方位处，3 个头模的幅度值存在一定的差异。特别是当声源位于－35°～－45°方位角时，中头模在 f＝6kHz 处出现了一个明显的谷点，与大小头模存在较大差别；在头部左侧中间区域－65°～－140°方位处，大头模与中小头模出现了明显的不同，具体表现为中频处幅度值小于中小头模，高频处谷点尖锐度甚至是波形出现了较大差别。而中小头模则相对来说差别较小，差异主要体现在幅度与谷点尖锐度上。总体来说，3 个头模的谷点位置差别不大。在头部左后方－145°～－180°方位处，大头模依然与中小头模存在一定的差异，但此时主要体现在高频 f＞10kHz 处，并且随着声源向头后方移动，差异变小。而中小头模则具有较好的一致性。整体来看，声源位于耳朵异侧头部左前方与左后方区域，头部尺寸对幅度谱的影响较小，而在头部左侧中间区域，则影响较大。

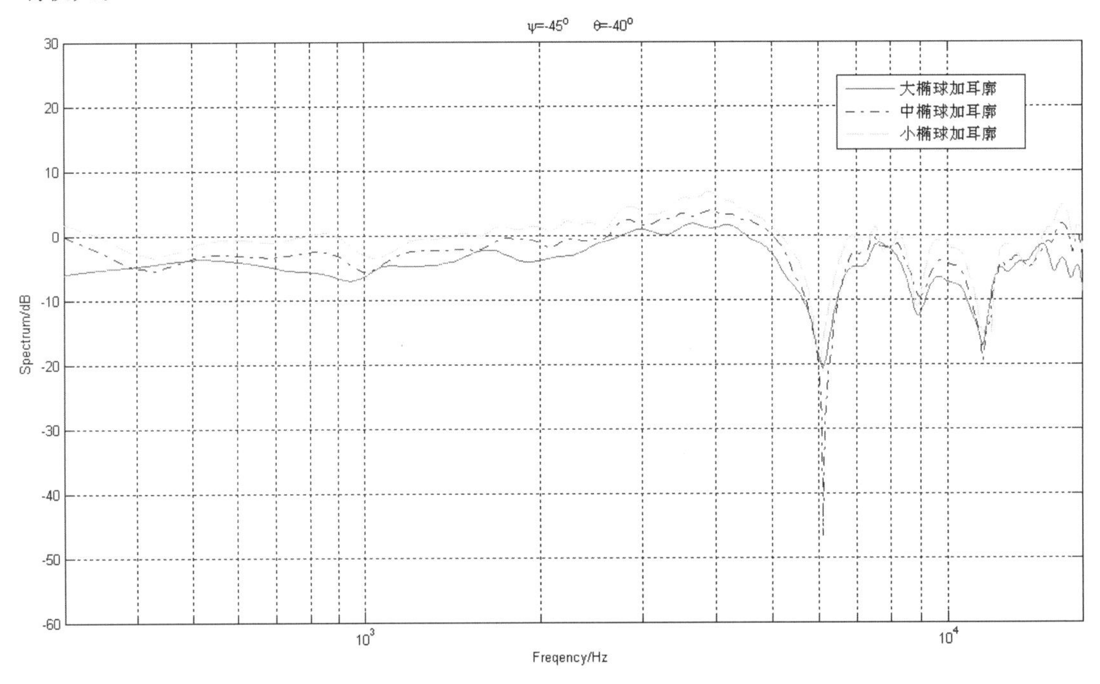

图 2.32 声源位于－45°仰角、－40°方位角时 3 个头模幅度谱

总体来说，当声源位于－45°仰角时，头部尺寸对幅度谱影响较大，特别是在声源位于耳朵异侧时，影响更加突出。同时，大头模与中小头模差异明显，而中小头模则具有较好的一致性。当声源位于头部前方时，3 个头模具有明显的谷点，而到了头部后方，谷点变得不明显。总体来说，声源位于头部右后方、左前方与左后方方位处，头部尺寸对幅度谱的影响较小，而在耳朵异侧头部中间区域则影响较大，并且尤其以大头模与中小头模差异明显。

前面分别对声源位于 0°、45°、－45°仰角时不同大小头模的 HRTF 幅度谱进行了分析。将结论进行对比归纳，发现头部尺寸对 HRTF 幅度谱的影响呈现如下特点：

①相比耳朵同侧，声源位于耳朵异侧时不同大小头模的差异更加明显。

②在水平面时，头部尺寸的影响在耳朵同侧与异侧差别很大，而在 45°与－45°仰角时则

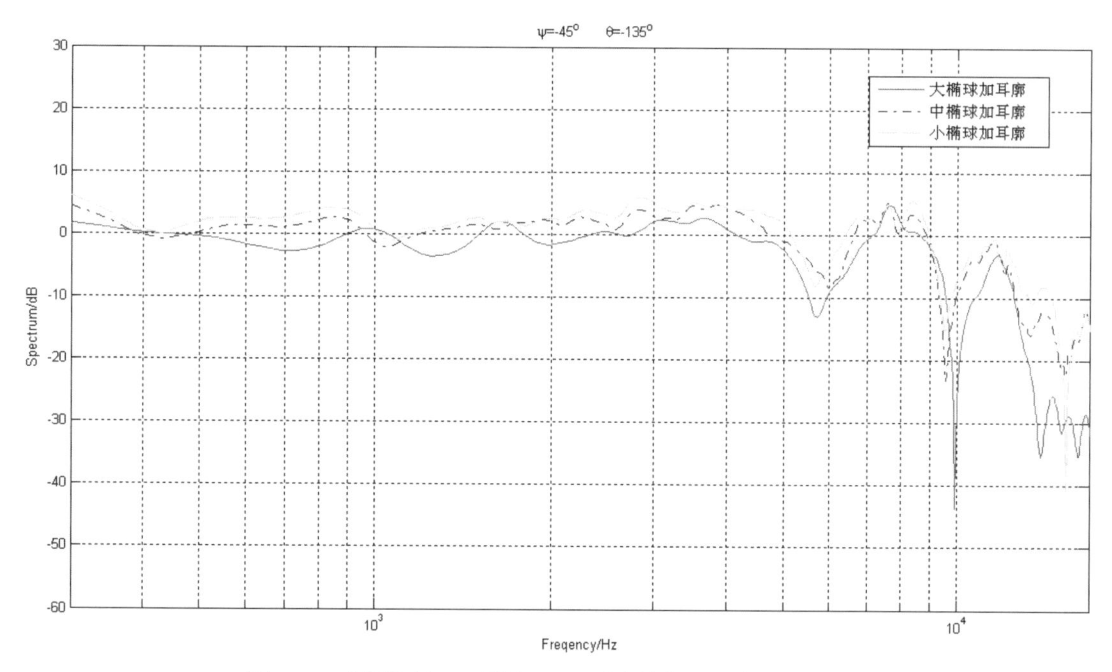

图 2.33　声源位于－45°仰角、－135°方位角时 3 个头模幅度谱

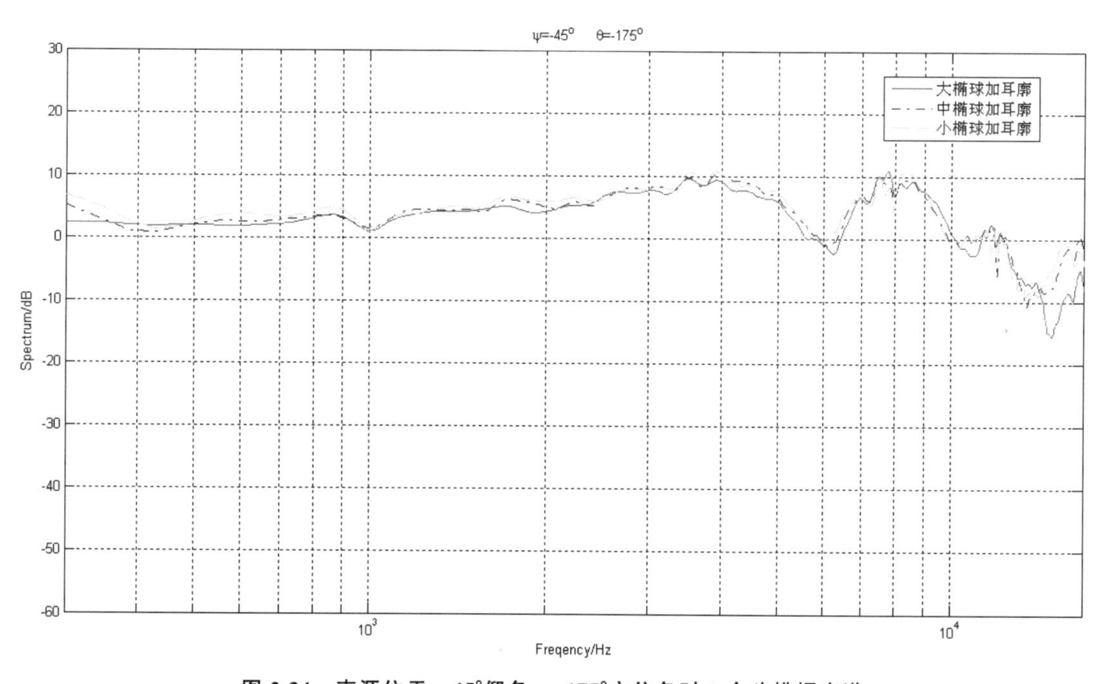

图 2.34　声源位于－45°仰角、－175°方位角时 3 个头模幅度谱

没那么明显。可见,耳廓对于垂直方向声源定位的作用更加突出。

③声源位于 0°仰角耳朵同侧与 45°仰角时,不同大小头模的幅度谱差异较小,而在－45°仰角与 0°仰角耳朵异侧时,则差别明显,并且尤以 0°仰角耳朵异侧－70°～－130°方位处更加突出。

④相对于大头模,中小头模具有更好的一致性,并且当声源位于－45°仰角耳朵异侧时

更加突出。

⑤0°仰角，水平方位角为100°～120°、0°～－30°、－160°～－180°，以及45°仰角，水平方位角为0°～150°、－95°～－180°时，头部尺寸几乎对HRTF幅度谱没有影响；而0°仰角，水平方位角为－70°～－130°，以及－45°仰角，水平方位角为－65°～－140°时，头部尺寸的影响十分突出，并且在－45°仰角时尤以大头模与中小头模的差异明显。

2.3.3 不同官能结构的影响

以下对带有不同官能结构的简化头模及仿真头模BHead210的HRTF幅度谱特征进行对比分析。这一过程分三部分进行，分别为声源位于45°、－45°、0°仰角时不同官能结构头模的测量数据分析。每部分内容又分为两个方面，一是从整体上把握不同方位角处不同官能结构头模的幅度谱特性；另一个则要分别分析声源位于不同方位角时头部官能结构对HRTF幅度谱的影响，同样分别考虑声源位于耳同侧和位于耳异侧的情况。

(1)声源位于水平面时不同官能结构头模的测量数据分析

首先对声源位于水平面不同方位角时，不同官能结构头模HRTF幅度谱的异同进行整体分析。图2.35～图2.39分别给出了不加耳廓等任何结构、加耳廓、加耳廓加鼻子、加耳廓加鼻子加头发情况下的大头模及BHead210在水平面不同方位角的HRTF幅度谱。

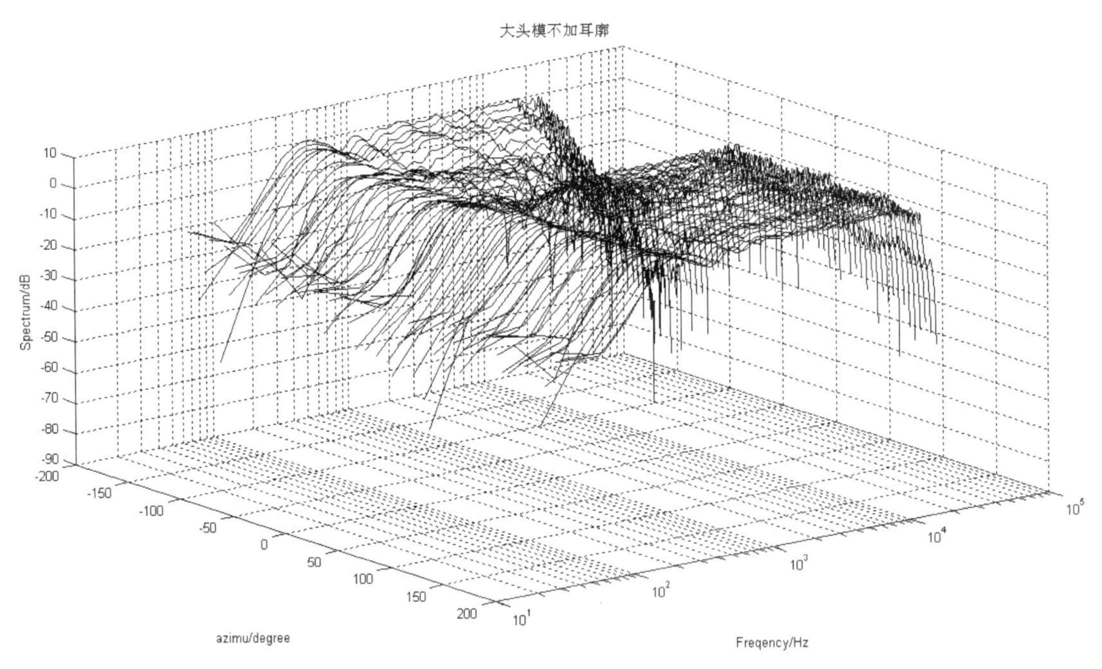

图2.35　不加耳廓等任何结构时大头模在水平面不同方位角的HRTF幅度谱

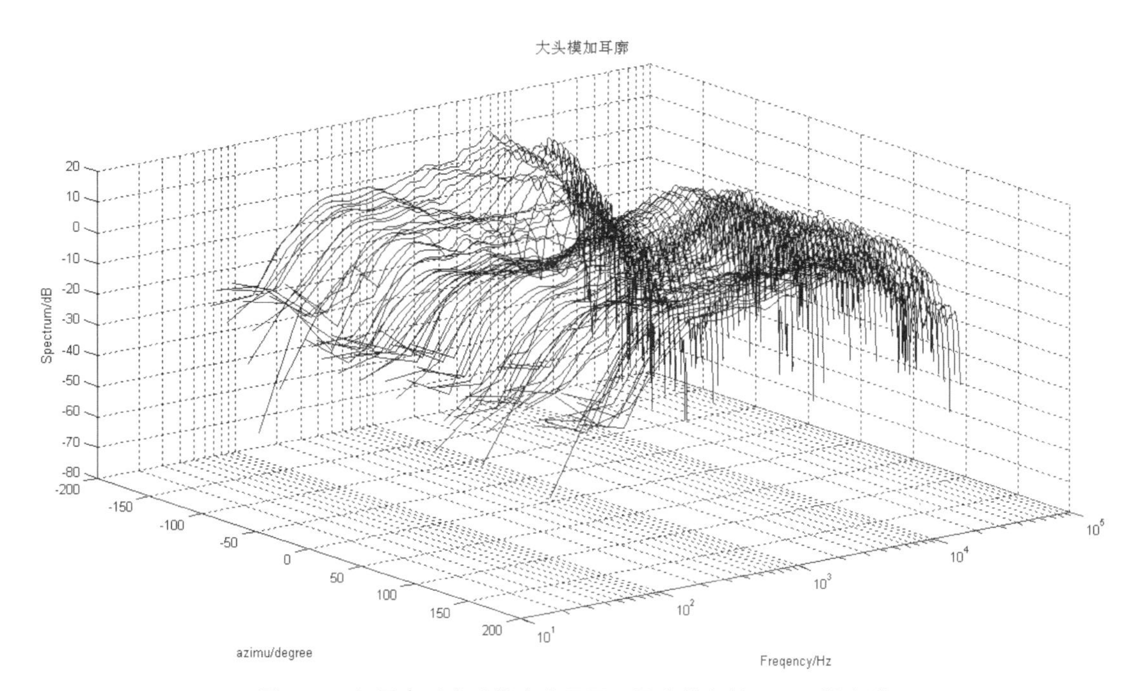

图 2.36　加耳廓时大头模在水平面不同方位角的 HRTF 幅度谱

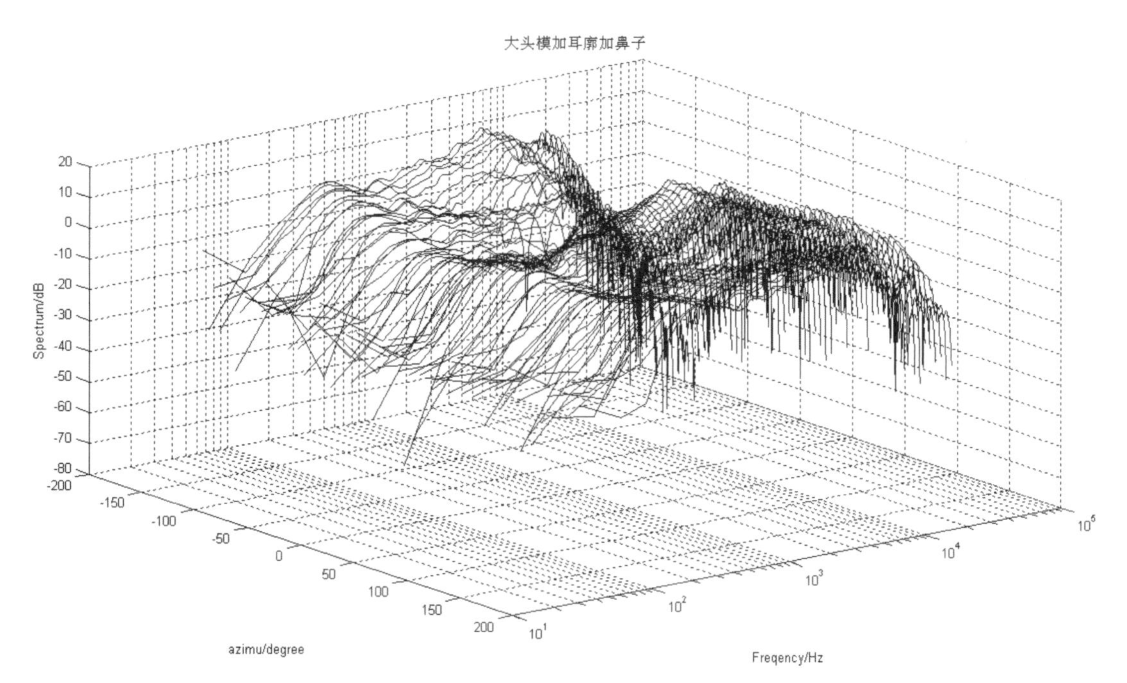

图 2.37　加耳廓加鼻子时大头模在水平面不同方位角的 HRTF 幅度谱

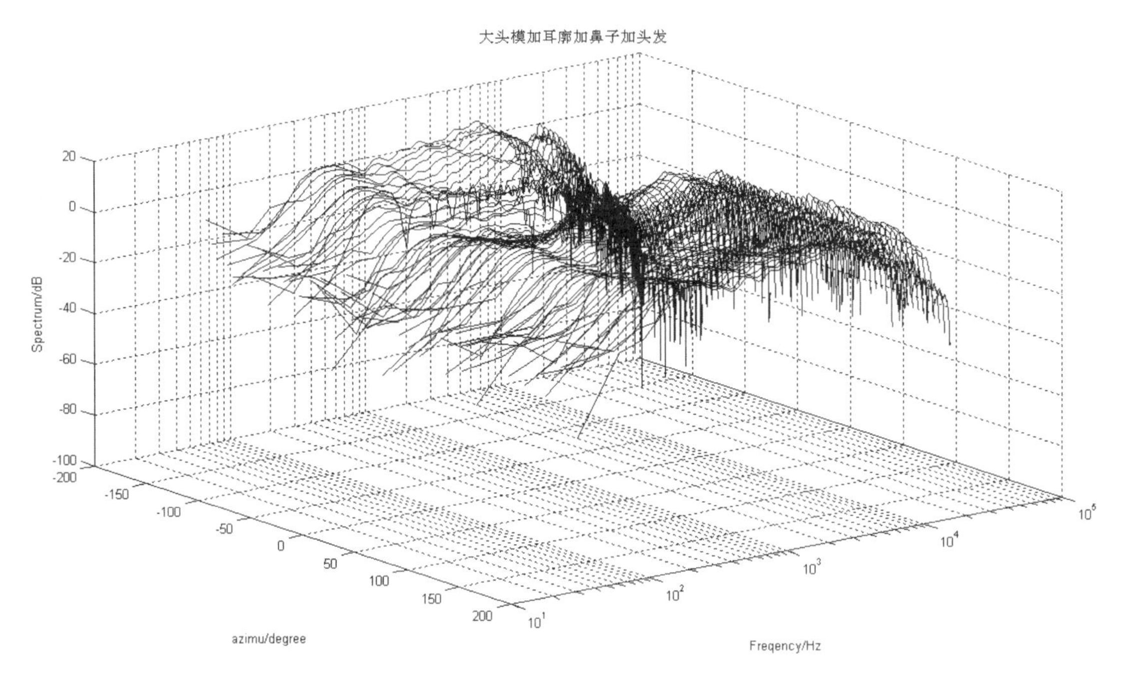

图 2.38　加耳廓加鼻子加头发时大头模在水平面不同方位角的 HRTF 幅度谱

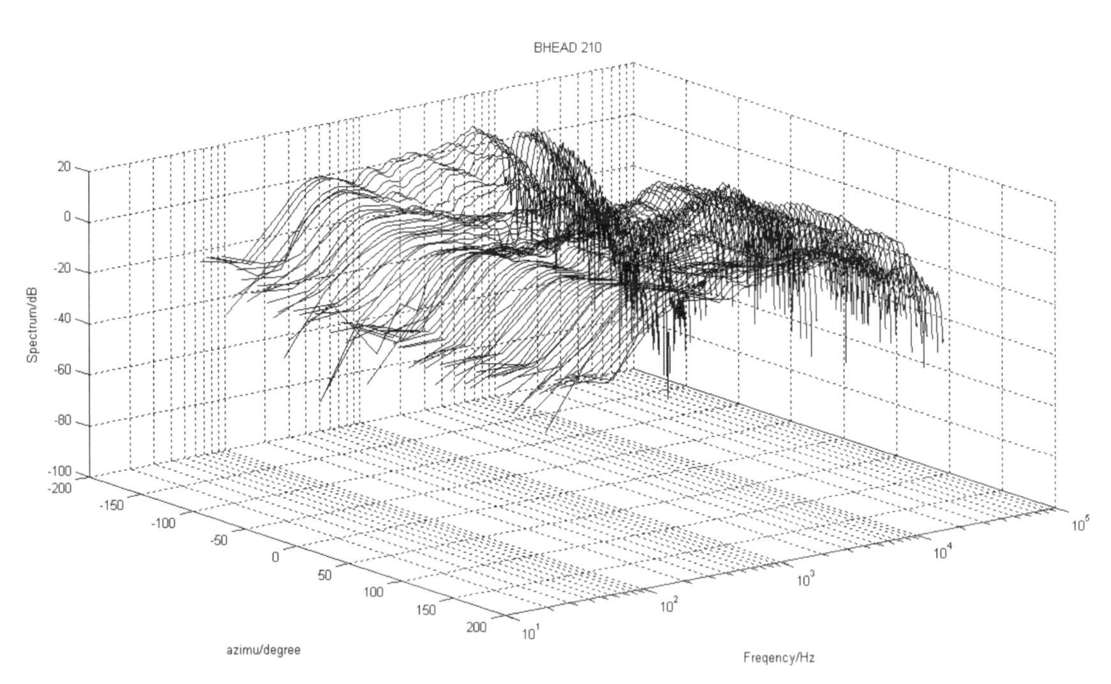

图 2.39　BHead210 在水平面不同方位角的 HRTF 幅度谱

从图中可以看出，耳廓的有无会对 HRTF 幅度谱带来一定的影响。没有耳廓时幅度曲线比较平整，尤其是在高频处这种特性更加突出。大头模不加头发时幅度曲线差别不大，而加头发则会出现一定的差异，并且在高频处头后方差异更加明显。总体来说，BHead210 与添加不同结构的大头模存在较明显的差别，并且同样在高频处差异更加突出。整体上，相对于耳朵同侧，声源位于耳朵异侧时不同官能结构的影响更加明显。

进一步分析发现，声源位于水平面耳朵同侧时，不加耳廓的幅度谱十分平滑，没有明显的峰和谷，与带有耳廓的头模存在明显差别。而有耳廓时再加鼻子、头发等其他结构，幅度谱差别不大。差异在中频处主要体现为幅度值略有不同，而在高频处则表现为谷点尖锐度存在较大差异，谷点位置则具有较好的一致性。可见，相对于其他头部结构，耳廓对 HRTF 幅度谱的影响更加突出。相对于 BHead210，带有不同官能结构的大头模具有更好的一致性。尤其是在头部右前方 0°～20°与右后方 160°～180°方位处，BHead210 与大头模差别较大。当声源位于头部右后方 100°～180°时，头发对幅度谱的影响逐渐突出，而鼻子则影响很小；在 100°～140°时加头发使得谷点更加明显，特别是在 105°～115°方位处，带头发的头模的幅度谱在中频处出现较大的波动；而在 165°～180°方位处，加头发使得幅度曲线的波形在高频处出现较大改变，并且随着声源向头后方移动，差异更加明显。声源位于头部右前方时，随着声源向后移动，谷点频率增加，并且尤以第二谷点频率变化更明显，以至到 90°方位处，第二谷点消失。总体来说，声源位于头部右后方 90°～130°方位处带有不同官能结构的头模具有较好的一致性，在 50°～130°方位处带有不同官能结构的大头模具有较好的一致性，而在头部右前方 0°～20°、右后方 160°～180°方位处不同官能结构对 HRTF 幅度谱影响显著。可见，声源位于水平面耳朵同侧时，头部不同结构主要对头部右前方与右后方入射声源的 HRTF 幅度谱影响显著，而在头部中间区域则影响较小。图 2.40～图 2.43 分别给出了声源位于水平面耳朵同侧 10°、95°、115°、180°方位时不同官能结构头模的 HRTF 幅度谱。

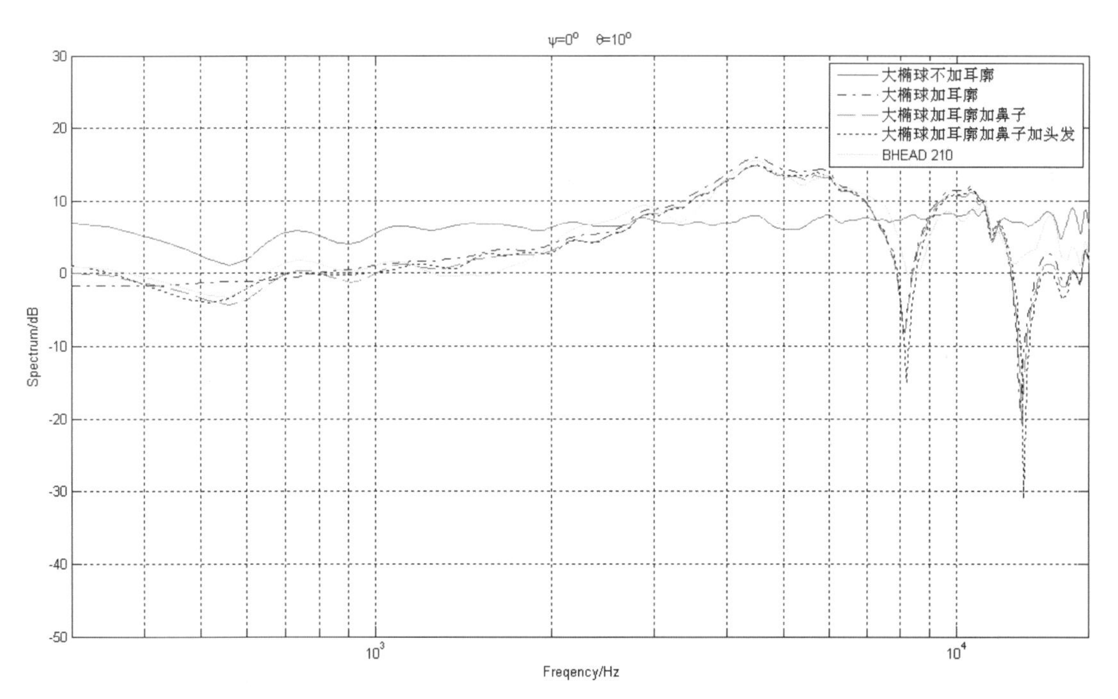

图 2.40　声源位于 0°仰角、10°方位角时不同官能结构头模幅度谱

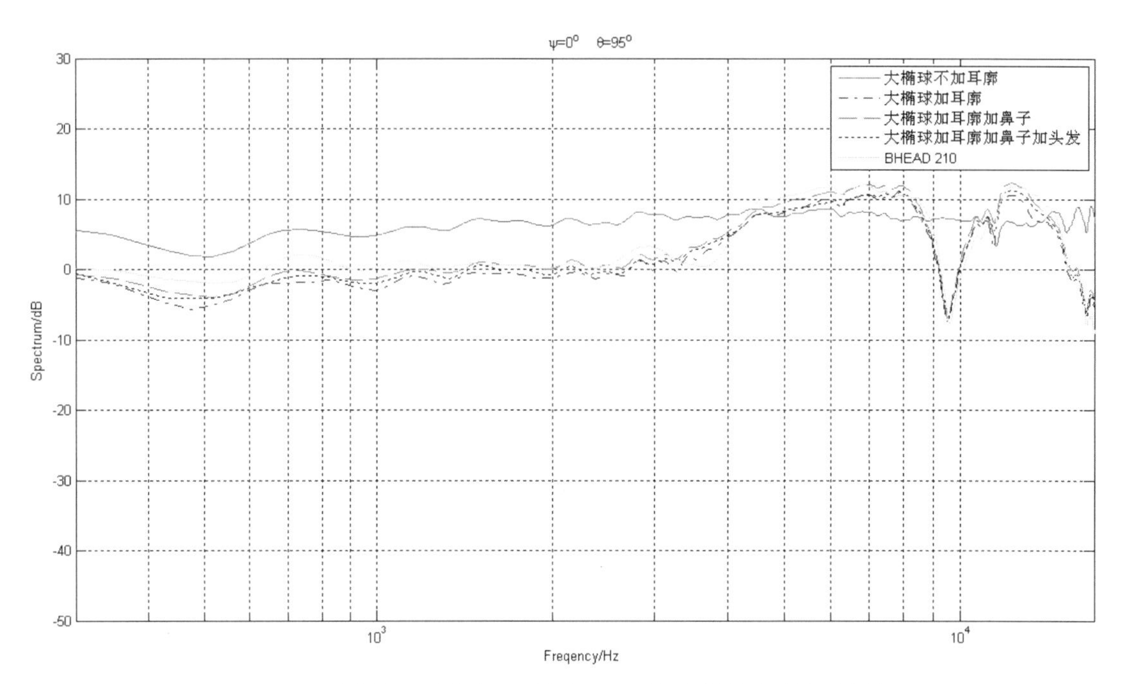

图 2.41 声源位于 0°仰角、95°方位角时不同官能结构头模幅度谱

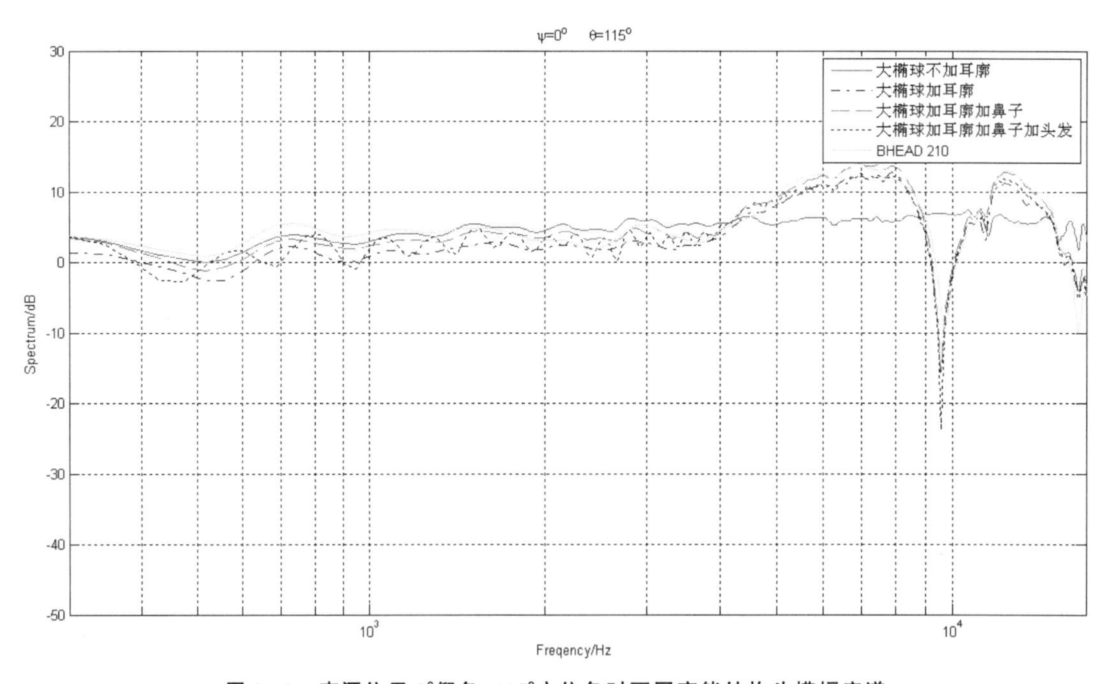

图 2.42 声源位于 0°仰角、115°方位角时不同官能结构头模幅度谱

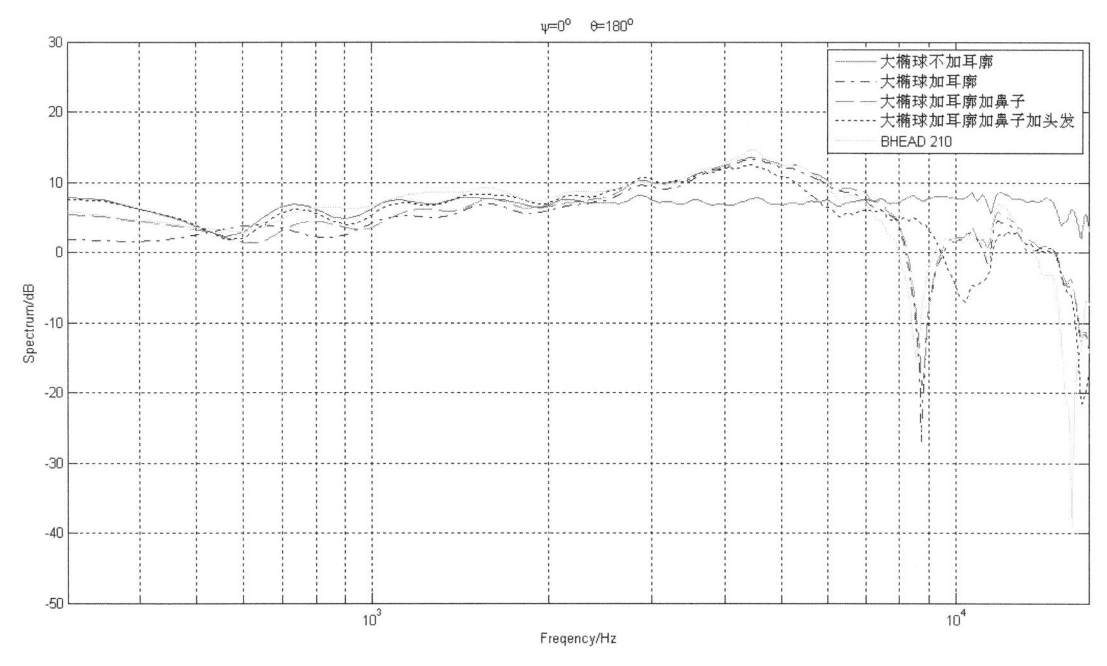

图 2.43　声源位于 0°仰角、180°方位角时不同官能结构头模幅度谱

图 2.44～图 2.46 分别给出了声源位于水平面耳朵异侧－40°、－110°、－170°方位时不同官能结构头模的 HRTF 幅度谱。声源位于水平面耳朵异侧时，不加耳廓的幅度谱比较平滑，波动具有一定的规律性，与其他带有耳廓的头模存在明显不同。声源位于头部左前方 0°～－55°方位处时，不同官能结构头模的幅度谱差别较小，主要表现为 BHead210 与大头模

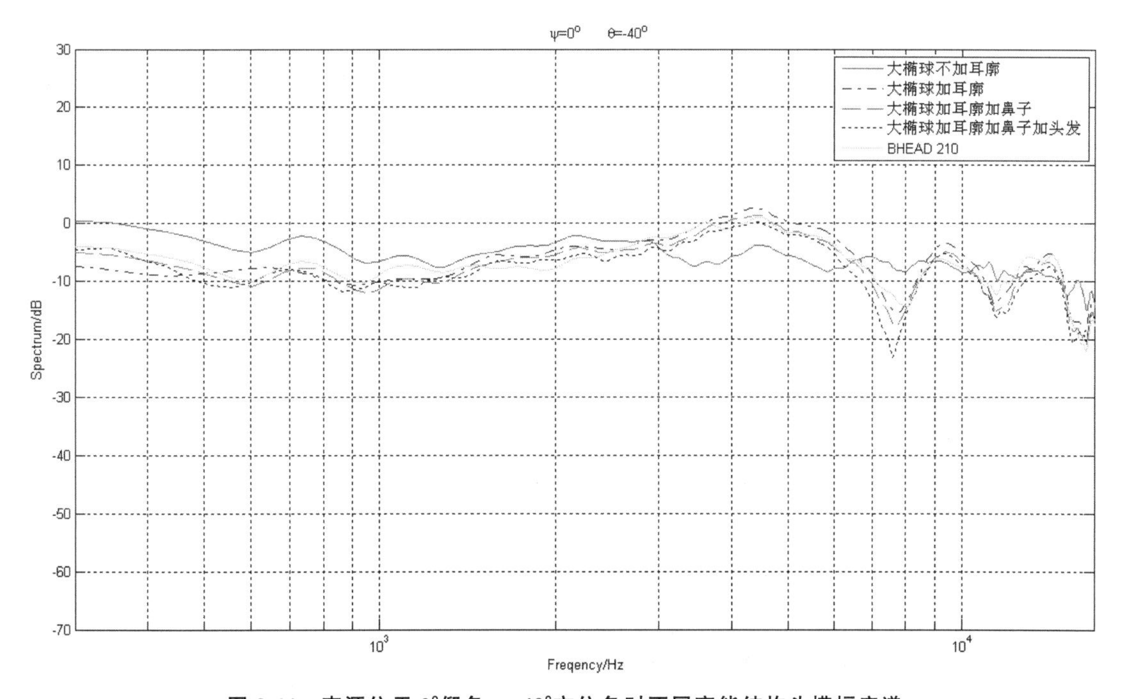

图 2.44　声源位于 0°仰角、－40°方位角时不同官能结构头模幅度谱

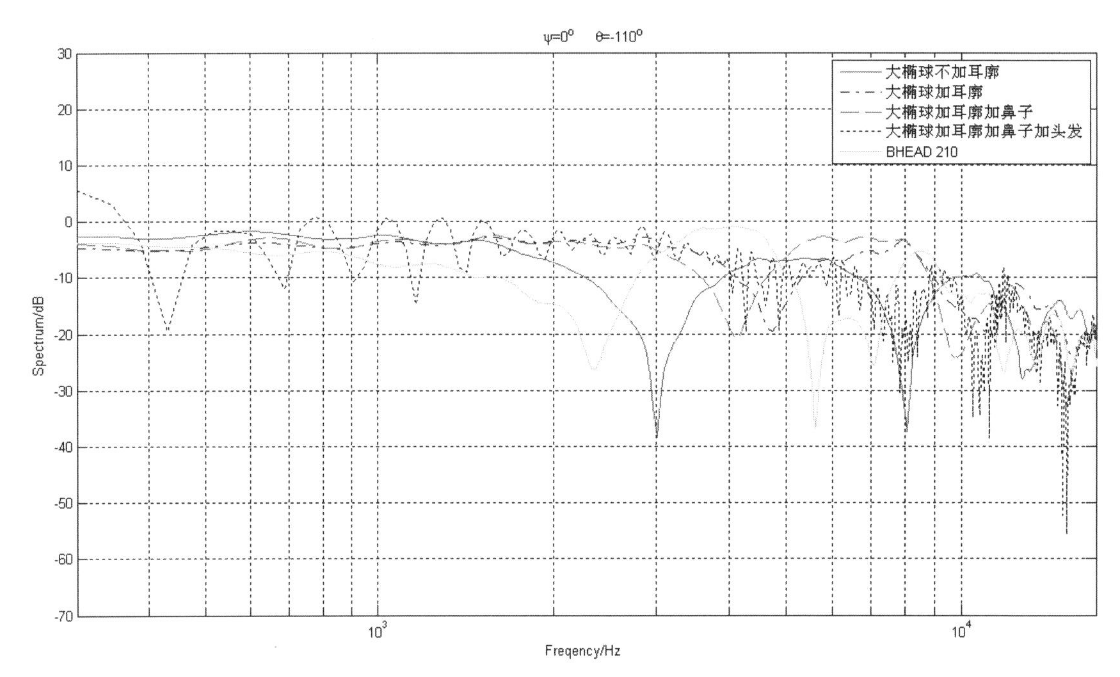

图 2.45 声源位于 0°仰角、−110°方位角时不同官能结构头模幅度谱

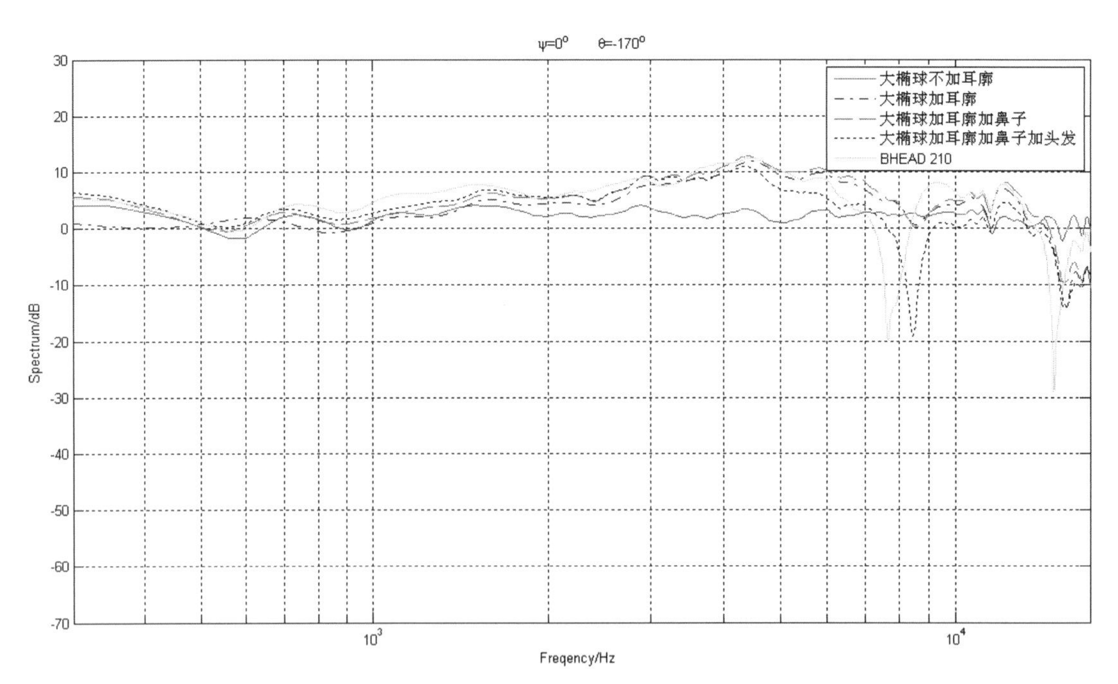

图 2.46 声源位于 0°仰角、−170°方位角时不同官能结构头模幅度谱

存在一定的差异，而不同结构的大头模则具有较好的一致性，表现为随着头部结构的复杂化，幅度值减小；在头部左侧中间区域－60°～－140°方位处，不同官能结构头模的幅度谱产生了极大的差异，并且尤以 BHead210 与大头模差别更明显。特别是当声源位于头左后方时，头发对 HRTF 幅度谱的影响逐渐突出，而鼻子则影响很小，幅度曲线表现为不加头发的 2 个大头模具有较好的一致性，而加头发时则出现较大差异。同时，在－105°～－115°方位处，头发的添加使得幅度谱波动性增强；在头部左后方－145°～－180°方位处，带有不同官能结构的大头模差异变小，尤其是加头发时虽然较另外二者仍然存在一定的差别，但与前面的情况相比差异明显减小。而 BHead210 则在高频处出现两个明显的谷点，与大头模存在较大差别。总体来说，当声源位于头部左前方 0°～－40°方位处时，带有不同官能结构的头模具有较好的一致性，而在头部左侧中间－60°～－140°方位处，则差异明显。

总体来说，相对于耳朵同侧，声源位于水平面耳朵异侧时不同官能结构头模的 HRTF 幅度谱差异更加明显，尤其是声源位于耳朵异侧－60°～－140°方位处，不同结构头模的幅度谱产生极大的差异。相反，声源位于耳朵同侧 90°～130°、异侧 0°～－40°方位处，头部官能结构对 HRTF 幅度曲线影响较小。声源位于头后方时，头发对幅度谱的影响逐渐突出，而鼻子则影响很小。特别是声源位于 105°～115°、－105°～－115°方位处，头发的存在会使 HRTF 幅度曲线的波动增强。整体来看，不加耳廓时，幅度曲线比较平滑，波动具有一定的规律性，与带有耳廓的头模存在明显差异。可见，相对于其他结构，耳廓对 HRTF 幅度谱的影响更加突出。

(2)声源位于 45°仰角时不同官能结构头模的测量数据分析

声源位于 45°仰角时，整体来说头部不加耳廓等任何官能结构，HRTF 幅度谱与另外四种头模存在一定的差异：不加耳廓时幅度曲线比较平整，尤其是在高频处，这种特征更加突出。大头模不加头发时幅度谱具有较好的一致性，而加头发则会产生一定的差异，并且在高频处差异更加明显。BHead210 与大头模差别较大，并且差异同样主要体现在高频处。

进一步分析发现，声源位于耳朵同侧时，不加耳廓的幅度谱比较平滑，没有明显的峰和谷，与其他 4 种带有耳廓的头模存在明显不同。头部添加不同官能结构时，幅度谱的差异主要体现在头后方 155°～180°方位处，并且尤以 BHead210 差别更大。同时，声源位于头后方 130°～180°时，头发对幅度曲线的影响逐渐突出，而鼻子则影响很小，并且随着声源向后方移动，头发的作用不容忽视。头右前方 0°～25°与右侧中间 80°～125°方位处，BHead210 与大头模在不同频段内出现了明显的幅度差异：80°～125°时主要体现在中频 $f<6$kHz 处，0°～25°时则在高频 $f>12$kHz 处，而带有不同官能结构的大头模则具有较好的一致性。总体来说，声源位于头右前方 30°～75°方位处时，头部官能结构对幅度谱影响较小，位于 0°～125°时带有不同结构的大头模具有较好的一致性。同时，声源位于头右前方时，HRTF 幅度谱的谷点不明显，随着声源向后方移动，谷点逐渐加深，直到头右后方处，谷点十分突出。图 2.47～图 2.50 分别给出了声源位于 45°仰角耳朵同侧 15°、35°、85°、180°方位时不同官能结构头模的 HRTF 幅度谱。

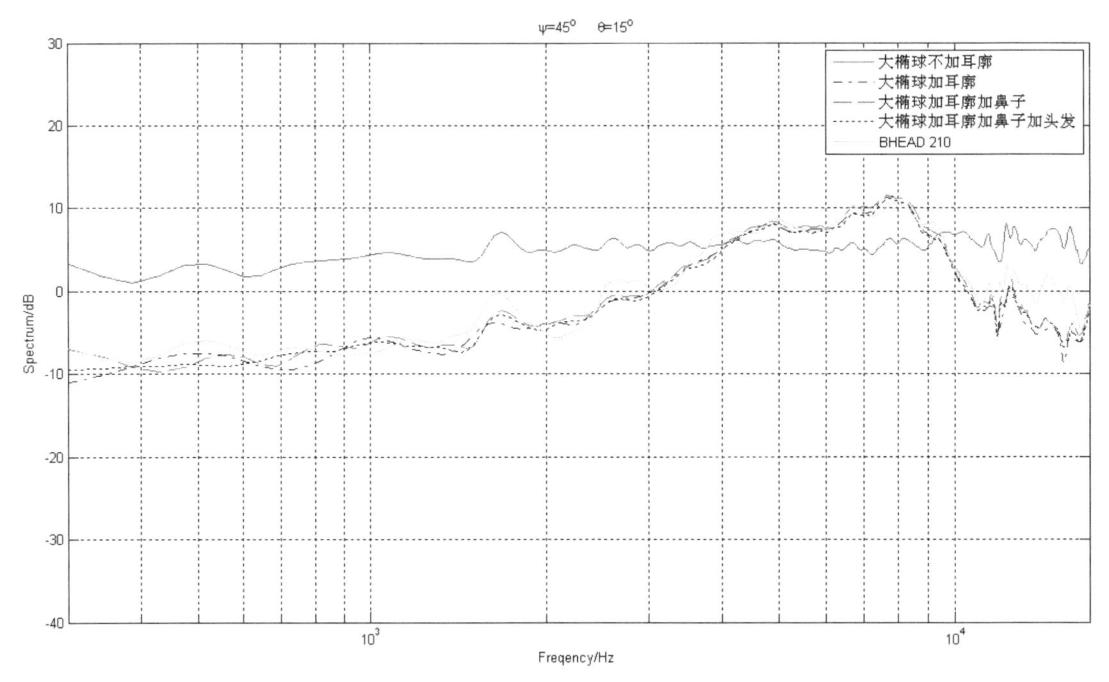

图 2.47　声源位于 45°仰角、15°方位角时不同官能结构头模幅度谱

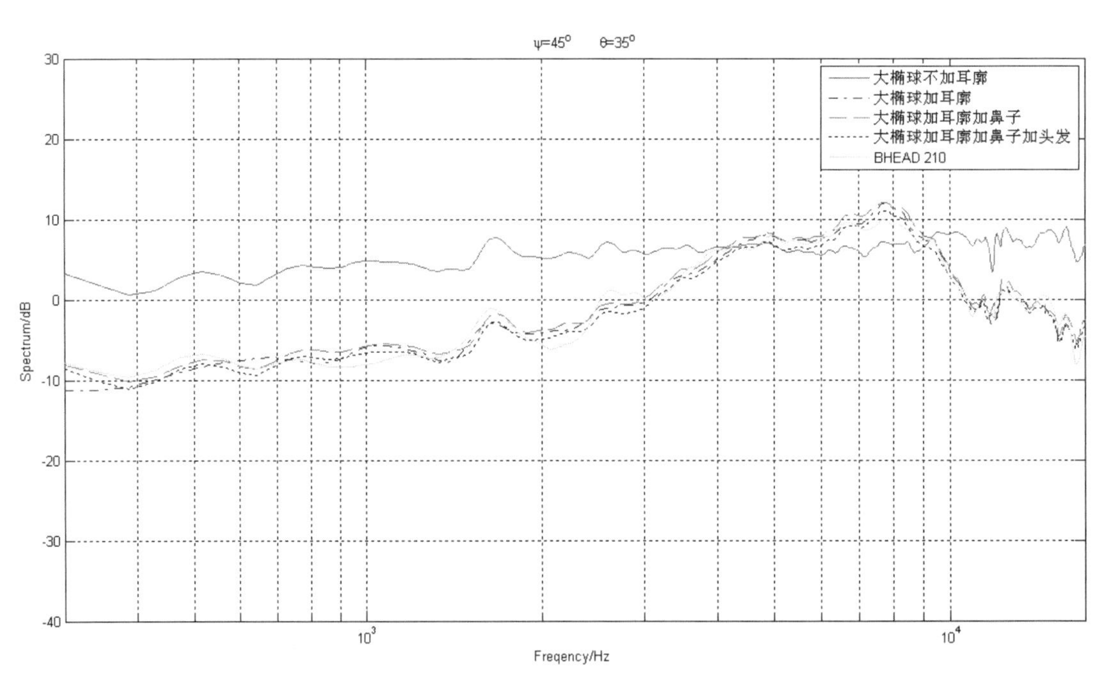

图 2.48　声源位于 45°仰角、35°方位角时不同官能结构头模幅度谱

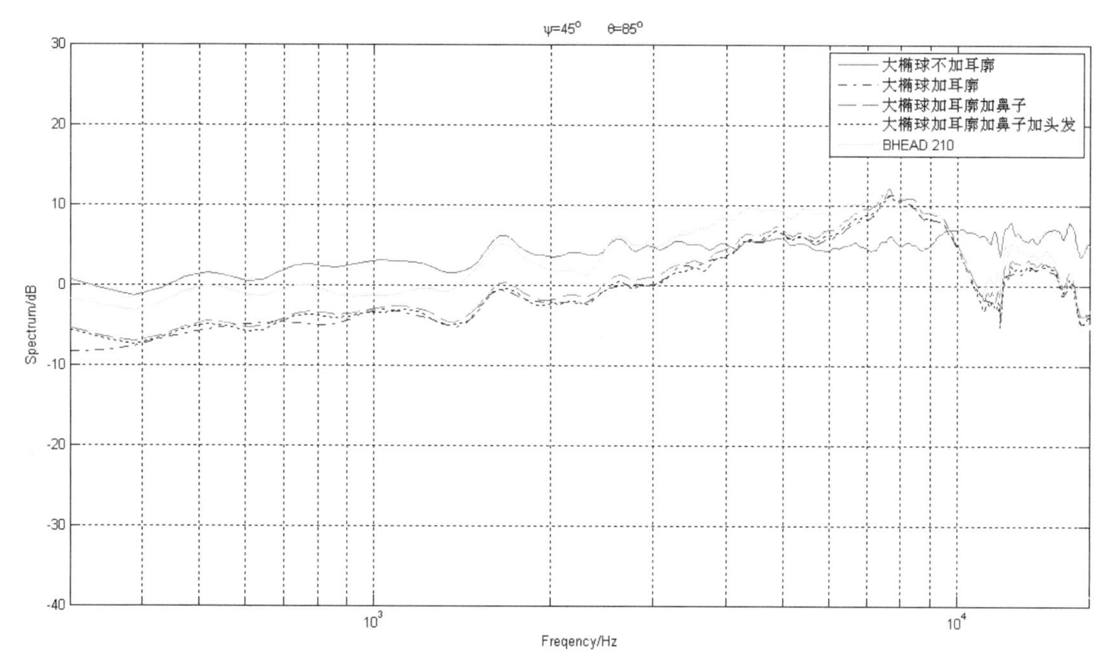

图 2.49 声源位于 45°仰角、85°方位角时不同官能结构头模幅度谱

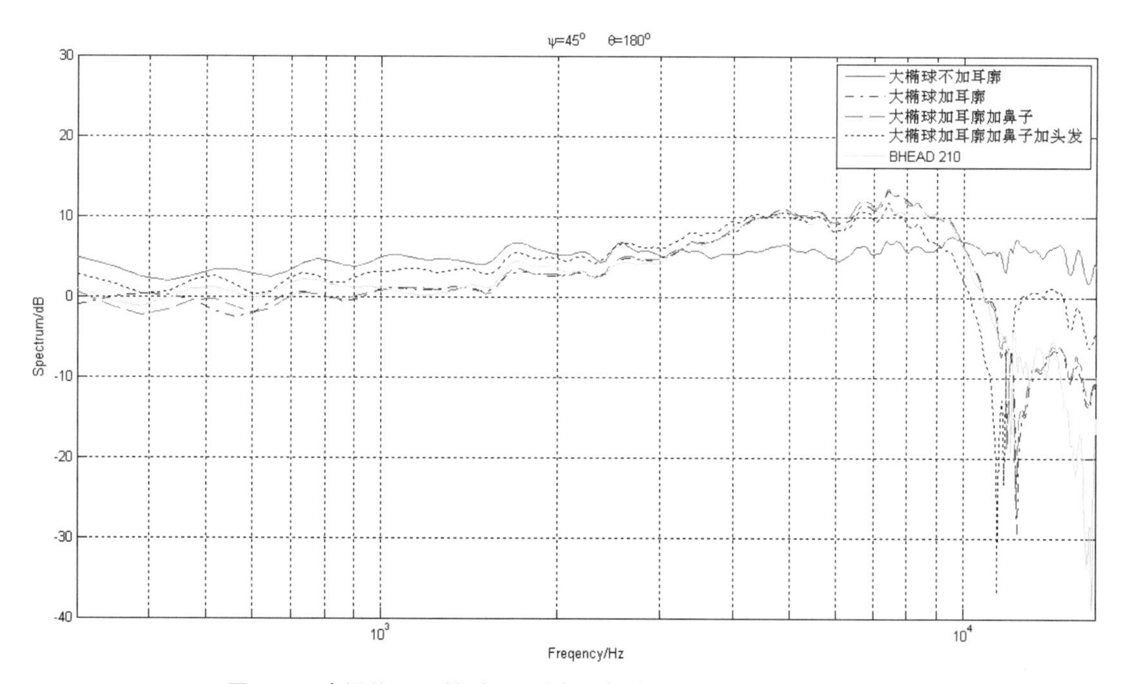

图 2.50 声源位于 45°仰角、180°方位角时不同官能结构头模幅度谱

图 2.51～图 2.53 分别给出了声源位于 45°仰角耳朵异侧－10°、－120°、－155°方位时不同官能结构头模的 HRTF 幅度谱。声源位于 45°仰角耳朵异侧时，不加耳廓的幅度谱比较平滑，没有明显的峰和谷，与另外 4 种带有耳廓的头模存在明显差异，可见，相对于其他官能结构，耳廓对幅度谱的影响十分突出。声源位于头左前方 0°～－75°时，不同官能结构头模

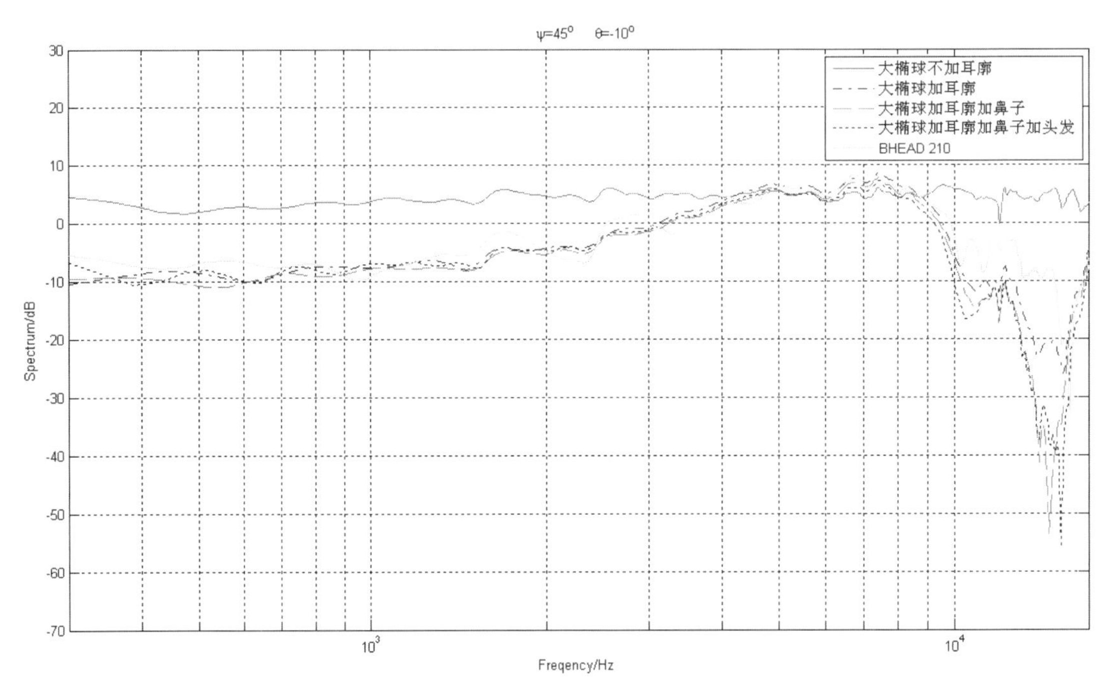

图 2.51　声源位于 45°仰角、－10°方位角时不同官能结构头模幅度谱

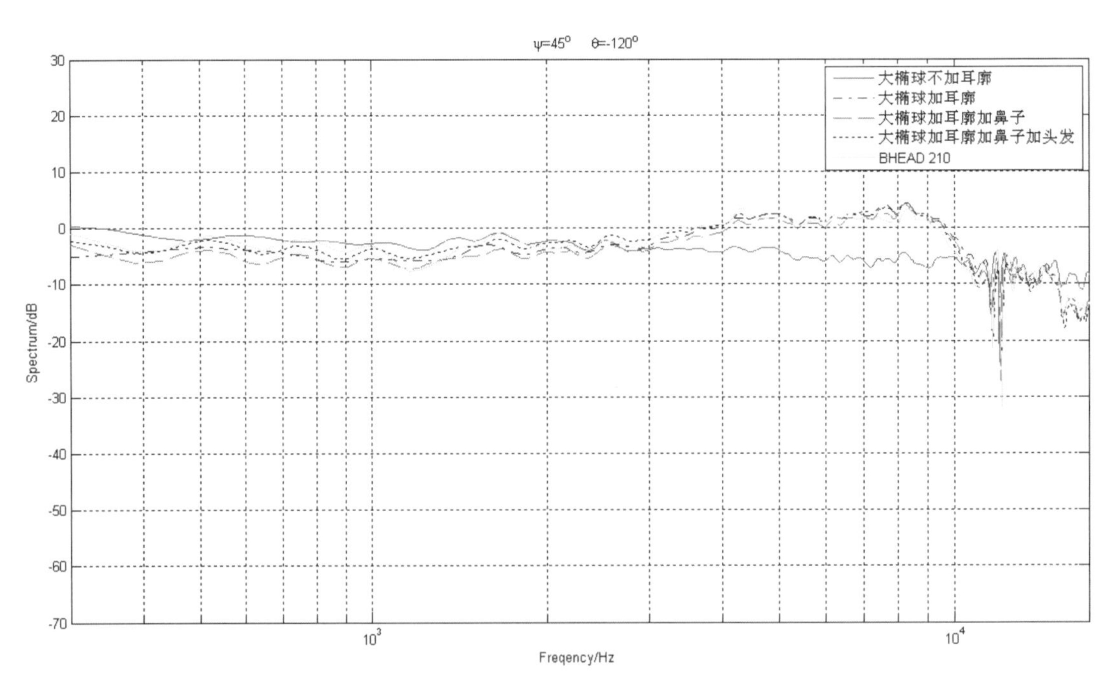

图 2.52　声源位于 45°仰角、－120°方位角时不同官能结构头模幅度谱

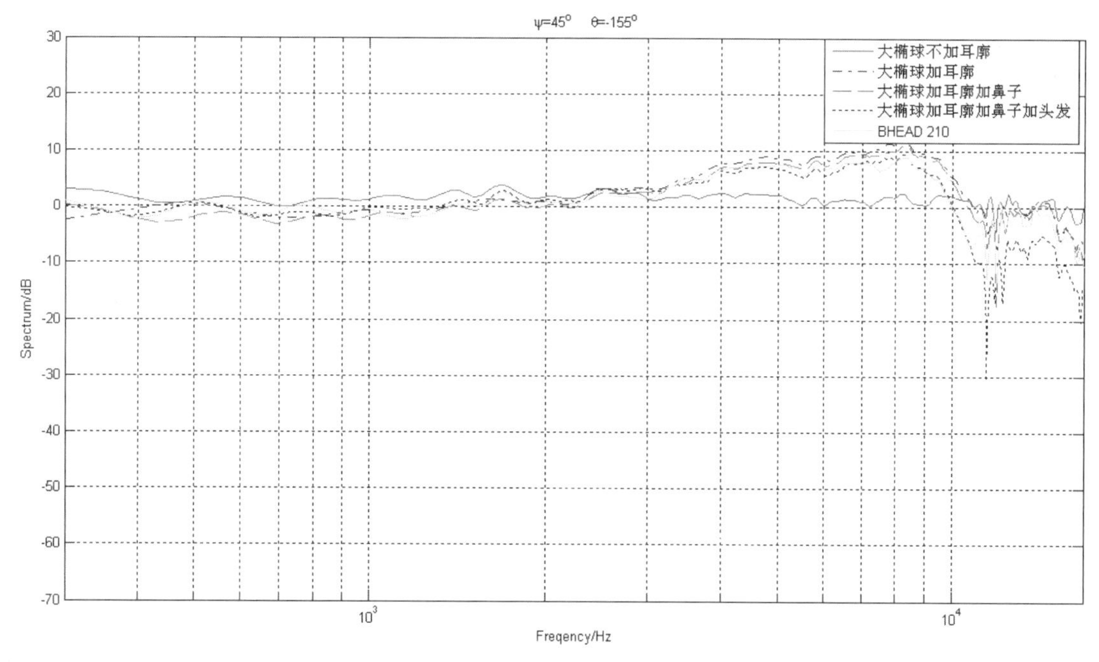

图 2.53　声源位于 45°仰角、－155°方位角时不同官能结构头模幅度谱

的幅度谱差异明显，而在头左后方－80°～－180°方位处，则差别较小。特别是当声源位于头后方－135°～－180°时，头发对 HRTF 幅度谱的影响逐渐突出，而鼻子则影响较小。在 0°～－75°时，带有不同官能结构的头模在高频处差异明显。当声源位于头前方时，鼻子对幅度曲线的影响十分突出，表现为加鼻子后谷点更明显；随着声源向头后方移动，头发的作用逐渐突出，表现为加头发后幅度值减小，谷点更明显，但鼻子的影响依然不容忽视；在－80°～－180°方位处，BHead210 与大头模存在一定的差异，表现为－80°～－115°时中频处 BHead210 的幅度值略大于大头模；－120°～－180°时高频处 BHead210 的谷点更明显。并且，在头后方，头发的存在使得高频处幅度值减小，谷点更明显。总体来说，当声源位于－90°～－135°时，不同官能结构的头模具有较好的一致性。

总体来看，当声源位于 45°仰角耳朵同侧 130°～180°、异侧 0°～－75°方位时，不同官能结构头模的幅度谱差异明显；而在耳朵同侧 30°～75°、异侧－90°～－135°方位处，则差别很小。相对于 BHead210，不同官能结构的大头模具有更好的一致性，并且在声源位于 0°～125°、－90°～－130°时幅度曲线几乎重合。

当声源位于头两侧 80°～115°、－80°～－115°方位处时，BHead210 与大头模幅度谱在中频处出现明显的幅度差异，并且在耳朵同侧时差异更加明显。当声源位于头后方时，头发对 HRTF 幅度谱的影响逐渐突出，而鼻子则影响很小。在不加耳廓时，幅度曲线比较平滑，没有明显的峰和谷，与其他 4 种带耳廓的头模具有明显的差异，可见，相比其他结构，耳廓对 HRTF 幅度谱的影响十分突出。

(3)声源位于－45°仰角时不同官能结构头模的测量数据分析

当声源位于－45°仰角时，整体来说耳廓的有无会对 HRTF 幅度谱产生一定的影响。不加耳廓时幅度曲线比较平整，尤其是在高频处，这种特性更加突出。添加不同官能结构的大头模具有较好的一致性，而 BHead210 则与之存在较明显的差异，并且在高频处更加突出。同时，相比耳朵同侧，声源位于耳朵异侧时差别更大。

进一步分析发现，当声源位于－45°仰角耳朵同侧时，不带耳廓的大头模幅度谱比较平滑，没有明显的峰和谷，与其他 4 种头模存在明显差异。当头部添加不同官能结构时，幅度谱差别不大，差异在中频处主要体现为幅度值存在一定的差别，而在高频处则谷点尖锐度与峰值变化较大。并且，相对于 BHead210，不同结构的大头模具有更好的一致性。当声源位于 0°～115°时，BHead210 与大头模谷点尖锐度存在明显差异：BHead210 的第一谷点更加明显，而大头模的第二谷点更加明显。同时，在 35°～115°方位处，BHead210 与大头模在中频处存在较大的幅度差异，BHead210 的幅度值明显大于大头模；在 120°～180°方位处，BHead210 与大头模在中频处差异变小，而高频处谷点尖锐度仍存在较大差异，并且 BHead210 第二谷点消失，与大头模存在明显区别。当声源位于头前方时，4 个头模具有明显的谷点和峰值，而到了头后方，谷点和峰值均变得不明显，并且在 160°～180°方位处，幅度曲线十分平缓。同时，声源位于不同方位处，谷点频率也发生了改变：随着声源向后方移动，谷点频率增大。总体来说，当声源位于 115°～130°方位处时，不同官能结构头模的 HRTF 幅度谱差异较小。图 2.54～图2.56分别给出了当声源位于－45°仰角耳朵同侧 55°、120°、175°方位时不同官能结构头模的 HRTF 幅度谱。

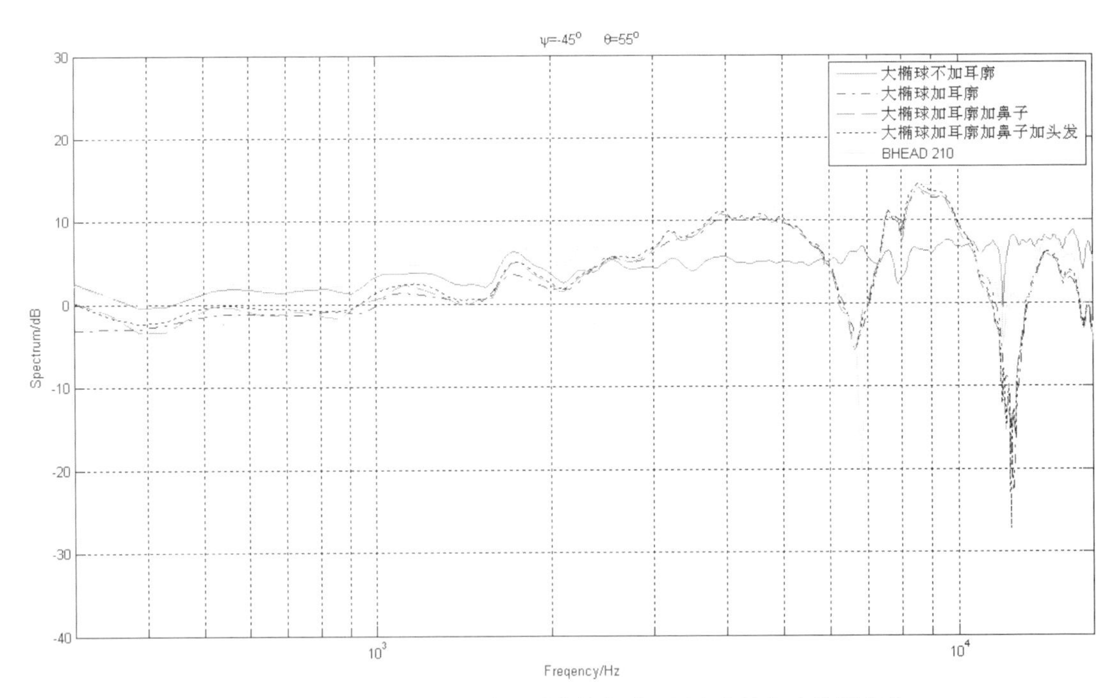

图 2.54　声源位于－45°仰角、55°方位角时不同官能结构头模幅度谱

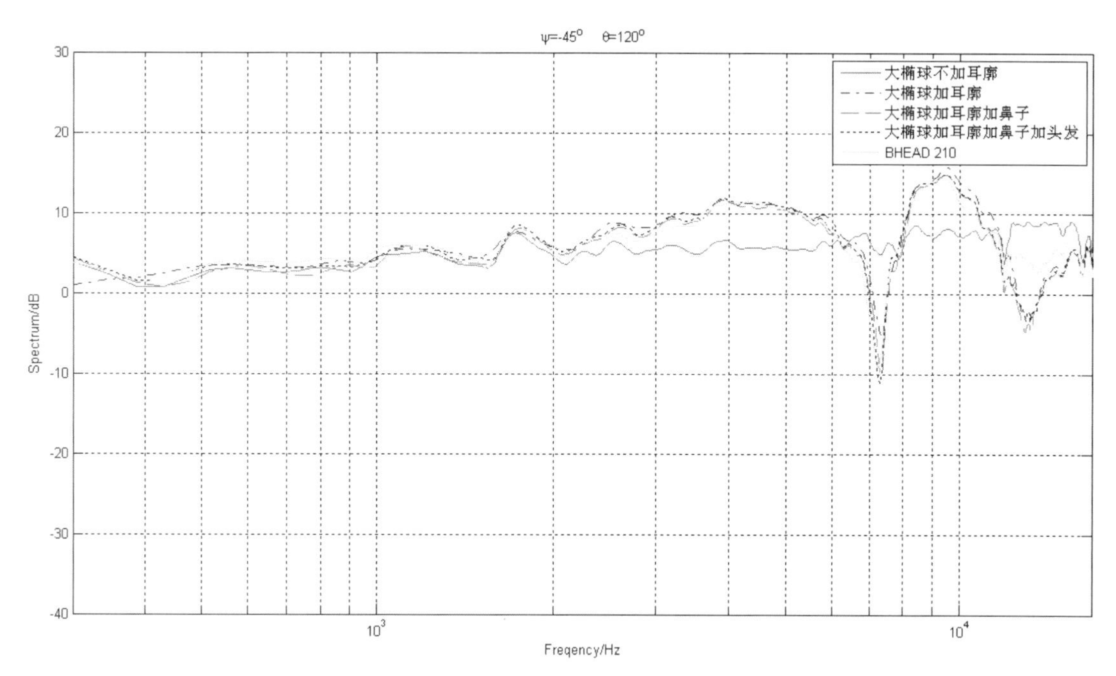

图 2.55　声源位于－45°仰角、120°方位角时不同官能结构头模幅度谱

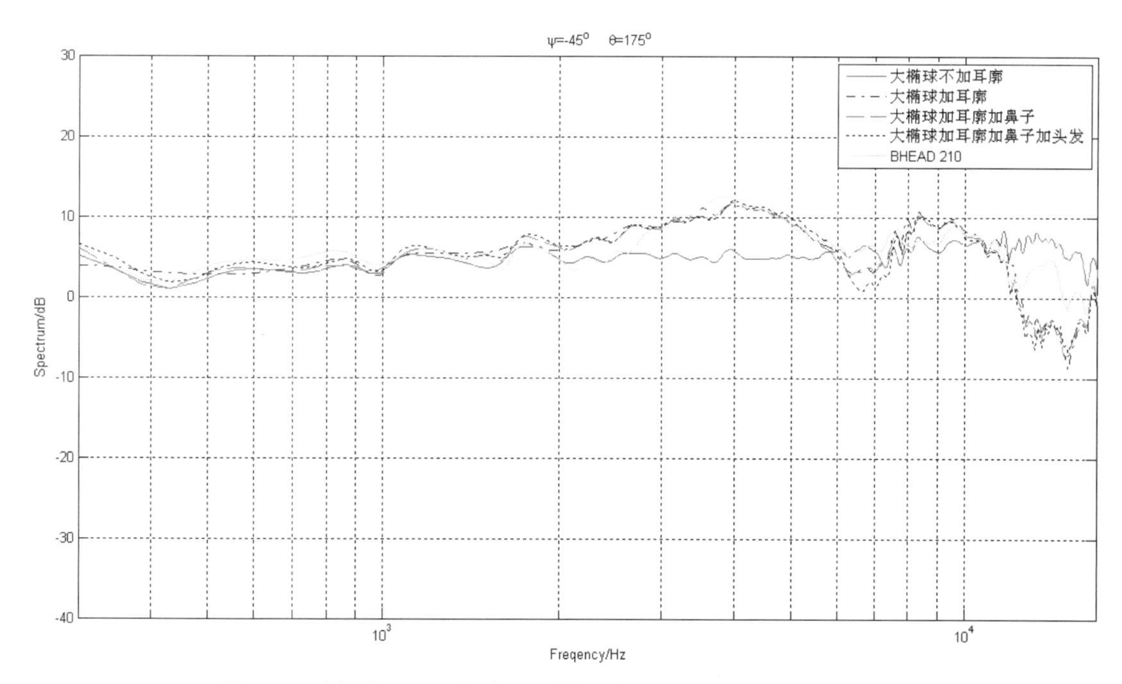

图 2.56　声源位于－45°仰角、175°方位角时不同官能结构头模幅度谱

图 2.57～图 2.59 分别给出了当声源位于－45°仰角耳朵异侧－20°、－135°、－175°方位时不同官能结构头模的 HRTF 幅度谱。当声源位于－45°仰角耳朵异侧时，不加耳廓的大头模幅度谱比较平滑，没有明显的峰和谷，与其他 4 种带有耳廓的头模差异明显。当声源位于头左前方 0°～－55°与左后方－160°～－180°时，不同官能结构对幅度谱影响较小，而在－60°～

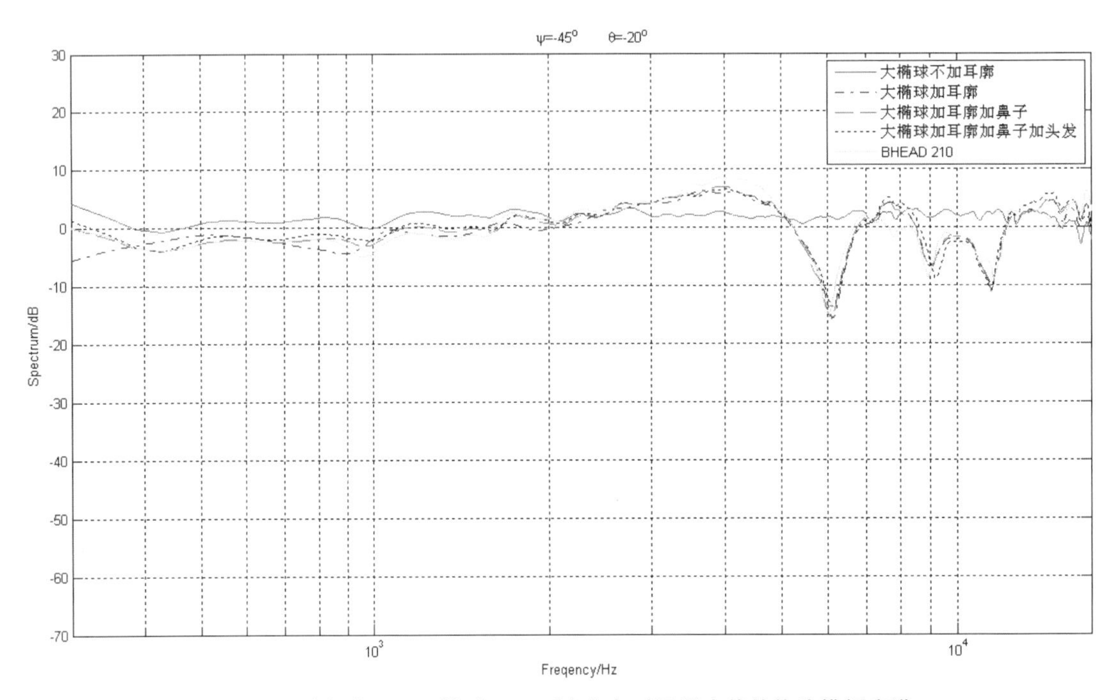

图 2.57　声源位于－45°仰角、－20°方位角时不同官能结构头模幅度谱

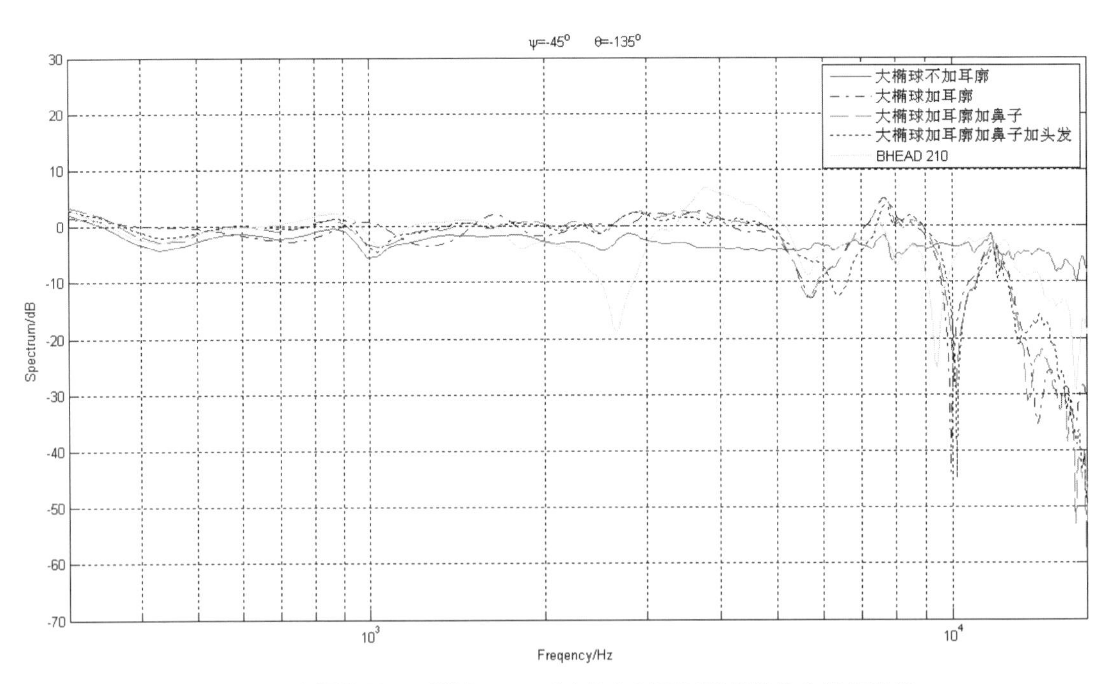

图 2.58　声源位于－45°仰角、－135°方位角时不同官能结构头模幅度谱

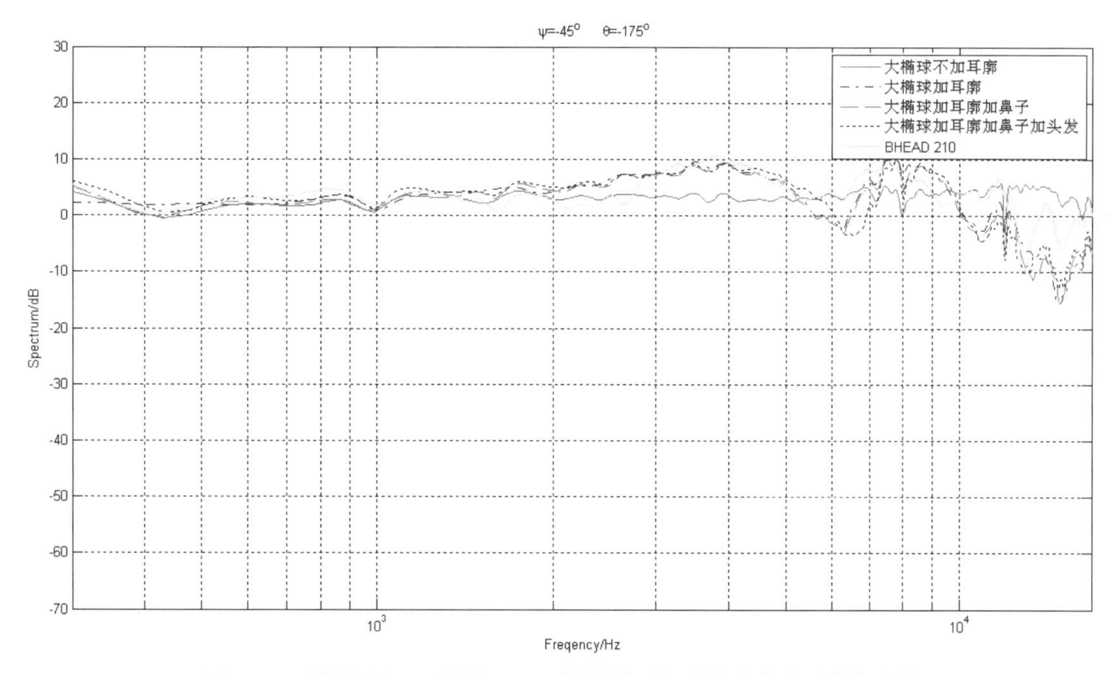

图 2.59　声源位于−45°仰角、−175°方位角时不同官能结构头模幅度谱

−155°方位处影响显著，并且尤以BHead210差异更加明显。当声源位于0°～−25°时，不同结构的头模具有较好的一致性；在−30°～−55°方位处，4种头模的幅度谱表现出一定的幅度差异，并且随着声源向后方移动，BHead210的谷点更加明显；在−60°～−155°方位处，BHead210与大头模在f＞2kHz处出现了明显的差异，而带有不同结构的大头模则相对差异较小，主要表现为幅度值存在一定的差别，个别方位处谷点尖锐度也出现明显的不同。特别是在−130°～−155°方位处，3个大头模在f＞13kHz时出现了较大差异。并且，从−100°开始往后，头发对HRTF幅度谱的影响逐渐突出；在−160°～−180°方位处，4种头模的差异变小，但BHead210依然与大头模存在较明显的差别。

总体来说，当声源位于−45°仰角时，不加耳廓的大头模幅度谱比较平滑，没有明显的峰和谷，与其他4种带有耳廓的头模存在明显的区别。可见，相比其他官能结构，耳廓对HRTF幅度谱的影响十分突出。而带有不同结构的头模，尤以BHead210幅度曲线变化较大，表现为BHead210与大头模存在较明显的差异，而带有不同官能结构的大头模则具有较好的一致性。相比耳朵同侧，当声源位于耳朵异侧时不同官能结构对HRTF幅度谱的影响更加明显，特别是当声源位于耳朵异侧−60°～−155°方位处时，不同结构的头模差异明显。同时，当声源位于耳朵异侧−100°～−180°时头发的作用十分突出，而在耳朵同侧时则没那么明显。总体来说，当声源位于115°～130°、0°～−40°时不同官能结构头模的幅度谱具有较好的一致性。

前面分别对声源位于0°、45°与−45°仰角时不同官能结构头模的HRTF幅度谱进行了分析。将结论进行对比归纳，发现头部不同结构对HRTF幅度谱的影响呈现如下特点：

①相比耳朵同侧，当声源位于耳朵异侧时不同官能结构头模的差异更加明显。

②在水平面时，不同官能结构的影响在耳朵同侧与异侧差别很大，而在45°与−45°仰角

时则没那么明显。可见，耳廓对于垂直方向声源定位的作用更加突出。

③头部加/不加耳廓时，幅度谱差异明显：不加耳廓时幅度曲线比较平滑，没有明显的峰和谷。可见，相对于其他结构，耳廓对 HRTF 幅度谱的影响十分突出。

④声源位于头后方时，头发的作用不能忽略，而鼻子则影响很小(声源位于－45°仰角耳朵同侧时，头发的影响并不明显)。

⑤相对于 BHead210，不同官能结构的大头模具有更好的一致性。

⑥0°仰角，水平方位角为 90°～130°、0°～－40°，45°仰角，水平方位角为 30°～75°、－90°～－135°，－45°仰角，水平方位角为 115°～130°、0°～－40°时，不同官能结构对 HRTF 幅度谱影响较小；而 0°仰角，水平方位角为－60°～－140°，45°仰角，水平方位角为 130°～180°、0°～－75°，－45°仰角，水平方位角为－60°～－155°时，不同官能结构的影响十分突出，并且尤以水平面时差异更加明显。

2.4 头部尺寸及官能结构对 HRTF 的影响

2.4.1 头部尺寸及官能结构对 HRTF 影响的主成分分析

前面对头部尺寸及官能结构对 HRTF 幅度谱的影响的研究结果表明，各官能结构中声源位于头后方时，头发的作用不能忽略，而鼻子则影响很小。头部尺寸的研究表明，当头部尺寸相差明显时，在 HRTF 以及听感上会有显著差别。本节首先进行不同尺寸及官能结构头模的 HRTF 主成分分析，然后对其进行验证实验，再进行头部尺寸及官能结构对声源定位感知的影响的实验。最后将三部分的结果进行对比，分析头部尺寸及官能结构在简化声学头模中的作用和重要性。

本节选用不同尺寸和结构的简化椭球模型，其中 3 个不同大小的椭球简化头模，代表从儿童到成年人头部尺寸的变化。实验中所用的不同官能结构的头模，是在最大的椭球头模上更改耳廓、鼻子、头发等结构制作的，为了研究面部细节结构(如眼窝、颧骨等)，加入了带有耳廓的中国成年男性人工仿真头模。实验中的耳廓均为统计学意义上的标准耳。表 2.3 给出了在本次实验中所用的不同结构的头模结构。

表 2.3　实验中不同结构头模说明

头模编号	结构说明
1	大椭球不加耳廓
2	大椭球加耳廓
3	大椭球加耳廓加鼻子
4	大椭球加耳廓加鼻子加头发
5	中椭球加耳廓
6	小椭球加耳廓
7	仿真头模加耳廓

由于对有无耳廓的情况已经进行过详细的分析，所以在本章中省去，分析了六种头模(表 2.3 中头模 2 到头模 7)水平面的左耳水平面 HRTF 数据，截取 116 点频域幅度谱，频率范围为 20Hz～20kHz。

图 2.60 给出的是不同尺寸和官能结构头模的 H_{av} 特征对比。其中由仿真头模与大椭球头模对比可以看出，仿真头模在细节结构上更复杂，所以 H_{av} 峰谷也比较多，相对来讲椭球的 H_{av} 曲线平缓一些，但是两者曲线的趋势是比较一致的。

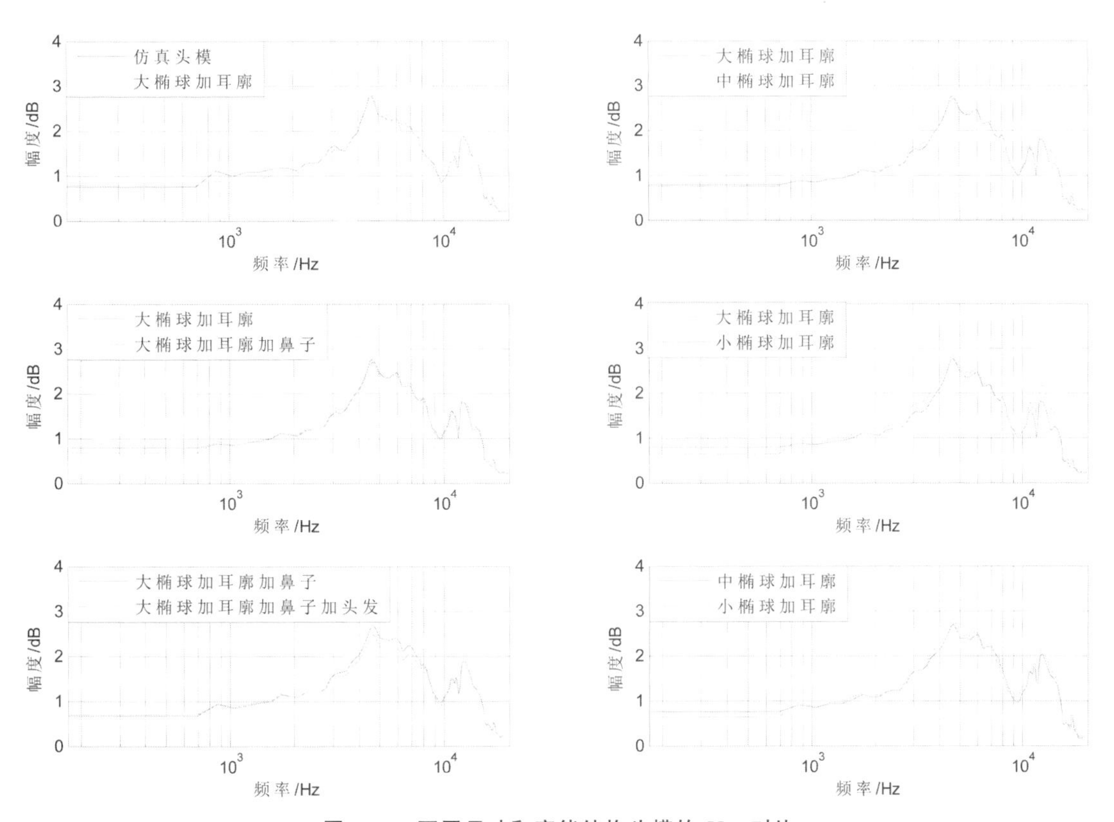

图 2.60　不同尺寸和官能结构头模的 H_{av} 对比

有无鼻子的 H_{av} 对比曲线几乎完全吻合，说明鼻子对于 HRTF 的影响微乎其微，可以忽略不计。

在有无头发的对比情况中，在频率 4kHz～7kHz 附近两者的 H_{av} 出现了偏离，其他频段完全吻合，说明头发的吸声作用对这个频段的声源造成一定的高频衰减。

从不同头部尺寸的 H_{av} 对比可以看出，三个椭球的 H_{av} 曲线趋势都很一致，只是存在着幅度的差别，其中大中椭球的差别与中小椭球的差别都很小，而大小椭球的差别相对则比较大。这说明，头部尺寸的影响确实存在，并且存在于全频段范围内。

表 2.4 给出了不同结构头模 HRTF 前三个基矢量所占的能量比，可以看出当选取前三个基矢量的时候，能量比重都达到了 97.5%以上，基本可以代表原始的 HRTF 能量信息，这大大简化了数据。

表 2.4 不同尺寸及官能结构头模前三个基矢量的 HRTF 能量比

基矢量百分比 不同结构	前 n 个基矢量所占能量百分数		
	1 个	2 个	3 个
大椭球加耳廓	89.7%	96.4%	98.4%
大椭球加耳廓加鼻子	89.8%	96.0%	98.2%
大椭球加耳廓加鼻子加头发	89.5%	96.0%	98.4%
中椭球加耳廓	90.6%	96.5%	98.5%
小椭球加耳廓	90.6%	96.1%	98.3%
仿真头模加耳廓	88.4%	95.0%	97.7%

图 2.61 和图 2.62 给出的是不同头部尺寸及不同官能结构头模的谱形状基矢量和方向权重系数对比。图 2.61 中左侧一列对应的是有无鼻子和有无头发两种情况下主成分分析的前三个基矢量 d_1、d_2、d_3，而右侧一列给出的是对应的方向权重系数 w_1、w_2、w_3。图 2.62左侧一列给出的是不同尺寸头模对比时的主成分分析的前三个基矢量 d_1、d_2、d_3，而右侧一列给出的是对应的方向权重系数 w_1、w_2、w_3。

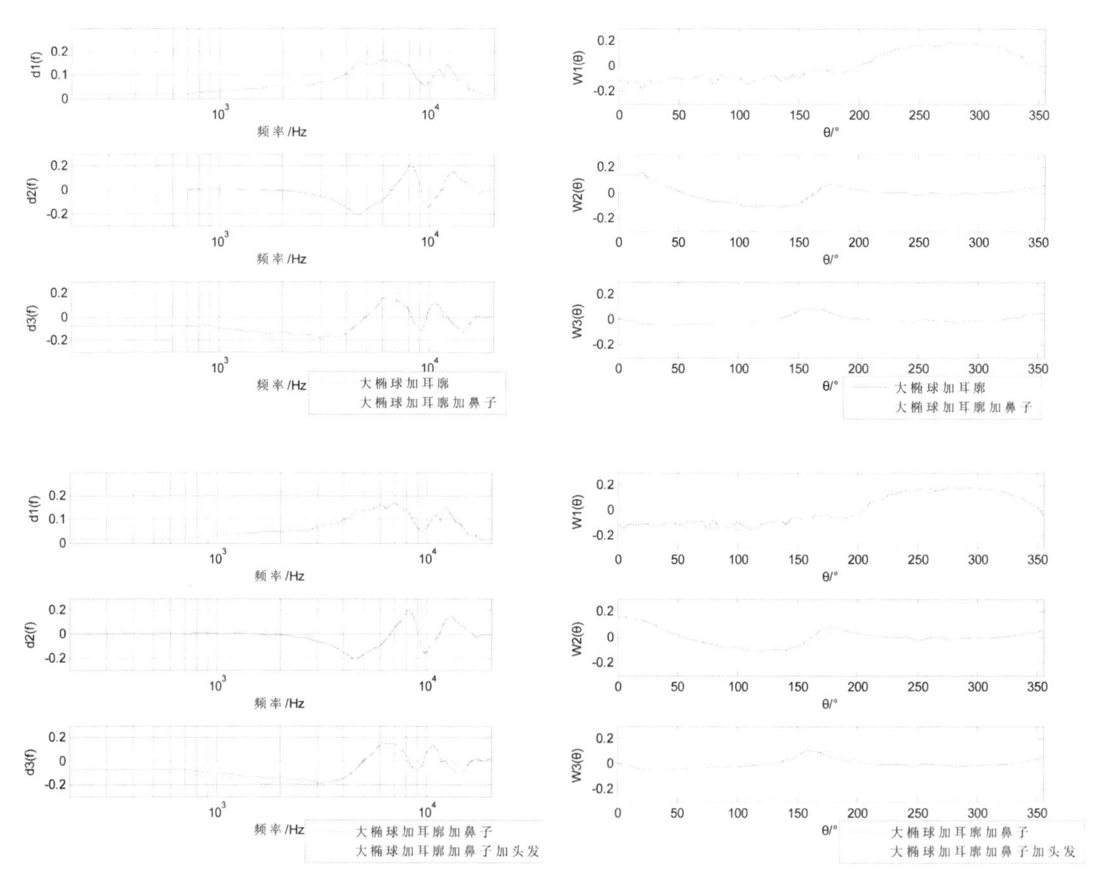

图 2.61 不同官能结构头模的谱形状基矢量与方向权重系数对比(1)

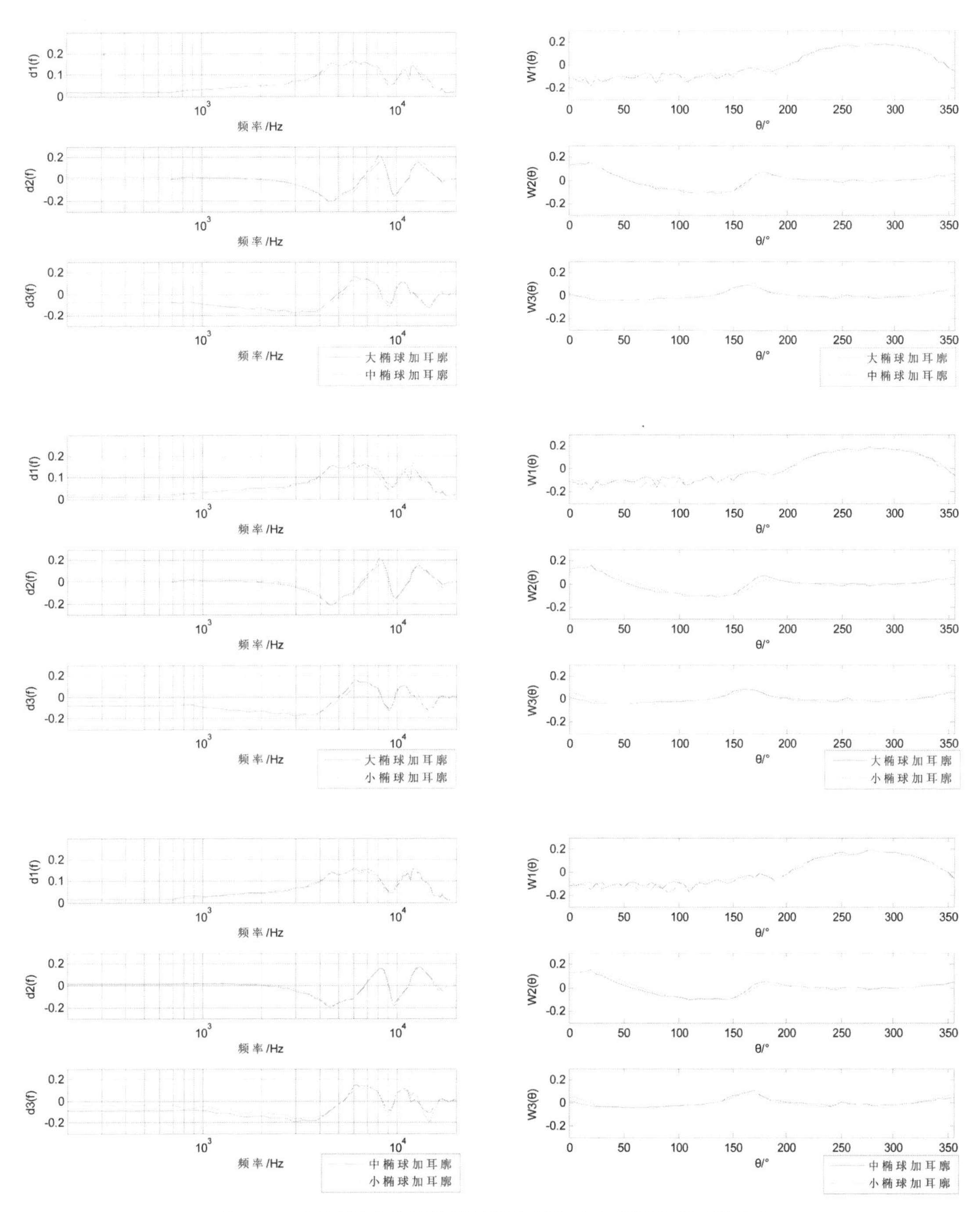

图 2.62　不同尺寸头模谱形状基矢量与方向权重系数对比(2)

从图 2.62 中可以看出,有无鼻子时的 d_1、d_2、d_3 差别很小,曲线几乎是吻合的,而对应的 w_1、w_2、w_3 差别也很小,可见鼻子对于 HRTF 的影响是可以忽略的。

从图 2.62 中有无头发的对比中,可以看出 d_1 的曲线趋势一样,只是有头发的头模 d_1 在 3kHz～7kHz 存在幅度上的一些偏离,d_2 曲线几乎完全一致,d_3 在整体幅度上存在一些微小的偏离,但由于 d_3 的能量比过小,可以忽略不计。而 w_1、w_2、w_3 则都在方位角 140°～210°出现一些偏离,说明在头部后方,头发对 3kHz～7kHz 频率范围内的 HRTF 起着衰减的作用。

从图2.62中可以看出大中椭球与中小椭球的d_1、d_2、d_3存在着很小的幅度上的差别，而大小椭球的d_1、d_2、d_3相对差别比较大，尤其是d_1在整个频段都有一定的偏离，而在4kHz以上存在明显的偏离。分析方向权重系数w_1、w_2、w_3时得出大小椭球的差别最大，大中椭球的差别最小，中小椭球的差别居中，而且差别主要存在于方位角小于180°也就是声源位于耳朵异侧时。这是因为声源位于耳朵异侧时，头部对声波的反射、散射和衍射作用比较大，所以此时头部尺寸造成的影响也比较明显。

2.4.2 头部尺寸及官能结构对声源定位感知的影响

在空间顺时针球坐标系(θ，φ)中，随机选取六个空间方位角：(−110°,0°)、(120°,0°)、(−135°,−45°)、(35°,45°)、(−5°,0°)、(−85°,0°)。实验选取了白噪、语音信号、冲击声(竹板)三种声源研究不同声源对表2.3中各个头模听感定位的影响。

实验选取的素材分别是时长2秒的白噪、时长5秒的语音信号和时长5秒的冲击声(竹板声)，录制过程是在短混响录音间内进行的，采用微缩传声器置于人工头左右耳道入口处，并且保持每一个头模中传声器位置一致，测量过程中人工头耳道距离地面为1.2m，三只同型号的3英寸全频带小扬声器被固定于支架上，以头模正中水平面为基准，仰角分别为−45°、0°、45°，距头中心1.2m，且每只扬声器轴心均指向头模中心。对每一个头模分别录制了来自六个方位角的三种声源共计126个信号，将其作为实验素材。

进行实验信号整理，将实验信号按照声源类型分为3个大组，每一组按两两头模对比又分为7个小组，分别是有无耳廓(头模1和2)对比、有无鼻子(头模2和3)对比、有无头发(头模3和4)对比、仿真头模与加耳廓的大椭球(头模7和2)对比、大中椭球(头模2和5)对比、中小椭球(头模5和6)对比和大小椭球(头模2和6)对比。将每一小组的信号以不同方位角重复排列，共12对对比信号。实验采用系列范畴法，选取9名被试进行重复实验，要求被试判断出前后两种信号在声源定位上的变化情况，分为非常不明显到非常明显五个范畴。从实验结果我们就可以得到头部尺寸或者某一官能结构在哪些方位角对哪种声源定位的影响比较明显，而哪些是影响比较小的。实验过程中被试佩戴入耳式耳机，并且保持坐直、头部端正的姿势。

表2.5和表2.6给出了所有分组的范畴分布结果，其中1、2、3、4、5这五个数字代表从最不明显到最明显这五个范畴。

表2.5 不同官能结构的实验数据处理结果

分类 方位角	有无耳廓			有无鼻子			有无头发			仿真头模与大椭球		
	白噪	语音	竹板	白噪	语音	竹板	白噪	语音	竹板	白噪	语音	竹板
(−110°,0°)	5	4	5	1	1	1	1	1	1	1	3	2
(120°,0°)	4	4	3	1	1	1	1	1	1	1	1	2
(−135°−45°)	3	4	3	1	1	1	1	1	1	1	1	2
(35°,45°)	5	5	4	1	1	2	2	1	3	3	2	1
(−5°,0°)	4	3	3	1	1	2	1	1	2	1	2	2
(−85°,0°)	3	2	4	1	1	2	1	1	1	1	2	2

表 2.6　不同尺寸的头模实验数据处理结果

方位角 \ 分类	大中椭球			中小椭球			大小椭球		
	白噪	语音	竹板	白噪	语音	竹板	白噪	语音	竹板
(−110°,0°)	1	1	2	2	3	2	3	3	3
(120°,0°)	2	2	2	2	2	2	4	2	2
(−135°−45°)	2	1	1	1	2	2	1	1	2
(35°,45°)	2	1	2	1	2	2	2	2	3
(−5°,0°)	1	1	2	2	1	1	1	1	2
(−85°,0°)	1	1	1	1	2	1	3	3	2

从表 2.5 中可以看出，当声源为白噪和语音时鼻子和头发这两种结构在听感上的影响非常小，数据结果基本都在最小范畴里；当声源为竹板时，由于声源类型的改变，鼻子和头发在某些方位角会产生一定的影响，但是作用仍然很小且不具有规律性。耳廓的作用是显而易见并且非常重要的，有无耳廓的对比结果无论是在哪种声源下都存在明显差异，在所有的方位角里(−110°,0°)和(35°,45°)这两个方位角在听感上存在较大的差异；相比之下面部细节结构对声源定位的影响就小很多。

为了更直观地表示不同官能结构对声源定位感知的影响，图 2.63 给出了声源为竹板时，不同官能结构对声源定位感知影响的范畴分布情况，依旧是用数字 1、2、3、4、5 来表示从最不明显到最明显五个范畴。

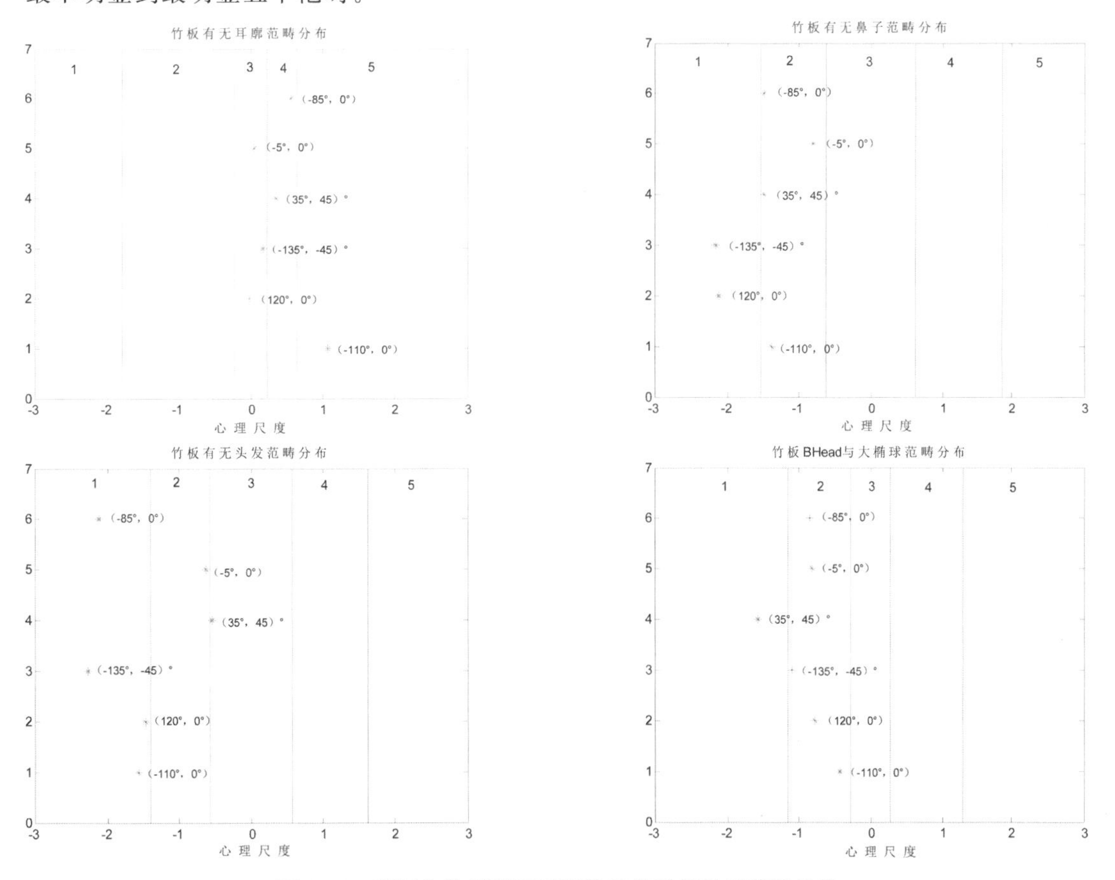

图 2.63　声源为竹板时不同官能结构听感差异范畴分布

表 2.6 给出了头部尺寸的影响结果，可以看出在同一声源下，头部尺寸的变化在不同方位角造成的听感上声源定位差别不大，这是因为头部尺寸变化在听感上造成的差异是远远小于某些官能结构造成的差异的。但是仔细观察不难发现大小椭球对比组比其他两组分布范围更大一些，这是因为大椭球和小椭球的尺寸差别比其他两组要大，这说明头部尺寸对声源感知的影响也是不可忽略的，并且这些影响也随着声源类型和空间方位的变化而改变。

同样，为了更直观地来看头部尺寸对声源定位感知的影响，图 2.64 给出了当声源为白噪时不同尺寸头模对声源定位感知影响的范畴分布图，从图中可以看出头模尺寸差别越大，对声源定位感知造成的影响也越大。

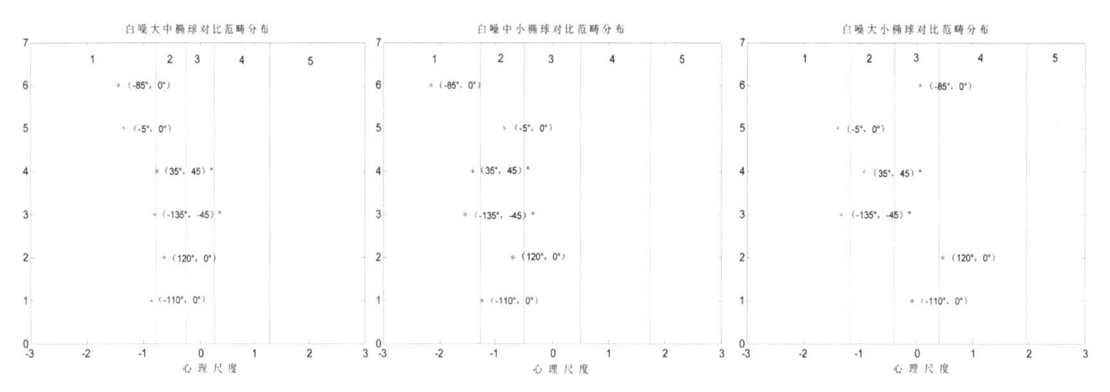

图 2.64　声源为白噪时不同尺寸头模对比范畴分布

从主观实验结果中可以发现，头部尺寸或者官能结构的变化会在听感上对声源位置的判断产生一定的影响，并且这些影响与声源类型及空间方位都有关。当头部尺寸相差不大时，这个差别是可以忽略的，但当头部大小差别比较大时，也会成为影响声源定位判断的一个主要因素。在官能结构中，耳廓是必不可少的一个结构，鼻子和头发以及眼窝、颧骨、锁骨等细节官能结构对声源位置判断的影响随声源类型和声源空间方位改变而存在差异。

通过主成分分析得出的结论是在官能结构中鼻子的作用可以忽略，而头发主要作用在头模后方的声源高频处。头部尺寸的影响存在于整个频段中，并且对位于耳朵异侧的声源影响最大，这种影响随着头部尺寸的差别变大而更加明显。对比前几节的实验结果，发现本节的分析结果与其比较一致，只是使用主成分分析后得到的结论更加细致。

2.5　肩部对 HRTF 的影响

2.5.1　肩膀对声学头模 HRTF 的影响

在声学头模的 HRTF 测量中发现，除了头模本身以外，肩膀和身体也会对 HRTF 产生一定的影响[25]，主要表现在低频段，而且尤其是当声源来自水平面以下的方位角时，身体或肩膀对声波的反射和衍射使 HRTF 产生一定的变化。有研究表明，由于躯干尤其是肩部对声波的反射和散射作用，其对 HRTF 的影响主要体现为 3kHz 以下频谱的变化[26]。

在本节中，对同一头模有无肩膀两种情况的 HRTF 进行对比分析，如图 2.65 中给出的两个方位角 HRTF 对比。从这两个图例可以很清楚地看出来，HRTF 幅度谱的差别主要在 3kHz～4kHz 以下，尤其如图 2.65(1)中方位角位于耳朵异侧时，差异比声源位于耳朵同侧时明显得多，在 900Hz～6kHz 的频率范围内都存在明显差别。

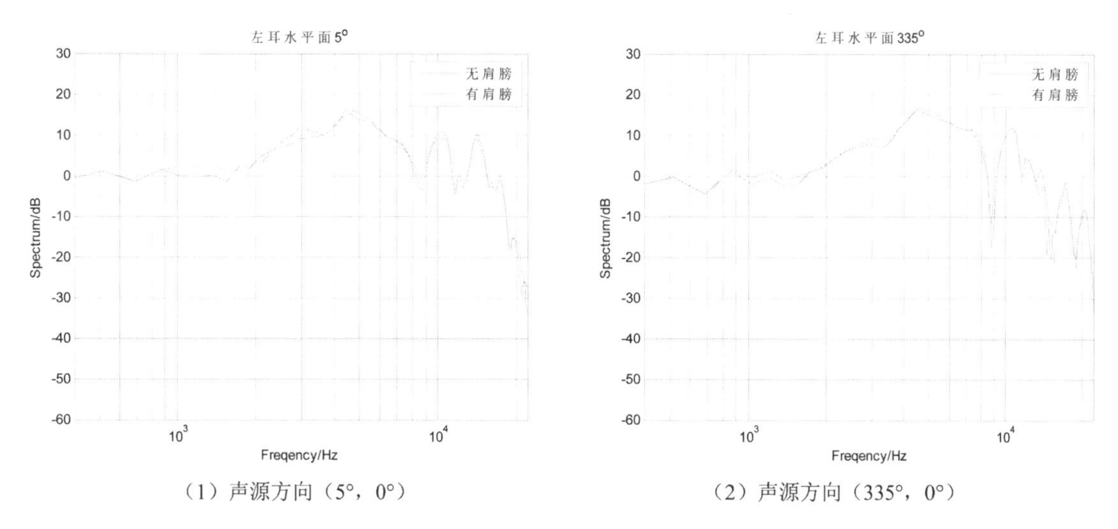

（1）声源方向（5°，0°）　（2）声源方向（335°，0°）

图 2.65　不同支撑结构头模 HRTF 幅度谱分析

图 2.66 是水平面加耳廓的同一头模不同支撑结构左耳 HRTF 灰度图，通过灰度图可以更为全面地看到 HRTF 随频率的变化。其中颜色深的地方表示谷点，颜色越浅则越表示在该处出现的是峰值。从两图中看，在 6kHz～9kHz 附近都出现了一条横向的深色的线，这表示的是耳廓谷点随着方位角位置的变化。而在图中 3kHz～4.5kHz 附近观察两图的差别，可以发现加肩膀的头模 HRTF 峰谷更加清晰，说明峰谷起伏比较明显，这正是肩膀对声波的

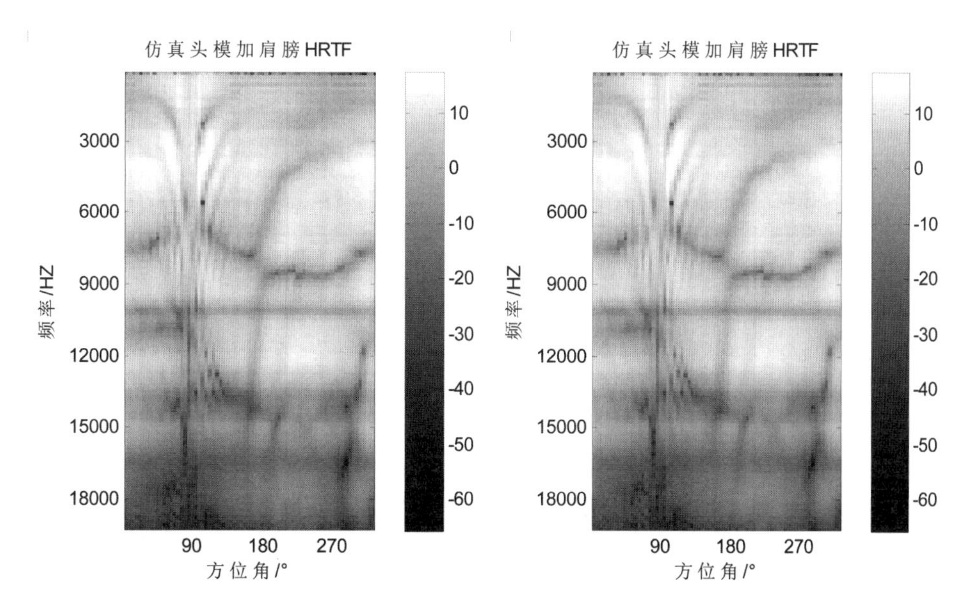

（1）仿真头模不加肩膀时 HRTF 灰度图　（2）仿真头模加肩膀时 HRTF 灰度图

图 2.66　不同支撑结构头模的 HRTF 灰度图对比

反射作用导致的。而不加肩膀的头模 HRTF 比较模糊，说明此处的 HRTF 曲线比较平缓。

图 2.67 给出的是有无肩膀时头模 HRTF 的三维立体图对比，从图中可以看出有无肩膀时的头模 HRTF 在高频处比较一致，而在低频处，大概 4kHz 以下有肩膀的头模 HRTF 曲线峰谷比较明显，而无肩膀的头模 HRTF 曲线则明显平缓很多。

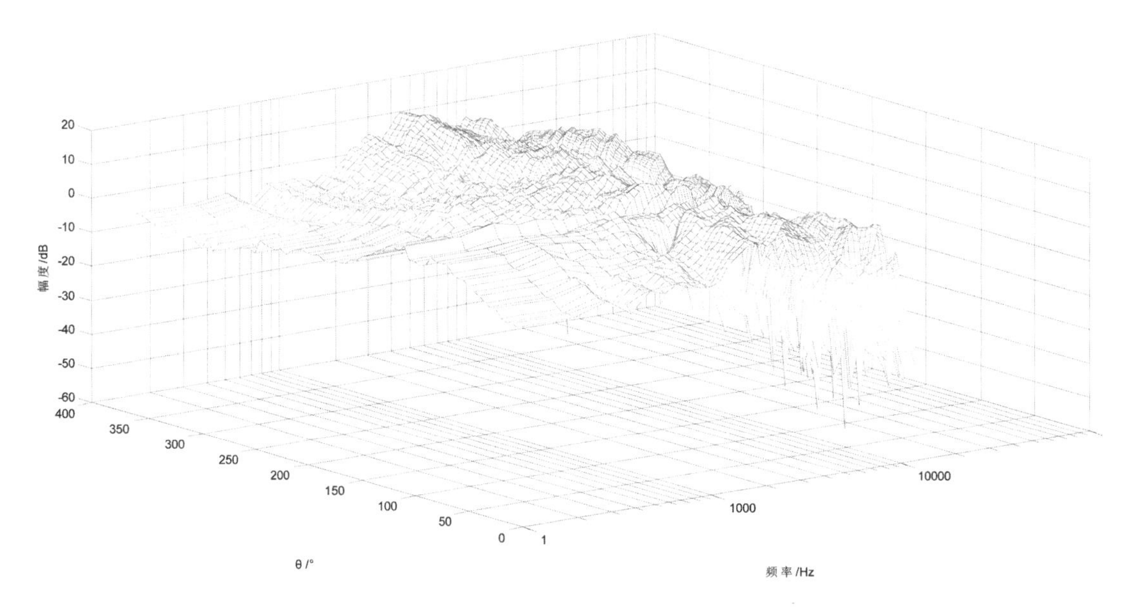

（1）仿真头模有肩膀时 HRTF 三维图

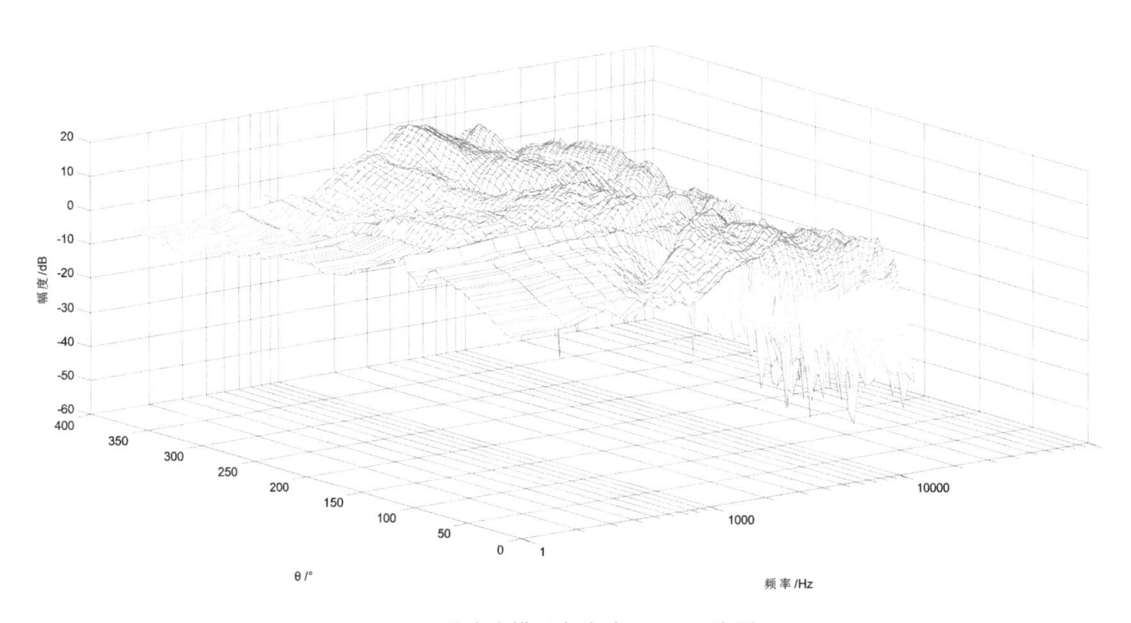

（2）仿真头模无肩膀时 HRTF 三维图

图 2.67　有无肩膀头模 HRTF 三维对比

从上述 HRTF 幅度谱的对比中，可以得出有无肩膀的头模 HRTF 曲线在 4kHz 以下存在一定的差别，但是不能从中得出这些差别是怎样影响 HRTF 的，为了得出这些，需要进行进一步的主成分分析。

2.5.2　有无肩膀头模HRTF数据主成分对比分析

分析有耳廓的情况下水平面左耳HRTF数据。首先分析H_{av}，也就是与方向无关的平均值。图2.68给出了不同仰角时两种头模的H_{av}差异。

当仰角为0°时，加上躯干与没加躯干时差别不是很大，只存在于1.5kHz以下的部分，并且差别很小。

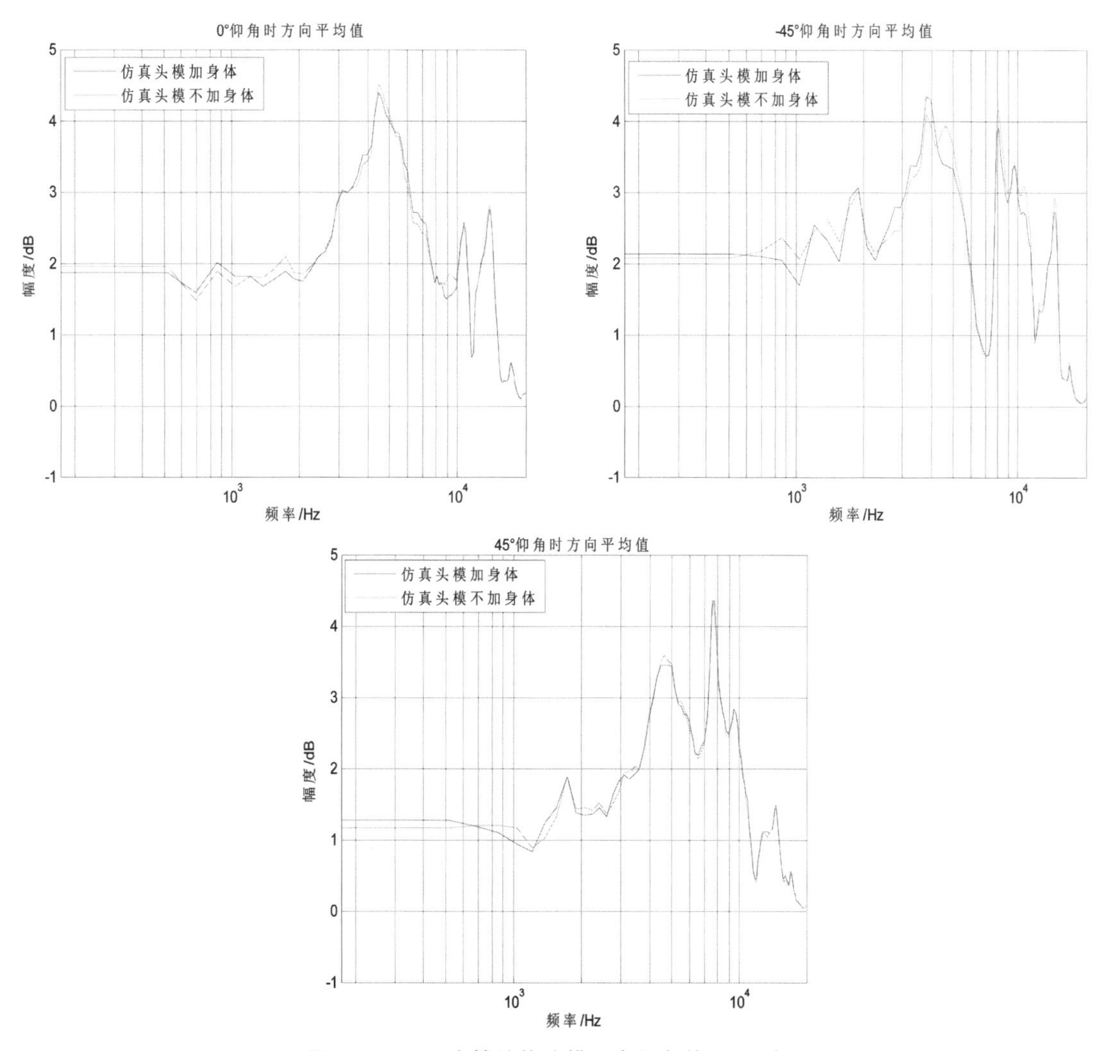

图2.68　不同支撑结构头模三个仰角的H_{av}对比

而当声源来自−45°仰角时，声音传到耳朵的过程会受到躯干的反射、散射或衍射等作用，导致加了躯干的头模H_{av}与不加躯干的出现了比较显著的差异，600Hz～5.5kHz频段都有明显的差异，其中1kHz和4kHz处差别最大。

当声源位于45°仰角时，此时的差异不如负仰角时那么明显，但是由于声源从上方传来的时候躯干和肩膀部分的反射作用相对大一些，所以在某些频段仍会有一定的影响，主要存在于 2kHz 以下。

然后分别分析谱形状基矢量和方向权重系数。首先是谱形状基矢量的选择，本章选取前三个来分析，而且从表 2.7 中可以看出仿真头模加和不加躯干时，主成分分析得到的前三个基矢量所占的能量比重，当选取前三个基矢量的时候，能量比重都达到了 96%以上，基本可以代表原始的 HRTF 能量信息。

表 2.7　两种支撑结构头模前三个基矢量的 HRTF 能量比

基矢量百分比 / 不同结构	前 n 个基矢量所占能量百分比		
	1 个	2 个	3 个
水平面加身体	86.1%	93.8%	96.3%
水平面不加身体	85.7%	93.4%	96.1%
45°仰角加身体	96.9%	98.1%	98.9%
45°仰角不加身体	96.5%	97.6%	98.5%
−45°仰角加身体	87.4%	93.6%	97.4%
−45°仰角不加身体	86.1%	92.9%	96.2%

图 2.69 给出了不同支撑结构头模的谱形状基矢量及方向权重函数对比，左侧为不同仰角时前三个谱形状基矢量 d_1、d_2 和 d_3，而右侧一列给出的是对应的方向权重系数 w_1、w_2 和 w_3。从图 2.69 可以看出，当声源来自水平面时，两种头模的 d_1 没有明显差别，只有在 1.2kHz～2kHz 之间有一点点偏离。d_2 的差别相比 d_1 大一些，主要表现为在 1kHz～4kHz 之间出现了相对较大的偏离。d_3 变化比较复杂，无规律，因能量比重较小，暂忽略不做分析。当声源来自−45°仰角也就是下仰角时，d_1 表现出比较明显的差别，在 700Hz～6kHz 之间出现比较大的偏离，说明躯干和肩部对来自下仰角的声源的影响是很明显的。同样 d_2 和 d_3 也都出现较明显的偏离，综合起来可以归结为躯干的反射和散射作用。

当声源位于 45°仰角，即来自头模上方的时候，d_1、d_2、d_3 全部出现无规律的不同程度的偏离，这是由于当声音从上方传入人耳时，直达声会直接被人耳接收，但是由于肩部的反射作用，接收的声波变得复杂，这是有利于人耳判听的。

观察图 2.69 右侧一列的方向权重系数对比情况的时候发现，三种情况下都是 W_1 、w_1 的变化幅度最大，W_2、W_3 、w_2、w_3 变化范围较小且在 0 附近。其中 W_1 、W_1 、w_1 在 0°～180°声源位于耳朵异侧时小于零，与 d_1 组合形成高频的衰减，在 180°～360°声源位于耳朵同侧时则大于零，与 d_1 组合后形成的是高频的提升，这是头部以及躯干散射和衍射的结果。

当声源位于水平面时，两种头模的方向权重系数对比没有很明显的差别，因为水平方向的声源大部分会直接作为直达声被人耳接收，肩部的作用比较小。

当声源位于负仰角的时候，w_1、w_2 和 w_3 全都出现了较为明显的偏离。其中 w_1 在 $\theta=40°$和 $\theta=120°$附近差别最大，w_2 则在 $\theta=90°～110°$附近出现明显偏离，这也在一定程度上表明在这些方向附近躯干和肩膀的作用比较明显。

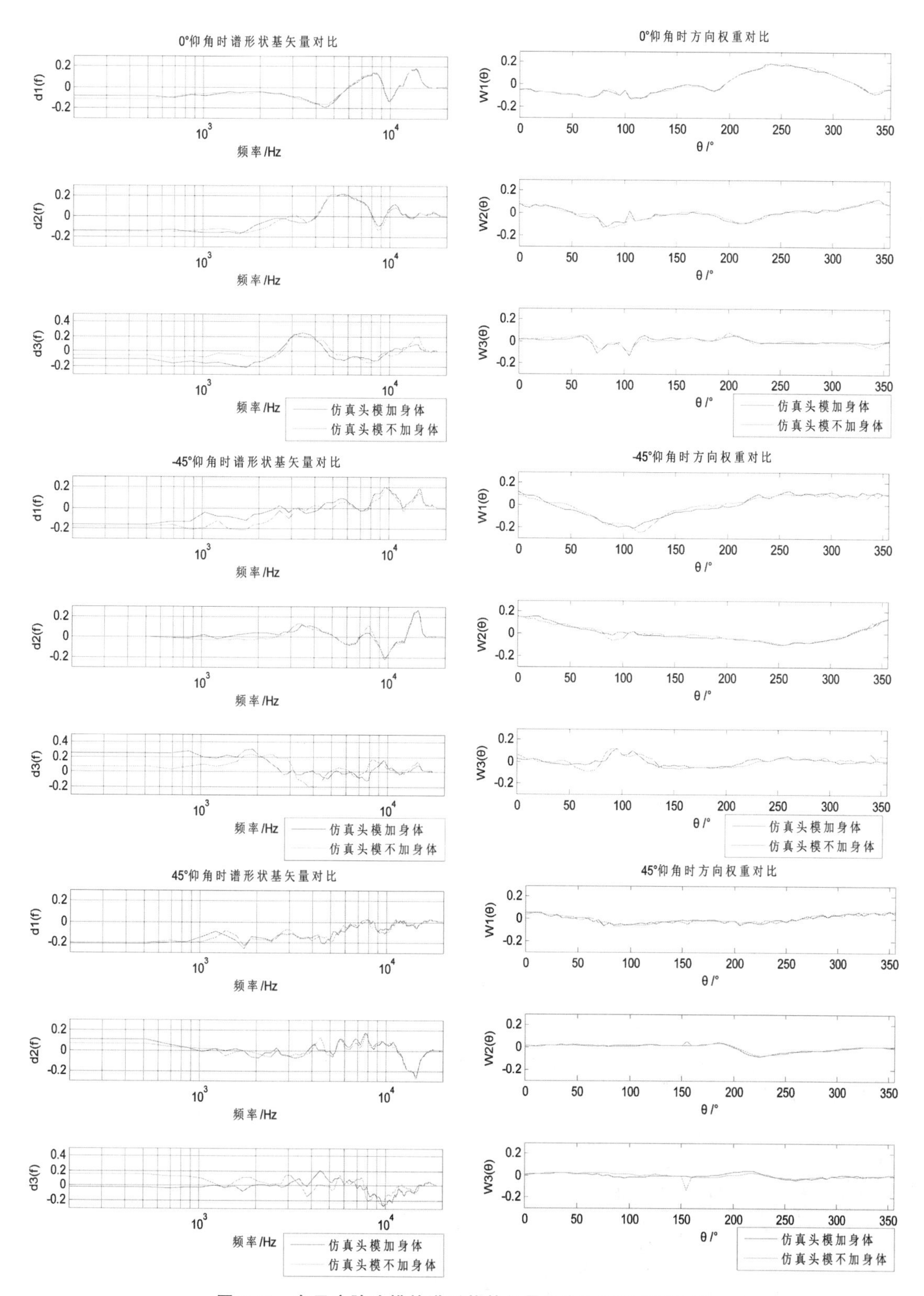

图 2.69　有无肩膀头模的谱形状基矢量及方向权重函数对比

最后，当声源位于正仰角45°的时候，可以看出 w_1、w_2 和 w_3 在各个方位角出现比较均衡的偏离，说明躯干对这些方位角的声源影响比较均匀，没有在某些方位角出现明显的影响，而是在整体上产生一定的影响。

通过以上对同一头模有无肩膀时的HRTF分析，可以得出躯干和肩部对HRTF的影响主要存在于4kHz以下，但是针对不同仰角的情况，躯干的影响作用不尽相同，其中对来自水平面下方的声源即下仰角的影响最为明显，因为声源需要经过躯干的反射、散射和衍射后才能被人耳接收到，影响最为明显的则是来自下仰角的位于耳朵异侧的声源，因为这些方位角的声源还要经过头部的散射作用。来自水平面的声源的影响几乎可以忽略不计，影响很小。而当声源来自水平面上方的仰角时，影响比对水平面的要大，但是又远远小于对下仰角的声源的影响。因为声源从上方传入人耳的时候，包含绝大多数能量的直达声先被人耳接收到，而后又有一部分肩部和躯干的反射声传入人耳，造成一定的影响。

2.6 声学头模与仿真头模声学特性对比

2.6.1 不同结构声学头模声学特性对比

前面针对各个结构分别做了分析，但是每一个声学结构的影响都不是单独的，而是同一个头模上各个部位相互作用形成的整体影响效果。以下对三种头模(KEMAR头模、仿真头模和简化声学头模即椭球头模)进行整体性效果分析。

首先对同一测量系统中的仿真头模和椭球头模HRTF进行声学特性对比分析，然后对其进行主成分分析，以得到更为具体的信息。在主成分分析的基础上对三个头模的听音判位进行差异性主观实验。最后，为了对三种头模的音频效果进行整体比较，做一个声源位置判听的主观实验，通过数据统计分析来比较三种头模的效果及适用性。

(1)仿真头模与声学头模HRTF测量

图2.70 仿真头模与椭球头模HRTF测量图

声学头模与仿真头模的HRTF是在华南理工大学声学实验室测量的。测量系统如图2.70所示。该测量系统可以在30分钟内测量出以15°为间隔，从−45°到+90°共10个仰角的数据，其中每个仰角水平面的方位角数据是以5°为间隔，360°共有72个方位角。每个扬声器距离头模中心距离为1.5m。测量信号为48kHz采样频率、24bit量化的MLS信号。

(2)仿真头模与椭球头模 HRTF 声学特性对比

由于 KEMAR 头模的 HRTF 数据与仿真头模、椭球头模不是在同一测量系统通过相同的测量方法得到的，为了避免测量误差，只对仿真头模和椭球头模的数据进行对比分析。

首先对比两个头模在同一方位角的二维 HRTF，当声源位于耳朵异侧时(0°～180°)两个头模的 HRTF 的峰谷起伏比较大，如图 2.71(a)所示。当声源位于 90°也就是耳朵正侧时，由于头部衍射作用的影响，耳廓谷变得很不明显，HRTF 曲线整体比较平缓但是有很多小的起伏，如图 2.71(b)所示。当声源位于 90°～180°也就是异侧后方时，HRTF 曲线开始变得起伏非常剧烈，峰谷增多，这是头部和耳廓以及头部各种细节综合作用的结果，如图2.71(c)所示。而当声源位于 180°～355°也就是耳朵同侧时，HRTF 曲线十分光滑，并且有明显且稳定的峰谷，此时则主要是由于耳廓的作用，如图 2.71(d)所示。

从图 2.71 中我们还能看出，两个头模的 HRTF 耳廓谷点位置差别并不大，这是由于测量时两个头模使用的耳廓模型是一样的，只是头部结构的差异造成谷点位置的前后稍微有些差异。

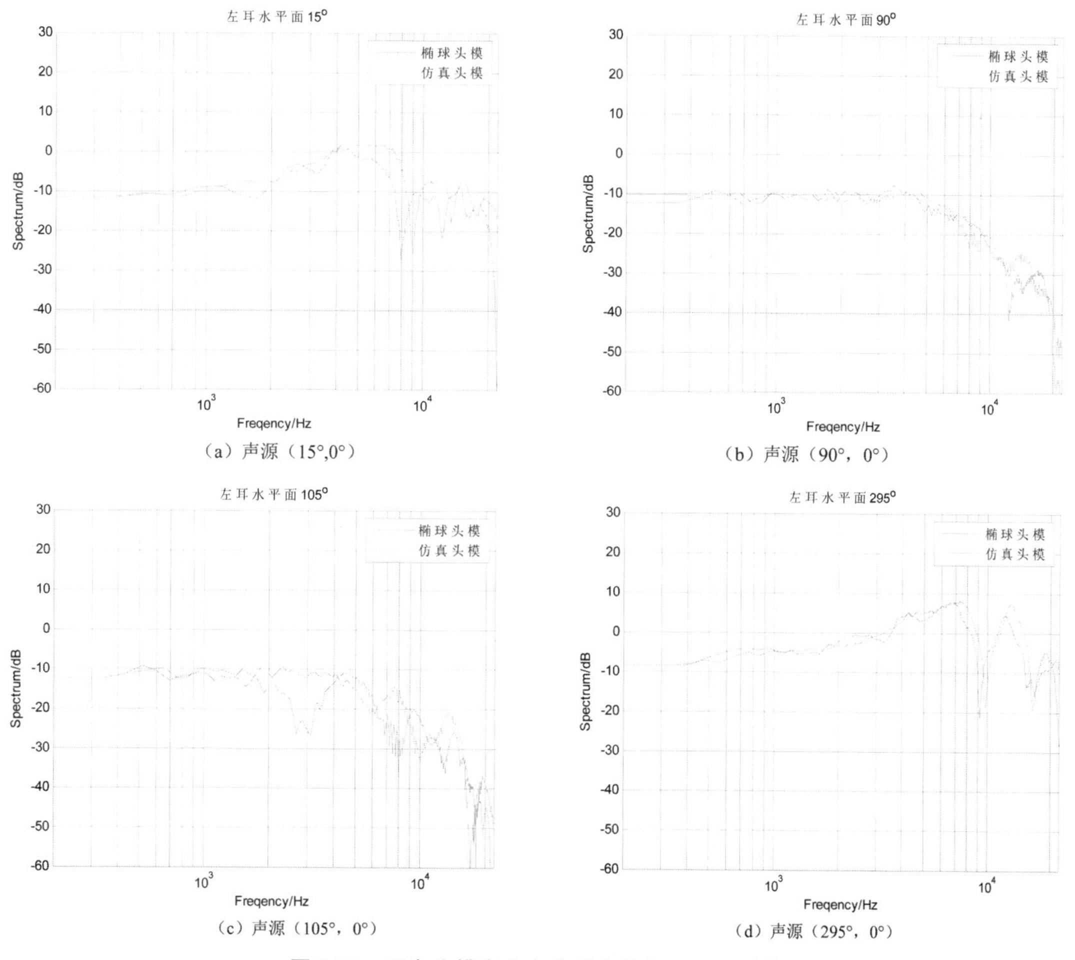

(a) 声源 (15°,0°)　(b) 声源 (90°, 0°)　(c) 声源 (105°, 0°)　(d) 声源 (295°, 0°)

图 2.71　两个头模在几个典型方位角 HRTF 对比

为了进一步了解两个头模的 HRTF 总体走势，图 2.72 给出了两个头模 HRTF 的三维立体图，从中可以看出两个头模 HRTF 的总体差异。其中椭球头模由于结构相对比较简单，故 HRTF 曲线的峰谷比较少，整体趋势相对平缓一些，而仿真头模由于头部的一些细节结构比较复杂，HRTF 曲线也相对复杂一些。

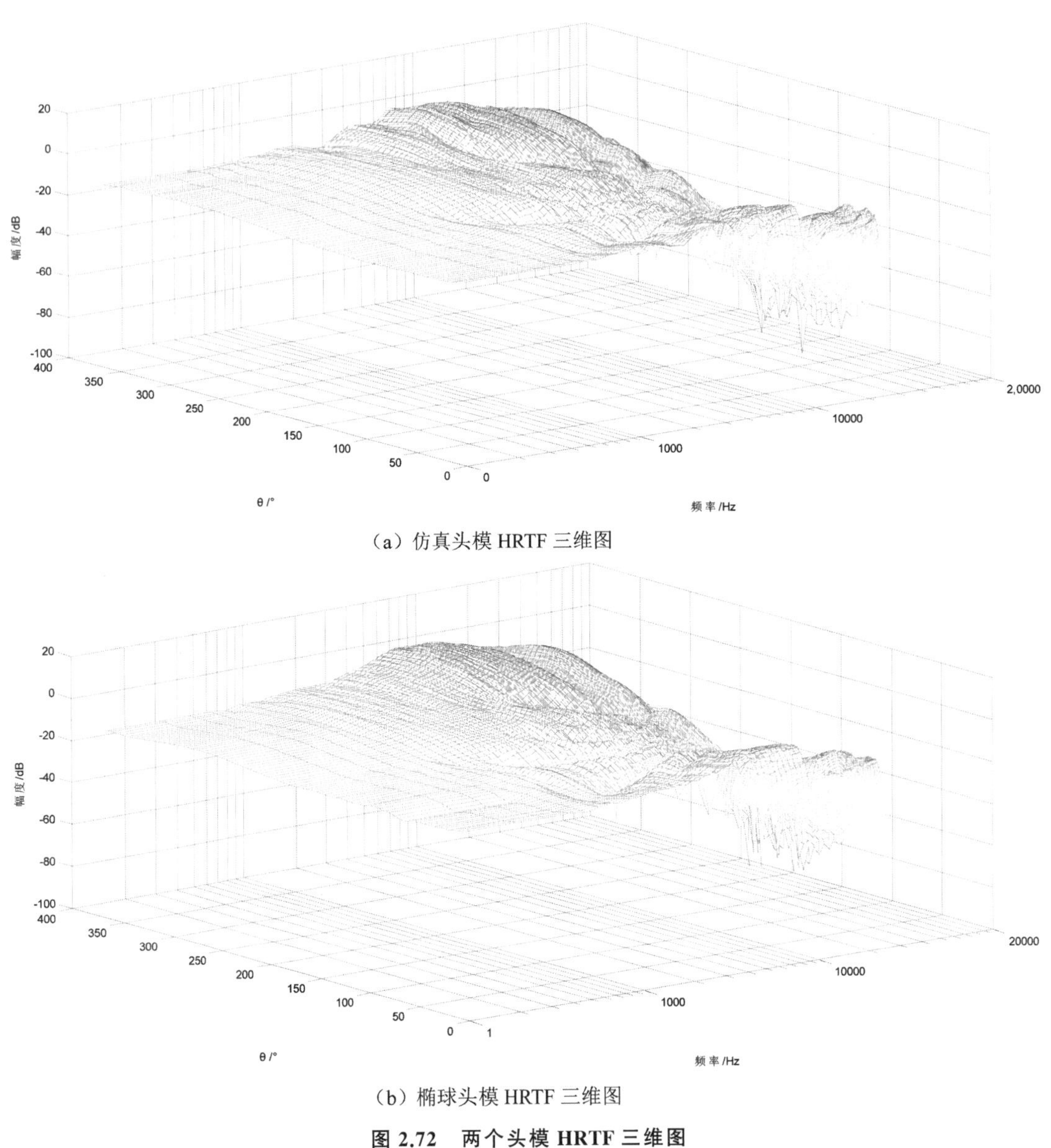

（a）仿真头模 HRTF 三维图

（b）椭球头模 HRTF 三维图

图 2.72　两个头模 HRTF 三维图

图 2.73 给出了两个头模的不同仰角 ITD 对比。ITD(Interaural Time Difference)是指声波从声源到双耳传输的时间差，是声源方向定位的一个重要因素。可以看出不论在哪个仰角情况下，|ITD|都在水平角 90°和 270°附近，即声源距离左右耳差别最大的时候达到最大值。而随着仰角绝对值的增加，这个最大值又在逐渐减小，水平面时 $|\mathrm{ITD}|_{max}$ 最大。

同时对比两个头模在同一仰角面的 ITD，就会发现仿真头模的 $|\mathrm{ITD}|_{max}$ 始终大于椭球头模的 $|\mathrm{ITD}|_{max}$。ITD 在这里是指声音传入左耳和右耳之间的纯延时，这个延时主要受头模尺寸的影响。由于仿真头模的尺寸大于椭球头模，所以其 ITD 也大于椭球头模。

ILD 也叫双耳声级差，双耳声级差在声源信号频率大于 1.5kHZ 时也是声源定位的一个

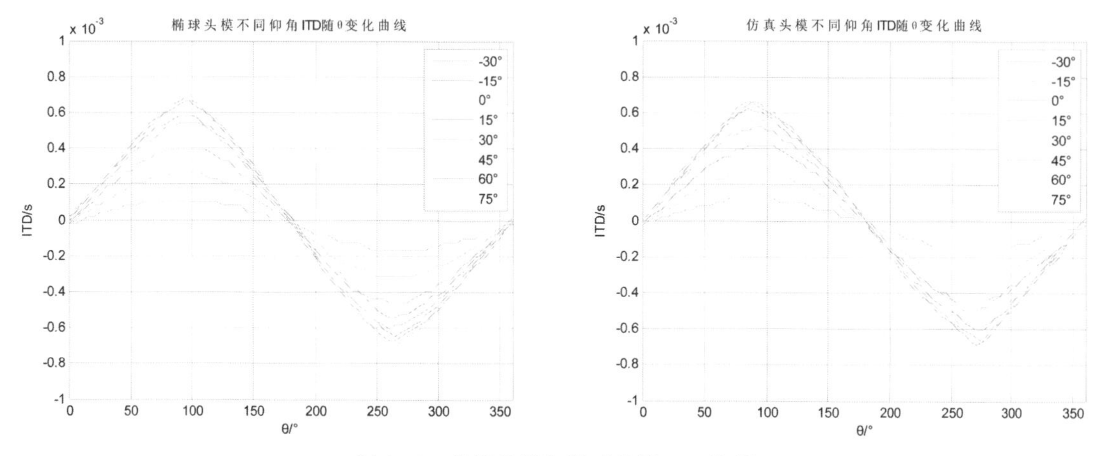

图 2.73　仿真头模与椭球头模 ITD 比较

因素。ILD 主要是频率和声源方向的函数，在低频时，ILD 幅度很小并且随着 θ 平缓变化。其中可以看出在 90°方位角时 ILD 不是增大的反而是减小的，这是由于头部的阴影作用。图 2.74 给出了两个头模在不同频段的声级差。

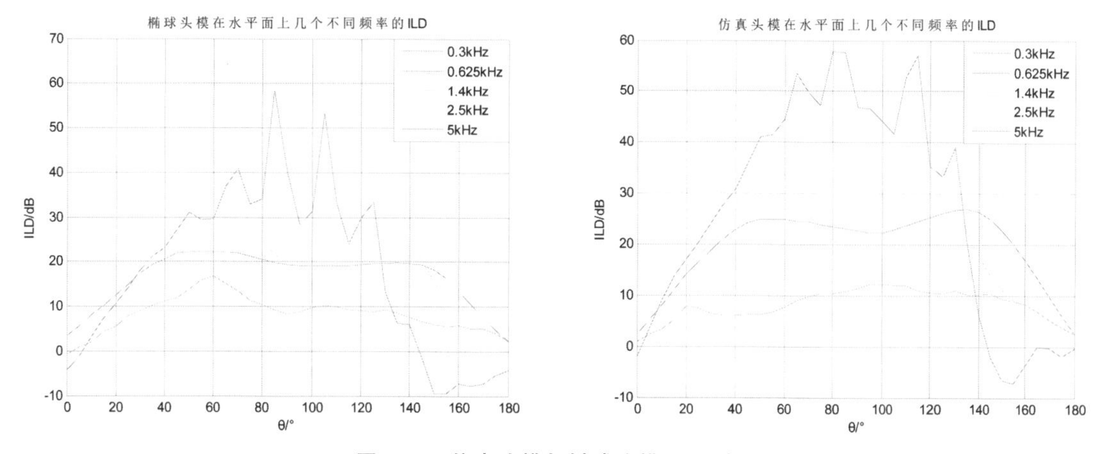

图 2.74　仿真头模与椭球头模 ILD 对比

通过几个声学特性的比较，可以大概了解两个头模的一些差别，但是并不能得到十分具体的信息，比如在哪些方位角对声源有哪些影响，在哪些方位角效果又一致，所以需要对两个头模的 HRTF 数据进行主成分分析。

(3)仿真头模与椭球头模 HRTF 主成分分析对比

分析两个头模(仿真头模与椭球头模)在三个仰角(30°，0°，−30°)的左耳 HRTF 数据，截取 233 点频域幅度谱，相当于频率范围从 0 到 20kHz。首先对方向平均值进行比较，图 2.75给出的是两个头模在三个仰角时的 H_{av} 对比图。

从图中可以看出仿真头模与椭球头模的 H_{av} 差别并不大，波形基本一致，除了幅度上的差异以外，基本吻合。而幅度的差异则是由两者细节结构的差别造成的。峰谷点的形成是由于耳廓的作用，由于两个头模测量时采用的是同一副耳廓模型，所以耳廓作用导致的峰值也是一致的。

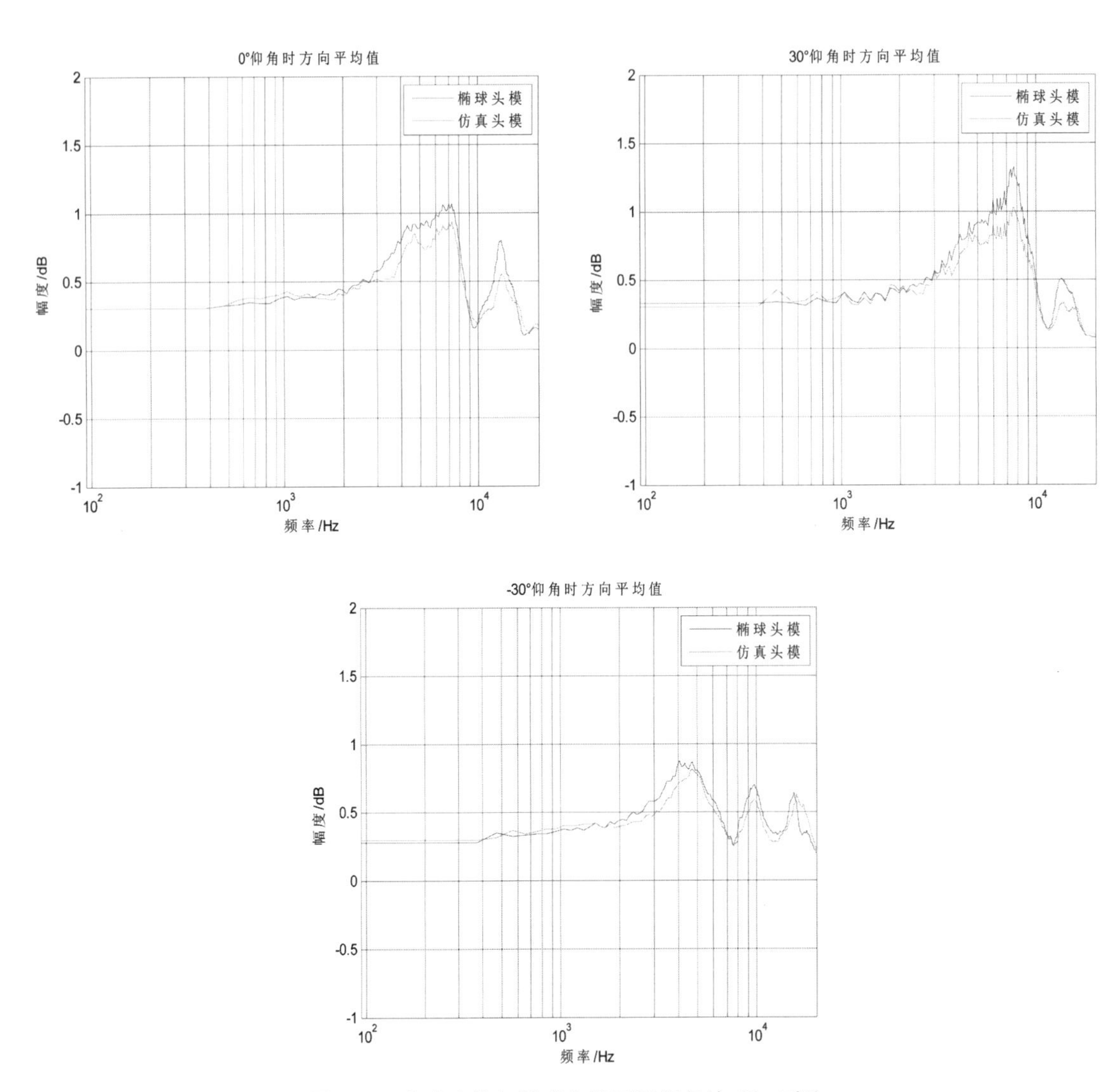

图 2.75　仿真头模与椭球头模不同仰角的 H_{av} 对比

下面着重对比分析这两个头模 HRTF 的基矢量和方向权重系数。表 2.8 给出的是仿真头模与椭球头模前三个谱形状基矢量所占的百分比。从表中可以得到，椭球头模的前三个基矢量所占的能量百分比都大于相同仰角面的仿真头模。这是因为椭球头模结构相对简单，所以每一个基矢量所占的能量比相对来讲比较大。

表 2.8　仿真头模与椭球头模前三个基矢量的 HRTF 能量比

不同结构 ＼ 基矢量百分比		前 n 个基矢量所占能量百分比		
		1 个	2 个	3 个
水平面	仿真头模	92.6%	97.4%	98.5%
	椭球头模	93.7%	98.4%	99.2%
30°仰角	仿真头模	95.5%	97.9%	99.0%
	椭球头模	96.2%	98.6%	99.3%
−30°仰角	仿真头模	92.4%	96.4%	97.8%
	椭球头模	93.1%	97.6%	98.9%

图 2.76 给出了仿真头模与椭球头模在不同仰角时前三个基矢量 d_1、d_2 和 d_3 与其对应的方向权重系数 w_1、w_2 和 w_3 的对比情况。与之前的情况一样，d_1 和 w_1 的变化趋势组合

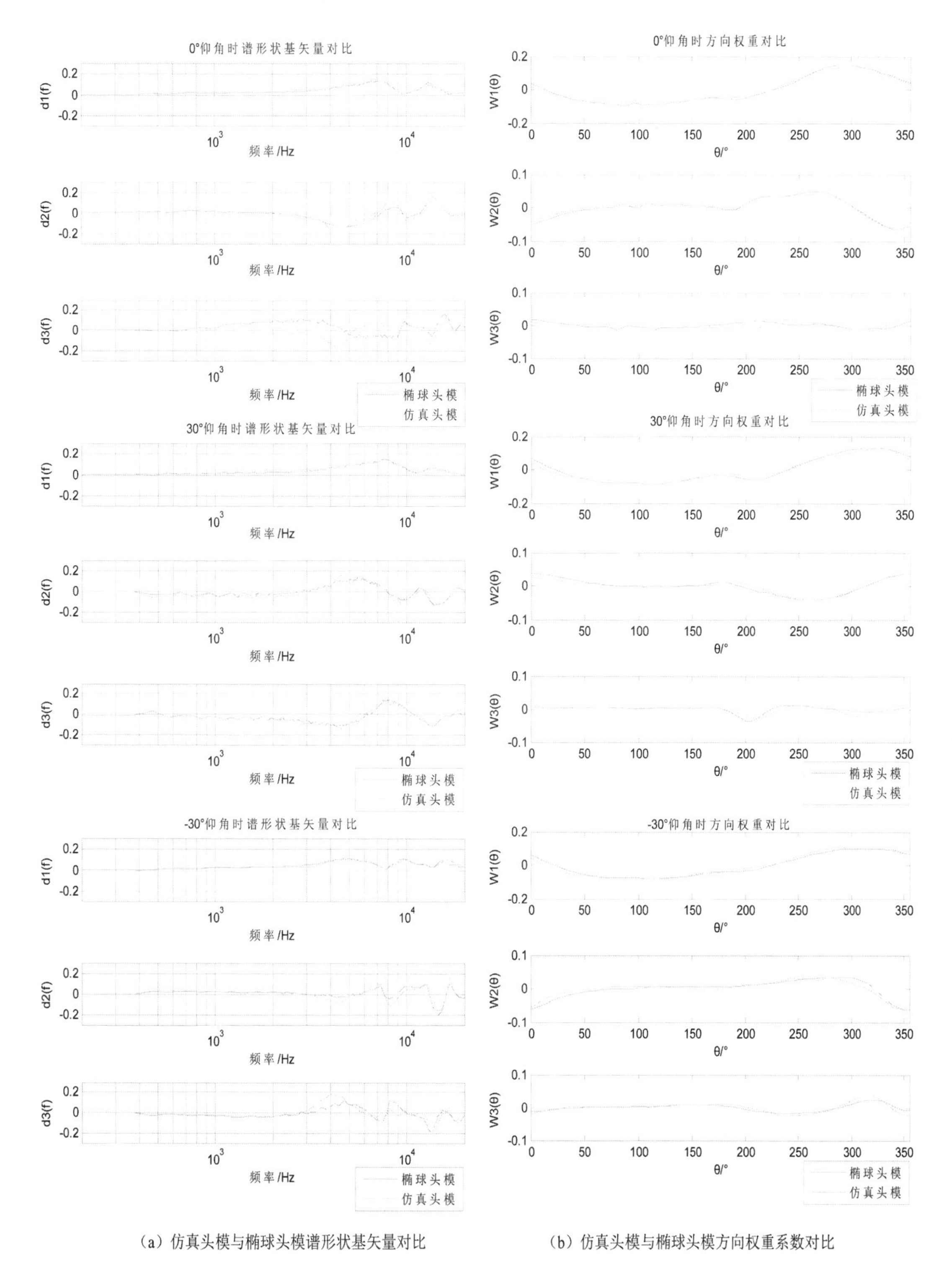

(a) 仿真头模与椭球头模谱形状基矢量对比　　(b) 仿真头模与椭球头模方向权重系数对比

图 2.76　仿真头模与椭球头模谱形状基矢量及方向权重函数对比

起来会形成声源在耳朵异侧时高频的衰减，而声源在耳朵同侧时会构成高频的提升。这是所有的声学头模共同的特性。从图中可以看出，就能量比重最大的 d_1 和 w_1 来说，无论是在哪个仰角时差别都不明显，尤其是所有的 d_1 几乎是完全吻合的，这说明仿真头模与椭球头模在频率感知上的差别是很小的，几乎可以忽略不计。w_1 也只是在少数几个方位范围内存在微小差异，如在 0°仰角时在方位角 90°和 300°附近两个头模的 w_1 出现了一些偏离，而在 30°仰角时在方位角 70°～120°范围内以及方位角 200°附近也出现了一些偏离，在－30°仰角时则在 0°～50°以及 270°附近存在一些偏离，这说明对于这些方位角的声源分析，仿真头模与椭球头模会存在一定的差别。而就 d_2 和 d_3、w_2 和 w_3 来说，虽然随着频率的升高或者方位角的变化都会出现一些变化，但是可以看出变化趋势比较一致，存在的差异比较小，尤其是 w_3 已经非常接近零，所以 d_3 的贡献基本上可以忽略不计。

2.6.2 三种头模差异分析的主观验证实验

在针对仿真头模与椭球头模的 HRTF 主成分分析中，虽然两者的各个指标差异都很小，但是还是可以统计出存在一定差异的几个方位角的范围，以及完全不存在差异的方位角，如表 2.9 所示。

表 2.9 几个典型的空间方位角

	差异较明显	差异很小
水平面	(90°,0°)(300°。0°)	(150°,0°)
30°仰角	(120°,30°)(210°,30°)	(330°,30°)
－30°仰角	(30°,－30°)(270°,－30°)	(120°,－30°)

为了验证仿真头模与椭球头模对声源感知的差异是否很小，对上表中的 9 个方位角做声源位置感知的心理实验。同时为了比较 KEMAR 头模与这两种头模的差别，也对其做同样的实验。

因为不具备对三种头模同时进行测量录音的条件，所以将三种头模的各个方位角的双耳脉冲响应(HRIR)与经过 20kHz 低通滤波的白噪声进行卷积作为实验素材。实验信号整理过程是按照两两头模对比分为三组，采用系列范畴法，选取 15 名被试进行实验，要求被试判断出前后两种信号在声源定位上的变化情况，分为差异最小、较小、中等、较大和最大五个范畴。

图 2.77 给出的是针对上一小节的分析结果所做的主观实验的结果，在主成分分析中得出的结果是仿真头模与椭球头模对声源方位角的判断差异是十分小的，虽然在某些方位角仍然存在细微的差别，但是在听感上这些几乎可以被忽略掉，所以主观实验的结果证实了这一点。选取的 9 个方位角最后都落在最小与较小这两个范畴中，所以说椭球头模与仿真头模存在非常好的一致性。

图 2.78 给出的是仿真头模与椭球头模分别与 KEMAR 头模对比的实验结果。从图中可以看出无论是仿真头模还是椭球头模都与 KEMAR 头模存在比较大的差异，而且仿真头模与椭球头模存在非常好的一致性，从各个方位角的所在范畴就可以看出这一点。

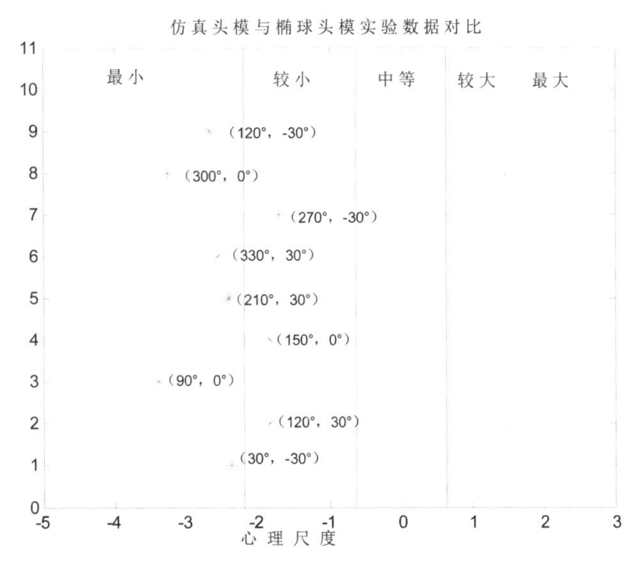

图 2.77 仿真头模与椭球头模实验结果

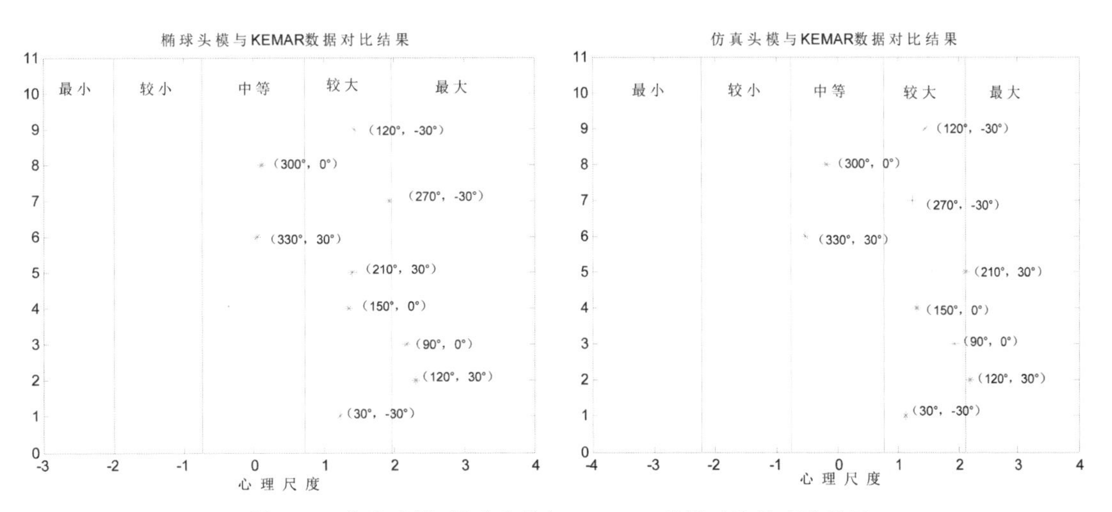

图 2.78 仿真头模、椭球头模与 KEMAR 头模对比的实验结果

图 2.78 中 KEMAR 头模与这两个头模存在比较大的差异。原因主要有两点:一是 KEMAR 是根据西方人的生理尺寸来制作的,由于个性化 HRTF 的影响,所以会与根据中国人生理尺寸制作的仿真头模和椭球头模存在比较大的差异。二是在结构上,KEMAR 头模是带有整个肩膀及上半躯干的。在第四章中分析过,躯干和肩膀对上仰角和下仰角的声源有很大的反射和散射影响,这也会导致声源定位发生改变。

以上是由特定方位角处三种头模对于声源定位感知的不同影响,得出仿真头模与椭球头模存在很好的一致性,而 KEMAR 头模与它们差别较大。那么为了分析哪种头模效果更好,需要对全空间方位的声源进行定位实验,通过正确率的大小来判定头模的声场还原效果。

2.6.3　三种头模不同位置声源判听效果检验

为了验证简化声学椭球头模的听音效果，我们进行听音实验。因为没有 KEMARA 头模，无法同时录制听音素材，所以将三个头模的双耳脉冲响应 HRIR 分别与经过 20kHz 低通滤波的白噪声进行卷积，通过让被试听音来判断方位。选取－30°、0°和 30°三个仰角，每个仰角在全平面每隔 30°选取一个方位角，0°～330°内共 12 个方位角，因此对每个头模一共选取 36 个空间点进行实验。信号采样频率为 44.1kHz，量化精度为 16bit。在给被试听音的时候每个信号重复播放两遍，需要被试同时判断出方位角和仰角，最后根据实验结果统计被试对每一个头模判断的正确率[27]。

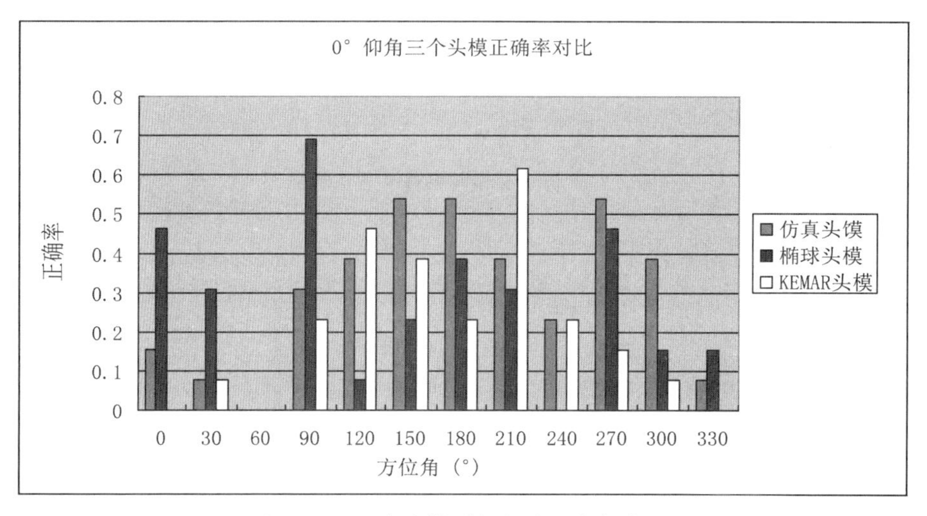

图 2.79　三个头模 0°仰角时正确率对比

图 2.79 给出的是三个头模在 0°仰角时各个方位角处被试判断的正确率对比。比较明显的差别是当声源方位角为 60°时，三个头模的正确率均为 0。当声源方位角为 90°时，椭球头模的正确率高达 0.69，而仿真头模与 KEMAR 头模的正确率只有 0.2～0.3。当声源方位角为 210°时，KEMAR 头模的正确率为 0.62，椭球头模与仿真头模的正确率都在 0.3～0.4 之间。当声源方位角为 0°和 330°时，KEMAR 头模的正确率为 0 。整体来看，表现比较稳定的是仿真头模，尤其是在声源从头后方传来时正确率高于前方声源；其次为椭球头模；KEMAR 头模在 0°仰角时正确率最不稳定。

图 2.80 是当声源仰角为 30°时，三个头模在各个方位角的正确率。从图中可以看出 KEMAR 头模在除了 60°时正确率偏低，小于 0.1 外，在其他各个方位角的正确率都比较稳定。仿真头模则是当声源来自头部后方时(150°～210°)正确率偏低，在其他方位角处正确率十分稳定且幅度差别不大，大部分在 0.47 左右。而椭球头模则对来自头模正前方附近(330°～0°)的声源比较敏感，正确率大于 0.6，其他方位角处的正确率出现一定幅度的起伏，尤其是声源方位角为 150°时的正确率降为 0 。从图 2.80 的分析可以得出，KEMAR 对于 30°仰角的声源还原效果好一些，椭球头模与仿真头模相对差一些，但是椭球头模与仿真头模具有较好的一致性。

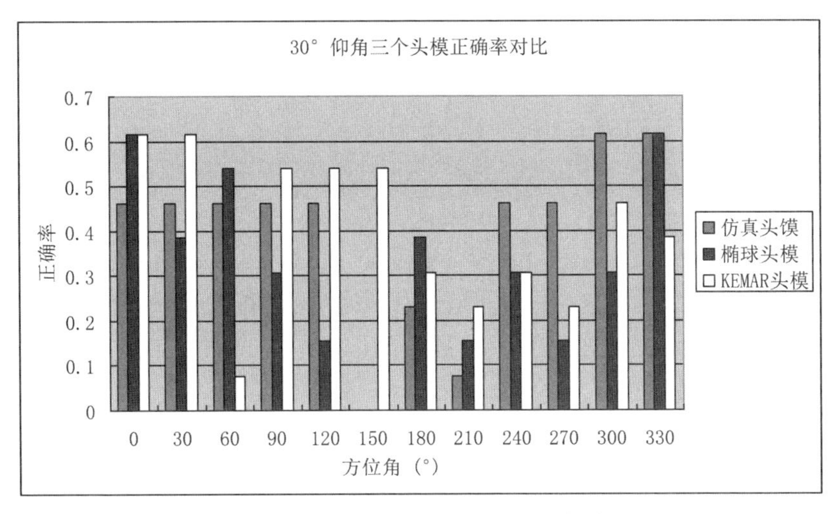

图 2.80　三个头模 30°仰角时正确率对比

图 2.81 是当声源仰角为－30°时，三个头模在各个方位角的正确率对比。从图中可以看出，当声源方位角位于头模前方(300°～60°)时三个头模的正确率都很低，甚至为 0。在其余方位角处，仿真头模的声场效果相对比较好，正确率均稍高于其余两个头模，其次为椭球头模。

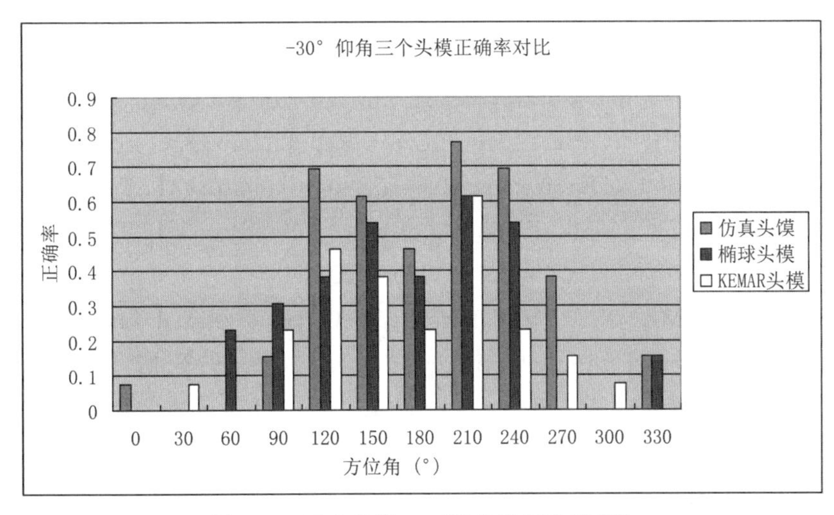

图 2.81　三个头模－30°仰角时正确率对比

从上述总结中可以得出，椭球头模与仿真头模在大部分方位处具有比较好的一致性，但是由于仿真头模的细节处理更复杂，声场还原效果比椭球头模好一些，但是差别并不大。KEMAR 头模由于尺寸以及结构的原因，与其他两个头模相比，并不适合中国人使用，声场还原效果也相对差一些。

参考文献

[1]谢菠荪.头相关传递函数与虚拟听觉[M].北京:国防工业出版社,2008.

[2]VORLÄNDER.Past, present and future of dummy heads.Acustica 2004.

[3]BOVBJERG B P,CHRISTENSEN F,MINNAAR P,et al.Measuring the head related transfer functions of an artificial head with a high directional resolution.Presented at AES 109th Convention.USA:Los Angeles,California,2000.5264.

[4]CHIU C, MOSS C F.The role of the external ear in vertical sound localization in the free flying bat[J].Eptesicus fuscus.J.Acoust.Soc.Am.,2007,121(4).

[5]MØLLER H,HAMMERSHØI D,et al.Evaluation of artificial heads in the listening test.1999.J.Audio Eng.Soc.,47(3):83-100.

[6]BURKHARD M D, SACHS R M.KEMAR the knowles electronics manikin for acoustic research.Report No.20032-1.Industrial Research Products, Inc., Elk Village, Illinois, (November 1972).

[7]CHRISTENSENF,JENSEN CB,MØLLER H.The design of VALDEMAR-an artificial head for binaural recording purposes.AES 109th Convention, Los Angeles,CA,USA, 2000,Preprint:5253.

[8]FELS A, VORLANDER M. Anthropometric parameters influencing head-related transfer functions[J].Acta acustica united with acustica,2009(95):331-342.

[9]GENUIT K,FIEBIG A.Do we need new artificial heads? The 19th International Congress on Acoustics,ICA 2007[C].Spain:Madrid,2007.

[10]FASTL H.Towards a new dummy head? The 33rd Intern.Congress on Noise Control Engineering,,INTER-NOISE 2004[C].Czech Republic:Prague, 2004.

[11]Algazi V R,Duda R O,Duraiswami R,et al.Approximating the head-related transfer function using simple geometric models of the head andtorso[J].The journal of the acoustical society of America,2002(112):2053-2064.

[12] FELS J, BURHMANN P, VORLANDER M. Head-related transfer functions of children[J].Acta acustica united with acustica,2004(90):918-927.

[13]FELS J, VORLÄNDER M.The next generation of artificial heads[C]//Acoustics'08 Paris,2008.

[14]中国国家标准化管理委员会.成年人头面部尺寸:GB/T 2428—1998[S].北京:中国标准出版社.

[15]中国国家标准化管理委员会.成年男性头型三维尺寸:GB/T 23461—2009[S].北京:中国标准出版社.

[16]钟小丽,谢菠荪.头相关传输函数的研究进展(一)[J].电声技术,2004(12):44-46,62.

[17]钟小丽,谢菠荪.头相关传输函数的研究进展(二)[J].电声技术,2005(1)42-46.

[18]GARDNER W G,MARTIN K D.HRTF measurements of a KEMAR[D].J.Acoust. Soc.Am.,1995,97(6):3907-3908.

[19]BOVBJERG B P , et al.Measuring the head related transfer functions for an artifical

head with a high directional resolution[Z]//109 AES Convention, 2000:5264.
[20]Algazi a r ,duda r o.The CIPIC HRTF database[C]//Proceedings of 2001 IEEE Workshop on Applications of Signal Processing to Audio and Acoustics, 2001:99-102.
[21]谢菠荪,钟小丽,饶丹,等.头相关传输函数数据库及其特征分析[J].中国科学G辑(中文版),2006,36(5),464-479.
[22]COOPER D H.Calculator program for head-related transfer function[J].J.Audio.Eng. Soc.,1982,30 (1/2):34-38.
[23]NOVY R W.Characterizing elevation effects of a prolate spheroidal HRTF model[D]. California:San Jose State University,1998.
[24]JO H,PARK Y,PARK Y-S.Aproximation of head related transfer function using prolate spheroidal head model[C]//ICSV 15,6-10 July 2008,Daejeon,Korea.
[25]钟小丽,谢菠荪.衣服、耳廓对肩部反射及头相关传输函数的综合影响[J].电声技术,2004(12):44-46.
[26]ALGAZI V R,AVENDANO C, DUDA R O.Elevation localization and head-transfer function analysis at low frequency[J].J.Acoust.Soc.Am, 2001,109(3):1110-1122.

第 3 章　耳廓的声学特性*

3.1　耳廓的听觉功能

3.1.1　概述

对传统的立体声节目采用耳机重放，虽然有左右声道之分，就整体效果而言，经常要受到头中声像(inside-the-head localization)以及前后声像混淆(front-back confusion)的干扰，重放声场自然感差。因为用传统立体声录制时双耳声压信号没有包含声音的全部空间信息，缺少了听众在真实的听音环境中自身的生理结构(耳廓、头部、躯干等)对声波的衍射、散射作用，用耳机重放时无法捕获这些信息，从而产生声像位置感知的畸变[1]。双耳录音技术(binaural recording technique)的出现在最大限度上克服了传统录音(AB 制、MS 制、XY 制等)耳机重放的这些弊端，营造出更为逼真的三维立体声场效果。因此拾取双耳信号，经放大、传输等过程后，用耳机进行重放，可在聆听者双耳处产生和原声场一致的主要空间信息。双耳录音的方法，一是可以直接通过真人双耳信号实现，二是可采用仿真人工头模录制。一般来说，个性化 HRTF 技术在理论上是最佳的，但几乎无法实际应用到消费性和普及性的应用领域。此项技术一直没有得到普及，主要原因还得归结于它只适用于耳机回放这样的情况，限制了该技术的普及和应用。另一方面，目前对适合此项技术普及的标准声学头模的基础研究一直缺乏，没有实质性开展。目前国外现有的头模基本上都是针对双耳听觉以及声学测量的某一特定研究领域的，而且缺乏“大众”化的特征。

采用仿真人工头录音技术可大大简化真人双耳录音的复杂度并降低难度，并且只需两个通道即可获得逼真的立体声场效果。人工头模双耳录音技术的关键在于录音过程中使用的人工头模是否能够最大限度地真实反映聆听者头部等结构的声学特性，包括头、肩部的散射作用，人耳对接收到的声波的散射、衍射作用，等等。人工头模细节对声音感知有不同的影响，精细结构(耳廓细节、肩部等)越接近真人，声源感知定位效果越好。研究表明，耳廓形态结构对声波的反射、散射作用引起的谱因素在高频对定位有重要的影响，尤其是对中垂面

---

* 本章内容主要来自《耳廓结构模型声学特性的测量与分析》，李莉，中国传媒大学硕士学位论文，2010 年 5 月；《耳廓精细结构对声音位置感知的影响》，赵伟，中国传媒大学硕士学位论文，2010 年 5 月。

声源定位和前后定位混淆的错误率有重要影响[2][3]。本章的主要内容就是研究制作代表中国人声学特性的头模和耳廓结构模型。在此基础上，通过对不同耳廓结构模型的头模进行声学测量及分析，试图找出耳廓的不同精细结构对声音感知的影响；从而建立有效的生理模型，更好地解释耳廓生理结构模型与听觉定位系统和头相关传输函数之间的关系。

研究耳廓的作用，寻求简单而有效的生理建模方法，探索这些生理部位对声音感知的影响。通过刻画耳廓形态结构提高仿真人工头的精细度，进而提高双耳录音听觉感知的精度。对采用非个性化的双耳重放信号可以进行个性化的补偿，实现听觉感知的逼真性，不仅是基础研究，还具有重要的实用价值。

目前国际上几种常见的人工头模为：一是 KEMAR 人工头模及躯干模拟器，它配有两组不同尺寸的耳廓，大的耳廓适用于欧美男性，小的耳廓适用于欧美女性和日本人。其主要应用于电信行业、听力保护、噪声控制等行业，以及录音和产品的声质量评价方面。KEMAR 人工头在双耳听觉的研究中应用最为广泛，外观也最接近真人。二是丹麦 B&K 公司设计的 HATS 人工头及躯干模拟器，它可用于耳机评价、听力保护和双耳测量。三是 Head Acoustics 公司生产的 HMS 型人工头，HMSII 型人工头模对耳廓做了简化，并且躯干也只设计了肩部，主要用在噪声研究方面。还有纽曼公司和 01dB 公司生产的人工头模 MK2B，可用于汽车声品质、心理声学等研究。其他还有丹麦大学设计的 VALDEMAR 人工头、纽曼的 KU100 仿真头模等[4]。（图 3.1）

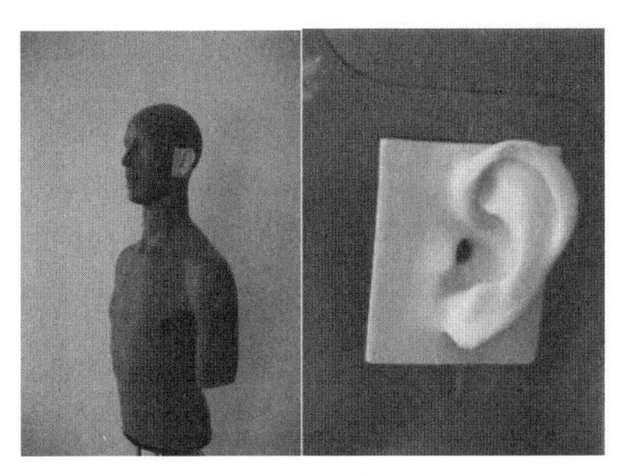

KEMAR 及耳廓

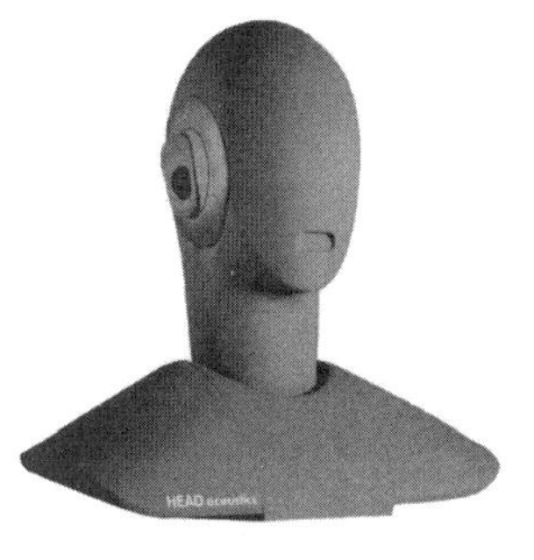

Head Acoustics

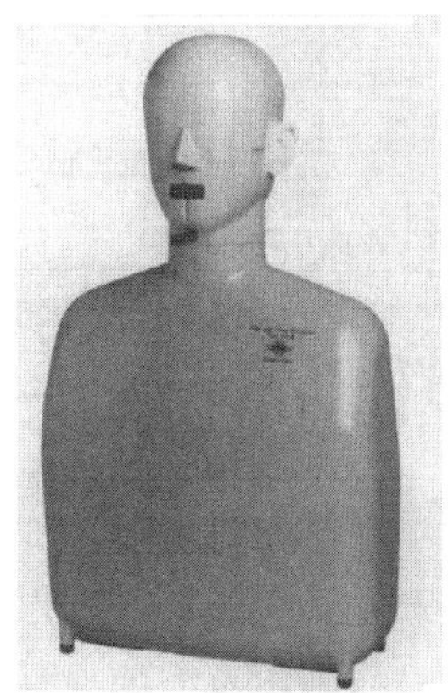

B&K 4128

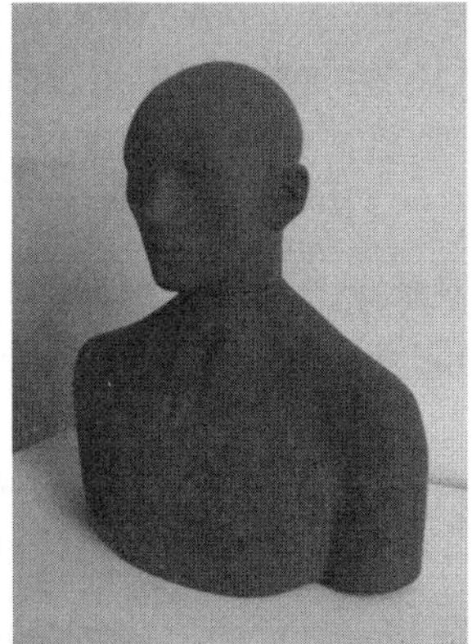

MK2B(01dB)

图 3.1 国外不同类型的人工头模

研究表明，头高、头宽、头深等头部参数与 HRTF 中的一些声源定位因素具有一定的相关性。中国人与西方人的头部生理外形、尺寸是有一定差别的，并且现有的基于西方人的耳廓模型并不适合中国人。因此要建立反映中国人生理特性的声学头模，其人工耳的耳廓形态也应该具有中国人的代表性及普遍性。

基于对上万名成年人头面部尺寸的测量，我国制定了国家标准《成年人头面部尺寸》(GB/T 2428—1998)。这个标准是一个几何标准，服务于头盔的设计和其他与头有关的面具等产品的设计，并没有从声学的角度考虑和优化头模的生理尺寸标准。标准也给出了有关耳廓的相关结构参数的统计数据，华南理工大学在测量 HRTF 数据库的数据时也对人耳参数进行了相关测量，此外还有一些研究从解剖学的角度出发对耳廓进行了相关测量。但这些已有的针对人耳的参数测量因应用场合、研究方向受限尚不足以用于制作具有普遍代表性的人工耳廓模型。

中国传媒大学传播声学研究所自主研发了中国成年男性的标准声学头模 BHead210 型，并对该头模进行了 HRTF 测量及声学特性分析；对中国成年男女耳廓形态也进行了群体研究，随机选取不同地域成年男女各 402 名，对其左右耳进行拍照测量研究。所选对象年龄在 18～28 岁之间，外耳发育正常。在分析耳廓外形特征的基础上进行新的分类，选取最具有代表性的耳廓外形结构，为标准人工耳的制作提供基础参数。在标准人工耳的基础上改变其细节特征，研制了多种不同的耳廓结构类型。

3.1.2 声音定位中的耳廓因素

空间听觉不仅涉及声波传播的物理过程，还与人类听觉系统的生理、心理因素有着密切的关系。声源定位是听觉系统的一个最基础的功能，对声源的定位包括方向定位和距离定位两个方面。声源发出的直达声波经由头部、耳廓、躯干等生理结构的散射和反射后到达双耳，双耳声压包含各种声源定位因素(ITD、ILD、谱因素等)，听觉系统综合利用这些因素对声源进行定位。

早期的瑞利双因素理论(duplex theory)认为，空间听觉是双耳听觉的直接结果。由于双耳位于头的两侧，声源到达两耳的时间和强度，随声源相对于听者的位置不同而有差别。听觉系统根据这种时间差和强度差确定声源方位。声波从声源到双耳传输的时间差，即双耳时间差(Interaural Time Difference，ITD)，是对声源方向定位的一个重要因素。当声源位于中垂面时，它到双耳的距离相等，ITD 为零。但声源偏离中垂面时，其到左、右耳的距离不同，因而存在声波传输到双耳的时间差。双耳声级差(Interaural Level Difference，ILD)是声源定位的另一个重要因素。当声源偏离中垂面时，由于头部对声波的阴影和散射作用，特别是在高频处，在声源异侧耳的声压受到衰减，而在声源同侧耳的声压有一定的增加，因而形成与声源方向和频率有关的双耳声级差。

瑞利双因素理论进一步指出，对于低频声，定位可能依据时间差；而对于高频声，定位可能依赖于两耳处的强度差；在有混响的地方，定位依赖于最先到达两耳声音的时间差。高频与低频的分界约为 1.5kHz。如果听音时头部可以转动，则定位准确度要高得多。但瑞利双因素理论依然不能解释许多空间听觉现象，包括单耳条件下的声源定位机理、两耳对称平面上的声源定位机理以及前后声源的分辨机理。单耳条件下不存在 ITD 和 ILD，而在对称平面上 ITD 和 ILD 均接近零。即使在双耳条件下或不在对称平面上，时间差和强度差也可以相互抵消。因此，瑞利双因素理论在解释听觉定位的机理方面是不完整的。

在听觉定位研究中，除去 ITD 和 ILD 等双耳因素外，包括头、肩和耳廓在内的外耳对声的衍射所起的滤波作用，对高频声定位，特别是前后方向和中垂面上的声定位起了重要作用。而所有影响声定位的因素（包括 ITD、ILD 和外耳的滤波作用）可以用一个统一的函数来表示。该函数在心理声学中称为头相关传输函数（Head-related transfer function，HRTF）。HRTF 是声源方向、距离、频率的连续函数，并且与生理结构和尺寸密切相关，是具有明显个性化特征的物理量。它包含有关声源定位的主要信息（ILD、ITD、谱因素等）。谱因素反映为 HRTF 的某些谷点频率和峰点频率会随声源方向的改变而改变。从信号处理的角度看，耳廓可以被看作一个传递函数依赖于声源方向的线性滤波器，滤波器的传递函数就是 HRTF。正是声波与听觉系统复杂的相互作用产生的传递函数 HRTF 使人有可能区分声源的不同方位而产生空间听觉。

影响 HRTF 的一些主要因素可以分成两类：一类是与方向有关的因素，这类因素包括躯体影响、肩膀反射、头部衍射和反射、耳廓和耳腔的反射；另一类是与方向无关的因素，这些因素包括耳腔共振以及耳道与鼓膜的阻抗。如第 2 章图2.5所示，按照其作用的大小逐一排列，排在最底下的因素对 HRTF 影响最大，排在最上面的因素则对 HRTF 影响最小，而那些与方向无关的因素的作用也不容忽视。

声音的定位靠的是双耳效应，可是到了 20 世纪 70 年代末期，人们却发现即使是一只耳朵听不见的人，对声音方向仍具有判别能力。如果我们用双手把耳廓向后压平，在听音时就会有异样的感觉。这种感觉实际上是耳朵对声音方位判断能力减弱造成的，特别对高频声更是如此。这是因为耳廓对声波的反射和散射所引起的声压频谱的特征也是声源方向定位的一个因素，特别是对中垂面和水平面内前后镜像位置的声源方向定位非常重要，这种谱因素属于单耳因素。

耳廓有两个主要功能：一个是众所周知的听觉功能；另一个是平衡功能，与前庭系统有关。耳由外耳、中耳和内耳三部分组成。外耳收集声音，判断声源方向并对声音进行放大。外耳包括耳廓和外耳道两部分。耳廓位于头颅两侧，主要结构为软骨。耳廓状如贝壳，有前后两面，前面凹凸不平，有与耳模制作和耳模佩戴有关的重要解剖结构，例如耳甲艇、耳甲腔、耳屏和对耳屏等。

其中耳廓的听觉功能有以下几种：

①收集声音：人类耳廓可以收集到 20Hz～20kHz 的声音。

②定位：两耳可以对不同位置的声源做出判断。

③扩大声能：当耳廓尺寸与声波波长相比拟时，耳廓与其发生共振，扩大声能。

④频谱调制：限定声音可收到的范围及扩大言语的频率范围。

1967 年，Batteau 首次发表了关于耳廓在听觉定位中作用的论文，从而引起了声源定位研究中的一场小革命。他认为，耳廓是一个具有高度方向性的反射器。他同时提出了耳廓作用的一个简化理论，不同方向入射的声波被耳廓不同的部位反射进入耳道，反射声和直达声在耳道入口处叠加干涉，从而在频谱上产生谷和峰。这些谷和峰出现的频率与入射声波方向相关，因而提供声源方向定位的单耳谱因素。耳廓的尺寸大约是 65mm，只有在 2kHz～

3kHz 以上的频率，声波的波长可与耳廓的尺度相比拟，耳廓才开始起作用；对 5kHz～6kHz 以上的高频声波，耳廓的定位因素才开始明显。因而耳廓是影响高频声源定位的一个重要因素。后来 Lopez-Poveda 、Meddis 等进一步认证并充实了 Batteau 的理论，指出耳廓对入射声波起到散射和多路径反射作用，散射和反射波与进入耳道的直达声叠加干涉起到了频率滤波作用，改变了声压的频谱，并且耳廓对高频声波的散射和反射效果对耳廓大小和形状非常敏感。

C. Searle 等从双耳谱因素的角度进行研究，指出左右耳在听觉定位中所起的作用不同并对不同位置的声源感知有不同的影响，其中耳甲在声音感知中起了很重要的作用。当声源从中垂面偏移，离声源近的耳（同侧耳）对声源感知作用加大，异侧耳减小。对于侧垂面上的声源，当方位角大于 60°时，同侧耳的声源定位能力大大减弱。其中，异侧耳对于前后混淆有一定作用，同侧耳的定位能力要大于异侧耳。

耳廓引起的声压频谱特征对中垂面和水平面内前后镜像位置的声源方向定位十分重要，并且随耳廓的大小、形状不同而变化。声压频谱中第一个谷点最突出，称为耳廓谷。在前中垂面耳廓谷的频率随着声源的仰角变化而变化，当声源仰角从－40°变化到 60°时，耳廓谷的频率从 5kHz～6kHz 变化到 10kHz～12kHz，耳廓谷点频率是一个重要的定位因素。Raykar 等提出一种确定耳廓谷点频率的方法，并进一步推理出耳廓生理结构与 HRTF 谱结构存在一定的对应关系。他认为耳廓谱中第一个谱谷点是耳甲的反射造成的，第三个谱谷点可能是耳轮脚所分割耳甲的上部即耳甲艇造成的，并采用时间窗、线性预测、自相关函数和群延时计算等信号处理方法来提取耳廓谷点频率，提高其分辨率。此外根据谷点频率反推声波入射路程，在此基础上可进一步推测出耳廓、耳甲形状等。Raykar 指出不同耳甲形状对声源定位具有很大的影响作用，建立耳廓模型必须考虑到这点。

3.1.3 耳廓的声学模型

头相关传输函数是声源方向、距离、频率的连续函数，并且和生理参数的尺寸密切相关，是具有明显个性化特征的物理量。耳廓和耳腔的反射是与方向有关的影响 HRTF 的主要因素之一。确定影响 HRTF 的关键生理参数以及生理参数测量的精确性对于解决 HRTF 的近似问题是一个重要的前提。个性化 HRTF 近似有几种典型的方法：数据库匹配法（Database Matching Method）、主成分分析（Primary Component Analysis，PCA）与生理参数回归分解法、结构模型法（Structural Model Method）、频率标度法（Frequency Scaling Method，FSM）等。就本质而言，这几种方法都是根据一定规模人群的生理测量数据，利用数据挖掘等方法预测其他个体的 HRTF。耳廓是影响高频 HRTF 精细结构的主要因素，耳廓引起的 HRTF 谱由于耳廓精细结构的不同而具有个性化特征，因此可以单独提取耳廓研究其各个不同生理部位对 HRTF 的影响，可以提高个性化 HRTF 的近似精确度并为 HRTF 的个性化补偿提供方法。单独耳廓的传输特性称为耳廓相关传输函数（Pinna-related Transfer Function，PRTF）。分析 PRTF 的谱特性并建立物理参数控制共振模型，进一步对谱结构谷点进行分析，建立起耳廓传输函数与耳廓生理模型和听觉系统之间的关系，将能更好地解释耳廓复杂形状结构与听音定位之间的联系。

随着计算机和数字信号处理技术的发展，人们对 HRTF 进行了更精密的测量，从中得到了 HRTF 的更精细的信息。但迄今为止,人们还在寻求一种理想的用于听觉定位的双耳模型。耳廓声学模型的研究最早可以追溯到 17 世纪,研究耳廓声学模型的目的是利用生理学、心理学、医学以及声学的研究成果建立听觉定位机理的模型。耳廓模型的研究可以分为参数化模型和非参数化模型两大类。

1684 年,Schelhammer 首次尝试探索耳廓的声学功能作用。他猜想进入耳道的声音是一系列的直达声和反射声相互交叠,最终聚合到耳道口的。随后在 1967 年 Batteau 提出耳廓是一个具有高度方向性的反射器,直达声和反射声的时间差由于所入射的耳廓精细结构的不同而不同,并率先给出了外耳的简单数学模型,如图 3.2 所示。通过测量和研究放大耳廓模型的冲激响应,Batteau 认为,除了入射声波外,外耳(主要是耳廓)还引入了两个不同延时的反射声波。其中一个反射波的延时在 0～80μs 之间,大小与声源相对听者的方位角有关;另一反射波的延时在 100～300μs 之间,大小取决于声源相对听者的仰角。因此外耳可以表示成一个延时相加系统。

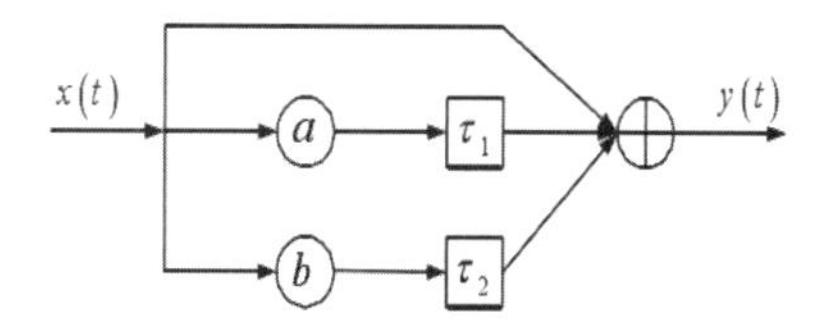

图 3.2　Batteau 模型的系统框图

输出 $y(t)$ 与输入 $x(t)$ 的关系为:

$$y(t)=x(t)+ax(t-\tau_1(\theta))+bx(t-\tau_2(\varphi)) \tag{3.1}$$

式中 $\tau(\theta)$ 是与方位角有关的反射延时,$\tau(\varphi)$ 是与仰角有关的反射延时;a 和 b 是反射系数。相应的传递函数为:

$$H(\omega,\theta,\varphi)=1+ae^{-j\omega\tau(\theta)}+be^{-j\omega\tau(\varphi)} \tag{3.2}$$

Batteau 模型仅考虑了耳廓的作用,模型仅用了四个参数,即 $\tau(\theta)$、$\tau(\varphi)$、a、b,将声源的方向信息(方位角和仰角)包含在其中,简单明了。利用式(3.1)可以十分方便地用计算机模拟外耳的听觉定位功能。然而该模型过于简单,不能准确地模拟外耳真实的效果,只能得到定性的结果。Genuit 于 1986 年提出利用 Kirchhoff 积分近似地得到 HRTF 的数学表述。他用一个结构类似于 Batteau 模型的 16 通道延时滤波器组模拟外耳模型,滤波器组中所有的延时和滤波器系数均用以耳朵的几何形状和声源方位为参数的数学函数给出。Genuit 模型不仅考虑了耳廓,还考虑了头、肩及躯干的作用。因此,该模型是第一个较完整地试图用外耳的几何形状参数描述听觉定位机理的模型。

Batteau 和 Genuit 模型属于参数化模型。非参数化模型建立在众多声源方位 HRTF(HRIR)测量的基础上。从已测量出的 HRTF(HRIR)中提取特征,通过一定的算法重建已知方位和未知方位上的 HRTF(HRIR)。其中有代表性的包括 Kistle 和 Wightman 给出的主成分分析 PCA(Principal Component Analysis)外耳模型、Chen 给出的 SFER(空间特征提取与扁平样条规整)外耳模型以及 Wu 给出的 HRIR 空间特征提取与线性内插模型。PCA 模型用低维正交子空间逼近 HRTF,即在对数尺度下对 HRTF 幅值进行主成分分析,然后用最小相位法重构出测量空间上的 HRTF。这种方法大大降低了综合三维听觉空间所需的数据量,仅用少量系数就可以近似地恢复出 HRTF 的幅度函数。SFER 模型用一组复的特征传递函数 EF(Eigentransfer Function)的线性加权表示 HRTF。权系数是声源空间位置的函数,称为空间特征函数 SCF(Spatial Characteristic Function)。测量得到的 HRTF 在 EF 上的投影就是 SCF,对离散 SCF 进行扁平样条内插和规整得到 SCF 的连续函数表示。这种方法保留了 HRTF 的相位信息且在 3/4 球面上具有一定的逼近精度。缺点是需要处理大量的复数向量和二维样条运算。Wu 从时域的 HRIR 出发,得到了实的 EF 和 RSCF 并给出了简单的线性内插方法。该方法对于均匀球面网格上的 HRIR 具有运算量小且完全包含相位信息的优点。但该算法以均匀球面网格上的 RSCF 为基础,内插时简化了听觉空间的球面特性,而且实际测量有时不是在均匀球面网格上进行的。

Blommer 和 Wakefield 提出了极零点逼近(Pole-zero approximation)模型。研究表明 HRTF 的幅度响应主要是由若干个峰点和谷点组成的,而峰点和谷点与极点和零点是互相关联的。极点越靠近单位圆,极点矢量长度越短,峰值也就越高,波峰越尖锐;而对于零点来说却相反,零点越靠近单位圆,谷点矢量长度越短,谷值也就越小,越接近于零。极点位置主要影响频响的峰值位置及波峰尖锐程度,零点位置主要影响频响的谷点位置及波谷凹限程度。极零点模型正是根据 HRTF 的这个特点,通过最优化算法,用一系列极零点来逼近 HRTF 的幅度和相位特性。它的优点在于能够通过不同方位极零点位置变化的信息反映 HRTF 中有规律的特征,且零点和极点的个数一般远小于 HRTF 的采样点数。Ngai-man Cheung 和 Steven Trautmann 等提出了基于遗传算法(Genetic Algorithm)的模型。基于遗传算法的模型是利用遗传算法的原理对所有方位的 HRTF 进行处理,经过交叉和变异,优选出一些最具有代表性的 HRTF(称之为 basis spectra),其余方位的 HRTF 通过它们的线性加权来表示。这种模型总体上用相当少的 basis spectra 就可以较好地逼近 HRTF 的幅值,但是对相位信息的处理不能令人满意。此外,多种现代信号处理的方法,如小波理论、人工神经网络等也被应用于耳廓声学模型的研究,并取得了很大进展,增强了外耳声学模型的实用性。

3.2 成年人耳廓形态分类

3.2.1 耳廓生理结构分类

现在公认的耳廓形态分类方法是 1988 年杨月如等从医学的角度提出的,根据耳廓的形态以及达尔文结节的发达程度把耳廓软骨部分为六种[5](如图 3.3、图 3.4 所示)。

Ⅰ.猕猴型:耳轮上外侧呈尖形突出而不向内卷,耳轮仅在耳廓外缘上三分之一处出现。

Ⅱ.长尾猴型:耳轮上缘有尖形突起,呈三角形,外侧缘向内卷不明显。

Ⅲ.尖耳尖型:耳廓上外侧缘圆滑,外侧缘内卷曲,达尔文结节特别明显。

Ⅳ.圆耳尖型:耳廓略宽,上缘及耳垂略呈尖形,达尔文结节呈圆隆状。

Ⅴ.耳尖微显型:耳廓上缘平坦,达尔文结节微显,呈痕迹状,侧缘内卷曲延伸至耳垂。

Ⅵ.缺耳尖型:耳廓外缘弧度较大,边缘向内卷曲明显,达尔文结节缺如。

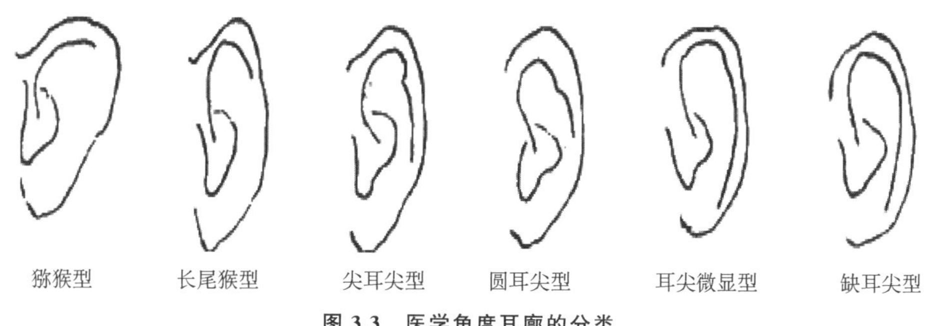

图 3.3　医学角度耳廓的分类

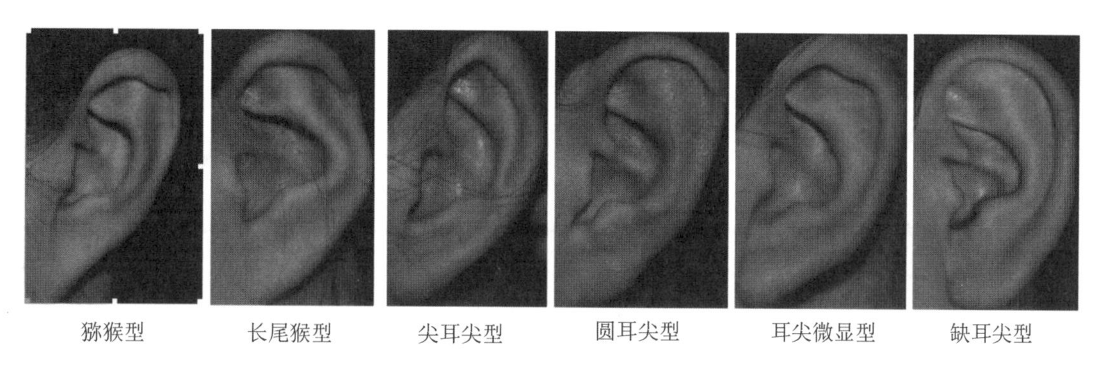

图 3.4　耳廓实例照片

此次对中国人的调查中，绝大部分测量对象属于第五种和第六种(男性 95.2%，女性 96%)，而Ⅰ型、Ⅱ型和Ⅲ型极少。杨月如提出的耳廓分类方法的依据，作者在文献中并未提及。她主要根据耳轮和达尔文结节的发达程度将耳廓软骨部分为六种类型。第五种和第六种的区别在于耳尖微显和没有耳尖，整体的形态区别并不明显。耳尖是其分类的主要标准，这更多是从医学、解剖学的角度来归类划分的。耳垂分为圆形、方形、三角形三种类型。

按照上述分类方法，对 202 位女生左右耳(404 只)、202 位男生左右耳(404 只)进行统计，可得出表 3.1 的结果。

表 3.1　耳廓形态分类统计表

(单位：只)

	猕猴型	长尾猴型	尖耳尖型	圆耳尖型	耳尖微显型	缺耳尖型	总计
女生	4	14	19	55	78	230	404
男生	3	1	8	15	94	289	404
总计	7	15	27	70	172	519	808
百分比	1%	2%	3%	9%	21%	64%	100%

本次调查中发现，404 人中共有两人左右耳差异很大(如图 3.5 所示)，所以一般研究中可以认为左右耳是形同的。另有两人耳轮结节凸显，与耳廓表面形成一个腔体，对声音的接收可能有一定的影响。

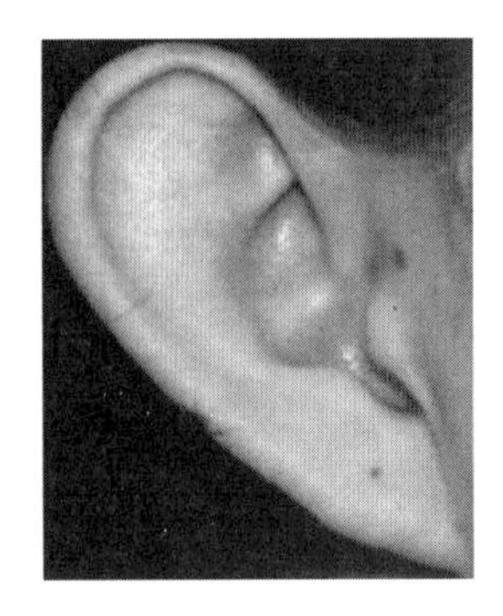
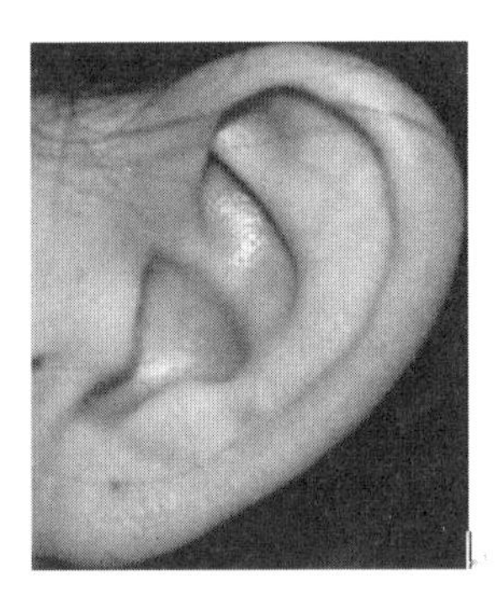

图 3.5 左右耳不对称的例子

3.2.2 耳廓形态结构分类

在听觉系统中，耳既是一个接收器，又是一个分析器，它在把外界复杂的声音信号转变成内在的神经信息的编码过程中起着重要的作用。耳廓的主要作用是收集声音刺激，然后传递给中耳和内耳。从对声音感知程度的角度分析，我们更关注耳廓带有腔体的具体细节对声音可能产生的影响。所以以此为目的，初步对耳廓进行新的形态分类。新的分类选取了四个参数变量，主要依据耳甲，即耳甲艇和耳甲腔的连通状态把耳廓分为四大类：连通型、间隔型、介于两者之间型、耳轮脚分割型。然后根据耳轮游离部长、耳垂形状、耳屏与对耳屏形状三个参数分别分为 3 种、3 种、4 种类型，如图 3.6 所示[6]。

根据上述分类，统计结果如表 3.2、表 3.3 所示。

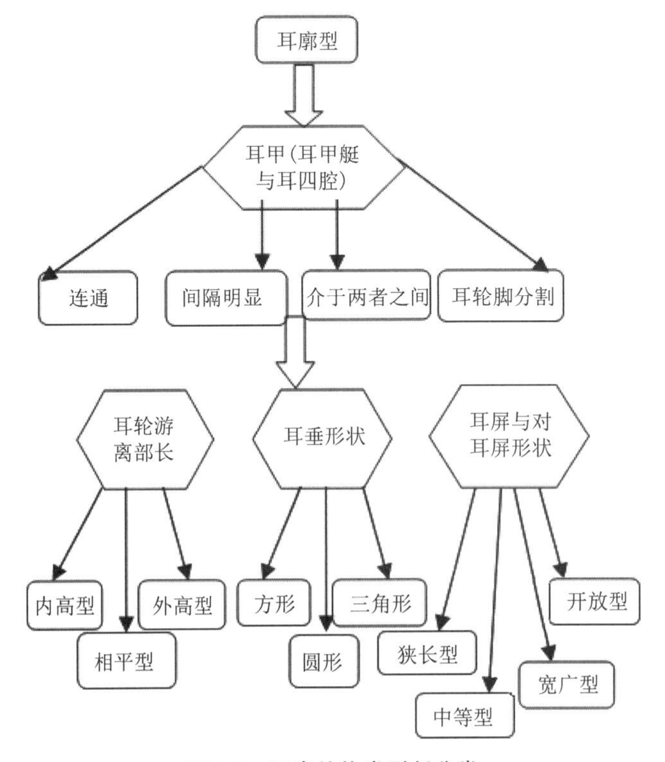

图 3.6 耳廓结构类型新分类

表 3.2　女生分类结果

耳甲	连通	间隔明显	介于两者之间	耳轮脚分割	
	29 人	27 人	34 人	10 人	
耳轮游离部长		耳垂形状		耳屏与对耳屏形状	
内高型	13 人	圆形	48 人	狭长型	19 人
相平型	73 人	方形	12 人	中等型	65 人
外高型	14 人	三角形	40 人	宽广型	4 人
				开放型	12 人

表 3.3　男生分类结果

耳甲	连通	间隔明显	介于两者之间	耳轮脚分割	
	13 人	44 人	29 人	13 人	
耳轮游离部长		耳垂形状		耳屏与对耳屏形状	
内高型	2 人	圆形	69 人	狭长型	7 人
相平型	76 人	方形	7 人	中等型	70 人
外高型	22 人	三角形	24 人	宽广型	8 人
				开放型	15 人

从上面的统计结果可以得出平均耳的特征，如表 3.4 所示。就女生而言，占比最多的耳朵类型是：耳甲艇与耳甲腔间隔介于两者之间，耳轮游离部长是相平型，耳屏与对耳屏形状是中等型，耳垂为圆形。男生平均耳类型为：耳甲艇与耳甲腔间隔明显，耳轮游离部长为相平型，耳屏与对耳屏形状为中等型，耳垂为圆形。图 3.7 给出了女生、男生平均耳的外形。

表 3.4　平均耳特征

参数	耳甲	耳轮游离部长	耳垂形状	耳屏与对耳屏形状
男生	间隔明显	相平型	圆形	中等型
女生	介于两者之间	相平型	圆形	中等型

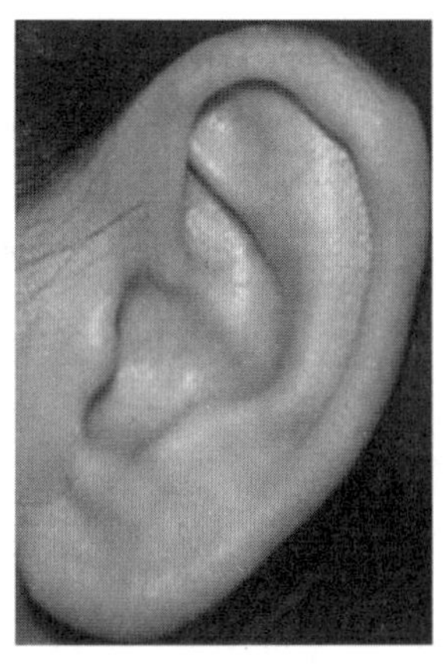

（1）女生

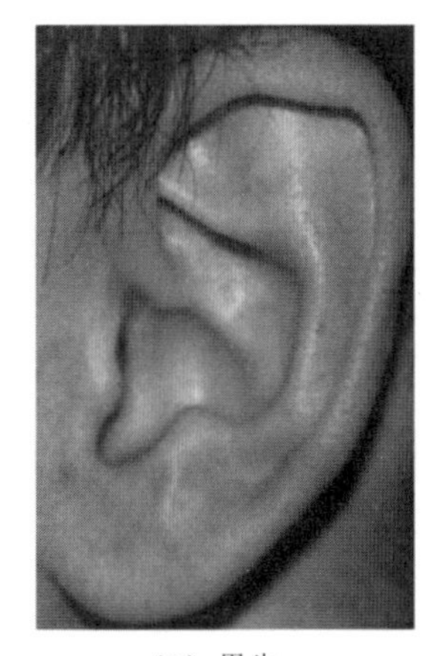

（2）男生

图 3.7　平均耳外形

在对不同男女外耳进行调查统计中还发现如下现象:第一,男性外耳线条比较硬朗,耳轮游离很明显,细节更为丰富;第二,男性耳甲腔普遍较女性大并且深;第三,男性耳屏与对耳屏之间的距离也较女性远。从耳垂的分类上来讲,女性耳垂中圆形与三角形的比例相当,占多数,而男性耳垂则大部分为圆形。男性两耳的细节成分更为相似,而女性两耳的细节差别较男性大。因此,在制作耳廓模型的时候,性别的差别可能需要考虑。

3.2.3　基于标准耳细节结构的耳廓类型

文献和研究指出耳廓有四个主要腔体:耳甲、耳舟、三角窝、耳屏与对耳屏。实验验证中分别堵塞这些沟槽,对声源定位的错误率有不同的影响。耳甲、三角窝、耳舟和耳屏的形状不同所引起的 HRTF 幅度谱不同。因此从平均耳特征出发,分别以改变四个腔体为基点对其进行消减或者填补等改变,制作了 10 种不同的耳廓模型来考察细节特征结构对声音的影响作用。耳廓结构模型分类如表 3.5 所示,图 3.8 给出了耳廓结构模型。

表 3.5　耳廓结构模型分类

改变结构	标号	细节特征
耳甲	2	耳甲腔与耳甲艇连通
	5	耳甲腔与耳甲艇分割明显
	11	三角窝、耳甲艇、耳甲腔连通
耳舟	3	耳轮缺失
	6	耳轮外高
	7	外耳轮填平
耳屏	4	耳屏与对耳屏连通
	10	耳屏与对耳屏狭小
三角窝	8	三角窝连通
	9	三角窝缺失

耳廓的形状、大小等对声像定位的影响目前研究尚无定论,用不同形式的仿生耳廓进行录音,可能会强化或者削弱某些方位的声源信号,为解决声像畸变问题提供一个新的思路。研究耳廓精细结构,以测量为基础,加上主观评价实验,研究去除不重要的细节成分,保留对声源定位作用重要的细节,建立耳廓精细结构与 HRTF 之间的关系,为补偿个性化 HRTF 等问题做好基础准备。

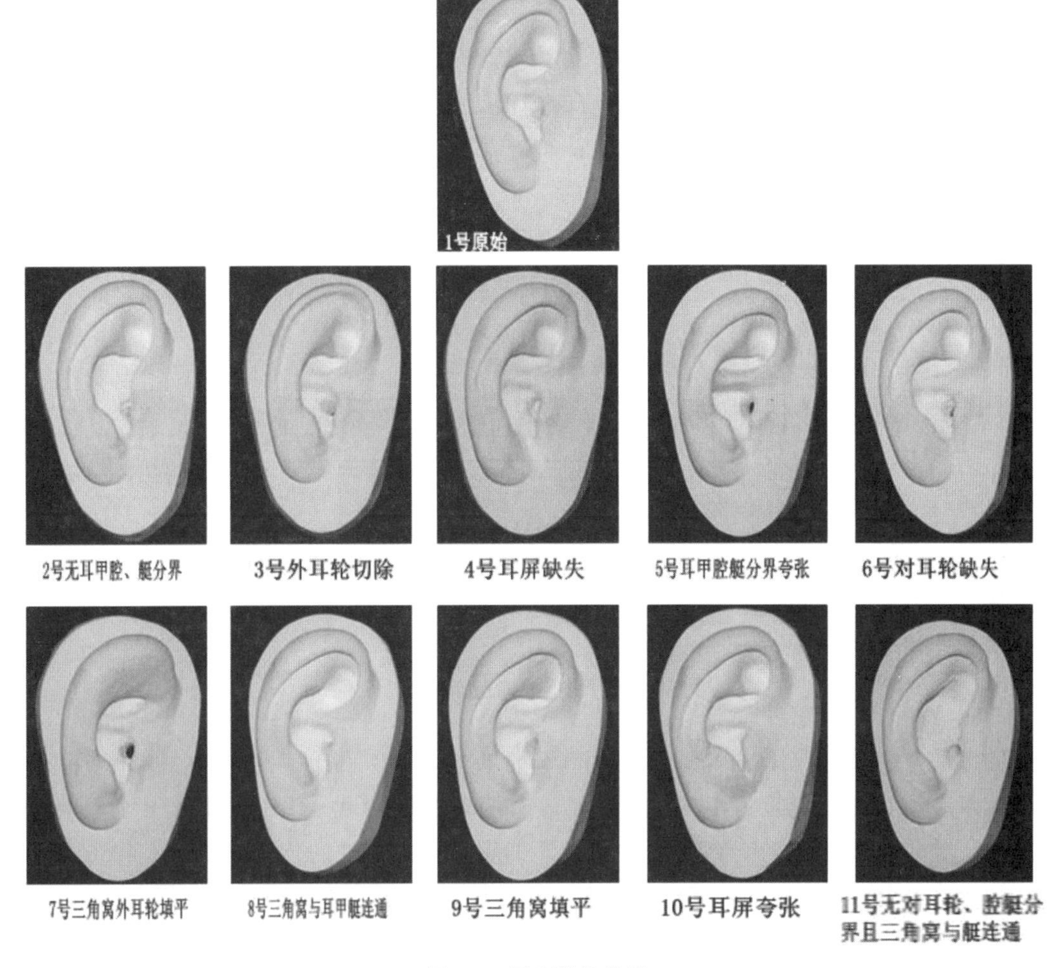

图 3.8　耳廓结构模型

3.3　耳廓结构模型声学特性测量

3.3.1　测量方法

为了分析 11 种不同耳廓结构类型及无耳廓情况下声学特性的差异，采用将耳廓模型安装在简单球状头模上和标准声学头模上两种方式进行 HRTF 测量，分别测量了两种人工头模 12 种不同耳廓结构类型的 HRTF。标准声学头模为中国传媒大学传播声学研究所根据国家标准(GB/T 2428—1998)自主研制的头模；简单球状头模取直径为 21.4cm 的地球仪模仿人的头部，并用填充剂填实。为减少测量中房间反射声的影响，测量选择在实验室短混响录音间内进行。房间长 4000mm，宽 3500mm，高 2500mm；混响时间在 125Hz 为 0.23s，在 250Hz 以上小于 0.1s；频率特性曲线基本平直；本底噪声的等效连续 A 声级为 19.7dB。

测量采用四只同型号3英寸全频带音箱，用胶带、泡沫、细线缆将其固定在支架或顶棚上。细致调整角度与距离，使每只音箱单元轴心指向人工头中心，距其1.2m（远场）；以人工头水平面为基准，仰角分别为＋45°、0°、－45°、＋90°；四只音箱保持在同一平面内。为避免扬声器本身的频率特性对测量结果造成干扰，对四只扬声器通过取逆后得到的逆脉冲响应与输入信号卷积而实现对扬声器频率响应的修正。修正后最大相对峰谷幅度均小于1.5dB。图3.9为HRTF测量示意图。

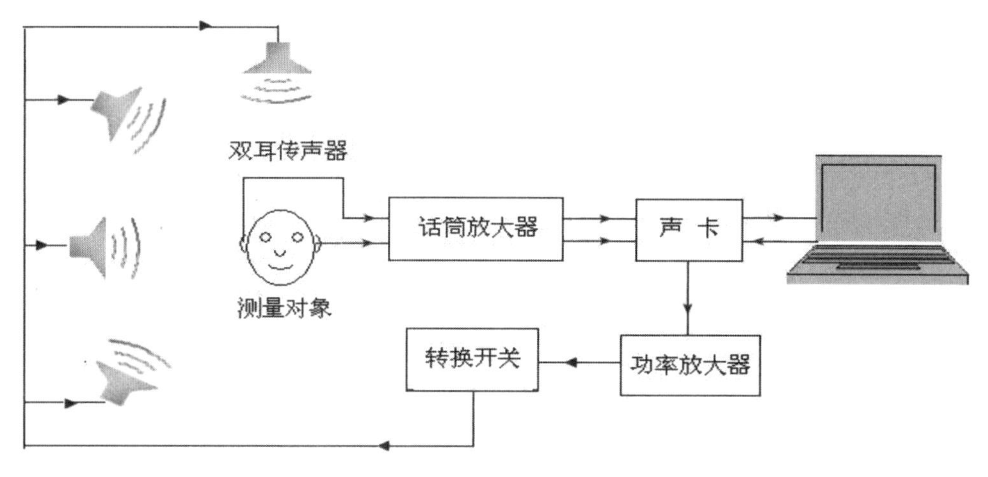

图 3.9 HRTF 测量示意图

测量信号的产生、采集和处理是通过声卡的D/A、A/D和计算机进行的。计算机产生采样频率为44.1kHz、精度为16bit、阶数为13B、振幅为6000的MLS序列，经8个周期重复平均由声卡和功放馈给扬声器；利用放置于人工头耳道入口处的传声器（DPA 4060BM）拾拾声信号输出后经声卡输入计算机。经去卷积运算，得到原始的HRIR与扬声器的逆脉冲响应卷积，消除扬声器等系统对测量结果的影响。采用时间窗进行截取得到512点头相关脉冲响应HRIR，进行离散傅里叶变换得到512点HRTF。具体测量过程如下：

1）测量MLS信号，由数字音频接口D/A变换后进入功率放大器，功率信号再由自制的转换开关分配给四只音箱。

2）将缩微传声器置于人工头耳道口处，顶端与耳道入口平齐，自然封闭。经过测量，左右耳传声器的频率响应及灵敏度匹配良好。传声器输出的信号经话筒放大器进入音频接口，最后进入计算机。

3）以方位角$\Delta\theta=45°$为间隔，由$\theta=0°$开始旋转人工头，在每个方位角上分别拾取仰角$\varphi=\pm45°$、0°的扬声器信号，顺时针旋转一周后，再记录$\varphi=90°$的扬声器信号。得到全空间（除仰角$\varphi=-90°$）以45度为分辨率的25个方位的信号。

4）更换耳廓，重复上述三个步骤，无耳廓情况（即12号）则直接用手工彩泥将传声器固定在原耳道入口位置处。最终得到12对耳廓（包括无耳廓）以空间45度为分辨率的25个方位的共计300个信号。

3.3.2 球状头模的耳廓测量

简单球状头模耳廓测量主要分析12种不同耳廓形态分别在纬度面上0°、45°、90°、135°、180°(顺时针旋转)五个角度和仰角45°、-45°、正上方(+90°)三个方位上的HRTF幅度谱特征。因左右耳对称,取左耳测量结果进行分析。分析主要分为四部分:第一部分以仰角0°(正前方)为基准,分析12种耳廓形态在0°、45°、90°、135°、180°五个纬度上的幅度谱特征;第二部分以仰角-45°为基准,分析12种耳廓在五个纬度上的幅度谱特征;第三部分以+45°为基准,分析12种耳廓在五个纬度上的幅度谱特征;第四部分为仰角+90°的12种耳廓结构幅度谱特征。根据修正后的扬声器特性,分析频率范围为2kHz~17kHz,其中1为标准耳廓,12为无耳廓。图3.10~图3.14为仰角0°(正前方)方向上0°、45°、90°、135°、180°五个方位角的12种耳廓幅度谱。

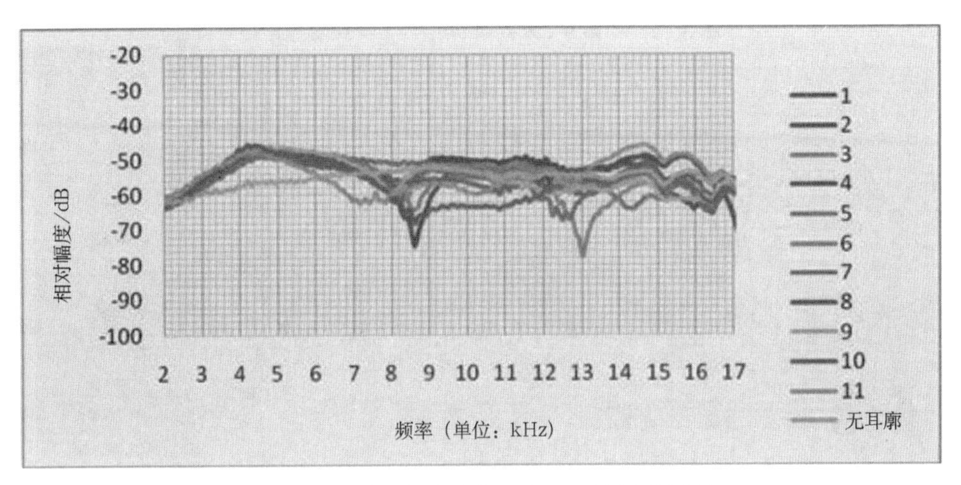

图3.10 仰角0°、方位角0°上12种耳廓幅度谱

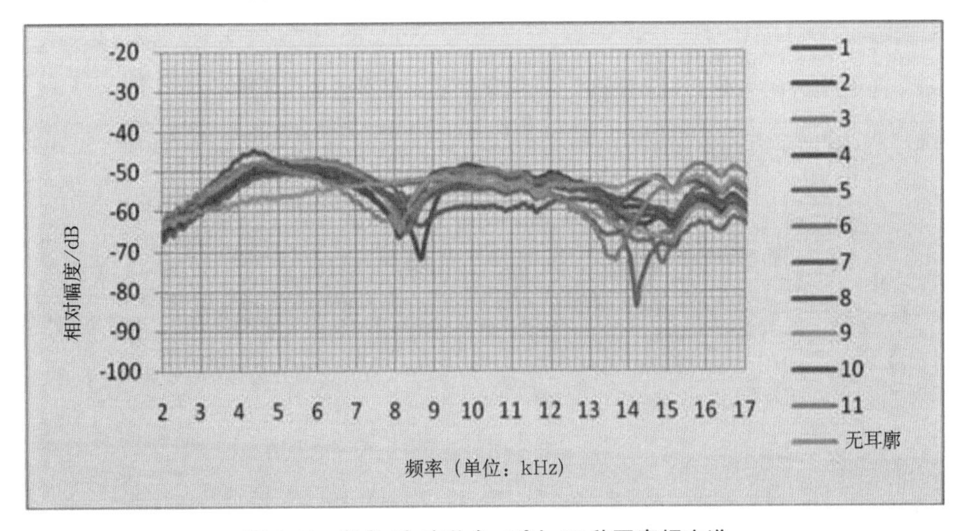

图3.11 仰角0°、方位角45°上12种耳廓幅度谱

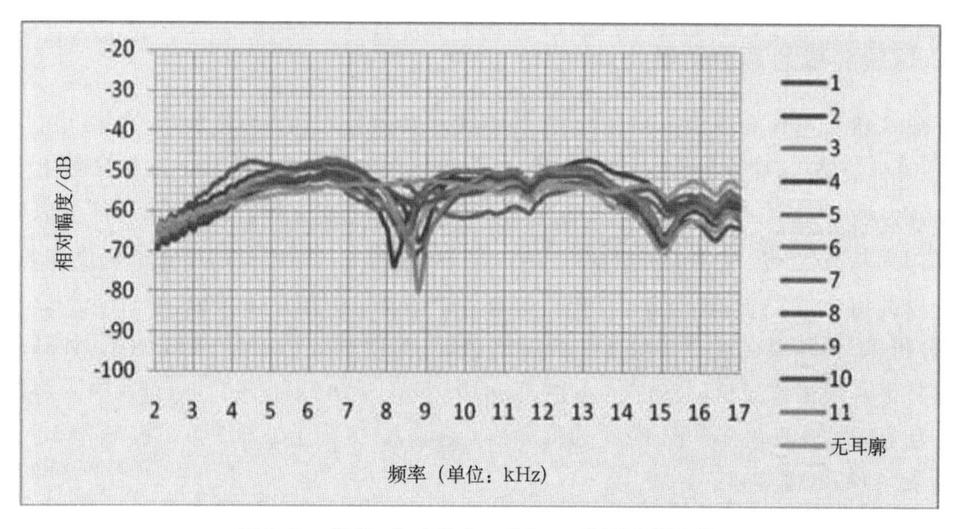

图 3.12　仰角 0°、方位角 90°上 12 种耳廓幅度谱

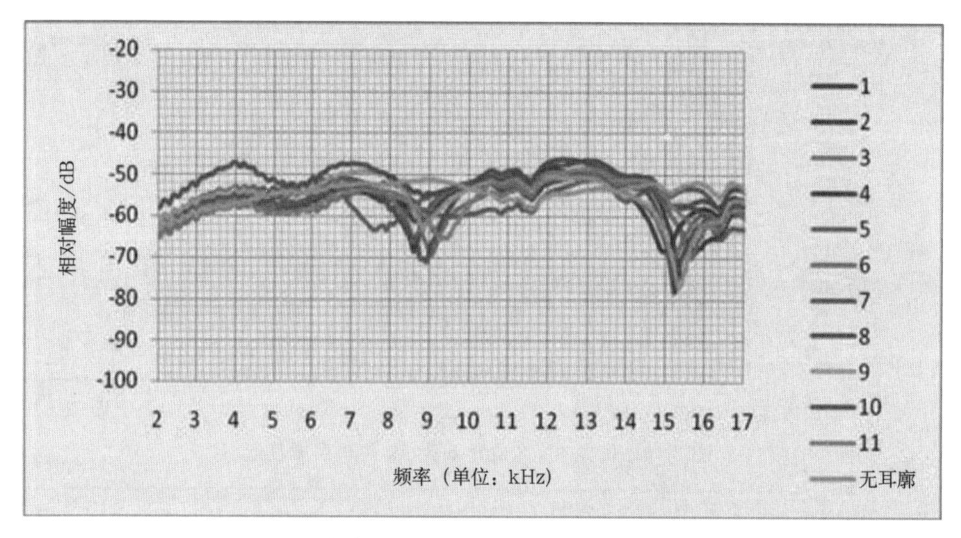

图 3.13　仰角 0°、方位角 135°上 12 种耳廓幅度谱

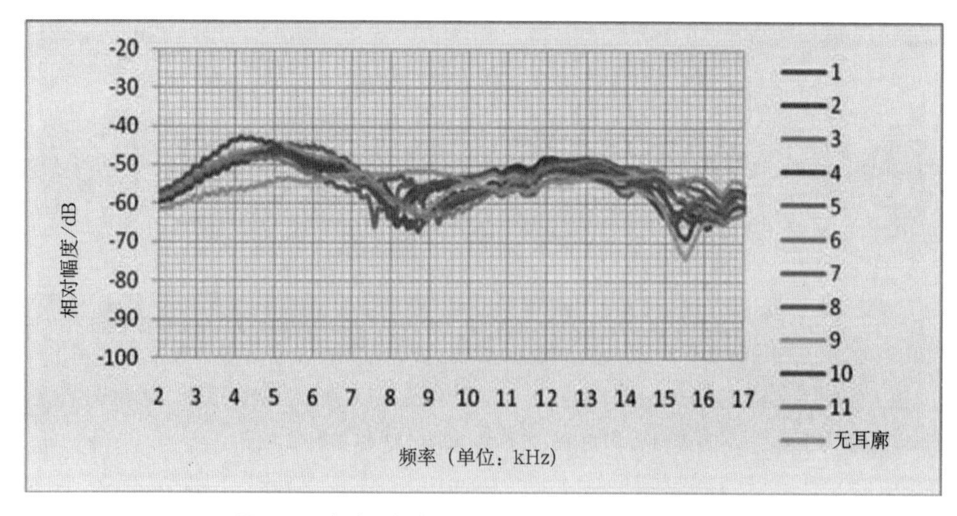

图 3.14　仰角 0°、方位角 180°上 12 种耳廓幅度谱

由图3.10可知:除无耳廓外,11种耳廓在5kHz以下呈现较好的一致性,从6kHz开始11对耳廓呈现差别。耳廓谷点频率大都在8kHz～9kHz之间,其中5号、8号、11号耳廓无明显的谷点,而2号有较明显且深的谷点现象;在13kHz时3号耳廓有明显的第二谷点。

由图3.11可知:除无耳廓外,11种耳廓在4kHz以下呈现较好的一致性,从4kHz开始11对耳廓呈现差别。耳廓谷点频率大都在8kHz～9kHz之间,其中2耳廓号有较明显且深的耳廓谷点现象;在14kHz时5号耳廓有明显的第二谷点。

由图3.12可知:除无耳廓外,11种耳廓在4kHz以下呈现较好的一致性,从4kHz开始11对耳廓呈现差别。耳廓谷点频率大都在8kHz～9kHz之间,其中4号、11号耳廓有较明显且深的耳廓谷点现象;而7号无明显耳廓谷点。

由图3.13可知:除无耳廓外,11种耳廓在5kHz以下呈现较好的一致性,从6kHz开始11对耳廓呈现差别。耳廓谷点频率大都在8kHz～10kHz之间,其中7号耳廓无较明显的耳廓谷点;12种耳廓在11.6kHz左右均有小幅度的第二谷点现象,而在15kHz左右均有较深的第三谷点。

由图3.14可知:除无耳廓外,11种耳廓在4kHz以下都呈现较好的一致性,从4kHz开始11对耳廓呈现差别。耳廓谷点频率大都在7kHz～10kHz之间。

从以上分析可以看出仰角为0°时不同方位角的12种耳廓幅度谱特征:无耳廓的频谱较为平直,没有耳廓谷点,与其他11种耳廓频谱特性有很大的不同;另外11种耳廓在不同角度的正前方向上4kHz以下频率都呈现较好的一致性,从4kHz开始11对耳廓呈现出差别。耳廓谷点频率大都在7kHz～10kHz之间。其中5号、7号、8号、11号耳廓无明显的耳廓谷点现象;2号、4号、11号呈现出较明显的耳廓谷点。

图3.15～图3.19为仰角－45°方向上0°、45°、90°、135°、180°五个方位角的12种耳廓幅度谱。

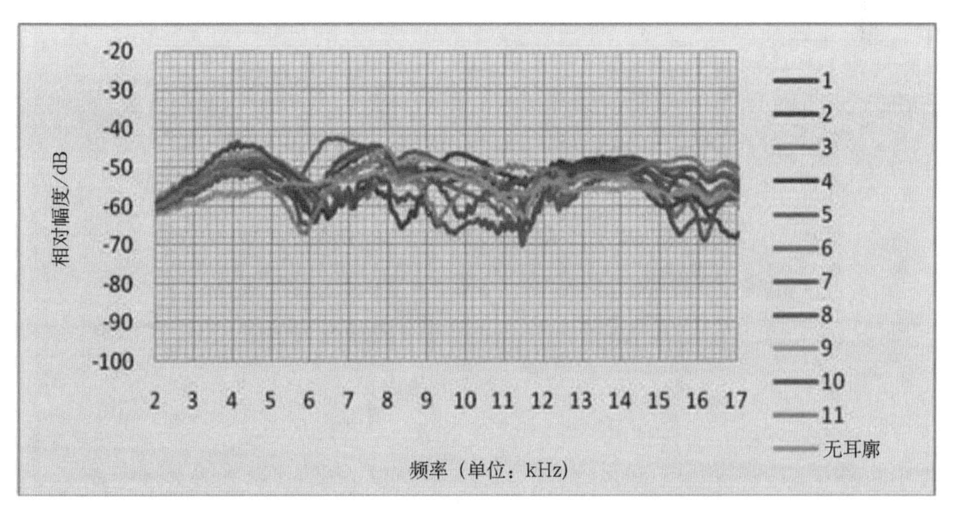

图3.15　仰角－45°、方位角0°上12种耳廓幅度谱

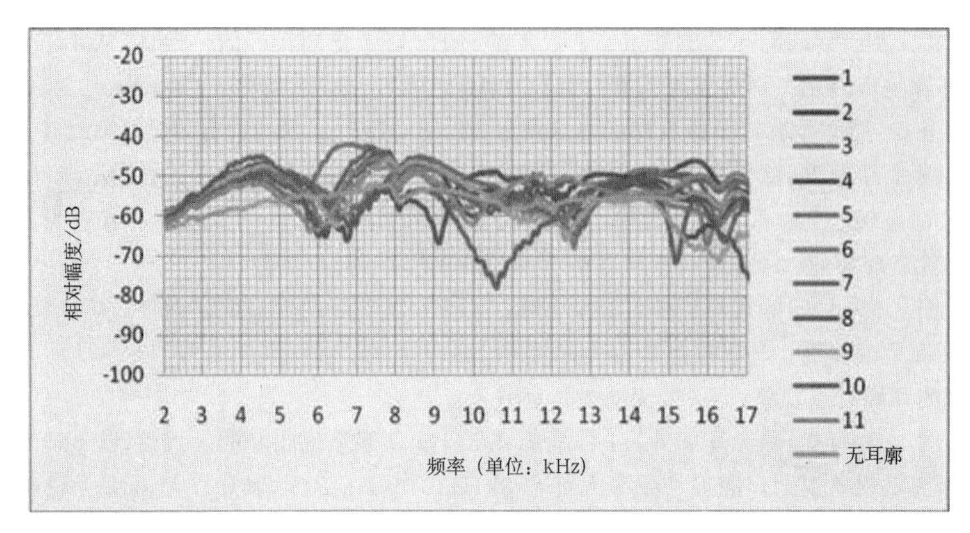

图 3.16 仰角－45°、方位角 45°上 12 种耳廓幅度谱

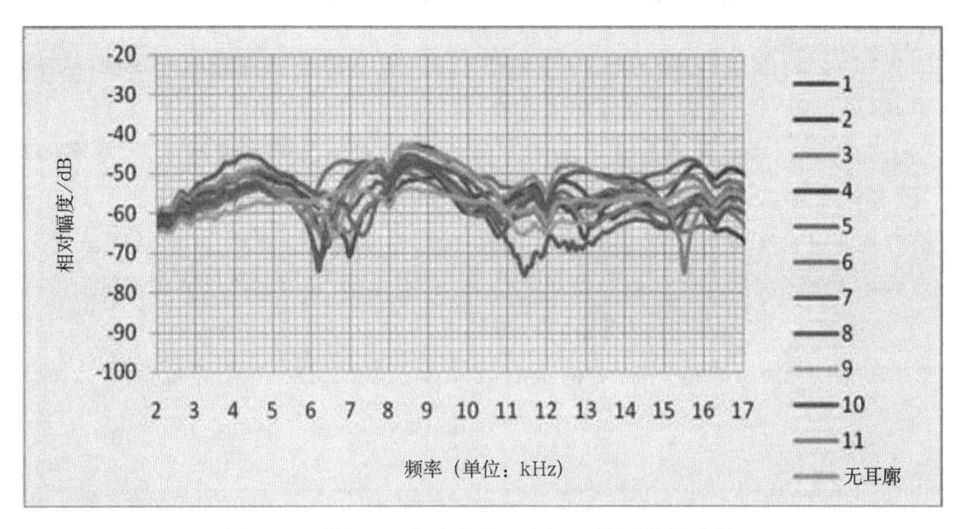

图 3.17 仰角－45°、方位角 90°上 12 种耳廓幅度谱

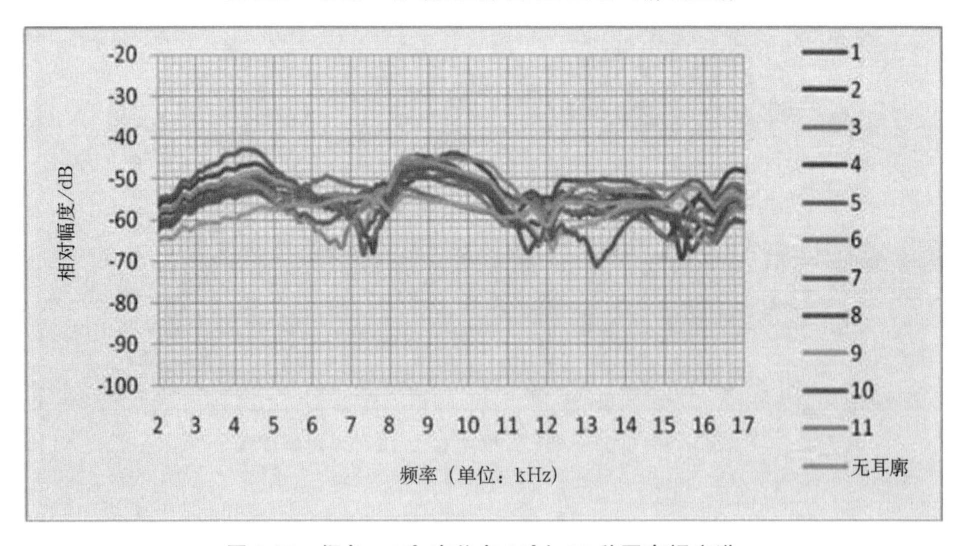

图 3.18 仰角－45°、方位角 90°上 12 种耳廓幅度谱

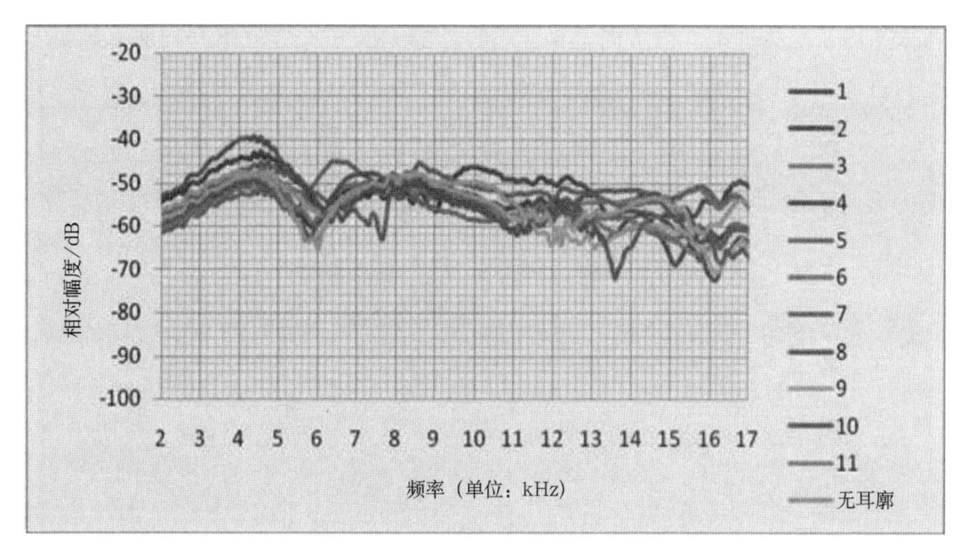

图 3.19 仰角－45°、方位角 180°上 12 种耳廓幅度谱

由图 3.15 可知：除无耳廓外，11 种耳廓在 4kHz 以下频率都呈现较好的一致性，从 4kHz 开始 11 对耳廓呈现差别。耳廓谷点频率大都在 5kHz～7kHz 之间，其中 5 号耳廓在 6kHz 左右有明显的峰值。2 号、11 号耳廓有明显的谷点现象。

由图 3.16 可知：除无耳廓外，11 种耳廓在 4kHz 以下都呈现较好的一致性，从 4kHz 开始 11 对耳廓呈现差别。耳廓谷点频率大都在 5kHz～7kHz 之间。其中 5 号耳廓在 6kHz 左右有明显的峰值，2 号、11 号耳廓有明显的谷点现象，10 号耳廓在 10.5 kHz 时有明显较深的第二谷点。

由图 3.17 可知：除无耳廓外，11 种耳廓在 4kHz 以下都呈现较好的一致性，从 4kHz 开始 11 对耳廓呈现差别。耳廓谷点频率大都在 6kHz～8kHz 之间。5 号耳廓无明显的谷点现象，在 6kHz 左右有明显的峰值。2 号、8 号、11 号耳廓有明显较深的耳廓谷点。10 号耳廓在 11.5 kHz 时有明显较深的第二谷点。

由图 3.18 可知：除无耳廓外，11 种耳廓在 4kHz 以下都呈现较好的一致性，从 4kHz 开始 11 对耳廓呈现差别。耳廓谷点频率大都在 6kHz～8kHz 之间，5 号、8 号耳廓无明显的谷点现象，5 号耳廓在 6kHz 左右有明显的峰值。2 号、7 号、11 号耳廓有明显较深的耳廓谷点。10 号耳廓在 13kHz 时有明显较深的第二谷点。

由图 3.19 可知：除无耳廓外，11 种耳廓在 4kHz 以下都呈现较好的一致性，从 4kHz 开始 11 对耳廓呈现差别。耳廓谷点频率大都在 5kHz～7kHz 之间，5 号耳廓无明显的谷点现象。10 号耳廓在 13.6kHz 时有明显较深的第二谷点。

从以上分析可以看出以仰角 45°为基准，12 种耳廓在 5 个纬度上的幅度谱特性为：除正后方 180°外，无耳廓的幅度谱较为平直，与其他 11 种耳廓幅度谱特性有很大的不同。另外 11 种耳廓在不同角度的前下方向上 4kHz 以下呈现较好的一致性，从 4kHz 开始 11 对耳廓呈现差别。耳廓谷点频率大都在 5kHz～8kHz 之间，比正前方耳廓谷点频谱较为提前。其中 5 号、8 号耳廓无明显的耳廓谷点现象，且 5 号耳廓在 6.3kHz 左右有峰点；2 号、7 号、11 号耳廓有较明显的耳廓谷点，而 10 号耳廓有较明显的第二谷点现象。

图 3.20～图 3.24 为仰角＋45°方向上 0°、45°、90°、135°、180°五个方位角的 12 种耳廓幅度谱。

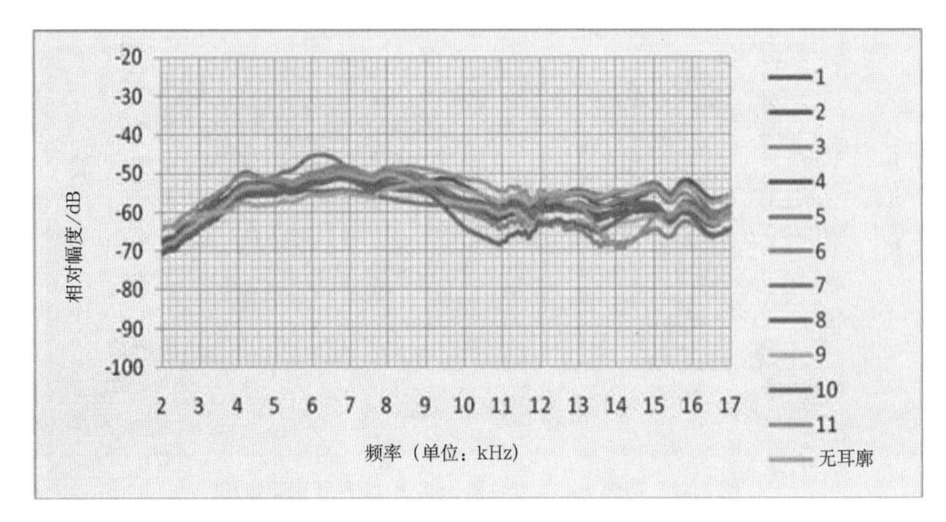

图 3.20　仰角 45°、方位角 0°上 12 种耳廓幅度谱

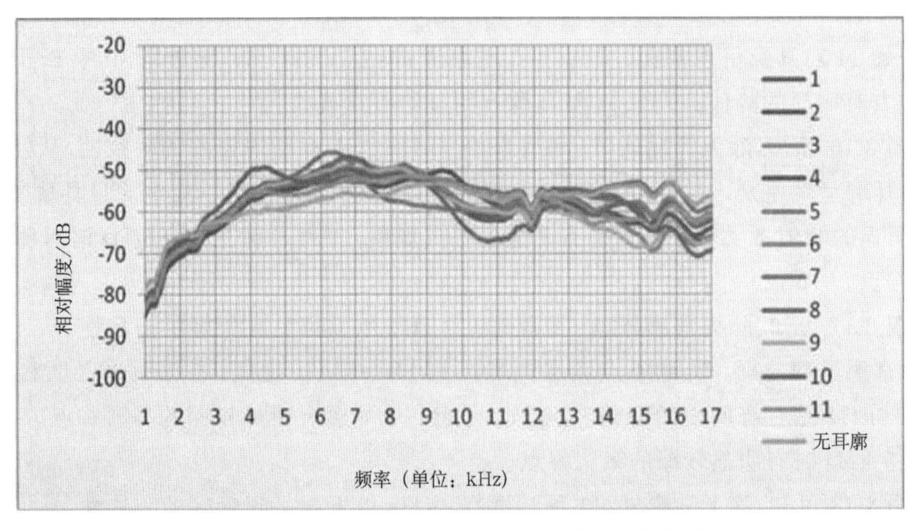

图 3.21　仰角 45°、方位角 45°上 12 种耳廓幅度谱

由图 3.20 可知：12 种耳廓结构形态均有很好的一致性，在 7.5 kHz 左右有小幅度的谷点情况，5 号耳廓在 6 kHz 左右有峰值。仰角 45°正前方上无耳廓情况和有耳廓情况无很大差别，耳廓带来的影响较小。

由图 3.21 可知：11 种耳廓结构形态均有很好的一致性。10 号耳廓在 4kHz 左右有峰值，5 号耳廓在 6kHz 左右有峰值。在 12kHz 左右无耳廓和有耳廓的均有小幅度的谷点情况，谷点应该不是由耳廓引起的。

由图 3.22 可知：11 种耳廓结构形态均有很好的一致性。耳廓谷点频率在 10kHz～12kHz 之间，10 号耳廓在 4kHz 左右有峰值。

由图 3.23 可知：除无耳廓情况外，11 种耳廓结构形态均有很好的一致性。耳廓谷点频率在 9kHz～11kHz 之间，10 号耳廓在 4kHz 左右有峰值。11 号耳廓无明显的耳廓谷点。

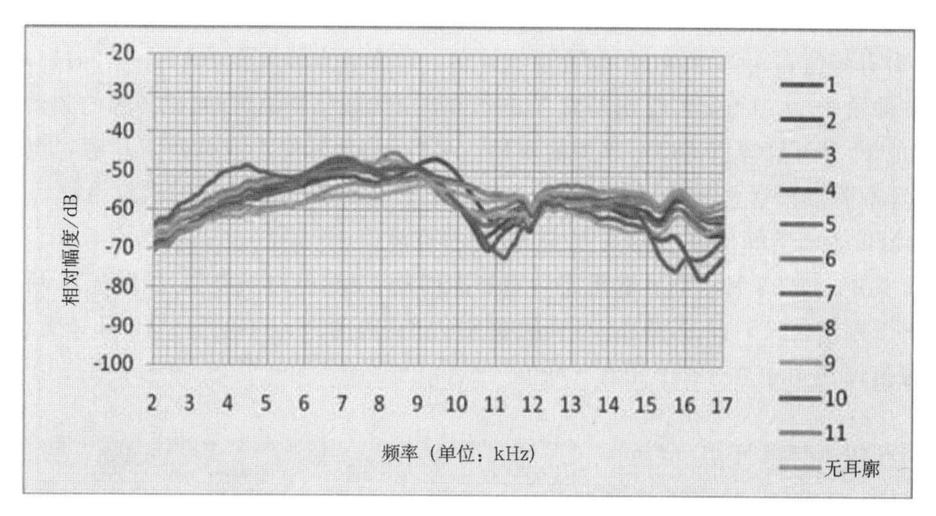

图 3.22 仰角 45°、方位角 90°上 12 种耳廓幅度谱

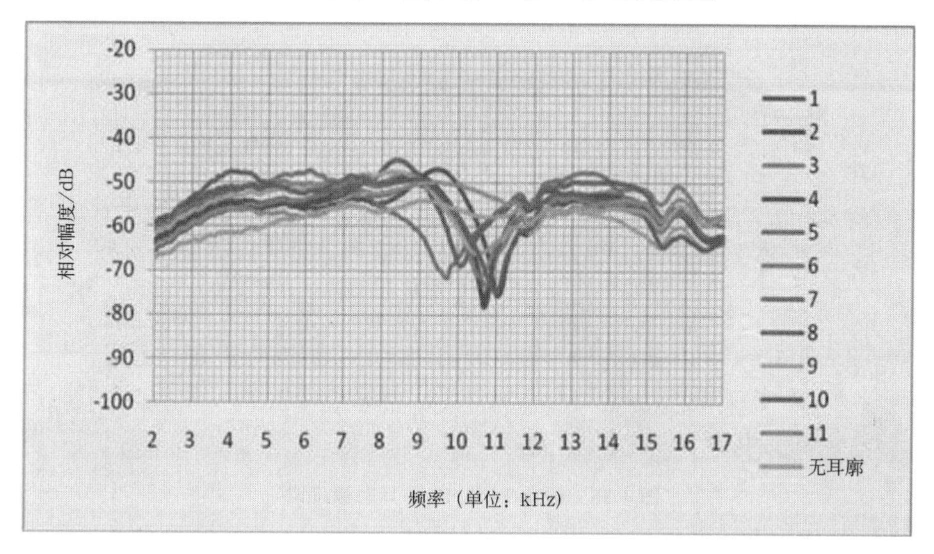

图 3.23 仰角 45°、方位角 135°上 12 种耳廓幅度谱

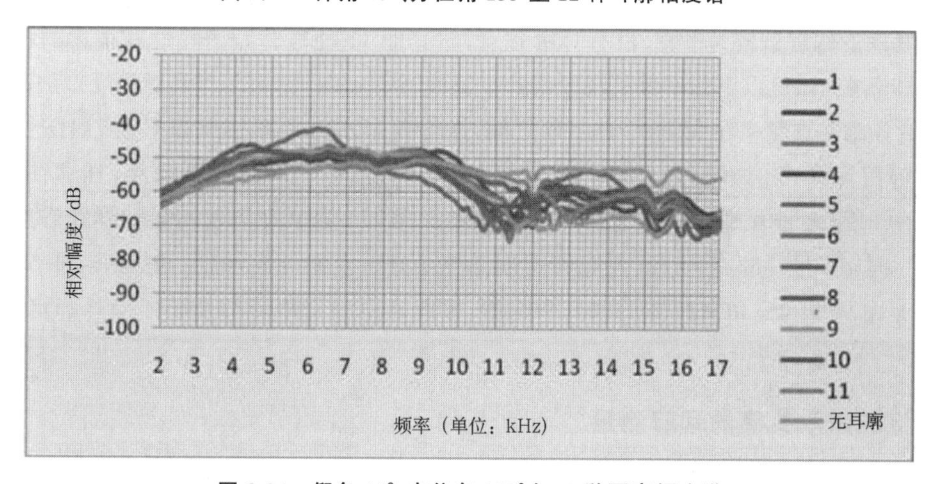

图 3.24 仰角 45°、方位角 180°上 12 种耳廓幅度谱

由图 3.24 可知:除无耳廓情况外,11 种耳廓结构形态均有很好的一致性。10 号耳廓在 4kHz 左右有峰值,5 号耳廓在 6kHz 左右有峰值。耳廓谷点频率在 10kHz～12kHz 之间。

以高仰角 45°为基准,由 12 种耳廓在 5 个纬度上的频谱特性可知:无耳廓的频谱较为平直,与其他 11 种耳廓频谱特性有很大的不同。另外 11 种耳廓在高仰角下耳廓谷点频率并不明显,耳廓谷点频率大多在 9kHz～12kHz 之间,较正前方耳廓谷点频谱较为推后。10 号耳廓在 4kHz 左右有峰值,5 号耳廓在 6kHz 左右有峰值。

人工头正上方 12 种不同耳廓形态测量和高仰角 45°测量结果类似,如图 3.25 所示。无耳廓情况下频谱较为平直,另外 11 种耳廓在头上方时耳廓谷点不明显。10 号耳廓在 4kHz 左右有峰值,5 号耳廓在 6kHz 左右有峰值。

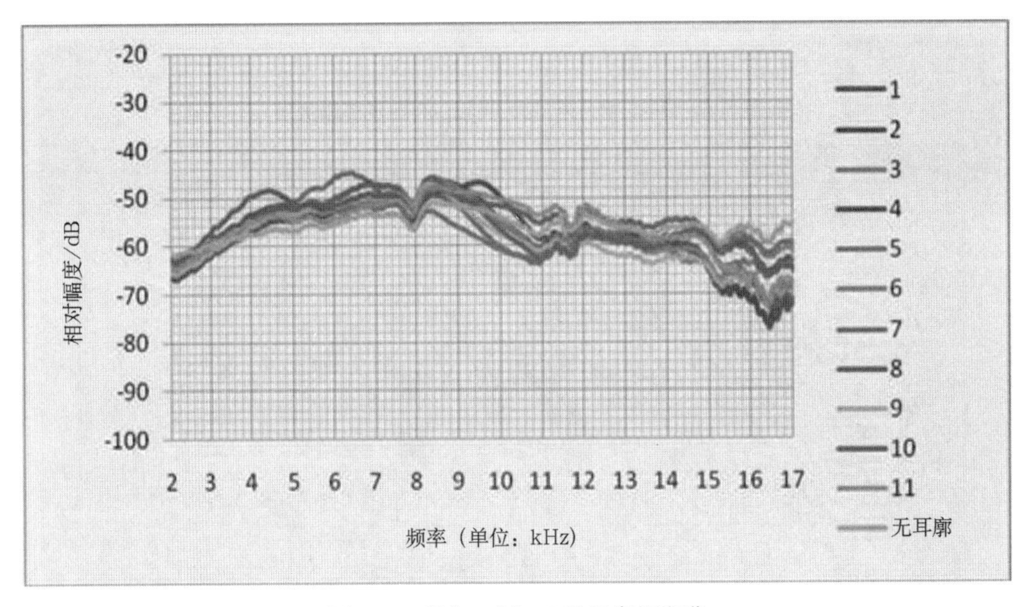

图 3.25　仰角 90°上 12 种耳廓幅度谱

对安装在简单球状头模上 12 种不同耳廓结构模型在不同仰角方向上的幅度测量的结果表明:无耳廓的幅度谱较为平直,没有耳廓谷点,与其他 11 种耳廓频谱特性有很大的不同;另外 11 种耳廓在 4kHz 以下频率都呈现较好的一致性,从 4kHz 开始 11 对耳廓呈现差别;在仰角为＋45°时耳廓谷点频率在 9kHz～12kHz 之间,在仰角为 0°时耳廓谷点频率在 7kHz～10kHz 之间,在仰角为－45°时耳廓谷点频率在 5kHz～8kHz 之间,随着仰角的减小,耳廓谷点频率降低;其中 5 号、8 号耳廓无明显的耳廓谷点现象;2 号、11 号呈现出较明显的耳廓谷点;在仰角为±45°时,10 号耳廓在 4kHz 左右、5 号耳廓在 6kHz 左右均有峰值。这些耳廓结构的不同,主要是由耳甲和三角窝腔体的改变引起的,因此耳甲和三角窝两个腔体与耳廓定位有密切的联系。

3.3.3　标准声学头模的耳廓测量

标准声学头模耳廓测量数据分析主要由两部分组成:一为分析在同个方位角上 11 种耳廓形态与标准耳幅度谱的异同;二是引入归一化互相关函数和相似系数的概念,从相关性的角度把12种不同耳廓结构幅度谱与标准耳幅度谱进行相关性量化,找出在不同方位角上耳廓细节结构的改变对听觉感知的影响。

不同的耳廓结构模型都是在平均耳的基础上改变细节而得到的,因此以平均耳为标准,分析在同方位角上另外10种有耳廓和无耳廓情况下的幅度谱与标准耳的差别,可以看出耳廓具体细节的改变对应着幅度谱上的改变。本节主要分析仰角为0°、方位角为45°的方向上,11种耳廓与标准耳的幅度谱异同,其他方位角上的分析方法与此相同。图3.26为标准耳的幅度谱,图3.27～图3.36分别为2号～11号耳廓与标准耳的幅度谱,图3.37为无耳廓情况与标准耳的幅度谱。分析频率范围为2kHz～17kHz。

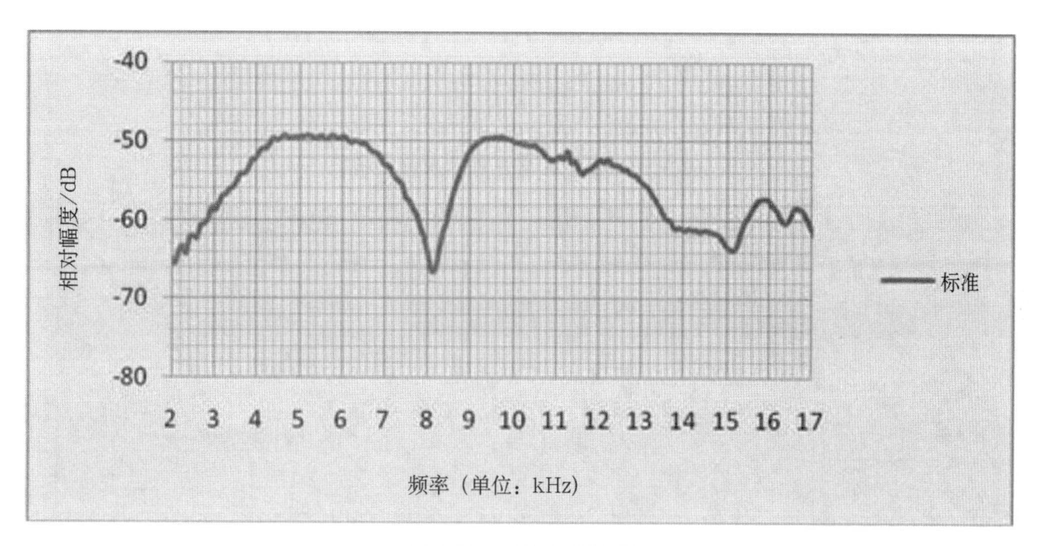

图3.26 标准耳幅度谱

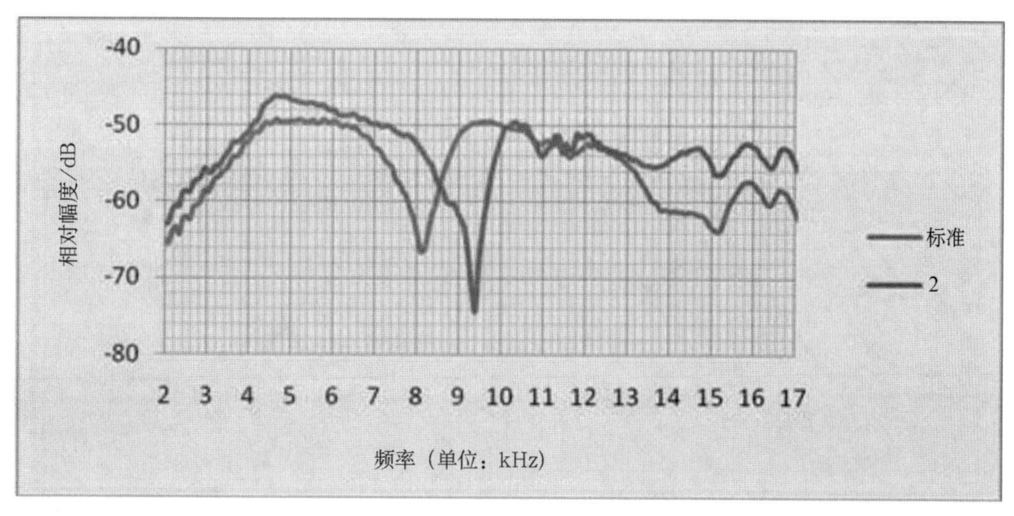

图3.27 标准耳与2号耳廓幅度谱

标准耳廓谷点频率为8kHz左右,2号耳廓(耳甲腔与耳甲艇连通)谷点频率为9.4kHz左右,大于标准耳且谷点较深。

标准耳廓谷点频率为8kHz左右,7号耳廓(耳甲腔、耳甲艇与三角窝连通)谷点频率为

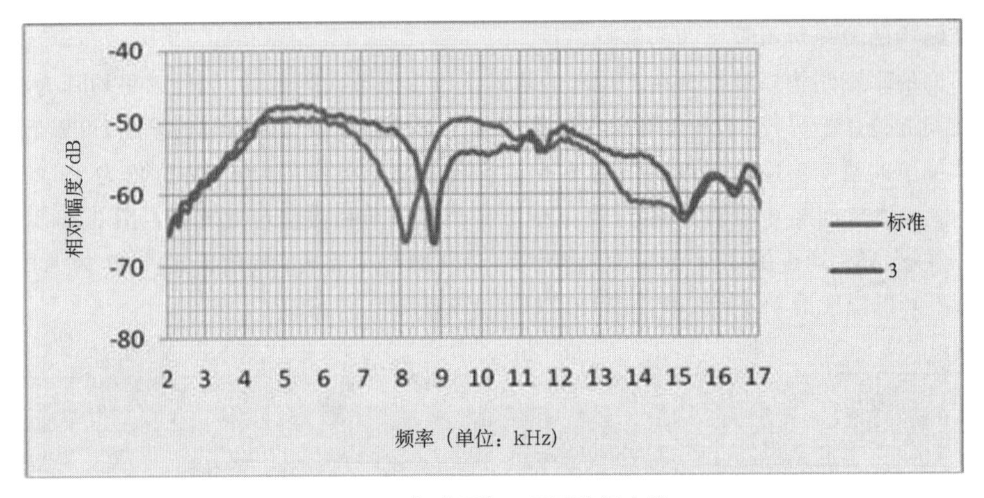

图 3.28　标准耳与 3 号耳廓幅度谱

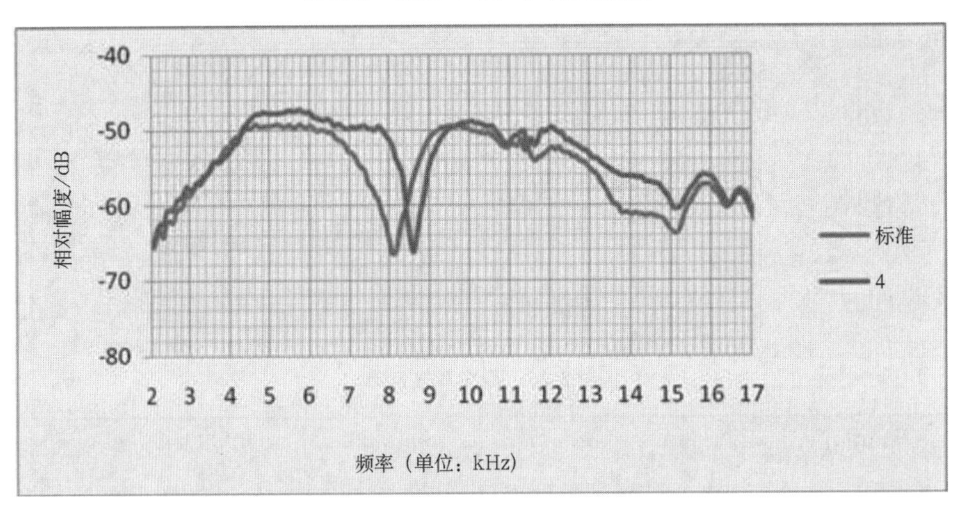

图 3.29　标准耳与 4 号耳廓幅度谱

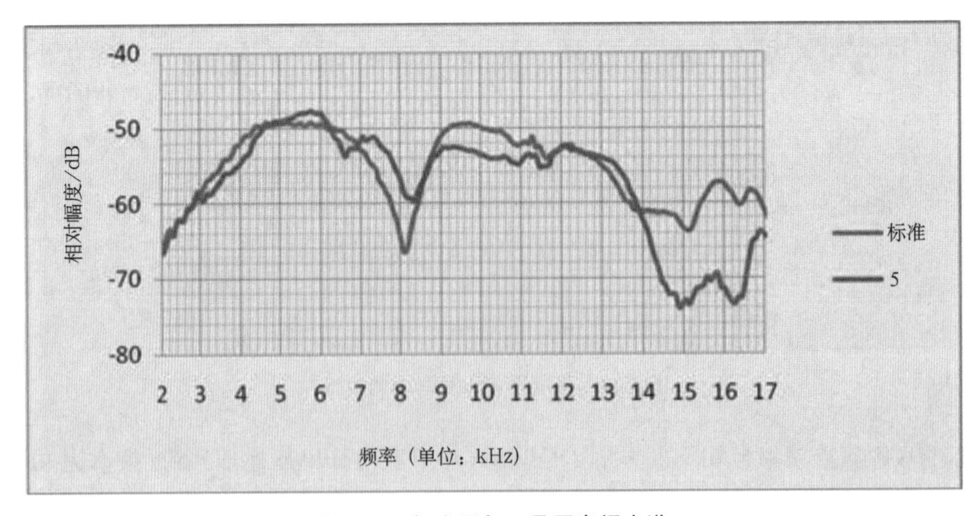

图 3.30　标准耳与 5 号耳廓幅度谱

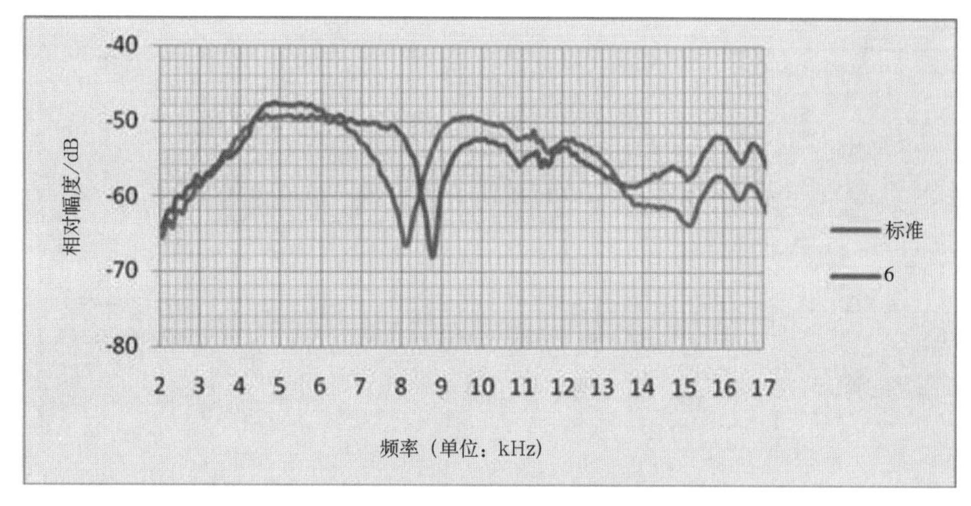

图 3.31　标准耳与 6 号耳廓幅度谱

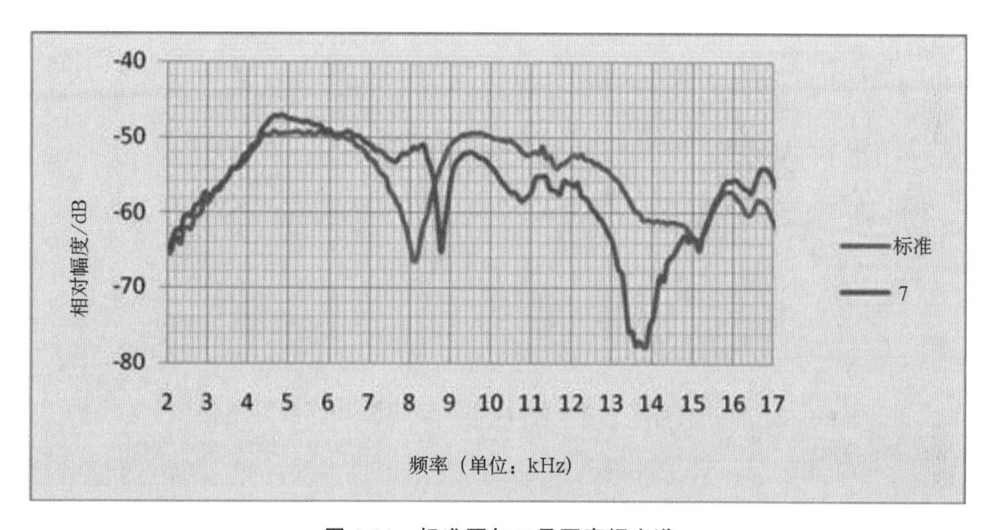

图 3.32　标准耳与 7 号耳廓幅度谱

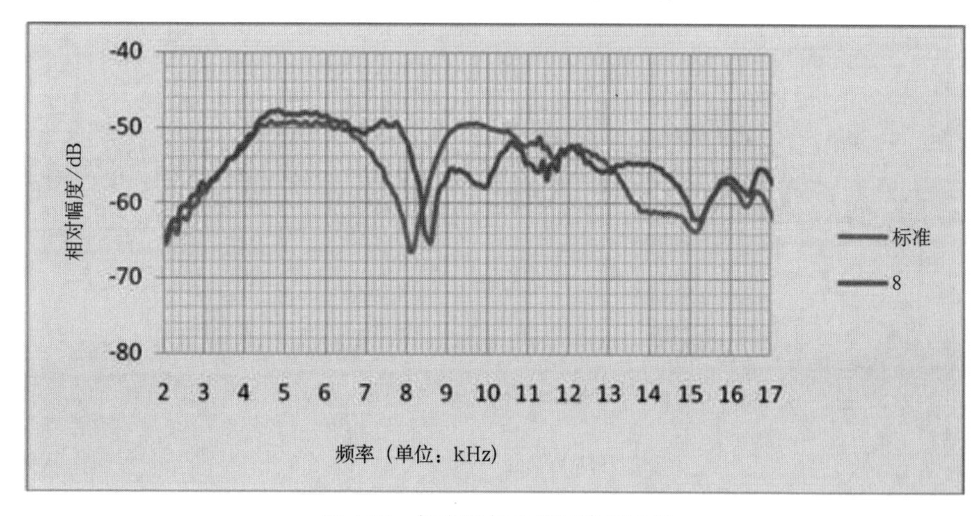

图 3.33　标准耳与 8 号耳廓幅度谱

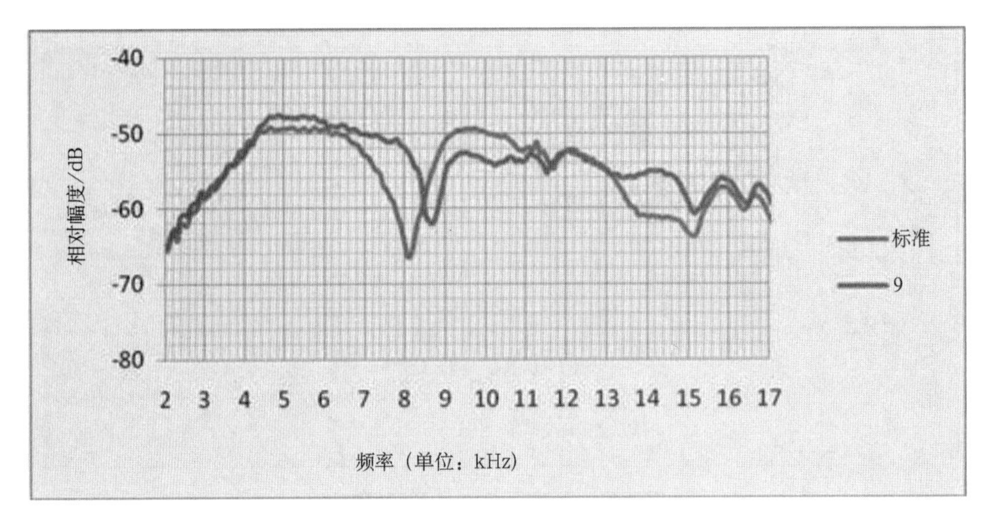

图 3.34 标准耳与 9 号耳廓幅度谱

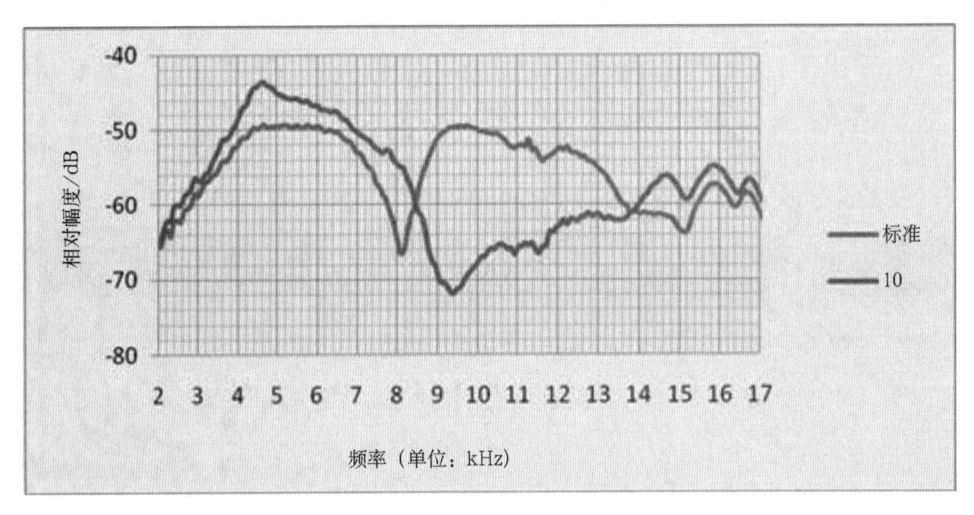

图 3.35 标准耳与 10 号耳廓幅度谱

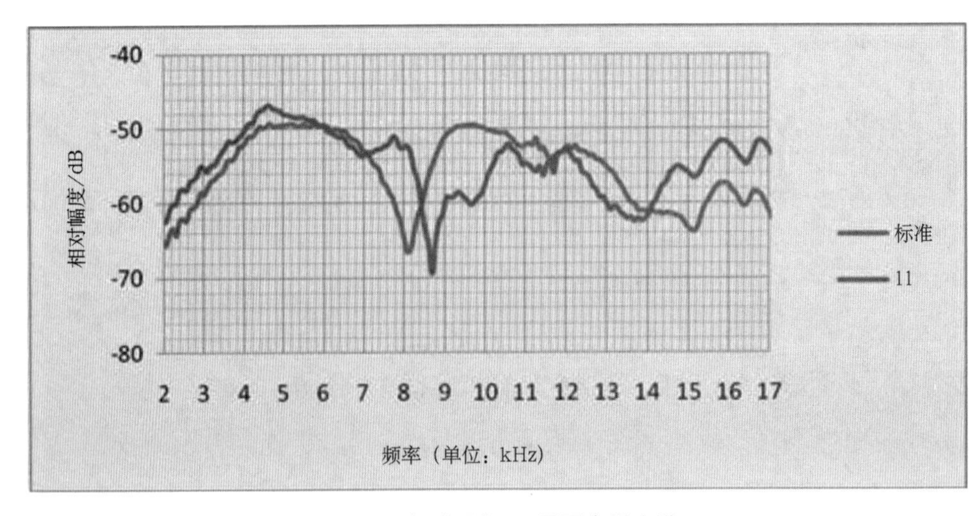

图 3.36 标准耳与 11 号耳廓幅度谱

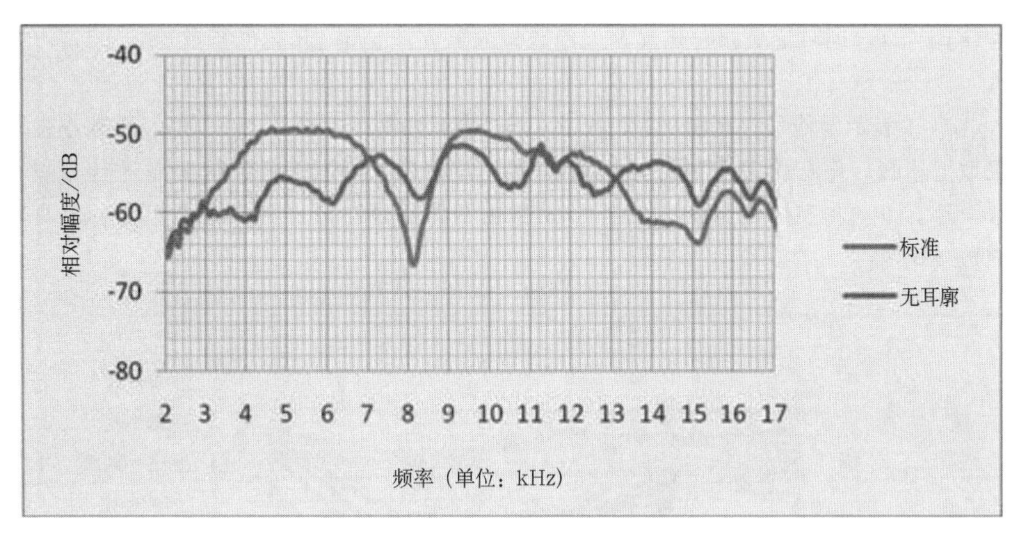

图3.37 标准耳与无耳廓幅度谱

8.7kHz左右，且在13.5kHz时有第二谷点。

标准耳廓谷点频率为8kHz左右，10号耳廓(耳屏与对耳屏增补，狭窄型)较标准耳没有明显的耳廓谷点。

无耳廓幅度谱没有耳廓谷点，与标准耳有很大不同。在仰角为0°、方位角为45°的方向上，将11种耳廓与标准耳的幅度谱相比较可以看出：除去无耳廓的情况，其他10种耳廓模型的耳廓谷点频率都大于标准耳廓；5号耳廓(耳甲艇和耳甲腔分割明显)在13kHz幅度下降；7号耳廓(耳甲腔、耳甲艇与三角窝连通)在13.5kHz时有第二谷点，与2号耳廓(耳甲腔和耳甲艇连通)相比可以推测第二谷点是由三角窝引起的。

3.3.4 耳廓归一化相关分析

耳廓不同细节结构的改变会引起HRTF幅度谱的不同。在同一个方位角上如果定量衡量12种耳廓结构与标准耳廓的幅度谱的相似性和差异性，需要引用归一化互相关函数及相似系数的概念。

假定需做相似分析的两个能量有限的实信号为 $f_1(t)$ 和 $f_2(t)$ ，以 $f_1(t)$ 为参考，这两个信号的归一化互相关函数 $\varphi_{12}(\tau)$ 定义为：

$$\varphi_{12}(\tau)=\frac{\int_{-\infty}^{\infty} f_1(t)f_2(t-\tau)dt}{\left[\int_{-\infty}^{\infty} f_1^2(t)dt\int_{-\infty}^{\infty} f_2(t)dt\right]^{\frac{1}{2}}} \tag{3.3}$$

将归一化互相关函数 $\varphi_{ab}(\tau)$ 变换到频域进行计算：

$$\varphi_{12}(\tau)=\frac{\int_{-\infty}^{\infty} F_1(f)F_2{}^*(f)\exp(2\pi f\tau)df}{\left[\int_{-\infty}^{\infty} |F_1(f)|^2df\int_{-\infty}^{\infty} |F_2(f)|^2df\right]^{\frac{1}{2}}} \tag{3.4}$$

由傅里叶变换可以证明，公式(3.3)和(3.4)等价。其中 * 表示复共轭，$F_1(f)$ 和

$F_2(f)$ 分别为 $f_1(t)$ 和 $f_2(t)$ 的傅里叶变换。借助柯西-施瓦茨不等式可得 $0 \leqslant |\varphi_{12}(\tau)| \leqslant 1$。同时定义归一化互相关函数最大值 ρ_{12} 为归一化相似系数：

$$\rho_{12} = max\left[\varphi_{12}(\tau)\right] \rho_{12} = max\left[\varphi_{12}(\tau)\right] \tag{3.5}$$

$\rho_{12}=1$ 表示两信号完全相同；反之，$\rho_{12}=0$ 表示两信号完全不相关，相似系数小。本节将采取上述归一化互相关函数得出相似系数的方法对 12 种 HRTF 幅度谱进行分析。图 3.38～图 3.40 给出了仰角为＋45°、0°、－45°时在不同方位角上 12 种耳廓类型与标准耳的相似系数变化图。

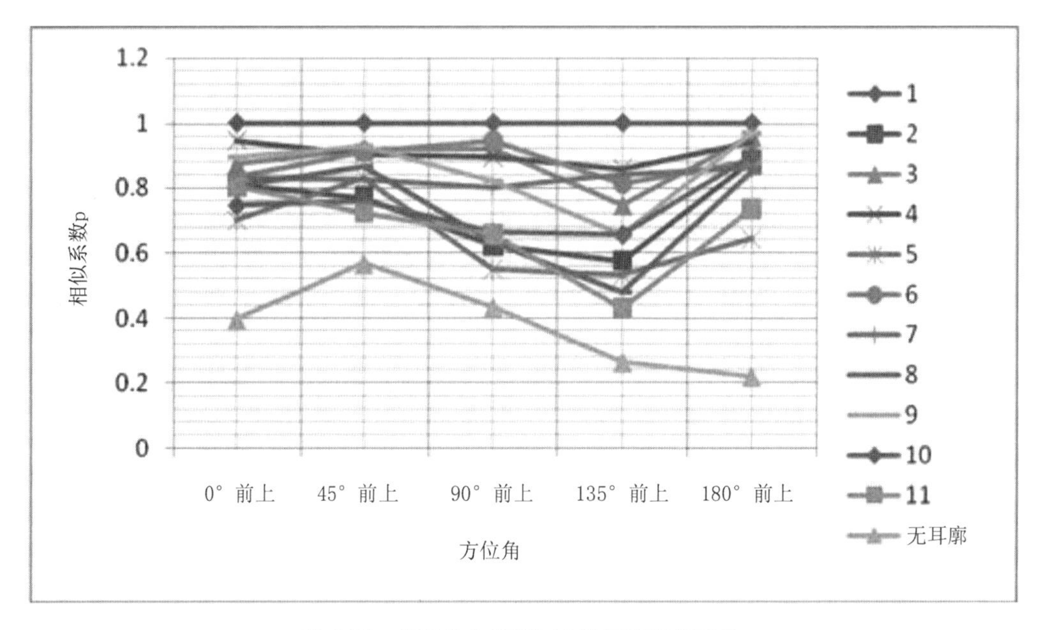

图 3.38 仰角为＋45°时 12 种耳廓相似系数

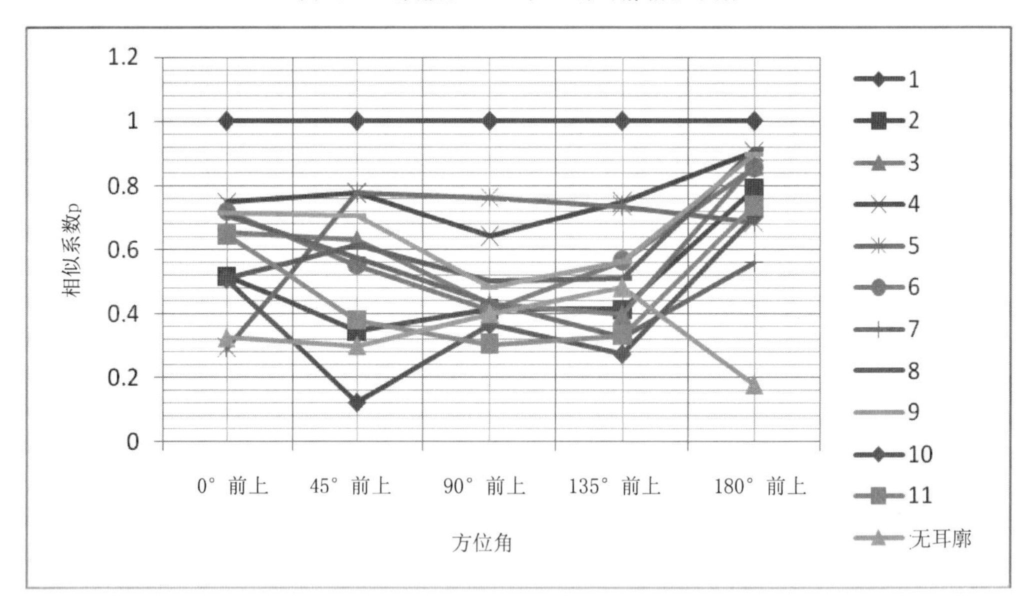

图 3.39 仰角为 0°时 12 种耳廓相似系数

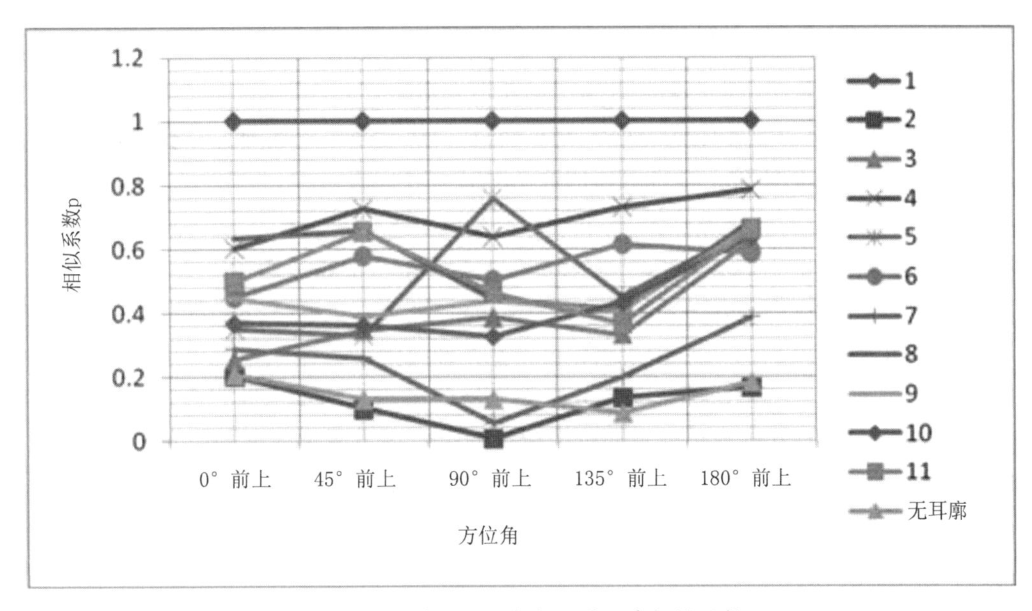

图 3.40 仰角为－45°时 12 种耳廓相似系数

图 3.38 给出了仰角为 45°时 12 种耳廓与标准耳的相似系数曲线走势图。相似系数越小表明在此方向上与标准耳的差别越大，对测量影响较大。由图可知：

1)在仰角为 45°时无耳廓与标准耳的相似系数最小，即在不同的方位角上，无耳廓情况与标准耳的差别最大。

2)在 0°、45°、90°、135°、180°五个方位角上，12 种耳廓的相似性有较一致的变化。在 135°和 90°两个方位角上相似系数较小，即在这两个方向上耳廓细节的改变对测量结果影响较大。

3)相似系数较小的耳廓为无耳廓情况、11 号(耳甲艇、耳甲腔与三角窝连通)、5 号(耳甲腔与耳甲艇分割明显)、8 号(耳甲艇与三角窝连通)、2 号(耳甲艇与耳甲腔连通)，这 5 种耳廓的耳廓细节变化均比较夸张，且主要为耳甲和三角窝腔体的改变。

4)除无耳廓外，12 种耳廓在仰角为 45°时的相似系数在 0.4～1 之间。

图 3.39 给出了仰角为 0°时 12 种耳廓与标准耳的相似系数曲线走势图。相似系数越小表明在此方向上与标准耳的差别越大，对测量影响较大。由图可知：

1)在 0°、45°、90°、135°、180°五个方位角上，在 135°和 45°两个方位角上相似系数较小，在 45°、90°、135°三个方位角上比无耳廓情况的相似系数小。

2)相似系数较小的为无耳廓情况、11 号(耳甲艇、耳甲腔与三角窝连通)、10 号(对耳屏增补，狭窄型)、2 号(耳甲艇与耳甲腔连通)、7 号(外耳轮填平)。在仰角为 0°的方位上耳甲、耳舟、耳屏等腔体的改变对其有较大影响。

3)相似系数较大的为 4 号(耳屏与对耳屏连通)、5 号(耳甲腔与耳甲艇分割明显)耳廓，在正前方向上有较小影响，在其他 4 个方位上相似系数达 0.7 以上。

4)除无耳廓外，12 种耳廓在仰角为＋45°时的相似系数在 0.1～1 之间。

图 3.40 给出了仰角为－45°时 12 种耳廓与标准耳的相似系数曲线走势图。相似系数越

小表明在此方向上与标准耳的差别越大，对测量影响较大。由图可知：

1)在0°、45°、90°、135°、180°五个方位角上，135°和90°两个方位角上相似系数较小。在90°方位角上2号和7号耳廓比无耳廓情况的相似系数小。

2)相似系数较小的为无耳廓情况、2号耳廓(耳甲艇与耳甲腔连通)、7号耳廓(外耳轮填平)。在仰角为－45°的方位上耳舟腔体的改变对其有较大影响。

3)相似系数较大的耳廓为4号(耳屏与对耳屏连通)、11号(耳甲艇、耳甲腔与三角窝连通)、6号(去除外耳轮)。5号耳廓在90°方位角上与标准耳的相似系数为0.78。

4)除无耳廓外，12种耳廓在仰角为＋45°时的相似系数在0.01～1之间。

由图3.38～图3.40可以看出12种耳廓类型在仰角为＋45°、0°、－45°时三个方位角相似系数的变化规律。方位角不同，耳廓细节改变带来的影响大小也不同。高仰角情况下的相似性大于低仰角情况，在听感方面高仰角方位上的定位能力应该比低仰角差。2号耳廓(耳甲艇与耳甲腔连通)与11号耳廓(耳甲艇、耳甲腔与三角窝连通)相似系数较小，4号耳廓(耳屏与对耳屏连通)和6号耳廓(去除外耳轮)相似系数较大，即耳甲腔体的改变对听觉定位影响较大，耳屏与对耳屏的细节改变对听觉定位影响较小。

3.4 耳廓结构对声音位置感知的影响

3.4.1 位置感知实验与显著性分析

国外已有研究通过在人工头或真人耳廓各结构上填塞吸声材料或弹性材料来测量其对HRTF及定位感知的影响，受此启发，探讨耳廓的精细结构变化对主观听音感受最为理想的方法是采用类似方法在听音者本身的耳廓上进行“加工”和“修改”。这种方法虽然可行，但是在需要大量受试者的情况下不易操作且难以保证一致性，并且被试耳廓的个性化差异使是否存在“共性”的问题难以阐释。本文的研究工作则是以上文提到的配有“平均耳”的声学头模为基础，通过在“平均耳”上改变某些精细结构来间接探讨其对声音位置感知的影响是否存在一定的共性以及共性的表现方式。

许多文献和研究指出耳廓有四个主要沟槽，即耳甲、耳舟、三角窝、耳屏与对耳屏，其中耳甲是耳廓腔体的主要部分。从平均耳的特征出发，将平均耳用石膏翻模，用雕刻和打磨工具分别对四个腔体进行削减或填补等改变，用RTV模具硅橡胶再次翻模制作出10种不同的耳廓模型。耳廓结构模型如图3.8所示，耳廓模型的特征如表3.5所示。

关于耳廓的精细结构对声像定位的影响目前研究尚无定论，可借由这些不同形式的耳廓进行双耳录音和重放，观察是否会强化或者削弱某些方位的声源定位信息，能否去除不重要的细节成分，保留对声源定位起重要作用的细节。

根据已有理论，信号本身的频谱特性可能对定位感知造成影响，故拾音采用44.1kHz采样率、16bit量化的600ms白噪声信号；因耳廓本身或其结构尺寸与声波波长可比拟时(即至少在2kHz～3kHz以上的频率范围内)其作用才得以体现，为排除较低频段对实验结果的影响，对全频带白噪声用12dB/oct的2kHz高通滤波器滤波。最终得到所需的长度为600ms的经过2kHz高通滤波的白噪声信号。

实验环境同前述章节的实验。采用A/B对比实验，即以随机的次序交替地重放参考信号A和目标信号B，然后让倾听者判断它们之间的差别。倾听者判定两段信号中哪一段具有已知的听觉属性；如果不能判定，则强制以随机的方式做选择。对每名倾听者采取多次重复实验的方法，并且两种信号次序组合的重复次数相等。

除了探讨与“平均耳”相比，耳廓精细结构改变对听觉定位感知影响是否有显著性外，还希望明确耳廓结构的变化对各个方位的定位能力是强化、弱化还是无显著影响。为此，将以听音人真实听音的定位感知为参照，借以判断双耳重放的由“平均耳”和其余耳廓拾取的信号间是否存在显著差异，并得到耳廓结构的改变对各方向上定位能力的提升/削弱/无影响情况。通俗地说，若从结果出发，差别不显著，则说明结构改变对该方向的定位与“平均耳”相比影响不大；若“平均耳”显著强于改变结构的耳廓，说明结构的改变弱化了该方向的定位能力；若改变结构的耳廓强于“平均耳”，则说明结构的改变反而强化了该方向的定位。此外，引入真实听音的环节也能够帮助说明“共性”的存在。实际上，受试者不仅是通过双耳信号比较两耳廓的差别，也是与自身的听觉感知及听觉经验进行比较，用人工头（耳廓）拾取的双耳信号对于受试者来说是非个性化的，在这种情况下，若能够判定人工耳廓结构的改变对受试者定位感知在统计上有显著影响，那么也正说明某种“共性”的存在。

另外，考虑到双耳生理结构的对称性并依据已经有的对双耳外形及结构的调查结果[6]及与听音定位实验有关的文献记载[7]，左右耳在外形及定位功能上并无显著差异，故本实验只对左半空间各方位（即0°～－180°方位角上各3个仰角及顶部仰角，共16个方位）进行了考察。

随机选取20名22～26岁的研究生，男女各10名，均无听力障碍，左右耳外形对称，听阈无明显差别，之前未参与过与判断声源方位相关的实验。

由于耳廓结构不同，所以同一方位不同耳廓间耳机重放信号的电平有一定差别，为避免对受试者判断造成影响，需要先对各方位的不同耳廓信号进行响度均衡。

双耳信号重放选用入耳式动圈耳塞，单元直径11mm，标称频响范围12Hz～24kHz，最大功率200mW，灵敏度104dB，总谐波失真率＜1%，并配有大、中、小三个不同尺寸的橡胶垫以适应不同耳道。实测频率响应在2kHz以上有整体的提升，没有出现较大峰谷，总谐波失真符合要求。通过人工头耳道入口处测量使扬声器与耳机重放信号声压级一致（70～75dBA）。受试者正对标记，用激光笔协助耳道入口的校准，校准完成后，要求受试者保持不动，以500ms为间隔由扬声器重放白噪声信号10～15次。

用耳塞重放制作好的双耳信号，受试者做强制选择，口头报告每对两个信号中哪个更接近重放扬声器的空间位置，着重关注声像的前后区分能力、头中/外定位效果及仰角的准确性。倾听过程中需保持头部平直，并闭上双眼。通过旋转座椅及调节转换器，转换方位角及仰角。单人实验耗时90～100分钟。

将20名受试者的各个方位的每两只耳廓间的比较结果统计加和，得到1号“平均耳”与改变结构耳廓模型的比较结果，认为前者的定位感知符合实际的程度优于后者或做出相反判断的人次。表3.6是($\theta=0°$，$\varphi=0°$)位置处的统计结果。

表 3.6 $(\theta=0°,\varphi=0°)$位置处耳廓比较统计结果

耳廓编号	优选修型耳廓的次数	优选 1 号耳廓的次数
2	17	23
3	12	28
4	13	27
5	17	23
6	19	21
7	18	22
8	10	30
9	21	19
10	9	31
11	21	19
12	11	29

以表 3.6 中 $(\theta=0°,\varphi=0°)$ 位置处的 1 号与 2 号的比较结果为例，计算出分别认为 1 号的定位感知效果优于 2 号或做出相反判断的比率。若倾听者不能判定而以随机方式选择，上述这种强制选择实验结果的双方的支持率应为 0.5，因而支持率的期望值 μ_0 即为 0.5。

对数据做进一步的检验。因支持 1 号的人次大于支持 2 号的人次，则在 $\alpha=0.05$ 的显著性水平下判断支持 1 号的比率是否大于 μ_0 。将每次判断的结果用随机变量 x 表示，$x=1$ 表示判断 1 号的定位感知效果优于 2 号，$x=0$ 则表示相反判断。此时的样本均值和标准差为

$$\bar{x}=\frac{1}{N}\sum_{n=1}^{N}x_n=0.95 \quad \sigma_x=\sqrt{\frac{1}{N-1}\sum_{n=1}^{N}(x_n-\bar{x})^2}=0.50 \tag{3.6}$$

因 $N=40$ 较大，则

$$u=\frac{\bar{x}-\mu_0}{\sigma_x/\sqrt{N}} \tag{3.7}$$

近似服从均值为 0，方差为 1 的正态分布为 $N(0,1)$，因而可以在显著性水平 $\alpha=0.05$ 下检验假设 $\bar{x}\leqslant 0.5$ 和备择假设 $\bar{x}>0.5$，此时 $u_{1-\alpha}=1.64$。由此可计算出

$$u=\frac{\bar{x}-\mu_0}{\sigma_x/\sqrt{N}}=0.95<1.64 \tag{3.8}$$

则接受假设 $\bar{x}\leqslant 0.5$，即 $\bar{x}\leqslant 0.5$ 的概率为 0.95，可得出 1 号耳廓对该方位的定位感知强于 2 号，并不具有显著性。

同理，可得到左半空间全部 16 个方位的统计检验结果，结果如表 3.7 所示。其中(0,0)即表示方位 $(\theta=0°,\varphi=0°)$ 。

表 3.7 16 个方位统计检验结果

空间方位 结构分类	(0°,+45°)	(0°,0°)	(0°,−45°)	(−45°,+45°)	(−45°,0°)	(−45°,−45°)	(−90°,+45°)	(−90°,0°)
耳甲	2	2	2	2	2	2	2	2
	5	5	5	5	5	5	5	5
耳周	3	3	③	3	3	3	3	3
	6	6	6	6	6	6	6	6
耳屏	4	4	4	4	4	4	4	4
	10	10	10	10	10	10	10	10
三角窝	9	9	9	9	9	9	9	9
综合	8	8	8	8	8	8	8	8
	11	11	11	11	11	11	11	11
	7	7	7	7	7	7	7	7
	12	12	12	12	12	12	12	12
空间方位 结构分类	(0°,+45°)	(0°,0°)	(0°,−45°)	(−45°,+45°)	(−45°,0°)	(−45°,−45°)	(−90°,+45°)	(−90°,0°)
耳甲	2	2	2	2	2	2	2	2
	5	5	5	5	5	5	5	5
耳周	3	3	3	3	3	③	③	3
	6	6	6	6	6	6	⑥	6
耳屏	4	4	4	4	4	4	④	4
	10	10	10	10	10	10	10	10
三角窝	9	9	9	9	⑨	9	9	9
综合	8	8	8	8	8	8	8	8
	11	11	11	11	11	11	⑪	11
	7	7	7	7	7	7	⑦	7
	12	12	12	12	12	12	12	12

表中灰底标记表示 1 号耳廓的定位感知效果显著优于格中编号耳廓；带圈数字表示格中编号耳廓的定位感知效果显著优于 1 号耳廓。

由表 3.7 可以直观地看出：

1)在各个方位上，与 1 号“平均耳”相比，哪些耳廓对该方位的定位感知有显著的削弱作用，哪些未体现出显著作用，哪些反而有加强作用。如 ($\theta=0°,\varphi=+45°$)位置处的情况，与 1 号“平均耳”相比，2、5、6、4、8、11 号耳廓对该方位定位感知没有体现出显著的影响，也即表中对应的结构特征的改变没有体现出显著影响，注意 2 号与 11 号耳廓的共性均有耳轮脚去除的特征，这也印证了耳轮脚的去除并未对该方位的定位感知有显著影响；而 3、10、9、7、12

号耳廓均体现出对此方位的定位感知有显著的削弱作用。

2)其余方位的解释方法类似，但有几个方位需要注意：(0°，−45°)方位的 3 号耳廓、(−180°，+45°)方位的 9 号耳廓及(−180°，0°)的 3 号耳廓等相较 1 号耳廓都表现出较为显著的定位增强作用；(−90°，0°)、(−180°，0°)与(−180°，−45°)三个方位并不像其他方位一样，12 号无耳廓并未表现出对定位感知有显著的削弱作用；特别是(−180°，−45°)位置处，3、6、4、11、7 号多只耳廓都表现出对该方位定位感知的增强作用。

3)就某些方位而言，并不仅是一个或少数几个耳廓特征的改变对定位感知有著影响，如(−45°，+45°)、(−90°，+45°)位置处，均有多个耳廓模型的比较结果体现出显著作用，表明这些方位的定位感知是耳廓各结构综合作用的结果，也体现出这些位置的定位感知受耳廓结构的变化影响较大；同样，在(−45°，0°)、(−45°，−45°)与(−180°，0°)位置处，则表现出只有少量耳廓模型的比较结果体现出显著作用，表明这些位置的定位感知对耳廓结构的变化并不敏感。

4)从 5 号、10 号耳廓模型在各个方位的结果来看，它们所代表的结构特征对定位感知的削弱作用在多个方位均有体现，表明耳廓单个结构对定位感知的作用也并不局限于某个方位。

5)有些耳廓模型只对少数几个方位有显著影响，如 6 号耳廓只在(−45°，+45°)、(−90°，0°)与(−180°，−45°)三个位置处体现出显著性。

为考察耳廓模型在左半空间 16 个方位的整体表现，对基础数据统计后得到下表。

表 3.8　左半空间耳廓比较的总体人次统计

耳廓编号	优选修型耳廓的比例	优选 1 号耳廓的比例
2	42.50%	57.50%
3	44.22%	55.78%
4	46.56%	53.44%
5	26.72%	73.28%
6	48.91%	51.09%
7	35.94%	64.06%
8	37.66%	62.34%
9	43.28%	56.72%
10	24.53%	75.47%
11	45.16%	54.84%
12	22.97%	77.03%

同样，以 $\alpha=0.05$ 对数据进行显著性检验，与表 3.7 类似，可得到表 3.9。

表 3.9　左半空间耳廓比较的总体统计检验结果

改变特征	耳廓编号
耳甲	2
	5
耳周	3
	6
耳屏	4
	10
三角窝	9
综合	8
	11
	7
	12

表中灰底标记表示在 $\alpha=0.05$ 下该号耳廓对定位感知有显著的削弱作用。由上表可以看出，若以 $\alpha=0.05$ 为显著性指标，2、5、3、4、10、9、8、11、7、12 号耳廓整体上对左半空间的定位感知有显著的削弱作用；6 号耳廓（对耳轮去除）对左半空间的定位感知整体上并未有显著影响。这与表 3.3 的直观印象一致。

若以 $\alpha=0.01$ 为显著性指标，4 号耳廓（对耳屏去除）与 6 号耳廓一样，都表现出对整体空间定位感知影响的不显著性。结构改变耳廓与 1 号“平均耳”相比普遍有削弱作用，这也从侧面说明通过调查筛选出的“平均耳”模型是有一定代表性的，由它带来的听觉定位感受与大多数人的实际听觉感知相比有较强的相似度。

考察各个方位上 1 号耳廓与所有结构改变耳廓的比较结果，得到表 3.10。

表 3.10　1 号耳廓与结构改变耳廓在各方位的总体统计比例

空间方位	1 号耳廓的优选比例	其他耳廓的优选比例
(0°,+45°)	63.18%	36.82%
(0°,0°)	61.82%	38.18%
(0°,−45°)	62.50%	37.50%
(−45°,+45°)	70.91%	29.09%
(−45°,0°)	61.14%	38.86%
(−45°,−45°)	59.09%	40.91%
(−90°,+45°)	75.45%	24.55%
(−90°,0°)	59.55%	40.45%
(−90°,−45°)	68.18%	31.82%
(−135°,+45°)	67.50%	32.50%
(−135°,0°)	61.59%	38.41%
(−135°,−45°)	67.95%	32.05%
(−180°,+45°)	61.14%	38.86%
(−180°,0°)	54.09%	45.91%
(−180°,−45°)	38.86%	61.14%
(0°,+90°)	63.18%	36.82%

同样以 $\alpha=0.05$ 做显著性检验。除(−180°,−45°)位置处以外,其余方位均表现出结构改变耳廓整体上对该方位定位感知有显著的削弱作用,而(−180°,−45°)位置处表现"反常",发现结构改变耳廓在整体上对该方位定位感知有显著的增强作用。需要注意的是,若以 $\alpha=0.01$ 为显著性指标,(−180°,0°)位置处的结果则表现出结构改变耳廓整体上对该方位定位感知没有显著影响,同表 3.6 的直观感受一致,原因可能是此位置的定位感知对于耳廓结构的变化并不敏感。

3.4.2　耳廓结构对声像外化和仰角感知的影响

以前面的实验结果为基础,探讨对定位感知有显著影响的耳廓模型其作用方式是否存在统计共性。前面已多次提到,耳廓对于声音定位的作用主要体现在区分前后镜像(就耳机重放来说则还有改善头中定位)与判断仰角。

对耳廓区分前后镜像(改善头中定位)作用的考察目的是探讨与 1 号平均耳廓相比,改变结构耳廓对声像外化,包括区分前后镜像、改善头中定位的作用是增强还是减弱。为此,可采用系列范畴法,该方法不但能够得出各个评价对象的相对评价尺度和排序,还能给出各个范畴边界的统计值。选择 5 个范畴,各级名称如表 3.11 所示。

表 3.11　系列范畴法实验的各范畴名称

区分前后镜像	与 1 号相比 效果非常差	与 1 号相比 效果更差	与 1 号相同	与 1 号相比 效果更好	与 1 号相比 效果非常好
改善头中定位	与 1 号相比 效果非常差	与 1 号相比 效果更差	与 1 号相同	与 1 号相比 效果更好	与 1 号相比 效果非常好

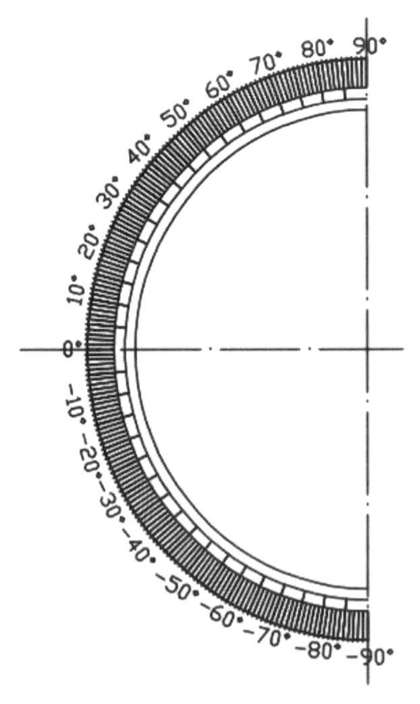

图 3.41　仰角判断坐标图

需要注意的是,本实验是以 1 号"平均耳"为参照的,因此选择目标信号所属范畴时,也应以"平均耳"为中心参照进行选择。

对仰角感知变化的考察目的是探讨与 1 号"平均耳"相比,各结构改变耳廓所造成的仰角感知的变化是否显著。将感知到的 1 号耳廓与配对耳廓的仰角在坐标图上做标记,如图 3.41 所示。

量取标记的角度进行统计,并对数据进行显著性检验,观察在各个方位上,与 1 号平均耳廓的数据相比,改变结构耳廓是否对仰角的感知有显著影响,实验结果综合在下表中。

表 3.12　空间各方位耳廓结构变化对声音位置感知的影响方式

改变结构	标号	细节特征	方位(单位:度)	影响方式		
				区分前后镜像	改善头中定位	仰角感知(单位:度)
耳甲	2	耳轮脚去除,耳甲腔/艇连通	(−90,+45)		较差	降低(−10.6)
	5	耳轮脚增补,耳甲腔/艇分隔明显	(−45,+45)			降低(−16.1)
			(−90,+45)			降低(−19.0)
			(−90,0)			降低(−7.0)
			(−90,−45)		较好	(16.6)
			(−135,+45)	较好		降低(−15.0)
			(−180,+45)		较差	降低(−17.9)
			(−180,0)	较好	较差	
耳舟	3	外耳轮消减	(0,0)	较好		
			(−45,+45)			降低(−12.4)
			(−90,+45)		较好	降低(−9.9)
	6	对耳轮去除				
耳屏	4	对耳屏去除	(0,0)	较差		
	10	对耳屏增补	(−45,−45)	较差		(−16.7)
			(0,+45)		较差	降低(−13.9)
			(0,−45)	较差		
			(−45,+45)	较差	较差	降低(−19.1)
			(−45,0)	较差		降低(−9.9)
			(−90,+45)			降低(−13.0)
			(−90,0)		较差	
			(−90,−45)		较差	
			(−135,+45)	较差	较差	降低(−15.0)
			(−135,−45)	较差		
			(−180,+45)	较好		
			(−180,0)		较差	
三角窝	9	三角窝填补	(−45,+45)			降低(−12.4)
			(−90,+45)			降低(−8.9)

续表

改变结构	标号	细节特征	方位（单位：度）	影响方式		
				区分前后镜像	改善头中定位	仰角感知（单位：度）
综合	8	三角窝与耳甲艇连通	(0,0)	较好	较差	
			(0,−45)	较好		
			(−45,+45)			降低(−13.2)
	11	耳轮脚去除，三角窝与耳甲艇连通	(−45,+45)	较差		降低(−11.3)
			(−90,+45)	/		降低(−20.6)
			(−90,−45)	/		(−9.8)
			(−135,+45)			降低(−8.5)
			(−135,0)			升高(10.0)
			(−135,−45)	较好	较好	
			(−180,−45)	较好		
	7	耳轮、三角窝、对耳轮填补成一体	(0,+45)	较好	较差	
			(0,−45)			(15.4)
			(−45,+45)	较差		降低(−18.6)
			(−90,+45)	/		降低(−9.4)
			(−90,−45)	/	较差	
			(−135,+45)	较好	较好	降低(−5.9)
			(−135,0)			升高(10.2)
			(−135,−45)		较差	
			(0,+90)	/	较差	
	12	无耳廓	(0,+45)		较差	降低(−19.2)
			(−45,+45)		较差	降低(−25.0)
			(−45,0)		较好	降低(−14.3)
			(−45,−45)	较差		(−13.5)
			(−90,+45)	/		降低(−24.8)
			(−135,+45)			降低(−26.9)
			(−135,−45)		较差	(17.8)
			(−180,+45)		较差	降低(−16.6)
			(0,+90)	/	较差	

注：表中空白表示未见显著变化

由上表可以看出，对于单结构改变的耳廓：

1)2 号(耳轮脚去除、耳甲腔/艇连通)：仅在(−90°，+45°)方位处对头中定位有削弱作用,对仰角感知有削弱作用,其余位置均未见显著变化。

2)5号(耳轮脚增补、耳甲腔/艇分隔明显)、10号(对耳屏增补):对整个左半空间多个方位区分前后、改善头中定位或仰角感知产生影响。

3)3号(外耳轮消减):对左前半空间(包括左侧垂面)有上述三个方面的影响,对左后半空间(不包括左侧垂面)未见显著影响。

4)6号(对耳轮去除):在整个左半空间内均未体现出上述三个方面的影响。

5)4号(对耳屏去除):对左前半空间内区分前后及仰角感知有影响,对左后半空间未见显著影响。

6)9号(三角窝填补):对左前半空间的仰角感知有削弱作用,对左后半空间未见显著影响。

对于2个或2个以上结构改变的耳廓:

7)8号(三角窝与耳甲艇连通):对左前半空间具有上述三方面的影响,对左后半空间则未见显著影响。

8)11号(耳轮脚去除、三角窝与耳甲艇连通)、7号(耳轮、三角窝、对耳轮填补成一体)及12号(无耳廓):对整个左半空间有上述三个方面的影响。

与1号耳廓相比,某些耳廓精细结构的改变对区分前后镜像及改善头中定位具有削弱或增强作用;与1号耳廓相比,某些耳廓精细结构的改变对仰角感知具有显著影响,纬度面各方位的仰角感知均减弱;注意2号耳廓(耳轮脚去除、耳甲腔/艇连通)仅对(−90°,+45°)方位处有显著影响,对其余方位则未见影响;而11号耳廓(耳轮脚去除、三角窝与耳甲艇连通)却对整个左半空间多个方位产生了影响。由此可见耳轮脚的有无对上述三个方面的作用不够明显,而在此基础上,三角窝与耳甲艇连通后却体现出明显的影响;5号、10号耳廓分别增补了耳轮脚及对耳屏,对整个左半空间的作用明显;6号耳廓(对耳轮去除)则在整个左半空间内未见显著影响;3号(外耳轮消减)、4号(对耳屏去除)、9号(三角窝填补)、8号(三角窝与耳甲艇连通)仅对左前半空间有影响,对后半空间未见显著影响。

参考文献

[1]MOILER H, HAMMERSHOI D, JENSEN C B, et al. Evaluation of artificial heads in listening tests[M].J.Audio Eng.Soc.,1999,47:83-100.

[2]BUTLER R A, HUMANSKI R A. Binaural and monaural localization of sound in two-dimensional space[J]. Perception,1990,19:241-256.

[3]齐娜,李莉,赵伟.中国成年人耳廓形态测量及分类[J].声学技术,2010,29(5):518-522.

[4]VORLANDER M. Past, present and future of dummy head[C]//2004 conference of Federation of the iberoamerican acoustical societies, Portugal.

[5]谢菠荪,钟晓丽,饶丹,等.头相关传输函数数据库及其特性分析[J].中国科学G辑(中文版),2006,36(5):464-479.

[6]齐娜,李莉,赵伟.中国成年人耳廓形态测量及分类[C]//2008声频工程学术交流会论文集.北京,2008.

[7]WIGHTMAN F L, KISTLER D J.Headphone simulation of free-field listening, II:psychophysical validation[J].J.Acoust.Soc.Am., 1989, 85(2):868-878.

第 4 章　耳道的声学特性*

4.1　耳道的听觉功能及耳道模型

4.1.1　相关研究概述

“双耳技术”(Binaural Technology)是对双耳鼓膜处录音、合成和重现的方式方法的总括。人类听觉感知的形成仅仅是以两路输入即双耳鼓膜处的声压信号为基础的。如果能够将这些信号完整地记录下来，重放时真实地重现，那么所有的听觉线索都能帮助听众重现原始的听觉感知信息（包括所有的空间因素）[1][2]。双耳录音技术（Binaural Recording Technique）的出现在最大限度上克服了传统录音（AB 制、MS 制、XY 制等）耳机重放的弊端，营造出更为逼真的声场效果。因此拾取双耳信号，使之经放大、传输等过程后，用耳机进行重放，可在聆听者双耳处产生更加接近原声场的空间信息。为了达到这样的效果，一般采用真人双耳信号或采用仿真头模录音。采用真人双耳即个性化 HRTF 在理论上是最佳的，但是实际操作比较困难；采用仿真头模技术可以简化双耳录音的过程，录音过程中使用的人工头模能够较好地反映聆听者人头的声学特性，包括人头、肩部的散射作用，人耳对接收到的声波的散射、衍射作用，等等。所以录音过程中得到的双耳声压包含更多的声场空间信息，将所得的双耳声压信号放大、传输、记录后用耳机进行重放，可以在倾听者双耳处产生更接近原声场的空间信息，更好地还原声场效果[3]。

在录音过程中使用的人工头模细节越接近真人，双耳录音的效果就会越好。从现有的人工头模的研究来看，对人工头模耳道的问题研究不是太多。有不少研究将耳道简化为一维波导管进行分析，相关研究理论和经验认为，录音点可以选取在耳道入口处至鼓膜之间的任意位置，并且认为在耳道入口处和阻塞耳道情况下的耳道入口处，空间信息依然被保留。如果采用耳道入口处作为录音位置，那么就意味着人工头模无耳道也可行；如果采用阻塞耳道的录音方法，那么更大的传声器就能被放入耳道中[4]。而现实当中耳道是不可忽略的，耳道的具体形态结构与直圆管有一定差异，且将耳道近似看作波导管来进行简化分析也有一定的频率限制。在已有的将耳道看作波导管进行分析的研究中，由于耳道的共振，耳道入口处和鼓膜处的听感是有差异的，这是波导管理论所不能完全解释的。因此，耳道对听感造成

---

* 本章内容主要来自《模拟耳道的传输特性分析》，吴静，中国传媒大学硕士学位论文，2013 年 5 月。

的影响及对声源定位的作用便是本章探究的重点。

目前采用加上耳道的人工头模进行双耳听觉方面的研究开展得不多,多数是关于真人耳道的研究,而且多以测量方法为主。近年来也不乏有用限元法建立耳道模型的研究。Wiener 等人[5]测量了 6 到 12 名男性的鼓膜处、耳道入口处和耳膜中点处三点的频响曲线,声源方向分别在水平面 0°、45°和 90°。鼓膜处与耳道入口处声压的比值均在 10dB 以下,大部分是与入射方向无关的。耳道中点处与耳道入口处声压的比值在 7kHz 处出现波谷,比在鼓膜处测得的波谷要小 15dB,这表明声压波节在耳道的中点。从数据结果可以看出,从耳道入口处到鼓膜处与方向无关的频率达到 8kHz。Wiener[6]在之后的研究中发现,如果左右耳道相似且头在中垂面上左右对称,那么左右耳鼓膜处的声压比可作为双耳定位的重要因素。

Shaw[7][8]对 11 个声入射方向的仿真耳道内外的若干点(耳膜处、耳道入口平面 3 个点、耳道外的 12 个点)测得的频响曲线进行了分析,得到从耳道入口到鼓膜处的声传播与方向无关的频率达到 12kHz。其测量装置如图 4.1 所示。其耳廓和外耳道由明胶制成,声源提供不同角度的入射方向,且声源频率范围为 1kHz～15kHz。研究还对 6 个真人耳道的频响曲线进行测量,发现对于这些有限的数据,与仿真耳的结果相比,耳道的频响曲线与方向无关的频率达到 7kHz。

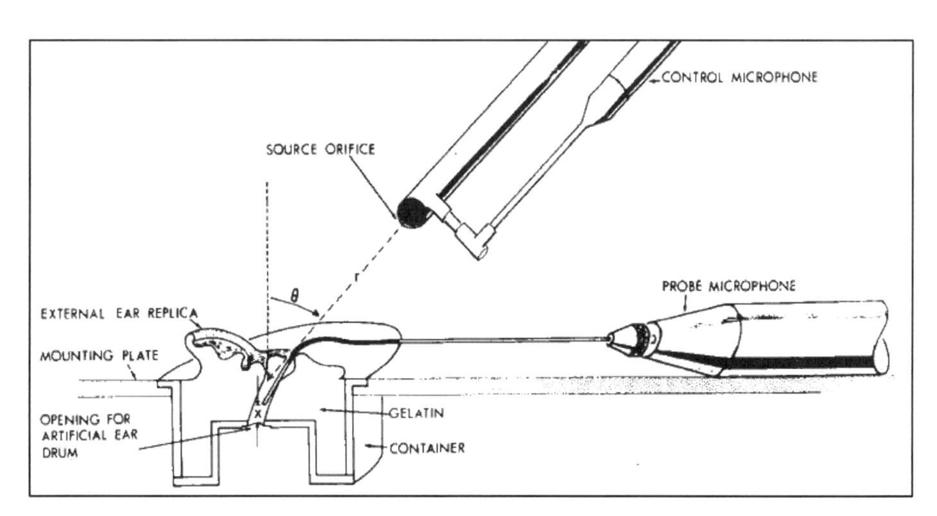

图 4.1　仿真耳测量示意图

Mehrgardt[9]等人用与上述类似的方法测量了 3 个测试对象鼓膜处和以 2mm 为间隔的多个耳道中的若干点的频响曲线,得出从耳道内 2mm 的点到鼓膜与方向无关的频率达到 6kHz。

Middlebrooks[10]对 6 个受试对象(3 男 3 女)耳道内各任一点的空间 356 个位置各频率的声压级进行了分析,得出对于任一频率的声压级在测量空间内有一个或两个最大声压级的离散区域,并与相关研究的结果做了对比分析,得出在听觉的主要频率范围内,声音从耳道入口到鼓膜处的传输函数是与方向无关的。

Hammershøi[11]等人用探针传声器(B&K 4182)进行了真人耳道内若干测点的传输特性的研究。研究发现在特定频率范围内,从某一点到鼓膜位置处与方向无关的声传播频率上限为 12kHz。根据声音在耳道传输的等效电路分析,声传播可分成与方向有关和与方向无关的两部分,认为耳道内的传播是与方向无关的。

2004 年,Kiyoshi Sugiyama 等人[12]在无耳廓和阻塞耳道的情况下对人工头模的耳道传输特性进行了分析。研究发现在无耳廓的情况下第一共振峰与第二共振峰的频率比是 1∶3。这是因为无耳廓时,耳道的传输特性不受耳廓特征的影响。研究还利用雪人模型理论计算 HRTF,发现耳道的传输特性不受声入射方向的影响。

2008 年,Hiipakka[13]研究了人工头模耳道的传输特性。其研究结论如下:在自由场情况下,当耳道的长度不变时,传声器放置的位置距离耳道入口处越远,其第一波谷对应的频率越高,第一波峰频率不变;在自由场情况下,耳道长度与其频率响应的共振峰频率成反比;探针传声器置于耳道入口处平面的不同位置的频率响应曲线在 2.6kHz 以上的高频范围差异较大,而当将传声器置于耳道内进行测量时,这个平面上不同位置测得的频响曲线在 14kHz 以上的极高频段略有差异,其余频段的差异极小;将长 30mm、直径 8mm 的耳道在中点位置处收缩至直径 6mm,与直耳道的频响曲线相比,得到 7kHz 以下该耳道的声压级大于直耳道的声压级,而在 7kHz~13kHz 的频率范围内结论相反;将耳道的中间弯曲成 70°,该耳道的频响曲线的幅度与直耳道相比,在 2kHz 以上有明显的下降,而从 5.5kHz 开始有明显的上升;将由铝制成的“鼓膜”倾斜一定的角度时,其在 2.2kHz 以上的频率范围内的频响曲线有明显的差异,这是由于真人的鼓膜向下倾斜约 40°,制作仿真耳道应将此因素考虑在内。

2009 年,Hudde[14]等人用有限元法对耳道进行建模,研究耳道内的声场。为了进一步研究弯曲耳道内的声场,用有限元法仿真出各个频率在鼓膜附近产生的等压面的效果图。研究结果显示,频率不同,鼓膜附近的等压面的分布不同,且等压面的分布取决于耳道的形状而非频率,由此得知,耳道的中间轴也是与频率无关的。有限元法提供了研究耳道的三维仿真方法。

多数对耳道方向传输特性的研究采用真人受试者的耳道,因使用探针传声器有可能对受试者产生伤害,所以受试者数目很少,测量研究的方向也有限,且不同的研究结果存在一定的差异。因此有必要深入研究耳道的方向传输特性,这个工作的意义在于在研究耳道的基础上,为基于人工头模的双耳录音中录音点位置的选取提供参考依据。因此,本章工作中耳道传输特性的测量及主观听感实验的录音均采用人工头模。

本章的实验采用的人工头模及耳廓均为中国传媒大学传播声学研究所研制的。图 4.2 中的人工耳廓(即“标准耳”)是通过对国内 400 名成年男女的耳廓形态结构进行统计调查,选取最典型的耳廓结构设计而成的[15][16]。参照我国未成年人与成年人头面部尺寸国家标准、成年男性头型三维尺寸国家标准,将头部结构进行简化,制作了简化的声学头模[17],如图 4.3 所示。简化声像头模对头部、肩部结构进行了一定的简化,仅保留了与声学特性相关的主体部分。

简化声学头模的制作并没有考虑到耳道,这是由于有研究者认为耳道入口到鼓膜可近似看成一维的声学传输过程,耳道入口的声压信号和鼓膜处的声压信号是等同的,因此大多数录音的参考点选取耳道入口处[18]。但事实上由于耳道的存在起到共鸣器的作用,所以耳道入口处到鼓膜处之间任一测点的声音是有差异的,因此制备了三种形状不同的耳廓-耳道模型安装在声学头模上进行头相关传输函数的测量,并分析这三种耳道的传输特性。

图 4.2 标准耳廓

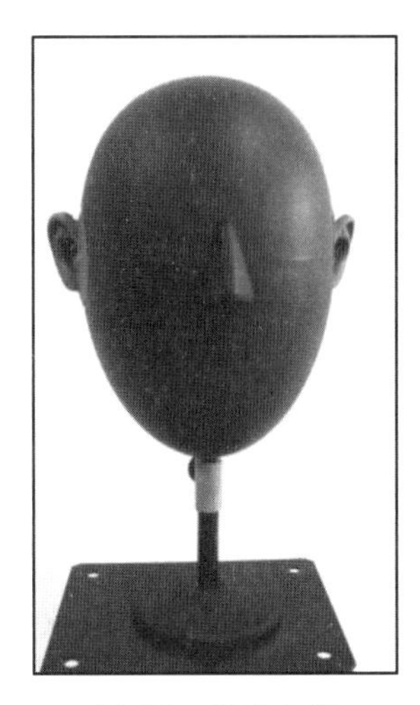

图 4.3 声学头模

在耳道的研究中，多数研究采用真人受试者，且均采用探针传声器测量耳道内的声压。一方面，探针传声器的灵敏度和频响特性并不理想；另一方面，其测量位置不易固定，而且操作稍有不慎即可能对受试者造成伤害。考虑到这两方面的原因，本章选用 DPA 4060 压力场传声器放置在耳道内进行测量。

有文献提出人工头模如加上耳道进行双耳录音会加强声音方向感。因此，为了进一步分析耳道对听感的影响，将用加上耳廓-耳道模型的简化声学头模进行双耳录音，并通过耳机重放对被试进行主观听感的实验。

4.1.2 外耳结构与传输模型

外耳由耳廓和外耳道组成，如图 4.4 所示。耳廓位于头颅两侧，主要结构为软骨。耳廓大小是因人而异的，长度为 52～79mm，平均长度为 65mm，其上面有许多凹凸的沟槽。耳

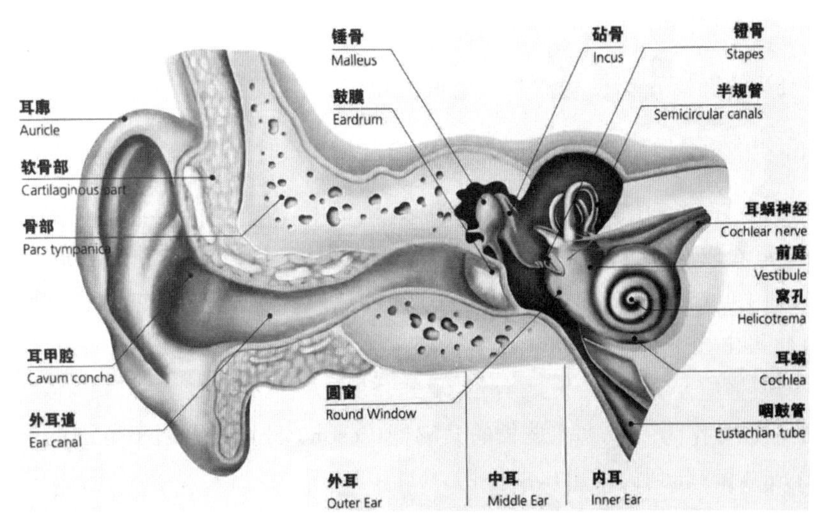

图 4.4 人耳结构

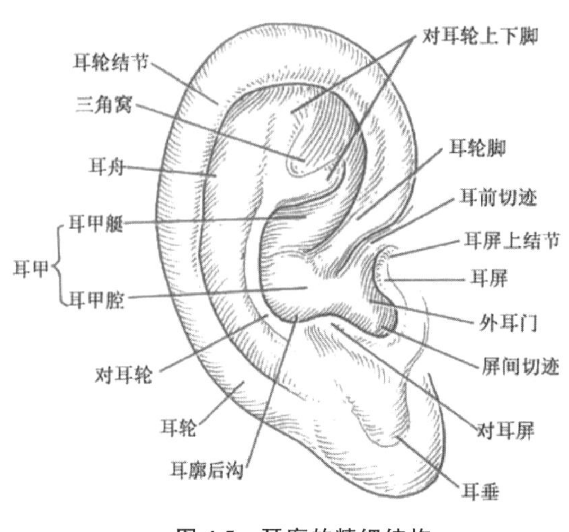

图 4.5 耳廓的精细结构

廓状如贝壳，有前后两面，前面凹凸不平，有与耳模制作和耳模佩戴有关的重要解剖结构[20]，如耳甲艇、耳甲腔、耳屏和对耳屏等，如图 4.5 所示。

外耳道起自耳甲腔的外耳门，止于鼓膜，长 21～29mm，直径约 7mm。由外 1/3 软骨部和内 2/3 骨部组成。耳道略呈"S"形弯曲，外段向前上，中段稍向后，内段向前下。外耳道弯曲的意义在于既可防止异物直接损伤鼓膜，又能对某种频率的声波起共振作用。外耳道有两处较狭窄：一为骨部与软骨部相接处；另一为骨部距鼓膜约 5mm 处，称为外耳道峡。耳道起着传输声波的作用。除此之外，外耳道还具有清洁和保护作用，外耳道内侧皮肤的耵聍腺和皮脂腺分别分泌耵聍和皮脂形成蜡状耳垢，具有抑菌杀菌、保护外耳道的作用，而且可以防止外耳道过于干燥。外耳道皮肤上有很多自主运动的纤毛，能够将耳垢等物向外排出[21]。

外耳道为一端由鼓膜封闭的盲性管道，是声波通过气导途径传入内耳的主要通道。大部分耳道的谐振频率范围为 2000Hz～3000Hz，平均共振峰是 2700Hz，这使进入人耳的声音加强。耳道与耳廓的耦合形成一系列的共振模态，且耳廓会对高频声波进行散射和反射。如果将耳道看作一维的有限长、截面积均匀的声波导管，设有一平面声波在其中传播，管子的长度为横坐标轴，管子的末端为坐标原点，x 为管子某一点处的位置，λ 为声波的波长，这时管内的入射波p_i和反射波p_r相加得到的总声压 p 由下式表示：

$$p = p_i + p_r = | p_a | e^{j(wt+\varphi)} \tag{4.1}$$

上式的p_a为总声压振幅，其表示式如下：

$$| p_a | = p_{ai} \left| \sqrt{1 + | r |^2 + 2 | r | \cos 2k(x + \sigma \frac{\lambda}{4})} \right| \tag{4.2}$$

其中p_{ai}为入射波的振幅，r 为反射波与入射波的比。

由此可以看出，当 $2k(x+\sigma \frac{\lambda}{4} = \pm(2n+1)\pi(n=0,1,2,\cdots)$时，声压有极小值；当 $2k(x+\sigma \frac{\lambda}{4} = 2n\pi(n=0,1,2,\cdots)$时，声压有极大值。

如若将耳道看成 1/4 波长的共振结构，设长度为 L，从声波的透射公式可知，当 $kL=(2n-1)\pi/2$，即 $L=(2n-1)\lambda/4(n=1,2,\cdots)$时，透射系数最小，即吸声系数最小，反射作用最大[22]。由此得出如下公式：

$$\lambda = 4nL(n=1,3,5,\cdots) \tag{4.3}$$

因此，外耳道可作为一个 1/4 波长的共鸣器(resonator)，共振频率范围的声波进入外耳道后，与之形成共振，起到放大声压的作用。

测量数据表明[11]，至少在 12kHz～14kHz 以下的频率，可以将整个耳道看作一维的声波导管，则声波在耳道中的传输及其等效电路如图 4.6 所示。在有声源的情况下，耳道入口到鼓膜的整个声场都可由电路理论中的戴维南定理描述。

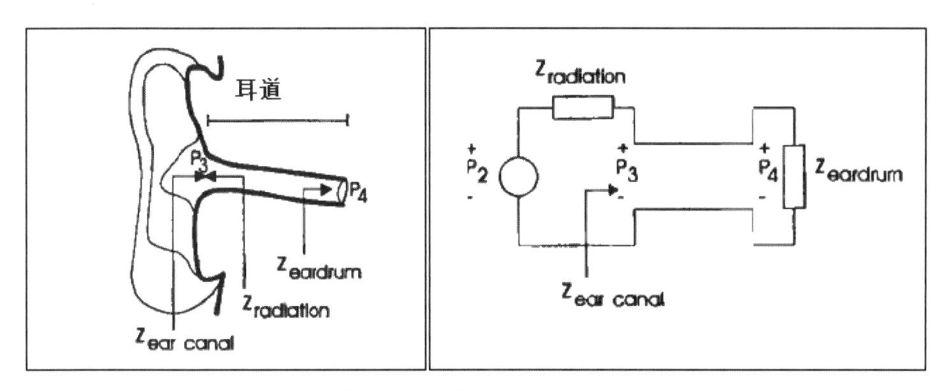

图 4.6　声波在耳道中的传输示意及等效电路

当声波在自由场情况下传输时，要考虑到人头中心位置的参考声压P_1。声源在耳道入口处的作用可用其开路声压P_2和其等效内阻Z_2表示。这里Z_2相当于耳道入口的声辐射阻抗$Z_{radiation}$，即从耳道入口处向外到自由场辐射的声阻抗。在实际的听觉过程中P_2并不存在，但是如果耳道入口处封闭(比如使用耳塞的情况)，这时耳道入口处的声压就是P_2[23]。令耳道入口处的声压为P_3，耳道入口处的输入阻抗为$Z_{earcanal}$，令鼓膜处的声压为P_4，鼓膜处的输入阻抗为$Z_{eardrum}$。

声波从自由场到鼓膜的传播可由鼓膜处的声压P_4和参考声压P_1的比来表示，即P_4/P_1。根据上述描述，有以下等式：

$$\frac{P_4}{P_1}=\frac{P_2}{P_1}\cdot\frac{P_3}{P_2}\cdot\frac{P_4}{P_3} \tag{4.4}$$

P_4/P_3为沿着耳道的声传输，P_3/P_2用以下公式表示：

$$\frac{P_3}{P_2}=\frac{Z_{earcanal}}{Z_{radiation}+Z_{earcanal}} \tag{4.5}$$

从声源到P_2的传输是与方向有关的，从P_2到鼓膜被认为是近似一维传输，与声源的方向无关。因而声波从声源到鼓膜的传输可分为两部分，即与声源方向无关的传输和与声源方向有关的传输。

由于主观听感实验会采用耳机重放，这会引入耳机到耳道传输特性均衡 HpTF，因此，需要对耳机和外耳的传输特性进行均衡。由于耳机本身的传输特性以及耳机与外耳的耦合作用，耳机的电信号输入到倾听者的鼓膜存在传输响应。耳机与外耳耦合以及声波在耳道传输的等效电路如图 4.7 所示。

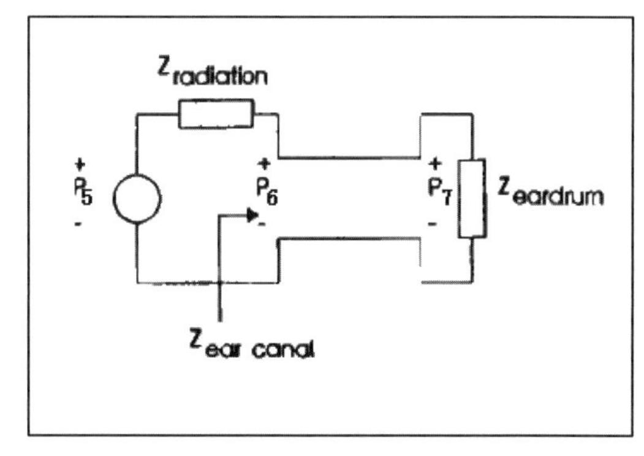

图 4.7　耳机与外耳耦合以及声波在耳道传输的等效电路

根据电路理论中的戴维南定理，耳机在耳道入口处的作用可用其开路声压P_5和其等效内阻Z_5表示。在实际的听觉过程中P_5并不存在，但当耳道入口处封闭时，耳道入口处的声压即为P_5。实际耳道入口处的声压P_6与P_5的关系如下：

$$\frac{P_6}{P_5}=\frac{Z_{earcanal}}{Z_{radiation}+Z_{earcanal}} \tag{4.6}$$

假定双耳声信号E_x被在耳道内（耳道入口处到鼓膜之间）任意一点 x 处的传声器捡拾，即有 $E_x=P_x\cdot M$ 表示传声器的传输响应函数，P_x为空间声源在这点产生的声压。

在不考虑人工头与倾听者的个性化差异的理想情况下，采用耳机重放双耳声信号E_x时，倾听者在双耳鼓膜处产生的声压P_7与自由场情况下声压在鼓膜处产生的声压P_4相同，即有$P_7=P_4$。

因此，为了消除耳机传输特性的影响，需将实际的双耳信号声信号E_x经补偿滤波器滤波后，再馈给耳机重放，即有 $E_p=E_x\cdot C$，C 为耳机补偿滤波器。

倾听者在双耳鼓膜处产生的声压P_7可推导如下：

$$P_7=\frac{P_7}{E_p}\cdot E_p=\frac{P_7}{E_p}\cdot M\cdot C=\frac{P_7}{P_x{}'}\cdot\frac{P_x{}'}{E_p}\cdot M\cdot C$$

式中$P_x{}'$为引入耳机在重放时相同参考点产生的声压。

于是有$P_4=\frac{P_7}{E_x}\cdot E_x=\frac{P_7}{P_x{}'}\cdot\frac{P_x{}'}{E_p}\cdot M\cdot C=P_7$。

又因为$\frac{P_7}{P_x{}'}=Z_{eardrum}=\frac{P_4}{P_x}$，则有：

$$C=\frac{E_p}{P_x{}'M} \tag{4.7}$$

那么耳机到耳道的传输函数 $H=\frac{P_x{}'}{E_p}$，即为耳道重放的声压与自由场情况下未经滤波器均衡的参考点 x 处的双耳声信号之比。

如果传声器具有理想的传输响应，公式中的 M 则可略去，那么就有：

$$C=\frac{1}{H} \tag{4.8}$$

可见，理想的耳机补偿滤波器实际是耳机传递函数的完全逆滤波器。在实际中，采用测量的耳机传递函数 M_m来设计 C，如果M_m与聆听者真正的耳机传递函数M_r有差异，例如，M_m是在人工头上所测量的传递函数，那么补偿将不能完全抵消聆听者的 HpTF，使得补偿后的耳机到鼓膜的传输函数的频响变得不平直，从而使鼓膜处实际接收的声信号频谱产生误差。幅度谱误差可用补偿后的耳机到鼓膜的幅频响应表示：

$$e=20\log_{10}(|C\times M_r|)=20\log_{10}(|M_r/M_m|)$$

4.1.3 仿真耳道

许多研究表明，在 12kHz 以下的频率，整个耳道可近似看作一维的声波导管。由于真人的耳道是弯曲的，且具备个体差异，因此，简化起见，一般认为耳道是一个长约 27mm、直径约 7mm 的直波导管。在此基础上，一些厂商和研究者自制了模拟耳道。

现有的耳道模拟器产品有许多，常见的如 B&K 4185，如图 4.8 所示。耳道模拟器主要起到阻抗匹配的作用。

为了分析不同耳道的效果和作用，有些研究将耳道制作成参量可变的模型。这样的耳道大致分为三类：

第一类是长度固定的耳道模型。由于人的耳膜是倾斜的，并与耳道下壁呈约40°的角度，用内径8mm、长度30mm的塑料管模拟耳道。鼓膜位置处是一铝制倾斜一定角度的截面，其内置微型传声器，如图4.9所示。

第二类是长度可调节的耳道模型，如图4.10所示。该“耳道”是用内径8.5mm、总长49mm的硬塑料管制成的。“鼓膜”是由可移动的塑料活塞制成的，以方便调节耳道的长度。微型传声器固定在“鼓膜”的中心位置，其传声器的位置也可以改变。这样的耳道模型会产生两种变量：一种是当微型传声器的位置固定不变时，改变耳道的长度，来探究耳道长度的不同对频率响应及听感的影响；另一种是当耳道长度固定时，改变传声器与耳道入口处之间的距离，来探究不同的测量点对频率响应的影响。

第三类是有共鸣腔的参数可变的耳道，如图4.11所示。该“耳道”是用内径8.5mm、长度40mm的硬塑料管制成的。在该硬塑料管内的末端插入大小合适的圆管，利用活塞可以调节距离耳道入口处的长度和共鸣腔的体积。这时的共振频率为$f=\frac{c}{2\pi}\sqrt{\frac{A}{V\cdot L}}$，其中c为声速，A为与腔体相连的短管的横截面，V为共鸣腔的体积，L为与腔体相连的短管的长度。V与L为可变参量。这种共鸣腔参量可变的耳道其实质是形成了阻抗可变的模拟耳道。

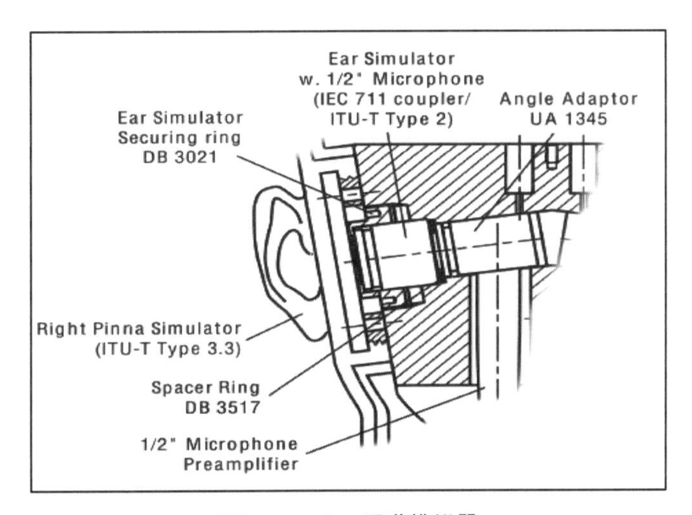

图4.8 B&K耳道模拟器

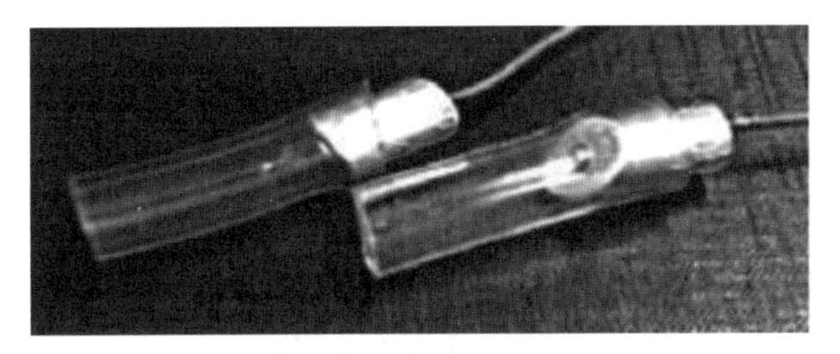

图4.9 长度固定的模拟耳道

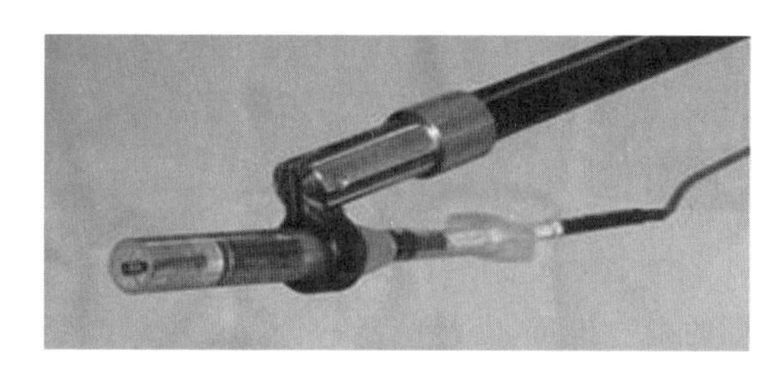

图 4.10　长度可调的模拟耳道

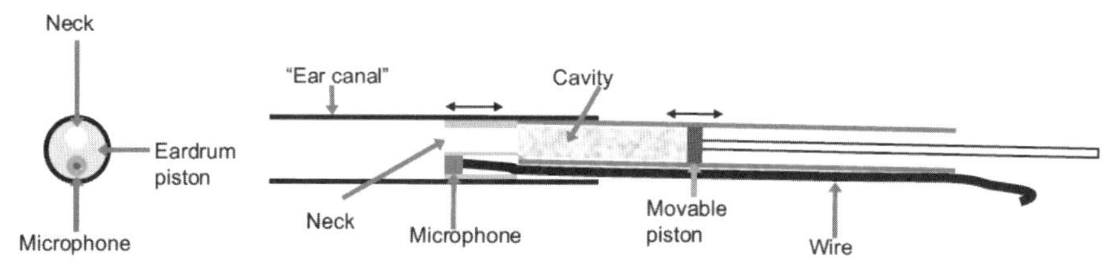

图 4.11　有共鸣腔的耳道模型

4.2　耳道传输特性的测量

4.2.1　测量方法

为了研究耳道的传输特性，以一维的声波导管理论为基础，制定了三种耳道模型的制作方案。考虑到需要制作的耳道形状多变，选用了内径 7mm 的硅胶管进行制作。这种硅胶管质地薄软，形状易变。为了防止硅胶管的声透射，将油泥包裹模拟耳道并将耳道与耳廓固定，形成耳廓-耳道模型。三种模拟耳道的方案如下：

1)第一种方案为长度可变的直耳道。考虑到声学头模的头宽(175mm)，将耳道的最大长度设计为 50mm。将传声器置于耳道内，采用阻塞耳道的方式调节耳道的长度并进行录音。这样制成直耳道的耳廓-耳道模型。

2)第二种方案是在第一种方案的基础上对耳道进行挤压，利用钢丝缠绕固定，使得距离耳道入口 15mm 处的横截面的直径由 7mm 变为 5mm。这样制成截面突变耳道的耳廓-耳道模型。

3)第三种方案将直耳道在距离耳道入口 15mm 处进行向下弯曲，其弯曲角度大约为 65°。这样制成弯曲耳道的耳廓-耳道模型。

采用三种方案制作的耳廓-耳道模型如图 4.12 所示。

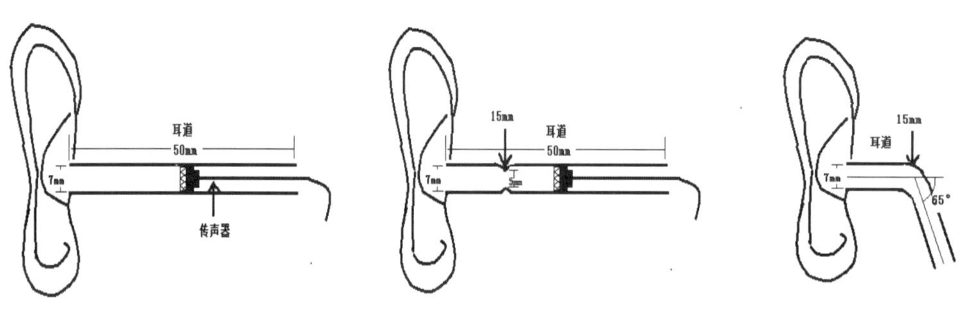

图 4.12　耳廓-耳道模型

将上述三种耳廓-耳道模型安装在简化声学头模上。调整支架高度,使耳道入口距地面1.2m。调整拾音的坐标系,使人工头模位于短混响房间的中间位置。以30°为步长,在地面上做标记,装载人工头的支架底座可按标记旋转,角度误差≤±0.5°。

测量采用三只同型号3寸全频带音箱,将其固定在支架上。调整角度与距离,使每只音箱单元轴心指向头模中心,距其1.2m(远场);以头模水平面为基准,仰角分别为-45°、0°和+45°;使三只音箱保持在同一平面内。为避免扬声器本身的频率特性对测量结果造成干扰,对三只扬声器录得的信号取逆后得到的逆脉冲响应与输入信号卷积而实现扬声器频率响应的均衡。图4.13为测量示意图。

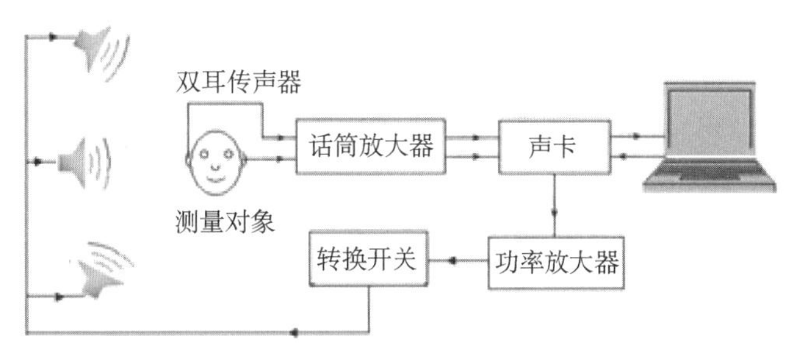

图4.13 测量示意图

计算机产生采样频率为44.1kHz、精度为16bit、阶数为13B的MLS序列,由声卡和功放馈给扬声器;利用放置于模拟耳道内的传声器(DPA 4060BM)捡拾声信号,经声卡输入计算机。经去卷积运算,得到原始的HRIR与扬声器的逆脉冲响应卷积,消除扬声器等系统对测量结果的影响。采用时间窗进行截取得到256点相关脉冲响应HRIR,进行离散傅里叶变换得到256点HRTF。具体测量过程如下:

1)MLS信号由数字音频接口D/A变换后进入功率放大器,功率信号再由自制的转换开关分配给三只音箱。

2)将缩微传声器置放于耳道入口处(0mm)及耳道内三个测点处。耳道内三个测点分别距离耳道入口处15mm、27mm、50mm,传声器的音头与耳道入口平齐,自然封闭。传声器输出的信号经话筒放大器进入音频接口,最后进入计算机。

3)以30°为步长由正前方0°开始旋转声学头模,在每个方位角上分别拾取+45°、0°、-45°仰角的扬声器信号。

4.2.2 直耳道的传输特性

图4.14、图4.15和图4.16分别给出了仰角0°、仰角+45°、仰角-45°情况下,直耳道内3个测量点不同方向的HRTF幅度谱。由图4.14可知,对于0mm、15mm、27mm和50mm这4个测点的频响曲线,当声源位于耳朵的同侧(以下简称"同侧耳")时,其频响曲线在低频的一致性较好,在2kHz以下几乎重合。也就是说,同侧耳在小于2kHz的频率范围内,耳道的传输特性是与方向无关的。而当声源位于耳朵的异侧(以下简称"异侧耳")时,频响曲线只在700Hz以下重合。由此可知,耳道的频响曲线与方向无关,频率上限与声源的方向有关。与0mm测点的频响曲线相比,15mm、27mm、50mm测点的频响曲线均出现明显的共振峰,这是由耳道的共振作用引起的。同侧耳的频响曲线的第一波谷频率在9kHz~10kHz之间,而异侧耳的较低,在8kHz~9kHz之间。对于10kHz以上的频率,同侧耳的频响曲线在某一频率上幅度的差异约为10dB,而异侧耳达到20dB左右。

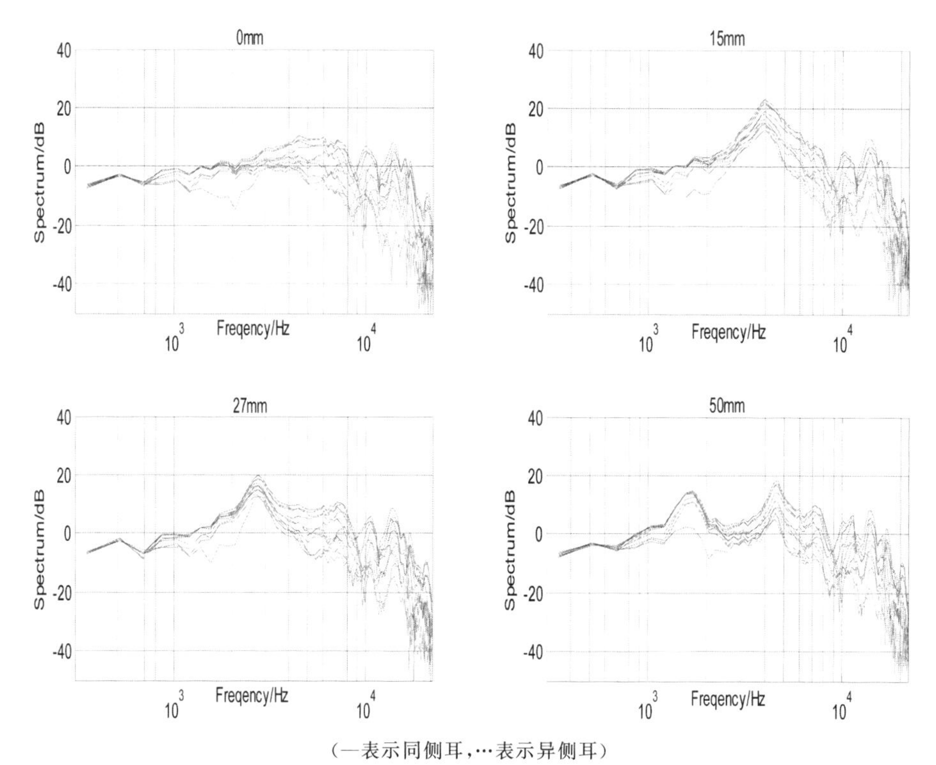

(—表示同侧耳,…表示异侧耳)

图 4.14　仰角 0°时 4 个测点的 HRTF 幅度谱

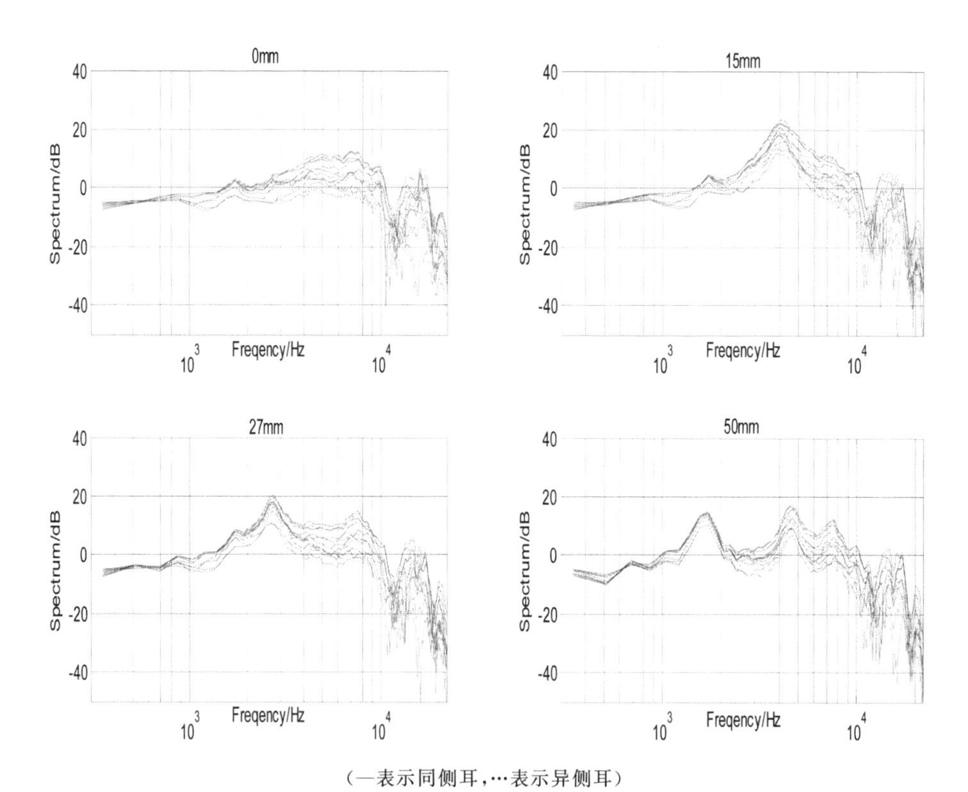

(—表示同侧耳,…表示异侧耳)

图 4.15　仰角+45°时 4 个测点的 HRTF 幅度谱

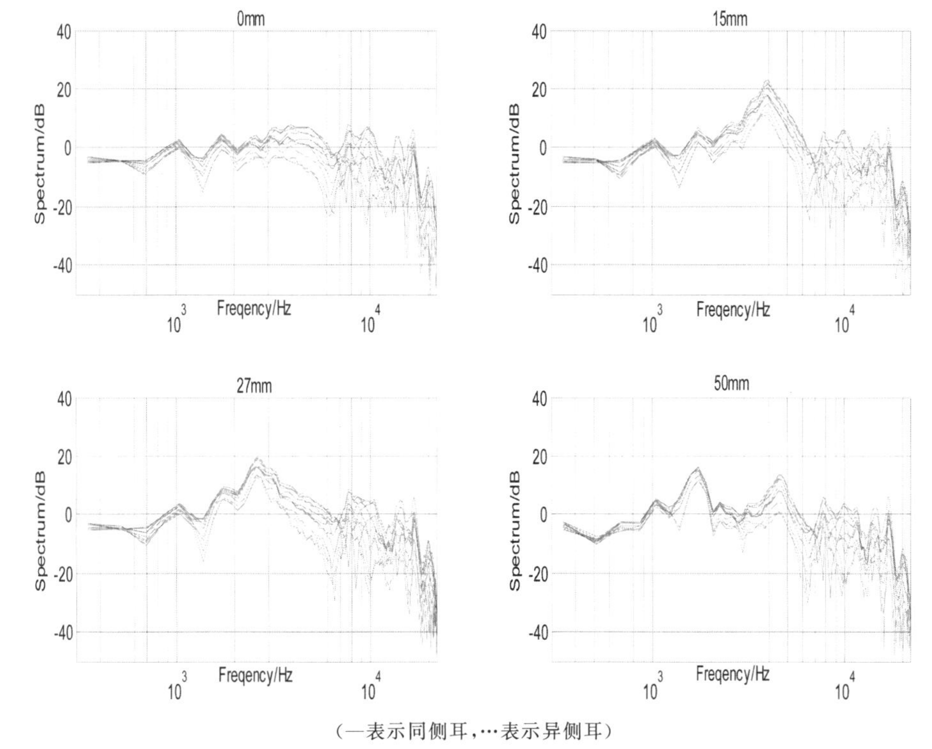

(—表示同侧耳,…表示异侧耳)

图 4.16 仰角－45°时 4 个测点的 HRTF 幅度谱

由图 4.15 可知,4 个测点的同侧耳频响曲线在 2kHz 以下几乎全完重合,而异侧耳的频响曲线在 700Hz 以下完全重合。由此可知,仰角＋45°的频响曲线与方向无关的频率上限比仰角 0°的要高。与仰角 0°的频响曲线不同的是,各测点各方位的频响曲线的第一个波谷出现的位置较为集中、明显,且同侧耳、异侧耳的第一波谷频率均在 11kHz～14kHz 之间,其中异侧耳的频响曲线的波谷的频率要略低于同侧耳。在 15kHz～18kHz 的高频范围内,同侧耳在各个方向的频谱差异约 10dB,而异侧耳为 20dB 左右。在 18kHz 以上的极高频段,同侧耳、异侧耳的幅度差异均在 10dB 以内。

由图 4.16 可知,在低频段,仰角－45°各测点 HRTF 幅度谱的结果与仰角＋45°的相同,这里不赘述。与仰角＋45°不同的是,各测点各方位的频响曲线的第一个波谷出现的位置较为分散,异侧耳的频响曲线的波谷的频率要略低于同侧耳的,异侧耳在 6kHz～7kHz 之间,同侧耳在 7kHz～9kHz 之间。在 10kHz 以上的频率,同侧耳和异侧耳在各方向的幅度的差异都在 10dB 左右。

由图 4.14、4.15、4.16 可以看出,随着仰角的增大,同侧耳、异侧耳的频响曲线第一个波谷频率大小的差异逐渐减少。在此波谷位置处,异侧耳的频响曲线的幅度要低于同侧耳 10dB 左右。

图 4.17 为在仰角＋45°、仰角 0°、仰角－45°的情况下,50mm 测点正右方(90°)的 HRTF 幅度谱。由图可知,随着仰角的增大,波谷频率逐渐升高。共振峰频率位置与仰角没有关系。

图 4.18 为仰角 0°时,0mm、15mm、27mm 和 50mm 这 4 个测点处正前方(0°)HRTF 的幅度谱。由图可知,同一水平面的不同测点的频响曲线的波谷频率相同,由此可知这个波谷是由耳廓反射引起的。且这 4 个测点的频响曲线在高频段和低频段重合性较好,但在极高频(20kHz 以上)频谱差异明显。

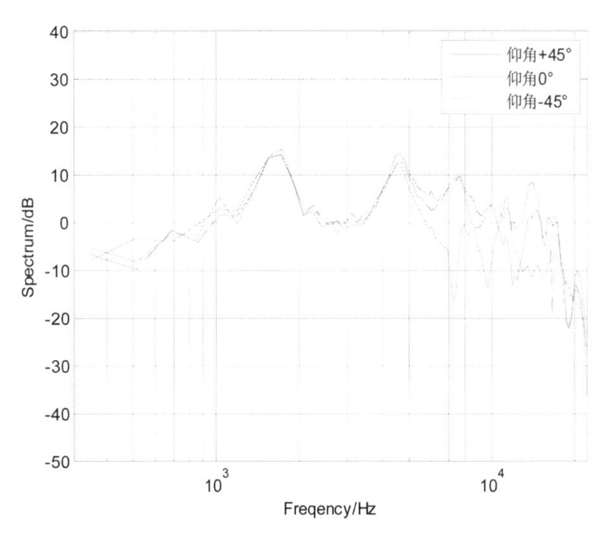

图 4.17　不同仰角 50mm 处正右方(90°)的 HRTF 幅度谱

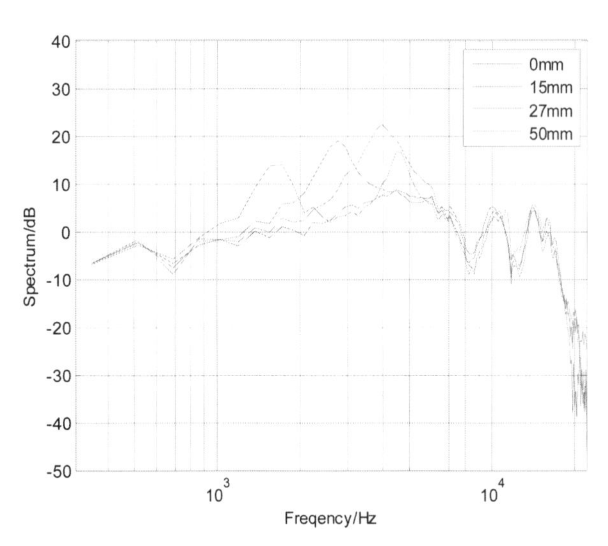

图 4.18　仰角 0°正前方(0°)4 个测点的 HRTF 幅度谱

15mm 测点的频响曲线在 4kHz 处出现明显的峰值；27mm 测点的频响曲线在 2.75kHz 处出现第一峰值，在 7kHz 处出现第二峰值；50mm 测点的频响曲线在 1.7kHz 和 4.5kHz 处出现两个明显的峰值。根据公式 $f_n=\frac{nc}{4(L+8r/3\pi)}(n=1,3,5,\cdots)$ 可知，第一共振峰与第二共振峰的频率比为 1∶3，而实际测得的值与理论值有所差异。这是因为耳屏、耳甲腔的存在影响了声波的传播。根据上述公式，27mm 测点处第一共振峰理论值为 2.8kHz，比实测值高了 0.05kHz。

图 4.19 为 15mm、27mm、50mm 测点在不同仰角时的 HRTF 幅度谱。分析发现，随着与耳道入口处距离的增加，共振峰所对应的频率会降低。当仰角为 −45°时，7kHz～8kHz 出现第一个波谷；当仰角为 0°时，9kHz～10kHz 出现第一个波谷；当仰角为 +45°时，11kHz～

12kHz出现第一个波谷。这是由于不同仰角的入射角由耳廓的不同部位散射与反射,与直达声声程差不同。可以看出,耳廓引起的谷点的频率随仰角的上升而升高。

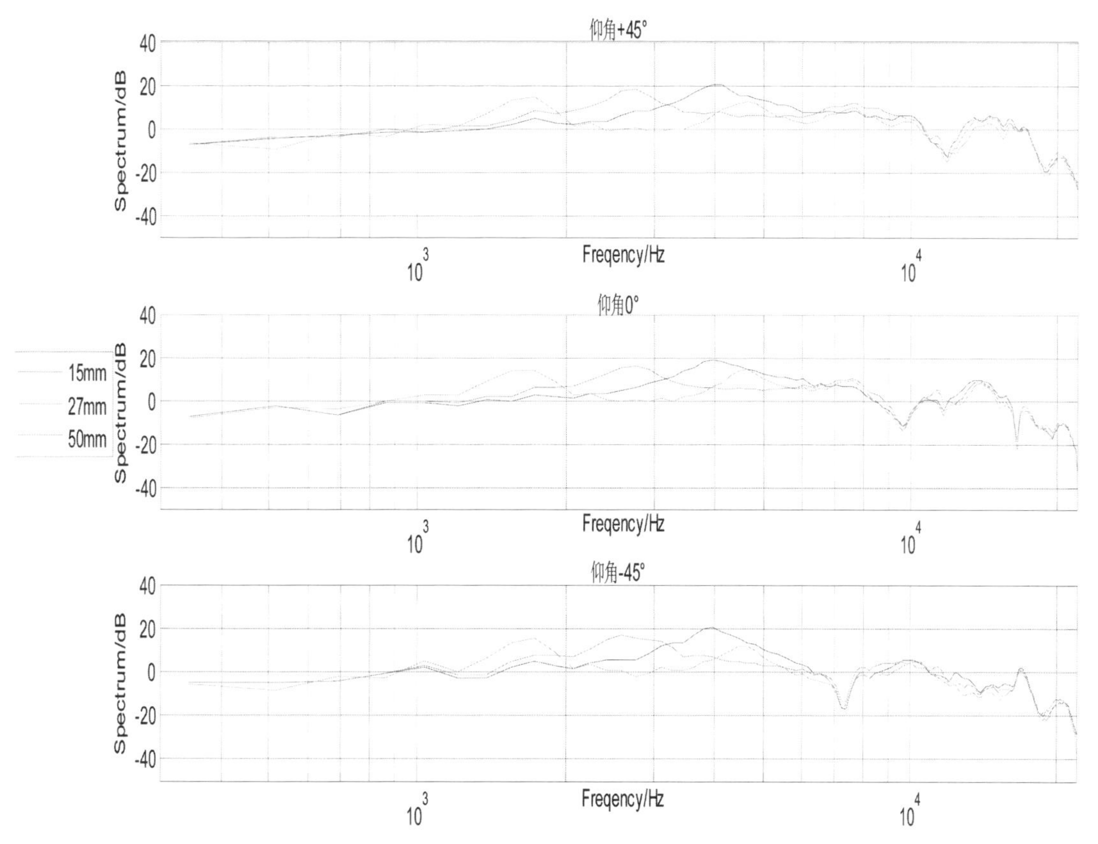

图4.19 不同仰角3个测点的HRTF幅度谱

为了研究耳道的传输特性,在自由场情况下,传声器以阻塞耳道的方式捡拾参考点x的双耳声信号。耳道入口处得到的频率响应函数为H_1,耳道内参考点x处得到的传输函数为H_2,那么存在如下关系:$H_1 \times H = H_2$,其中H就是耳道的传输函数。

不同仰角的耳道传输函数如图4.20所示。由图可知,当仰角为0°时,耳道传输特性在8kHz以下各个方向几乎完全重合,也就说与方向无关的传输函数的频率达到8kHz。当仰角为+45°和-45°时,与方向无关的传输函数分别达到11kHz和6kHz。因此,耳道传输函数与方向无关的频率范围是与仰角有关的。

图4.21为在不同仰角情况下,各方向的耳道传输函数的标准差。其中1dB以下差异的最高频率与上述的一致性结论相符合。高频段的标准差值较大,在2~10dB之间。

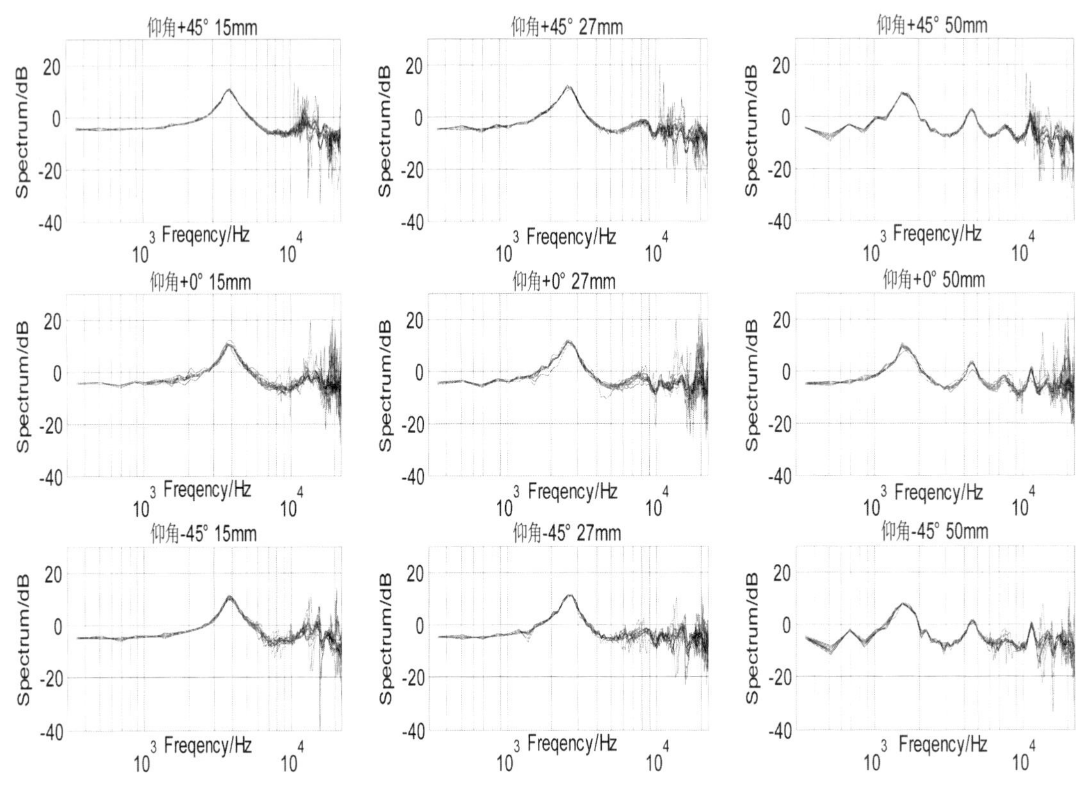

图 4.20 不同仰角各测点的耳道传输函数

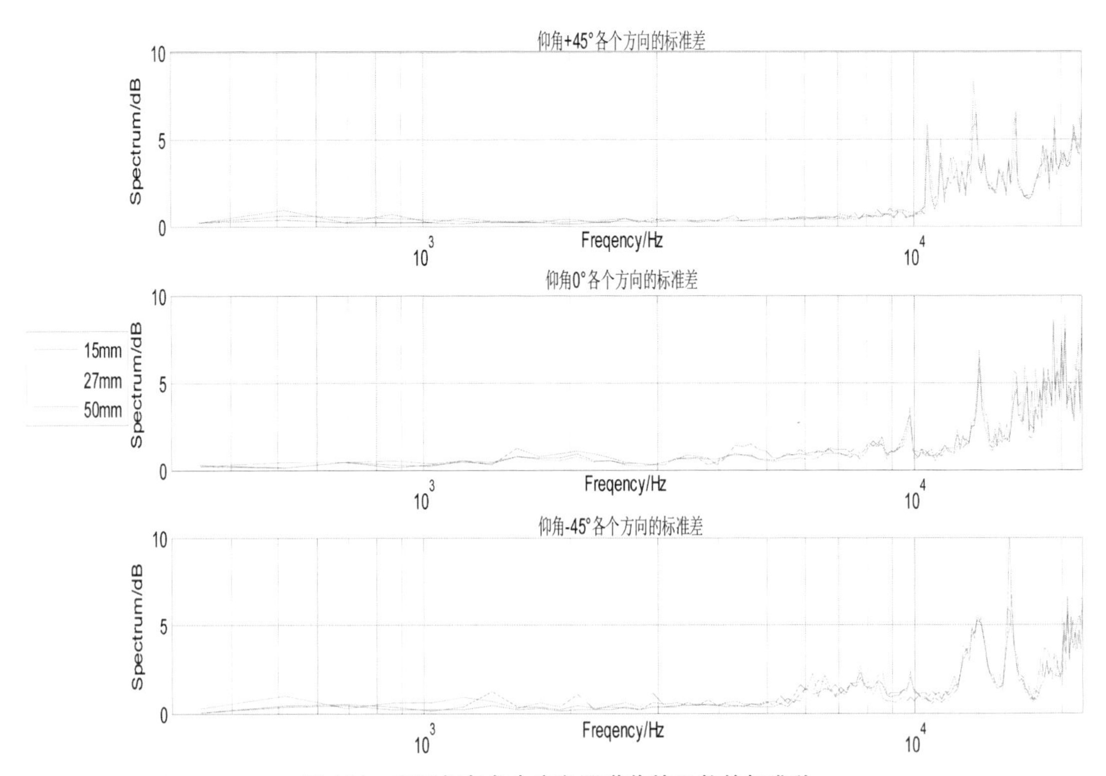

图 4.21 不同仰角各个方向耳道传输函数的标准差

4.2.3　截面突变耳道的传输特性

图4.22为仰角0°时直耳道与截面突变耳道在27mm、50mm测点的HRTF幅度谱。由图可知，在中低频段，两种耳道两测点处同侧耳的频响曲线在低频的一致性存在于2kHz以下，而异侧耳在700Hz以下，两种耳道两测点处的频响曲线差异不大。在中高频段，截面突变耳道的频响曲线在波峰处更为平缓，截面突变耳道的共振峰的频率略低于直耳道的共振峰频率。例如，对于50mm测点的频响曲线，直耳道的第二共振峰为4.5kHz，而截面突变耳道的第二共振峰为5kHz，且截面突变耳道的第三共振峰较为模糊。直耳道和截面突变耳道频响曲线的第一波谷的频率位置没变，但是此处的幅度有较大差异，直耳道为－20dB左右，而截面突变耳道为－30dB左右，且均在9kHz～10kHz之间。在高频段，两种耳道的频响曲线的谱结构差异明显，截面突变耳道的频响幅度下降了10dB左右。

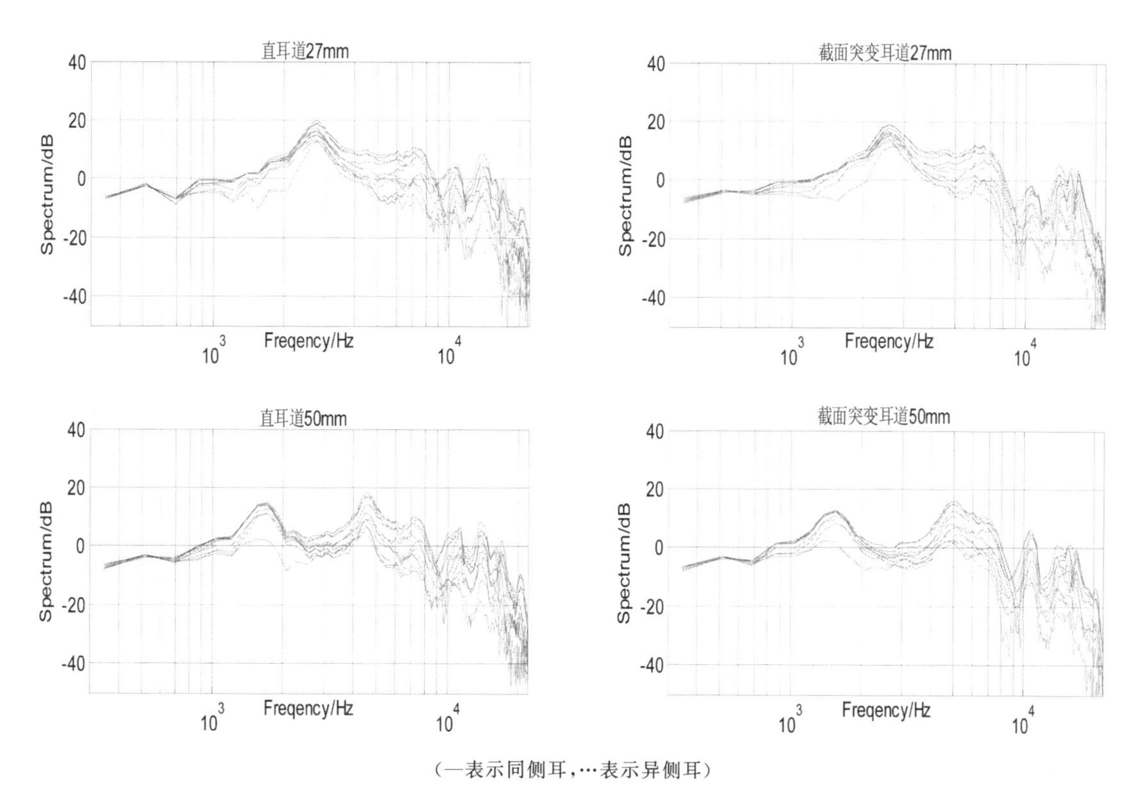

（—表示同侧耳，…表示异侧耳）

图4.22　仰角0°两种耳道27mm、50mm测点的HRTF幅度谱

图4.23为仰角＋45°时直耳道与截面突变耳道在27mm、50mm测点的HRTF幅度谱。由图可知，在中低频段，仰角＋45°的结论与仰角0°的结论相同，这里不再赘述。在中高频段，截面突变耳道的频响曲线在波峰处更为平缓，截面突变耳道的共振峰的频率略低于直耳道的共振峰频率。50mm测点处的频响曲线，两种耳道的第一共振峰均在2.6kHz。截面突变耳道的第二共振峰频率为5kHz，第三共振峰频率为7kHz。直耳道的第二共振峰为4.5kHz，第三共振峰为7.5kHz。显然，截面突变耳道的第二、第三共振峰频率间隔较小，且曲线较为平缓，波峰没有直耳道的明显。10kHz以上的高频段，截面突变耳道各个方向的频响曲线走势完全一致，波谷的位置在12kHz～13kHz处，曲线包络几乎相同，幅度差异在15dB以内。与截面突变耳道相比，直耳道在此频段各个方向的频响曲线的走势没有一致的规律，且

频谱差异较大,在 20dB～30dB 之间不等。另外,此频段截面突变耳道的谱结构较为简单,在约 16kHz 处有一明显的峰值,而直耳道的较为复杂。

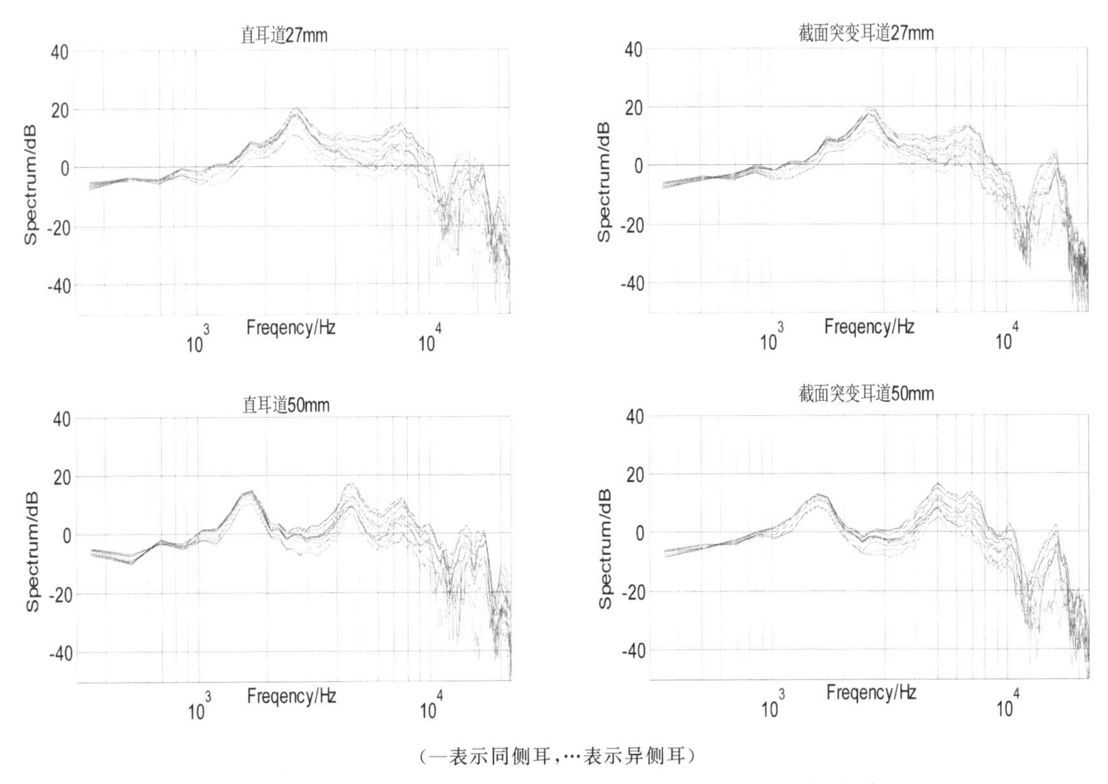

(—表示同侧耳,…表示异侧耳)

图 4.23　仰角+45°两种耳道 27mm、50mm 测点的 HRTF 幅度谱

图 4.24 为仰角-45°时直耳道与截面突变耳道在 27mm、50mm 测点的 HRTF 幅度谱。由图可知,在中低频段,仰角-45°的结论与仰角 0°的结论相同,这里不再赘述。在中高频段,两种耳道频响曲线的共振峰频率相同,但截面突变耳道的频响曲线在共振峰处更为平缓;在 10kHz 以上的高频段,两耳道频响曲线的谱结构较为相似,有两个明显的波峰,分别为 15kHz 和 17kHz。

综上所述,截面突变耳道比直耳道的频响曲线的共振峰较为平缓。当仰角为 0°和+45°时,两耳道在高频范围内频谱结构差异明显,尤其是当仰角为+45°时,截面突变耳道的谱结构极为简单,只是在约 16kHz 处有一明显的波峰。总体来说,两耳道频响曲线的差异体现在高频。

图 4.25 为不同仰角各测点的截面突变耳道的传输函数。当仰角为 0°时,耳道传输特性在 7kHz 以下各个方向几乎完全重合,也就是说与方向无关的传输函数达到 7kHz。当仰角为+45°和-45°时,与方向无关的传输函数分别达到 9kHz 和 5kHz。与直耳道的传输函数相比,截面突变耳道与方向无关的传输函数的频率下降 1kHz。

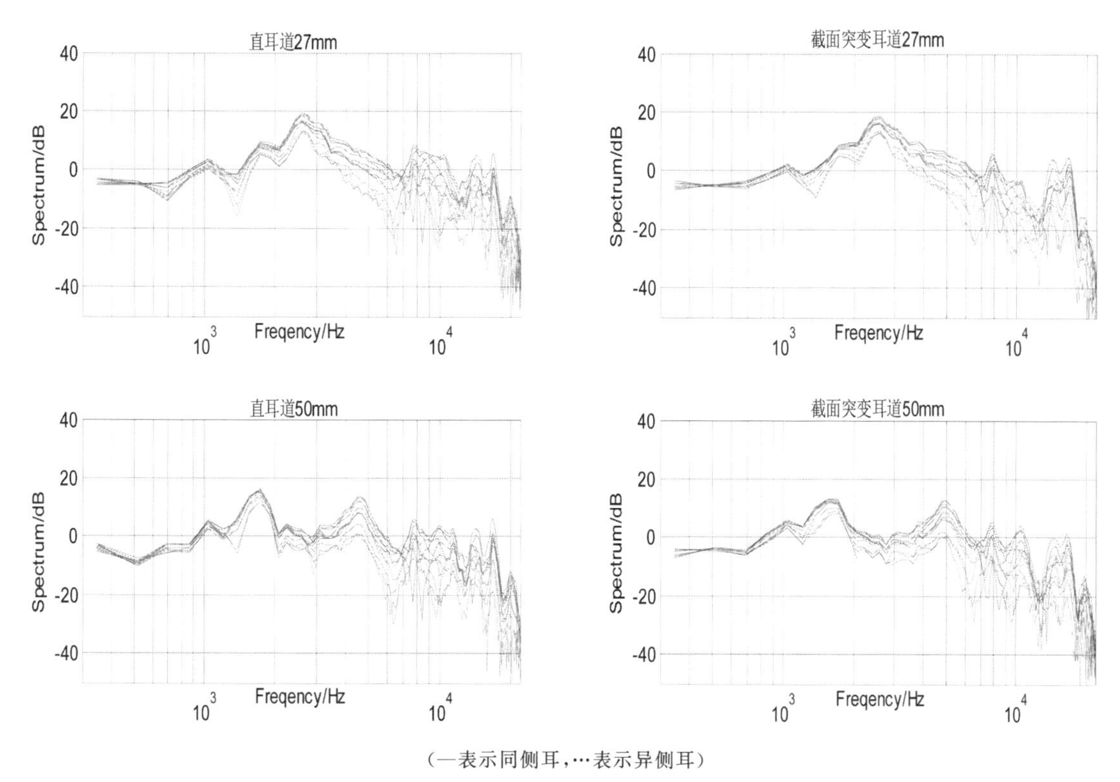

（—表示同侧耳，…表示异侧耳）

图 4.24 仰角－45°两种耳道 27mm、50mm 测点的 HRTF 幅度谱

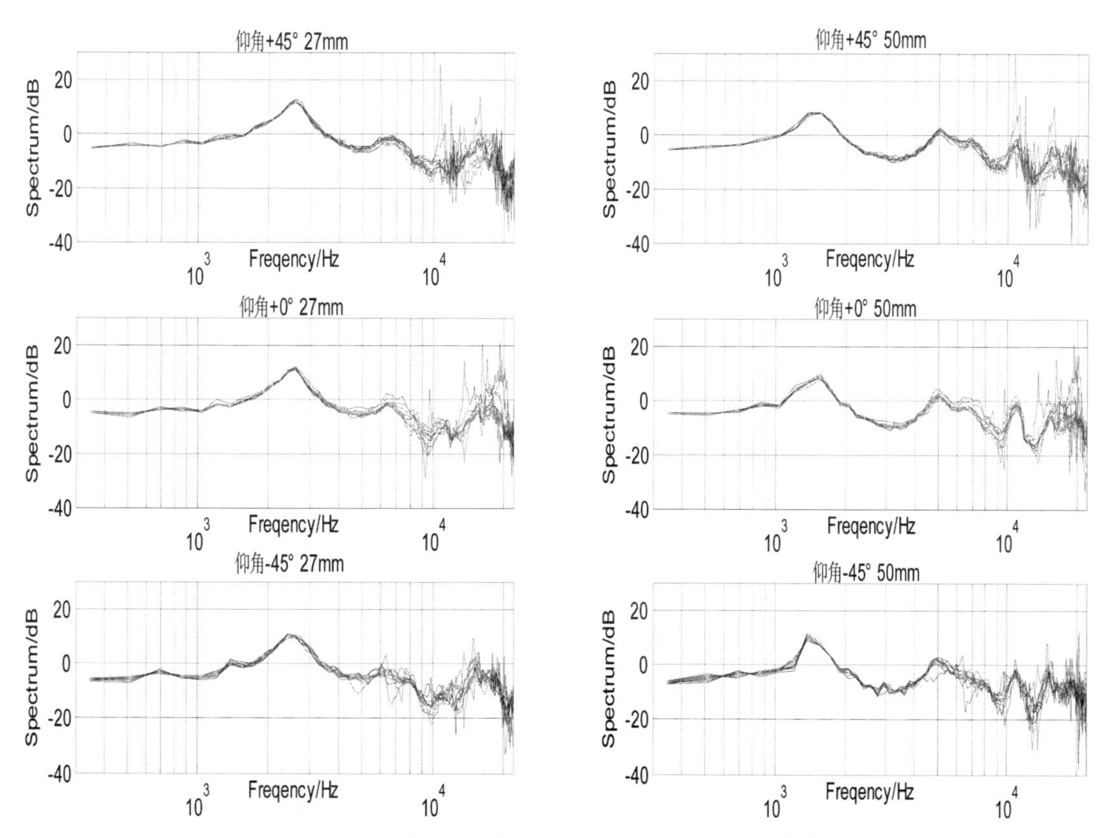

图 4.25 不同仰角各测点的截面突变耳道的传输函数

4.2.4　弯曲耳道的传输特性

图 4.26 为仰角 0°时直耳道与弯曲耳道在 27mm、50mm 测点的 HRTF 幅度谱。由图可知，两耳道在整个频率范围内频响曲线的走势基本一致。在中低频段，两耳道同侧耳的频响曲线在 2kHz 以下频段有较好的一致性，异侧耳在 800Hz 以下频段有较好的一致性。在中高频段，对于相同测点，两耳道共振峰频率和波谷频率大致相同。不同的是弯曲耳道 50mm 测点处的频响曲线的第三共振峰并不明显，波峰较为平缓，在 10kHz 以上的高频段谱结构极为相似，频响曲线的幅度差异在 2～3dB 之间。

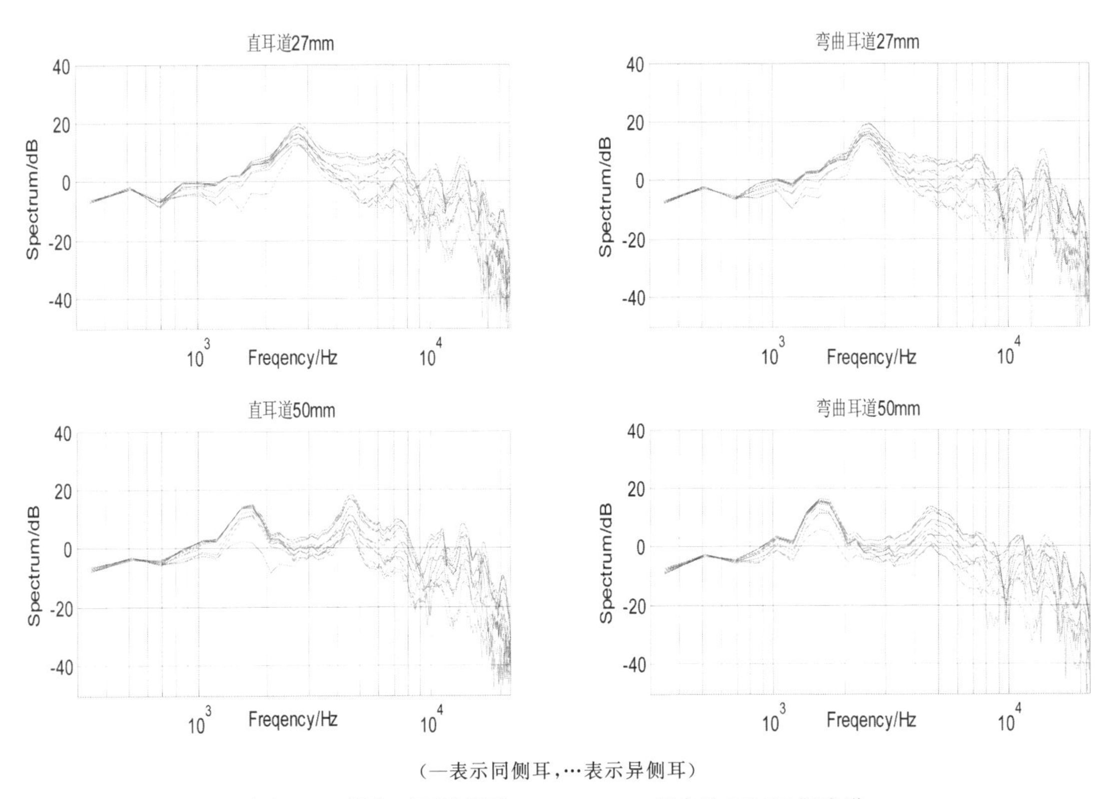

(—表示同侧耳，…表示异侧耳)

图 4.26　仰角 0°两种耳道 27mm、50mm 测点的 HRTF 幅度谱

图 4.27 为仰角＋45°时直耳道与弯曲耳道在 27mm、50mm 测点的 HRTF 幅度谱。由图可知，仰角＋45°的结论与仰角 0°的结论大致相同，不同的是，弯曲耳道 50mm 测点处第二共振峰更为平缓。在 10kHz 以上的高频段，波谷的频率在 10kHz～12kHz 之间，弯曲耳道在此频段有一个明显的波峰，而直耳道则有两个，频响曲线的幅度值相差不到 2dB。

图 4.28 为仰角－45°时弯曲耳道与直耳道在 27mm、50mm 测点的频响曲线。由图可知，仰角－45°的结论与仰角＋45°的结论大致相同，这里不再赘述。

综上所述，两耳道的 HRTF 相比，整体差异不大。10kHz 以上的频段波峰频率大致相同，不同的是弯曲耳道波峰的谱结构并不明显，且幅度有所下降。

图 4.29 为不同仰角各测点的弯曲耳道的传输函数。当仰角为 0°时，与方向无关的传输函数达到 8kHz。当仰角为＋45°和－45°时，与方向无关的传输函数分别达到 11kHz 和 6kHz。与直耳道的传输函数相比，弯曲耳道与方向无关的传输函数的频率上限相同。

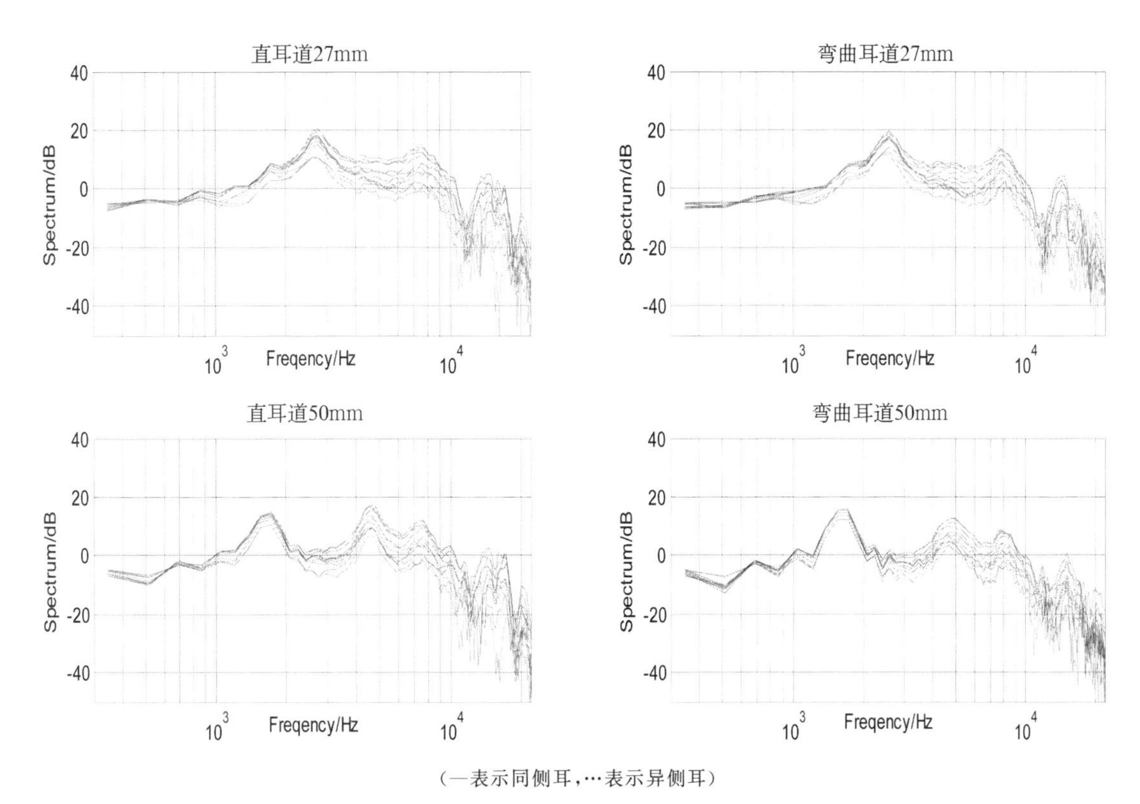

（—表示同侧耳，…表示异侧耳）

图 4.27　仰角＋45°两种耳道 27mm、50mm 测点的 HRTF 幅度谱

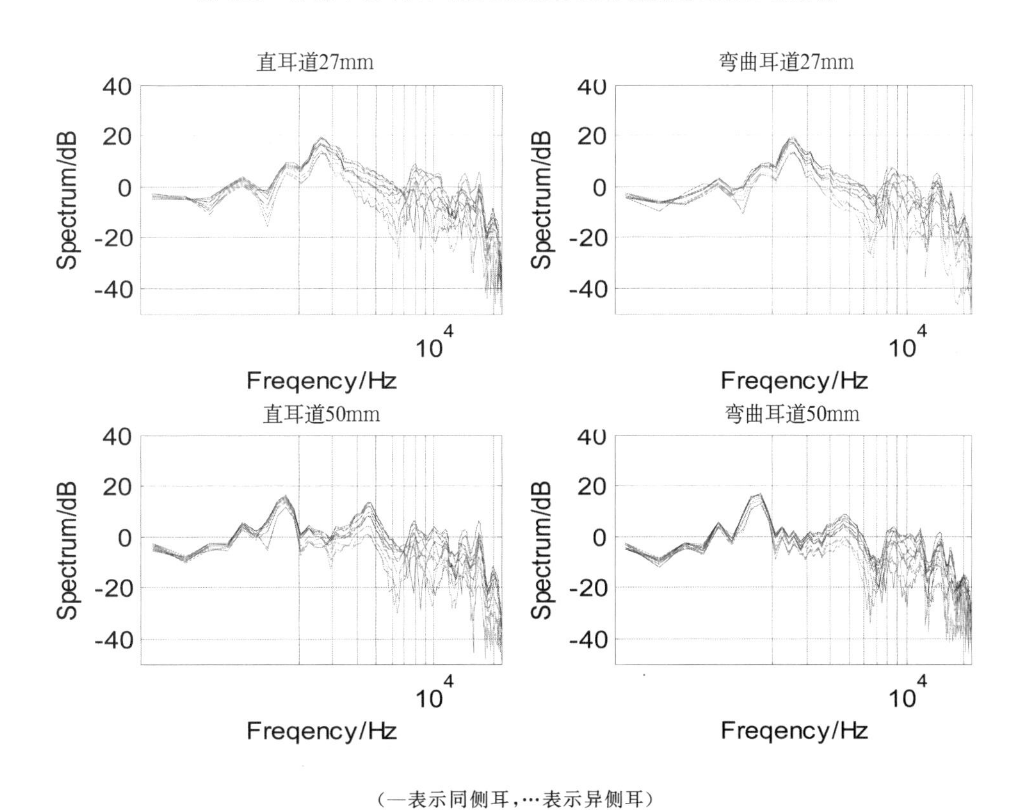

（—表示同侧耳，…表示异侧耳）

图 4.28　仰角－45°两种耳道 27mm、50mm 测点的 HRTF 幅度谱

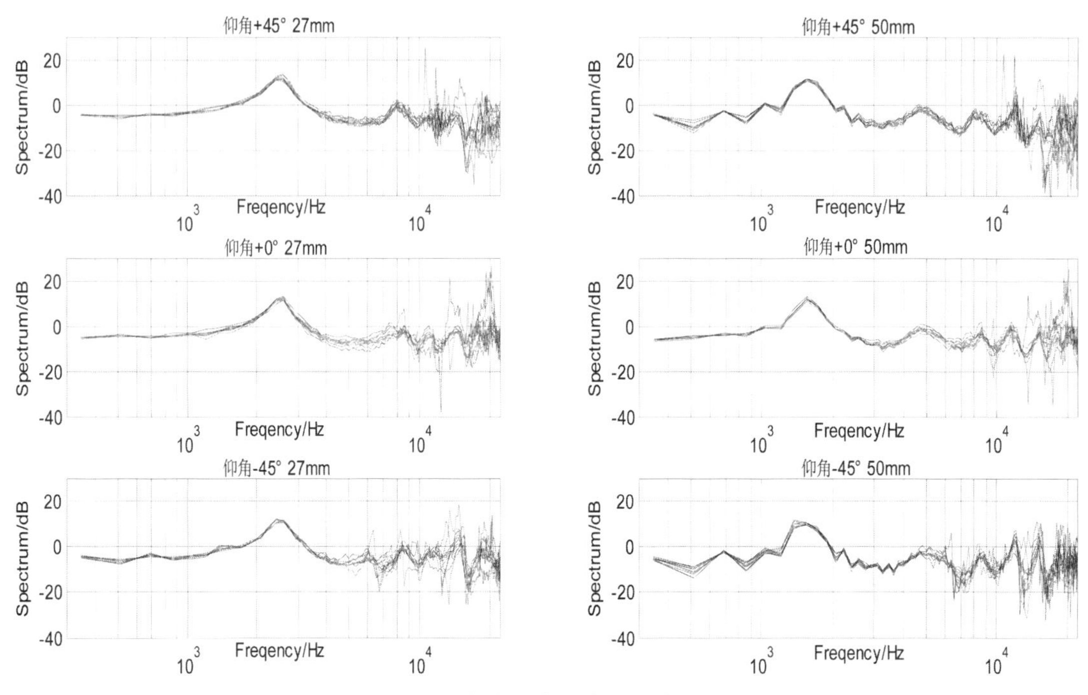

图 4.29 不同仰角各测点的弯曲耳道的传输函数

4.2.5 传声器位置的影响

用于人工头模录音的传声器通常是将音头垂直放置在耳道内的某一点。若将传声器看作“鼓膜”,那么将“鼓膜”倾斜一定角度放置在耳道内与实际情况相符。这是因为真人的鼓膜与外耳道呈 45°～50°的倾斜。

为了研究传声器在耳道内放置角度不同对耳道传输特性的影响,测量使用直耳道模型。传声器置于鼓膜位置(27mm)处,分别采用与耳道垂直(以下简称“垂直放置”)和与耳道下壁呈 45°(以下简称“倾斜放置”)两种布放方式。

图 4.30、图 4.31、图 4.32 分别为仰角 0°、仰角+45°、仰角-45°时采用两种放置方式测得的 HRTF 幅度谱。由图可知,在不同仰角的情况下,得到的结论是相同的。分析结论如下:

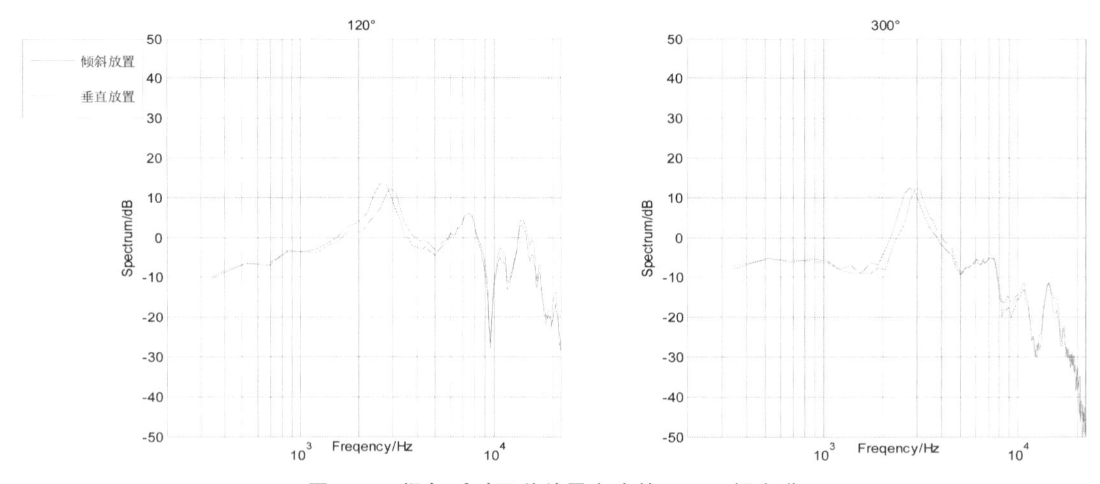

图 4.30 仰角 0°时两种放置方式的 HRTF 幅度谱

在1.7kHz～2.9kHz频率范围内，倾斜放置比垂直放置测得的频响曲线幅度高2～6dB不等；在2.9kHz～5kHz频率范围内，垂直放置比倾斜放置测得的频响曲线幅度高2～3dB不等；在1.7kHz以下、5kHz以上的频率范围内，两种放置方式的频响曲线的幅度差异几乎都在2dB以下。

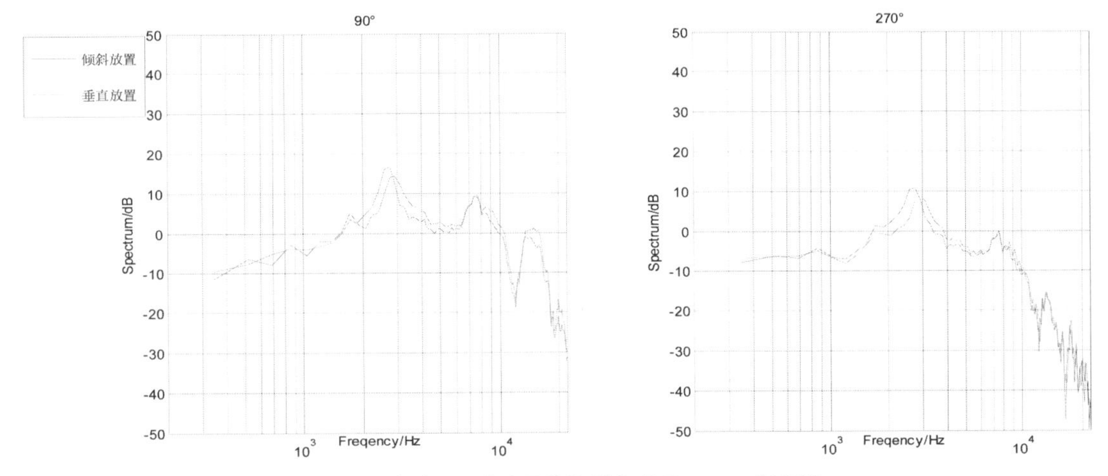

图4.31　仰角+45°时两种放置方式的HRTF幅度谱

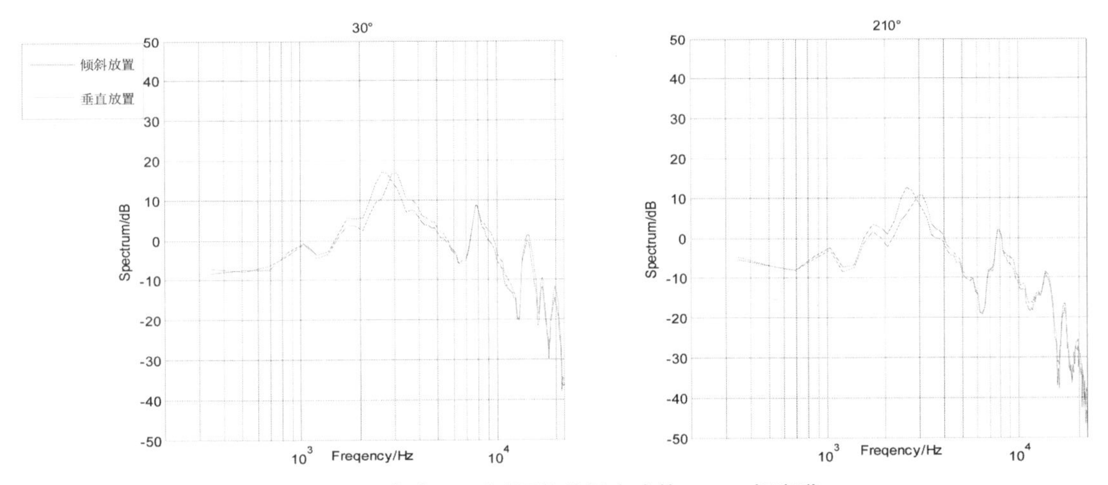

图4.32　仰角-45°时两种放置方式的HRTF幅度谱

4.3　耳道对声像定位感知的影响

4.3.1　方向定位感知

在空间顺时针球坐标系(θ,φ)中，θ以45°为间隔，φ取-45°、0°和+45°。实验选取白噪、冲击声(竹板)两种声源，探究基于简化声学头模的三种模拟耳道(如图4.12所示)对听感定位的影响。

实验素材选取的分别是时长为6秒的白噪和时长为6秒的冲击声(竹板声)，录制过程是在短混响录音间内进行的，采用DPA 4060BM微缩传声器置于人工头左右三种不同耳道入口处、耳道内 27mm 处和耳道内 50mm 处，并且保持每一个头模中传声器位置一致，测量过程中人工头耳道距离地面为 1.2m，将三只同型号 3 英寸全频带小扬声器固定于支架上，以头模正中水平面为基准，仰角分别为 −45°、0°、+45°，均距离头中心 1.2m，且每只扬声器轴心均指向头模中心。

将录得的实验信号分为两类：一类是耳道入口处的 48 个实验信号，另一类是在三种不同的耳道内两个测量点录得的 288 个实验信号。由于第二类实验信号的测点在耳道内，因而在重放时，需将这些信号进行耳道传输特性的均衡，也就是将录得的信号进行 HpTF 的去卷积。由于入耳式耳塞可免去个性化均衡[26]，将这些均衡后的信号直接由入耳式耳塞重放给被试即可。

将所有 336 个录音信号随机打乱进行重放。信号由计算机输出与声卡相连，最后经过耳机分配器分配输出。重放采用铁三角(audio-technica)ATH-CK7 入耳式动圈耳塞，单元直径 11mm，标称频响范围 12Hz～24kHz，最大功率 200mW，灵敏度 104dB，总谐波失真＜1%，并配有大、中、小三个不同尺寸的橡胶垫以适应不同耳道。实测频率响应在 2kHz 以上有整体的提升，没有出现较大峰谷，总谐波失真符合要求。通过人工头耳道入口处测量使耳机重放信号声压级保持在 70～75dB(A)。

随机选取 17 名大学生作为被试，其中男生 5 名，女生 12 名，听力均无障碍，左右耳外形对称，听阈无明显差别。实验过程中被试佩戴铁三角 ATH-CK7 入耳式耳机，保持坐直、头部端正的姿势。在判断实验结果时，要求被试首先判断所听的声音信号的方向，在水平面的八个方向中必须选择其一；其次在仰角 −45°、0°、+45°中必须选择其一；最后判断声音信号的头中定位情况，由头内、头皮、头外三个范畴来表示，要求被试必须选择其中之一。如果声音听起来明显在头内，则归为头内范畴；如果声音定位在头皮或者在紧贴头部的头皮附近，则归为头皮范畴；如果声音定位在与头部拉开了距离的头外，则归为头外范畴。定位在头内和头皮范畴都属于产生了头中效应。

首先根据声源类型的不同将实验结果分为两类：白噪声和冲击声(竹板声)。再根据实验的内容将实验结果进行两类统计：第一类是统计方向定位感知的结果，对于每个声音信号，统计出判断正确的人数和判断错误的人数，由判断错误的人中再统计出判断成其他每个方向的人数。第二类是统计头中定位感知的结果，对于每个声音信号，统计出每个范畴的判断人数。

(1)白噪信号方位感知结果

图 4.33 为白噪信号在不同耳道的不同测点处方位感知的正确率。从图中可以看出，三种模拟耳道不同测点处得到的方位感知的正确率的曲线走势趋于一致，其中正左和正右方向的定位正确率最高。在不同测点处，斜向方位的正确率和正前、正后方位的正确率相比概率分布较为离散。因此，为了探究形状各异的模拟耳道对白噪信号方向定位感知的影响，将耳道入口处(即 0mm 测点)分别与三种模拟耳道内各测点对方位判断的正确率做比较，如图 4.34、图 4.35、图 4.36 所示。

图 4.34 为白噪信号在直耳道内距离耳道入口 0mm、27mm、50mm 测点处得到的方位感知正确率。由图可知，在耳道入口处(0mm 测点)，斜前方位的正确率高于斜后方位，正前方(0°)方位感知的正确率最低，约为 0.5。直耳道内 27mm 处与耳道入口处相比，只有斜前方位(45°和 315°)的方位感知正确率较耳道入口处低，其余方位的正确率均较高，其中，正前方(0°)的正确率几乎相同，约为 0.5。直耳道内 50mm 处与耳道入口处相比，只有左后方位(225°)、正右方位(90°)、正左方位(270°)的正确率略高，其余方向均比耳道入口处的正确率低或者相等。

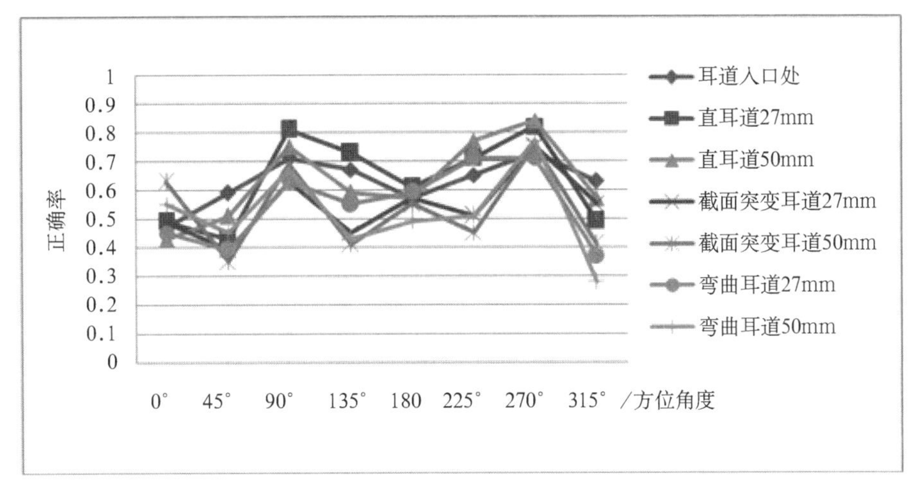

图 4.33　白噪信号在不同耳道情况下对方位感知的正确率

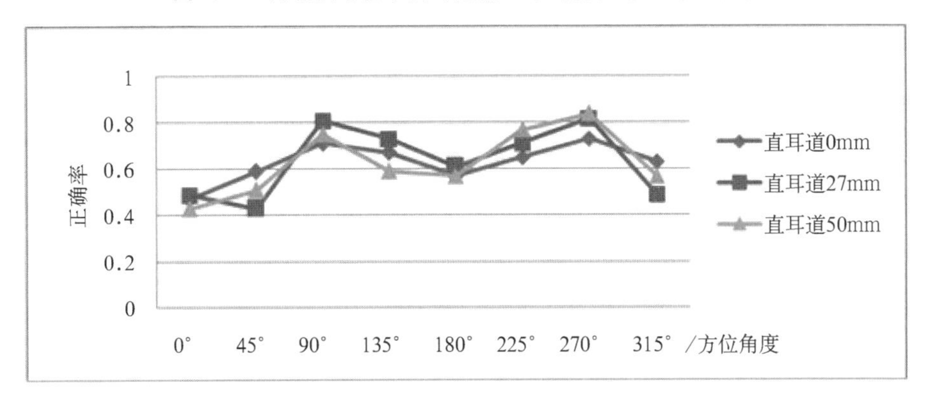

图 4.34　直耳道在各测点处对方位感知的正确率

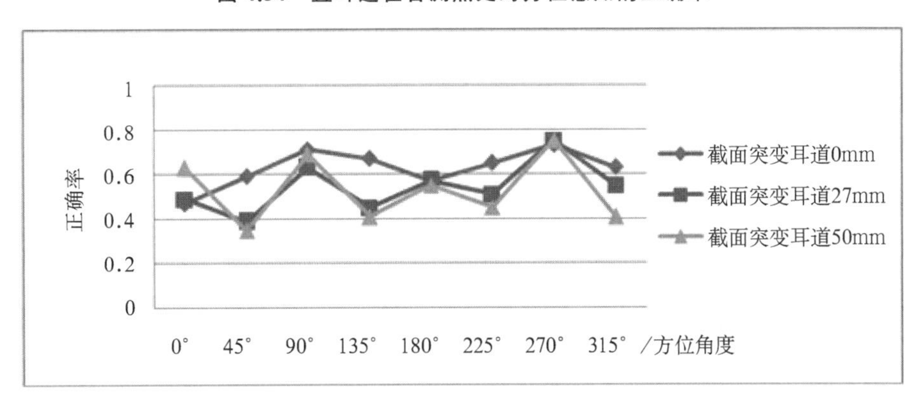

图 4.35　截面突变耳道在各测点处对方位感知的正确率

图 4.35 为白噪信号在截面突变耳道内距离耳道入口 0mm、27mm、50mm 测点处得到的方位感知正确率。由图可知，截面突变耳道内 27mm、50mm 处与耳道入口处(0mm)相比，正前方(0°)的方位感知正确率均高于耳道入口处，其中在 50mm 测点处正前方(0°)的正确率高于 0mm 处约 0.1，斜向方位均低于耳道入口处(0mm)的正确率，正右方位(90°)、正后方位(180°)和正左方位(270°)对方位感知的正确率相差无几。

图 4.36 为白噪信号弯曲耳道内距离耳道入口 0mm、27mm、50mm 处得到的方位感知正确率。由图可知，弯曲耳道内 27mm 处与耳道入口处相比，斜后方位(225°)、正后方位

(180°)信号对方位感知的正确率较耳道入口处的略高，正前方位(0°)、正右方位(90°)、正左方位(270°)比耳道入口处信号对方位感知的正确率略低，斜前方位(45°和135°)比耳道入口处低约0.2。弯曲耳道内50mm处与耳道入口处相比，只有正前方位(0°)和正左方位(270°)的正确率略高，其余方向均比耳道入口处低，弯曲耳道的右前方位(45°)和左前方位(315°)都比耳道入口处对方位感知的正确率低，分别低了约0.2和0.3。

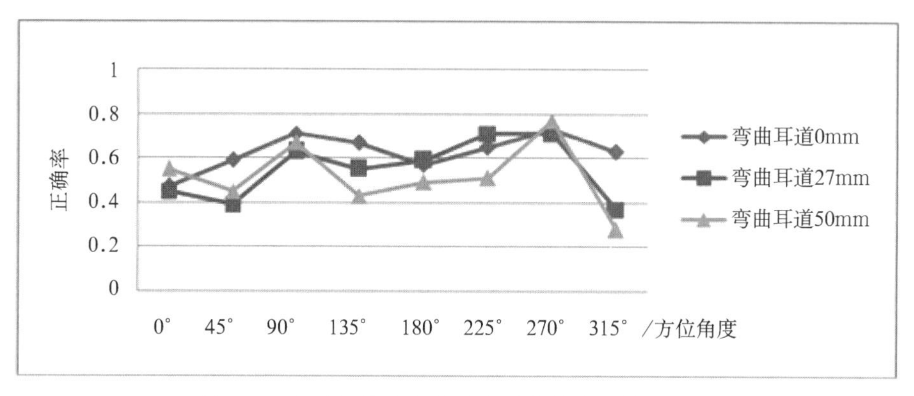

图4.36 弯曲耳道在各测点处对方位感知的正确率

综上分析可知，三种模拟耳道均对白噪信号的方位感知有不同的影响，与耳道入口处相比，除了斜前方位(45°和315°)，直耳道内27mm处其余方位感知的正确率较高。截面突变耳道和弯曲耳道只有在个别方位的正确率略高于耳道入口处的，其余方位的正确率都较低。

图4.37为白噪信号在不同耳道的不同测点处对方位感知发生前后混淆的概率。前-后混淆率表示前方方位镜像定位到后方方位的比率，后-前混淆率表示后方方位镜像定位到前方方位的比率。由图可知，直耳道和弯曲耳道的后-前混淆率均高于前-后混淆率，但截面突变耳道的后-前混淆率低于前-后混淆率。这说明前后混淆率与耳道的形状有关，但与耳道内的测点位置无关。除了弯曲耳道27mm测点处，其余耳道的不同测点处的前-后混淆率均低于耳道入口处的；除了截面突变耳道，其余两种耳道的不同测点处的后-前混淆率均低于耳道入口处的。总体来说，直耳道27mm和50mm测点处的前后混淆率低于耳道入口处的前后混淆率。

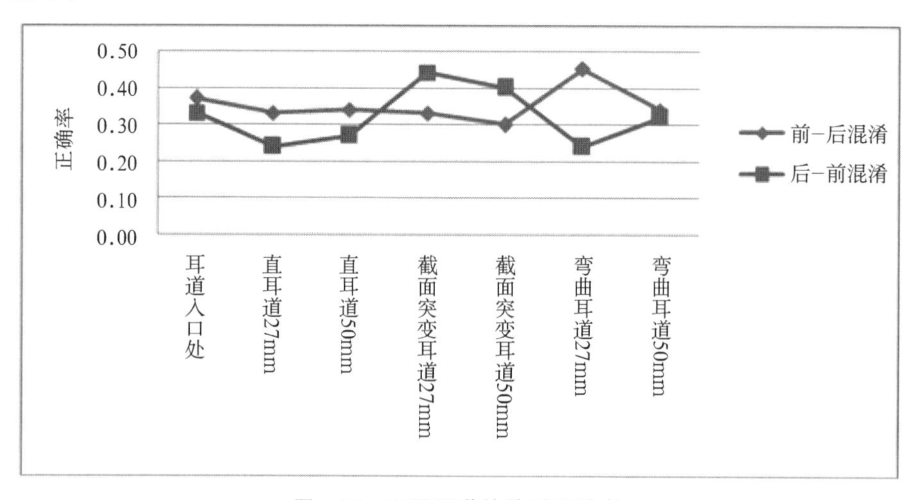

图4.37 不同耳道的前后混淆率

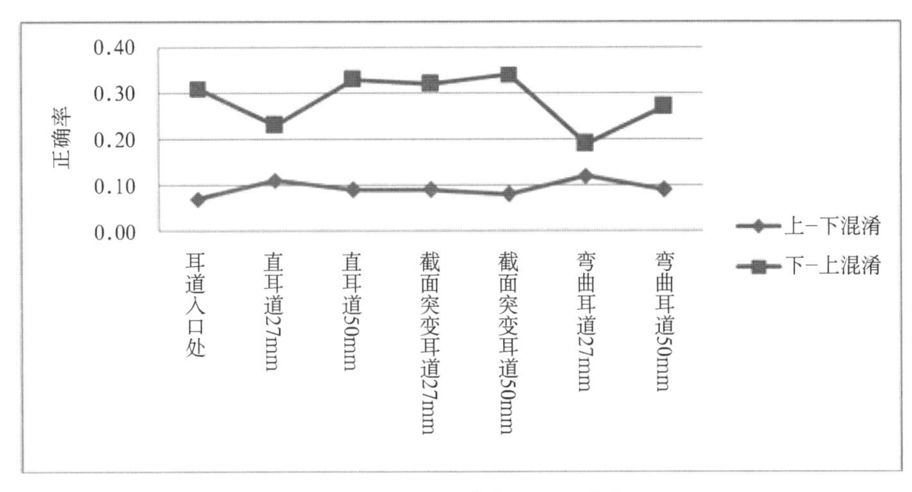

图 4.38　不同耳道的上下混淆率

图 4.38 为白噪信号在不同耳道的不同测点处对方位感知发生上下混淆的概率。上-下混淆表示仰角方位定位到俯角方位占仰角方位信号的比率,下-上混淆表示俯角方位定位到仰角方位占俯角方位信号的比率。由图可知,三种耳道在不同测点处对方位感知的上-下混淆率都低于下-上混淆率。三种耳道在 27mm 测点处的下-上混淆率均低于 50mm 处,也就是说,耳道测点的距离过远,方位感知的下-上混淆概率会变大。且直耳道 27mm 处比耳道入口处的下-上混淆率低约 0.08,而弯曲耳道低了 0.1 左右。三种耳道在各测点的上-下混淆率相差不到 0.05。总体而言,直耳道 27mm 处和弯曲耳道 27mm 处的上下混淆率较低。

(2)冲击信号方位感知结果

图 4.39 为竹板信号在不同耳道的不同测点处对方位感知的正确率。从图中可以看出,在三种模拟耳道不同测点处得到的方位感知的正确率的曲线走势基本一致,其中正左和正右方向的定位正确率最高。对于不同耳道不同测点,斜向方位和正后方(180°)的正确率的分布较为离散。因此,为了探究形状各异的模拟耳道对竹板信号方向定位感知的影响,将耳道入口处分别与三种模拟耳道对方位判断的正确率做比较,如图 4.40、图 4.41、图 4.42 所示。

图 4.40 为竹板信号在直耳道内距离耳道入口 0mm、27mm、50mm 处得到的方位感知的正确率。由图可知,耳道入口处的斜前方位(45°和 315°)的正确率略低于斜后方位(135°和 225°),正右方(90°)和正左方(270°)的正确率最高,分别为 0.7 和 0.8。直耳道 27mm 处与耳道入口处相比,只有斜前方位(45°和 315°)方位感知的正确率比耳道入口处低,其余方位在直耳道 27mm 处比在耳道入口处对方位感知的正确率略高,但不超过 0.1,正前方(0°)的正确率几乎相同,约为 0.6。直耳道 50mm 处与直耳道 27mm 处有相似的结果,不同的是,直耳道 50mm 处正前方(0°)的正确率比耳道入口处低。

图 4.41 为竹板信号在截面突变耳道内距离耳道入口 0mm、27mm、50mm 处得到的方位感知正确率。由图可知,截面突变耳道 27mm 处正右方(90°)方位感知正确率略高于耳道入口处,其余方位方位感知的正确率均低于或者等于耳道入口处。截面突变耳道 50mm 处各方位的正确率均低于或者等于耳道入口处。

图 4.42 为竹板信号在弯曲耳道内距离耳道入口 0mm、27mm、50mm 处得到的方位感知正确率。由图可知,弯曲耳道内 27mm 处在正后方(180°)的正确率比耳道入口处高,但相差不到 0.1。可以认为,弯曲耳道在各方位感知的正确率要低于或者约等于耳道入口处。

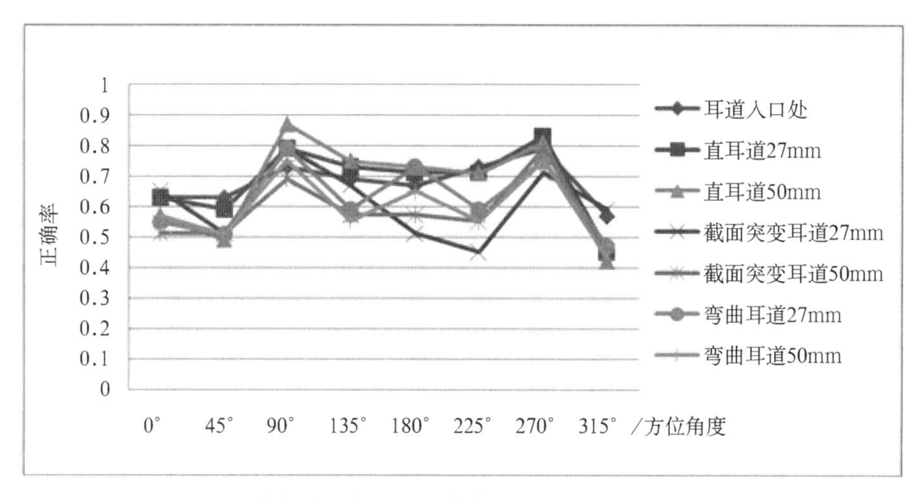

图 4.39 竹板信号在不同耳道情况下对方位感知的正确率

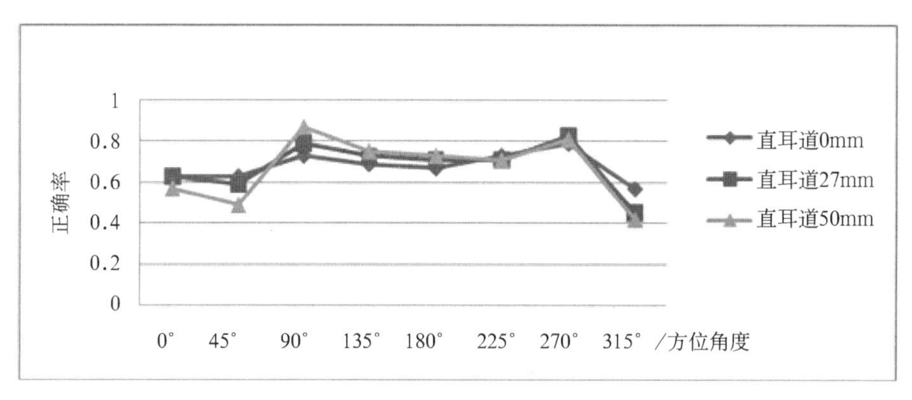

图 4.40　直耳道在各测点处方位感知的正确率

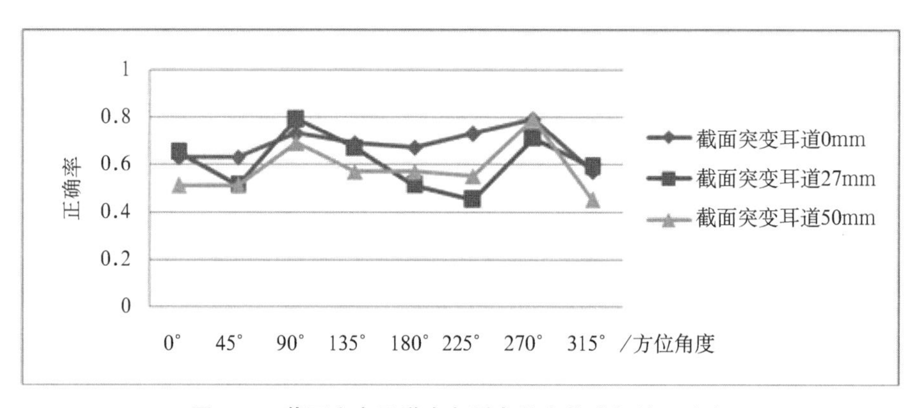

图 4.41　截面突变耳道在各测点处方位感知的正确率

综上分析可知，三种模拟耳道均对竹板信号的方位感知有不同的影响，与耳道入口处相比，除了斜前方位，直耳道 27mm 处在其余方位的正确率略高。另外，两种耳道对方位感知的正确率没有比耳道入口处的高。由此可知，对于竹板信号来说，在不同耳道的不同测点处

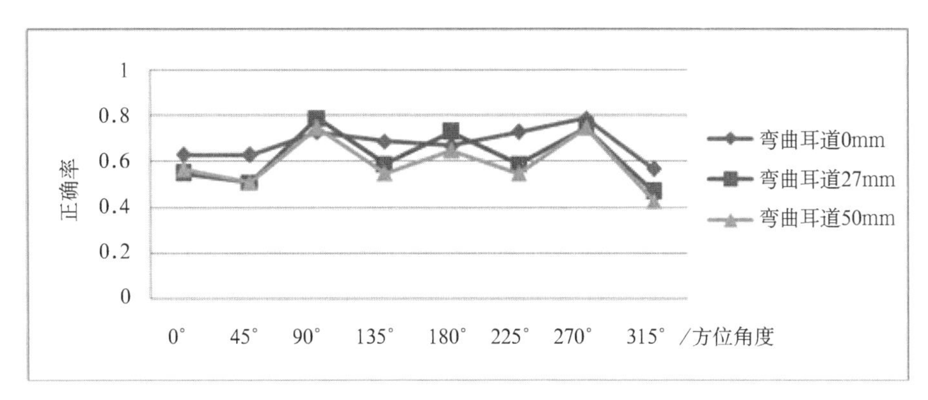

图 4.42 弯曲耳道在各测点处对方位感知的正确率

对方位感知的正确率约等于或者低于耳道入口处。

图 4.43 为竹板信号在不同耳道不同测点处方位感知的前后混淆率。前-后混淆率表示前方方位镜像定位到后方方位的比率，后-前混淆率表示后方方位镜像定位到前方方位的比率。由图可知，直耳道和弯曲耳道各测点对方位感知的前-后混淆率均高于后-前混淆率，但截面突变耳道的前-后混淆率低于后-前混淆率。这说明前后混效率与耳道的形状有关。由图可知，直耳道 27mm 的前-后混淆率和后-前混淆率均低于耳道入口处。

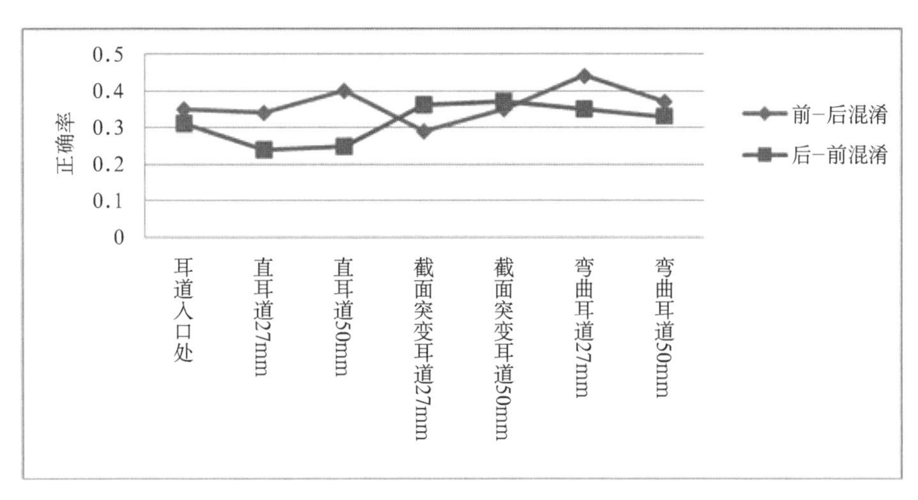

图 4.43 不同耳道方位感知的前后混淆率

图 4.44 为竹板信号在不同耳道不同测点处方位感知的上下混淆率。上-下混淆表示仰角方位定位到俯角方位占仰角方位信号的比率，下-上混淆表示俯角方位定位到仰角方位占俯角方位信号的比率。由图可知，三种耳道的不同测点处方位感知的上-下混淆率都低于下-上混淆率。耳道入口处的上-下混淆率最低，直耳道两测点处、截面突变耳道 50mm 处、弯曲耳道 27mm 处的下-上混淆率均低于耳道入口处的。总体而言，弯曲耳道 27mm 处的上下混淆率最低。

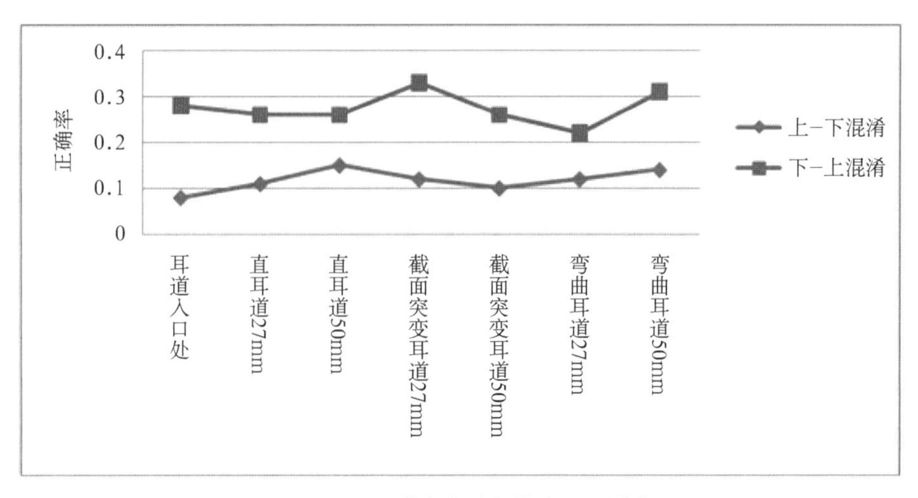

4.44 不同耳道方位感知的上下混淆率

4.3.2 头中声像

(1)白噪信号头中定位感知结果

图 4.45 为白噪信号在不同耳道的不同测点处,声像分别定位于头内、头皮和头外的比率。由图可知,直耳道 27mm 测点处声像定位在头外的比率最高,为 0.61。耳道入口处声像定位在头外的比率为 0.56。弯曲耳道 50mm 测点处声像定位在头外的比率最低,为 0.46;定位在头皮的比率最高,为 0.33。各耳道不同测点处定位在头内的差别不大,在 0.16~0.22 之间。对比每种耳道的两测点,三种耳道在 27mm 测点处声像定位在头外的比率比 50mm 测点处高。

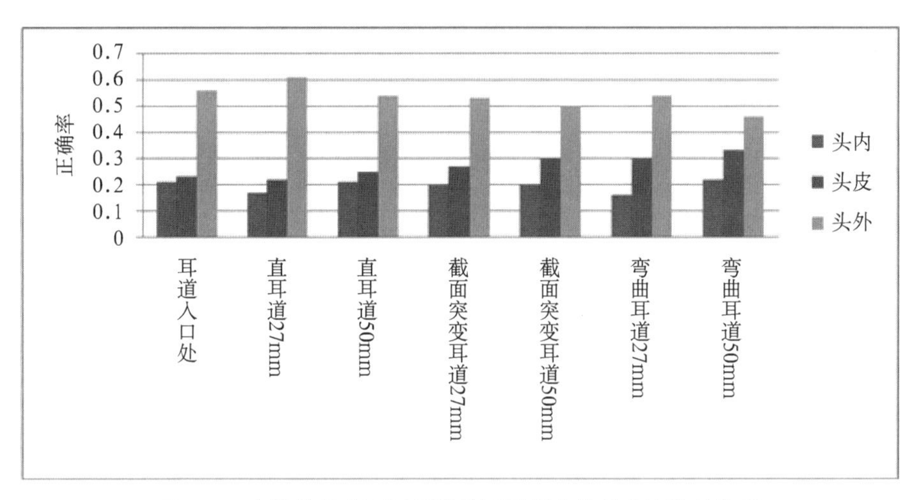

图 4.45 白噪信号在不同耳道的不同测点处头中定位的比率

为了进一步分析不同的耳道对声像定位的影响,比较了八个方位的声像定位在头外的比率,如图 4.46 所示。从图中可以看出,正前方(0°)和正后方(180°)声像定位在头外的比率比其余方位的低,也就是说正前方和正后方的声像很难拉出到头外。耳道入口处各方位的声像定位在头外的比率均比直耳道 27mm 测点处和弯曲耳道 27mm 测点处低。对于正前

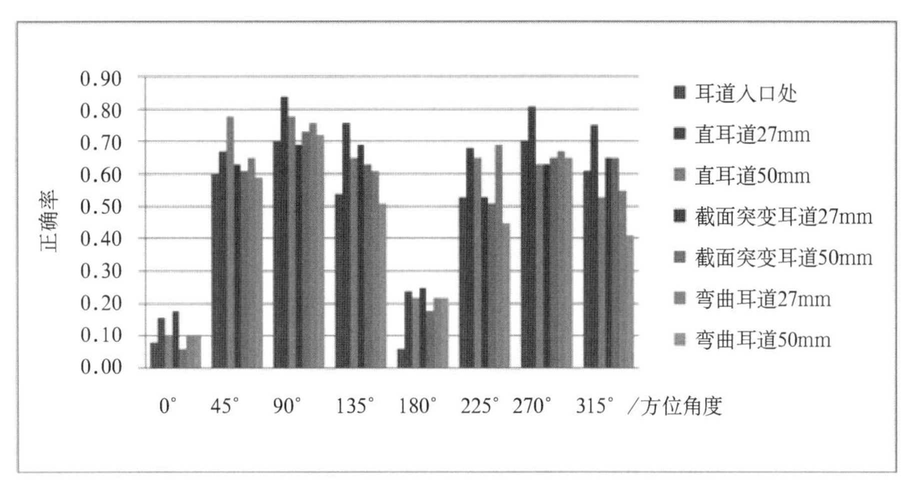

图 4.46 不同耳道各方位白噪信号的声像定位在头外的比率

方(0°)来说,除了截面突变耳道 50mm 测点处,其余耳道不同测点处的声像定位在头外的比率都比耳道入口处高。对于正后方(180°)来说,三种耳道不同测点处的声像定位在头外的比率均比耳道入口处高,且除了截面突变耳道 50mm 测点处,其余测点处声像定位在头外的比率均达到 0.2 以上。

(2)冲击信号头中定位感知结果

图 4.47 为竹板信号在不同耳道的不同测点处,声像分别定位于头内、头皮和头外的比率。由图可知,弯曲耳道 27mm 测点处声像定位在头外的比率最高,为 0.63。耳道入口处声像定位在头外的比率为 0.58。直耳道 27mm 测点处和弯曲耳道 27mm 测点处声像定位在头外的比率均比耳道入口处高。弯曲耳道 50mm 测点处声像定位在头外的比率最低,为 0.48,定位在头皮的比率最高,为 0.33。各耳道不同测点处声像定位在头内的比率差别不大,在 0.1～0.2 之间。对比每种耳道的两测点,发现三种耳道在 27mm 测点处定声像位在头外的比率比 50mm 测点处高。

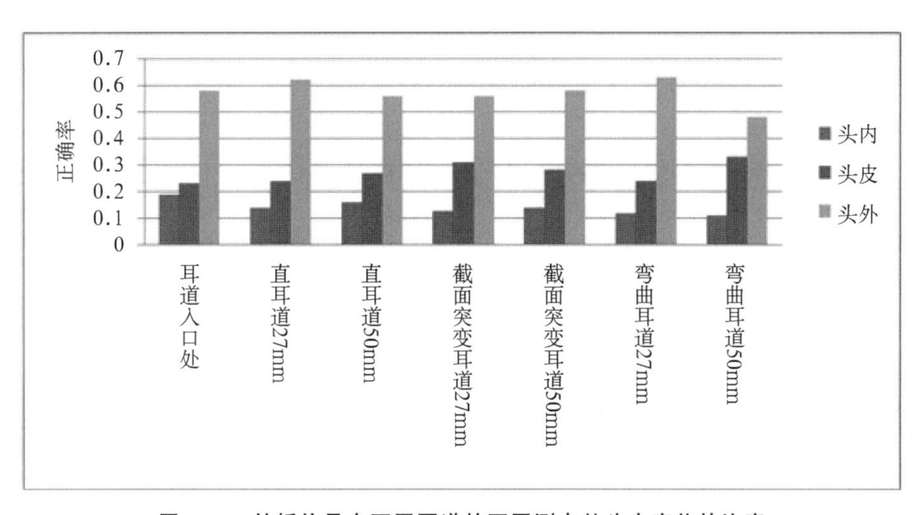

图 4.47 竹板信号在不同耳道的不同测点处头中定位的比率

图 4.48 为不同耳道各方位的声像定位在头外的比率。从图中可以看出，正前方(0°)和正后方(180°)声像定位在头外的比率比其余方位的低，也就是说，正前方和正后方的声像很难拉出到头外，但与白噪信号的结果相比，竹板信号正前方和正后方的比率整体上高了约 0.1。耳道入口处各方位的声像定位在头外的比率均比直耳道 27mm 测点处和弯曲耳道 27mm 测点处的低。对于正前方(0°)来说，三种耳道的声像定位在头外的比率都比耳道入口处高。对于正后方为(180°)来说，三种耳道在 27mm 测点处的声像定位在头外的比率均比耳道入口处的高，且除了直耳道 50mm 测点处，其余测点处声像定位在头外的比率均达到 0.3 以上。

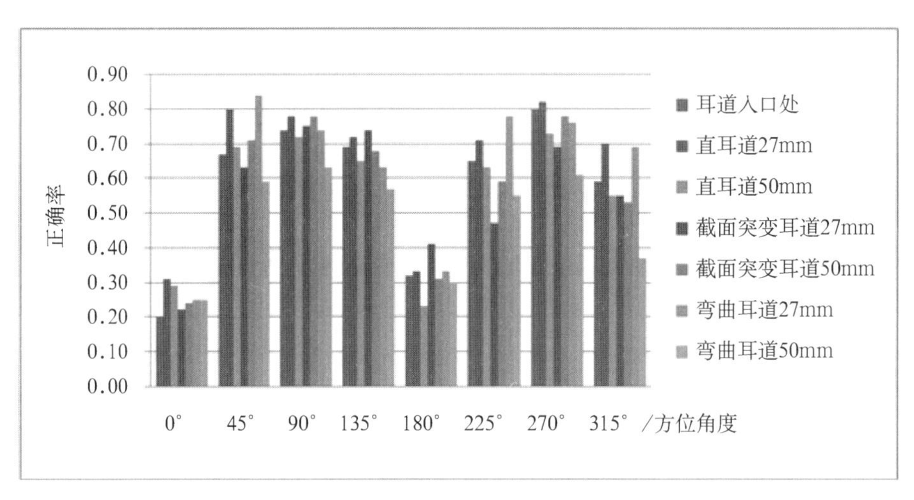

图 4.48 不同耳道各方位竹板信号的声像定位在头外的比率

将三种模拟耳道安装在简化声学头模上进行白噪声和竹板声的双耳录音，研究不同耳道及有无耳道对声像定位及头中效应的影响，通过主观实验数据分析得出以下结论：

在直耳道 27mm 测点处，只有斜前方位(45°和 315°)方位感知的正确率较耳道入口处低，其余方位正确率均高于耳道入口处。截面突变耳道和弯曲耳道只有个别方位对方位感知的正确率高于耳道入口处。

直耳道和弯曲耳道对声像感知的前-后混淆率均高于后-前混淆率，但是截面突变耳道对声像感知的前-后混淆率低于后-前混淆率。三种耳道对声像感知的下-上混淆率均低于上-下混淆率。

直耳道 27mm 测点处的声像定位在头外的比率比耳道入口处高，且直耳道 27mm 测点处和弯曲耳道 27mm 测点处在八个方位的声像定位在头外的比率均比耳道入口处高。总体而言，加上耳道后，正前方(0°)和正后方(180°)的声像较容易拉出到头外。

参考文献

[1]谢菠荪.头相关传递函数与虚拟听觉[M].北京：国防工业出版社，2008.

[2]BLAUERT J. An introduction to binaural technology[M]//GILKEY R，ANDERSON T R.Binaural and spatial hearing in real and virtual environments.Lawrence Erlbaum，USA，1997.

[3]MINNAAR P，OLESEN S K，CHRISTENSEN F，et al.Localization with binaural recordings from artificial and human heads[J].Journal of the audio engineering society，

2001，49(5)：323-336.
[4]SHAW E A G. External ear response and sound localization[M]//Localization of sound：theory and applications.Groton：Amphora，1982：30-41.
[5]IENER F M，ROSS D A.The pressure distribution in the auditory canal in a progressive sound field[J].The journal of the acoustical society of America，1946，18：401.
[6]WIENER F M.On the diffraction of a progressive sound wave by the human head[J].The journal of the acoustical society of America，1947，19：143.
[7]SHAW E A G，TERANISHI R.Sound pressure generated in an external - ear replica and real human ears by a nearby point source[J].The journal of the acoustical society of America，1968，44：240.
[8]SHAW E A G.Acoustic response of external ear with progressive wave source[J].The journal of the acoustical society of America，1972，51：150.
[9]MEHRGARDT S，MELLERT V.Transformation characteristics of the external human ear[J].The journal of the acoustical society of America，1977，61：1567.
[10]MIDDLEBROOKS J C，MAKOUS J C，GREEN D M.Directional sensitivity of sound-pressure levels in the human ear canal[J].The journal of the acoustical society of America，1989，86：89.
[11]HAMMERSHØI D，MØLLER H.Sound transmission to and within the human ear canal[J].The journal of the acoustical society of America，1996，100：408.
[12]SUGIYAMA K，NISHIMOTO M，SATOH M.Transformation characteristics of ear canal of artificial head[J].Acoust.sci.&tech，2005，26(1).
[13]HIIPAKKA M. Measurement apparatus and modelling techniques of ear canal acoustics[D].Helsinki University of Technology，2008.
[14]HUDDE H，SCHMIDT S.Sound fields in generally shaped curved ear canals[J].The journal of the acoustical society of America，2009，125：3146.
[15]李莉.耳廓结构模型声学特性的测量与分析[D].北京：中国传媒大学，2010.
[16]齐娜.一种中国人仿真头模：201120555311.6.2011.12[P].
[17]齐娜.一种中国人声学头模：201120555787.X.2011.12[P].
[18]MØLLER H.Fundamentals of binaural technology[J].Applied acoustics，1992，36(3/4)：171-218.
[19]齐娜，李莉，赵伟.中国成年人耳廓形态测量及分类[J].声学技术，2010(5)：518-522.
[20]徐玉东，王建红.人体解剖生理学[M].北京：人民卫生出版社，2007：304-305.
[21]杜功焕，朱哲民，等.声学基础[M].南京：南京大学出版社，2001.
[22]HAMMERSHØI D，MØLLER H. Binaural technique-basic methods for recording，synthesis，and reproduction[M]//Communication acoustics. Springer Berlin Heidelberg，2005：223-254.
[23]饶丹，谢菠荪.耳机传输特性测量的重复性分析[C]//中国声学学会 2006 年全国声学学术会议论文集.2006.
[24]KULKARNI A，COLBURN H S.Infinite-impulse-response models of the head-related transfer function[J].The journal of the acoustical society of America，2004，115：1714.
[25]RIEDERER R A J，NISKA R.Sophisticated tube headphones for spatial sound reproduction[C]//AES 21st International Conference，St. Russia：Petersburg，2002.

第 5 章　双耳录音的适用性*

双耳录音是利用人工头模或真人头部记录双耳信号，再通过入耳式耳机进行重放，来重现现场声音效果的录音方法，具有较强的临场感[1][2][3][4]。但由于听者头部与录音使用的头部 HRTF 具有差异、无头部动态跟踪信息、定位线索未采集完整（见第 7 章）等原因，双耳录音存在一定程度的声像畸变，如声像前后混淆、声像上下混淆、声像偏移、头中效应等，与真人现场听感还有一定的差距，且不同的录制条件也会影响双耳录音的声像定位效果，因此有必要探讨声源类型、声源方位、录制环境、听者对声源的认知程度、声源运动状态、不同场景、视觉辅助信息等因素对双耳录音听感效果的影响，以及个性化双耳录音与非个性化双耳录音的差别，总结归纳出双耳录音的适用性，以便最大限度地发挥双耳录音的优势，避免其劣势，达到最佳的录音听感效果。

5.1　双耳录音声像定位研究现状

国内外有大量的不同研究都涉及双耳录音技术的声像定位问题。

Begault 和 Wenzel 将语音作为刺激信号，采用耳机重放，对双耳录音进行了声像定位实验，得到前听后混淆的平均比率为 47%，后听前混淆的平均比率为 11%，大约有 30% 的前方和后方的声像定位在头中[5]。Wenzel 等人用白噪声作为刺激信号得到类似的结果[6]。

Møller 和 Minnaar 等人进行的重放各种人工头捡拾信号的主观评价实验表明，由于人工头是一种近似模型，其总体定位效果还是不如真实声源倾听或采用个性化真人受试者到现场进行捡拾所得的信号[7][8][9]。

Hirahara 等人进行了真人现场听音实验。当头部保持静止时，即使是真人在真实环境中听音也会出现定位前后混淆；当允许头部转动时，定位准确率比头部静止时提高了16.0%，定位准确率高达 90.6%。Hirahara 等人还对个性化 HRTF 和非个性化 HRTF 进行了对比实验，结果表明采用个性化 HRTF 后，虽然还会存在少数前方声像定位在头中以及前后混淆的现象，但比采用非个性化 HRTF 的实验结果有显著的提升。当采用个性化 HRTF 且加入头部动态因素后，前后混淆和头中定位效应几乎不存在了，基本达到真人现场听音的声源

---

* 本章内容主要来自《声学头模录音的适用性分析》，仝欣，中国传媒大学硕士学位论文，2013 年 5 月；《头模双耳录音听感效果分析》，杨天琪，中国传媒大学硕士学位论文，2012 年 5 月；《声源类型对头模录音声像定位的影响》，魏晓、仝欣、齐娜，《电声技术》，2013，37(3)：36-39。

定位效果[10]。

被试对信号的熟悉程度越高越有助于进行声源定位。Zollner 提出在实验前进行一项小于 1 分钟的训练，训练的刺激信号与正式实验信号是在相同环境下录制的，如此可以提升声像定位效果[11]。Trapenskas 等人的实验表明，实验前的听音训练有助于大幅度减少头中定位，尤其是在消声室中录制的信号。但训练对改善前后混淆现象的效果一般，除非是经过训练后声像定位在头外的信号[12]。Zahorik 指出，对声源特性的先验知识可以对听觉的距离感知有很大影响。听者在不熟悉的环境中第一次听到一个声源，可以用来判断声源方位的有用听觉线索很少。然而，如果为听者重复呈现不同距离的相同刺激信号，那么听者可以用某些声学线索（例如强度或频谱形状的相对变化）来处理这些听觉距离信息，以判断声源距离[13]。

Morikawa 对带限信号进行了水平面和中垂面声像定位实验。对于水平面上的声源，当头部静止时，宽带信号的定位效果很好，12kHz 以上的定位有些模糊，500Hz 以下的存在前后镜像混淆，其他窄带信号有些定位到相邻方向上，有些会出现前后镜像混淆。相比之下，头部运动时所有信号的水平面定位都很好，比头部静止时水平面定位效果提升了 17%～35%。中垂面的声像定位结果也类似，头部静止时所有信号的定位都很困难，然而在头部运动的情况下，所有信号的定位效果都有所提高[14]。

5.2　静止声源的双耳录音声像定位感知

5.2.1　声源类型对双耳录音声像定位的影响

就双耳录音录制的声源内容来说，可以从以下几个方面来划分声源类型：声源频率、时长、连续性及被试对声源的认知程度。下面依次介绍不同声源类型对双耳录音声像定位的影响。本章 5.2 节至 5.5 节的实验所采用的人工头模均为声学头模（见图 4.3）。

(1)频率对声像定位的影响

声源频率的高低以及所包含频率的成分都会影响双耳录音的声像定位效果，故实验选择 125Hz、250Hz、500Hz、1kHz、2kHz、4kHz、8kHz 共 7 个频点，以及单频、1/3 倍频程、倍频程、白噪声四种带宽，信号持续时长为 1s。

双耳录音信号在简易短混响录音间[15]内采用声学头模进行录制。利用有源监听扬声器重放不同频率、不同带宽的测试信号。扬声器位于与声学头模耳道入口处齐平的水平面上（距地面 1.5m），与声学头模中心相距 1.5m。从声学头模正前方 0°方向开始，每隔 45°录制，共录制 8 个方向的声音，扬声器主轴始终朝向声学头模中心。为避免扬声器本身的频率特性以及整个房间、传声器等对听音实验造成干扰，需要对整个录音系统的频响进行修正。进行主观评价实验时，选用入耳式监听级别耳机来重放随机打乱的实验信号，被试为 10 名 23～25 岁听力正常的声频技术专业研究生。要求被试首先判断声像方向，在水平面 8 个方向中强迫选择一个；然后判断声音信号的头中定位情况，从头中、头皮和头外三个范畴中强迫选择一个。5.2.1 节中所有实验均采用上述实验方法。

图 5.1 为单频信号、1/3 倍频程信号和倍频程信号在不同频点时的声像方向定位正确率(8 个方向定位正确率的平均值)。由图可知,随着频率的升高,声像定位的正确率逐步提高,到中频时达到最高,到高频时又略有下降。在低频段,由于指向性弱,低频的正确率普遍偏低。并且,具有相同中心频率的倍频程信号和 1/3 倍频程信号定位正确率要高于单频信号定位正确率。图 5.2 为单频信号、1/3 倍频程信号、倍频程信号在各频点定位正确率的平均值和白噪声的平均声像方向定位正确率。从图中可以看出,频带越宽,频率成分越丰富,方向定位正确率越高。

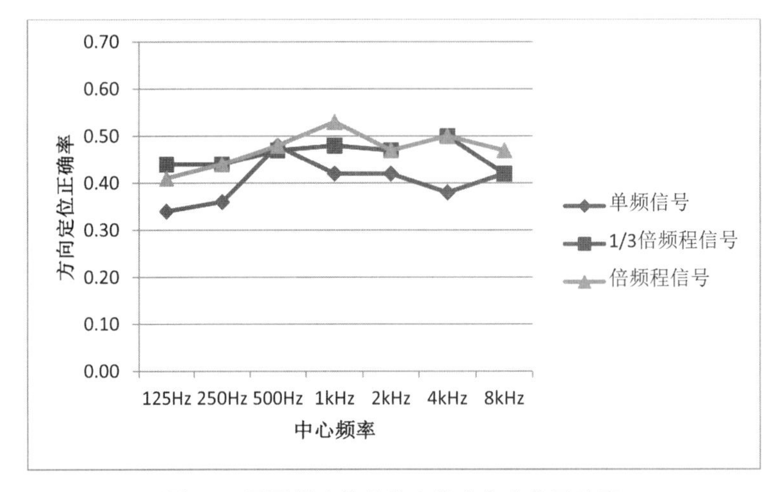

图 5.1 不同频率信号的声像方向定位正确率

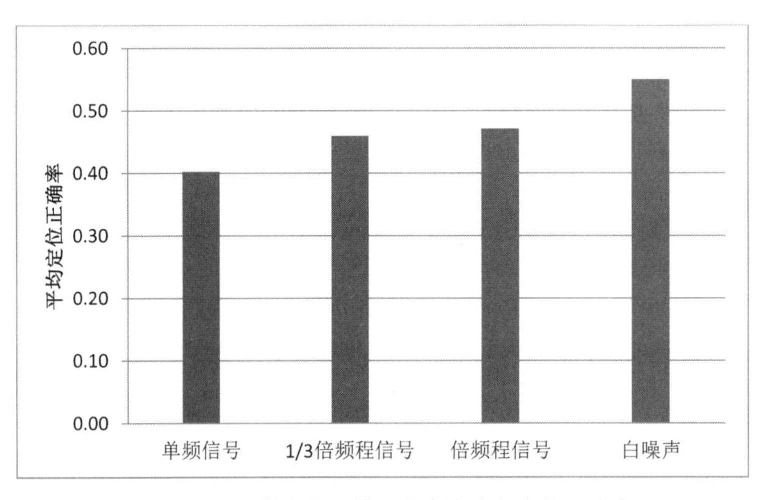

图 5.2 不同带宽信号的平均声像方向定位正确率

图 5.3～图 5.5 分别为单频信号、1/3 倍频程信号和倍频程信号在不同频率下的头中定位情况。单频信号大部分都定位在头内和头皮,尤其是低频段定位在头内的比率最高。1/3 倍频程信号和倍频程信号在中频段声像较容易被定位在头外,在低频段和高频段声像定位在头内和头皮的比率较高。

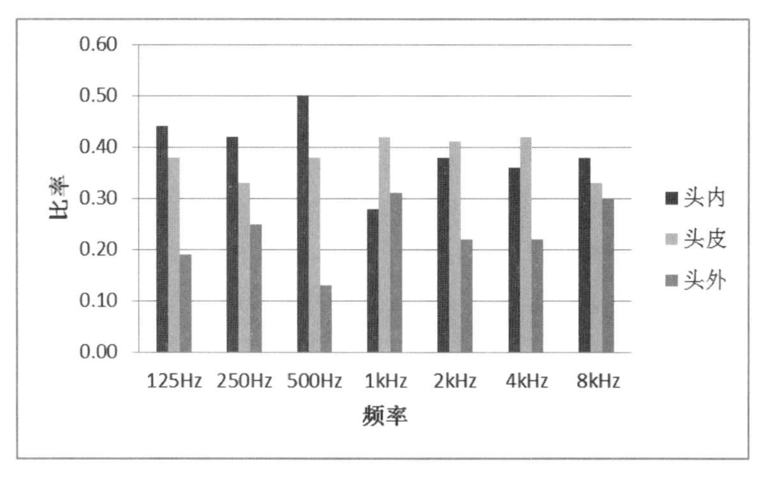

图 5.3　单频信号的头中定位情况

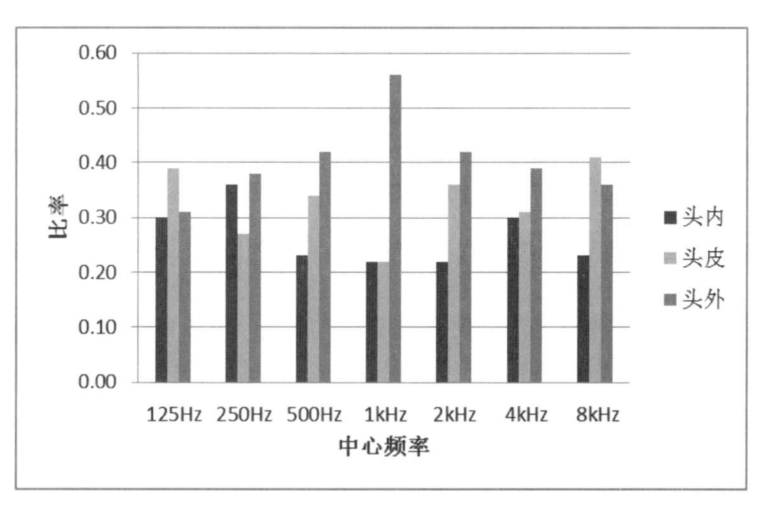

图 5.4　1/3 倍频程信号的头中定位情况

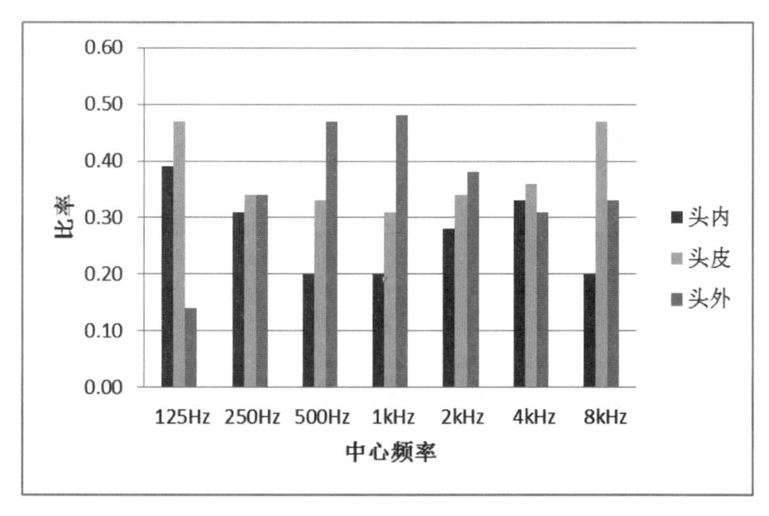

图 5.5　倍频程信号的头中定位情况

图 5.6 所示为不同带宽信号的平均头中定位情况。单频信号声像定位在头内的比率最高,声像难以被拉出到头外,白噪声声像定位在头内的比率最低。

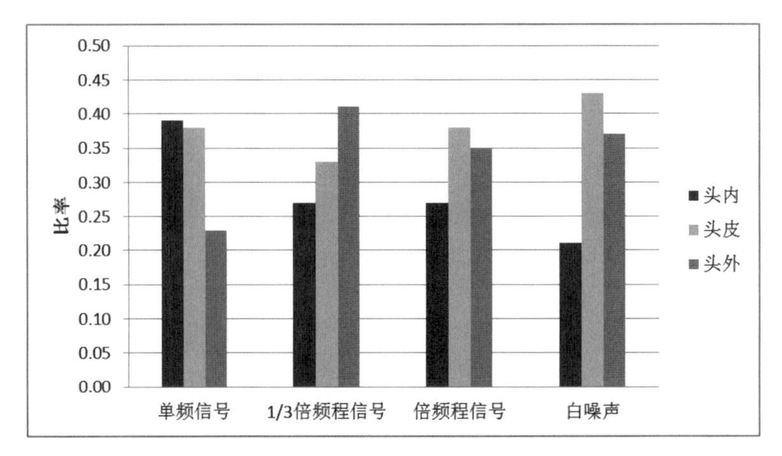

图 5.6 不同带宽信号的头中定位情况

(2)时长对声像定位的影响

人的听觉感知建立需要时间,因此声音信号持续时间的长短也可能影响双耳录音的声像定位。本节实验考察了持续时间为 0.2s、0.4s、0.6s、0.8s、1.0s 的白噪声信号的声像定位情况。

不同持续时长的信号声像定位正确率如图 5.7 所示。由图可知,随着信号时长的增加,声像方向判断的正确率逐步提高,当时长达到 0.6s 后,声像定位的准确度基本保持稳定。声源时长过短,被试的注意力难以稳定,不利于做出正确的判断。当声源的稳定时间足以让被试做出判断时再增加信号的长度对声像定位的影响就很小了。

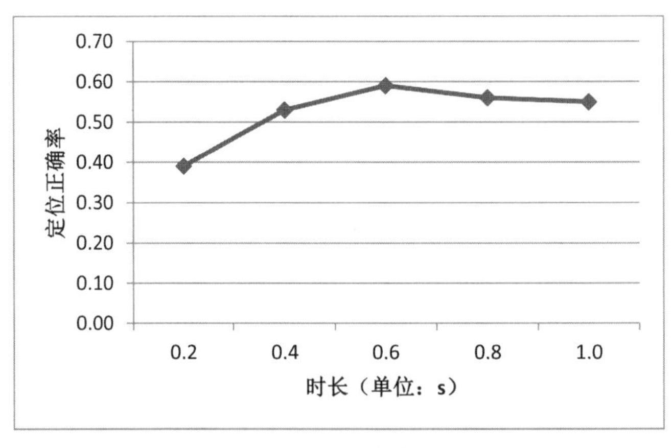

图 5.7 不同时长白噪声的声像方向定位正确率

图 5.8 为不同时长的白噪声信号的头中定位情况。随着信号时长的增加,定位在头外的比率逐渐提高,定位在头内和头皮的比率随之降低。

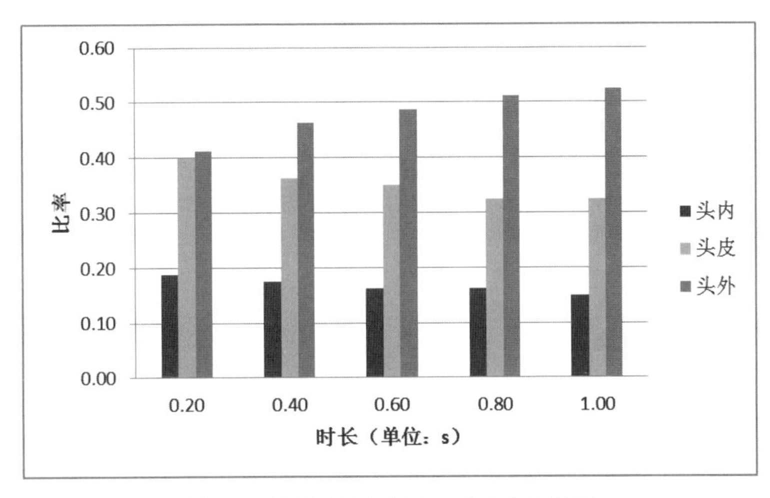

图 5.8　不同时长白噪声的头中定位情况

(3)连续性对声像定位的影响

有很多声源不是持续发声，而是间断发声的。发声的连续性也有可能对双耳录音声像定位产生影响，因此实验考察了脉冲持续时间分别为 0.03s、0.05s、0.07s、0.10s、0.15s，脉冲周期分别为 0.2s、0.5s、0.8s、1.0s，周期数为 3 的白噪声双耳录音声像定位情况。

图 5.9 为不同连续性白噪声的声像定位正确率。由图可知，随着脉冲持续时间的增加，声像定位正确率逐步提高，而不同的时间间隔对声像定位正确率的影响并没有显著的规律。

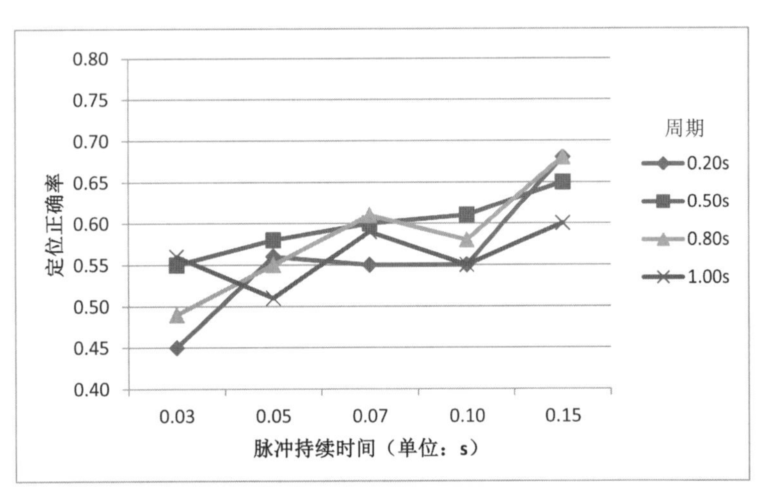

图 5.9　不同连续性白噪声的声像方向定位正确率

5.2.2　声源方位对双耳录音声像定位的影响

用双耳录音录制不同方位的声源时，声像定位效果也有明显差别，因此，从声源水平方位角、俯仰角和声源距离三个方面来讨论声源方位对双耳录音声像定位的影响，考察结果综合了五种录制环境。五种录制环境及声学头模摆放位置见表 5.1。

表 5.1　录制环境说明

序号	地点	空间大小(m^3)	墙面材料	混响时间(s)	俯视示意图
1	简易听音实验室	8.6×7.5×3.0	10mm 厚地毯，墙壁四周挂 3mm 打褶率 100%的绒布窗帘，天花板铺设 50mm 厚的玻璃棉	0.28	
2	封闭小房间	3.2×2.0×2.7	水磨石地面，抹灰墙面，抹灰棚顶	1.65	
3	走廊	24.3×3.5×3.0	水磨石地面，墙面为光面瓷砖，棚顶为普通吸声板	2.40	
4	大厅 1	17.7×14.0× 3.0	水磨石地面，墙面为光面瓷砖，棚顶为普通吸声板	2.20	
5	大厅 2	40.0×10.0× 7.0 二楼挑台面积：16.0×6.5(m^2)	水磨石地面，大门所在的墙面为玻璃，其他墙面为光面瓷砖，二楼有挑台，棚顶为普通吸声板	3.22	

选用固定位置敲击竹板三声作为声源。每个环境录制 26 个方向的声音，即以 45°为间隔，包括 8 个水平方位角(正前、右前、正右、右后、正后、左后、正左、左前)和 5 个俯仰角(水平、斜上、斜下、正上、正下)。由于声学头模具有左右对称的性质，只选取来自左半球或右半球的声音作为实验信号，以减少主观实验量，其中环境 1 和环境 5 选择右半球(即水平方向角为 0°、45°、90°、135°和 180°)的声源作为实验信号，环境 2、环境 3 和环境 4 选择左半球(即水平方向角为 0°、−45°、−90°、−135°和 180°)的声源作为实验信号。每个方向上都录制了不同距离(0.2m、0.5m、1.0m、1.5m、2.0m、2.5m、3.0m、5.0m、10.0m)的声音，但并不是每个环境的每个方向都录制了这 9 种距离的声音，而是根据不同环境的空间大小和录音时的具体情况，尽可能录制可达到的最大距离的声音。例如由于声学头模耳道入口处距地面高度为 1.5m，所以每个环境的正上 90°方向和正下 −90°方向均只录制了 0.2m、0.5m 和 1.0m 3 种距离的声音；环境 3 的边长达到了 24.3m，因此该环境下水平面的正前方和正后方录制了 0.2m、0.5m、1.0m、1.5m、2.0m、2.5m、3.0m、5.0m、10.0m 9 种距离的声音。

用入耳式监听级别耳机按照随机次序重放实验信号，20 名声频技术专业研究生作为被试，需判断声像方向(26 个方向，迫选其一)及头中定位情况(头内、头皮、头外，迫选其一)。

(1)声源水平方位角对声像定位的影响

图 5.10 为不同水平方位角声源的方向定位正确率。为方便描述与分析，将左前和右前

信号归为斜前信号,正左和正右信号归为正左/右信号,左后和右后信号归为斜后信号。从图中可以看出,声源水平方位角为正左/右方向时定位正确率最高,达到 100%;其次是斜后方;正前和斜前方向的正确率最低,因为大部分都发生前后混淆而定位在后方了;整体看来,后方声源比前方声源的水平方向定位正确率高。

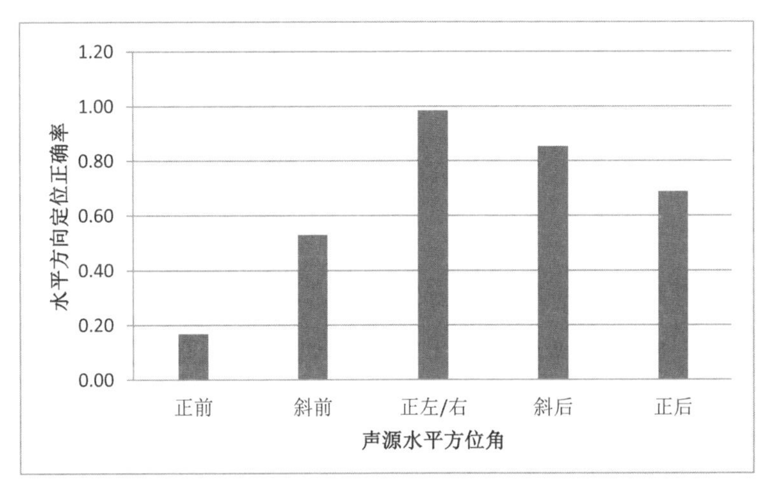

图 5.10　水平方向定位正确率

图 5.11 为不同水平方位角声源的头中定位情况。由图可知,大部分声像定位在头外,其中斜后和正左/右声源定位在头外的比率最高,正前方定位在头内的比率最高,后方声源比前方声源更易定位在头外。

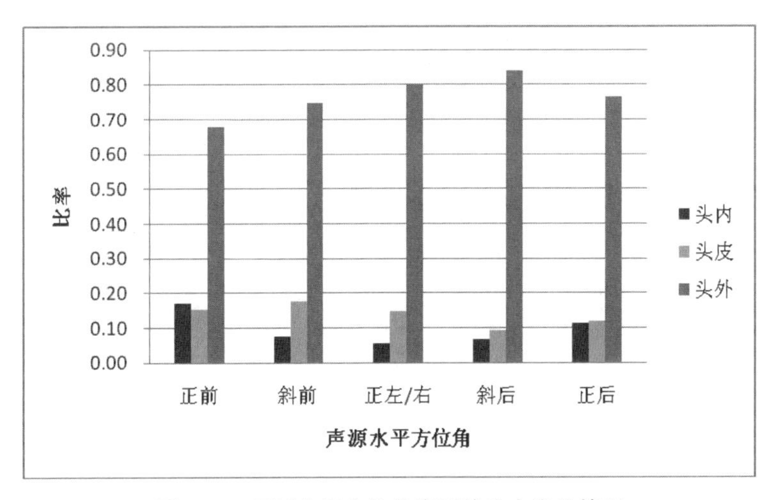

图 5.11　不同水平方位角声源的头中定位情况

(2)声源俯仰角对声像定位的影响

图 5.12 为不同俯仰角度的声源定位在各个俯仰角的比率,图中圆圈表示俯仰角定位正确率。无论声源在哪个俯仰角度都有超过 50%的声像定位在水平面上,说明声像俯仰角有较严重的畸变,不仅有上下混淆还有向上或向下偏移的现象。水平面上声源的俯仰角定位

正确率最高,为55%,有21%的声像定位在斜上方,19%定位在斜下方;斜上方的正确率高于斜下方,且斜下方的声源更易发生上下混淆而定位在斜上方;正上/下方的声源俯仰角定位正确率最低,还不到10%。

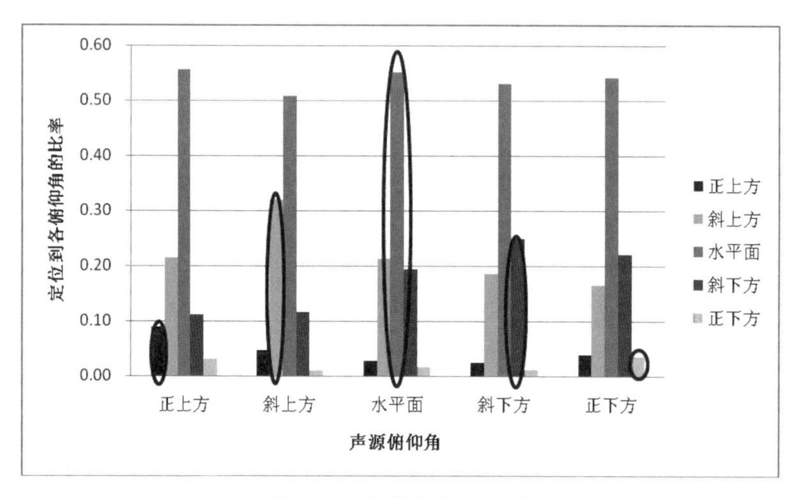

图5.12　俯仰角定位情况

图5.13为不同俯仰角声源的头中定位情况,水平面上的声源定位在头外的比率最高,为79%,其次是斜上/下方,正上/下方定位在头内和头皮的比率最高。下方声源比上方声源定位在头外的比率略高,斜上/下方声源比正上/下方声源更容易定位在头外。

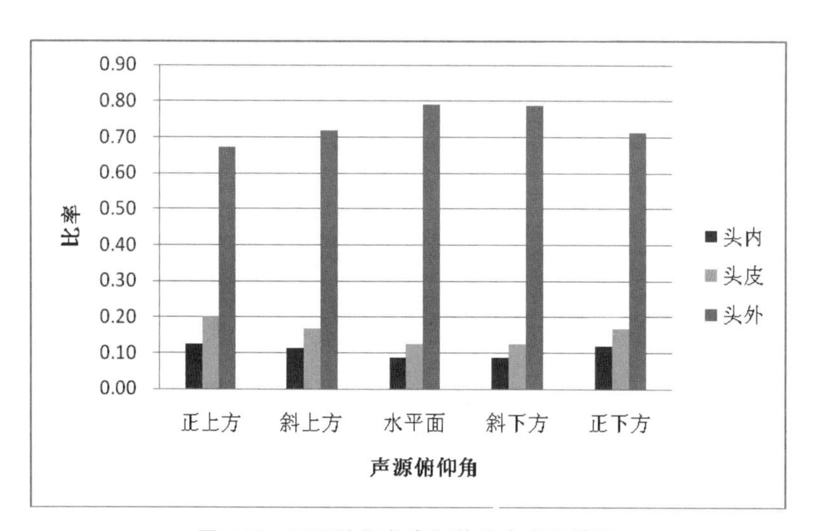

图5.13　不同俯仰角声源的头中定位情况

(3)声源距离对声像定位的影响

图5.14为声源在不同距离时头中定位的情况。实验信号选用的是表5.1中环境3水平面上正前方和正后方9种距离(0.2m、0.5m、1.0m、1.5m、2.0m、2.5m、3.0m、5.0m、10.0m)的18个声音信号。从图中可以看出,声源距离为0.2m时超过一半的声音都定位在头内和头皮。随着声源距离的增加定位在头外的比率也逐渐提高,当声源距离为1.0m时定位在头外

的比率趋于稳定，当声源距离大于3.0m时已有90%的声像定位在头外。实验结果显示，声源距离越远，声像定位在头外的比率越高。

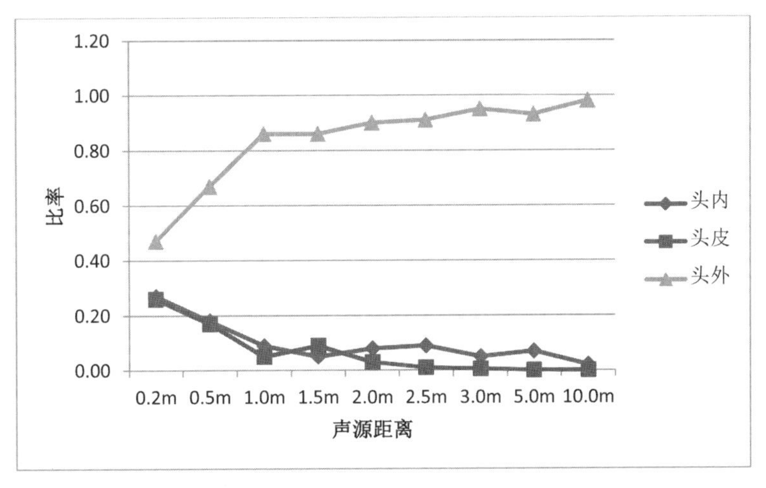

图5.14 不同距离声源的头中定位情况

5.2.3 录制环境对双耳录音声像定位的影响

环境反射声在一定程度上会影响双耳录音的声像定位，故实验考察了单一静止声源在不同的录制环境下的声像定位感知情况。所选择的5种录制环境及声学头模摆放位置见表5.1，实验信号及实验方法与5.2.2节相同。

图5.15为各个录制环境下双耳录音声像方向定位总正确率。环境3的方向定位总正确率最高，为63%；其次是环境1和5，约59%；环境2的正确率最低，为53%。这说明方向定位正确率与环境有很大的关系。环境3是一个走廊，有较强的墙面侧向反射，而环境2是一个封闭的小房间，早期反射声过于密集，反而扰乱了声像定位，说明只有反射声适当才有助

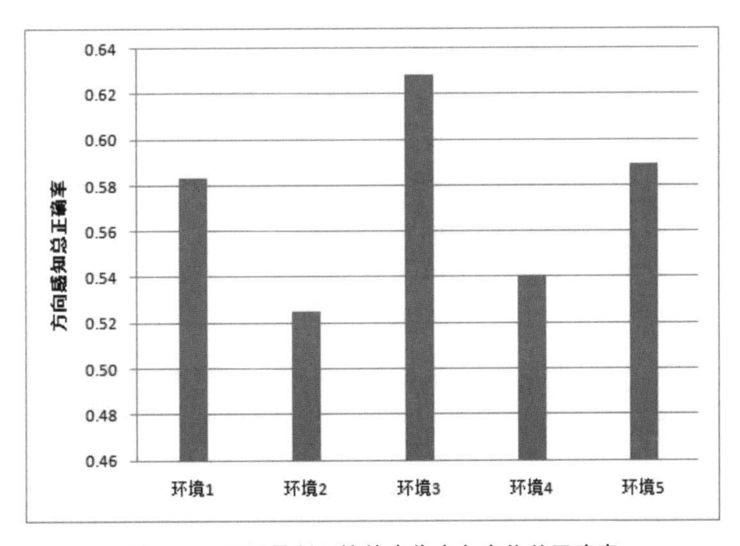

图5.15 不同录制环境的声像方向定位总正确率

于声像的方向定位。

图 5.16 为五种录制环境下发生前后混淆的比率。由图可以看出，前-后混淆率要远高于后-前混淆率，即前方的声音比后方的声音更容易发生前后混淆，前方声音更容易定位在后方。五种环境的平均前后混淆率相差无几，约为 36%。

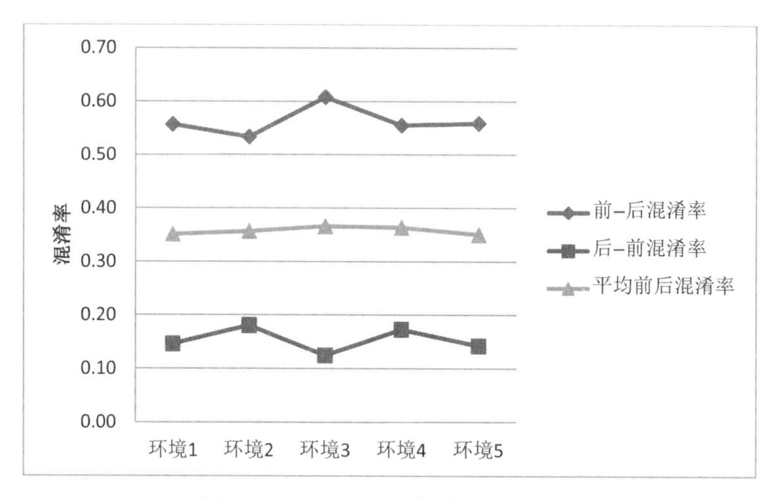

图 5.16 不同录制环境的前后混淆率

图 5.17 为五种录制环境下的上下混淆率。由图可以看出，下方声音定位到上方的比率要高于上方声音定位到下方的比率，即下方声音更容易定位到上方。从五种环境的平均上下混淆率来看，环境 3 发生上下混淆的比率最低，为 15%，但整体上各环境发生上下混淆的比率相差不多，均为 17%左右。对比图 5.16 和图 5.17，可以看出前后混淆率明显高于上下混淆率，即前后混淆现象更严重些。

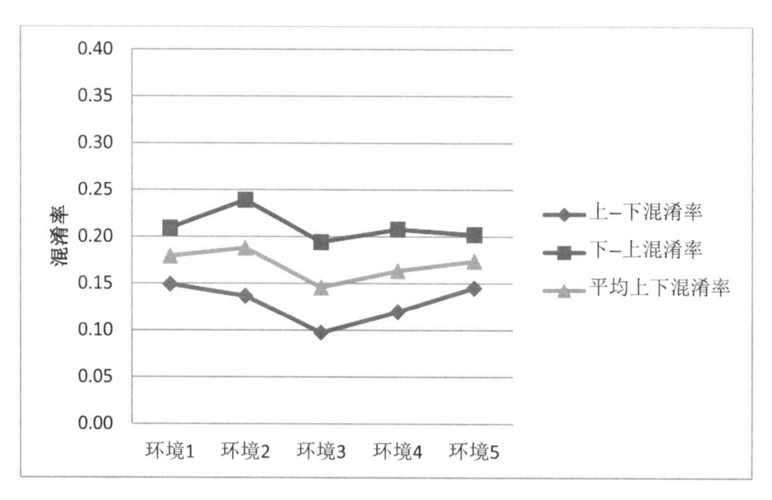

图 5.17 不同录制环境的上下混淆率

虽然环境 3 的方向定位总正确率最高，且上下混淆率最低，但其中的前方声源发生前后混淆的比率最高。虽然环境 2 的方向定位总正确率最低，且上下混淆最严重，但相对来说前方声源发生前后混淆的比率是最低的。由此可见,环境反射声对声像定位的影响较复杂,需进行进一步的实验具体分析。

图 5.18 为各个录制环境下双耳录音头中定位情况。环境 2 和 3 定位在头外的比率最高,可能是因为在这两个环境中声学头模的双耳方向有近反射面,会产生较强的侧向反射声;环境 1 的头中效应最明显,该环境的反射声很少,这说明适当的反射声有助于将声像定位在头外。

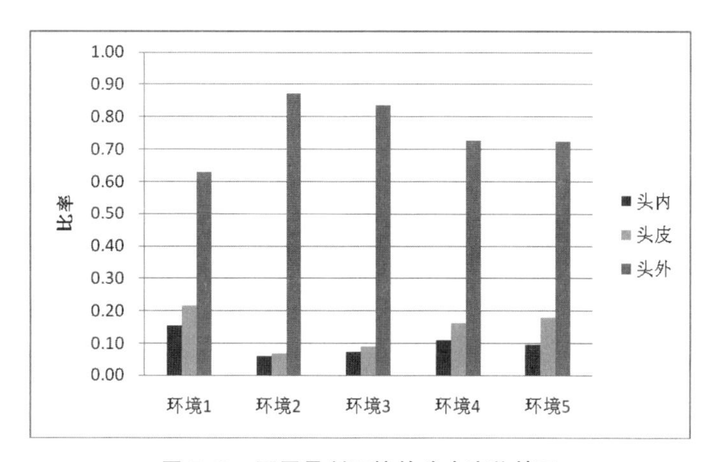

图 5.18 不同录制环境的头中定位情况

5.2.4 声源的认知程度对双耳录音声像定位的影响

熟悉的声源,人们对它的声音特点有较多的认知经验,因此当熟悉的声波从不同方向入射时,人们可能更容易依据过往的认知经验,判断其在双耳形成的时间差、强度差及频谱差异等定位信息对应哪个方位。但现实生活中的声音是不可能出现在头内的,因此这样的心理暗示有助于将声像拉出头外。而对于不熟悉的声音,人们就缺少这些能够帮助定位的认知经验。为了验证上述分析,进行主观听感实验,考察听音者对声源内容的认知程度对双耳录音声像定位的影响。

由于成长和生活环境不同,所以每个人所形成的认知经验也各不相同,同一种声源对某些人来说可能是熟悉的,但对另一些人来说可能是陌生的。为了确定每个被试的熟悉和不熟悉信号,实验选择了 12 种不同的声音内容(见表 5.2),20 名声音专业研究生被试需在听感实验后对每个声音内容进行描述,判断它是什么声音,接着采用 5 个范畴判断对各个信号的熟悉程度(非常陌生、较陌生、一般、较熟悉、非常熟悉)。结合被试对声音的描述及熟悉程度的判断,挑选出每个被试的两个最熟悉和两个最不熟悉的声音内容。在进行数据统计时,将各个被试两个最熟悉和两个最不熟悉的声音内容分别组成熟悉信号组和不熟悉信号组,对比分析这两组的实验结果。

表 5.2 列出了实验信号内容,其中序号 1~8 的声音内容出自《英国广播公司音效库全集》,选择一些生活中常见及不太常见的声音;序号 9 的声音为用 MIDI 制作的音效,是挑选 Hypersonic2 软音源中比较奇怪、不熟悉、无明显音高的音色做变形处理制作而成的;序号

10～12 的声音是将敲击竹板的声音信号进行时间反转，加上不同的效果(镶边、削波、压限和均衡)后的声音，目的是得到认知程度较低的声音。

表 5.2　声音内容及其波形

序号	声音内容	波形	序号	声音内容	波形
1	小猫仔叫		7	暹罗猫叫	
2	滑雪		8	Mog 猫叫	
3	草原斑马叫		9	MIDI 合成音效	
4	狒狒叫		10	竹板反转加效果 1	
5	牛羚叫		11	竹板反转加效果 2	
6	猫咳嗽		12	竹板反转加效果 1	

将以上声音通过有源监听扬声器进行重放，为排除反射声对定位的影响，拾音场所选择在简易短混响录音间[15]。扬声器的辐射单元中心距声学头模中心距离为 1.5m，扬声器和声学头模距离地面高度为 1.2m，扬声器固定不动，以 45°为步长原地水平转动声学头模来录制水平面上正前、右前、正右、右后、正后、左后、正左和左前八个方向扬声器重放的声音。为避

免扬声器本身的频率特性以及整个房间、传声器等对听音实验造成干扰,需要对整个录音系统的频响进行修正。

图5.19和图5.20分别为熟悉信号组和不熟悉信号组的声像定位正确率和头中定位情况。熟悉信号的定位正确率比不熟悉信号的定位正确率高,熟悉信号比不熟悉信号定位在头外的比率高出11%,定位在头内和头皮的比率有所下降。这说明对声音内容越熟悉,越有助于减少前后混淆现象,声像越容易定位在头外。

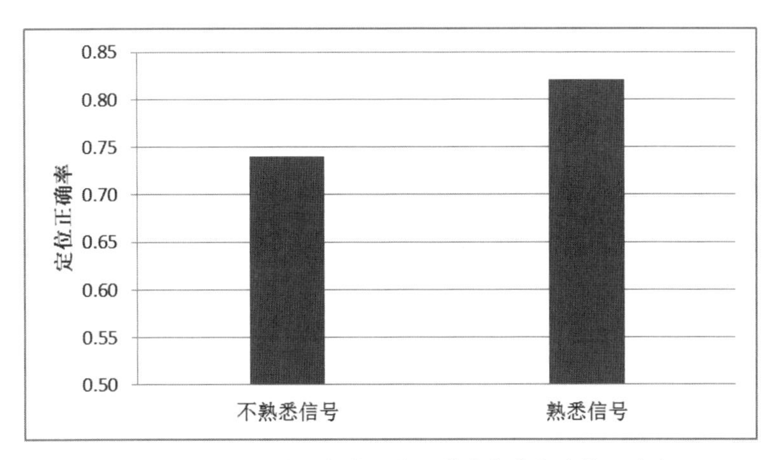

图5.19 不熟悉信号与熟悉信号的声像方向定位正确率

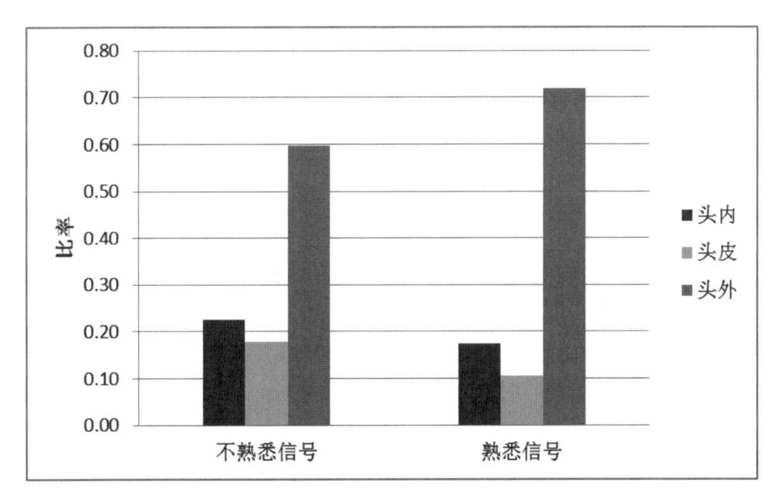

图5.20 不熟悉信号与熟悉信号的头中定位情况

5.3 运动声源的双耳录音声像定位感知

当声源静止时,双耳定位线索也是随时间的流逝基本不变的。而当声源处于运动状态时,双耳定位线索是实时跟随声源方位变化而变化的,这些动态因素很可能有助于双耳录音声像定位感知。

为探讨运动声源双耳录音声像定位感知的效果,实验选取了两种声源运动方式。第一种声源运动方式是射线运动，如图 5.21(a)，声源采用竹板敲击声，即将竹板沿着以声学头模为原点的 26 个射线方向由近及远或由远及近地运动，图中只画出了一个方向，被试只需判断声像方向。第二种声源运动方式是横向运动，如图 5.21(b)，即竹板保持在同一个俯仰角高度，垂直于各个射线方向来回运动，被试不仅要判断声像方向，还要判断头中定位情况。进行主观实验的地点、重放设备、被试情况以及实验方法均与 5.2.2 节相同。

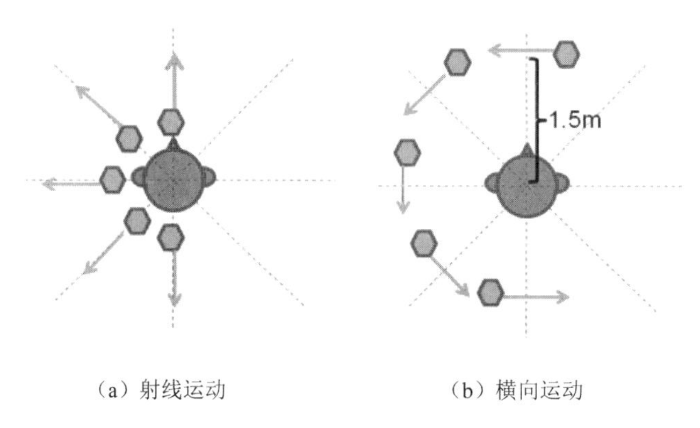

(a) 射线运动　　(b) 横向运动

图 5.21　声源运动轨迹

图 5.22 为声源静止和运动时方向定位混淆率的对比。可以看出，无论声源静止还是运动，前后混淆率都明显高于上下混淆率。就前后混淆率来说，声源静止时各环境基本相同；声源进行射线运动和横向运动时曲线走向趋于一致，环境 2 中运动声源的前后混淆率最高，因为有大量的四周墙面反射且声源是运动的，使反射声成分复杂，对被试判断声音方位有很大干扰。就上下混淆率来说，5 种录制环境相差无几，尤其是当声源射线运动和横向运动时曲线基本重合。总体来说，声源的运动状态对声像混淆率没有太大的影响，声源运动并不能有效地改善方向定位混淆的现象。

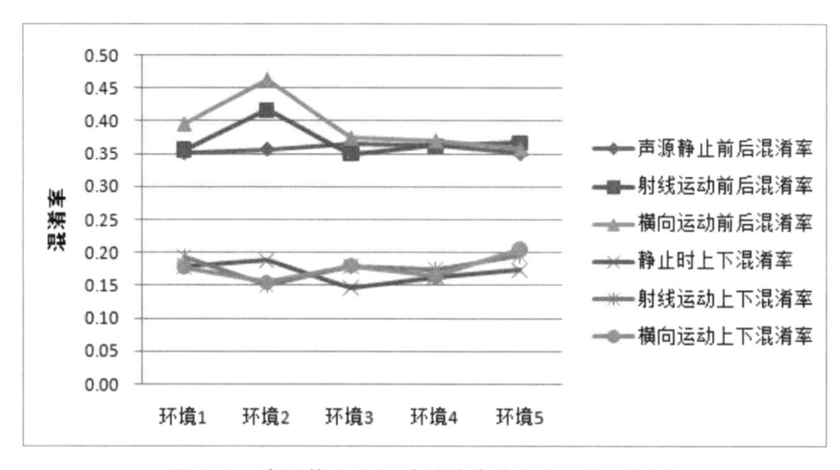

图 5.22　声源静止和运动时的声像方向定位混淆率

图 5.23 为声源静止和声源做横向运动时声像的头中定位情况。从图中可以看出，声源横向运动时声像定位在头外的比率比静止时高出约 11%；声源静止时更容易定位在头内和头皮。因此运动声源有助于将声像定位在头外，在一定程度上改善了头中定位效应。

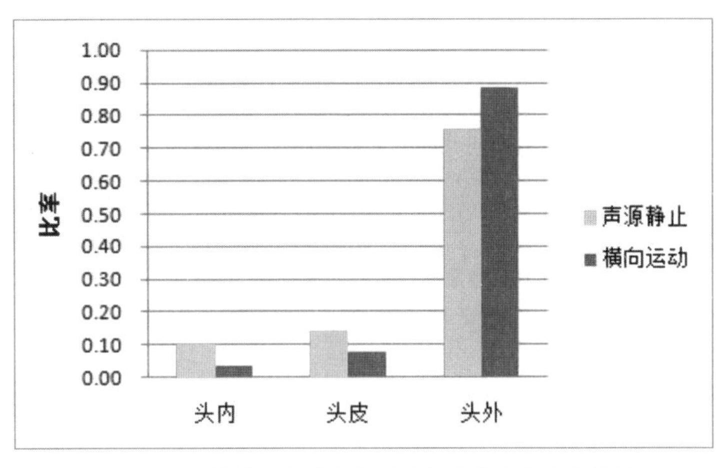

图 5.23　声源静止和横向运动时的声像头中定位情况

5.4　场景录音的双耳录音听感效果分析

在实验条件下评价双耳录音的听感效果，主要探讨的是声像定位情况。而在实际应用中，可能是多种声源共同发声，录制环境也不是规则的空间。录音整体效果的评价应包含对声音的主观属性（响度、音调、音色的真实度和自然度）和空间属性两方面的分析。录音的声音主观属性主要取决于传声器和重放设备的电声指标，由于本实验的传声器和重放设备都已选定，所以这里主要讨论声音的空间属性。本节以实际场景为研究对象，从整体角度对声学头模录音的效果进行分析，场景列表见表 5.3。在中国传媒大学校园及附近，共录制了 18 个实际场景的素材，尽可能包含多种不同的场景类型。

表 5.3　实际场景素材列表

序号	场景	序号	场景
1	教学楼大厅	10	宿舍一楼电梯前空地
2	校园水景（小瀑布）	11	京通快速
3	食堂（人多时）	12	食堂（人少时）
4	宿舍楼走廊	13	寝室（楼道里有声音）
5	篮球场	14	定福庄东街
6	公交车站	15	教学楼前方空地
7	寝室	16	中蓝学生公寓会客厅
8	综合楼一楼大厅	17	中国传媒大学西门
9	小学校门口	18	1500 报①音乐会

被试听取按照随机次序播放的录音信号，判断声像定位（方向和头中定位情况）、纵深感、空间感、临场感和总体录音效果五个指标，采用系列范畴法，每个指标分为很好、较好、一般、较差和很差五个范畴。各个指标及其“很好”和“很差”范畴的含义详见表 5.4。

① 指中国传媒大学 1500 人报告厅，下同。

表 5.4 评价指标含义解释

	释义	“很好”	“很差”
声像定位	对录音素材中所有声音进行方向定位以及出现头中定位情况的整体感觉	能够很确定地感知所有声源的方位，声像全部定位在头外，并符合常理	完全无法判断各个声源的方位，声像全部集中在头内
纵深感	听者对声像纵深层次的近景、中景和远景所产生的印象	重放时声像远近分布适当，不同距离的声像能够被清晰地区分开，层次分明，声像与头部拉开一定的距离	所有的声像没有远近的区别，全部集中在一个小范围内
空间感	听录音所形成的虚拟空间印象	能够对所听录音产生清晰明确的空间印象	对声源所处的空间环境无法形成确定的空间印象
临场感	听取录音时身临其境之感的强烈程度	闭上眼睛听录音，感觉自己真的处于录音所描述的环境，像真实的声源在发声，而不是从耳机里放出来的声音	录音听起来只是从耳机发出来的而已，不能营造出真实的听觉环境

表 5.5 为所有 18 个场景录音分别按照五个评价指标由好至差排列的情况。由表可知，大部分场景的声像定位、纵深感和临场感都集中在“较好”的范畴，还有 1～2 个场景被归入“很好”的范畴；在空间感的评价中，“较好”范畴和“一般”范畴的场景数目差不多；在声像定位、纵深感和空间感的评价中只有 1～2 个场景会被归到“较差”的范畴；四个评价指标都没有“很差”的场景。各个场景的总体录音效果分布比较分散，“较好”范畴的场景数量为 10 个，“一般”范畴的场景数量为 7 个，“较差”范畴内有 1 个场景。这说明，不同场景之间的声学头模录音总体效果是存在一定差距的，并不是录制的所有场景都具有相同的听感效果。

尽管五个评价指标从好至差场景的排序不完全相同，但是对评价指标的两端——“很好”和“很差”判断的一致性很高：五个指标均排在前列的有篮球场、中国传媒大学西门和定福庄东街；而校园水景（小瀑布）的五个指标均排在了最后一名，这可能是由于近处和远处的水声相关性较大，不太能区分开来，且小瀑布的声压级较高，容易掩蔽周围其他可以帮助提升听感效果的声音，听者无法营造出一个立体的虚拟听觉场景。总体看来，室外场景较室内场景效果稍好些；较安静的场景（例如食堂人少时）比嘈杂的场景（例如食堂人多时）的听感效果好，声压级过高的声音会将一些有助于提升听感效果的空间信息掩蔽，因此听者无法营造出一个立体的虚拟听觉场景；混响过大的场景录音效果差些，例如教学楼大厅；场景内有左右方向静止或运动的声源时效果会很好，因为声学头模的正左和正右方是声学头模听感效果最好的两个方向，如定福庄东街有左右穿梭的车辆和行人；在封闭空间内录制空间外的声音，听感效果有时比录制空间内的声音要好，例如在寝室内录制寝室门外楼道里的声音，可能是因为声音在衍射、绕射和透射的过程中携带了有用的空间信息，听感效果有所提升。

表 5.5　五个评价指标由好至差排序对比

（颜色说明：很好、较好、一般、较差）

声像定位	纵深感	空间感	临场感	总体录音效果
篮球场	定福庄东街	中国传媒大学西门	中国传媒大学西门	中国传媒大学西门
寝室(楼道里有声音)	寝室(楼道里有声音)	京通快速	篮球场	定福庄东街
京通快速	中国传媒大学西门	篮球场	公交车站	篮球场
定福庄东街	综合楼一楼大厅	寝室	小学校门口	公交车站
教学楼大厅	教学楼前方空地	定福庄东街	定福庄东街	小学校门口
中蓝学生公寓会客厅	公交车站	公交车站	京通快速	寝室(楼道里有声音)
寝室	京通快速	小学校门口	教学楼前方空地	寝室
宿舍楼走廊	篮球场	中蓝学生公寓会客厅	食堂(人多时)	教学楼大厅
中国传媒大学西门	小学校门口	教学楼大厅	1500 报音乐会	1500 报音乐会
食堂(人少时)	寝室	食堂(人多时)	寝室(楼道里有声音)	教学楼前方空地
综合楼一楼大厅	宿舍楼走廊	食堂(人少时)	寝室	京通快速
公交车站	食堂(人少时)	寝室(楼道里有声音)	教学楼大厅	综合楼一楼大厅
教学楼前方空地	宿舍一楼电梯前空地	教学楼前方空地	食堂(人少时)	宿舍楼走廊
小学校门口	中蓝学生公寓会客厅	宿舍楼走廊	中蓝学生公寓会客厅	中蓝学生公寓会客厅
1500 报音乐会	教学楼大厅	综合楼一楼大厅	宿舍楼走廊	食堂(人少时)
食堂(人多时)	1500 报音乐会	宿舍一楼电梯前空地	宿舍一楼电梯前空地	宿舍一楼电梯前空地
宿舍一楼电梯前空地	食堂(人多时)	1500 报音乐会	综合楼一楼大厅	食堂(人多时)
校园水景(小瀑布)	校园水景(小瀑布)	校园水景(小瀑布)	校园水景(小瀑布)	校园水景(小瀑布)

表 5.6 为五个评价指标的相关性分析。结果表明，声像定位和临场感与总体录音效果的相关性最大，分别为 0.70 和 0.76，可见声像定位和临场感是最影响实际场景声学头模录音听感效果的两个因素。

表 5.6　五个评价指标的相关性分析

	声像定位	纵深感	空间感	临场感	总体录音效果
声像定位	1.00	0.55	0.51	0.45	0.70
纵深感	0.55	1.00	0.47	0.28	0.59
空间感	0.51	0.47	1.00	0.51	0.61
临场感	0.45	0.28	0.51	1.00	0.76
总体录音效果	0.70	0.59	0.61	0.76	1.00

5.5　视觉辅助信息对双耳录音听感效果的影响

近年来，智能手机和平板电脑等移动终端日益普及，用户对移动多媒体应用中音视频质量的要求也不断提高。适合耳机重放的双耳录音因其逼真的声场还原能力越来越受到人们的重视。在实际应用中，音频一般会伴随着相应的视频信息同时出现，因此本节针对与声学头模双耳录音信号同步的视频信息，探究视觉辅助信息对声学头模双耳录音听感效果的影响。

图 5.24 声学头模及录像设备

实验信号分为两组。第一组实验信号为纯音频信号，与 5.4 节完全相同，这里直接采用 5.4 节的实验结果作为无视觉辅助信息的实验数据。第二组实验信号为加入视觉辅助信息的音频信号，即同步的音视频信号。视频信息采集设备采用的是 JVC 3CCD ProHD 摄像机，将声学头模固定在摄像机的上方，声学头模朝向镜头正前方，如图 5.24 所示。声学头模拾取的双耳信号直接输入摄像机的立体声端口，由摄像机同步采集音频和视频。

实验在安静的听音室内进行，实验信号按照随机次序播放，音频采用入耳式监听级别耳机进行重放；视频的重放采用投影方法，尽可能将画面尺寸调到最大，视觉上尽可能真实地还原现实场景。共有五个主观实验评价指标，包括声像定位、纵深感、空间感、临场感和总体录音效果，采用系列范畴法，各个指标及对应范畴的含义与 5.4 节相同。要求被试将主要精力集中在“听”的过程，“看”只是辅助，评价的对象仍然是音频信号，而不是音视频整体。被试与 5.4 节实验为同一批人员，本节的实验是在 5.4 节实验之后进行的。

图 5.25 依次为 18 个场景在有无视觉辅助信息的条件下声像定位情况、纵深感、空间感、临场感和总体录音效果的对比结果，图中横坐标对应五个范畴，纵坐标对应每个范畴选择人数的百分比。由这五个图中的结果可以看出有、无视觉辅助信息的双耳录音主观评价结果，五个指标中选择“较好”范畴的均最多。有视觉辅助信息比无视觉辅助信息时声像定位评价中的“较好”和“很好”范畴选择人数百分比分别提高了 9% 和 2%；纵深感和空间感评

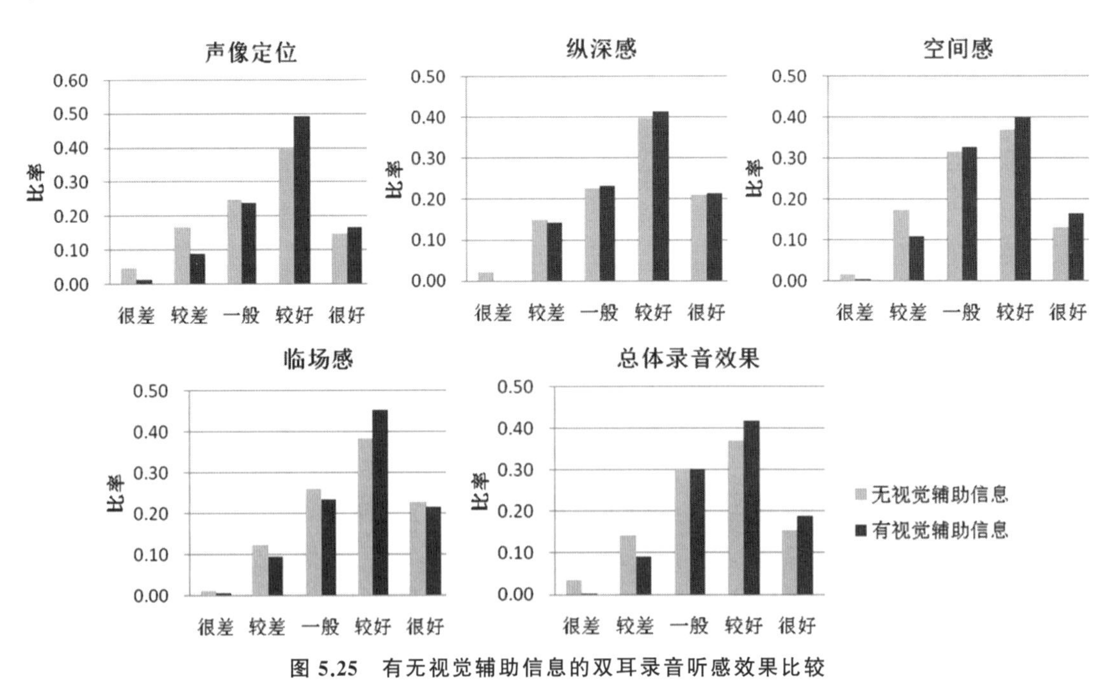

图 5.25 有无视觉辅助信息的双耳录音听感效果比较

价中选择“较好”和“很好”范畴的人数略有提高，但差别不大；临场感评价中的“较好”范畴选择人数百分比有明显提高；总体录音效果评价中选择“较好”和“很好”范畴的人数百分比分别提高了5%和4%；五个指标中选择“很差”和“较差”范畴的人数百分比均有所下降。有视觉辅助信息时，基本没有人选择“很差”范畴。

上述实验结果表明，同步视频提供的场景环境信息和声源信息，能够在一定程度上减轻声像前后混淆和头中定位效应，使声像远近层次分明，增强空间感和临场感，对于提升声学头模录音听感效果具有一定的积极作用。

5.6 不同方式获得的双耳录音声像定位

双耳录音包含了HRTF信息，因此录制双耳录音信号时所采用的人头不同，记录同一声场环境、相同声源的双耳信号也有所差别。本节探讨比较了听音人听取不同方式获得的双耳录音声像定位感知差异。

5.6.1 人本身定位能力的验证

双耳录音耳机重放会产生声像畸变，这与录音过程带来的空间方位信息的损失有关系，但还有一个问题需要考察，那就是声像畸变是否还与听音者本身的定位能力有关。因此还需要对听音者本身的定位能力进行验证。这部分实验就是为了验证声像定位畸变是不是人本身的听觉特性所固有的。

用有源监听扬声器重放300ms的200Hz高通白噪声，将其作为声源，声源方向为水平面以45°为间隔的八个方向，信号均衡处理及实验环境同5.2.1节。八个扬声器随机播放对应的经过均衡的白噪声，被试闭眼判断声音是由哪个方向发出的。每个方向的信号出现3次，每名被试共需判断24次。随机选取19名22～26岁的研究生作为被试，被试均无听力障碍，左右耳外形对称，听阈无明显差别。为便于分析，将左前和右前信号归为斜前信号，正左和正右信号归为正左/右信号，左后和右后信号归为斜后信号。实验结果见图5.26。

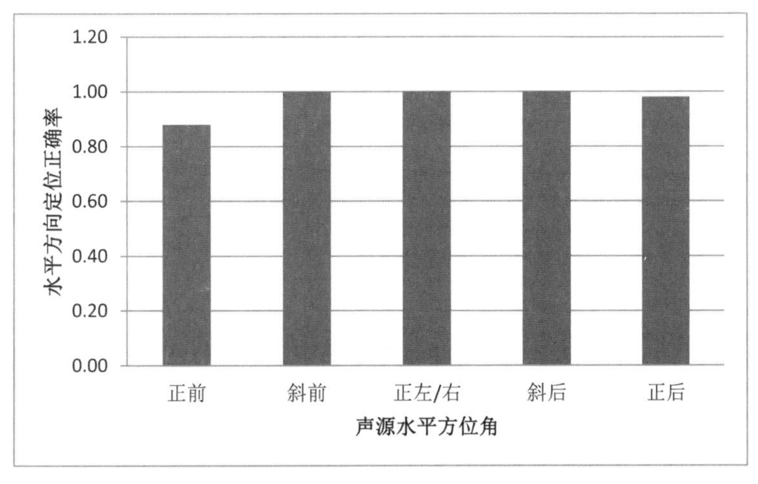

图5.26 真人现场听音水平方向定位正确率

可以发现正确率并不全是1。在正前方和正后方都发生了定位错误。正前方的正确率为0.88,正后方的正确率为0.98,正前方的错误为全部判断在正后方,正后方的错误为全部判断在正前方。此结论表明人本身的听觉特性也会造成声像混淆,只是这个混淆率比双耳录音重放低得多。

5.6.2 个性化双耳录音的声像定位感知

个性化双耳录音是指由倾听者本人的双耳捡拾双耳信号。理论上认为,个性化双耳录音可以取得理想的声音空间信息重放效果,若采用头模或其他人的双耳信号(非个性化),其定位效果将会有所减弱,产生声像畸变,这与倾听者和拾音所用头部和耳廓的生理结构参数的相似程度有关,相似程度越高,重放效果越好。本节实验的目的是探究真人个性化双耳录音的声像定位感知。

双耳录音的环境和声源信号处理方式与5.6.1节相同。除了采用扬声器重放200Hz以上的高通白噪声,将其作为声源以外,还选用了竹板敲击声作为真实声源。竹板敲击一次的时长也为300ms。

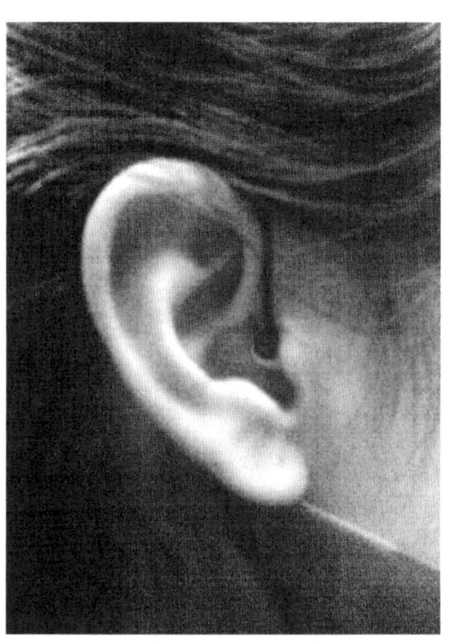
图5.27 传声器放置示意图

真人双耳录音需要将传声器置于耳道处。用弹性材料将一对缩微传声器包裹后再插入被试耳道,传声器与耳道入口齐平或略微靠内,弹性材料自动将耳道入口封闭[2][3],如图5.27所示。该传声器是1/4英寸全指向型传声器,经测量,左右耳传声器的频率响应及灵敏度匹配良好。真人录音要保证被试在录音过程中尽可能保持固定不动。被试与5.6.1节为相同的19名人员。依次录制八个扬声器播放出的经过均衡校正的白噪声。当声源为敲击竹板时,在八只音箱所在的位置处敲击竹板,即得到声源为竹板时的双耳录音。

双耳信号录制完毕后,被试需要听自己的双耳录音,对声像方向和头中定位情况进行判断,同时还需要听取由其他随机4名被试录制的双耳录音,对其声像定位效果进行判断。因此每名被试需要听取240个信号(白噪声、竹板声2种声源,8个方向,5套双耳录音,重复3次),240个信号随机播放。听音环境及重放使用的入耳式监听级别耳机与5.2.1节相同。

图5.28为被试听取本人个性化双耳录音的声像定位正确率。可以看出正前方和正后方的正确率最低,正左方和正右方的正确率最高,斜前和斜后方向的正确率居中。声源为白噪声和竹板时,正确率略有差别,但总体趋势相同。

图5.29为被试听取其他随机的4名被试双耳录音的声像定位平均正确率。可见整体趋势与图5.28大体相同,仍然为正前、正后方向的正确率最低,正左和正右方向的正确率最高,但各个方向的正确率均低于个性化双耳录音的正确率。

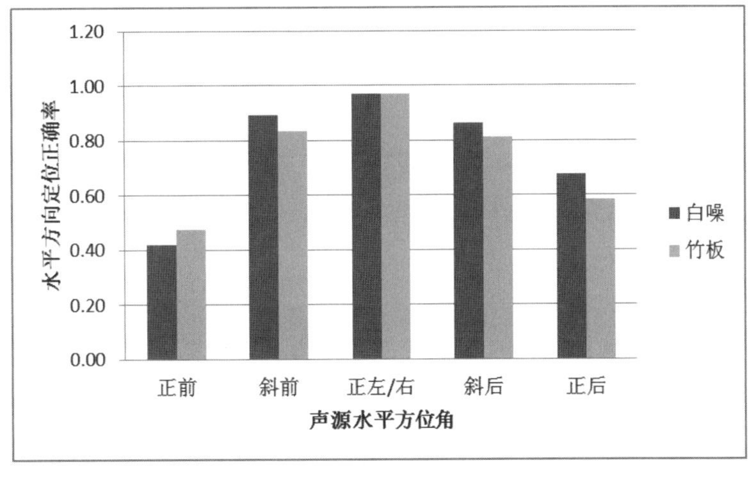

图 5.28 被试听取本人个性化双耳录音时的声像定位正确率

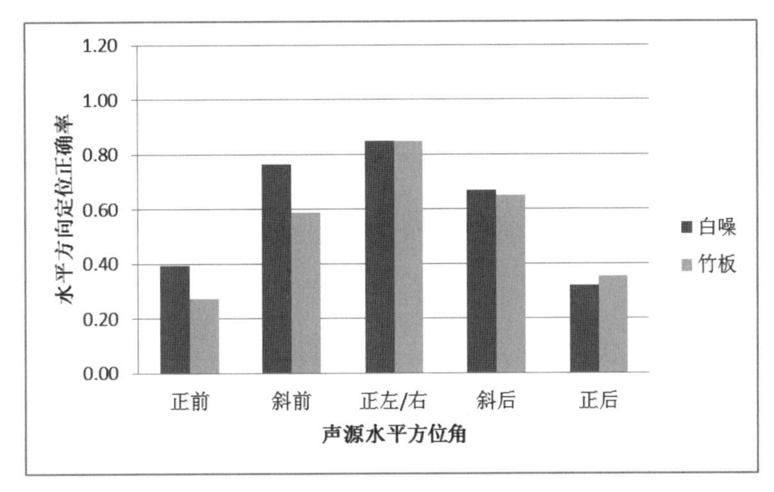

图 5.29 被试听取他人双耳录音时的声像定位正确率

图 5.30 和图 5.31 分别为被试听取本人个性化双耳录音及听取他人双耳录音时头中定位的情况。可以看出，声源为竹板声时，更容易定位在头皮，定位在头外的比率比白噪声低。这说明产生头中效应的比率与声源本身也有关系。在录音实践中还发现语音特别是在有混响的空间中的语音产生头中效应的程度比其他特定声源的低。

另外，对比两张图可以发现，被试听取本人个性化双耳录音时定位在头外的比率高于听取他人双耳录音时定位在头外的比率，但不管是哪种情况都有大于 50％的声音会被定位在头内和头皮，有超过一半的声音没有被拉出头外。也就是说，即使采用本人的头部进行双耳录音也会产生较明显的头中定位效应。

5.6.3 仿真头模与声学头模双耳录音的声像定位感知

仿真头模(见图 2.2)是根据《成年人头面部尺寸》国家标准设计制作的人工头模，对人头部各个细节进行了精确复制。仿真头模的声场逼真度高，但因其造价偏高，应用并不普遍。而声学头模(见图 4.3)为参照《成年人头面部尺寸》国家标准、《成年男性头型三维尺寸》国家

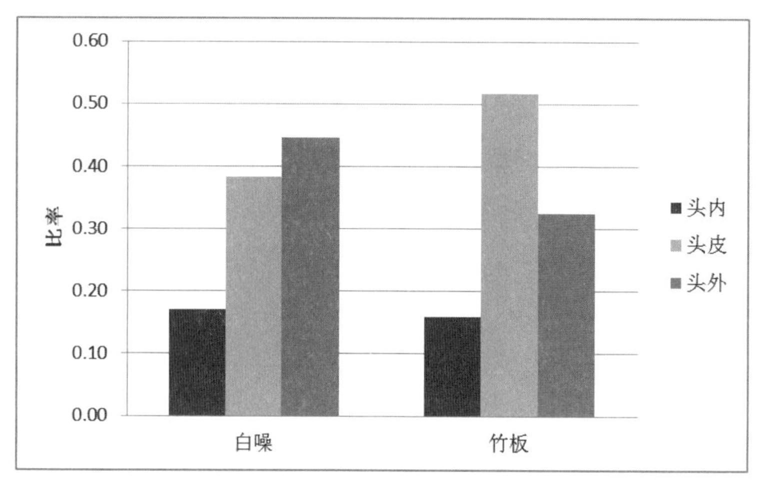

图 5.30　被试听取本人个性化双耳录音时的头中定位情况

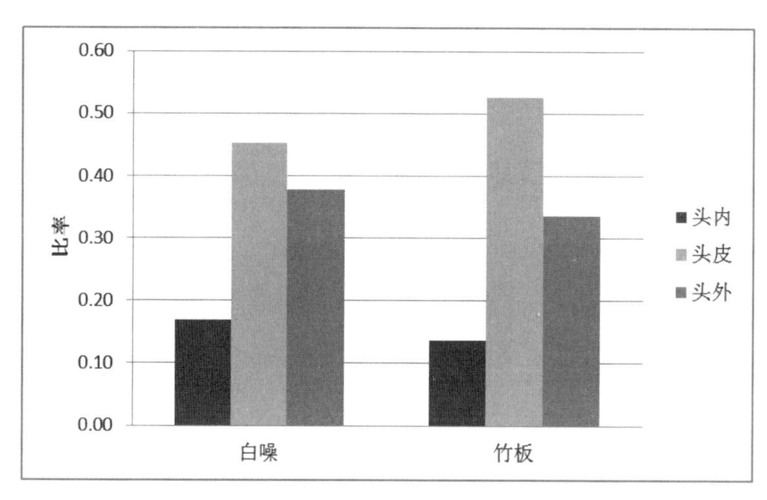

图 5.31　被试听取他人双耳录音时的头中定位情况

标准制作的简化头部模型。该头模对头部、肩部结构进行了一定的简化，仅保留了与声学特性相关的主体部分。本节主要探讨简化后的声学头模在听感上是否与仿真头模存在差距，是否能够替代仿真头模。信号录制环境与方法、听感实验环境与过程以及被试人员与 5.6.2 节完全一致。

图 5.32 为仿真头模和声学头模双耳录音的声像定位正确率(2 种声源、8 个方向的总体平均正确率)。可以看出，声学头模双耳录音的定位正确率不仅没有比仿真头模低，反而还高出大约 5%。这高出的 5%是否具有显著性，需要进行显著性检验。

显著性检验[16]就是事先对总体(随机变量)的参数或总体分布形式做出一个假设，然后利用样本信息来判断这个假设(原假设)是否合理，即判断总体的真实情况与原假设是否有显著差异。显著性检验是对我们对总体所做的假设做检验，其原理就是用“小概率事件实际不可能性原理”来接受或否定假设。

我们常把一个要检验的假设记作H_0，称为原假设(或零假设，null hypothesis)，将与H_0对立的假设记作H_A，称为备择假设(alternative hypothesis)。在原假设为真时，决定放弃原

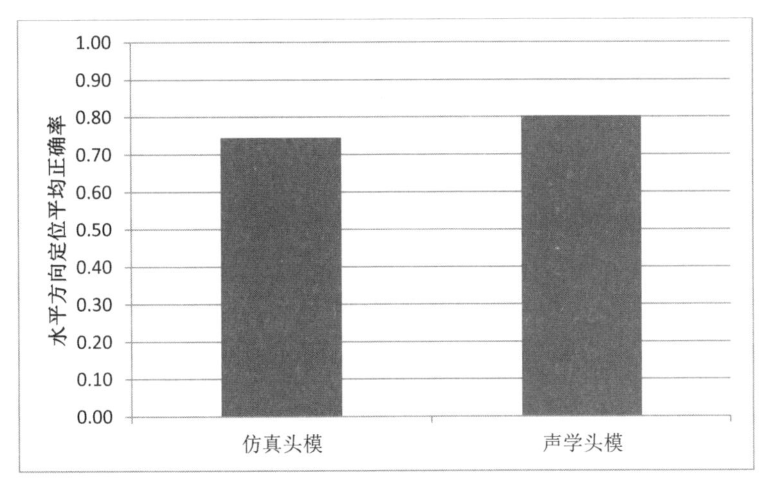

图 5.32　仿真头模与声学头模双耳录音的声像方向定位正确率

假设，称为第一类错误，其出现的概率通常被记作 α；在原假设为假时，决定接受原假设，称为第二类错误，其出现的概率通常被记作 β。通常只限定犯第一类错误的最大概率 α，不考虑犯第二类错误的概率 β。这样的假设检验又称为显著性检验，概率 α 称为显著性水平。最常用的 α 值为 0.01、0.05、0.10 等。一般情况下，根据研究的问题，如果放弃真错误损失大，那么为减少这类错误，将 α 值取小些，反之，则将 α 值取大些。

对由仿真头模和声学头模的 8 个方向的定位正确率组成的两组数据进行比较，即比较 8 对样本，采用配对设计两个样本平均数差异显著性检验。配对设计是指先根据配对的要求将试验单位两两配对，然后将配成对子的两个试验单位随机实施某一处理。配对的要求是配成对子的两个试验单位的初始条件尽量一致，不同对子间试验单位的初始条件允许有差异，每一组对子就是重复了一次随机的试验处理。采用两尾 t 检验法。检验步骤如下所示。

1)提出假设

$$H_0:\mu_d=\mu_1-\mu_2=0$$
$$H_A:\mu_d=\mu_1-\mu_2\neq 0 \tag{5.1}$$

其中，μ_1 为第一个样本所在的总体平均数，μ_2 为第二个样本所在的总体平均数，μ_d 为两个样本各对数据之差数($d_j=x_{1j}-x_{2j}$)所在的总体平均数($\mu_d=\mu_1-\mu_2$)。

2)计算 t 值

$$t=\frac{\bar{d}}{S_{\bar{d}}} \tag{5.2}$$

$$df=n-1 \tag{5.3}$$

$$S_{\bar{d}}=\frac{s_d}{\sqrt{n}}=\sqrt{\frac{\sum(d-\bar{d})^2}{n(n-1)}} \tag{5.4}$$

其中，$\bar{d}=\sum d/n$，$S_{\bar{d}}$ 为差数标准误差，n 为配对的对子数。

3)统计推断

查 t 分布表，当 $df=8-1=7$ 时，$t_{0.05(7)}$ 的值可以从表中查出为 2.365。计算 $|t|$ 的值。若所得的 $|t|<t_{0.05(7)}$，则 $p>0.05$，不能否定假设的 H_0。

若所得的 $|t| > t_{0.05(7)}$，则 $p < 0.05$，否定假设的 H_0，接受 H_A。

同理，取 $t_{0.1(7)}$ 再做一次检验。从 t 分布表中查出 $t_{0.1(7)} = 1.895$。

对声学头模和仿真头模的两组数据进行对比，运用显著性检验方法得到 $|t| = 1.92 < t_{0.05(7)}$，故 $p > 0.05$，不能否定假设的 H_0，则仿真头模和声学头模没有显著的差别。当取临界值为 $t_{0.1(7)}$ 时，$|t| = 1.92 > t_{0.1(7)}$，故 $p < 0.1$，否定假设的 H_0，接受 H_A，说明仿真头模和声学头模有显著的差别，声学头模比仿真头模的平均正确率高，具有显著性。

这可能是因为虽然仿真头模的面部尺寸结构符合中国人的平均特点，但它的面部细节全部保留，仍然保留了个性化的特征。

图 5.33 为仿真头模与声学头模双耳录音的头中定位情况，是白噪和竹板两种声源定位的综合结果。仿真头模与声学头模定位的结果类似，无论是仿真头模还是声学头模，大部分的声像都没有被拉出头外，头外定位比率仅为 40%～43%，有将近 45%的声像定位在头皮。

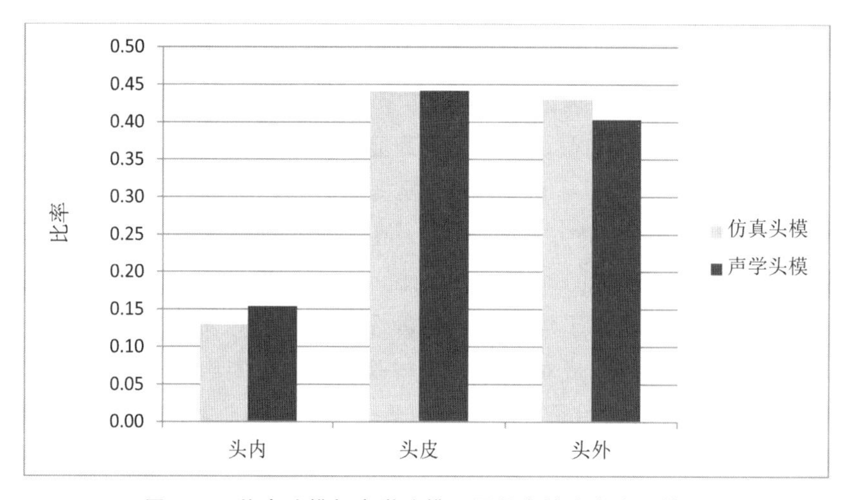

图 5.33　仿真头模与声学头模双耳录音的头中定位情况

5.6.4　不同方式获得的双耳录音效果比较

对比一下听音人听取本人头部、其他真人头部及人工头模的双耳录音时的听感效果。图 5.34 是被试听本人个性化的双耳录音、听他人双耳录音以及听取头模双耳录音时的平均声像定位正确率(白噪声和竹板两种声源对应结果的平均值)，其中头模双耳录音正确率是仿真头模和声学头模正确率的平均值。可以看出整体的趋势为被试听本人的个性化录音时正确率最高，被试听其他被试的双耳录音时正确率最低，头模双耳录音的正确率居中。经过两两比较的显著性检验(仍然以 8 个方向的定位正确率作为检验样本，因此配对的对子数为 8)得到，前两列的 $|t| = 3.80$，一、三列的 $|t| = 0.90$，后两列的 $|t| = 2.21$。经过同样的方法检验可以得出：当取临界值为 $t_{0.05(7)}$ 时，被试听本人的双耳录音信号和听其他被试的双耳录音信号的正确率有显著性差异，后两种比较均没有显著性差异。当取临界值为 $t_{0.05(7)}$ 时，被试听本人个性化双耳录音比听他人双耳录音正确率高，是具有显著性的；当取临界值为 $t_{0.1(7)}$ 时，被试听他人的双耳录音比听头模的双耳录音的正确率低，具有显著性，而被试听本

人的双耳录音和被试听头模的双耳录音的正确率没有显著性差异。

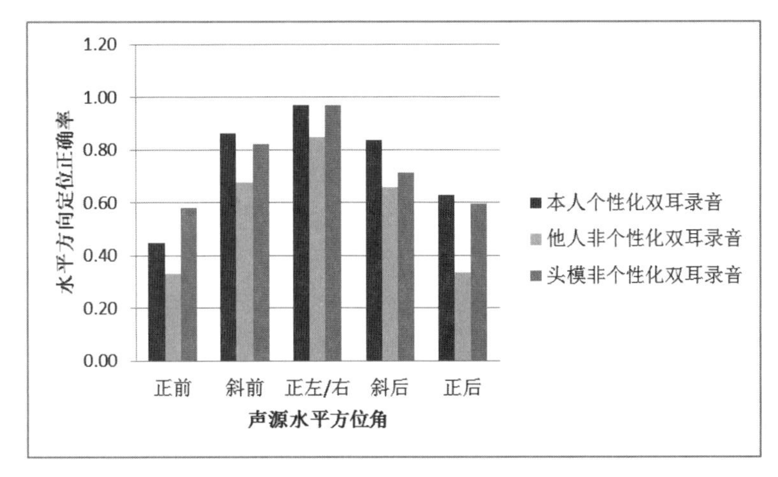

图 5.34　三种不同双耳录音平均正确率对比

由此可见，虽然仿真头模与声学头模也是非个性化的，但它们是根据中国人平均的面部尺寸和耳廓特征进行设计的，因此相对于直接采用其他人的头部进行录音，它们所获得的听感效果更好。从价格、便携性、听感效果等多方面因素考虑，推荐采用声学头模进行双耳录音。

5.7　双耳录音的适用性及建议录音方法

5.7.1　双耳录音的适用性分析

上述一系列的听感实验结果说明，双耳录音虽然能够给听者提供较好的临场感和空间感，但在一些情况下仍然存在声像混淆和头中效应等问题，影响整体听感。因此，根据双耳录音在不同条件下的听感效果，总结出适宜采用双耳录音进行录制的声源、环境及场景，为双耳录音的实践提供参考，以便扬长避短，获得理想的听感效果。

(1)声源适用性分析

从声源的频率、时长、连续性、认知程度、方向、距离及运动状态这几个方面来说明双耳录音适宜录制的声源类型。

1)声源频率。适宜录制频率成分丰富的声源，中频段声源相对于低频段和高频段声源具有更好的声像定位效果。

2)声源时长。随着声源时长的增加，声像定位正确率及头外比率也逐渐提高，当时长增加到 0.6s 以上时，听感效果的增强不再明显。因此它适宜录制持续 0.6s 以上的声源，时长过短不容易形成稳定的听感。

3)声源连续性。对于脉冲性声源，脉冲持续的时间越长，声像定位正确率越高，而脉冲出现的时间间隔对声像定位的影响没有明显的规律。

4)声源的认知程度。适于录制认知程度高的声源,对声源越熟悉越容易获得较好的听感效果。

5)声源方向。从声源的俯仰角来说,适宜录制水平面上的声源,其次是斜上或斜下的声源,正上和正下方的声源重放时的听感效果最差;下方声源易出现上下混淆而定位在上方,因此相对于下方声源来说,更适宜录制上方声源。从声源的水平方位角来说,左、右两侧的声源往往能获得最好的听感效果,其次是斜前和斜后的声源,正前和正后方的声源重放时的听感效果最差;前方声源易出现前后混淆而定位在后方,因此相对于前方声源来说,更适宜录制后方声源。

6)声源距离。适宜录制远处的声音,因为声源距离越远,越容易将声像定位在头外;另外,适宜录制靠近双耳的声源,因为听感真实,临场感好。

7)声源运动状态。较静止声源来说,录制运动声源效果更佳。

(2)环境适用性分析

双耳录音适宜在有“提示性”反射声的环境内录音,适当的侧向早期反射声有助于提高声像定位的准确性,并能帮助将声像拉出头外。反射声过多、复杂,混响时间较长,将有很大机会影响声像定位准确率,因此在这类环境中进行双耳录音时需具体情况具体分析。不适宜在混响过大的环境中录制,混响过大会使声音混在一起,声像方向定位和距离定位模糊。

(3)场景适用性分析

双耳录音不适宜在环境嘈杂的场景中录制,在这种环境中目标声音与环境噪声叠加在一起,较难判断方位,也很难有远近的层次感;适宜在室外或宽敞的空间内录音;适宜在封闭空间内录制空间外的声音,即由于一定的遮挡声源经过衍射、绕射或透射后到达声学头模双耳处,听感效果有时比录制空间内的声音效果要好;适宜在含有从左至右或从右至左运动声源的场景中录制。

5.7.2　建议双耳录音方法

根据双耳录音的适用性,提出一些进行双耳录音的建议。下面分三种情况进行讨论:一是录制的声源、环境、场景可进行调整和控制,这时就可以尽可能将所有因素按照双耳录音效果最好的方式设置;二是所录制的声源、环境和场景相对固定,仅能通过调整声学头模的摆放位置和朝向来获得较好的听感效果;三是当同步录制视频时,需要考虑视觉辅助信息对听感效果的积极影响。

(1)当录制条件可控时

当声源方位、录制环境及场景人为可控时,可将声源摆在与头模双耳齐平的水平面上,应尽量避免将声源置于正前方或正后方;响度较大的声源可以置于距离较远的位置,响度较小的可稍微贴近双耳,增加亲切感,但应根据具体录制情况进行调整;条件允许时,可在录制环境中适当增加侧向反射声,并根据监听进行调节;也可利用声像镜像混淆的特点来实现某些特定的声学效果,将劣势转为优势。

例如,在录音棚内录制弦乐四重奏时,可将四件乐器在声学头模前一字摆开,也可摆成弧形,尽量避免摆在声学头模的正前方。乐器与声学头模之间的距离为1.5～2.0m,这个距离的声像很容易定位在头外，且能较好地拾取乐器的音色。乐器间的距离需根据监听来调整，间距太小声像会集中在一起，各个声部混在一起，声像没有展开；间距太大易出现“中间空洞”。也可将乐器围着声学头模摆放一圈，但注意尽量不要将两件乐器摆在前后镜像对称的方位，因为声学头模存在前后声像混淆效应，会导致这两件乐器的声像混叠在一起。声学头模在此为主传声器，如有需要可为每件乐器添加点传声器作音色补偿之用。

在录制语音作品时，拾音距离可稍微近一些，增加亲切感。单人作品不能避免声源在声学头模正前方，但双人或多人朗诵时可尽量避开正前方的角度。当然，声源最好处于与声学头模双耳齐平的水平面上，这样效果最好。

(2)当录制条件相对不可控时

在实际场景中录制时，周围的声源、环境、场景等不是能人为控制的，声源可以是来自任意方向的任何声响，环境也是十分复杂的，只能通过改变头模的角度和位置来获取该场景最好的录制效果。因此要仔细观察该场景内的所有声源和四周环境。首先，明确哪些声源是要被突出的、需要准确定位的，哪些声源只是环境声、不需要精确声像定位的。其次，在符合常理的基础上，将主要的声源置于效果较好的方向(俯仰角：水平方向或斜上方向；水平角：正左/右方或斜后方)。再次，尽量利用周围的环境，将头模摆在能提供适当侧向反射声的位置。最后，根据监听，综合声像定位、纵深感、空间感和临场感四个因素做最终的调整，若四个因素不能够兼得，则优先保证声像定位和临场感。

(3)当存在同步视频时

当双耳录音作品伴随着视频同步产生时，则需要根据创作意图和录音需求，首先保证叙事完整。虽然声学头模的位置和朝向受到镜头视角的限制，不能将声源置于最佳的录音方位，但同步的视觉信息是有助于声像定位的，在一定程度上能够增强听感效果。此时，就需要声音和画面互相迁就，相得益彰。

参考文献

[1]BLAUERT J.Communication acoustics[M].New York:Springer, 2005.

[2]谢菠荪.听觉传输技术及其应用[J].电声技术，1997(12):2-8.

[3]谢菠荪.头相关传输函数与虚拟听觉[M].北京:国防工业出版社, 2008.

[4]谢菠荪.头相关传输函数与虚拟听觉重放[J].中国科学:G 辑, 2009 (9):1268-1285.

[5]BEGAULT D R, WENZEL E M.Headphone localization of speech[J].Human factors: the journal of the human factors and ergonomics society, 1993, 35(2):361-376.

[6] WENZEL E M, ARRUDA M, KISTLER D J, et al. Localization using nonindividualized head-related transfer functions [J]. The journal of the acoustical society of America, 1993, 94:111.

[7]MØLLER H, SRENSEN M F, JENSEN C B, et al.Binaural technique:do we need individual recordings? [J]. Journal of the audio engineering society, 1996, 44(6): 451-469.

[8]MØLLER H, JENSEN C B, HAMMERSHØI D, et al.Evaluation of artificial heads in

listening tests[J].Journal of the audio engineering society, 1999, 47(3): 83-100.

[9]MINNAAR P, OLESEN S K, CHRISTENSEN F, et al.Localization with binaural recordings from artificial and human heads[J].Journal of the audio engineering society, 2001, 49(5): 323-336.

[10]HIRAHARA T,SAWADA Y,MORIKAWA D.Impact of dynamic binaural signals on three-dimensional sound reproduction [C] //Institute of Noise Control Engineering. INTER-NOISE and NOISE-CON Congress and Conference Proceedings, 2011(6): 1955-1962.

[11]ZOLLNER M. The human hearing system as a time variant system[C]//Euro-noise. 1998, 98: 719-724;ZOLLNER M. The human hearing system as a time variant system [J]. Designing for silence. Prediction, Measurement and Evaluation of Noise and Vibration, 1998, 2: 4-7.

[12]TRAPENSKAS D, JOHANSSON Ö.Localization performance of binaurally recorded sounds with and without training[J].International journal of industrial ergonomics, 2001, 27(6):405-410.

[13]ZAHORIK P, BRUNGART D S, BRONKHORST A W.Auditory distance perception in humans: a summary of past and present research[J].Acta Acustica united with Acustica, 2005, 91(3):409-420.

[14]MORIKAWA D, TOYODA Y, HIRAHARA T. Impact of head movement on sound localization with band-limited noise[C]//Institute of Noise Control Engineering.INTER-NOISE and NOISE-CON Congress and Conference Proceedings, 2011(6): 1963-1968.

[15]赵凤杰，石蓓.简易短混响录音间的声学处理[J].音响技术，2005(5):22-24.

[16]盛骤，谢式千，潘承毅.概率论与数理统计第四版[M].北京:高等教育出版社，2008.

第6章　外耳结构声场特性的数值仿真分析*

声波从声源发出，经过空气传播到达人耳处时，会受到头部及外耳结构的反射、散射等影响，从而使从不同方向入射进耳道到达鼓膜处的声波有所不同，而外耳结构是最主要的影响因素。当前虽然有很多文献对外耳结构的声学特性进行了分析，但几乎没有文献深入探讨声源入射方向与外耳三维声场之间的关系。而这些三维声场信息在 HRTF 中仅体现为耳道入口处或鼓膜一个声波接收点的特性，这说明 HRTF 中所包含的与声源方向有关的定位信息已经是有损的了。本章即对外耳结构的声场特性进行数值仿真，分析耳道入口截面上的声场分布与声源方向之间的关系，探寻可用于声源方向定位的更多线索。

6.1　外耳的生理结构

外耳包括耳廓、外耳道和鼓膜三部分。人耳的结构见图 1.1。

6.1.1　耳廓

耳廓位于头部的两侧，与头部表面呈 25°～45°夹角，有收集声波的作用。它以软骨为支架，前凹后凸，具有精细的结构（见图 1.10），对声源空间定位有很重要的作用（见 1.1.2 节）。不同人的耳廓形态各异，从医学和解剖学的角度出发，目前国内较公认的耳廓形态分类方法是 1988 年杨月如和吴红斌依据耳轮、耳轮结节的发达程度和耳垂形状提出的，分为猕猴型、长尾猴型、尖耳尖型、圆耳尖型、耳尖微显型和缺耳尖型六种[1]。但从声学的角度来看，耳廓的腔体结构可能是影响声音的重要部分。因此齐娜等人[2]依据耳甲艇和耳甲腔的连通状态将耳廓分成连通型、间隔型、介于两者之间型以及耳轮脚分割型四大类，另外还对耳轮游离部长、耳屏与对耳屏形状、耳垂的特征进行了分类，并对 400 名中国成年男女的耳廓形态进行了调查统计分析，得到男性和女性具有代表性的平均耳细节特征。

6.1.2　外耳道

外耳道是一条连接耳廓和鼓膜的弯曲管道，成人耳道的平均长度为 2.5～3.5cm，靠外 1/3 为软骨部，靠内 2/3 为骨部，软骨部和骨部交界处较为狭窄，称为外耳道峡部[3]。耳道略

* 本章内容主要来自《头相关听觉方向感知隐性线索的仿真与实验分析》，仝欣，中国传媒大学博士学位论文，2016 年 5 月。

呈S形弯曲，由外到内，软骨部先朝向前上方，继而稍向后弯曲，至骨部则转向前下方。由于鼓膜是由后外上方向前内下方倾斜的，因此外耳道的前壁和下壁比上壁和后壁稍长。耳道的截面或呈圆形，或呈椭圆形或卵圆形。

低频时，耳道通常被简化成一个截面积均匀的圆形直导管，鼓膜垂直于耳道壁。但高频时，不能忽略耳道的弯曲程度、截面积的变化以及鼓膜的角度对声学测量和计算的影响。因此需要清楚地知道耳道的几何特性。

早期对耳道几何形状的测量，简单地确定了耳道的长度和体积[4][5][6]。Johansen跳出了耳道是圆形管的假设，他对人体耳道进行硅胶倒模得到真人耳道模型，通过将耳道模型每浸入2mm而溢出的液体体积得到耳道沿轴线方向的体积，并得出耳道沿轴向的截面积[7]。Hudde利用耳道内三个不同位置处的声压测量得到了耳道中段（18mm）的截面积[8]。Webster首次将耳道截面积与轴向位置的关系利用号筒方程描述出来，采用直坐标轴表示耳道深度方向[9]。Khanna和Stinson使表示耳道长度方向的轴随着耳道进行弯曲，穿过耳道各个横截面的质心，并利用弯曲的坐标轴对号筒方程进行了修正[10]。Stinson和Lawton测量了15个人体的耳道硅胶倒模模型，在修改的号筒方程的基础上得到耳道截面积公式[11]。Farmer和Rabbitt引入了曲线坐标系（坐标面也是弯曲的，不是平面的），对耳道几何形状进行了更好的近似[12]。Rasetshwane和Neely通过测量声阻抗得到耳道的截面积函数[13]。另外还有人通过计算机断层扫描（CT）和磁共振扫描（MR）的方法得到耳道的几何形状[14][15][16][17]。

6.1.3　鼓膜

耳道末端是一张半透明弹性薄膜，称为鼓膜，见图6.1。鼓膜呈椭圆形，外形似漏斗，斜置于外耳道末端。宽8.5～9mm，高10～11mm，厚度仅为0.1mm[18]。鼓膜中央凹陷处称为鼓膜脐。鼓膜虽然很薄，但是它有三层解剖结构：外层为上皮层，与外耳道皮肤相连；中间是纤维层，由外侧的放射状纤维和内侧的轮状纤维组成，鼓膜上方有一小部分没有中间纤维层，薄而松弛，称为松弛部，含有纤维层的部分称为紧张部；内层为黏膜层，与鼓室的黏膜相连。中耳听骨链由三块听小骨（锤骨、砧骨和镫骨）通过韧带和关节衔接组成，其中锤骨柄自上而下地嵌附于鼓膜上，镫骨的底板附着在内耳的前庭窗上。临床上为了方便描述和记录，将鼓膜分为四个象限，沿锤骨柄作一直线，另经鼓膜脐作一与之垂直相交的直线，即将鼓膜分成前上、前下、后上和后下四个象限。表6.1列出了由Sun整理的多个文献给出的鼓膜几何参数[19]。

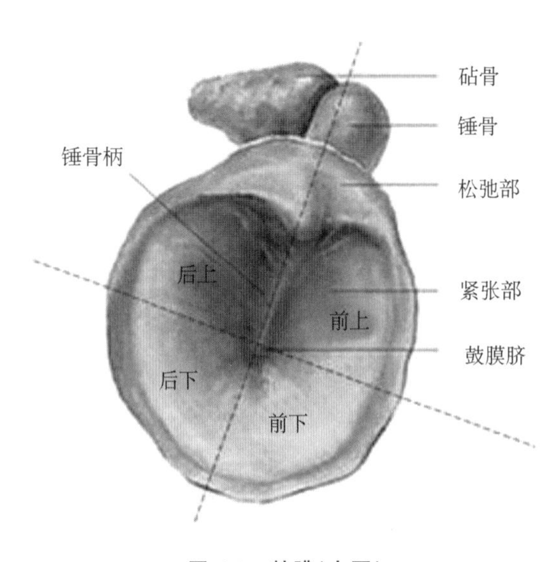

图6.1　鼓膜(右耳)

表 6.1　鼓膜的几何参数

	数　据	来　源
沿锤骨柄方向的直径	8.0～10.0mm	Gray, 1918
垂直于锤骨柄方向的直径	7.5～9.0mm	Helmholtz, 1863
锥形的高度	1.54mm 2.00mm	Wada et al., 1992 Siebenmann, 1897
面积	55.8～85.0mm^2	Wever & Lawrence, 1954; Keith, 1918; von Békésy, 1941
厚度	0.1mm 0.04～0.075mm 0.132mm	Helmholtz, 1863 Kirikae, 1960 Wada et al., 1992

6.2　外耳结构的声学特性

6.2.1　耳廓的声学作用

耳廓对声波的作用在高频和低频时不同，耳廓对低于 1kHz 的声波几乎不起作用，对 1kHz 以上尤其是重要的语音频段(2kHz～3kHz)有明显的放大作用。到达耳道口的直达声和反射声信号基本是同相的，但在高频时反射声会有少量延迟，导致干涉抵消。当声程差达到半个波长时产生最强烈的干涉抵消，频率为 7kHz～10kHz[20]。

仝欣等人对带有标准仿真耳廓的椭球头模和声学头模耳道入口处声压水平面的指向性进行了测量[21][22]。耳廓是影响头模指向性的最重要结构，指向性与频率有关。低频时指向性图基本呈圆形；高频时，观察耳与声源同侧的指向性图前后差异较大，与声源异侧的差异较小，前后基本呈对称分布，且前后半平面的不对称差异情况也随着频率的改变而发生变化。

李莉研究了不同的耳廓细节结构对头相关传输函数(HRTF)的影响[23]。在无耳廓情况下，HRTF 幅度谱较为平直；有无耳廓的细节结构从 4kHz 开始出现差别；当声源方位角不同时，细节结构所带来的影响也不同。耳甲腔对 HRTF 的影响最为显著，耳屏与对耳屏的变化所带来的影响最小。

6.2.2　耳道内的声压分布情况

空间中从各个方向入射的声音，经过耳廓的收集进入耳道，而耳道的作用类似四分之一波长共鸣器的作用，它能够将共振频率提高。共振频率的高低主要取决于耳道的长度，耳廓的形状和耳道的弯曲程度也会影响鼓膜上的声压频率响应。

对耳道声学特性的探索，最初是将耳道看成一个长约 27mm、直径约 7mm 的带有刚性壁的理想空腔。采用集中参数系统的电-力-声类比是建立耳道模型的一种常用方法。图 6.2所示的是 Tikander 描述的 IEC Type3.1 人工耳道的等效电路，左侧的两条支路上的电阻和电容代表的是耳道空腔的作用，右侧的两条支路代表的是鼓膜的阻抗[24]。Hahn 将耳道视为一个截面积均匀的直圆形导管，对耳道入口处插入刚性表面耳机的耳道进行了电-力-

声类比仿真,并首次考虑了耳机与皮肤之间的耦合作用[25]。但是进行电-力-声类比的集中参数系统必须满足一定的条件:耳道的线性尺寸远小于声波波长,耳道长度大约为 27mm,则对应的声波频率为 12kHz 左右。因此这种方法只适用于分析中低频的耳道声场,而高频对定位有很重要的作用,因此这种方法不能用于分析耳道的声传输特性对听觉定位的作用。

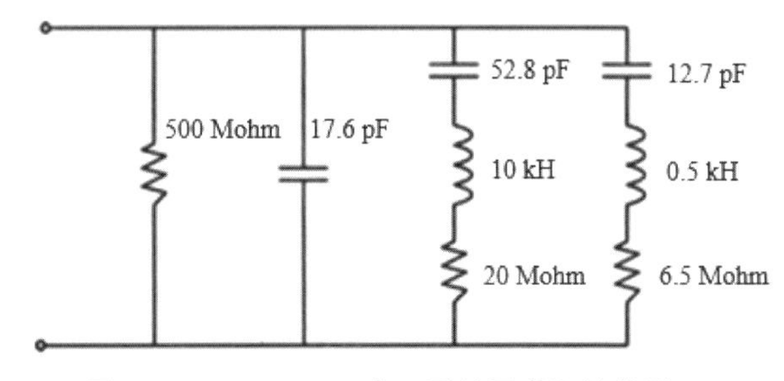

图 6.2 IEC Type3.1 人工耳的耳道阻抗模型

低频时波长较长,可将耳道近似为直的,而高频时耳道的弯曲就不能忽略了,利用号筒方程可以解决这个问题。号筒方程最早由 Webster 发明,通常用于解决在截面积变化的波导中声学传播的各种问题[9]。Khanna 和 Stinson 对 Webster 的方法进行了延伸,使用弯曲的波导,即使表示耳道长度方向的轴随着耳道进行弯曲,穿过耳道各个横截面的中心,并利用这个改进的号筒方程对耳道声场进行了精确预测[10]。Stinson 和 Lawton 使用了修改的号筒方程,发现使用一个均匀截面积的管来模拟耳道可以预测到 6kHz 时鼓膜处的声压[11]。Farmer 和 Rabbitt 引入了曲线坐标系,可以对耳道进行更好的近似。它的坐标面都是弯曲的,不是平的,但是假设面上所有的点仍具有均匀的声压分布[12]。

以上无论是采用修正的号筒方程还是弯曲的坐标轴,都只能沿着弯曲的耳道来预测纵向声压,不能计算横向声压的变化。Burkhard 和 Sachs 的研究发现,在耳道内靠近耳塞端的一个横截面上,中心点和偏离中心点 3mm 位置处的频谱在 3kHz 处有 20dB 的差别,这种差别可以理解为空腔的横向振动模式,耳道入口处的横向振动模式被认为是最显著的[26]。Rabbitt 和 Friedrich 用数值分析的方法计算了耳道内截面的声压分布情况,并与圆形波导和矩形波导方法进行了对比,两名被试耳道的截止频率比用截面均匀圆管近似计算的截止频率低 20%[27]。

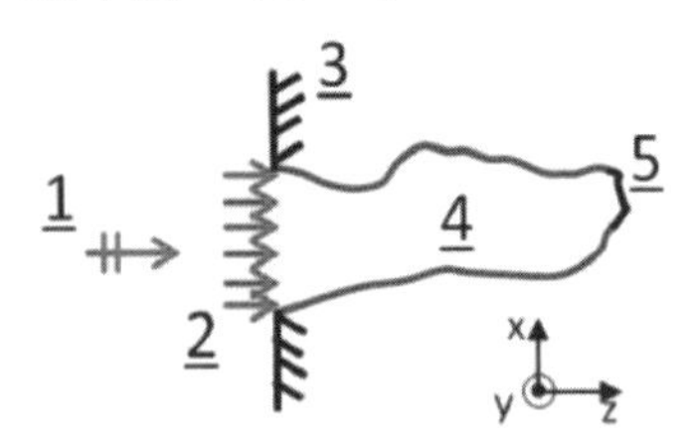

图 6.3 安装在刚性障板上的开放耳道

利用有限元模型可以进行高精度的三维耳道仿真。Schroeter 和 Poesselt 对图 6.3 所示的安装在刚性障板上的开放耳道进行了有限元仿真[28](图中“1”代表入射平面波,“2”代表耳道入口处的声压激励以及在耳道入口处表面引入的声学阻抗边界条件(即障板上的圆形活塞辐射阻),“3”是刚性障板,“4”是耳道,“5”是耳道终端鼓膜处的声学阻抗边界条件,耳道内壁被认为是刚性的),然后对其进行网格化并求解。该模型中,未知量是耳道内的声压场,耳道被认为是一个声压由 Helmholtz 方程所控制的空腔。Gan 等人建立了耳道、鼓膜、听骨链、中耳悬韧带以及中耳腔体的精确三维有限元模型,计算得到当频率大于 1kHz 时,耳道内的声压分布沿耳道纵向变化,声压幅值与入射声音的位置有关[29]。Hudde 和 Schmidt 通过外耳的有限元物理模型,发现一些耳道内与方向有关的共振,并且还发现当入射声波的方位角不同时,鼓膜处的声场也不同,尤其在 9kHz 以上[30]。

使用边界元方法对耳道声场进行仿真始于 Ciskowski 等人[31]。而 Walsh 等人使用边界元模拟了人的整个听觉系统，包括头部、耳廓和耳道[32]。Stinson 等人使用文献[11]中的 1 号耳道几何参数并结合文献[33]的鼓膜阻抗条件对耳道进行了边界元仿真，并与号筒方程方法进行了对比。假设耳道入口处的声波为平面波，鼓膜为刚性壁，图 6.4 是 9kHz 时耳道内的声压分布情况[34]。Stinson 等人还计算了沿耳道轴向上的平均声压分布情况[34]，与 Gilman 和 Dirk 通过理论计算以及 Chan 和 Geisler 利用探针测量的结果类似[35][36]。

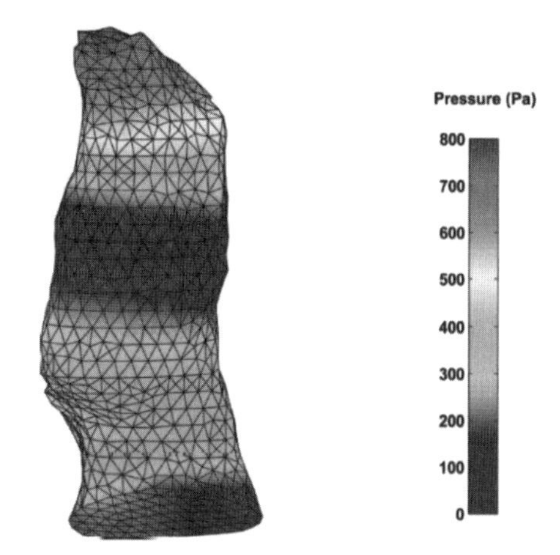

图 6.4　采用边界元方法计算得到的耳道内 9kHz 时的声压分布情况

Neely 和 Gorga 对比分析了用探针测量耳道内声强级和声压级的方法，发现 2kHz 以上时用耳内声强级测量方法比耳内声压级测量方法能更好地反映耳内的声级[37]。Middlebrooks 等人测量了耳道内不同位置处的声压级指向性，发现在宽带噪声刺激下，任意一个频率的指向性均与传声器在耳道内的位置无关[38]。Chen 等人的实验发现声源为 4kHz 时，耳道的平均声压传输增益与耳道内部的形状有关，而声源为 2kHz 时耳道的平均声压传输增益只与耳道的长度有关[39]。

6.2.3　耳道的声传输特性

Martelloni 等人通过测量耳道入口处和鼓膜处的频率响应得到耳道的传输函数[40]。测量结果显示，在 5kHz 以下不同方向的声波入射时，耳道传输函数具有相似的强共振，是由开放式管的第一共振模式引起的；而在 5kHz 以上，在不同声波入射情况下得到的传输特性有较大的差异，尤其在 9kHz～12kHz 频段。

Wiener 等人测量了真人鼓膜处、耳道入口处以及二者中点三个位置处的频响曲线，声源方向为水平面 0°、45°和 90°[41]。实验结果表明从耳道入口处到鼓膜处的频响曲线与声源水平方向不显著相关的频率达到 8kHz。耳道中点处与耳道入口处声压的比值曲线在 7kHz 处出现波谷，比在鼓膜处测得的波谷要小 15dB，这表明声压波节在耳道的中点。Wiener 在之后的研究中发现，如果左右耳道相似且头在中垂面上左右对称，那么左右耳鼓膜处的声压比可作为双耳定位的重要因素[42]。

Shaw 和 Teranishi 对在仿真耳廓耳道模型内外的若干点(鼓膜处、耳道入口平面 3 点、耳道外 12 点)测得的频响曲线进行了分析(声源频率范围为 1kHz～15kHz，共 11 个入射方向)，得到从耳道入口到鼓膜处的声传播与方向不显著相关的频率达到 12kHz。研究还对 6 个真人耳道的频响曲线进行了测量，发现耳道的频响曲线与方向不显著相关的频率达到 7kHz[43][44]。

Mehrgardt 和 Mellert 用上述类似的方法测量了 3 个测试对象鼓膜处和以 2mm 为间隔的耳道中的若干点的频响曲线，得出从耳道内 2mm 处到鼓膜的传输特性与方向不显著相关的频率达到 6kHz[45]。

Hammershøi 和 Mo 用探针传声器(B&K 4182)进行了真人耳道内若干测点的传输特性研究。研究发现，在特定频率范围内，从某一点到鼓膜位置处与方向不显著相关的声传输频率上限为 12kHz[46]。

Sugiyama 等人在无耳廓和阻塞耳道的情况下对人工头模的耳道传输特性进行了分析，研究发现在无耳廓的情况下第一共振峰与第二共振峰的频率比是 1∶3[47]。这是因为无耳廓时，耳道的传输特性不受耳廓特征的影响。

2008 年，Hiipakka 研究了人工头模耳道的传输特性[24]，发现将探针传声器置于耳道入口处平面的不同位置时，频率响应曲线在 2.6kHz 以上的高频范围差异较大，而当将传声器置于耳道内进行测量时，在这个平面上不同位置的频响曲线在 14kHz 以上的极高频段略有差异，其余频段的差异极小；将长度 30mm、直径 8mm 的耳道在中点位置处压至直径 6mm，与直耳道的频响曲线相比，得到 7kHz 以下该耳道的声压级大于直耳道的声压级，而在 7kHz～13kHz 的频率范围内结论相反；将耳道的中间弯曲呈 70°，该耳道的频响曲线的幅度与直耳道相比，在 2kHz 以上明显下降，而从 5.5kHz 开始明显上升；将由铝制成的"鼓膜"倾斜一定的角度时，其在 2.2kHz 以上的频率范围内的频响曲线有明显的差异，这是由于真人的鼓膜向下倾斜约 40°，因此制作仿真耳道应将此因素考虑在内。由上述可知，中高频时不同方向声波入射引起的耳道内声压变化是不可忽略的，耳道内的声学响应是与声波方向有关的。

刘迎曦等人用数值模型模拟了外耳道 200Hz～8kHz 的传输增益，在耳道入口处施加 105dB 的均匀声压[48]。低频时，外耳道的传输增益不明显（<1dB），在 3.6kHz 附近出现增益的极大值。另外还比较了有无外耳道对鼓膜和镫骨底板位移曲线的影响。在低频段，有无外耳道对位移幅值几乎无影响，1kHz 以上外耳道的存在使位移幅值有所提高，且在3.6 kHz 附近出现一个共振峰，与外耳道的传输增益函数结果相符合。

吴静制作并测量了三种耳道模型的传输函数：直耳道、截面突变耳道和弯曲耳道[49][50]。截面突变耳道与直耳道相比，HRTF 曲线更为平缓，高频频谱结构更为简单。弯曲耳道与直耳道的 HRTF 较为相似，只是在高频弯曲耳道的 HRTF 幅度略有下降。另外，耳道传输特性与水平方向无关的频率范围与俯仰角和耳道形状有关，随着仰角的增大，该频率范围也随之变大。弯曲耳道和直耳道的耳道传输函数与水平方向无关的频率上限相同，截面突变耳道的上限频率相对小些。

6.2.4 鼓膜的声学特性

Helmholtz 第一个认为鼓膜的运动将前区和后区中间较小的力及大位移转化成锤骨柄上较大的力和较小的位移[51]。而随后的研究人员例如 von Békésy 使用电容探针测量的结果并不支持 Helmholtz 的结论，而是推测鼓膜的振动类似刚性平面的振动[52]。然而 Tonndorf 和 Khanna 利用激光全息术推翻了刚性平面理论的假设，结果显示鼓膜的振动模式非常复杂，与 Helmholtz 的结果类似[53]。Robert 等人认为低频时（<2.5kHz），锤骨柄和周围边缘的振动位移最小，而后方区域的位移最大。高频时，鼓膜分裂成了几个独立的振动区域，与锤骨柄的耦合非常弱[54]。随后 Funnel 用有限元模型证明了这个假设[55]。

Wada 等人以及 Ferris 等人的实验结果表明，鼓膜的振动模式随刺激频率的变化而变化[56][57]。在 500Hz 左右时，鼓膜后下象限振幅最大。在 850Hz 左右时，鼓膜后方出现一个较大的振峰，鼓膜前方出现一个较小的振峰。在 2kHz 时，鼓膜的前方和后方出现明显的不均匀振动。在 4kHz 时，振动模式更加复杂。Williams 和 Lesser 利用有限元方法分析了鼓膜曲率、劲度、厚度等对鼓膜固有频率和振动模态的影响[58]。

朱翊洲将30～100dB的声压均匀施加在鼓膜上，应力最大区域出现在鼓膜下方靠边界处，与锤骨柄相连的部分区域应力也较大，应力最小区域出现在松弛部，整个松弛部和鼓膜环韧带区域应力都较小[59]。

Nishihara和Goode利用激光多普勒振动仪测量了99个人的鼓膜振动情况，结果表明除了在耳道和听骨链的固有频率上，鼓膜脐的振动位移随着频率的提高均有所减小[60]。

Morton和Jones[4]、Mehrgardt和Mellert[45]、Zwislocki[61]都先后以均匀截面的直管耳道为基础测量了鼓膜阻抗-频率曲线，在8kHz以下结果相差较大。Hudde测量了变化截面耳道的鼓膜阻抗-频率曲线[62]。

6.2.5　现有研究存在的问题

现在已经有大量关于外耳声场尤其是耳道内声场的研究，但存在以下问题：

1)目前对耳道传输过程的理解基本上是基于声电类比的原理，在临界频率以下，耳道的传输方向与声源入射角度无关。但是该原理在临界频率以上是不适用的。在临界频率以上，耳廓－耳道－鼓膜体系中是否还有其他有关听觉定位的隐性生理物理线索，目前还不清楚。

2)由于耳道入口处的直径只有7mm左右，目前的测量手段无法精确地获得耳道入口截面的声压分布情况。采用有限元或边界元的数值仿真方法是比较合理的，不仅能够精确地重现耳道的三维几何形状，而且还可以计算耳道声场内任意点的声压。

3)但大多数对耳道声场进行有限元或边界元仿真的研究，虽然对耳道的几何形状进行了逼真的三维仿真，但是在计算耳道内声场分布时，声源均采用垂直于耳道入口截面入射的平面波，未考虑不同方向声源入射的情况。且大多未考虑头部和耳廓的影响，与现实的听音状态有一定差距。

4)对于耳道内的声压分布，通常只计算耳道入口处、沿耳道中心轴线以及鼓膜处的平均声压，未对声波从不同方向入射时耳道入口处截面的声压分布模态进行分析。

5)在大量关于听觉定位的文献中，几乎未见耳道入口处声压分布模态对声像定位影响的研究。

6.3　声学数值仿真分析方法①

6.3.1 数值计算方法概述

常用的声学计算方法有声学有限元法、声学边界元法、声线法、统计能量法等。

(1)声学有限元法

有限元方法是最常用的一种声学数值计算方法，用于计算由偏微分方程组和边界条件

① 6.3节内容主要来自《Virtual.Lab Acoustics声学仿真计算高级应用实例》，李增刚、詹福良，国防工业出版社，2010；*Numerical Acoustics-Theoretical Manual*，Desmet W，Sas P，Vandepitte D.，LMS International，1998；*Theoretical Acoustics and Numerical Techniques*，Filippi P.，Springer，1983。

所约束的连续求解域内，一个或多个场变量的分布。声学有限元方法的思想是将声场离散成有限个小声场单元（即有限单元），单元之间通过节点首尾连接。每个小单元内的声场由该单元上的节点声压决定。而单元内任意点的声压与节点声压的关系则用形函数来表示，从而使一个连续的无限自由度的问题变成离散的有限自由度问题。

但有限元在求解半封闭空间远场辐射问题上存在一定的困难，因为辐射场的网格区域不能无限大。因此需要将无限空间的声学区域缩小，并对声学辐射边界设置相应的边界条件。从而出现了无限元法、PML（Perfect Matched Layer）法和 AML（Automatic Matched Layer）法。

声学无限元法是一种早期的声辐射边界条件。基于半解析的方法，将声学控制方程在球坐标系或椭球坐标系下展开，通过级数叠加的方式来表示椭球面上的声学量，之后再与有限元辐射边界匹配，以满足无反射的边界条件。虽然无限元技术打破了传统声学有限元法的边界必须画成椭球形或球形的限制，减少了有限元的网格数量，但是无限元方法的计算精度与级数叠加的个数相关，随着级数叠加个数的增加，计算精度有所提高的同时也使数值求解收敛度变差，计算速度大大降低。且无限元法是基于半解析半经验的方法，无法保证计算精度。

PML 法是在声学有限元网格外再增加几层吸收层网格（称为 PML 层），要求 PML 层的外轮廓必须是凸形的，且 PML 层的单元需满足一个波长内至少有六个单元。PML 层的最内层边界与声学有限元网格的辐射边界完全匹配，在 PML 层最外边界上设置声学量为零，从而确定声学有限元方程组的唯一解。PML 法对声学有限元边界的形状没有要求。无限元法要求模型与无限元面之间至少要有 1～2 个计算最低频率对应的最大波长，而 PML 法要求 PML 层的厚度只要大于最大波长的十五分之一即可，大大减少了声学网格数量，提高了计算速度。

由于 PML 法的计算精度与 PML 层的厚度有关，如果厚度定义得不合适，PML 层的吸收效果就会变差，在声学边界处会产生发散。AML 法是对 PML 法的进一步改进，它的原理与 PML 法相同，但是不需要手动添加吸收层网格，只要声学有限元声辐射边界已知，软件会自动生成符合计算条件的 PML 层，大大减少了工作量，且避免了人为划分吸收层网格不适当造成计算精度下降的情况。AML 法可以说是目前声学有限元方法中最先进的技术，本章采用的就是这种有限元计算方法。

(2)声学边界元法

声学边界元法是在综合有限元法和经典的边界积分方程法的基础上发展起来的，通过将一个满足声场控制方程的基本解作为权函数，将区域积分转化成边界积分，并在边界上划分单元进行离散。当确定边界上的变量值之后，通过边界积分方程确定连续求解域内任意一点的变量。由于仅在边界上进行离散，所以误差只产生在边界上，域内的物理量仍通过解析公式求得，因此计算精度较高。另外计算求解域内变量时，不需要一次性全部求出，只需计算给定点的值即可，避免不必要的计算，提高了效率。但由于边界元法以存在基本解为应用前提，对于非均匀介质等问题难以适用，因此其不如有限元法适用范围广泛。而对于非线性问题，在建立的方程中会出现求解域内积分项，可部分抵消只离散边界的优势。

(3)统计能量法

统计能量法是一种概率性的技术,能够得到动态系统全部响应的平均近似。求解时将动态系统分成若干个子系统,并将频率范围分成若干个频带。系统的动态刺激将平均到每个子系统和子频带,每个子系统都满足能量守恒,进入某个子系统的能量等于流出该子系统的能量,能量在相邻的子系统之间传递。内部能量损耗由子系统的内部损耗系数表示,子系统之间的能量传递由不同子系统之间的耦合损耗系数表示。对获得的代数方程进行求解,以得到平均的子系统能量级。

(4)声线法

声线法主要基于镜像声源法和声线追踪技术,将声场看成由一系列传播的声线组成的,类似于光学中的光线。每个声线到达声学区域的边界壁面发生反射,边界壁面的吸声系数和传播距离将使声能量损耗。声学区域内某位置的总声压可以通过计算穿过该位置周围的小体积的声线的总和获得。

6.3.2 有限元计算基于的声波动控制方程及边界条件

声波动实际上是流体的微扰运动,因此从 Navier - Stokes 方程中推导出一系列的声学波动方程。建立连续介质的力学守恒方程有两种方法:一种是用外力来描述介质无限小单元的变化,另一种是在任意域内表示各种变量(质量、动量、能量等)的守恒。第二种方法更常用一些。

(1)三个基本方程

a)守恒方程

假设 S 为独立的物理介质,没有质量源。设介质在 t 时刻、X 点处的密度为 $\rho(t,X)$,在 t 时刻 S 的空间区域为 Ω,介质中质点的总质量 $M(t)$ 不变。设点 X 和 t 时刻的质点速度为 $U(t,X)$。此时的质量守恒方程(又称为连续性方程)可以表示为:

$$\frac{\partial\rho(t,X)}{\partial t}+\mathrm{div}\,[\rho(t,X)U(t,X)]=0 \tag{6.1}$$

式中 div 为散度,设 $\boldsymbol{A}(x,y,z)=A_x(x,y,z)\boldsymbol{i}+A_y(x,y,z)\boldsymbol{j}+A_z(x,y,z)\boldsymbol{k}$(笛卡尔坐标系),则 $\mathrm{div}\boldsymbol{A}=\frac{\partial A_x}{\partial x}+\frac{\partial A_y}{\partial y}+\frac{\partial A_z}{\partial z}$。

(6.1)式是对经典动力学定律 $f=ma$ 的概括,它将质点(质量为 m)的加速度 a 与作用在其上的外力联系起来。如果 U 是速度,则可等效表示为 $f=d(mU)/dt$,它表示动量 mU 随时间的变化等于作用在质点上的外力。而在 Ω 区域内,总动量为:

$$Q=\int\rho(t,X)U(t,X)dv \tag{6.2}$$

作用在 Ω 上的力有两种,一种是体积力,密度为 F;另一种是面力,在 Ω 边界上 $\partial\Omega$ 的密度为 Σ。这些面力由 $S-\Omega$ 内的质点施加在 Ω 上。向量 Σ 是三阶对称张量 σ 和 $\partial\Omega$ 朝外的单位法向量的乘积(笛卡尔坐标系)。

$$\Sigma_i=\sigma_{ij}n_j,i=1,2,3 \tag{6.3}$$

张量 σ 为应力张量。动量守恒方程的积分形式为:

$$\frac{d}{dt}\int_{\Omega}\rho U_i dv - \int_{\partial\Omega}\sigma_{ij}n_j ds = \int_{\Omega}F_i dv, i=1,2,3 \tag{6.4}$$

如果上式在 Ω 区域内全部适用，则动量守恒方程的微分形式为：

$$\frac{\partial(\rho U_i)}{\partial t} + (\rho U_i U_j)_{,j} - \sigma_{ij,j} = F_i, i=1,2,3 \tag{6.5}$$

此时，有必要指定所计算的物理系统是一个牛顿流体，任意一点上的剪应力都与剪切变形速率呈线性关系，则应力张量为：

$$\begin{cases}\sigma_{ij} = -P\delta_{ij} + \lambda D_{kk}\delta_{ij} + 2\mu D_{ij} \\ D_{ij} = \frac{1}{2}(U_{i,j} + U_{j,i})\end{cases} \tag{6.6}$$

其中，压力 P 是一个新的变量，参数 λ 和 μ 是黏滞系数。现在有四个标量方程(6.1)式和(6.5)式，以及 5 个未知标量 ρ、$U_i(i=1,2,3)$ 和 P。

第三种守恒关系为能量守恒方程，它并不需要指定某种物理介质，其中包含热传导过程。由外部源提供给系统的热耗体积密度为 r，热流向量 q 表示在 Ω 与 $S-\Omega$ 之间的热传导，介质的内能密度为 e，则能量守恒方程的积分形式为：

$$\frac{d}{dt}\int_{\Omega}\rho\left(e + \frac{1}{2}U \cdot U\right) = \int_{\Omega}\rho(F \cdot U + r)dv + \int_{\partial\Omega}(\Sigma \cdot U + q \cdot n)ds \tag{6.7}$$

将面积分转换成体积积分，则可以推出能量守恒方程的偏微分形式为：

$$\frac{\partial}{\partial t}\left[\rho\left(e + \frac{1}{2}U_i U_i\right)\right] + \left[\rho U_i\left(e + \frac{1}{2}U_j U_j\right) - U_j\sigma_{ji} - q_i\right]_{,i} = F_i U_i - r \tag{6.8}$$

方程引入了四个未知量：e 和 $q_i(i=1,2,3)$。

b)热力学方程

热流向量 q 是与温度 T 有关的，热导方程为：

$$q = -k(T)\nabla T \tag{6.9}$$

其中，$k(T)$ 为导热系数。其中 ∇ 为梯度算子，$\nabla T = \frac{\partial T}{x}\boldsymbol{i} + \frac{\partial T}{y}\boldsymbol{j} + \frac{\partial T}{z}\boldsymbol{k}$。

为了使方程组完整，必须引入流体的热机械性能，通过比熵 s 将压力 P、温度 T 和内能密度 e 联系起来。流体的热力状态只由两个热力学变量决定。如果给定密度 ρ 和比熵 s，则 e、P 和 T 可分别表示成：

$$e = f\left(s, \frac{1}{\rho}\right) \tag{6.10}$$

$$P = \left.\frac{\partial e}{\partial(1/\rho)}\right|_s \tag{6.11}$$

$$T = \left.\frac{\partial e}{\partial(s)}\right|_{1/\rho} \tag{6.12}$$

c)理想气体方程

理想气体作为牛顿流体，必须满足 P/ρ 和 e 只与温度 T 有关。表达式如下：

$$\frac{P}{\rho} = RT \tag{6.13}$$

R 为理想气体常数。定容比热 C_V 和定压比热 C_P 为：

$$C_V=\frac{de}{dt} \tag{6.14}$$

$$C_P=R+C_V \tag{6.15}$$

在空气中，C_V和C_P以及它们的比值$\gamma=C_V/C_P$均为常数。压力 P 可以由密度 ρ 和比熵 s 表示为：

$$P=\rho^{\gamma}\exp(s/C_V) \tag{6.16}$$

声速 c 定义为：

$$c^2=\frac{\partial P}{\partial \rho}=\gamma\rho^{\gamma-1}\exp(s/C_V) \tag{6.17}$$

(2)线性声波方程

假设一个已知的流体运动，初始状态为ρ^0，P^0，U^0，T^0，…被非常小的外力 f 扰动后，状态为$\rho^0+\delta$，P^0+p，U^0+u，T^0+t，…显然扰动量 δ，p，u，t，…满足非线性方程。但是如果扰动力 f 足够小，那么可以认为当忽略方程中所有的非线性组合时，对扰动的表示仍然是正确的，这样的扰动可以称作“声波”。

根据扰动运动的假设不同，线性方程的形式多种多样。其中一种比较简单的情况为：假设没有热源，且等熵流动(s 为常数)。此时质量和动量方程就已经足够描述压力P^0和动量W^0的扰动量 p 和 w。

$$\frac{1}{c_0{}^2}\frac{\partial p}{\partial t}+\mathrm{div}w=0 \tag{6.18}$$

$$\frac{\partial w_i}{\partial t}+\left\{W_i^0\left(\frac{w_j}{\rho_0}-\frac{W_j^0}{\rho_0{}^2c_0{}^2}p+w_i\frac{W_j^0}{\rho_0}\right)\right\}_{,j}+\{p\,\delta_{ij}-\lambda\, d_{kk}\delta_{ij}-2\mu\, d_{ij}\}_{,j}=f_i$$

$$i=1,2,3 \tag{6.19}$$

其中：

$$d_{ij}=\frac{1}{2}\left\{\left(\frac{w_i}{\rho_0}-\frac{W_i^0}{\rho_0{}^2c_0{}^2}p\right)_{,j}+\left(\frac{w_j}{\rho_0}-\frac{W_j^0}{\rho_0{}^2c_0{}^2}p\right)_{,i}\right\} \tag{6.20}$$

$$w=\delta\, U^0+\rho^0u \tag{6.21}$$

将(6.19)式对 t 进行微分，并将(6.18)式中的$\frac{\partial p}{\partial t}$代入，则可得到三个关于 w 的偏微分方程。

(3) d′Alembert 方程和 Helmholtz 方程

假设无黏性流体的声学运动初始为静态，被一个势力激发，即：

$$W^0=0,f=-\nabla\psi \tag{6.22}$$

则可得到控制声压 p 的方程：

$$\frac{1}{c_0{}^2}\frac{\partial^2 p}{\partial t^2}-\Delta p=\Delta\psi \tag{6.23}$$

其中 Δ 为拉普拉斯算子，$\Delta p=\frac{\partial^2 p}{\partial x^2}+\frac{\partial^2 p}{\partial y^2}+\frac{\partial^2 p}{\partial z^2}$。

若引入速度势 Φ，$u=-\nabla\Phi$，则上式变成：

$$\frac{1}{c_0{}^2}\frac{\partial^2 \Phi}{\partial t^2}-\Delta\Phi=\frac{1}{c_0{}^2}\frac{\partial\psi}{\partial t} \tag{6.24}$$

(6.24)式即为 d'Alembert 方程。如果是一个时谐激励 $-\psi e^{-i\omega t}$，则得到 Helmholtz 方程：

$$\left(\Delta+\frac{\omega^2}{c_0{}^2}\right)p=\Delta\psi \tag{6.25}$$

本节中的声学有限元仿真就是基于 Helmholtz 方程进行计算的。

(4)声学边界条件

在求解声学方程的过程中，必须对一些变量进行约束，以求得方程组的唯一解。这种对变量的约束即为声学边界条件，通常分为三类：

1)速度边界条件。对给定的声学边界上的质点速度进行约束，属于第一类边界条件(Dirichlet 边界条件)。

2)声压边界条件。对声学边界的声压进行约束，属于第二类边界条件(Neumann 边界条件)。

3)阻抗边界条件，又称为混合边界条件。通过给出声质点速度与声压的关系来进行约束，属于第三类边界条件(Robin 边界条件)。

对于不同情况的流体域 S，其声学边界Ω_a所满足的条件也有所不同。

1)边界封闭的内声场问题(如图 6.5)。在声压边界条件Ω_p、速度边界条件Ω_v和声阻抗边界条件Ω_Z上，Helmholtz 方程的解 $p(r)$应分别满足：

$$p(r)=\bar{p}(r),r\in\Omega_p \tag{6.26}$$

$$v_n(r)=\frac{j}{\rho_0\omega}\frac{\partial p(r)}{\partial n}=\bar{v}_n(r),r\in\Omega_v \tag{6.27}$$

$$p(r)=\bar{Z}(r)\cdot v_n(r)=\frac{j\bar{Z}(r)}{\rho_0\omega}\frac{\partial p(r)}{\partial n},r\in\Omega_Z \tag{6.28}$$

$\bar{p}(r)$是Ω_p上的已知声压值；n 为边界的法线方向，$\bar{v}_n(r)$为Ω_v上已知的法线速度；$\bar{Z}(r)$为Ω_Z上的已知声阻抗值。

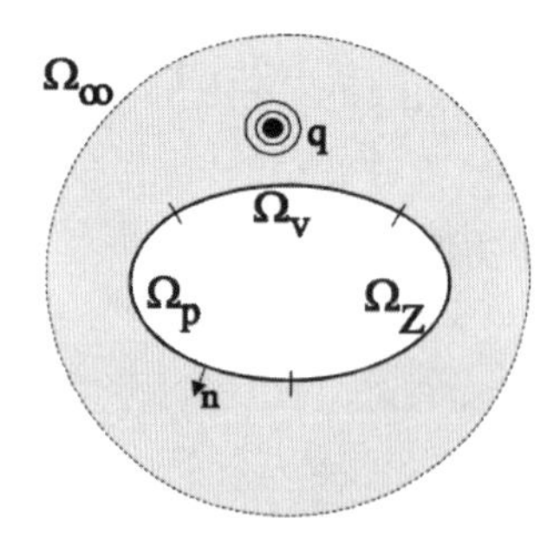

图 6.5 边界封闭内声场的边界条件

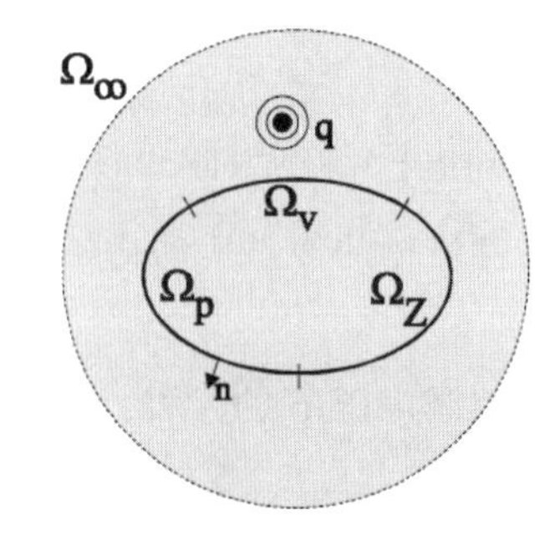

图 6.6 边界封闭外声场的边界条件

2)对于边界封闭的外声场问题(如图 6.6)，边界由两部分组成。在封闭的边界上声压边界条件Ω_p、速度边界条件Ω_v和声阻抗边界条件Ω_Z可以与边界封闭的内声场相同，分别满足

(6.26)式、(6.27)和(6.28)式。而在无限远边界Ω_∞，Helmholtz 方程的解 $p(r)$应该满足：

$$\lim_{|r\to\infty|}|r|\cdot\left[\frac{\partial p(r)}{\partial|r|}+jkp(r)\right]=0 \tag{6.29}$$

3)对于边界开放的内、外声场问题(如图 6.7)，边界由三部分组成：第一部分是无限远处的边界条件，满足(6.29)式；第二、三部分分别是开放边界的外表面和内表面。Helmholtz 方程的解 $p(r)$满足：

$$p(r)=\bar{p}(r),r\in\Omega_p^+ \tag{6.30}$$

$$p(r)=\bar{p}(r),r\in\Omega_p^- \tag{6.31}$$

$$v_{n+}(r)=\frac{j}{\rho_0\omega}\frac{\partial p(r)}{\partial n}=\bar{v}_{n+}(r),r\in\Omega_v^+ \tag{6.32}$$

$$v_{n-}(r)=\frac{j}{\rho_0\omega}\frac{\partial p(r)}{\partial n}=\bar{v}_{n-}(r),r\in\Omega_v^- \tag{6.33}$$

$$p(r)=\bar{Z}^+(r)\cdot v_n(r)=\frac{j\bar{Z}^+(r)}{\rho_0\omega}\frac{\partial p(r)}{\partial n},r\in\Omega_Z^+ \tag{6.34}$$

$$p(r)=\bar{Z}^-(r)\cdot v_n(r)=\frac{j\bar{Z}^-(r)}{\rho_0\omega}\frac{\partial p(r)}{\partial n},r\in\Omega_Z^- \tag{6.35}$$

式中的上标“+”和“−”分别表示边界的正面和反面，正面为边界的法线方向。

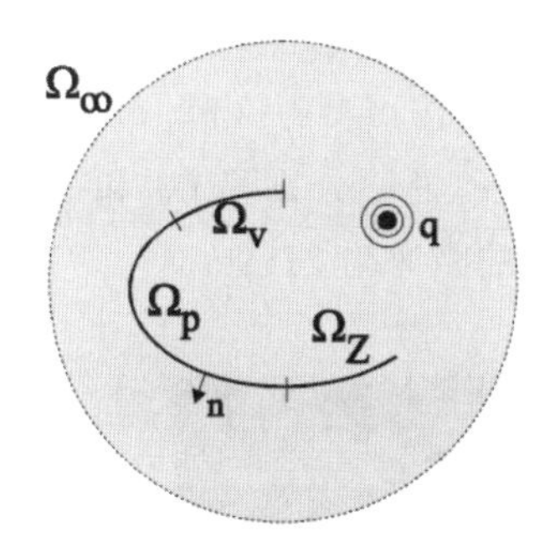

图 6.7　边界开放的内、外声场边界条件

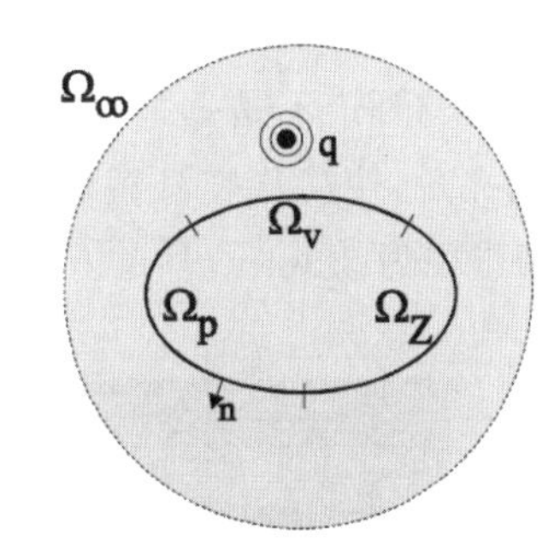

图 6.8　边界封闭的内、外声场边界条件

4)对于边界封闭的内、外声场问题(如图 6.8)，边界也是由三部分组成，即封闭边界的内、外表面以及无限远处边界，边界条件分别满足(6.29)式～(6.35)式。

6.4　外耳结构声场的有限元计算

6.4.1　声学头模和外耳结构模型

本章的数值仿真计算工作采用的是声学头模，头部模型为一个上下不对称的刚性椭球体，耳廓模型精确地复制了真人耳廓的细节结构(见图 4.2 和图 4.3)。耳道模型有三种，分别为简化直耳道、鼓膜斜置的简化直耳道和弯曲耳道。

(1)简化直耳道

有研究表明耳道的形状对耳道内声场有很大的影响,尤其是高频。因此本节设计了三种耳道模型,分别为简化直耳道、鼓膜斜置的简化直耳道和弯曲耳道。

简化直耳道将耳道简化成一个长 27mm、半径 3.5mm 的圆形管道,鼓膜垂直于耳道壁。鼓膜及耳道壁全部为刚性。图 6.9 为将直耳道与标准耳连接后的模型。

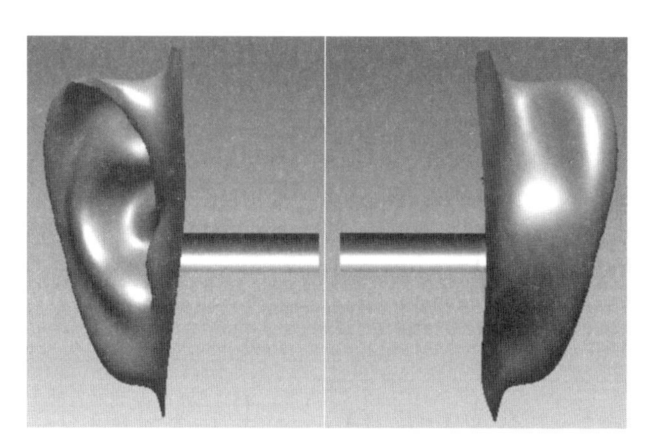

图 6.9　直耳道模型(左:前视图,右:后视图)

(2)鼓膜斜置的简化直耳道

由于真人鼓膜与耳道不是垂直的,鼓膜是斜置的,因此按照参考文献[63]中提到的一般鼓膜与耳道壁的夹角,使简化直耳道的鼓膜与耳道侧壁和上壁分别呈 60°和 50°夹角,见图 6.10。耳道截面半径为 3.5mm,耳道入口处距鼓膜中心的距离为 27mm。

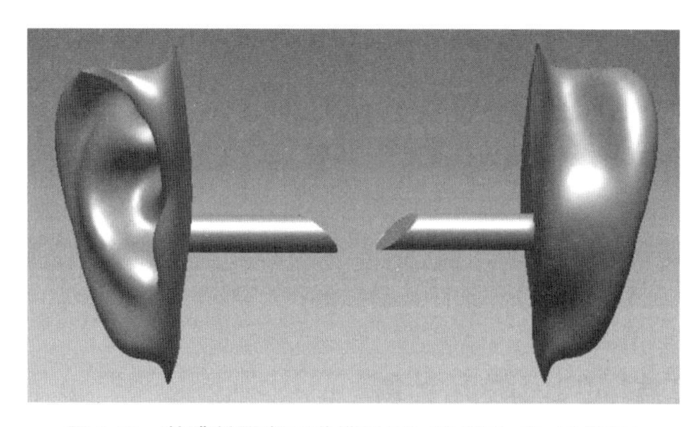

图 6.10　鼓膜斜置直耳道模型(左:前视图,右:后视图)

(3)弯曲耳道

由于真人耳道不是直的,而是弯曲的,且高频时耳道的形状会对耳道内的声场有明显影响,因此按照 Stinson 等人[11]的实验结果,取其中的 4 号真人耳道数据制作了一款弯曲耳道模型。参考文献[11]中指出描述耳道形状时有两种坐标轴:一种是直线轴 z(图 6.11－a);另一种是沿着耳道弯曲方向的中心轴 s(图 6.11－b),坐标轴穿过每个截面的质心。直线轴 z

对应的截面全部是竖直切片，互相平行；而弯曲轴 s 对应的截面则是垂直于弯曲轴那一点的切线，不是平行的。文献给出了各个真实耳道的直线轴 z 和弯曲轴 s 的对应关系，见(6.36)式和(6.37)式，$(\gamma_x(z),\gamma_y(z),z)$是定义耳道弯曲中心轴的三维直角坐标，$\beta$、$a_1\sim a_6$和$b_1\sim b_6$是决定耳道中心轴形状的参数，文献已给出具体数值。

$$\gamma_x(z)=a_1+a_2z+a_3\cos\beta z+a_4\cos 2\beta z+a_5\sin\beta z+a_6\sin 2\beta z \tag{6.36}$$

$$\gamma_y(z)=b_1+b_2z+b_3\cos\beta z+b_4\cos 2\beta z+b_5\sin\beta z+b_6\sin 2\beta z \tag{6.37}$$

采用 4 号耳道(图 6.12)的中心轴数据(表 6.2)，取直线轴 z 的长度为 27mm，则对应 s 轴的弧线长度为 29.97mm。

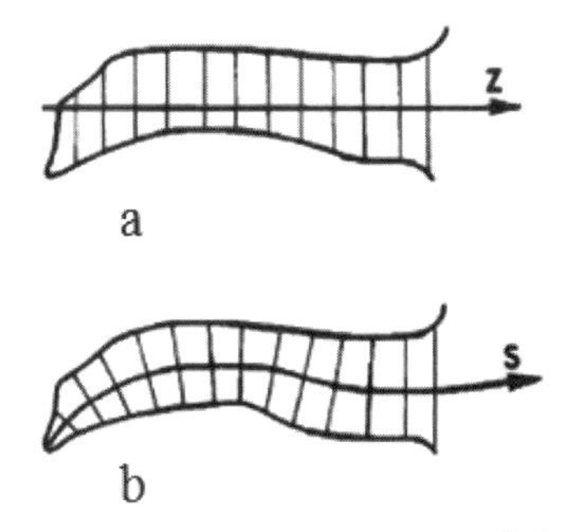

图 6.11　耳道坐标轴示意图[11]

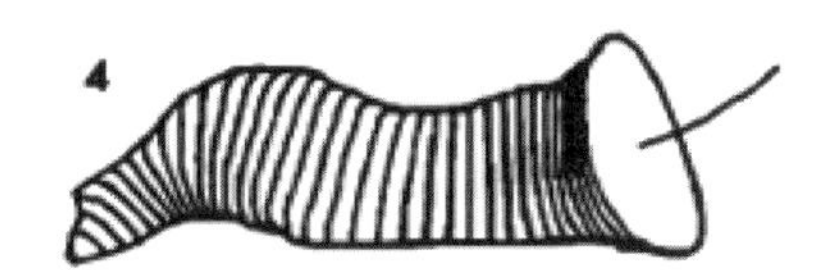

图 6.12　文献[11]中给出的 4 号耳道

表 6.2　文献[11]中给出的 4 号耳道中心轴形状参数

β (mm^{-1})	a_1 (mm)	a_2 (…)	a_3 (mm)	a_4 (mm)	a_5 (mm)	a_6 (mm)
0.0943	0.116	0.352	2.145	−4.147	−10.310	−0.369
	b_1 (mm)	b_2 (…)	b_3 (mm)	b_4 (mm)	b_5 (mm)	b_6 (mm)
	20.740	−1.116	−15.170	−1.099	−3.453	0.745

文献还给出了 4 号耳道沿着弯曲中心轴 s 的各个截面的面积(见图 6.13，图中的 x 轴位置 0mm 处代表的是耳道最深处)。在这里鼓膜是作为耳道形状的一部分存在的，位置 0mm 处实际上是鼓膜的底部与耳道下壁的交汇处。由于真人耳道的各个截面不是规则的几何形状，或呈椭圆形或呈三角形或呈圆形，若没有详细的数据无法真实还原。所以这里只能假设各截面是规则的圆形，根据截面积计算出半径，

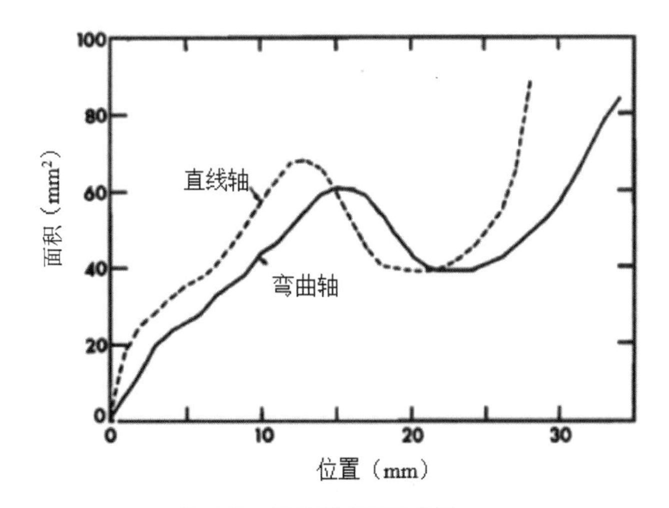

图 6.13　耳道截面面积曲线

从而画出一个截面积变化的弯曲耳道。由于文献中4号耳道是左耳的，而本节计算的是右耳，因此需要做个镜像。

图6.14是依据文献中4号耳道的弯曲中心轴和截面积曲线画出的耳道模型。与耳廓相接时，只截取了直线长度27mm（图6.15）。

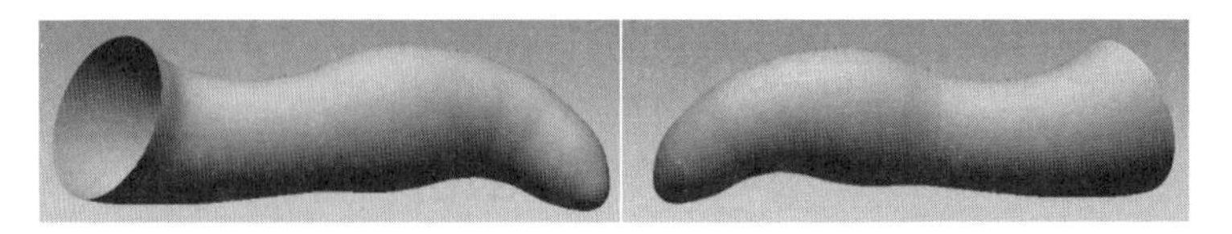

图6.14　弯曲耳道模型（左：前视图，右：后视图）

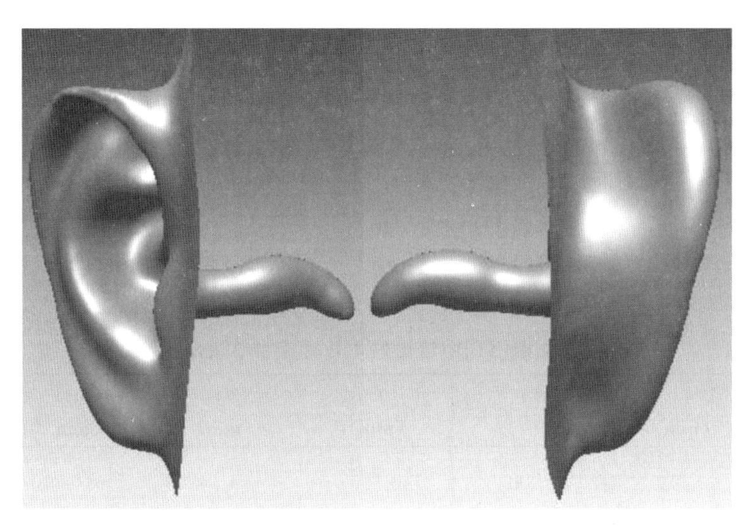

图6.15　弯曲耳道与耳廓模型（左：前视图，右：后视图）

6.4.2　声学头模耳道入口处的声场有限元仿真

在实际听音的情况下，声源发出的声波是经过头部和耳廓作用后进入耳道的，因此本文用于计算的物理模型，是集合了头部、耳廓、耳道以及鼓膜的整体。

耳道的几何模型是用CATIA软件实现的，并利用Rapidform软件将耳道模型和配有标准耳的声学头模的3D扫描模型无缝连接在一起，并对其进行网格化。此时建立的几何模型为表面几何模型，对其进行有限元网格划分时，需满足有限元的计算要求：最大单元边长小于计算频率最短波长的六分之一[64]，可听声频率上限为20kHz，则最大单元边长应小于2.83mm，即单元的线性尺寸小于2.83mm。但由于耳廓、耳道和鼓膜的结构非常精细，且尺寸较小，声压分布在外耳结构处的变化范围较大，因此为了更好地反映外耳结构内的声压变化，需要将这部分的网格进行细化，使得最大单元边长小于0.3mm。从图6.16划分的网格可以看出外耳结构的网格较密，而其他部分的网格相对稀疏。由于外耳结构的有限元网格较密集，因此为了减少计算量只保留用于耳道声场计算的右耳（如图6.17）。

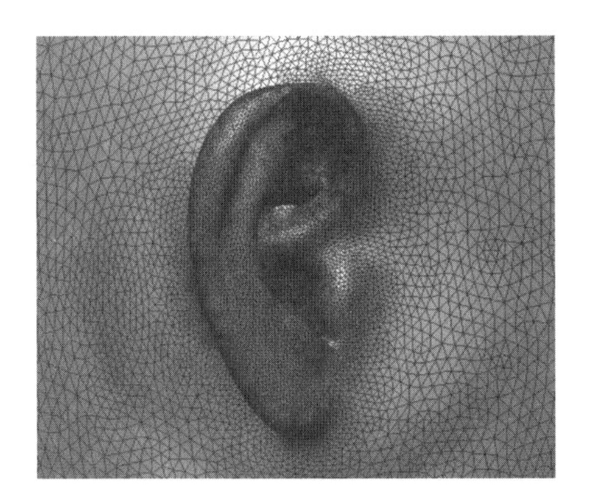

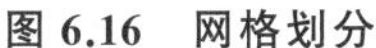

图 6.16　网格划分

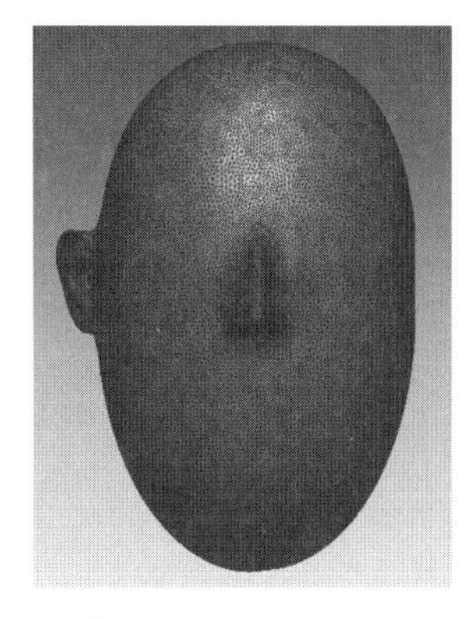

图 6.17　声学头模几何模型(保留右耳)

将有限元模型导入 LMS Virtual.Lab 中，利用 AML(Automatic Matched Layer，完美匹配层法)[64]有限元法计算耳道入口处截面的声压分布情况。该方法是基于 Helmholtz 方程进行计算的。在模型外部画出一个放大倍数为 1.3 倍的凸形包络，将模型和包络之间填充四面体单元声学网格，对声学网格进行前处理。定义声学网格外包络面网格为 AML 层；填充的体网格为声学有限元网格，定义空气属性；而声学网格内包络面则为散射面。假设声学头模表面、耳道壁和鼓膜均为刚性界面。

利用 AML 法进行有限元计算，耳道入口处截面的场点网格节点数量为 534 个。声源为从规定方向入射的平面波，声压为 1Pa。计算频率为 500Hz～20kHz，频率间隔 500Hz。采用顺时针坐标系(θ,φ)来表示声源的方向，θ 为水平方位角，φ 为俯仰角。计算时采用了 6 个方向的声源，分别为正前方(0°，0°)、正后方(180°，0°)、正左方(270°，0°)、正右方(90°，0°)、正上方(0°、90°)和正下方(0°，－90°)。

6.5　声学头模耳道入口处的声场分析

6.5.1　耳道入口处截面的频率响应

图 6.18 为声源从不同方向入射时，简化直耳道入口处截面的频率响应，取耳道入口处截面所有点的声压均方根值(RMS)，可以将其看作当耳道开放时耳道入口处的 HRTF 曲线。从图中可以看出，声源从不同方向入射时耳道入口处的频响曲线之间有明显的差异。所有声源方向的频响曲线在 2.5kHz 和 12kHz 处均有一个峰值，3kHz、9.5kHz 和 16kHz 附近均有一个谷值。除正后方和正左方两种声源情况，其他声源方向时在 8kHz 处也有一个峰值，正左方声源在此出现较小的谷。正左方声源情况较其他情况在 3kHz 以上时，声压级随频率变化衰减明显，且有较多的起伏。正下方声源情况在 7kHz 附近出现其他方向不存在的突然升高的转折点。声源位于正后方时声压幅度较小，仅次于正左方的曲线，18.5kHz 时正后方曲线有一个较小的谷值，18.5kHz 以上幅度逐渐增大。声源位于正前方、正右方和正上方的曲线在 9.5kHz 以下非常相近，12kHz～15kHz 频段内正前方、正上方和正下方的曲线非常一致。

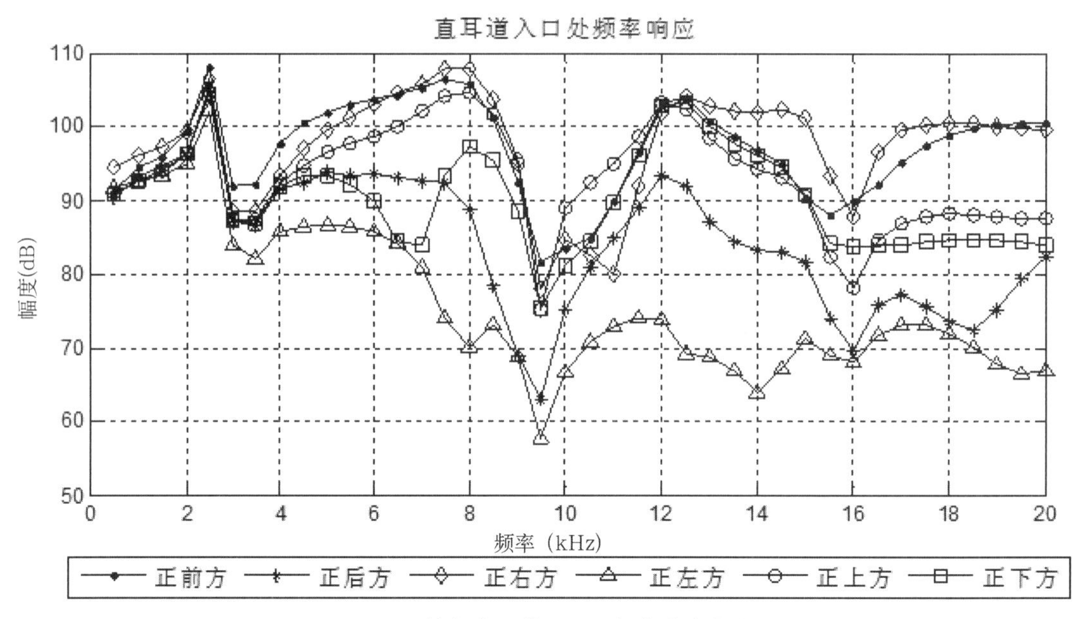

图 6.18 简化直耳道入口处频率响应曲线

图 6.18 中的结果只给出了简化直耳道入口截面上声压均值的频率响应曲线，但实际上在一些频率下，耳道入口处截面上各点之间声压差别是非常大的。图 6.19 画出了当声源位

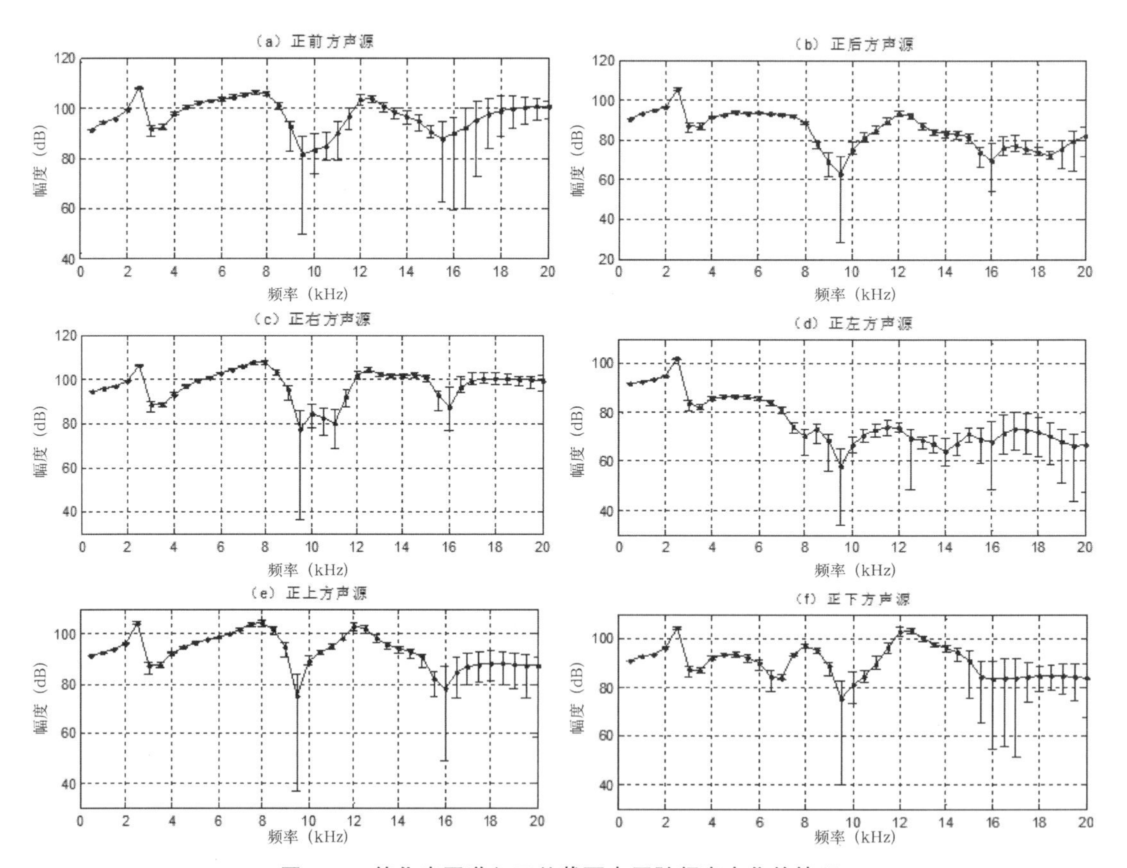

图 6.19 简化直耳道入口处截面声压随频率变化的情况

于声学头模正前方、正后方、正右方(与观察耳同侧)、正左方(与观察耳异侧)、正上方和正下方时,简化直耳道入口处截面上所有节点声压均方根值及最大值和最小值。图中每个频点上的线段长度即为耳道入口处截面上所有节点的声压范围(即声压级最大值与最小值之差),声压范围代表耳道入口处截面上的声压分布样式的丰富程度。可以看出当有谷点出现时声压范围急剧扩大,而出现峰值时声压范围又有所缩小。在 9.5kHz 以及 15kHz 以上的高频,耳道入口处截面上的声压范围较大。为了便于比较分析,将声源方向不同时耳道入口处截面的声压范围随频率变化的关系画成图 6.20。

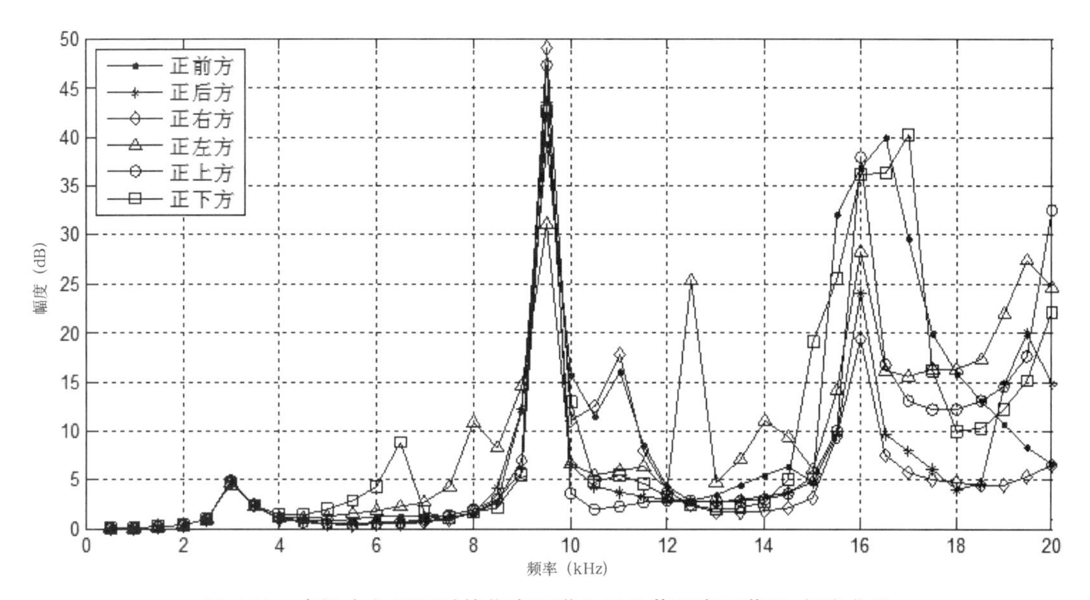

图 6.20　声源方向不同时简化直耳道入口处截面声压范围-频率曲线

从图 6.20 中可以看出,声压范围的峰值频率与图 6.18 中频率响应曲线的三个谷点频率(3kHz、9.5kHz 左右和 16kHz 左右)相对应。在 2.5kHz 以下的频率,6 个声源方向下耳道入口处截面的声压范围都非常小,接近于 0dB,说明在耳道入口处截面上声压基本呈均匀分布。在 4kHz 以下 6 条曲线基本重合,声压范围在 5dB 以内。当频率大于 6kHz 时,在频响曲线出现谷点的频率,声压范围明显增大,例如在 9.5kHz 处,声压范围最大可达到 49dB(声源位于正右方时);而在频响曲线出现峰值的频率附近,声压范围仍较小。声压范围较大说明截面上的声压变化范围较大,可利用的信息量大。各个声源方向的声压范围曲线也有明显的区别,尤其是在 16.5kHz 以上的高频,正前方声源的声压范围曲线随频率升高逐渐下降,正右方声源的声压范围曲线保持在 5dB 左右,其他方向声源的声压范围曲线在 18kHz 以后均有明显上升。

6.5.2　耳道入口处截面的声压分布模态

耳道入口处截面声压分布模态的有限元仿真计算结果采用0.5dB 作为声压级梯度的间隔。从龙长才等人对 1kHz 纯音声强级差别阈限的多篇文献实验结果的总结[65](图 6.21)中可以看出,大部分实验结果都是大于 0.5dB 的,其中 0.5dB 在图中用一条直线标注出来了,而声压级与声强级在数值上近似相等(声压级与声强级相差一个修正项 $10\log_{10}\frac{400}{\rho_0 c_0}$,通常情况下它非常小)[66],因此可以认为人耳能够分辨的声压级差不可能小于 0.5dB,所以以0.5dB作为声压级梯度的划分间隔。

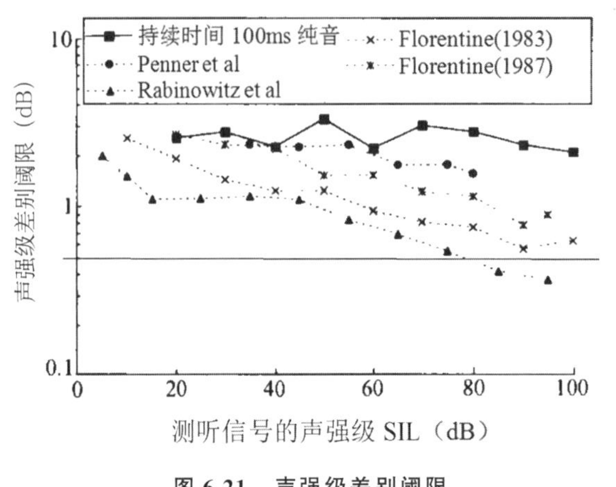

图 6.21　声强级差别阈限

图 6.22　声学头模正右侧视图

耳道入口处声压分布模态图的视角为从右耳外部看向耳道内部(如图 6.22 所示,图中耳廓内的圆圈表示的是耳道入口处截面),因此图片的右方代表的是声学头模的正前方,图片的上方代表的是声学头模的正上方。

图 6.23 为声源位于正前方、正后方、正右方(与观察耳同侧)、正左方(与观察耳异侧)、正上方和正下方时,简化直耳道模型右耳耳道入口处的声压分布模态图。声源频率为 500Hz～20kHz,间隔 500Hz,共计 40 个频率。由于频率相近时,耳道入口处的声压分布形态类似,故这里选出最具代表性的频率结果进行展示。

当频率为 500Hz～2kHz 时(以图 6.23－0.5kHz 为例),截面上的声压基本呈均匀分布,声压范围在 0.5dB 以内。当频率为 2.5kHz～4kHz 时(以图 6.23－3kHz 为例),呈现明显的声压梯度,但各个声源方向的声压分布几乎相同。当频率为 4.5kHz～7kHz 时(以图 6.23－6kHz 为例),正后方、正右方和正上方的声压分布趋于均匀,而正前方、正左方和正下方仍有一定的声压梯度,虽然声源位于正左方和正下方时到达耳道入口处的声压较低,但声压梯度变化较明显,但与正前方的声压梯度变化方向大体相同,均为后上方至前下方。当频率 7.5kHz～9kHz 时(以图 6.23－9kHz 为例),声源位于正左方时的声压分布模态与其他方向差异较大,其他方向的声压分布模态比较相似。随着频率的升高(以图 6.23－12kHz/16kHz/20kHz 为例),不同声源方向条件下的声压分布模态变化也各不相同,在有些方向趋于一致,在有些方向差异变大。综上所述,大部分情况下耳道入口处截面的声压呈不均匀分布,且声压分布模态与声源入射方向有很大的关系。在某些频率下,有些方向的声压分布模态非常相似,而有些方向的声压分布模态差异较大。

6.5.3　声源位于各个方向时声压分布模态的差异性

从图 6.23 的声压分布模态图中,可以大致看出来在某些频率下,有些方向的声压分布

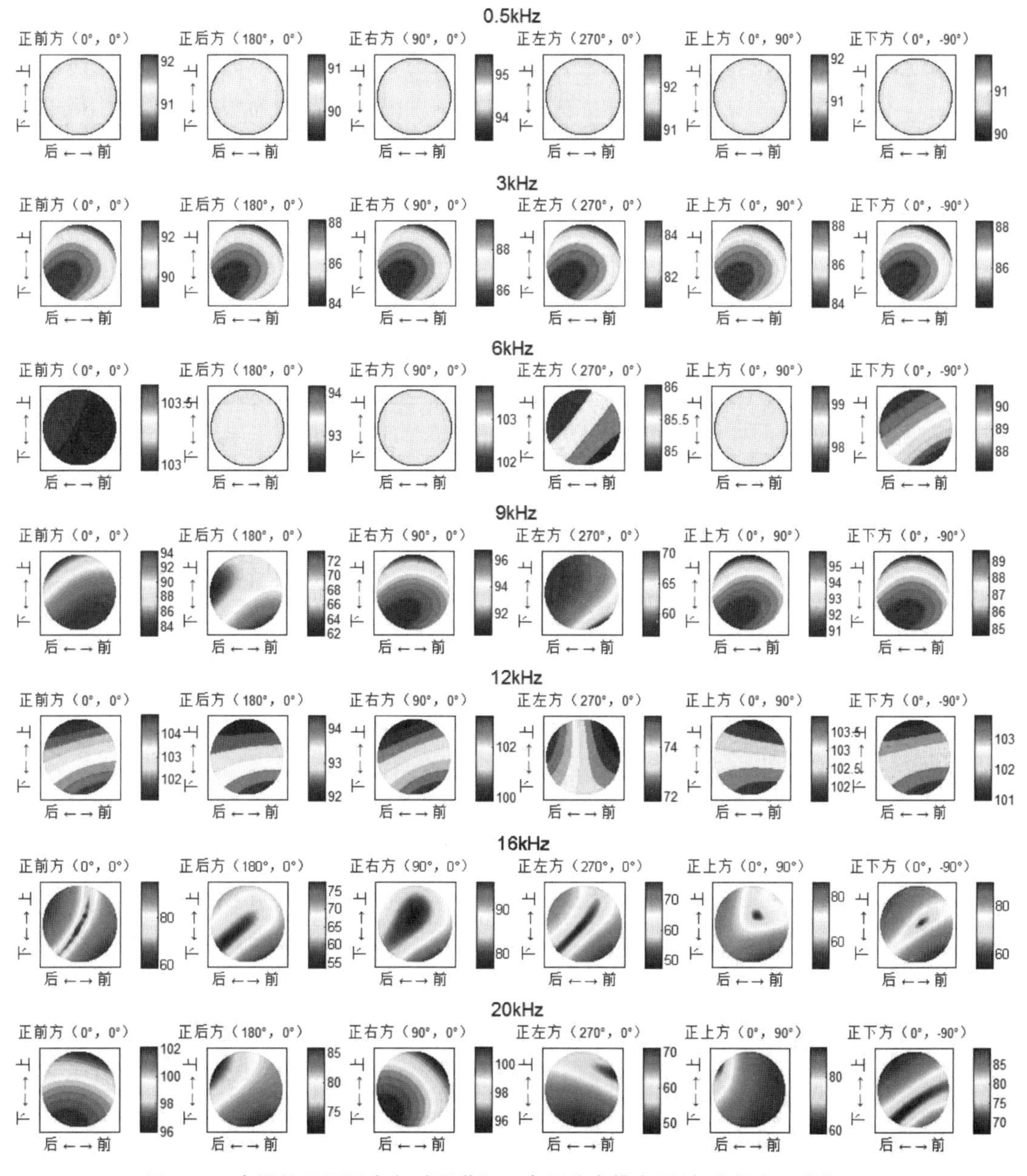

图 6.23　声源位于不同方向时耳道入口声压分布模态图(部分频率)(单位:dB)

模态非常相似,而有些方向的声压分布模态差异较大,但相似到什么程度、差异又有多大很难用模态分布图来表示。因此为了将各个声源方向条件下耳道入口处声压分布模态之间的差别大小(或相似程度)进行量化,计算了 2kHz 以上时(因为在 2kHz 以下声压基本呈均匀分布,故不在考虑范围内),各个声源方向条件下耳道入口处截面声压分布之间的 Pearson 相关系数。每一张声压分布图都代表在一个特定频率、一个特定声源入射方向时的声压分布模态,它是由 534 个声压值组成的,即一个按照固定网格点顺序排列的数列,因此可以通过计算耳道入口截面声压数列的相关系数,得到两张声压分布相关性的图。将各个频率下某两个声源方向的相关系数画在一张图上,即可得到声压分布模态的相关系数与声源频率

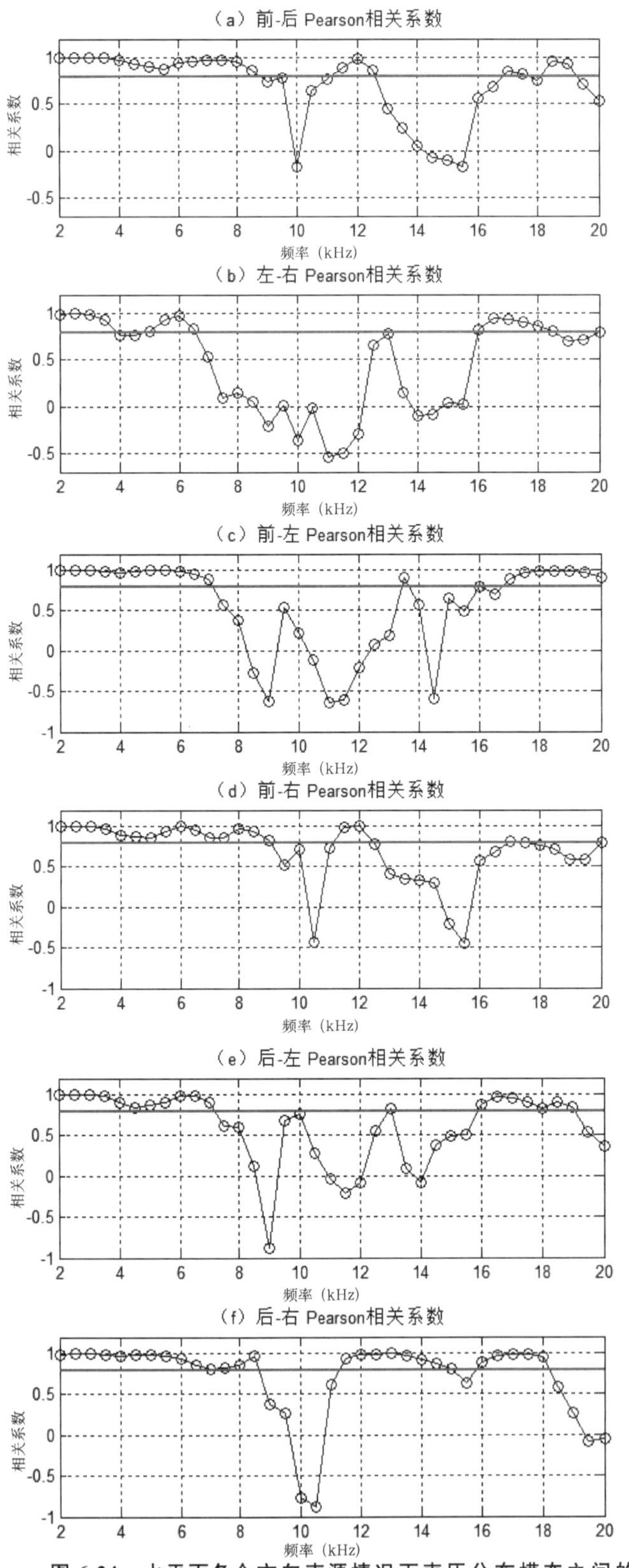

图 6.24　水平面各个方向声源情况下声压分布模态之间的 Pearson 相关系数

之间的关系。图 6.24 和图6.25分别为水平面和中垂面各个方向声源情况下声压分布模态之间的 Pearson 相关系数。

一般情况下，当相关系数$|r|\geqslant 0.8$时认为二者具有非常高的相关性，当 $0.5\leqslant|r|<0.8$ 时为中度相关，$0.3\leqslant|r|<0.5$ 为低度相关，$|r|<0.3$ 为不相关。而对于声压分布模态的差异性（或相似性）来说，只有当相关系数 $r\geqslant 0.8$ 时才认为二者的声压分布模态是相似的（例如 3kHz 时所有声源方向下的声压分布），其余均认为二者是具有差异的，即使相关系数$r\leqslant -0.8$ 也认为是有差别的，因为这时意味着二者的声压变化的方向是完全相反的。例如在 9kHz 时（见图6.23－9kHz）正前方和正左方声源的两种情况下，声压的最大值和最小值的位置是调转的，求得的相关系数显示出很大的负相关性（图 6.24－c），但是仍然认为它们的声压分布模态图是具有明显差异的。

由图 6.24 可知，当声源分别位于正前方和正后方时，9kHz～11 kHz、13kHz～16.5kHz 以及 19.5 kHz～20kHz 是声压分布模态差异明显的频段；7kHz～15.5kHz 为左、右声源情况下声压分布模态差异明显的频段，虽然 4kHz～4.5kHz 时的相关系数也小于 0.8，但是这时耳道入口处截面的声压范围在 1dB 以内，声压基本呈均匀分布，因此不作为声压分布模态差异明显的频段；7.5kHz～13kHz 和 14kHz～15.5 kHz 为前、左声源情况下声压分布

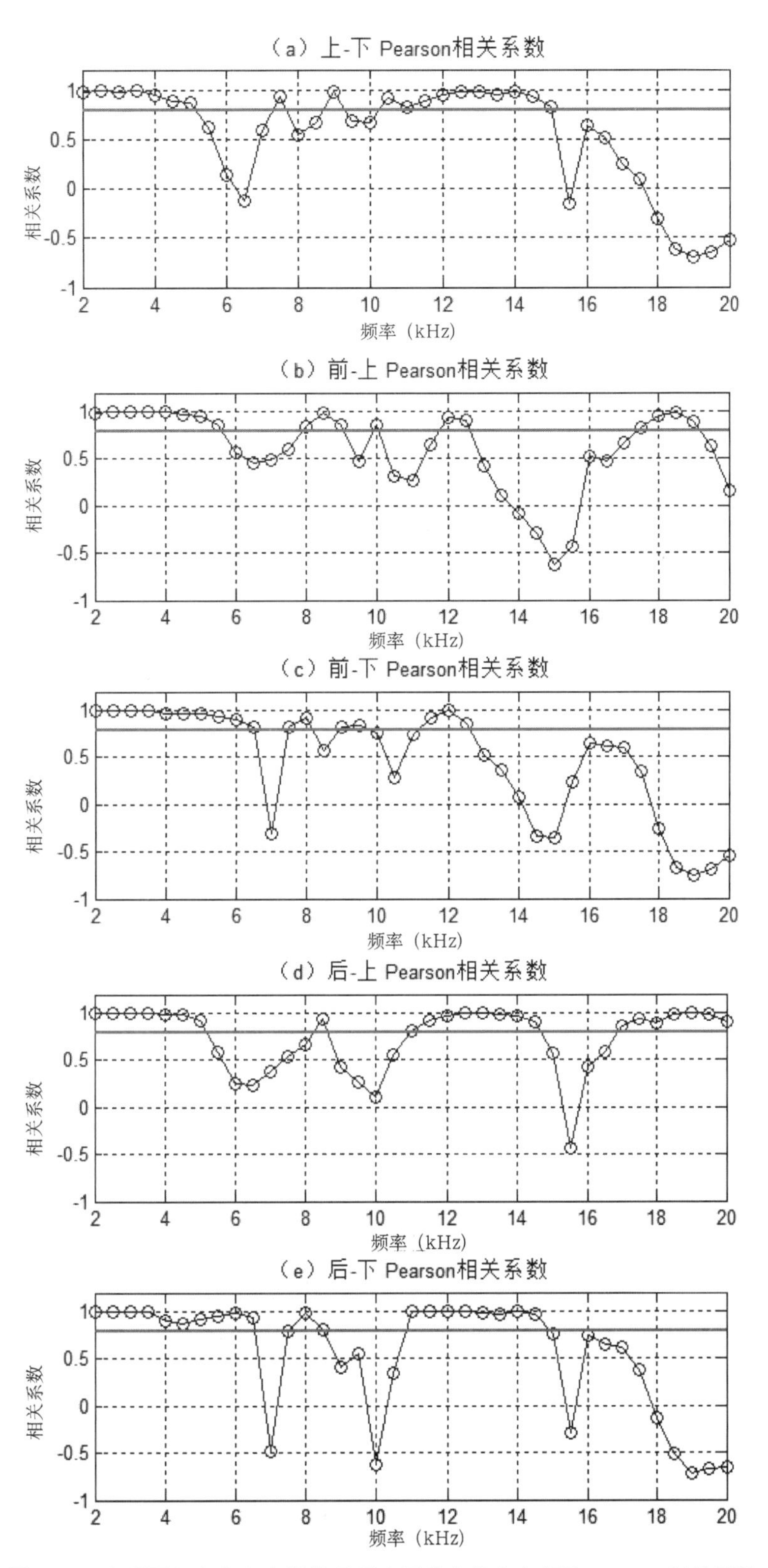

图 6.25　中垂面各个方向声源情况下声压分布模态之间的 Pearson 相关系数

模态差异明显的频段；9.5kHz～11kHz、12.5kHz～16.5kHz 及 18kHz～19.5kHz 为前、右声源情况下声压分布模态差异明显的频段；7.5kHz～15.5kHz 和 19.5kHz～20kHz 为后、左声源情况下声压分布模态差异明显的频段；9kHz～11kHz、15.5kHz 和 18.5kHz～20kHz 为后、右声源情况下声压分布模态差异明显的频段。6.5kHz 以下时，声源位于正前方、正后方、正右方和正左方时，它们之间的两两相关系数均在 0.8 以上，因此在 6.5kHz 以下可以认为在这四个声源方向条件下，耳道入口处截面的声压分布模态没有明显区别，即此时的声压分布模态与方向无关。8.5kHz 以下时，声源位于正前方、正后方和正右方三个方向时，耳道入口处截面的声压分布模态基本一致。

从图 6.25 可知，当声源分别位于正上方和正下方时，5.5kHz～7kHz、8kHz～8.5kHz、9.5kHz～10kHz 及 15.5kHz～20kHz 是声压分布模态差异明显的频段；6k～7.5kHz、9kHz、10.5k～11.5kHz、13kHz～17kHz 及 19.5kHz～20kHz 为前、上声源情况下声压分布模态差异明显的频段；7kHz、8.5kHz、10.5kHz 及 13kHz～20kHz 为前、下声源情况下声压分布模态差异明显的频段；5.5kHz～8kHz、8.5kHz～10.5kHz 及 15kHz～16.5kHz 为后、上声源情况下声压分布模态差异明显的频段；7kHz、9kHz～10.5kHz 及 15kHz～20kHz 为后、下声源情况下声压分布模态差异明显的频段。5kHz 以下时，声源位于正前方、正后方、正上方和正下方时，它们之间的两两相关系数均在 0.8 以上，因此在 5kHz 以下可以认为在这四个声源方向条件下，耳道入口处截面的声压分布模态没有明显区别，即此时的声压分布模态与方向无关。6.5kHz 以下时，声源位于正前方、正后方和正下方三个方向时，耳道入口处截面的声压分布模态基本一致。

为方便观察，将不同方向的声压分布模态相关系数 r<0.8 的频段标注在图 6.26 中，线段表示的是耳道入口处声压分布模态差异显著的频段。从图中可以看出，不同声源方向之间耳道入口处声压分布差异明显的频段各不相同。

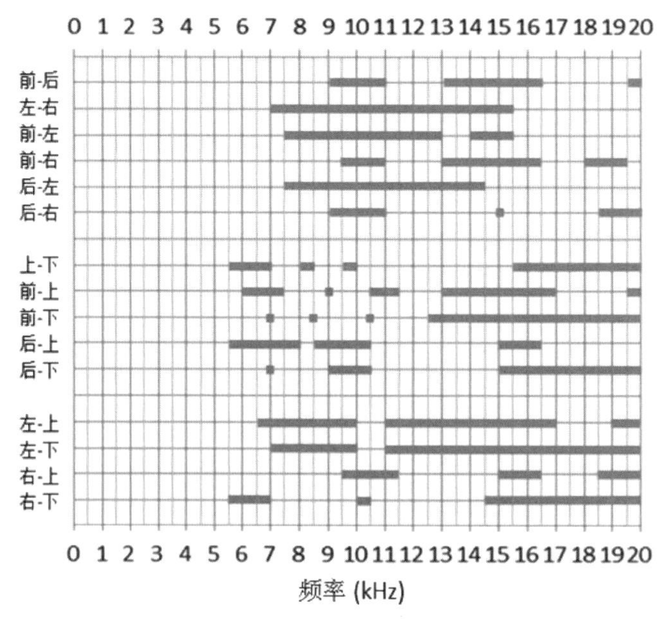

图 6.26 不同声源方向之间耳道入口处声压分布模态差异显著频段

6.6 耳道形状对耳道入口处声场的影响

声波进入耳道后，经过传输到达鼓膜，同时在鼓膜处产生反射，向耳道外辐射声波，所以耳道入口处的声场实际是由外部进入耳道的声波和耳道内反射出来的声波共同组成的，因此耳道的形状以及鼓膜的角度都会对耳道入口处的声场产生一定的影响。

6.6.1 耳道形状对耳道入口处截面频率响应的影响

利用有限元仿真的方法计算鼓膜斜置直耳道与弯曲耳道（耳道模型详见 6.3.1 节）的耳道入口处截面的声压分布情况，并将它们与简化直耳道（鼓膜垂直放置）的结果进行比较，主要探讨声源位于正前方和正后方两个方向的情况下，耳道形状对耳道入口处声压分布的影响。

图 6.27 为三种形状耳道的耳道入口处截面处的频响曲线，取耳道入口处截面上各点声压的均方根值（RMS）。从图中可以看出，3kHz 以下时三条曲线基本重合。弯曲耳道与两种直耳道在 8kHz 以上时曲线差异较大。而鼓膜是否斜置影响的是第三谷点的频率位置及 15kHz 以上的频响。

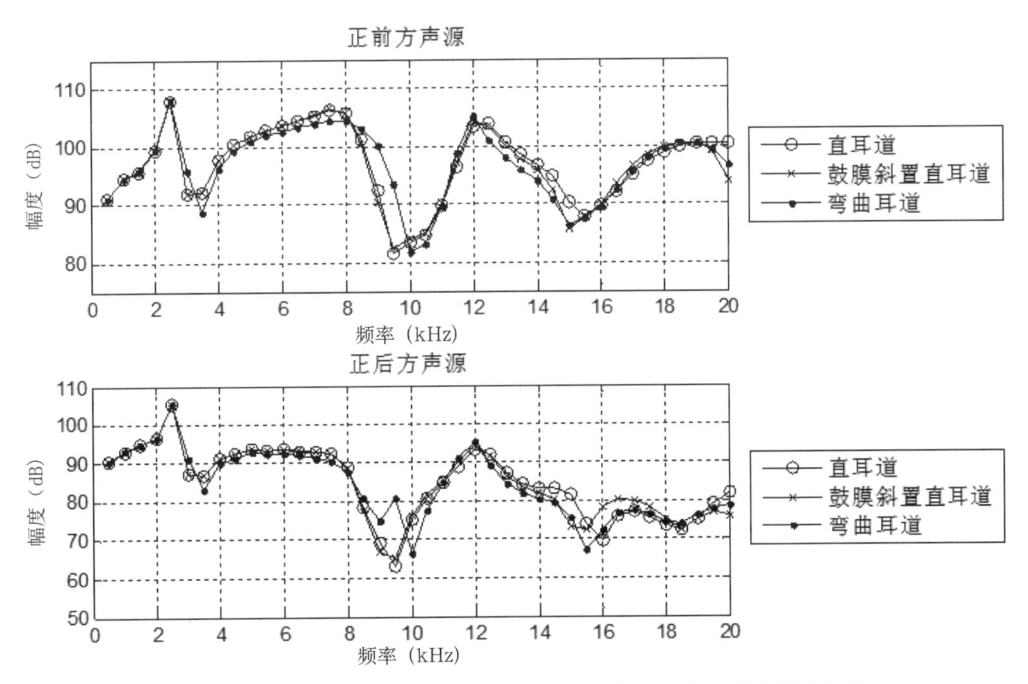

图 6.27　声源位于正前方和正后方时不同形状耳道入口处的频响曲线

当声源位于正前方时，鼓膜垂直放置的直耳道和鼓膜斜置的直耳道的频响曲线非常相近，从12.5kHz开始二者出现差别，12.5kHz～15.5kHz 时鼓膜垂直直耳道比鼓膜斜置直耳道的耳道入口处截面声压级略高，16kHz～19kHz 时鼓膜垂直直耳道比鼓膜斜置直耳道的耳道入口处截面声压级略低，20kHz 时鼓膜斜置直耳道声压级比鼓膜垂直直耳道低 6.6dB。而弯曲耳道与直耳道的差别较明显，弯曲耳道的第一谷点和第二谷点所对应的频率均比直耳道高，3.5kHz～8kHz、12.5kHz～15kHz 及 20kHz 时弯曲耳道入口处截面声压级比直耳道低 1～3dB。

声源位于正后方时，鼓膜斜置直耳道与鼓膜垂直直耳道的频响曲线在 14kHz 开始出现差别，弯曲耳道的频响仍然在3.5kHz～8kHz、12.5kHz～15.5kHz 及 20kHz 小于直耳道，在 9.5kHz 处弯曲耳道的曲线出现与直耳道相反的趋势。

图 6.28 为当声源位于正前方和正后方时，不同形状耳道的耳道入口截面上的声压范围随频率的变化情况。在 8.5kHz 以下三条曲线基本一致，均在 5dB 以内。鼓膜垂直直耳道和鼓膜斜置直耳道在 3kHz 处有一个较小的峰值，而弯曲耳道的峰值频率为 3.5kHz。

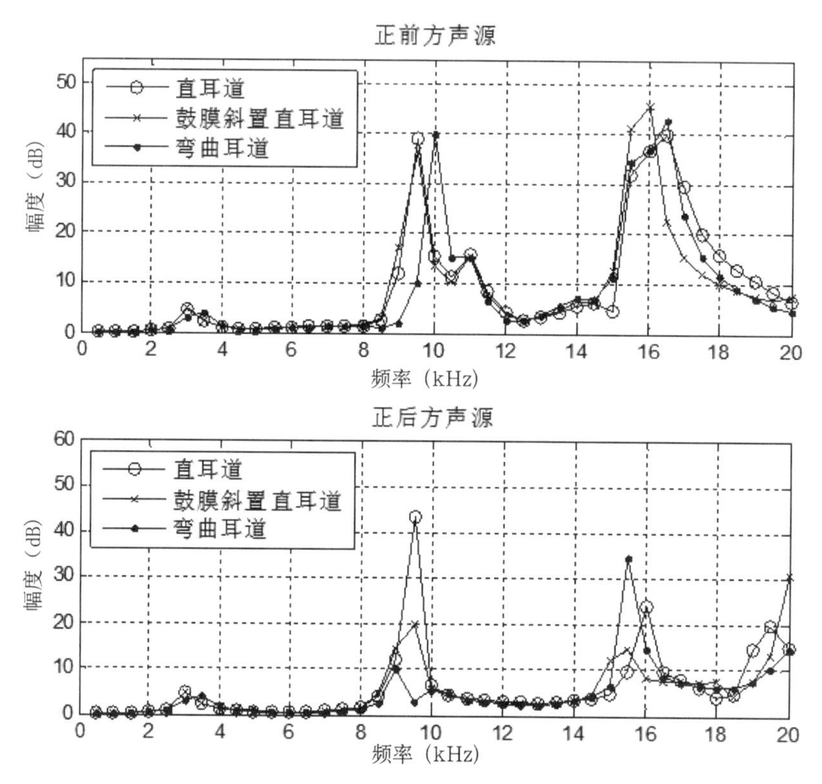

图 6.28　声源位于正前方和正后方时不同形状耳道入口处的截面声压范围-频率曲线

当声源位于正前方时，两种直耳道曲线在 9.5kHz 出现峰值，而弯曲耳道的峰值出现在 10kHz；而鼓膜垂直直耳道和弯曲耳道的下一个峰值出现在 15.5kHz～16.5kHz，鼓膜斜置直耳道则为 15.5kHz～16kHz，相比其他两种耳道开始衰减的频率低；在 17kHz～20kHz 频段内，鼓膜垂直直耳道的声压范围最大，其次是弯曲耳道，鼓膜斜置直耳道最小。

当声源位于正后方时，两种直耳道均在 9.5kHz 出现峰值，鼓膜垂直直耳道大于鼓膜斜置直耳道，而弯曲耳道在此频点出现相反趋势，鼓膜垂直的直耳道在 16kHz 出现峰值，弯曲耳道的峰值左移至 15.5kHz，而鼓膜斜置直耳道的峰值出现在 15kHz～15.5kHz，但明显小于弯曲耳道和鼓膜垂直直耳道。

6.6.2　耳道形状对声压分布模态的影响

图 6.29 为声源位于正前方和正后方时，三种形状耳道入口处截面上声压分布模态的部分结果。每张图第一行为声源位于正前方的情况，第二行为声源位于正后方的情况，每一列分别代表鼓膜垂直直耳道、鼓膜斜置直耳道和弯曲耳道的情况。8kHz 以下、10.5kHz～14.5

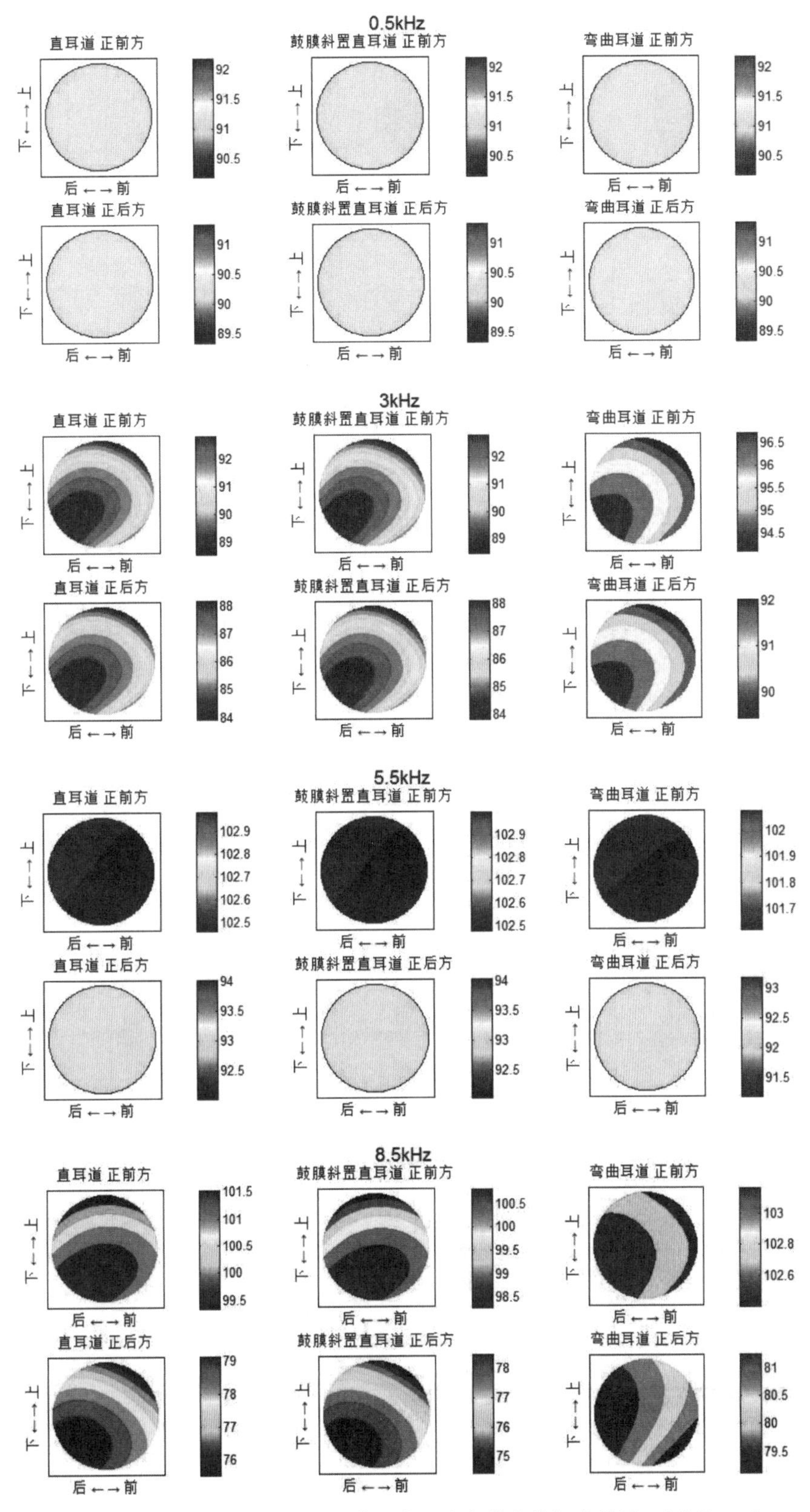

图 6.29　三种形状耳道入口处截面声压分布模态的部分结果　（单位:dB）

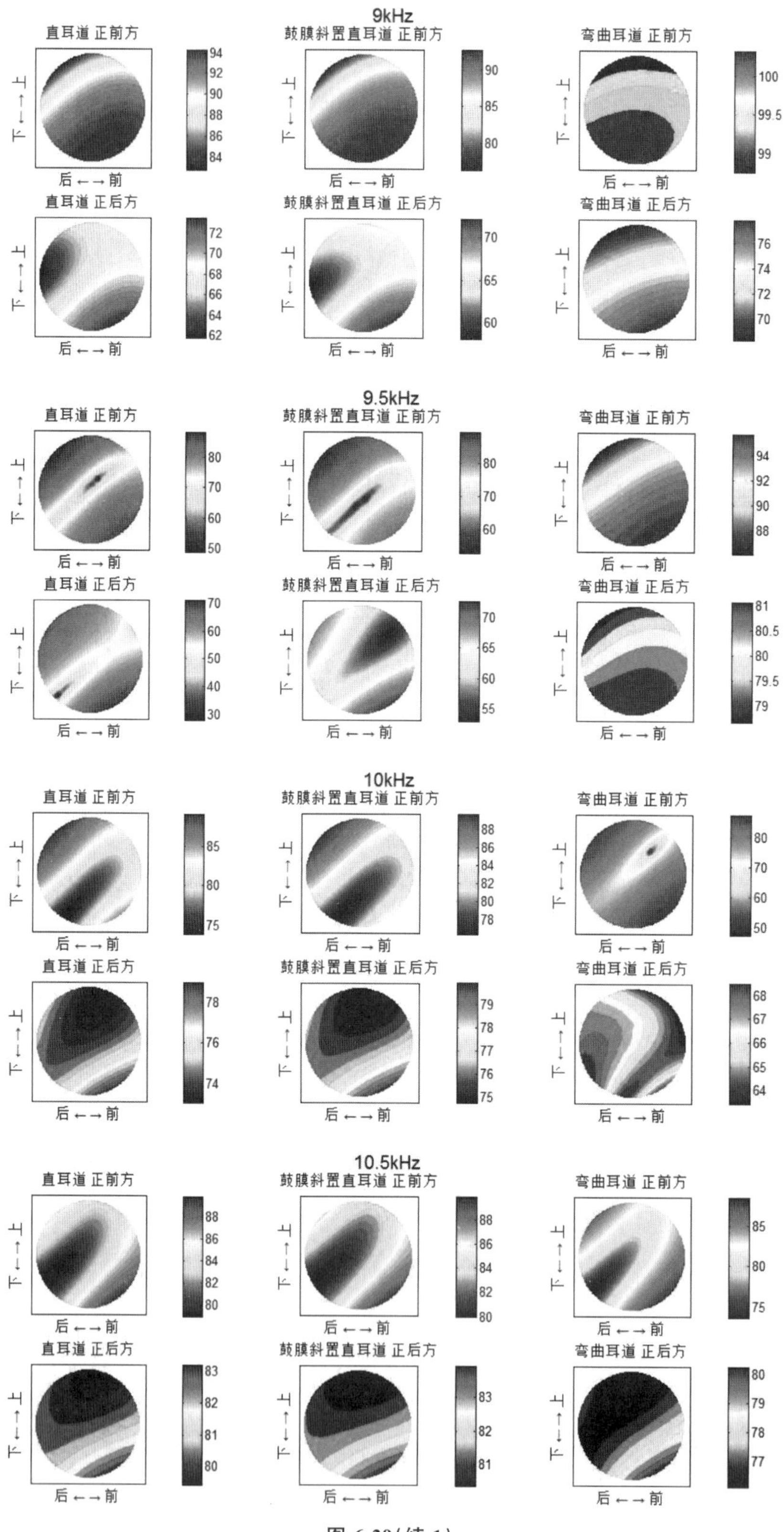
9kHz
直耳道 正前方
鼓膜斜置直耳道 正前方
弯曲耳道 正前方
直耳道 正后方
鼓膜斜置直耳道 正后方
弯曲耳道 正后方
9.5kHz
10kHz
10.5kHz
下←→上
后←→前

图 6.29(续 1)

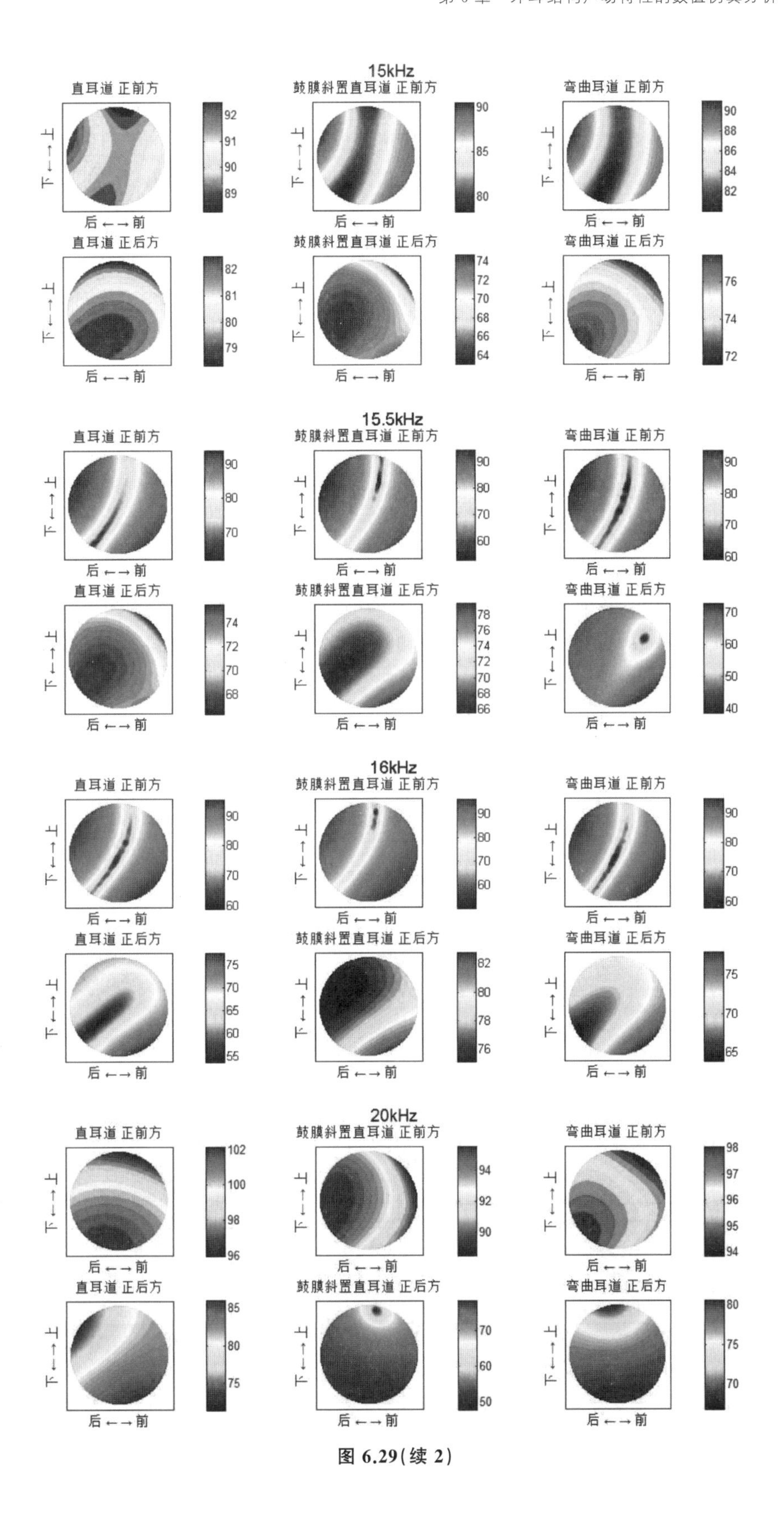

15kHz
直耳道 正前方
鼓膜斜置直耳道 正前方
弯曲耳道 正前方
直耳道 正后方
鼓膜斜置直耳道 正后方
弯曲耳道 正后方
15.5kHz
直耳道 正前方
鼓膜斜置直耳道 正前方
弯曲耳道 正前方
直耳道 正后方
鼓膜斜置直耳道 正后方
弯曲耳道 正后方
16kHz
直耳道 正前方
鼓膜斜置直耳道 正前方
弯曲耳道 正前方
直耳道 正后方
鼓膜斜置直耳道 正后方
弯曲耳道 正后方
20kHz
直耳道 正前方
鼓膜斜置直耳道 正前方
弯曲耳道 正前方
直耳道 正后方
鼓膜斜置直耳道 正后方
弯曲耳道 正后方
下←→上
后←→前

图 6.29(续 2)

kHz 和 17.5kHz～18.5kHz 时(以图 6.29－0.5kHz/3kHz/5.5kHz/10.5kHz 为例),三种耳道的耳道入口处声压分布模态图基本一致。鼓膜斜置和垂直两种条件下,在 9.5kHz、15kHz～17kHz、19kHz～20kHz 频段内分布模态图差异明显(以图 6.29－9.5kHz/15kHz/15.5kHz/16kHz/20kHz 为例)。而弯曲耳道在 8.5kHz～10kHz、15kHz～16kHz 及 19.5kHz～20kHz 这几个频段内与直耳道的声压分布模态有明显区别(以图 6.29－8.5kHz/9kHz/9.5kHz/10kHz/15kHz/15.5kHz/16kHz/20kHz 为例)。可以看出耳道的形状在一些频率条件下对耳道入口处的声压分布模态有一定的影响,并且人的耳道形状是个性化的,因此在某些频率上不能忽略耳道的形状。

6.6.3 耳道形状对声压分布模态差异性的影响

图 6.30 为三种耳道形状情况下,正前方声源和正后方声源的耳道入口处截面声压分布模态的差异。从图中可以看出,三种形状的耳道前、后声压分布模态差别明显的频段十分相近,大体分为三个频段,细节有略微不同。

鼓膜斜置直耳道与鼓膜垂直耳道的曲线非常相似,仅在 12.5kHz 和 16.5kHz 两个频点有差别,鼓膜斜置直耳道前后方声源声压分布模态差异明显的频段为 9kHz～11kHz、12.5kHz～16kHz 和 19.5kHz～20kHz 三个频段,其中第二个频段较鼓膜垂直耳道向低频移动了。对于弯曲耳道来说,声压分布模态差异明显的频率范围为一个频点 8.5kHz 及三个频段 10kHz～10.5kHz、12.5kHz～16.5kHz 和 19.5kHz～20kHz。5.5kHz 时,前、后声压分布模态相关系数刚刚小于 0.8,但此时弯曲耳道入口处截面的声压范围在 1dB 以内,几乎呈均匀分布(图 6.29－5.5kHz),因此不将其作为前、后区别明显的频点。

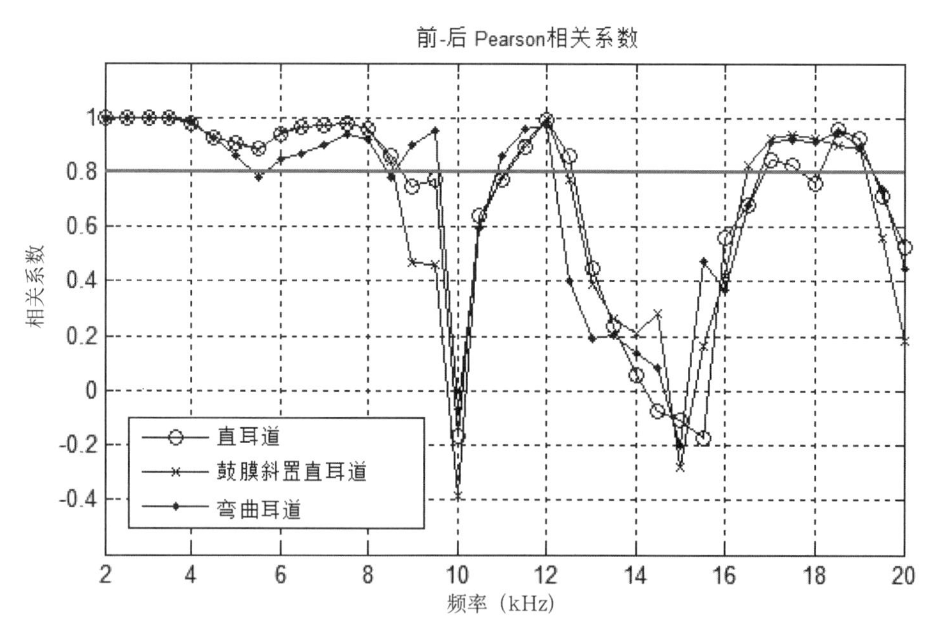

图 6.30 不同形状耳道条件下,声源位于正前方与正后方时耳道入口处截面声压分布模态之间的 Pearson 相关系数

当声源从不同方向入射时,耳道入口处截面所产生的这些显著差异若是能被人的听觉感知到,那么它们就可能是人耳听觉方向定位的线索之一,由于尚未理清它们确切的作用机制,故将其称为隐性线索。第7章将对听觉方向感知的隐性线索展开论述。

参考文献

[1]杨月如,吴红斌.耳廓的解剖学研究[J].解剖学杂志,1988,11(1):56-58.

[2]齐娜,李莉,赵伟.中国成年人耳廓形态测量及分类[J].声学技术,2010(5):518-522.

[3]AHMAD I, LEE W C, BINNINGTON J D.External auditory canal measurements: localization of the isthmus[J].Oto-rhino-laryngologia nova, 2000, 10(5):183-186.

[4]MORTON J Y, JONES R A.The acoustical impedance presented by some human ears to hearingaid earphones of the insert type[J]. Acta Acustica united with Acustica, 1956, 6(4):339-345.

[5]ZWISLOCKI J.Some measurements of the impedance at the eardrum[J].The journal of the acoustical society of America, 1957, 29(3):349-356.

[6]ZEMPLENYI J, GILMAN S, DIRKS D.Optical method for measurement of ear canal length[J].The journal of the acoustical society of America, 1985, 78(6):2146-2148.

[7]JOHANSEN P A.Measurement of the human ear canal[J].Acta Acustica united with Acustica, 1975, 33(5):349-351.

[8]HUDDE H.Estimation of the area function of human ear canals by sound pressure measurements[J].The journal of the acoustical society of America, 1983, 73(1):24-31.

[9]WEBSTER A G.Acoustical impedance and the theory of horns and of the phonograph [J].Proceedings of the national academy of sciences of the United States of America, 1919, 5(7):275.

[10]KHANNA S M, STINSON M R.Specification of the acoustical input to the ear at high frequencies[J].The journal of the acoustical society of America, 1985, 77(2):577-589.

[11]STINSON M R, LAWTON B W.Specification of the geometry of the human ear canal for the prediction of sound - pressure level distribution[J].The journal of the acoustical society of America, 1989, 85(6):2492-2503.

[12]FARMER-FEDOR B L, RABBITT R D.Acoustic intensity, impedance and reflection coefficient in the human ear canal[J].The journal of the acoustical society of America, 2002, 112(2):600-620.

[13]RASETSHWANE D M, NEELY S T.Inverse solution of ear-canal area function from reflectance[J]. The journal of the acoustical society of America, 2011, 130(6): 3873-3881.

[14]NELSON D K.Experimental verification of CAT scan measurements of the outer ear geometry of a cadaver using ear canal models[C]//Masters Abstracts International. 1989, 45(5).

[15]EGOLF D P, NELSON D K, HOWELL III H C, et al. Quantifying ear-canal

geometry with multiple computer-assisted tomographic scans[J].The journal of the acoustical society of America，1993，93(5):2809-2819.

[16]QI L，LIU H，LUTFY J，et al.A nonlinear finite-element model of the newborn ear canal[J].The journal of the acoustical society of America，2006，120(6):3789-3798.

[17]BAER T，GORE J C，GRACCO L C，et al.Analysis of vocal tract shape and dimensions using magnetic resonance imaging:Vowels[J].The journal of the acoustical society of America，1991，90(2):799-828.

[18]BLAUERT J.Spatial hearing:the psychophysics of human sound localization[M].MIT press，1997.

[19]SUN Q.Computer-integrated finite element modeling and simulation of human middle ear[D]. The University of Oklahoma，2001.

[20] HIIPAKKA M. Measurement apparatus and modelling techniques of ear canal acoustics[D].Helsinki University of Technology，2008.

[21]全欣，齐娜.椭球头模与仿真头模的指向性比较[J].电声技术，2012，36(1):43-45.

[22]全欣，范书成，齐娜.双耳声学测量系统的方向特性分析[J].电声技术，2015 (6): 40-44.

[23]李莉.耳廓结构模型声学特性的测量与分析[D].北京:中国传媒大学，2010.

[24]TIKANDER M.Acoustics and models of earplug type of headphones[J].Helsinki university of technology，2004.

[25]HAHN K S.The effect of variation in ear canal skin parameters on the behavior of an ear-earplug model [D]. Master thesis，Department of Electrical Engineering，University of Toronto，Canada，1985.

[26]BURKHARD M D，SACHS R M.Sound pressure in insert earphone couplers and real ears[J].Journal of speech，language，and hearing research，1977，20(4):799-807.

[27]RABBITT R D，FRIEDRICH M T.Ear canal cross-sectional pressure distributions: Mathematical analysis and computation[J]. The journal of the acoustical society of America，1991，89(5):2379-2390.

[28]SCHROETER J，POESSELT C.The use of acoustical test fixtures for the measurement of hearing protector attenuation.Part II:Modeling the external ear，simulating bone conduction，and comparing test fixture and real-ear data[J].The journal of the acoustical society of America，1986，80(2):505-527.

[29]GAN R Z，SUN Q，FENG B，et al.Acoustic-structural coupled finite element analysis for sound transmission in human ear-pressure distributions[J].Medical engineering & physics，2006，28(5):395-404.

[30]HUDDE H，SCHMIDT S.Sound fields in generally shaped curved ear canals[J].The journal of the acoustical society of America，2009，125(5):3146-3157.

[31]CISKOWSKI R D，ROYSTER L H，CISKOWSKI R D，et al.Applications in bioacoustics[J].Boundary element methods in acoustics，1991:147-175.

[32]WALSH T, DEMKOWICZ L, CHARLES R.Boundary element modeling of the external human auditory system[J].The journal of the acoustical society of America, 2004, 115(3):1033-1043.

[33]STINSON M R.The spatial distribution of sound pressure within scaled replicas of the human ear canal[J].The journal of the acoustical society of America, 1985, 78(5):1596-1602.

[34]STINSON M R, DAIGLE G A.Comparison of an analytic horn equation approach and a boundary element method for the calculation of sound fields in the human ear canal[J].The journal of the acoustical society of America, 2005, 118(4):2405-2411.

[35]GILMAN S, DIRKS D D. Acoustics of ear canal measurement of eardrum SPL in simulators[J].The journal of the acoustical society of America, 1986, 80(3):783-793.

[36]CHAN J C K, GEISLER C D.Estimation of eardrum acoustic pressure and of ear canal length from remote points in the canal[J].The journal of the acoustical society of America, 1990, 87(3):1237-1247.

[37]NEELY S T, GORGA M P.Comparison between intensity and pressure as measures of sound level in the ear canal[J].The journal of the acoustical society of America, 1998, 104(5):2925-2934.

[38]MIDDLEBROOKS J C, MAKOUS J C, GREEN D M.Directional sensitivity of sound-pressure levels in the human ear canal[J].The journal of the acoustical society of America, 1989, 86(1):89-108.

[39]CHEN C K, YU J F, CHEN C I, et al.Influence of the depth of human ear canal on sound pressure distribution[J].Journal of medical and biological engineering, 2011, 31(5):317-320.

[40]MARTELLONI A, MAURO D A, MANCUSO A.Further evidences of the contribution of the ear canal to directional hearing:design of a compensation filter[C]//Proceedings of Meetings on Acoustics. Acoustical Society of America, 2013, 19(1):050175.

[41]WIENER F M, ROSS D A.The pressure distribution in the auditory canal in a progressive sound field[J].The journal of the acoustical society of America, 1946, 18(2):401-408.

[42]WIENER F M.On the diffraction of a progressive sound wave by the human head[J].The journal of the acoustical society of America, 1947, 19:143.

[43]SHAW E A G, TERANISHI R.Sound pressure generated in an external-ear replica and real human ears by a nearby point source[J].The Journal of the Acoustical Society of America, 1968, 44(1):240-249.

[44]SHAW E A G.Acoustic response of external ear with progressive wave source[J].The journal of the acoustical society of America, 1972, 51(1A):150-150.

[45] MEHRGARDT S, MELLERT V. Transformation characteristics of the external

human ear[J]. The journal of the acoustical society of America, 1977, 61(6): 1567-1576.

[46]HAMMERSHØI D, MO H.Sound transmission to and within the human ear canal[J]. The journal of the acoustical society of America, 1996, 100(1):408-427.

[47]SUGIYAMA K, NISHIMOTO M, SATOH M.Transmission characteristics of ear canal of artificial head[J].Acoustical science and technology, 2005, 26(1):67-70.

[48]刘迎曦，李生，孙秀珍.人耳传声数值模型[J].力学学报，2007，40(1):107-113.

[49]吴静.模拟耳道的传输特性分析[D].北京:中国传媒大学，2013.

[50]吴静，齐娜.模拟耳道的传输特性分析.中国声学学会第十届青年学术会议，2013 年 10 月，重庆.

[51]HELMHOLTZ H.The mechanism of the ossicles of the ear and the tympanic membrane[J].Pflugers.Arch.Physiol.(Bonn), 1868, 1:1-60.

[52]VON BÉKESY G.On the measurement of the amplitude of vibration of the ossicles with a capacitive probe[J].Akustishe Zeitschrift, 1941, 6(1):16.

[53]TONNDORF J, KHANNA S M.Tympanic-membrane vibrations in human cadaver ears studied by time-averaged holography[J].The journal of the acoustical society of America, 1972, 52(4B):1221-1233.

[54]ROBERT W, FUNNELL J, LASZLO C A.A critical review of experimental observations on ear-drum structure and function[J].ORL, 1982, 44(4):181-205.

[55]FUNNELL W R J.On the undamped natural frequencies and mode shapes of a finiteelement model of the cat eardrum[J].The journal of the acoustical society of America, 1983, 73(5):1657-1661.

[56]WADA H, METOKI T, KOBAYASHI T.Analysis of dynamic behavior of human middle ear using a finite-element method[J].The journal of the acoustical society of America, 1992, 92(6):3157-3168.

[57]FERRIS P, PRENDERGAST P J.Middle-ear dynamics before and after ossicular replacement[J].Journal of biomechanics, 2000, 33(5):581-590.

[58]WILLIAMS K R, LESSER T H J.A finite element analysis of the natural frequencies of vibration of the human tympanic membrane.Part I[J].British journal of audiology, 1990, 24(5):319-327.

[59]朱翊洲.中耳听骨链的有限元建模及其声音传导的力学机理研究[D].上海:复旦大学，2009.

[60]NISHIHARA S, GOODE R L.Measurement of tympanic membrane vibration in 99 human ears[J].Middle ear mechanics in research and otosurgery.Dresden University of Technology, Dresden, Germany, 1996:91-93.

[61]ZWISLOCKI J J.An acoustic coupler for earphone calibration[M].Laboratory of Sensory Communication, Syracuse University, 1970.

[62]HUDDE H.Measurement of the eardrum impedance of human ears[J].The journal of

the acoustical society of America，1983，73(1):242-247.

[63]CAMINOS L，GARCIA-GONZALEZ A，GONZALEZ-HERRERA A，et al. Numerical analysis of the influence of the auditory external canal geometry on the human hearing response[C]//AIP Conference Proceedings-American Institute of Physics.2011，1403(1):515.

[64]DESMET W，SAS P，VANDEPITTE D.Numerical acoustics-theoretical manual[J]. LMS international，1998

[65]龙长才，唐超群，姚秋平.纯音段的强度差阈与强度的关系[J].声学学报，2000，25(6):486-491.

[66]杜功焕，朱哲民，龚秀芬.声学基础[M].南京:南京大学出版社，2001.

第 7 章　听觉方向感知隐性线索的实验分析*

7.1　听觉方向感知隐性线索

人能够对声源进行方向定位，是因为当声波来自不同方向时，到达双耳处的某些物理特征存在着差异，而人们的听觉系统能够识别到这些差异，从而根据这些差异来区分各个声源方向，这些差异即定位线索。双耳录音即通过在双耳处重现包含这些差异的信息来进行虚拟声像定位。由第 5 章的实验结果可知，双耳录音存在着声像畸变问题，即使使用听音者个性化的双耳录音也不如真实环境下的听音定位效果。这可能是由于在录制和重放双耳录音时，某些定位线索被弱化甚至丢失了。因此需要分析一下现在已知的定位线索在录制和重放双耳录音过程中是否被弱化或丢失。

水平方向定位主要依靠双耳时间差和双耳强度差，垂直方向定位则主要依靠耳廓效应引起的频谱线索的变化。而在个性化的双耳录音中，使用的是听音者自己的头部和耳廓进行录制，双耳时间差、双耳强度差和耳廓效应这些线索都能够被真实地记录下来，没有损失。而对于其他影响因素如环境反射、响度、对信号的熟悉程度等，双耳录音均能够实现与真实听音完全一致。这里不考虑动态因素和视觉的影响，因为即使在保持听音者头部直立、静止且闭眼的情况下，真实听音效果仍优于双耳录音。分析到此，双耳录音中包含已知的所有定位线索，说明被双耳录音弱化或丢失的线索应该是目前还未被发现且尚未被证实的听音定位线索。

一般情况下，对于双耳听力正常的人来说，双耳效应和耳廓效应基本能够满足日常生活听觉定位的需求，它们对定位是起主导作用的，且作用是显而易见的，因此可将其称为显性定位线索。而那些尚未被发现的听音定位线索，之所以尚未被发现，是因为在一般情况下它们的作用是微小的，只是一个辅助因素，甚至可能是在显性因素足够的情况下不起作用的，因此将其称为隐性线索。由于这些线索不是显而易见的，因此可能并不是所有人都具备很好地利用这种因素的能力。只有当主导性的显性因素不起作用时，才会体现出它的重要性。

将真实听音与听取双耳录音两种情况下的声传输过程进行对比，如图 7.1 所示。在真实听音的情况下，声源向外辐射声波，声波经过头部和耳廓等生理结构的反射和散射作用[1]

---

* 本章内容主要来自《头相关听觉方向感知隐性线索的仿真与实验分析》，仝欣，中国传媒大学博士学位论文，2016 年 5 月。

以不同的方向进入耳道(即进入耳道的是三维声信号),再经由耳道传递到鼓膜,鼓膜振动,将声波通过听骨链传递到内耳,转换为神经电信号,最终传送到大脑进行处理,形成听觉认知。而对于双耳录音来说,声波经过头部、耳廓等作用从各个方向到达耳道入口处,被安装在耳道入口处的传声器拾取,接着转换成电信号,重放时再经由安置在耳道入口处的耳机将电信号转换成声信号传入耳道内,从而引起鼓膜的振动。听取双耳录音与真实听音的差别就在于多了一个"录-放"环节。真实听音时,不同方向声源辐射的声波到达耳道入口处时,可能形成不均匀的声压分布,且声压分布模态可能随着声源方向发生变化,即进入耳道的声波携带着声源方向信息。而听取双耳录音时,耳道入口处截面上的声压被传声器振膜拾取,相当于将整个截面上的声压取了一个均值,再经过"声-电-声"转换,通过耳机的振膜向耳道内辐射一维声波,原本声波中携带的与声源方向有关的声压分布模态信息就丢失了。这些方向信息可能是人耳听觉方向感知的重要线索,双耳录音丢失了这些可利用的定位线索,可能是导致其无法像真实听音时精确定位的原因之一。已有研究发现耳道空腔存在横向振动模式,且耳道入口处最为显著[2];耳道内还存在一些与方向有关的共振,并且当入射声波的方位角不同时,鼓膜处的声场也不同,尤其在 9kHz 以上[3],这些研究结果均在一定程度上支持以上推论。

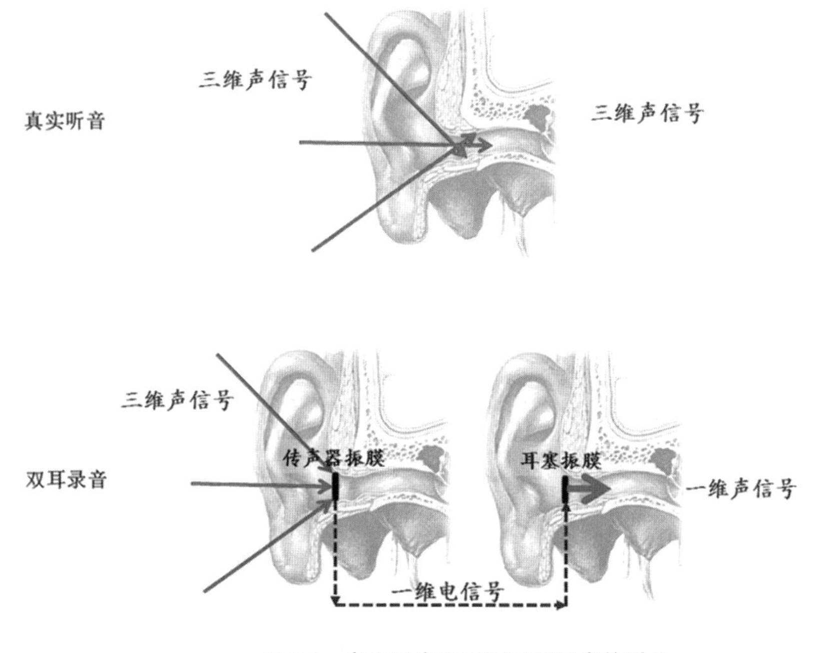

图 7.1　真实听音和听取双耳录音的对比

由于耳道入口处的直径只有 7mm 左右,目前的测量手段无法精确地获得耳道入口截面的声压分布情况,采用有限元或边界元的数值仿真方法是比较合理的,不仅能够精确地重现耳道的三维几何形状,而且还可以计算耳道声场内任意点的声压。第 6 章就通过声学有限元仿真证明了耳道入口截面上的声压分布是不均匀的(除 2kHz 以下低频),且当声源从不同方向入射时,在耳道入口处截面上会形成明显不同的声压分布模态,这种在物理上与声源方向有关的差别就可以作为听觉定位的依据，可能就是一种头相关听觉方向感知隐性线索。当然，隐性线索可能有很多种，耳道入口处的声压分布模态仅是其中一种。

数值仿真计算（见第6章）已经证明物理上存在可以区分声源方向的声压分布模态隐性定位线索。那么在真实听音过程中，除了已知的显性线索之外是否确实存在方向感知隐性线索，人的听觉系统是否能够感知到隐性线索的存在并利用其进行声源方向定位，则需要通过一个逻辑严密、实验条件严格的主观听感实验来验证。

7.2 方向感知实验设计

由于人的听觉定位是一个非常复杂的过程，是物理、生理以及心理等多种影响因素共同作用的结果，直接找到证据证明存在隐性线索难度非常大，因此可以采用反证法来证明这个命题。假设根本不存在方向感知隐性线索，那么在一个将所有已知的定位因素（双耳时间差、双耳强度差、耳廓效应、房间反射、响度等）都排除掉的听音环境下，听音者应该是没有判断声源方向的能力的，因为已经没有可利用的定位线索了，无法进行听觉定位。但是如果听音实验结果发现即使在没有显性定位线索的条件下，听音者仍然能够对声源方向进行判断，则说明假设不成立，可以推定存在其他可利用的线索能够帮助听音者进行声源方向定位，这些线索即为方向感知隐性线索。

由于隐性线索不像双耳效应和耳廓效应那样对定位作用是显而易见的，它对定位只起辅助的作用，当已知的定位因素占主导地位时，可能根本不需要使用隐性线索就能够很好定位了。只有当已知的定位因素都不起作用时，才能够显示出它的作用。但是人们在日常生活中很少处于实验条件所要求的极特殊情况下，即所有的主要定位因素都消失只剩下隐性线索，所以在过往的听觉经验中并没有形成对隐性线索的认知经验，没有形成成熟的映射关系，因此人们对隐性线索的使用能力是不确定的。可能有些人能够不自觉地启用这些线索，而有些人需要经过训练才能激发出利用隐性线索的潜能，就像刚出世的婴儿需要经过学习和训练才能形成听觉认知一样。另外，在一个陌生的声学环境下，人的定位能力是弱于熟悉环境下的定位能力的。因此我们进行了两次听音实验：第一次是未对被试进行任何形式的训练，被试初次进入这种实验环境下进行的声源定位实验；第二次是对被试进行短时的训练，使其熟悉实验所要求的声学条件，激发或巩固对隐性线索的使用能力后再进行的声源定位实验。短时训练的过程以及训练后的听音实验将在7.4节进行论述。

在上述所有已知定位线索都排除掉的环境内用听音者自己的头部录制双耳录音，然后再重放给听音者，所有能控制的实验条件均保持与现场听音一致。如果此时双耳录音听音实验所得到的前后定位正确率在50%左右，则说明听音者基本不具备定位前、后方向的能力，即证明听取双耳录音与现场听音相比有一部分定位信息丢失或弱化了。

为了消除当前已知的定位因素的影响，采取以下措施：

1）为了消除双耳效应，采用中垂面上的声源，而正前方和正后方是最容易发生定位混淆的两个声源方向，因此选择在正前方和正后方放置两个相同型号的扬声器作为声源进行听感定位实验，扬声器与听音者头中心的距离为1.5m。

2）为了消除耳廓效应所带来的与方向有关的频谱因素，采用纯音作为信号源，频率范围为 8kHz～14.5kHz，频率间隔为 500Hz，共 14 个频率。

3）为了消除房间反射声的影响，选择在消声室中进行听音实验。

4）为了消除响度的影响，依照《声学　校准测听设备的基准零级　第 7 部分：自由场与扩散场测听的基准听阈》（ISO 389－7：2005）将正前方声源设置为 40dBHL。自由场测听的基准听阈是指在自由平面行波声场中，受试者直接面向声源（前向入射），双耳测听条件下刚好听到的纯音信号的声压级。测点在受试者不在场时的人头中心位置。图 7.2 和表 7.1 为标准中给出的双耳测听时，自由场条件下前方声源的基准听阈曲线和具体的声压级值。本次实验所使用的一些频率标准中未给出具体的声压级数值，可通过对相邻两个频点进行对数插值计算得到。例如，10.5kHz 基准听阈 T_{10500} 应满足 $\frac{\log_{10}10500-\log_{10}10000}{\log_{10}11200-\log_{10}10000}=\frac{T_{10500}-T_{10000}}{T_{11200}-T_{10000}}$。计算结果见表 7.2。

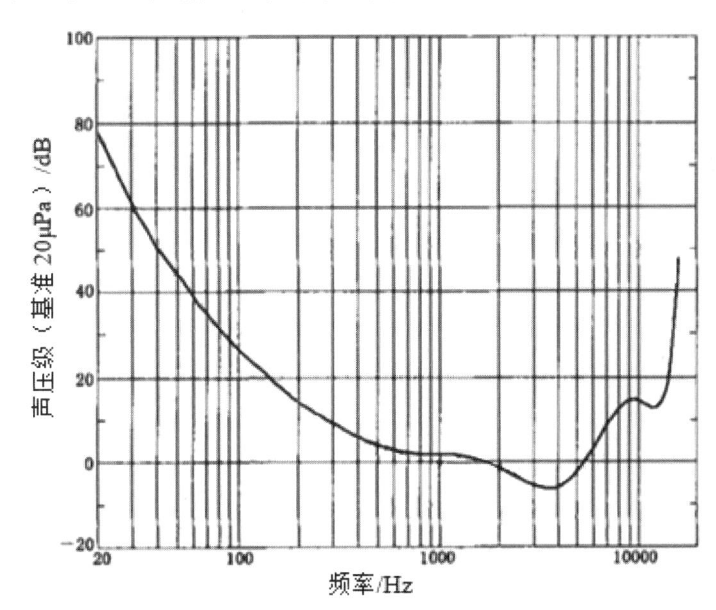

图 7.2　双耳测听时，自由场纯音（前向入射）的基准听阈

表 7.1　双耳测听时，自由场纯音（前向入射）的基准听阈所对应的声压级

频率/Hz	自由场测听（前向入射）基准听阈（基准 20μPa）T_f/dB	频率/Hz	自由场测听（前向入射）基准听阈（基准 20μPa）T_f/dB
1000	2.4	6000	4.3
1250	3.5	6300	6.0
1500	2.4	8000	12.6
1600	1.7	9000	13.9
2000	－1.3	10000	13.9
2500	－4.2	11200	13.0
3000	－5.8	12500	12.3
3150	－6.0	14000	18.4
4000	－5.4	16000	40.2
5000	－1.5	18000	73.2

因此按照此标准中自由场测听的基准听阈T_f，将前方扬声器的声压级设置为 40dBHL，即此时前方声源的在场中心的声压级$P_f = T_f + 40\text{dBHL}$，具体数值见表 7.2。由于声源为单频信号，因此只要保证声源从正前方入射和从正后方入射时到达耳道入口处的声压级相等，即可认为二者的响度相同。故需要对后方扬声器的重放声压级进行校准。将声学头模放入场中心，测量耳道入口处的声压级P_f'（测得的结果见表 7.2)，再调整后方扬声器，使后方声源发声时到达耳道入口处的声压级与前方声源发声时相同，即等于P_f'。

表 7.2　实验信号声压级校准

频率/kHz	自由场测听(前向入射)基准听阈(基准 20μPa)T_f/dB	前方声源自由场中心声压级 P_f/dB	声学头模耳道入口处的声压级 P_f'/dB
8.0	12.6	52.6	60.2
8.5	13.3	53.3	59.1
9.0	13.9	53.9	60.1
9.5	13.9	53.9	61.5
10.0	13.9	53.9	65.1
10.5	13.5	53.5	62.6
11.0	13.1	53.1	59.0
11.5	12.8	52.8	57.5
12.0	12.6	52.6	54.4
12.5	12.3	52.3	51.2
13.0	14.4	54.4	47.6
13.5	16.4	56.4	49.0
14.0	18.4	58.4	54.6
14.5	24.1	64.1	60.3

由于听音者的头部及耳廓与声学头模及标准耳模型的尺寸和形状是有差别的，尤其是耳廓结构的差异会影响到达耳道入口处的声压级，可能对于某个被试来说，前方声源在耳道入口处产生的声压级要大于后方声源，从而他听到前方声源的响度要高于后方声源，如果他发现这个规律就可能依据响度的大小来判断声源的前后方向，使实验失败。因此为了避免此现象的发生，使重放刺激信号的声压级有一个浮动范围，即$P_f' \pm 6\text{dB}$，以 0.5dB 为间隔，共计 25 种声压级，按随机次序播放，这样前方声源和后方声源的声压级都有大有小，使听音者无法依据响度大小来进行定位。

采用前、后、左、右四个激光束校准头部和耳道入口处的位置（如图 7.3 所示）。正前方和正后方的激光束用来确定前、后扬声器的主轴在同一条水平的直线上；用房间两侧的激光束确定一条与前、后扬声器中心连线相交并垂直的水平线，两条线的交点为前、后扬声器连线的中点，用来校准耳道口的高度和前、后位置。当听音者坐在场中心时，调整支架和被试座椅的高度以及前后左右位置，使前、后激光束处于被试头部的中垂面上，并且左、右激光束恰好穿过双耳耳道入口，令所有听音者的耳道入口处与扬声器中心在同一高度上，耳道入口处与前、后扬声器的距离相等，即所有听音者的耳道入口处在同一高度和前后位置。另外，还要注意被试的头发不要遮住双耳，并且保证耳道内是清洁的。

5)为了消除动态因素的影响，在整个实验过程中，要求被试面朝前方扬声器坐直，并用支架固定被试头部(支架固定额头和下巴，不影响双耳听音)，保证头部直立、静止不动，避免头部偏转、倾斜和移动引入动态定位线索。

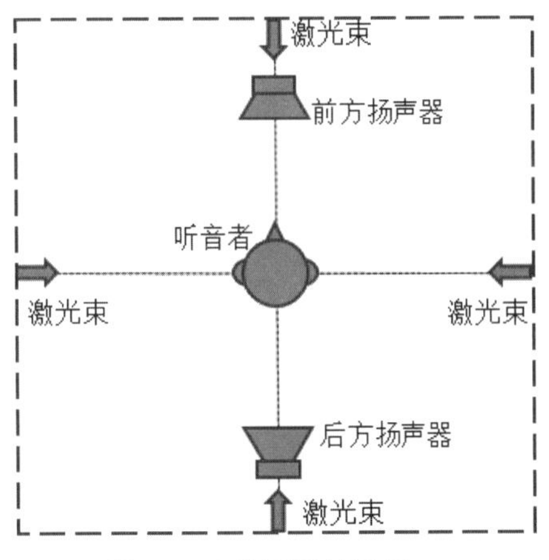

图7.3 实验环境示意图

6)由于外耳道的尺寸较小，耳垢的存在会改变外耳道的形状，从而改变外耳道内的声场分布，一些较细微的差别可能就被淹没掉了。因此在进行听音实验之前，需要对听音者的耳道进行清洁。

7.3 方向感知隐性线索的存在性

为验证听觉方向感知隐性线索确实存在，进行了一系列的主观听感实验。被试为20名听力正常、双耳听力均衡的成年人，年龄分布范围为22～25岁。

实验共有14个频率的纯音信号，分别由正前方和正后方两个扬声器进行播放，声压级有25档，每个信号需要被判断2次。将所有不同频率、方向、声压级的信号按随机次序播放。因此对于一种信号(一个频率、一个方向)共有50次判断，具有统计学意义。

被试需要判断声源方向是“前”还是“后”。由于本实验的任务是有一定难度的，需要被试全神贯注进行判断，如果设置成三项“前”“后”“无法判断”，被试在不容易判断前、后时一定会选择“无法判断”，而不是认真区分“前”“后”，从而降低实验的信度。因此采用两项选择，迫使被试一定对声源做出“前”还是“后”的判断。最后计算每个被试的定位正确率。

由于实验过程中将所有的显性定位因素去除了，可依据的定位线索少之又少，因此听音者的判断过程十分艰难。判断声源前后方向时，如果没有利用隐性线索进行定位，那么听音者很有可能通过声音的其他特征来判断，导致实验结果出现效度和信度问题。例如图7.4列出了其中4名被试的无效实验结果。被试A、被试B和被试C的实验结果有一个共同的特点，都在某些连续频率上前方(或后方)的定位正确率高于后方(或前方)的正确率，而接着的一些连续频率上前方(或后方)的定位正确率就变成低于后方(或前方)的正确率，且大多数都是前方和后方的正确率一个非常高一个非常低，说明他们在判断时很有可能是依据频率来进行定位的。比如被试A在11.5kHz以下时容易将声源定位在后方，而在12kHz以上时容易将声源定位在前方，也就是说他在判断时认为频率高的声音是从前方来的，而频率低的声音是从后方来的，说明他在做判断时误将频率的高低作为声源前后的定位线索，因此他的数据效度存在问题。而被试B认为频率在9kHz以下以及12kHz以上的声音是来自前方的，10kHz～11.5kHz频率范围内的声音是来自后方的，被试 C 也存在类似问题。而被试 D 对所有频率上的声源都易定位在后方,则说明当被试在无法确定声源前后时,习惯性地将无法判断的声源判断成前方或后方,导致某一个方向的定位正确率远高于另一个方向,可见他是对后方有明显倾向性的,因此他的判断是不可信的,也应剔除。

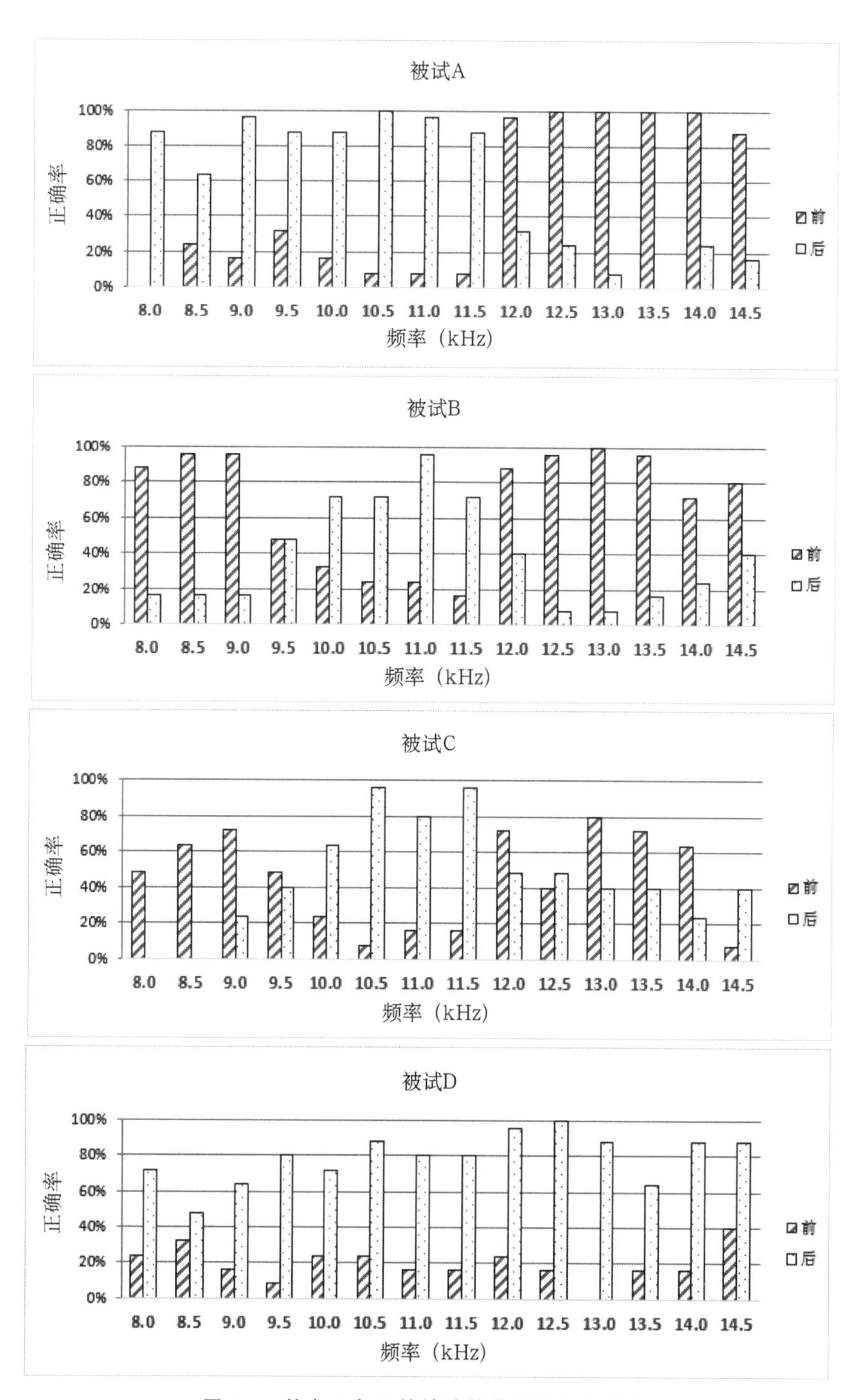

图 7.4 其中 4 名无效被试的前后定位正确率

经过上述信度、效度检验，20 名被试中只有 7 名被试的数据是有效的。假设被试不具有区分前后方声源方向的能力，那么前方定位正确率和后方正确率在统计学意义上都应当等于 50%，加上 10%的误差范围，因此可以认为当前方定位正确率和后方定位正确率均在 60%及以上时，被试对该频率的声源具有判断前后声源方向的能力。在这 7 名有效被试中有 6 人对 1～3 个频率的声源在正前方和正后方的定位正确率均高于 60%(图 7.5)。这说明他们在排除所有已知定位因素的环境下仍然能够判断声源的前后方向，这与最初不存在隐性定位线索的假设相矛盾，因此假设不成立，即证明除现在已知的定位线索外，还存在一些隐性线索能够辅助人进行听觉定位。

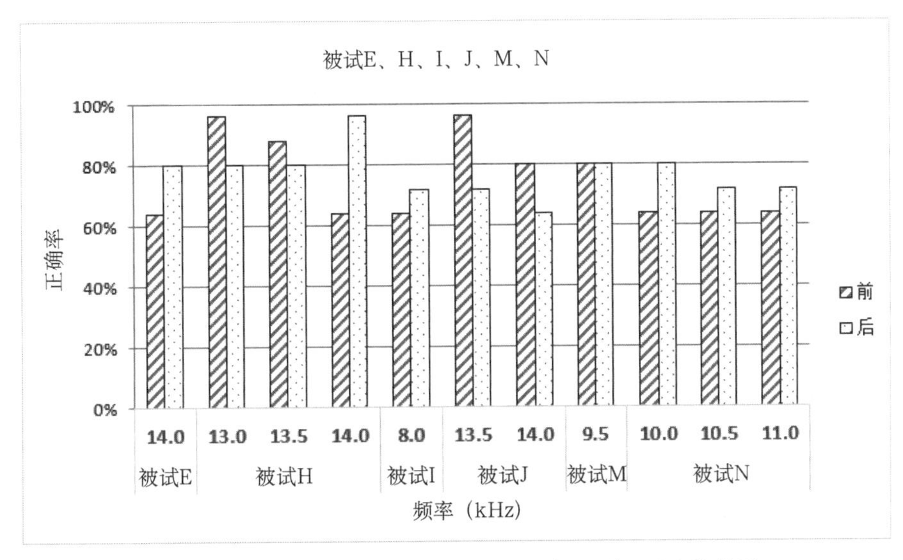

图 7.5　有效被试前后声源定位正确率在 60%及以上的结果

由以上实验结果可知，即使在排除所有显性因素的条件下，听音者仍然能够对某些频率的声源判断出前后方向，证明一定存在某些听觉定位隐性线索可以被听音者利用，从而进行声源方向定位。但是由于对这种显性因素都消失的环境不熟悉，有超过一半的听音者没有感受到隐性定位线索，出现了误将频率当成定位线索和完全没有判断能力的现象。即使正确率最高的 6 名听音者也只对 1～3 个频率的声源具有正确判断前后方向的能力。因此 7.4 节将介绍对听音者经过短暂训练之后其对隐性定位线索的应用情况。

7.4　方向感知隐性线索的增强实验

7.4.1　训练实验环境

由于研究对象是听觉方向感知的隐性线索，并不是所有人都具备感知隐性线索的能力并能加以利用的，因此为了使隐性线索突显出来，增强被试对隐性线索的利用能力，采用实验前短时训练的方法。

考虑到消声室的房间构架极为特殊，被试对此实验环境不适应，尤其在听音过程中被试处于消声室中间悬空的铁丝网上，会产生不安全感，在非舒适、非自然状态下所做出的声源方向判断可能会受到心理因素的影响，因此将实验地点变更到强吸声实验室[4]中进行，4kHz时混响时间仅为0.06s，对于8kHz以上的高频信号来说反射声的影响可以忽略不计，可以将此环境近似当成一个自由场。

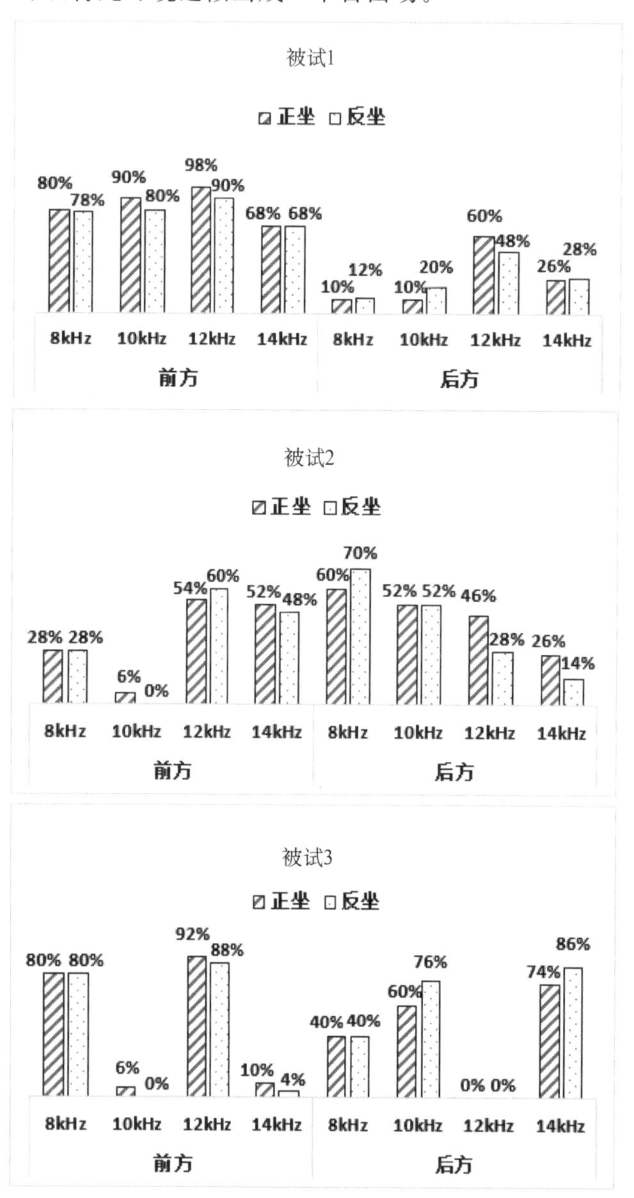

图7.6 正坐和反坐情况下前方和后方声源的判断正确率

但考虑到实验的严谨性，在正式实验前进行了一次前期验证实验，以证明该房间的环境不会对听觉定位有影响。在7.2节所要求的实验条件下（第1、2、4、5、6点），对7.3节实验中的3名被试测试了8kHz、10kHz、12kHz及14kHz时声源的前后定位正确率，对每个频率每个方向的声源判断50次。共做两次实验，第二次实验时被试座位的朝向与第一次实验相反，将第一次设为正坐方向，第二次设为反坐方向。因此第一次实验中的前方扬声器在第二次实验中将作为后方扬声器使用，而第一次实验中的后方扬声器在第二次实验中将作为前方扬声器使用。第二次实验中由于前后方向颠倒了，需要按照表7.2重新进行声压级校准。被试正坐和反坐时，到达被试耳部的房间反射是不同的，因此如果正坐和反坐两次实验的定位正确率无显著差别，那么就可以认为房间的环境反射声并不会对听音实验的结果造成影响。

三名被试在正坐和反坐两种情况下对前方和后方声源的判断正确率见图7.6。从图中可以看出，在正坐和反坐条件下得到的三名被试的正确率结果趋势大致相同，且通过了$\alpha=0.05$水平的双侧显著性检验，即正坐时的正确率与反坐时的正确率无显著差别，因此该房间环境并不会对被试进行声源前后方向判断有所影响。

7.4.2　隐性线索利用能力增强训练

在 7.4.1 节中描述的实验条件下，对听音者进行训练，加强对隐性线索的认知，开发利用隐性线索的能力，从而能更好地验证隐性线索的存在及作用。训练后再进行正式听音实验。参与训练及训练后实验的人员与 7.3 节实验为同一组。

在心理学上，人有两种习得性行为：一种是应答性行为，通过建立经典式条件反射的方式习得(巴甫洛夫的经典条件反射实验)；另一种是操作性行为，通过操作式条件反射获得(斯金纳箱实验)。据此，斯金纳又进一步提出两种学习形式：一种是经典性条件反射式学习；另一种是操作性条件反射式学习。两种学习形式同样重要，学习的过程就是分别形成两种条件反射的过程。我们依照以上两种经典的学习过程设计了这次实验前的增强训练。

训练分为三部分，前两部分为经典性条件反射式学习，第三部分为操作性条件反射式学习。

1)循环播放同一频率所有声压级的前方和后方信号，耳道入口处声压级为 P_f'。当前方扬声器发声时会有指示灯亮起进行同步提示，而后方扬声器发声时指示灯不亮，让被试对声源以及实验所处的声学环境有初步的认识。

2)随机播放同一频率所有声压级的前方和后方声源。当前方扬声器发声时会有指示灯亮起进行同步提示，而后方扬声器发声时指示灯不亮。

3)将所有频率、所有声压级的前、后信号全部打乱，随机播放，使被试先自行做出判断，之后才得到指示灯的提示，如果有指示灯亮起则为前方声源，指示灯不亮则为后方声源。

7.4.3　方向感知隐性线索利用能力的增强

经过 7.4.2 节的短时增强训练后，再重复进行 7.3 节的实验。与 7.3 节的实验相同，需要将无效数据(共有 4 名被试的数据无效，见图 7.7)剔除，剩下 16 名有效被试的数据。

假设被试不具有区分前后方声源方向的能力，那么前方定位正确率和后方定位正确率都应当等于 50%，加上±10%的误差范围则为 40%～60%。因此可设当正前方定位正确率和正后方定位正确率均在 60%及以上时，被试对该频率的声源具有判断前后声源方向的能力。

图 7.8 为 16 名有效被试对各个频率正前方、正后方声源定位正确率均大于等于 60%的实验结果。可以看出每个被试至少可以对一个频率的声源具有前后定位能力。被试 A 可以对 7 个频率的声源进行前后方向的辨别，其中 11kHz、12.5kHz、13kHz 和 13.5kHz 时，前方定位正确率达到 100%，而后声源定位正确率全部达到 88%以上，说明被试 A 对这几个频率的声源完全能够准确地判断声源的前后方向，他能够很好地利用隐性线索所提供的信息来进行前后声源的定位。其他被试能够定位的频点个数也为 1～5 个不等。但所有被试均不能对所有频率声源全部精确定位，且每个人能够准确定位的频率各不相同，这说明每个人对隐性线索的利用能力是不同的，这可能与每个人的生理结构以及心理认知有关。

在实验结果中另外一个非常重要的信息是，无论训练前还是训练后，都有一些被试对某些频率声源的前后定位正确率均非常低(40%及以下)。实际上，在这种情况下被试对前后方声源也是具有分辨能力的，只是将前和后的方向弄反了。这也在一定程度上证明，在排除

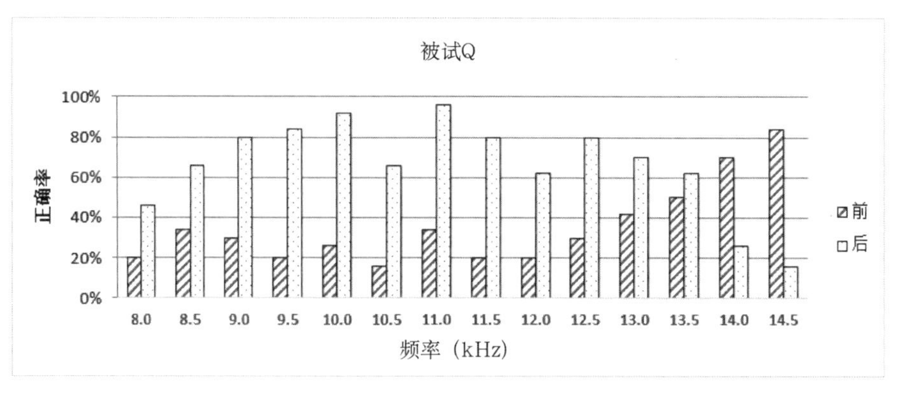

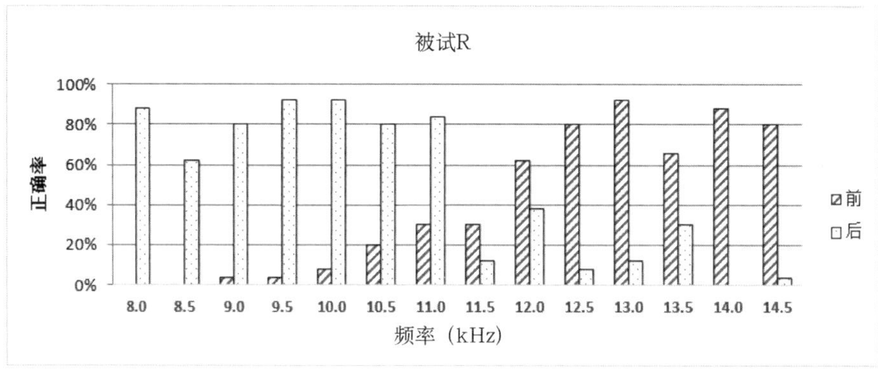

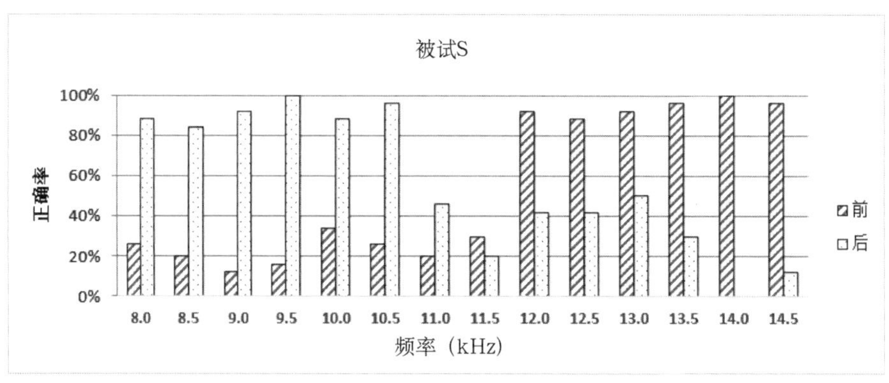

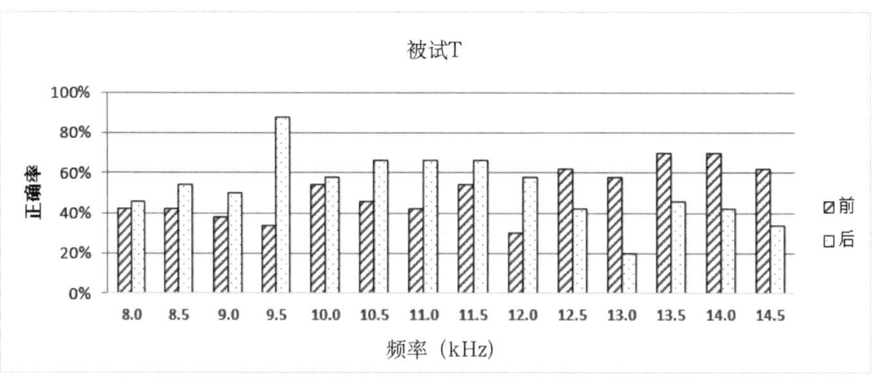

图 7.7　4 名无效被试的前后定位正确率

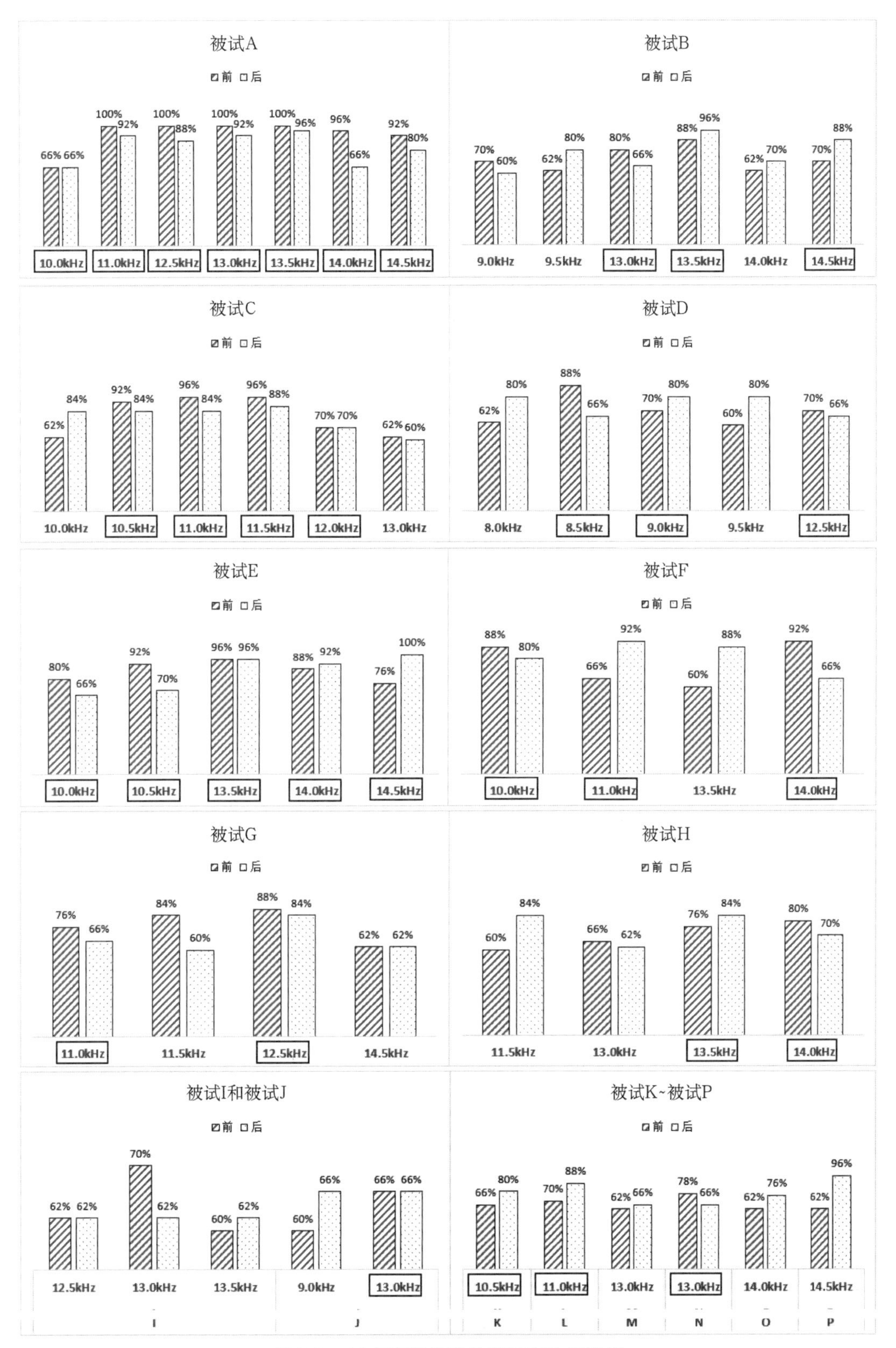

图 7.8　16 名有效被试的前后定位正确率

（方框标记的是前、后正确率均在 64%及以上的数据）

了所有已知显性定位线索之后，确实存在一些隐性定位线索能够帮助定位，听音者能够感受到这些隐性定位线索，只不过在对这个线索形成认知并使用的过程中可能出现了差错，将前后声源的隐性线索特征弄混了。在本节中，将前方声源判断成后方并将后方声源判断成前方（前、后方定位正确率均在40%及以下）的现象称为反向一致性判断，而将前方声源和后方声源均判断成正确（正确率在60%及以上）的现象称为正向一致性判断，这两种情况统称为一致性判断。一致性判断表示的是听音者能够利用隐性线索感受到前、后声源的不同，正向一致性判断表示的是判断正确的情况，反向一致性判断表示的是判断错误的情况。

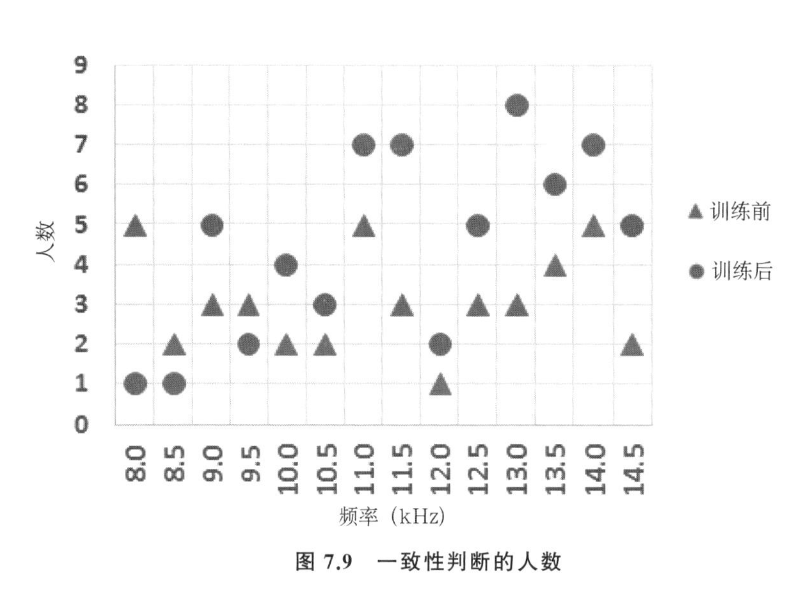

图 7.9 一致性判断的人数

将对各个频率声源能够进行一致性判断的人数进行统计（见图 7.9）。从图中可以看出，除 8kHz、8.5kHz 和 9.5kHz 的声源以外，在训练后能够被感受并利用隐性线索的人数要多于训练前。也就是说相对于训练前，能够感受到隐性线索并利用它区分出前后声源差异的人数有所增加。

将对各频率声源进行正向一致性判断和反向一致性判断的人数分别进行统计，见图7.10。从图中可以看出，训练后比训练前正向一致性判断的人数明显增多，而反向一致性判断的人数明显减少。这说明可以通过训练来增强听音者利用方向感知隐性线索正确判断声源前后方向的能力。

而对于每个被试来说，需要对 14 种频率的声源进行方向判断，在训练前和训练后每个被试能够进行正向一致性判断的声源种类数量见图 7.11 中左侧的图。从图中可以看出，除被试 N 外，其他被试训练后利用隐性线索进行正向一致性判断的声源数量大于或等于训练前的声源数量，也就是说通过训练，被试感受到隐性线索，并利用隐性线索正确判断声源前后方向的能力有所提高。图 7.11 右侧的图表示的是各个被试做反向一致性判断的声源种类数量。从图中可以看出，除被试 H、M、N 和 R 以外，其他被试在训练后做出反向一致性判断的声源数量小于或等于训练前，说明通过训练，被试能够在一定程度上纠正反向一致性判断，而转向正向一致性判断。

7.4.4 录音重放与现场听音的比较

采用听音者自己的头部在与 7.4.3 节现场听音实验完全相同的条件下录制个性化的双耳录音，即在双耳录音信号中也将所有已知的定位线索排除掉了。采用入耳式耳塞进行双耳录音重放，重放声压级在耳道入口处为 40dBHL±6dB，间隔 0.5dB。被试听取自己的双耳

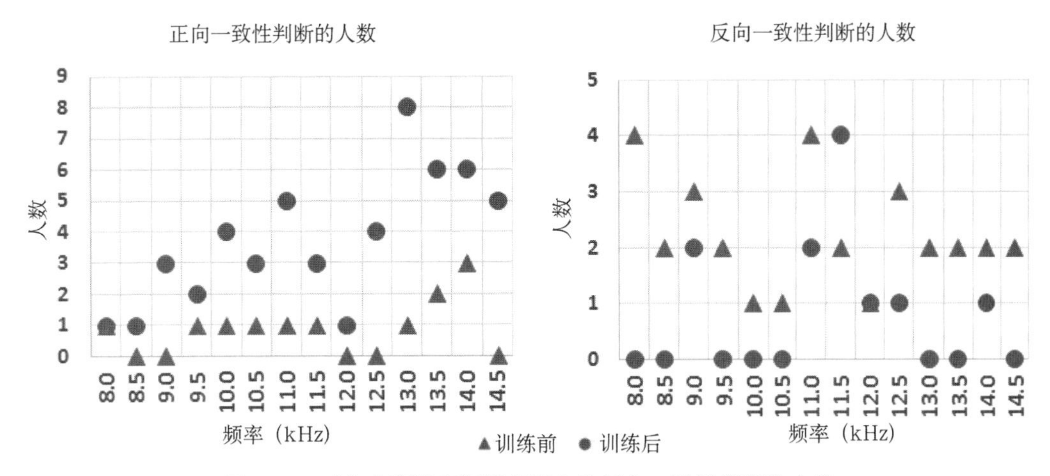

图 7.10　对各个频率声源进行正向和反向一致性判断的人数

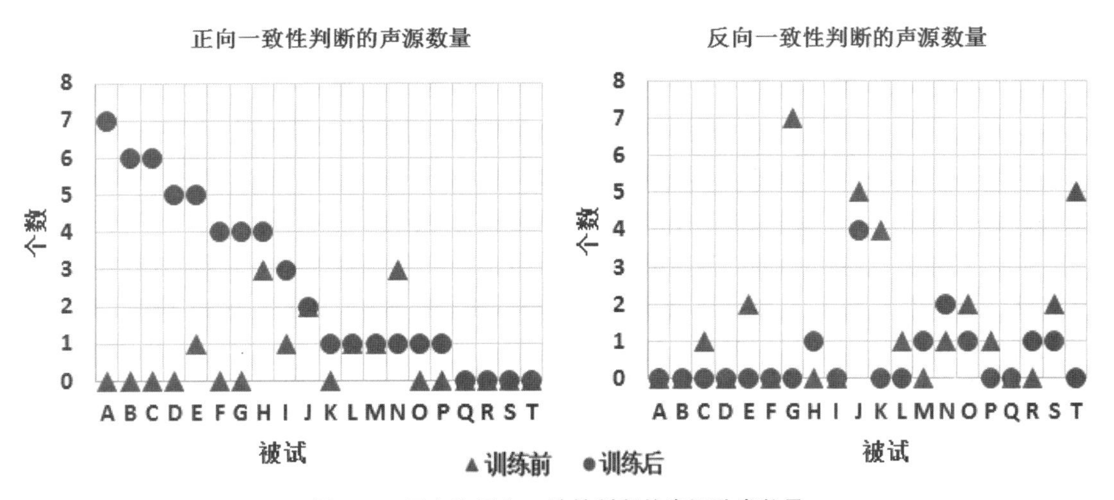

图 7.11　正向和反向一致性判断的声源种类数量

录音判断声像的前后方向，计算定位正确率。

当听音者不能凭借现有线索对某频率声源进行方向定位时，则会进行前后随机判断，从而使前方定位正确率和后方定位正确率均为 50％左右；也可能出现无论该频率声源位于前方还是后方，听音者都会倾向于将其定位在前方或者倾向于定位在后方的情况，从而使前方定位正确率和后方定位正确率出现此消彼长的情况，而此时前后平均定位正确率仍在 50％左右。

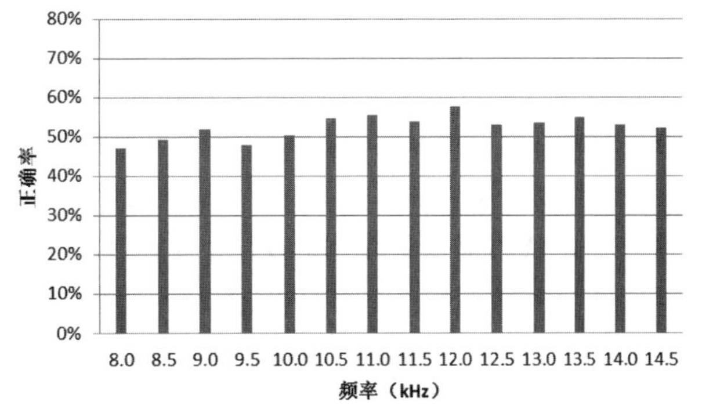

图 7.12　个性化双耳录音的前后平均定位正确率

图 7.12 为 20 名被试在听取个性

化双耳录音时，不同频率声源的前后平均定位正确率。可以看出所有频率声源的平均定位正确率均在50%左右。因此被试在听取排除当前已知因素后的个性化双耳录音时，是不具备区分声源前后方向的能力的。

与7.4.3节的实验结果对比可知，即使是个性化的双耳录音重放与现场听音相比定位效果也有较大差距，因此双耳录音重放过程中一定将现场听音时存在的某些定位线索弱化或者丢失了。而当前已知的定位线索已经被去除了，那么这些被弱化或者丢失的定位线索一定是尚未被发现和证实的。这也同样证明有听觉隐性定位线索的存在，且听音者确实能够感知并利用其进行声源方向定位。

7.5　隐性线索的有效频段

从严格意义上来说，正前方和正后方定位正确率均在60%及以上时，并不能完全说明被试有效地利用了隐性定位线索，而是仍存在随机判断的可能性。因此为了得到听音者能够有效地利用隐性定位线索来进行前后方向定位的频段，需要对上述实验数据进行显著性分析。假想有一个群体，在这个群体中听音者感受不到隐性线索，因此在统计学意义上前后方定位正确率均应为50%；如果听音者能够有效地利用隐性线索，那么他的前方和后方定位正确率应该显著高于50%。因此现在需要对实验结果进行假设检验，检验图7.8中各个被试对不同频率声源的定位正确率是否显著高于假想被试群体的定位正确率50%，即被试是否能够有效利用隐性定位线索，明显具有前后声源定位能力。

对声源方向进行前后判断的过程服从二项分布。对于两个分别服从二项分布$B(1,p_1)$和$B(1,p_2)$的总体X和Y，分别抽取出m和n个相互独立的样本。则经过标准化后可得到近似服从标准正态分布$N(0,1)$的检验统计量[5]：

$$U=\frac{\bar{X}-\bar{Y}}{\sqrt{\hat{p}(1-\hat{p})\left(\frac{1}{m}+\frac{1}{n}\right)}}\sim N(0,1) \tag{7.1}$$

其中：

$$\hat{p}=\frac{X_1+\cdots+X_m+Y_1+\cdots+Y_n}{m+n} \tag{7.2}$$

设本实验中的被试对一个频率一个方向声源的前后方向判断过程为总体X，被试判断正确的概率为p_1。共进行50次判断，则样本量$m=50$，第i次判断正确则$X_i=1$，判断错误则$X_i=0$，则$X_1+\cdots+X_m$为判断正确的次数k。设Y为一个假想总体，在这个总体中被试不能对声源进行准确的前后判断，即判断正确的概率p_2为50%，若样本量$n=50$，则$Y_1+\cdots+Y_n=25$。由于前方和后方定位正确率均低于50%不能算作有效利用隐性线索，因此采用右单侧检验，此时要检验的假设为：

$$H_0:p_1\leqslant p_2,H_1:p_1>p_2$$

当水平$\alpha=0.1$时，对应的临界值$U_{0.9}=1.28$，则对假设H_0的拒绝域为$W_1:(1.28,\infty)$，接收域为$W_2:(-\infty,1.28]$。

将$\bar{X}=k/50$，$\bar{Y}=25/50=0.5$，$\hat{p}=(k+25)/100$代入检验统计量得到测试值：

$$\hat{U}=\frac{\frac{k}{50}-0.5}{\sqrt{\frac{k+25}{100}\times\left(1-\frac{k+25}{100}\right)\times\left(\frac{1}{50}+\frac{1}{50}\right)}}=\frac{10k-250}{\sqrt{(k+25)\times(75-k)}} \tag{7.3}$$

如要拒绝假设H_0，则$\hat{U}$需要落在拒绝域W_1中，即$\hat{U}>U_{0.9}=1.28$。由于 k 为被试判断正确的次数，则 k 为[0,50]的正整数。解方程则求得当 $k\geqslant 32$ 时拒绝假设H_0，接收假设H_1。只有在对一个频率一个方向声源的 50 次方向判断中有至少 32 次判断正确时，才能拒绝正确率不高于 50%的单边假设($\alpha=0.1$)，即可以认为此时的定位正确率显著高于 50%。

从另一个角度来说，能够准确判断前后声源方向的标准应达到至少有一半以上的判断是完全正确的，即有 50%的情况是可以判断的，另外 50%是随机给出的。从统计学上讲，随机给出的其中有一半应该是正确的，那么总正确率应不低于 75%(50%＋50%×50%＝75%)。经过计算，当对一个频率一个方向声源的 50 次方向判断中有至少 32 次判断正确时，不能拒绝正确率不低于 75%的单边假设($\alpha=0.1$)，即只能接受此时的定位正确率是不低于 75%的，是能够准确判断前后声源方向的。

50 次方向判断中有至少 32 次判断正确相当于定位正确率为 64%及以上。综上可以认为，当被试对某个频率的声源前方和后方定位正确率均达到 64%及以上时，该被试能够有效地利用该频率的隐性线索，对该频率声源的前后方向具有显著的判断能力。

图 7.8 中用方框标记的数据为前后方定位正确率均在 64%及以上的数据。其中被试 I、被试 M、被试 O 和被试 P 的正前方或正后方定位正确率未通过显著性检验，因此 16 名有效被试中，有 12 名被试能够有效地利用隐性线索对某些频率声源进行前后方向定位。

将正前方和正后方定位正确率均在 64%及以上的数据进行统计得到表 7.3，表示对不同频率的声源能够有效利用隐性线索进行前后声源方向定位的人数，以及这些被试的正前方、正后方平均定位正确率。从表中可以看出，声源频率为 8kHz 和 9.5kHz 时没有人能够准确地进行前后方向定位；对于 8.5kHz、9kHz、11.5kHz 和 12kHz 的声源，分别只有一个人能够较准确地判断前后方向；在所有声源频率条件下，能够有效利用隐性线索进行定位的所有被试的前方平均总正确率为 83%，后方平均总正确率为 80%。总体看来，能够有效利用隐性线索的被试对前方声源和后方声源的定位能力是基本一致的。

表 7.3　能够有效利用隐性线索的人数及其定位平均正确率

频率(kHz)	人次	前方平均正确率	后方平均正确率	平均正确率
8.0	0	—	—	—
8.5	1	88%	66%	77%
9.0	1	70%	80%	75%
9.5	0	—	—	—
10.0	3	78%	71%	74%
10.5	3	83%	78%	81%
11.0	5	82%	84%	83%

续表

频率(kHz)	人次	前方平均正确率	后方平均正确率	平均正确率
11.5	1	96%	88%	92%
12.0	1	70%	70%	70%
12.5	3	86%	79%	83%
13.0	4	81%	73%	77%
13.5	4	90%	93%	92%
14.0	4	89%	74%	81%
14.5	3	79%	89%	84%

为了便于与第6章的声学有限元仿真计算结果进行对比，将表7.3能够有效利用隐性线索的人数以及平均定位正确率画在了一张图中（图7.13）。三角标记代表的是人数，纵坐标轴在左侧，方块标记代表的是平均正确率，纵坐标轴在右侧。在9.5kHz以下，具有利用隐性线索能力的人数为0～1个，因此8.5kHz和9kHz时的平均正确率是一名被试的数据，且相对于其他频率的平均正确率较低；从10kHz开始平均正确率和能有效利用隐性线索的人数均有所提升；而到11.5kHz和12kHz时人数又降至1人，平均正确率也在12kHz时下降到70%；而在12kHz以后人数和平均正确率均有所提升。因此无论从人数还是从平均正确率来看，均能发现有两个明显的特征频段，第一个频段介于10kHz～11.5kHz之间，第二个频段介于12.5kHz～14.5kHz之间，在这两个频段上能够有效利用隐性线索进行声源前后定位的人数相对其他频段较多，平均定位正确率也相对较高，即在这两个频段上隐性定位线索的作用较突出，较容易被利用，将这两个频段看成感知隐性线索的有效频段。

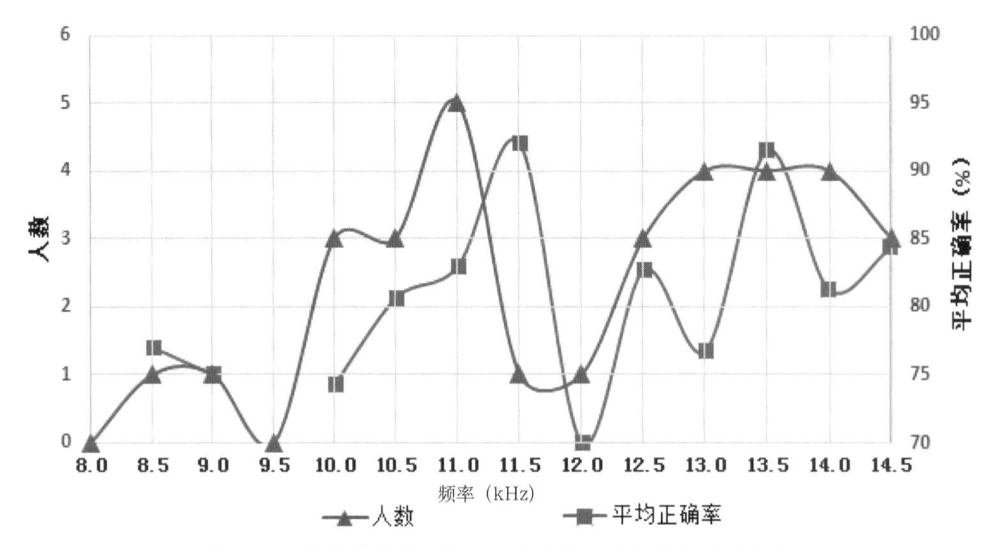

图7.13 能够有效利用隐性线索的人数及平均定位正确率

声学有限元仿真计算的结果表明，在某些频率下，不同声源方向时声压分布模态具有明显差别，对于最容易出现混淆的正前方和正后方声源来说，声压分布模态差异明显的频段为9kHz～11kHz、13kHz～16.5kHz和19.5kHz～20kHz三个频段（图6.24－a），说明耳道入口处声压分布模态携带了声源方向信息，这可能是这种头相关方向感知隐性线索对于判断前后声源方向最有效的三个频段。耳道形状会在一定程度上影响耳道入口处截面上的声压分布模态（图6.29），但三种形状的耳道在前后声压分布模态差别明显的频段十分近似，大体分为三个频段（图6.30）：鼓膜斜置耳道为9kHz～11kHz、12.5kHz～16kHz和19.5kHz～20kHz，弯曲耳道为8.5kHz、10kHz～10.5kHz、12.5kHz～16.5kHz和19.5kHz～20kHz。那么由听音实验得到的两个隐性线索有效频段10kHz～11.5kHz和12.5kHz～14.5kHz，大致能与仿真计算得到的前两个前后声压分布模态差异显著频段相对应，与弯曲耳道的10kHz～10.5kHz和12.5kHz～16.5kHz最为接近。

由于仿真计算时使用的是声学头模、“标准耳”以及耳道模型，与真人头部、耳廓和耳道的形状有一定的差别，且每个听音者的头部和外耳结构都是个性化的，人数也有限，且除了耳道入口处声压分布模态以外，可能还有其他的隐性线索起作用，因此对应频段的具体数值会出现一些偏差，但定性的结论是不会改变的。这种对应关系，也在一定程度上支持了耳道入口处声压分布模态可能是一种方向感知隐性定位线索的推测。

参考文献

[1]徐秀，钟小丽.耳廓形态对头相关传输函数的影响[J].声学技术，2014 (s2):304-306.

[2]BURKHARD M D, SACHS R M. Sound pressure in insert earphone couplers and real ears[J]. Journal of speech, language, and hearing research, 1977, 20(4): 799-807.

[3]HUDDE H, SCHMIDT S.Sound fields in generally shaped curved ear canals[J].The journal of the acoustical society of America, 2009, 125(5):3146-3157.

[4]赵凤杰，石蓓.简易短混响录音间的声学处理[J].音响技术，2005 (5):22-24.

[5]夏宁茂.新编概率论与数理统计[M].上海:华东理工大学出版社，2006.

第 8 章　多声道三维声耳机的设计与实验*

随着电影与音乐市场的迅速发展，便携移动式的耳机重放方式应用场合日益广泛，许多听众希望能够不受场地和时间的限制，随时随地佩戴耳机就可以享受到电影院或音乐厅的听觉效果。大众对耳机声音重放质量的要求也在逐步提高，不仅要求它准确传递声音所包含的内容信息，还要尽可能地还原出声源所携带的空间信息，以增强重放的空间感和临场感。而采用耳机重放传统立体声信号时，由于缺少扬声器重放时交叉听闻（左耳、右耳均能接收到左、右扬声器的声音）的传播路径及听者头部的作用，头中声像问题严重，空间感与临场感较差。用耳机重放双耳信号，则在一定程度上改善了这些情况，但与真实自然听音相比仍有较大差距，仍然存在声像定位混淆、听觉空间畸变和头中效应等问题。当前市场上出现的三维耳机音频均是在 HRTF 的基础上应用一些增强算法提升三维空间感。但由于传统耳机单元本身一维声辐射的限制，这些增强算法没有办法从根本上解决双耳信号中空间信息缺失的问题（见 7.1 节）。为获得更加逼真的三维空间效果，多单元、多辐射角度、多声道耳机的设计成为必然。

8.1　多单元耳机的设计与实验

自然听音时，声音经过头部、耳廓的反射与散射从各个方向以三维声的方式进入耳道，而利用耳塞听取双耳录音时，相当于将这样的三维声在耳道入口处取了一个均值，变成一维声波辐射进入耳道。若想模拟真实自然听音时进入耳道的三维声状态，设计不同辐射方向的耳机单元是一种有效的办法，且各个方向的辐射单元对于重放不同声源方向的双耳信号也有不同的声像定位表现。已有研究表明，相比侧方辐射耳机，前方辐射耳机的前方定位正确率有非常显著的提高[1]。另外，要想在耳机上安装多个辐射方向单元，当前的技术只能在耳罩式耳机上实现。但耳罩式耳机在重放双耳声信号时，由于耳机与耳道的耦合作用会改变进入耳道的双耳信号，需要将耳机到耳道的传输函数 HpTF（Headphone to Ear Canal Transfer Function）的影响去除，这种去除仅能从频率响应上做补偿，耳机腔体容积、单元辐射方向等空间信息将有所保留。因此，在分析了不同耳机腔体容积和不同单元辐射角度对传输特性及听感定位效果的影响之后，设计了一款多单元耳机，并提出相应的双耳声信号通

* 本章内容主要来自《空间感增强型多单元耳机实验与分析》，洪轩，中国传媒大学硕士学位论文，2015 年 5 月；《多通道耳机结构设计与效果分析》，王欢，中国传媒大学硕士学位论文，2019 年 5 月。

道分配方案来提高空间声像定位效果。

8.1.1　耳机腔体容积、耳机辐射角度对传输特性及声像定位的影响

(1)耳机腔体容积的影响

研究耳机的腔体容积对传输特性及声像定位的影响,可以指导多单元耳机耳罩大小的设计。为此,制作了三款不同腔体容积的耳机(见图8.1,图中仅为耳机腔体容积变化的展示,做主观听感实验时,左右双耳均做了相应的腔体变化处理)。以成型的动圈式耳机产品为基础进行改装,用硅胶制作圆柱形腔体,腔体横截面积与耳机的原始状态相同,腔体制作成功后用胶水将腔体和耳垫固定在耳机上。三款耳机腔体深度的增量分别为1cm、2cm和3cm。

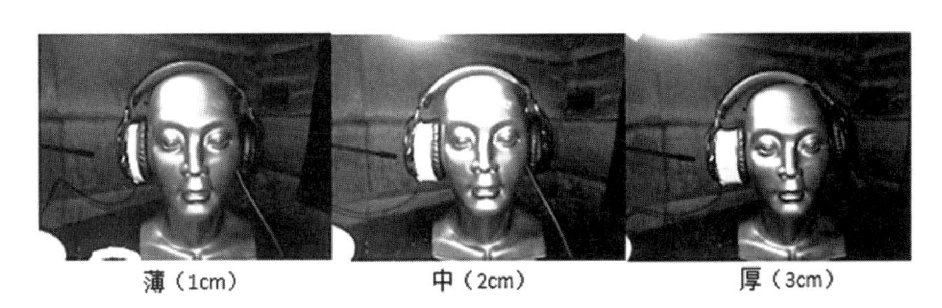

图8.1　不同耳机腔体容积

不同腔体容积耳机的HpTF是在短混响室[2]内测量的,将耳机佩戴到配有标准耳的仿真头模上,耳道入口处安装有电容缩微传声器。由于仿真头模左右完全对称,因此只测了右耳。每种耳机均重复佩戴测量HpTF 20次,取其平均值。图8.2是不同腔体容积耳机的传输函数曲线,为了做对比也测量了原始容积耳机的HpTF。从图中可以看出,原始容积耳机的共振峰在1.5kHz,随着腔体容积增大,共振峰的位置前移。但当耳机腔体的深度增量为

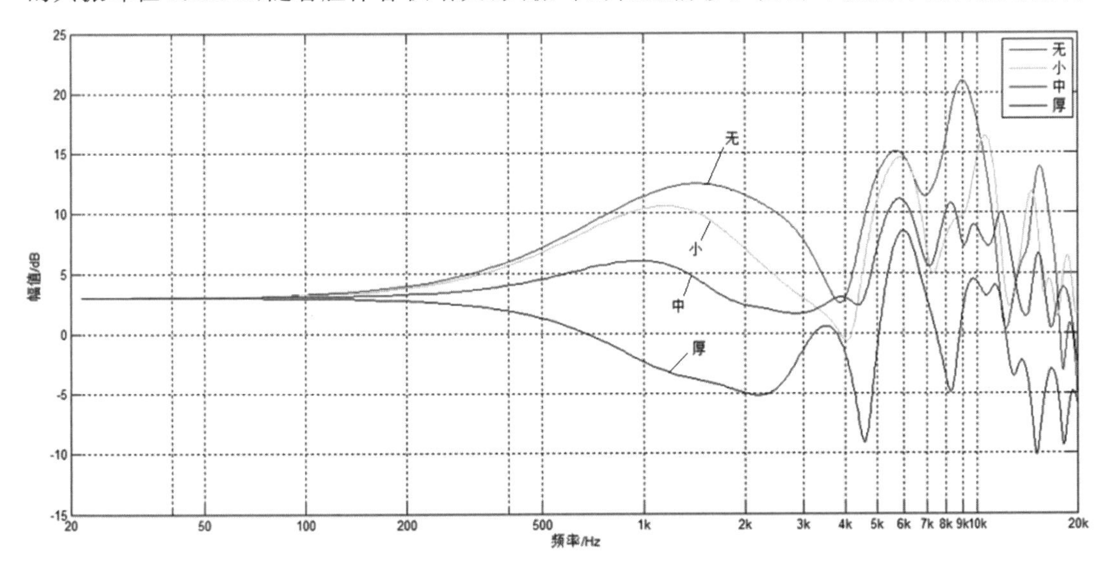

图8.2　不同腔体容积耳机的HpTF

3cm 时，共振峰移动到了 3.11kHz。可以用等效容积的原理来解释这种现象。等效容积$V_{AS}=\rho c^2 C_{MS} S_d$，其中 ρ 为空气密度，c 为空气中声速，C_{MS}为力顺，S_d为单元有效辐射面积，等效容积V_{AS}和C_{MS}成正比，耳机前腔C_{MS}与耳机系统并联，当耳机前腔容积增大时，前腔C_{MS}也增大，整个耳机系统的力顺也增大，等效容积也增大。由谐振频率$f_{cb}=f_s\sqrt{\frac{V_{AS}}{V_B}+1}$可知，如果等效容积增加的量大于腔体容积增加的量，谐振频率变大，如果等效容积增加的量小于腔体容积增加的量，谐振频率变小。从图中还可以看出，随着耳机腔体容积的增加，出现第一谱谷的位置也在变化，由 4kHz 移动到了 2.5kHz，并且谱谷的凹陷也在加深。第二个峰值位置没有什么明显的变化，都在 6kHz 附近，但是谱峰凸起的程度不一样，腔体越小凸起越明显。

通过主观听感实验验证耳机腔体容积对空间定位的影响。双耳实验信号的录制在短混响室[2]中进行，将微缩传声器（与测量 HpTF 的传声器一致，可在做 HpTF 均衡处理时抵消传声器对传输特性的影响）置于仿真头模左右耳道入口处，以仿真头模两耳连线中点为头模中心，声源为一个 3 英寸全频带小扬声器播放的 3 秒白噪声，头模中心及扬声器中心距地面高度均为 1.2m，扬声器与头模中心距离 1.2m，且主轴指向扬声器中心，以 45°间隔水平旋转声学头模来录制不同入射方向的声源。由于左右对称，听感实验仅在右半平面共 0°、45°、90°、135°和 180°五个方向进行。对不同腔体容积的耳机进行相应的 HpTF 均衡，逆滤波器的设计方法为正则化最小相位算法[3][4]，每个信号重复三遍。每一种腔体容积耳机共有 15 个信号，按随机次序播放这些信号，选取 6 名经过专业听音训练的研究生作为被试，被试需判断声像方向，在水平面的五个方向中迫选其一。

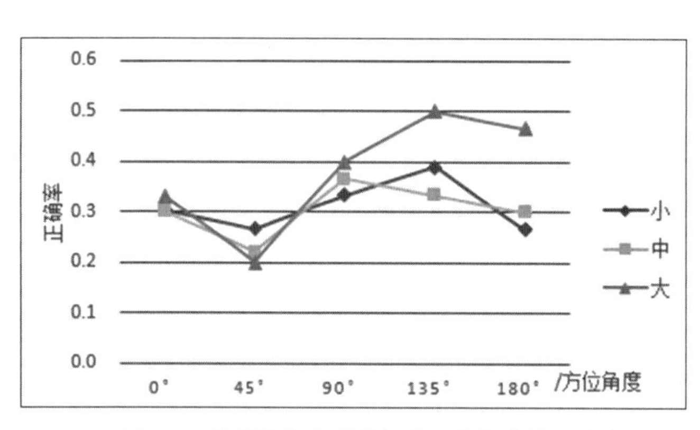

图 8.3　不同腔体容积耳机水平方向定位正确率

图 8.3 是不同腔体容积耳机重放时的水平方向定位正确率，小、中、大分别对应 1cm、2cm 和 3cm 三种腔体深度。从图中可以看出，135°（右后方）和 180°（正后方）时，大耳腔耳机的水平方向定位正确率明显高于中、小耳腔耳机，这个差异通过了显著性检验（8.1 节中所有显著性检验的水平均为 0.05，检验方法见 5.6.3 节）。而在这两个方向上，虽然小耳腔耳机的定位正确率高于中耳腔耳机，但这个差异没有通过显著性检验。除 45°（右前方）以外，大耳腔耳机的定位正确率均高于中、小耳腔耳机。这在一定程度上说明，增大耳机腔体容积有助于增强声像方向感知，尤其是后方声像。

(2)耳机辐射角度的影响

为了验证改变辐射角度对传输特性及声像定位效果的影响，通过在耳机支架中间加上铰链的方法，旋转耳罩式耳机，改变其辐射方向为斜前方 45°，仍然保证耳罩与耳廓贴合没有缝隙，但也不过分挤压耳廓，将耳机耳罩固定在这个角度后，重复佩戴测量 HpTF 20 次，测量方法与不同腔体容积耳机 HpTF 的测量相同。所使用的耳机为未做腔体改变的原始耳机。

图 8.4 是不同辐射方向耳机到耳道传输函数曲线，其中黑色曲线是正对人耳的普通耳机单元辐射方向，灰色曲线是斜对人耳的耳机单元辐射方向。由图可以看出，在 2kHz～3kHz 之间，斜对人耳的辐射方向有明显的凹点，而正对人耳的普通耳机单元辐射方向则明显凸起；在 4kHz～10kHz 之间，两种辐射方向的凹陷和凸起走势基本相同，但是斜对人耳的辐射方向的起伏程度比正对人耳单元的辐射方向要深。斜对人耳的辐射方向在 11kHz 附近有峰值，而正对人耳单元辐射方向则没有。

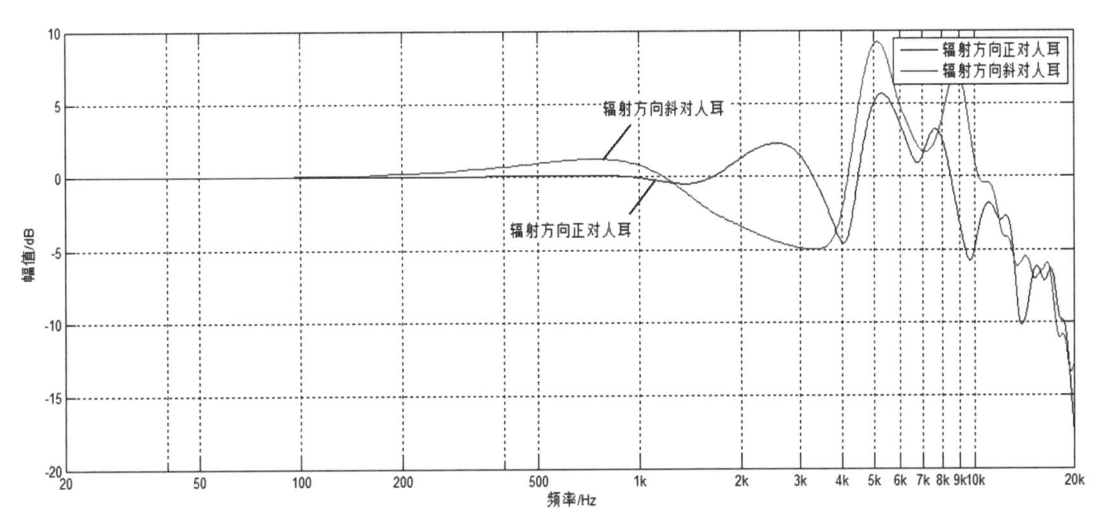

图 8.4　不同辐射方向耳机的 HpTF

通过主观听感实验验证耳机不同辐射角度对空间定位的影响。双耳信号的录制、实验方法及被试人员与耳机腔体容积对空间定位影响的实验完全一致。对于不同的辐射方向的耳机需使用对应的 HpTF 进行均衡处理。图 8.5 是不同辐射方向耳机的水平方向定位正确率。从图中可以看出，耳机单元的辐射方向斜对人耳，0°(正前方)和 45°(右前方)的定位正确率相比耳机单元正向辐射时分别提高了 7%和 8%，且这种差异通过了显著性水平检验。虽然 90°(正右方)和 180°(正后方)时，斜向辐射比正向辐射的情况正确率高，但没有通过显著性检验。而 135°(右后方)时，斜向辐射的正确率反而低于正向辐射，但也未通过显著性检验。综上所述，耳机单元辐射角度斜对人耳，可以显著提高前方的定位正确率，但对于其他方向并不能明显改善。

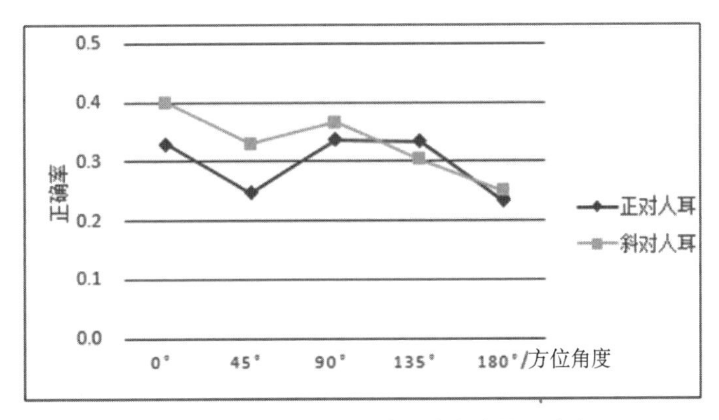

图 8.5　不同辐射角度耳机水平方向定位正确率

8.1.2　多单元耳机的设计及性能分析

由于大耳腔耳机相对于小耳腔耳机可以在一定程度上提升空间定位效果，并且耳机单元的不同辐射角度也有助于提升不同方向的定位效果，因此为了提升双耳录音耳机重放的声像定位正确率，改善声像混淆现象，设计了一款具有不同辐射方向的多单元耳机。图 8.6 是多单元耳机实物图，图 8.7 是多单元耳机一侧耳腔结构图。在一侧耳腔里有五个辐射方向（前、后、上、下、侧）单元，均可以作为独立声道发声，可以采用耳罩内不同辐射方向单元来分别或组合重放不同声源方向的双耳信号，使入射到耳道的声波是有方向性的，模拟真实听音情况下的声波入射。

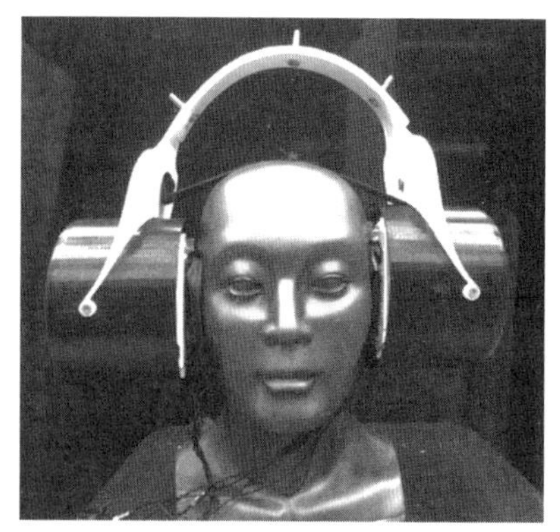

图 8.6　多单元耳机实物图

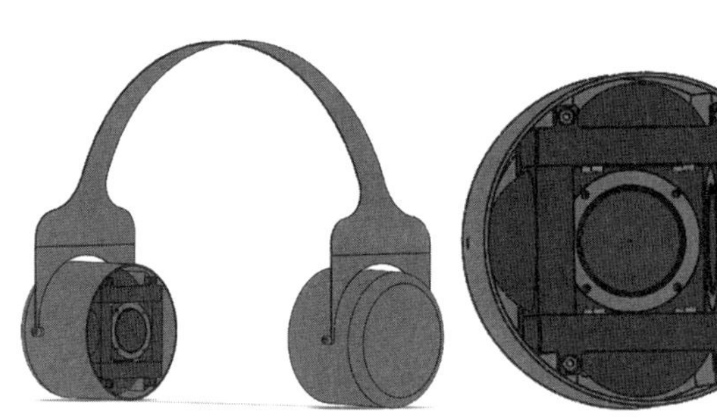

图 8.7　多单元耳机一侧耳腔结构图

对于左侧五个耳机单元，将其中位于人耳前方的耳机单元记为左前单元，将后方耳机单元记为左后单元，将上方耳机单元记为左上单元，将下方耳机单元记为左下单元，将左侧侧方单元记为左侧单元。以此类推，右侧耳机单元分别为：右前单元、右后单元、右上单元、右下单元、右侧单元。

耳机的尺寸需要根据人体的尺寸来设计。如图 8.8 所示，正常的成人耳朵，耳长 55～65mm，耳宽 30～45 mm，耳朵突出到面部的垂直距离 18～20 mm，考虑到每个单元与固定框架之间需要填充吸音棉，由此确定腔体是一个边长为 8cm 的正方体。耳机头戴连接部分

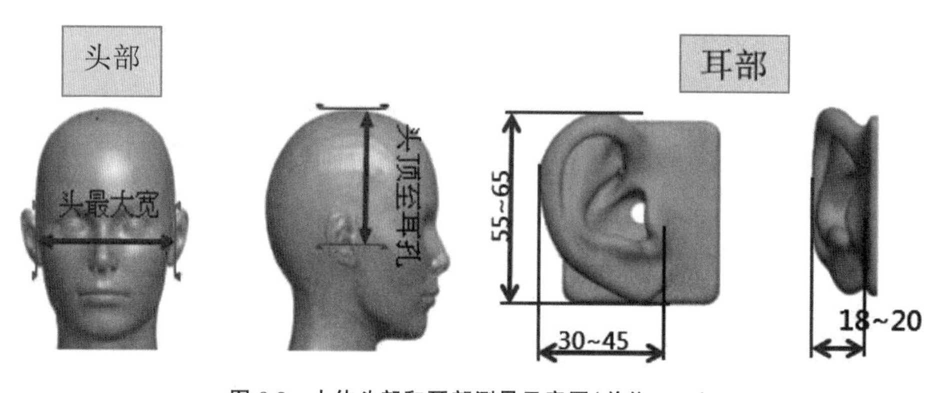

图 8.8　人体头部和耳部测量示意图（单位：mm）

的设计则是根据《成年人头面部尺寸》(GB/T 2428—1998)中 95％的占比数据，头最大宽尺寸为 168.69mm，头顶至耳孔尺寸为 167.53mm。

耳机单元选取的是 50mm 顶级钛金振膜单元，阻抗是 42Ω，灵敏度为 112.7dB；音圈是铜包铝线圈，磁铁采用 N42 铷磁，膜片使用大幅度纹路钛膜。

(1)不同辐射方向单元的 HpTF

图 8.9 为左侧耳机各个方向辐射单元的 HpTF 20 次测量的平均结果，测量方法与 8.1.1 节相同。为方便观察，将所有方向的单元与侧方单元的结果放在一张图中，图中浅灰色曲线表示左侧耳机侧方单元的 HpTF，黑色曲线表示与之比较的其他辐射方向的单元。

由图可知，不同辐射方向单元的 HpTF 是有差异的，低频时各个方向的单元与左侧侧方单元相比走向差别不大，仅有些幅度上的偏移；左侧侧方单元在 1.5kHz 附近出现第一共振峰，而其他方向单元与之相比共振峰频率向高频移动，其中左前和左后单元的第一共振峰频率偏移明显，且共振峰幅度也有明显提升；左侧侧方单元的第一谱谷出现在 3kHz 附近，而

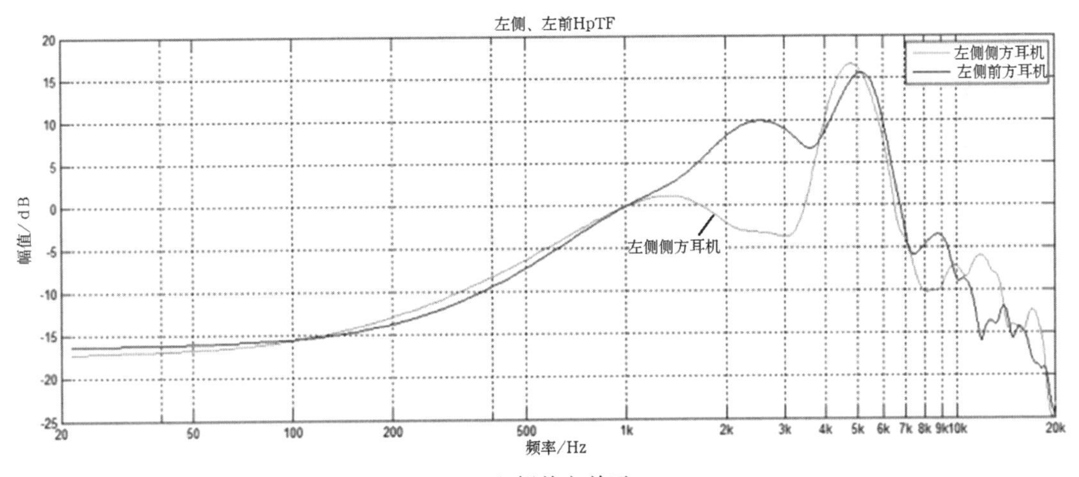

(a)左侧前方单元

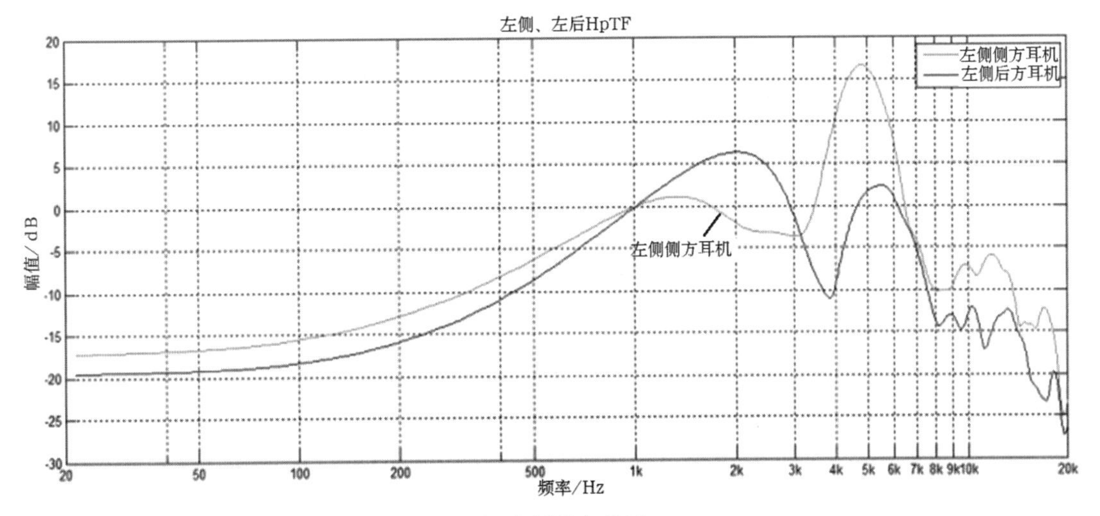

(b)左侧后方单元

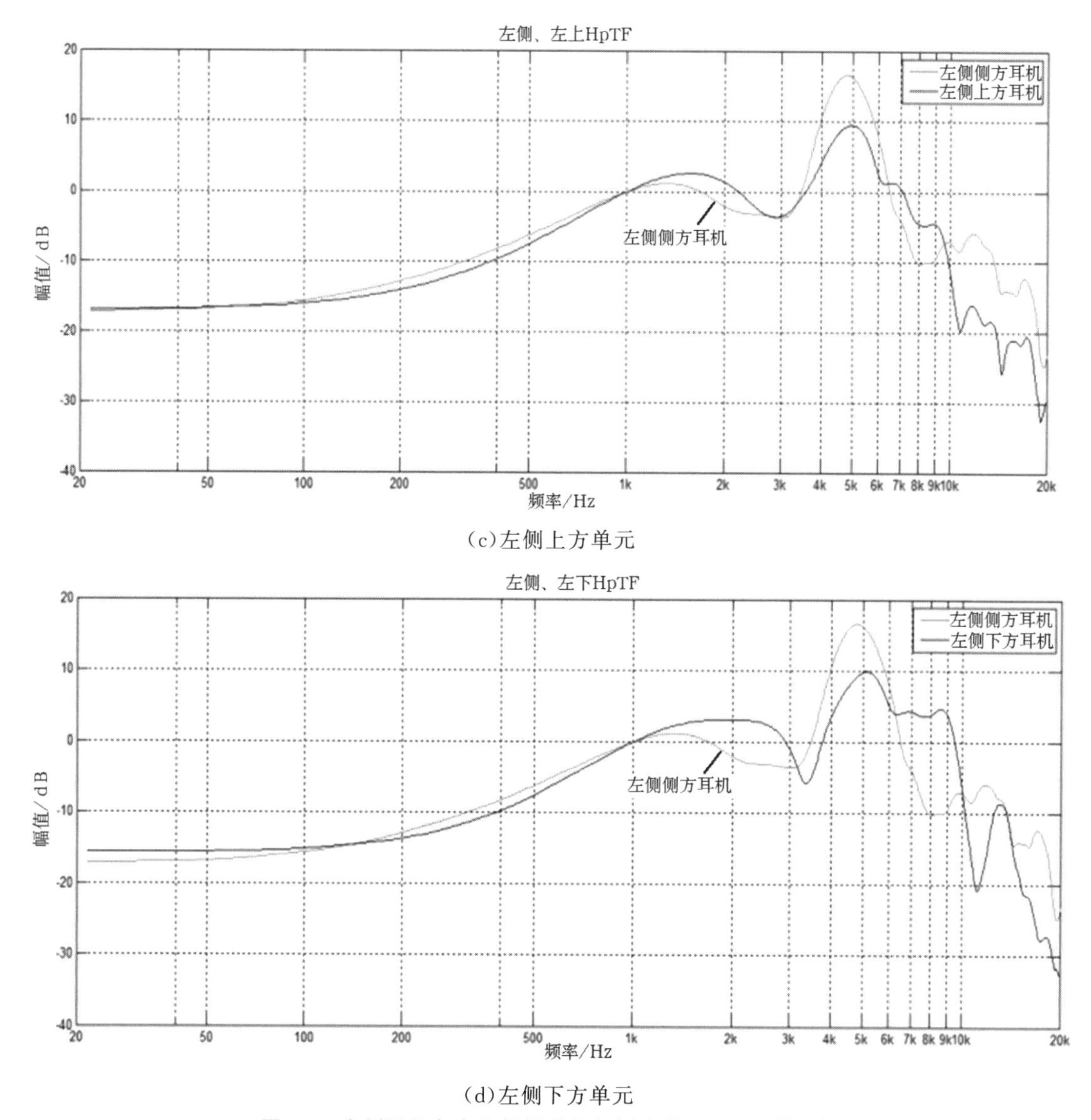

(c)左侧上方单元

(d)左侧下方单元

图 8.9　左侧耳机各方向辐射单元与侧方单元 HpTF 的比较

左前和左后的第一谱谷向高频移动到 3.8kHz 左右，谱谷深度也与侧向单元差异较大；所有方向单元第二谱峰的频率差别不大，但左后方、左上方和左下方单元的第二谱峰幅度与左侧侧方单元相比有不同程度的下降；高频时，左前和左上单元与左侧侧方单元相比，出现了一定程度上的峰谷倒置，例如，侧方单元在 8kHz～9kHz 时为谷，而左前和左上单元在此频率附近为峰值，12kHz 左右时侧方单元为峰，而左前和左上单元为谷；左后和左上单元虽然在高频出现峰谷频率，与左侧侧方单元相近，但在幅度上有明显下降。

(2)不同辐射方向单元的听感效果分析

为考察不同辐射方向单元重放双耳信号的声像定位效果，进行了主观听感实验。左、右两侧相同方位单元的 HpTF 需要保持一致，否则会影响听音定位实验的准确性。图 8.10 为左侧、右侧后方单元的 HpTF 20 次重复测量后的平均结果，灰色曲线是左后单元 HpTF，黑色曲线是右后单元 HpTF。从图中可以发现，除了 8kHz～9kHz 频段相差 3dB，其余频段的差异都小于 2dB，说明它们的一致性较好。其余辐射方向的左、右对称单元的测量结果也类似，因此可以认为多单元耳机左右两侧是对称平衡的。

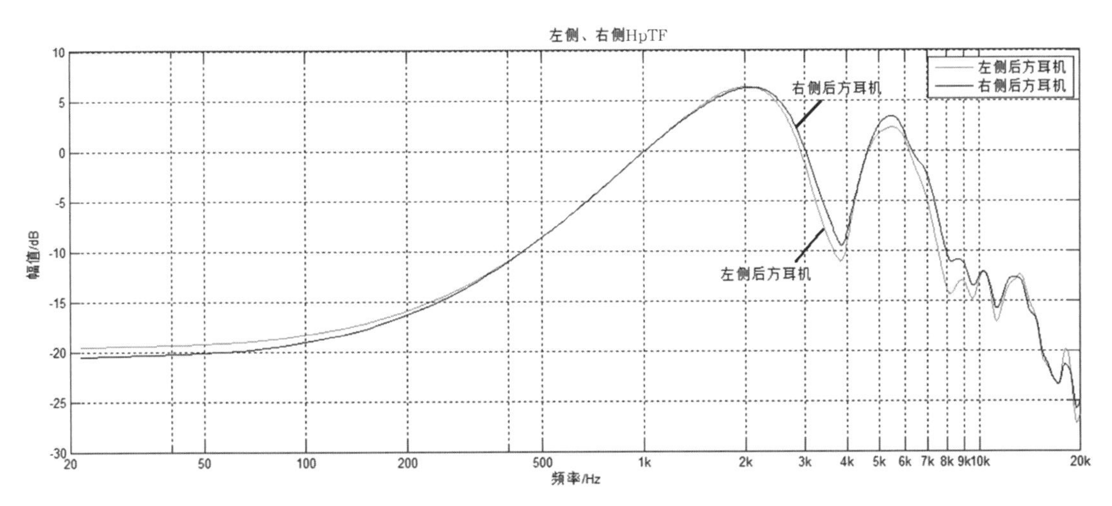

图 8.10　左侧、右侧后方单元 HpTF

双耳实验信号的录制在短混响室[2]中进行，将微缩传声器置于仿真头模左右耳道入口处，距离地面高度为 1.2m。将三只同型号的 3 英寸全频带小扬声器固定于支架上，以仿真头模两耳连线中点为坐标原点，采用顺时针球坐标系(θ, φ)，θ 为水平方位角，0°为正前方，φ 为俯仰角，0°为水平面。三只扬声器分别位于(0°, －45°)、(0°, 0°)和(0°, 45°)方向，距离头模中心 1.2m，扬声器的主轴指向头模中心。声源为 3 秒的白噪声。录制时，以 45°间隔水平旋转仿真头模来获取不同的水平入射角，在斜下方、水平面和斜上方的入射方向分别由三只扬声器发出声源。共拾取 24 个双耳声信号。

依次考察 5 种辐射角度的单元重放双耳录音的听感效果。将 24 个信号针对 5 种单元辐射方向分别进行均衡处理，HpTF 均衡滤波器的设计与 8.1.1 节相同。例如，考察前方单元重放的听感效果时，则所有 24 个方向的双耳信号均需采用前方单元对应的逆滤波器进行均衡。每个信号重复出现 3 次，随机播放。18 名音频专业研究生作为被试，年龄为 25～30 岁，听力均无障碍，左右耳外形对称，听阈无明显差别。实验过程中被试佩戴多单元耳机，保持坐直、头部端正的姿势。要求被试判断声像的水平方位角和俯仰角，在水平面的八个方向中迫选其一，在三个俯仰角－45°、0°、＋45°中迫选其一。

多单元耳机中侧方单元的辐射方向与传统耳机类似，因此将其他辐射方向单元的听感定位效果与侧方单元比较，从而分析出不同单元辐射方向对双耳录音定位效果的影响。

图 8.11 为前方、后方、上方和下方单元与侧方单元定位正确率的比较，左侧为水平方向定位正确率，右侧为垂直方向定位正确率。由图 8.11(a 左)及显著性检验得知，与侧方单元相比，前方单元重放方式使 θ=0°(正前方)、45°(右前方)和 315°(左前方)的水平方向定位正确率显著提高，θ=135°(右后方)和 225°(左后方)的水平方向定位正确率显著降低；对于 θ=180°(正后方)、90°(正右方)及 270°(正左方)来说，前方与侧方单元的水平方向定位正确率没有显著差别。

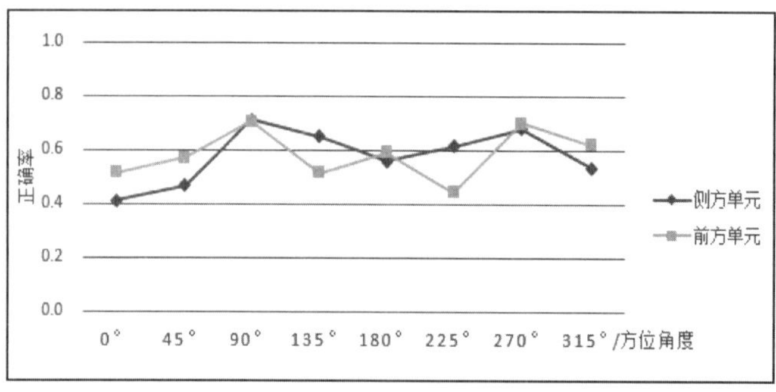

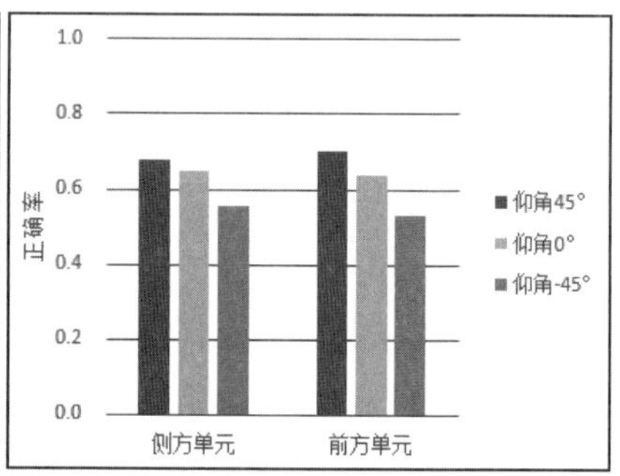

(a) 前方单元

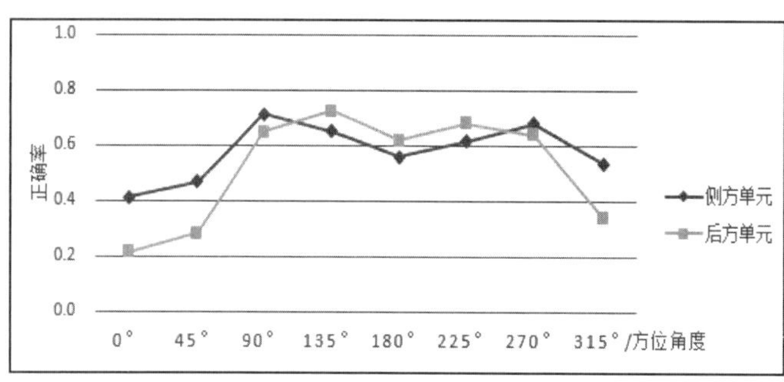

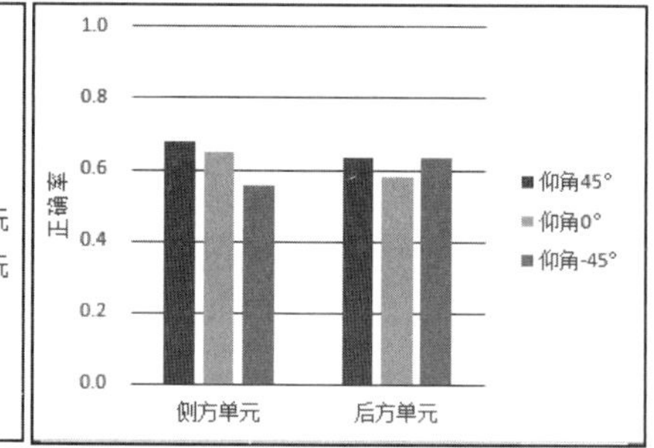

(b) 后方单元

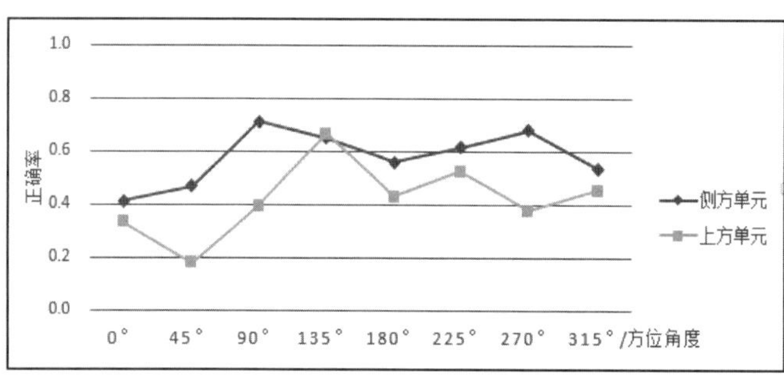

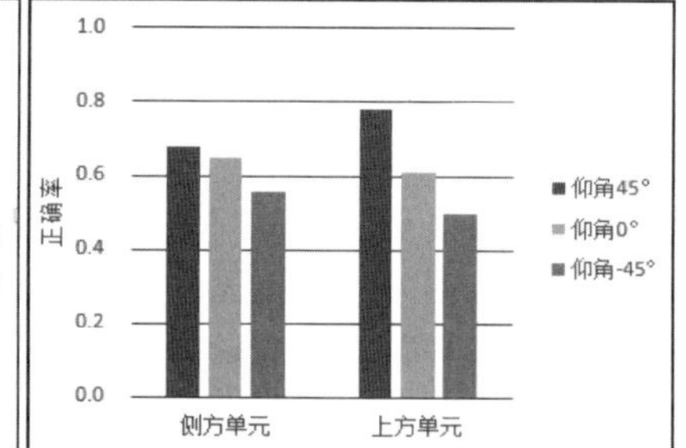

(c) 上方单元

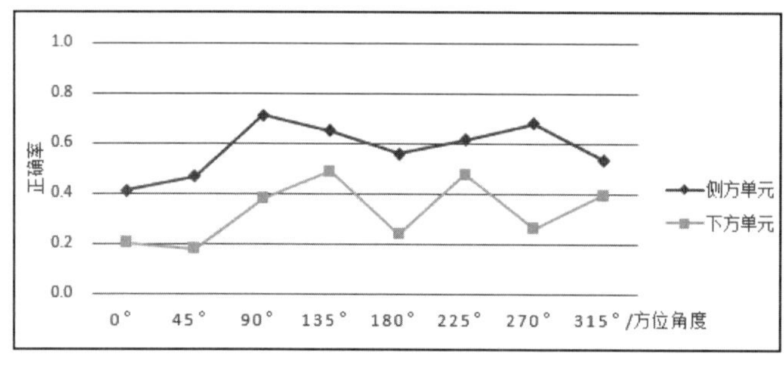

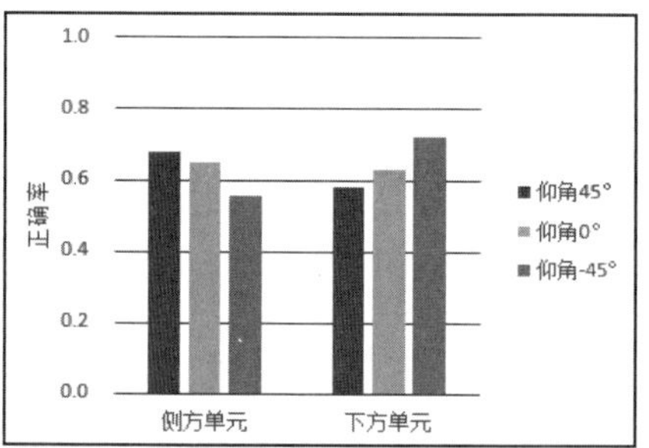

(d) 下方单元

图 8.11 各个单元与侧方单元的水平(左)和垂直(右)方向定位正确率的比较

由图 8.11(a 右)及显著性检验得知，前方单元与侧方单元相比，$\varphi=45°$(斜上方)的定位正确率有所提高，而 $\varphi=0°$(水平面)和 $-45°$(斜下方)的定位正确率略低，但差别不显著。综上，前方单元相对于侧方单元重放双耳录音，可以有效提高前方声像($\theta=0°$、45°、315°)的水平方向定位正确率，但对其他方向的水平方向定位及所有俯仰角的定位没有明显帮助。

用相同的分析方法可得，后方单元相对于侧方单元重放双耳录音，可以有效提高后方声像($\theta=135°$、180°和 225°)的水平方向定位正确率及斜下方声像($\varphi=-45°$)的俯仰角定位正确率，而对其他方向的定位没有明显帮助；上方单元相对于侧方单元重放双耳录音时，仅可以有效提高斜上方($\varphi=45°$)的声像定位正确率，而其他方向没有任何改善，甚至劣化；下方单元相对于侧方单元重放双耳录音时，仅可以有效提高斜下方($\varphi=-45°$)的声像定位正确率，而其他方向没有任何改善，甚至劣化。

8.1.3　多单元耳机重放双耳声信号的通道分配方案

由于不同辐射方向单元对不同方位的声像定位效果不同，多单元耳机中的前方单元、后方单元、上方单元和下方单元能分别提高前方声像、后方声像、上方声像和下方声像的听感定位正确率，因此借鉴矢量幅度平移(VBAP)[5][6][7][8]虚拟声源合成原理，通过将双耳声信号分配到不同的通道进行虚拟合成重放，以达到提高双耳声信号听感定位效果的目的。

当两个声源合成时，满足正弦法则(见图 8.12)。假设两个发声单元主轴的夹角为 $2\varphi_0$，且两个单元是对称的，想要合成的虚拟声源与两单元主轴角平分线的夹角为 φ，分配给两个单元的权值为 g_1，g_2，则 g_1，g_2 可通过式求解：

$$\frac{\sin\varphi}{\sin\varphi_0}=\frac{g_1-g_2}{g_1+g_2} \tag{8.1}$$

式中，$0°<\varphi_0<90°$，$-\varphi_0\leqslant\varphi\leqslant\varphi_0$，且 $g_1,g_2\in[0.1]$。为了保证响度不变，可以通过增益系数正交化公式 $g_1^2+g_2^2=C$ 来近似，C 为定常数，在下面的计算中令 C=1。

在多单元耳机中，各单元主轴之间的夹角均为 90°，即 $\varphi_0=45°$，若想要合成两个单元主轴角平分线上的虚拟声源时 $\varphi=0°$，则可求解出 $g_1=g_2=\frac{\sqrt{2}}{2}$。

当空间中有三个声源进行合成时，利用空间中三个不同方向的发声单元的单位向量合成出虚拟声像(见图 8.13)。

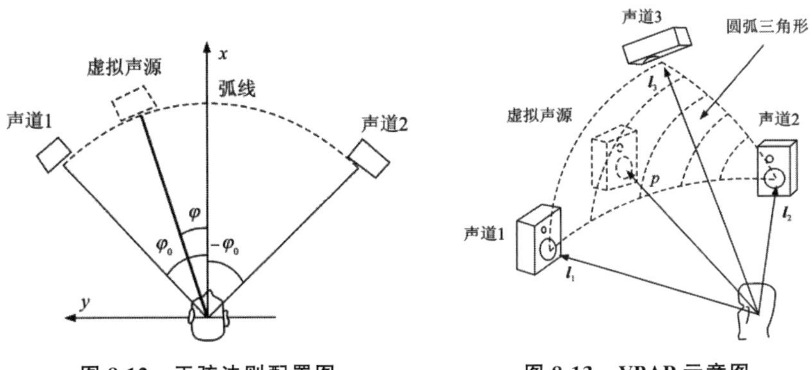

图 8.12　正弦法则配置图　　图 8.13　VBAP 示意图

设 3 个单元的单位矢量分别为$\boldsymbol{l}_1$，$\boldsymbol{l}_2$，$\boldsymbol{l}_3$，每个单元的信号的增益为g_1，g_2，g_3，则存在如下关系：$g_1{}^2+g_2{}^2+g_3{}^2=C$，C 为定常数，在下面的计算中令 $C=1$。设虚拟声源单位矢量为$\boldsymbol{p}$，则：

$$\boldsymbol{p}=g_1\boldsymbol{l}_1+g_2\boldsymbol{l}_2+g_3\boldsymbol{l}_3 \tag{8.2}$$

求解得：

$$\boldsymbol{g}=[p_1 \quad p_2 \quad p_3]\begin{bmatrix} l_{11} & l_{12} & l_{13} \\ l_{21} & l_{22} & l_{23} \\ l_{31} & l_{32} & l_{33} \end{bmatrix}^{-1} \tag{8.3}$$

在多单元耳机中，各单元的向量均是正交的，若想要合成 3 个正交单元中心的虚拟声源，例如用右耳的前方、侧方、上方单元，合成右前上方(45°，45°)的声像，经过上述公式计算得到分配给三个单元的权值$g_1=g_2=g_3=\dfrac{\sqrt{3}}{3}$。

表 8.1 列出了当录制声源在右半球，且水平方位角和俯仰角间隔 45°时，利用多通道耳机重放双耳录音的通道分配方案。S_L和 S_R为双耳录音的左、右耳信号。但需要注意的是，无论信号被分配到哪个通道进行重放，都需经过各自单元对应的 HpTF 均衡处理，这部分处理未在表格中体现。

表 8.1　多单元耳机的双耳录音声道分配(录制声源为右半球时的情况)

各辐射方向的单元 / 声源角度	左前	左后	左侧	左上	左下	右前	右后	右侧	右上	右下
(0°，0°)	S_L	0	0	0	0	S_R	0	0	0	0
(45°，0°)	S_L	0	0	0	0	$\frac{\sqrt{2}}{2}S_R$	0	$\frac{\sqrt{2}}{2}S_R$	0	0
(90°，0°)	0	0	S_L	0	0	0	0	S_R	0	0
(135°，0°)	0	S_L	0	0	0	0	$\frac{\sqrt{2}}{2}S_R$	$\frac{\sqrt{2}}{2}S_R$	0	0
(180°，0°)	0	S_L	0	0	0	0	S_R	0	0	0
(0°，45°)	$\frac{\sqrt{2}}{2}S_L$	0	0	$\frac{\sqrt{2}}{2}S_L$	0	$\frac{\sqrt{2}}{2}S_R$	0	0	$\frac{\sqrt{2}}{2}S_R$	0
(45°，45°)	$\frac{\sqrt{2}}{2}S_L$	0	0	$\frac{\sqrt{2}}{2}S_L$	0	$\frac{\sqrt{3}}{3}S_R$	0	$\frac{\sqrt{3}}{3}S_R$	$\frac{\sqrt{3}}{3}S_R$	0
(90°，45°)	0	0	$\frac{\sqrt{2}}{2}S_L$	$\frac{\sqrt{2}}{2}S_L$	0	0	0	$\frac{\sqrt{2}}{2}S_R$	$\frac{\sqrt{2}}{2}S_R$	0
(135°，45°)	0	$\frac{\sqrt{2}}{2}S_L$	0	$\frac{\sqrt{2}}{2}S_L$	0	0	$\frac{\sqrt{3}}{3}S_R$	$\frac{\sqrt{3}}{3}S_R$	$\frac{\sqrt{3}}{3}S_R$	0
(180°，45°)	0	$\frac{\sqrt{2}}{2}S_L$	0	$\frac{\sqrt{2}}{2}S_L$	0	0	$\frac{\sqrt{2}}{2}S_R$	0	$\frac{\sqrt{2}}{2}S_R$	0

续表

各辐射方向的单元 / 声源角度	左前	左后	左侧	左上	左下	右前	右后	右侧	右上	右下
(0°，−45°)	$\frac{\sqrt{2}}{2}S_L$	0	0	0	$\frac{\sqrt{2}}{2}S_L$	$\frac{\sqrt{2}}{2}S_R$	0	0	0	$\frac{\sqrt{2}}{2}S_R$
(45°，−45°)	$\frac{\sqrt{2}}{2}S_L$	0	0	0	$\frac{\sqrt{2}}{2}S_L$	$\frac{\sqrt{3}}{3}S_R$	0	$\frac{\sqrt{3}}{3}S_R$	0	$\frac{\sqrt{3}}{3}S_R$
(90°，−45°)	0	0	$\frac{\sqrt{2}}{2}S_L$	0	$\frac{\sqrt{2}}{2}S_L$	0	0	$\frac{\sqrt{2}}{2}S_R$	0	$\frac{\sqrt{2}}{2}S_R$
(135°，−45°)	0	$\frac{\sqrt{2}}{2}S_L$	0	0	$\frac{\sqrt{2}}{2}S_L$	0	$\frac{\sqrt{3}}{3}S_R$	$\frac{\sqrt{3}}{3}S_R$	0	$\frac{\sqrt{3}}{3}S_R$
(180°，−45°)	0	$\frac{\sqrt{2}}{2}S_L$	0	0	$\frac{\sqrt{2}}{2}S_L$	0	$\frac{\sqrt{2}}{2}S_R$	0	0	$\frac{\sqrt{2}}{2}S_R$

8.1.4　多单元耳机重放双耳声信号的听感实验验证

为了验证多单元耳机通道分配方案可以改善声像定位效果，进行了主观听感实验，将通道分配后的合成信号与直接使用左侧和右侧单元播放双耳录音的左、右通道(经过相应HpTF 均衡处理)进行比较。被试及实验方法与 8.1.2 节相同。

图 8.14 是合成信号与双耳信号的水平方向听感定位正确率。由此图及显著性检验得知，除了正右方 90°和正左方 270°，合成信号的水平方向定位正确率均显著高于侧方单元直接重放双耳信号。由于当录制的声源位于正左和正右方时的通道分配方案就是直接使用侧方单元重放双耳信号，因此两种比较的情况是完全一样的。

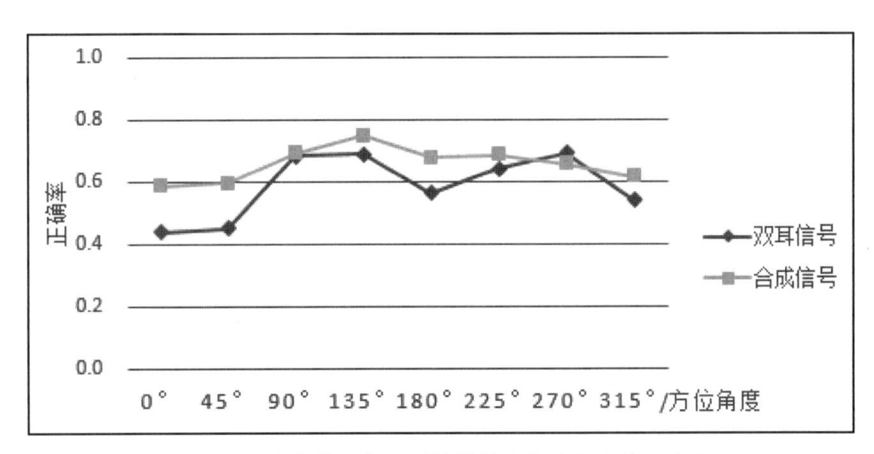

图 8.14　合成信号与双耳信号的水平方向定位正确率

图 8.15 是合成信号与双耳信号在垂直方位的定位正确率。由此图和显著性检验可知，虚拟合成信号所有俯仰角的定位正确率均显著高于双耳信号。

综上所述，采用具有不同辐射方向的多单元耳机，并按照一定规则重新分配双耳录音的

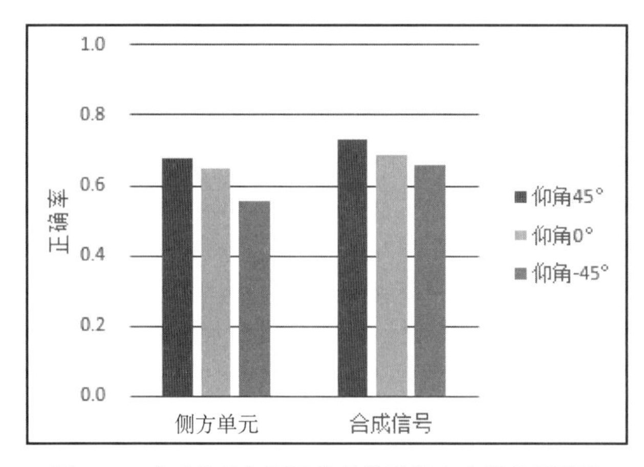

图 8.15 合成信号与双耳信号的垂直方向定位正确率

重放通道，能够非常有效地提高全空间各个方向（除正左、正右、正上、正下四个方向，其中正上和正下方向未做实验验证）的定位正确率，具有更好的空间听感效果。

8.2 耳机结构声场的有限元分析

采用不同辐射角度的耳机单元可以提高双耳录音的声像定位效果（见 8.1 节），究其原因可能是在一定程度上重建了近似自然听音时的三维外耳声场，让进入耳道的声波不是简单的一维活塞振动。另外，有限元仿真实验证明了在自然听音时，从不同方向入射的声波在听音者耳道入口处截面上呈现的声压分布模态有所不同（见第 6 章）。目前针对耳机重放的头中效应，最有效的消除办法即是加入头部跟踪的动态因素，但如果在静态的、不额外增加反射声且尽可能保留声信号原貌的条件下，头中效应的改善程度是有限的。但如果从耳机设计本身出发，在外耳附近找到一些使耳道入口声压分布模态具有显著特征的声源位置点，在这些特征位置点上布放耳机单元，从根本上改变进入耳道的声传播模式，可能会进一步增强空间感，改善头中效应，提升三维听感效果。因此通过有限元仿真分析了当点声源位于外耳附近不同位置处时，耳道入口截面上的声压分布情况。对声学头模的右耳进行仿真，仿真原理及实验方法与 6.4 节相同。

选取右耳耳道入口中心点为球心，共设计了直径为 8cm、10cm、12cm 的三个半球面，将每个半球面上定义五个纬度（如图 8.16 所示），将最靠近耳边的球面圆截面定义为 0°纬度面，30°、45°、60°依次向右类推，球的顶点为 90°；在 0°、30°、45°、60°四个纬度的垂直截面上，每隔30°放置一个 0.1Pa 的点声源（如图 8.17 所示），声源频率为 500Hz～20kHz，频率间隔为 500Hz。为了方便理解，设定耳朵的正上方为 0°，正前方为 90°，正下方为 180°，正后方为 270°，剩余方向依次类推，间隔为 30°，总共仿真了 147 个声源方位。将声源的方位用（d，θ，φ）来表示，d 为球面的直径，θ 为纬度角，φ 为垂直截面上的方位角。例如在直径 8cm 的半球上，纬度为 30°、耳朵正上方为 0°的声源方位简写为（8cm，30°，0°）。

为便于描述，下文中出现的“球面”均指以右耳耳道入口中心点为球心的各个不同直径的球面，声源位于这些球面上；“声压分布模态”均指在右耳耳道入口处截面上的声压分布模态。

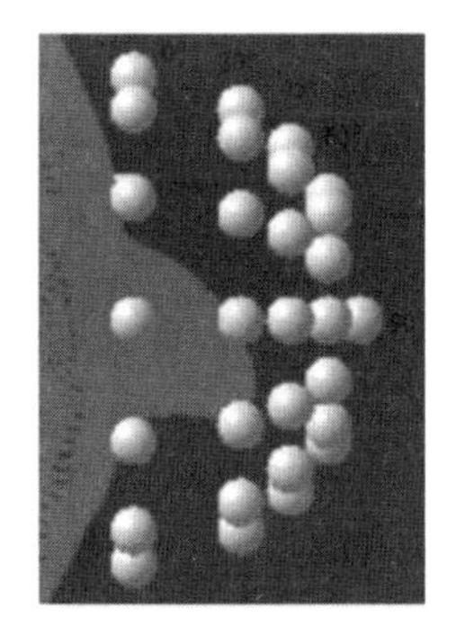

图 8.16　纬度定义(俯视图)

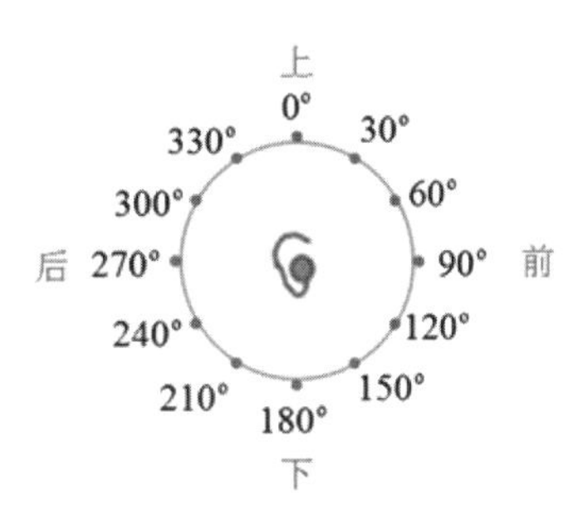

图 8.17　垂直截面上声源角度定义(从右侧看向声学头模的右耳)

8.2.1　不同声源距离导致的声压分布模态差异性

把方向相同但距耳道入口中心点距离不同的声源作用下耳道入口处截面的声压分布做相关分析,得到二者之间的 Pearson 相关系数,当相关系数 $r<0.8$ 时,就认为二者的声压分布模态具有差异性(计算方法及判断准则见 6.5.3 节)。

图 8.18 为声源位于不同直径球面上时耳道入口处截面上声压分布的相关系数。从图中可以看出,声源距离导致耳道入口处截面声压分布模态差异明显的频段主要集中在 10kHz～11kHz、12kHz～15.5kHz、19kHz～20kHz;在其他频段,可认为声源距离对声压分布模态没有影响。

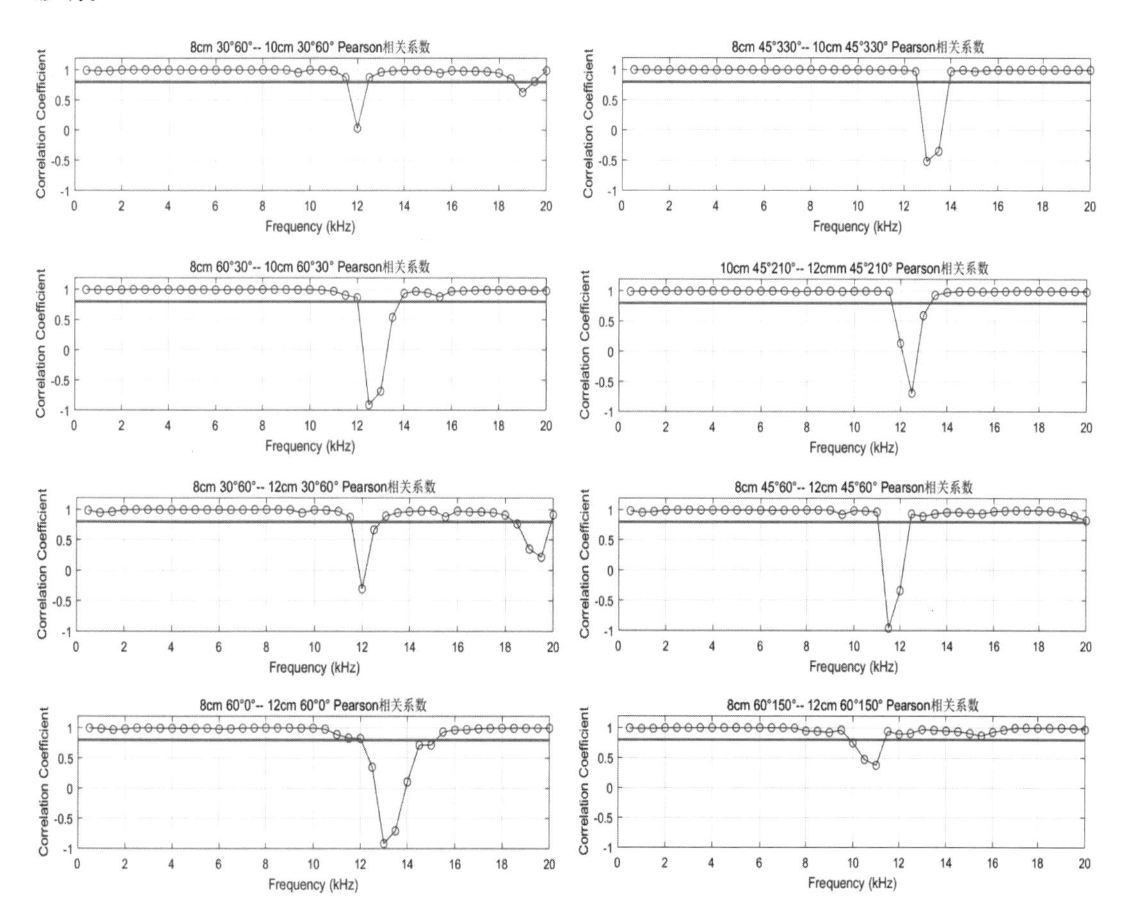

图 8.18　声源位于不同直径球面上时耳道入口截面声压分布相关系数(部分结果)

8.2.2 声压分布模态与声源距离的关系

依据 8.2.1 节的实验结果，重点考察 10.5kHz、12kHz、15kHz 和 19kHz 时，声源位于不同直径球面上在耳道入口处截面上产生的声压分布模态。由于数据过多，这里只展示部分角度的分析。声压分布模态图的视角为从右耳外部看向耳道内部(见图 8.17)。

图 8.19 为声源所处球面直径不同时仿真频率为 10.5kHz 时耳道入口处的声压分布模态图。由图可知，在(30°，90°)方向，声源所在球面直径变化时耳道入口处截面上声压分布模态差异显著，当球面直径为 8cm 时耳道入口处截面后方偏上区域声压较低，随着球面直径增大，前方偏下声压较高的区域也随之扩大，当球面直径增加到 12cm 时，仅后方偏上部分区域声压较低，其余部分声压较高。

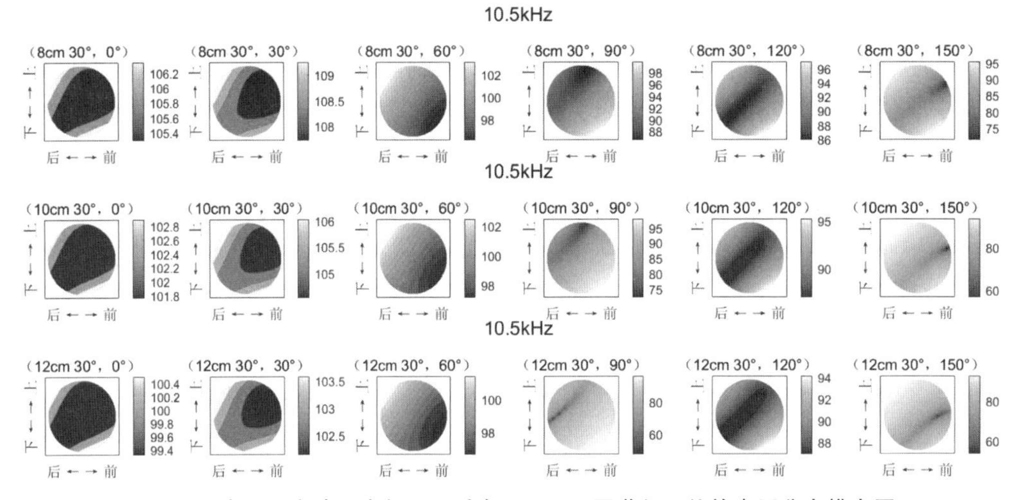

图 8.19 声源所在球面直径不同时在 10.5kHz 耳道入口处的声压分布模态图

图 8.20 为声源所处球面直径不同时仿真频率为 12kHz 时耳道入口处的声压分布模态图。随着球面直径增大，对应的耳道入口处截面上的声压幅值减小，当球面直径为 8cm 时耳

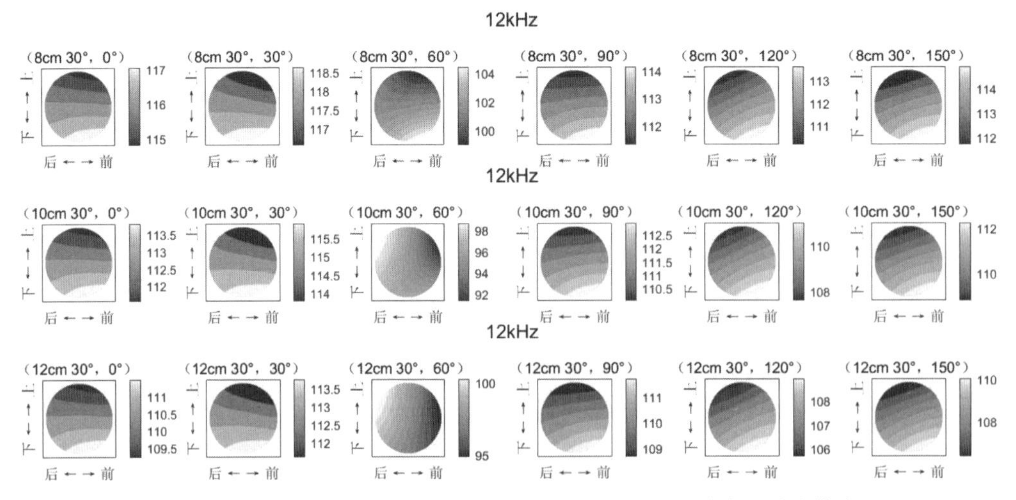

图 8.20 声源所在球面直径不同时在 12kHz 耳道入口处的声压分布模态图

道入口处截面上的声压幅值最大，当球面直径为 12cm 时声压幅值最小。在(30°, 60°)方向，声源所在球面直径变化时耳道入口处截面上声压分布模态差异显著；当球面直径为 8cm 时耳道入口处截面上方区域声压较低，下方区域声压较高，随着球面直径增大，前方区域的声压较低，后方区域的声压较高。

图 8.21 为声源所处球面直径不同时仿真频率为 15kHz 时耳道入口处的声压分布模态图。由图可见，在(30°, 330°)方向，声源所在球面直径变化时耳道入口处截面上声压分布模态差异显著；当球面直径为 8cm 时，耳道入口处截面前方、后方区域声压较高，中间区域声压较低；随着球面直径增大，声压较低的区域向前方偏上偏移，并且面积随之减小；当球面直径增大到 12cm 时，后方偏下声压较高，前方偏上声压最低。

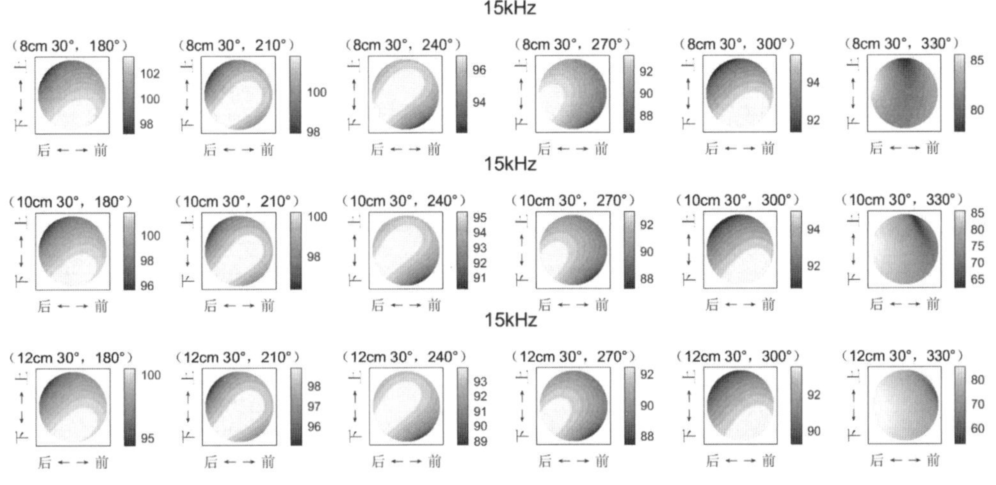

图 8.21　声源所在球面直径不同时在 15kHz 耳道入口处的声压分布模态图

图 8.22 给出了声源所处球面直径不同时仿真频率为 19kHz 时耳道入口处的声压分布模态图。在(30°, 60°)方向，耳道入口处截面前方偏下区域声压较低，随着球面直径增大，声压较低的区域向上偏移，当球面直径增大到 10cm、12cm 时，前方偏上声压较低；耳道入口处截面声压变化的梯度方向同时发生变化，当球面直径为 8cm 时，耳道入口处截面声压的梯度为上下方向；当球面直径增大到 10cm、12cm 时，梯度方向由后方偏上变为前方偏下。

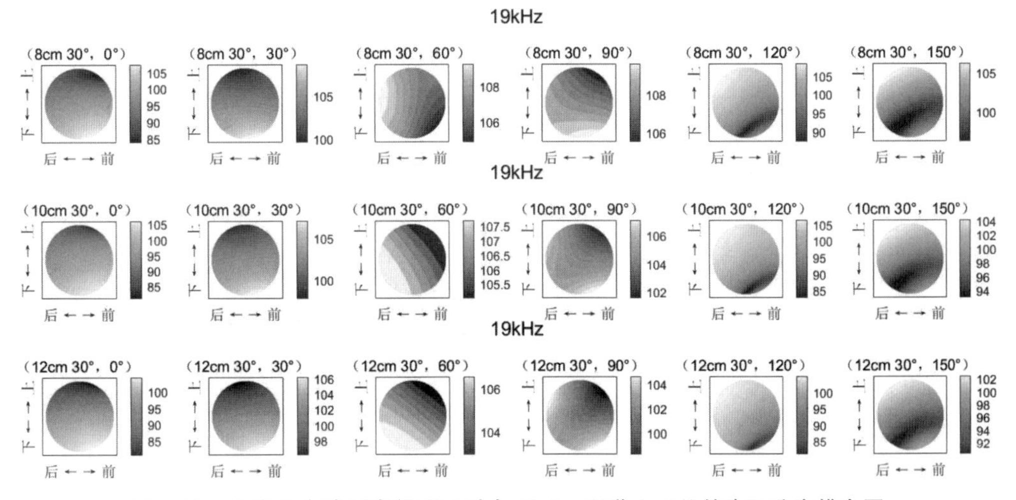

图 8.22　声源所在球面直径不同时在 19kHz 耳道入口处的声压分布模态图

综上所述，耳道入口处截面上的声压分布模态与声源距耳道入口中心点的距离有关。

8.2.3　不同声源方向声压分布模态的差异性

图 8.23 给出了声源位于同一垂直截面（球面直径为 8cm，纬度面为 30°）不同方向时与（8cm，30°，0°）方向的声压分布相关系数。图中横线表示 Pearson 相关系数 r＝0.8，在横线以下（r＜0.8）的频段即为声压分布模态差异明显的频段。例如 0°方向与 30°方向进行比较，声压分布模态差异明显的频段集中在 14kHz～15kHz；0°方向与 60°方向进行比较，声压分布模态差异明显的频段集中在 9.5kHz～11.5kHz、13kHz～16kHz 和 18kHz～20kHz；其他方向与 0°方向的比较同理。为便于观察，将声源位于直径 8cm、纬度 30°的所有方向进行两两相关性分析，将声压分布差异显著的频段标注在图 8.24 中。

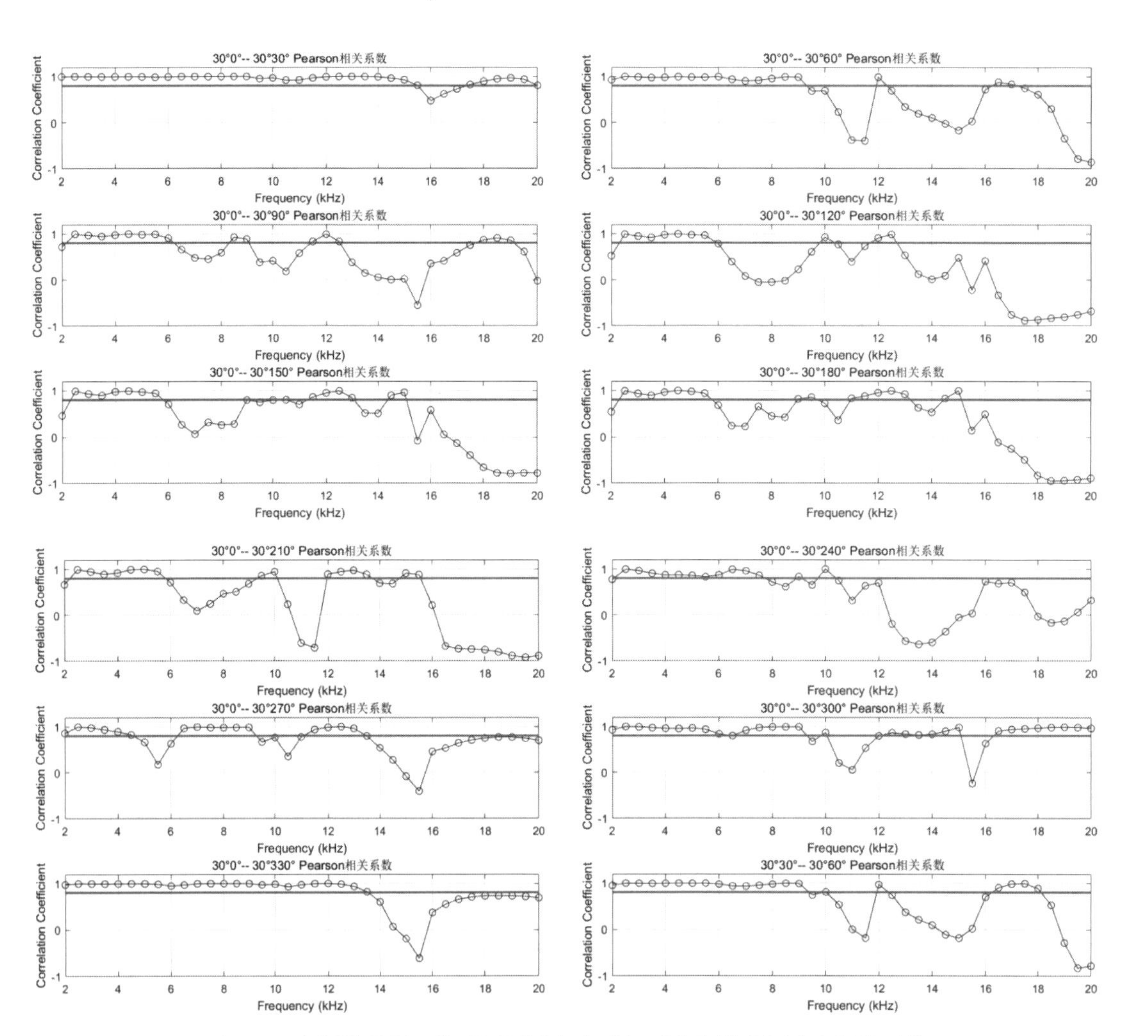

图 8.23　声源位于同一半球面不同方向时与 0°方向的声压分布相关系数

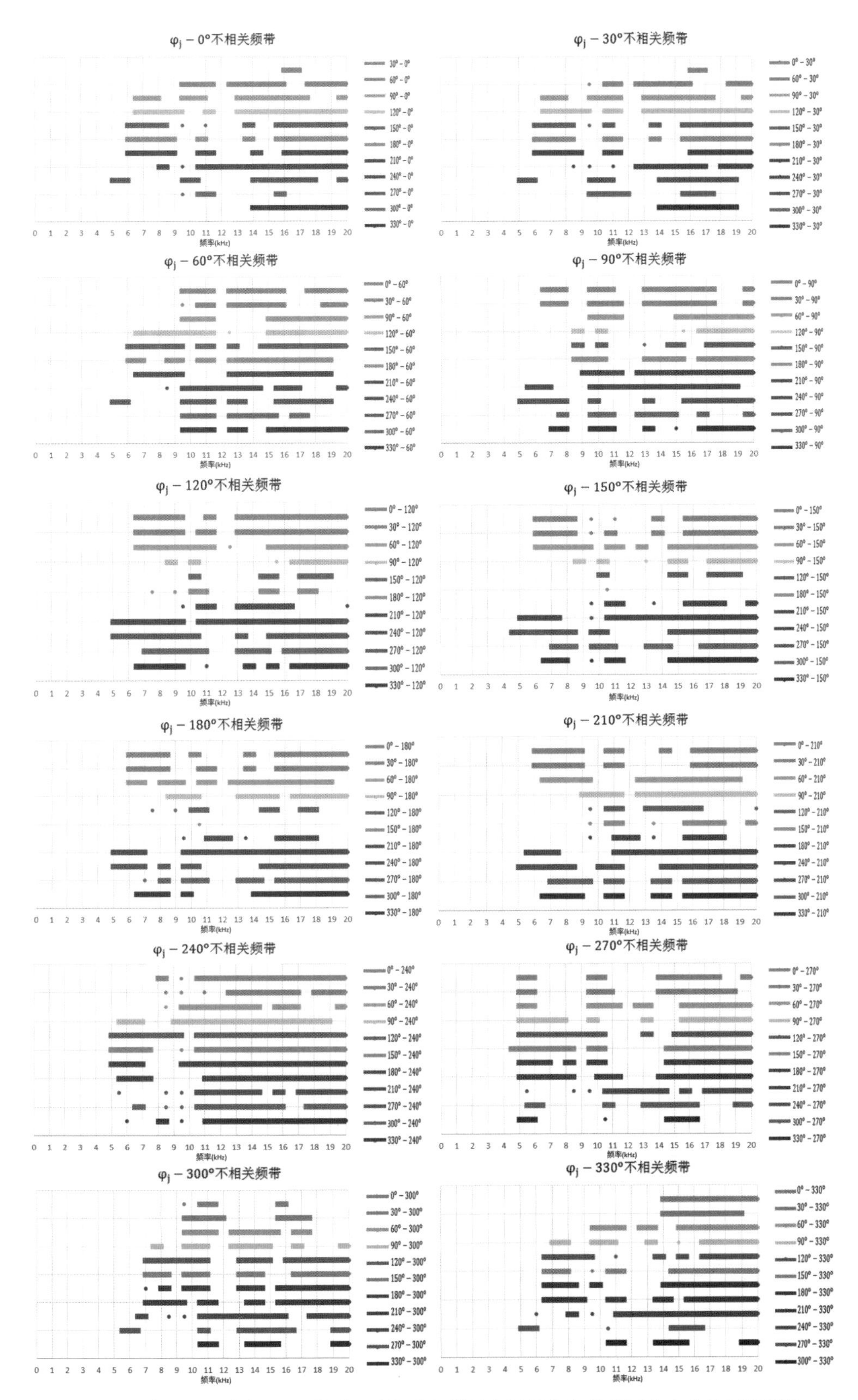

图 8.24　声源位于直径 8cm、纬度 30°的垂直截面上不同方向的声压分布差异显著频段

8.2.4　声压分布模态与声源方向的关系

图 8.25 给出了当声源位于 8cm 直径球面时，30°纬度面上不同方向声源在耳道入口处

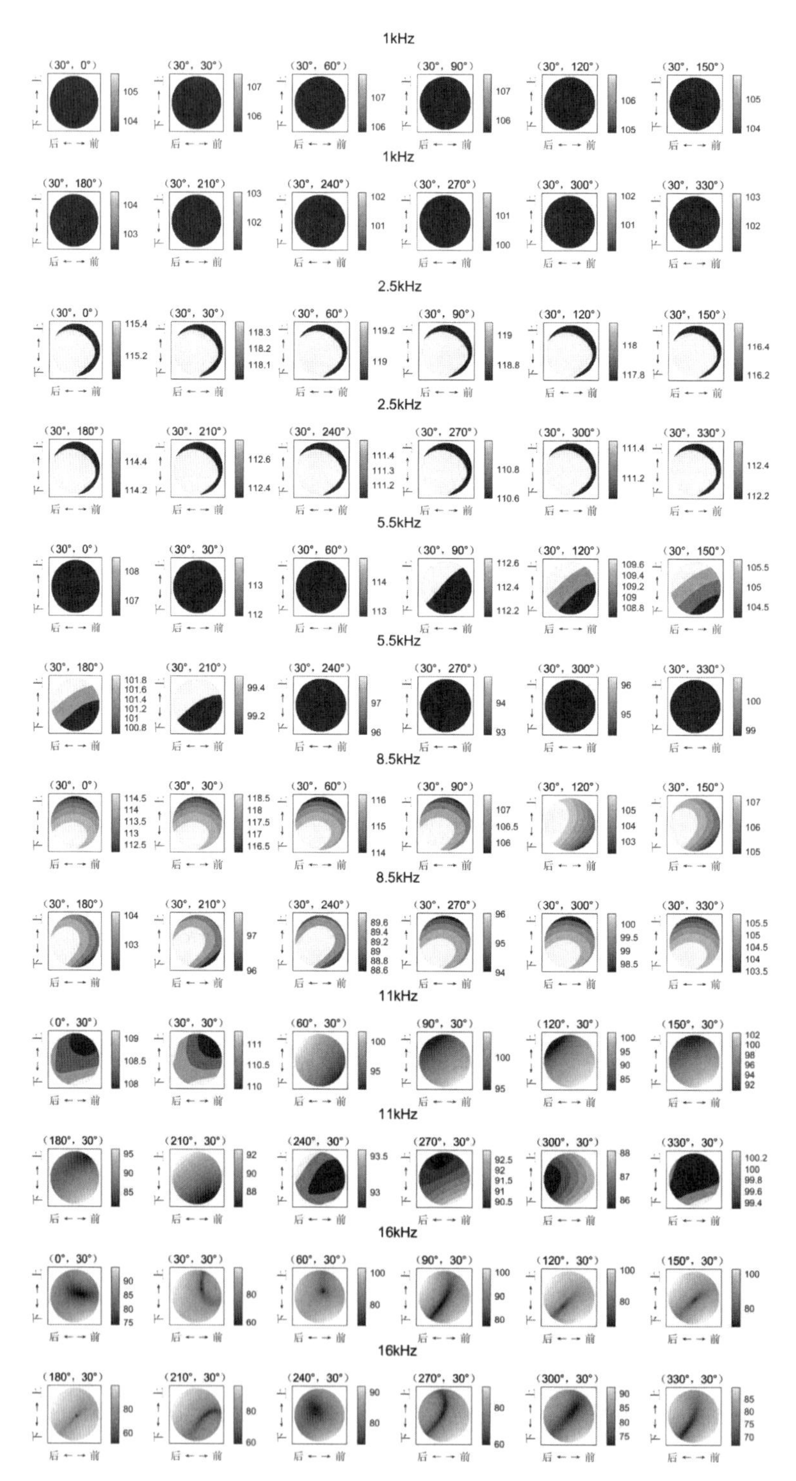

图 8.25　声源位于不同方向在耳道入口处的声压分布模态图

截面上的部分声压分布模态，仅选择了具有代表性的部分频率（1kHz、2.5kHz、5.5kHz、8.5 kHz、11kHz 和 16kHz）的结果。低频时（500Hz～2kHz）耳道入口处截面上的声压基本呈均匀分布，声压变化范围在 0.5dB 以内。2.5kHz～4kHz 时，耳道入口处截面上的声压分布模态开始呈现梯度变化，但各个声源方向的声压分布模态几乎相同，声源在 60°方向时耳道入口处截面上的声压幅值最大，270°方向时声压幅值最小。5.5kHz 时，当声源位于仿真球面的上方 0°时，耳道入口处截面上声压呈均匀分布，声源位于仿真球面前方 90°和下方 180°时，耳道入口处截面上的声压仍有一定的梯度，并且声压梯度方向基本一致。8.5kHz 时，不同方向声源在耳道入口处截面上声压分布基本一致，从前上方至后下方声压逐渐增大，后方偏下为声压较高位置。11kHz 以后，不同方向声源在耳道入口处截面上的声压分布开始呈现较大差异，声压梯度变化方向也各有不同。

综上所述，随着声源频率的提高，耳道入口处截面上的声压随方向变化的分布差异变得更为显著。

8.3　多通道三维声耳机的结构设计

根据 8.2 节的有限元仿真结果，对比声源位于前后镜像方向时耳道入口处截面上 534 个位置点（见 6.4.2 节）频率响应差值的均方根值（RMS）大小，并以各方向声压分布差异最大化为标准来选取合适的耳机耳罩尺寸、耳机辐射单元布放纬度，最后根据耳道入口处截面上声压分布模态的差异最大化，确定适合的耳机辐射单元布放位置，设计出能够改善头中声像、营造更加真实空间感的多通道三维声耳机。

8.3.1　耳机耳罩尺寸的选取

为了确定多通道耳机耳罩的尺寸，主要对比了当声源分别位于直径为 8cm、10cm 和 12cm 三个半球面时，各方向声源在耳道入口处截面上的频谱差异，选择差异最大的球面直径作为多通道耳机耳罩的尺寸。由于一个半球内有众多可采用的声源方向，两两对比工作量巨大，考虑到双耳录音容易出现前后镜像声像混淆，因此仅对比声源位于相同半球直径、相同纬度垂直截面上前后镜像对称位置时，耳道入口处截面上的频谱差异。

图 8.26 给出了在同一纬度垂直截面上辐射单元前后对称位置的示意图。图中用横线连接的两个点为前后对称的位置点。

假设声源位于$(d,\ \theta,\ \varphi)$时，耳道入口处截面上各个点的幅频响应为$F_{(d,\theta,\varphi),i}(f)$，单位为 Pa，$i=1,2,\cdots,534$。以球面直径 d、纬度面 θ 上的 30°和 330°两个对称位置的比较为例，耳道入口处截面的频谱差异可以表示为：

$$\Delta_{(d,\theta,30^\circ\leftrightarrow 330^\circ)}(f)=\sqrt{\frac{\sum\limits_{i=1}^{534}\left[F_{(d,\theta,30^\circ),i}(f)-F_{(d,\theta,330^\circ),i}(f)\right]^2}{534}} \tag{8.4}$$

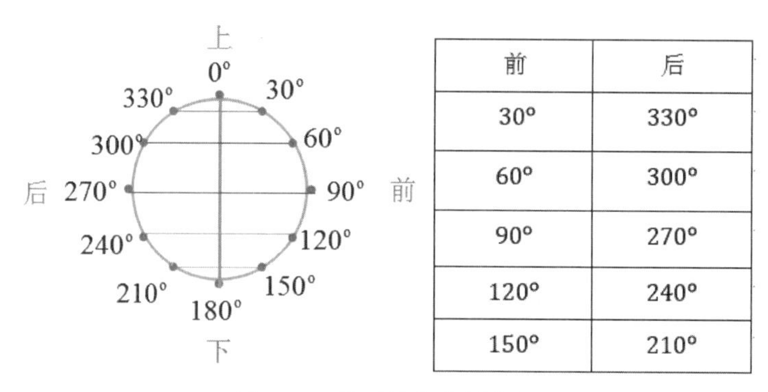

前	后
30°	330°
60°	300°
90°	270°
120°	240°
150°	210°

图 8.26　前后镜像位置分组

图 8.27～图 8.30 分别为当声源位于 0°、30°、45°和 60°纬度面时，不同球面直径、前后对称方向在耳道入口处截面上的频谱差异。从图中可以看出，无论声源位于哪个纬度面、哪个对称角度，球面直径为 8cm 时的耳道入口处截面前后方向频谱差异最大，其次是直径为 10cm 的半球面，而在直径为 12cm 的半球面差异最小，因此选取 8cm 作为耳机耳罩的直径，将耳机单元布放在这个球面上。

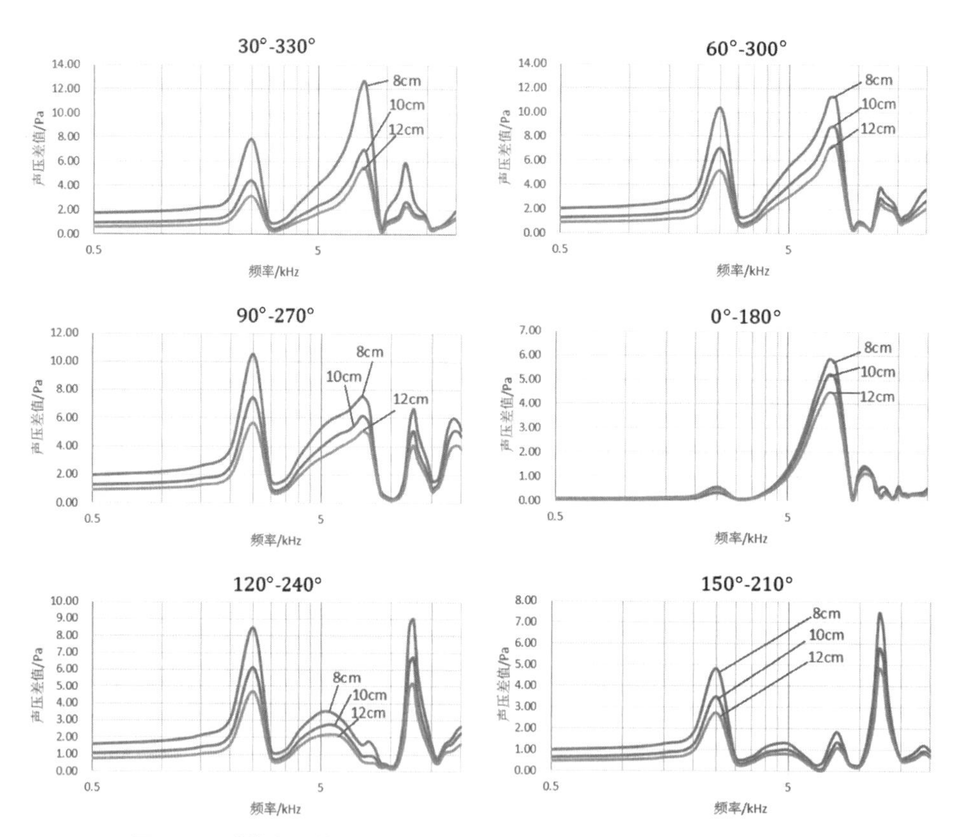

图 8.27　0°纬度面前后对称方向声源在耳道入口处截面上的频谱差异

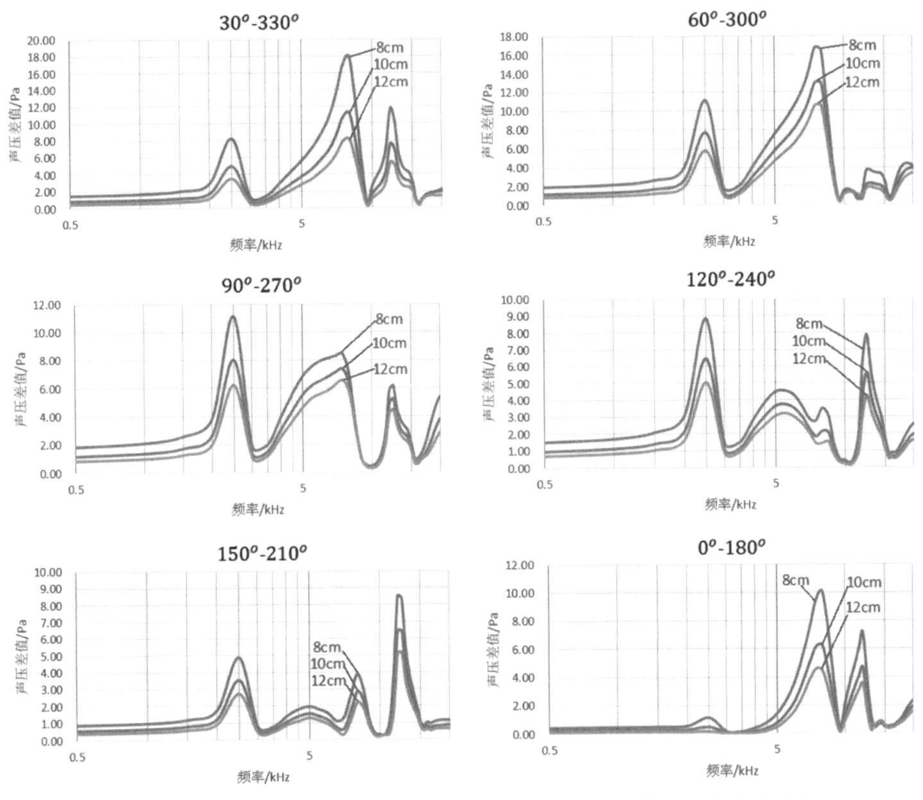

图 8.28　30°纬度面前后对称方向声源在耳道入口处截面上的频谱差异

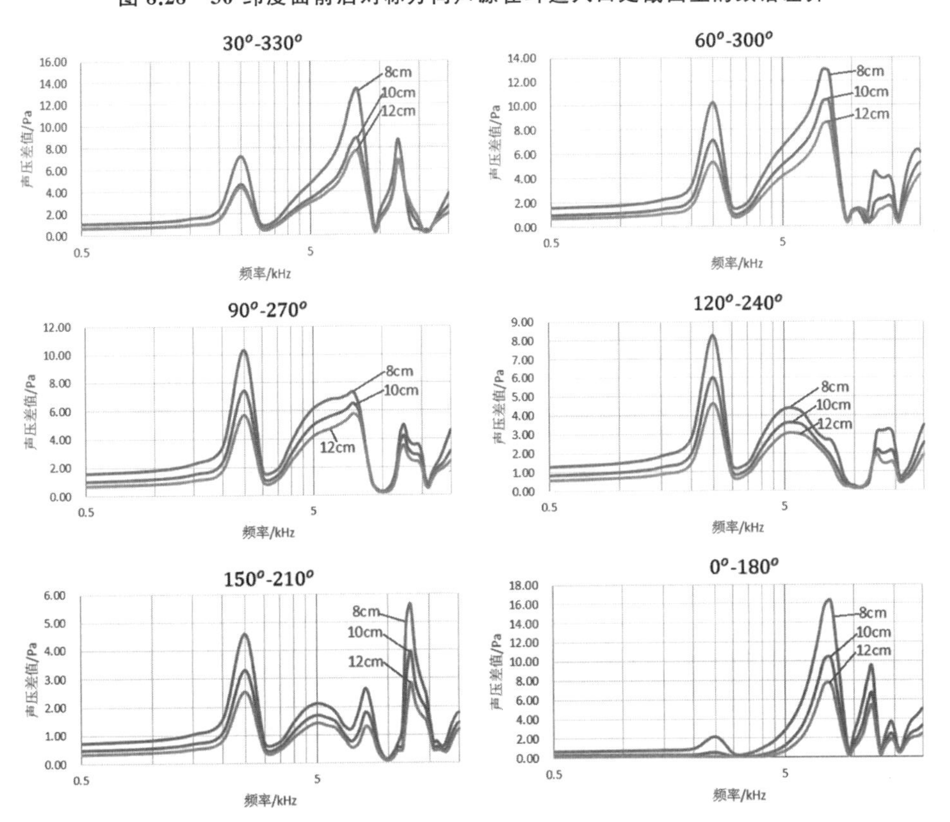

图 8.29　45°纬度面前后对称方向声源在耳道入口处截面上的频谱差异

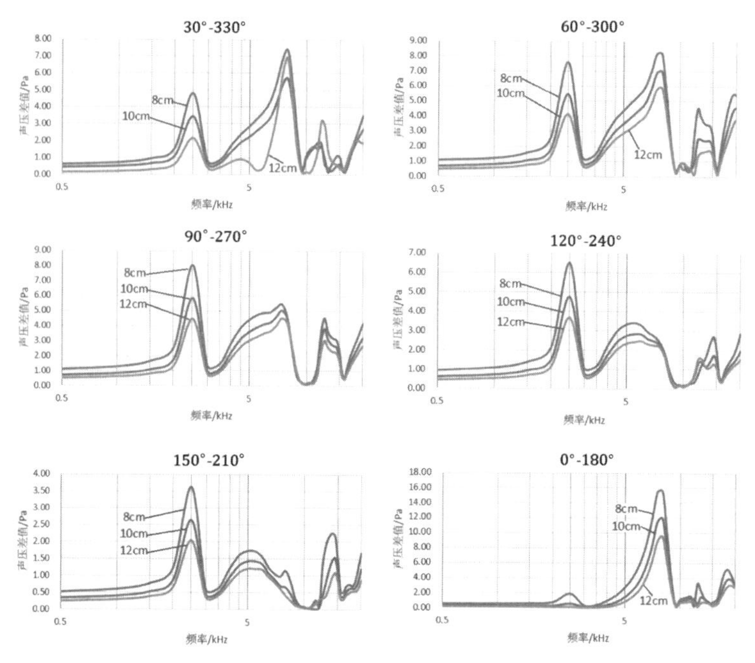

图 8.30　60°纬度面前后对称方向声源在耳道入口处截面上的频谱差异

8.3.2　辐射单元布放纬度的选取

为了确定耳机单元布放哪个纬度上，对比了声源在直径为 8cm 的半球面上不同纬度时，前后镜像对称声源在耳道入口处截面上的频谱差异。由于在设计耳机时，0°纬度面在物理上不可实现，因此仅对比 30°、45°和 60°三个纬度面，实验结果见图 8.31。

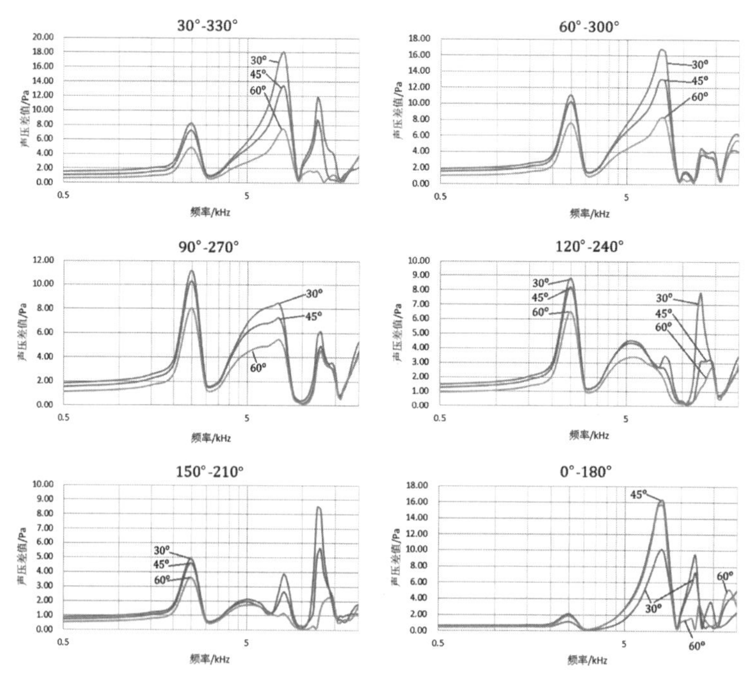

图 8.31　不同纬度面上前后对称方向声源在耳道入口处截面上的频谱差异

由图8.31可知，除0°与180°方向外，在30°纬度面上，前后对称方向声源在耳道入口处截面上的频谱差异最大，因此多通道耳机的单元将布放在直径为8cm的球面、纬度为30°的圆上。

8.3.3　辐射单元布放位置的选取

在直径为8cm的半球面的30°纬度面上，每隔30°设定一个单元布放位置，共12个。通过两两比较声源位于这12个位置时耳道入口处截面上的声压分布模态的差异，选择出几对模态差异显著频段最宽的单元位置，最终确定了三种耳机单元布放方式（图8.32～图8.34）。

(1)单元布放方式Ⅰ

单元布放方式Ⅰ在直径为8cm的半球形耳罩壳体上选取了五个放音位置。图8.32的左上方图为从正右侧看向右耳，发声单元布放位置的投影示意图，中间的圆及曲线表示右耳耳道入口处截面和耳廓，黑色外圈圆弧上各个圆点表示除弧顶位置以外的四个布放单元的位置。第一个放音位置为半球形耳罩壳体的弧顶（在半球面的顶点，理论上应与投影图中的耳道入口重合），这是正入射的方向，与传统耳机的辐射方向一致，也是必须具备的单元位置。其他四个放音位置分别在30°纬度面上的0°、90°、180°和270°方向。图8.32的右上方图则表示30°纬度面四个单元位置之间两两比较，耳道入口处截面声压分布模态差异显著（Pearson相关系数<0.8）的频段，线段总和越长代表差异显著频段越宽。图8.32的下方图为单元布放方式Ⅰ的耳机耳罩部分的实物图，耳罩半球内部内径12mm的透声孔用于布放耳机单元，从这些孔向耳罩外部延伸出去的空心圆柱用于布线。

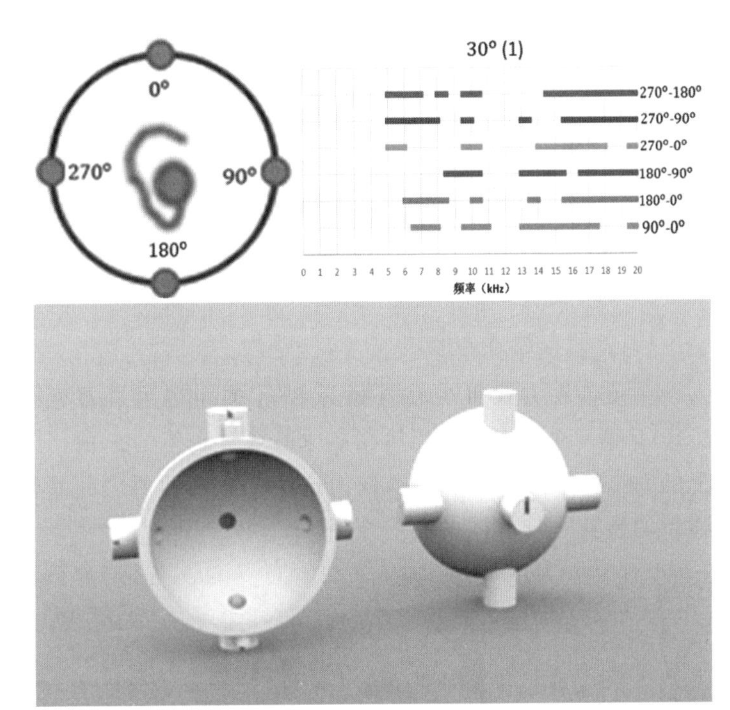

图8.32　耳机单元布放方式Ⅰ

(2)单元布放方式Ⅱ

单元布放方式Ⅱ同样在直径为8cm的半球形耳罩壳体上选取了五个放音位置（见图8.33）。第一个放音位置在半球形耳罩壳体的弧顶，其他四个放音位置分别在30°纬度面上的60°、120°、240°和300°方向，这四个方向两两之间耳道入口处截面声压分布模态差异显著的频段见图8.33的右上方图。

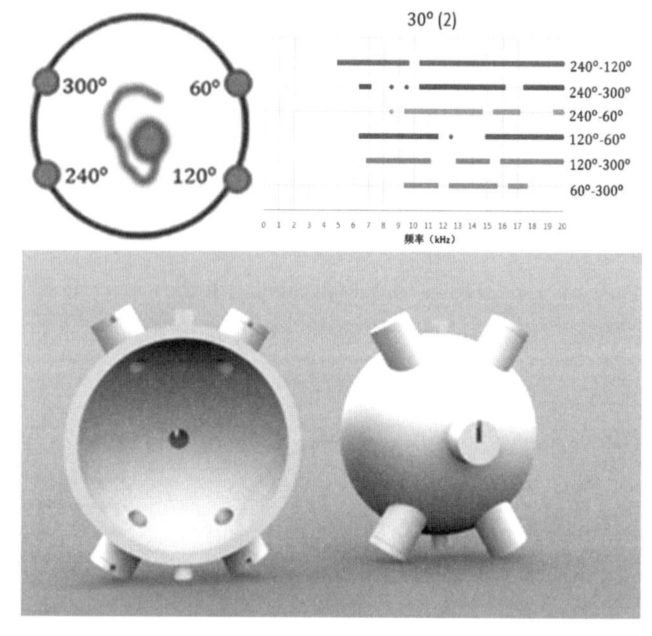

图 8.33 耳机单元布放方式Ⅱ

(3)单元布放方式Ⅲ

单元布放方式Ⅲ也在直径为 8cm 的半球形耳罩壳体上选取了五个放音位置(见图 8.34)。第一个放音位置仍然在半球形耳罩壳体的弧顶,其他四个放音点分别在 30°纬度面上的 60°、150°、210°和 300°方向。这四个方向两两之间耳道入口处截面声压分布模态差异显著的频段见图 8.34 的右上方图。

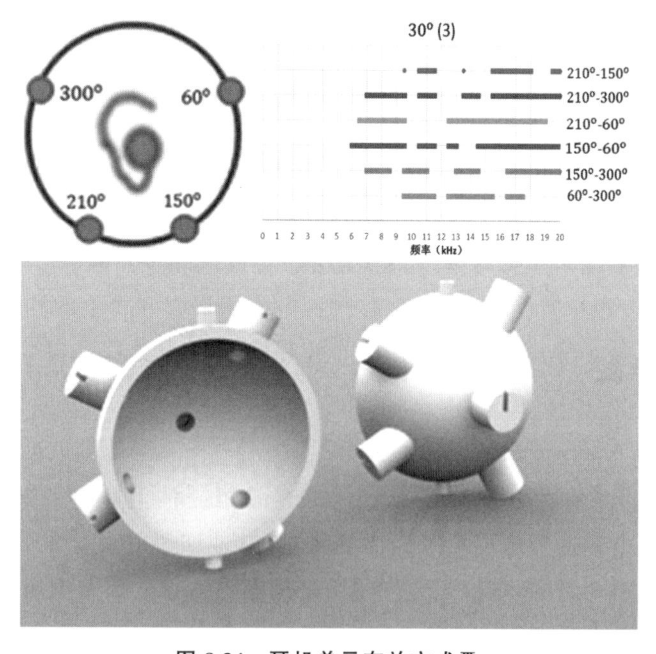

图 8.34 耳机单元布放方式Ⅲ

图 8.35 为多通道三维声耳机的实物图，切换不同的单元布放方式需更换耳罩部分。耳机单元为动圈式，直径为 11mm，频响范围为 12Hz～24kHz，阻抗为 16Ω，灵敏度为 104dB，额定功率为 250mW。各单元主轴均指向半球球心，即耳道入口处中心。

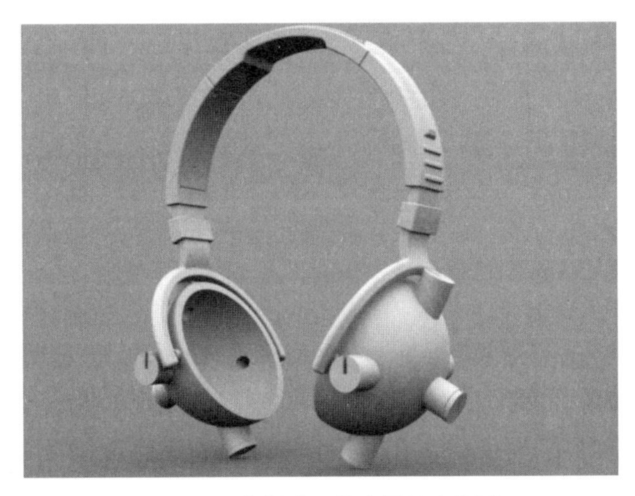

图 8.35　多通道三维声耳机实物图

8.3.4　三种单元布放方式的传输特性分析

不同辐射方向耳机单元的耳机到耳道传输函数 HpTF 会存在差异，并且耳道传输函数 HpTF 测量的重复性对测量结果及耳机重放均衡滤波器的设计有很大影响，因此对每个辐射方向耳机单元的 HpTF 重复测量 20 次，取均值作为最终的 HpTF 测量结果。由于放置于耳罩半球形壳体弧顶的侧向单元与普通耳机的单元辐射方向类似，因此以此单元作为基准，将其他方向单元的 HpTF 与其做比较进行多通道全景声耳机的传输特性分析。由于左右对称，仅对右侧耳罩内的五个单元进行 HpTF 对比分析。由于三种布放方式均设置了五个发声单元，将共同存在的半球形耳罩壳体的弧顶单元称作“右侧侧向单元”；由于其余四个发声单元均位于直径为 8cm 半球的 30°纬度面上，因此仅用图 8.17 中垂直截面上的角度来标记，例如将位于(8cm，30°，0°)方向的单元记作“右 0°单元”。测量使用的人工头模为配有标准耳的声学头模，耳道入口处安装有微缩传声器，测量方法与 8.1.1 节相同，重复佩戴耳机测量 20 次，取平均值。

图 8.36～图 8.38 为三种单元布放方式右侧耳机五个辐射单元的 HpTF 20 次重复测量结果的均值。从图中可以看出三种布放方式中的所有单元的 HpTF 基本都在 200Hz～300Hz 附近出现谱峰(仅 270°单元的第一谱峰位于 500Hz 附近)；在 2kHz 以上频段，侧向单元 HpTF 的峰谷变化较为剧烈，其他方向辐射单元 HpTF 与侧向单元 HpTF 差异较大。耳机辐射单元放置的方位不同，直接导致测量得到的 HpTF 结果存在很大差异，因此在使用耳机进行听音时有必要对耳机-耳道传输函数进行均衡。

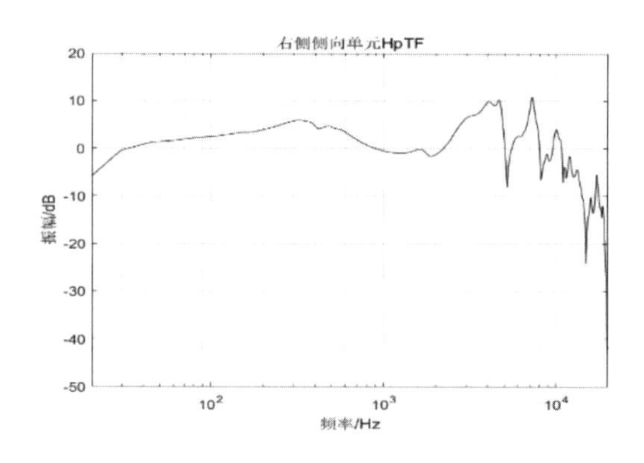

（a）右侧侧向单元 HpTF

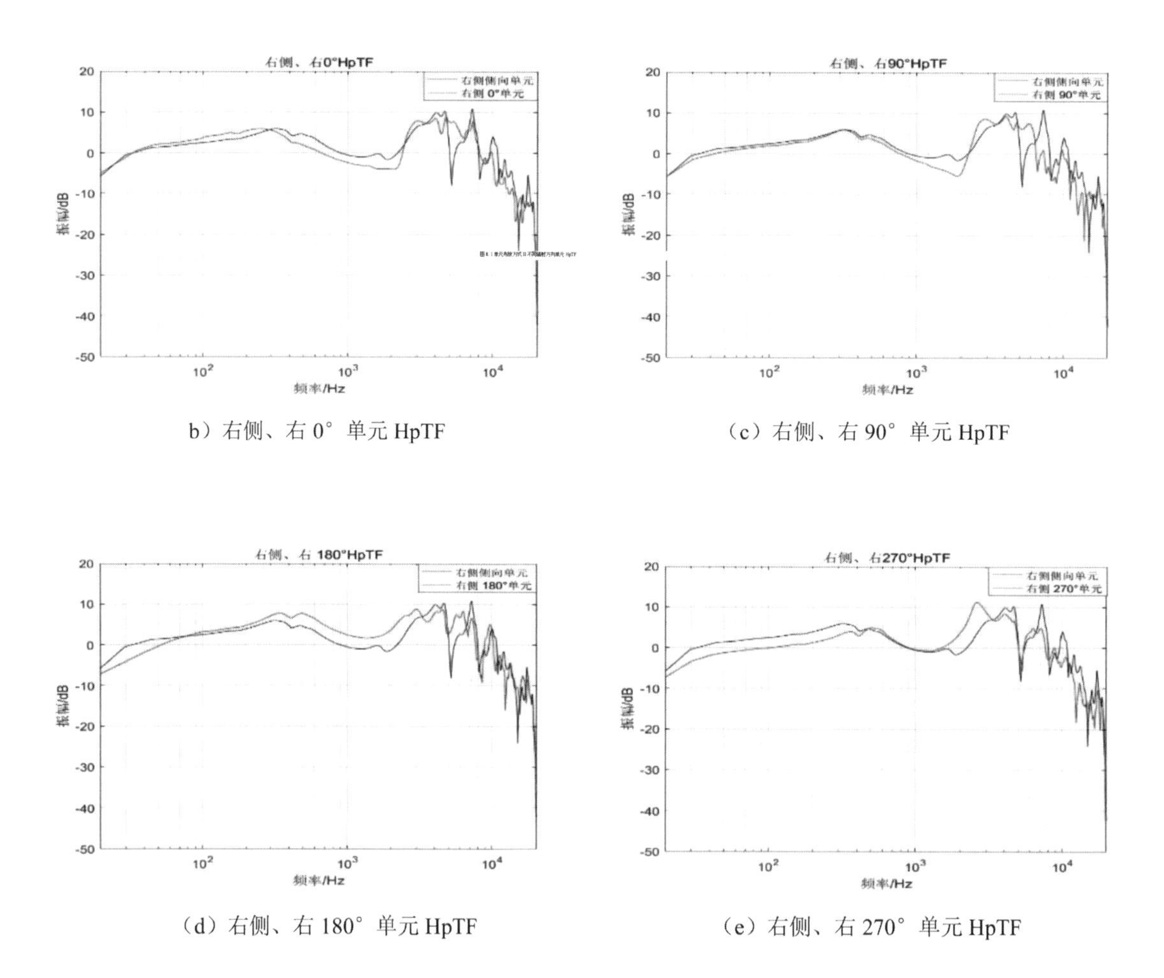

b）右侧、右 0° 单元 HpTF　　（c）右侧、右 90° 单元 HpTF

（d）右侧、右 180° 单元 HpTF　　（e）右侧、右 270° 单元 HpTF

图 8.36　单元布放方式 I 不同辐射方向单元 HpTF

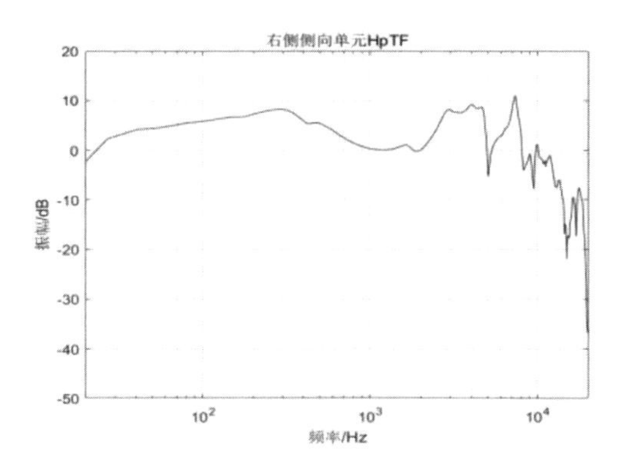

（a）右侧侧向单元 HpTF

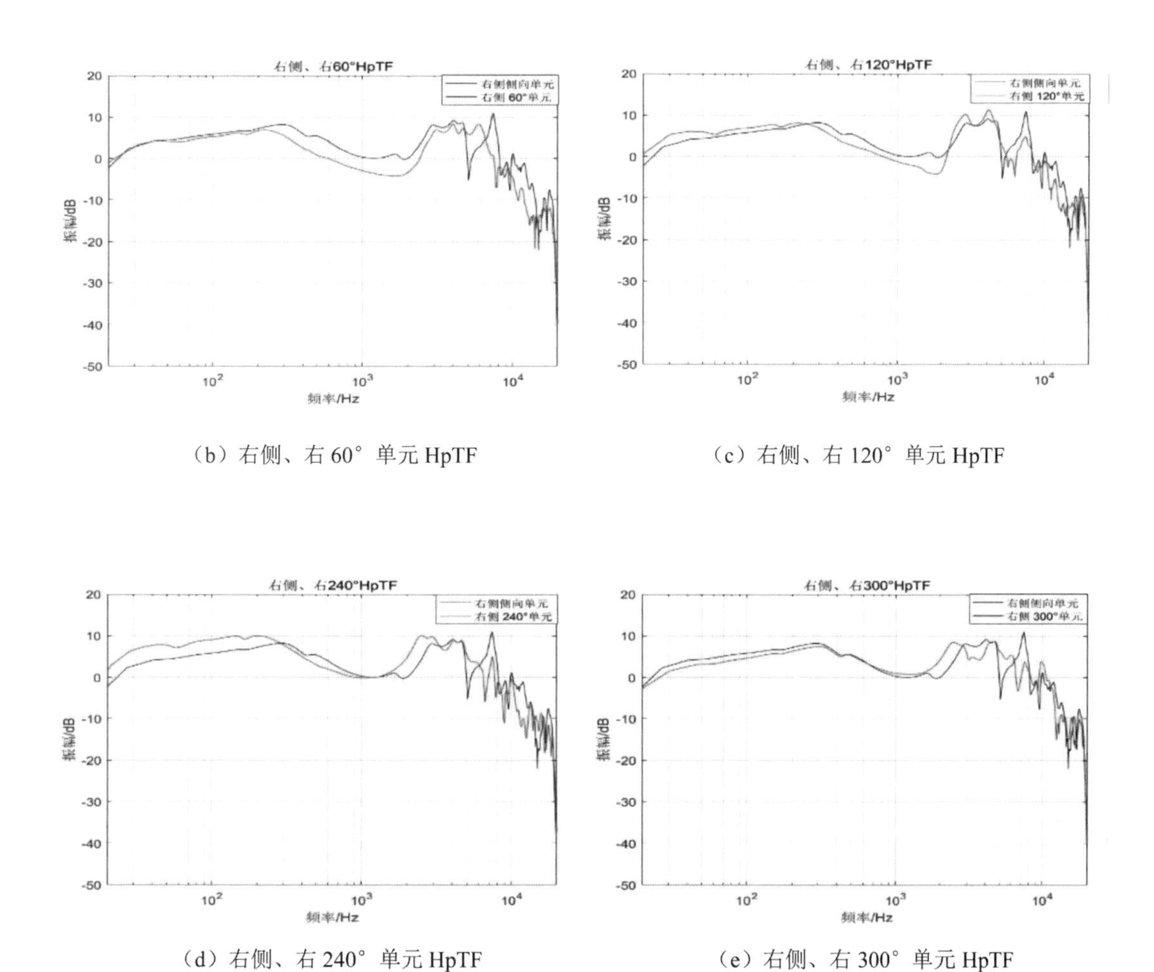

（b）右侧、右 60° 单元 HpTF

（c）右侧、右 120° 单元 HpTF

（d）右侧、右 240° 单元 HpTF

（e）右侧、右 300° 单元 HpTF

图 8.37　单元布放方式Ⅱ不同辐射方向单元 HpTF

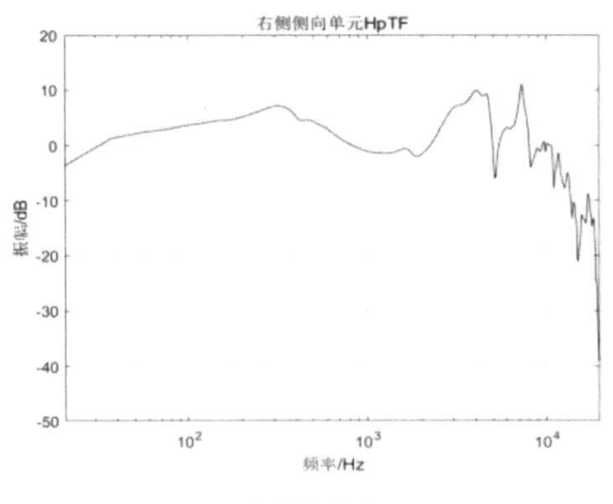

（a）右侧侧向单元 HpTF

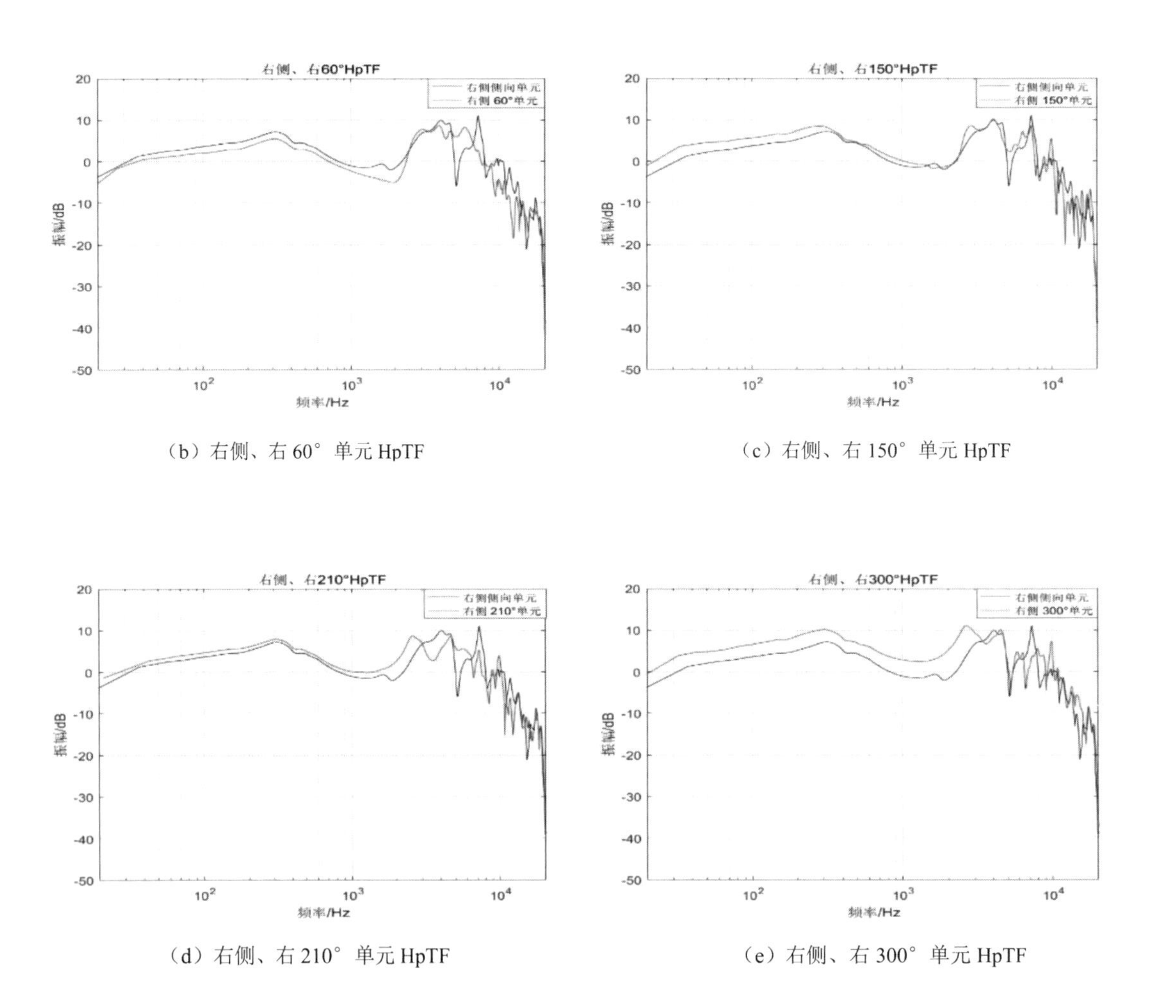

（b）右侧、右 60° 单元 HpTF

（c）右侧、右 150° 单元 HpTF

（d）右侧、右 210° 单元 HpTF

（e）右侧、右 300° 单元 HpTF

图 8.38　单元布放方式Ⅲ不同辐射方向单元 HpTF

8.4　多通道三维声耳机的通道分配方案设计

多通道三维声耳机可用于重放利用双耳技术录制或合成的双耳信号，也可以用于重放各种制式的环绕声、全景声等多种三维声信号源，可针对不同的信号源设计多种通道分配重放方案，对三维声信号源的兼容性很强。本节主要介绍双耳合成信号及五通道环绕声的重放实验方案。

8.4.1　双耳信号重放方案

双耳脉冲响应 BRIR 与干声素材卷积后合成双耳信号。将左、右耳信号分别标记为S_L和S_R，将去除直达声仅保留混响部分(30ms 之后)的 BRIR 再与干声素材进行卷积得到的信号记为S_L'和S_R'，将混响声S_L'和S_R'做延时处理后的信号记作S_L''和S_R''。将分配给多通道三维声耳机左右两个耳罩内 φ 方向单元进行重放的声信号分别记作L_φ和R_φ，将耳罩半球顶侧向单元的重放信号记作$L_{侧}$和$R_{侧}$。下面是几种双耳合成信号的重放方案，需要注意的是各个单元 HpTF 的均衡处理未体现在下面的通道分配公式中。

(1)单元布放方式Ⅰ六通道重放

仅使用单元布放方式Ⅰ中侧向、90°(前方)和 270°(后方)三个辐射方向的单元。使用前方单元重放合成的双耳信号，采用侧向单元重放混响信号，采用后方单元重放经过延迟的混响信号。可同时调整所有通道的增益来控制重放响度。

$$\begin{aligned} &L_{90°}=S_L, R_{90°}=S_R \\ &L_{侧}=S_L', R_{侧}=S_R' \\ &L_{270°}=S_L'', R_{270°}=S_R'' \end{aligned} \tag{8.5}$$

(2)单元布放方式Ⅰ十通道重放

使用单元布放方式Ⅰ中的所有单元。仍然使用前方单元重放合成的双耳信号，混响信号则使用侧向和后方单元重放，延迟的混响由上方和下方单元重放。

$$\begin{aligned} &L_{90°}=S_L, R_{90°}=S_R \\ &L_{侧}=S_L', R_{侧}=S_R' \\ &L_{270°}=S_L', R_{270°}=S_R' \\ &L_{0°}=S_L'', R_{0°}=S_R'' \\ &L_{180°}=S_L'', R_{180°}=S_R'' \end{aligned} \tag{8.6}$$

(3)单元布放方式Ⅱ十通道重放

使用单元布放方式Ⅱ中的所有单元。利用 VBAP 原理将 60°和 120°两个前方单元合成前方 90°方向的虚拟发声点，将 240°和 300°两个后方单元合成后方 270°方向的虚拟发声点。前后两个虚拟发声点的重放信号分别为完整的双耳信号和延时后的混响双耳信号，将去除直达声的混响双耳信号发送给侧向单元。经过计算(计算方法详见 8.1.3)，分配方案如下：

$$
\begin{gathered}
L_{60^\circ}=0.707\ S_L, R_{60^\circ}=0.707\ S_R \\
L_{120^\circ}=0.707\ S_L, R_{120^\circ}=0.707\ S_R \\
L_{侧}=S_L, R_{侧}=S_R{}' \\
L_{240^\circ}=0.707\ S_L{}'', R_{240^\circ}=0.707\ S_L{}'' \\
L_{300^\circ}=0.707\ S_R{}'', R_{300^\circ}=0.707\ S_R{}''
\end{gathered} \tag{8.7}
$$

(4)单元布放方式Ⅲ十通道重放

使用单元布放方式Ⅲ中的所有单元。利用 VBAP 原理将 60°和 150°两个前方单元合成前方 90°方向的虚拟发声点,将 210°和 300°两个后方单元合成后方 270°方向的虚拟发声点。前后两个虚拟发声点的重放信号分别为完整的双耳信号和延时后的混响双耳信号,将去除直达声的混响双耳信号发送给侧向单元。经过计算(计算方法详见 8.1.3),分配方案如下:

$$
\begin{gathered}
L_{60^\circ}=0.907\ S_L, R_{60^\circ}=0.907\ S_R \\
L_{150^\circ}=0.421\ S_L, R_{150^\circ}=0.421\ S_R \\
L_{侧}=S_L{}', R_{侧}=S_R{}' \\
L_{210^\circ}=0.421\ S_L{}'', R_{210^\circ}=0.421\ S_L{}'' \\
L_{300^\circ}=0.907\ S_R{}'', R_{300^\circ}=0.907\ S_R{}''
\end{gathered} \tag{8.8}
$$

8.4.2 五通道环绕声重放方案

将五通道环绕声的通道分别标记为 L(左)、C(中)、R(右)、Ls(左环)和 Rs(右环)。

(1)单元布放方式Ⅰ六通道重放

仅使用单元布放方式Ⅰ中侧向、90°(前方)和 270°(后方)三个辐射方向的单元。左、右侧向单元分别重放信号 L 和 R,左、右 90°方向单元根据正弦法则虚拟生成 C 信号,左、右 270°方向单元分别重放信号 Ls 和 Rs。各通道信号分配方式如下:

$$
\begin{gathered}
L_{侧}=L, R_{侧}=R \\
L_{90^\circ}=0.707C, R_{90^\circ}=0.707C \\
L_{270^\circ}=Ls, R_{270^\circ}=Rs
\end{gathered} \tag{8.9}
$$

(2)单元布放方式Ⅰ十通道重放

使用单元布放方式Ⅰ中的所有单元。左、右 90°(前方)单元分别重放信号 L 和 R,左、右侧向方向根据正弦法则虚拟生成 C 信号,左、右 0°(上方)单元,180°(下方)单元及 270°(后方)单元分别虚拟出 Ls 和 Rs。各通道信号分配方式如下:

$$
\begin{gathered}
L_{90^\circ}=L, R_{90^\circ}=R \\
L_{侧}=0.707C, R_{侧}=0.707C \\
L_{270^\circ}=0.707Ls, R_{270^\circ}=0.707Rs \\
L_{0^\circ}=0.5Ls, R_{0^\circ}=0.5Rs \\
L_{180^\circ}=0.5Ls, R_{180^\circ}=0.5Rs
\end{gathered} \tag{8.10}
$$

(3)单元布放方式Ⅱ十通道重放

使用单元布放方式Ⅱ中的所有单元。利用 VBAP 原理,将左侧 60°和 120°两个前方单元合成前方左侧 90°方向的虚拟 L 信号，将左侧 240°和 300°两个后方单元合成左侧后方 270°方向的虚拟 Ls 信号，同理可以得到右侧通道信号 R 和 Rs。左、右侧向方向根据正弦法则虚拟生成 C 信号。分配方案如下：

$$
\begin{gathered}
L_{60^\circ}=0.707L, R_{60^\circ}=0.707R \\
L_{120^\circ}=0.707L, R_{120^\circ}=0.707R \\
L_{侧}=0.707C, R_{侧}=0.707C \\
L_{240^\circ}=0.707Ls, R_{240^\circ}=0.707Rs \\
L_{300^\circ}=0.707Ls, R_{300^\circ}=0.707Rs
\end{gathered} \tag{8.11}
$$

(4)单元布放方式Ⅲ十通道重放

使用单元布放方式Ⅱ中的所有单元。利用 VBAP 原理，将左侧 60°和 150°两个前方单元合成前方左侧 90°方向的虚拟 L 信号，将左侧 210°和 300°两个后方单元合成左侧后方 270°方向的虚拟 Ls 信号，同理可以得到右侧通道信号 R 和 Rs。左、右侧向方向根据正弦法则虚拟生成 C 信号。分配方案如下：

$$
\begin{gathered}
L_{60^\circ}=0.907L, R_{60^\circ}=0.907R \\
L_{150^\circ}=0.421L, R_{150^\circ}=0.421R \\
L_{侧}=0.707C, R_{侧}=0.707C \\
L_{210^\circ}=0.421Ls, R_{210^\circ}=0.421Rs \\
L_{300^\circ}=0.907Ls, R_{300^\circ}=0.907Rs
\end{gathered} \tag{8.12}
$$

8.5　多通道三维声耳机的听感效果评测

进行主观听音实验，对 8.4 节中设计的通道分配方案进行听感效果评测。

8.5.1　双耳信号重放评测

(1)双耳信号的合成

干信号素材选择了在消声室录制的洞箫、大提琴和竖琴演奏的音乐片段，分别表示为 $S_{洞箫}$、$S_{大提琴}$ 和 $S_{竖琴}$。BRIR 通过使用 ODEON 软件对波士顿音乐厅进行仿真建模得到(图 8.39)，点 P_3 为声源所在位置，与三个听音位置点基本在同一垂直平面上，仿真时接收点头部均面向 P_3 位置。共选取了混响半径内(点 2)、混响半径上(点 3)、混响半径外(点 4)三种 BRIR，分别表示为 $BRIR_{内}$、$BRIR_{上}$ 和 $BRIR_{外}$，三个测点位置略偏离房间的中垂线。

将干信号素材与 BRIR 卷积即可得到双耳信号 S_L 和 S_R，截取 30ms 以后的 BRIR 与干信号卷积即得到混响双耳信号 S_L' 和 S_R'，将混响信号做延时即得到 S_L'' 和 S_R''。再依次按照 8.4.1 节的不同重放方案对上述信号做通道分配，用相应的耳机进行重放。

定义了两个评测指标：声像外化及空间感。共选取 14 名具有听音训练背景的研究生作为被试。

(2)声像外化评测

声像外化的程度对于评价耳机重放效果来说是非常重要的评价指标，采用了五级系列

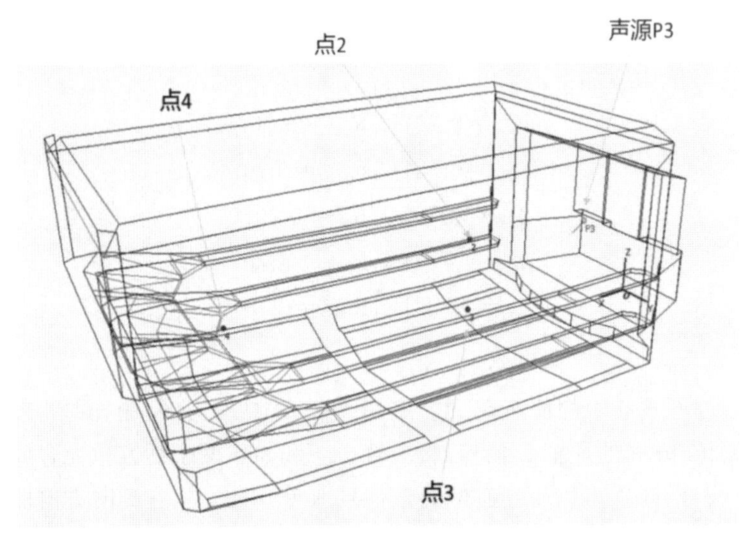

图 8.39 ODEON 建模

范畴法[9][10]，被试需要判断声像的位置，在“头内”“头皮”“头外较近”“头外中等”和“头外较远”五个范畴内迫选其一。

为了与普通立体声耳机的听音效果进行对比，选择了一款监听级别的入耳式立体声耳机，左、右声道分别直接播放合成的完整双耳信号S_L和S_R。另外，还将干信号素材作为干扰项，在立体声耳机重放方案中，左、右声道直接播放未做任何处理的干信号原始素材；在多声道三维声耳机重放方案中，将未做处理的干信号直接用左、右耳罩壳体顶部的侧方单元播放。控制所有重放方案的响度使其保持基本一致。

图 8.40(a)给出了各种实验信号在实验结果图中的标记样式，图(b)～(f)给出了不同耳机重放方式声像外化的实验结果。从图(b)中可以看出，用普通立体声耳机重放的未经处理的实验干声信号基本集中在“头内”和“头皮”范畴，与 BRIR 卷积后声像外化效果有一定提升，但仍然集中在“头外较近”位置。图(c)～(f)是使用多通道耳机重放音乐厅信号的实验结果，未经处理的实验干声信号基本集中在“头皮”范畴，加入音乐厅效果的信号随着听音位置与声源之间距离的增加，声像外化的效果呈现增强趋势，混响半径内的音乐信号位于“头外较近”位置；单元布放方式Ⅰ六通道重放混响半径上、混响半径外音乐信号可以达到“头外中等”和“头外较远”位置；单元布放方式Ⅰ十通道重放、单元布放方式Ⅱ十通道重放、单元布放方式Ⅲ十通道重放混响半径上、混响半径外音乐信号主要集中在“头外较近”与“头外中等”位置。与普通立体声耳机相比，使用多通道耳机重放声源信号时，可以增强声像外化的效果，单元布放方式Ⅰ六通道重放双耳信号的声像外化效果最佳。

● 洞箫　▲ 大提琴　■ 竖琴

● 1 $S_{洞箫}$干声　▲ 5 $S_{大提琴}$干声　■ 9 $S_{竖琴}$干声

● 2 $S_{洞箫} * BRIR_{内}$　▲ 6 $S_{大提琴} * BRIR_{内}$　■ 10 $S_{竖琴} * BRIR_{内}$

● 3 $S_{洞箫} * BRIR_{上}$　▲ 7 $S_{大提琴} * BRIR_{上}$　■ 11 $S_{竖琴} * BRIR_{上}$

● 4 $S_{洞箫} * BRIR_{外}$　▲ 8 $S_{大提琴} * BRIR_{外}$　■ 12 $S_{竖琴} * BRIR_{外}$

（a）信号标记

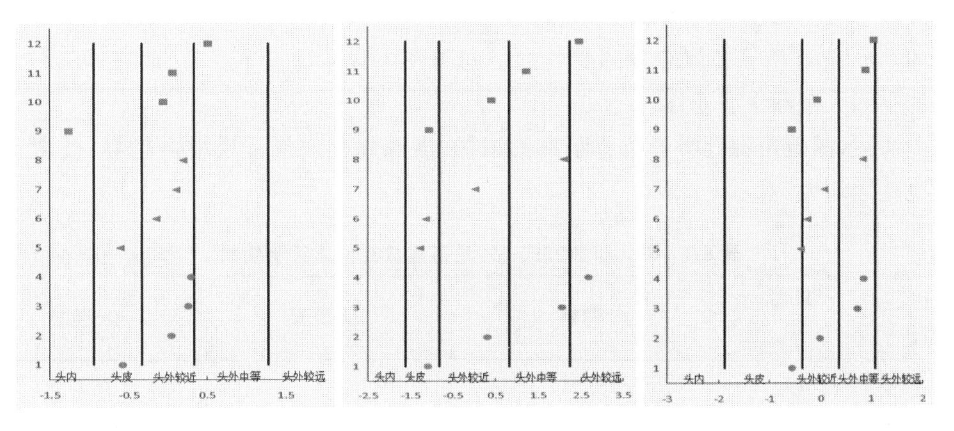

（b）普通立体声耳机重放　（c）单元布放方式 I 六通道重放（d）单元布放方式 I 十通道重放

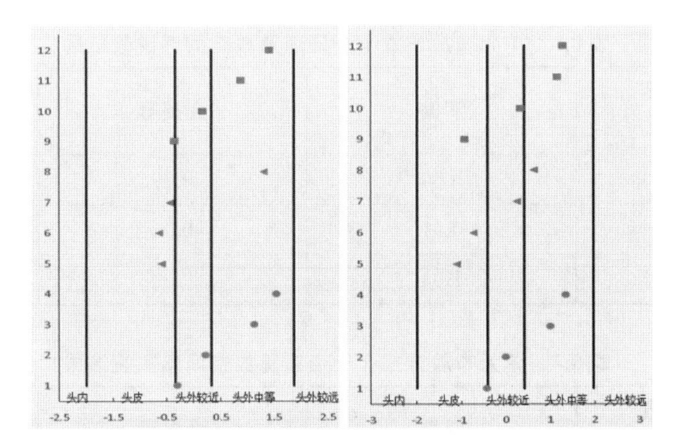

（e）单元布放方式 II 十通道重放（f）单元布放方式 III 十通道重放

图 8.40　声像外化评测结果

(3)空间感评测

图 8.41 波士顿音乐厅实景

空间感是衡量重放信号对声场还原程度的重要指标，在这里采用尺度估计法[9][10]，让被试以波士顿音乐厅的实景照片(图 8.41)为参考，判断所听信号营造出的空间大小是图片中空间的几倍。

表 8.2～表 8.5 给出了各个乐器在仿真位置点 2(混响半径内)、点 3(混响半径上)、点 4(混响半径外)处的主观空间感的心理尺度值。综合观察所有实验结果可知，在听音位置点 2 感受到的空间约为图中音乐厅的 0.8 倍，在听音位置点 3 感受到的空间与图中音乐厅基本一致，而在听音位置点 4 感受到的空间大于图中音乐厅。

综上所述，随着声源到听音位置距离的增加，声像外化效果呈现增强趋势，被试感受到的空间也随之增大。

表 8.2 单元布放方式 I 六通道重放空间感实验结果

位置 \ 乐器	洞箫	大提琴	竖琴
点 2(混响半径内)	0.67	0.81	0.76
点 3(混响半径上)	0.79	1.04	0.91
点 4(混响半径外)	1.31	1.19	1.22

表 8.3 单元布放方式 I 十通道重放空间感实验结果

位置 \ 乐器	洞箫	大提琴	竖琴
点 2(混响半径内)	0.80	0.79	0.81
点 3(混响半径上)	0.91	0.95	1.04
点 4(混响半径外)	1.04	0.99	1.05

表 8.4 单元布放方式 II 十通道重放空间感实验结果

位置 \ 乐器	洞箫	大提琴	竖琴
点 2(混响半径内)	0.81	0.81	0.71
点 3(混响半径上)	1.02	0.99	0.90
点 4(混响半径外)	1.32	1.21	1.19

表 8.5　单元布放方式Ⅲ十通道重放空间感实验结果

位置＼乐器	洞箫	大提琴	竖琴
点 2(混响半径内)	0.83	0.86	0.90
点 3(混响半径上)	1.06	0.99	1.01
点 4(混响半径外)	1.35	1.27	1.19

8.5.2　五通道环绕声重放评测

(1)实验信号的制作

选取了六个 5.1 环绕声电影片段，LFE 通道未使用。

A.《速度与激情》。场景为在街道上四个赛车手飙车，音效主要为人声、马达声、赛车疾驰声。

B.《十面埋伏》。场景为鼓、乐的演奏，音效主要为古典民族乐团与鼓声的合奏。

C.《绿巨人》。场景为绿巨人被直升机追击，音效主要为炮弹飞行声、直升机飞行声、炸弹爆炸声。

D.《蜘蛛侠与绿魔》。场景为超级英雄与反派战斗，音效主要为人群嘶喊声、飞行器的飞行声、爆炸声。

E.杜比公司做的自然环境声，主要音效为水声、鸟鸣声、雨声等。

F.《蜘蛛侠与章鱼博士》。场景为在疾驰火车上蜘蛛侠和反派大战，主要音效为嘶喊声、火车疾驰声、蜘蛛侠飞行声。

在实验过程中，播放音频信号的同时播放同步的视频图像。实验方法采用系列范畴法[9][10]，定义了两个评价指标：声像外化和动效逼真感。被试与 8.5.1 节双耳信号评测实验完全相同。实验也加入了与普通立体声耳机的对比。按照将五通道环绕声信号直接用立体声耳机重放的计算公式，则左、右通道的重放信号S_L和S_R可写成：

$$\begin{aligned} S_L &= L + 0.707C + Ls \\ S_R &= R + 0.707C + Rs \end{aligned} \tag{8.13}$$

(2)声像外化评测

声像外化评测的实验过程与 8.5.1 节双耳信号评测中声像外化实验一致，采用五级系列范畴法，被试需要判断某一个电影片段在整体听感上声像存在的位置，从“头内”“头皮”“头外较近”“头外中等”和“头外较远”五个范畴中迫选其一。

图 8.42 给出了采用不同方案重放五通道环绕声的声像外化评测结果。图(a)是使用普通立体声的实验结果，其中五段电影声源集中在“头皮”位置，仅有一段声源集中在“头皮较近”位置。图(b)～(e)是使用多通道耳机重放五通道环绕声信号的实验结果，单元布放方式Ⅰ六通道重放、单元布放方式Ⅰ十通道重放、单元布放方式Ⅱ十通道重放时，声像主要位于“头外较近”位置；单元布放方式Ⅲ十通道的声像外化效果最佳，有三段电影声源位于“头外中等”位置，两段电影声源位于“头外较近”位置。与普通立体声耳机相比，单元布放方式Ⅲ十通道耳机重放五通道电影环绕声信号时，声像外化效果有很大提升。

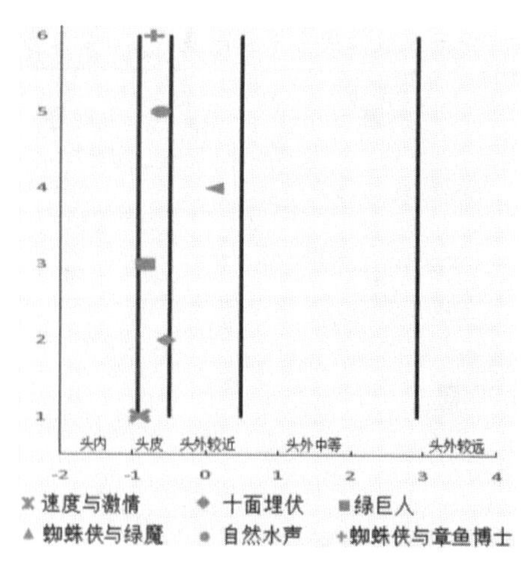

(a) 普通立体声耳机重放

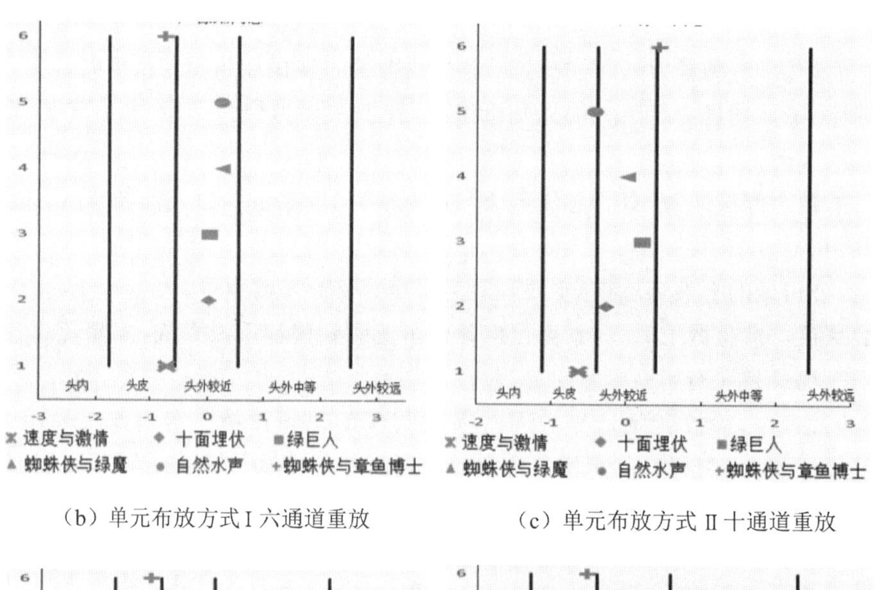

(b) 单元布放方式Ⅰ六通道重放　(c) 单元布放方式Ⅱ十通道重放

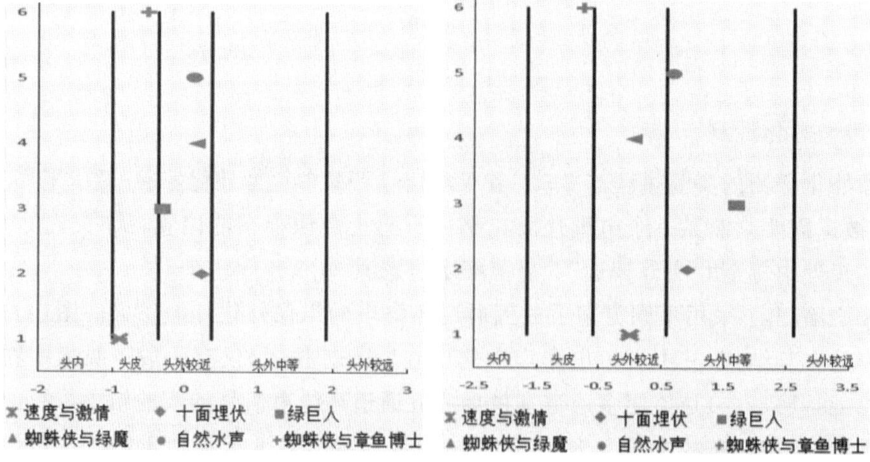

(d) 单元布放方式 Ⅲ 十通道重放　(e) 单元布放方式 Ⅲ 十通道重放

图 8.42　声像距离感实验结果

(3)动效逼真感评测

多通道三维声耳机的设计目标是采用耳机重放五通道环绕声电影片段也能获得与听取扬声器重放相同的效果。因此采用动效逼真感来评价所听到的电影片段在整体听感上能否较好地还原动效场景，是否有类似在影院观影时的真实感。真实感的程度采用五级范畴，即“很差”“较差”“一般”“较好”和“很好”，迫选其一。

图 8.43 给出了采用不同方案重放五通道环绕声的动效逼真感实验结果。图(a)是使用普通立体声耳机的实验结果，六个片段的动效逼真感评测结果均在“一般”范畴。图(b)～(e)是使用多通道耳机重放五通道电影环绕声信号的实验结果，采用单元布放方式Ⅱ十通道重放时，有三部电影声源的动效逼真感位于“一般”范畴，单元布放方式Ⅰ六通道、单元布放方式Ⅰ十通道、单元布放方式Ⅲ十通道的动效逼真感评测结果都在“较好”范畴。因此使用多通道耳机单元布放方式Ⅰ与单元布放方式Ⅲ在重放五通道电影环绕声时，均可以较好地还原出环绕声电影中的动效场景。

综合双耳信号和五通道环绕声重放的评测结果可知，多通道耳机在声像外化效果和动效逼真感方面都优于普通立体声耳机效果；对于双耳信号可以选择单元布放方式Ⅰ六通道

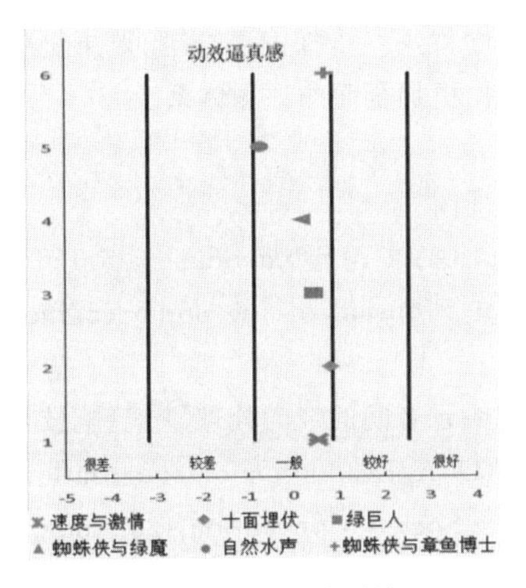

(a) 普通立体声耳机重放

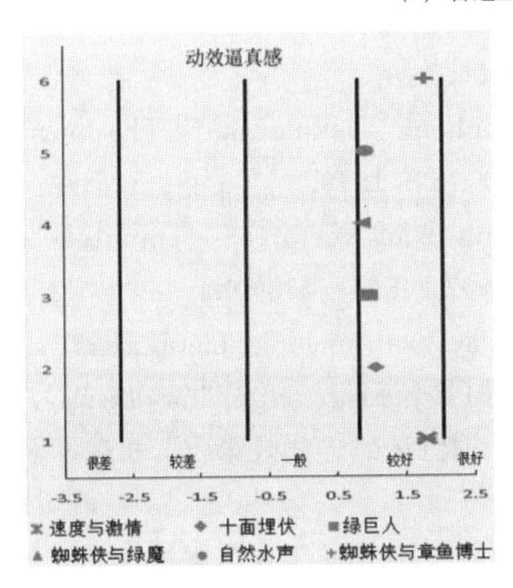

(b) 单元布放方式I六通道重放

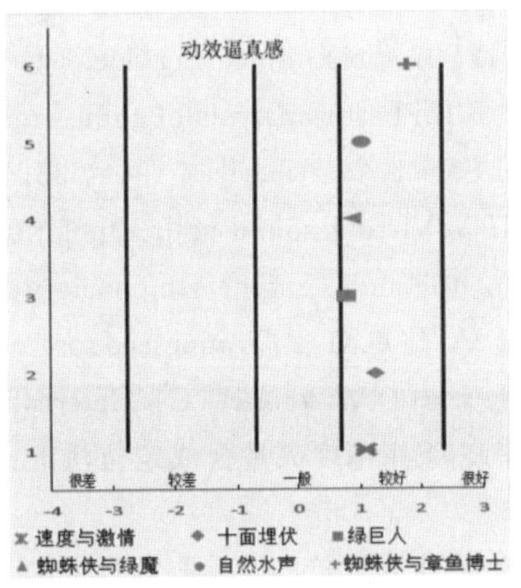

(c) 单元布放方式I十通道重放

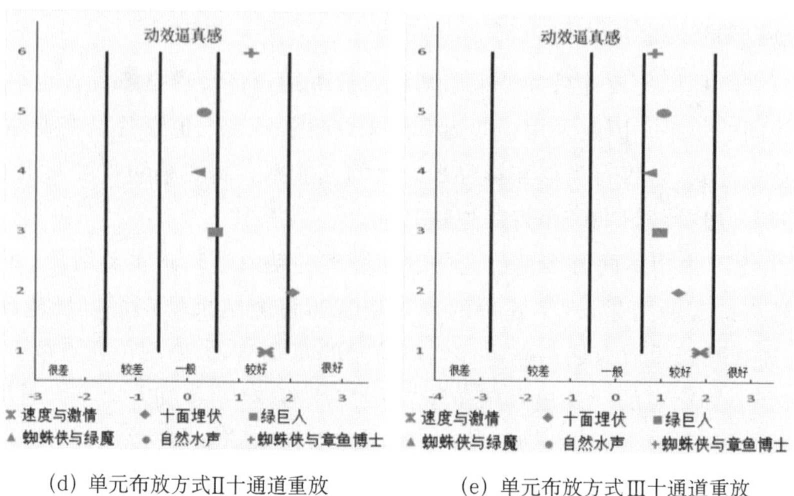

(d) 单元布放方式Ⅱ十通道重放　　(e) 单元布放方式Ⅲ十通道重放

图 8.43　动效逼真感评测结果

重放，对于五通道电影环绕声则适宜选择单元布放方式Ⅲ十通道重放。

值得注意的是，8.4 和 8.5 节给出的方案和评测体系仍处于摸索尝试阶段，当前得到的为阶段性成果，在后续工作中将进一步探索更合理、效果更佳的通道分配方式，拓展更多制式信号源的重放方案，并推出更加全面的评测体系。

参考文献

[1]SUNDER K, TAN E L, GAN W S.Individualization of binaural synthesis using frontal projection headphones[J].Journal of the audio engineering society, 2013, 61(12): 989-1000.

[2]赵凤杰，石蓓.简易短混响录音间的声学处理[J].音响技术，2005 (5):22-24.

[3]SCHÄRER Z, LINDAU A. Evaluation of equalization methods for binaural signals [C]//Audio Engineering Society Convention 126.Audio Engineering Society, 2009.

[4]BOUCHARD M, NORCROSS S G, SOULODRE G A.Inverse filtering design using a minimal-phase target function from regularization[C]//Audio Engineering Society Convention 121.Audio Engineering Society, 2006.

[5]BAUER B B.Phasor analysis of some stereophonic phenomena[J].The Journal of the Acoustical Society of America, 1961, 33(11):1536-1539.

[6]PULKKI V.Virtual sound source positioning using vector base amplitude panning[J]. Journal of the audio engineering society, 1997, 45(6):456-466.

[7]PULKKI V, LOKKI T.Creating auditory displays with multiple loudspeakers using VBAP: A case study with DIVA project [C]//International Conference on Auditory Display, 1998.

[8]黄帆，李晓峰.用幅度矢量合成定位法改进 HRTF 的定位效果[J].电声技术，2007, 31 (1):36-38.

[9]孟子厚.音质主观评价的实验心理学方法[M].北京:国防工业出版社，2008.

[10]朱滢.实验心理学[M].北京:北京大学出版社，2014.

第 9 章　基于 HRTF 的听感效果分析与实验*

头相关传输函数 HRTF(Head-Related Transfer Function)内包含声波从声源发出到达双耳的过程中所受到的头部、耳廓、躯干等生理结构的散射和反射作用,其中含有各种声源定位的因素,包括双耳时间差、双耳强度差、谱因素等[1]。HRTF 的时域为头相关脉冲响应 HRIR(Head-Related Impulse Response),因此除了利用真人头部或人工头进行双耳录音直接获得双耳信号以外,也可以通过事先提取真人头部或人工头模的 HRIR,将其与声源信号进行卷积获得相应的双耳信号。用这种方式合成的双耳信号,声源内容与它的空间信息是分离独立存在的,声源信号只负责提供声音内容,方向、距离、空间感则由卷积的 HRIR 决定,因此可以通过一些算法改变 HRTF 来提升双耳信号的空间听感效果,且改进后的 HRTF 可以应用于任何声源信号。从这点来说,基于 HRTF 的双耳合成信号相对双耳录音信号来说具有更高的灵活性。本章内容就是采用一些基于 HRTF 的处理算法,来获得更佳声像空间效果的双耳信号,尤其是改善声像混淆与头中效应的问题。

9.1　改善声像混淆与头中效应的研究现状

已有大量研究表明,用耳机听取双耳信号会产生声像混淆与头中效应,即使采用听音者自己头部的个性化 HRTF 也没有完全消除这种现象(见第 5 章),目前有效消除这类问题最有效的方法就是加入动态因素[2][3][4][5]。但动态因素并不适用于所有应用场景,因此探究其他的改善算法也十分重要。

9.1.1　声像混淆改善

声像混淆主要体现在前后和上下镜像方向的声像发生混淆,尤其是前后混淆。目前改善声像混淆的思路大体分为两类:加权法和分频段调节增益法。

(1)加权法

由于耳廓的存在,当只考虑单只耳朵时,来自前方和后方的声音存在着差别,这是由耳廓对声波的反射和衍射作用引起的。事实上,这种反射和衍射作用使 HRTF 频谱随着声源

---

* 本章内容主要来自《基于 HRTF 主成分分析的声学混淆改善算法》,魏晓,中国传媒大学硕士学位论文,2014 年 5 月;《耳机重放下早期反射声对声像方位感知的影响》,梁嫚,中国传媒大学硕士学位论文,2018 年 5 月;《基于头相关传输函数的运动音效模拟与仿真》,赵冬,中国传媒大学硕士学位论文,2018 年 5 月。

方向的变化而产生变化。因此 M. Zhang 等人[6]提出，在频域内对原 HRTF 数据进行加权处理，放大频谱之间的差异，增强耳廓效应，使方位信息更加明显。假设 $H(f)$ 为原 HRTF 数据，$H'(f)$ 为改进后的 HRTF 数据，则有：

$$H'(f)=W(f)H(f) \tag{9.1}$$

$$W(f)=\frac{|H(f)|^m}{(\max\{H(f_i)\})^m} \tag{9.2}$$

其中 $W(f)$ 为权函数，$i=1,\cdots,n$（n 为序列长度），m 为大于 0 的常数（经过计算，0.618 较佳）。显然，$W(f)$ 是 0～1 之间的数，也就是说，$H(f)$ 中突出的频率分量通过 $W(f)$ 加权放大，而不太突出的频率分量就相对地抑制了。通过对不同频率的 HRTF 数据加权，放大了原 HRTF 数据频率间的差异，加强了前后定位信息。

M. Park 等人[7]认为已有的方法有时会使频谱的峰谷过分地放大，没有考虑到对音质的影响，所以他们提出用分段函数来表示加权函数，以避免对音质的影响。

$$HRTF_p'(f)=HRTF_p(f)\times W_p(f) \tag{9.3}$$

$$W_p(f)=\begin{cases}\log_2(2^{DIFF_p(f)}+1), DIFF_p(f)\geq 0\\ 2^{DIFF_p(f)}, DIFF_p(f)<0\end{cases} \tag{9.4}$$

$$DIFF_p(f)=|HRTF_p(f)|-|HRTF_{p\_symm}(f)| \tag{9.5}$$

其中 $HRTF_p(f)$ 是 p 方向的 HRTF，$HRTF_{p\_symm}(f)$ 是与 p 方向对称方向的 HRTF。这种方法，可以将频率曲线的改变程度降到最低，防止频带内的突变，使频谱成分的变化与邻近的频谱峰谷的变化相一致，防止音质劣化。

K. Koo[8]提出一种基于心理声学临界频带的方法来进行频率特性修正。

$$HRTF_a'(f_z,i)=HRTF_a(f_z,i)\times rate_a(z,i), 0\leqslant z\leqslant Z-1 \tag{9.6}$$

$$rate_a(z,i)=\frac{exci\_e_a(z,i)}{exci\_e_b(z,i)} \tag{9.7}$$

其中，f_z 是每个临界频带的中心频率，a 是声音的方向，b 是与 a 相对应的、易混淆的方向。$exci\_e_a(z,i)$ 是每个临界频带内的听觉刺激能量，是由 $HRTF_a$ 的临界频带能量与可感知的能量传播函数卷积得到的，可感知的能量传播函数是指在内耳基底膜上显示出的信号能量扩散。

张璐和李晓峰[9]研究了 HRTF 加权算法对前后定位的改善，提出一种基于 SRS 原理，通过加强后方声源的屏蔽效果来改善 HRTF 前后定位的算法。图 9.1 为 SRS 原理图。

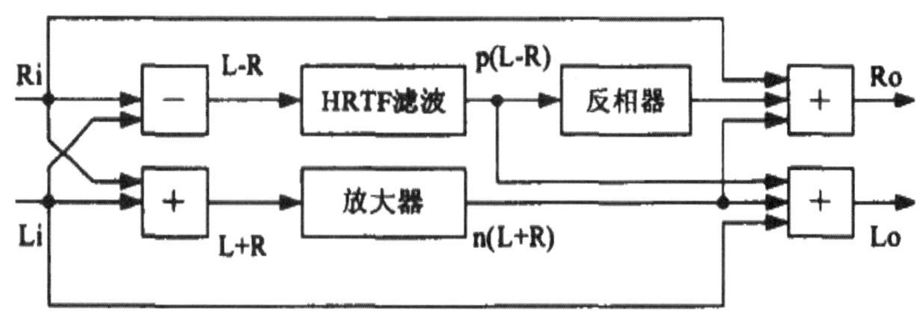

图 9.1　SRS 原理图

$$\begin{cases} L_0 = (L_i + R_i)n + L_i + (L_i - R_i) * p \\ R_0 = (L_i + R_i)n + R_i + (R_i - L_i) * p \end{cases} \tag{9.8}$$

SRS 原理是对从普通立体声中提取的环境信息做 HRTF 滤波处理，再输出给双扬声器重放以提高三维空间感的算法。其中，L_0 和 R_0 表示输出的左右声道，L_i 和 R_i 表示输入的左右声道，n 为一个放大因子，p 为通过的 HRTF 滤波过程。SRS 认为 $(L_i + R_i)$ 主要含有立体声的中置音部分，而 $(R_i - L_i)$ 以及 $(L_i - R_i)$ 主要含有声音的环境音部分。

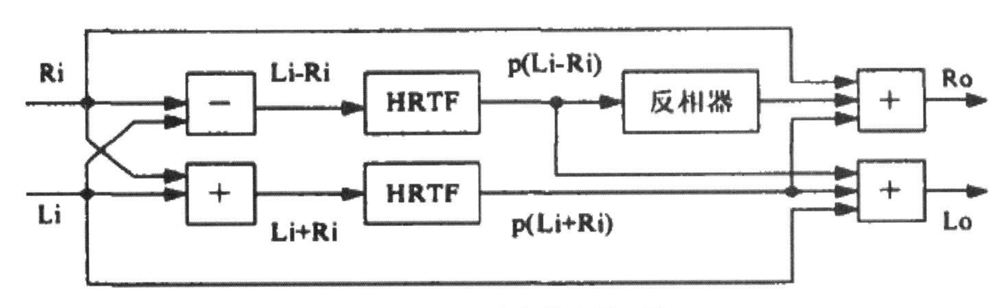

图 9.2　SRS 改良算法原理图

$$\begin{cases} L_0 = (L_i + R_i) * pl + L_i + (L_i - R_i) * pl \\ R_0 = (L_i + R_i) * pr + R_i + (R_i - L_i) * pr \end{cases} \tag{9.9}$$

而 SRS 改良算法则是仿照 SRS 理论对双耳信号进行改进(图 9.2)。设 L_i 和 R_i 为单声道声源经过 HRTF 处理后得到的两通道双耳信号。当声源位置发生变化时，即 pl 和 pr 发生变化时，$(L_i + R_i) * pr$ 以及 $(L_i + R_i) * pl$ 在声源处于中置位置时达到最大值，随着声源向左/右移动，总音量逐渐减小，而 $(R_i - L_i)$ 以及 $(L_i - R_i)$ 则正好相反。可以认为 HRTF 本身就是根据声源的不同方位对声音的某些频段进行放大或缩小，所以在通过了中置位置的 HRTF 滤波处理以后，中置音部分可以得到最大的放大效果，而随着声源的左右移动，HRTF 滤波器也随着方位的改变而改变，中置音部分当然会自然地衰减；同时，左右部分的环境音会得到加强，这两部分正好达到互补。

(2)分段调节增益法

Blauert[10] 的实验证明 280Hz～560Hz 和 2.9kHz～5.8kHz 频段的声音更易定位在前方，720Hz～1.8kHz 和 10.3kHz～14.9kHz 频段的声音更易定位在后方。

Myers[11] 在 Blauert 结论的基础上，按照频率对定位的影响将整个频段分成四个频段：A(200Hz～682Hz)、B(682Hz～2069Hz)、C(2069Hz～6279Hz)和 D(6279Hz～22050Hz)。将频段 A 和频段 C 进行提升，同时将频段 B 和 D 进行降低，此时声音更容易定位在前方；相反，将频段 A 和频段 C 进行降低，同时将频段 B 和 D 进行提升，此时声音更容易定位在后方。

Tan 和 Gan[12] 接着 Myers 的工作，将频段 D 拆分成两段，用 D 和 E 表示：A(225Hz～680Hz)、B(680Hz～2000Hz)、C(2000Hz～6300Hz)、D(6300Hz～10900Hz)、E(10900Hz～22000Hz)。对于前方声音将频段 A、C 和 E 提升 12dB，同时将频段 B 和 D 下降 12dB，对于后方声音做相反操作。一共 10 个被试，产生前后混淆的人数从 8 人降到 4 人。

而 So[13] 将 HRTF 分成六个频段：A(170Hz～680Hz)、B(680Hz～2400Hz)、C(2400Hz～6300Hz)、D(6300Hz～10300Hz)、E(10300Hz～14900Hz)和 F(14900Hz～22000Hz)，分别

调整每个频段的幅值。实验结果指出，当声源在前方 0°、45°和 315°时，使频段 A 或 C 或 F 提升 12dB，或者将 B 或 E 下降 12dB；当声源在后方 135°、180°和 225°时，使频段 B 或 E 提升 12dB，或者将频段 A 或 C 或 F 下降 12dB，可以使定位正确率提高 51%～57%，前后混淆率降低 50%～69%。

9.1.2　头中效应改善

为改善耳机重放时存在的头中定位现象，很多学者进行了相关研究，除了采用个性化 HRTF 及加入头部跟踪的动态因素等方法之外，还有许多研究表明环境反射声对“头中声像”问题的改善是非常重要的。Yuan 等人[14]建立了一个实时双耳声像渲染系统，模拟了实验环境中的早期反射声、后期混响以及由距离、空气和墙壁吸收所引起的延迟和衰减等。实验采用白噪声、男生语音、女生语音信号。研究发现二阶早期反射声比后期混响更能改善头中定位的问题；当早期反射声和后期混响共同作用时，声像头部外化效果得到显著改善。Begault 等人[15]研究发现，在非个性化 HRTF 合成信号中加入计算机模拟得到的室内空间反射声，可以很好地改善耳机重放时头中定位的问题，但是会降低方向定位的准确率。伍玉叶等人[16]也侧重研究单次早期反射声对侧向声源的距离定位影响，反射声可以改善感知距离的双耳因素和 HRTF 频谱结构，有助于把声像拉出头外，并且产生较好的距离感。Barron[17]在实验中发现反射声的声压级过大或者延时过短就会造成声像漂移或者染色效应，只有在 5～80ms 内的反射声是有益的，有足够的侧向反射声能量时才有空间感的良好效果。Durrer[18]研究指出离散反射声的声级与直达声相比其衰减小于 32.2dB 时，该离散反射声对距离感知起作用。Boris 等人[19]在研究早期反射声对双耳线索的影响时，发现反射声尤其是过早的反射声，例如地面反射，在一定程度上会造成定位困难，并基于真实的头模和反射面衍射模型，修正了反射声与直达声干涉的频率函数，提升了定位的准确率。

Catic 等人[20]研究了在混响环境中，单耳线索和双耳线索对语音定位感知的影响。实验采用个性化的 BRIRS，并对 BRIRS 中的双耳线索和单耳线索的比例进行修改。实验发现，当保留直达声中的双耳线索时，单耳混响线索足以使侧向声源外化；对于前方声源，需要增加反射声中的双耳线索声像才能使外化效果显著。Völk 等人[21]分别在消声室和有反射的环境中对人工头以及真人的 HRIR 进行测量并合成虚拟双耳信号。研究发现，与人工头的 HRIRs 相比，真人的 HRIRs 中有更详细的频谱信息，反射环境的混响声可以增加声源感知的距离，对改善头中定位问题有很大帮助。张承云等人[22]也通过增加混响改善了 HRTF 合成信号的头中定位问题，令声像产生深度感。

胡红梅等人[23]利用个性化房间脉冲来改善“头中声像”问题，将个性化的头相关传递函数引入声像法求双耳房间脉冲响应，并通过主观听感实验对其效果进行评价。实验结果表明，使用个性化双耳房间脉冲响应不仅对“头中声像”问题有所改善，还将定位精度提高了 13%左右。Brookes 等人[24]认为，双耳信号卷积过程中使用的人工头相关传递函数如果是左右对称的可能会加剧头中定位问题，使用不对称的耳廓可以显著改善头外定位。

Udesen 等人[25]研究了视觉信息对于声像定位的影响，让被试处于三种不同的听音环境，三种听音环境唯一改变的参数是实验期间的视觉刺激。研究发现，当实验环境与房间视觉印象相匹配时，声像头部外化效果较好，因此声像外化效果不仅依赖于声学刺激，还依赖于声源所在房间的视觉印象。

Sunder 等人[26]研究了耳机辐射单元位置的改变对听感定位的影响。实验表明，对于前方声源来说，前向耳机辐射单元的定位准确率比常规的侧向辐射耳机提高了 46.3%。

综上所述，有众多学者对减少声像混淆和头中效应做了不懈的尝试。虽然听感效果均有一定程度的改善，但与真实自然听音还有一些差距，值得继续探索更佳的改善方法。

9.2　HRTF 主成分分析与重构

由于测量得到的 HRTF 是在频率与空间上的一组离散数据，测量方向越密集，采样频率越高，越逼近真实的连续 HRTF，但与此同时数据量也将剧增，在实际应用中，经常需要实时卷积运算，因此非常有必要对 HRTF 进行数据压缩，并且可以通过一定的算法恢复(或近似恢复)原来的 HRTF。

主成分分析与重构(Principal Components Analysis，PCA)是谱形状基函数线性分解的一种常用压缩方法。它是将具有相关性的数据变换成一个不相关的特征分量的集合，将集合中的分量信息量进行降序排列。主成分降低了含有大量信息数据的维数，同时尽可能多地把数据的变化保留下来。PCA 导出一个低维的基函数子集，用这些基函数计算得到一组权值，这组权值可以反映原始数据在每个基函数上相应的分布。原始数据集的冗余越大，所用基函数的个数就越少。

9.2.1　HRTF 主成分分析

对一组不同方向的 HRTF 进行主成分分析，获取一系列基函数，而每个方向的 HRTF 就可由这些基函数的加权和来表示，各个方向 HRTF 之间的变化就成了相应的权重的变化。权重变化较大的，在 HRTF 中起主要作用，就称为主成分，而其他基函数的权重值随着空间的变化不明显的，在 HRTF 重构分析时可以舍弃。由此，一组数据量很大的 HRTF 就可以简化成几个主成分加权后的和，与此同时主要的成分结构都得到了保留，对 HRTF 性质的影响很小[1][27]。由此，任意方向的 HRTF 可以分解为谱形状基函数的线性组合，并通过统计方法选择较少数量的谱形状基函数代表 HRTF 的主要能量变化。对 HRTF 进行主成分分析与重构已经有相当成熟的原理和应用[1][28][29][30]，因此这里仅对主成分分析及重构的原理进行简要说明。

HRTF 是一个多变量函数，各变量对 HRTF 的谱形状的特征贡献不清晰，而且一组完整的 HRTF 数据量很大。如果对 HRTF 进行基函数分解，则可把各变量之间的相关性消除，从而简化 HRTF 的数据量。为了方便运算，在远场情况下可以将 HRTF 看作方向变量和频率的连续函数，且可以被分解为一系列基函数的线性组合，HRTF 可以分解成：

$$H(\theta,f)=\sum_{q} d_q(f)\, w_q(\theta) \tag{9.10}$$

这里只用一个变量 θ 来表示空间方向变量(实际上是水平方位角 θ 和俯仰角 φ 的函数)。可以将$d_q(f)$看成一系列代表 HRTF 谱形状特征的基函数，与声源方向无关。由此 $H(\theta,f)$ 可分解为一系列的谱形状基函数的线性组合。$w_q(\theta)$ 是与频率无关只与声源方向有关的权重函数，又称为权重系数。

将 M 个方向的 HRTF 对数幅度谱看作 M 个列向量，对频率进行 N 点离散化后，谱形状基函数$d_q(f)$可以用有限个 $N\times1$ 谱形状基函数表示，这样 M 个方位角的 HRTF 数据就可以被看成一个 N 行 M 列的矩阵：

$$[H_{\log}]_{N\times M}=[H_{\log}(\theta_0)],[H_{\log}(\theta_1)],\cdots,[H_{\log}(\theta_{M-1})]$$
$$=\begin{bmatrix} H_{\log}(\theta_0,f_0)\ H_{\log}(\theta_1,f_0)\cdots H_{\log}(\theta_{M-1},f_0) \\ H_{\log}(\theta_0,f_1)\ H_{\log}(\theta_1,f_1)\cdots H_{\log}(\theta_{M-1},f_1) \\ \vdots \\ H_{\log}(\theta_0,f_{N-1})\ H_{\log}(\theta_1,f_{N-1})\cdots H_{\log}(\theta_{M-1},f_{N-1}) \end{bmatrix} \tag{9.11}$$

每一列$H_{\log}(\theta_i)$可以被分解为：

$$H_{\log}(\theta_i)=\sum_q d_q w_q(\theta_i)+H_{av}\quad i=0,2,\cdots(M-1) \tag{9.12}$$

其中，

$$H_{av}=\frac{1}{M}\sum_{i=1}^{M}H_{\log}(\theta_i) \tag{9.13}$$

是 $N\times1$ 的列向量，为各方向$H_{\log}(\theta_i)$的平均值，是 HRTF 对数幅度谱中与方向无关的部分。

若将谱形状基函数按照其对 HRTF 的贡献大小排序，仅保留前 $Q(Q<N)$个最重要的谱形状基函数，就可以在一定误差允许范围内简化和压缩数据。M 个方向的 HRTF 对数幅度谱就可以近似分解为 Q 个谱形状基函数的权重组合：

$$\hat{H}_{\log}(\theta_i)\approx\sum_{q=1}^{Q}d_q w_q(\theta_i)+H_{av}\quad i=0,1,\cdots(M-1) \tag{9.14}$$

当 Q 取值越大时，上式的准确程度越高，但是数据量相应也越大。通常用百分比 η 来衡量 Q 个谱形状基函数代表的 HRTF 对数能量谱的比例，即：

$$\eta=\sum|H_q(\theta_i)|^2/\sum|H(\theta_i)|^2 \tag{9.15}$$

在实际应用中，希望能用最小的数据量来简化数据，但同时不能过多舍弃准确度，所以要在准确度和数据量之间找到平衡点。

9.2.2 重构 HRTF 与原始 HRTF 幅度谱的对比分析

采用声学头模 HRIR 水平面数据库，包括水平方位角 0°到 355°之间（$\theta=0°\sim355°$）每隔 5°，一共 72 对（$M=72$）数据，对 HRIR 做离散傅里叶变换得到频域 HRTF 数据。由于 HRTF 在低频衰减很快，数据不准确，所以对 200Hz 以下的 HRTF 数据进行修正补偿。由第 2 章的实验结果可知，对于不同结构的头模选取前三个基函数的时候，能量比重都达到 97.5%以上，基本可以代表原始的 HRTF 能量信息。因此用主成分分析法重构出 $Q=3$ 的 HRTF，并将它的对数幅度谱与原始的 HRTF 的对数幅度谱进行对比。下面选取其中有代表性的角度的 HRTF 进行说明，分别是 0°（正前方）、90°（异侧耳处）和 270°（同侧耳处）。

图 9.3～图 9.5 分别给出了当声源位于几个有代表性的角度时，声学头模右耳原始 HRTF 对数幅度谱与重构 $Q=3$ 时 HRTF 对数幅度谱的比较图。当三张图对应的声源角

度分别为 0°(正前方)、90°(异侧耳处)和 270°(同侧耳处)时,整体看来,无论声源位于哪个方向,当 $Q=3$ 时,重构的 HRTF 与原始的 HRTF 趋势基本一致,重构的 HRTF 都能较为完整地还原出 HRTF 的谱特征信息。

当声源在正前方时(图 9.3),重构的 HRTF 在峰值上略低于原始值,谷点频率也略有差距。

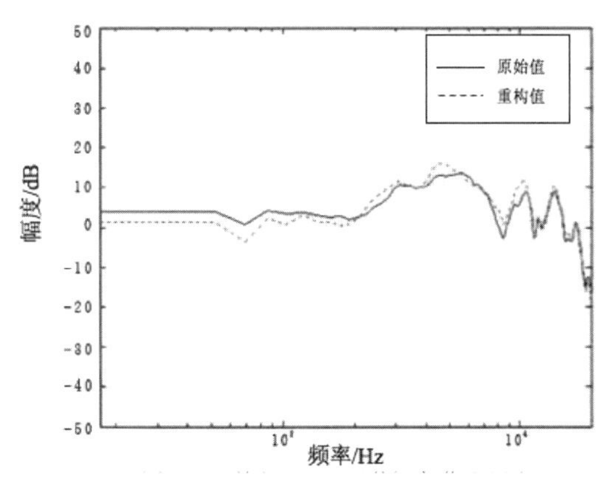

图 9.3　正前方 HRTF 对数幅度谱对比图

当声源和耳朵位于同侧时(图 9.4),重构的效果最好,较为完整地还原了 HRTF 幅度谱中的峰值、谷值及其对应的频率。根据前人的研究和实验可知,HRTF 幅度谱上的峰、谷值及其对应的频率对声像定位有着十分重要的影响。

当声源在异侧耳时(图 9.5),重构 HRTF 与原始的差距较大。重构时会丢失 HRTF 的谷点信息。声源发出的声波经过不同的传播路径绕射到异侧耳,因此异侧耳的 HRTF 是不同路径声波经过叠加干涉后的结果,这也导致其比同侧耳的幅度谱更加复杂多变。但是,之前的不少研究都表明,异侧耳 HRTF 的信息在双耳听觉定位中占的比重比同侧耳小很多[31]。

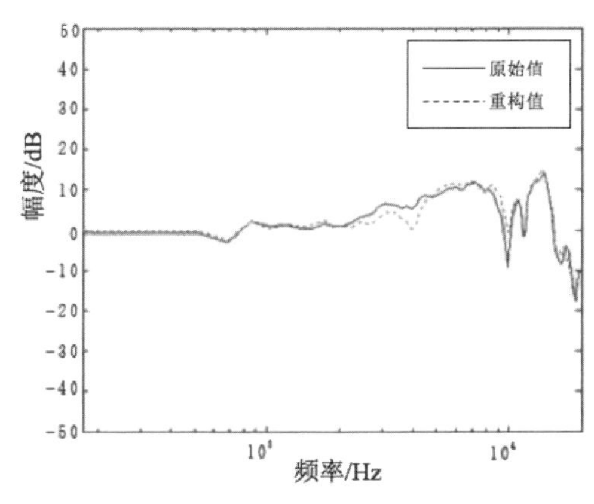

图 9.4　同侧耳处 HRTF 对数幅度谱对比图

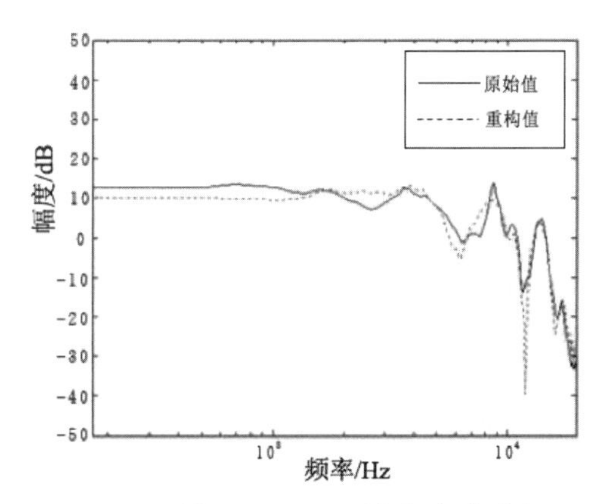

图 9.5　异侧耳处 HRTF 对数幅度谱对比图

9.2.3　重构 HRTF 的听感效果分析

对 HRTF 进行各种处理的最终目的是在主观上提升空间听感效果,因此重构后 HRTF 的效果必须经过听感的检验。虽然 $Q=3$ 时,重构的 HRTF 与原始的 HRTF 幅度谱基本一致,但不代表听感上不可察觉。因此通过主观听感实验,来比较当 Q 取不同值时 HRTF 在听感上的还原程度,并确定 Q 的合理取值。

首先通过主成分分析重构出 $Q=3$、$Q=5$ 和 $Q=7$ 的 HRTF 对数幅度谱,求出相应的最小相位谱,然后由频域相关法求出线性延迟[28][29][32][33]。根据公式得到复数 HRTF,再通过傅里叶反变换得到重构后的 HRIR。用白噪声与原始的 HRIR 和重构的 HRIR 进行卷积。

选取12个水平方位角(0°～330°,以30°为间隔)的HRIR进行实验,共36个实验信号,按随机次序播放,每个信号时长1s,间隔0.5s。采用监听级别入耳式耳塞进行信号重放。选取10名音频专业研究生作为被试,男女各半,他们都有听音训练的经验,年龄为22～25岁。被试需判断所听信号的声像角度,12个方向迫选其一。若某个信号没有判断清楚,允许重听。

图9.6给出了Q取不同值时不同声源角度的声像方向定位正确率。由该图可以看出,$Q=3$时,与原始信号相比,大多数方位角的正确率都有不同程度的下降;当$Q=5$时,也有类似情况;当$Q=7$时,大多数方位角的方向定位正确率与原始信号最为接近。

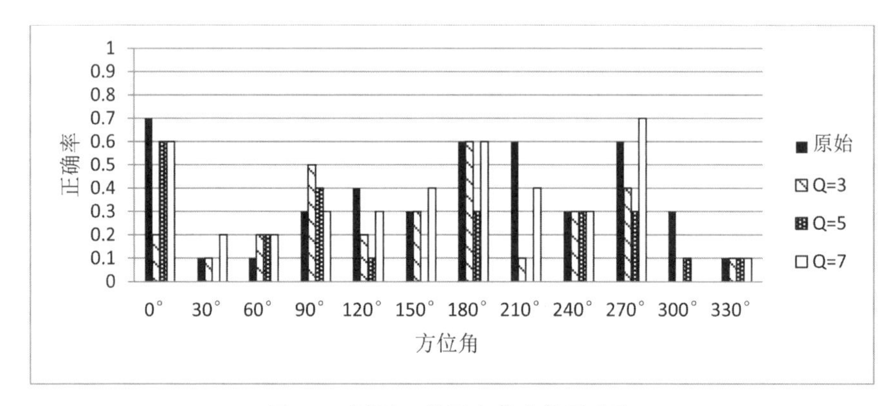

图9.6 不同Q值下声像定位正确率

从图9.7水平面所有方向的平均定位正确率来看,$Q=7$时的正确率与原始值最为接近,可以认为重构所造成的能量的丢失对主观听感影响不大,可以忽略。这与之前的KEMAR数据库的研究类似[29]。

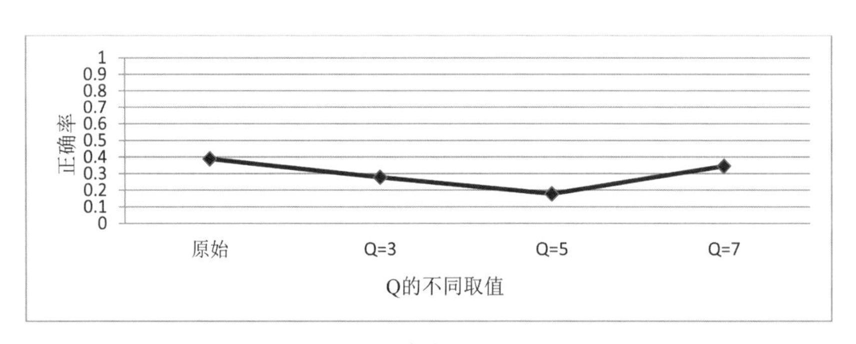

图9.7 不同Q值下声像定位平均正确率对比

由图9.7所有方向的平均定位正确率来看,$Q=3$和$Q=5$时的正确率比原始定位效果要略差一些。这也证明当Q取值过小时,能量比重小,对声像定位正确率是有影响的。当$Q=7$时,定位特性与采用完整的HRTF的情况几乎一样。

Kistler和Wightman在对KEMAR人工头的数据进行分析时,证明了前五个谱形状基函数构成了HRTF对数幅度谱变化的大约90%[28]。通过心理学实验对比定位效果,结果表明当采用5个谱形状基函数代表个性化HRTF时,准确率与原始HRTF一样。当$Q<5$时,定位效果变差,出现前后、上下混乱的情况,这与本文的结果略有差距。这与HRTF的

数据库的选择和实验方法都有一定的关系。

根据以上分析可以认为，当 $Q=7$ 时的重构 HRTF 声像定位的正确率与原始的 HRTF 差距不大，可以代替原始 HRTF。该结论与文献[29]中的结果也是一致的。因此，在之后的算法实验和分析中，均采用 $Q=7$ 时重构的 HRTF 代替原始的 HRTF。

9.3　主成分权重系数对声像定位的影响

头部、耳廓等结构对声波的散射作用会导致各种不同的 HRTF 的谱特征，通过对大量 HRTF 进行分析发现，定位能力较强的受试者，他们的 HRTF 在幅度谱前后的差异、峰值、谷值以及其对应的频率等方面都有明显的特点。因此，对于非个性化的 HRTF，人为地对 HRTF 进行改变，使其更偏向于“较优”的 HRTF 谱特征，应该可以取得更好的声像定位效果。而 PCA 方法作为一种可实现 HRTF 降维、压缩数据量的成熟方法，在对 HRTF 进行主成分分析重构时，通过调节权重系数可以很方便地实现频域均衡处理，寻找最优的权重系数调节方式，使其能达到较优的 HRTF 的谱特征。

根据 HRTF 主成分分析原理，如果基函数 $d_q(f)$ 是确定的，$H(\theta,f)$ 就完全由权重系数 $w_q(\theta)$ 确定。每个方向的 HRTF 就可以由确定的基函数加权后的和来表示，使每个方向的 HRTF 之间的关系简化成相应的权重系数变化，对于主成分而言，就是指其基函数所对应的权重系数随方向变化较大的部分。因此，可以通过调节权重系数来得到不同的 HRTF，对 HRTF 进行个性化的处理[34][35]。希望通过调节权重系数，扩大 HRTF 中对前方和后方声像判断起作用的频谱差异，继而实现改善前后声像混淆的目的。

9.3.1　增加前方 HRTF 的基函数权重

对前半水平面各个方向的 HRTF 进行人为修正，提升前方 HRTF 的基函数权重，可使前后方向的 HRTF 幅度谱的差异拉大，有可能改善声像前后混淆的现象。

选取 $Q=7$ 时重构的 HRTF 代替完整的 HRTF 进行实验。对于重构的信号，提升 7 个（0°、30°、60°、90°、270°、300°和 330°）位于被试前方的 HRTF 的基函数权重，即对 7 个方向的信号所对应的 $w_q(\theta)$ 进行提升，调节值分别选取增加 0dB、3dB、6dB、9dB。后方 HRTF 的权重系数保持不变，放入实验中主要是做一个听觉上的参考。将白噪声与所有 HRTF 进行卷积得到实验信号。主观听感实验方法及参与实验的被试与 9.2.3 节一致。在进行实验结果分析时，为便于观察比较，将左右对称方向的数据做了平均。

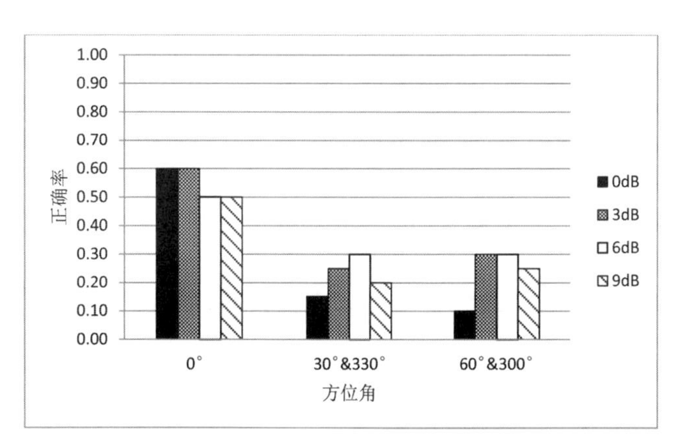

图 9.8　增加前方 HRTF 的基函数权重后的方向定位正确率

图 9.8 为前方 HRTF 的基函数权重采取不同增益时的声像方

向定位正确率。可以看出当权重系数增加 3dB、6dB 和 9dB 时，斜前方的方向定位正确率相比原始 HRTF 均有所提高，正前方 0°的定位效果不是很理想。

从图 9.8 中可以看出，方向定位正确率整体水平偏低，由于声源角度间隔为 30°，被试在强制判断的过程中，可能会在两个相邻角度之间犹豫的时候选择了和正确角度相反的方向，从而判断错误，方向定位正确率降低，但其实判断的方向偏差可能只有 15°。因此定义了一个更宽泛的正确率，称之为声像范围正确率，即当某个方位的信号被判断成与之左右紧邻的方位角时，也认为其是正确的。例如，30°的信号被被试判为 0°或者 60°，也认为结果是正确的。虽然被试没有完全正确地判断出信号的方位角，但是声像的定位范围依旧是正确的。在实际应用中，很多时候也并非需要完全正确的定位角度，声像的大致范围准确就可以了。所以，声像范围正确率在一定程度上也可以反映声像的定位效果。

图 9.9 表示前半水平面的 HRTF 基函数权重系数调节取不同值时的声像范围正确率。可以看出，当权重系数增加 3dB 和 6dB 时，除 0°以外，其余前方方向的声像范围正确率都有所提高，6dB 的提升效果最好；9dB 时没有提升效果，反而降低了声像范围正确率。

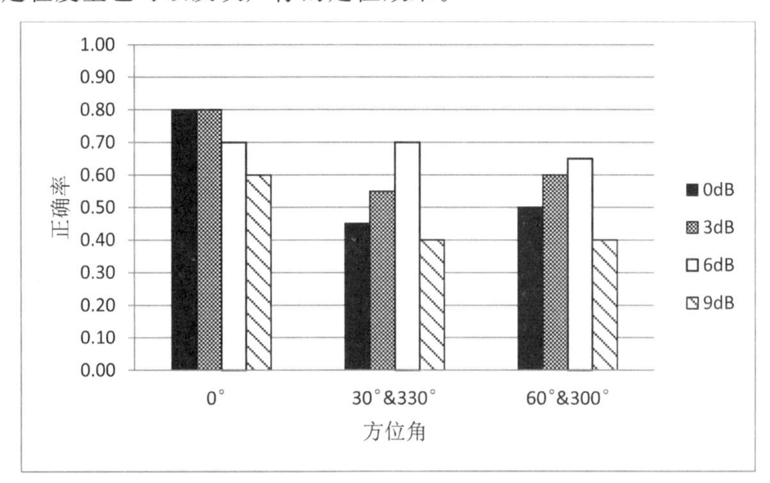

图 9.9 增加前方 HRTF 的基函数权重后的声像范围正确率

图 9.10 为对前方 HRTF 的基函数权重进行不同程度提升时，各方向的平均前后声像混淆率。由图可知，提升权重后，前听后的混淆率明显降低，增加 3dB 的效果略好于 6dB，分别比原始 HRTF 降低了 13% 和 12%。可见只要增加权重就能够使前听后的混淆率降低，而降低的程度与权重系数的增益值关系不大。

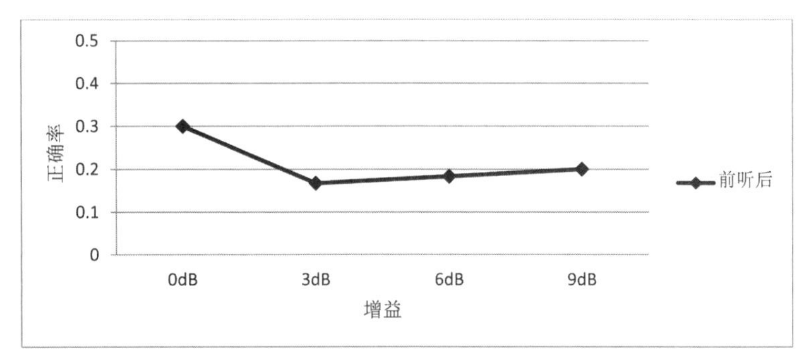

图 9.10 增加前方 HRTF 的基函数权重后的前后混淆率

综合图 9.8～图 9.10 的结果可以得到，使前方 HRTF 的基函数权重增加 3dB 和 6dB 可以改善前方声像的听感定位效果，降低前听后混淆率。

9.3.2 分频带加权调整谱形状基函数

So[13]研究认为，170Hz～680Hz、2.4kHz～6.3kHz和14.9kHz～22.0kHz是对前方声像定位有帮助的频段，6.3kHz～10.3kHz对声像定位没有特别的影响，其他两个则是对后方声像定位有帮助的频段。根据Richard对频率的划分方法，探讨在主成分分析方法中，采用频率加权调整谱形状基函数的权重对听感定位的影响。

采用分频带加权调整谱形状基函数的权重系数，首先选取$Q=7$时重构的HRTF代替完整的HRTF进行实验。在之前对HRTF幅度谱的分析中，根据人耳的听阈上限为20kHz，HRTF的频率上限也选择20kHz，所以舍弃20.0kHz以上的部分。将对前方声像定位有帮助的频段170Hz～680Hz、2.4kHz～6.3kHz和14.9kHz～20.0kHz对应的$w_q(\theta)$进行3dB、6dB、9dB和12dB的提升，其他频率对应的权重系数保持不变，然后用白噪声与调节后的HRTF进行卷积。主观听感实验方法及参与实验的被试与9.2.3节一致。

图9.11和图9.12分别是分频带加权调整谱形状基函数的权重系数后的方向定位正确率及声像范围正确率。当权重系数增加时，除0°方向以外，斜前方的定位效果基本上都比未做调整时有所改善，其中6dB的效果非常显著。当权重系数增益为3dB和6dB时，斜后方的声像范围正确率也有所提高。但是对于正前方0°、正后方180°及正侧方90°&270°，无论权重系数增加多少，声像范围正确率均没有提高，反而下降了，仅当增益为6dB和12dB时90°&270°方向的定位正确率有所提高。当权重系数增益为9dB和12dB时，定位正确率和声像范围正确率均提升不明显，甚至有些方向是明显下降的。这与Richard实验证明的增加12dB时定位效果改善最大有较大的差别。HRTF对应频段幅度谱提升过大，将导致音色发生明显失真，所以过大的增益权值在这里没有讨论。

图9.13为不同权重调节之后各方向的平均前后声像混淆率。从图中可以看出，采用频率加权调整谱形状基函数后，前方声像判断为后方(简称前听后)的错误率有一定降低。除了权重系数增加3dB的情况以外，前听后混淆率均有一定程度的降低；权重系数增加9dB时最低，前听后混淆率比处理前降低了约9%。后听前的错误率，在权重增加3dB和6dB时降低至15%，之后略有上升，但是整体差异不大。

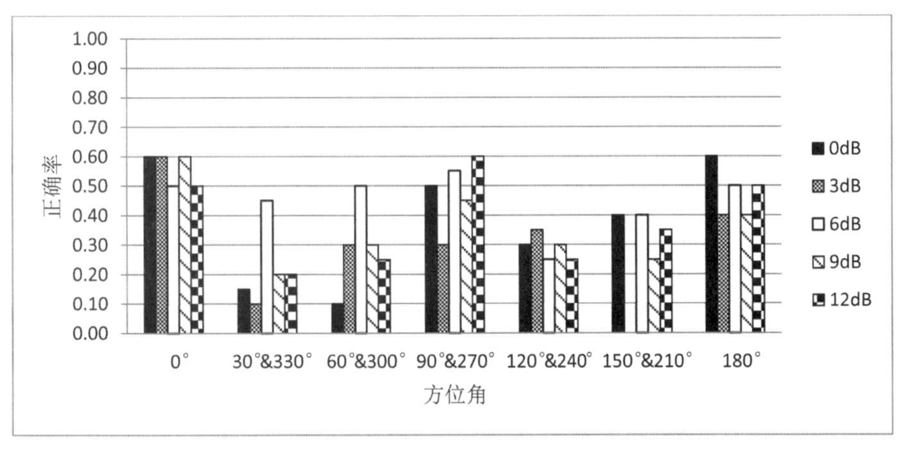

图9.11 分频带加权基函数后的方向定位正确率

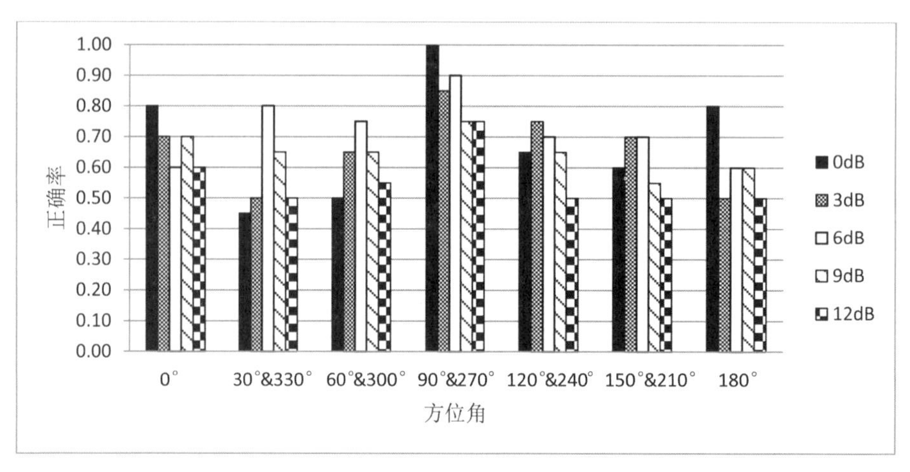

图 9.12　分频带加权基函数后的声像范围正确率

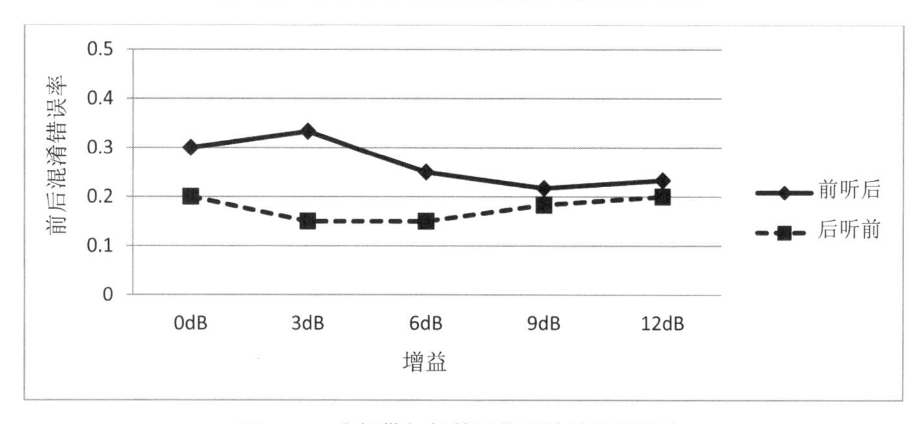

图 9.13　分频带加权基函数后的前后混淆率

9.4　基于特征频段的声像混淆改善算法

上一节的实验结果表明，直接提升前方 HRTF 基函数权重，或是分频段加权调整谱形状基函数，对于水平面方位角的定位能力均有一定程度的提升，特别是对于前半水平面的定位能力。关于需要对哪些频段做处理，前人是根据心理学实验总结出来的。但从物理上分析 HRTF 的谱特征可知，在 HRTF 上存在着诸多前后不对称的信息[36]，若在 HRTF 中夸大这些差异，有可能改善声像定位，特别是前后镜像混淆的问题。

9.4.1　HRTF 指向性分析及特征频段的划分

图 9.14 是将声学头模左耳不同频率下水平面各个方向的 HRTF 幅值用极坐标的形式表示出来的指向性图。按倍频程挑选几个频率的指向性图，次级标题标记的频率为四舍五入的近似频率。图中 0°方向为正前方，90°表示正右方。从图中可以看出，低频时各个方向的幅值差别很小，趋于光滑的圆；随着频率的提高，一些方向上出现凹陷，尤其是当声源处于异侧耳（右侧）时，幅度衰减及凹凸更加明显。以 90°与 270°的方向为分界线，对比前后对称的镜像方向的指向性图，会发现高频时会出现前后不对称的现象。

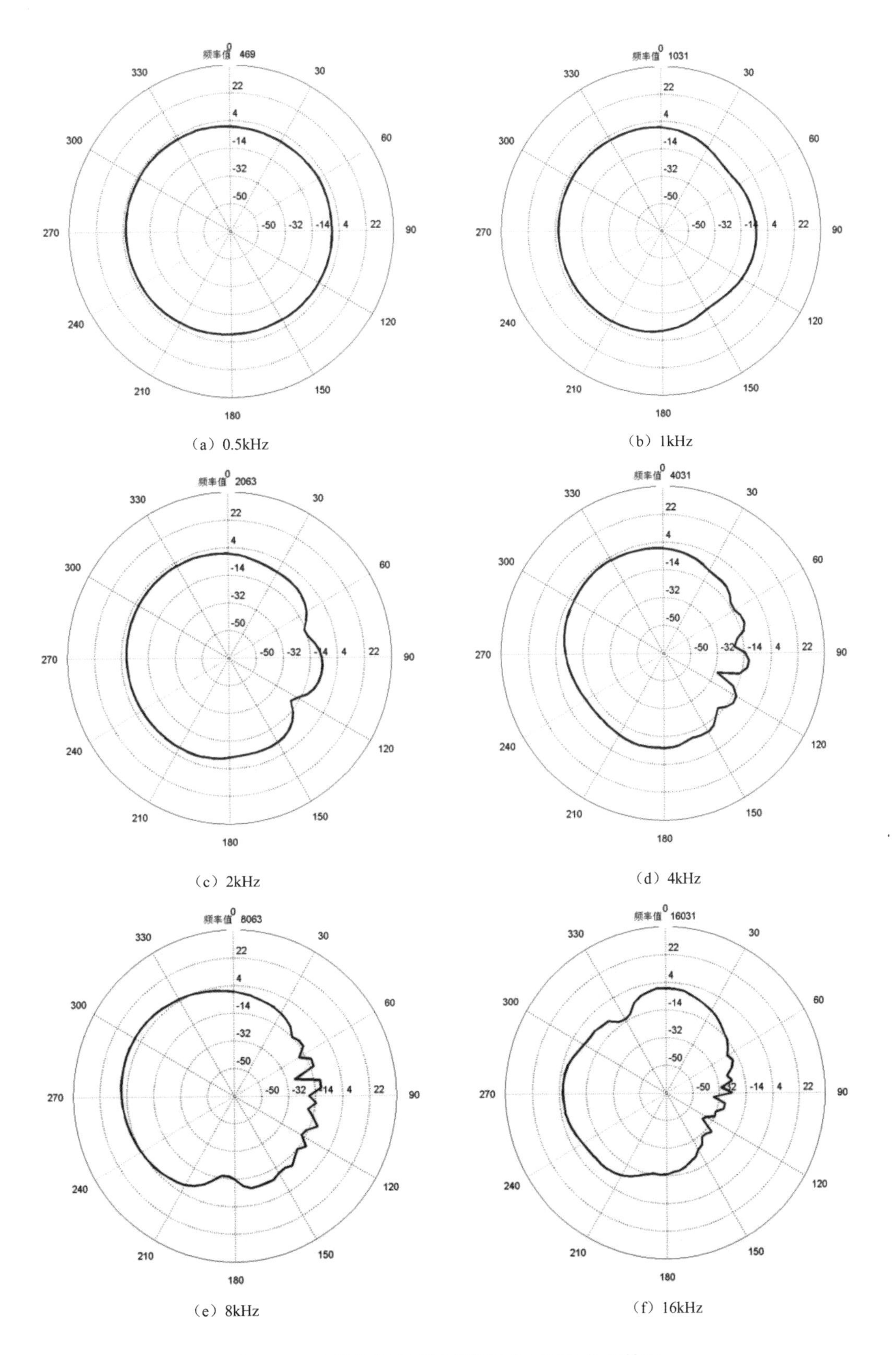

（a）0.5kHz　（b）1kHz

（c）2kHz　（d）4kHz

（e）8kHz　（f）16kHz

图 9.14　声学头模左耳不同频率的 HRTF 指向性图

为了更直观地看出所有频率 HRTF 的前后不对称情况，采用色彩等高图来表示所有方向的 HRTF。图 9.15 为声学头模左耳的 HRTF，纵坐标从上往下频率逐渐升高。图中横坐标为水平方向角，左半部分图为声源来自异侧耳(右侧)方向的情况。可以看出，以 90°(正右方)为对称轴，前后镜像方向的 HRTF 图样基本呈对称分布。右半部分图表示的是当声源来自同侧耳(左侧)方向时的 HRTF，以 270°(正左方)为对称轴，前后镜像方向的 HRTF 在一些频段出现不对称的情况。因此重点分析与声源同侧耳方向的 HRTF 出现前后差异较大的频段。

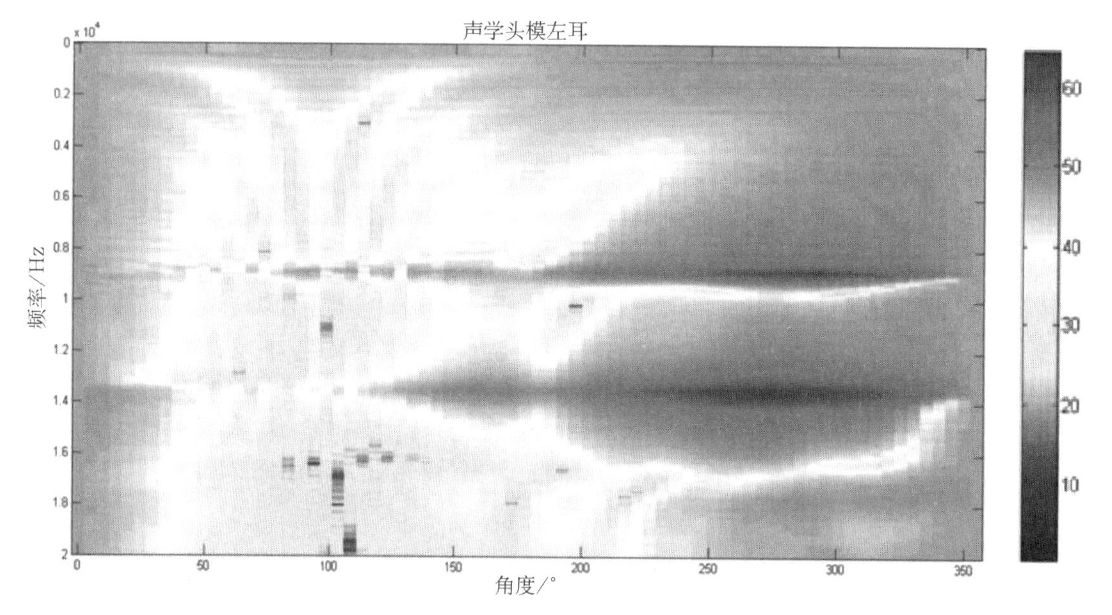

图 9.15 声学头模左耳 HRTF 色彩等高图

由于目前相当多的研究都是基于 KEMAR 头模的，因此在这里通过综合分析 KEMAR 和声学头模同侧耳的 HRTF，获得前后差异明显的特征频段。图 9.16 为两种头模同侧耳 HRTF 的色彩等高图，可以看出 HRTF 随频率变化的趋势，将从图中观察出来的前后不对称的频段列在表 9.1 中。

通过对表 9.1 中声学头模数据的分析，并参考 KEMAR 的数据，最终确定选取以下三个频段作为声学头模 HRTF 的特征频段：3kHz～8kHz、10kHz～12kHz 和 17kHz～20kHz。在这三个频段中，HRTF 出现了各不相同的且较为显著的前后不对称信息，这有可能就是声像前后定位的线索之一。

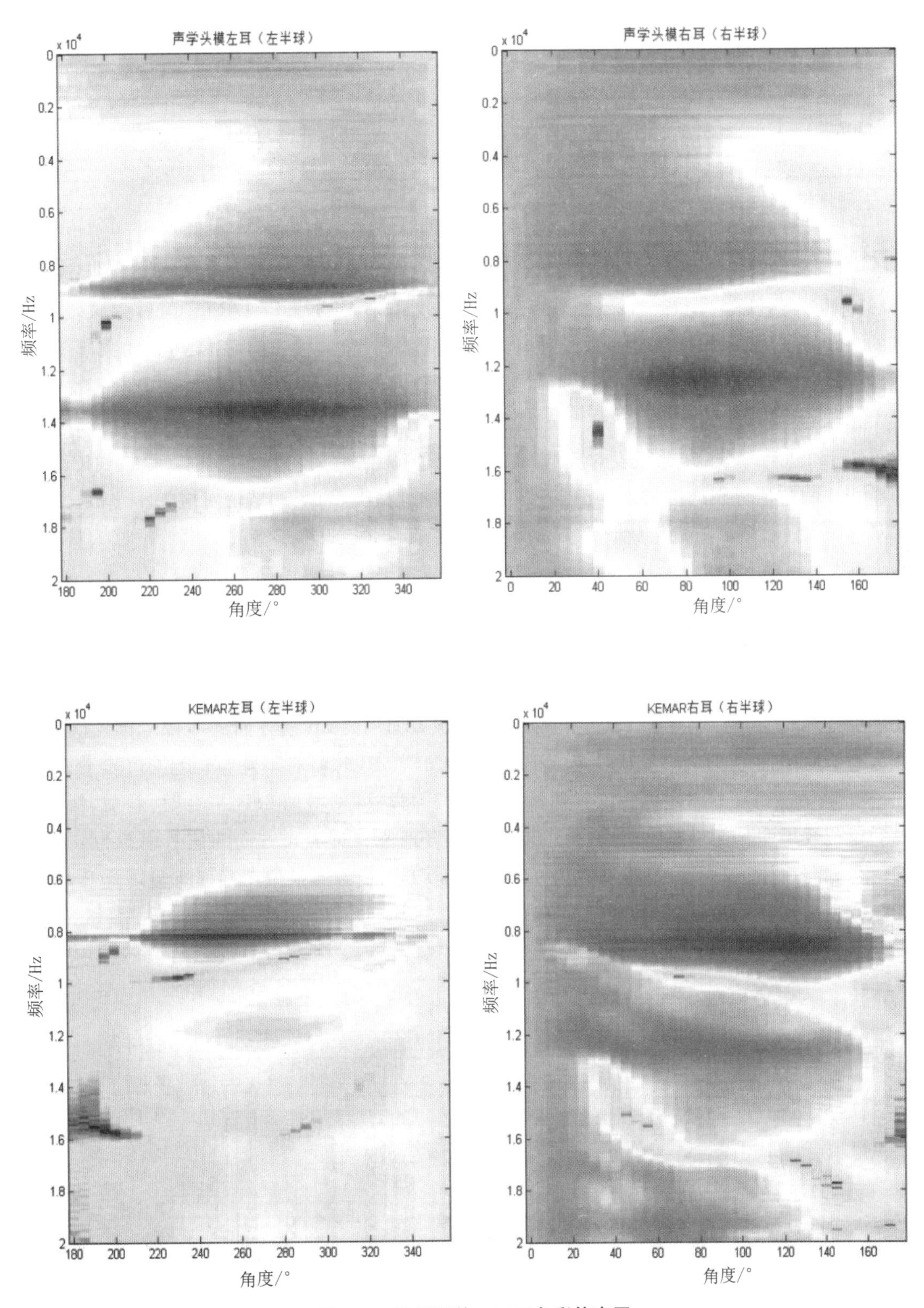

图 9.16　同侧耳的 HRTF 色彩等高图

表 9.1 特征频段的划分

(单位:kHz)

声学头模(左耳)	声学头模(右耳)	KEMAR(左耳)	KEMAR(右耳)	前后不对称频段
2.5～8.2	3.0～8.0	3.2～6.7	3.5～8.0	3.0～8.0
10.2～13.0	9.9～11.5	9.4～10.5	10.2～12.1	10.0～12.0
17.0～20.0	17.0～20.0	16.1～20.0	17.0～20.0	17.0～20.0

9.4.2 调整特征频段权重系数对声像定位的影响

3kHz～8kHz、10kHz～12kHz 和 17kHz～20kHz 是声学头模 HRTF 前后频谱差异明显的三个特征频段,如果对特征频段对应的权重系数做调整,增强前后 HRTF 的频谱差异,可能会改善前后混淆现象。本节就是通过主观实验来验证这种方法改善声像定位的效果。

选取 $Q=7$ 时重构的 HRTF 代替完整的 HRTF 进行实验。对三个特征频段所对应的权重 $w_q(\theta)$ 进行增强,其他频段对应的权重保持不变。然后用白噪声与调节后的 HRTF 进行卷积。调节值分别选取增加 0 dB、3dB、6dB、9dB、12dB。每个调节值对应 12 个信号,一共 60 个实验信号,全部随机播放。每个信号时长 1s,间隔 0.5s,重复播放一次。被试人员及实验方法与 9.3 节一致。

图 9.17 和图 9.18 是采用特征频段加权增加谱形状基函数的权重系数的方向定位正确率及声像范围定位正确率。权重系数增加 3dB 时,仅 60°&300°方向的信号正确率有明显提高;增加 6dB 时,30°&330°、60°&300°及 120°&240°的定位效果提升比较明显;增加 9dB 时,效果更好,除了正前 0°、正后 180°、正侧 90°&270°方向以外,其余方向的声像范围正确率都远远高于原始信号;增加 12dB 时定位正确率比 6dB、9dB 时略有下降,对于位于 30°&330°、120°&240°的信号,方向定位正确率比原始 HRTF 高。可见增加 6dB、9dB 时,斜前、斜后方向的定位效果明显优于原始信号,是可以采纳的合理值。对于 0°方向的信号增益为 6dB 时的信号方向定位正确率及权重系数为 9dB 时的 90°&270°方向定位正确率有显著提升,但对于 180°所有增益均没有效果,甚至使正确率下降。

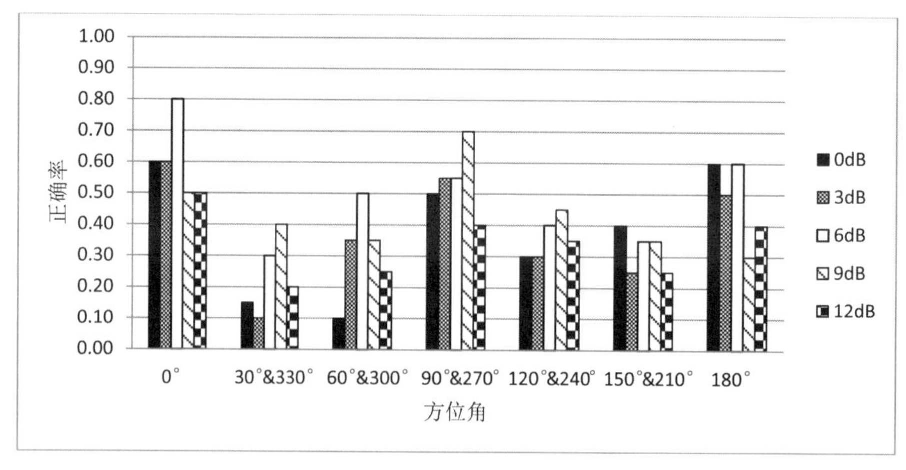

图 9.17 调整特征频段权重系数后的方向定位正确率

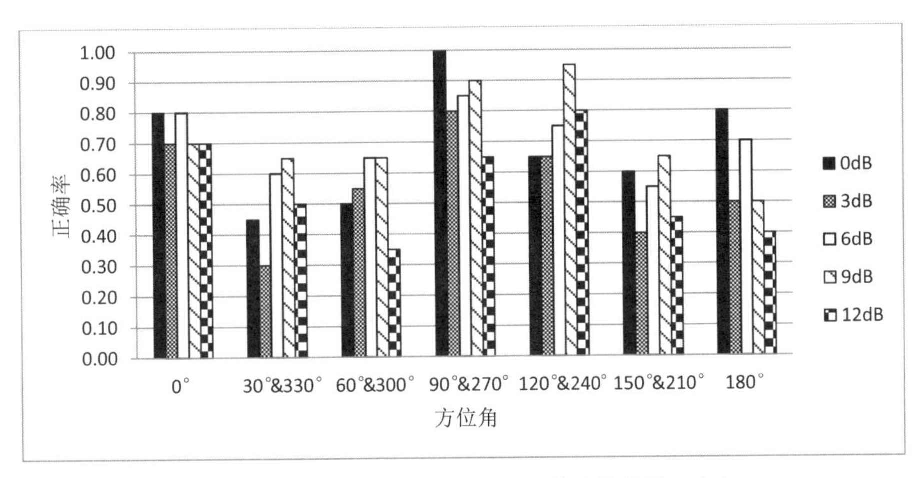

图 9.18　调整特征频段权重系数后的声像范围正确率

图 9.19 为特征频段的权重系数增加后的前后混淆率对比图。从图中可以看出，权重系数增加后，前听后的混淆率都比原始信号低，其中 6dB 和 9dB 的改善效果最为明显，比原始 HRTF 的前听后混淆率下降了 10%。当权重系数增加 3dB、12dB 时还是比原始的前听后混淆率略低。可见，基于特征频段调整谱形状基函数对于前听后混淆的改善是较为显著的。后听前的混淆率同样在权重系数增加 6dB 时达到最低，比原始值降低了 7%。但是就整体来看，随着权重系数的改变，后听前的混淆率并没有出现明显的变化，差异较小。

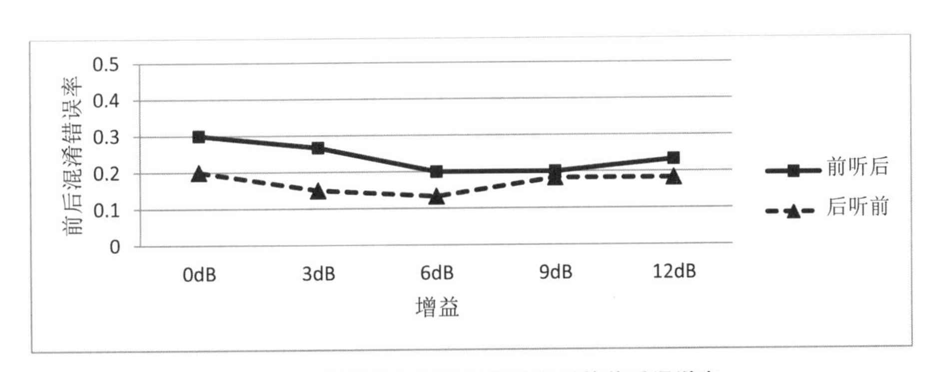

图 9.19　调整特征频段权重系数后的前后混淆率

9.4.3　各个分频段对声像定位的影响

采用特征频段加权调整谱形状基函数的权重系数后，无论是声像定位正确率还是前后混淆率，都较原始 HRTF 的定位有所改善。但是目前并不清楚三个特征频段中哪些对前方声像定位有帮助，哪些对后方声像定位有帮助，抑或定位信息是否能完全分离出来。下面将分别验证各个分频段对声像定位的影响。实验方法与 9.3.2 节一致，但每次仅对一个特征频段对应的权重系数进行增强。

(1) 第一特征频段对声像定位的影响

对第一个包含前后不对称信息的频段 3kHz～8kHz 所对应的权重系数进行提升，其他频率的权重系数保持不变。

图 9.20 和图 9.21 是只对第一特征频段进行权重调整后的方向定位正确率及声像范围正确率。由图可知，当权重系数增加 3dB 时，30°&330°、60°&300°及 120°&240°的定位效果都比原始 HRTF 高，斜前方的声像定位改善明显；当权重系数增加 6dB 时，仅 0°、60°&300°及 120°&240°的方向定位正确率有所提高，但对于声像范围正确率来说，除正侧方 90°&270°及正后方 180°以外，其余方向都有改善；当权重系数增加 9dB 和 12dB 时，前方所有方向的正确率基本都比原始值高或持平，斜后方 120°&240°也有一定提升，12dB 相对更佳。

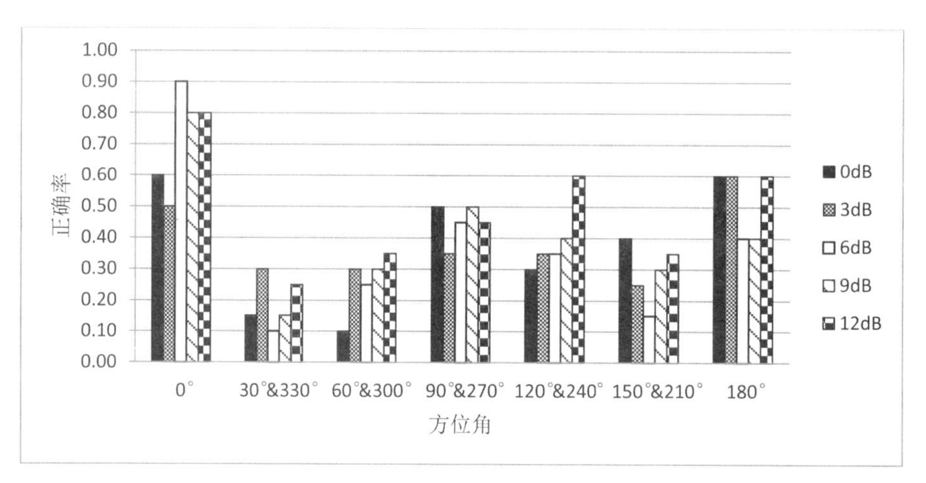

图 9.20　调节 3kHz～8kHz 对应的权重系数时的方向定位正确率

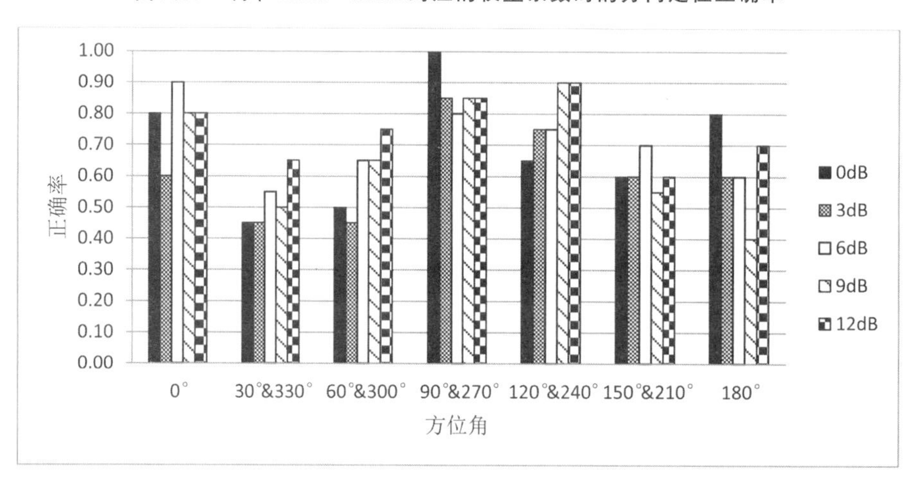

图 9.21　调节 3kHz～8kHz 对应的权重系数时的声像范围正确率

(2)第二特征频段对声像定位的影响

单独对第二个特征频段 10kHz～12kHz 进行权重系数增强，其他频段权重不变，得到的方向定位正确率及声像范围正确率见图 9.22 和图 9.23。由图可知，增加 10kHz～12kHz 频段的权重系数能够明显提升对于正前方 0°、正后方 180°的方向定位正确率，尤其是当增益为 3dB 和 12dB 时，这在前面提到的算法中都没有见到(图 9.8、图 9.11、图 9.17 和图 9.20)；对于 60°&300°及 120°&240°，增加第二特征频段的权重系数可以使方向定位正确率及声像范围正确率有所提升;但从整体上来看,只调节 10kHz～12kHz 对应的权重系数时,正确率提高的幅度相对于前面的实验结果偏低,且规律性不强。

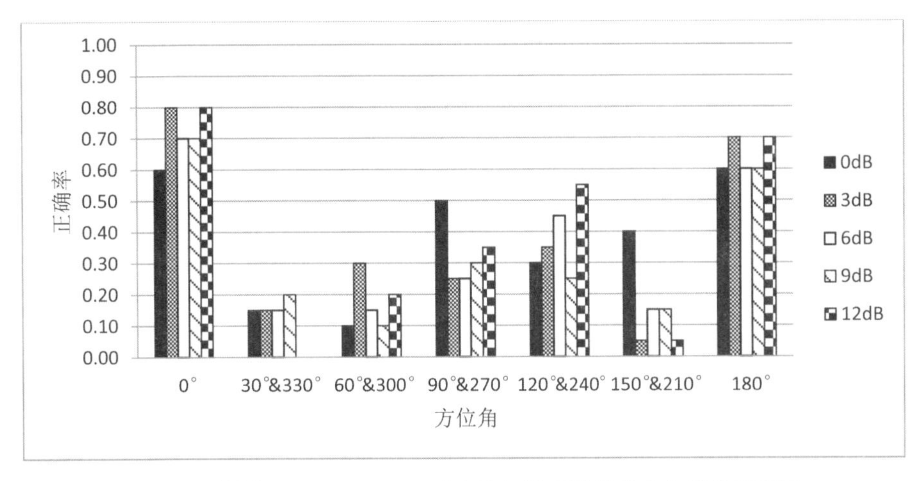

图 9.22　调节 10kHz～12kHz 对应的权重系数时的方向定位正确率

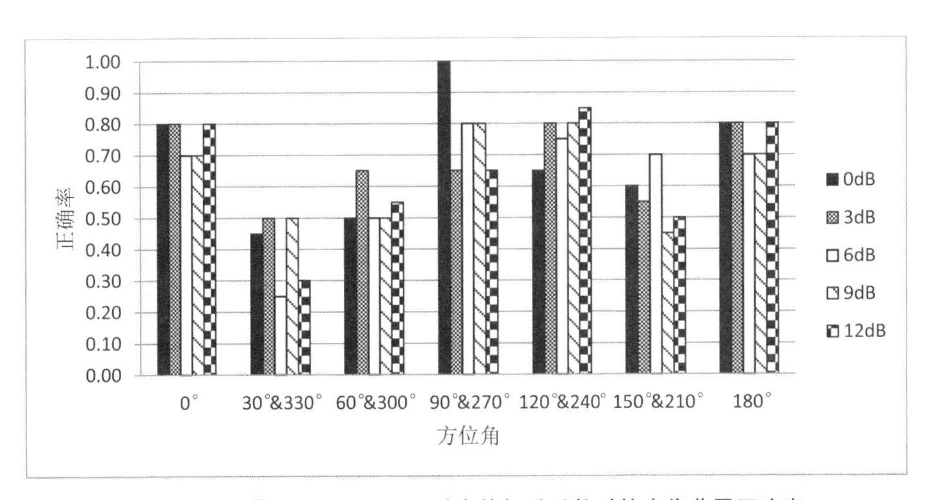

图 9.23　调节 10kHz～12kHz 对应的权重系数时的声像范围正确率

(3)第三特征频段对声像定位的影响

图 9.24 和图 9.25 是当只对第三特征频段 17kHz～20kHz 对应的权重系数进行增益调节,其他频段保持不变时的方向定位正确率及声像范围正确率。从图中可以看出,增加 17kHz～20kHz 所对应的权重系数后,无论增益大小如何,正前方 0°的方向定位正确率均得到提升;增益为 9dB 时,可以使斜前方 30°&330°和 60°&300°的定位效果有所提升;对于斜后方 120°&240°,增益为 12dB 的提升效果最明显。

分别对三个特征频段进行权重系数调整以后发现,相对于未处理的 HRTF,这三个频段对于提升正前方 0°的方向定位正确率都有明显效果,其中对第一特征频段的权重系数提升 6dB 的效果最明显;对于正后方 180°来说,只有对第二特征频段的权重系数增加 3dB 和 12dB 时,方向定位正确率提高了 10%左右;三个特征频段的权重调整并不能提升正侧方 90°&270°

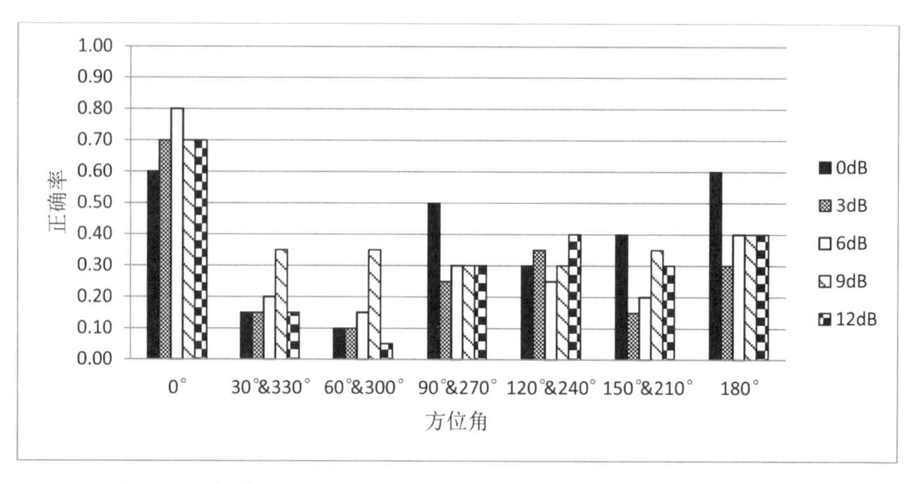

图 9.24　调节 17kHz～20kHz 对应的权重系数时的方向定位正确率

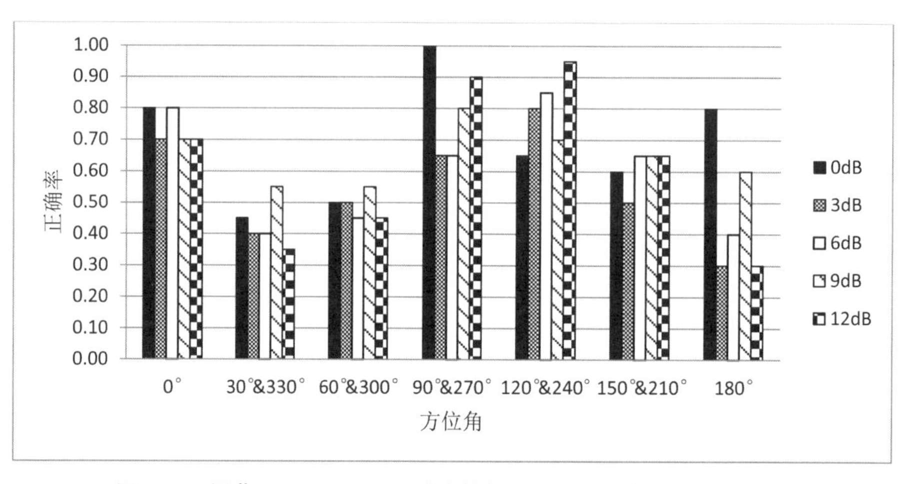

图 9.25　调节 17kHz～20kHz 对应的权重系数时的声像范围正确率

信号的定位效果，反而正确率有所下降；对于斜前方 30°&330°和 60°&300°的信号，仅对第一特征频段权重系数进行的所有增益调整均获得了较好的效果提升，第二特征频段和第三特征频段效果相对差一些，分别仅在 3dB 和 9dB 增益时正确率有所提升；对于斜后方 120°&240°，三个特征频段均有一定的提升效果；而对于斜后方 150°&210°的提升效果普遍较差。

比较分析几种改善声像定位效果的方法，将分频带增益法（图 9.11）、特征频段法（图 9.17）及三个特征频段单独处理（图 9.20、图 9.22 和图 9.24）时所有水平方位角的方向定位正确率进行平均，得到图 9.26。从图中可以看出，6dB 的特征频段法获得了最高的方向定位正确率，相比未做处理的 HRTF 提升了 13％左右；其次是 6dB 分频带增益法、9dB 特征频段法以及仅对第一特征频段权重提升 12dB 这三种算法，它们的正确率提升了 9％～10％。

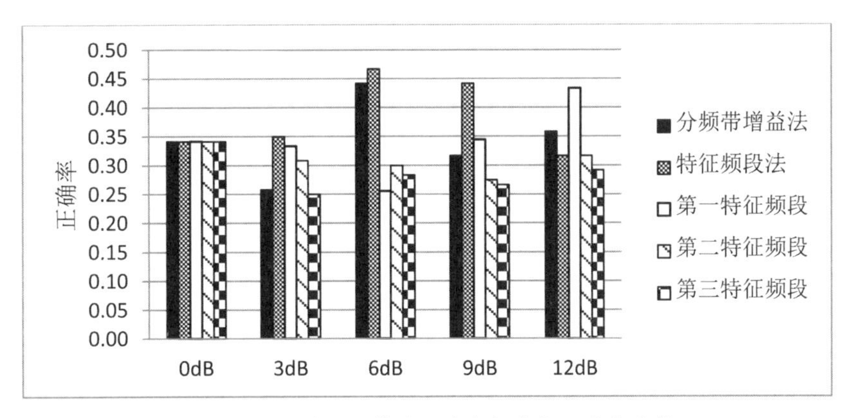

图 9.26　几种不同算法平均方向定位正确率比较

9.5　早期反射声对双耳信号声像头部外化感知的影响

已有研究表明加入早期反射声能够在一定程度上改善头中效应(见 9.1.2 节)。本节的实验则是进一步探究在不同直达声方向的条件下,改变反射声的时延、强度以及反射声序列模式对声像头部外化感知的影响。

9.5.1　早期反射声的模拟

虚声源法是最常见的模拟室内声场反射声的方法之一。假设所有墙面的反射均是满足反射定律的镜面反射,以墙面作为镜像对称面,虚声源则位于与真实声源镜像对称的点,虚声源和接收点的连线与墙面存在一个交点,该交点即为反射点,可以确认声波从声源发出及反射到接收点的完整路径,可以将其等价成从虚声源出发到接收点的路径。因此,采用虚声源法模拟双耳早期反射声就是把虚声源方向的 HRIR 经过延时和衰减处理后与声源信号进行卷积。

采用顺时针球坐标系,以接收点为坐标原点,假设声源的位置为(d_0,θ_0,φ_0),利用虚声源法计算出的各个方向的一次虚声源位置为(r_i,θ_i,φ_i),e_0为原始声源信号,h_L和h_R分别为左右耳脉冲响应 HRIR,采用远场 HRIR 可忽略距离的影响。若只考虑在一个长方体房间内 6 个墙面的一次反射,则最终在接收点获得的双耳信号为:

$$\begin{cases} e_L(t)=h_L(\theta_0,\varphi_0) * e_0(t)+\sum\limits_{i=1}^{6} A_i \cdot h_L(\theta_i,\varphi_i) * e_0(t-\tau_i) \\ e_R(t)=h_R(\theta_0,\varphi_0) * e_0(t)+\sum\limits_{i=1}^{6} A_i \cdot h_R(\theta_i,\varphi_i) * e_0(t-\tau_i) \end{cases} \tag{9.16}$$

其中,等号右边第一项为直达声,第二个加和项为 6 个方向的反射声。A_i为各个反射声的衰减系数,表示该反射声与直达声的幅度比。这里假设每次反射的能量衰减仅由各个墙面的吸声系数α_i决定,不考虑空气吸声以及点声源的距离平方反比衰减定律(可以当作将它们折算到墙面吸声系数中后的综合衰减效果),则每次反射的声能量衰减为原来的$(1-\alpha_i)$倍,因此反射声信号的声压幅度衰减系数为：

$$A_i = (1 - \alpha_i)^{1/2} \tag{9.17}$$

τ_i 为各个反射声与直达声的延迟：

$$\tau_i = (r_i - d_0)/c \tag{9.18}$$

c 为声波在空气中的传播速度，计算时取值 344m/s。

9.5.2　反射声的衰减及延时对声像头部外化感知的影响

为了探究反射声的衰减和延时对双耳信号声像感知的影响，设计了一个与声源同向的单反射模型，这样可以排除反射声方向的影响。假设在声场内仅存在一个声源和一个反射面，反射面垂直于声源的入射方向，从而使反射声方向与声源入射方向重合。那么听音位置获得的双耳信号应该为某个方向的直达声叠加一个与直达声同方向的衰减并延迟的反射声，此时(9.16)式则变为：

$$\begin{cases} e_L(t) = h_L(\theta_0, \varphi_0) * e_0(t) + A \cdot h_L(\theta_0, \varphi_0) * e_0(t - \tau) \\ e_R(t) = h_R(\theta_0, \varphi_0) * e_0(t) + A \cdot h_R(\theta_0, \varphi_0) * e_0(t - \tau) \end{cases} \tag{9.19}$$

采用声学头模 HRIR 数据库，按照(9.19)式进行双耳信号的合成。选择水平面上(俯仰角$\varphi_0 = 0°$)水平方位角的五个方向($\theta_0 = 0°$、45°、90°、135°、180°)。反射声衰减系数 A 取值为 0.9、0.7 和 0.5。依据哈斯效应，当一次反射声的延时在 30ms 以内时，不会感觉到延迟声的存在。所以虚声源与听音位置的距离 r 设置及相应的反射声延时 τ 见表 9.2，假设声源与听音位置距离d_0为 1m，根据(9.18)式计算得到不同的反射声延时。声源内容e_0为语音信号。

表 9.2　虚声源距离及反射声延时的设置

虚声源距离 r(m)	1.1	2	3	4	5	6	7	8	9	10
延时 τ(ms)	0.3	2.9	5.8	8.7	11.6	14.5	17.4	20.3	23.3	26.2

将实验信号按声源方向分成五组，每组 31 个实验信号(包括无反射声的信号)，按随机次序播放，让被试做出声像位置的评价。重放采用监听级别入耳式耳机，配有大、中、小三个不同尺寸的橡胶垫以适应不同耳道。在标准耳(见第 2 章)的耳道入口处校准耳机重放声压级，平均声压级在 75dB 左右。评价采用五级尺度的系列范畴法[37]，被试需要在“头中”“头皮附近”“头外较近”“头外中等距离”“头外较远”五个范畴内迫选其一。被试共 20 人，男女各半，均无听力障碍，左右耳外形对称，听阈无明显差别。

(1)反射声衰减程度的影响

图 9.27 为声源位于各个方向时，增加不同衰减系数的反射声后声像头部外化的情况。图中用三角、菱形、圆圈和方块分别表示衰减系数为 0.9、0.7、0.5 的反射声和无反射声的情况，每一个图形都代表一个延时，但这里暂不讨论延时的影响，因此未标记出每个图形对应的延时值大小。

从图中可以看出，当声源位于正前方 0°和正后方 180°方向时，无反射信号的声像位于“头内”；而加入了反射声以后，有一半的信号提升到“头皮附近”的范畴；当声源位于右前方 45°方向时，无反射信号的声像位于“头皮附近”，而绝大部分加入反射声的信号提升到了“头

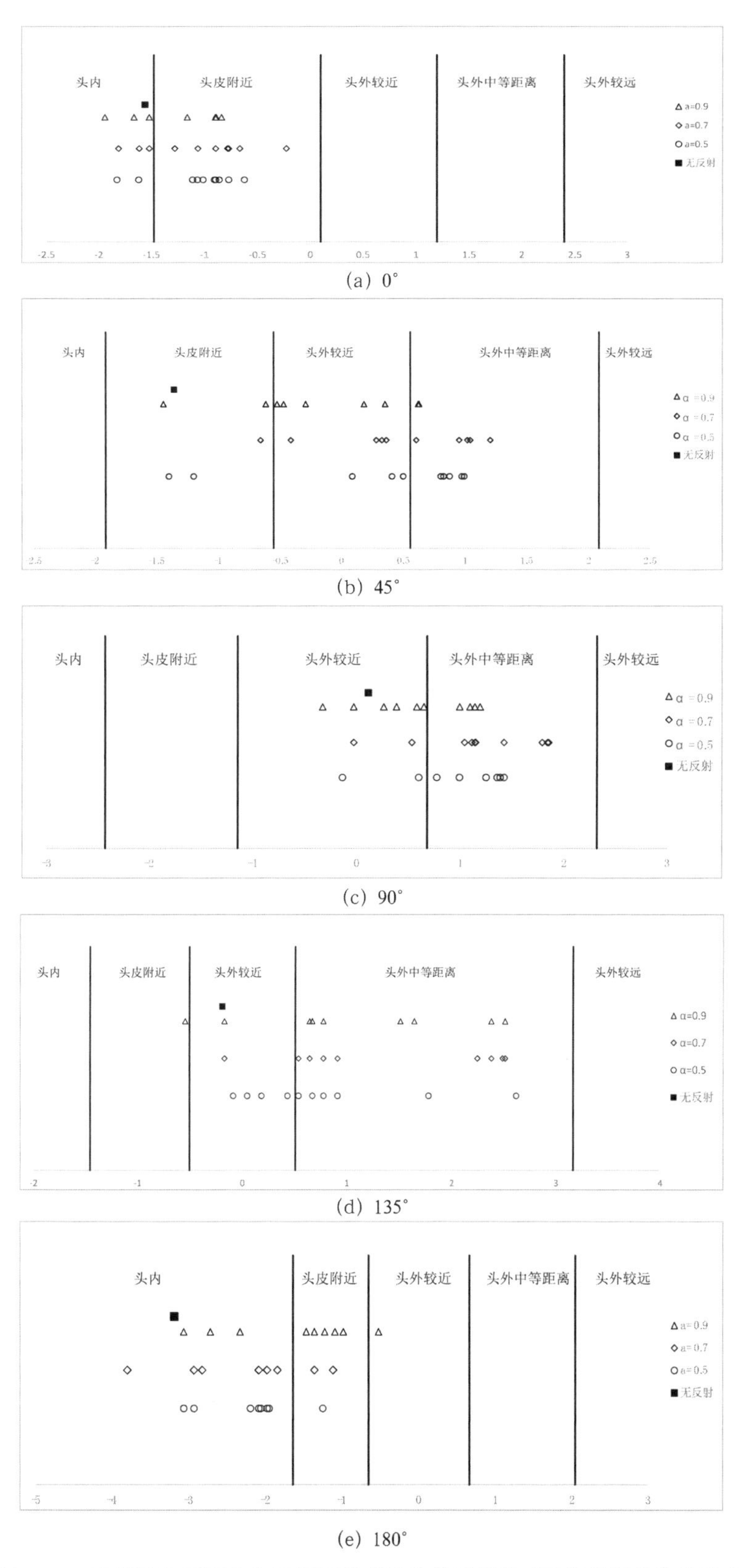

图 9.27　声源位于不同方向时不同衰减系数的反射声对声像头部外化的影响

外较近”和“头外中等距离”的范畴；当声源位于正右方 90°时，无反射信号的声像位于“头外较近”，有一半的带有反射声的信号提升到“头外中等距离”的范畴；当声源位于右后方 135°时，无反射信号的声像位于“头外较近”，但有大部分带有反射声的信号提升到“头外中等距离”的范畴。虽然从图中可以看出衰减系数为 0.7 的效果略好，但经过显著性检验发现，不同衰减系数对声像头部外化的影响并没有显著的差别。

综上可知，在无反射声的情况下，声源方向不同时，被试感知的声像头部外化程度存在一定的差异。而在加入与声源同向的单反射声后，声像头部外化改善程度与反射声的衰减程度没有直接关系，而与声源方向有很大的关系。当声源来自侧向时，声像外化程度提升明显，大部分位于头外的范畴；中垂面前后方向的效果最差，声像仍然位于头内及头皮附近，并没有完全外化。

(2)反射声延时的影响

以声像头部外化效果最明显的声源方向为例，探究不同延时对声像外化感知的影响。图 9.28 和图 9.29 为声源为 45°和 90°时，反射声延时与声像外化程度的关系。由图可知：

1)随着反射声的延时(初始时间间隔)增加，主观声像外化程度与距离随之提升。在哈斯效应内，延时越长，声像外化程度越高。

2)当声源位于 45°时，延时大于 5ms 的双耳信号都处于“头外较近”，随着延时增加外化效果相对较好；声源位于 90°时，所有延时的双耳信号都定位在头外，延时达到 10ms 以上的双耳信号可以提升到“头外中等距离”的范畴。

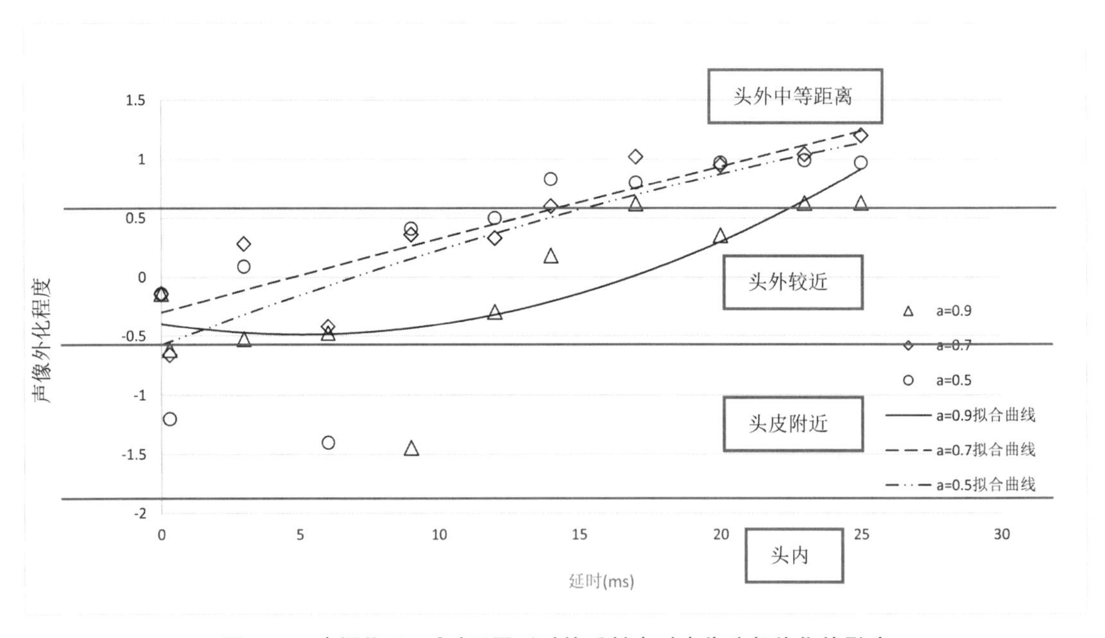

图 9.28　声源位于 45°时不同延时的反射声对声像头部外化的影响

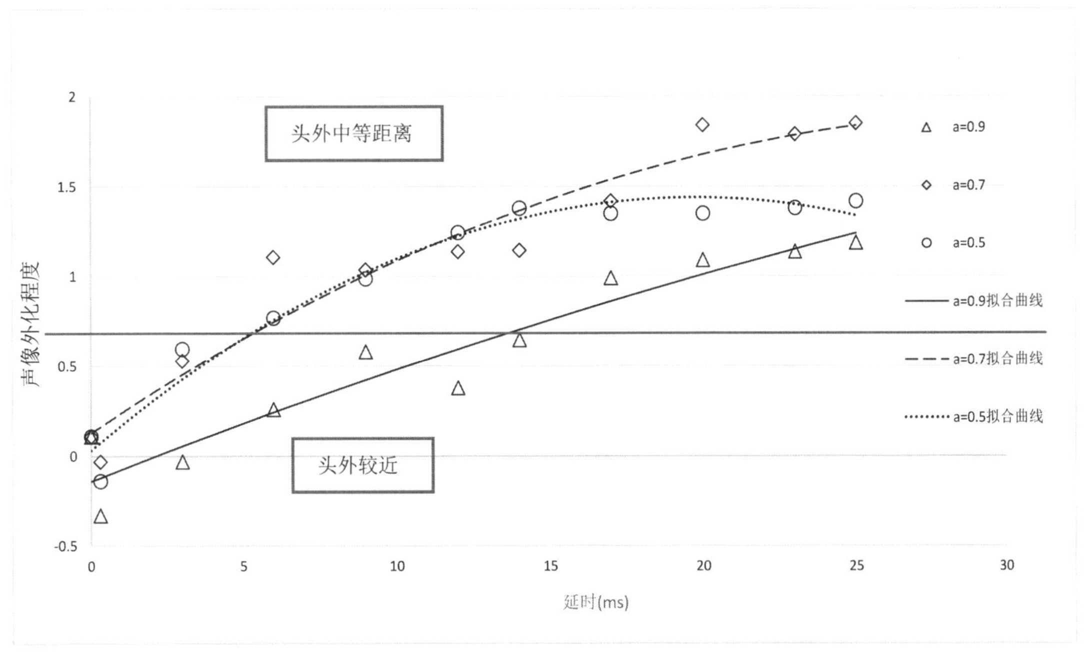

图 9.29　声源位于 90°时不同延时的反射声对声像头部外化的影响

9.5.3　离散早期反射声序列模型的声像头部外化感知

在真实听音环境中，一般存在多个来自不同方向的反射声，形成离散的早期反射声序列。因此本章用一个矩形房间来模拟真实听音的情况，研究当接收点及声源位于房间的不同位置时，不同的离散早期反射声模式(仅考虑一次反射声)对声像头部外化感知的影响。

假设在一个长、宽、高分别为 9m、7m、5m 的房间，所有墙壁为刚性，吸声系数为 0，即入射到墙壁的声波全部反射回去，在反射面没有能量损失，$A_i = 1$。接收点及声源均位于 1.5m 高的平面上，因此声源仅存在水平方位角的变化。为便于描述声源及接收点的位置，将房间的俯视平面投影对应到直角坐标系上(见图 9.30)，房间的长为 x 轴，宽为 y 轴。用灰色圆点表示声源，黑色圆点表示接收点，听音者在接收点处，面部正前方与 y 轴正轴方向一致，即背

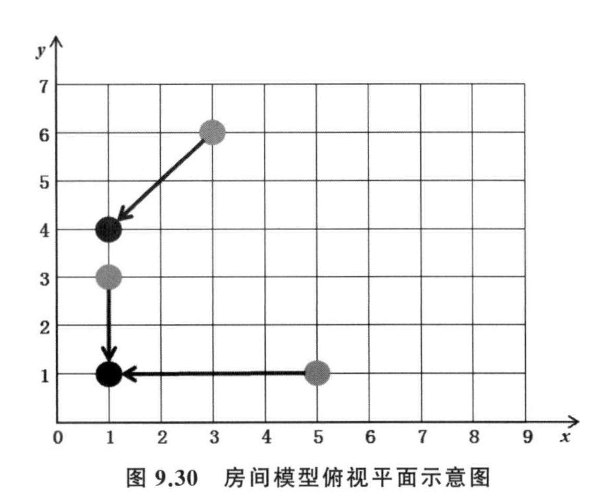

图 9.30　房间模型俯视平面示意图

朝 x 轴。用一对坐标来表示不同的反射声模型，以(1,3)(1,1)为例，前面的坐标(1,3)表示声源位置，后面的坐标(1,1)表示接收点位置，可以在图中找到相应坐标位置上的灰点和黑点，那么这一对坐标就表示一种声源位于正前方0°的情况。图中还示意出一种从右前方45°入射的情况(3,6)(1,4)和从正右方90°入射的情况(5,1)(1,1)。

根据声源—接收点的坐标对可以计算得到声源相对于接收点的方位(d_0,θ_0,φ_0)，以及6个反射面的虚声源与接收点的位置关系(r_i,θ_i,φ_i)。由于声学头模HRIR数据库不是空间连续角度的，采用线性空间差值的方法，选择相邻角度的HRIR数据近似合成它们之间任意角度的HRIR[38]。将所有数据代入(9.16)式即可获得带有一次早期反射声的双耳信号。

(1)离散早期反射声序列与单反射声的声像外化对比

实验已经证明，与声源同向的单反射声已经能够在一定程度上使声像外化，若加入来自多个反射面不同方向的反射声，应具有更好的外化效果，因此设计了一个简单的听感小实验来做验证。

选取水平方位角为0°、90°和270°三个声源方向，对比分析了无反射声、与声源同向的单反射声以及离散早期反射声序列三种双耳信号的声像外化程度。与声源同向的单反射声的虚声源距离设置为8 m，根据表9.2可以得知，其对应的延时为20.3 ms，不考虑反射时的衰减(即 A=1)，代入(9.19)式得到单反射的双耳信号。

每个声源方向任意选择两个离散早期反射声序列，声源—接收点坐标对的设置见表9.3，用前面描述的方法获得带有离散早期反射声的双耳信号。

表9.3 两种离散早期反射声序列

离散反射声 声源角度	序列1	序列2
0°	(3,6)(3,1)	(5,3)(5,1)
90°	(7,1)(3,1)	(8,6,)(3,6)
270°	(2,6)(3,6)	(3,4)(5,4)

主观实验过程、方法及被试与9.5.2节一致，实验结果见图9.31。从图中可以看出，当声源位于正前方0°时，增加离散的早期反射声数量能将头内的声像拉出到“头外较近”的范畴，比单反射模型有更好的外化效果；当声源位于正右方90°和正左方270°时，离散早期反射声序列模型比单反射模型的声像头部外化程度略有提升，基本处于“头外中等距离”范畴。需要注意的是，以上信号是在矩形房间中随机挑选的位置获得的，只能粗略反映离散早期反射声序列的声像外化效果。

(2)离散早期反射声序列模型的声像外化效果分析

为探究不同的反射声序列模式对声像外化感知的影响，在矩形房间中选择了多种声源—接收点坐标对，遍及房间边缘、中心、墙角等位置，具体信息见表9.4。

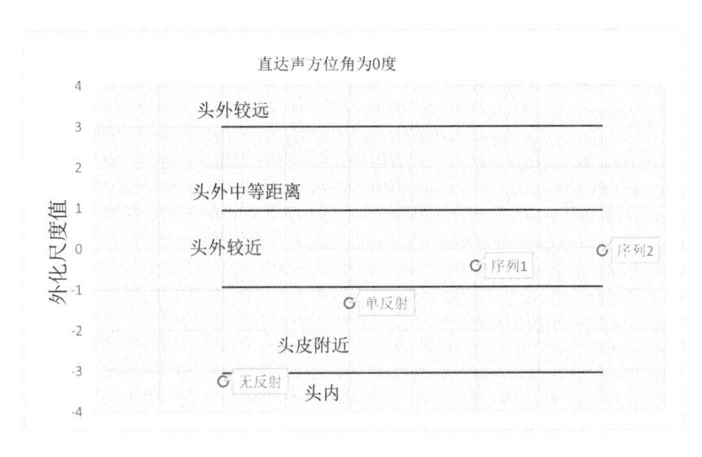

(a) 0°

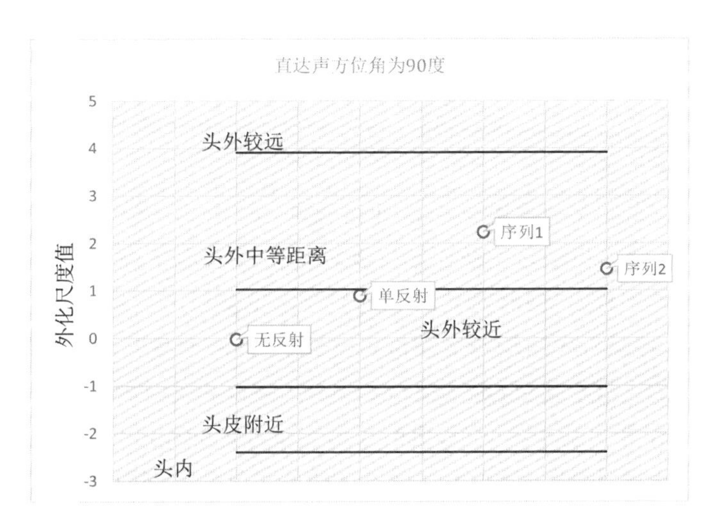

(a) 90°

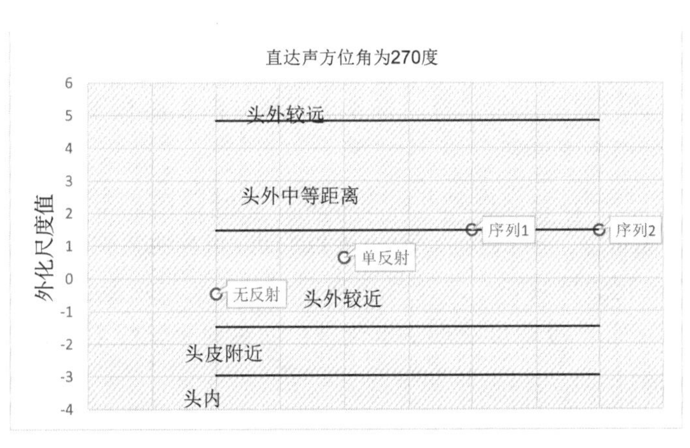

(c) 270°

图 9.31　无反射、单反射及离散反射序列双耳信号的声像头部外化结果

表 9.4　矩形房间模型内声源—接收点的位置坐标对

序号＼声源方向	0°	45°	90°	135°	180°	225°	270°	315°
1	(1,3)(1,1)	(3,6)(1,4)	(5,1)(1,1)	(3,1)(1,3)	(1,1)(1,3)	(1,1)(3,3)	(1,1)(3,1)	(1,3)(3,1)
2	(1,6)(1,1)	(4,6)(1,3)	(5,3)(1,3)	(4,3)(1,6)	(1,1)(1,6)	(1,2)(5,6)	(1,6)(3,6)	(1,5)(3,3)
3	(1,6)(1,3)	(5,5)(1,1)	(5,5)(1,5)	(5,1)(3,3)	(1,3)(1,6)	(1,4)(3,6)	(1,3)(5,3)	(1,7)(5,3)
4	(3,3)(3,1)	(6,6)(3,3)	(8,1)(1,1)	(6,1)(1,6)	(3,1)(3,3)	(2,1)(5,4)	(1,6)(5,6)	(1,7)(3,5)
5	(3,6)(3,1)	(8,4)(5,1)	(8,1)(5,1)	(6,3)(3,6)	(3,1)(3,6)	(3,1)(5,3)	(3,6)(5,6)	(2,6)(5,3)
6	(3,6)(3,3)	(8,6)(3,1)	(8,3)(1,3)	(7,1)(5,3)	(3,3)(3,6)	(4,1)(8,5)	(1,6)(8,6)	(2,7)(5,4)
7	(5,3)(5,1)	(8,7)(5,4)	(8,3)(5,3)	(8,1)(3,6)	(5,1)(5,4)	(4,3)(5,4)	(3,6)(8,6)	(4,7)(5,6)
8	(5,6)(5,1)		(8,6)(1,6)	(8,3)(5,6)	(5,1)(5,6)	(4,5)(5,6)	(5,6)(8,6)	(4,7)(8,3)
9	(5,6)(5,3)		(8,6)(5,6)		(5,3)(5,6)	(6,1)(8,3)		

为比较不同模式的反射声序列的声像外化效果，采用 Sheffe 对偶比较法[37]进行评价。Sheffe 对偶比较法不仅可以通过两两比较得到评价指标的排序，还引入了范畴判断以体现样本间评价指标的差别程度，同时对被试数量的要求也降低了。将同一个声源方向下的信号两两组成比较对，按随机次序播放给被试，让被试判断一对信号中，后播放的信号与先播放的信号相比声像的远近变化，设定－3、－2、－1、0、1、2、3 七个等级，正数表示变远了，负数表示变近了，0 表示距离基本不变，数值的大小表示远近的程度。采用对偶比较法可以得到相对的心理尺度排序，因此只要每个被试自己的评价尺度保持固定不变即可，并不要求所有被试对七个等级对应的远近程度做严格的统一。被试共 11 人，采用监听级别的入耳式耳机进行信号重放，并利用标准耳进行声压级校准，声压级约 75dBA。

图 9.32 为各个声源方向下，声源和接收点位于不同位置时的声像头部外化程度排序，心理尺度值越大表明声像外化效果越好，心理尺度值的大小仅在同一个声源方向组内有效，是相对值，不能跨声源方向组进行比较。将各个声源方向下所有序列的声源—接收点位置按照心理尺度大小的排序画出来。

从图 9.32(a)中可以看出，当声源方向为正前方 0°时，7、8、9 号序列模型的声像外化效果最好，1 号序列模型最差。从图 9.32(b)中可以看出，当声源方向为正后方 180°时，4、7、9 号序列模型的声像外化效果最好，1、2、3 号序列模型最差。当声源位于正前方和正后方时，声像外化效果好的序列，声源和接收点基本位于房间纵向中轴线上；而效果较差的序列，声源和接收点靠近侧墙。

从图 9.32(c)中可以看出，当声源方向为正右方 90°时，8 号序列模型外化效果最好，其次是 1 号，5 号最差。从图 9.32(d)中可以看出，当声源方向为正左方 270°时，6、7、8 号序列模型外化效果最好，1 号和 2 号效果最差。

综合分析这两组实验结果可以发现，外化效果较好的序列的接收点位于与声源异侧的

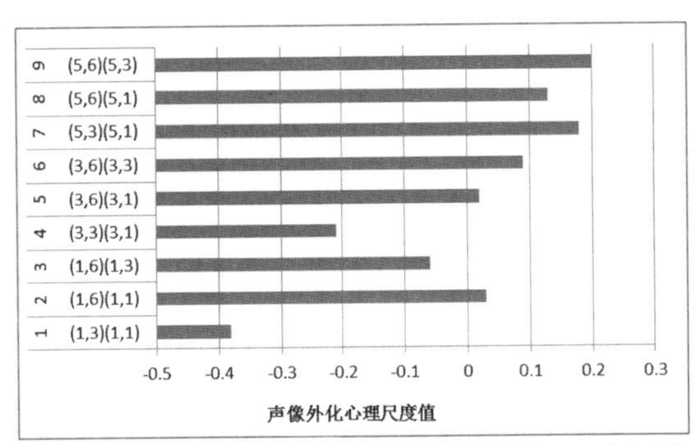

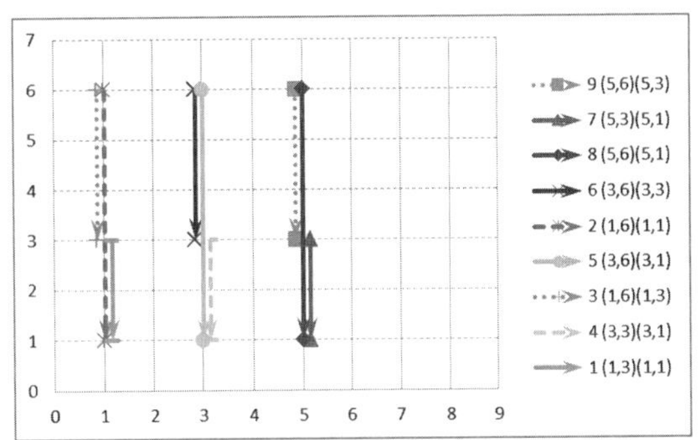

（a）声源位于正前方 0°

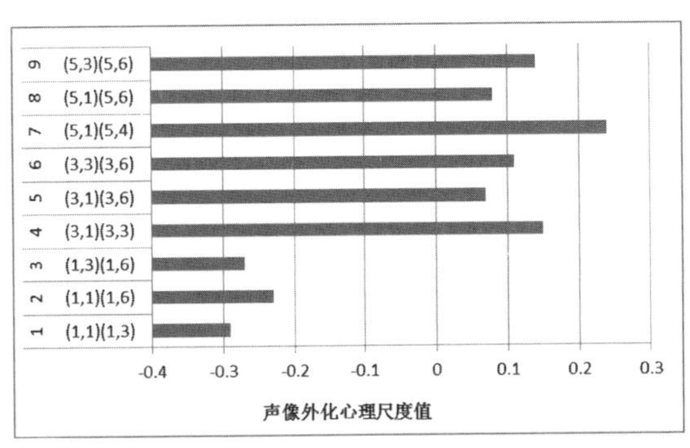

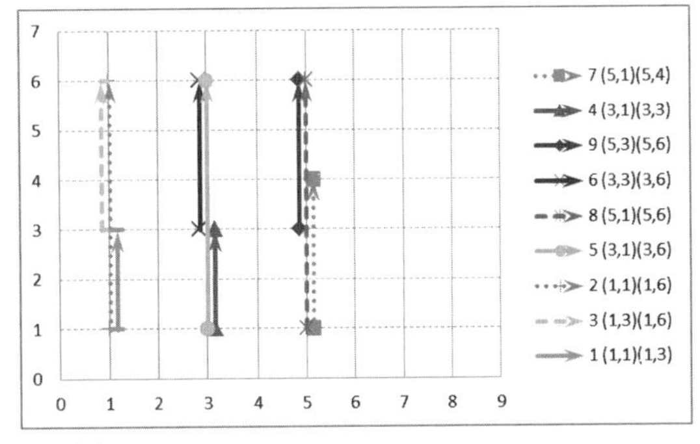

（b）声源位于正后方 180°

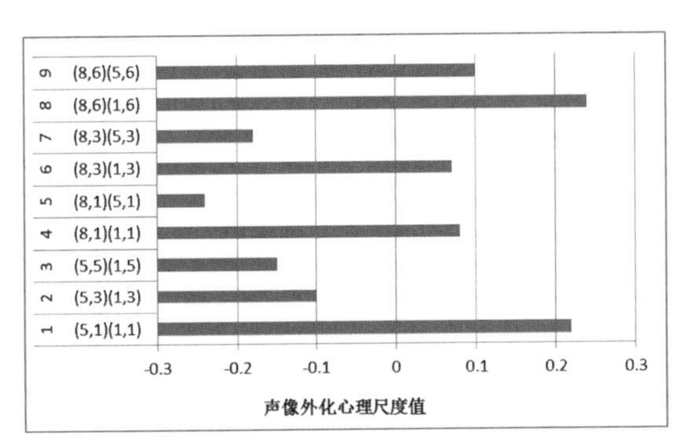

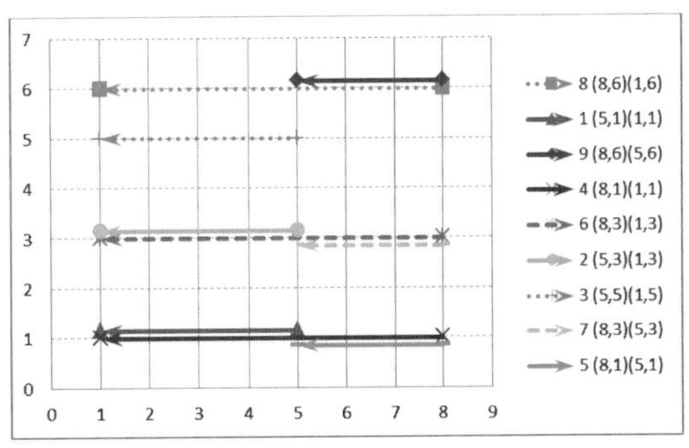

（c）声源位于正右方 90°

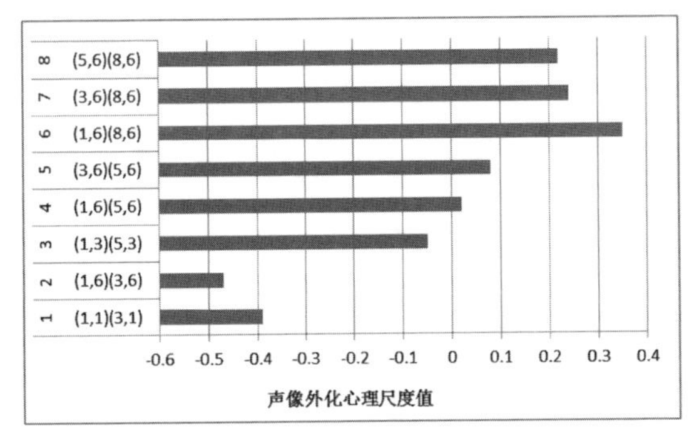

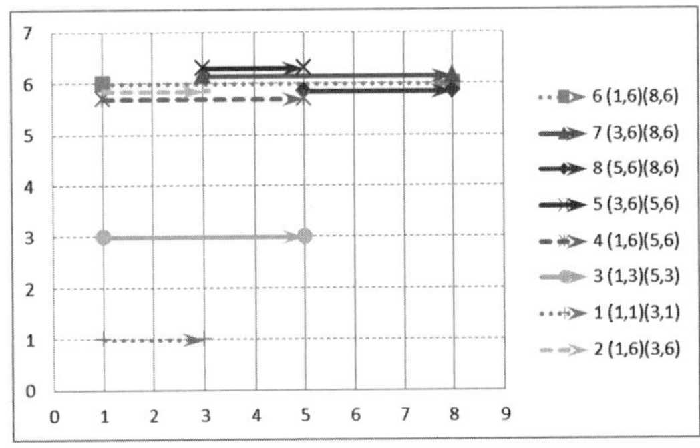

（d）声源位于正左方 270°

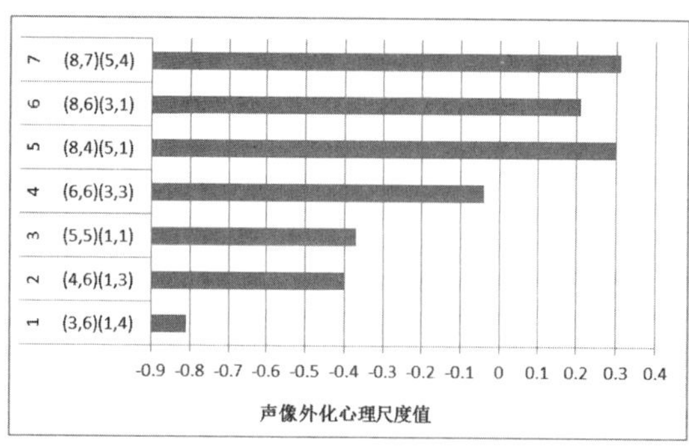

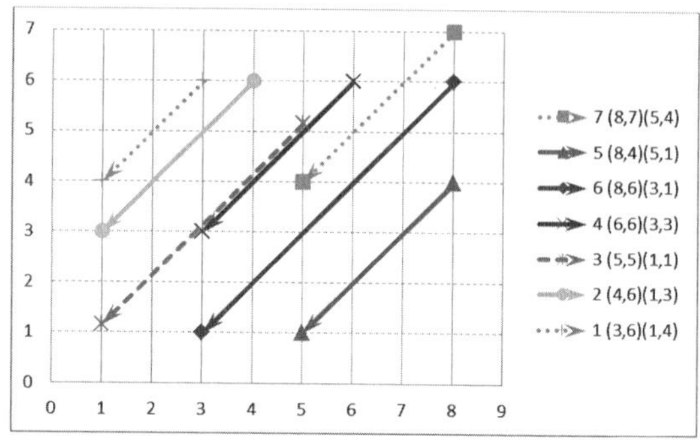

（e）声源位于右前方 45°

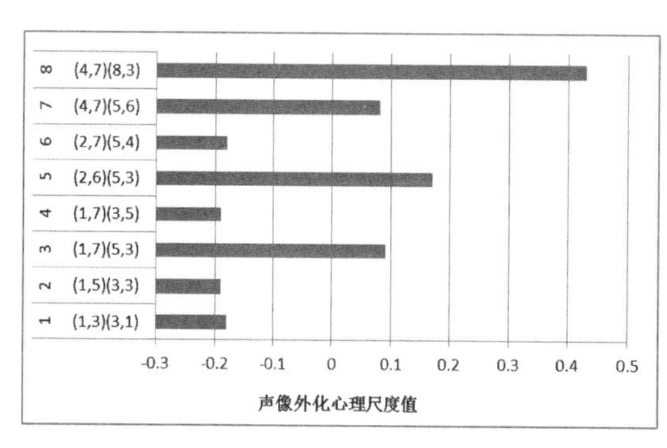

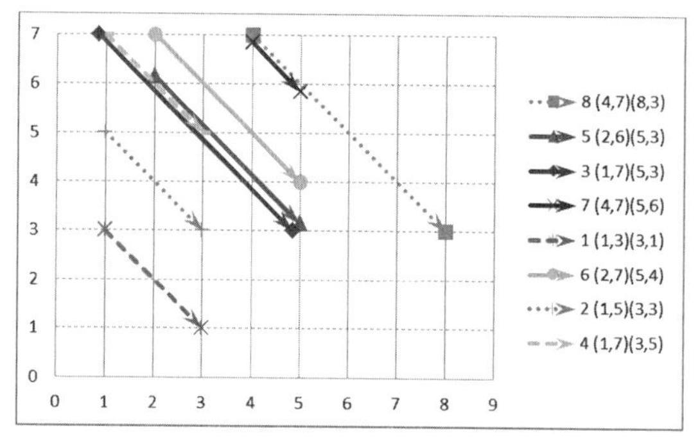

（f）声源位于左前方 315°

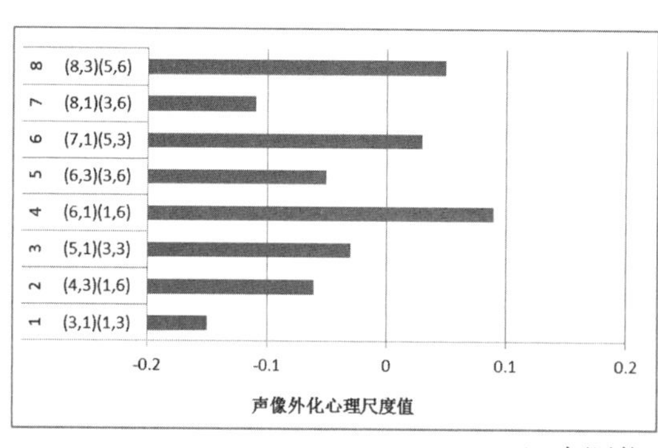

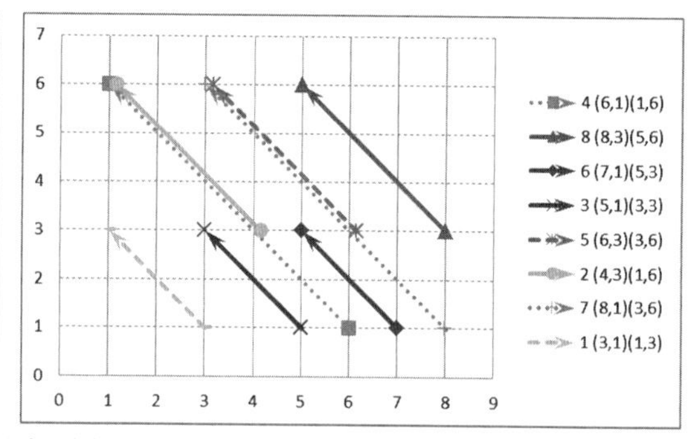

（g）声源位于右后方 135°

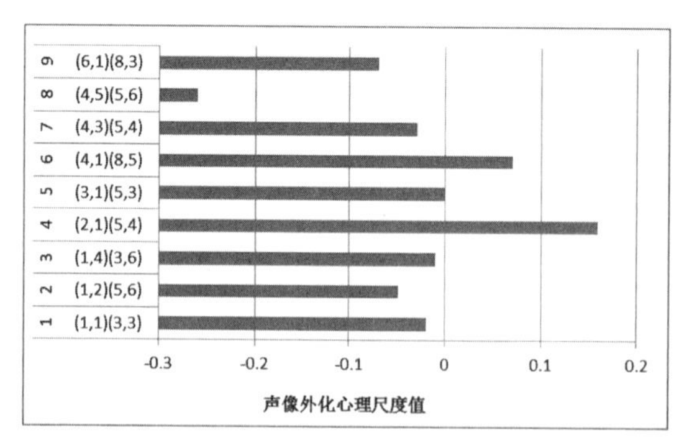

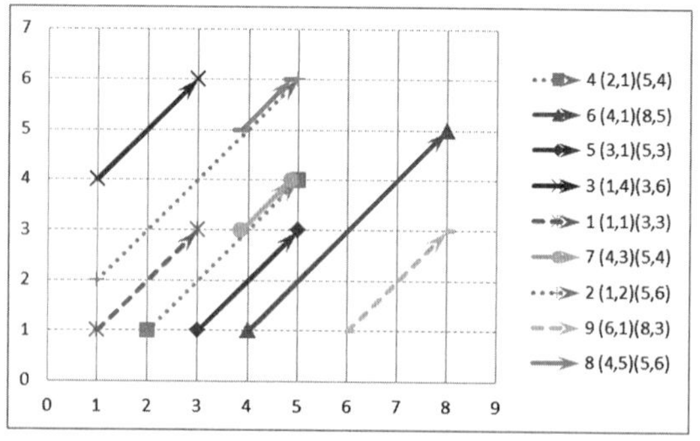

（h）声源位于左后方 225°

图 9.32　在各个声源方向下不同离散早期反射声序列的声像头部外化情况及声源—接收点示意图

前方墙角(声源在正右方时,接收点在左前墙角;声源在正左方时,接收点在右前墙角),而外化效果较差的情况,接收点位于房间横向或纵向的中部。

从图 9.32(e)中可以看出,当声源方向为右前方 45°时,5、6、7 号序列模型的声像外化效果最好。从图 9.32(f)中可以看出,当声源位于与 45°对称的左前方 315°时,8 号效果最好。它们的共同特点是,声源位于来自声源方向的墙角附近,且与接收点的距离较远(3 米以上)。虽然声源位于 315°时的 2 号和 4 号序列,声源也位于左前墙角附近,但它们与接收点的距离较近,因此也不能获得良好的声像外化效果。

从图 9.32(g)中可以看出,当声源方向为右后方 135°时,4、6、8 号序列模型的声像外化效果最好。从图 9.32(h)中可以看出,当声源方向为左后方 225°时,4、6 号序列模型的声像外化效果最好。与 45°和 315°的结果类似,它们的声源均位于声源方向的墙角附近,且与接收点的距离达到 3 米以上。唯一一个特例是 135°的 7 号序列,它虽然满足上述条件,但声像外化效果偏差。

综上所述,声源和接收点在房间的位置不同直接导致离散早期反射序列发生变化,而带有离散早期反射声的双耳信号声像外化效果与声源和接收点的位置有很大关系。当声源入射方向不同时,声源与接收点的最佳位置也不同。

由于本实验是在一个特定的房间内进行的,仅选择了水平面上 8 个声源方向,且每个声源方向下仅选择了 7～9 个反射声序列模式,因此目前得到的只是阶段性实验结果,后续还需要增加实验样本,变换反射条件,改变房间模型,进一步探究离散早期反射声对双耳信号声像外化的影响。

9.6　基于 HRTF 的运动音效模拟与仿真

利用头相关函数 HRTF 可以实现运动音效的合成,在很多场景下为人们提供身临其境的听觉体验,其被广泛应用于各个领域。但是合成的运动音效与真实的声音相比仍然存在一定差距,自然度较差,与利用 HRTF 合成的静态声音一样,也存在“头中声像”的问题,因此改善基于 HRTF 合成的运动音效的听感效果也是非常重要的研究课题。

9.6.1　虚拟运动音效合成算法

在自由场情况下,模拟合成双耳信号时需要将声源信号与相应方向的 HRIR 相卷积。对运动声源进行模拟和仿真时,一般采用的是分段处理的方法,但是具体的方法和效果有所不同。文献[39]和[40]是根据运动轨迹利用 HRTF 合成离散的静态虚拟声音,然后将其按一定顺序叠加,生成运动声音。文献[39]参考电影的放映原理,电影每秒放映 24 帧的静态胶片就可以获得动态的影像。声音的运动模拟也仿照电影的放映,在实验中选择单声道的音源作为原始的声源,在水平面内每隔 15°利用 HRIR 卷积合成一个虚拟声像,最后将得到的 24 个虚拟声像的序列按一定的顺序叠加,合成虚拟的运动声源。为了使合成的声音更加平滑,除了增加分段的数量之外,文中还提出了一种插值方法,在两个虚拟声像序列之间进行插值,实现了较为平滑的运动声源。文献[40]的方法与[39]基本一致,但是在卷积时采取了重叠相加法和重叠保留法,提高了合成运动声源的平滑性,并且仿真了三种环绕模式,即水平平面环绕、垂直平面环绕和距离变化环绕。实验表明利用这种方法合成的运动声源在空间感和立体感上都有很好的提升。

声源在运动的过程中会产生多普勒效应，为了更加逼真地模拟出运动音效，对多普勒效应的模拟也是必要的。文献[41]～[43]考虑到声强的变化和多普勒效应，并根据双耳时间差对双耳信号进行调相处理，从而合成具有多普勒效应的运动声音。

文献[44]提出一种通过对 HRIR 进行处理并进行卷积合成运动声源的方法，每一个 HRIR 分为初始延时和脉冲两部分，通过实际运动轨迹对 HRIR 的延时进行校正，通过声源的传播速度和传播路径重新计算出左、右耳 HRIR 的延时并对原始 HRIR 的延时进行更新，然后再与干信号卷积模拟得到具有多普勒效应的运动声音。文献[45]的方法在文献[44]的基础上改进了计算声源到双耳传输延迟的方法，切换不同的 HRIR 数据时的平衡性和连续性更强，比传统的基于切线和球体的计算方法更简单方便。

本实验所采用的虚拟运动音效的合成算法是基于 HRIR 重构的方法[44][45]，基本流程如图 9.33 所示，分为 HRIR 预处理、HRIR 重构和信号合成三大部分。

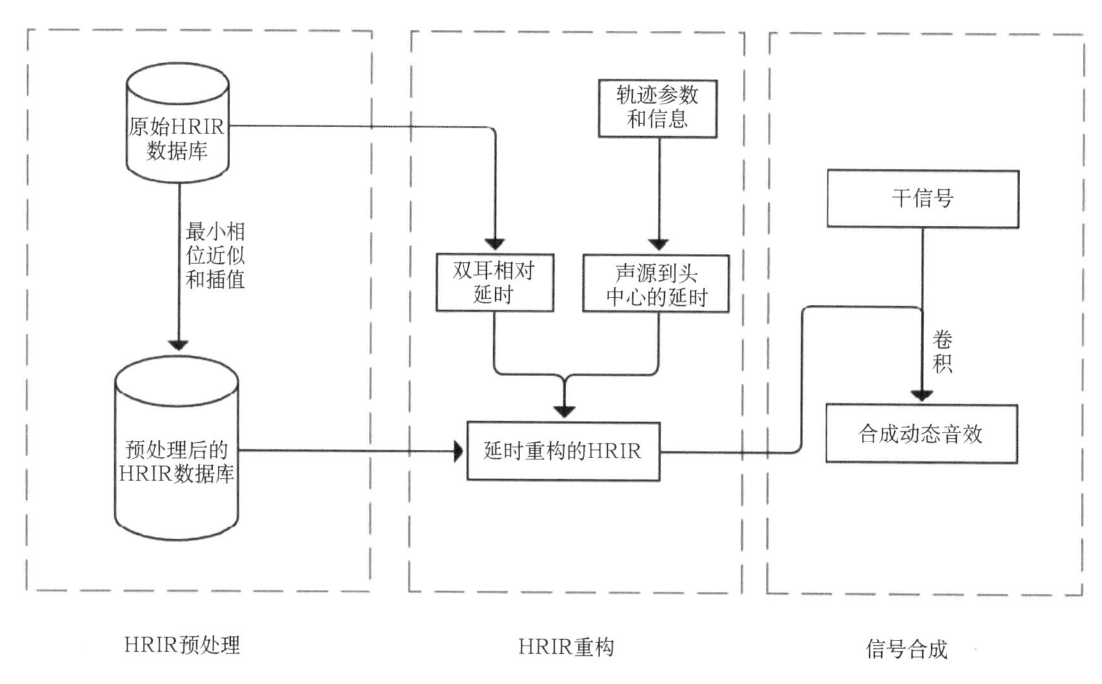

图 9.33　运动信号合成流程

所采用的 HRIR 数据库是基于声学头模测量得到的 HRIR 数据库(与 9.2.2 节所用数据库相同)。首先对 HRIR 数据库进行预处理，对 HRIR 进行离散傅里叶变换得到频域 HRTF。由于在测量时，受扬声器低频下限的影响，所测得的 HRTF 数据幅度在 120Hz 以下有很大的衰减，在低频时头部等生理因素的散射与阴影作用可以略去，频率对 HRTF 幅度的影响可以忽略不计，所以令各个方位角 HRTF 数据的前两个频率点的对数幅度等于第三个频率点的对数幅度，实现对 HRTF 数据低频对数幅度的修正。对修正后的 HRTF 数据进行最小相位近似处理，并进行线性插值，最终得到水平面上间隔为 1°、长度为 128 点的最小相位形式的 HRIR。之后进行延时重构，根据每 0.05s 刷新的实时轨迹计算，声源到头中心的时间T_0和双耳相对延时 ΔT_L和 ΔT_R，再将这两种延时叠加重构出相应的 HRIR。最后用干信号与重构后的 HRIR 进行卷积得到合成的动态音效。对水平面上的三种轨迹做仿真与模拟：前方左右移动、右侧前后移动及围绕头部顺时针逆时针转动(见图 9.34)。

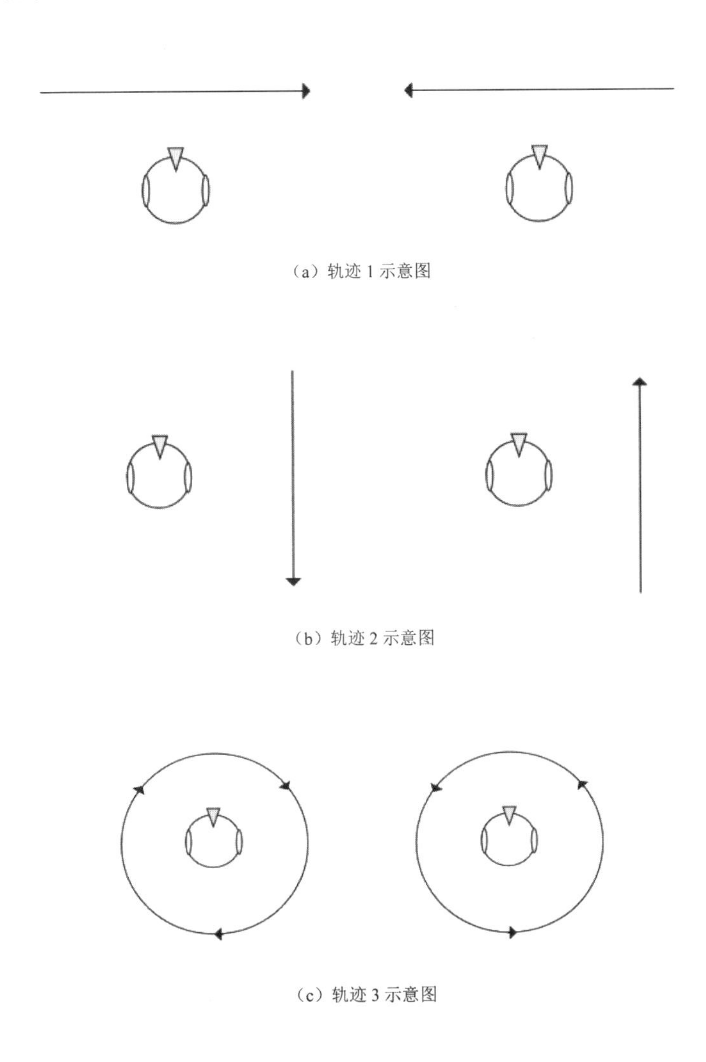

(a) 轨迹 1 示意图

(b) 轨迹 2 示意图

(c) 轨迹 3 示意图

图 9.34　运动轨迹示意图

9.6.2　虚拟运动音效的听感评价

实验选择白噪声、快板声两种信号作为干信号，合成了 12 种轨迹参数的运动音效，共 24 个信号，具体参数设置见表 9.5。最小距离是指声源在运动过程中与头中心最近的距离，轨迹 1 和轨迹 2 的最小距离就是运动轨迹与人头的垂直距离，轨迹 3 的最小距离即运动轨迹的半径。此外，还加入了三段实录的动态双耳音效作为实验信号来与合成的动态音效进行对比。实录的动态音效分别是飞机、摩托车和汽车在运动时发出的声音。最终共有 27 个实验信号参与评价。

表 9.5 运动音效轨迹参数设置

轨迹	初始角度	结束角度	最小距离(m)	速度(m/s)
轨迹 1	280°	80°	5	20
			5	30
			10	40
			10	50
轨迹 2	10°	170°	5	20
			5	30
			10	40
			10	50
轨迹 3	0°	360°	10	20
			10	30
			20	40
			20	50

实验定义了三个评价维度:运动感、轨迹清晰感和自然度。“运动感”是对合成动态音效最基本的评价维度,让被试判断是否能明显感觉到声源是运动的;“轨迹清晰感”是对合成动态音效的进一步感知和评价,给被试几种不同轨迹的合成信号,让其判断是否能比较清晰地感知到信号的运动轨迹;此外,考虑到相对于实录的动态双耳信号,合成的信号一般在听感上自然度略差,所以选取“自然度”作为一个评价维度,并通过被试的反馈总结分析出自然度较差的原因。运动感、轨迹清晰感和自然度的含义如表 9.6 所示。

表 9.6 运动音效评价维度含义

评价维度	含 义
运动感	声音听起来有动态效果,能明显感觉到声源的运动
轨迹清晰感	能够清晰地感知到音效的运动轨迹,听感不飘忽
自然度	声音听起来比较自然,听感舒适

实验采用监听级别入耳式耳机进行重放,在实验前利用人工耳对耳机进行校准,控制每个耳机听音的等效声压级为 75dBA。被试为 17 名受过专业听音训练的研究生。在实验过程中,首先使被试充分地理解“运动感”“轨迹清晰感”和“自然度”的含义,然后进行主观听音实验,将 27 个实验信号依次播放给被试听,每个信号重复播放三遍,要求被试分别从三个维度对合成的信号进行评价。采用系列范畴法[37],每种维度下设置“很好”“较好”“一般”“较差”和“很差”五个范畴,被试需要根据听感迫选其一。将所得的实验数据利用系列范畴法进行处理,得到各个范畴的范围和每个信号所在的范畴,分析不同信号在不同维度上的心理尺度分布差异。

虚拟运动音效的运动感感知实验结果如图 9.35 所示。从图中可以看出,合成的动态音效大多数分布在“较好”和“很好”两个范畴内。整体上来说合成动态音效有比较好的运动感，与实录的动态音效相比差距不大。除此之外，从图中还可以看出运动感与运动轨迹有关，轨迹 1 和轨迹 3 信号的运动感效果较好，而轨迹 2 的运动感相对来说较差。

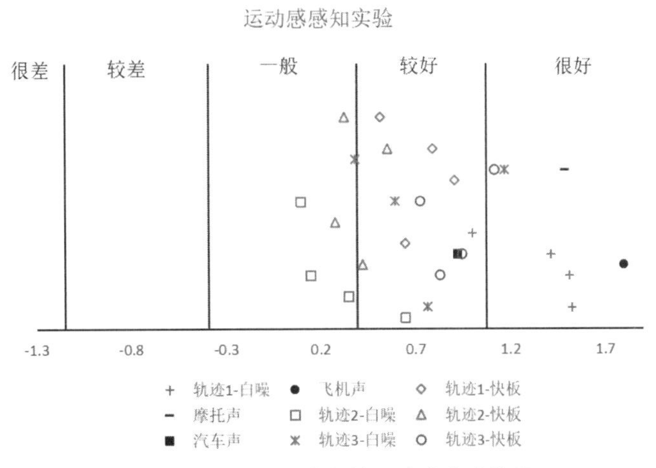

图 9.35　合成运动音效运动感实验结果

虚拟运动音效的轨迹清晰感感知实验结果如图 9.36 所示。从图中可以看出，合成运动音效的轨迹清晰感感知范畴基本集中在“一般”的范畴内，整体上来说被试对于合成的动态音效的轨迹感知不是特别清晰，对比实录动效的感知结果可以看出，作为参考的实录动效轨迹清晰感大多数也分布在“一般”的范畴内。出现这种结果可能是由于被试是在不了解有哪几种轨迹的情况下直接进行听音实验的，直接通过动态的音效判断运动轨迹相对比较难。而在实际的应用场景中，合成的动态音效一般是配合对应的影像或视频一起播放的，在视觉和听觉的共同作用下，运动轨迹的认知会更加明显。除此之外，还可以看出合成动态音效的运动轨迹清晰感和运动感一样，都和运动轨迹有关系。轨迹 2 的轨迹清晰感感知程度相对最差。通过被试的反馈发现，被试认为轨迹 2 的轨迹飘忽不定，感知到的声像较为混乱，很

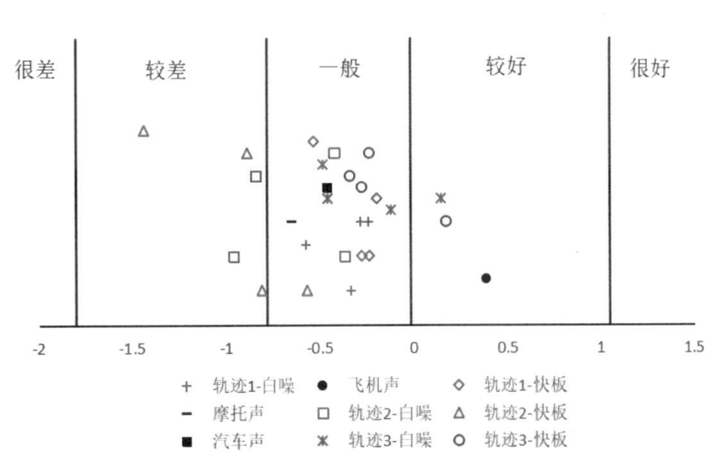

图 9.36　合成运动音效轨迹清晰感实验结果

难准确地判断出运动轨迹。通过被试的反馈分析产生这种结果的原因，可能是由于出现了前后声像混淆，所以轨迹 2 在运动感和运动轨迹清晰感的维度上听感效果皆不佳。

虚拟运动音效自然度的感知实验结果如图 9.37 所示。从图中可以看出，合成运动音效的自然度感知大多分布在“一般”的范畴内，大多数合成的运动音效与实录的运动音效相比自然度还是有较大差异的。被试反馈合成动态音效的声像集中在头内，合成运动音效给人的主观听感是声源从头内穿过，听感上自然度较差。这说明利用 HRTF 合成的动态音效和利用 HRTF 合成的静态声音一样，在用耳机重放时仍存在“头中声像”的问题，影响了合成音效整体的自然度。

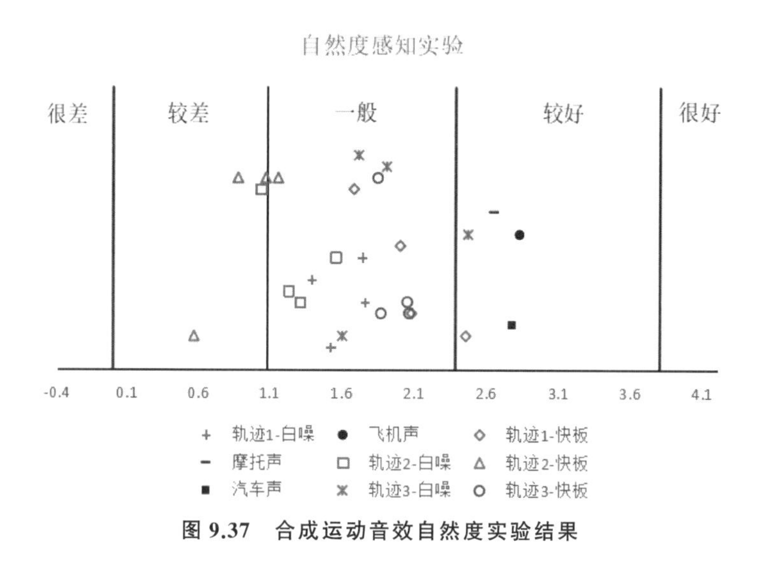

图 9.37　合成运动音效自然度实验结果

9.7　虚拟运动音效头中声像问题分析

HRTF 合成的双耳运动音效与实录的运动音效相比，缺失了一部分空间信息，这可能是合成的运动音效产生头中声像、自然度较差的原因之一。因此通过加人工混响的方法对缺失的空间信息进行补偿，可能会有效改善“头中声像”问题。

现有的人工混响模型有很多，其中有代表性的包括梳状滤波器的混响模型[46]、全通滤波器的混响模型、Schroeder 混响模型[47]和 Moorer 混响模型[48]等。对上述几种典型的混响模型进行仿真，并进行预实验，实验结果表明 Moorer 混响模型的听感最接近实际情况。6 个低通梳状滤波器加上 2 个全通滤波器，同时加上 1 个 N 抽头的 FIR 延迟滤波器，生成早期反射声，组成经典的 Moorer 混响模型。在后面的实验中，选用 19 抽头的 FIR 滤波器的参数设计来模拟早期反射声，6 个梳状滤波器的延时分别为 50ms、57ms、61ms、69ms、73ms、79ms，其衰减系数可以由(9.20)式得出，式中 $delay$ 为延时，$rt60$ 为混响时间，fs 为采样频率。

$$a_i = 10^{-3\frac{delay}{rt60 * fs}} \tag{9.20}$$

给利用 HRTF 合成的双耳信号加不同时长的混响时间，耳机听音的结果表明，当人工混响时间超过 2s 时声音自然度很差，且有回声。故实验选用混响时间在 2s 以内的合成信号。

9.7.1　混响处理对静态声像外化的影响

利用 HRTF 合成的静态声音加人工混响，验证利用加人工混响的方法来改善“头中声像”问题是否有可行性，为后续研究运动音效加混响处理后的声像变化奠定基础。

听感评价实验采用语音(男生朗诵)、白噪和快板声三种信号作为干信号。采用声学头模 HRIR 数据库，在水平面上从正前方 0°开始顺时针每隔 30°选取一个角度，总计 12 个角度。选择 0s、0.2s、0.4s、0.6s、0.8s、1.0s、1.2s、1.5s、2s 共 9 种混响时间。把干信号与 HRIR 卷积得到双耳合成信号，对得到的双耳合成信号加入 9.7.1 节确定的 Moorer 人工混响，最终得到实验信号总计 324 个。

实验分为两个阶段。第一阶段采用系列范畴法[37]进行实验，设置“头内”“头皮”“头外较近”“头外中等”和“头外较远”五个范畴，将所有信号按随机次序分组播放给被试听，让被试选择出感知到的声像所在范畴。为了在改善“头中声像”问题的同时不影响定位的准确性，设计了第二阶段的实验。第二阶段的实验是探究混响处理对定位准确性的影响，采用合成的 108 个语音信号来进行声像方向定位实验，让被试从 12 个角度中强制选择一个自己感知到的方向。两次实验均采用监听级别入耳式耳机重放，并对信号声压级进行校准(约 75dBA)。被试为 19 名受过专业听音训练的研究生。

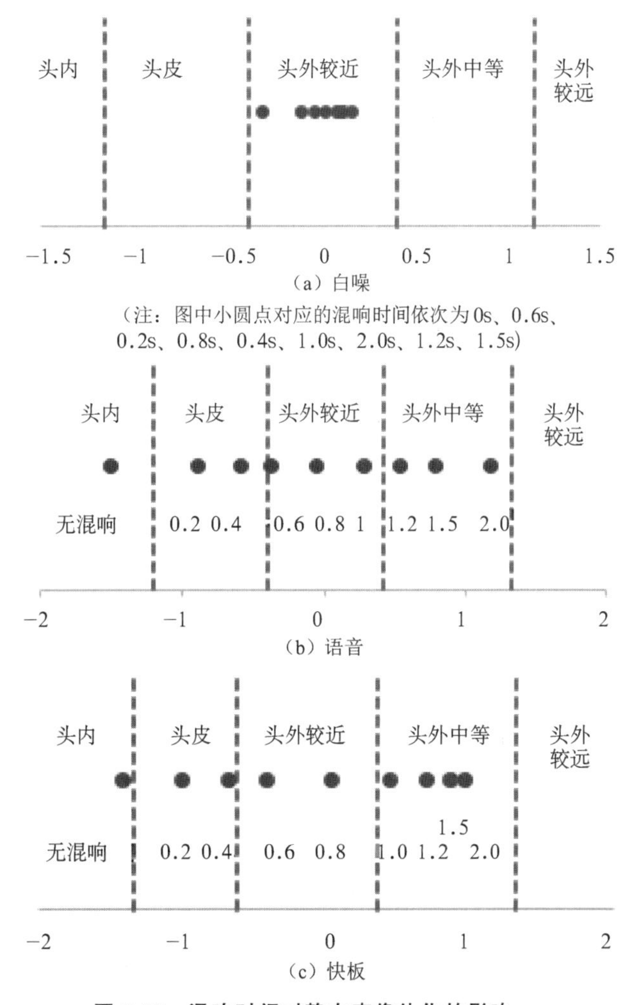

图 9.38　混响时间对静态声像外化的影响

(1)混响时间与声像外化的关系

图 9.38 给出了白噪、语音和快板三种信号在不同混响时间条件下声像位置感知的结果。图中横轴坐标对应五个范畴的心理尺度值，图中小圆点对应的数字表示不同的混响时间(单位：秒)。由此可以看出，干信号为白噪时，加人工混响对声像外化的影响效果不明显，声像位置都集中在“头外较近”范畴内，并且声像的位置与混响时间没有明显的关系。干信号为语音和快板时加人工混响后有比较明显的声像外化的效果，声像位置大多出现在“头外较近”和“头外

中等”两个范畴之内。而且随着人工混响时间增加,头部外化效果越来越明显。

(2)声源方向与声像外化的关系

分析当声源位于不同方向时,加入人工混响后声像外化的情况。图 9.39 中统计了各个声源方向下所有信号定位在“头外较近”和“头外中等”两个范畴的比率。从图中可以看出,左半周和右半周的结果基本对称,当声源位于正右方 90°和正左方 270°时,声像定位在头外的比率最高;当声源位于正前方 0°和正后方 180°时,声像头部外化的效果最差。

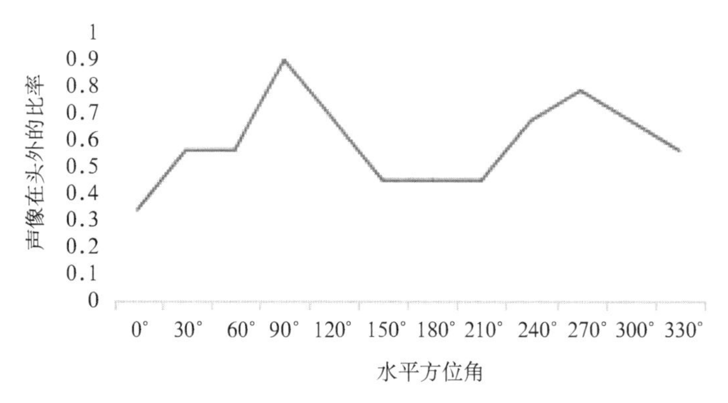

图 9.39 声源方向与静态声像外化的关系

(3)人工混响时间对声像方向定位的影响

由图 9.40 可以看出,混响时间在 2s 的范围内对方向定位正确率没有太大的影响。经过显著性分析后得出,不加混响和加混响的信号的方向定位正确率没有显著差异。

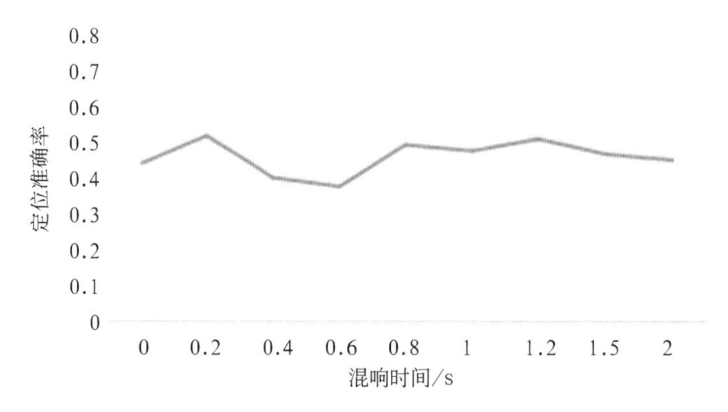

图 9.40 不同混响时间下的静态声像方向定位正确率

9.7.2 混响处理对虚拟运动音效声像外化的影响

实验证明,混响处理对静态信号的“头中声像”问题是有所改善的,并且混响时间在一定的范围内时,加人工混响对定位准确率的影响不大。因此,通过主观评价实验进一步探究混响处理对虚拟运动音效声像外化的影响。

实验采用白噪声和快板声两种干信号,选取 9.6.2 节中通过主观听感评价实验得出的运动感和轨迹清晰感较好的两种轨迹(轨迹 1 和轨迹 3)进行实验,具体参数如表 9.7 所示。人工混响模型同样选择上述 Moorer 混响模型,选取 0s、0.2s、0.4s、0.6s、0.8s、1.0s、1.2s、1.5s 共 8 种混响时间。最终获得加入人工混响的动态合成音效。

表 9.7　用于人工混响处理的运动音效轨迹参数

干信号	轨迹	初始角度	结束角度	最小距离(m)	速度(m/s)
白噪	轨迹 1	280°	80°	5	10
快板	轨迹 1	280°	80°	5	20
白噪	轨迹 3	0°	360°	10	30
快板	轨迹 3	0°	360°	10	30

听感评价实验采用对偶比较法[37],两两一组,按随机次序播放,让被试选择每组中声像外化程度更好的一个信号。被试为 17 名受过专业听音训练的研究生,实验信号重放条件与 9.7.1节一致。

经过数据处理得到不同混响时间下合成运动音效的声像外化感知的相对心理尺度,实验结果如图 9.41 所示。由图中可以看出,随着混响时间的增加,声像外化效果趋于明显,但是当混响时间超过一定值之后,声像外化效果不再随着混响时间的增加而趋于明显,这个值在 0.8s 到 1.0s 之间。

对比静态声音加人工混响的实验结果,可以看出动态声音和静态声音加人工混响后的声像外化的趋势变化是有差别的。混响时间在 1.5s 之内时,随着混响时间的增加,静态声音加混响后声像外化效果是越来越明显的,而虚拟运动音效的声像外化程度不是随着混响时间的增加而无限提高的,而是存在一个最佳混响时间。也就是说,在本实验所采用的人工混响模型及运动轨迹参数下,合成的动态音效存在最佳混响时间。

综上所述,加入人工混响处理对合成的虚拟动态音效的"头中声像"问题有所改善,但是要选择恰当的混响时间和混响模型。在实际应用中可以根据具体情况给合成的动态音效加上合适的人工混响,使合成运动音效的"头中声像"问题得到最好的改善,从而获得听感最佳的虚拟运动音效。

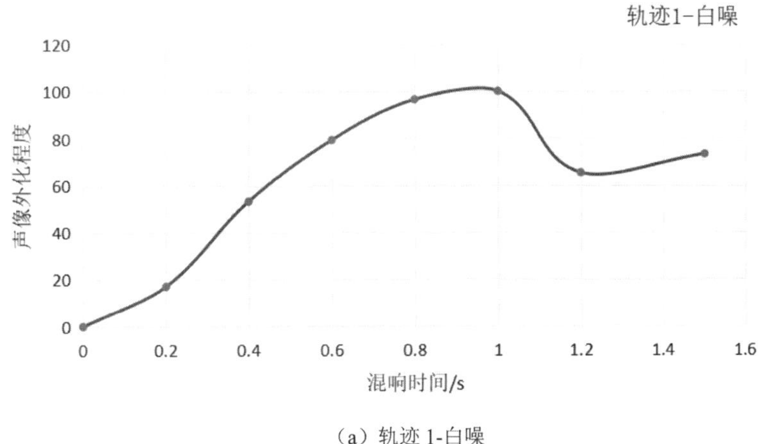

(a) 轨迹 1-白噪

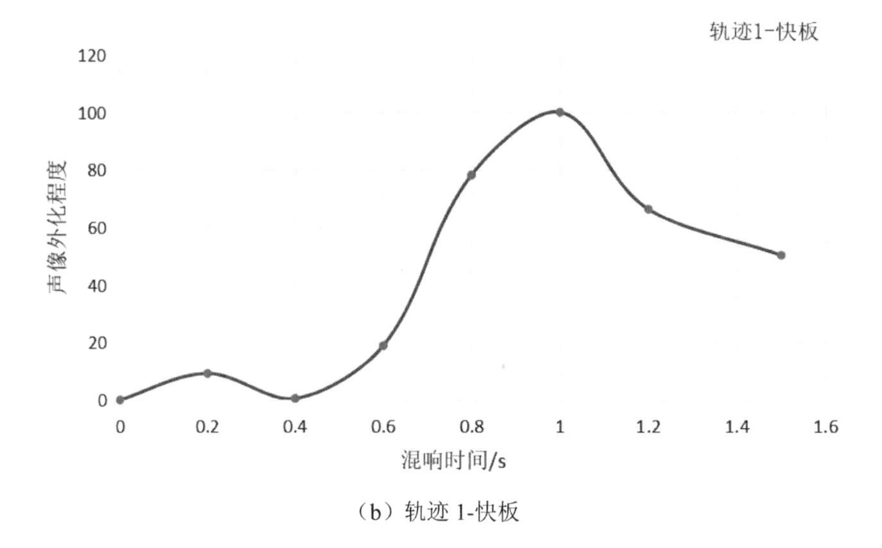

（b）轨迹 1-快板

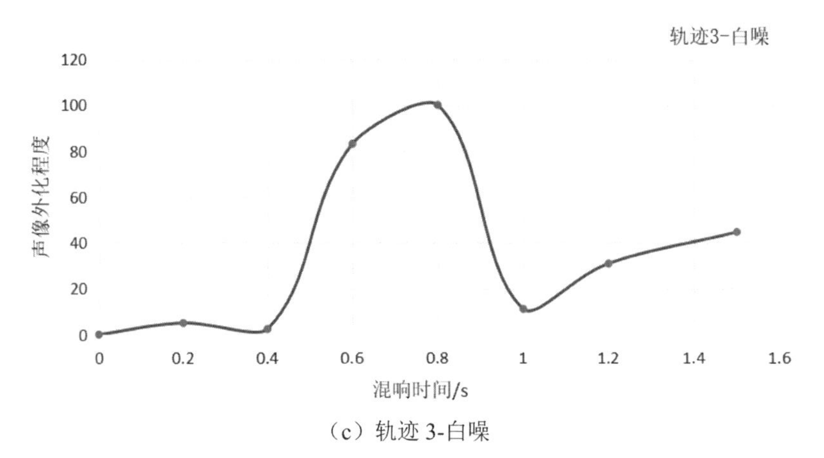

（c）轨迹 3-白噪

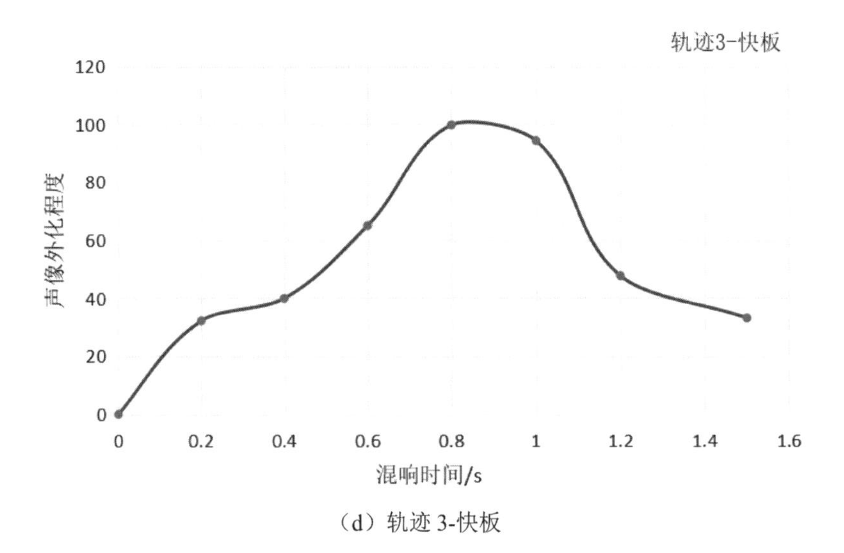

（d）轨迹 3-快板

图 9.41　不同混响时间对虚拟运动音效声像外化的影响

参考文献

[1]谢菠荪.头相关传输函数与虚拟听觉[M].北京：国防工业出版社，2008.

[2]张承云，谢菠荪.一种5.1通路环绕声的动态双耳重放方法[J].应用声学，2016.

[3]WALLACH H. The role of head movement and vestibular and visual cue in sound localization[J].J.Exp.Psychol，1940，27(4)：339-368.

[4]WENZEL E M.What perception implies about implementation of interactive virtual acoustic environments[C]//Audio engineering society convention 101.audio engineering society，1996.

[5]LOOMIS J M，HEBERT C，CICINELLI J G.Active localization of virtual sounds[J]. The journal of the acoustical society of America，1990，88(4)：1757-1764.

[6]ZHANG M，TAN K C，ER M H.A refined algorithm of 3-D sound synthesis[C]//Signal Processing Proceedings，1998. ICSP′98.1998 Fourth International Conference on. IEEE，1998，2：1408-1411.

[7]PARK M，CHOI S，KIM S，et al.Improvement of front-back sound localization characteristics in headphone-based 3D sound generation[C]//Advanced Communication Technology，2005，ICACT 2005. The 7th International Conference on. IEEE，2005，1：273-276.

[8]KOO K，CHA H.Enhancement of a 3D Sound Using Psychoacoustics[J].International journal of biological and medical sciences，2009，4(3).

[9]张璐，李晓峰.HRTF前后定位效果改良算法研究[C]//2006中国西部青年通信学术会议论文集.2006.

[10]BLAUERT J. Sound localization in the median plane (Frequency function of sound localization in median plane measured psychoacoustically at both ears with narrow band signals)[J].Acustica，1970，22(4)：205-213.

[11]MYERS P H.Three-dimensional auditory display apparatus and method utilizing enhanced bionic emulation of human binaural sound localization：U.S.Patent 4,817,149[P].1989-3-28.

[12]TAN C J，GAN W S.User-defined spectral manipulation of HRTF for improved localisation in 3D sound systems[J].Electronics letters，1998，34(25)：2387-2389.

[13]SO R H Y，LEUNG N M，HORNER A B，et al.Effects of spectral manipulation on nonindividualized head-related transfer functions (HRTFs)[J]. Human factors：the journal of the human factors and ergonomics society，2011，53(3)：271-283.

[14]YUAN Y，FU Z，XU M，et al.Externalization improvement in a real-time binaural sound image rendering system[C]//2015 International Conference on Orange Technologies (ICOT).IEEE，2015：165-168.

[15]BEGAULT，DURAND. Perceptual effects of synthetic reverberation on three-dimensional audio system[J].Audio engineering society，1992，40(11)：895-904.

[16]伍玉叶，余光正.早期反射对侧向声源距离定位因素的影响[C]//中国声学学会第十一

届青年学术会议会议论文集.2015.

[17]BARRON M.The subjective effects of first reflections in concert halls-The need for lateral reflections[J].Journal of sound & vibration，1971，15(4):475-494.

[18]DURRER B.Gestaltung von reflexionen in auditory displays[J].Fortschritte der akustik，2000，26:162-163.

[19]GOURÉVITCH B，BRETTE R.The impact of early reflections on binaural cues[J].The journal of the acoustical society of America，2012，132:9-17.

[20]CATIC J，SANTURETTE S，DAU T.The role of reverberation-related binaural cues in the externalization of speech[J].The journal of the acoustical society of America，2015，138(2):1154-1167.

[21]VÖLK F，HEINEMANN F，FASTL H.Externalization in binaural synthesis:effects of recording environment and measurement procedure[C]//Proc.Acoustics 08，Paris，France.2008:6419-6424.

[22]张承云，谢菠荪，谢志文.立体声耳机重发中头中定位效应的消除[J].电声技术，2000(8):4-6.

[23]胡红梅，周琳，马浩，等.耳机虚拟声系统的外部化方法[J].东南大学学报（自然科学版），2008，38(1):1-5.

[24]BROOKES T，TREBLE C.The effect of non-symmetrical left/right recording pinnae on the perceived externalisation of binaural recordings[C]//Audio Engineering Society Convention 118.Audio Engineering Society，2005.

[25]UDESEN J，PIECHOWIAK T，GRAN F.The effect of vision on psychoacoustic testing with headphone-based virtual sound[J].Journal of the audio engineering society，2015，63(7/8):552-561.

[26]SUNDER K，TAN E L，GAN W S.Individualization of binaural synthesis using frontal projection headphones[J].Journal of the audio engineering society，2013，61(12):989-1000.

[27]ZHONG X，XIE B.Spatial characteristics of head-related transfer [J].Chinese physics letters，2005，22(5):1166-1170

[28]KISTLER D J，WIGHTMAN F L.A model of head-related transfer functions based on principal components analysis and minimum - phase reconstruction[J].The journal of the acoustical society of America，1992，91(3):1637-1647.

[29]张婷婷.头相关传输函数主成分分析与空间傅里叶连续重构[D].广州:华南理工大学,2008.

[30]谢菠荪，头相关传输函数的主成分分析与耳廓的影响[J].声学技术，2008,27(5):374-375.

[31]MORIMOTO M.The contribution of two ears to the perception of vertical angle in sagittal planes[J].The journal of the acoustical society of America，2001，109(4):1596-1603.

[32]OPPENHEIM A V, BUCK J R, SCHAFER R W.Discrete-time signal processing.Vol. 2[M].Upper Saddle River, NJ:Prentice Hall, 2001.

[33]KULKARNI A, ISABELLE S K, COLBURN H S.On the minimum-phase approximation of head-related transfer functions[C]//Proceedings of 1995 Workshop on Applications of Signal Processing to Audio and Accoustics.IEEE, 1995:84-87.

[34]SHIN K H, PARK Y.Customization of head-related transfer functions using principal components analysis in the time domain[J].The journal of the acoustical society of America, 2006, 120(5):3284-3284.

[35]HWANG S, PARK Y.HRIR customization in the median plane via principal components analysis[C]//Audio Engineering Society Conference:31st International Conference:New Directions in High Resolution Audio.Audio Engineering Society, 2007.

[36]仝欣，齐娜.椭球头模与仿真头模的指向性比较[J].电声技术，2012，36(1):43-45.

[37]孟子厚.音质主观评价的实验心理学方法[M].北京:国防工业出版社，2008.

[38]BLAUERT J. Communication Acoustics[M].Berlin.Springer-Verlag.2005.

[39]张峥，黄强，范涛，等.利用头相关函数实现虚拟声源和运动声源[J].南开大学学报（自然科学版），2009，42(5):72-76.

[40]李薯光.3D虚拟声算法研究与实现[D].西安:西安电子科技大学，2014.

[41]梁军.3D运动声源仿真原理[J].电声技术，2000 (4):8-9.

[42]JENISON R L, NEELON M F, REALE R A, et al.Synthesis of virtual motion in 3D auditory space[C]//Proceedings of the 20th Annual International Conference of the IEEE Engineering in Medicine and Biology Society.Vol.20 Biomedical Engineering Towards the Year 2000 and Beyond (Cat.No.98CH36286).IEEE, 1998, 3:1096-1100.

[43]吴镇扬，翁涛.虚拟听觉空间中运动声源的模拟[J].电声技术，2000 (6):7-9.

[44]IWAYA Y, TOYODA M, SUZUKI Y.A new rendering method of moving sound with the Doppler effect[C]//Georgia Institute of Technology, 2005.

[45]FU Z H, ZHU T.Moving sound image rendering in realistic audio effects[C]//International Conference on Intelligent Science and Intelligent Data Engineering.Springer, Berlin, Heidelberg, 2011:722-730.

[46]ORFANIDIS S J.Introduction to signal processing[M].Prentice-Hall, Inc., 1995.

[47]SCHROEDER M R, LOGAN B F. “Colorless” artificial reverberation[J].IRE transactions on audio, 1961 (6):209-214.

[48]MOORER J A.About this reverberation business[J].Computer music journal, 1979:13-28.

第10章　双耳听感清晰度*

10.1　语言传输指数及空间影响因素

10.1.1　语言清晰度评价

语言清晰度是用来评价语音质量的一个重要指标，除此之外可懂度和自然度等也作为评价指标。可懂度定义为发音人发出的语言单位是句子或者短语，这些语言单位经过要测试的语言传递系统后，统计出的听音人对句子或者短语正确识别的概率。与可懂度相区别，语言清晰度的语言单位是意义不连贯的单音节，测量的是音节正确率。

如何对语言清晰度进行评价，是人们长期研究和探讨的课题。语言清晰度的评价方法有两种形式：一种是直接用人类的听觉进行评价，即主观评价；另一种是基于电子仪器的评价，即客观评价。这里主要讨论基于语言传输指数(Speech Transmission Index，STI)的客观评价及其主观清晰度评测。

主观评价方法是以人为主体来对语音的质量进行评价，目前汉语语言清晰度主观评价方法主要有：平均意见分MOS法、满意度测量DAM[1]、声学语言清晰度测试方法[2]、通信设备汉语清晰度测试方法[3]以及汉语清晰度诊断押韵测试(DRT)法[4]。主观评价方法的优点是评价结果从人的听觉感受出发，能够真实反映语音质量的优劣；缺点是评价需要动用大量的人力物力，方法较为烦琐，评价实验针对不同的被试，结果的稳定性和重复性较差。主观评价方法存在的种种弊端，迫使人们去寻求一种更加便捷准确的方法来代替主观评价方法。

客观评价方法是基于一定的算法，通过机器来自动对语音通信系统的语言传输质量进行评价，评价方法简单易行。客观评价方法依托于主观评价，客观评价方法中的算法是以主观实验结果为依据而推导出来的。常用的客观评价方法有清晰度指数AI法、语言传输指数STI法和辅音清晰度损失率(ALcons%)等[5]，其中语言传输指数STI目前得到了广泛的应用。

STI计算过程复杂，计算时间较长，在声频工程应用中测量较为烦琐，因此针对扩声系

* 本章内容主要来自《双耳听闻场景下STIPA与听感清晰度的相关性分析》，郑晓琳，中国传媒大学硕士学位论文，2014年5月。

统的清晰度评价方法，在 STI 原理的基础上提出了简化的 STIPA（Speech Transmission Index for Public Address），该方法适用于评价包括扩声系统的房间声学的语言传输质量。STI 法常常用来预测在滤波传输和噪声干扰条件下的语音可懂度，同时还被应用于助听器和人工耳蜗等研究。

Knudsen 和 Harris[6] 的早期研究表明语言清晰度和混响时间存在一定的关系，他们提出清晰度受混响时间的影响，除此之外语言声压级、背景噪声以及房间的形状也是影响语言清晰度的重要因素。French 和 Steinberg[7] 研究了影响语言可懂度的因素，提出清晰度指数（AI），随后被 Kryter[8] 简化。AI 是一种新的语音可懂度的计算方法，该方法为后来的清晰度评价发展奠定了基础。Lochner 和 Burger[9] 认为信号噪声比（S/N）能表明室内反射声序列对语言清晰度的影响。在一定时间内的早期反射声的声能与直达声能结合能提高语言清晰度，而在这个时间间隔后到达的反射声则起掩蔽噪声的作用，语言清晰度降低。Peutz[10] 提出辅音清晰度损失率概念，总结出混响时间 T、到声源距离 D 以及房间容积 V 之间的经验关系。考虑到扬声器的指向性，Klein[11] 对该经验公式进行了修改。Houtgast 和 Steeneken[12] 又提出通过测量传输通路的调制转移函数（MTF）推导出语言传输指数的方法，调制转移函数能够很好地反映通信系统的语言清晰度。影响语言清晰度的干扰因素主要有信噪比、混响时间和系统失真等。STI 法在厅堂建筑声学的清晰度评价中得到了广泛应用。Houtgast 和 Steeneken 等人又在之前研究的基础上，多次对实验进行修正，于是现在的语音清晰度评价国际标准形成了。

彭建新[13] 在不同室内声学特性、不同信噪比条件下探讨了汉语语言平均谱干扰噪声及其方向对于汉语语言清晰度的影响。他认为汉语语言清晰度与听音位置的声场特性、信噪比和噪声源方向有关，其中信噪比因素比汉语语言清晰度有更显著的影响，汉语语言清晰度随听音位置的声场特性改善和信噪比的提高而提高，随着语言信号与噪声源位置分开的角度增大而提高。

Zurek[14] 在其提出的模型中指出，双耳有差别听闻有助于提高语言清晰度，双耳的优势在于同时利用人头阴影和双耳交互作用，双耳交互作用是人的听觉系统感知双耳接收的信号差异所引起的一种心理声学现象。Hirsh[15] 通过实验发现声源相对位置对于语言清晰度有一定的影响，表现为当语音源和噪声源相对位置较远时语言清晰度较高，当语声源和噪声源相对位置较近时语言清晰度较低，当语声源和噪声源的相对方位角不变时语言清晰度几乎不改变。Hawley、Litovsky、Colbum 等[16] 采用听音者现场测听和用 KEMAR 头模录音，重放清晰度测试信号和干扰信号，然后用耳机重放进行试验。实验结果表明：当测试信号和干扰信号空间分离（不在同一方向）时，采用耳机重放的语言清晰度和直接在声场中听的语言清晰度都明显提高。Plomp[17] 考察了在混响条件下声源位于水平面不同位置处单耳和双耳的语言清晰度的情况。清晰度的掩蔽阈值主要取决于信号源与干扰声源之间的方位角和混响时间，其中混响时间对清晰度的掩蔽阈值贡献较大。受头部阴影效应、双耳掩蔽效应和双耳有差别听闻共同作用的影响，当干扰声源在被头部遮住的那一侧时双耳清晰度阈值比单耳清晰度阈值低，信号源与干扰声源空间分离的清晰度阈值比信号源与干扰声源在同一方位角时低。

以上研究表明，除了声场特性和噪声掩蔽外，声源的空间位置和人头阴影都是影响语言清晰度的重要因素，而当前语言传输指数 STI 的计算模型并未考虑到双耳效应和人头阴影作用对语言清晰度的影响，因此本章的研究目的是考察不同声源位置组合条件下，头中心位置处单点测量的语言传输指数与头模存在时双耳语言传输指数的差异和变化规律，尝试建立双耳传输指数与汉语语言主观清晰度的关系。

10.1.2 语言传输指数

语言传输指数反映了语言信号经过传递系统以后，与原始输入信号相比发生变化的频谱包络的变化。这一变化可以通过调制转移函数(Modulation Transfer Function，MTF)的调制度降低因数来表示，其物理意义在于语言清晰度取决于语音组合音节之间的频谱差异，通过语言信号的包络函数加以描述。调制转移函数能够很好地反映厅堂的语言清晰度。现在的语言清晰度国际标准[18]就是在对 STI 法的多次修正之后形成的。常用的 STI 法是用人工合成的测量信号进行测量的，其信号在模拟一个音位的基础上，考虑以下因素：平均语声谱、频率计权、听觉掩蔽效应、听觉门槛、由线性和非线性互调引起的谐波分量等[19]。

用 STI 法来评价语言清晰度[20]是在 1971 年最先由 Houtgast 和 Steeneken 两人提出的。在信号 i 和 j 经过传输系统后，将两者之间的差别定义为 D_{ij}'，则信道的传输特性可以用接收端与发送端之间的差别比值来描述，即 D_{ij}'/D_{ij}。这里将这个比值定义为传输指数 TI：

$$TI_{i,j}=\frac{\sum_{n=1}^{N}|L'_{i,n}-L'_{j,n}|^{P}}{\sum_{n=1}^{N}|L_{i,n}-L_{j,n}|^{P}} \tag{10.1}$$

其中 L_{in} 和 L_{jn} 是在发送端的声压级，L_{in}' 和 L_{jn}' 是在接收端的声压级。传输指数 TI 虽然不能说明这两个信号在传输时的好坏程度，但解释了这两个信号在传输后的差别。

传输指数最初采用的是 1/3 倍频程滤波，用倍频程滤波得到的结果与之相似，为了简便，这里直接用倍频程滤波。选择 250Hz～4000Hz 的 5 个倍频程滤波。公式如下：

$$TI_{1,2}=\sum_{n=1}^{5}\left(\frac{\Delta L'_{n}}{\Delta L}\right)^{p} \tag{10.2}$$

考虑到在每个倍频程都要求 i、j 两个信号之间的声压级之差与实际情况相比太过简化，所以需要引入权重因子的概念。两个信号按照一定的交替频率出现，交替频率为 3Hz 可以更好地模拟人的语音信号。语言传输指数如下式所示：

$$STI=\frac{1}{\alpha}\sum_{n=1}^{5}\alpha_{n}\left(\frac{\Delta L'_{n}}{\Delta L}\right)^{p} \tag{10.3}$$

$$\alpha=\sum_{n=1}^{5}\alpha_{n} \tag{10.4}$$

其中，ΔL(dB)为初始声压级，P 是幂指数值，α_n 是权重因子。

国际标准中用 STI 法来评价语言清晰度，公式如下所示：

$$STI=\alpha_{1}TI_{1}-\beta_{1}\sqrt{TI_{1}*TI_{2}}+\alpha_{2}TI_{2}-\beta_{2}\sqrt{TI_{2}*TI_{3}}\cdots+\alpha_{n}TI_{n} \tag{10.5}$$

$$\sum_{n=1}^{n}\alpha_{k}-\sum_{n=1}^{n-1}\beta_{k}=1 \tag{10.6}$$

α、β 分别是频带的权重系数和相邻频带的冗余度，即相应倍频带下的语言清晰度贡献量和相邻频带的冗余系数。

$$TI_k = \frac{SNR_k + 15}{30} \tag{10.7}$$

这里 SNR_k 是指相应各个倍频带下的信噪比。

STI 法能够很好地用来评价厅堂等建筑环境的语言清晰度，而且预测精度比较高，但是该方法也存在很多不足，如计算比较复杂、不适合工程应用等。因此，由 STI 派生出一种简化方法——STIPA（STI for public address systems），它适用于包含扩声系统的语音传输系统的清晰度评价。在实际工程应用中，由于测量时间短，一次只需要 10.15s，操作简单快捷，用 STIPA 进行语言清晰度测量最为常见。本节所指的语言传输指数实际就是采用 STIPA 法测量的。

STIPA 法的测试信号是由一个具有语言频谱的噪声做载波被一系列调制频率的正弦波强度调制组成，模拟语音是由发声器官对窄带噪声的极低频调制而成。STIPA 测试信号包含 7 个倍频程窄带噪声载波，每个载波对应 2 个调制频率，其构成如表 10.1 所示。

表 10.1　测量信号矩阵　　（单位：Hz）

倍频程中心频率	125	250	500	1000	2000	4000	8000
第一调制频率	1.00	1.00	0.63	2.00	1.25	0.80	2.50
第二调制频率	5.00	5.00	3.15	10.00	6.25	4.00	12.50

10.1.3　双耳听觉效应对语言清晰度的影响

声波传播到人耳中是一个复杂的过程。声波首先从声源位置经过头部、肩部和躯干等作用产生一定的反射、衍射，然后经由外耳耳廓到达外耳道中，并与直达声在耳道入口处相互干涉，产生一定的频谱改变。声波经过耳道的响应会被传到内耳中进行一定的处理，最终刺激神经元，形成人脑中的听觉感知。从声源到耳膜之间的传输路径可以被看作一个滤波器，外耳反射、衍射的整个处理过程就起到滤波作用，其频率响应可以用头相关传递函数 HRTF 来统一表述。

现有的语言传输指数的客观评测没有考虑到人的听觉系统对语言清晰度的影响，双耳听觉效应对语言清晰度的影响主要表现为声波衍射、绕射所造成的优势耳的信噪比的提高以及人耳听觉神经对信息综合处理所引起的空间过滤现象。除此之外，在双耳听觉感知机制中，脑对双耳的听觉信息的整合发挥了重要作用。下面将对影响语言清晰度的空间因素一一进行介绍。

(1)头部阴影效应

当环境中存在噪声时，由于头部阴影作用的存在，噪声和言语信号的入射方向对言语的识别有比较大的影响。当噪声和言语信号来自相同方向时，两者在传播途径中的衰减相同，信噪比没有改变。当言语信号来自正面而噪声来自侧向时，噪声产生更大程度的衰减，使言语识别能力有明显的提高。这种提高作用是可测量的，可以称之为“头影优势”。这是人头部等对声波的散射和绕射作用，造成双耳时间差和声级差，这必然会导致语声源和噪声源在双耳处的差异变化(可能趋于明显,也可能趋于不明显)。

头影效应还是双耳助听的主要理论基础。双耳听觉言语识别能力优于单耳听觉言语识别能力主要有三方面的原因,即头影效应、双耳压缩效应(Binaural Squelch)和双耳总和效应(Binaural Summation),头影效应在其中起主导作用。头影效应是一种单耳效应,不需要听觉中枢的参与,但听觉中枢会选择信噪比相对较高的一侧的信号输入。双耳助听时,由于头影效应的存在,绝大多数情况下会有一侧信噪比优于对侧,这使听觉中枢总能够选择更好的信号,从而使言语识别率有显著提高。

至于在某些频率附近,空间去掩蔽现象特别明显是由于人头的衍射效应的影响。一般人头的直径约为 20 cm,其对应的声波频率为 1700 Hz,在这个频率及其 1/2 频率还有其他谐波频率处,衍射现象会特别明显,效果也特别显著。因此,在这些频率处,当掩蔽声源和被掩蔽声源在空间分离的时候,左右耳所接收到的声信号与掩蔽声源和被掩蔽声源在空间不分离的时候相比,信掩比变化也更大,结果就会造成掩蔽阈值差在某些频率处出现峰值。

除较优耳作用以外的其他因素也会影响信噪比的变化。事实上同时掩蔽,当掩蔽和被掩蔽声源空间分离时也会出现类似情况。这可能是高层听觉系统对双耳声信息综合处理的结果,即双耳效应的结果。之前已有研究预测了修正双耳模型及双耳效应在同时掩蔽中的作用,实验结果证明双耳效应对不同频率的影响不同,聆听者的个体间差异也比较大。

(2)空间掩蔽效应

言语识别能力会随着掩蔽声音的引入而降低。掩蔽分为两种:能量掩蔽和信息掩蔽。发生在听觉外周,由于目标信号和掩蔽信号在频谱上的叠加而产生的掩蔽叫作能量掩蔽;而发生在听觉中枢,由于目标信号和掩蔽信号在信息模式上的相似性而产生的掩蔽是信息掩蔽。在实验室环境中,研究者使用宽带噪声模拟能量掩蔽,使用语音信号模拟信息掩蔽。当掩蔽信号是语音信号时,人对目标的识别会在不同的认知层次产生干扰,包括高级的语义理解和语法分析。

空间掩蔽效应是指掩蔽音和被掩蔽音分布在空间不同位置时的掩蔽效应,它与掩蔽和被掩蔽声源的空间分布有非常密切的关系。在掩蔽声源和被掩蔽声源与倾听者的距离都相等时,两者在空间中分开时,掩蔽效果(掩蔽阈值)将较两者在同一方向时下降,这种现象称为空间去掩蔽(Spatial Unmasking)。这一研究进一步为双耳掩蔽是听觉系统的高层神经单元对双耳信号处理的假设提供了例证。

目前对空间去掩蔽效应的研究主要局限于同时掩蔽的情况,这一现象的产生主要是由较优耳效应造成的,同时双耳效应及其高层听觉系统处理也对此有一定影响。研究发现,空间去掩蔽与频率有关,频率越高,空间去掩蔽现象越明显,而且扬声器在空间中分离得越远,空间去掩蔽随频率升高而显著的现象就越明显。

目标信号和掩蔽信号在空间上的分离能够提高目标的识别率,即空间分离有去掩蔽作用。Zurek[21]的双耳言语识别模型对这种现象进行了理论解释。该模型指出,言语识别改善是因为目标信号和干扰刺激信号的分离降低了掩蔽水平。对于声音中的高频成分,由于头影效应的作用,离干扰刺激较远的那只耳的信噪比会提高,掩蔽水平被降低,从而提高言语识别的成绩;而对于低频成分,则主要是由于双耳交互作用,不同位置的声音会产生不同的耳间时间延迟，而双耳听觉系统利用目标信号与干扰刺激信号在双耳之间的不同使掩蔽的效果变弱，从而提高言语识别正确率。

在实验室环境中，研究者利用两个分开放置的扬声器模拟优先效应：两个扬声器播放等同的声音信号，当一个扬声器领先另一个 3ms 时，听者感知到声音的位置在领先的扬声器处。Freyman[22] 最早利用优先效应使目标信号和掩蔽信号形成感知空间分离，研究感知空间分离对信息掩蔽的释放作用。研究结果表明，当掩蔽的是两个说话人的语音时，感知空间分离能降低的目标识别阈值为 4～9dB；当掩蔽的是语谱噪声时，降低的阈值小于 1dB。

为了有效分离语音掩蔽信号中的能量掩蔽和信息掩蔽，使进入听觉系统的目标信号和掩蔽信号在频谱上的重叠尽可能小，Arbogast 等人[24] 模拟人工耳蜗算法对声音信号进行处理：把语音信号分成 15 个频带，对每个分带信号分别提取包络，用包络调制频率作为该频带的中心频率的正弦信号，叠加各频带的调制信号，得到合成信号。当产生目标信号所用的频带与产生掩蔽信号所用的频带不同时(异带掩蔽)，目标信号和掩蔽信号的能量掩蔽为零；当目标信号和掩蔽信号所用的是同样的频带时(同带掩蔽)，目标信号和掩蔽信号的能量掩蔽最大。他的研究结果表明，实际空间分离对异带掩蔽的释放作用大于对同带掩蔽的释放作用。

(3)双耳听觉感知整合机制

人的听觉系统能够从复杂的声学环境中感知有意义的声学信息而且能准确地判断声源方位，这与听觉系统复杂的结构及通路密切相关，而且在这个过程中，脑对双耳的听觉信息的整合发挥了重要作用。当某一声源处的声音信息与人的相对位置不同时，到达两侧耳的声音信息不同，经过听觉系统分析所产生的听觉意识则不同。双耳神经元接收来自双耳的信息投射，并整合来自双耳的听觉信息。双耳神经元对双耳时间差或双耳强度差进行编码，从而将其转换为有关空间特征的信息以达到对声音空间位置的编码。此外，双耳信息整合也有利于在一定声刺激历史或背景下保持声刺激参数编码的相对稳定。同一声音信息经过同侧耳和对侧耳到达听觉中枢神经元的通路不同，所产生的效果也不同。从外界环境中获取的声音信息从低位听觉核团逐级向上传递，直至听觉高级中枢，经过一系列复杂的传导通路。其中，下丘是听觉通路中的一个重要核团。它接收多个听觉核团的兴奋性和抑制性输入，是双耳听觉信息整合的重要部位。它接收从多种来源汇聚的听觉信息，将双耳时间差、双耳强度差、声音频谱等信息结合在一起，在处理听觉空间信息中起着至关重要的作用。下丘神经元接收来自许多听觉核团的直接或间接、单耳或双耳、同侧或对侧、抑制或兴奋的投射，这为下丘的双耳信息整合提供了解剖学和生理学基础。

综上所述，双耳听觉效应和头影效应对获取言语可懂度有着重要的作用，声源空间位置分离所导致的空间去掩蔽现象有助于改善语言清晰度，而语言传输指数计算模型并没有考虑以上因素的影响，因此针对水平面上不同声源位置开展相应的语言清晰度客观测量分析和主观听感实验，可为语言清晰度评价方法的完善提供理论依据和数据支持。

10.2 头模双耳拾音清晰度分析

10.2.1 双耳拾音的语音清晰度

从较为简单的干扰场景入手，研究当存在单一干扰噪声源时，目标声源位置与头模双耳拾音效果的关系。采用粉红噪声作为干扰声源，使用语音信号作为目标声源，对录制得到的双耳信号进行主观、客观两方面的分析。

采用简化声学头模进行实验，测试信号经声卡、功率放大器、监听扬声器重放，头模双耳耳道入口处分别内置一只全指向微缩传声器，顶端与耳道口齐平，自然封闭，传声器拾取的信号经声卡放大后用计算机录音。

实验在消声室进行，不考察混响对听感清晰度的影响。实验基于球坐标系统，将头模固定在房间中心位置，以头模初始位置的鼻尖正前方为 0°，以声学头模为圆心，在半径为 1.5m 的水平圆周上每隔 30°设置不同的声源位置点。用两只相同的扬声器在各声源位置处播放语音信号和噪声信号。头模耳道入口及扬声器高音单元中心距离地面高度为 1.2m，用白噪声对扬声器进行校准，使两扬声器在头模中心处的参考声压级均为 70dBA。

采用汉语语音平衡单音节词表(KXY 表)作为实验语料。KXY 表包含汉语普通话所有可能的音节结构，其中声母、韵母和声调的出现概率符合汉语日常交流的实际情况，每表有 75 个音节，采用随机组合方式分成 25 组，每组含 3 个音节，连续音节不构成语义。语料由播音员在录音间以自然平稳的语速(4 个音节/s)朗读并保存，并利用 Audition 软件将所有语音标准化为幅度一致的。

考虑到左右耳的对称性，语音信号只出现在头模右半平面的声源位置，故声源组合有 84 种(7×12=84)。在水平面上 12 个语音位置处，依次改变语声源及噪声源的位置，录制不同声源位置组合下的信号。每次录制时男女语音表各播报一次且语料之间不重复。录制时先录制每种声源位置组合方式中只有语声源的，之后再同时播放语声源和噪声源进行录制，用两次信号的有效功率来计算信噪比。计算公式为：

$$SNR = 10 \times \lg \frac{P_S}{P_{N+S} - P_S} (\text{dB}) \tag{10.8}$$

其中 P_{N+S}为含噪声信号，P_S为纯语音信号。此方法相对于将声级计置于耳道口处进行声压级测量然后比较得出信号的信噪比方式而言较为方便快捷，由于信噪比是一个相对结果，在本实验中更多是对比不同声源组合下录制信号间的信噪比变化，而不是信噪比的绝对真实值，因此采用以上方式计算能够对信号进行定性分析。

语言清晰度主观测试参照相关标准进行，将声学头模录制得到的左、右耳含噪声信号组合成立体声，通过入耳式监听耳机进行重放。实验共有 20 名被试参与，男女比例均衡，听力检测正常，部分被试有听能测试经验。要求被试在听完一组音节后，记录下听到的音节拼音或汉字，统计所有人的听辨正确率平均值，该值即为主观清晰度得分。

对录制得到的信号分析信噪比，一个明显的结果是女声信号的信噪比明显高于男声信号的信噪比，随着声源角度的变化，双耳耳道入口处接收到的男声、女声信号的信噪比等幅度按照相同规律随角度进行变化。这是由于男声、女声语音信号的频谱成分有所差异。有研究表明，对于声源位置相同而频谱成分不同的声波，头部对双耳声级差(Interaural Level Difference，ILD)的影响效果不同[16]，男声语音与女声语音相比在频谱上的低频成分更多，信号能量更弱，受头部阴影效应影响较小，对掩蔽声尤其是全频带的掩蔽声更为敏感，从而导致SNR的差异。因此在信噪比的分析中，可以仅分析男声或者女声信号的信噪比来描述声学头模录音的结果。以下信噪比分析以女声信号为例。

对信噪比进行初步分析显示，左、右耳信号的信噪比随声源位置的变化有着类似的规律，为了更清楚地反映左、右耳信号的信噪比变化，分别画出左、右耳信噪比与噪声源相对于测试耳的角度。以噪声源正对测试耳为相对角度0°，噪声源经头模正前方转向对侧耳所转动的角度为正值，经头模后方转向对侧耳所经过的角度为负值，统计结果如图10.1所示。

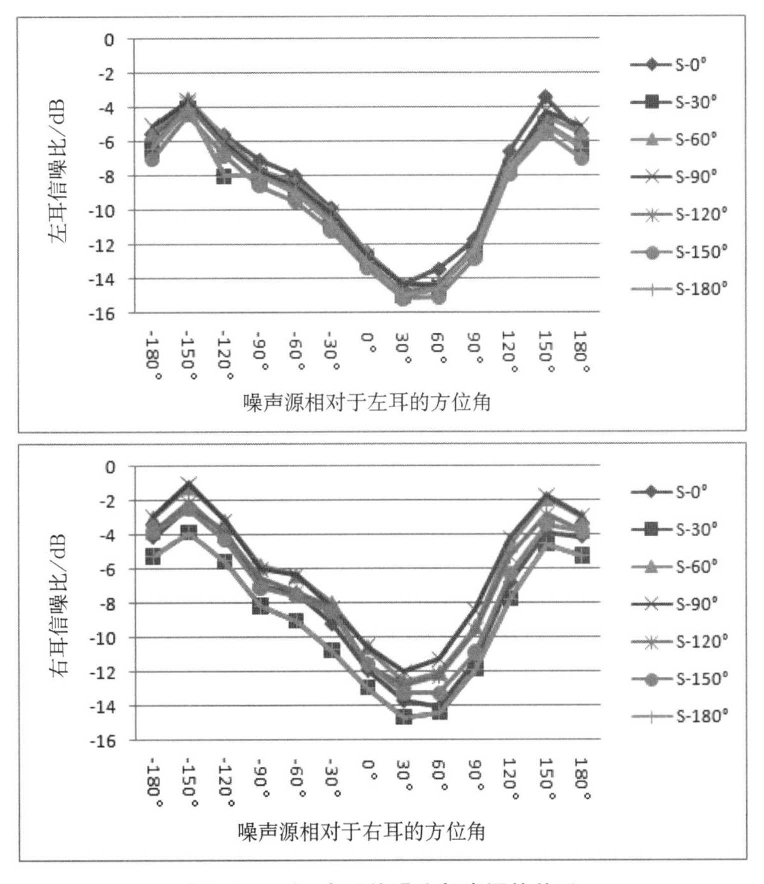

图10.1　左、右耳信噪比与声源的关系

从图中可以看出，信噪比的最低值不是噪声源正对测试耳的情况，而是位于＋30°～＋60°的范围内，这说明由于耳廓的反射和散射效应，当噪声源位于这一角度范围时，人耳接收到的噪声源的干扰最强，导致信噪比最低。

从图中还可以看出噪声源的相对角度固定时，语声源的位置变化对左、右耳信号的信噪比影响较小，经计算噪声源固定时左耳信噪比随语声源变化的均方差约为0.5dB，右耳作为距离语声源较近的优势耳，其信噪比浮动比左耳略明显，均方差约为 1.1dB。而语声源位置固定时，改变噪声源的位置对信噪比的影响明显。这一结果与头模的尺寸和实验信号的频谱特性有关，头模对中低频段的声波掩蔽作用较小，对高频段的声波掩蔽作用较大，而语声源的能量主要集中在中低频，因此包含较多高频成分的粉红噪声对信噪比的影响较大。

图中当噪声源与测试耳的相对角为 180°时信噪比反而降低，是由于声波的衍射作用，与噪声源呈轴向对称的头模位置处所接收到的噪声源声能加强。

由于本实验的主观评价采用双耳模式进行，从左、右耳的信噪比与各声源的关系可以推测，主观清晰度的结果与各声源之间的位置关系较为复杂，受语声源与噪声源的位置关系及噪声源与双耳之间的位置关系的共同影响。

Tonning、Thomson 和 Webster 等人在自由场中使用扬声器发声，测量水平面内单噪声干扰和单目标语音条件下，英语可懂度达 60％时的双耳测听与单耳测听所需的噪声声压级差异，结果显示该差异随着语音和噪声之间的相对方位角变大而呈非线性一致增长关系。根据上述研究思路，考虑将本实验中的汉语主观评价结果也按照语声源与噪声源的相对角度差由小变大的趋势进行表述。

经整理发现清晰度结果随噪声源与语声源顺、逆时针相对方位角度的增大而变化的趋势一致，因此可以对顺、逆时针相对方位角的清晰度结果进行平均。统计结果如图 10.2 所示，以图中相对方位角 Δ30°为例，其对应的听感清晰度为噪声源相对于语声源为＋30°和－30°下的评价结果的平均值。

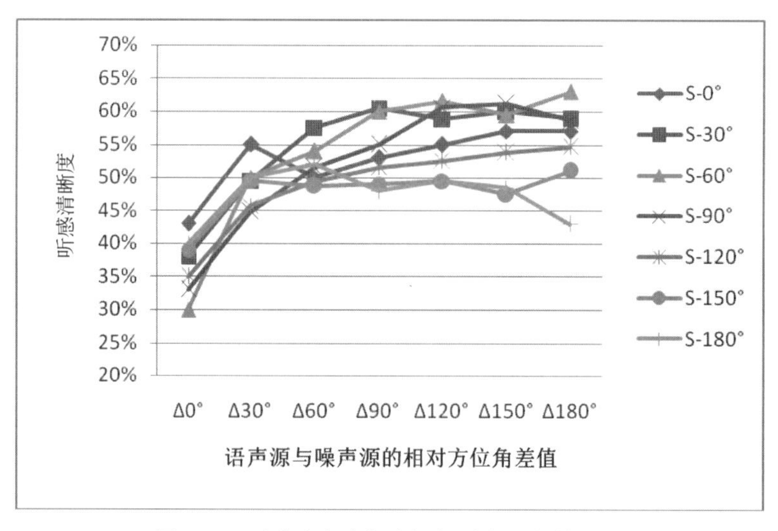

图 10.2　听感清晰度与声源相对方位角的关系

可以看到当相对方位角为 Δ0°时，听感清晰度最低，而一旦声源之间的相对位置关系发生变化，听感清晰度会显著提高，这说明在双耳听觉模型中，声源的方位信息可以帮助听者更好地听清目标，主观清晰度要高于单耳模型下的清晰度估计值。

图中听感清晰度的总体趋势是随着声源间相对角度的增大而提高，且随着语声源的位置逐渐转至头模背面，清晰度的提高趋势逐渐减弱，当语声源在头模正后方即 S－180°时，清晰度随着声源之间相对角度的增大而呈现下降趋势。这说明人耳的听觉系统对于头模前方的目标声源比较敏感，当语声源位于头模前侧时清晰度较高，而当语声源位于头模后侧、噪声源位于头模前侧时，即使声源之间的相对角度较大，清晰度结果并不高。

10.2.2　头模表面拾音的语音清晰度

以往的研究都是将声学头模作为真人头部的替代品用于双耳拾音，从对头模表面散射声场的分析中可以看到，头模改变了原始声场的特性，头模表面实际的散射声场比原始声场要复杂，位于头模表面的传声器所拾取到的信号不再是原始声场的信号，而是反映了头模散射声场的信号。动态观察头模散射声场幅度随频率的变化可以发现，头模表面不同于耳道入口处的位置也具有波动较明显的特征，因此考虑对头模表面其他位置处的声学特性进行分析，并设置传声器考察头模表面拾音的语音清晰度。

考虑到头模的对称性，只对 0°至 180°的头模右半平面区域进行分析。在对各个声源条件下的头模散射声场分析结果进行观察之后，将头模表面分为三个特征区域，分别为头模前侧、头模后侧以及耳廓细节，每个区域的散射声场特性各不相同，区域内部的声场变化都有其各自的规律，划分成这三个区域之后可以分别对比不同声源入射角度情况下各个区域的散射声场变化趋势。

在以上三个区域中分别选择至少 9 个特征点，特征点的选取一方面考虑与头部官能结构特征相关，另一方面考虑选点的差异性，各个特征点之间要有明显的位置区别。在头模前侧选取的特征点为眉心、鼻尖、鼻翼、人中、嘴部、颧骨、脸颊、耳朵上方和耳朵下方，共 9 个，如图 10.3(a)所示。在头模后侧，由中垂线开始向右耳方向、由头模后侧上方至下方，有规律地选取 12 个特征点，分别为后侧上方 0°至 30°、后侧中间 0°至 30°、后侧下方 0°至 30°，以上特征点的位置按照弧度角 10°的步长进行选取，此外在头模后侧区域还追加了耳廓后方及耳廓背面两个特征点，如图 10.3(b)所示。耳廓细节区域选点较为密集，以 A 至 I 的标号标记在图 10.3(c)中。各标记所代表的耳廓部位在表 10.2 中列出。

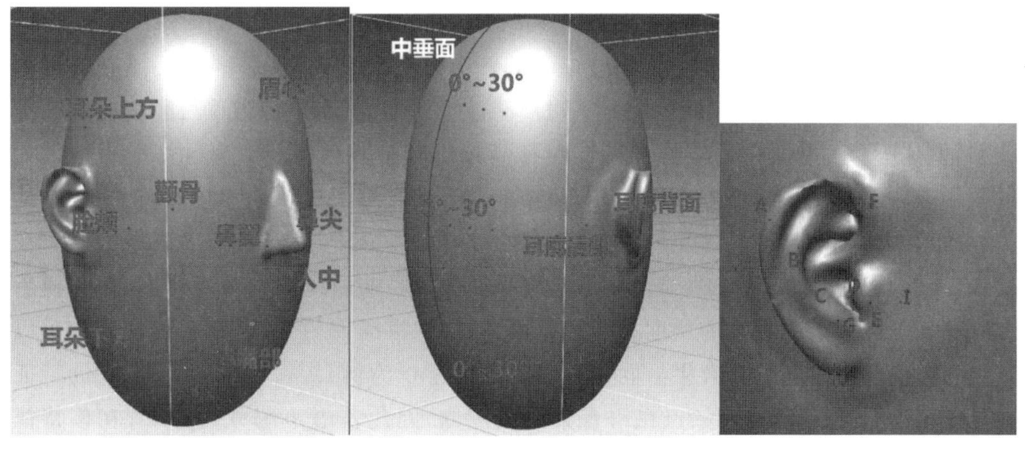

(a) 头模前侧特征点　　(b) 耳廓细节特征点　　(c) 头模后侧特征点

图 10.3　头模表面特征点选取

表 10.2 耳廓特征点标记

A	B	C	D	E	F	G	H	I
耳轮	对耳轮	耳轮脚	耳道口	耳屏	耳轮上侧	对耳屏	耳垂	耳屏外侧

通过观察耳部细节特征点在不同声源方位下的频响曲线可以发现,在 1kHz 以下的波段,耳部细节区域所选的 9 个特征点处的频响曲线幅度基本相等,没有明显的分辨性;在声波频率超过 1kHz 之后,各个特征点的频响特性差异较为明显,并且声波入射角度不同,各个特征点处在中高频段的响应差异也十分明显。总体来看,每个特征点处的频响曲线随声源方位的变化规律均不相同,9 个特征点中未发现有频响趋势始终一致的两个位置,说明在耳部细节区域即使特征点的位置十分接近,也会表现出不同的特性,尤其是在存在多个声源的环境中,各个特征点处接收到的信号在频谱上会有明显的差异。

以声源方位为 0°为例,耳轮、耳屏以及耳屏外侧三个特征点在中频段均出现了波谷,也就是说这些特征位置处所接收到的语音信号是完整的,同时噪声干扰的频谱与语音频段之间有一定的差异,由掩蔽特性可知,声源中心频率差异越大掩蔽作用越小,因此与语声源相同方位的噪声对语声源的干扰有所降低,而其他方位的噪声由于存在空间分离带来的清晰度提升,对位于 0°的语声源影响也较小。根据前述的实验结果,语声源与噪声源重叠时的语音清晰度最低,而以上三个特征点可能会降低来自语声源方向的干扰,因此或许可以作为语音信号位于 0°时适合进行语音拾音的位置。

观察头模前部特征点在不同声源方位下的频响特性,头模前部的特征点声压级变化幅度较小,即使在高频段其波动也远小于耳部周围的特征点。与耳部区域不同的是,在中低频段同一声源入射角度的情况下各个特征点的幅度出现较明显的差异,以声源入射角度 135°为例,在 1kHz 附近眉心和鼻尖的幅度差异约为 8dB。由于头模前部特征点选取的位置较远,在所选的 9 个特征点中也不存在任何条件下频响特性完全一致的两个点。与耳部细节处的分析相类似,以声源方位 0°为例,鼻尖和脸颊两处在中频段出现波谷,同样将这两处作为后续录音实验的考察位置备选。

观察头模后部特征点在不同声源方位下的频响特性发现,头模后部各特征点的频响曲线特征较明显,其中当声源位于 0°及 300°时曲线波动明显,其余声源方位处频响曲线几乎没有波动,仅耳廓背面和耳朵后方两处特征点在高频段有略微起伏。出现这一结果是因为选取的特征点位于头模后部中垂面偏右耳方向的区域,当声源位于 0°或 300°时,这一区域处于与声波入射方向呈轴向相反的位置,从第 2 章的散射声场分析可知,这样的区域散射声场较为复杂,因此频响曲线的波动明显。从不同声源方位的频响曲线图中可以看出,在头模后部上方、中间、下方偏离中垂线的角度相同的位置处,频响特征较相似,因此后续实验中可以选择其中一个位置考察其拾音效果。同样以声源方位为 0°为例,头模后部中间 −30°的特征点处在 3kHz 处出现波谷,这一频点在语音频段范围内,因此若语声源方位为 0°,在该特征点处所接收到的语音信号是有缺失的,也就是说在此处所接收到的信号大部分为噪声分量,可能会对语音信号的处理有所帮助,因此将头模后部中间 −30°的位置也作为备选拾音位置之一。

根据以上对于频响特性的分析来开展头模表面语音录音实验。将实验条件限定为目标语音仅存在于头模正前方，这样一方面是为了简化录音场景的复杂性，避免考察多个语声源方位的情况；另一方面也是由于当语声源位于头模正前方时，由于双耳处所接收到的信号的ITD以及ILD没有差异，不能发挥双耳效应，噪声环境下头模正前方的语声源往往比侧向的语声源更难识别，值得进一步研究。

以上大致选出了适合作为录制头模正前方的语音信号的备选特征点，主要的选取标准是频响曲线在语音频段没有缺失且在中频段内存在波谷，并且每个特征区域至少考察两个特征点。由于鼻尖位置难以固定传声器，在此不做考察。此外将头模后部中间−30°的特征点也纳入考察范围，主要为了考察该处所拾取的信号是否可以对语音信号处理有所帮助。最后选定的拾音位置在表10.3中列出。

表10.3　头模表面拾音位置选择

1	2	3	4	5	6	7	8	9
嘴	眉心	脸颊	耳轮	耳道口	耳屏外侧	耳朵后方	后部中间−10°	后部中间−30°

采用微型驻极体电容传声器进行拾音，这类传声器结构简单，体积较小，可以直接粘贴在头模表面，并且对头模表面的声场影响较小，从而省去了在头模上选取的拾音位置处开孔的麻烦。将两个微型传声器焊接在一根音频线上，将音频线另一端插在录音笔上，通过录音笔进行录音。共使用5只品牌、型号均一致的录音笔。实验中所有录音笔同时录音，两个微型传声器录制到的信号作为一个立体声信号被存储在录音笔中，录制完成后对立体声信号进行左、右声道分离，从而得到每个微型传声器所录制的单通道信号。

实验在消声室内进行，将头模固定在房间中心位置，以头模初始位置的鼻尖正前方为0°，以声学头模为圆心，在半径为1.5m的水平圆周上设置不同的声源，其中目标语声源位于0°，噪声源位于60°、90°、135°、270°和300°。头模耳道入口与扬声器高音单元中心齐平，距离地面的高度为1.2m，用白噪声对头模正前方的扬声器进行校准，使播放语音信号的扬声器在头模中心处的参考声压级为70dBA。

采用汉语语音平衡单音节词表（KXY表）作为实验语料，利用Audition 3.0软件将所有语音表音频标准化为一致的幅度。实验所用噪声源为粉红噪声，在各噪声源位置处播放同一段粉红噪声。由于存在多个噪声源，为避免多个扬声器同时播放噪声对语声源的影响较大，利用白噪声将播放噪声源的各个扬声器在头模中心处的参考声压级校准到60dBA。

首先播放纯净语音信号，然后再同时播放语音和噪声，计算信号的信噪比。主观测试参照相关标准进行，将声学头模表面上各个特征点处录制得到的含噪声单通道信号通过入耳式监听耳机播放给被试，所有信号随机播放。实验共有16名被试参与，男女比例均衡，听力正常。要求被试在听完一组音节后，记录下听到的音节拼音或汉字，统计所有人的听辨正确率平均值，该值即为主观清晰度得分。

对录制得到的各特征点处的信号进行信噪比分析，统计结果如图10.4所示。从图中可以看出，嘴和眉心处的信号信噪比较高，这是由于该特征点位于头模前部，正对着语声源入射方向，所接收到的语声源直达声分量较高，而来自侧向或者后向的噪声源由于头模的掩蔽效应，能量有所衰减，因此在头模前部的拾音位置处的信噪比相对于其他特征区域较高。

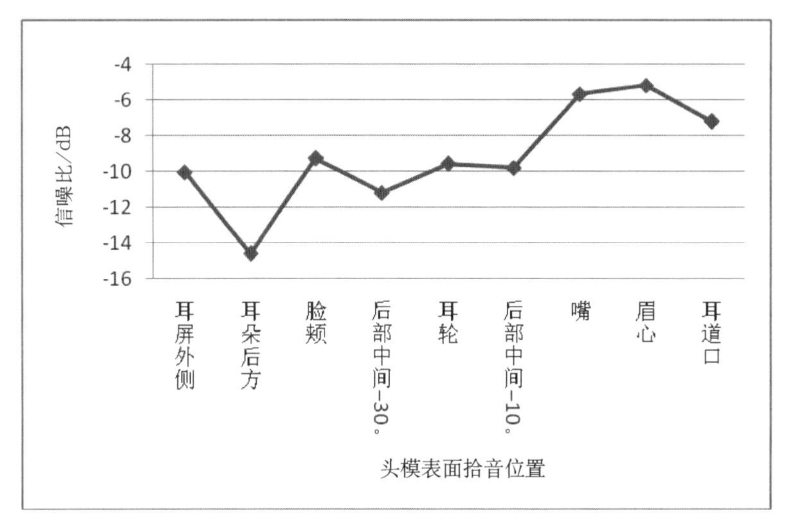

图 10.4 特征点拾音信噪比

从信噪比结果还可以看出，头模后部中间的两处特征点虽然距离语声源最远，但是由于 Babinet 效应，实际在头模后部区域语声源的能量有所增强，再加上实验中设置的噪声源均在头模两侧，在头模后方没有直达噪声源，来自头模侧向的噪声也受头模掩蔽作用的影响，在头模后部的特征点处噪声能量有所衰减，因此头模后部并不是所考察的特征点中信噪比最低的位置。另外还可以看到，后部中间－30°位置处的信噪比要低于偏离中垂面 10°位置处的信噪比，也可以验证 Babinet 效应的作用，因为头模后部－10°的位置更接近语声源轴向对称位置，所以语声源的衍射能量比头模后部－30°处更强。

耳朵后方为所有特征点中的信噪比最低点，单从散射声场或者频响曲线的角度难以推测其原因，但是从实际测量实验的环境设置来看，噪声源主要位于头模两侧，尤其在头模所处的水平面 135°处存在噪声源，近似正对耳朵后部，因此各个噪声信号的直达分量、衍射分量使耳朵后部的区域噪声能量较强，即使耳朵后部由于耳廓的作用出现 Babinet 效应使语音信号分量有所提升，但是耳廓本身的尺寸要小于头模，该位置处的语音信号的衍射能量远弱于头模后部位置的衍射能量，以上原因共同导致耳朵后部信噪比最低的结果。

主观清晰度评价结果如图 10.5 所示。从图中可以明显看出，主观清晰度结果与信噪比的结果并不一致，出现了在信噪比较高的特征点处主观语音清晰度不一定高的现象，例如嘴、眉心、耳道口及头模后部的位置。但是主观清晰度较高的特征点恰好与频响曲线分析中所选的推测其清晰度较高的特征点相吻合，即频响特性在语音频段内完整，在中频段内有波谷出现，如耳轮、脸颊及耳屏外侧三个特征点，其频响特性均满足上述条件。下面结合仿真得到的频响曲线，对各个特征点处的语音清晰度进行分析。

可以看到主观清晰度较高的位置为耳轮、脸颊处，听感清晰度均超过 50%，其中耳轮处的主观清晰度接近 80%，达到清晰度较高的水平。以耳轮为例，当声源位于正前方时其频响特性已经在前文中有所介绍，而来自侧向的声源在耳轮处引起的响应存在中频段内能量较弱的现象，如声源位于 90°、135°及 270°时，在 1kHz 至 3kHz 的范围内，耳轮处的响应幅度都较其他特征点处更低。因此虽然耳轮处的噪声分量在低频及高频段内能量较强，信噪比较

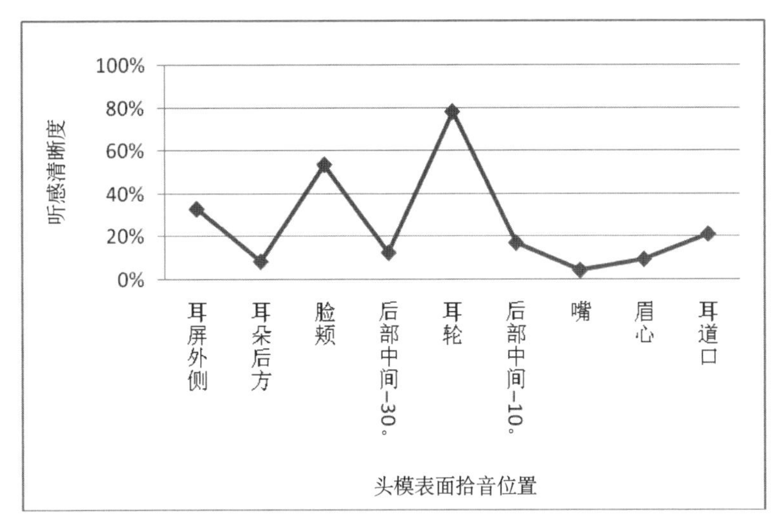

图 10.5　特征点拾音主观清晰度

低，但是在语音频段范围内的信噪比较高，语音频段范围之外的噪声成分由于频段差异，掩蔽作用较弱，最终造成耳轮处的信号虽然信噪比并不高，但是主观语音清晰度较高的结果。

从嘴和眉心两处的频响曲线可以看出，当声源方位为 90°和 135°时，频响特性在中频段幅值有所降低，但是在其他声源方位情况下，频响曲线几乎保持平直甚至略微上升的趋势，因此对于全频带的噪声源来说，各频段的噪声源分量几乎不发生改变，虽然这两处特征点位于正对语声源的区域，语声源直达，声能量较强，信噪比也较高，但是语声源频段内的信噪比要低于耳轮及脸颊位置处的信噪比，因此主观语音清晰度较低。

耳道口处是双耳录音经常采用的拾音位置，在目标语音位于头模正前方、存在多个噪声源干扰的环境中，耳道口处的信号也存在信噪比较高、主观语音清晰度较低的情况，主观清晰度仅 20%左右，难以达到较高的标准。这一结果的原因一方面是由于单耳信号不能给被试提供声源的方位信息，不能利用双耳效应对清晰度进行提升；另一方面也可以用通过仿真得到的频响曲线来解释这一结果，虽然耳道口处的频响曲线随声源方位及声波频率的变化较明显，但是在 10kHz 以下的范围内基本保持着响应幅度随频率上升而增大的趋势，仅在高频段幅度才有所减小。这样的频响特性虽然可以增强对语音信号的接收效果，但是也相应增强了语音频段内的噪声能量，高频段内噪声能量的衰减以及语音频段内语音能量的增强使耳道口处的信噪比较高，但是如果只分析语音频段内的信噪比，其结果并不理想，因此耳道口处的主观清晰度较低。

头模后部以及耳朵后部的主观清晰度最低，此结果与信噪比结果较为一致，其中耳朵后部区域的信噪比、主观清晰度都是所有特征点中最低的，可以从频响及噪声环境方面解释这一结果，分析过程与其他特征点类似。这个结果更有价值的意义在于，说明在这两个区域所接收到的信号大部分都是噪声信号，可以视为几乎不含目标语音信号。因此在信号处理的过程中，通过语音增强技术对拾取到的双耳信号或头模其他拾音位置处的信号进行增强，将耳朵后部的区域所拾取的信号视作纯噪声分量，对含噪声的语音信号进行滤波处理，能够简化信号处理的计算。

10.3　声源位置对语言传输指数的影响

10.3.1　实验设计及方法

实验中的语音信号采用的是 NTI 声频实时分析中 STIPA 测试系统的测试信号，该信号模拟语音信号的频谱特点和时域波动特性，是测量语言传输指数的标准测试信号。以粉红噪声作为干扰噪声，为了获得比较自然的声像展宽效果，使各个频段的重放声像展宽的宽度相同，则需要对不同频段的信号做不同程度的去相关处理。以测试信号和干扰噪声信号到头中心参考传声器的声压级都为 70dB 作为基准，实验共设置 7 种信噪比，分别是－15dB、－10dB、－5dB、0dB 、＋5dB 、＋10dB、＋15dB。

为了使总压声级控制在一定范围内，保证声压级不会过高而导致削波，所以设置不同信噪比条件对应的语声源和噪声源声压级，如下表所示。语声源声压级有 4 种，分别为 70dB、65dB、60dB、55dB；噪声源声压级有 4 种，分别为 70dB、65dB、60dB、55dB。

表 10.4　测试信号源和噪声源声压级设定　（单位：dB）

SNR	＋15	＋10	＋5	0	－5	－10	－15
SPL－speech	70	70	70	70	65	60	55
SPL－noise	55	60	65	70	70	70	70

将 NTI 传声器分别置于声学头模左右耳道入口处，顶端与耳道口平齐，自然封闭。实验用的是监听音箱（ Genelec 8040A），分频点为 3.5kHz ，频率响应范围为 80Hz～20kHz 。选出一致性好的一组扬声器用于实验。实际测量表明，在频响范围内各扬声器的灵敏度相差小于 1dB。

测量在短混响（RT＜0.3s）听音室内进行，在以头模中心为圆心、半径为 1.5m 的圆上，从头模正前方（设头模的正前方为主轴 0°方向，右耳方向为 90°，左耳方向为 270°）开始每隔 30°摆放一只扬声器，共 12 只。通过手动反复调节保证头模的主轴与扬声器的主轴在一条直线上。头模耳道入口处与扬声器单元的中心距地面高度均为 1.2m，且头模主轴与扬声器主轴在一条直线上（见图 10.6）。信号源或噪声源仅由这 12 只音箱中的一只发出。测量时，头模与扬声器单元中心水平距离为 1.5m，头模耳道入口处和扬声器单元中心距地面高度均为 1.2m。由于摆放位置左右对称，为了简化实验，仅考虑信号源位于

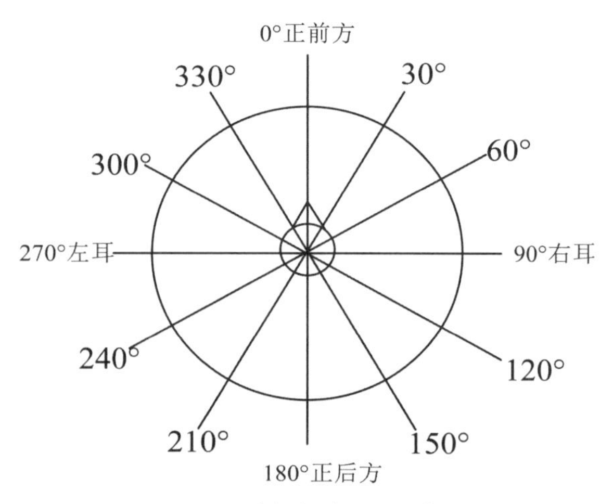

图 10.6　声源摆放位置示意图

右半平面七个方向时的情况，由此可得到信号源与噪声源的位置组合方式共84种(7×12=84)。每种组合方式的信噪比有7种，即总共测量了588个信号。每个信号测量3次，取算数平均值作为该信号的语言传输指数值。

实验的目的是测量当声源位于不同位置时，双耳听闻条件下左右耳的语言传输指数STIPA。实验记录了标准信号源和噪声源在水平面不同空间组合条件下对应的客观值。首先将标准信号源位置固定，再将噪声源依次摆放在设定的所有角度。因为声学头模和扬声器之间的距离保持恒定，所以此时STIPA的变化可以看作声源位置的变化引起的掩蔽信号与被掩蔽信号相对角度的变化造成的结果。

10.3.2 语言传输指数测量结果分析

考察未加入声学头模、测量传声器固定于扬声器摆放圆弧的圆心处、传声器距地面1.2m的单点测量模式下，语声源和噪声源组合位置不同、信噪比不同对语言传输指数STIPA和声压级的影响。后文中如没有特殊说明，STIPA都为无头模时的测量值。

实验结果表明，水平面不同标准信号源和噪声源角度组合条件下语言传输指数STIPA值保持不变。这是由于测量传声器具有全指向性，来自等距的不同方向的声波传播到传声器不存在差异，即不同声源位置对语言清晰度不会产生影响。所以当参考信噪比固定时，STIPA客观测量值没有受声源方向的影响。图10.7为信号源固定在正前方、参考信噪比固定、噪声源位于不同方向时STIPA的测量值，表10.5统计了7种信噪比条件下STIPA的测量值及声压级。

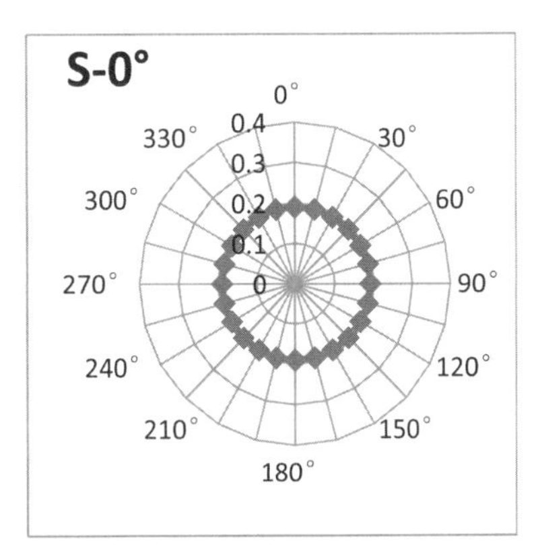

图10.7 无头模STIPA极坐标图

表10.5 无头模STIPA测量值

SNR(dB)	15	10	5	0	−5	−10	−15
STIPA	0.52	0.4	0.28	0.19	0.13	0.07	0.05
声压级(dB)	70.6	70.8	71.6	73.3	71.5	70.7	70.7

对STIPA测量结果的判别标准规定：STIPA测量值在0.80～1.00之间为非常好(BEST)，测量值在0.65～0.80之间为比较好(GOOD)，测量值在0.50～0.65之间为普通(FAIR)，测量值在0.30～0.50之间为不佳(POOR)，测量值低于0.30为极差(Bad)。如表10.5所示，STIPA随着信噪比的降低而减小，且变化斜率逐渐减小，当信噪比达到15dB时STIPA能达到0.5左右，语言传输质量处于比较好的等级，信噪比低于−5dB时，STIPA已小于0.1，此时语言传输质量极差。

10.3.3 双耳语言传输指数和声压级的测量

图10.8(a)～(g)为测试标准信号源分别位于声学头模0°、30°、60°、90°、120°、150°和180°

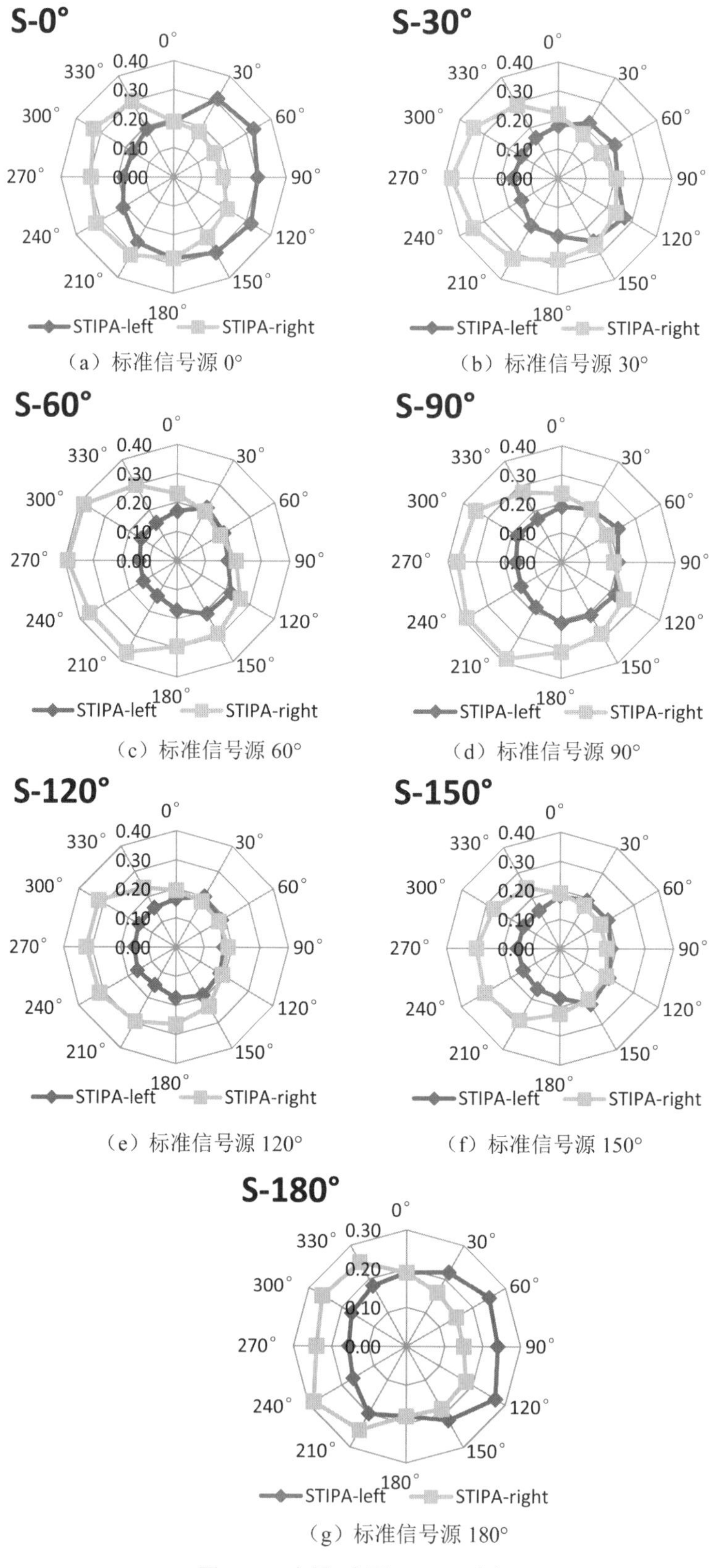

（a）标准信号源 0°

（b）标准信号源 30°

（c）标准信号源 60°

（d）标准信号源 90°

（e）标准信号源 120°

（f）标准信号源 150°

（g）标准信号源 180°

图 10.8 左耳、右耳 STIPA 对比

时，各个噪声源位置对应的左耳与右耳的STIPA客观测量值。从极坐标图10.8中可以看出，在标准信号源和噪声源组合位置不同的条件下，左、右耳STIPA测量结果存在明显差异，对于单耳而言，不同声源位置组合情况下测得的STIPA有所变化。这是由于声学头模、耳廓对声波产生散射和绕射作用，双耳出现时间差和声级差，这必然会造成掩蔽声和被掩蔽声在双耳处的差异变化(可能趋于明显，也可能趋于不明显)，此时对应的STIPA测量结果也就存在差异。

当噪声源与测量耳位于异侧时，由于头部阴影效应引起掩蔽声源声能衰减，清晰度较噪声源与测量耳位于同侧时会有所提高。随着标准信号源的入射角度增加，头部阴影效应也会影响噪声衰减程度从而导致语言清晰度降低。当标准信号源和噪声源位于同侧时，声源与测量耳处于一侧的语言传输指数比声源与测量耳处于异侧的语言传输指数略低，这是因为听众从头部阴影效应或耳间差异中受益较少。无论哪种测量模式，当语声源和噪声源并置(同一方向)时空间去掩蔽则不会发生，即对应的STIPA值较声源角度空间分离时有所减小。

表10.6和表10.7是参考声压级设定为标准测试信号源和噪声源到头模中心位置处声压级为70dB时，不同声源方位角对应的左、右耳耳道入口处的实际声压级。在参考声压级不变的条件下，双耳耳道入口处的有效声压级波动明显，随着声源位置不同而发生变化。

表10.6　耳道入口处语声源声压级　(声压级单位:dB)

标准信号源方位角	0°	30°	60°	90°	120°	150°	180°
左耳	71.3	70.4	70.3	70.4	70.1	70	69.8
右耳	71.4	73.2	72.7	72.8	72	71.6	69.8

表10.7　耳道入口处噪声源声压级　(声压级单位:dB)

噪声源方位角	0°	30°	60°	90°	120°	150°
左耳	77.5	72.7	69.9	71.2	69.1	71.6
右耳	77.4	79.8	80.0	78.4	75.7	74.2
噪声源方位角	180°	210°	240°	270°	300°	330°
左耳	73.1	73.9	75.6	78.1	79.9	79.7
右耳	73.5	70.7	68.9	70.5	69.9	72.8

如图10.9所示，右耳声压级明显大于左耳声压级，这是因为语声源位于水平面右半面，右耳接收到更多的直达声。左耳声压级的变化幅度在－0.2～1.3dB范围内，而右耳声压级的变化幅度在－0.2～3.2dB范围内。

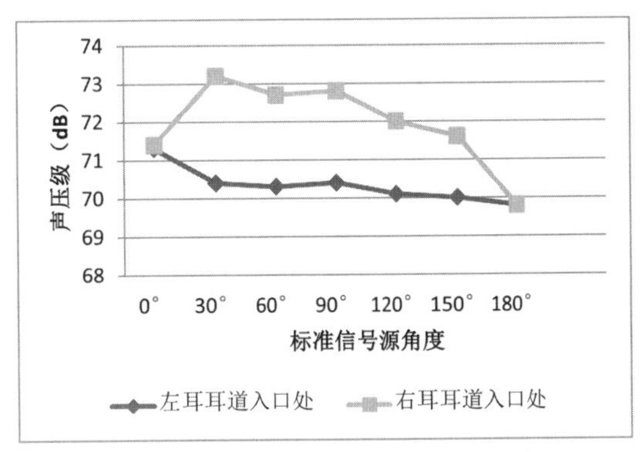

图10.9　左、右耳耳道入口处标准信号源声压级

如图10.10所示，当噪声源位置变化时，左耳声压级的变化幅度在－0.9～9.9dB范围内，右耳的变化幅度在－1.1～10dB范围内。噪声源与测量耳位于同侧时，声压级增大；反之，噪声源与优势耳位于异侧时声压级减小。上述结果主要是较优耳效应和双耳效应等原因造成的。

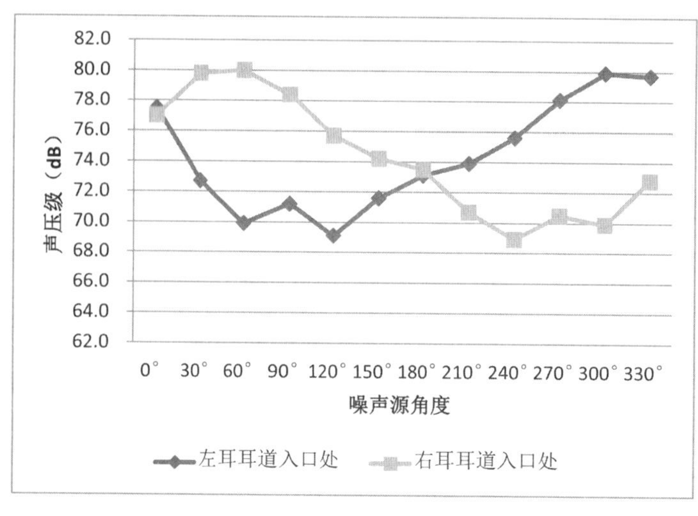

图 10.10　左、右耳耳道入口处噪声源声压级

对比测试信号源和噪声源的声压级变化幅度可以发现，当声源位置不同时，相较于标准信号源而言，噪声源对双耳声压级的影响更大。这种差异主要是因为粉红噪声为全频带。带宽较宽，高频能量较为丰富，声音中的高频信息更容易受到头部阴影作用发生散射。而标准信号的能量主要集中在 125Hz～8kHz 之间的低频范围内，当声源位于异侧时，低频成分更容易产生衍射效应，高频段波长较短，声波的波长小于头模的直径，头部对声波产生的阻碍变大，受头部阴影作用的影响高频能量容易损失掉，所以噪声到异侧耳的声压明显降低。当声源位于耳同侧时，高频幅度较低频有一定的提升，这是由于在高频情况下，头部对同侧声源近似起到一种镜像反射面的作用，因而可提高同侧耳的声压。测试信号声波的波长较长，大于或接近人头尺寸，它可以绕射过头部到异侧耳位置，衍射现象更为明显。

10.3.4　有效信噪比与双耳语言传输指数的关系

信噪比是根据参考传声器测得信号声压级的均方根计算的，与声源的空间分布无关，从而可以被看作参考信噪比（Nominal SNR）。在自然的听觉条件下，声源在水平面空间上分离，受到耳廓效应、头部阴影作用的影响，测试信号源与噪声源到双耳耳道入口处的声压级有所变化，因此声源空间位置组合的改变对声学头模位置处测量传声器所测得的相应的信噪比产生很大的影响，这种取决于声源的空间位置的信噪比被称为有效信噪比（Effective SNR）[23]。

在双耳耳道入口处信号源和噪声源实际声压级测量的基础上，统计出信号源和噪声源不同位置组合下的双耳有效信噪比。

左耳模式：当语声源位于水平面右侧时，在噪声源位于 270°～300°范围内左耳处有效信噪比曲线出现波谷，噪声源位于 60°和 120°时左耳有效信噪比曲线出现波峰。在所有声源角度组合中，有效信噪比最大值是在语声源为 0°、噪声源为 60°时测得的，其值为 1.6dB；当语声源为 150°、噪声源为 300°时，有效信噪比最小，其值为－10.3dB。

右耳模式：一般情况下，右耳处有效信噪比曲线的波谷和波峰分别对应噪声源在 30°～90°和 240°、300°时。在所有声源角度组合中，语声源为 30°、噪声源为 240°时有效信噪比最大，语声源为 210°、噪声源为 60°时有效信噪比出现最小值，相应的最大和最小的有效信噪比分别为 4.5 dB 和－9.8dB。

由图 10.11 可以看出，有效信噪比 SNR 和噪声源方位角之间的关系是一种非线性函数关系。不同的信号源和噪声源组合位置处的有效信噪比的变化趋势与相应的语言传输指数

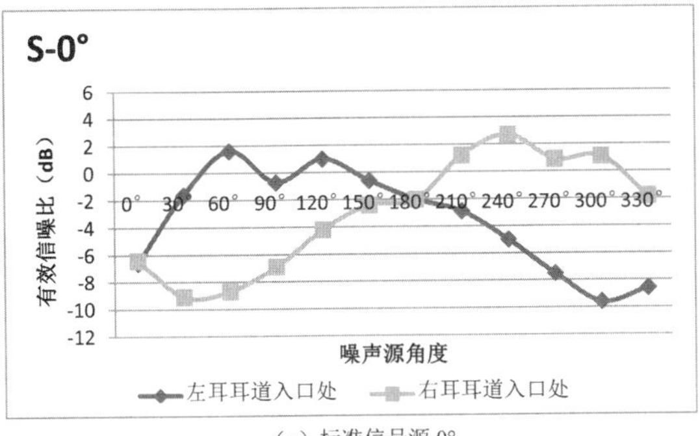

（a）标准信号源 0°

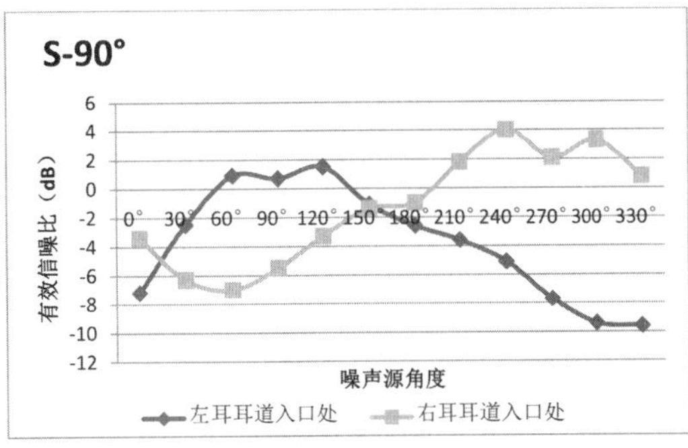

（d）标准信号源 90°

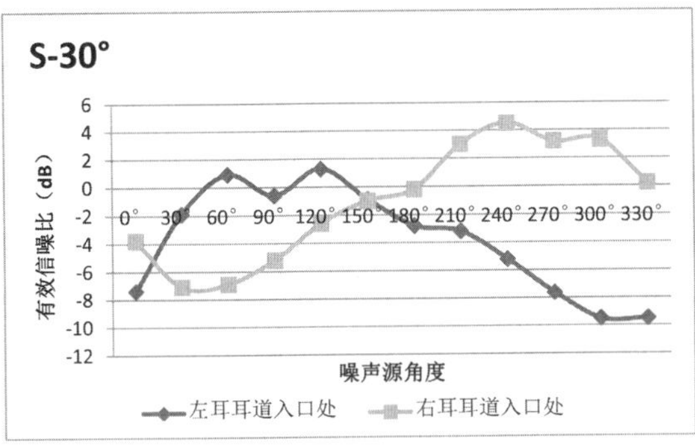

（b）标准信号源 30°

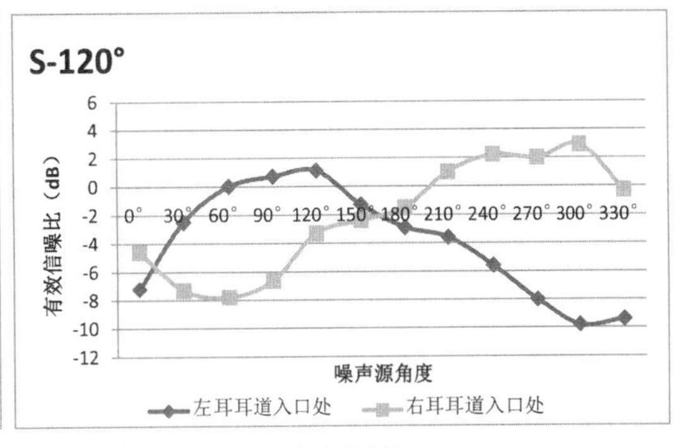

（e）标准信号源 120°

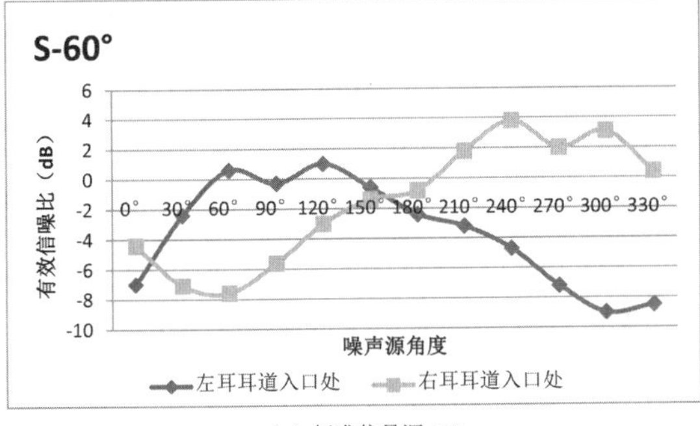

（c）标准信号源 60°

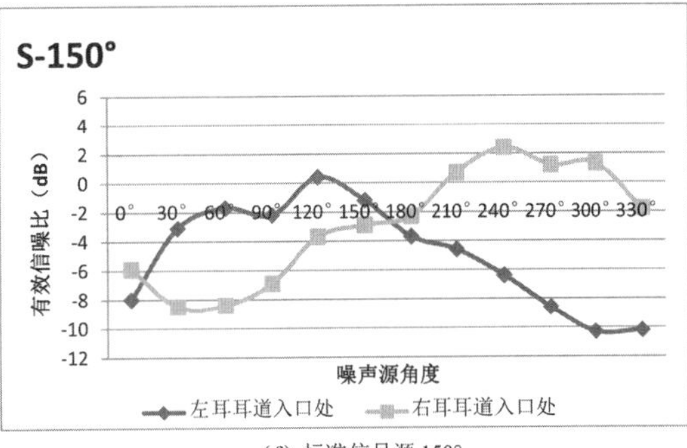

（f）标准信号源 150°

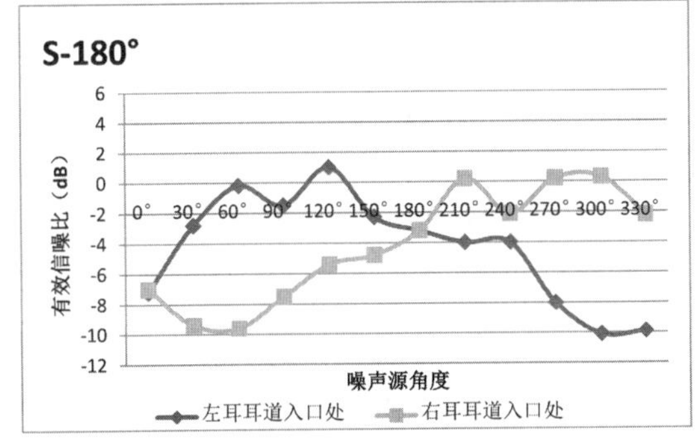

（g）标准信号源 180°

图 10.11　左、右耳有效信噪比对比图

STIPA 变化趋势较为一致，说明声源不同组合位置 STIPA 的变化是由此时有效信噪比的变化引起的，即双耳 STIPA 的差异与有效信噪比有关。

10.3.5　语言传输指数与双耳语言传输指数对比

图 10.12 为参考信噪比为 0dB 时 STIPA 与双耳 STIPA 的对比图。其中左图为信号源位置固定，噪声源在水平面 12 个方向上顺时针变化时 STIPA 与左、右耳 STIPA 测量结果对比的极坐标图，右图为相应的曲线图，(a)～(g)分别对应 7 个标准信号源方向。

对比分析发现：双耳 STIPA 和 STIPA 存在显著差异。测量结果更接近双耳测量结果中劣势耳的结果。双耳 STIPA 较大主要受益于头部阴影效应和耳廓效应的影响，不同方位组合的声波经过头部、耳廓的反射和散射之后到达双耳处的有效信噪比有所不同，从而造成双耳语言传输指数 STIPA 存在一定的指向性。

测试信号源位于正前方(0°)和正后方(180°)时，左、右耳 STIPA 测量结果在极坐标图中呈轴对称，测试信号和噪声以同样的方式进行声学阴影衰减，声源能量关系保持不变。因此，左、右耳处声压级近似相等，且左、右耳处信噪比与头中心位置信噪比近似相等，因此左、右耳处 STIPA 不变。掩蔽声源位于测试耳异侧时 STIPA 明显大于位于测试耳同侧的情况，而掩蔽噪声与测试耳同侧时，测量结果接近语言传输指数的结果。当测试信号源的角度发生变化时(除去 0°、180°)左耳 STIPA 曲线与 STIPA 曲线近似。我们观察到对于右耳而言噪声源方位角接近 30°～90°的掩蔽幅度增加，这与不同方位的头相关传输函数不同相关，即当噪声源直接呈现给耳道口时由声学头模所引起的声压级的衰减较为明显。同理可得到噪声源位于 270°～300°时对左耳 STIPA 的测量结果。当掩蔽声源向右后方移动时，噪声的入射角度转向耳背，掩蔽声能衰减，右耳 STIPA 逐渐大于左耳。掩蔽声源位于左半平面时，右耳 STIPA 的测量结果明显大于左耳。这是由于掩蔽声和被掩蔽声空间分离，从而发生空间去掩蔽现象，对优势耳(右耳)的语言传输指数起到增益的作用。

语声源位于右前方 30°、60°、90°时，左耳 STIPA 接近测量情况，具体表现为：噪声源在水平面右侧，左耳 STIPA 围绕着 STIPA 上下浮动；噪声源在水平面左侧，左耳 STIPA 略小于 STIPA。右耳 STIPA 表现为当噪声源与语声源方位角度相同时 STIPA 测量值小于单通道 STIPA 测量值，其余各位置均明显大于单通道 STIPA 测量值。

语声源位于右后方 120°、150°时，随着噪声源方位角度的变化左耳 STIPA 普遍稍小于测量值。右耳的测量情况为：当语声源位于 120°时，噪声源位于 0°～90°时，右耳 STIPA 小于 STIPA；而语声源位于 150°时，噪声源位于 0°～120°时，右耳 STIPA 小于 STIPA。其余各位置右耳的测量情况均大于测量值。

特殊位置如 S0°N0°和 S180°N0°、S180°N180°声源组合位置对应的双耳语言传输指数 STIPA 和语言传输指数 STIPA 等同。而在 S0°N180°时左、右耳 STIPA 相同，但大于 STIPA。

此外，左、右耳在低信噪比情况下语言清晰度趋于一致，且当信噪比低于－5dB 时，信噪比的变化对于不同声源方向组合的影响不大。

对不同信噪比的噪声源条件下的左、右耳 STIPA 进行分析发现，左耳与右耳的 STIPA 测量结果差异明显，且这种差异会随着信噪比的提高而表现得更为明显。

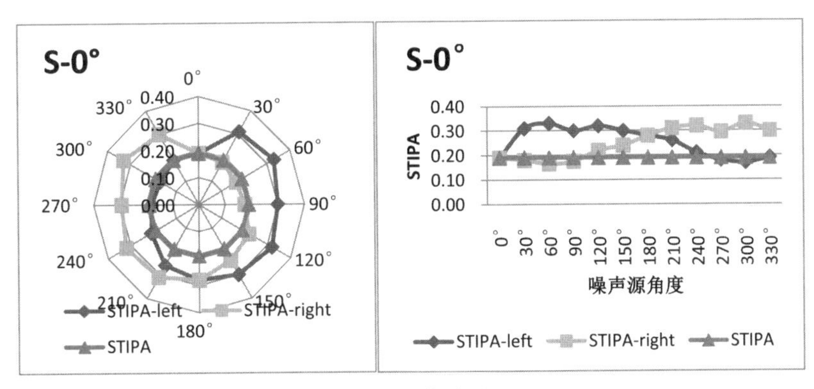

（a）标准信号源 0°

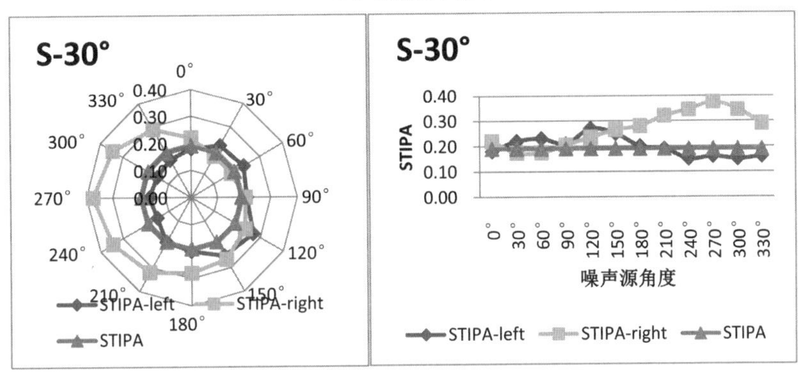

（b）标准信号源 30°

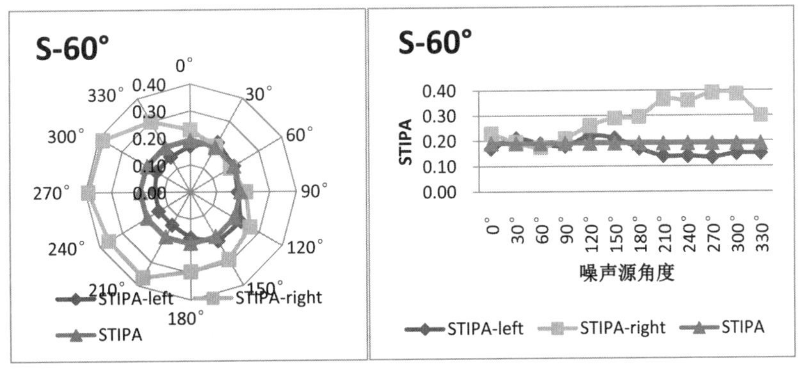

（c）标准信号源 60°

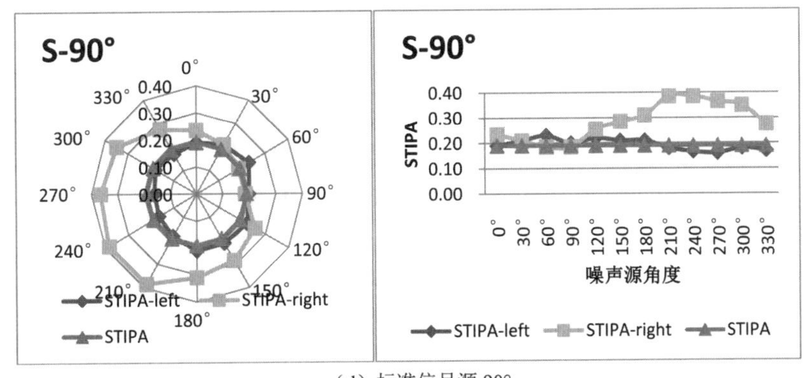

（d）标准信号源 90°

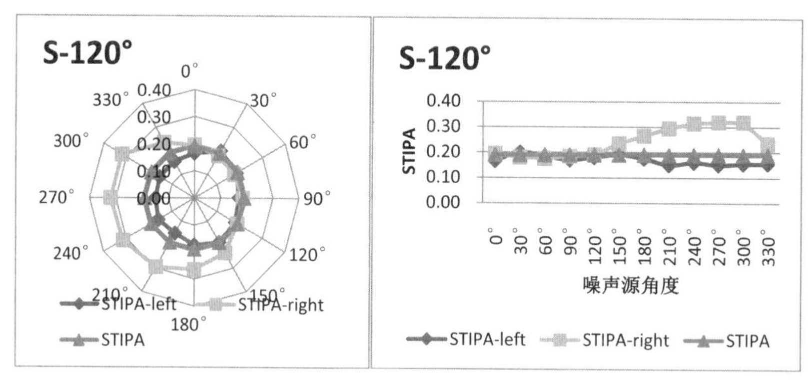

(e) 标准信号源 120°

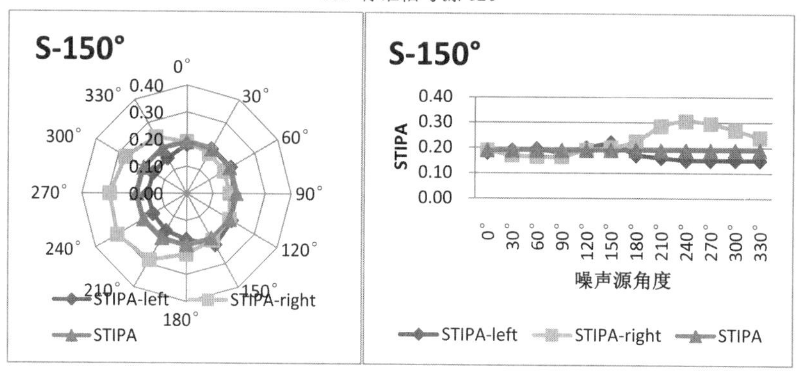

(f) 标准信号源 150°

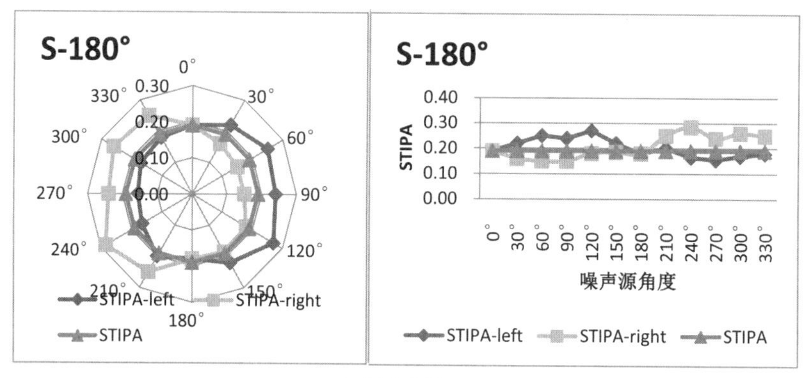

(g) 标准信号源 180°

图 10.12　STIPA 与左、右耳 STIPA 的对比

我们可以观察到所有方位组合的测量结果中都存在一个特殊点，就是当测试信号源和噪声源并置，即掩蔽声源与被掩蔽声源在同一位置时，对应的 STIPA 测量曲线会有一个凹点，这是因为目标信号和干扰信号在空间重叠，此时的掩蔽水平较声源空间分离的情况更高，即此时空间去掩蔽没有发生，这种情况在对右耳进行测听时更为明显，这是由于实验条件中信号源分布在右半平面。此外，噪声源从 90°入射时，异侧耳处的 STIPA 较其附近的 60°和 120°对应的值更低，这是由声场衍射效应造成的。我们可以将声学头模视为球形障碍物，由于头部的阴影作用，噪声源声波通过头的前方、后方及上方绕射到异侧耳(与声源异侧的左耳)，各途径的绕射波相干叠加，在轴向对称的 270°位置处衍射效应最明显，造成异侧耳信噪比降低，导致语言清晰度降低。同理可得噪声源在270°位置时右耳的感知情况。

10.4　声源位置对语言听感清晰度的影响

10.4.1　实验素材和实验设计

语言传输指数STIPA可以预测和评价厅堂的语言清晰度，但最终对厅堂音质的判断和评价还是要落实到人的主观听感上。主观评价测试是厅堂语言清晰度好坏的最终判断标准。本节设计实施了不同声源位置条件下的语言清晰度主观评价实验，以考察主观评价结果与客观测量结果之间的联系。

为了能够研究不同声源位置的语言清晰度的结果，需要对不同声源位置组合相应的客观测量结果进行主观评测，这就需要我们对水平面不同声源位置处的素材进行录制。录制设备采用装有标准耳廓的声学头模。声学头模双耳耳道入口处分别装有DPA 4060全指向微缩传声器，音头顶端与耳道口平齐，自然封闭。经测量，左、右耳传声器的频率响应及灵敏度匹配良好。传声器拾取的信号经声卡放大后用计算机进行录音，录音素材的采样率为44.1kHz，量化精度为16bit。

录音时语声源和噪声源的声压级选取与前述实验相同的参考声级。由于前面已经证实左右耳有效信噪比存在显著差异，因此不去细究人工头左、右耳耳道入口处的实际信噪比，而是以头模中心位置处的声压级作为参考声压级，从而便于对重放信号进行校准。所采用的信噪比是指参考传声器得到的参考信噪比。实验素材是对不同声源位置时左、右耳耳道入口处的语音信号和噪声信号分别录制的，考虑到左、右耳的对称性和实验工作量的问题，只选取右耳录制的语音信号和噪声信号作为实验信号回放给被试判听，并与右耳STIPA客观测量值进行相关性分析。实验设定的信噪比选取了客观测量结果中居中的3个参考信噪比加以验证，分别是－5dB、0dB、＋5dB的情况。

实验中噪声为粉红噪声，目标声为汉语单音节语音。语言清晰度主观评价测试按照国标（GB/T 15508—1995）采用汉语清晰度测试音节表——KXY表。KXY表是语音平衡音节表，各表之间有良好的等价性。每种位置组合采用不同的男、女2张KXY字表，各个语声源位置对应12个噪声源位置，所以一种语声源位置需要24张字表用来测试，共需要144张字表。每张表有75个音节，采用随机组合的方式分为25组，每组3个字节，各字节不构成语义。在消音室录音时，发音人以正常的讲话速率（约为每秒4个音节）自然平稳地发音，每张表由男、女播音员各录制一次。每组之间有7s的静音时间供听音人作答。将录好的信号在测听室内回放给听音人来评测语言的清晰度。具体录音方法如下：

1）分别录制水平面12个方向上的语音信号和噪声信号，语音信号采用KXY表中的110张音节表（含男、女声），噪声信号同样采用粉红噪声，信号长度为30s，头中心处的参考声压级都控制在70dB。

2）在PC端按照一定的信噪比以及位置组合方式将相应的语声信号和噪声信号进行重放，这里需要验证在PC端调整信号的RMS值与头中心处参考传声器测得的声压级是否是线性关系，将所有录制信号统一标准化，保留该信号的设置。

3)信噪比和位置组合确定后，通过 Audition 软件多轨播放，语声与噪声同时重放时总声压级需要校准到 70dB，保留该信号设置，通过在人工头耳道入口处测量调校，使耳机重放信号声场中心声压级约为 70dB。

实验是在实验室条件下进行的，测量方法参照《声学　语言清晰度测试方法》[24]的相关标准。清晰度主观评价试验的流程如图 10.13 所示。

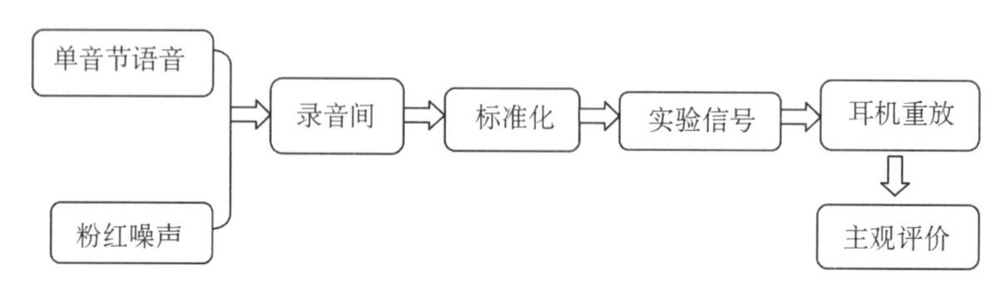

图 10.13　主观汉语清晰度测试图

由于实验量较大，为了避免实验疲劳与听觉适应的影响，实验选用 20 名听力正常者作为听音人员，每 5 名被试作为一组，分批次进行实验。经过实验验证，4 组被试的掩蔽值均值相同，每组被试可视为等效。其中 20 名被试包括 9 男、11 女，男女比例大致均衡。被试有多次测听实验经历，实验前也经过必要的训练。主观实验在安静的环境(低噪声压级小于 40dBA)下进行。实验音频信号采用耳机进行重放。听音人听完一组音后将听到的单音节的汉语拼音记录在标准的清晰度测试记录纸上。最终通过计算得出主观汉语语言清晰度得分。

10.4.2　声源位置对听感清晰度影响的分析

本节中汉语听感清晰度是以听音人的听辨正确率为评测依据进行分析的。计算被试在每个信噪比下不同声源位置组合条件下音节判断的正确率，以及对应条件下音节表的正确响应数 N_s，从而得到该记录表的音节清晰度得分：

$$S_i = \frac{N_s}{75} \times 100 \tag{10.9}$$

S_i为第 i 个被试的音节清晰度评测得分。本次实验共有有效听音人 20 名，每组测试信号需 5 人，共分四组进行，故音节清晰度平均得分为：

$$S = \sum_{i=1}^{5} S_i / 5 \tag{10.10}$$

实验分别统计了在水平面上语声源和噪声源不同位置时男、女声主观听感清晰度的得分情况，从主观实验得出语声源和噪声源不同组合位置对于语言听感清晰度影响显著，如图 10.14 所示，这里的听感清晰度为男、女声语言听感清晰度得分的均值，信噪比为 0dB。

当语声源和噪声源从不同方向入射时，人头、耳廓等对声波的散射和反射所引起的声压频谱特征有所不同，由此带来听感清晰度的变化。所有方位组合听感清晰度结果中也都存在一个特殊点，当语声源和噪声源位置相同时，目标信号和干扰信号的空间重叠导致主观听感清晰度下降，当声源位于水平面右半侧时这种情况更为明显，这与实验信号是由右耳录制相关。此外，噪声源从 270°入射时，由于声场衍射效应，在轴向对称的 90°位置处衍射效应最

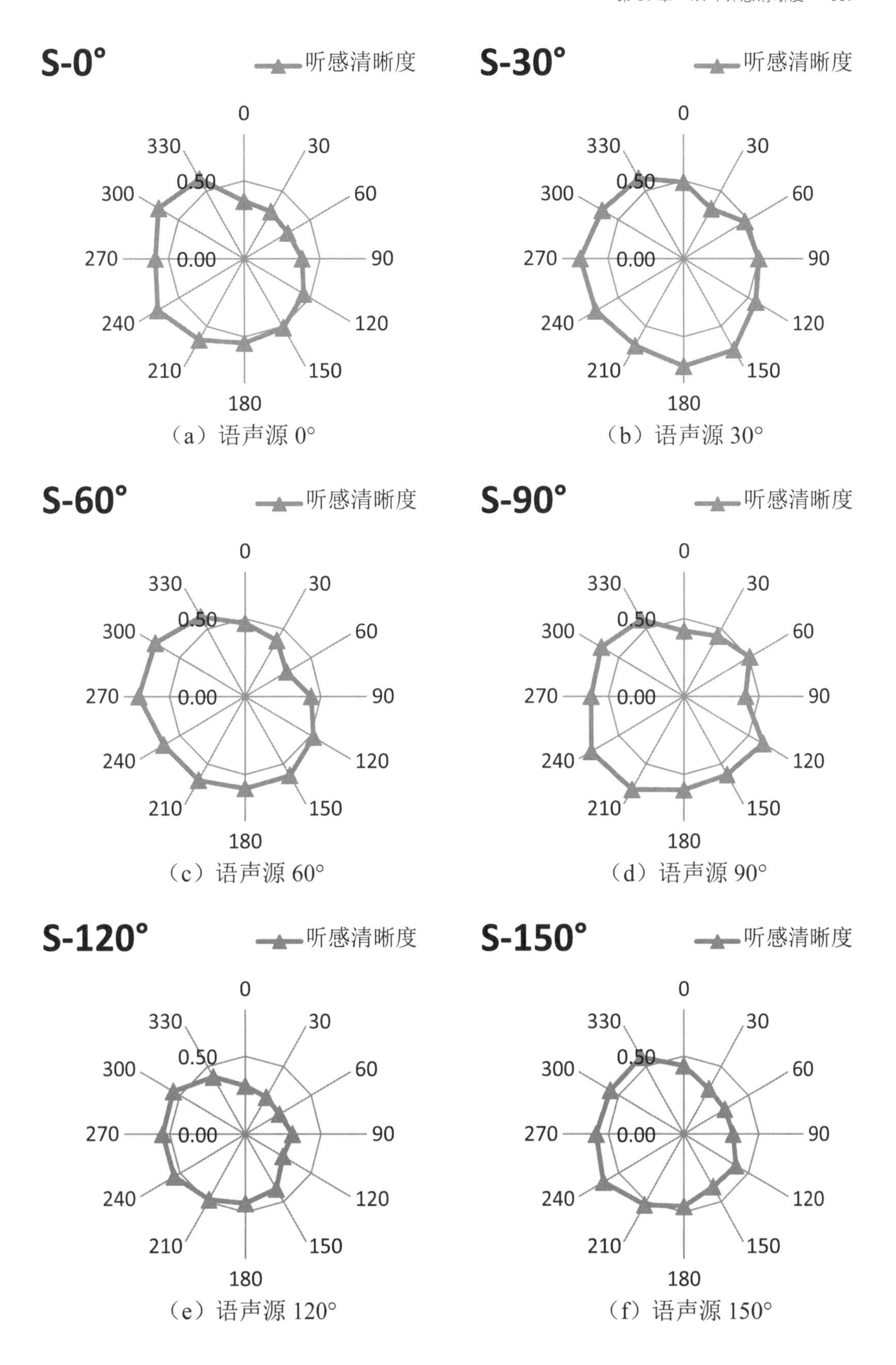

（a）语声源 0°　（b）语声源 30°

（c）语声源 60°　（d）语声源 90°

（e）语声源 120°　（f）语声源 150°

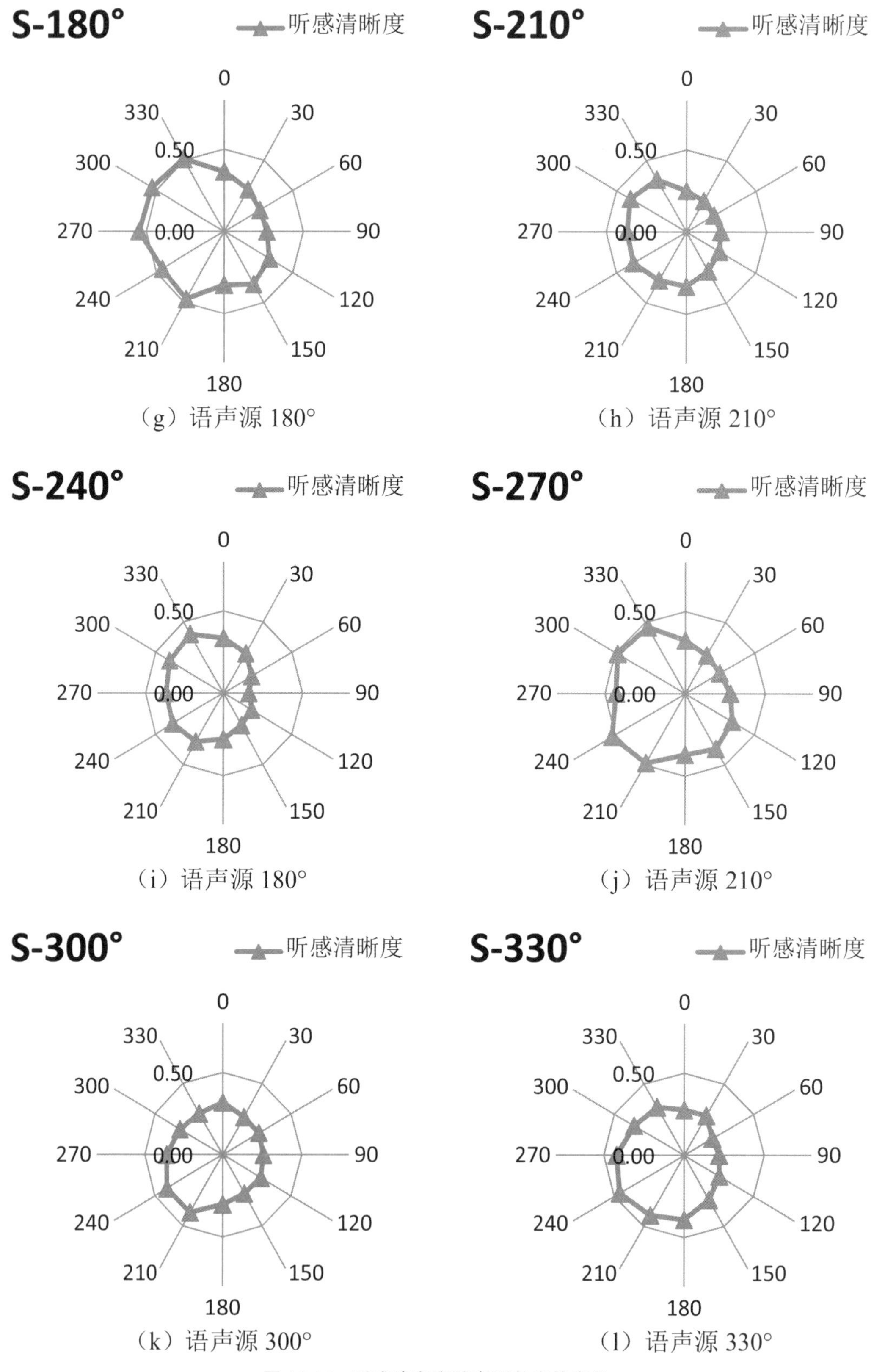

（g）语声源 180°

（h）语声源 210°

（i）语声源 180°

（j）语声源 210°

（k）语声源 300°

（l）语声源 330°

图 10.14　听感清晰度随声源角度的变化

明显，造成异侧耳信噪比降低，导致主观听感清晰度降低。

听感清晰度随着目标声源角度的变化呈现出一定的规律性，如图 10.15(a)为噪声源位置固定时听感清晰度随语声源角度变化的关系曲线，(b)为语声源位置固定时听感清晰度随噪声源角度变化的关系曲线。当噪声源位置保持不变时，语声源位于右耳同侧的右半平面较位于异侧左半平面对听感清晰度的影响更为明显。当语声源入射角度在 0°～90°范围内时，听感清晰度明显提高。当语声源入射角度为 120°～240°时，听感清晰度逐渐降低。其中当入射角从 90°变为 120°和从 180°变为 210°时，听感清晰度的下降幅度较大。当语声源入射角为 240°～330°时，听感清晰度小幅度提高。其中当入射角为 270°时，听感清晰度出现局部最大值。由实验结果发现：当语声源入射角在 30°和 60°附近时听感清晰度最高，当语声源入射角在 210°和 240°附近时听感清晰度最低，这与客观 STIPA 测量结果一致。图 10.15(b)是将语声源固定，噪声源角度变化时对应的主观听感清晰度评价结果。当语声源固定时，听感清晰度随噪声源角度的变化趋势与图 10.15(a)曲线的变化趋势相反，听感清晰度最大值出

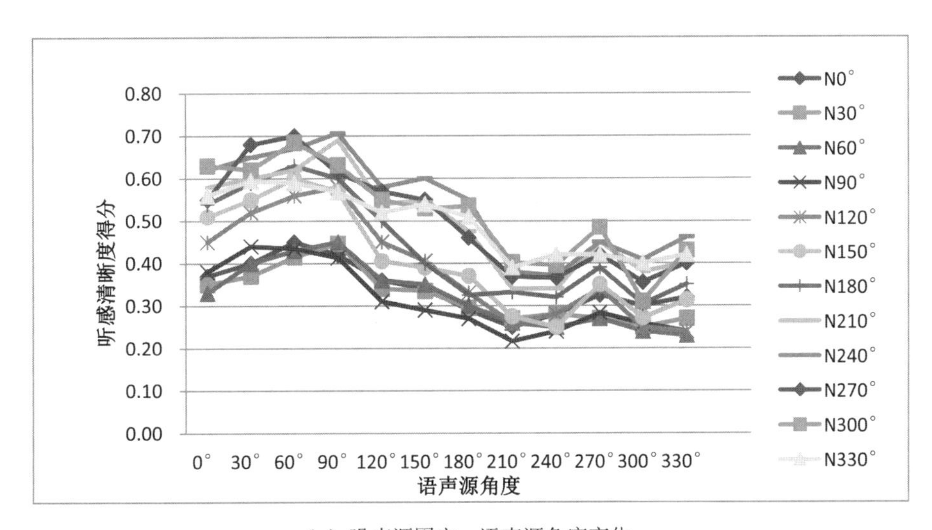

(a) 噪声源固定，语声源角度变化

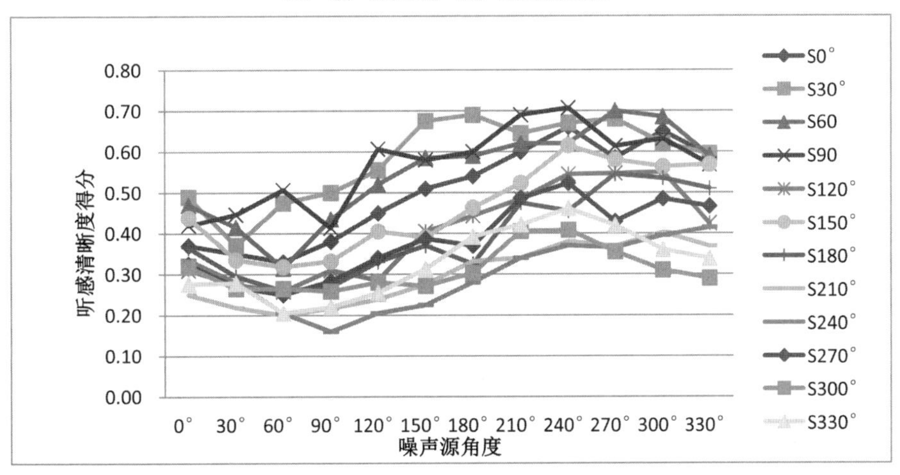

(b) 语声源固定，噪声源角度变化

图 10.15　听感清晰度随声源位置变化的关系曲线

现在噪声源入射角 210°和 240°附近，最小值是在噪声源 30°和 60°附近获得的。这些结果都与双耳 STIPA 结果一致。

通过男、女声听感清晰度得分对比发现，在同等条件下女声的清晰度总体高于男声，在信噪比较低、环境恶劣的条件下女声的抗干扰能力更为明显。如图 10.16 所示，参考信噪比为－5dB 时女声的清晰度比男声平均高出 9%，参考信噪比为 0dB 时女声的清晰度比男声平均高出 5%，参考信噪比为 5dB 时差异只有 2%。

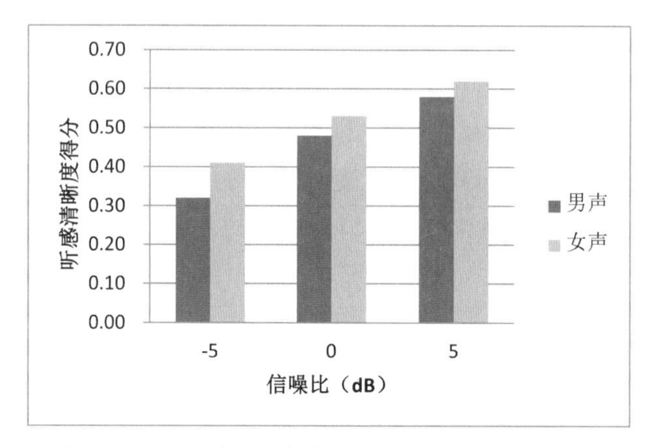

图 10.16 不同信噪比条件下男、女声听感清晰度对比

参考信噪比为－5、0、5dB 时不同声源组合位置的语言清晰度的变化趋势相似，但随着信噪比的升高语言清晰度的增长趋势减缓。三种信噪比条件对应的语言清晰度的变化范围分别为 20%～40%、40%～60%、40%～70%。对不同参考信噪比水平面所有声源组合位置的语言清晰度得分进行统计，得到参考信噪比为－5dB 时语言清晰度最低为 17%，最高可达 51%；参考信噪比为 0dB 时语言清晰度最低为 26%，最高可达 71%；参考信噪比为 5dB 时语言清晰度最低为 33%，最高可达 82%。

通过水平面语声源和噪声源不同角度组合的 3 种信噪比的主观听感清晰度的评价结果，可以得出主观听感较好和较差的声源角度组合：主观听感清晰度较高的声源组合位置为语声源在测听耳同侧前方区域，距离同侧耳 30°～60°范围内；噪声源在测听耳异侧后方区域，距离异侧耳 30°～60°范围内。反之语声源和噪声源位置相反即获得较低的听感清晰度。

10.5 语言传输指数与主观听感清晰度的相关性

在已有的主客观实验结果基础上进一步讨论，对不同方向声源组合位置的客观测量结果(无头模 STIPA、右耳 STIPA 与主观听感清晰度评测结果)做对比，对三者之间存在的相关性进行分析。如图 10.17 所示，分别将不同语声源和噪声源的空间组合位置下无头模 STIPA、右耳 STIPA 与主观听感清晰度评测结果相比较发现，主观听感清晰度的变化趋势与加入头模的右耳 STIPA 测量结果的变化趋势表现出较为明显的一致性，无头模时传统测量方式下得到的 STIPA 不能很好地反映不同声源方向性对主观听感清晰度影响的变化规律。可见声源位置对于语言传输指数和主观听感清晰度的评价有着显著的影响。

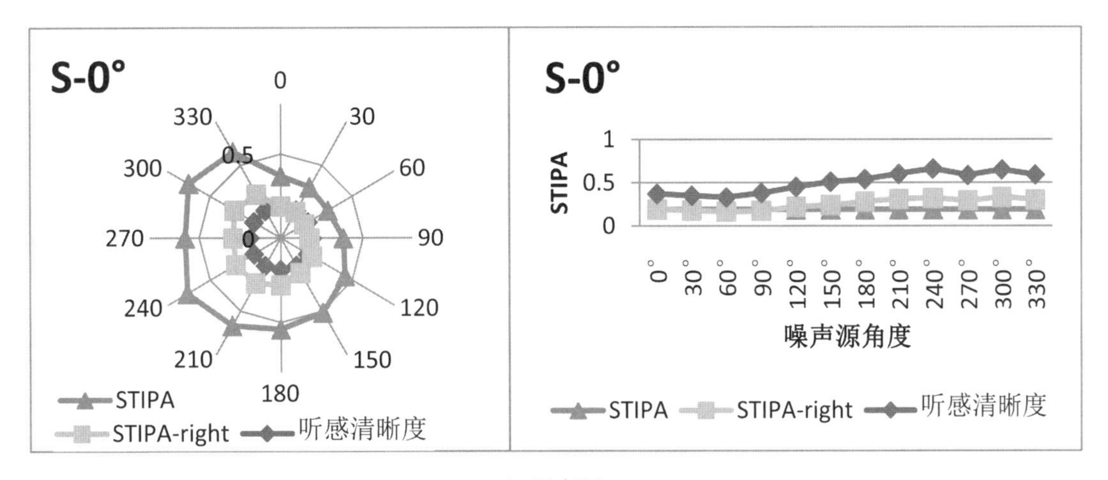

（a）语声源 0°

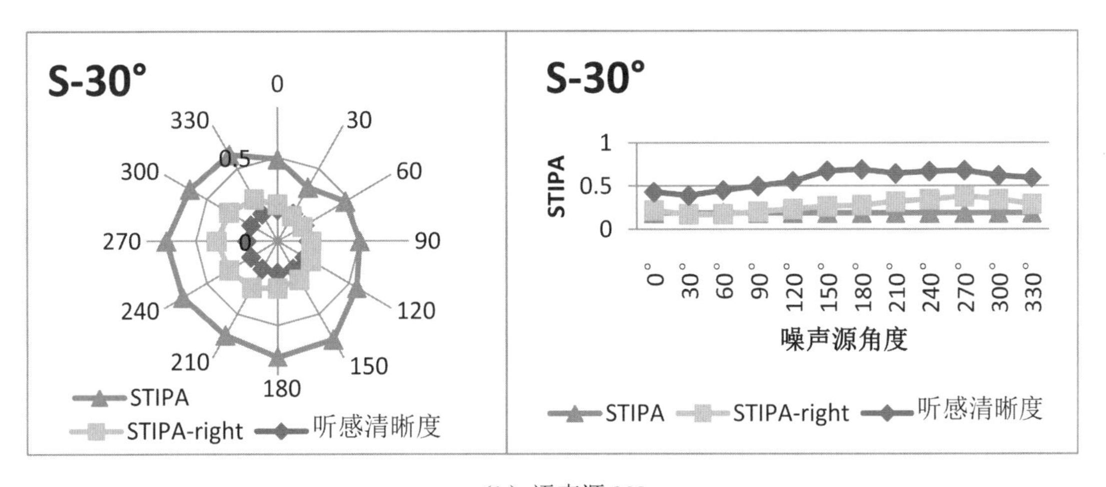

（b）语声源 30°

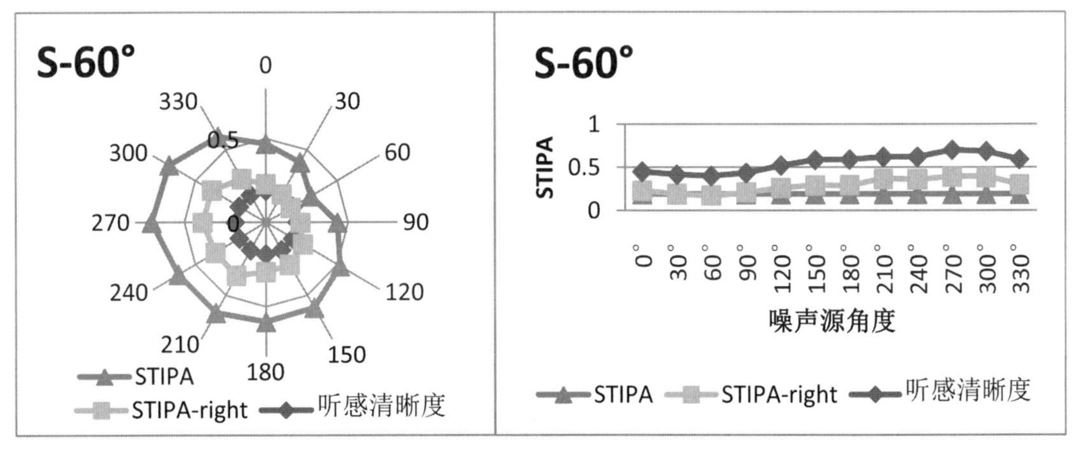

（c）语声源 60°

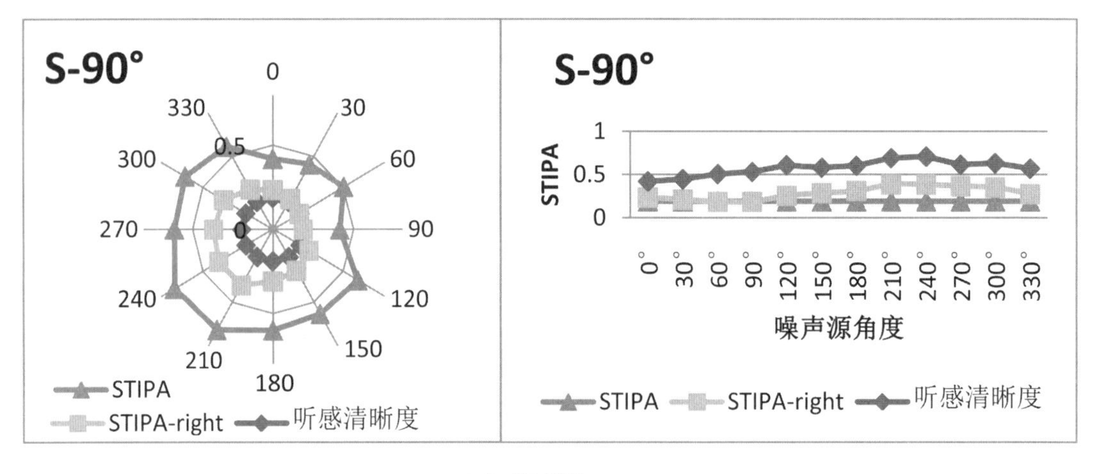

（d）语声源 90°

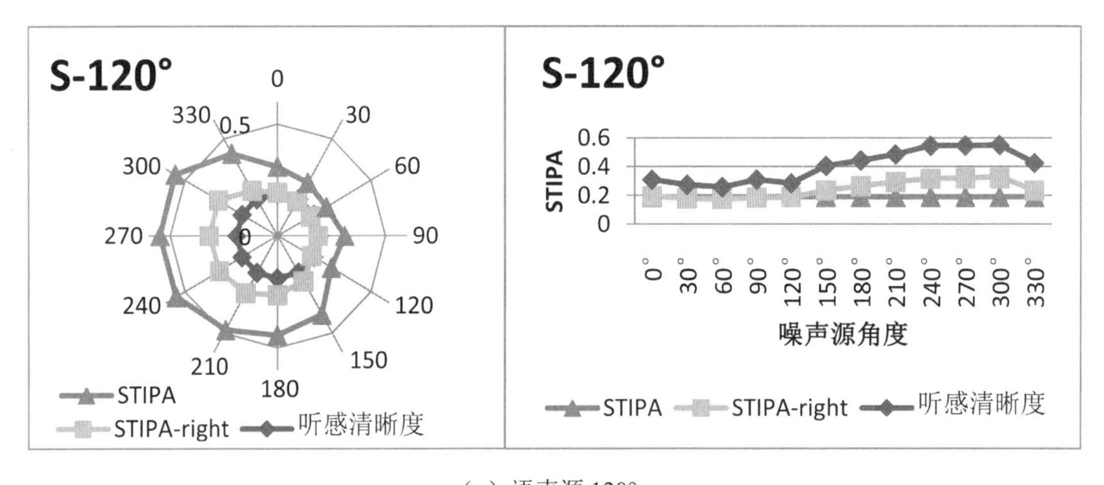

（e）语声源 120°

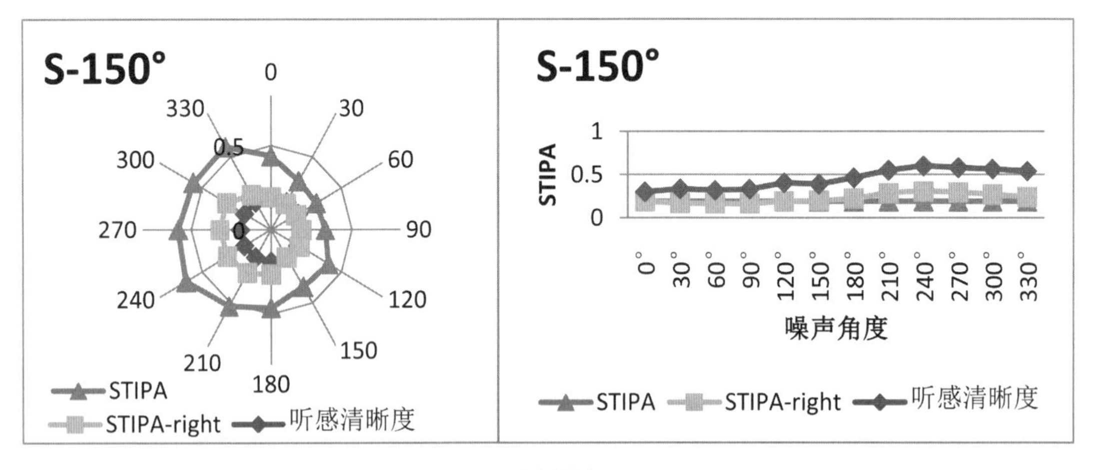

（f）语声源 150°

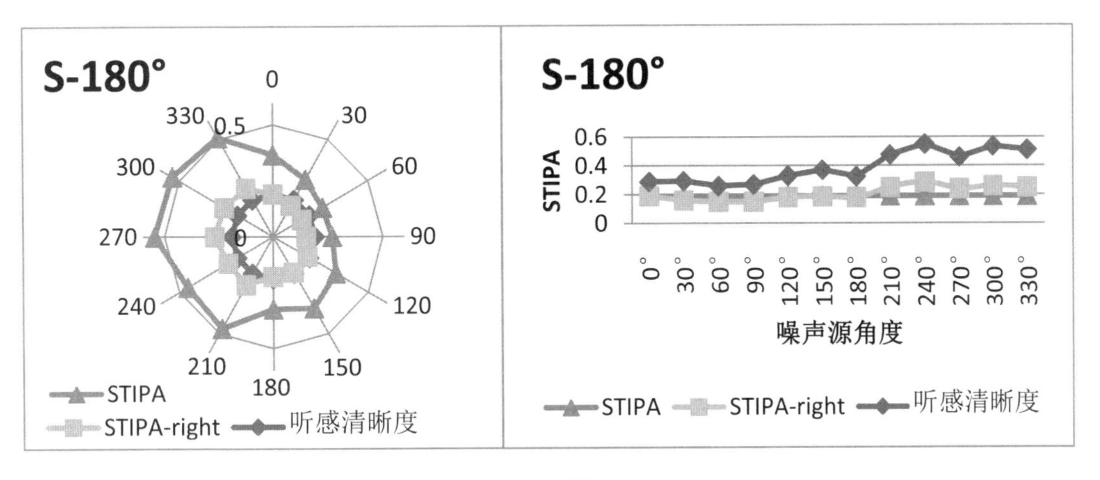

（g）语声源 180°

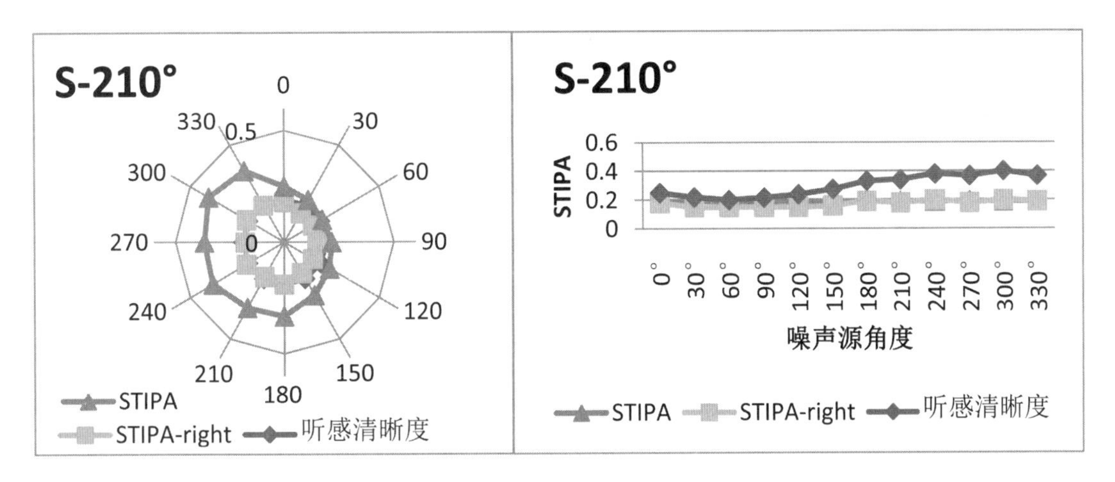

（h）语声源 210°

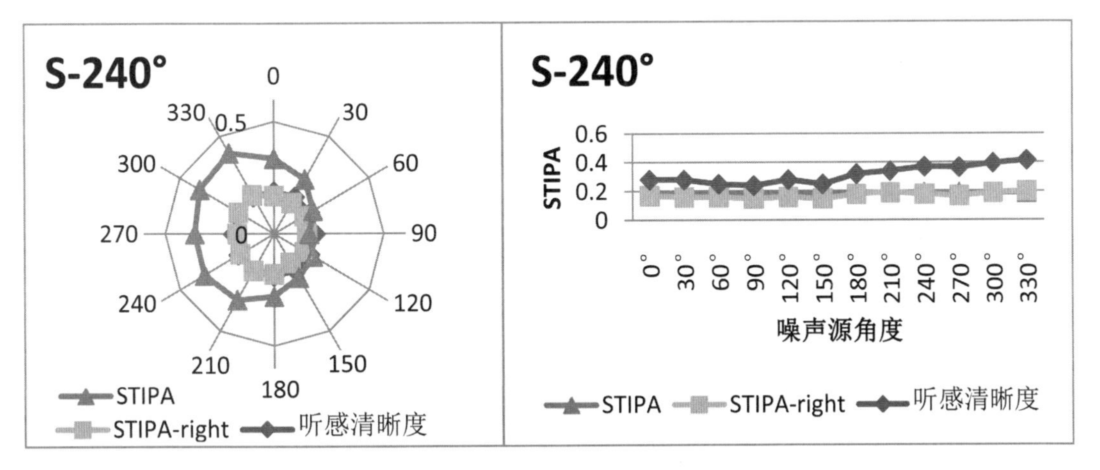

（i）语声源 240°

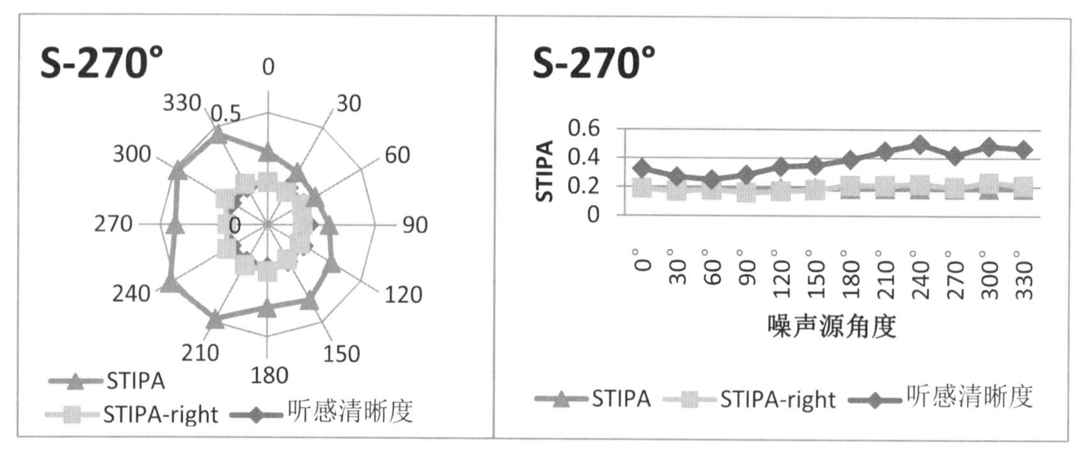

(j) 语声源 270°

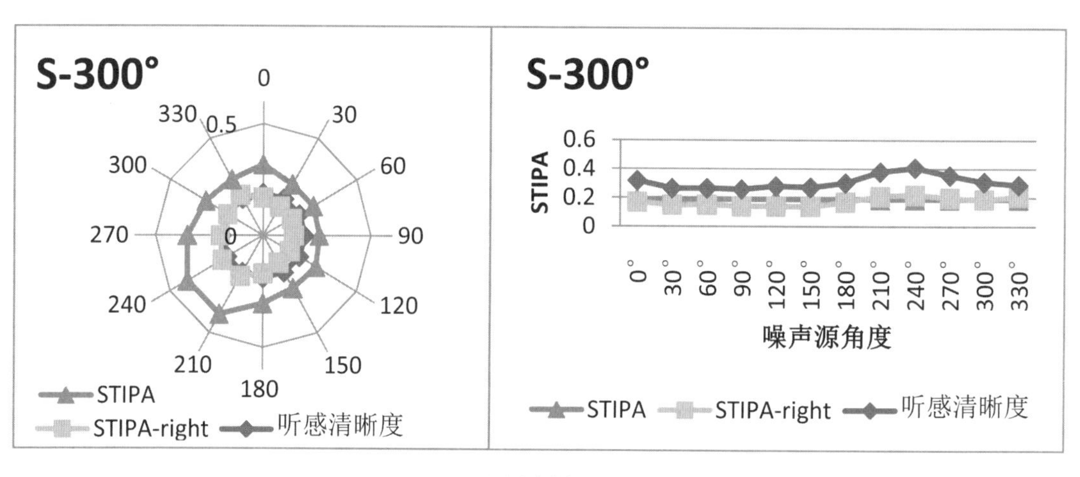

(k) 语声源 300°

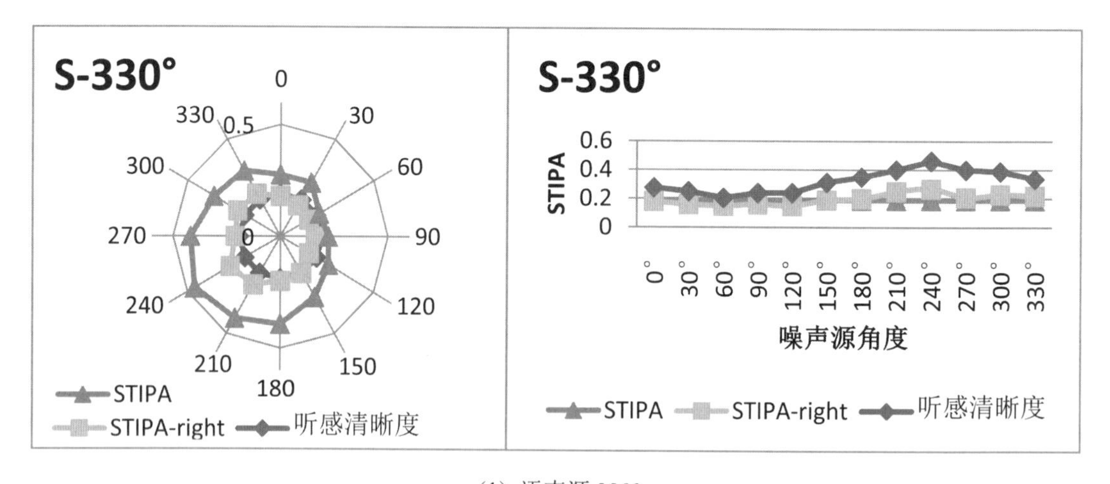

(l) 语声源 330°

图 10.17 STIPA、右耳 STIPA 与听感清晰度的关系

表 10.8 为信噪比为 0dB 时，语声源和噪声源不同组合位置下 STIPA、右耳 STIPA 与听感清晰度之间的相关系数。按照语声源和噪声源在水平面 12 个方向分别给出两种客观测量值与主观听感清晰度之间的相关系数。其中 STIPA 表示无头模情况，STIPA－R 表示头模存在时右耳 STIPA。

表 10.8　无声学头模 STIPA、右耳 STIPA 与听感清晰度之间的相关系数

（语声源方向）

方向	0°	30°	60°	90°	120°	150°	180°	210°	240°	270°	300°	330°
STIPA	0.32	0.23	0.04	－0.44	－0.50	－0.05	0.06	－0.49	－0.52	0.32	0.37	0.55
STIPA－R	0.94	0.91	0.92	0.92	0.89	0.94	0.91	0.87	0.88	0.87	0.88	0.91

（噪声源方向）

方向	0°	30°	60°	90°	120°	150°	180°	210°	240°	270°	300°	330°
STIPA	－0.21	0.07	0.05	0.17	－0.07	－0.05	0.05	0.14	0.15	0.21	0.23	0.09
STIPA－R	0.89	0.93	0.93	0.92	0.94	0.94	0.93	0.96	0.89	0.94	0.93	0.92

从表 10.8 中发现右耳 STIPA 与主观听感实验之间的相关系数绝对值均高于 0.8，无头模 STIPA 与听感清晰度之间的相关系数较小。虽然目前相关系数大小所表示的意义在统计学界尚不一致，但通常认为相关系数绝对值在 0～0.3 的范围内为微相关，在 0.3～0.5 的范围内为弱相关，在 0.8～1 的范围内为高度相关。右耳 STIPA 与主观听感在不同声源方向上为高度相关，而无头模与听感清晰度之间相关性不显著。

图 10.18 和图 10.19 分别为 3 种信噪比条件下在不同声源位置测量的无头模 STIPA、右耳 STIPA 与听感清晰度得分之间的拟合图。从图 10.18 可以看出，每种信噪比条件下的无头模 STIPA 的测量值与听感清晰度之间不是单一对应的关系，对于传统的单点测量方式来说，声源方位角对 STIPA 的影响很小，STIPA 只受信噪比的影响，即同等信噪比条件下不同

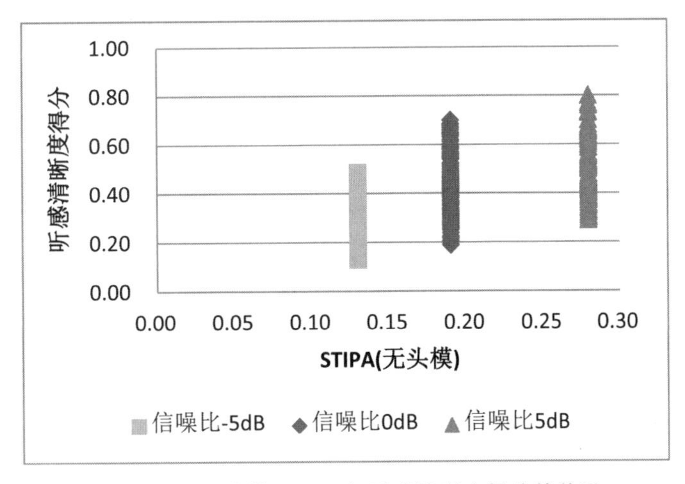

图 10.18　无头模 STIPA 与听感清晰度得分的关系

声源位置对应单一 STIPA 值,然而主观听感清晰度受声源位置的影响,因此呈现出图 10.18 所示的单一 STIPA 值对应听感清晰度的变化区域,显然这是不合理的。

图 10.19 为不同信噪比、不同声源组合位置的右耳 STIPA 与主观听感清晰度之间的关系,此时右耳 STIPA 不仅受信噪比的影响,还受声源方位角的影响,右耳 STIPA 与听感清晰度一一对应,主观听感清晰度与右耳 STIPA 之间的相关性更高。图中还给出了二者的多项式回归曲线,相关系数 R2=0.92,显著性 P<0.001,这说明加入人工头模的 STIPA 与主观听感清晰度拟合较好,相关性较显著。根据回归曲线,由 STIPA 可解释实际听闻条件下的听感清晰度得分变化的 92%,证明双耳 STIPA 与主观清晰度的结果相符,能较好地预测主观清晰度评测结果。

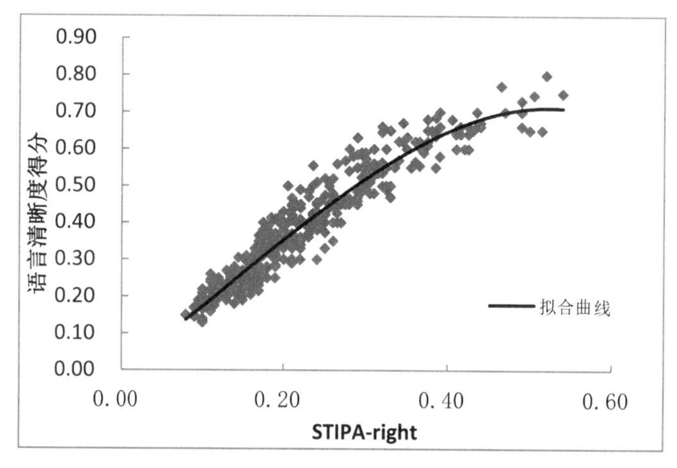

图 10.19 右耳 STIPA 与听感清晰度得分的关系

通过对无头模 STIPA、右耳 STIPA 与主观听感清晰度的相关性分析得出,无头模的 STIPA 与主观听感清晰度之间相关性不显著,加入人工头模的 STIPA 的测量方式能更好地反映实际声场的语言清晰度状况,在实际的语言清晰度的客观测量中,需要采取与真实听感相类似的测量方式,摒弃传统的测量模式,采用符合人耳听觉感知的双耳 STIPA 测量模式,在实际测量中加入人工头模,这样将能更好地反映出其客观物理特性,并且可与主观听觉感受联系起来。通过这种方式我们可以减少主、客观评价上的差异,直接用客观测量推断出主观语言清晰度的实际情况,既易于操作又符合实际听感。

参考文献

[1]陈国,胡修林,张蕴玉,等.语音质量客观评价方法研究进展[J].电子学报,2001,29(4):548-552.

[2]国家技术监督局.声学 语言清晰度测试方法:GB/T 15508—1995[S].北京:中国质检出版社,1995.

[3]中华人民共和国电子工业部.通信设备汉语清晰度测试方法:SJ2467—84[S].北京:[出版者不详],1984.

[4]中华人民共和国国家质量监督检验检疫总局,中国国家标准化管理委员会.汉语清晰度

诊断押韵测试(DRT)法:GB/T 13504—2008[S].北京:中国标准出版社,2008.
[5]陈国,胡修林,张蕴玉,等.语音质量客观评价方法研究进展[J].电子学报,2001,29(4):548-552.
[6]努特生,哈斯.建筑中的声学设计[M].王季卿,郑长聚,译.上海:上海科技出版社,1960.
[7]FRENCH NR, STEINBERG J C. Factor governing the intelligibility of speech sounds [J]. J.Acoust.Soc.Am., 1947, 19:90-119.
[8]KRYTER K D. Method for calculation and use of the articulation index[J].J.Acoust. Soc.Am., 1971, 34(5):1689-1697.
[9]LOCHNER J P A, BURGER J F. The influence of reflections on auditorium acoustics [J]. J.SoundVib,1964(1):426-454.
[10]PEUTZ V M A. Articulation loss of consonants as a basis for the design and judgment of sound reinforcement systems[J].J.Audio Eng.Soc, 1971,19(12):920-922.
[11]KLEIN W. Articulation loss of consonants as a basis for the design and judgment of sound reinforcement systems[J]. J.Audio Eng.Soc.,1971,19(12):920-922.
[12]HOUTGAST T, STEENEKEN H J M. The modulation transfer function in room acoustics as a predictor of speech intelligibility[J]. ACUSTICA, 1973,28(1):66-73.
[13]彭建新.汉语平均频谱噪声下的汉语语言清晰度研究[J].华南理工大学学报(自然科学版),2005,33(8):71-74.
[14]ZUREK P M. Binaural advantages and directional effects in speech intelligibility[M]// STUDEBAKER G A, HOCHBERG I. Acoustical factors affecting hearing aid performance. Boston:Allyn and Bacon,1993:255-276.
[15]HRISH I J. The relation between localization and intelligibility[J]. J.Acoust.Soc.Am, 1950, 22(2):196-200.
[16]HAWLEY M L, LITOVSKY R Y,COLBUM H S. Speech intelligibility and localization in a multi-source environment[M]. J.Acoust.Soc.Am,1999, 105(6):3436-3448.
[17]PLOMP R. Binaural and monaural speech intelligibility of connected discource in reverberation as a function of azimuth of a single competing sound source (speech or noise)[J]. ACUSTICA, 1976, 34(4):200-211.
[18]Sound system equipment-Part 16:Objective rating of speech intelligibility by speech transmission index:IEC 60268-16:2003(E)[S].
[19]崔广中,邹玉环.有关语言可懂度的几种客观测评方法[J].电声技术,2000(4):10-15.
[20]HERMAN T H, STEENEKEN J M. Evaluation of speech transmission channels by using artificial signals[J].Acustica,1971(25):355-367.
[21]ZUREK P M. Binaural advantages and directional effects in speech intelligibility[M]// STUDEBAKER GA, HOCKBERG I. Acoustic factors affecting hearing aid performance.Allyn and Baston, 1993.
[22]FREYMAN R L, BALAKRISHMAN U,HEIFER K S.Spatial release from informational masking in speech recognition[J].J.Acoust.Soc.Am.109,2001:2112-2122.

[23]OZIMEK E. Speech intelligibility for different spatial configuration of target speech and competing noise source in a horizontal and median plane [J]. Speech communication,2013(55):1021-1032
[24]国家技术监督局.声学 语言清晰度测试方法:GB/T 15508—1995[S].北京:中国质检出版社,1995.

第 11 章　水平面听觉距离感知要素*

11.1　水平面听觉距离感知概述

在视觉信息缺失或退化的情况下，如在黑暗的环境中或者对象在视野之外，此时听觉距离感知具有极其重要的作用[1][2][3]。听觉距离感知对空间定位及导航能力具有潜在的重要性。关于空间听觉感知的研究主要集中于声源方位感知（即空间定位）和声源距离感知两个方面。空间定位感知，即物理空间中的点（声源位置）与相应的听觉空间中的点（感知位置）之间的数学关系[4]。声源距离感知可以理解为听觉空间中声源离人耳的距离与物理空间中声源离人耳的距离之间的对应关系，一般情况下会将耳轴线中点到声源位置处的距离定义为实际声源距离。

已有大量实验研究证明室内音效感知与声源的距离、方位等空间因素相关，人耳的感知距离和真实距离并不能达到完美匹配，对此种感知失配的研究一直以来也是心理声学领域的研究热点，故获取距离感知与方位感知的差别阈限变化趋势能够为声源精确重放提供更可靠的依据，从而获得更为真实的空间音效体验[5]。

人类估计声源距离的能力远远不如确定声源方位的能力。人类对不同方向的定位误差平均为 10°[6][7][8][9][10]，对正前方的角度分辨误差接近 1°[11]，而感知距离的判断则常会产生较大的误差。被试经常大大低估远处的声源距离，而高估小于或等于 1m 的声源距离。这就表明听觉空间感知距离是物理空间距离的一种压缩或偏差的表现。为了更为仔细地研究距离定位的偏差问题，许多物理函数研究方法被用来估计心理感知的距离，包括隐性衡量尺度的口头报告方法以及观察肌肉运动反应时间的方法。用不同的研究方法得到的感知距离的物理函数的变化趋势是趋同的[12][13]，这就证明目前的研究方法能很好地估计听觉感知距离的变化。

听觉距离判断的另一个重要特点是在给定的声源距离下判断存在可变性。Haustein[14]在平均 20 个被试的实验中发现，距离感知的“模糊率”为 5%～25%，其中采用单一扬声器的实验中，距离感知判断的可变性甚至可能更大。P.Zahorik[15][16]对采用 9 个扬声器的数据重新分析后发现，当把横坐标转换为对数坐标进行表示时，距离估计的标准差的范围为声源距

---

* 本章内容主要来自《全景声重放中的虚拟声像生成技术的感知机理研究》，牛欢，中国传媒大学博士学位论文，2019年6月。

离的 20%～60%。

类似于视觉感知，仅依靠传感器的反应，听觉系统无法正确判断距离。感知距离必须由一个或多个距离判断指示器或者线索提供的潜在的或不完整的信息来计算。许多声学线索被认为是重要的感知声源距离的判断依据。

强度一直被认为是距离感知的主要声学线索[17]。强度随着声源与听音位置的距离的增加而减小。在理想条件(自由场中的功率点声源固定)下，声源距离每增加 1 倍，声压级下降 6dB [18]。包括 Gardener 在内的许多学者开始从声源响度着手研究距离感知，研究了人耳的主观感知距离[19]，实验表明在听音者处声压级每降低 20dB，人耳感知的距离才会加倍。实际生活环境中存在背景噪声，白璐璐等人[20]在研究噪声对室内听觉感知距离的影响时，通过控制环境信噪比实验也证明了噪声对距离感知有重要的影响，信噪比越大，即背景噪声越大，则主观感知距离越远，而且与实际距离的差距也会逐渐扩大。在房间环境中，作为时间函数的混响能量主要取决于房间的大小以及房间反射面的声学特性。在多数室外环境中也能产生混响，因此混响能量比能够提示声源距离产生的变化[21]。Georg von Bekesy[22]首次通过实验证明减少直混比能够明显增强距离感知。Mershon 和 King[23]也通过实验证明，在混响环境中听者对于声源距离的判断要比在无回声环境中准确率更高一些。Mershon 和 Bowers[24]的研究进一步支持了直混比在听觉距离感知中的重要性。Sheeline[25]通过数字混响器技术来验证直混比与声源距离之间的基本关系。

基于上述现状及研究需要，本章通过一系列自由场和混响场的心理声学实验，对水平面听觉感知距离进行系统的测量及差异分析，充分了解不同因素对听觉感知距离的变化趋势及感知距离的差异性的影响。

这一系列实验均在符合国际电工委员会标准(IEC 标准)的全消声室中进行，背景噪声不超过 17dBA，且均采用真实声源作为实验刺激。在水平面距离感知实验前需要校准每个实验信号在听音点处声压级为 75dBA，且实验过程中要求被试头部保持固定不动。声源在入射方向(如图 11.1 所示，0°至 315°的 8 个角度方向)上移动范围是 1～5m，间隔 0.5m。

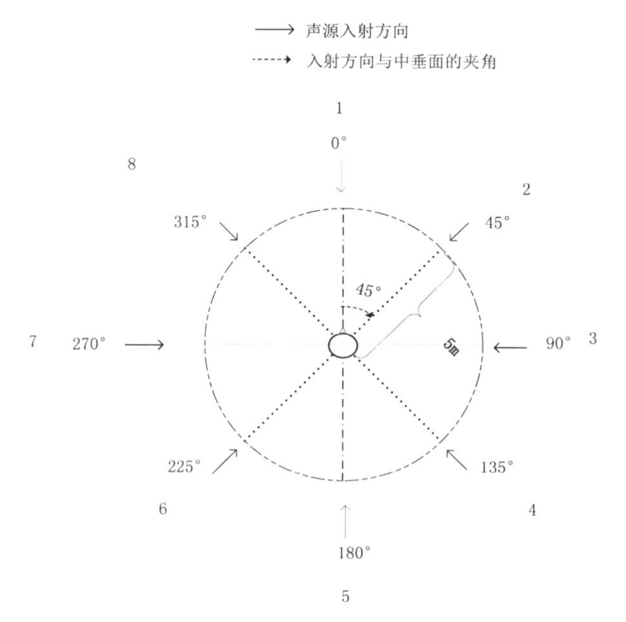

图 11.1　水平声源入射角度示意图

研究水平面不同声源入射角度(0°、180°和 270°三个角度)、不同声源强度、相同声源位置(实际声源与听音点之间的距离为 2m)情况下，主观感知距离的变化趋势。在实验前需校准每个信号在听音点处的声压级分别为 55dBA、60dBA、65dBA、70dBA、75dBA。

大量的距离感知实验采用心理物理函数来估计距离，其中包括基于口头报告明确的距离尺度(如英尺和米)、基于口头报告的距离隐性尺度(如大小估计)以及运动估计(如行走到感知声源的空间位置)。本系列中 16 名被试(5 名男性和 11 名女性)年龄在 22～27 岁之间(平均 24.3 岁),听力均在正常阈值(125Hz 至 8kHz 范围内,不大于 25dB HL)内,且都具有心理声学实验的经验;均采用口头报告明确的距离尺度(m),米数由记录员现场记录;同时为了避免视觉对听觉距离感知的干扰影响,要求被试佩戴舒适的眼罩。

11.2　水平面距离感知中的角度要素

11.2.1　轴向对称角度对距离感知的影响

已有大量心理物理学实验证明,水平面上不同角度声源变化对双耳的 ITD、ILD 等均存在明确的影响,对主观听觉距离感知的影响却未有相应的结论。其中水平面角度的对称性,需要将其细分为轴向对称角度、侧向对称角度及整体角度,分别进行趋势变化及压缩感知的讨论。

轴向对称角度是指 0°～180°与 90°～270°两种情况,探究这两种情况下听觉距离感知是否仍存在“方向定位上的前后混淆”以及“因左右对称而距离感知相同”的问题。

选择纯音 250Hz、2000Hz、8000Hz 的轴向对称角度,对不同声源位置的主观感知实验数据进行整理,分析轴向对称角度对主观感知距离的影响,结果如图 11.2、图 11.3 所示。

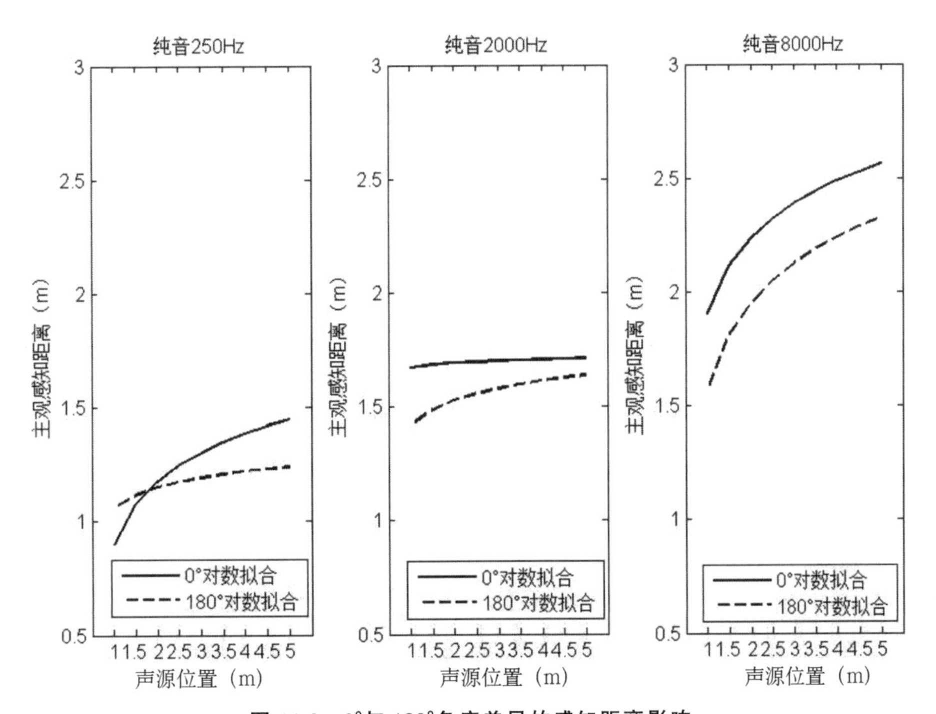

图 11.2　0°与 180°角度差异的感知距离影响

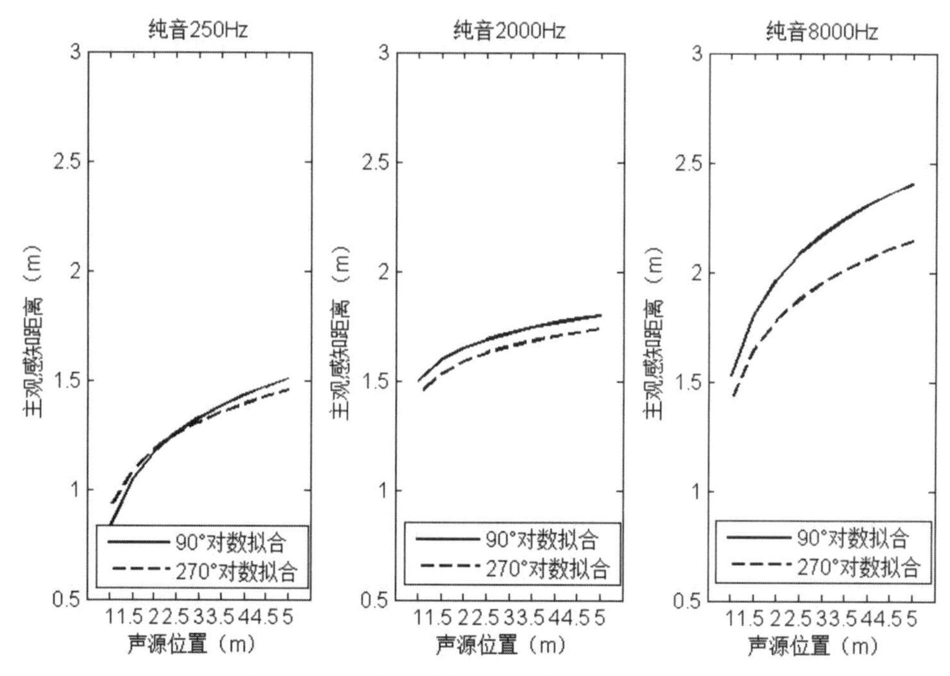

图 11.3　90°与 270°角度差异的感知距离影响

由图 11.2 可知：就纯音而言，0°与 180°角度变化对感知距离变化趋势的影响大体一致，即随声源距离的增加呈对数增加的趋势，并最终趋于稳定的状态。但是角度的影响较为明显，即 0°方向上的距离感知明显好于 180°方向。当实验信号为纯音 250Hz 以及 2000Hz 时，两者之间的差异相对较小；当实验信号为纯音 8000Hz 时，两者之间的差异相对较大。故随着信号频率递增，0°与 180°不同角度引起的感知距离的差异会增加。由于 0°与 180°角度上声源到双耳的时间差、能量差等基本一致，其差异性提示可能存在某些未知的隐性因素能够影响感知距离的判断。

由图 11.3 可知：就纯音而言，90°与 270°角度变化对感知距离变化趋势的影响大体相同，也同样随声源距离的增加呈对数增加的趋势，并最终趋于稳定的状态。当实验信号为纯音 250Hz 以及 2000Hz 时，角度变化与感知距离变化不存在差异；但当实验信号为纯音 8000Hz 时，两者之间存在明显的差异。随着信号频率递增，90°与 270°不同角度引起的感知距离的差异在高频区域较大，猜测这可能与被试大多存在优势耳的情况有一定的相关性。

为了更加直观地了解其变化差异，选择将主观感知距离与实际声源距离进行感知距离误差率计算，观察其轴向对称角度的感知误差之间存在的联系，如图 11.4 和图 11.5 所示（其中横坐标用对数坐标表示）。

观察图 11.4、图 11.5 可知：刺激源信号为不同频率的纯音，声源从 180°入射的听觉感知距离误差均高于声源从 0°方向入射的误差；就纯音而言，随着信号频率的升高，轴对称角度变化引起的听觉感知距离误差也明显增加；与此同时，不同中心频率的窄带信号也呈现相同的变化趋势。

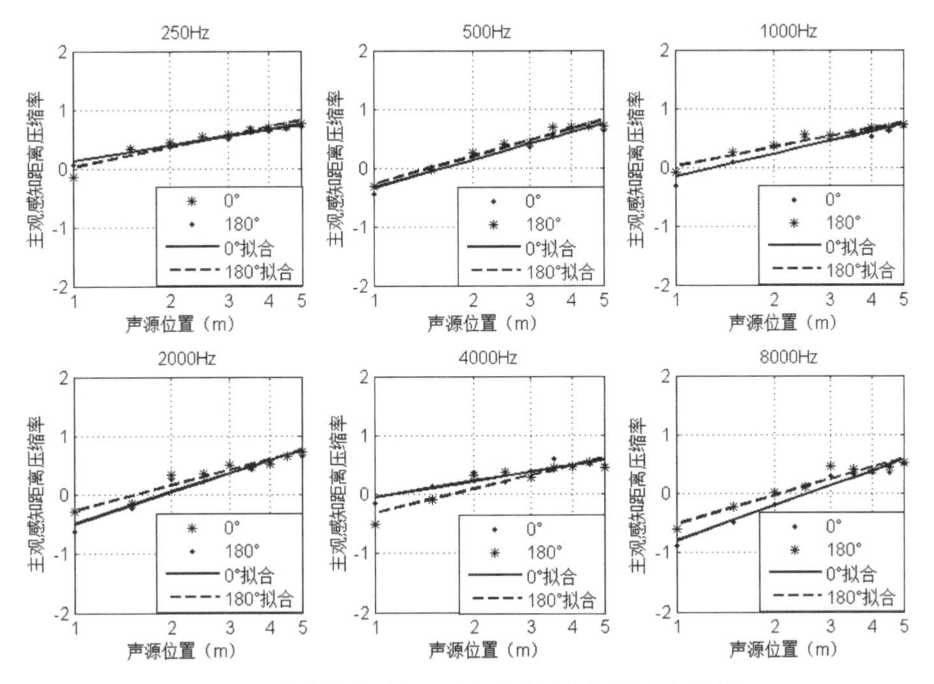

图 11.4　纯音信号 0°与 180°角度变化感知误差率对比图

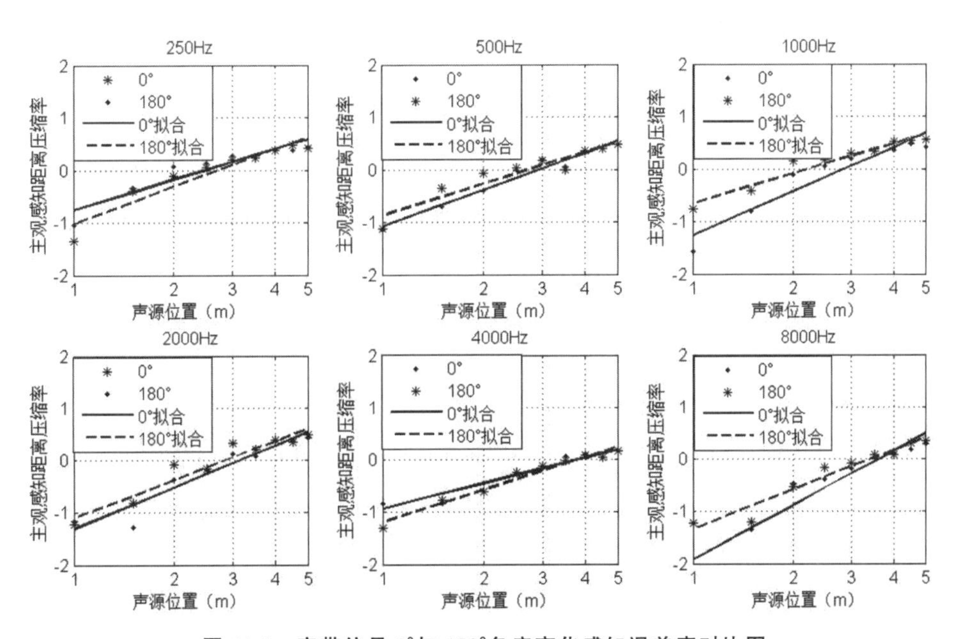

图 11.5　窄带信号 0°与 180°角度变化感知误差率对比图

11.2.2　侧向对称角度对距离感知的影响

侧向对称角度针对的是前后侧向对称角度(45°～135°、135°～225°)、左右侧向对称角度(45°～135°、225°～315°)两种情况。

刺激信号仍选择纯音 250Hz、2000Hz、8000Hz，针对不同侧向对称角度，对不同声源位置的主观实验数据进行整理，感知趋势变化见图 11.6、图 11.7。

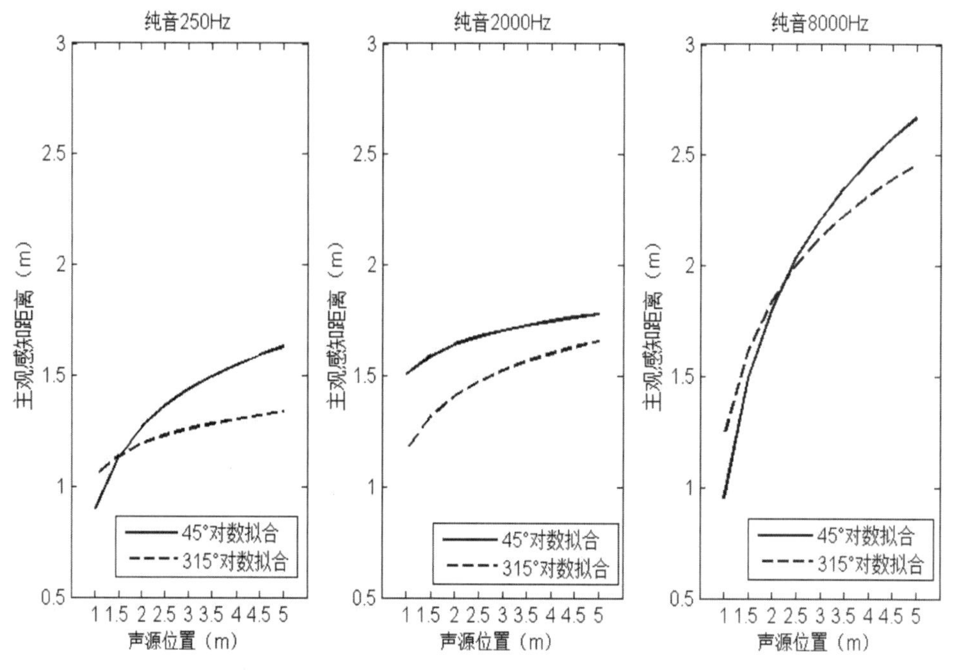

图 11.6　45°与 315°角度差异的感知距离影响

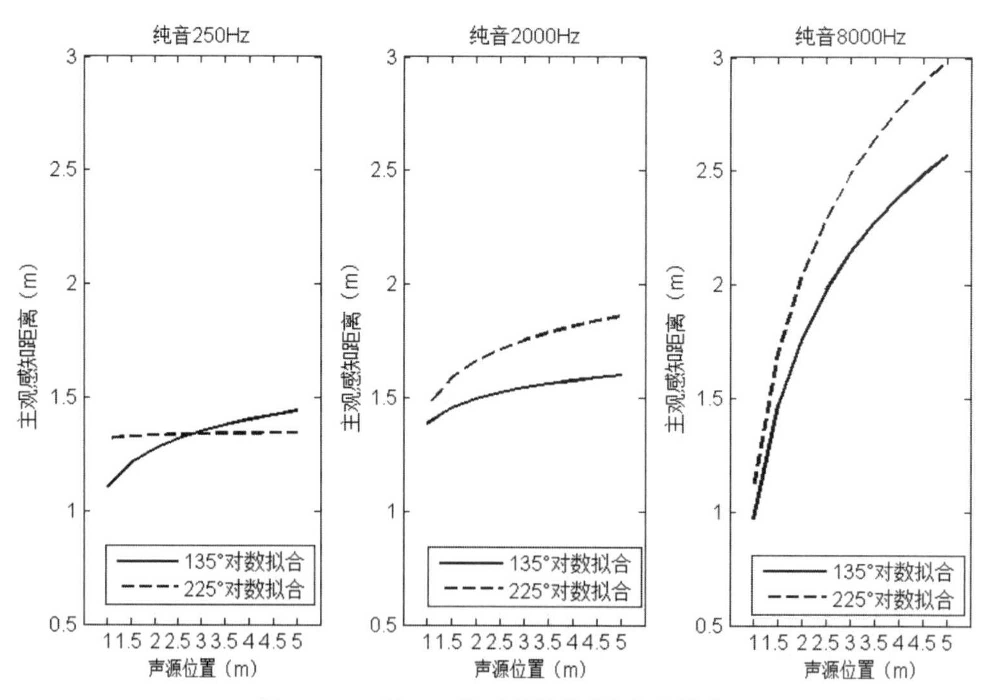

图 11.7　135°与 225°角度差异的感知距离影响

由图 11.6 可知：刺激信号为纯音，主观感知距离随声源距离的增加而呈缓慢单调增加的趋势，直至保持稳定状态；声源分别位于 45°及 315°，声源位置对于中垂面完全对称。由图 11.9 可知：无论纯音频率变化与否，两者间的主观感知距离均存在一定的差异，声源位于 315°的感知距离均大于 45°的情况。

此种差异同样存在于声源处于 135°及 225°时，声源入射角为 225°时的感知距离均大于 135°的情况，见图 11.7。

声源位于 225°和 315°时，由图 11.8 及图 11.9 可知，前后对称角度的感知距离不存在明显的差异。

同样选择将主观感知距离与实际声源距离进行感知距离误差率计算，更加直观地观察轴向对称角度的感知误差之间存在的联系，如图 11.10、图 11.11 所示。

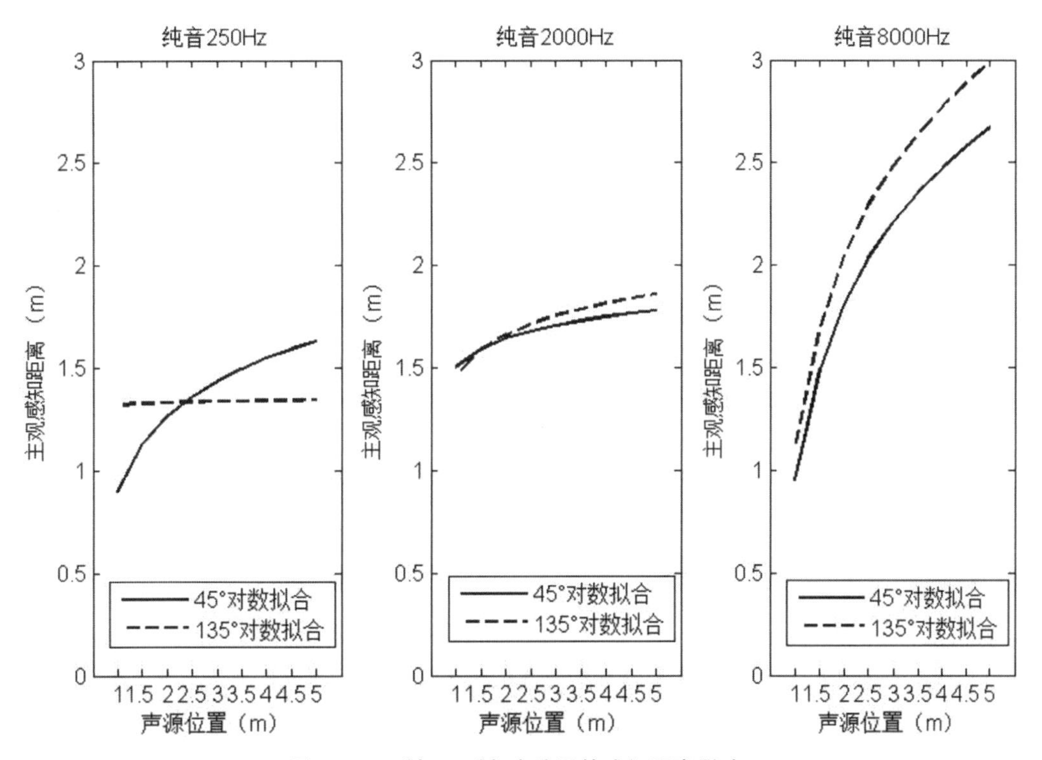

图 11.8　45°与 135°角度差异的感知距离影响

图 11.10、图 11.11 所示的结果表明：无论在水平轴向左半平面还是右半平面的侧向对称角度，当刺激信号为中低频时，主观感知距离压缩率不存在显著的差异；但当中心频率为 8000 Hz 时，侧向对称角度则呈现前后相反的误差程度变化。

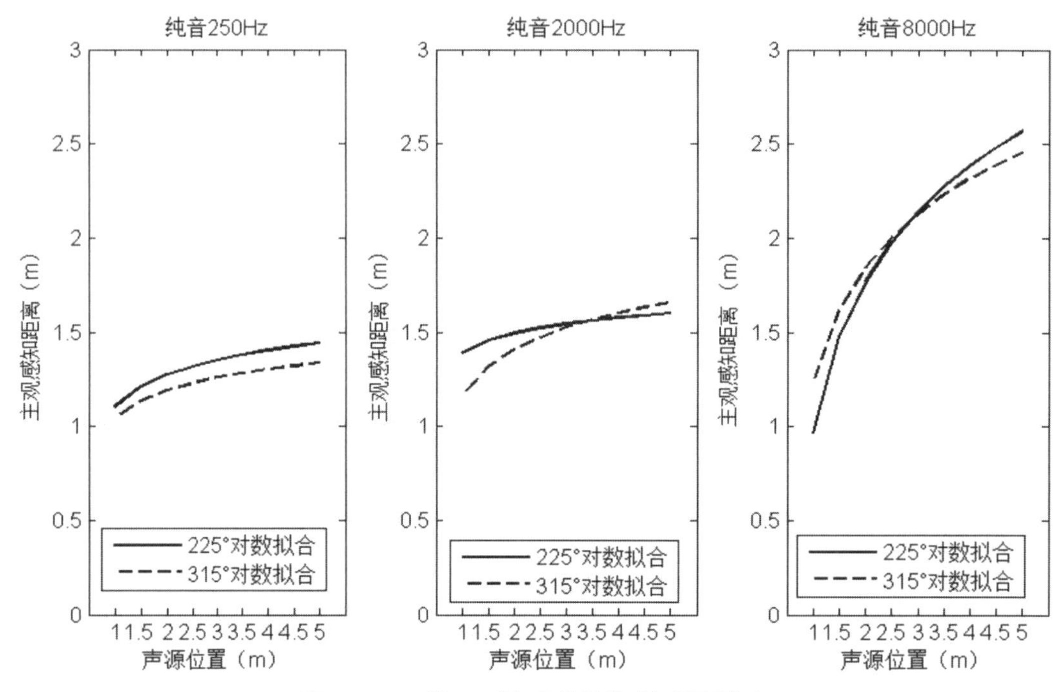

图 11.9　225°与 315°角度差异的感知距离影响

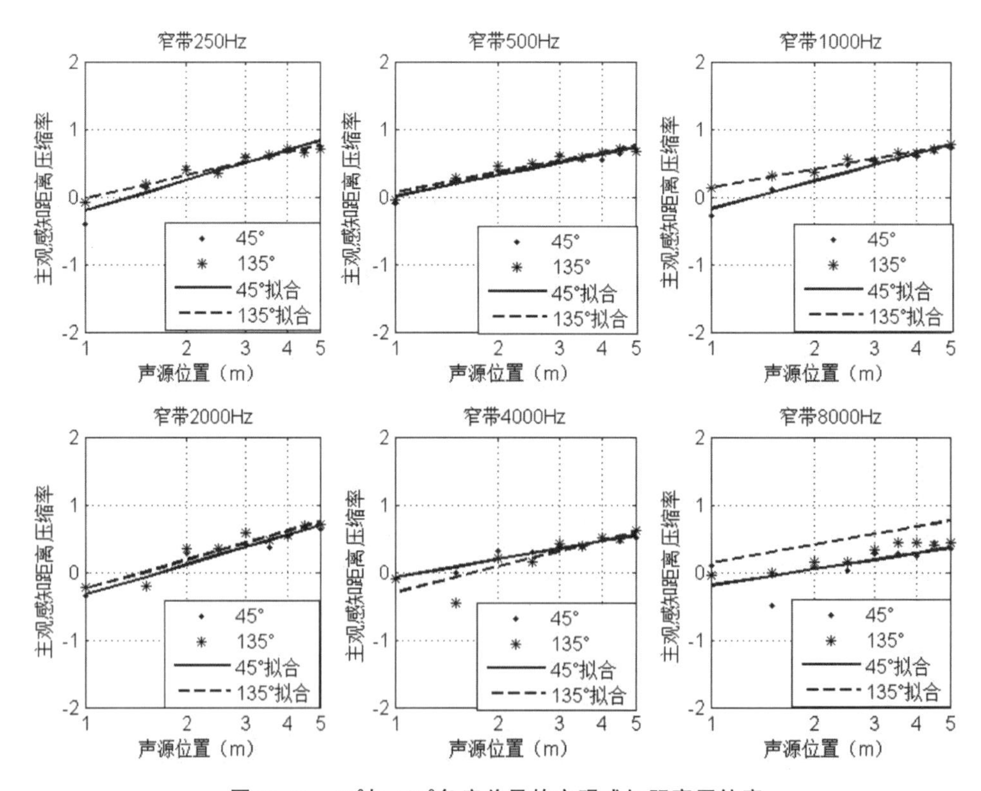

图 11.10　45°与 135°角度差异的主观感知距离压缩率

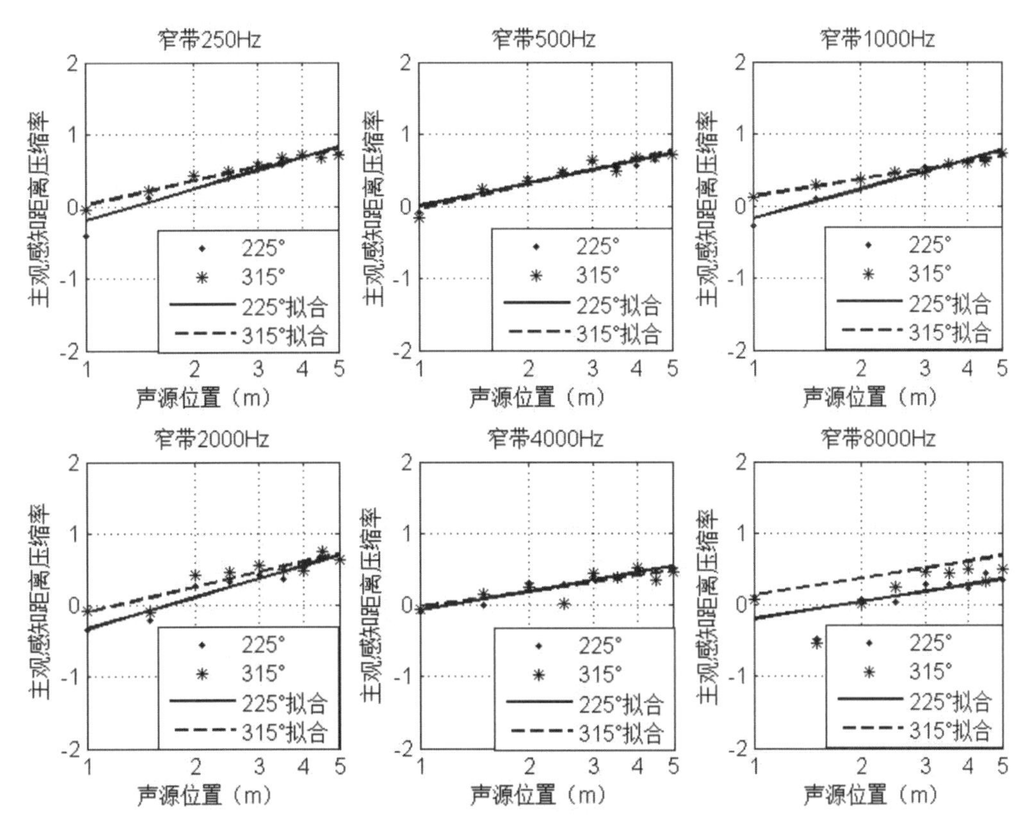

图 11.11　225°与 315°角度差异的主观感知距离压缩率

11.2.3　不同角度对距离感知的影响

对同一声源距离、不同声源入射角度情况下的主观感知距离实验数据结果进行整理分析，见图 11.12。

由图 11.12 可知：声源距离为 1m 时，0°、90°的感知距离对数拟合曲线明显高于 45°、135°的，其中正前方声源入射角度的感知距离最大，斜后方(声源入射角度为 45°)的则相对较小；声源距离为 5m 时，声源入射角度为 0°、90°及 45°的各频率刺激信号的主观感知距离相互间差异较小，感知距离对数拟合曲线明显高于 135°的。

对不同声源位置主观感知距离的角度差异数据进行单因素方差显著性分析：实际声源距离小于 2m 时，入射角度间存在显著性差异；反之，实际声源距离大于 2m 时，入射角度间未表现出显著性差异。实际声源距离人耳较近时，需要考虑入射角度变化引起的主观感知距离的差异，反之，可以忽略角度的影响，即远距离条件下，无法通过双耳 HRTF 的变化来增强距离感知。

通过声源位于 2m 处的听觉距离感知实验结果进一步探讨角度差异的影响。由图11.13 可见，声源距离较近，角度差异引发的感知距离压缩程度存在明显差异，即当感知距离不变时，近场时角度差异带来的距离方位信息得到了很好的保留；反之，声源距离增加，角度的差异随之减小，即入射角度的差异不会引起距离方位信息的感知变化。

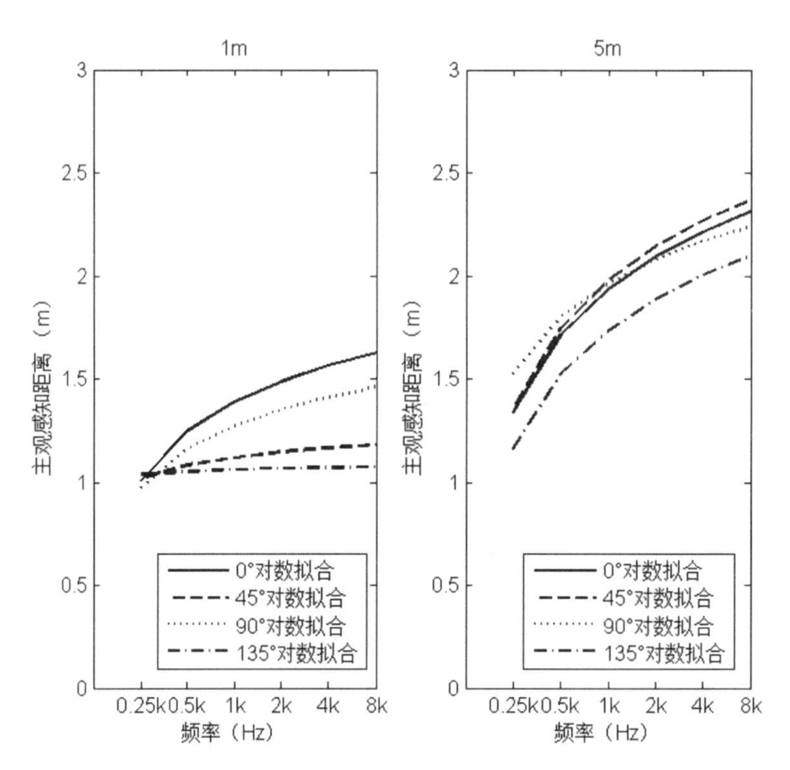

图 11.12 相同声源距离角度差异的感知距离影响

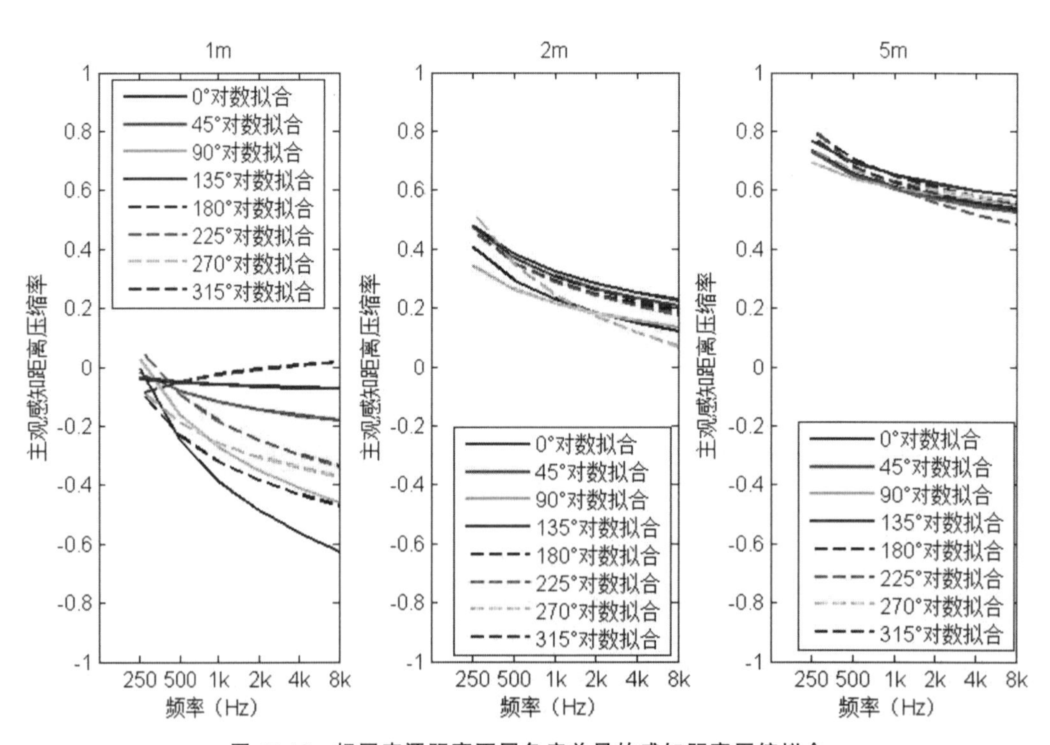

图 11.13 相同声源距离不同角度差异的感知距离压缩拟合

声源入射角度变化，不论角度差异如何，感知距离的变化趋势具有一致性，但入射角度间的感知距离误差存在一定的差异。由此可见，不同声源入射角度的距离感知的反应机制存在一致性。在实际应用中，方位角度随频率变化的主观感知距离可以采用相同的数学函数表达式进行表示，从而简化重放过程中主观感知距离与声源入射角度变化之间的联系。

11.3　水平面距离感知中声源的影响

11.3.1　纯音刺激对距离感知的影响

以声源入射方向 0°为例，整理分析纯音频率在主观感知距离上存在的差异，见图 11.14。

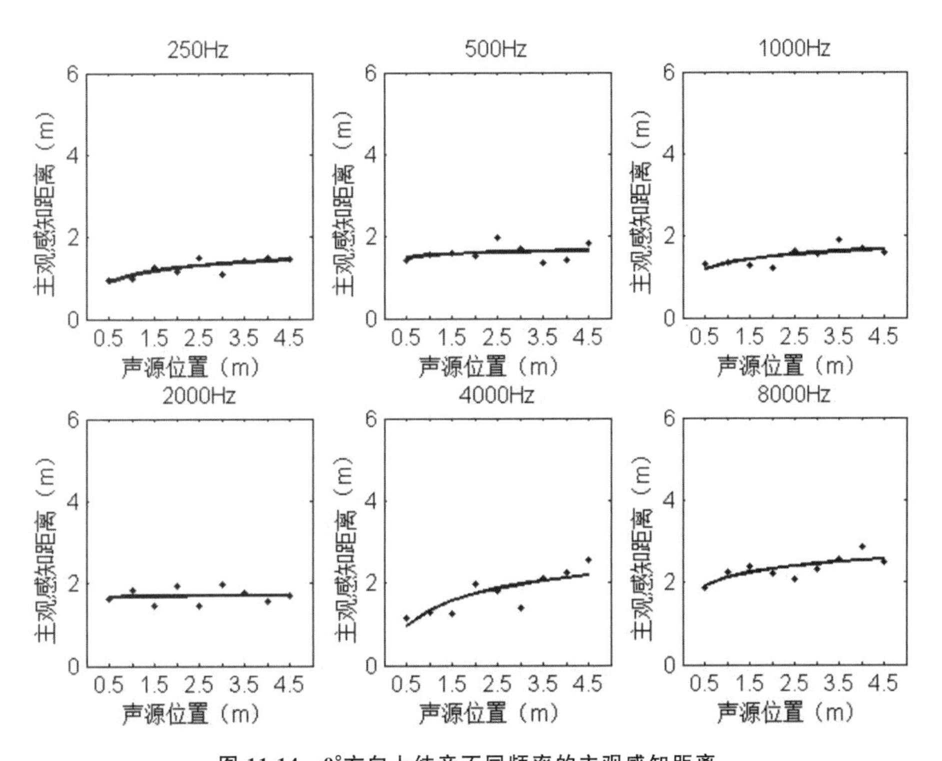

图 11.14　0°方向上纯音不同频率的主观感知距离

图 11.14 的数据结果表明：随着纯音频率的提高，主观感知距离呈现缓慢增加的趋势，但其影响不如窄带信号明显。当纯音频率处于 2000Hz 及其以下时，主观感知距离的范围维持在 1m 至 1.5m，其主观感知距离变化趋势随声源距离的增加而缓慢变化；当纯音频率处于 4000Hz 及其以上时，主观感知距离的范围维持在 1m 至 2.5m，随着声源距离的增加，线性斜率也增大；且无论纯音频率为多少，随着声源距离的变化，主观感知距离呈现相似的变化趋势。

同样选择将主观感知距离与实际声源距离进行感知距离误差率的计算，更加直观地观察纯音刺激频率不同的情况下感知误差之间存在的联系，见图 11.15。

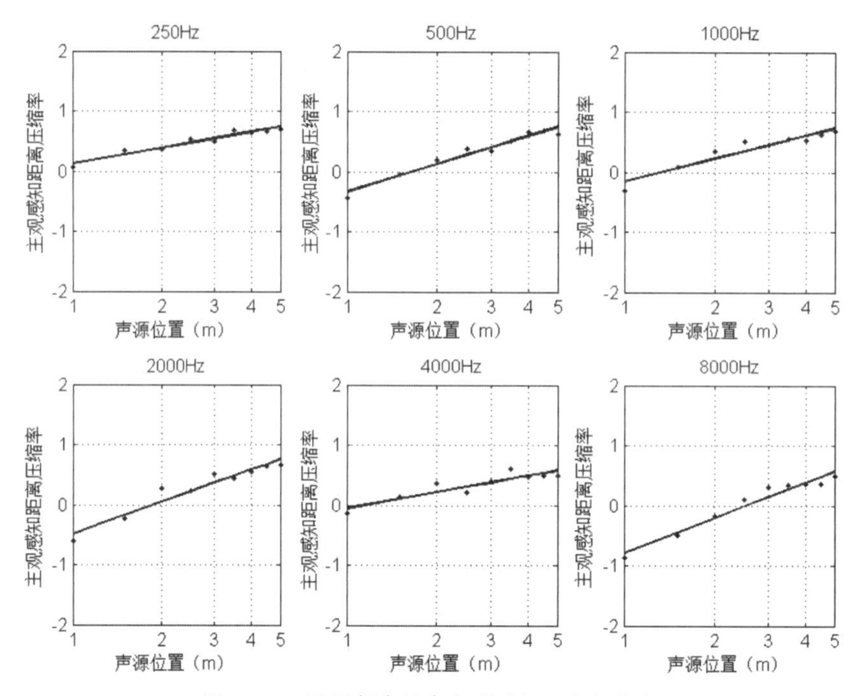

图 11.15 不同频率纯音主观感知距离误差率

当声源入射角度为 0°，信号源为不同频率的纯音时，被试对声源距离的估计会相对较低，并且低估的程度与实际声源位置的距离呈现指数关系；当声源位置相对较近时，声源距离反而会被高估。除了个别特殊情况外，随着纯音频率的升高，实际声源距离被低估的程度缓慢降低；当实际声源达到一定距离后，不同频率纯音的听觉感知距离误差率呈现相对稳定的状态，基本上维持 0.6～0.7 之间。

11.3.2 窄带刺激对距离感知的影响

以声源入射方向 0°为例，整理分析窄带的不同中心频率在主观感知距离上存在的差异，见图 11.16。

由图 11.16 可知：当实际声源距离小于 2.5m 时，中低频的主观感知距离大于实际声源距离，与纯音信号的主观感知距离趋势存在一致性，即随着中心频率的升高，主观感知距离随声源距离的增加而缓慢增加，其中除中心频率 4000Hz 的窄带信号的主观感知距离随声源距离增加而显著增加外，其他中心频率的主观感知距离均维持在一定范围内。

选择将主观感知距离与实际声源距离进行距离感知误差率的计算，更加直观地观察窄带刺激频率不同时主观感知距离误差之间存在的联系，见图 11.17。

当声源入射角度为 0°，信号源为不同中心频率的窄带噪声，实际声源距离小于 3m 时，所有的中心频率的窄带信号会导致主观感知距离被高估，其中高频信号产生的高估现象更为突出；随着中心频率升高，主观感知距离误差率呈稳步降低趋势。对中心频率 4000Hz 及其以下的窄带信号而言，其主观感知误差率的变化范围为－1～0.5，而对中心频率 8000Hz 的窄带信号而言，其主观感知距离误差率的最低值达到－2，即感知距离约为实际声源距离的两倍，这为近距离声源的虚拟声像距离感知提供了频率算法处理的理论基础。

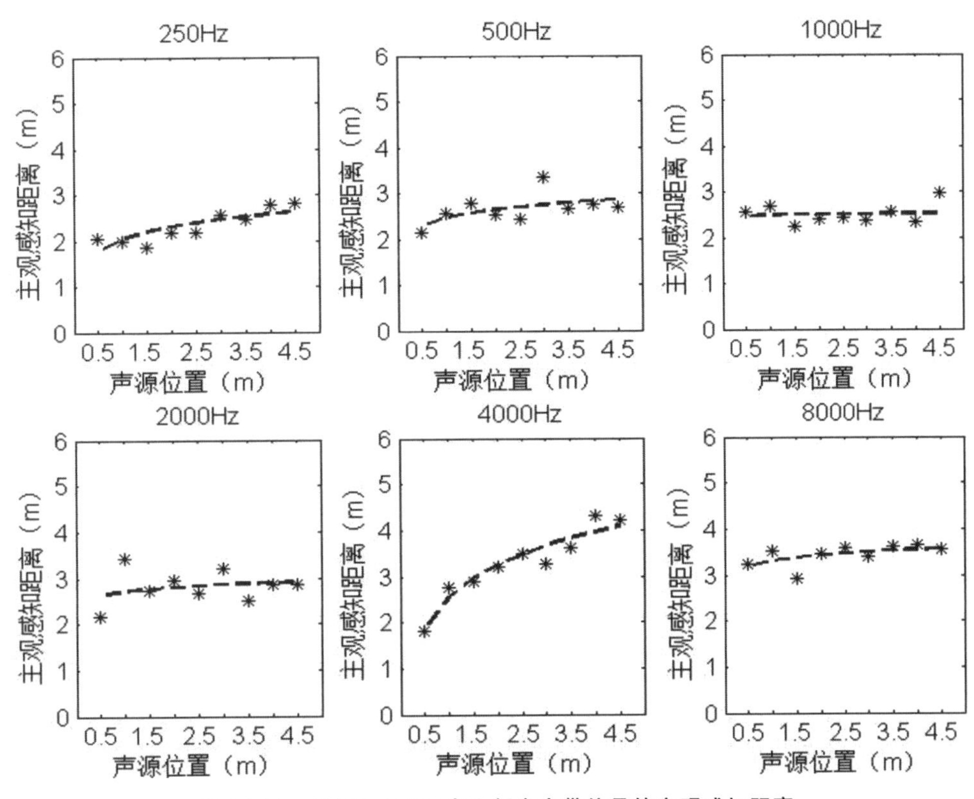

图 11.16 0°方向上不同中心频率窄带信号的主观感知距离

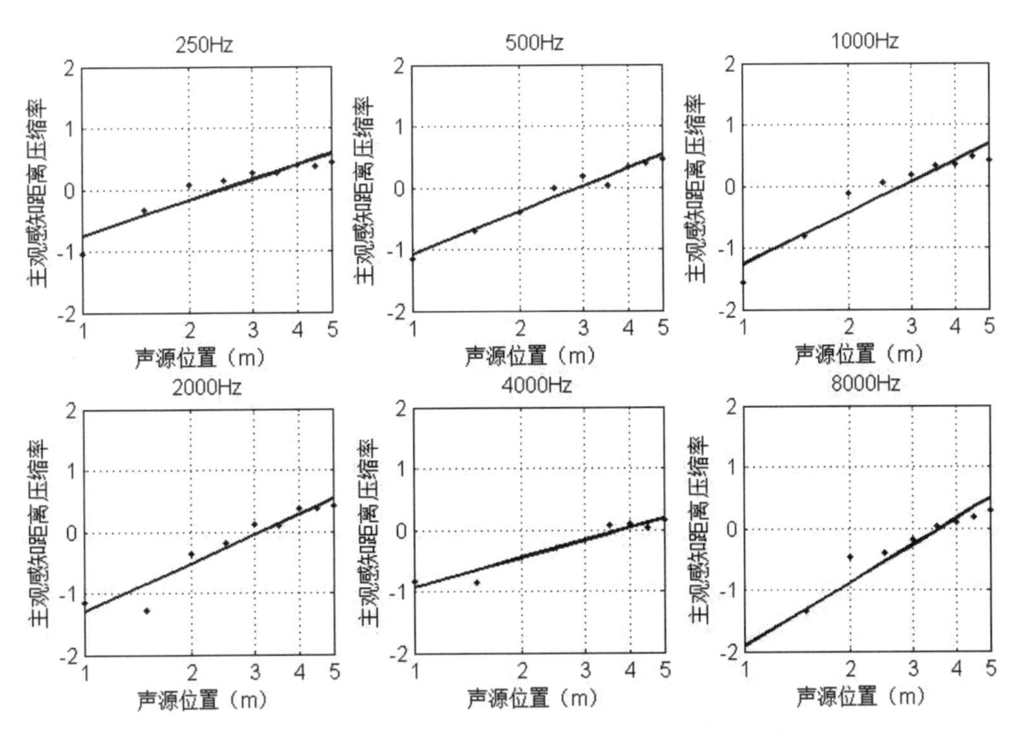

图 11.17 不同中心频率窄带信号主观感知距离压缩率

11.3.3　刺激声源不同时距离感知差异分析

以声源入射方向0°及180°为例，整理分析纯音与窄带信号的不同频率在主观感知距离上存在的差异，如图11.18、图11.19所示。

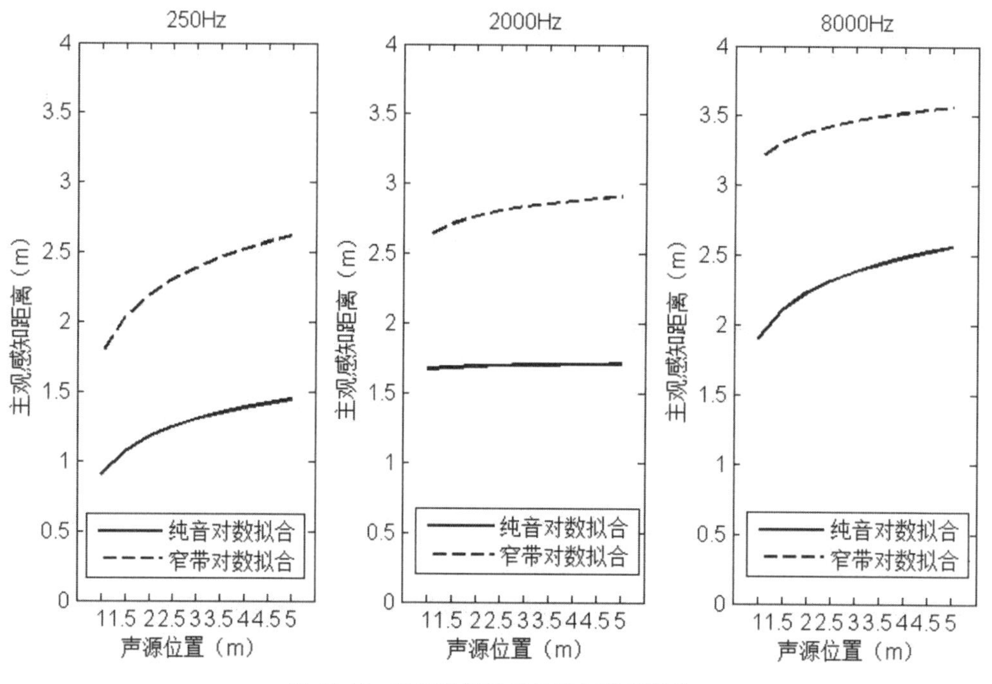

图11.18　0°信号源差异的感知距离影响

分析图11.18、图11.19可知：声源信号为纯音或窄带，高频信号的主观感知距离相比低频及中频有所增加，窄带刺激信号的主观感知距离均大于纯音刺激信号的主观感知距离。声源入射角为0°时，信号源的差异导致的主观感知距离的差异尤其明显，这可能是因为人本身对正前方声源的感知较为敏感，这与人本身对正前方的角度分辨率更高具有一致性；相反，声源入射角为180°时，主观感知较为迟钝。声源入射角度不同，主观感知距离的变化存在一定的信号源差异，主要影响集中于高频信号。在感知距离的定量分析中，信号的频率不同导致的感知距离随声源距离增加的变化趋势具有一致性。

当声源入射角度为0°时，信号源差异导致的主观感知距离的变化在不同频率上呈现一致的趋势；就窄带刺激信号来说，纯音刺激的主观感知距离存在明显的低估现象。

对实际声源距离与主观感知距离进行感知距离误差率的计算，绘制信号源差异（纯音信号和窄带信号）的误差率函数图形，进行0°纯音与窄带对比（250Hz～8kHz）、180°纯音与窄带对比（250Hz～8kHz），见图11.20、图11.21。

当声源入射角度为0°时，不同频率的纯音与窄带听觉距离误差率的对比分析结果表明：纯音信号的听觉距离误差率明显高于窄带信号的听觉距离误差率，即声源为窄带信号时，听觉感知距离与实际声源距离差异较小，窄带信号使人耳对声源距离感知更为敏锐；随着声源距离由近到远变化，频率不断提高，纯音与窄带两者之间的主观感知距离误差率逐渐降低。

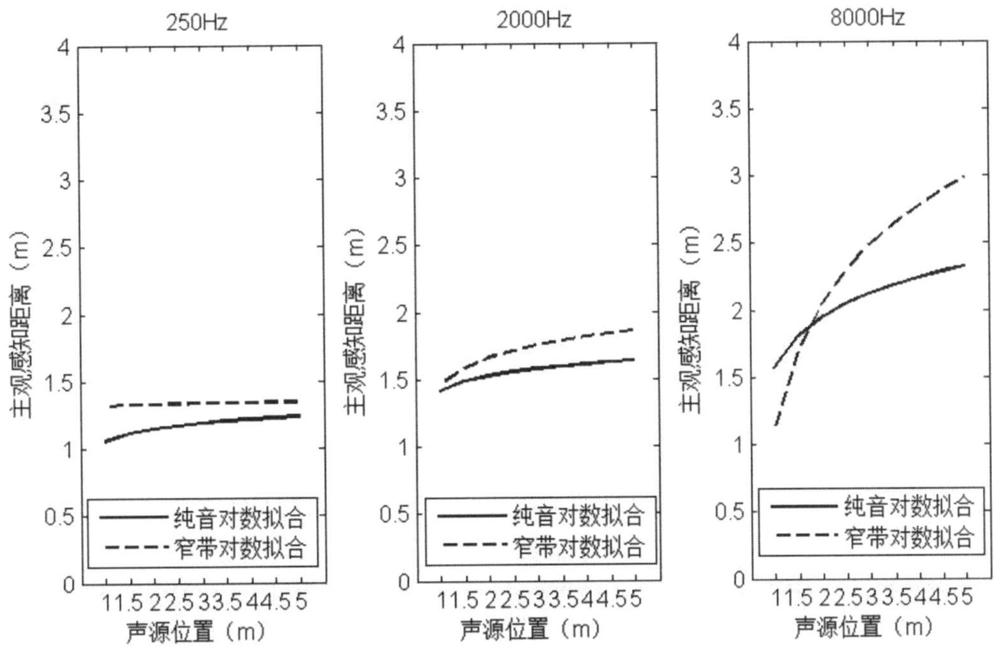

图 11.19 180°信号源差异的感知距离影响

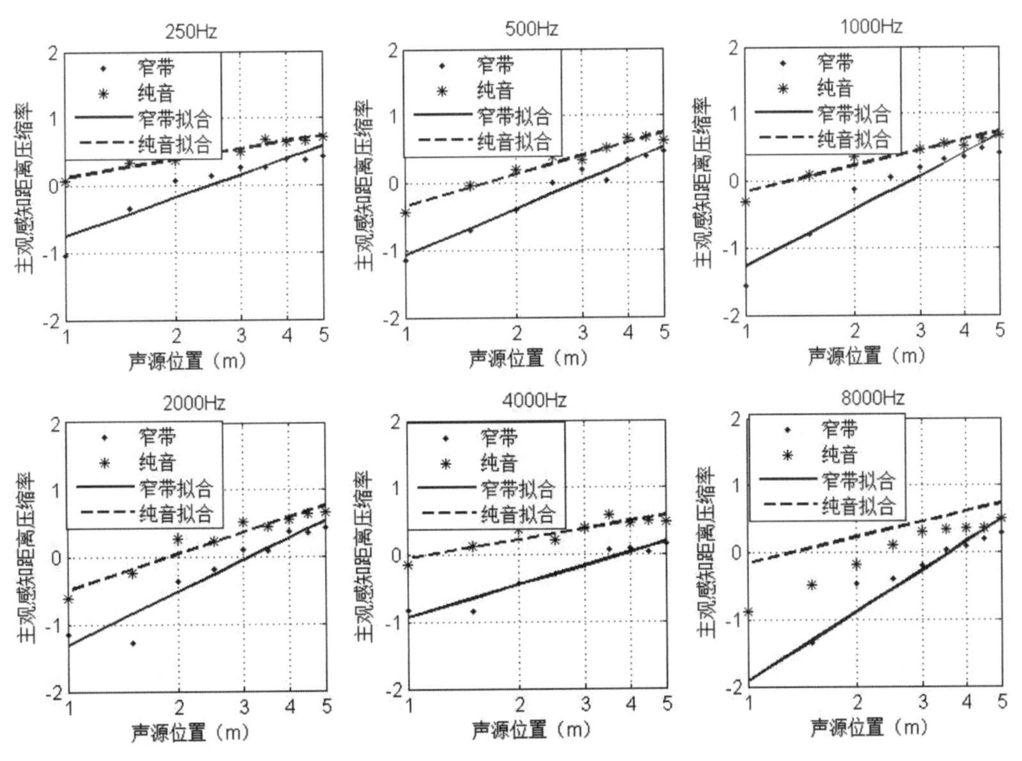

图 11.20 0°入射方向纯音与窄带听觉距离误差率对比

不同频率的信号源的感知距离随声源位置变化的变化趋势具有一致性，说明信号源的频率不同不会引起听觉距离感知反应机制的不同。

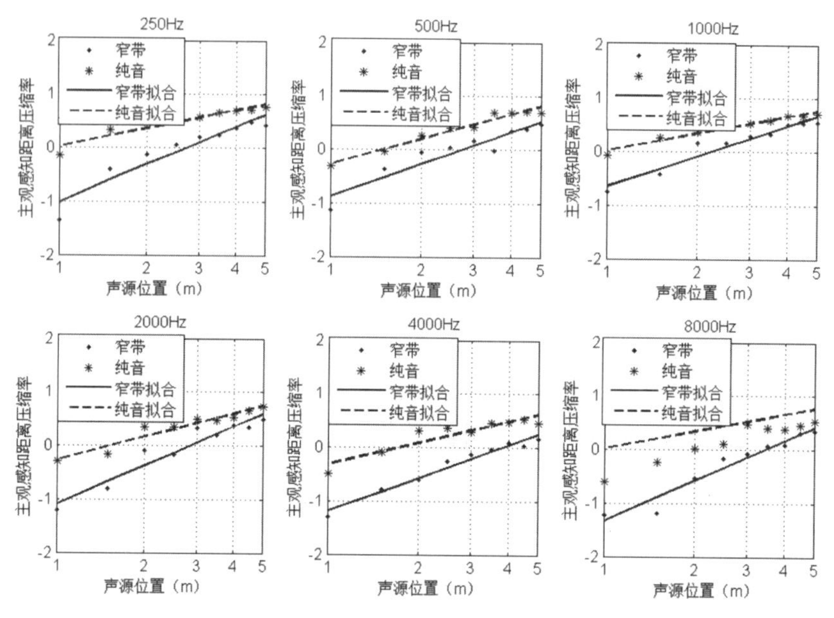

图 11.21 180°入射方向纯音与窄带听觉距离误差率对比

当声源入射角度为 180°时，不同频率的纯音与窄带听觉距离误差率的对比分析结果表明：纯音和窄带的感知距离压缩率的差异与声源入射角为 0°时具有一致性。

11.4 水平面距离感知中其他因素的影响

11.4.1 声源远近对距离感知的影响

分别对不同频率的纯音及窄带信号进行主观感知距离差异性及变化趋势的探讨。对不同声源位置(即实际声源距离存在不同)情况下纯音与窄带的主观感知距离的实验数据进行整理分析，见图 11.22。

实验结果表明：随着声源距离的增加(以对数形式呈现)，主观感知距离的变化趋势越来越明显，其中不同声源位置的窄带信号的主观感知距离均大于相应的纯音信号的主观感知距离。

将实际声源距离与主观感知距离绘制成声源位置差异(1～5m)的误差函数图形，包括：声源入射角为 0°，纯音与窄带(250Hz～8kHz)的主观感知距离随声源位置变化的差异对比；声源入射角为 90°，纯音与窄带(250Hz～8kHz)的主观感知距离随声源位置变化的差异对比；声源入射角为 180°，纯音与窄带(250Hz～8kHz)的主观感知距离随声源位置变化的差异对比；声源入射角为 270°，纯音与窄带的主观感知距离(250Hz～8kHz)随声源位置变化的差异对比。

当声源入射角度分别为 0°、90°、180°、270°时，不同频率的纯音与窄带的听觉距离误差率的对比分析结果表明：无论声源信号频率提高多少，听觉距离压缩率均呈对数函数下降趋势，直至达到稳定状态；不管声源入射角度如何变化，随着声源距离的增加，听觉距离压缩率

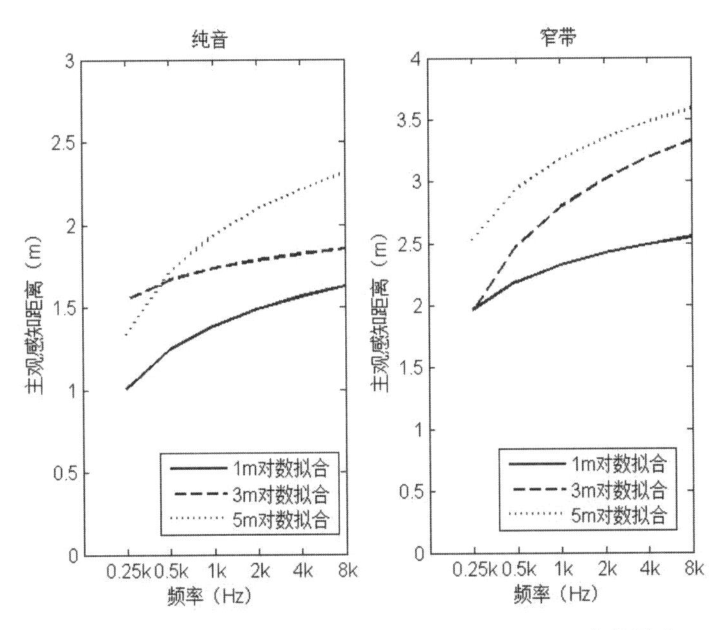

图 11.22　信号源相同情况下实际声源位置对感知距离的影响

也随之缓慢提高，直至达到稳定状态，误差率最终维持在0.5左右。与此同时，实际声源距离较近时，纯音信号与窄带信号的感知距离之间存在较大的差异，即随着声源距离的逐渐增加，两者之间的差距逐渐缩小，并趋于稳定。

当声源入射角度为45°时，对实际声源距离与主观感知距离进行距离感知误差率的计算，对不同频率纯音(250Hz～8kHz)的主观感知距离压缩率进行探讨分析，结果如图11.23所示。

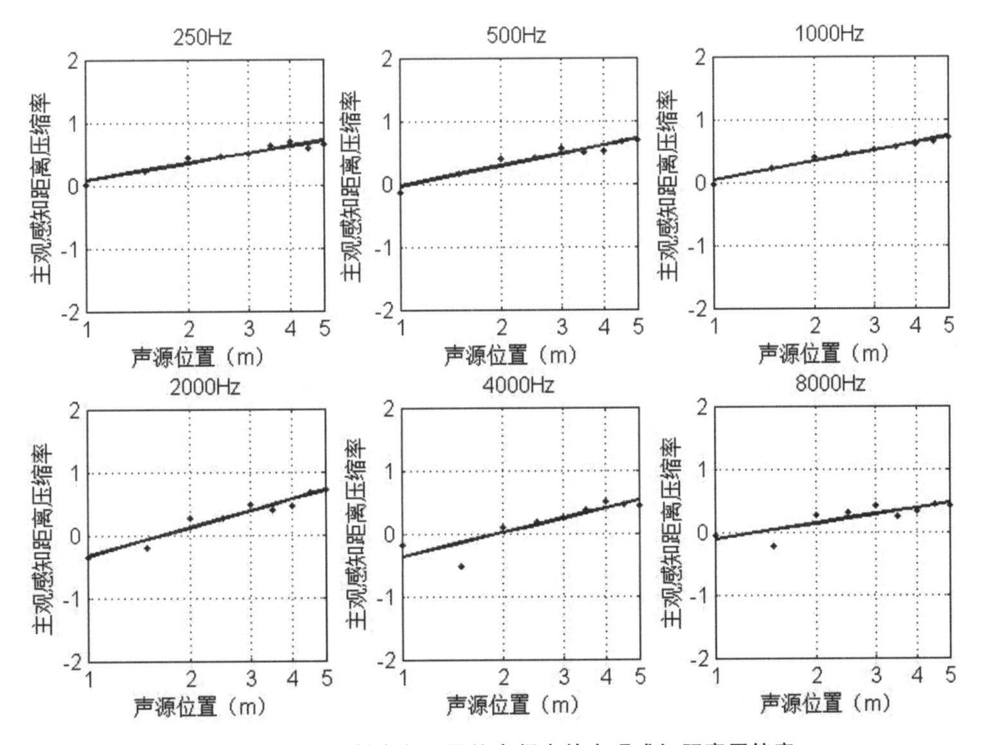

图 11.23　45°入射方向不同纯音频率的主观感知距离压缩率

声源入射角度为45°时的实验结果与声源入射角度为0°时具有一致性。实际声源距离为5m时,距离感知误差率也相对稳定,误差率为0.5～0.6。声源入射角度为0°时,距离感知误差率略微提高,其差异也主要集中于中低频。

11.4.2 声压级对距离感知的影响

选择入射角为0°、180°及270°且位置固定的声源,改变听音点的声压级,观察分析其对主观感知距离的影响,结果如图11.24、图11.25、图11.26所示。

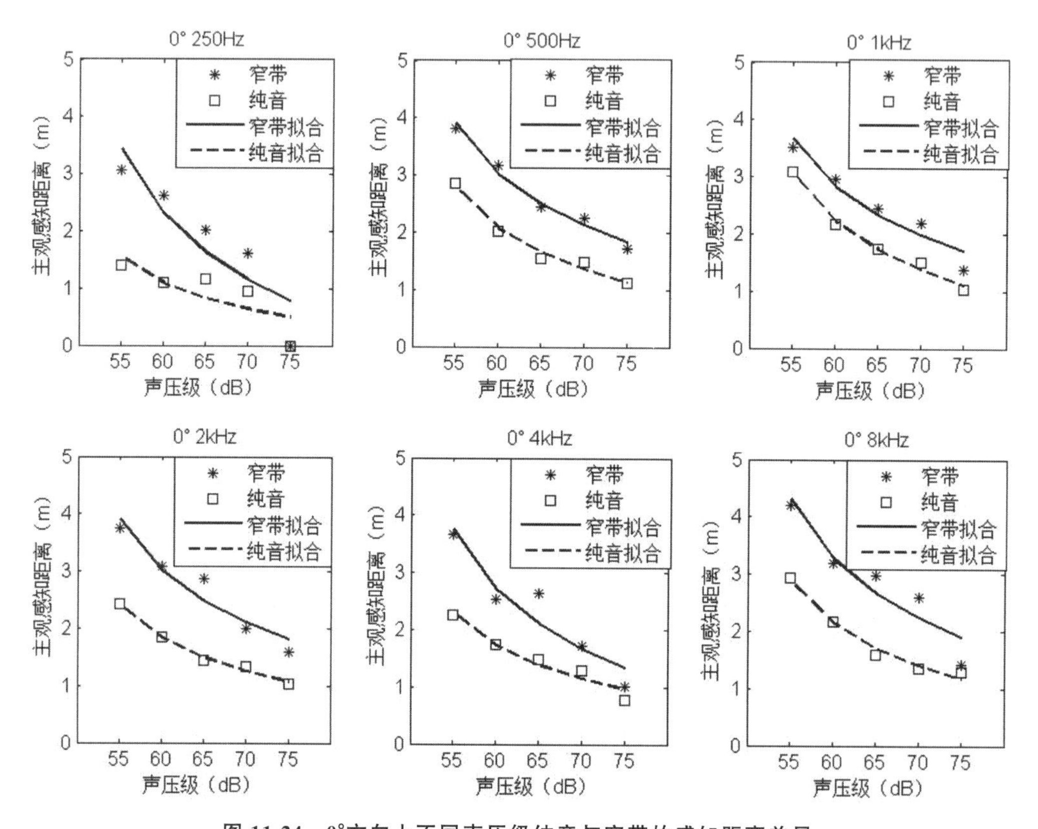

图11.24 0°方向上不同声压级纯音与窄带的感知距离差异

由图11.24至图11.26可知:无论声源入射角度及信号源如何不同,主观感知距离均随声压级的增加而呈对数下降的趋势。频率相同的纯音与窄带信号的变化趋势呈一致性,仅距离数值存在一定的线性差异。声源入射角度相同,基于纯音与窄带的差异性,声压级对主观感知距离影响主要存在于低频,而对与语音信号频率相近的中频(500Hz～1000Hz)影响较小。

图11.27、图11.28表示的是,声源入射角度相同时,分别以窄带和纯音为刺激信号,声压级对主观感知距离的影响。由图可知:声压级变化导致的主观感知距离的差异在4000Hz以上比较明显。实际应用中,运用算法实现主观感知距离的变化,需要将声压级变化与信号源的高频能量变化结合起来。

由图11.29、图11.30的实验结果对比分析可知:随着声压级的变化,不同信号源的主观

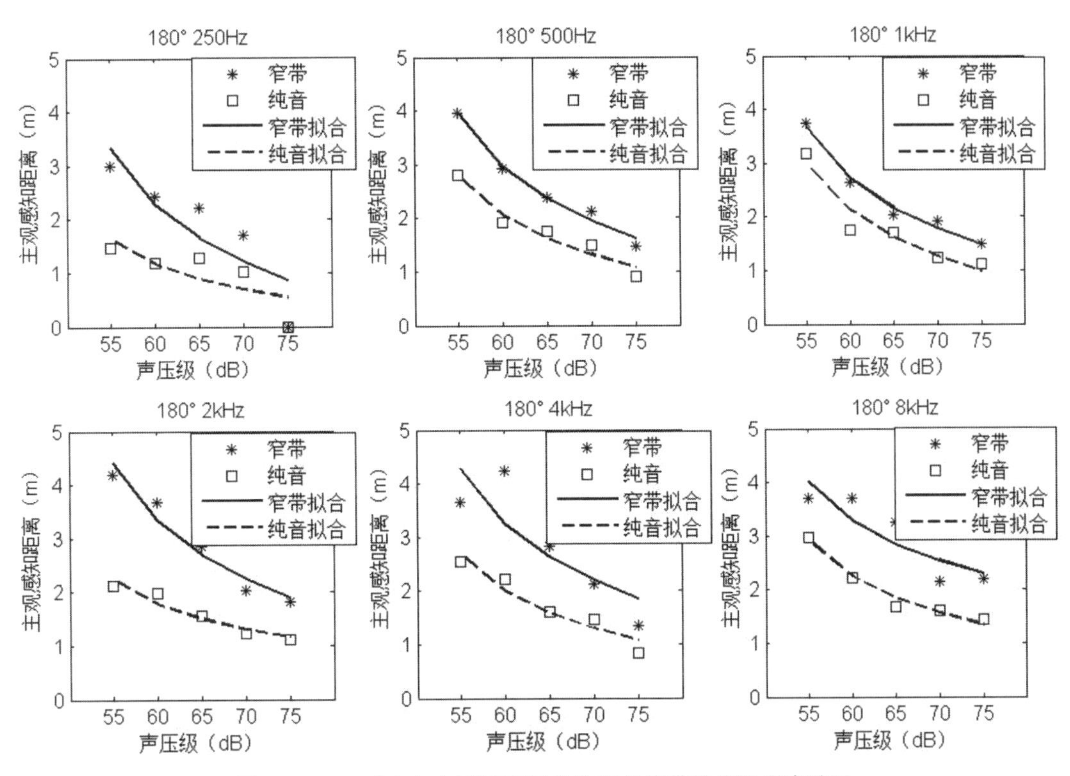

图 11.25　180°方向上不同声压级纯音与窄带的感知距离差异

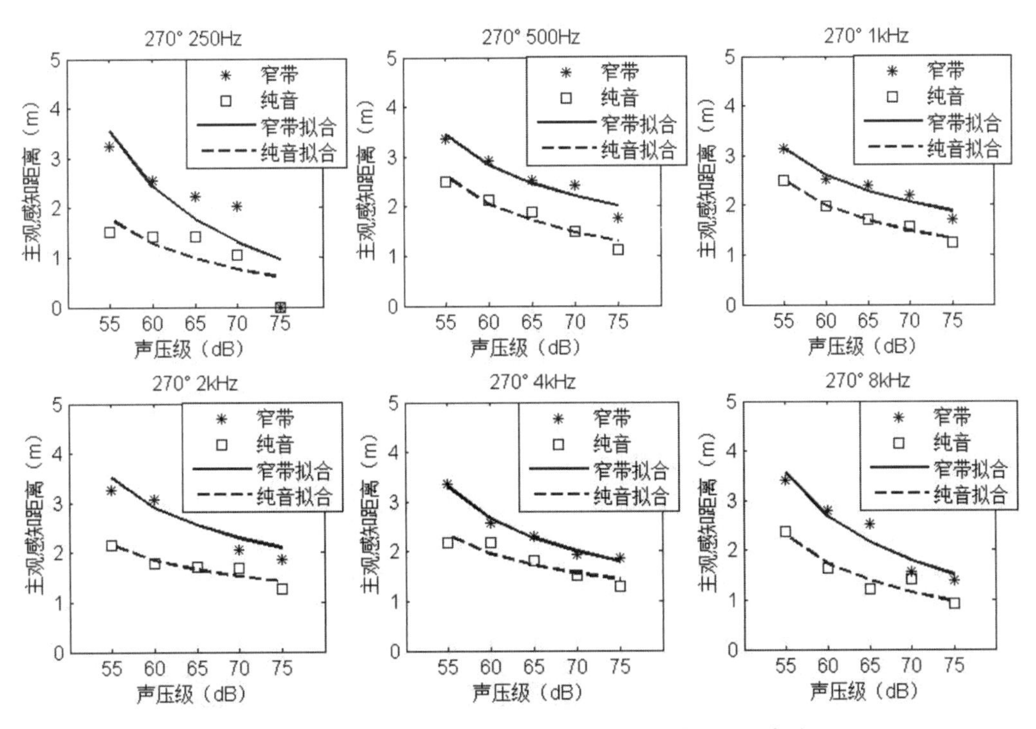

图 11.26　270°方向上不同声压级纯音与窄带的感知距离差异

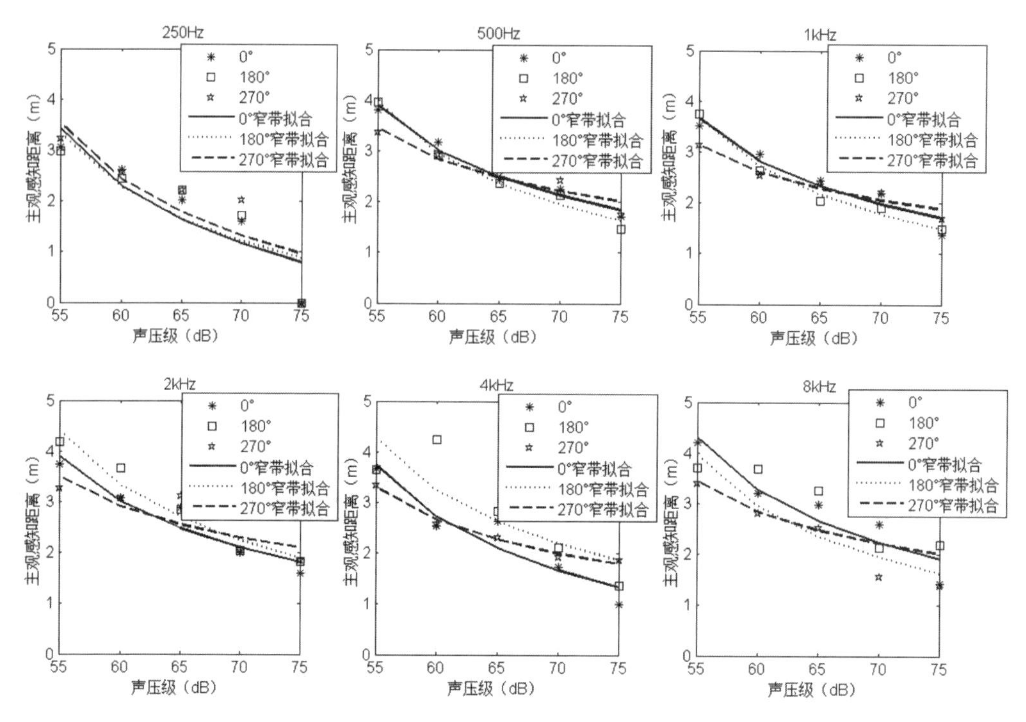

图 11.27　声压级变化导致的不同中心频率窄带感知距离差异

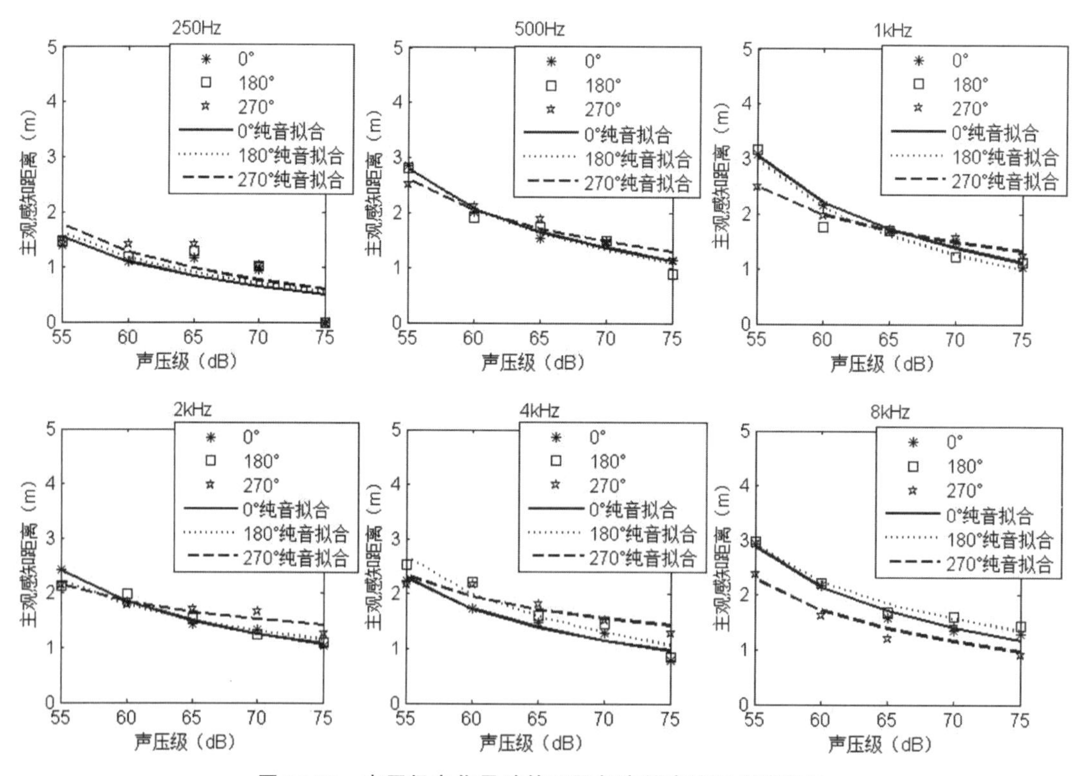

图 11.28　声压级变化导致的不同频率纯音感知距离差异

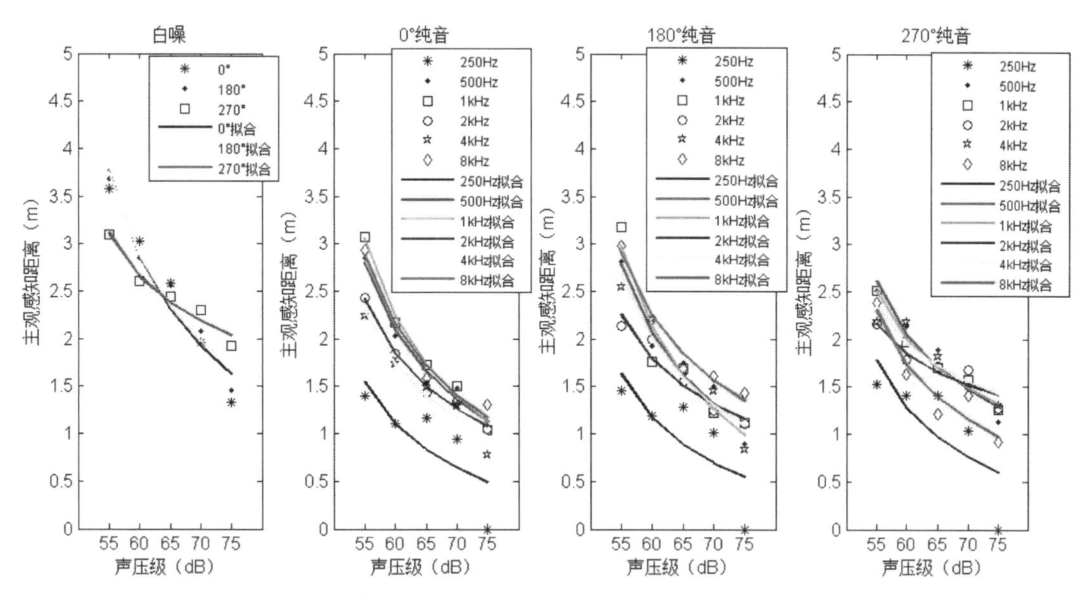

图 11.29　声压级变化时不同信号源的主观感知距离差异(1)

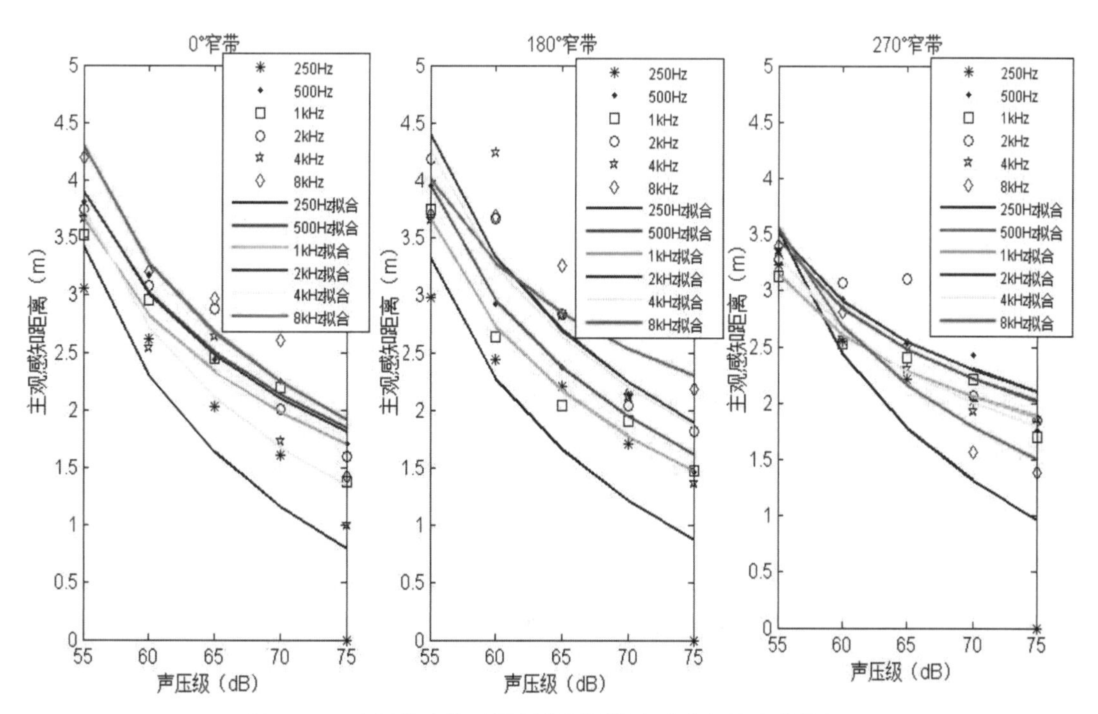

图 11.30　声压级变化时不同信号源的主观感知距离差异(2)

感知距离的变化趋势存在一致性。改变不同声源的入射角度后,随声压级变化的主观感知距离也存在一定的差异。

11.4.3　混响对距离感知的影响

自由场与混响场中的主观距离判断在心理感知上可能会存在不同程度的差异,因而对混响场中主观距离判断的探讨具有研究意义。实际应用中,声学环境的混响时间为 0.8～1s,混响场条件下的主观感知距离研究为实际应用提供了一定的理论基础。

声学环境混响时间为 1.8s,以窄带信号为例,对不同中心频率窄带的主观感知距离实验数据进行整理分析,如图 11.31 所示。数据结果表明:在混响场中,不同中心频率的窄带信号的主观感知距离变化趋势与自由场中保持一致,而差异则主要体现在主观感知判断定量压缩率的大小上。

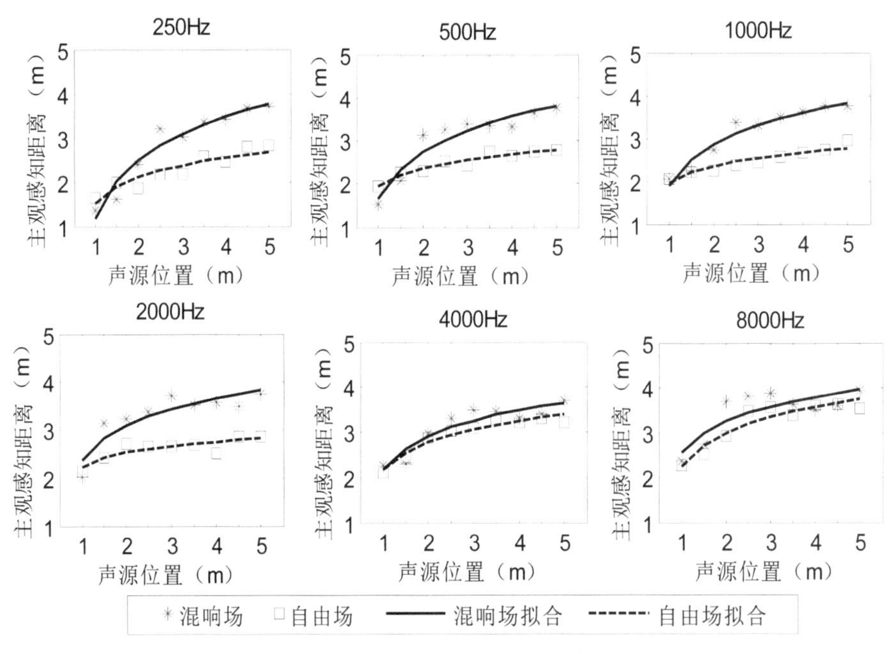

图 11.31　窄带频率主观感知距离差异

相同条件下,采用人工头模对所有实验信号进行录音,并对录音样本进行客观参数对比分析。以中心频率 500Hz 窄带信号的频谱能量参数为例,对比分析相同声源入射方向、不同声源位置的客观参数数据差异,见图 11.32 至图 11.34。

对比不同声源距离的频谱图可知:频谱信息随声源距离的变化而呈现明显的差异。声源距离为 1m 时,频率点的能量分布大体一致,但某些特定频率点上的能量存在集聚或者分散的现象;声源距离为 5m 时,此现象也同样存在,仅频率点存在不同。对比近场与远场的录音样本发现,频谱能量分布形态大体一致,但在时间轴上,能量的集聚跟分散则呈现明显的差异。

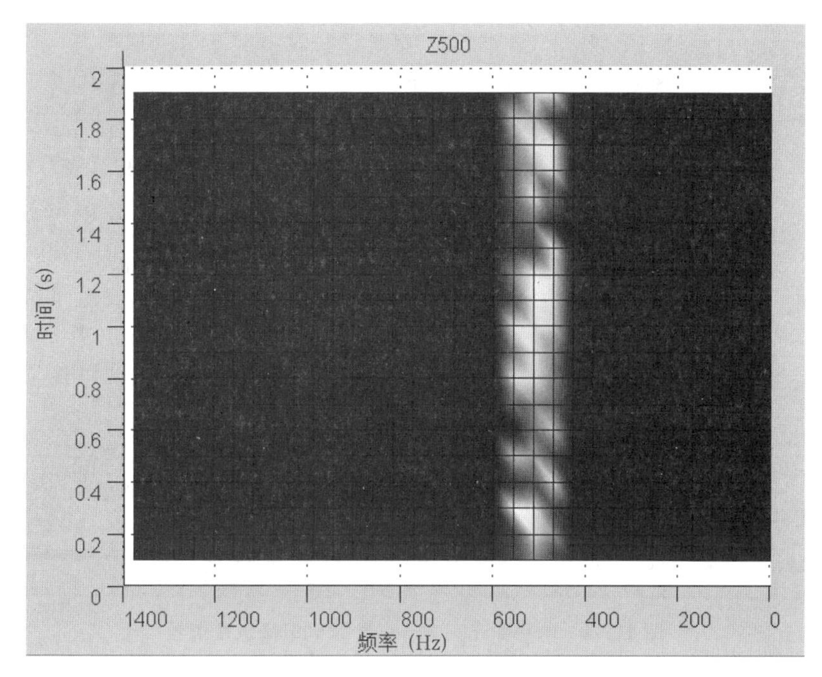

图 11.32 原始窄带 500Hz 信号

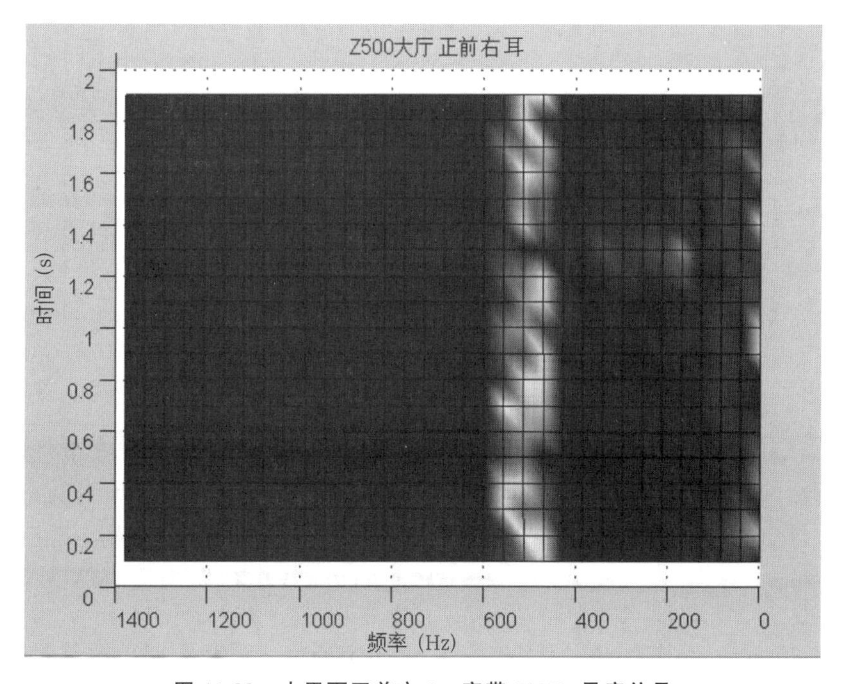

图 11.33 水平面正前方 1m 窄带 500Hz 录音信号

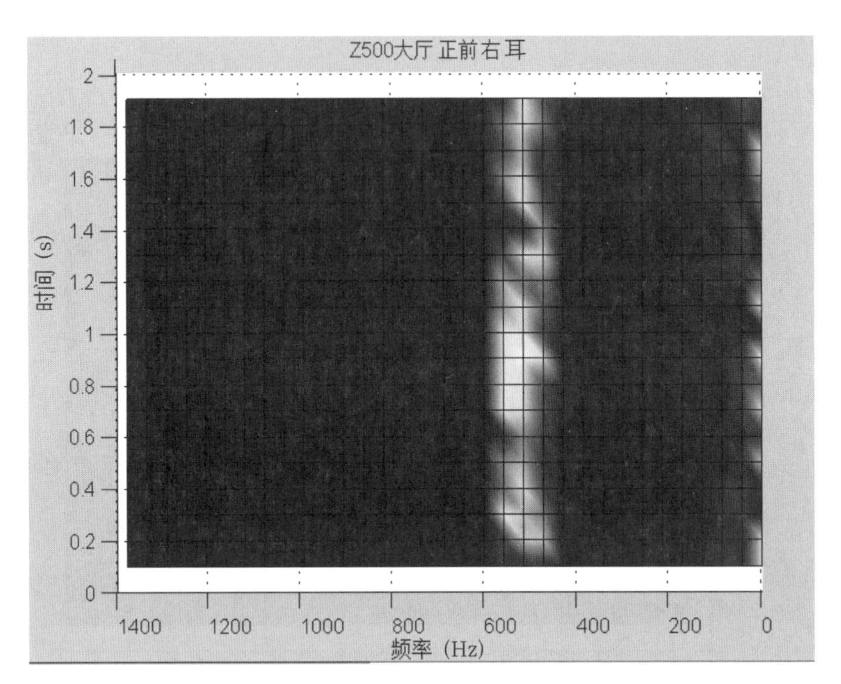

图 11.34　水平面正前方 5m 窄带 500Hz 录音信号

对不同声源位置、中心频率 500Hz 的窄带录音样本进行频谱能量差异计算分析，结果如图 11.35 所示。

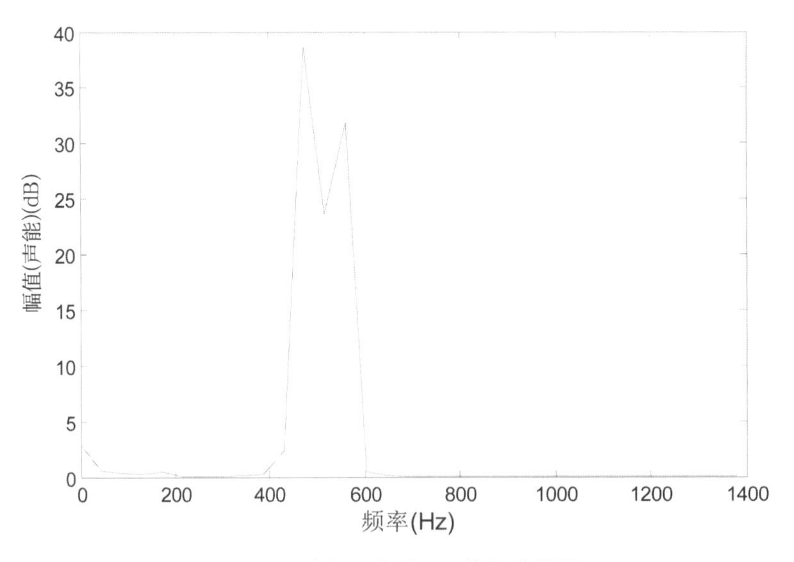

图 11.35　声源距离为 2m 的频谱差异

由图 11.35 可知，频谱差异主要集中于三个固定频点。观察不同声源位置处固定频点的能量幅度及差值变化，与主观感知距离进行对比分析，见图 11.36。

根据中心频率 500Hz 窄带信号主客观联系的结果，分析如下：混响场条件下，听觉主观

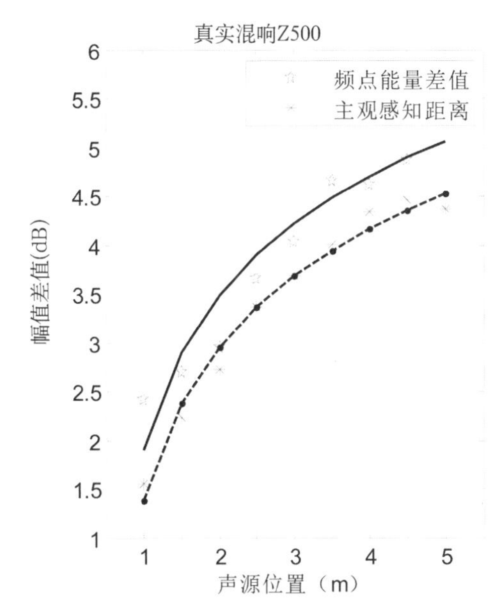

图 11.36　自然混响窄带 500Hz 主客观联系

感知距离与固定频点间能量差之间存在正相关，且变化趋势相同；从而推断，听觉感知系统可能会根据固定频点的能量变化，来进行距离的判断，中心频点带宽内的频率能量可能为距离判断提供了有效的线索。其他频点也存在同样的现象。图 11.37 为中心频率 8000Hz 的窄带信号主客观联系。

不同声源位置的主观感知距离能够通过计算相应固定频率点间的能量差进行估算，便于在实际工程中进行算法应用。

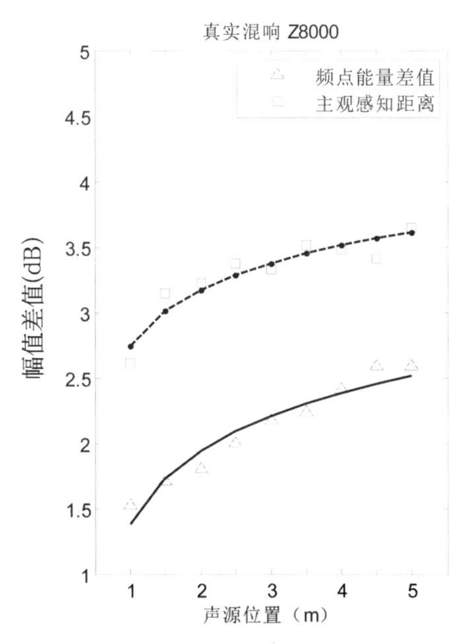

图 11.37　自然混响窄带 8000Hz 主客观联系

参考文献

[1]NAGUIB M, WILEY R H. Estimating the distance to a sound source:mechanisms and adaptations for long-range communication[J]. Animal behaviour, 2001(62):825-837.

[2]HARTRIDGE H. Acoustic control in the flight of bats[J]. Nature, 1945(156): 490-494.

[3]CLIFTON R K, PERRIS E, BULLINGER A. Infants' perception of auditory space[J]. Dev.Psychol, 1991(27):187-197.

[4]布劳尔特.空间听觉:人类声定位的心理物理学[M].戴根华, 项宁, 译.北京:科学出版社,2013.

[5]齐娜.虚拟声环境中的距离感知问题[C]//2006 声频工程学术交流会论文集.安徽,2006.

[6]BRONKHORST W. Localization of real and virtual sound sources[J].J.Acoust.Soc. Am., 1995(98):2542-2553.

[7]CARLILE S, LEONG P, HYAMS S.The nature and distribution of errors in sound localization by human listeners[J].Hear.Res., 1997(114):179-196.

[8]MAKOUS J C, MIDDLEBROOKS J C. Two-dimensional sound localization by human listeners[J].J.Acoust.Soc.Am., 1990(87):2188-2200.

[9]OLDFIELD S R, PARKER S P. Acuity of soundlocalisation:a topography of auditory space.I.normal hearing conditions[J].Perception, 1984(13):581-600.

[10]WIGHTMAN F L, KISTLER D J. Headphone simulation of free-field listening:II. psychophysical validation[J].J.Acoust.Soc.Am., 1989(85):868-878.

[11]MILLS W. Auditory localization-in:modern auditory theory[M].TOBIAS J V(ed.). New York:Academic Press,1972.

[12]LOOMIS J M, KLATZKY R L, PHILBECK J W, et al. Assessing auditory distance perception using perceptually directed action[J]. Percept&psychophys, 1998(60): 966-980.

[13]ZAHORIK P. Scaling perceived distance of virtual sound sources[J].J.Acoust.Soc. Am., 1997(101):3105-3106.

[14]HAUSTEIN G. Hypotheses about the perception of distance in human hearing with one ear[J].Hochfrequenztechnik und elektroakustik, 1969,78:46-57.

[15]ZAHORIK P. Direct-to-reverberant energy ratio sensitivity[J].J.Acoust.Soc.Am., 2002, 112:2110-2117.

[16]ZAHORIK P. Assessing auditory distance perception using virtual acoustics[J].J. Acoust.Soc.Am., 2002(111):1832-1846.

[17]THOMPSON S P. On the function of the two ears in the perception of space[J].Philosophical magazine (5th Series), 1892, 13:320-334.

[18]SHAW E A G, TERANISHI R. Sound pressure generated in an external-ear replica and real human ears by a nearby sound source[J].J.Acoust.Soc.Am., 1968(44): 240-249.

[19]GARDENER M B. Distance estimation of 0°or apparent 0°-oriented speech signals in anechoic space[J].J.Acoust.Soc.Am.，1969(45):47-53.

[20]白璐璐，曾向阳，陈玲，等.噪声对室内听觉距离感知的影响研究[J].电声技术，2009，33(4):72-73.

[21]RICHARDS D G，WILEY R H. Reverberations and amplitude fluctuations in the propagations of sound in a forest:implications for animal communication[J].Am.Nat.，1980(115):381-399.

[22]VON BEKESY G. On the origin of the sensation of distance in hearing[J].Akustische zeitschrift，1938(3):21-31.

[23]MERSHON D H，KING E. Intensity and reverberation as factors in the auditory perception of egocentric distance[J].Percept&psychophys，1975(18):409-415.

[24]MERSHON D H，BOWERS J N. Absolute and relative cues for the auditory perception of egocentric distance[J].Perception，1979(8):311-322.

第12章　垂直轴向距离感知*

12.1　水平一垂直错觉感知

人耳对声源距离的判断，许多学者认为有很多可利用的线索，通常的依据是反射声强度、声强与距离的关系，信号的频谱，等等。大量的实验研究证明，影响听觉系统对距离感知的声学因素可以大致归纳为声源、传播环境、听音者三种，随着声源位置与听音者的空间距离发生变化，人耳感受到的声音响度、音色等也随之发生变化。多项空间定位及距离感知判断的实验探究了一些影响声源感知距离的声学及非声学因素。上一章对水平面的距离感知要素进行了相关研究背景与现状的概述。

在水平一垂直错觉（HVI）的研究中，水平梁被认为比等效长度的垂直梁短（或垂直梁被认为比水平梁长）。在之前的研究中，刺激最常见的表现形式是L形或T形反转[1][2]。与许多错觉一样，对HVI的范围主要在视觉领域进行了研究[3]。然而，一些人发现这种错觉在触觉上也存在。晚期失明（1岁后失明）的参与者与被蒙住眼睛的正常参与者[4]表现出相似的错觉敏感性，但早期失明（1岁内失明）的参与者对错觉更敏感[5]。与切向运动相比，桡臂运动被发现高估了[6][7][8][9]。Bean[10]的研究结果似乎是描述触觉性HVI的早期出版物之一，并且自那以后的许多论文中还有许多未回答的问题，包括除了传统的L形和T形曲线外，触觉性HVI是否还存在于正方形中。一些研究发现，与之前的平行平面相比，水平方向的L形和T形曲线能呈现出更多的错觉[11][12][13]。

在水平一垂直错觉强度方面，比较视觉和触觉产生了不同的结果。Taylor[14]发现触觉会比视觉产生更多的幻觉。这种差异可能取决于数据收集的不同方法，尽管如何解释可能还不清楚。Taylor让参与者从7个备选方案中选择水平边和垂直边长度相等的L形和倒T形，而Tedford和Tudor指导参与者指出倒T形的垂直边还是水平边更长。

关于视觉HVI，在实心正方形/矩形实验中观察到，水平伸长的矩形通常被认为是正方形[15]，而正方形通常被认为是水平伸长的矩形[16]。然而，用于正方形的尺寸范围并不像用于L形的那样广泛。一些研究发现，在触觉方面，体积较大的HVI物体（10cm^3）比较小的造成更多的错觉[17][18]。然而，在视觉方面，结果却不一致。一项研究发现，中等大小的T形图

* 本章内容主要来自《全景声重放中的虚拟声像生成技术的感知机理研究》，牛欢，中国传媒大学博士学位论文，2019年6月。

(横边与纵边长度均为 5cm 或 7cm)更容易造成错觉[19]。

Jacqui Howell 等人[20]在 2010 年的视觉与触觉的对比实验中让参与者在三种模态条件下,分别以两种方向创建四种大小不同的正方形。实验结果表明,正方形的边长被强烈高估,导致矩形在水平方向被拉长,这证明在触觉条件下也有类似的水平一垂直错觉。

基于上述现有的水平一垂直错觉研究,可能听觉上也会存在相应的感知错觉,但目前大部分研究结果适用的测试条件,限于耳机重放或者水平面的扬声器重放。同时关于中垂面的距离感知研究更是少之又少,这可能与已有实验结论的应用场景在水平面居多具有关联性,中垂面上的距离感知研究在实际应用场景中的应用案例较少;但随着空间音频感知研究向三维空间拓展,中垂面的主观感知距离也将会越来越受到关注。

本节主要通过进行一系列仰卧及侧卧状态下人体垂直轴向的距离感知的探索实验,讨论侧卧及仰卧状态下人体垂直轴向的距离感知差异,着重于人体垂直轴向的距离感知,通过对声源本身的属性如响度、频谱等进行初步探索,以期初步得到听觉感知距离与声源本身属性之间的某种客观规律,同时对水平与垂直轴向的距离压缩感知规律进行对比,探讨水平面与垂直轴向的感知反应机制是否一致。

自由场条件下在人体垂直轴向方向进行扬声器布局,相对于水平面布局,操作难度较大。为了研究人体垂直轴向的距离感知,故将被试置于侧卧或仰卧状态。实验方法则是借鉴 Roffler 和 Butler 两位学者在研究声源垂直轴向方向角度分辨率时所采用的方法,在水平面上移动声源,以此来模拟垂直轴向的声源。

在消声室钢丝网的水平面上布放、移动扬声器,将被试置于水平仰卧或侧卧的状态并让其判断垂直轴向的距离。实验信号选用不同频率的纯音和窄带噪声。值得注意的是,本章讨论的所有距离都是声源到头部双耳的距离,且距离的感知全部是基于声源连续重放声音的持续的主观感知,而并非信号突然衰减时产生的即时感觉。

实验在消声室进行。消声室的空间尺寸为长 16.00 m,宽 7.15 m,高 6.60 m。在室内放置床垫,戴着不透光眼罩的被试在上面呈仰卧状态并保持头部不动。将 20 只扬声器间隔 0.5m,放置在被试的垂直轴向的上方及下方,实验整体布局见图 12.1。

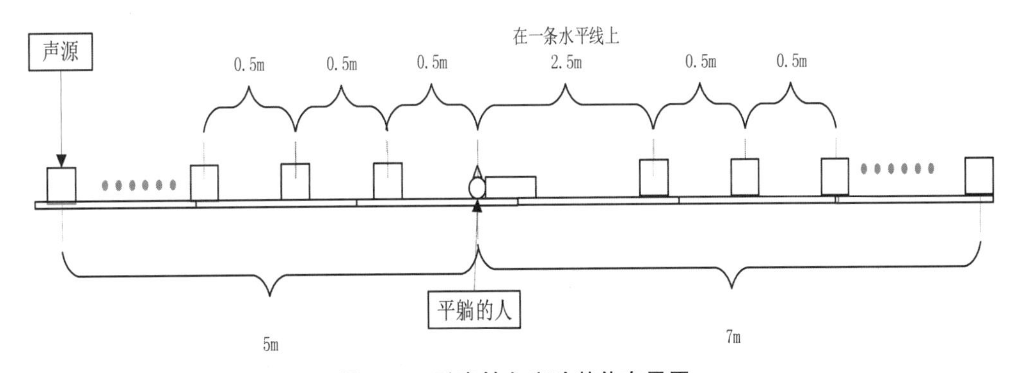

图 12.1　垂直轴向实验整体布局图

下一节探究中将不考虑重力效应对被试的主观感知距离判断的影响,在直立状态下复现实验,感知垂直轴向上方及下方的距离,与仰卧、侧卧状态下垂直轴向上方及下方的感知距离进行对比。在垂直轴向正上方选取 1m 和 3.5m 的位置，在垂直轴向正下方选取 3.5m 和 4.5m 的位置，见图 12.2。实验前需要校准每个实验信号在听音点处的声压级为 75dBA，且实验过程中要求被试保持头部不动，并且保证实验环境中不存在任何反射面影响实验结果。

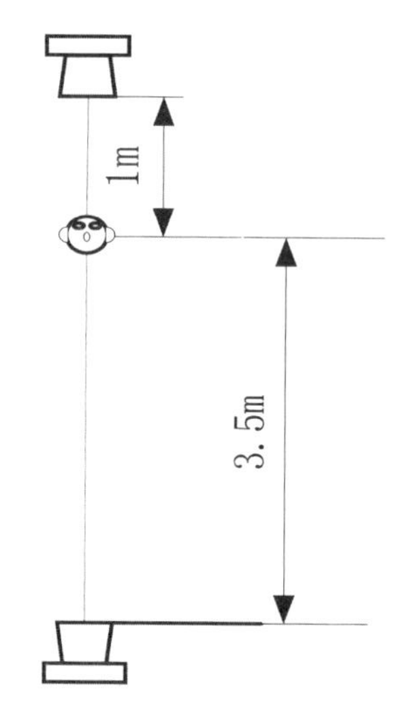

图 12.2 垂直轴向验证实验部分示意图

12.2 垂直轴向上方主观感知距离分析

12.2.1 刺激声源对距离感知的影响

刺激声源为纯音信号，垂直轴向感知距离对比如图 12.3 所示。观察发现，两种状态下，无论纯音信号频率如何变化，人体垂直轴向感知距离均随着声源距离增加而单调递增，并且最后趋于平稳。但不同状态下，如侧卧状态下，人体垂直轴向感知距离相对于仰卧状态存在一定程度的压缩。其中在纯音频率为 1000Hz、4000Hz 及 8000Hz 时，侧卧状态与仰卧状态的变化趋势具有一致性，但两者之间仍存在一定的差异，即相对于仰卧状态，侧卧状态下人体垂直轴向的感知距离存在明显的压缩。

不同中心频率窄带刺激下垂直轴向感知距离对比见图 12.4。由图可知，两种状态下，无论窄带信号频率如何变化，人体垂直轴向感知距离的变化趋势与纯音信号保持一致。相对于纯音信号，两种状态下窄带信号在中心频率 250Hz 至 8000Hz 均存在一定程度的差异。在各种频率，侧卧状态下人体垂直轴向感知距离均明显有一定程度的压缩。

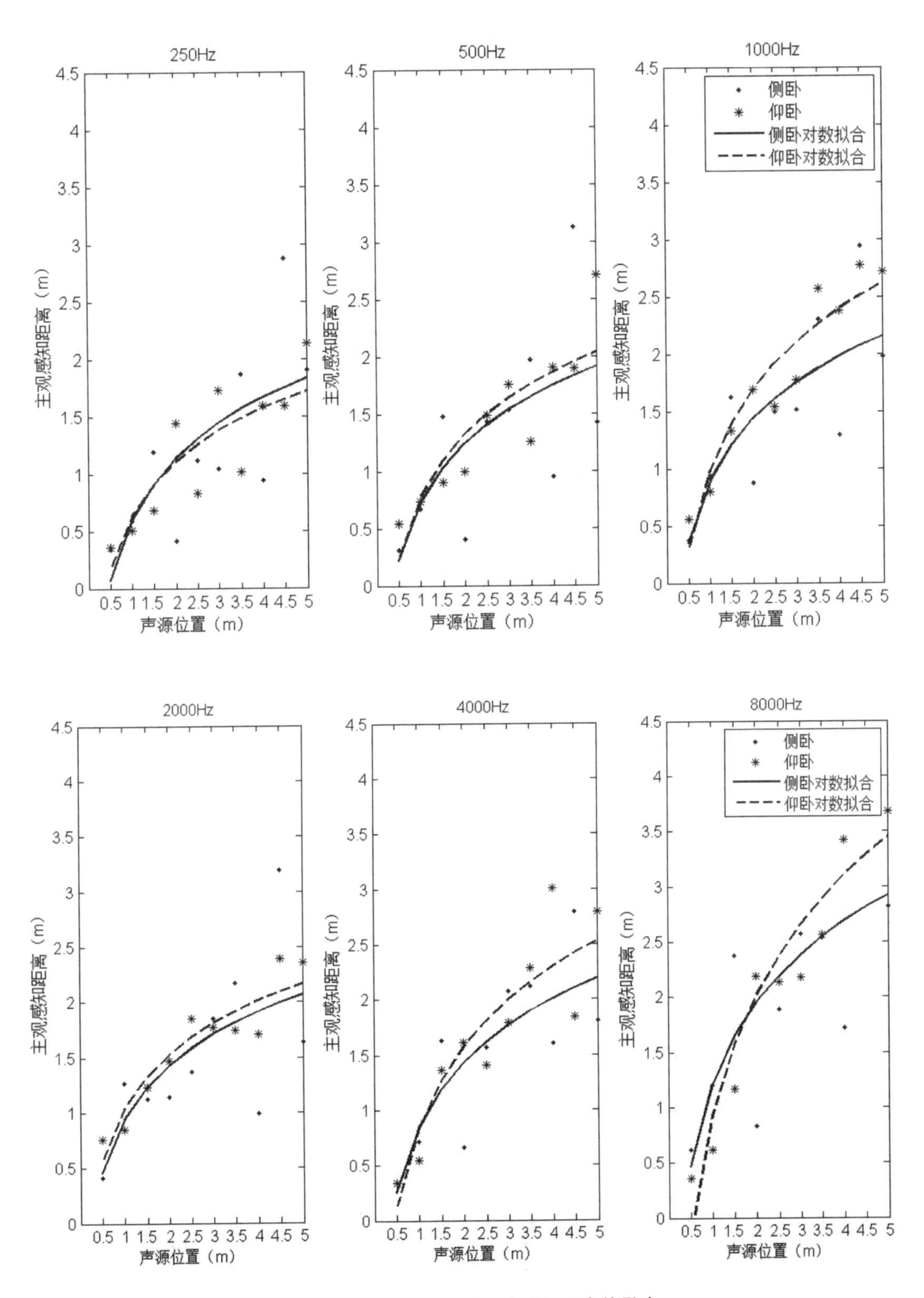

图 12.3　纯音刺激对垂直上方感知距离的影响

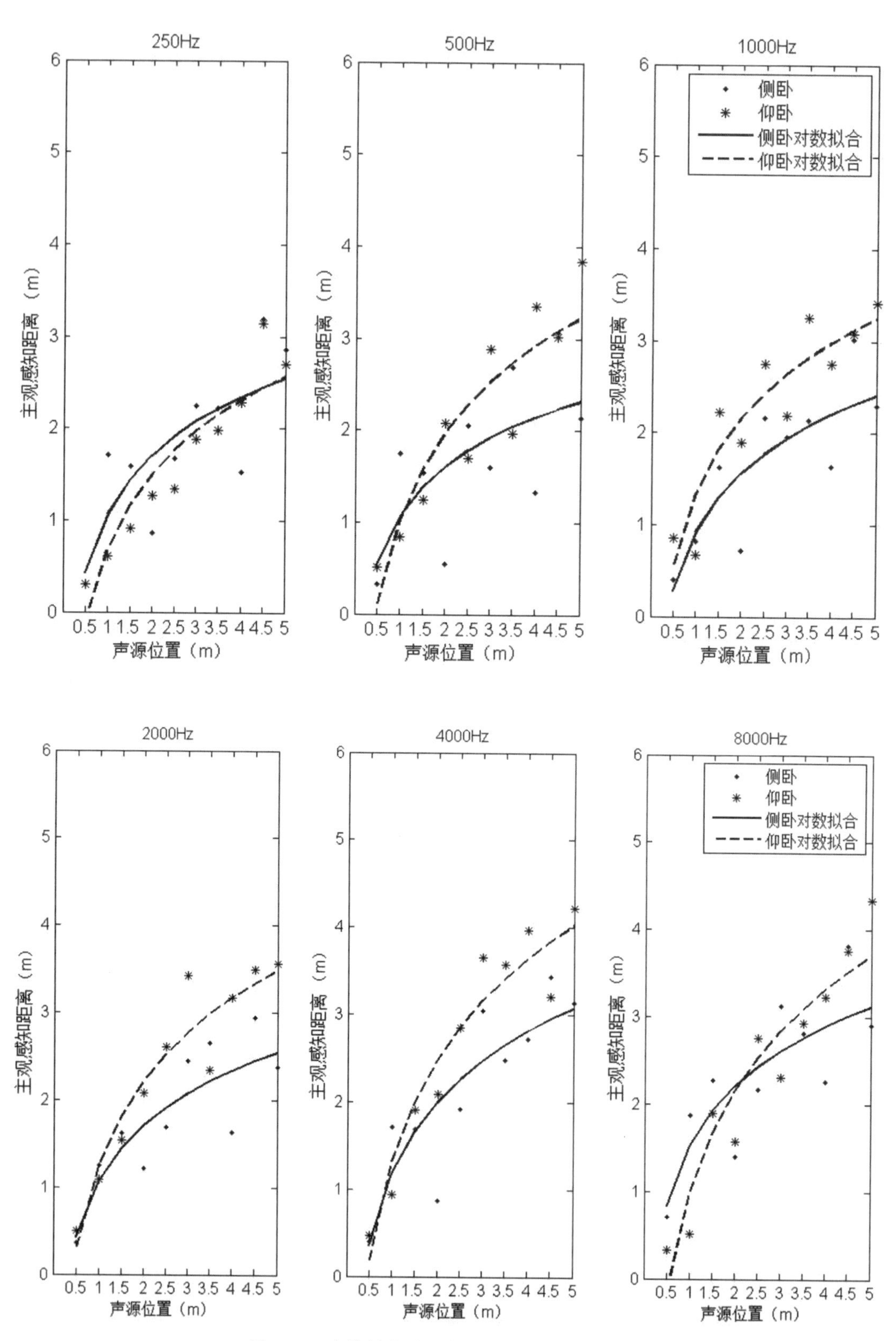

图 12.4　窄带刺激对垂直上方感知距离的影响

当实验信号选择在所有频率具有相同能量密度的白噪声时,两种状态下垂直轴向感知距离对比如图12.5所示。实验结果表明,两种状态下依然表现出人体垂直轴向的感知距离随着声源距离增加而增加,并且最后趋于平稳的规律。

将垂直轴向上方听觉感知距离压缩率绘制为仰卧与侧卧不同状态下的压缩函数对比图,包括侧卧与仰卧状态下窄带频率变化对比、侧卧与仰卧状态下纯音频率变化对比、侧卧状态下纯音与窄带变化对比及仰卧状态下纯音与窄带变化对比,见图12.6~图12.9。

由图12.6和图12.7可知,不论刺激信号为不同频率的纯音还是窄带,侧卧与仰卧状态的听觉感知距离压缩率均存在一定的差异。当刺激信号为窄带信号时,随着信号频率的提高,侧卧状态下的听觉感知距离压缩率会相应提高,高于仰卧状态的结果。相对于侧卧状态,仰卧状态下窄带信号频率变化时,听觉感知距离压缩率随着实际声源距离由近到远而逐渐提高,但不同频率的提高幅度较侧卧状态更为稳定。

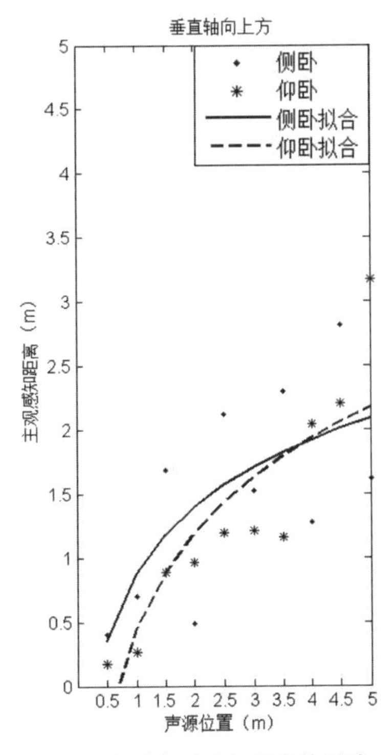

图12.5 白噪声对感知距离的影响(侧卧、仰卧状态)

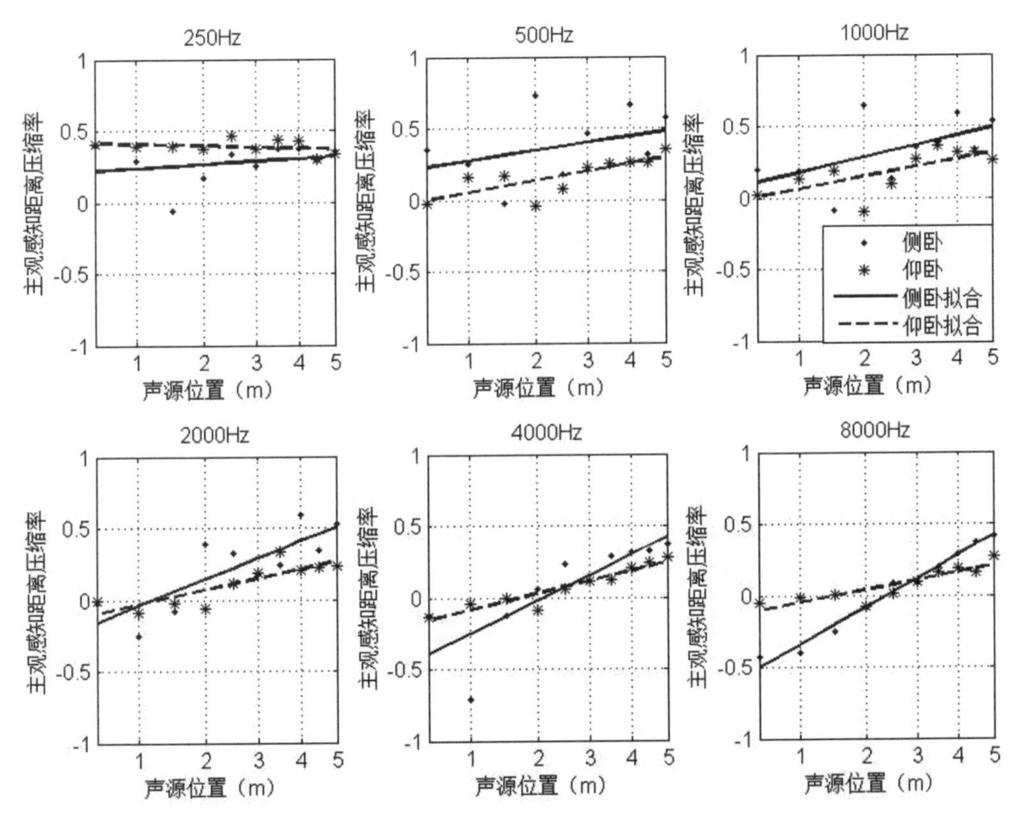

图12.6 垂直轴向上方窄带刺激频率变化时主观感知距离压缩结果

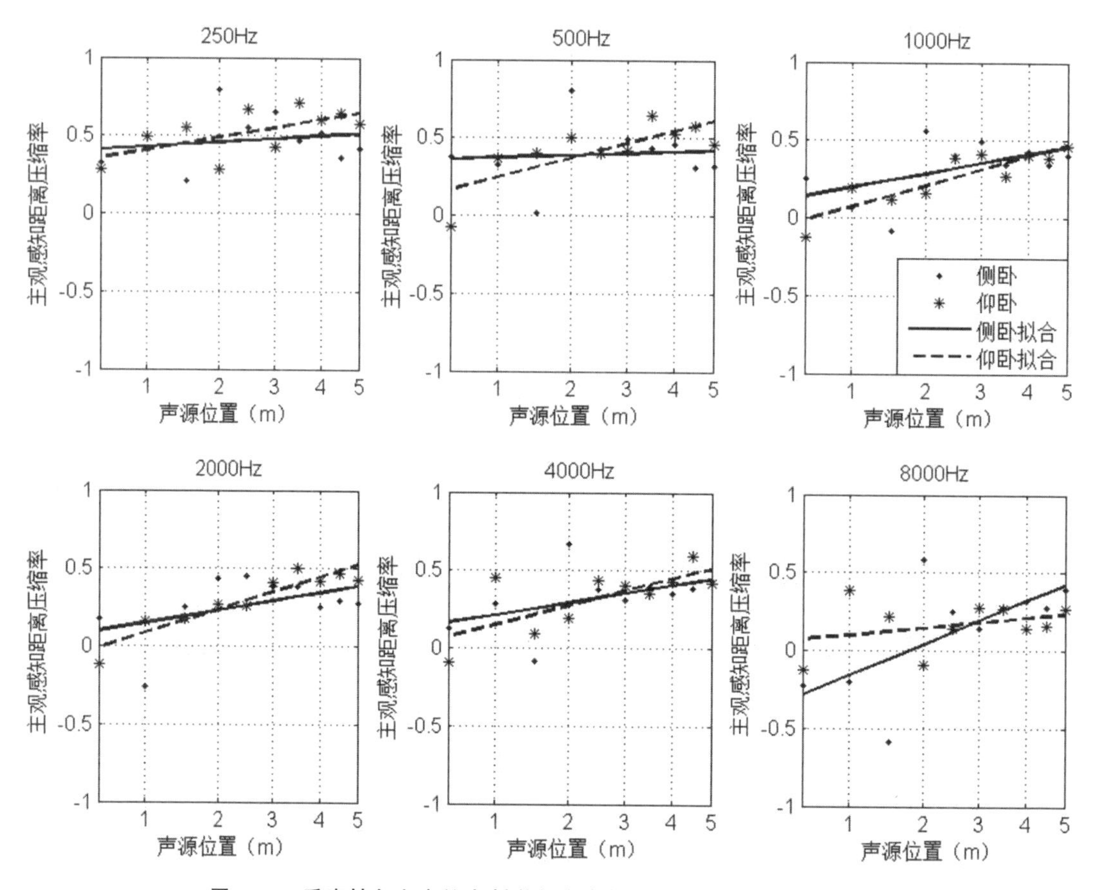

图 12.7　垂直轴向上方纯音刺激频率变化时主观感知距离压缩结果

同样，当刺激信号为纯音信号时，观察在不同频率下侧卧与仰卧状态的结果可知，两者之间的差异较小。对其进行显著性分析，结果显示在 4000Hz 以下的频率，两种状态的结果不存在显著性差异，即压缩率在 0 到 0.6 之间变化，只有当频率为 8000Hz 时，两者之间存在明显的差异，且侧卧与仰卧状态之间存在一个分水岭（2.5m 左右）。当实际声源距离小于 2.5m时，仰卧状态下的感知距离压缩率高于侧卧状态；当实际声源距离大于 2.5m 时，结果恰恰相反。

如图 12.8 及图 12.9 所示，对侧卧及仰卧状态下纯音和窄带信号的听觉感知距离压缩率进行对比分析，实验结果表明：在侧卧及仰卧状态下，不论实验信号为不同频率的纯音还是窄带，听觉感知距离压缩率均呈逐渐降低的趋势。在垂直轴向上方仰卧状态下，随着信号频率的提高，纯音与窄带信号引起的听觉感知距离压缩率变化趋势大体一致，但两者在距离数值上存在一定的差异，大体上差异随着实际声源距离的增加而越发显著。相对于仰卧状态，侧卧状态下听觉感知距离压缩率在 4000Hz 频率处存在较大的差异，且差异会随着实际声源的由近到远而逐渐缩小，在其他频率纯音与窄带信号之间的差异较小。

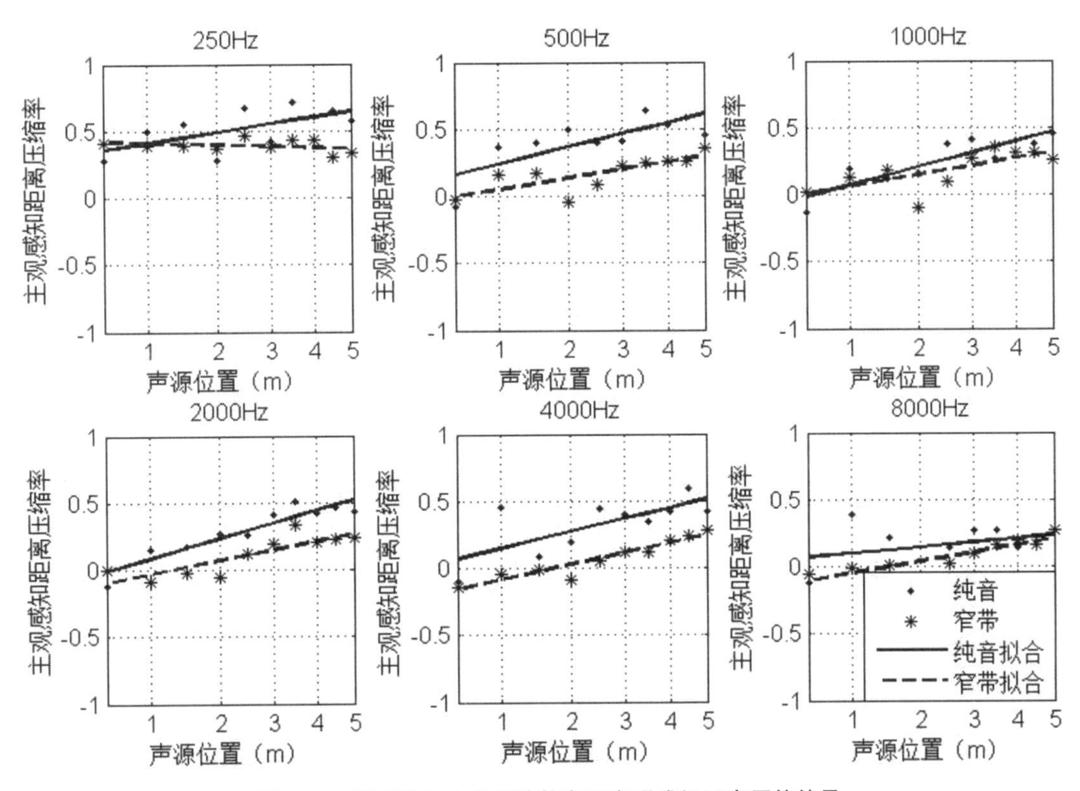

图 12.8　垂直轴向上方仰卧状态下主观感知距离压缩结果

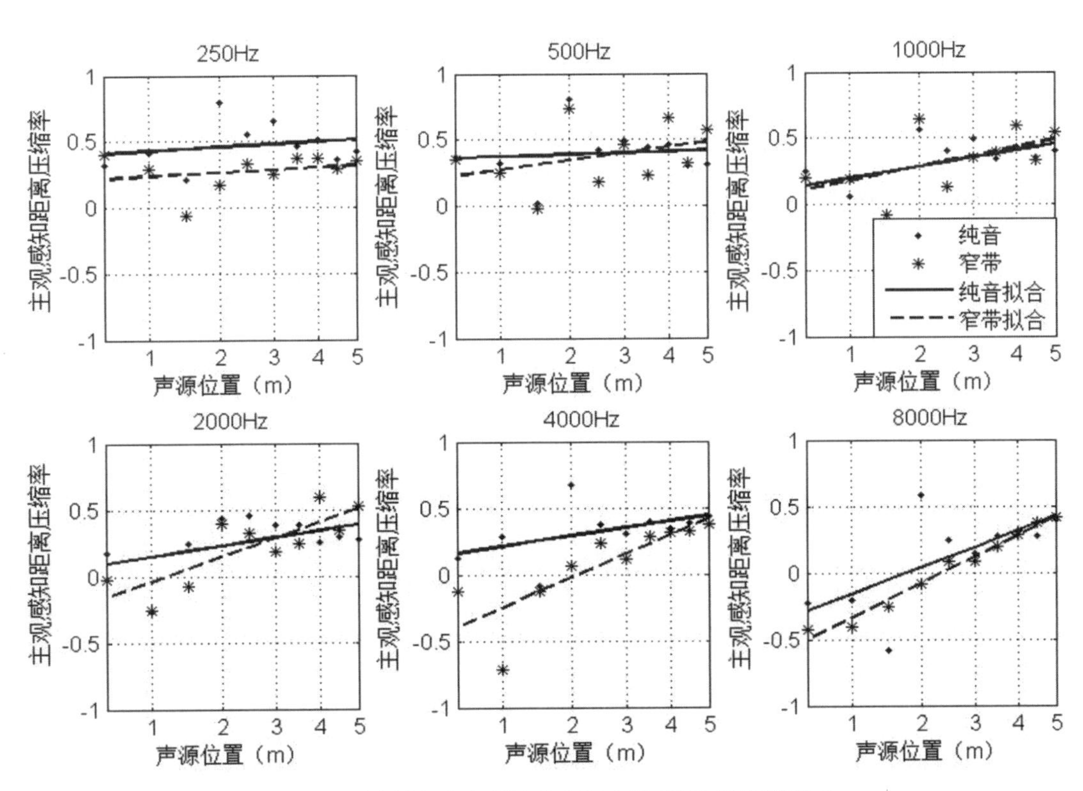

图 12.9　垂直轴向上方侧卧状态下主观感知距离压缩结果

12.2.2　声源位置要素对距离感知的影响

对垂直轴向上方的两种状态下的感知距离进行对比，选取几个同一声源位置、不同频率的感知距离的趋势图进行分析，如图 12.10、图 12.11 所示。

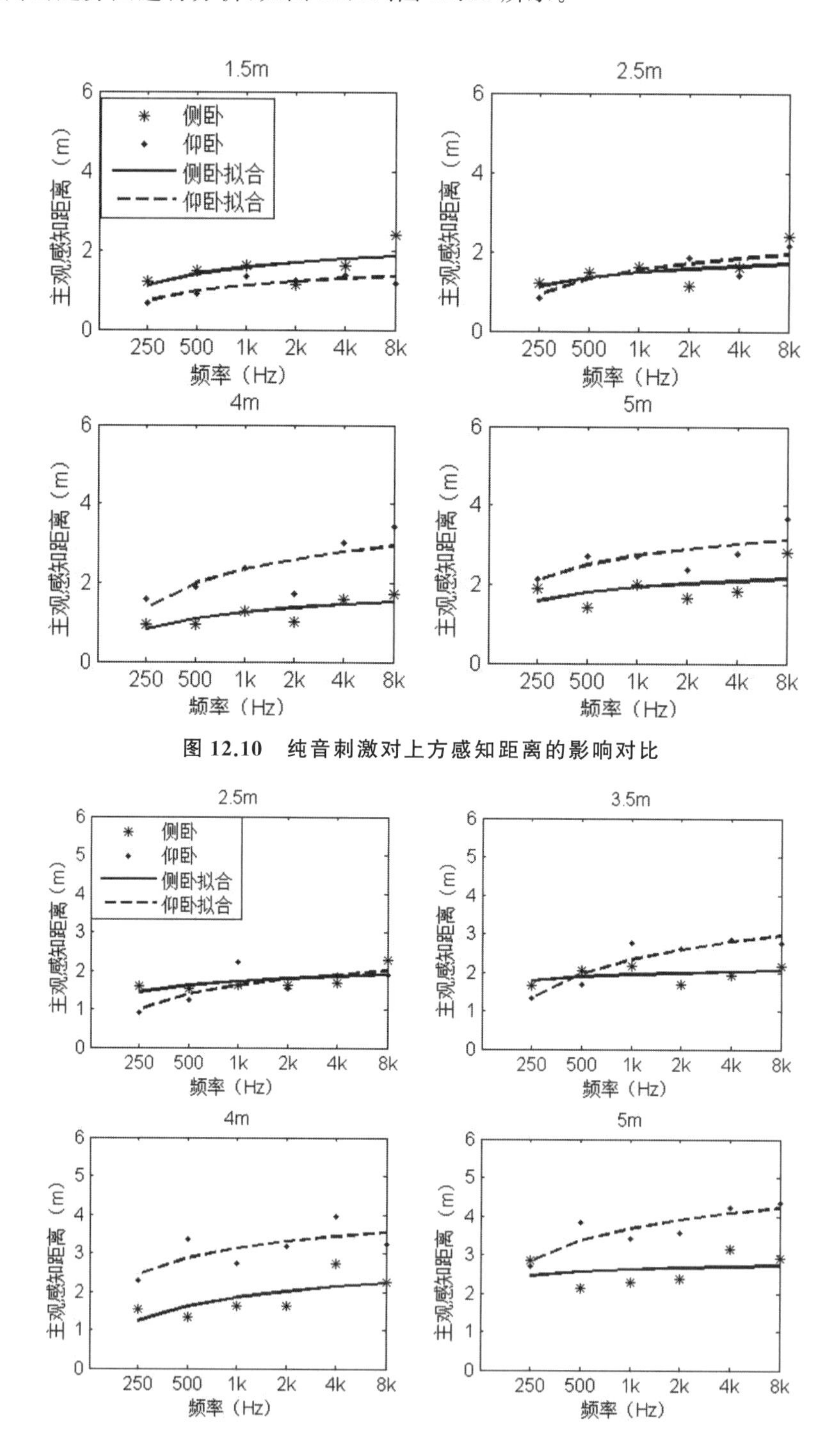

图 12.10　纯音刺激对上方感知距离的影响对比

图 12.11　窄带刺激对上方感知距离的影响对比

对比纯音刺激的感知距离变化趋势(图 12.10)可知:更接近实际声源距离的感知距离的状态是仰卧状态;相对于仰卧状态,侧卧状态下的整体感知距离压缩程度更高。将实际声源的位置固定后,感知距离会随着纯音频率的提高(从 250Hz 提升至 8000Hz)而增加,直至达到稳定状态。故两种状态下同一声源位置纯音信号刺激的感知距离变化趋势基本一致,且声源距离越近,趋势线的重合性越好。

对比窄带刺激的感知距离变化趋势(图 12.11)可知:当实际声源在近处时,更接近实际声源距离的感知距离的状态是侧卧状态;反之,当实际声源在远处时,则是仰卧状态。与纯音信号相同的是,侧卧状态依然比仰卧状态下整体的感知距离压缩程度高,并且在同一声源位置两种状态下窄带信号刺激的感知距离变化趋势也存在一致性。

由不同刺激声源的垂直轴向上方的感知距离对比结果可知,无论是哪种状态下,窄带信号的感知距离的一致性均比纯音信号的结果要好。当实际声源位于较远处时,两种状态下的感知距离不存在显著的差异。

12.3　垂直轴向下方主观感知距离分析

12.3.1　刺激声源对距离感知的影响

在声源位置和听音点的距离的判断过程中,被试对于信号的熟悉程度很重要。对于声音信号距离的判断,日常的经验起到重要的作用。而垂直下方的声音在日常生活中出现的频率较低,凭经验较难做出判断,因而垂直轴向下方的感知距离可能会存在不准确的情况。

当刺激声源为纯音信号时,垂直轴向下方的感知距离对比如图 12.12 所示。

观察可知,两种状态下,无论纯音刺激的频率如何变化,人体垂直轴向下方的感知距离均随着声源距离增加而增加,并且最后趋于平稳。但是中低频纯音信号的人体垂直轴向下方的感知距离在侧卧状态下相对于仰卧状态变化比较平缓,并且两种状态下存在明显差异,需要后续实验对差异进行细化分析。其中在纯音频率为 4000Hz 及 8000Hz 时,侧卧状态与仰卧状态的变化趋势具有一致性,但仰卧状态相较侧卧状态垂直轴向下方的感知距离存在一定的压缩,故可以将仰卧与侧卧状态下的实验数据进行差值分析,对两者进行修正,继而相互替代。

在不同中心频率的窄带刺激下,垂直轴向下方的感知距离对比如图 12.13 所示。

由图可知,两种状态下,无论窄带信号频率如何变化,人体垂直轴向感知距离的变化趋势均与纯音保持一致。相对于纯音信号,两种状态下窄带信号存在一定程度的差异。当窄带信号频率从 250Hz 向 8000Hz 变化时,侧卧与仰卧状态之间的变化如下:首先,相对于侧卧状态,仰卧状态下人体垂直轴向感知距离受到一定程度的压缩;而相对于仰卧状态,侧卧状态下人体垂直轴向感知距离受到一定程度的压缩。其次,侧卧状态下人体垂直轴向下方感知距离的变化趋势为随着频率的升高而增加,但当频率提高到 8000Hz 时存在减小的趋势;而仰卧状态下人体垂直轴向下方感知距离的变化趋势为随着频率的升高而相对平稳地变化。

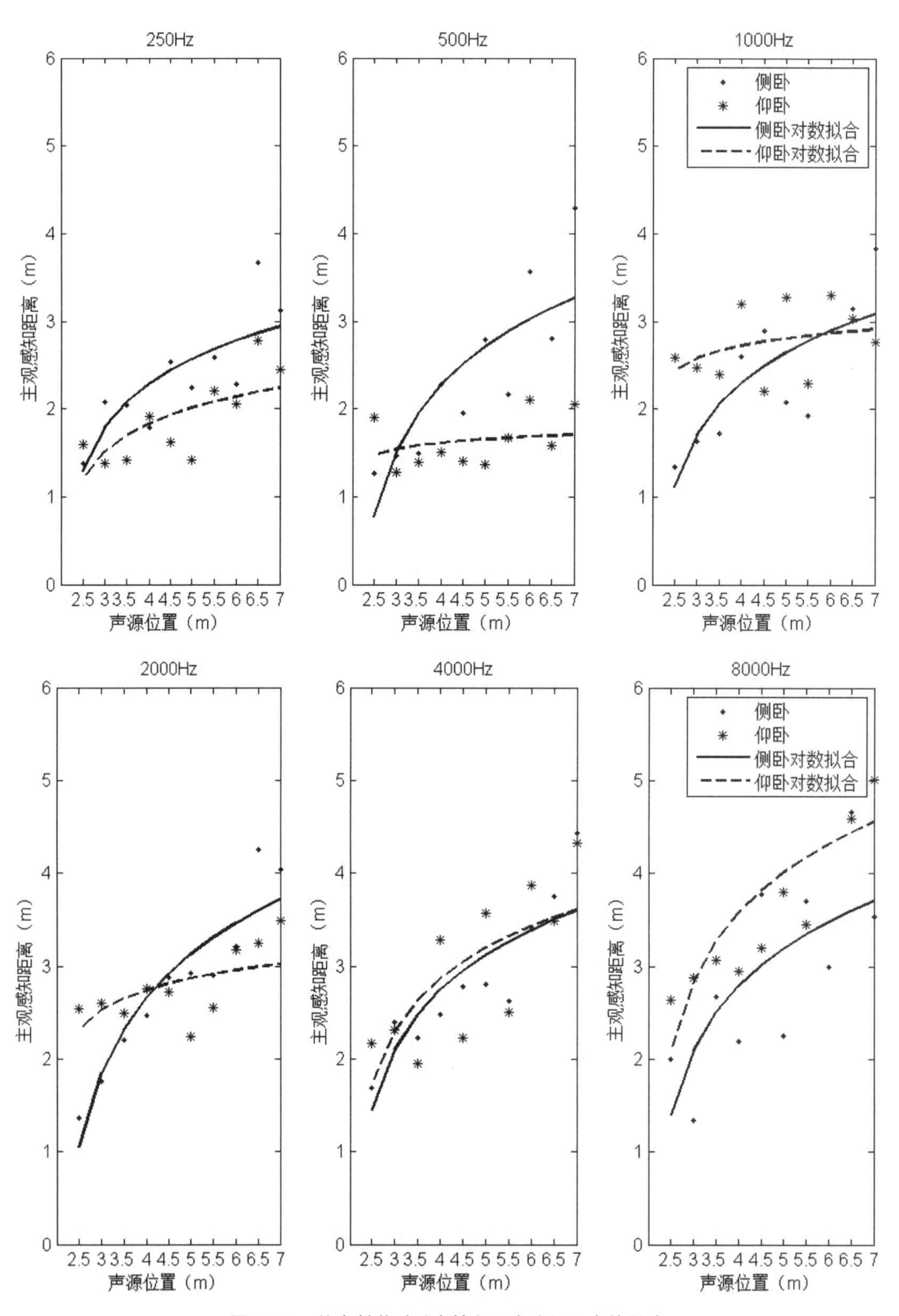

图 12.12 纯音刺激对垂直轴向下方感知距离的影响

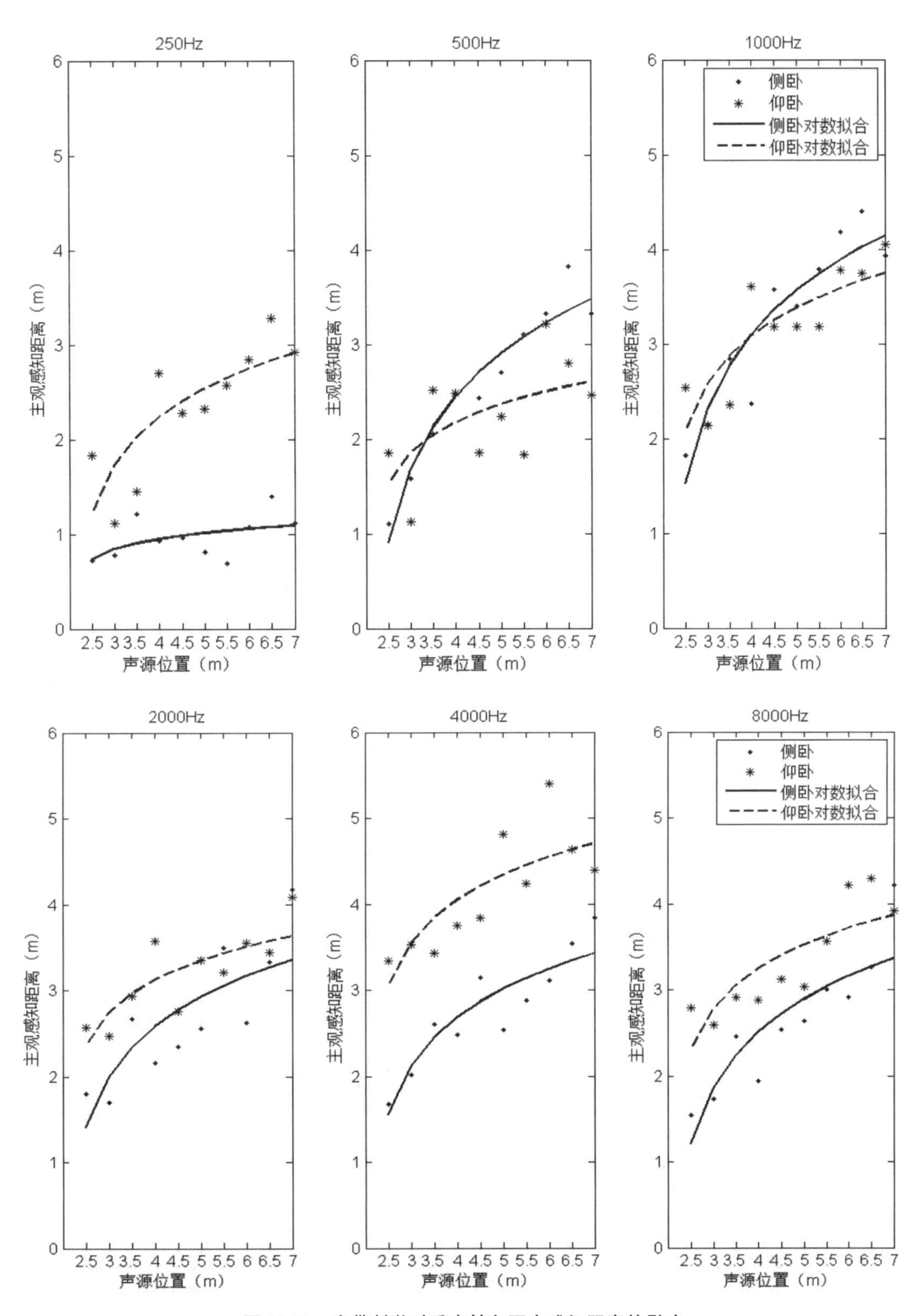

图 12.13　窄带刺激对垂直轴向下方感知距离的影响

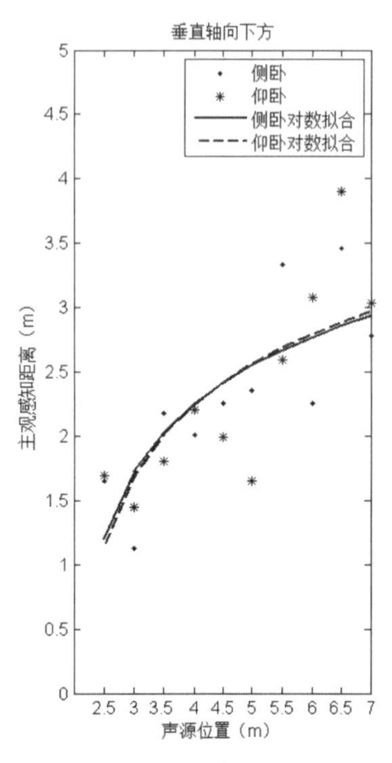

图 12.14 白噪声对感知距离的影响(仰卧、侧卧状态)

当实验信号选择所有频率具有相同能量密度的白噪声时，两种状态下垂直轴向下方感知距离对比如图 12.14 所示。实验结果说明：两种状态下人体垂直轴向下方的感知距离均随着声源距离增加而增加，并且最后趋于平稳，并未因状态的不同而出现变化。

将垂直轴向下方听觉感知距离压缩率绘制为仰卧与侧卧不同状态下的压缩函数图形，包括侧卧与仰卧状态下窄带刺激对比、侧卧与仰卧状态下纯音刺激对比、侧卧状态下纯音与窄带刺激对比以及仰卧状态下纯音与窄带刺激对比，见图 12.15、图 12.16。

对垂直轴向下方不同纯音频率影响下的侧卧与仰卧状态下听觉感知距离压缩率进行显著性检验（见图 12.15）。结果表明，除了在频率 1000Hz 处侧卧与仰卧状态的主观感知距离压缩率存在明显的差异，在其他频率两者之间不存在差异，即两者变化趋势相同，且主观感知距离压缩率均保持在 0.2～0.5 之间。而当频率为 1000Hz 时，侧卧状态下主观感知距离压缩率基本保持在 0.4～0.5 之间，并未随着实际声源距离增加而明显提高，但在仰卧

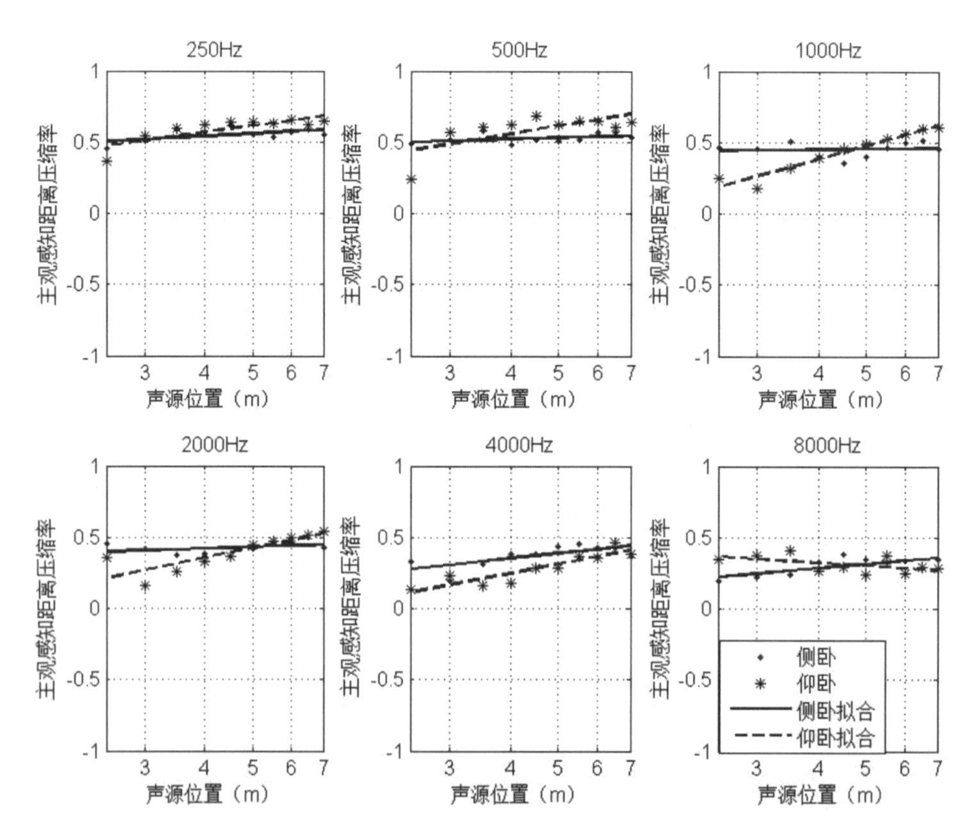

图 12.15 垂直轴向下方纯音刺激主观感知距离压缩结果

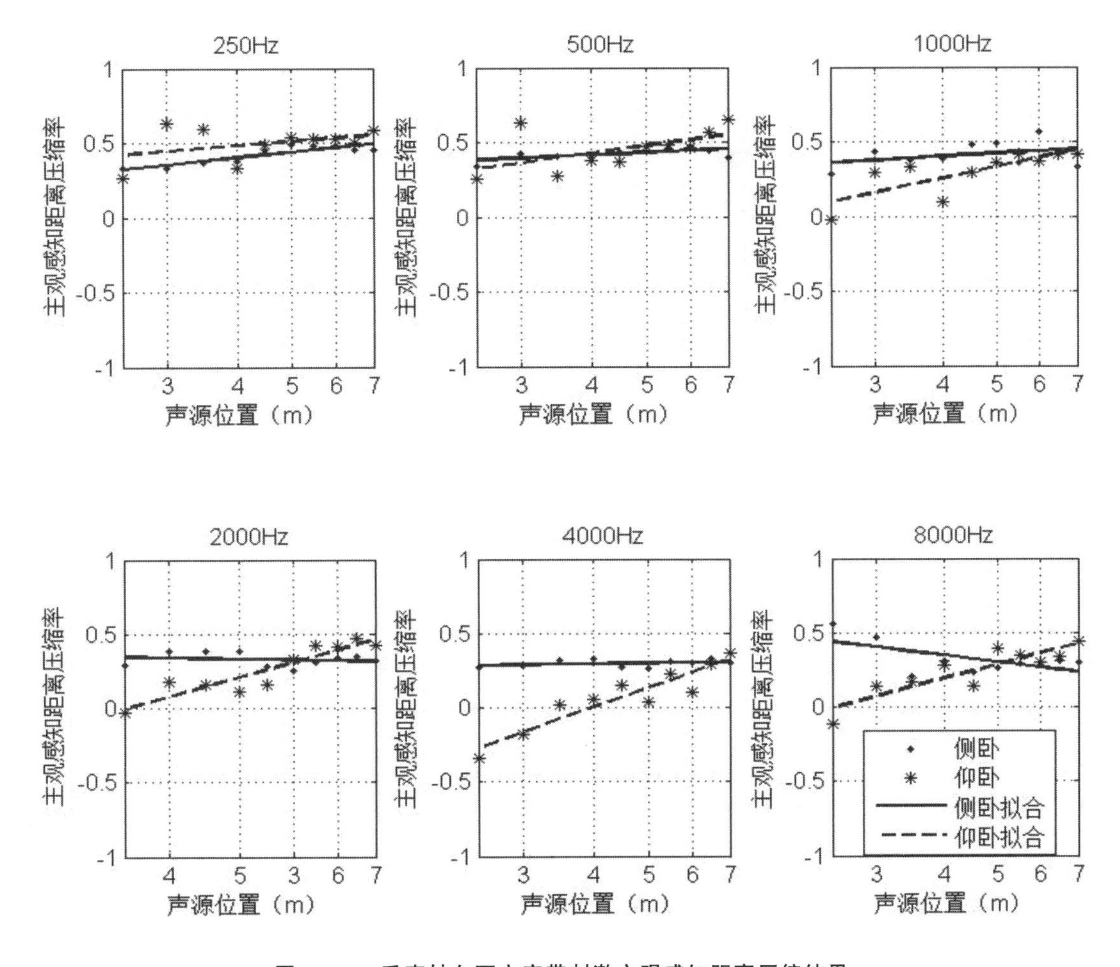

图 12.16　垂直轴向下方窄带刺激主观感知距离压缩结果

状态下却存在明显的提高情况，即压缩率由 0.3 提高至 0.6 左右。

观察图 12.16 可知，在垂直轴向下方，当窄带中心频率为 250Hz 至 1000Hz 时，侧卧和仰卧两种状态之间不存在差异，且变化趋势具有一致性。而当窄带中心频率为 2000Hz 以上时，两者之间存在较大的差异，并且差异的变化趋势相同，因而对于垂直轴向下方中高频窄带信号而言，不同状态对主观感知距离的压缩率产生一定的影响。

通过对图 12.17 及图 12.18 实验结果的分析可知：在垂直轴向下方，在侧卧状态下不同频率的纯音与窄带刺激两者之间不存在显著的差异；但是在仰卧状态下，不同频率的纯音与窄带刺激之间则存在较大的差异。除了频率信号为 8000Hz 时纯音与窄带刺激的主观感知距离压缩率变化趋势不一致外，纯音刺激的主观距离感知压缩率随着实际声源距离的增加基本保持稳定的状态，即压缩率在 0.4 左右；而窄带刺激的主观感知距离压缩率会随之提高。而在 250Hz 至 4000Hz 时，仰卧状态下纯音与窄带刺激的主观距离感知压缩率具有相同的增长趋势。

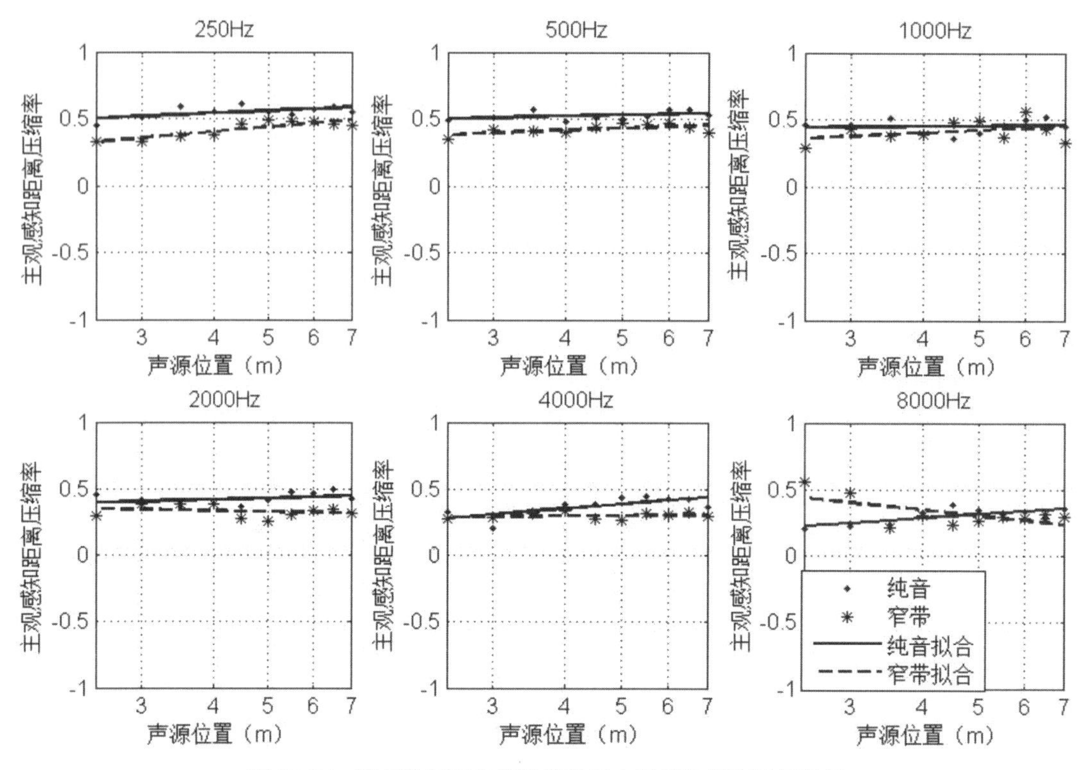

图 12.17　垂直轴向下方侧卧状态下主观感知距离压缩结果

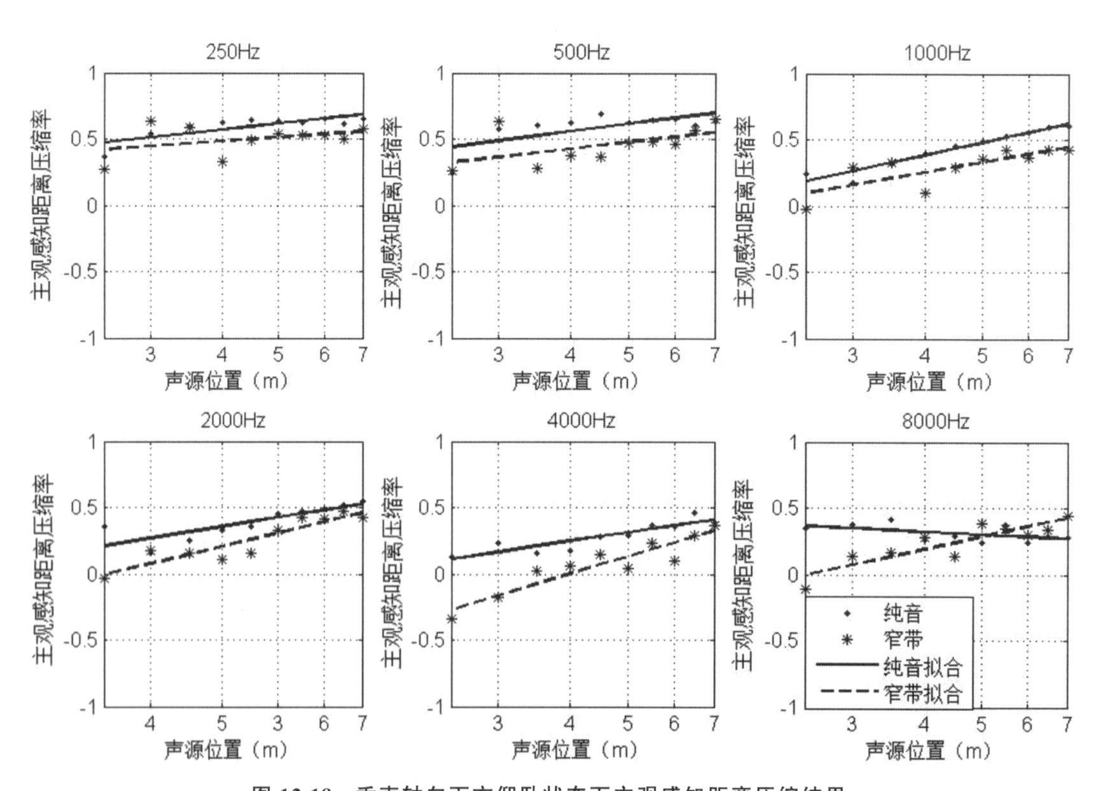

图 12.18　垂直轴向下方仰卧状态下主观感知距离压缩结果

12.3.2 声源位置要素对距离感知的影响

对垂直轴向下方两种状态下的感知距离进行对比，选取几个在同一声源位置、不同频率的主观感知距离的趋势图进行分析，如图 12.19、图 12.20 所示。

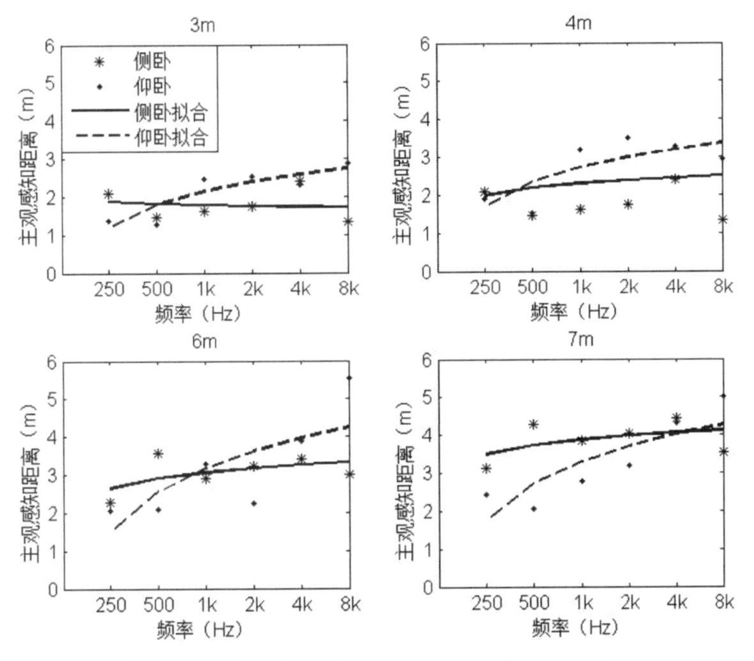

图 12.19　纯音刺激对下方感知距离的影响对比

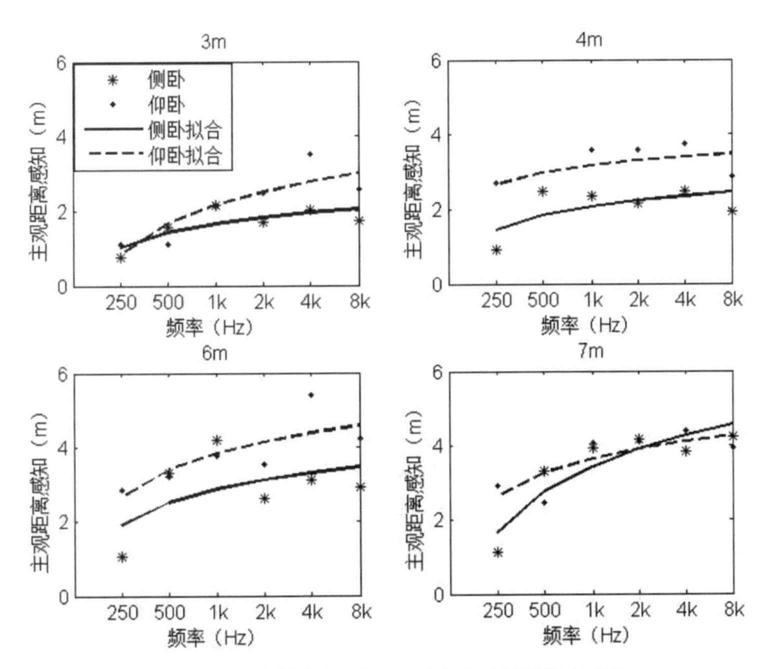

图 12.20　窄带刺激对下方感知距离的影响对比

对比分析纯音刺激的感知距离变化趋势(图 12.19)可知:相对于仰卧状态,侧卧状态下的感知距离压缩有一定程度的减轻。当实际声源距离双耳中垂面听音点的距离为 3m,信号频率从 250Hz 向 8000Hz 变化时,仰卧和侧卧两种状态下垂直轴向感知距离呈增加趋势,但在中频及中高频部分,仰卧状态下的感知距离增加幅度有所提升,导致两者的感知距离差异略有增加。在其他声源位置处,两者的变化趋势也有相似的规律。由此可得,在同一声源位置的两种状态下,纯音信号的感知距离变化趋势基本一致,并且随着频率升高,两种状态下纯音信号的感知距离曲线趋于平缓。

由图 12.20 窄带刺激的感知距离变化趋势对比可知:仰卧状态下的感知距离更接近实际声源距离,相比仰卧状态,侧卧状态下存在微小的感知距离压缩。当声源位置固定,窄带的中心频率从 250Hz 向 8000Hz 变化时,两种状态下垂直轴向感知距离均呈增加趋势,曲线最终趋于平缓。由此可得,在同一声源位置处,两种状态下窄带信号的变化趋势基本一致。

12.4 垂直轴向主观感知距离验证实验分析

12.4.1 直立状态下垂直轴向主观感知距离

侧卧及仰卧状态下的垂直轴向感知距离趋势趋于一致,但在听觉中是否存在相同的水平垂直差异,需要将两种姿势下的实验结果与直立状态的结果进行对比分析。

在垂直轴向上方,当刺激声源为纯音信号、窄带信号时,将直立与侧卧状态下的垂直轴向感知距离进行对比,如图 12.21 所示。

结果表明,对于纯音或窄带刺激,直立与侧卧状态下的垂直轴向感知距离变化趋势基本趋于一致。但是直立和侧卧两种状态下还是存在一定的差异,信号源不同、姿势不同时人体垂直轴向感知距离的压缩程度也存在不同。

对比可知,纯音刺激下,直立状态相较侧卧状态反而在一定程度上加重了感知距离压缩;相同的是窄带刺激下,直立状态相较侧卧状态感知距离也同样增加了些许的压缩。通过对两种状态进行差值分析可知,无论纯音还是窄带刺激,差值变化相对稳定。因而可以采用侧卧等姿势对垂直轴向感知距离进行研究,能够对垂直轴向主观感知距离的变化趋势有一定的了解,根据直立与侧卧状态的差值,对侧卧状态的数据结果进行线性修正,从而解决直立状态下垂直轴向上方声源难以模拟的困难。

同样,对直立及侧卧状态的垂直轴向下方的感知距离数据进行分析,得到不同刺激声源的主观感知距离的趋势图,见图 12.22。

由图 12.22 可知,与垂直轴向上方的结果相似,直立与侧卧两种状态下垂直轴向感知距离无论在纯音刺激还是窄带刺激下变化趋势基本一致,也是直立状态相较侧卧状态增加了一定程度的压缩。同样对两种状态进行差值分析,无论纯音还是窄带刺激,差值变化同样相对稳定。因而针对垂直轴向下方,根据直立与侧卧状态的差值,同样对侧卧状态的数据结果进行线性修正,可以解决直立状态下垂直轴向下方声源难以模拟的困难。

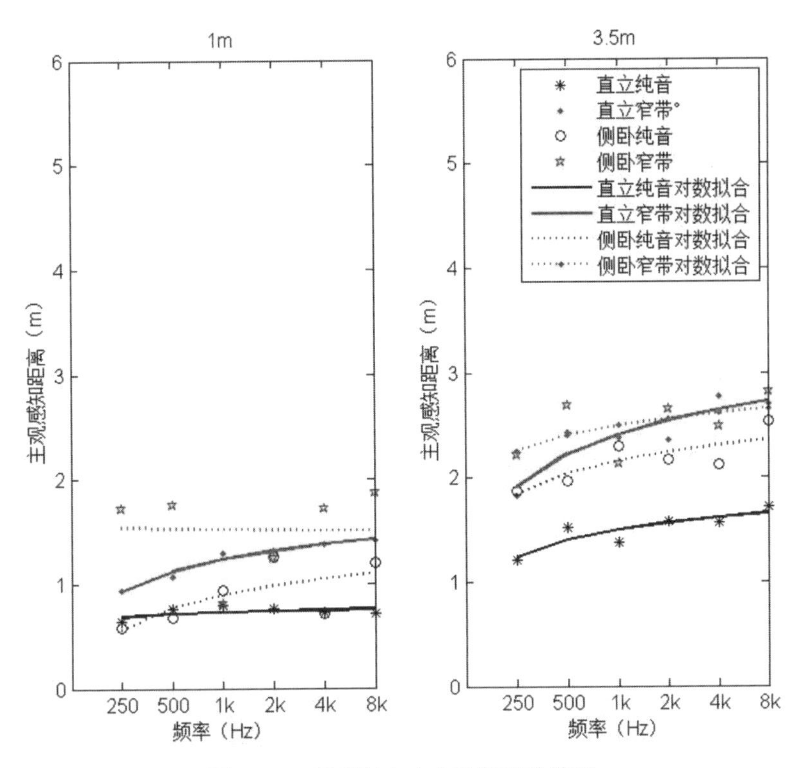

图 12.21　垂直轴向上方验证实验结果

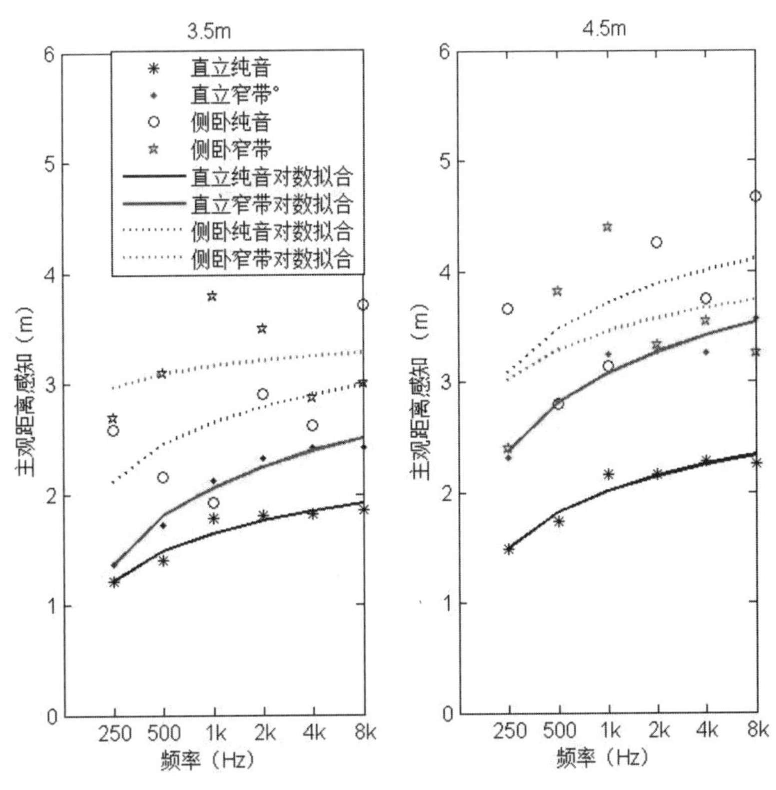

图 12.22　垂直轴向下方验证实验结果

12.4.2 水平轴向与垂直轴向距离压缩感知对比分析

水平轴向与垂直轴向的距离判断在心理感知上可能会存在不同的结果。同样将垂直轴向下方听觉感知距离压缩率绘制为仰卧与侧卧不同状态下的压缩函数图形，包括纯音刺激下四个轴向主观感知距离压缩率对比、窄带刺激下四个轴向主观感知距离压缩率对比，如图12.23所示，其中实际声源距离均为3.5m。

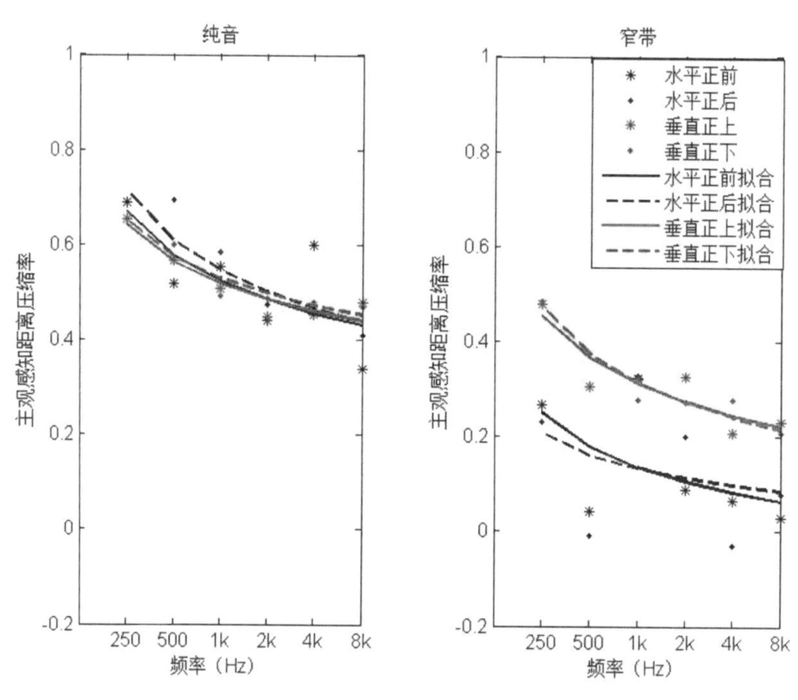

图 12.23 水平轴向与垂直轴向感知距离压缩率

由图12.23可知，当刺激声源为纯音信号时，水平轴向与垂直轴向的主观感知距离压缩率变化趋势具有一致性，即随着频率的不断升高，主观感知距离压缩率呈对数函数降低的趋势，即压缩率从0.7降低到0.4左右，所以纯音信号在水平轴向与垂直轴向的心理感知上存在相似的反应机制。

而当刺激声源为窄带信号时，四个轴向的主观感知距离压缩率变化趋势与纯音刺激基本保持一致。但不同轴向的主观感知距离存在明显差异的是，水平轴向的主观感知距离压缩率要明显低于垂直轴向的主观感知距离压缩率，反而对于窄带刺激，垂直轴向的主观感知距离的压缩程度更大。水平轴向与垂直轴向的主观感知距离压缩率保持稳定的差距，从侧面反映出水平轴向与垂直轴向感知距离上的心理反应机制是相似的，只是压缩程度存在不同。

12.5　垂直轴向虚拟声源距离感知实验

12.5.1　主观感知距离数学函数拟合

在水平感知距离的实际应用中，根据主观感知距离的不同数据，进行主观听觉感知距离与相关因素之间的数学函数关系的拟合，拟合情况如图 12.24、图 12.25 及图 12.26 所示。

声源入射方向不同，其数据拟合如图 12.24 所示。

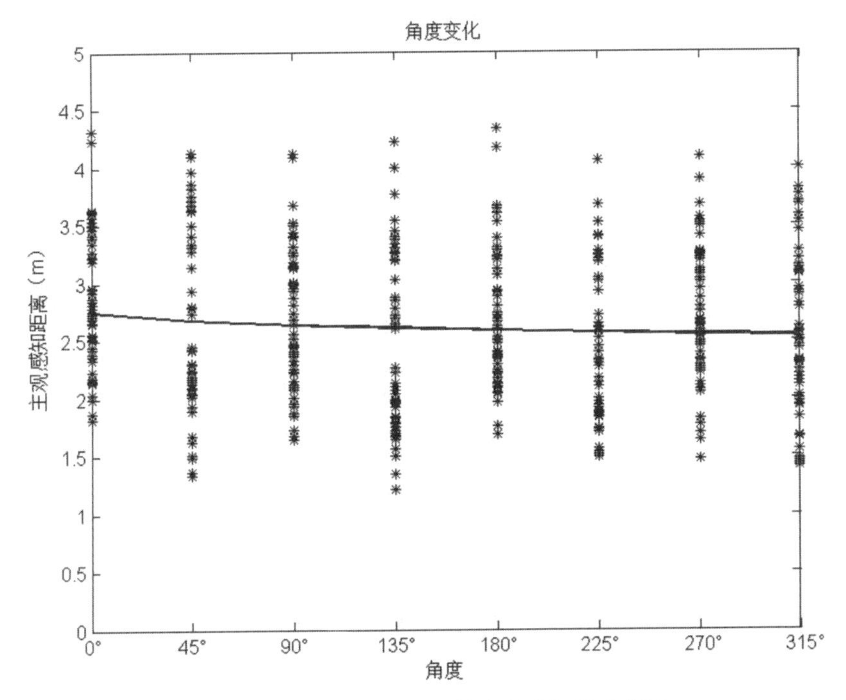

图 12.24　水平面不同角度的主观感知距离范围

在声源入射方向不同的情况下，主观感知距离范围数据表明，不同角度的感知范围并不是对称的，而是各自存在相应的感知范围：当声源入射角度为 0°时，主观感知距离的范围为 2m～3.6m；当声源入射角度为 45°时，主观感知距离的范围为 1.5m～4m；当声源入射角度为 225°时，主观感知距离的范围为 1.5m～3.5m。

声压级不同，主观感知距离也存在明显的范围变化（图 12.25）：当声压级为 55dB 时，主观感知距离的范围为 2m～4m；当声压级为 65dB 时，主观感知距离的范围为 1.5m～3.1m；当声压级为 75dB 时，主观感知距离的范围为 0.8m～2m。

将声压级固定为 75dB，对不同的中心频率信号与主观感知距离的变化趋势进行初步探讨，结果如图 12.26 所示。不同中心频率窄带信号的主观感知距离的范围如下：当刺激源信号为中心频率 250Hz 的窄带信号时，主观感知距离的范围为 1.5m～3m；当刺激源信号为中心频率 1000Hz 的窄带信号时，主观感知距离的范围为 1.5m～2.5m；当刺激源信号为中心频率 4000Hz 的窄带信号时，主观感知距离的范围为 2m～4.5m。

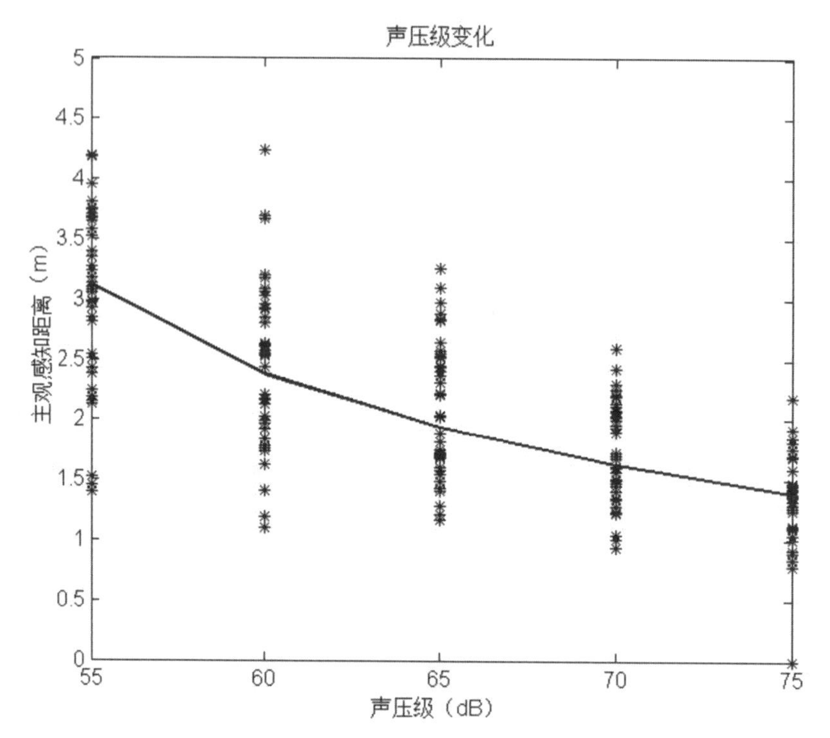

图 12.25　水平面不同声压级的主观感知距离范围

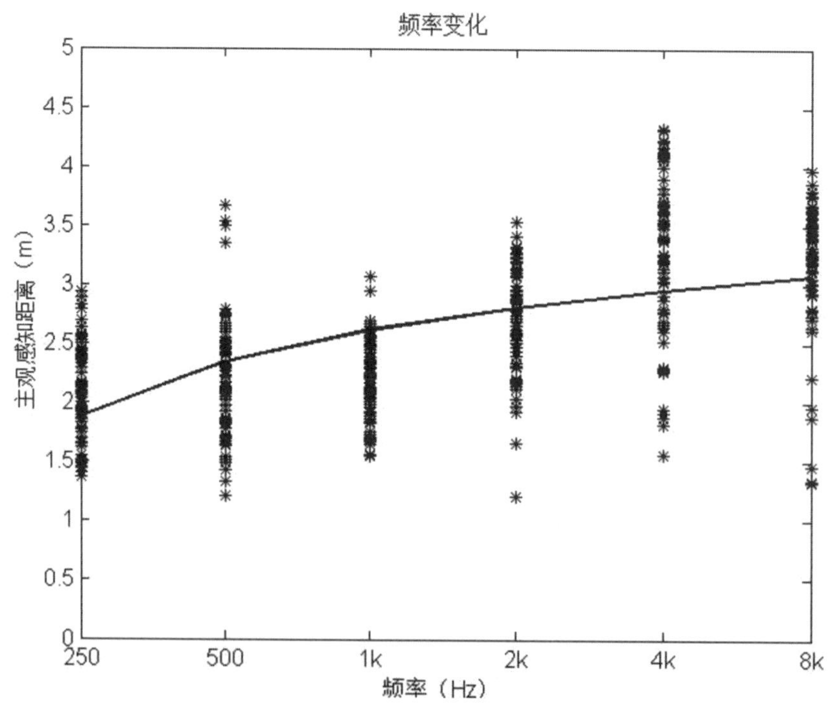

图 12.26　水平面不同中心频率的主观感知距离范围

根据不同因素对主观感知距离范围的影响，拟合出相应的数学函数关系式，如下所示。

声压级变化：

$$Dis(\text{感知距离}) = -2.479 * \lg(SPL) + 3.123 \tag{12.1}$$

1/3 倍频程窄带信号变化：

$$Dis(\text{感知距离}) = 1.528 * \lg(Fc) + 1.887 \tag{12.2}$$

角度变化：

$$Dis(\text{感知距离}) = -0.236 * \lg(Angle) + 2.75 \tag{12.3}$$

垂直轴向感知距离算法与水平轴向算法相同，故以垂直轴向上方的感知距离算法为例。当声压级发生变化时，其主观感知距离范围如图 12.27 所示。

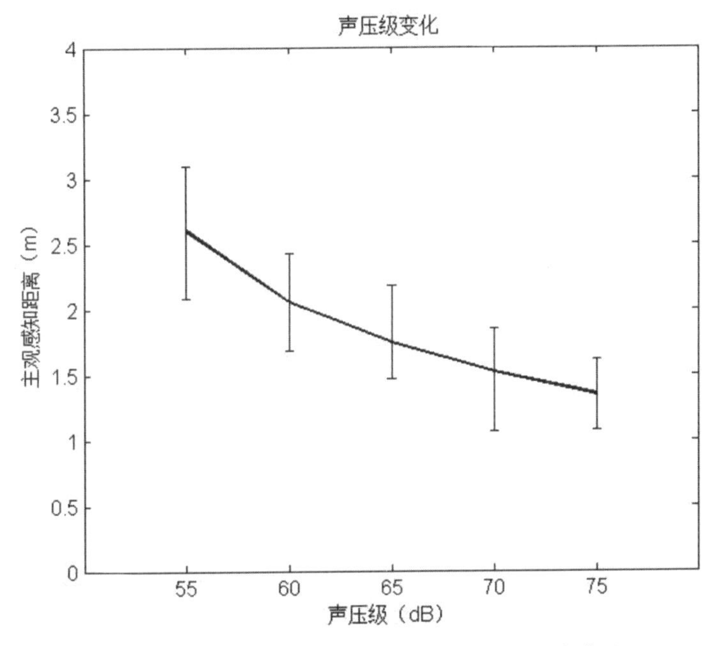

图 12.27　垂直轴向不同声压级的主观感知距离范围

由图 12.27 可知不同声压级对应的感知距离范围：当声压级为 55dB 时，垂直轴向上方主观感知距离的范围为 1.2m～3.6m；当声压级为 65dB 时，垂直轴向上方主观感知距离的范围为 0.8m～2.6m；当声压级为 75dB 时，垂直轴向上方主观感知距离的范围为 0.5m～2m。

当声压级固定为 75dB 时，对中心频率与主观感知距离的变化趋势进行研究，结果如图 12.28 所示。由数据结果可知：当刺激源信号为中心频率 250Hz 的窄带信号时，垂直轴向上方主观感知距离的范围为 0.8m～2.6m；当刺激源信号为中心频率 1000Hz 的窄带信号时，垂直轴向上方主观感知距离的范围为 1m～2.8m；当刺激源信号为中心频率 4000Hz 的窄带信号时，垂直轴向上方主观感知距离的范围为 1.3m～3.3m。

根据不同因素对主观感知距离范围的影响，大体拟合出相应的数学函数关系式，如下所示。

声压级变化：

$$Dis(\text{感知距离}) = 2.508 * \lg(SPL) + 2.16 \tag{12.4}$$

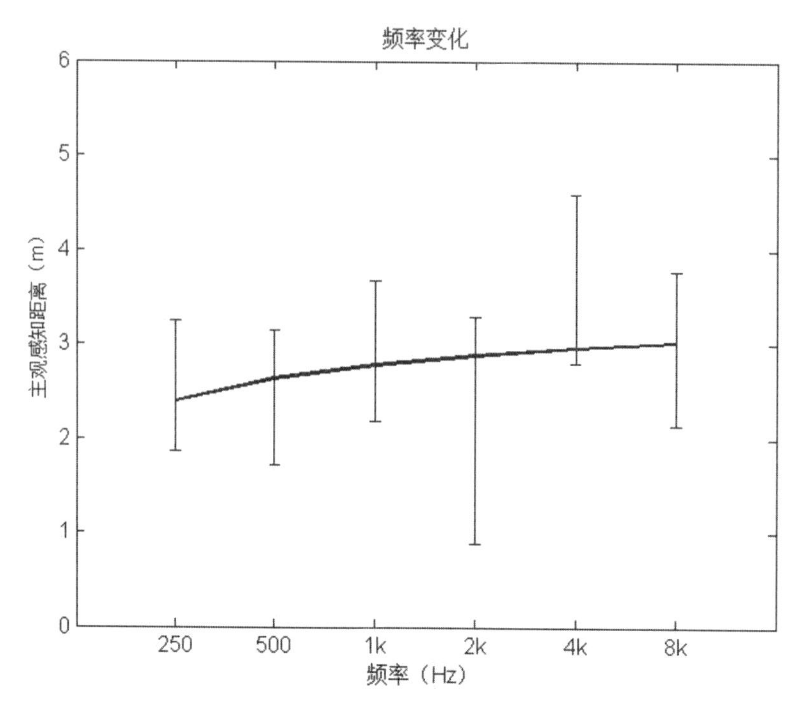

图 12.28　垂直轴向不同中心频率主观感知距离范围

声压级变化(参考信号为声压级 75dB 的白噪声)：

$$Dis(\text{感知距离}) = 1.071 * \lg(SPL) + 0.45 \tag{12.5}$$

1/3 倍频程窄带信号频率变化：

$$Dis(\text{感知距离}) = 0.396 * \lg(Fc) + 0.81 \tag{12.6}$$

12.5.2　垂直上方空间扬声器排布对距离感知的影响

(1)实验信号

在正式实验之前,向被试解释听音指标(感知距离)。感知距离即被试需要判断的实际声源与听音点之间的距离。

信号分为参考信号和实验信号两种,参考信号为中置扬声器各声压级下的白噪信号;实验信号选择的是 500Hz 至 8000Hz 按倍频程递增的纯音、倍频窄带粉噪,共计 10 种。实验前需校准每只监听扬声器播放每个信号时听音点处的声压级,确保分别为 80dBA、78dBA、76dBA、74dBA、72dBA、70dBA。

(2)实验方法

实验依然采用尺度估计法。设定一个参考信号,假设参考信号的听觉感知距离为 1m,实验中被试在每个序号后会听到两个信号,分别为参考信号和待测信号,时间间隔 2.0s,序号与序号间间隔约 3.0s,要求被试在听到实验信号后进行距离判断,每组信号出现两遍,以保证实验信度。实验中使被试处于仰卧状态,头部保持不动,同时为了避免视觉对距离感知的干扰,要求被试佩戴舒适的眼罩,口头报出感知的距离,由记录员进行记录。

实验的听音人员共有 12 名,年龄在 20～27 岁之间,其中男、女各 6 名,听力正常并具有相关的心理实验经验。

(3)实验结果分析

利用 SPSS 22.0 统计分析软件对每个被试的数据进行重测信度检验。每个被试两次实验的总数据量为 1800 个,所有被试的总体数据量很大,分别对被试两次实验数据的相关性进行分析,剔除相关系数为 0.6 以下的数据,结果表明所有被试的信度均符合要求。之后根据两倍标准差原则剔除不合格的数据,最后进行显著性分析。

实验数据分析从以下两个角度进行:同一信号源、不同声源位置或不同声压级的情况下,垂直轴向听觉感知距离的变化趋势;同一声源位置、不同信号源或不同声压级的情况下,垂直轴向听觉感知距离的变化趋势。其中 1 号～5 号扬声器模拟的是垂直轴向上方五个不同位置的声源。

由于实验信号过多,未能对所有信号一一用图形进行展示,而以频率为 4000Hz、8000Hz 的纯音信号以及中心频率为 4000Hz、8000Hz 的窄带噪声信号为例,分析实验结果,结果如图 12.29、12.30 所示。

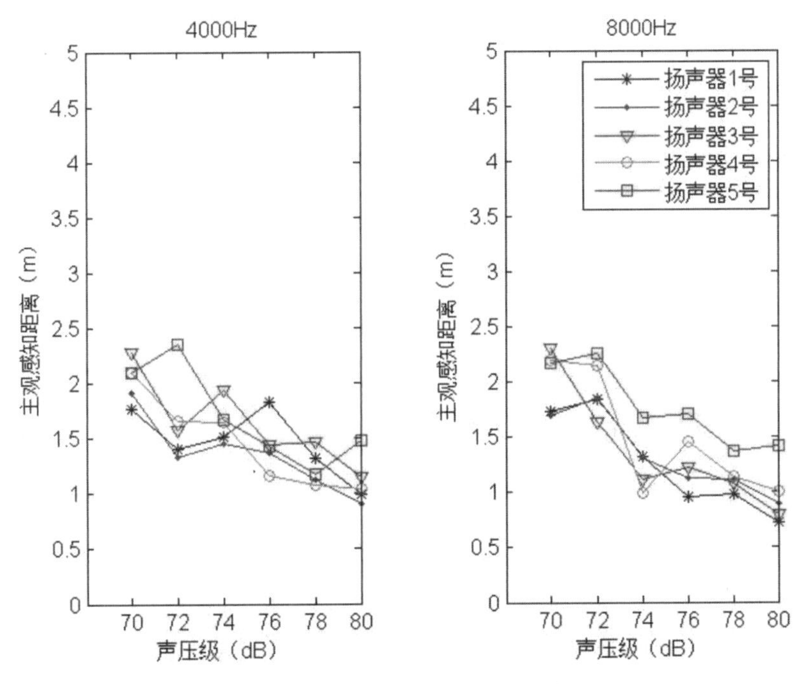

图 12.29 纯音信号声压级效果分析

由图 12.29 的结果可知,无论信号频率怎样变化,声压级增加后,主观听觉距离依然呈现逐渐减小的变化趋势。当信号为频率 4000Hz、8000Hz 的纯音时,不同实际声源距离的主观感知距离却呈现不同的情况。其中,当声源为 5 号扬声器时,主观感知呈现最好的状态,并且在此处当声压级为 72dB 时,主观感知距离大于实际声源距离。

对比图 12.29 与图 12.30 中相同频率的纯音信号与窄带噪声信号可知,由于对不同实际声源位置到听音点的声压级均进行了校准,主观听觉感知差异的存在是“最优耳”造成的。由于实际声源中扬声器 1 号与 5 号是对称分布的,如果主观听觉感知不存在“最优耳”的情

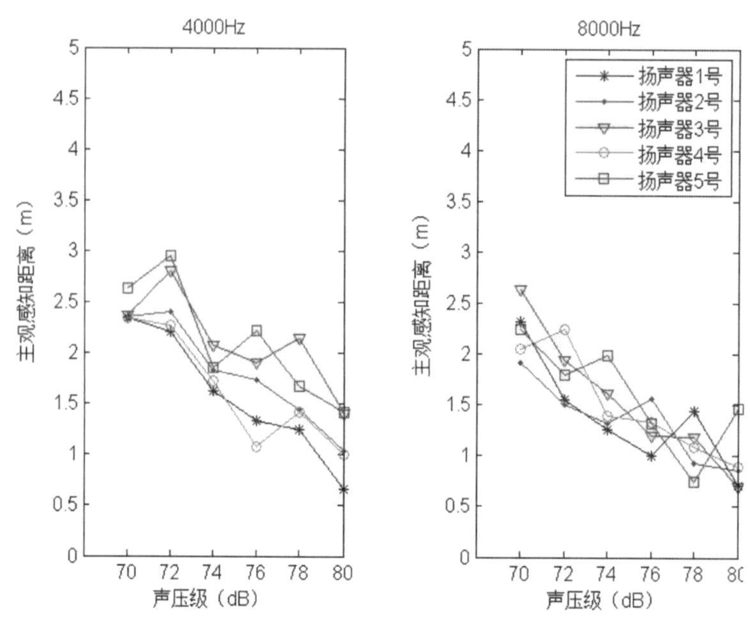

图 12.30 窄带信号声压级效果分析

况，则两者的主观感知距离的趋势应该是相同的，但右耳的主观感知要比左耳好一些，故主观听感上同样存在左右耳感知的非对称性。故此实验证明了在自由场中，声压级并不是决定主观听觉感知的唯一要素。

分析中心频率为250Hz至4000Hz的窄带噪声信号，实验结果表明主观感知距离中的最近感知和最远感知均位于1m处（即1号和5号扬声器的位置）。但是对于中心频率为8000Hz的窄带噪声信号来说，不同实际声源位置的主观感知距离之间不存在显著变化，而是趋于一致，即可知8000Hz的窄带噪声信号与声源位置对主观感知距离的影响不具有相关性。

12.5.3 延时控制对垂直上方空间距离感知的影响

(1)实验准备

本节听音实验的扬声器（1号～5号）位置与上一节保持一致。任意选择两只扬声器作为实验扬声器，其中一只扬声器播放直达声信号，另一只扬声器播放延时信号，故实验信号为延时信号与直达声组合，整个实验过程中1号至5号扬声器两两组合。实验信号同样分为参考信号和待测信号两个部分，其中参考信号为中置扬声器发出的、校准声压级为75dBA的白噪信号，待测信号则只采用倍频程中心频率为500Hz至8000Hz的窄带信号，共计5种，其中延时参量设置为0ms、10ms、20ms、30ms、50ms。实验前需要校准每种扬声器组合播放的信号在听音点处的声压级为75dBA，从而保证在实验过程中距离感知不受声压级影响。

(2)实验结果分析

实验结果处理方法采用上述声能实验处理方法。图12.31中的1-2表示1号扬声器播放直达声，而2号扬声器设置延时参数后播放，然后由被试判断虚拟声源距离。

对实验信号进行显著性分析，存在显著性差异的白噪声延时组合设置如图 12.31、图 12.32 所示。采用白噪声为刺激信号，对不同实际声源进行延时组合。实验结果表明，当 1 号至 5 号扬声器任意进行延时组合，延时参量为 0ms 时，主观听觉感知距离均是最近的，没办法达到扩展虚拟声源感知距离的效果，因而设定延时量能够增加主观听觉感知距离，即可以理解为在自由场中增加了一次固定方向的反射声，能够增加主观感知距离。由实验结果可知，此方法是可行的。且由存在显著性变化的白噪声信号的实验结果得到，10ms 的延时参数组合设置能最大限度地增加虚拟声源的感知距离；相反，50ms 的延时参数组合设置则只能保持与不加延时组合设置的主观听觉感知距离相同的效果，并且扬声器组合间隔距离在 1.5m 内的延时参数的设置效果不如间隔 2m 的效果，但显著性检验表明不具有明显的区别。组合扬声器之间间隔越小，其效果越有明显的差异，但是虚拟声源感知距离的变化范围较小。

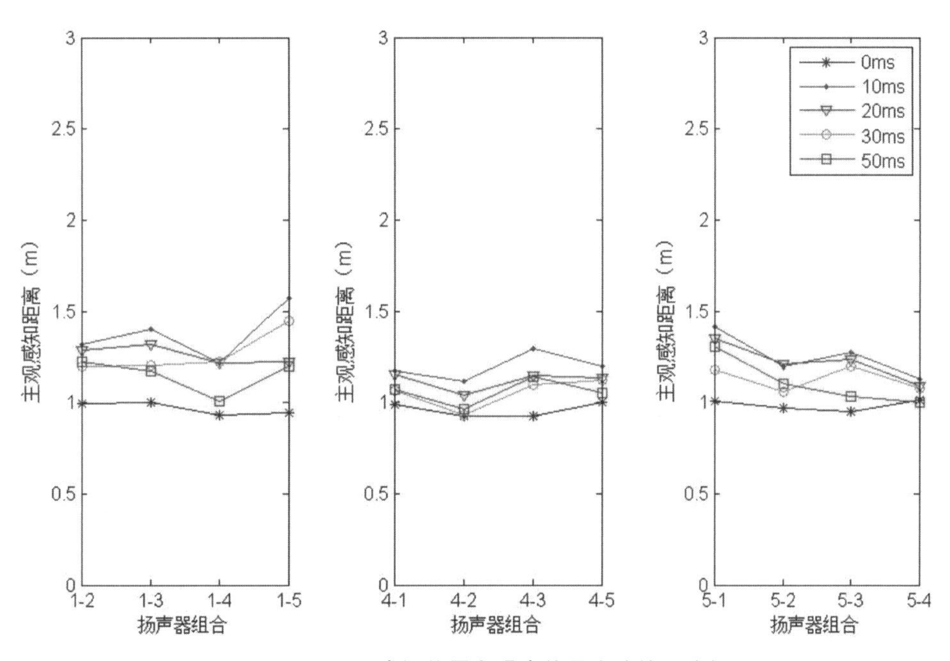

图 12.31　不同声源位置白噪声信号实验结果分析

如图 12.31 所示，实验结果以中心频率为 500Hz 的窄带噪声为例，与之前白噪声的结果具有一致性的是，无论延时增加多少，虚拟声源的距离感知效果均比 0ms 的延时设置效果要好。因而要增加垂直轴向上层空间的感知距离，在扬声器位置固定的情况下，可以通过改变不同位置的延时设置来实现虚拟声源距离的增加。与此同时，以双耳中心垂直轴向为准线，即使是对称的扬声器的不同延时组合，被试对虚拟声源距离的感知也存在差异。在中轴线的右半平面，扬声器组合相距 1.5m 时，延时参数设置为 20ms，虚拟声源距离感知的效果才是最佳的；而在中轴线的左半平面，扬声器的组合相距 1m 时，20ms 的延时参数设置才能达到最好的虚拟声源距离感知效果。10ms、20ms、30ms 的延时参数设置产生的虚拟声源距离感知效果的变化趋势相似，且主观感知距离的差异也较小。但是要想获得不同延时参数设置情况下虚拟声源感知距离的变化趋势以及更加完备的应用，还需要进行更为细致的延时组合实验来进行探讨。

如图 12.32 所示，选择以双耳中心垂直轴向为准线的右半平面的扬声器组合进行分析，结果表明不同扬声器组合的不同延时参数设置之间虽存在差异，但是差异相对较小，在 10ms 或者 20ms 的延时参数设置情况下，虚拟声源距离感知的效果较好。

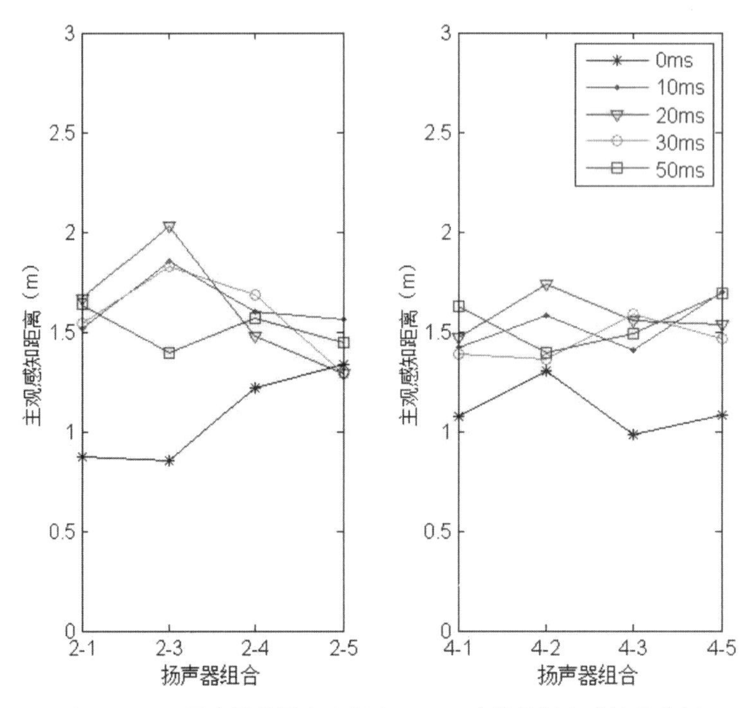

图 12.32 不同声源位置中心频率 500Hz 窄带信号实验结果分析

综上所述，为了达到较好的虚拟声源距离感知效果，可以通过同一水平轴向上不同扬声器间隔的变化，结合延时参数设置(在 10ms 至 20ms 之间)来实现。同时，扬声器组合的间隔选择 1.5m 至 2m 时距离感知的效果比较明显。这也是下一步进行垂直轴向上下空间虚拟声源距离感知变化实验的初步理论基础。

12.5.4 垂直轴向虚拟声源距离感知听音实验分析

通过对垂直轴向主观听觉距离感知的规律、声能变化的因素以及组合扬声器间隔与延时参数设置组合对于垂直轴向主观听觉距离感知影响的实验探讨，确定虚拟声源距离感知变化的实验参数设置，同时探讨不同的扬声器布局对虚拟声源距离感知效果的影响。

(1)实验信号选取

由于实验的目的是对垂直轴向上下空间的虚拟声源距离进行判断，因而实验信号选取的是人工标注的影视作品片段。垂直轴向上方空间的实验信号选用 5.1 声源制式的电影《珍珠港事件》中的片段，该片段的主要音效是飞机(单一飞机或多架飞机)飞过的声音、炮弹坠入大海中爆炸的声音以及各种炮弹轰炸声的音效，时长为 5～6min。垂直轴向下方空间的实验信号选用 5.1 声源制式的电影《速度与激情 7》中的片段，该片段的主要音效由导弹坠入地面爆炸的爆破声、地面塌陷后石块的陨落声等音效构成，时长为 5～6min。

这两个信号片段均采用人工标注虚拟声像产生的相应方位以及相应虚拟声像的运动时间、运动轨迹，并没有采用自动对运动声源进行识别的算法。根据相应的人工标注的信息，能准确实现对实验信号进行垂直轴向距离的感知以及对运动声源速率阈值的控制。

(2)音效信号处理流程

实验目的是探讨证明虚拟声像距离感知的有效性以及运动声源速率感知阈值在实际应用中的适用性，主要是在目前的音效处理算法的基础上，增加虚拟声像距离感知及运动声源速率感知阈值的算法。

根据人工标注的信息(虚拟声像起始运动时间、运动轨迹)，对虚拟声像起始运动时间的运动声源信号进行声源能量以及频率成分检测，同时要增强虚拟声像距离感知的效果，则根据之前的理论研究，得到垂直轴向上下空间需要处理的信号频率，分别为垂直轴向上方的虚拟声源感知距离明显变化的频率需要超过 1000Hz，而垂直轴向下方的频率则需要控制在 2000Hz 以上。因而增加声音信号的频率能量，频率处理需要满足数学函数表达式(12-6)。

而声压能量的计算也需要根据虚拟声像感知距离的变化进行调整，需要满足数学函数表达式(12-4)。其中对声压能量的计算，选择以 75dB 的白噪声信号的能量为参考标准来进行相应的声压级对比，从而将实际声音的改变转换为电平值的变化。

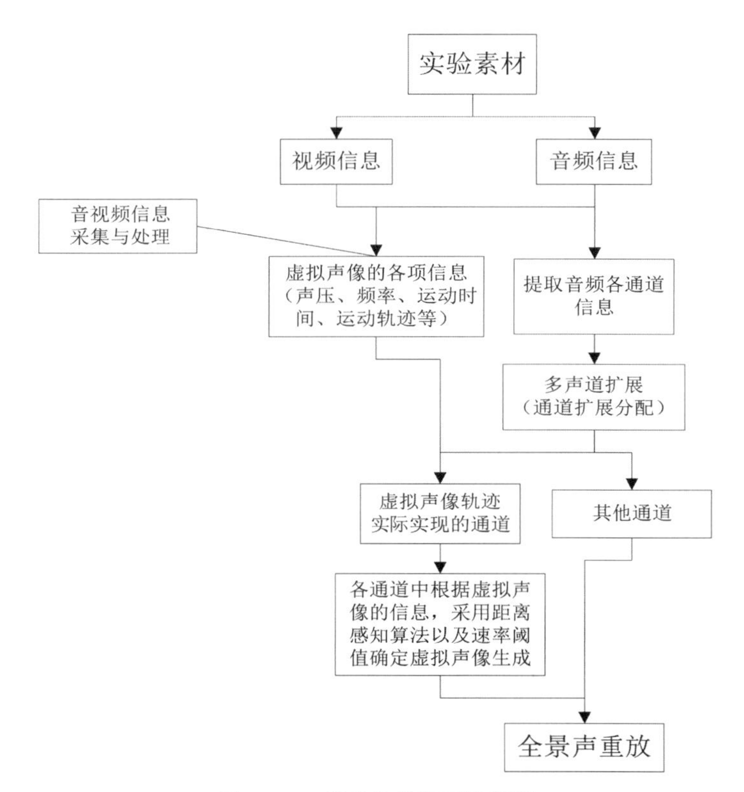

图 12.33　音效信号处理流程图

感知距离变化的虚拟声源信号是将原始信号通过 Audtion 软件进行离线信号算法处理后实现的。此外，虚拟声源的运动轨迹，则是直接根据相应运动声源速率感知的阈值以及轨迹中扬声器的数量，最终确定每个通道中声源的衰变时间从而实现的。此操作也是在软件中根据各通道衰变时间直接进行信号处理后实现的。

由于实验改变的参数较多，因而进行相应的预实验，选择出效果较为明显的上空间的1种模式以及下空间的1种模式进行验证听音实验，并与未改变虚拟声像距离感知算法的原始信号进行对比，从而验证距离感知和运动声源感知理论的实用性。

(3)实验结果分析

听音实验采用的方法为系列范畴法。采用指定的电影片段进行虚拟声像距离感知听音实验，主观评价指标为虚拟声像空间距离感这个指标。空间距离感是指播放电影片段的过程中虚拟声像的距离远近的变化。对指标的评价要有一定的"绝对性"，因此实验中指标的评价用语为：距离很近（紧贴周围）、距离较近（与自己有点间隔）、距离一般、距离较远（相对舒展）、距离很远（空旷感觉）。

如图12.34（其中圆形实心标记代表上下空间的原始实验信号，十字标记代表上下空间采用距离感知算法及运动声源速率感知阈限算法处理后的信号）所示，由垂直轴向上下空间虚拟声像距离感知的实验结果分析可知，不管是垂直轴向上空间还是下空间，进行距离感知算法处理后的信号均比原始信号在虚拟声像距离感知上有更好的结果。这证明三维距离感知理论的应用存在可行性，并且效果良好。同时被试反馈，进行信号处理后观影沉浸感加强了，观影效果更好。

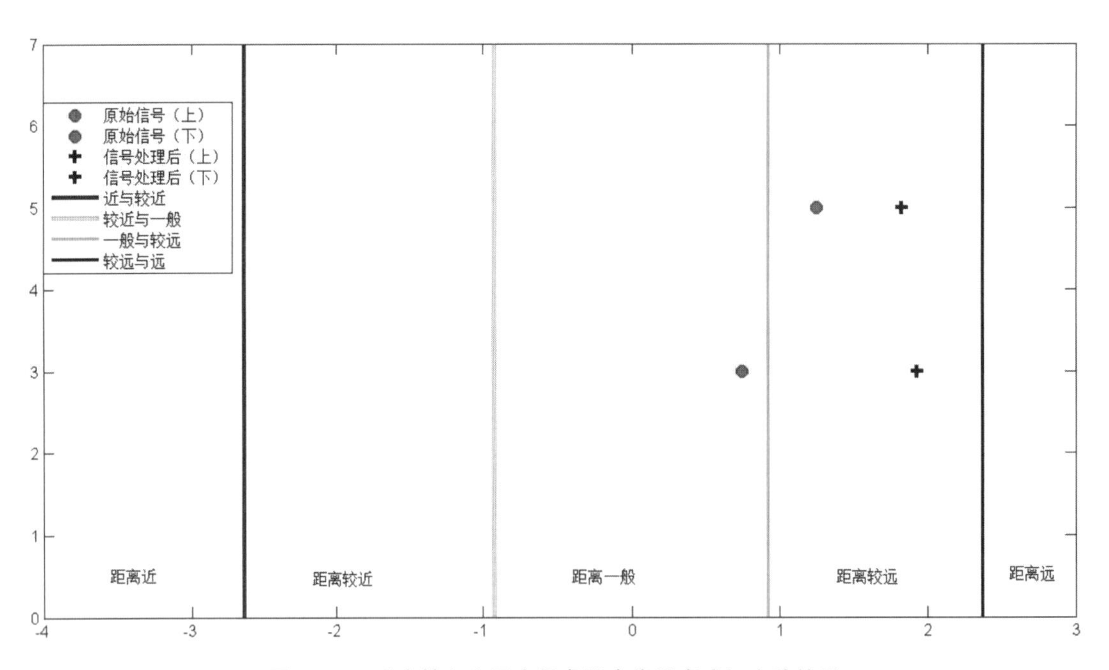

图12.34　垂直轴向上下空间虚拟声像距离感知实验结果

参考文献

[1]SHEELINE C W. An investigation of the effects of direct and reverberant signal interaction on auditory distance perception[D].Stanford University, 1983.

[2]AVERY G C, DAY R H. Basis of the horizontal-vertical illusion[J].J.Exp.Psychol., 1969,81(2):376-380.

[3]TEDFORD W H, TUDOR L L. Tactual and visual illusion in the t-shapedfigure[J].J. Exp.Psychol,1969,81(1):199-201.

[4]MORINAGA S, NOGUCHI K,OHISHI A. The horizontal-vertical illusion and the relation of spatial and retinal orientations[J].Jpn.Psychol.Res,1962,4(1):25-29.

[5]HELLER M A, BRACKETT D D, WILSON K,et al. Visual ex-perience and the haptic horizontal-vertical illusion[J]. Brit.J.visual impairment,2002,20(3):105-109.

[6]HELLER M A, JOYNER T D. Mechanisms in the haptic horizontal-verticalillusion:evidence from sighted and blind subjects[J]. Percept&psychophys,1993,53(4):422-428.

[7]CHENG M F. Tactile-kinesthetic perception of length[J]. Am.J.Psychol,1968,81(1):74-82.

[8]DAVIDSON R S, CHENG M F H. Apparent distance in a horizontal plane with tactile-kinesthetic stimuli[J]. Q.J.Exp.Psychol,1964,16(3):277-281.

[9]REID R L. An illusion of movement complementary to the horizontal-vertical illusion [J]. Q.J.Exp.Psychol,1954(6):107-111.

[10]WONG T S. Dynamic properties of radial and tangential movements asdetermi-nants of the haptic horizontal-vertical illusion with an l figure[J]. J.Exp.Psychol.Human, 1977,3(1):151-164.

[11]BEAN C H. The blind have optical illusions[J]. J.Exp.Psychol,1938(22):283-289.

[12]DAY R H, WONG T S. Radial and tangential movement directions asdetermi-nants of the haptic illusion in the l figure[J]. J.Exp.Psychol, 1971,87(1):19-22.

[13]VON COLLANI G. An analysis of illusion components with l and t-figures in active touch[J].Q.J.Exp.Psychol,1979(31):241-248.

[14]DEREGOWSKI J, ELLIS H D. Effect of stimulus orientation upon haptic perception of the horizontal-vertical illusion[J]. J.Exp.Psychol,1972,95(1):14-19.

[15]TAYLOR C M. Visual and haptic perception of the horizontal-verticalillusion[J]. Percept.Motor Skill,2001(92):167-170.

[16]MCMANUS I C. The horizontal-vertical illusion and the square[J]. Brit.J.Psychol, 1978(69):369-370.

[17]SLEIGHT R B, AUSTIN T R. The horizontal-vertical illusion in plane geometric figures[J]. J.Psychol,1952(33):279-287.

[18]HELLER M A, CALCATERRA J A, BURSON L L, et al. The tactile horizontal-vertical illusion depends on radial motion of the entire arm[J]. Percept.Psy-chophys, 1997,59(8):1297-1311.

[19]HELLER M A, JOYNER T D, DAN-FODIO H. Laterality e_ects in the haptic horizontal-vertical illusion[J]. B.Psychonomic Soc.,1993,31(5):440-442.

[20]HOWELL J, SYMMONS M, WUILLEMIN D. A comparison of the haptic and visual horizontal-vertical illusion [C]//International Conference on Haptics:Generating and Perceiving Tangible Sensations.Berlin, Heidelberg:Springer,2010.

第 13 章　运动声源感知*

13.1　运动声源感知研究概述

听觉系统的主要挑战之一是跟踪运动声源，即听觉运动感知。20 世纪 70 年代研究者们逐渐开始利用真实的移动声源以及空间化虚拟声源进行有关听觉运动感知机制的研究，涉及速度辨别、最小听觉运动角度以及虚拟自转等方面。在移动声源角度感知方面，主要是围绕最小可听移动角度（Minimum Audible Movement Angle，MAMA）展开研究的。听觉角度阈值（Minimum Audible Angle，MAA）定义为两个静止声源之间可以被感知的最小角度间隔。1958 年，Mills[1]在正半面球形的实验中得出了宽带噪声的最小可辨角度。对此思路进行扩展，针对运动声源，便可得到最小可听移动角度的概念。1972 年，Harris 和 Sargeant[2]对最小可听移动角度展开研究，他们采用噪声信号进行了听音实验，通过移动扬声器来判别运动感知角度后得出结论：最小移动听觉角度值要大于最小静态听觉角度值。1977 年，Perrott 和 Musicant[3]使用纯音序列进行实验后指出，随着移动声源速度的提高，MAMA 的值会变得更大。1986 年，Grantham[4]也同样验证了运动声源的速度提高会导致听音者辨别角度的能力下降。但是，直接比较静态声源的角度判别精度与动态声源的角度判别精度存在很多问题，如速度、时间和位移的参数会随着移动的刺激而发生变化。尽管如此，一些研究者已经接受了这样的事实：MAMA 要高于 MAA，听觉系统对运动声源的感知不敏感，并且运动检测可能只是更低级的定位任务。然而，1989 年，Perrott 和 Marlborough[5]利用窄带噪声的不同频率（500 Hz～8 kHz）以 20 rot/s 的速度移动扬声器得出 MAMA 的值为 1 度，即等于静态声源实验中得出的 MAA。

一些神经生理学研究也提供了人类听觉系统中存在运动敏感区域的相关证据。1968 年，Altman 及其同事在猫的下丘体和内侧膝状体中发现了方向敏感源神经。1996 年，Griffiths[6][7]等人发现右脑卒中患者很难判别耳间相位或强度所导致的声音运动，他们推断右脑皮层存在感知运动声源的独特器官。最近一项使用磁共振成像技术的研究表明，人脑右侧听觉皮层的特定区域负责区分静态和动态的不同声音刺激。因此，可以合理地预测，如果听众能够感受到声源的运动，那么也可能存在某种关于特定运动速度的感知。

---

* 本章内容主要来自《全景声重放中的虚拟声像生成技术的感知机理研究》，牛欢，中国传媒大学博士学位论文，2019 年 6 月；《运动声源的感知角度范围测量》，李梦芝，中国传媒大学硕士学位论文，2022 年 6 月。

在关于听觉运动速率感知的研究中，许多研究者选择利用耳机进行实验，避免空气中的相关因素对声音判别产生影响。1977 年，Altman 和 Viskov[8]使用耳机模拟了声源运动，设置了不同的运动速度，让听众感知运动声源可被感知的最小速度值，结果得出，随着声源速度的提高，听者辨别声源运动的能力越来越差。1986 年，Grantham[9]使用 500Hz 的纯音模拟运动声源进行实验，实验对声源设置不同的运动速度，让被试选择相比之下更快的速度，被试可以很轻松地做出选择。之后，Waugh 及其同事采用不同的方法，对声源设置不同的运动速度，要求被试主观判断运动速度，在完全黑暗的条件下测试得出速度感知阈限为 15°～360°/s。除此之外，研究者还设置了移动灯光让被试判别感知速度，结果发现视觉速度感知阈值与听觉速度感知阈限惊人地相似，研究者将这些结果解释为听觉系统具有和视觉系统一样优越的速度判别能力。

除此之外，一部分学者还针对扬声器阵列对声源运动速率感知进行了研究。1962 年，Aschoff[10]通过移动白噪声进行了关于运动声源的感知实验。他利用 18 个扬声器序列和 1 组电子开关，在被试周围移动白噪声信号，移动信号在 0rot/s～20rot/s 之间逐渐加速或者逐渐减速。实验结果表明，当白噪声信号的转速超过一定值时，被试将不再能够感受到声源信号在旋转。当实验信号速度较慢的时候，被试感受到白噪声信号在其周围做环行运动；当速度继续提高到 3.5rot/s～6rot/s 时，被试感觉到声音在其左右两侧振荡，这种感觉在 6rot/s～14rot/s 时更加突出；当转速超过 14rot/s 时，被试感到声音变得混乱，无法判断其位置及运动规律。

1968 年，Blauert[11]确定了 250Hz、1000 Hz、4000Hz 纯音，15ms 粉红噪声以及 0.5ms 脉冲信号等静态声源前后左右变换频率的阈限。在前后方向，两个扬声器与人耳齐平，一个放于人体正前方即 0 度，另一个放于人体正后方即 180 度。在左右方向，扬声器沿着耳轴置于 90 度和 270 度方向。实验结果表明，当声源在人体正前方与人体正后方交替发声时，静态声源空间定位阈限大约为 2.1Hz；当声源在人体左右交替发声时，静态声源空间定位阈限约为 3.2Hz。使用纯音、粉红噪声、脉冲信号这三种信号进行实验的结果几乎没有差异。1979 年，Grantham 和 Wightman[12]探究了 ITD 和 ILD 对于运动声源感知的影响。结果表明，改变 ITD，运动声源感知阈限为 3.1Hz；改变 ILD，运动声源感知阈限为 2.4Hz；在对 ITD 更详细的研究中发现对运动声源的感知在 2Hz～5Hz 时开始迅速消失。

在目前的文献中高速旋转声源的运动感知在很大程度上仍未被探索，但在过去 50 年中，作曲家对圆形听觉轨迹进行了大量探索和试探性实验，通过真实的声音和虚拟声像的位置或运动来创造声音的空间感。随着 20 世纪 50 年代电声音乐的出现，一些作曲家开始对移动声源定位及感知产生兴趣。1956 年，Stockhausen[13]利用五组演奏家给听众营造一种声源运动环绕感，其中，四组围绕观众而坐，另外一组在观众上方。Kontakte 设计并制造了一个带有一个扬声器的旋转工作台，四个麦克风位于它周围。扬声器旋转的速度能够达到 6rot/s 并给人很明显的运动感。

在巴黎的音乐与声学研究所(Institut de Recherche et Coordination Acoustique / Musique，IRCAM)，葡萄牙作曲家 Emmanuel Nunes 与计算机音乐设计师 Eric Daubresse 密切合作，进行了关于较快速度的移动声源的感知实验。此实验主要是为了现场合奏和现场电子音乐能够实现较好的效果而进行的，实验是通过在观众周围摆放一圈有固定间隔的八个扬声器来实现的。Nunes 和 Daubresse[14]在实验中尝试采用不同的运动轨迹、速度。他们观察到，当速度提高到一定阈限以上时，旋转运动的声源被感知为定点静止的或不连续的散点声源。因此，位置和运动现在被认为是音乐作品的整体特征或其他属性，就像旋律、节奏或音色等音乐特征一样。听觉空间化对电子音乐的影响可以在乐谱中观察到，因为许多作曲家会指定表演的空间场地并预计听觉轨迹，将其标注在乐谱中。2010 年，Ilja Frissen 等人[15]对运动声源的感知阈限做了相关探索。如图 13.1 所示，参与者坐在圆环的中心，圆环半径为 2.5m，实验使用 12 个等间隔的扬声器。他使用类似于 Aschoff 和 Blauert 的方法，逐渐提高或者降低旋转声音信号的速度。被试者被要求描述出他们听到的声音信号何时开始在他们周围的圆环中移动。实验结果表明，窄带噪声序列在加、减速情况下的感知阈限存在差异，但缺少更具体的结论来指导实际应用。

图 13.1　Ilja Frissen 等人的实验装置

然而，目前对运动感知的大部分理解是基于相对慢速运动声音的运动感知的研究。当前的研究中，研究人员较少探索移动声源定位的其他影响因素，且研究方法主要是围绕听音者，旋转运动声源来确定听觉运动感知的上限。

近年来，受混响对静态声音定位影响[16][17][18]的启发，一些研究者开始探究混响是否对运动声源的感知产生影响。2010 年，Feron 等人[19]探究了在干燥房间和混响室中环形运动声源的听觉感知阈限。实验表明混响室中的运动感知阈限高于干燥房间的阈限，即混响条件可能对运动声源的感知有益，研究人员推测这可能是由于混响室的反射可以增强被试者对声音圆周运动的印象。但在此项实验中被试的位置偏离圆心，可能会存在影响运动声源感知的其他因素（包括不对称的耳间提示、不同的音高变化等），导致实验结论不可靠。2014 年，Frissen 等人[20]研究了在相同的速度范围内混响和干燥条件下水平旋转声源的速度判别阈限，实验过程中参与者被要求坐在环形扬声器阵列的中心。实验结果表明，两种情况没有显著差异，说明混响不会影响运动声源速率的辨别。2015 年，Camier 等人[21]使用相同的实验方法，发现混响对听众感知水平面上运动声源轨迹的能力没有影响。同年，Camier 等人[22]利用白噪声和窄带噪声研究混响对运动声源感知的影响，实验同样验证了混响对运动声源速率感知具有很好的鲁棒性。综上，近年来研究者们更多验证混响条件对运动声源速率感知不存在影响，但对运动声源速率感知的影响因素的探讨少之又少。

本节对多声道重放过程中存在的人耳对运动声源感知不敏感、运动声源轨迹不清晰等问题展开讨论，初步探讨人耳对运动声源感知速率的阈限（即听觉系统不再能够判断连续圆周运动的速率值），并探讨此绝对阈限是否受到声源类型、声源频率、声源位置、声压级及加减速不同状态的影响，以及不同频率的运动声源速率的差别阈限。

听音实验在全消声室中进行。消声室的长度、宽度、高度分别为 16m、12m、7m，圆周半径为 2m，8 个监听扬声器（GN）在水平面上沿圆周均匀间隔摆放，配备 16 通道声卡及电脑进行播放（见图 13.2）。声源入射面均保持与人耳齐平，实验过程中被试保持头部不动，实验前需校准每只扬声器在听音点位置处的声压级为 65dBA。

图 13.2 实验现场扬声器布局

在 44.1kHz 的采样频率下，使用 Adobe Audition 软件产生白噪、带限噪声和纯音信号，共 13 种（不同实验中使用的各种实验信号的总结见表 13.1），频率为按倍频程递增的 250Hz 至 8000Hz，每个频率信号的变化速度均是从 0.96rot/s 向 20.83rot/s 变化。

表 13.1 各实验中实验信号的选择

	频率	实验 2	实验 1(声能)	实验 1(信号源)	实验 1(声源距离)
纯音信号	250Hz			+	
	500Hz			+	
	1000Hz			+	
	2000Hz			+	
	4000Hz			+	
	8000Hz			+	
带限噪声信号	250Hz	+	+	+	+
	500Hz	+	+	+	+
	1000Hz	+	+	+	+
	2000Hz	+	+	+	+
	4000Hz	+	+	+	+
	8000Hz	+	+	+	+
白噪				+	

采用与 Frissen 实验中相同的方法进行，即转速为 5rot/s 时各扬声器播放信号的时间间隔为 16.6ms，转速为 1rot/s 时间隔为 83.3ms。为了防止开始和偏移时产生脉冲刺激，实验信号均采用线性 100ms 的淡入淡出效果处理。

实验 1 分为由三个单一因素控制的听音实验，变量因素不同，实验环境、判断指标均保持一致。实验 1 是固定实际声源位置(声源与听音点的距离均为 2.5m 且校准各听音点处的相互声压级为 65dB)，对不同频率信号源的运动声源速率阈限的探讨；实验 2 是分别选取1.5m、2.5m 及 3.5m 的声源距离(听音点处的声压级也校准为 65dBA)，对不同声源距离的运动声源速率阈限的探讨；实验 3 是固定实际声源位置(声源与听音点的距离均为 3.5m)，选取 65dBA、70dBA 及 75dBA 的声源强度，对不同声源强度的运动声源速率阈限的探讨。

运动感知差别阈限，是刚刚能够分辨出两个刺激的运动感知强度的最小差异量。在实验中通过恒定的速度呈现运动声源，并让被试指出声音在其周围旋转是从何时开始或者停止的，来估计带限噪声的转速感知差别阈限。实验过程中，声音以恒定的速度呈现，要求被试判断声音是否在其周围旋转，从而探讨不同频率下圆周运动分辨的差别阈限。

实验中听音处的响度校准为 65dBA，实验信号随机播放，保证不同的信号在每个点都能播放一遍。每个信号重复播放三次，信号和信号之间间隔约 5s 的时间，相同信号之间间隔 0.5s 后静音。

一系列听音实验均对运动声源加速状态和减速状态的轨迹进行判断。正式实验前先让被试进行 5 分钟的随机实验信号预判，便于被试熟悉实验信号。整个实验过程中每名被试参与两次实验，每次实验用时 0.5h，两次实验中间休息 0.5h，整个实验总共用时 1.5h。实验过程中信号播放顺序均是从正前方的扬声器开始顺时针依次播放，且每个信号需遍历三遍，要求被试感知声音信号在四周的扬声器之间的运动，并在实验图纸中选出所感受到的声源的大致运动轨迹。备选的声源运动感知轨迹如图 13.3 所示。

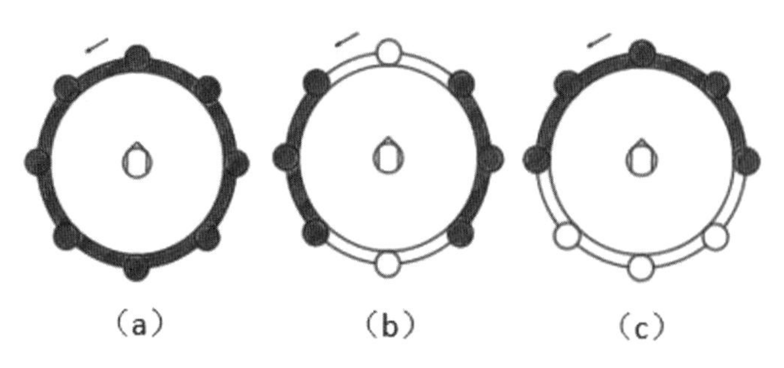

图 13.3　备选的声源运动感知轨迹

尽管已经有了关于听觉运动感知的上述诸多研究，但声源运动范围的感知规律无论在哪个轨迹下都未得到深入研究。本节试图通过一系列心理声学实验来初步探讨自由场圆周运动条件下的声源运动范围感知规律。针对空间区域、声源转速和声源类型这三种因素，我们要分析和概括声源运动范围感知的定位能力随着上述三种因素变化的基本趋势，同时讨论各因素相互间的交互影响作用。实验中扬声器系统布局与上一小节保持一致。

在 44.1kHz 的采样频率下，使用 Adobe Audition 软件产生白噪、带限噪声，共 7 个实验信号，频率选择为按倍频程递增的 250Hz 至 8000Hz，转速控制为 0.5rot/s、0.96rot/s、1.31 rot/s、1.89rot/s、2.31rot/s。实验信号设计见表 13.2。

表 13.2　实验信号设计

	刺激声源类型	空间区域(8 个区域)	转速(5 种转速)
带限噪声	250Hz	+	+
	500Hz	+	+
	1000Hz	+	+
	2000Hz	+	+
	4000Hz	+	+
	8000Hz	+	+
白噪		+	+

实验中的空间区域设计为，将水平面圆周分别以 90°范围进行分割，将空间区域进行两种方式的划分，分别为图 13.4(a)的方式 1 及(b)的方式 2，总共为 8 个空间区域，其中方式 1 与方式 2 的相邻区域存在 45°的重叠区域，表示系统中扬声器的排布方式。

刺激声源、空间区域及转速不同，但声源运动的实际变化角度范围均为 90°。实验刺激信号的总数为 280 个[7(刺激信号种类)×5(转速)×8(空间区域)＝280]。所有实验刺激信号随机播放，保证不同的刺激信号在每个空间区域都能播放一遍。每个实验信号均为顺时针依次播放，且重复两次，信号和信号之间间隔约 5s，相同信号间隔 0.5s 后静音。要求被试感知声音信号，在实验图纸上绘出感知的声源运动范围。

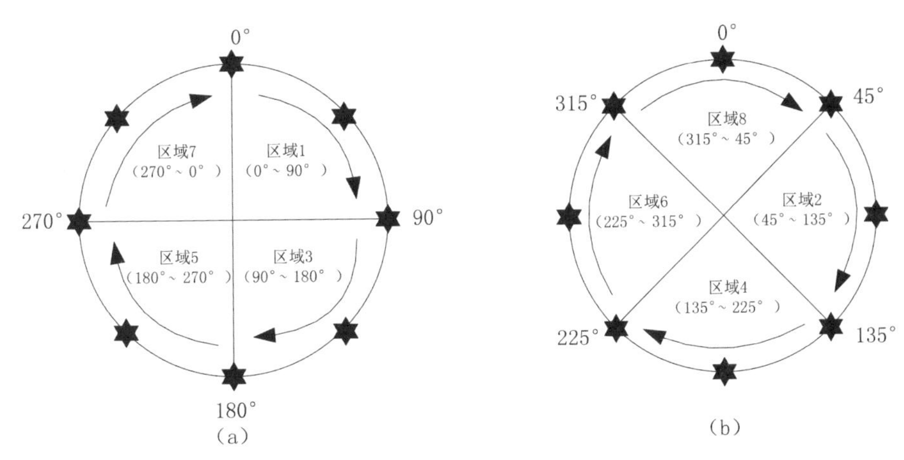

图 13.4 空间区域划分示意图

正式实验前先让被试进行5分钟的随机实验信号预判，便于被试熟悉实验信号。实验过程中所有扬声器均保持打开状态，避免扬声器提示灯带来的视觉提示影响。

13.2 圆周旋转运动速率感知阈限实验分析

13.2.1 刺激声源对圆周运动速率感知阈限的影响

实验中被试可能存在注意力不集中、认知不清等因素影响实验结果，导致实验数据中存在一些明显不符合实际情况的数据，要将这些数据予以剔除，避免对运动声源速率感知阈限结果的精确度产生影响。故对每个被试的实验数据进行重测信度检验，剔除相关系数在0.6以下的数据，之后对所有数据采用两倍标准差的原则剔除不合格数据。经检验实验数据中并没有不合格数据，所有数据均保留。最后对不同因素影响下的数据进行单因素方差检验，结果如表5.2所示。

表 13.3 单一因素方差检验

因素	平方和	df	平均值平方	F	显著性(sig)
声源距离差异	2.364	2	1.182	9.750	0.000
声压级差异	3.553	2	1.777	16.605	0.000
信号源差异	0.971	2	0.485	6.427	0.004
加速减速变化	0.433	1	0.433	4.289	0.013

通过对不同频率窄带信号差别阈限的探讨，可以进一步对不同因素影响下的运动声源转速速率的绝对阈限进行分析，从而确定不同实验信号间差异性存在的研究意义。故对窄带信号(0.25kHz至8kHz倍频程)进行以0.1rot/s为步进，1rot/s至2rot/s内的运动声源转速速率差别阈限的初步探讨分析。实验结果如表5.3所示。

表 13.4 不同倍频程窄带信号差别阈限

频率(kHz)	0.25	0.5	1	2	4	8
差别阈限均值(rot/s)	0.2	0.2	0.3	0.2	0.2	0.3

(1) 纯音刺激加减速状态的运动声源速率感知结果分析

对加速和减速状态下纯音信号的运动声源速率感知数据进行整理分析,结果如图 13.5 所示。

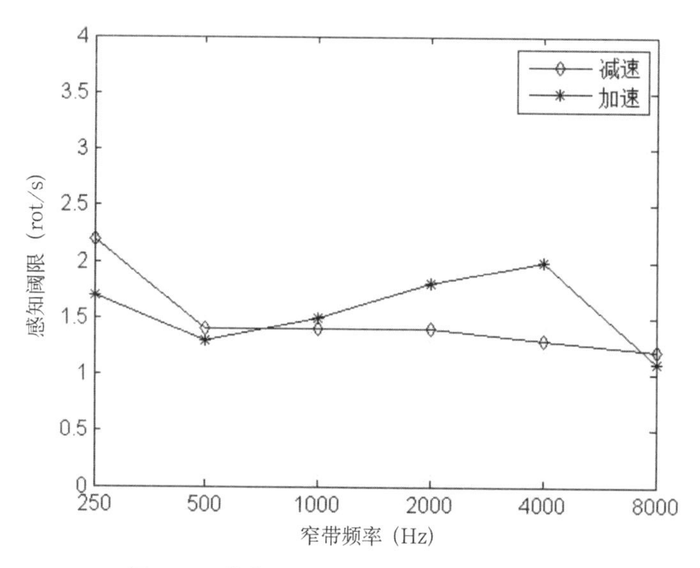

图 13.5 纯音序列的运动声源速率感知阈限

图 13.5 的数据结果表明:当刺激信号为高频纯音时,加速状态下的运动声源速率感知阈限高于减速状态的运动声源速率感知阈限。当运动声源处于减速重放状态时,随着纯音信号频率的升高,运动速率感知阈限反而呈现降低的趋势;当运动声源处于加速重放状态时,运动声源速率感知阈限随频率的变化而呈现较为敏感的状态。当纯音频率为 4000Hz 时,加速与减速状态的感知阈限差距达到最大值 0.8rot/s。

当刺激声源为纯音序列时,加减速不同的运动状态会对速率感知阈限造成一定的影响。在减速状态下,随着刺激信号的频率升高,速率感知阈限呈单调降低的趋势,基本保持在1.5 rot/s 的速度附近,即在减速纯音刺激下运动感知具有更好的鲁棒性。而就加速情况来说,相比窄带噪声,纯音刺激对运动速率感知阈限影响较大,说明人耳听觉系统对低频刺激的运动感知较为敏感。

(2) 窄带刺激加减速状态的运动声源速率感知结果分析

同样在加速或减速状态下,对窄带噪声的运动声源速率感知数据进行整理分析,结果如图 13.6 所示。

图 13.6 的数据结果表明:不同的声源运动状态对窄带噪声的速率感知阈限仍存在不同程度的影响。减速状态的运动声源速率感知阈限高于加速状态的运动声源速率感知阈限;

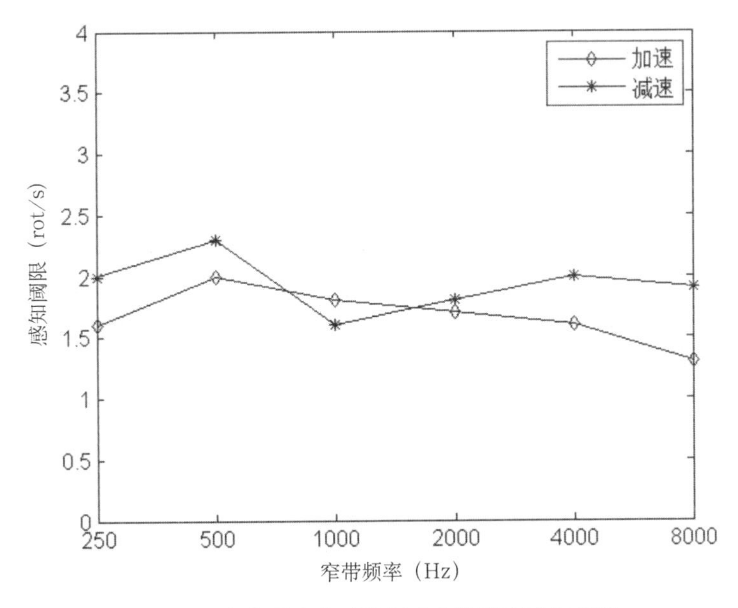

图 13.6　窄带噪声序列的运动声源速率感知阈限

当窄带噪声的中心频率为低频和高频时，两种运动状态的速率感知阈限差距较大，且最大值为 0.7rot/s，即当窄带噪声的中心频率为低频和高频时，不同运动状态对声源速率感知阈限影响较大。无论声源的运动状态如何，窄带噪声的速率感知阈限曲线均呈随频率的升高而降低，直至平稳的趋势。与此同时，窄带信号在低频 500Hz 处的感知阈限较其他频率处要高，同样说明人耳听觉系统对低频信号处的运动速率感知较为敏感。

当刺激声源为窄带噪声序列时，无论加速状态还是减速状态，中心频率不同对窄带信号的运动速率感知阈限均存在影响；而不同的运动状态对信号低频和高频处影响较大，对信号中频处影响较小。

(3) 白噪掩蔽纯音刺激运动速率感知阈限结果分析

初步了解窄带信号和纯音信号这两种不同的信号源在加速和减速状态下的运动速率感知阈限的变化规律，才能得出运动声源的运动速率感知阈限与信号频率、加速或减速的不同状态存在一定的相关性。

在声源定位的相关研究中还发现，噪声也是人耳听觉定位机制的重要影响因素，且实际生活环境中噪声是无处不在的。在以往研究噪声对室内听觉距离感知的影响时，通过控制环境信噪比，得出噪声对距离感知有重要影响的结论。当信噪比小于 0 时，远场的感知距离要比实际距离大。信噪比越大，则主观感知距离越小，而且与实际距离的差距会逐渐增加。在运动速率感知方面，我们将纯音加入等响度噪声，探讨白噪声掩蔽纯音频率的运动速率感知规律。

对白噪掩蔽下的纯音频率的运动速率感知阈限结果进行分析，如图 13.7 所示。

白噪掩蔽下的纯音刺激数据结果表明：当声源运动状态为加速时，随着中心频率的不断提升，运动速率感知阈限曲线呈先缓慢上升后下降的趋势；当声源运动状态为减速时，运动速率感知阈限曲线随频率的升高呈现单调下降的趋势。当掩蔽纯音刺激为中高频时，加速

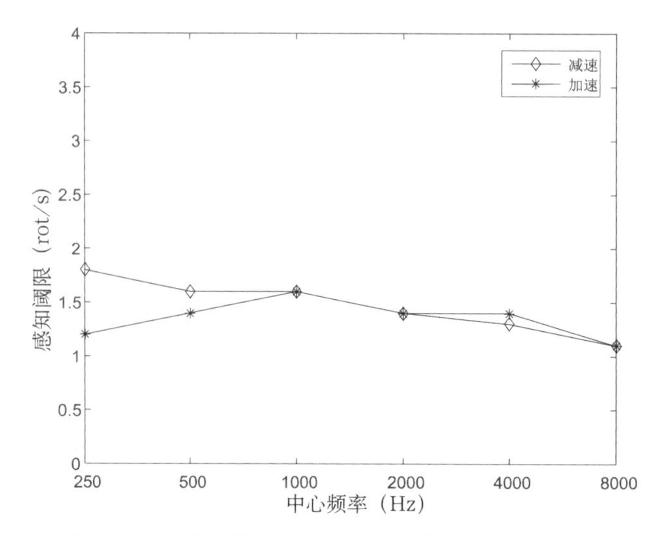

图 13.7 白噪掩蔽的纯音序列运动声源速率感知阈限

或减速对白噪掩蔽纯音刺激的影响不明显，而当掩蔽纯音刺激为低频时，加速或减速状态下的感知阈限差距较为明显，即针对白噪掩蔽的纯音刺激，不同运动状态的信号中高频处的感知具有更好的鲁棒性，而低频处的速率感知对运动状态变化却非常敏感，这可能是由于白噪对低频的掩蔽效果较好。

针对白噪掩蔽的纯音序列刺激信号，加速和减速两种运动模式仍对速率感知阈限存在影响，且低频刺激的影响较大。两种运动模式的声源速率感知阈限均在 1.5rot/s 上下浮动。

(4)纯音刺激和窄带刺激加速状态下速率感知阈限结果对比分析

对加速状态下窄带刺激和纯音刺激的速率感知阈限结果进行分析，如图 13.8 所示。

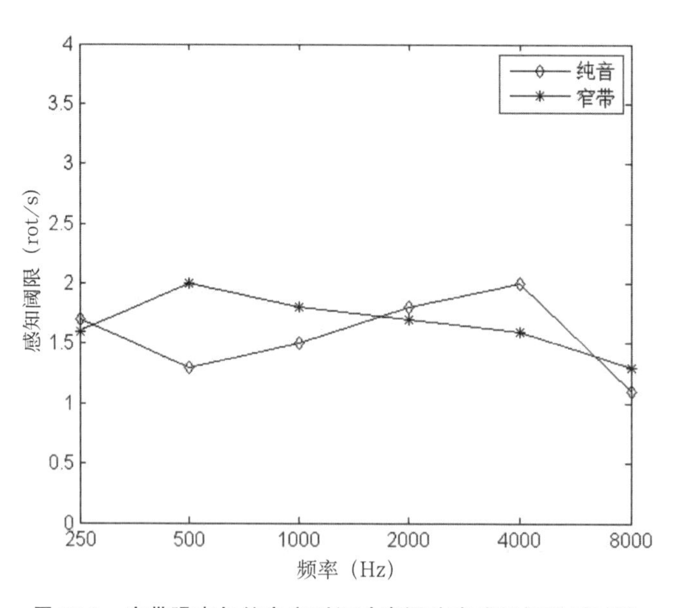

图 13.8 窄带噪声与纯音序列运动声源速率感知阈限(加速)

由图 13.8 可知：在加速状态下，窄带刺激的速率感知阈限均高于纯音刺激的速率感知阈限。当刺激信号为中高频时速率感知阈限差距较小，仅在 0.3rot/s 以内，当刺激信号为低频时，两者的运动速率感知阈限差距较大，且在 500Hz 处感知阈限差距达到最大值，为 0.7rot/s，即加速情况下，两种中高频刺激信号的运动感知阈限差异较小，而低频刺激信号的运动感知阈限差异较大。

(5) 纯音刺激和窄带刺激减速状态下运动速率感知阈限结果对比分析

对减速状态下窄带刺激和纯音刺激的运动声源速率感知阈限结果进行分析，如图 13.9 所示。

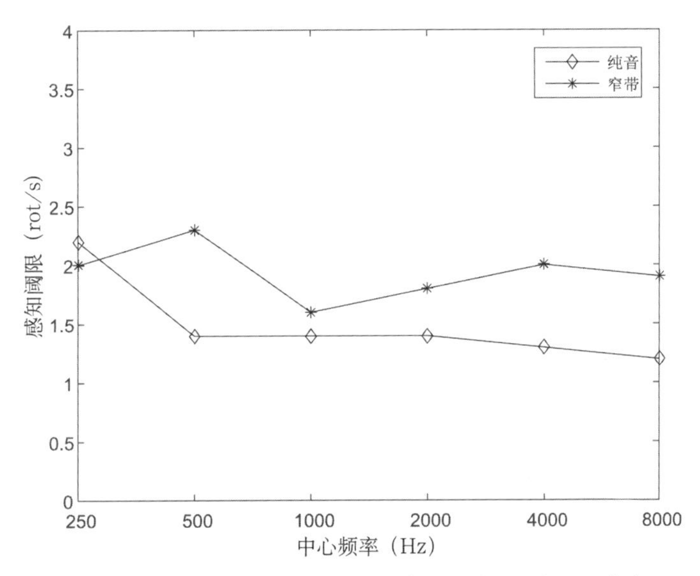

图 13.9　窄带噪声与纯音序列运动声源速率感知阈限(减速)

在减速状态下进行窄带刺激和纯音刺激的对比分析可知：刺激声源不同对运动声源速率感知阈限存在一定的影响，其变化趋势与加速状态保持一致。当刺激信号为中频时，纯音和窄带刺激的速率感知阈限差距较小，即各种刺激声源类型的中频信号均对加速或减速状态的速率感知不够敏感，低频和高频信号的速率感知敏感程度较高。

(6) 白噪掩蔽不同频率的纯音信号与纯音信号运动感知阈限结果分析

观察图 13.10，对比分析减速状态下纯音序列和白噪掩蔽的纯音序列可知：减速状态下，相较纯音刺激，白噪掩蔽的纯音序列的运动速率感知阈限存在差异，且低频刺激的速率感知阈限差异较为明显，变化范围在 0.4rot/s 以内，在中高频基本上不存在差异。随着频率的升高，白噪掩蔽的纯音序列的运动速率感知阈限曲线变化趋势与纯音信号保持一致，均呈现随频率的升高逐渐降低直至稳定的趋势。

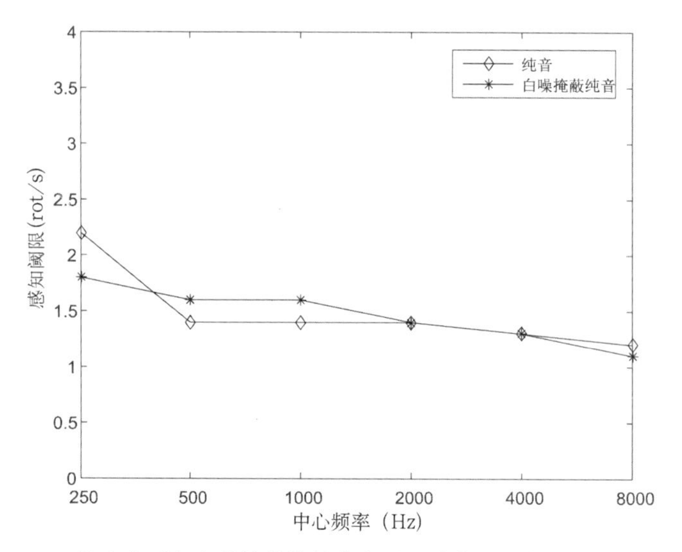

图 13.10 纯音序列与白噪掩蔽的纯音序列运动声源速率感知阈限(减速)

13.2.2 声压级对圆周运动速率感知阈限的影响

(1) 声压级为 65dB 时运动声源感知阈限轨迹结果分析

对声压级为 65dB 时的运动声源感知阈限轨迹进行实验分析,结果如图 13.11 所示。

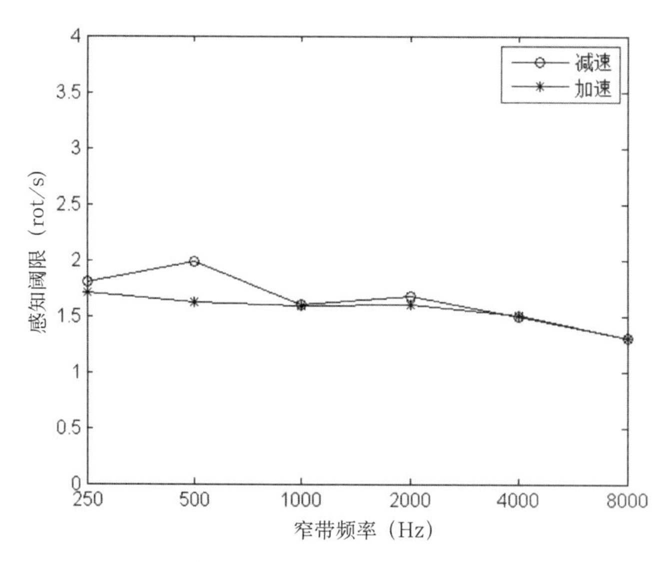

图 13.11 声压级为 65dB 时运动声源速率感知阈限

由图 13.11 分析可知:当声信号到人耳处的声压级为 65dB 时,加速与减速两种状态下人耳对运动声源速率的感知阈限存在差异。加速状态下,运动声源速率感知阈限曲线呈现随窄带刺激的中心频率升高而降低直至平稳的趋势;减速状态下,运动声源速率感知阈限的变化趋势与加速状态保持一致。整体而言,减速状态的运动声源感知阈限变化趋势相对平稳,基本维持在 1.5rot/s,在 65dB 时窄带信号在不同频率处速率感知阈限差距较小,在0.3 rot/s 以内浮动。

(2)声压级为 70dB 时运动声源感知阈限轨迹结果分析

对声压级为 70dB 时的运动声源感知阈限轨迹进行实验分析，结果如图 13.12 所示。

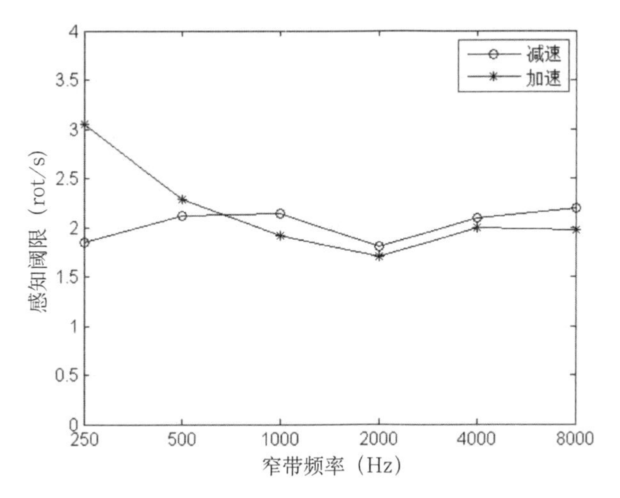

图 13.12　声压级为 70dB 时运动声源速率感知阈限

由图 13.12 分析可知：当声信号到人耳处的声压级为 70dB 时，加速与减速状态下人耳对运动声源速率的感知阈限仍存在差异，且减速状态下的感知阈限多高于加速状态。加速状态下的运动声源速率感知阈限曲线随窄带刺激中心频率的升高呈现降低直至平稳的趋势；减速状态下的运动声源速率感知阈限曲线随中心频率的变化趋势与加速状态下一致。在加速与减速两种状态下，刺激信号频率均对运动速率感知阈限存在一定影响。

(3) 声压级为 75dB 时运动声源感知阈限轨迹结果分析

对声压级为 70dB 时的运动声源感知阈限轨迹进行实验分析，结果如图 13.13 所示。

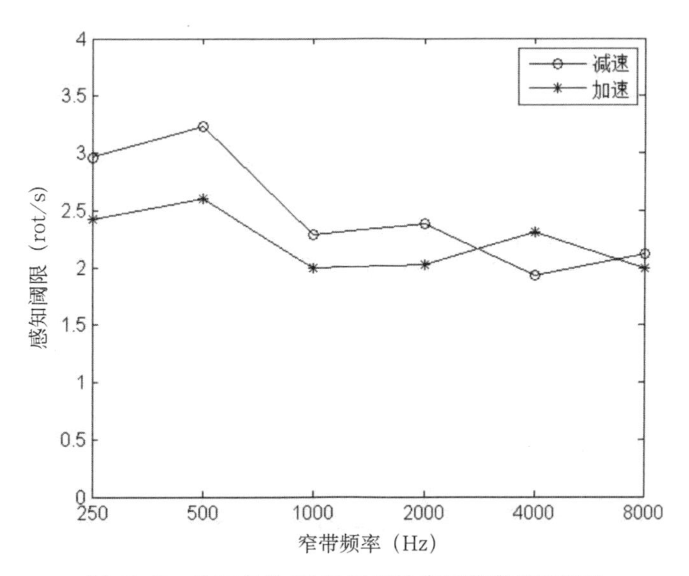

图 13.13　声压级为 75dB 时运动声源速率感知阈限

由图 13.13 分析可知：保持声信号到人耳处的声压级为 75dB，加速与减速状态下人耳听觉系统对运动声源的速率感知阈限与窄带刺激中心频率的变化趋势基本相同。声压级为 75dB 时两种不同的运动状态下速率感知阈限均在 2rot/s 以上，较 65dB、70dB 声压级的感知阈限要高。

(4) 加速状态下不同声压级运动声源感知阈限轨迹结果对比分析

对声压级为 65dB、70dB、75dB 时窄带刺激加速状态下的运动速率感知阈限做对比分析，结果如图 13.14 所示。

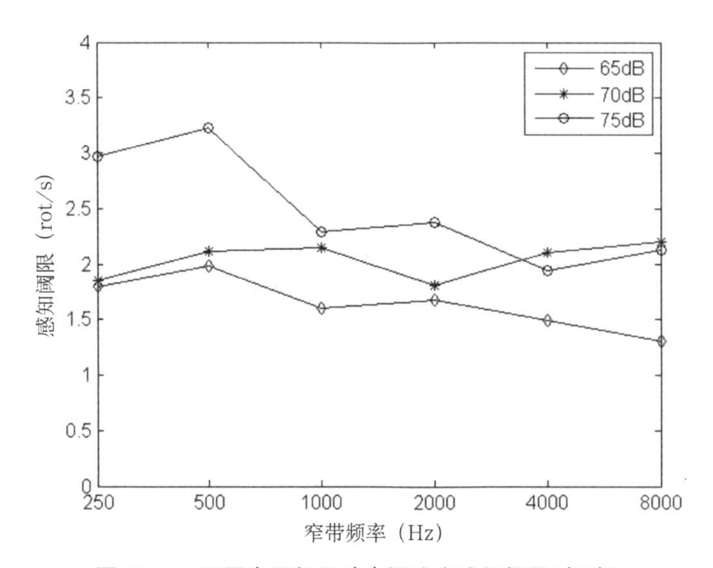

图 13.14 不同声压级运动声源速率感知阈限(加速)

固定实际声源的位置，分析在加速状态下改变运动声源的声压级对运速率感知阈限的影响，可知随着窄带刺激到人耳处声压级的增加，运动速率感知阈限也提高，即：声压级为 65dB 时运动声源速率感知阈限为 1.5rot/s 左右，声压级为 70dB 时感知阈限为 2rot/s 左右，声压级为 75dB 时感知阈限在 2.3rot/s 上下浮动。无论声压级如何变化，运动速率感知阈限均呈随中心频率的升高而下降的趋势，此趋势同前两小节的实验结果一致。不同声压级对窄带刺激的低频处的运动速率感知阈限的影响较大，对中高频处影响较小。

(5) 减速状态下不同声压级运动声源感知阈限轨迹结果对比分析

对声压级为 65dB、70dB、75dB 时的窄带信号减速状态下的运动速率感知阈限做对比分析，结果如图 13.15 所示。

由图 13.15 分析可知：保持声源位置不变，改变运动声源的声压级，在减速状态下，运动速率感知阈限呈现随窄带刺激到人耳处声压级的增加而提高的变化趋势，即声源到人耳处的声压级越高，听觉系统对运动速率的感知越灵敏。随着窄带刺激中心频率的变化，三种不同的声压级下运动速率感知阈限呈下降的趋势，且在低频处，声压级这一变化因素对运动声源速率感知阈限影响较大，波动为 1.2rot/s 左右。

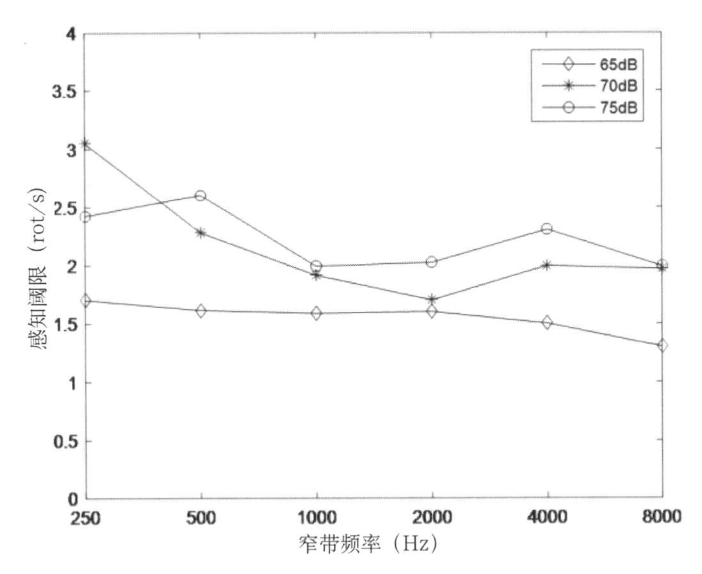

图 13.15　不同声压级运动声源速率感知阈限(减速)

13.2.3　声源距离对圆周运动速率感知阈限的影响

(1)声源位于 1.5m 时加速和减速状态下运动声源速率感知阈限结果对比分析

对 1.5m 处窄带信号加、减速状态下的运动声源速率感知阈限进行对比,结果如图 13.16 所示。

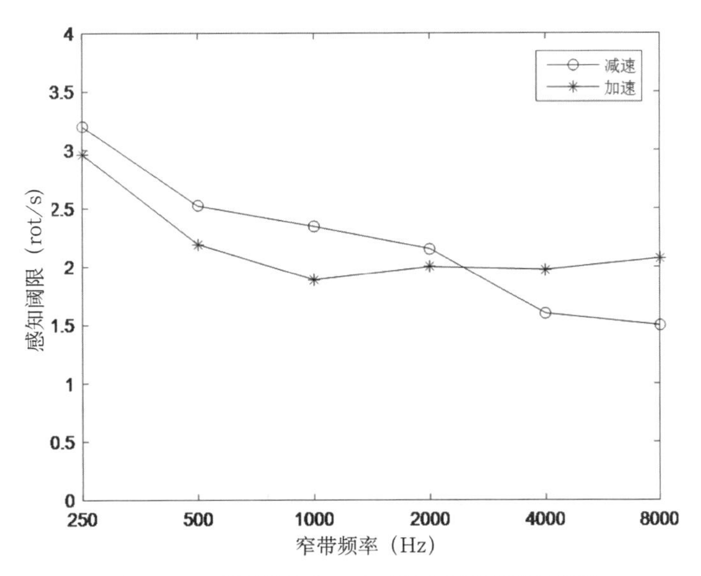

图 13.16　声源半径为 1.5m 时运动速率感知阈限

由图 13.16 分析可知,当声源运动半径为 1.5m 时,在加速与减速状态下人耳对运动声源的速率感知阈限存在明显的差异。在加速状态下,运动速率感知阈限随窄带刺激中心频率的升高而降低直至平稳；在减速状态下，运动速率感知阈限随窄带刺激中心频率的升高而降低。整体而言，减速状态的运动速率感知阈限要高于加速状态的运动速率感知阈限。就声源半径为 1.5m 的窄带刺激而言，加速和减速两种不同的状态下运动速率感知阈限存在 0.5rot/s 以内的浮动。

(2)声源位于 2.5m 时加速和减速状态下运动声源速率感知阈限结果对比分析

当声源半径为 2.5m 时，窄带刺激加、减速状态下的运动速率感知阈限结果如图 13.17 所示。

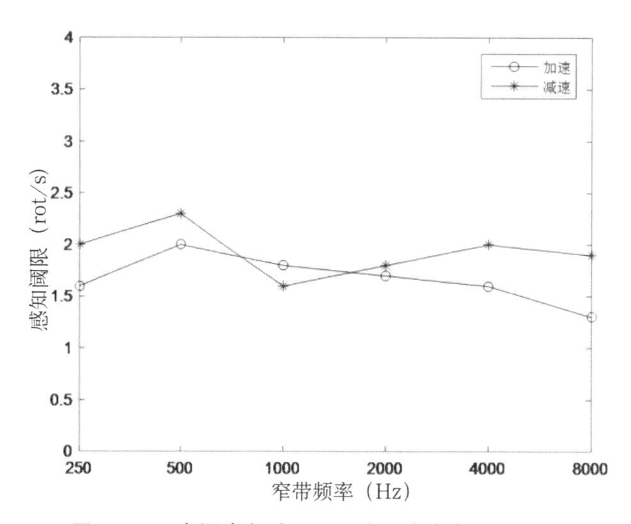

图 13.17 声源半径为 2.5m 时运动速率感知阈限

由图 13.17 可知，当声源半径为 2.5m 时，无论加速还是减速状态，均对窄带刺激的不同中心频率的运动速率感知阈限存在较大的影响，但其变化趋势均呈现随频率的升高而降低直至平稳的趋势，且不同的运动状态对信号低频和高频处影响较大，而对信号的中频处影响较小。

(3)声源位于 3.5m 时加速和减速状态下运动声源速率感知阈限结果对比分析

3.5m 处窄带信号加、减速情况下运动声源速率感知阈限对比结果如图 13.18 所示。

由图 13.18 分析可知，当声源半径为 3.5m 时，在加速与减速状态下人耳对运动声源的速率感知阈限仍存在一定的差异，但较半径为 1.5m 和 2.5m 时小。在加速状态下运动速率感知阈限随窄带刺激中心频率的升高而降低直至平稳，在减速状态下运动速率感知阈限保持与加速状态基本一致的变化趋势。整体而言，减速与加速状态的运动速率感知阈限差距不大。当声源半径为 3.5m 时加、减速状态下运动速率感知阈限随频率的变化趋势基本保持平稳且在中高频处基本相同。

(4)不同声源位置加速状态下运动声源速率感知阈限结果对比分析

对 1.5m、2.5m、3.5m 三种不同声源半径窄带刺激加速状态下的运动声源速率感知阈限进行对比，结果如图 13.19 所示。

由图 13.19 分析可知，随着声源半径的增加，运动速率感知阈限会降低，即半径为1.5m

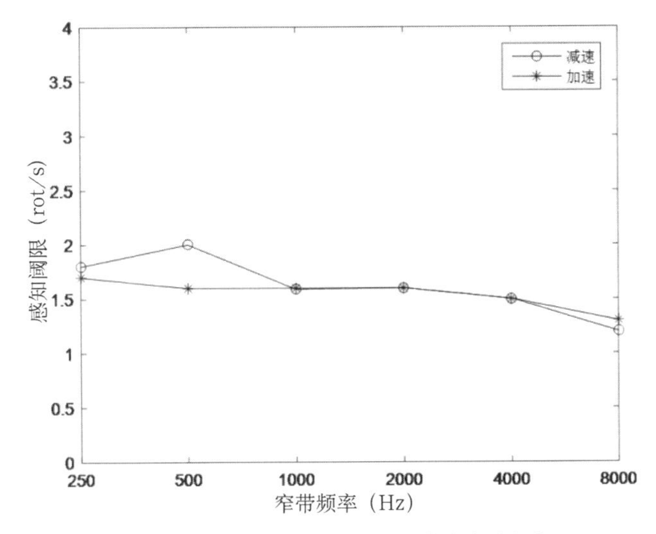

图 13.18　声源半径为 3.5m 时运动速率感知阈限

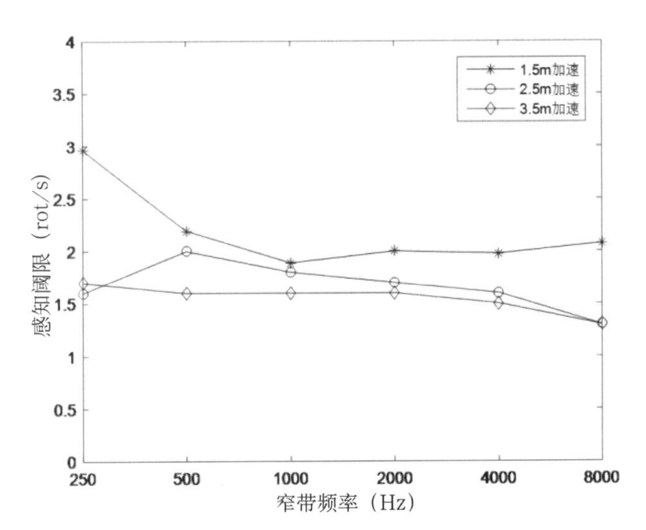

图 13.19　不同声源半径的运动声源速率感知阈限(加速)

时运动速率感知阈限最高,半径为 3.5m 时感知阈限最小,人耳对运动声源感知的敏感程度存在一定的下降趋势。其中,中频的窄带刺激声源位置变化对运动速率感知阈限的影响较小,阈限基本保持在 2rot/s;低频与高频的窄带刺激声源位置的变化对速率感知阈限存在较大程度的影响,声源半径为 2.5m 和 3.5m 时感知阈限相差较大,在较敏感的低频和高频处差距可达 2rot/s。

(5) 不同声源位置减速状态下运动速率感知阈限结果对比分析

对 1.5m、2.5m 和 3.5m 三种不同声源半径减速状态下的运动速率感知阈限进行对比分析,结果如图 13.20 所示。

由图 13.20 可知,无论声源距离如何变化,运动速率感知阈限随声源半径的变化趋势与减速状态下的变化趋势相似,即随着声源距离的增加,运动速率感知阈限降低;加速状态下

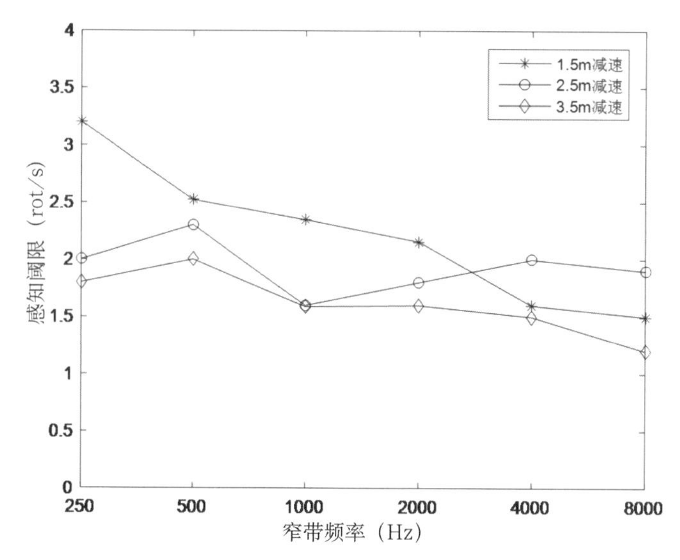

图 13.20　不同声源半径运动声源速率感知阈限(减速)

同样表现为人耳听觉系统对运动声源速率感知的敏感程度随距离的增加而降低。不同的声源半径对刺激信号低频和高频处影响较大,而对中频处影响较小。除此之外,随着声源半径的增加,运动速率感知阈限的差距越来越小,基本维持在 1.5rot/s。

13.2.4　旋转圆周运动声源不同轨迹感知速率阈限

根据图 13.3 中(b)的轨迹,对实验 1 中刺激声源的不同数据进一步做统计分析,其中对纯音、窄带信号的分析结果如图 13.21、图 13.22 所示。

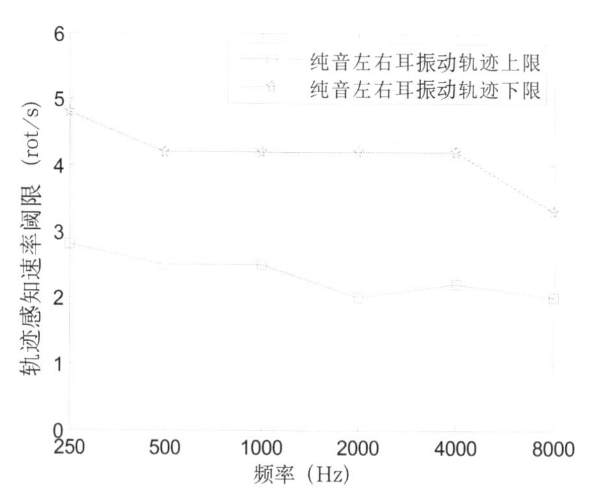

图 13.21　纯音序列双耳振动轨迹速率感知阈限

由纯音刺激的数据结果可知:无论在感知的上限还是下限,双耳振动轨迹速率感知阈限均随频率的升高而降低;并且在不同频率,双耳振动轨迹感知阈限的上下限的间隔基本保持相同;与此同时,当转速为 2 rot/s～4.8 rot/s 时,被试感觉声音在其左右侧振动,当转速为

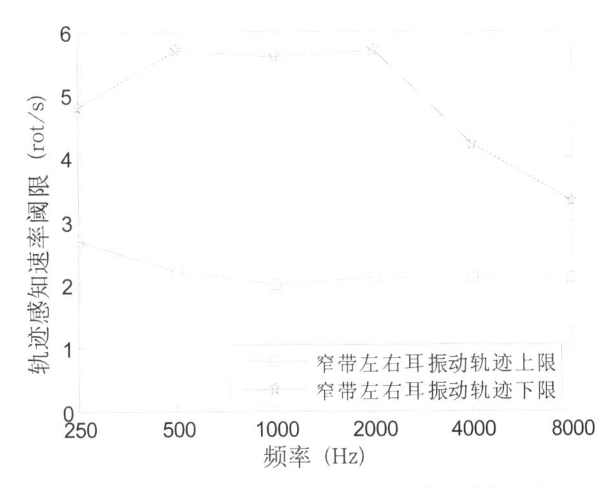

图 13.22 窄带刺激双耳振动轨迹速率感知阈限

3.6rot/s 左右时，此感觉尤其明显。

相对于纯音刺激，窄带刺激的双耳振动轨迹速率感知阈限的上限在中频（500Hz～2000Hz）存在明显差异；当实验信号为窄带信号，转速为 2.2rot/s～5.8rot/s 时，被试明显感觉到双耳侧向振动轨迹，窄带信号让被试对此轨迹更加敏感。不管信号源有何差异，当转速低于2.2rot/s时，被试明确判断声源信号在前半圈运动。

13.3 圆周旋转声源运动范围感知实验分析

13.3.1 声源运动范围感知实验数据处理

实验中每位被试有 280 个数据，总共有 4200 个数据。对所有数据进行 Cronbach's α 系数可靠性检验，结果表明，整体实验数据具有较高的内在一致性（Cronbach's Alpha = 0.906，N=15）。对所有有效数据采用一倍标准差原则剔除不合格的 18 个数据后，对剩余数据进行均值处理。

分别针对刺激声源、转速及空间区域进行初步的 ANOVA 统计分析，显著性水平设为 0.05，其主效应的显著性结果如表 13.5 所示。数据结果表明，空间区域及转速的主效应显著，而刺激声源的主效应不显著。

表 13.5 各因子的单因素方差分析

因子	平方和	df	均方	F	显著性
空间区域	95171.129	7	13595.876	49.778	0.000
转速	51769.021	4	12942.255	30.241	0.000
刺激声源	6734.686	6	1122.448	1.883	0.084

不同因子的主效应和因子间的交互作用存在相互独立性，故对空间区域、转速及刺激声源类型三因子进行交互作用分析，结果见表 13.6。数据结果显示，交互作用在空间区域和转

速之间存在显著性差异，与此同时，空间区域与刺激声源类型、旋转转速与刺激声源类型均存在显著的交互作用。

表 13.6　各因子的交互作用分析

源	Ⅲ型平方和	df	均方	F	显著性
空间区域 * 刺激声源类型	4449.371	42	105.937	2.613	0.000
空间区域 * 转速	2426.693	28	86.668	2.138	0.002
刺激声源类型 * 转速	2100.279	24	87.512	2.159	0.003

13.3.2　空间区域对声源运动范围感知的影响

根据表 13.5 中空间区域的单因素方差分析，空间区域的声源运动范围感知存在显著性差异(F=49.778，sig=0.000)。不同划分方式下的空间区域整体结果见图 13.23。以下所有图中的分割线表示实际声源移动角度，即 90°。其中空间划分方式 1 中，区域 2、区域 6 分别为受试者的正右、正左方的感知区域，而区域 8、区域 4 分别为受试者的正前、正后方的感知区域。

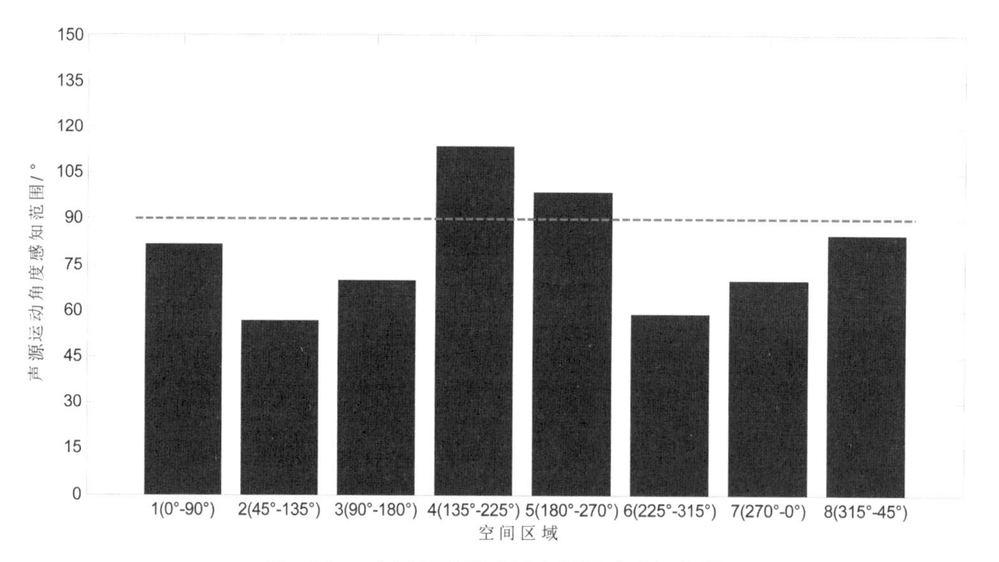

图 13.23　空间区域影响下声源运动感知范围

数据结果表明：在不同空间区域，声源运动范围存在扩展或者压缩的不同感知差异，即区域 4、5 的感知为扩展状态，而其他区域的感知均为不同程度的压缩状态。在整体圆周区域划分中，声源运动感知角度范围最大的区域为区域 4(角度范围为 135°～225°)，感知范围为 114°，而感知范围最小的区域为区域 2(角度范围为 45°～135°)，感知范围为 57°。

结合表 13.6 中各因子的交互分析，空间区域与转速存在交互作用(F=2.138，sig=0.002)。根据转速、空间区域划分方式的不同，对方式 1、方式 2 下的区域进行数据分类整理分析，声源运动感知范围均值如图 13.24、图 13.25 所示。横坐标表示空间区域，纵坐标表示声源运动角度感知范围，图中区域后面的数字分别对应一个角度范围，例如，区域 1 的角度范围为 0°～90°。

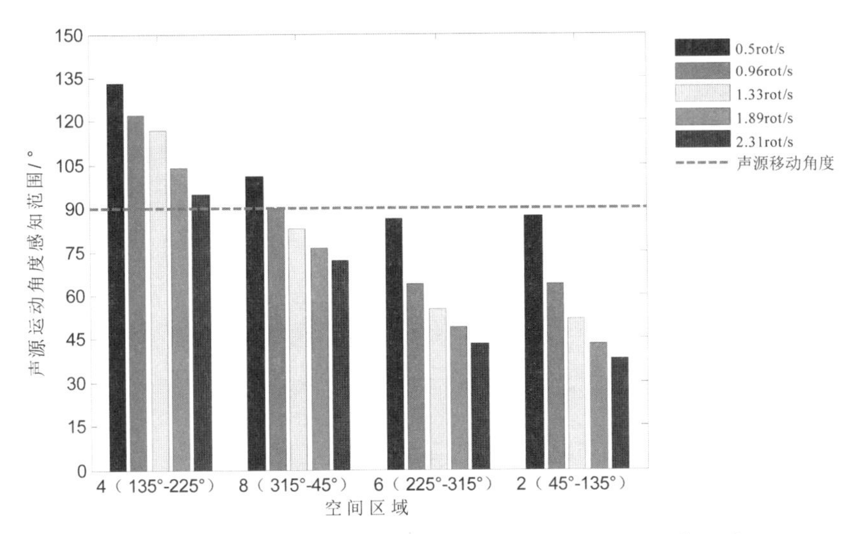

图 13.24 转速影响下空间区域划分方式 1 声源运动感知范围差异

由图 13.24 空间区域方式 1 的数据结果可知，区域 4、区域 8 的声源运动感知范围随转速的提高而相对较为缓慢地缩小，而区域 2、区域 6 的声源运动感知范围的缩小趋势呈现较迅速的变化状态，区域 2、区域 4 的运动声像感知压缩程度相对较小。

图 13.25 空间区域方式 2 的结果表明，随着转速的提高，区域 1 和区域 5 的声源运动感知范围缩小趋势具有相似性，其整体下降斜率较小；区域 3 和区域 7 也存在相同的变化趋势，其整体下降斜率较大；整体而言，左右区域感知存在一定的不一致性，并且存在一定的对角相似性。

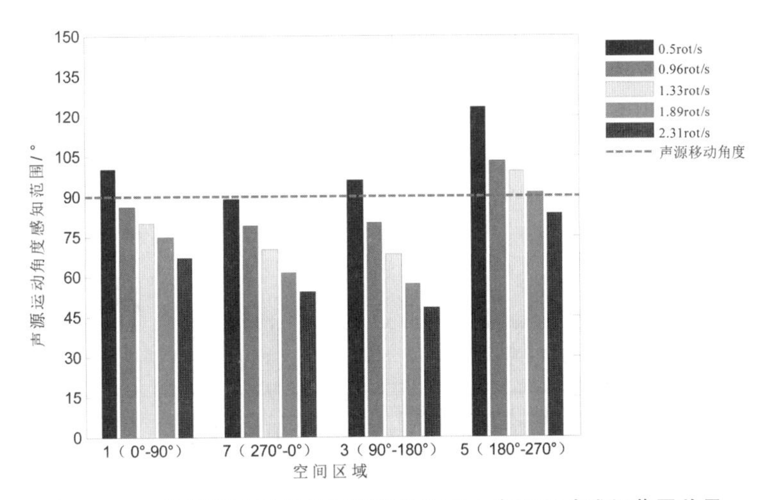

图 13.25 转速影响下空间区域划分方式 2 声源运动感知范围差异

表 13.6 的结果表明，空间区域与刺激声源具有交互作用（F=2.613，sig=0.000）。刺激声源类型不同，空间区域划分方式 1、方式 2 的声源运动感知范围均值如图 13.26、图 13.27 所示。

如图 13.26 所示，在刺激声源相同的情况下，区域 8 的声源运动感知范围均保持在 80°，

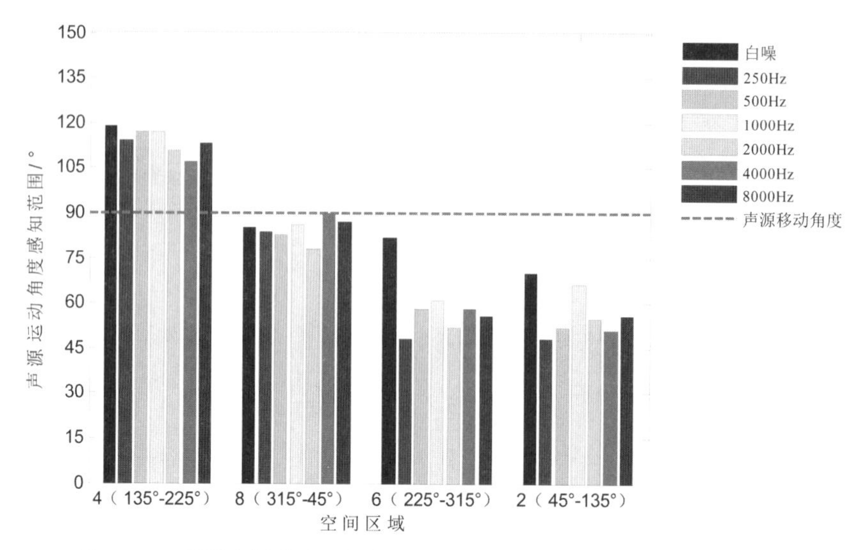

图 13.26　刺激声源影响下空间区域划分方式 1 声源运动感知范围差异

与实际声源运动角度范围最为接近，但区域 4 的声源运动感知范围均维持在 105°，主观心理感知呈现扩展的状态，这与静态刺激声源定位不同所导致的空间区域精度差异保持内在一致，即正前方刺激声源的感知较为精确，而正后方的感知则相对模糊；区域 6 与区域 2 则呈现主观心理感知上相似的压缩状态，仅限于不同的中心频率刺激声源，区域间声源运动感知范围存在一定的差异。针对刺激声源，区域 4 的声源运动感知范围扩展程度大约是区域 2、区域 6 的 1 倍。

由图 13.27 的数据结果可知，在刺激声源相同的情况下，区域 1 与区域 7 中，随着中心频率的升高，声源运动感知范围的趋势存在一致性；区域 3 与区域 5 也存在相同的变化，但前半区（区域 1 与区域 7）、后半区（区域 3 与区域 5）两者间随着中心频率的升高则存在声源运动感知范围量化的差异。

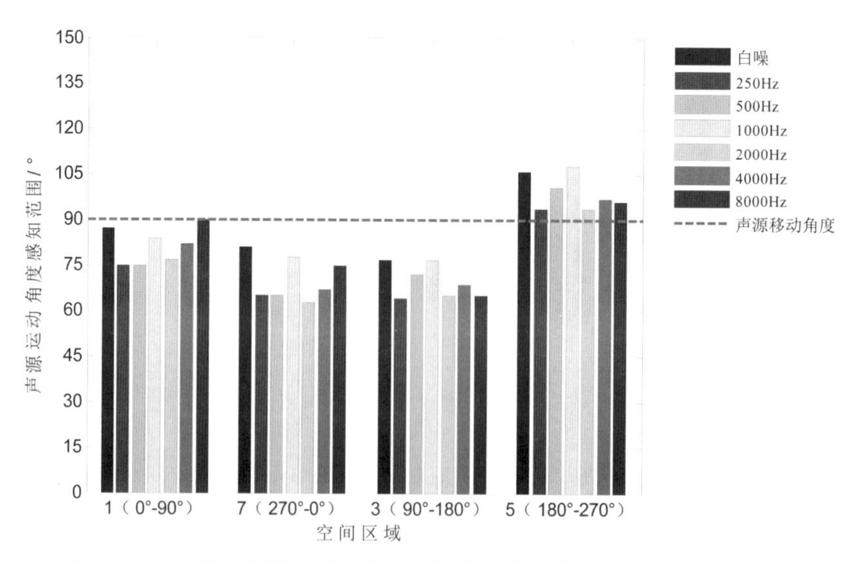

图 13.27　刺激声源影响下空间区域划分方式 2 声源运动感知范围差异

13.3.3　转速对声源运动范围感知的影响

通过表 13.5 单因素方差统计分析结果可知，转速的声源运动感知范围存在显著性差异（F＝30.241，sig＝0.000），感知均值结果见图 13.28。

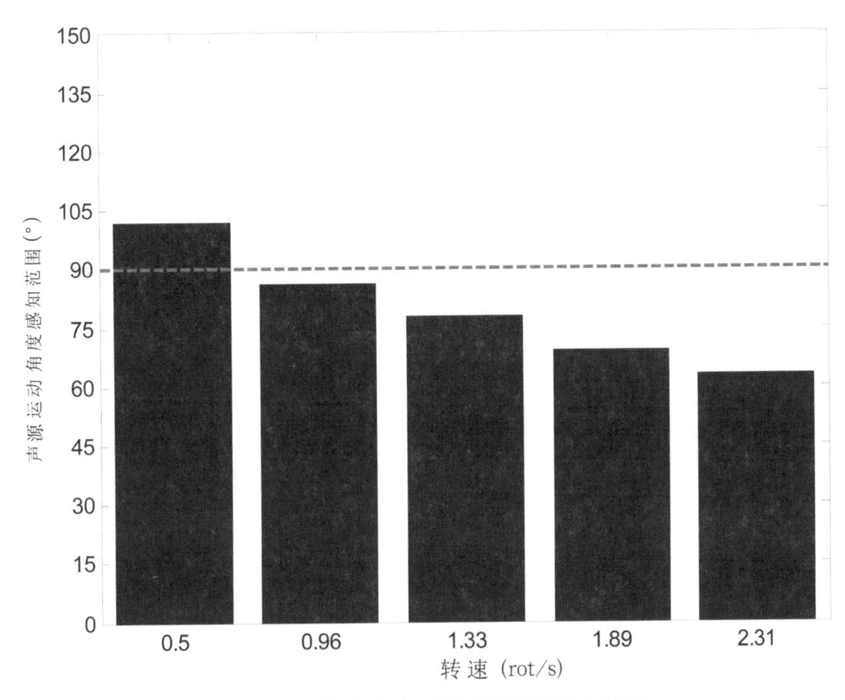

图 13.28　转速影响下的声源运动感知范围

由图 13.28 可知，随着转速由低（0.5rot/s）到高（2.31rot/s）变化，声源运动感知范围整体呈现单调下降趋势，运动声源转速增加，压缩感知也随之增强；转速为 0.5rot/s 时，整体的声源运动感知范围呈现扩展的状态，转速大于 0.96rot/s 时，整体的声源运动感知范围呈现压缩的状态。在低转速下提高转速时（即由 0.5rot/s 提高至 0.96rot/s），声源运动感知范围骤降，即下降幅度最大；而在高转速下提高时（即由 1.89rot/s 提高至 2.31rot/s），声源运动感知范围下降幅度则相对较小。

根据表 13.6 各因子交互作用分析表可知，转速与空间区域均存在相应的交互作用（F＝2.138，sig＝0.002）；空间区域划分方式 1 与方式 2 不同，每种转速的声源运动感知范围均值如图 13.29、图 13.30 所示，其中以转速为横坐标，以声源运动范围为纵坐标。

观察图 13.29 与图 13.30 可知，转速不同，空间区域两种划分方式的区域变化趋势呈现不一致的现象。由图 13.29 发现，区域 8 和区域 4 的声源运动感知范围的压缩程度随着转速的提高呈现逐渐下降的趋势，区域 2 和区域 6 的压缩感知则呈现出由强到弱的变化趋势；而图 13.30 呈现的结果为随着转速的提高，区域 1 和区域 7 的声源运动感知范围的压缩程度比较稳定，而区域 3 与区域 5 的压缩感知呈现由强到弱的变化趋势。

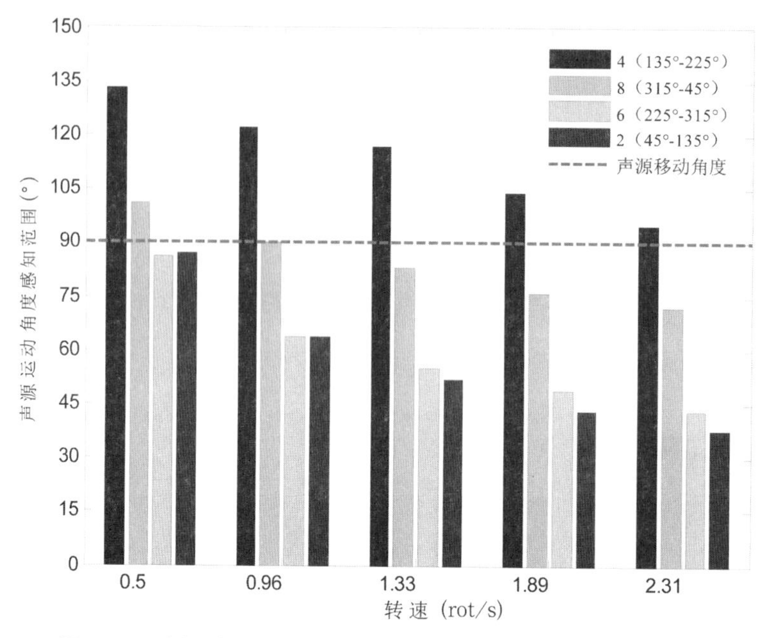

图 13.29 划分方式 1 区域影响下各转速声源运动感知范围差异

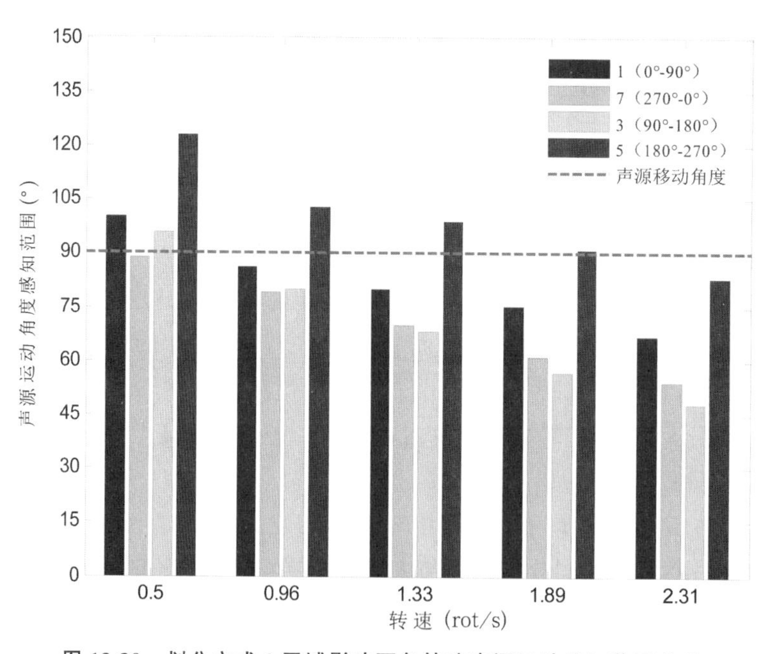

图 13.30 划分方式 2 区域影响下各转速声源运动感知范围差异

由表 13.6 各因子交互作用表发现，转速与刺激声源存在交互作用（F＝2.159，sig＝0.003）。当刺激声源不同时，每种转速的声源运动感知范围平均值如图 13.31 所示，不同转速的刺激声源的运动感知范围的变化趋势存在一致性。刺激声源类型为中低频信号(250Hz)、中频信号(2000Hz)时，随着运动声源转速不断提高，感知压缩程度呈现由强到弱的趋势，而参考信号白噪和 1000Hz 的刺激声源则呈现相同的平稳压缩的状态。

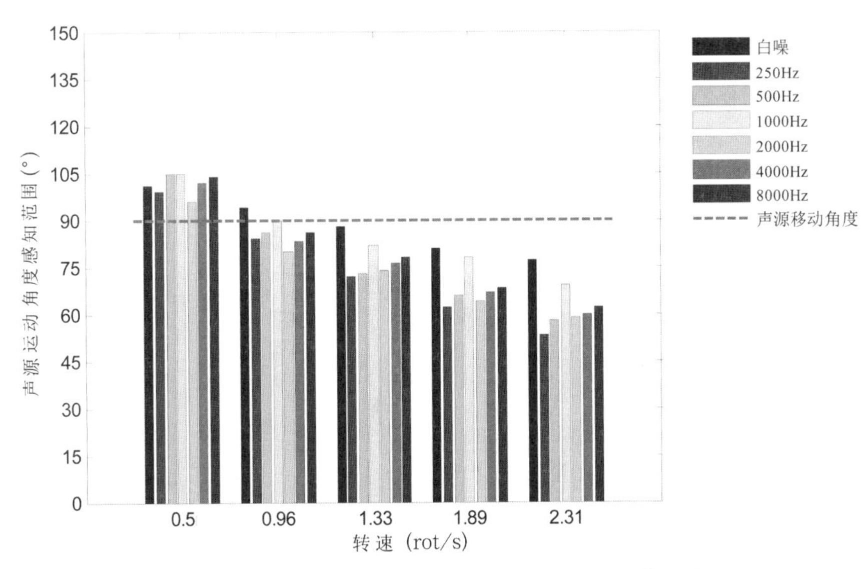

图 13.31　刺激声源影响下各转速声源运动感知范围差异

13.3.4　刺激声源对声源运动范围感知的影响

表 13.5 单因素方差分析表明，就声源运动范围感知而言，刺激声源类型的主效应不显著(F=1.883，sig=0.084)，刺激声源之间存在一定程度的差异，但 sig 大于 0.05，不具有统计学意义。由于主效应不显著，故对其进行进一步的多重比较(LSD)，见表 13.7。结果表明，中心频率 250Hz、中心频率 2000Hz 与参考信号白噪之间存在显著性差异，参考信号白噪声源的声源运动感知范围更为接近真实运动声源移动的角度范围，即声源运动感知范围为 88°，而中心频率 250Hz 及 2000Hz 则存在较大的压缩，声源运动感知范围为 74°。

表 13.7　信号源多重比较(LSD)

(I) 信号源	(J)信号源	均值差(I—J)	标准误	显著性	95%置信区间	
					下限	上限
白噪	250Hz	14.47500*	5.45926	0.008	3.7274	25.2226
	500Hz	10.45000	5.45926	0.057	−0.2976	21.1976
	1000Hz	3.70000	5.45926	0.499	−7.0476	14.4476
	2000Hz	13.92500*	5.45926	0.011	3.1774	24.6726
	4000Hz	10.72500	5.45926	0.050	−0.0226	21.4726
	8000Hz	8.62500	5.45926	0.115	−2.1226	19.3726

* 均值差的显著性水平为 0.05

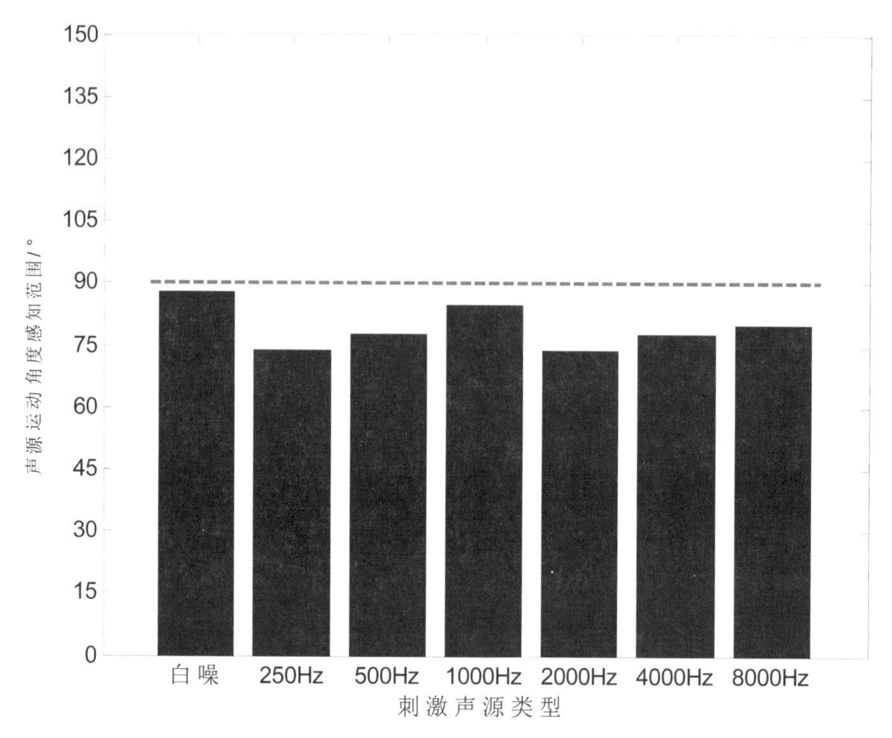

图 13.32　刺激声源影响下声源运动感知范围

通过刺激声源与其他因子的交互作用分析(见表 13.6)可知:刺激声源类型不同,其相互间的声源运动范围感知压缩的程度存在一定的显著性差异,具有统计学意义。

刺激声源与空间区域存在交互作用(F=2.613,sig=0.000),根据划分方式不同,分别对方式 1、方式 2 的区域进行分析,每个刺激信号的运动声源感知角度的平均值如图 13.33、图 13.34所示。

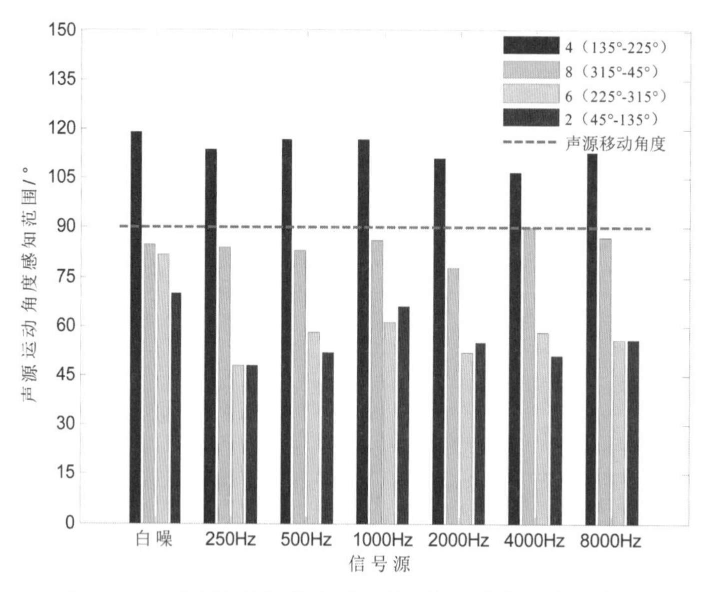

图 13.33　空间区域划分方式 1 下声源运动范围感知差异

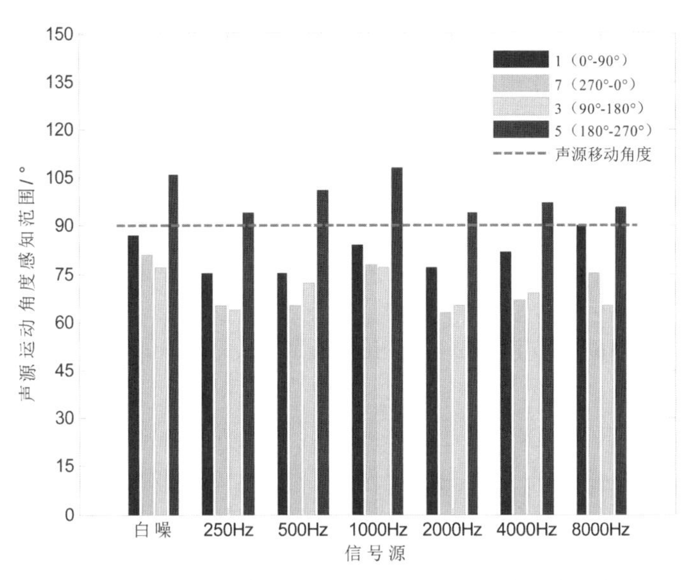

图13.34 空间区域划分方式2下声源运动感知范围差异

观察图13.33和图13.34可知，不同刺激声源的感知范围的变化趋势存在相似性，即区域不同，刺激声源的运动感知范围呈现相似的扩展或压缩趋势，仅压缩或扩展的程度存在一定的差异。图13.34的数据结果表明，在区域2和区域6内，中心频率500Hz、2000Hz的窄带与参考信号白噪三种声源类型具有不一致的显著性；位于区域2时，刺激声源相互间的声源运动感知的范围差异相对较小，而反之，位于区域6时，相互间的运动感知范围差异较大。

同时，刺激声源与转速也具有交互作用(F=2.159，sig=0.003)，转速不同，每种刺激声源的运动感知范围均值如图13.35所示，其中参考信号为白噪。

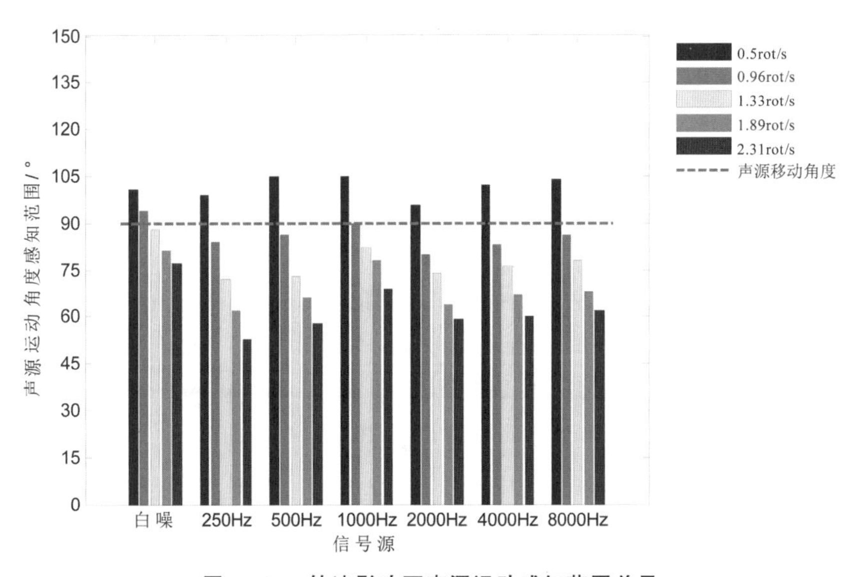

图13.35 转速影响下声源运动感知范围差异

数据结果表明，低转速条件下(转速为0.5rot/s)，刺激声源虽不同但声源运动感知范围均维持在100°左右，与实际声源角度变化(90°)相比，声源运动感知范围存在一定的扩展；高转速条件下(转速为 2.31rot/s),除白噪声源的运动感知范围较大(75°)以外,其他刺激声源的运动感知范围为 60°左右,故声源运动感知范围存在一定的压缩。不同刺激声源的变化趋势存在一致性,即感知范围均随转速的提高而单调缩小;参考信号白噪相较其他刺激声源,随着转速的提高,声源运动感知范围缓慢缩小,下降斜率最小;其中下降斜率较大的为低频刺激声源,中高频刺激声源的下降斜率较为接近。

参考文献

[1]MILLS A W. On the minimum audible angle[J]. J.Acoust.Soc.Am., 1958, 30(4): 237-246.

[2]HARRIS J D, SERGEANT R L. Monaural/binaural minimum audible angles for a moving sound source[J]. J.Speech Hear.Res., 1971, 14(3):618-629.

[3]PERROTT D R, MUSICANT A D. Minimum audible movement angle:Binaural localization of moving sound sources[J]. J.Acoust.Soc.Am., 62(6):1463-1466.

[4]GRANTHAM D W. Detection and discrimination of simulated motion of auditory targets in the horizontal plane[J]. J.Acoust.Soc.Am., 1986, 79(6):1939-1949.

[5]PERROTT D R, MARLBOROUGH K. Minimum audible movement angle:Marking the end points of the path traveled by a moving sound source[J]. J.Acoust.Soc.Am., 1989, 85(6):1773-1775.

[6]GRIFFITHS T D, BENCH C J, FRACKOWIAK R S J. Human cortical areas selectivity activated by apparent sound movement[J]. Curr.Biol., 1994, 4:892-895.

[7]GRIFFITHS T D, REES A, WITTON C, et al. Evidence for a sound movement area in the human cerebral cortex[J]. Nature, 1996(383):425-427.

[8]ALTMAN J A, VISKOV P V. Discrimination of perceived movement velocity for fused auditory image in dichotic stimulation[J]. J.Acoust.Soc.Am., 1998, 61(3):816-819.

[9]GRANTHAM D W. Detection and discrimination of simulated motion of auditory targets in the horizontal plane[J]. J.Acoust.Soc.Am., 1998, 79(6):1939-1949.

[10]ASCHOFF V. Über das räumliche Hören[J].Arbeitsgemeinschaft für forschung des landes nordrhein-westfalen, heft, 1962(138):7-38.

[11]BLAUERT J. Ein Beitrag zur Trägheit des Richtungshörens in die Horizontalebene [J].(On the lag of sound localization in horizontal plane), Acustica 20, 1968:200-205.

[12]WESLEY D, GRANTHAMFRE DE RIC, et al. Auditory motion aftereffects[J].Attention, perception, & psychophysics, 1979, 26(5):403-408.

[13]DELAERE M. Lieber, lieber Karel.Brieven van Karlheinz Stockhausen aan Karel Goeyvaerts 1951—1956[J].Universiteitsbibliotheek leuven, 2010.

[14]SAD J, ARGENTINA J D. V encuentro internacional de compositores en chile.2012.

[15]FRISSEN I, GUASTAVINO C. Upper limits of auditory rotational motion perception [J]. J.Acoust.Soc.Am., 2010, 128 (6):3703-3714.

[16]DEVORE S, IHLEFELD A, HANCOCK K, et al. Accurate sound localization in re-

verberant environments is mediated by robust encoding of spatial cues in the auditory midbrain[J].Neuron,2009, 62(1):123-134.

[17]GIGUÈRE C, ABEL S M. Sound localization:effects of reverberation time, speaker array, stimulus frequency and stimulus rise/decay[J].J.Acoust.Soc.Am.,1993, 94(2):769-776.

[18]RAKERED B, HARTMAM W M. Auditory signal processing:physiology, psychophysics, and models[J]. Localization of noise in a reverberant environment.Springer, Berlin, 2005, 348-354.

[19]FÉRON F X, FRISSEN I, BOISSINOT J, et al. Upper limits of auditory rotational motion perception[J].J.Acoust.Soc.Am.,2010, 128(6):3703-3714.

[20]FRISSEN I, FÉRON F X, GUASTAVINO C. Auditory velocity discrimination in the horizontal plane at very high velocities[J]. Hearing Res,2014(316):94-101.

[21]CAMIER C, FÉRON F X, BOISSINOT J,et al. Tracking moving sounds:perception of spatial figures[C]//Ext.abstracts 21st int.conf.on auditory display (ICAD 2015). Graz, 2015.

[22]CAMIER C, BOISSINOT J, GUASTAVINO C. Does reverberation affect upper limits for auditory motion perception? [C]//Proceedings ICAD 2015. Graz, Austria, 2015.

第 14 章　小空间听感与空间扩展*

14.1　小空间声学特性和听感

近年来，家庭观影消费逐步增长。美国电影协会每年发布的影院和家庭娱乐市场报告也显示，全球数字家庭娱乐消费大幅增长。我国私人影院发展势头迅猛，2018 年私人影院的数量已经达到近 160 万个，增速逐年加快。与影院数百人的观影条件相比，家庭或私人影院可以提供更为自由和个性化的空间，因此家庭影院、点播影院、私人影院及汽车内的声重放越来越受人们的青睐。

2020 年，北京地区可以通过网络购票的电影院共有 236 家，统计每家电影院的影厅座位数情况，如表 14.1 所示，50 座至 100 座的影厅占比最高。按照《剧场、电影院和多用途厅堂建筑声学设计规范》[2]所规定的座位面积的下限 $0.6m^2$/座，影厅高度的下限 4m，估算得到传统商业影院影厅的容积为 $150m^3$ 至 $500m^3$。与传统的商业影院的影厅相比，家庭影院、私人影院重放的空间要小，私人影院的空间在 $20m^3$～$50m^3$ 之间，其中空间为 $30m^3$ 左右的所占比例最高。家庭影院重放的场地一般为客厅或者卧室，空间大小也在这个范围内。由此可见，家庭影院和私人影院是远远小于传统影厅的小空间。

表 14.1　北京市电影院影厅座位数占比

影厅座位(个)	影厅数量(个)	占比(%)
＜50	2	0.48
50～100	151	36.30
100～150	136	32.69
150～200	49	11.78
＞200	78	18.75
合计	416	100

据不完全统计，目前国内影院片源大部分为平面环绕声片源，大概占 80%。传统商业影

* 本章内容主要来自《小空间环绕声重放听感效果分析》，张宇慧，中国传媒大学硕士学位论文，2021 年 6 月；《早期反射声虚拟空间感效果分析》，牛欢，中国传媒大学硕士学位论文，2016 年 6 月。

院播放的电影，更多是考虑电影院影厅的重放空间制作的，适合在相对大的空间内重放，从而呈现良好的环绕声效果。空间大小的变化会对环绕声效果产生影响。如何改善小空间里的听感，使听众在小空间里也能获得如同在商业影院的体验？要解决这个问题需要对小空间的听音问题进行研究。

14.1.1　房间声学基础

本章所说的空间是对重放环境的一个统称，例如，音乐厅、电影院的影厅是大空间，家庭听音室（客厅、卧室）、汽车是小空间，重放的空间一般是经过装修（不一定是专业的声学装修）、或多或少地做过吸声处理的空间。空间大小通常是指空间尺寸、面积、体积的相对大小，本章中小空间特指容积为 20m^3 到 50m^3 的规则空间。

室内声学并没有对空间大小做出明确的定义，声学上常用的名词是“房间”，定义的是大、小房间，更加关注房间特性和房间内的声学处理等方面。声学上根据空间内的声场情况，可以将一个空间归为声学大房间或声学小房间。声学大房间的声场满足扩散声场或者混响声场的生成条件，长度已远大于最低工作频率对应的波长。声学小房间不满足扩散声场或者混响声场的生成条件，并且长度小于或接近最低工作频率对应的波长[1]。

所以，理论上所有空间都是可以归为声学大房间或声学小房间的，只是有一个划分的频率，称为临界频率，也称最低工作频率[2][3]。临界频率计算如下：

$$f_L = 2000\sqrt{\frac{RT_{60}}{V}} \tag{14.1}$$

V 是房间容积，RT_{60} 是房间混响时间。当房间容积 V 确定后，混响时间取值不同，临界频率或最低工作频率 f_L 也相应变化。通过公式计算最低工作频率、混响时间和房间容积界限，如表 14.2 所示。假设取符合影院规范的混响时间 T_{60} 为 0.8s，300m^3 的大空间在 100Hz 以下才会归为声学小房间，而 80m^3 的相对小的空间在 200Hz 以下就要算是声学小房间，因此相比大空间，当小空间归属于声学小房间时，会包含更高的频率。

表 14.2　临界频率、混响时间和大小房间容积界限[4]

f_L/Hz	T_{60}/s	V/m³	T_{60}/s	V/m³	T_{60}/s	V/m³	T_{60}/s	V/m³	T_{60}/s	V/m³	T_{60}/s	V/m³
30	1.6	7111	—	—	—	—	—	—	—	—	—	—
40	1.6	4000	1.4	3500	—	—	—	—	—	—	—	—
50	1.6	2560	1.4	2240	1.2	1920	—	—	—	—	—	—
63	1.6	1612	1.4	1411	1.2	1209	1.0	1008	—	—	—	—
80	1.6	1000	1.4	875	1.2	750	1.0	625	0.8	500	—	—
100	1.6	640	1.4	560	1.2	480	1.0	400	0.8	320	0.6	240
125	1.6	410	1.4	358	1.2	307	1.0	256	0.8	205	0.6	154
160	1.6	250	1.4	219	1.2	188	1.0	156	0.8	125	0.6	94
200	—	—	1.4	140	1.2	120	1.0	100	0.8	80	0.6	60

声学大房间与声学小房间的声学处理和分析方法是不同的，声学大房间在中高频段的波长小于房间的长度，可以用几何声学进行研究，也可以采用统计声学计算房间的混响时间进行分析。声学小房间中房间共振以及驻波现象主要决定了其低频段的声学特性，需要利用波动理论来研究。其实，声学大房间与声学小房间之间还存在一小段声音衍射和扩散占主导地位的过渡区。

矩形房间中共振模式的计算可参考式 14.2：

$$f_{nx,ny,nz}=\frac{c}{2}\sqrt{(\frac{n_x}{L_x})^2+(\frac{n_y}{L_y})^2+(\frac{n_z}{L_z})^2} \tag{14.2}$$

c 为声速；L_x、L_y、L_z 分别为房间的长、宽、高，单位为 m；n_x、n_y、n_z 为零或者任意正整数，但不同时为零。

临界频率的计算需要一个强扩散场、有实际意义的混响时间和无障碍的连续空间。小房间的声场不满足扩散场的条件，混响半径概念不适合用在小房间内，若房间内还放置了许多家具，计算出的临界频率很可能是不准的，所以通过公式计算的临界频率可以在初步估算时用作参考。为了准确地进行声学处理，需要进一步确定声学大、小房间的实际分界频率[5]。

14.1.2 声学缺陷

小房间因尺寸不合理容易出现一些声学缺陷，这些声学缺陷会影响听音质量。在不同国家、不同时期小房间的建筑标准也有一定的不同。早期的欧洲声学专家推荐的房间比例是 1∶1.67∶2.67；IEC 的标准适用范围涵盖双声道、多声道环绕系统，推荐的房间比例是 1∶1.6∶2.4，房间面积是 $24m^2$；杜比公司推荐的比例为 1∶1.18∶1.41；欧洲广播联盟推荐的比例是 1∶1.4∶1.9，广泛用于欧洲的广播室中。对类似家庭影院等视听小房间比例进行总结时发现并不存在最佳的房间比例，而是存在一个最佳的房间比例范围，即最佳房间比例范围为 1∶(1～2)∶(1.5～3)。体积过小的房间声学特性很差，进行声学处理也难以解决相关缺限问题。房间比例与大小共同影响房间特性，只有两者相结合才能获得良好的房间声学特性。除此之外，房间内的声反射、吸声、扩散和隔声等房间声学指标不合理，都会容易出现声学缺陷，影响重放的听音质量。

常见的小房间声学缺陷有颤动回声、驻波、共振与简并等。颤动回声是指声源在两个平行界面或一平面与一凹面之间发生反射，界面之间距离大于一定长度时，所形成的一系列类似于“噗噗噗”的回声，容易出现在较为狭长的小房间内。普通小房间的尺寸较小，会由房间的固有共振模式而引起一些频段的声音叠加或衰减，从而造成声染色现象。房间共振方式有三种，分别是轴向共振、切向共振和斜向共振。当房间的几何尺寸与低频部分波长相近或者成简单的倍数关系时容易产生驻波现象。当房间的几何尺寸成整数比时，轴向共振与切向共振频率接近或者重合，产生简并现象，简并现象会让房间内的声染色更加严重。

14.1.3 小空间声音重放研究现状

以往关于空间的研究更多基于常规的电影院、音乐厅、剧院等大型空间的重放效果和算法的情况，没有特别关注小尺寸空间的重放所产生的问题，而人们日常用来听音的环境是家中或者车内,因此对这类小空间进行研究是很有必要的。

Griesinger[5]指出,在大中型混响空间内,语音和音乐信号会产生良好的空间感和包围感,在小空间内空间感和包围感相对缺失严重。当频率高于 500Hz 时空间感主要取决于声音在空间中的扩散程度,当频率低于 500Hz 时空间感主要与声音的直达分量和混响分量的相位有关。在所有频率作用下,空间感都可以通过多个扬声器重放来增强,尤其是在听众侧面的包围感。

Walker[6]针对小房间声学特性导致的不均匀频率响应,概述了均衡方案的基本原则,讨论了造成频响不均匀的潜在原因,并指出附加低频扬声器有助于优化低频响应,同时也不会对高频声源定位产生不利影响,实验通过使用几个低频源,在有限的区域内实现某些频段的响应控制。在高频区,房间的客观测量与主观听觉存在不匹配的情况,利用测量参数进行的均衡控制可能不成功,而采用相对宽带或短期响应声学参数的设计均衡方案可能会更好地匹配听觉感知机制。

Welti[7]在矩形小空间内半径为 2m 的圆形听音区域内设置了 16 个听音点,通过预测和分析超低音扬声器摆放方式,测量每个听音点的频率响应,发现超低音扬声器布置得越多,低频的座席间差异越小,但当超低音扬声器超过 4 只时,所带来的改善就十分有限,研究结果也同时给出超低音在矩形房间摆放的几种最佳方案。Fuchs 等人[8]指出在不同用途的音乐小空间内低频混响的作用和重要性。叶煜晖[9]研究了不同程度的声染色对"声学小房间"听音环境的影响,实验通过对一些日常真实的"声学小房间"的脉冲响应进行分析和主观评价,发现当脉冲响应的频谱标准差小于 1.6 时声染色程度较低,当频谱标准差大于 2.0 时能明显察觉到差异。

Kaplanis 等人[10]对有关小房间混响感知的文献进行了总结,确定了小空间混响的感知因素,并尝试建立感知与客观物理测量的联系,结果表明当前声学指标通常与混响感知属性的相关性有限,尤其是对于小空间。Kaplanis 等人[11]又对小型试听室中多扬声器重放系统混响的感知和偏好进行了研究,在四个小房间构造 9 个声场,用三维扬声器阵列进行空间再现,通过十名专家组成的评估小组进行主观感知评价来确定和量化这些声场的感知差异,结果表明,与混响有关的感知属性主要来自声场宽度、包围感、空间感和低音。Meissne[12]针对有硬墙面的矩形小房间混响时间长的这一声学缺陷展开了研究,改变房间内天花板的吸声效果,同时测量混响参数并进行数值分析,发现天花板上声音吸收的增加能导致混响时间显著减少,还指出用统计理论和波动理论计算得出的结果相同,因为斜模态的模态混响时间和赛宾混响时间是相同的。

14.1.4 环绕声在小空间的应用场景

目前环绕声系统在小空间的应用主要是私人影院、家庭影院以及汽车内声重放,其中家庭影院声重放是环绕声应用的热点领域。应用于家庭影院的环绕声系统的声道分配和扬声器布置(图 14.1),是根据大量学者多年的理论分析和实验结果提出的[13]。

1994 年国际电信联盟(Internatiional Telecommunication Union,ITU)发布的 ITU-R BS.775-1 标准[14]中推荐的环绕声扬声器的摆放方式一直以来都受到专业家庭影院用户的喜爱。ITU 推荐的摆放方式是将听众所在的位置作为圆心,将各个扬声器摆放成圆形围绕

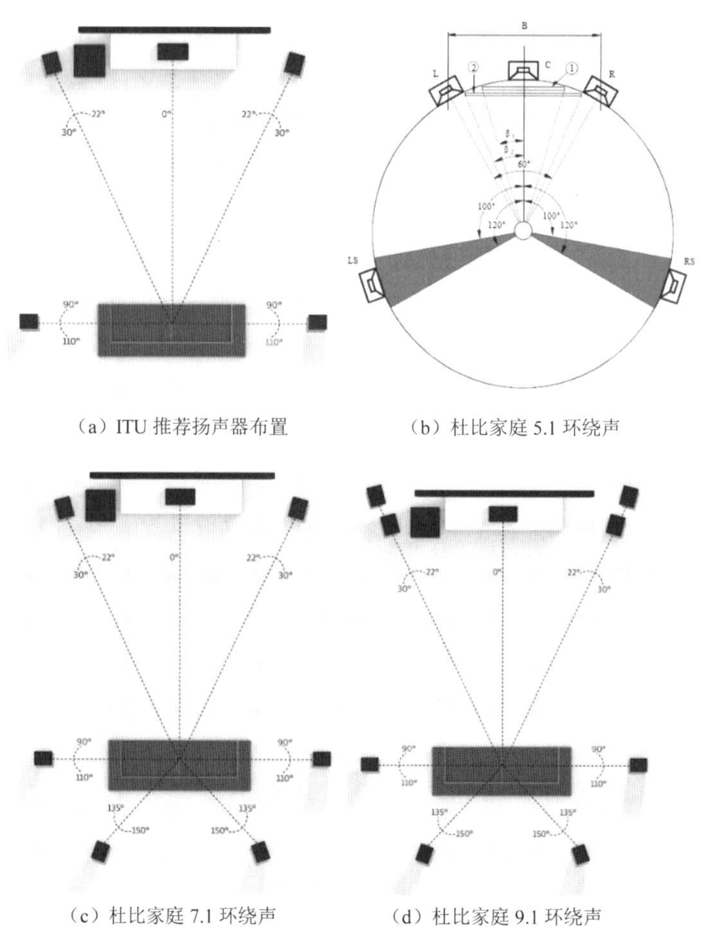

（a）ITU 推荐扬声器布置　　（b）杜比家庭 5.1 环绕声

（c）杜比家庭 7.1 环绕声　　（d）杜比家庭 9.1 环绕声

图 14.1　家庭影院扬声器推荐设置图

听众，同时保证各个扬声器到听众的距离是相等的。听音者的位置与中置扬声器的角度为0°，左前和右前的扬声器与中置扬声器呈 30°夹角，左后、右后的扬声器与中置扬声器呈±110～120°夹角[15]。杜比主要推出了 3 种家用环绕声系统，分别是 5.1 环绕声、7.1 环绕声及 9.1 环绕声[16]。DTS 公司推出的 DTS Neo:X 系列重放系统同样适用于家庭声重放。美国的家庭影院领域的专业机构 THX 也推出了一些家庭环绕声系统。

随着家庭影院进入大众的视野，国内外对家庭影院环绕声系统进行了一系列的规范：一方面是关于音视频的标准，例如国际标准化组织（ISO）的相关音视频标准；另一方面是关于家庭影院声学装修、重放系统的标准及推荐。行业内，清华大学建筑物理实验室与中电声韵声学工程技术（北京）有限公司联合编制的《小型影院声学设计与认证标准》[17]比较具有代表性，该标准为小型影院的声学设计提供了相对专业的方法，介绍了小型影院的客观技术参数和主观评价指标，并针对影院音质效果欠佳的问题提出了优化方案。

14.2　放音半径对环绕声效果的影响

理想状态下，听者听到的声音只与电声重放系统有关，而与周围的环境无关，声音的响度、音色、方位、距离、空间感等信息可以通过电声重放系统传递至特定方位的扬声器，使用合适的重放系统和优质的音频文件，可以正确还原出真实或虚拟空间里现场演出或者电影声的整个声场信息。本节在消声室理想的听音环境下，即没有反射界面和混响影响时，通过改变环绕声重放系统中扬声器距听音者的半径大小，模拟小空间内不同大小的放音区域，探讨放音半径对环绕声听感效果的影响。

14.2.1 听音实验方案

在消声室里搭建平面环绕声系统，由于电源片源和主流重放系统的音频制式均为平面环绕声，小空间低频本身存在问题且很难控制，所以选定5.0制式的平面环绕声重放系统，包括C中央声道、L左声道、R右声道、LS左环绕声道、RS右环绕声道，从而排除低频带来的主观影响。全消声室面积为190m²，体积为1300m³，本底噪声在N1以下，下限频率为50Hz（图14.2）。消声室内各频率对应的自由场半径见表14.3。

图 14.2 消声室环境示意图

表 14.3 消声室自由场半径

频率	50Hz	63Hz	100Hz	500Hz	1000Hz	2000Hz	4000Hz
自由场半径	9.5m	11.5m	15m	15m	16m	16m	16m

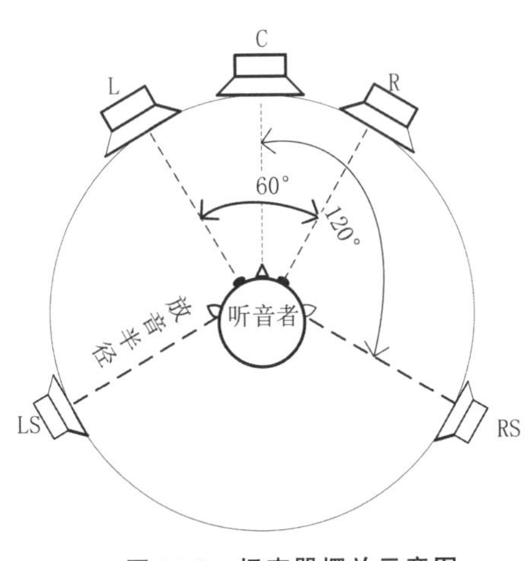

图 14.3 扬声器摆放示意图

按照ITU-R BS.775-1标准[18]推荐的5声道环绕声系统标准进行扬声器的摆放，以听音者（被试）所在位置为圆心，将扬声器按角度要求摆放在圆周上，扬声器放置高度为110cm，保证实验过程中被试的耳朵与扬声器的高音单元齐平，见图14.3。

5声道所用扬声器均为真力8030A监听音箱，扬声器校准符合《数字立体声电影院的技术标准》[19]中提及的观众厅电－声技术特性中各个声道校准的原则，保证扬声器在每个放音半径下到达被试的声压级是相同的。通过计算机控制实验信号播放，配备一个多通道声卡连接一个16通道数字调音台，频率响应范围为20Hz～20kHz，放音半径为1m、2m、3m、4m，共四种实验场景，模拟小空间放音区域的面积为3m²～50m²。

选取5.1制式的5个电影片段及音乐片段的原声作为实验信号，信号涵盖环境声、音乐声、语言声、动效声4种声音类型。电影片段中包含的声音内容不同，在评价环绕声听感效果上会有所侧重,例如动效丰富的片段适合评价环绕声听感效果中的方位感。因此本节在实验过程中会针对不同的评价指标选择合适的电影片段来进行评价。

5.1 制式的片源包括中央声道、左声道、右声道、左环绕声道、右环绕声道和低音声道 6 个独立通道的声音,由于在小空间内,暂时不讨论低音,所以只用 5 个声道的声音。用于实验的电影片段包括:《独立日》中引擎启动、怪物苏醒的纯环境音片段(以下称“独立日”);《金刚骷髅岛》中讲述金刚由来的以语言对白为主、音乐声和背景声烘托的片段(以下称“金刚”);《速度与激情 7》中在动感音乐中飙车的场景和公路上开车追赶打斗场景的两段动效片段(以下称“速度片 1”“速度片 2”);杜比片花中的交响乐片段(以下称“交响乐”)。实验素材详细内容见表 14.4。

表 14.4 实验信号详细信息

片源名称	截取时间段	时长(秒)	素材类型	主要声音内容
独立日	1:14:35～1:15:30	55	纯环境音	引擎声、水声
速度片 1	1:04:25～1:05:10	45	动效＋音乐	汽车运动声、音乐
速度片 2	53:20～54:15	55	动效	机械撞击声、打斗声、枪声
金刚	52:30～53:30	60	语言为主	语言声、配乐、海水声
交响乐	44:30～45:30	60	纯音乐	交响乐

14.2.2 实验方法与过程

参考空间声重放效果评价的相关文献[20],并针对实验目的,选择出 6 个有代表性且理论上正交的评价指标进行环绕声效果评价实验,6 个指标分别为方位感、层次感、纵深感、包围感、临场感、空间舒适性,具体的指标解释见表 14.5。

表 14.5 环绕声听感效果评价指标

指标名称	指标解释
方位感	声源方位容易判断,运动轨迹清晰
层次感	电影片段中所包含的声音元素层次分明,不粘连,清晰,可区分
纵深感	声源的位置或营造的氛围在水平面上深远的感觉
包围感	被充满空间的声音或者环绕运动的声音包围的感受
临场感	代入感强,真实如身临其境、沉浸其中的感觉
空间舒适性	声音所营造的空间大小接近以下哪个词:局促、窄小、适中、宽广、空阔

方位感和层次感用来评价环绕声所呈现的听感效果的清晰程度。纵深感和空间舒适性主要是想评价被试感知到的环绕声营造出的声场空间效果。纵深感是重放声场空间的深远程度,空间舒适性则是被试在听觉上感知到环绕声重放营造出声场空间的舒适性。包围感和临场感更多地用来评价环绕声重放的整体声场听感效果。

实验采用系列范畴法[21],每个评价指标划分为 5 级尺度,对应 1～5 分,评价指标如表 14.6 所示。

表 14.6　电影环绕声效果评价表

评价指标	评价等级(对应 1～5 分)				
方位感	差	较差	适中	较好	好
层次感	差	较差	适中	较好	好
纵深感	差	较差	适中	较好	好
包围感	差	较差	适中	较好	好
临场感	差	较差	适中	较好	好
空间舒适性	局促	窄小	适中	宽广	空阔

实验共有 16 名被试,年龄在 22～26 岁之间,听力正常,受过听力训练,有听觉心理实验的经验,满足《演出用专业音响设备音质主观评价方法》[22]中对被试的要求。正式实验前让被试充分熟悉实验信号、评价指标和实验流程。实验场景分为放音半径为 1m、2m、3m、4m 这四种,每种实验场景下的实验作为一组实验,因此被试需要进行四组实验。实验时被试全程蒙住眼睛,避免视觉刺激影响听觉,同时被试不知道自己处在放音半径为多少的实验场景中,四组实验中的场景是随机选择的,四个放音半径的场景全部呈现后,实验结束。每组实验中被试对实验信号在评价指标上进行打分(1～5 分)。根据实验信号所用电影片段的声音内容,需要打分的评价指标有所不同,具体对应关系如表 14.7 所示。每组实验中实验信号所用的电影片段是随机排序的,被试依次对每个电影片段需要评价的指标进行打分,打分采用问答形式进行,主试做好记录。每做完一组实验,被试休息,主试改变放音半径、变换实验场景后,再进行下一组实验。实验采取单人单试的形式,每种实验场景的实验时长约 15 分钟,被试的总实验时长大约 1 小时。

表 14.7　实验信号与评价指标对应表

实验信号	评价指标					
	方位感	层次感	纵深感	包围感	临场感	空间舒适性
独立日			√	√	√	√
速度片 1	√	√	√	√	√	√
速度片 2	√	√	√	√	√	√
金刚			√	√	√	√
交响乐			√	√	√	√

14.2.3　不同放音半径下环绕声听感结果

实验的信度是指实验结果的可靠性。实验结果是通过被试的主观听感评价得到的,对被试的感知稳定性要求较高,所以需要对每个被试进行信度检验。信度检验遵循两倍标准差原则,检验组内一致性,剔除内部一致性信度值得分低的被试数据[23],16 名被试的数据均通过了组内一致性检验。

对每个评价指标听觉效果的实验数据进行单因子方差分析，检验在放音半径和实验片段不同的情况下，感知结果间是否有显著性差异。显著性检验结果如表 14.8 和表 14.9 所示，表中数值为经显著性分析得到的 P 值，选择 95％的置信区间，所以 P 值小于 0.05 视为有显著性差异，没有显著性差异的数据用下划线标出。

表 14.8　放音半径间显著性结果

听音半径	方位感	层次感	纵深感	包围感	临场感	空间舒适性
1m～2m	0.917	0.165	0.296	0.837	0.65	0.162
1m～3m	0.836	0.069	0.944	0.032	0.928	0.217
1m～4m	0.407	0.087	0.486	0.682	0.024	0.323
2m～3m	0.917	0.668	0.329	0.052	0.717	0.869
2m～4m	0.468	0.748	0.082	0.538	0.071	0.68
3m～4m	0.533	0.915	0.443	0.011	0.03	0.805

表 14.9　实验片段间显著性结果

实验所用电影片段	纵深感	包围感	临场感	空间舒适性	方位感	层次感
独立日—速度片 1	0.007	0.000	0.007	0.006		
独立日—速度片 2	0.697	0.000	0.003	0.003		
独立日—金刚	0.938	0.000	0.188	0.198		
独立日—交响乐	0.755	0.000	0.020	0.198		
速度片 1—速度片 2	0.020	1.000	0.761	0.782	0.486	0.339
速度片 1—金刚	0.005	0.000	0.000	0.000		
速度片 1—交响乐	0.016	0.000	0.000	0.000		
速度片 2—金刚	0.640	0.000	0.000	0.000		
速度片 2—交响乐	0.938	0.000	0.000	0.000		
金刚—交响乐	0.697	0.030	0.311	1.000		

显著性结果显示，各放音半径场景的听感结果几乎没有明显的差异，放音半径的不同没有引起 6 个环绕声听感评价指标结果显著性的不同。实验所用的电影片段间在评价指标上的部分结果表现出显著性差异，因为电影片段声音内容不同，会在环绕声听感效果上有所差异。

按照系列范畴法的数理统计和处理方法，将被试对电影片段在 6 个环绕声听感效果评价指标上的打分，分别进行范畴统计，最终获得在每个放音半径下不同电影片段听感的心理尺度值和范畴。心理尺度值和范畴见表 14.10 至表 14.15，表格中数字为心理尺度值大小，字母表示尺度值落入的范畴，例如速度片 1 在放音半径 1m 处方位感心理尺度值为3.594，属于好的范畴。空间舒适性维度中，字母 A～E 分别代表空阔、宽广、适中、窄小、局促，其他评价指标维度中，字母 A～E 分别代表好、较好、一般、较差、差，例如 2.031—B 表示心理尺度值为 2.031，属于较好的范畴。

表 14.10　方位感听感结果

方位感	放音半径			
	1m	2m	3m	4m
速度片 1	3.594—A	3.102—A	3.594—A	2.959—A
速度片 2	3.570—A	3.533—A	2.983—B	3.165—A

表 14.11　层次感听感结果

层次感	放音半径			
	1m	2m	3m	4m
速度片 1	2.925—B	3.013—B	3.638—A	3.675—A
速度片 2	3.674—A	3.124—B	3.789—A	3.837—A

表 14.12　纵深感听感结果

纵深感	放音半径			
	1m	2m	3m	4m
独立日	−0.411—C	0.401—C	0.699—B	0.156—C
速度片 1	−0.189—C	−0.529—D	−0.164—C	−0.992—D
速度片 2	0.246—C	0.208—C	−0.009—C	−0.109—C
金刚	0.646—B	0.728—B	−0.329—C	−0.244—C
交响乐	−0.133—C	0.934—B	−0.666—D	−0.026—C

表 14.13　包围感听感结果

包围感	放音半径			
	1m	2m	3m	4m
独立日	2.070—B	2.283—B	1.428—B	2.240—B
速度片 1	2.674—A	2.722—A	2.529—A	2.764—A
速度片 2	3.551—A	2.706—A	2.614—B	3.604—A
金刚	0.448—C	0.598—B	0.356—C	0.693—B
交响乐	0.879—B	0.079—C	−0.058—C	−0.006—C

表 14.14　临场感听感结果

临场感	放音半径			
	1m	2m	3m	4m
独立日	0.991—C	2.086—B	1.174—B	2.149—A
速度片 1	2.480—A	2.518—A	2.380—B	2.558—A

续表

临场感	放音半径			
	1m	2m	3m	4m
速度片 2	2.439－A	1.589－B	2.311－A	2.526－A
金刚	0.726－B	0.646－C	0.723－B	1.656－A
交响乐	0.860－C	0.733－C	0.845－C	1.448－A

表 14.15 空间舒适性听感结果

空间舒适性	放音半径			
	1m	2m	3m	4m
独立日	－0.969－D	－0.047－C	0.183－C	－0.137－C
速度片 1	－1.533－D	－1.060－D	－0.840－D	－0.513－C
速度片 2	－0.918－D	－0.040－C	－0.130－C	－0.953－D
金刚	0.868－B	0.231－C	－0.112－C	－0.557－C
交响乐	－0.223－C	0.558－C	－0.007－C	0.108－C

将表格中的数据用心理感知分布图表示，可以更直观地呈现实验结果，如图 14.4 至图 14.9 所示。图中，横轴表示心理尺度，纵轴用来区分不同评价对象的结果，1m～4m 表示在此放音半径下得到的结果。

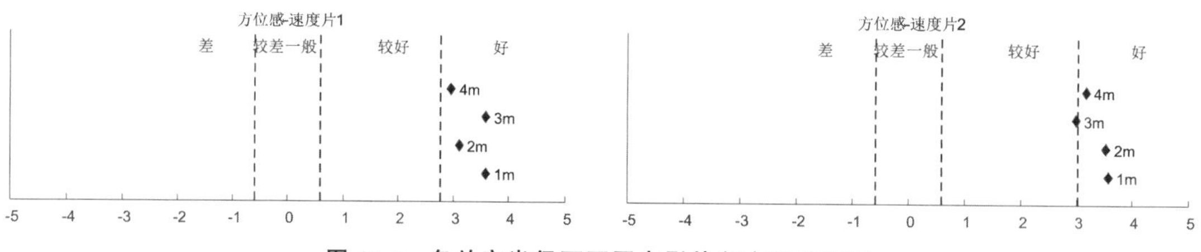

图 14.4 各放音半径下不同电影片段方位感结果

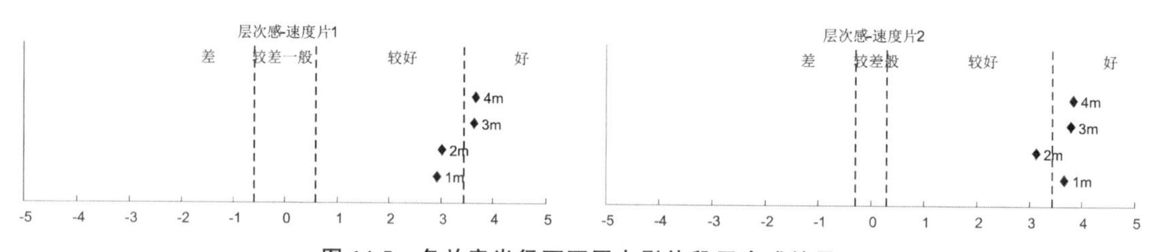

图 14.5 各放音半径下不同电影片段层次感结果

速度片 1 和速度片 2 片段中包含动效，声音元素较为丰富，在方位感上容易判断。电影片段都是原声片段，音质清晰。放音半径的变化并没有引起方位感的明显变化，方位感和层次感结果较为稳定，都落在较好及其以上的范畴内。

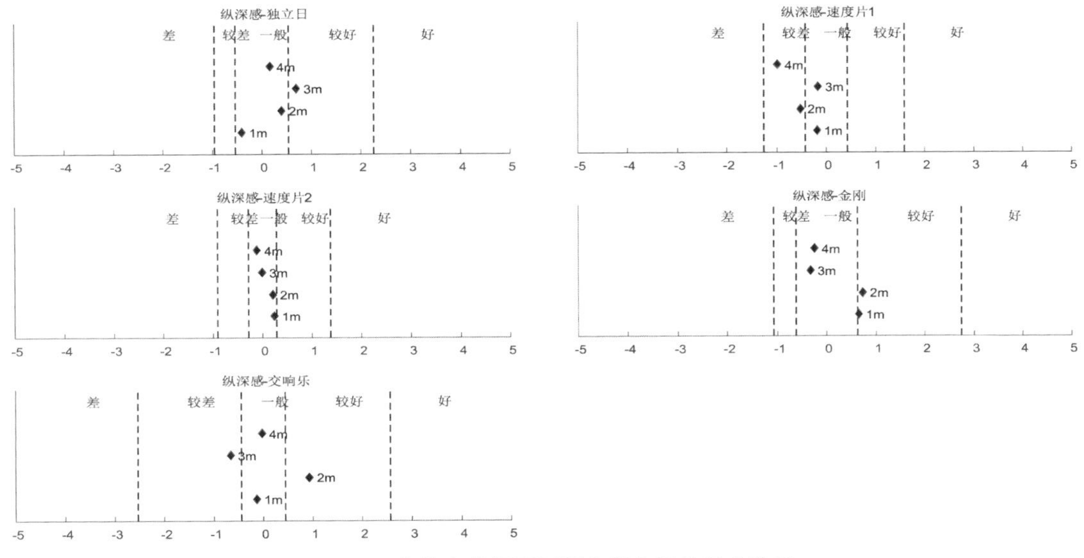

图 14.6　各放音半径下不同电影片段纵深感结果

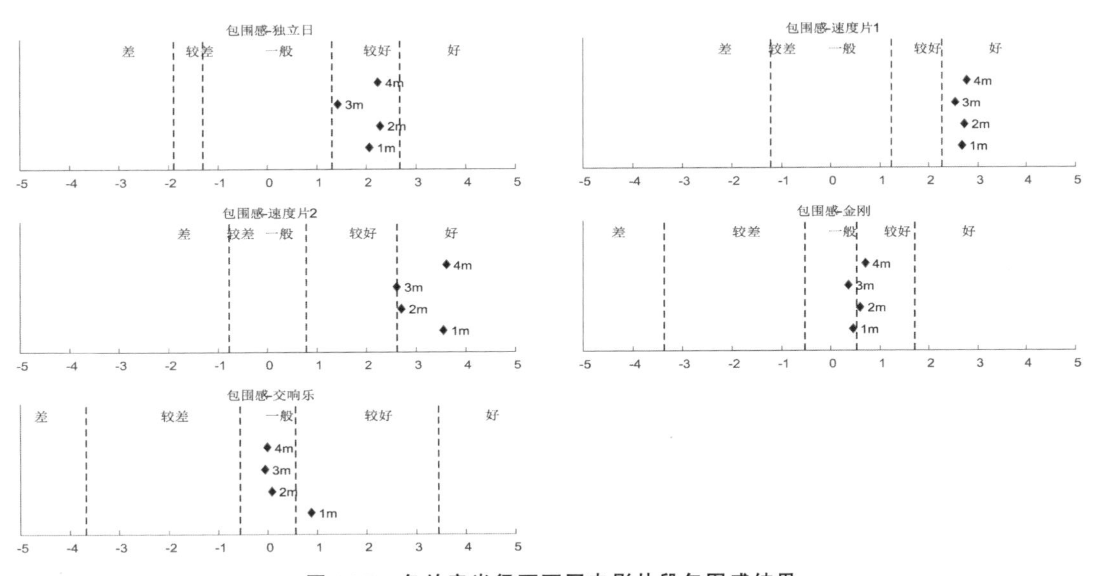

图 14.7　各放音半径下不同电影片段包围感结果

在 4 个放音半径下所有实验片段信号在临场感、包围感上都表现出几乎相同的趋势，听感上仅在小范围内存在波动。相比之下，以语言声为主的片段、纯环境音片段、纯音乐声片段因为声音内容较为平缓，所以在听感上要比有动效的片段弱一点，但也都落在一般及其以上的范畴内。

语言声、纯音乐、纯环境声（无动效）的片段纵深感略好于有动效的片段，被试在 4 个放音半径下对纵深感的感知大多落在一般这个范畴内，而且纵深感相对不稳定，可见纵深感有待提高。整体来看，空间舒适性则落在适中和窄小这两个范畴的居多，空间舒适性更有待提高。局部来看，具有音乐和动效的速度片 1 表现出随着半径的增加空间舒适性也逐渐提升

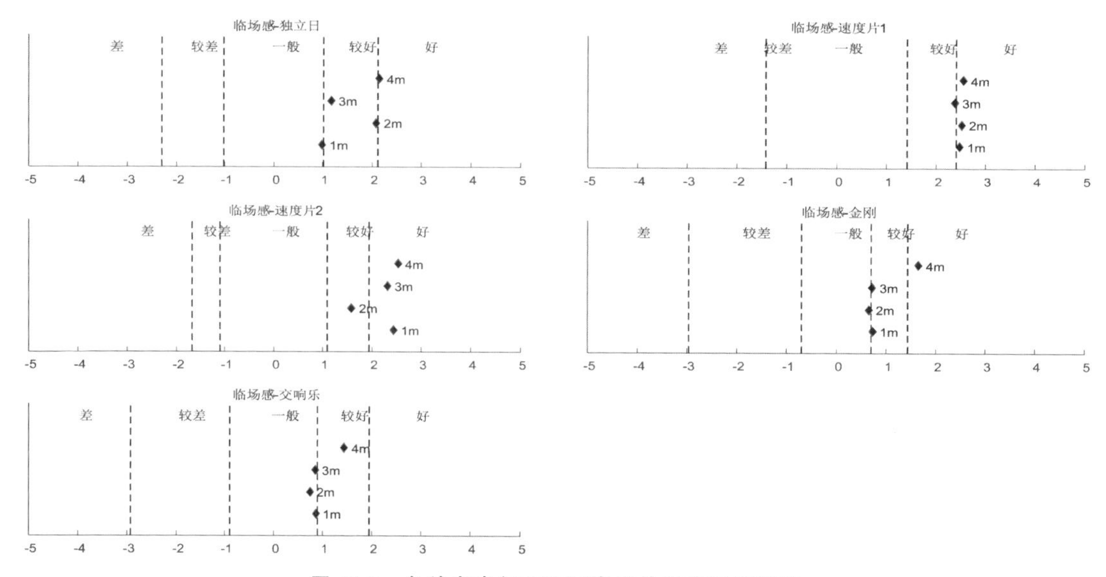

图 14.8　各放音半径下不同电影片段临场感结果

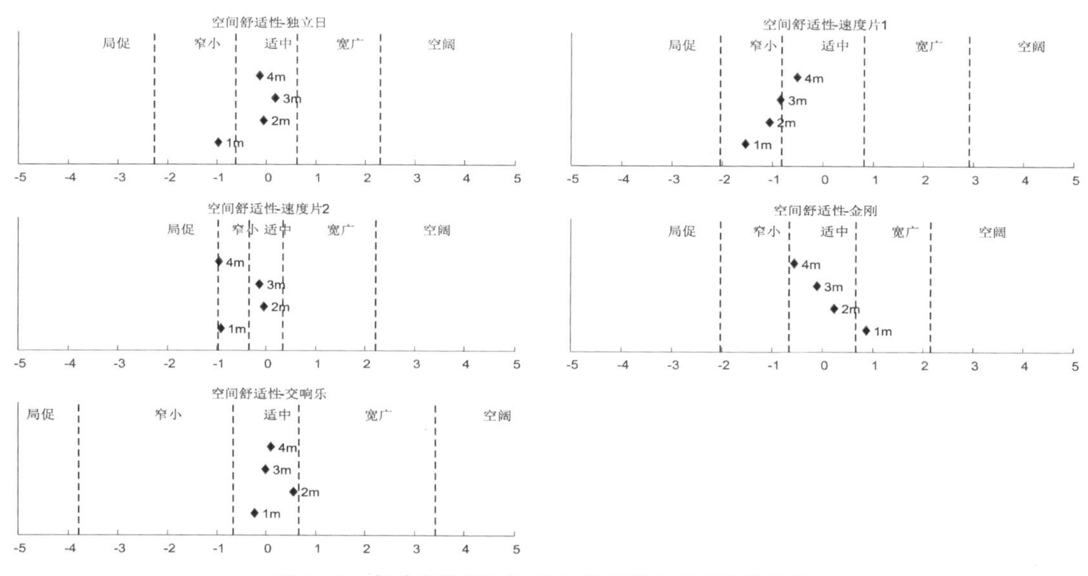

图 14.9　各放音半径下不同电影片段空间舒适性结果

的特点，而以语言声为主的金刚片段则表现出半径越小空间舒适性越好的趋势。

每个评价指标的心理尺度分布图并没有表现出明显的听感随放音半径规律性变化的趋势。

对每个电影片段在 4 个放音半径下的心理尺度值求平均值，在不考虑电影片段类型对听感的影响时，分析放音半径对环绕声听感效果的影响。从图 14.4 至图 14.9 可以清楚地得出，4 个放音半径下，方位感和层次感最好，包围感和临场感较好，纵深感和空间舒适性较差。方位感虽然呈现随着放音半径的增加而逐渐变差的趋势，但是由上文分析我们可知方位感几乎都在一个范畴里面，所以图 14.10 显示的趋势是轻微变化。其他感知没有表现出随着放音半径的增加而一致增强或者减弱的趋势，同一感知在 4 个放音半径下的平均心理尺度值相差不大。

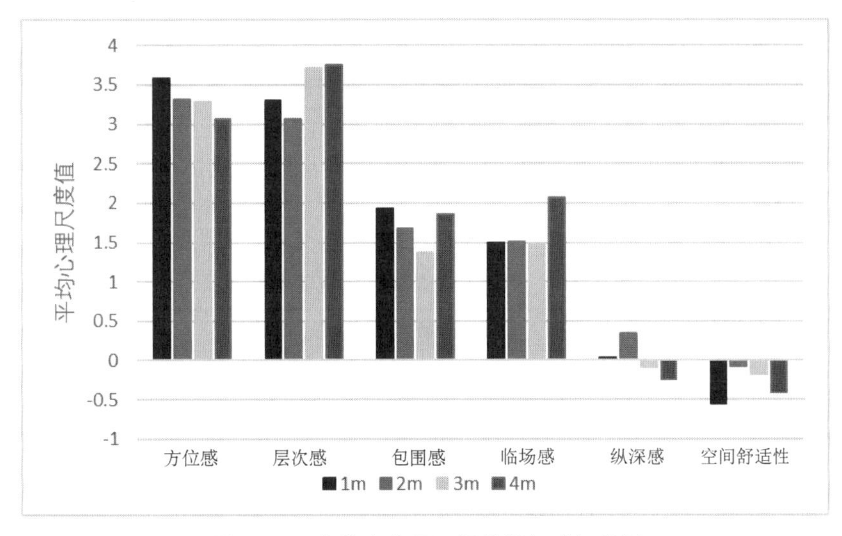

图 14.10　各放音半径下评价指标感知结果

14.3　小空间中混响对环绕声效果的影响

一般来说，厅堂的容积越大，混响时间就越长，考虑到实际小空间重放环境是有物理空间界面的，并且混响是室内电声重放研究的重要因素，所以可以分析混响对小空间环绕声听感效果的影响。本节通过听音实验，探究在一定混响时长范围内，小空间内的混响对环绕声效果的影响，将不同混响时间下的实验结果与上一小节中无混响的结果进行对比，从而探究环绕声听感效果的变化情况。

14.3.1　听音实验方案

实验选择在混响室内进行，混响室面积 40m²，体积 200m³，本底噪声在 NR25 以下，空室时 500Hz 的混响时间不小于 10 秒。在混响室内摆放平面环绕声系统，以听音点处为圆心，音箱距离听音者 2m，模拟放音半径为 2m 的小空间听音区域，实验设备及实验方法均与上节保持一致。通过添加吸声体数量、改变吸声体的位置及摆放方式，获得混响时间为 1s、2s、3s、7s 的均匀混响环境，其中混响时间取的是 500Hz 和 1000Hz 混响时间的平均值，共四种实验场景。

四种混响时间即四种实验场景，每种实验场景为一组实验，随机给被试呈现四种实验场景，每种场景下被试均采用盲听，依次对需要评价的实验信号指标进行打分，主试做好记录。实验信号与评价指标的对应关系如表 14.7 所示。每做完一组实验，被试休息，主试改变声学环境、变换混响时间后，再进行下一组实验，每个被试的实验时长大约为 1 个小时。

14.3.2 不同混响条件下环绕声听感结果

将上一小节中放音半径为 2m 的无混响的实验数据，通过系列范畴法的维度变换，与本小节四种混响时间的实验数据进行比较。

16 名被试的实验数据均通过了两倍标准差组内一致性信度检验。对每个评价指标的实验数据进行单因子方差分析，显著性检验结果如表 14.16 和表 14.17 所示，表中数值为经显著性分析得到的 P 值，选择 95％的置信区间，所以 P 值小于 0.05 视为有显著性差异，没有显著性差异的数据用下划线标出。

表 14.16　不同混响条件之间显著性结果

混响条件	纵深感	包围感	临场感	空间舒适性	方位感	层次感
无混响—1s	0.756	0.001	0.003	0.278	0.002	0.000
无混响—2s	0.003	0.000	0.000	0.316	0.000	0.000
无混响—3s	0.000	0.000	0.000	0.000	0.000	0.000
无混响—7s	0.000	0.000	0.000	0.000	0.000	0.000
1s—2s	0.008	0.000	0.047	0.933	0.096	0.003
1s—3s	0.000	0.000	0.000	0.000	0.000	0.000
1s—7s	0.000	0.000	0.000	0.000	0.000	0.000
2s—3s	0.187	0.046	0.085	0.000	0.065	0.444
2s—7s	0.244	0.001	0.000	0.000	0.000	0.003
3s—7s	0.876	0.183	0.000	0.676	0.034	0.028

从显著性检验结果发现无混响与混响时间为 1s 时在纵深感和空间舒适性上的结果没有明显差异，其他感知的实验数据之间具有显著性差异。不同的混响场景之间的结果大部分呈现显著性差异，极少数在个别感知上的结果没有差异。实验所选用的部分电影片段之间在感知上的结果有显著性差异。在纵深感和空间舒适性的显著性结果上，无混响与短混响 1s 或长混响 3s 与 7s 之间的电影片段的选择对结果的影响不显著。

表 14.17　实验所用电影片段之间显著性结果

实验所用电影片段	纵深感	包围感	临场感	空间舒适性	方位感	层次感
独立日—金刚	0.088	0.002	0.031	0.030		
独立日—速度片 1	0.120	0.000	0.101	0.559		
独立日—交响乐	0.756	0.000	0.016	0.005		
独立日—速度片 2	0.534	0.000	0.016	0.676		
金刚—速度片 1	0.001	0.000	0.000	0.113		
金刚—交响乐	0.044	0.183	0.795	0.504		
金刚—速度片 2	0.020	0.000	0.000	0.010		
速度片 1—交响乐	0.214	0.000	0.000	0.025		
速度片 1—速度片 2	0.351	0.849	0.437	0.316	0.355	0.010
交响乐—速度片 2	0.756	0.000	0.000	0.001		

各个混响条件下听感的心理尺度值和范畴的全部结果见表 14.18 至表 14.23，数字为心理尺度值，字母表示范畴。空间舒适性维度中，字母 A～E 分别代表空阔、宽广、适中、窄小、局促；其他评价指标维度中，字母 A～E 分别代表好、较好、一般、较差、差。

表 14.18　方位感评价结果

方位感	实验场景(混响时间)				
	无混响	1s	2s	3s	7s
速度片 1	3.182—A	2.654—B	2.189—B	0.599—C	−0.181—C
速度片 2	2.329—A	2.211—A	1.541—B	1.456—B	0.391—C

表 14.19　层次感评价结果

层次感	实验场景(混响时间)				
	无混响	1s	2s	3s	7s
速度片 1	1.832—B	1.096—B	0.716—B	0.656—C	−0.859—D
速度片 2	2.602—B	2.489—B	1.331—B	1.189—B	0.409—C

表 14.20　纵深感评价结果

纵深感	实验场景(混响时间)				
	无混响	1s	2s	3s	7s
独立日	0.564—C	0.324—C	1.184—B	1.041—B	2.029—B
速度片 1	−0.679—D	0.191—C	0.906—B	1.089—B	0.229—C
速度片 2	0.354—C	−0.083—C	0.694—B	1.004—B	0.952—B
金刚	1.039—C	0.601—C	2.011—B	2.251—B	1.414—B
交响乐	0.795—B	0.077—C	0.322—C	0.672—B	0.65—B

表 14.21　包围感评价结果

包围感	实验场景(混响时间)				
	无混响	1s	2s	3s	7s
独立日	2.129—B	0.725—B	0.593—C	−0.572—C	−0.845—D
速度片 1	3.14—A	3.02—A	1.072—B	−0.45—C	0.005—C
速度片 2	2.056—A	1.908—B	0.928—B	0.496—C	−0.584—D
金刚	0.914—B	0.856—B	−0.364—C	−0.784—D	−1.259—D
交响乐	0.164—C	−0.438—C	−1.038—C	−1.833—D	−1.796—D

表 14.22 临场感评价结果

临场感	实验场景(混响时间)				
	无混响	1s	2s	3s	7s
独立日	1.611—B	0.535—C	0.447—C	−0.138—C	−1.8—D
速度片 1	2.151—A	2.124—A	1.049—B	−0.006—C	−0.989—D
速度片 2	1.312—B	2.019—A	0.999—B	0.256—C	−0.656—D
金刚	0.595—C	0.805—B	−0.14—C	−0.805—D	−1.27—D
交响乐	0.495—C	0.082—C	−0.281—C	0.134—C	−1.441—D

表 14.23 空间舒适性评价结果

空间舒适性	实验场景(混响时间)				
	无混响	1s	2s	3s	7s
独立日	−0.034—C	0.406—C	0.701—B	0.956—B	1.076—B
速度片 1	0.342—C	−0.002—C	0.65—B	1.12—B	1.115—B
速度片 2	−0.04—C	−0.539—D	0.021—C	1.101—B	1.048—B
金刚	0.264—C	0.962—B	0.812—B	2.304—B	1.714—B
交响乐	0.899—C	1.186—B	1.316—B	1.551—B	0.933—C

从表中可以看出混响对于评价指标影响的变化趋势。将表格中的数据用心理感知分布图表示(横轴表示心理尺度值,纵轴用来区分混响时间 1s/2s/3s/7s 的结果),帮助我们更加直观地分析混响对于环绕声听感效果的影响,见图 14.11 至图 14.16。

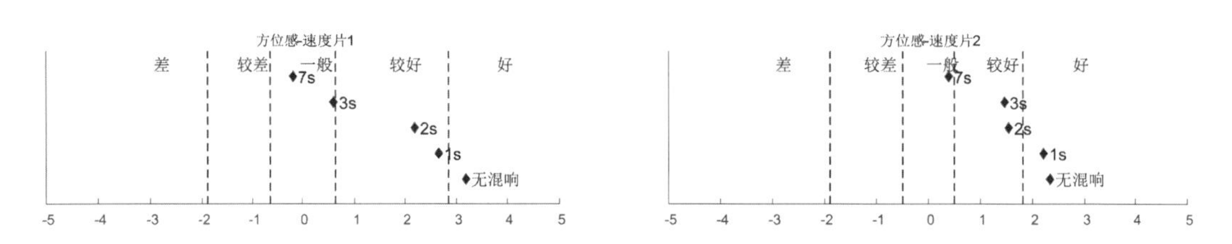

图 14.11 各混响条件下不同电影片段方位感结果

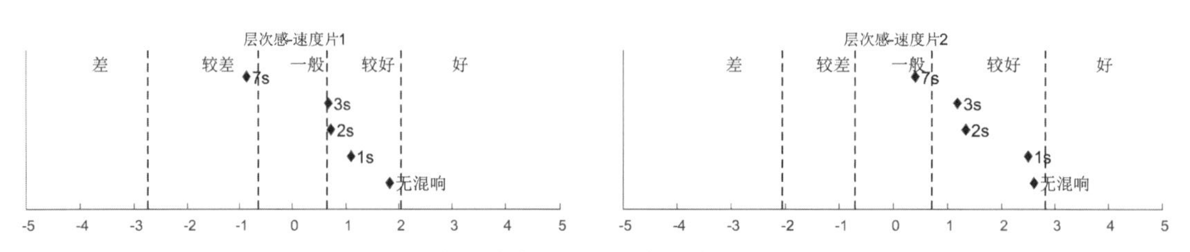

图 14.12 各混响条件下不同电影片段层次感结果

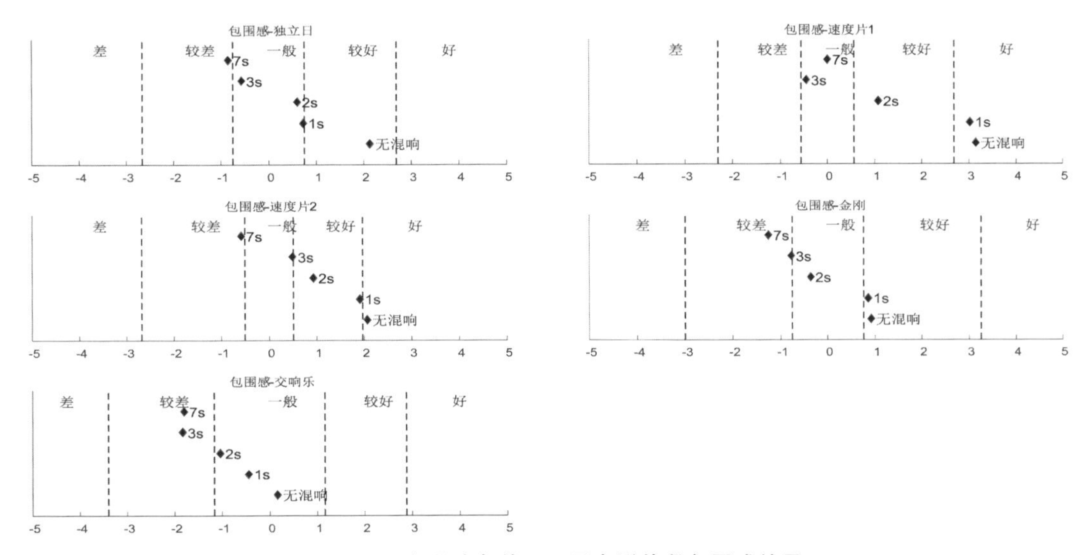

图 14.13　各混响条件下不同电影片段包围感结果

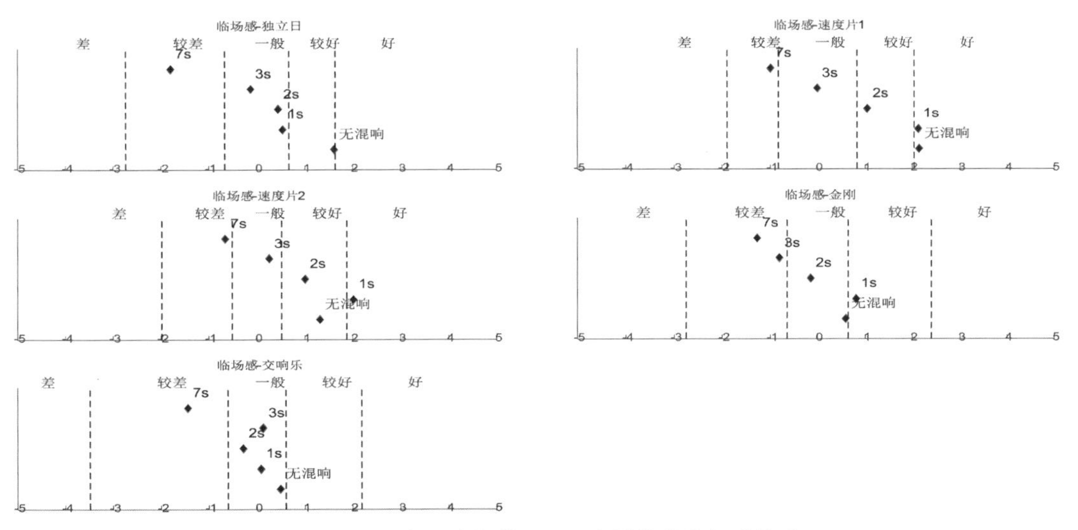

图 14.14　各混响条件下不同电影片段临场感结果

混响对方位感、层次感、包围感、临场感的影响较大，相比无混响的情况，整体呈现出混响时间越长，感知越差的趋势。混响影响清晰度，因此混响会模糊电影中的声源方位、运动轨迹、声音元素，方位感、层次感有明显变差的趋势。同时混响对包围感和临场感也有负面影响，混响时间越长，感知的劣化越严重。

无混响下与混响时间 1s 下的纵深感结果几乎都在一个范畴内，纵深感感知类似。混响时间在 1s 以上时，纵深感有明显提升，呈现出混响时间越长，纵深感越强的趋势。混响对空间舒适性的影响较为明显，特别是混响时间在 1s 以上时，混响时间越长，空间舒适性越好。

不同的混响时间对主观听觉感知的影响呈现一定的规律，相比无混响的情况，混响时间增加 1s 以上时趋势明显，但是在极限条件下，如混响时间增加 7s 时，并没有产生极差或者

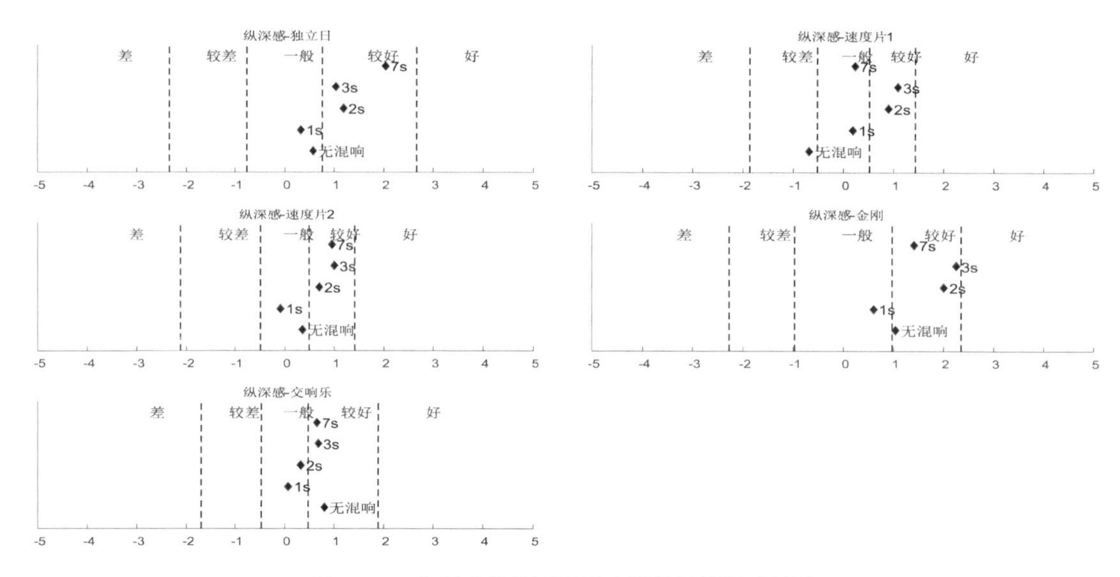

图 14.15 各混响条件下不同电影片段纵深感结果

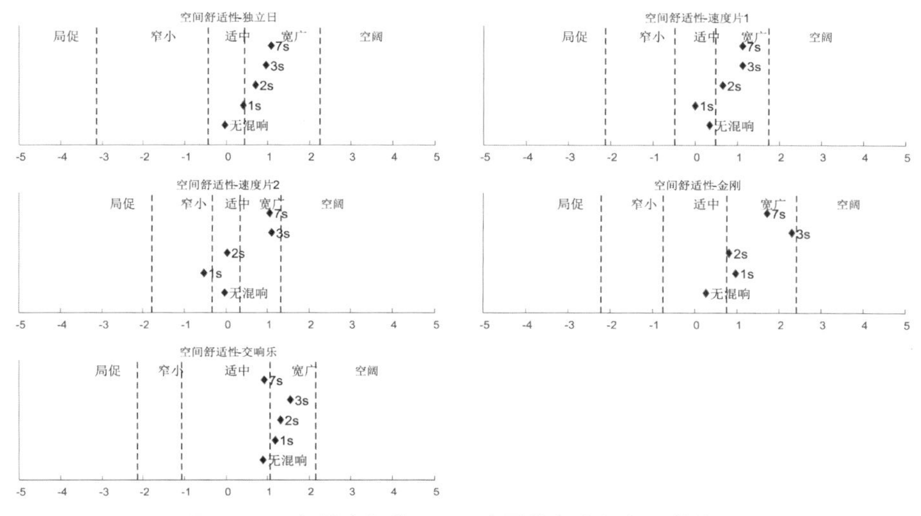

图 14.16 各混响条件下不同电影片段空间舒适性结果

极好的感知，反而和混响时间 3s 时的结果相当，这在图 14.15 中无混响与有混响之间以及有混响之间的显著性结果上也有所体现。

电影片段不同，混响对主观听觉感知影响的趋势大致相同，因此混响对听觉感知的影响趋势与电影片段的内容没有较强的相关性，但是影响程度上会有所侧重。观察交响乐(纯音乐)片段，混响对于纵深感的影响并不是很大，可能是因为纯音乐片段的内容本身没有给被试带来强烈的纵深感，而在动效丰富的电影片段如速度片 1 中，混响会直接模糊声源的动效感知，所以在大多数评价指标感知结果上，速度片 1 的变化趋势最显著。

对片段在每个听感评价指标上的心理尺度值进行平均值计算，不考虑电影片段类型对听感的影响，分析不同混响条件对环绕声听感效果的影响，见图 14.17。

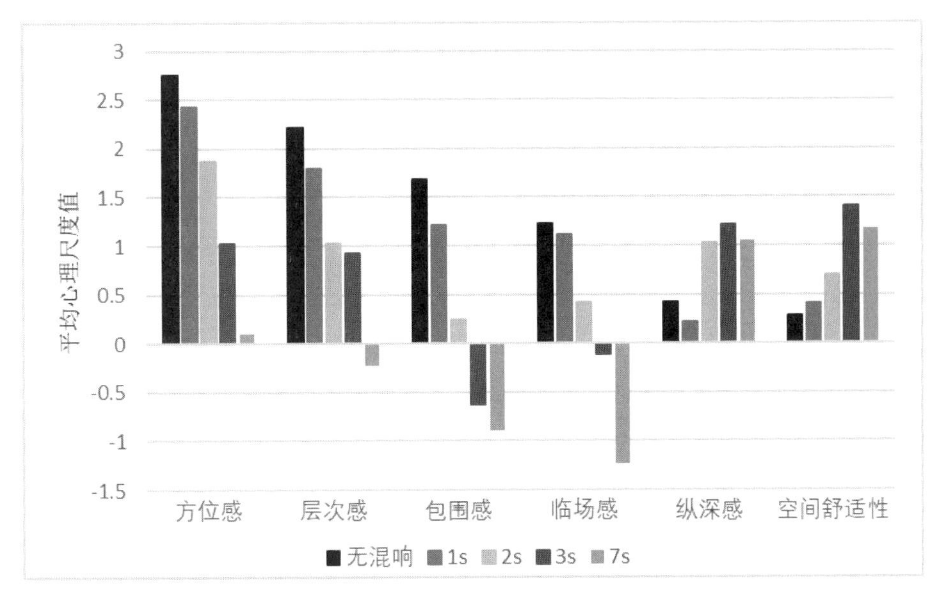

图 14.17　不同混响条件下评价指标感知结果

从图14.17中可以清楚地看到，在一定的混响时间范围内，混响条件从无混响到混响7s，对方位感、层次感、包围感以及临场感的影响是负面的，随着混响时间增加，感知结果越来越差。但是混响对纵深感和空间舒适性是有正面影响的，在3s的时候感知达到5种混响条件中最好的程度，由于没有对3s到7s的混响时间做细化实验，所以不能确定纵深感和空间舒适性在混响时间为3s时达到最佳。7s的极限混响时间并没有带来纵深感和空间舒适性极好的结果，反而相比混响时间3s时感知上有所减弱。

14.4　小空间的空间扩展

14.4.1　房间测量与分析

目前声学仿真软件大部分是基于几何声学中的声线跟踪法和虚拟声源法对室内声环境进行仿真分析的，大空间（如音乐厅）仿真声学分析的结果是与实际大空间的声环境接近的，但用几何声学的方法对小空间声环境进行仿真分析是不合适的，特别是在低频段。而且声学仿真软件只能对单个声源激发的声场进行分析，无法做到多个声源同时激发，不能模拟多声道重放，故本节没有借助声学仿真软件对小空间内环绕声重放声环境进行仿真预测分析，而是借助客观声学测量，帮助理解小空间环绕声重放所营造的声场，深入探究空间内与重放效果有关的声音。

选择一家正规的私人影院的矩形厅作为实验用的典型小空间，此影厅四周的墙壁、天花板及地面均做了软包装修，有一定的吸声作用。空间内有基本的家庭影院设备和家具，如沙发、桌子、投影仪、屏幕等，安装有5.1平面环绕声重放系统。小空间的长、宽、高分别为3.86m、2.15m、2.8m，面积为8.3m^2，容积为22.3m^3。房间比例（高：宽：长）是1：0.77：1.38，此小空间的房间比例不符合国内外推荐的较优的房间比例，宽小于高，属于狭长矩形小空间。计算得到该小空间的房间共振模式，见表 14.24。

表 14.24 只列出了 200Hz 以下的频率的共振模式，在 44.6Hz 至 100Hz 之间轴向模式有 4 个，切向模式有 2 个，斜向模式没有，如果统计到 200Hz，则轴向模式有 9 个，切向模式有 17 个，斜向模式有 8 个，可以发现这些共振模式下的共振频率非常相近，房间内的简并现象严重，会加重声染色。

表 14.24 实际小空间的部分房间共振模式

振动方式			共振频率(Hz)	波长(m)	共振模式
x	y	z			
1	0	0	44.6	7.72	轴向
0	0	1	61.5	5.6	轴向
1	0	1	76	4.53	切向
0	1	0	80.1	4.3	轴向
2	0	0	89.2	3.86	轴向
1	1	0	91.7	3.76	切向
0	1	1	101	3.41	切向
2	0	1	108.4	3.18	切向
1	1	1	110.4	3.12	斜向
2	1	0	119.9	2.87	切向
0	0	2	123	2.8	轴向
1	0	2	130.8	2.63	切向
3	0	0	133.8	2.57	轴向
2	1	1	134.8	2.56	斜向
0	1	2	146.8	2.35	切向
3	0	1	147.3	2.34	切向
2	0	2	152	2.27	切向
1	1	2	153.4	2.25	斜向
3	1	0	156	2.21	切向
0	2	0	160.2	2.15	轴向
1	2	0	166.3	2.07	切向
3	1	1	167.7	2.05	斜向
0	2	1	171.6	2.01	切向
2	1	2	171.8	2	斜向
1	2	1	177.3	1.94	斜向
4	0	0	178.5	1.93	轴向
3	0	2	181.8	1.89	切向
2	2	0	183.4	1.88	切向
0	0	3	184.5	1.87	轴向
4	0	1	188.8	1.82	切向
1	0	3	189.8	1.81	切向
2	2	1	193.4	1.78	斜向
4	1	0	195.6	1.76	切向
3	1	2	198.6	1.73	斜向

14.4.2　室内音质客观声学参数

在小空间中利用全指向型声源十二面体和全指向型测量麦克风进行声学参数测量。采用十二面体播放对数扫频信号，利用测量话筒拾取声音信号，对拾取的声音信号进行反卷积处理，此时获得的信号为房间的脉冲响应。分析房间脉冲响应，依据 ISO3382—1997[24]，对房间脉冲响应进行分析及客观声学参数计算，三次测量结果的均值为各声学参数的最终数值，见表 14.25。

早期衰减时间 EDT 是通过衰减斜线将最初的 10dB 推算到衰减 60dB 所需的时间。*Cte* 是声能比，*te* 是早期时间。常用 C80 表示音乐明晰度，它是指早期声能（直达声产生后 80ms 的声能总量）与混响声能的比值；C50 表示语言清晰度，是指早期声能（直达声产生后 50ms 内的声能总量）与混响声能的比值[25]。

表 14.25　实际小空间客观声学参数

Freq [Hz]	31.5	63	125	250	500	1000	2000	4000	8000	A	Lin
EDT [s]	0.61	0.28	0.31	0.25	0.1	0.21	0.12	0.11	0.08	0.14	0.17
C50 [dB]	4.97	13.53	9.82	14.13	21.04	14.08	19.19	20.37	25.88	17.81	15.93
C80 [dB]	10.18	16.69	15.66	21.18	27.34	22.59	28.27	29.33	37.07	25.55	23.38
T20 [s]	0.39	0.35	0.46	0.27	0.18	0.21	0.18	0.17	0.12	0.21	0.24
T30 [s]	0.34	0.32	0.48	0.31	0.21	0.19	0.19	0.18	0.14	0.22	0.28

小空间内的混响时间是 0.2s，选取过程是先通过房间脉冲响应分别计算 500Hz、1000Hz 的混响时间，最后选取两者的平均值。根据实际测得的小空间的长、宽、高，由公式(14-1)计算出相应空间最低工作频率的参考值为 180Hz，实际工程应用中最低工作频率会比 180Hz 高一些。空间内的频率变化大致为：44Hz 到 180Hz 范围内，房间共振占主导作用，属于声学意义上的小房间；180Hz 到 612Hz 范围内，声音的衍射和扩散占主导地位；612Hz 至 20000Hz 范围内，镜面反射和射线声波占据优势，属于声学意义上的大房间。

观察小空间内实际测得的房间脉冲响应可知，小房间内直达声和早期反射声的声能较大，且早期反射声序列也相对密集。分析空间的客观声学参数可以知道，混响时间越短，后期反射声的声能越小，空间环境属于短混响小型听音室环境。同样，根据图 14.18 房间脉冲的频率响应也可得出，低频能量占比大且不均匀，该小空间由于空间太小且狭长，房间比例欠佳，低频能量大，存在声染色的声学缺陷。在实际的测量中，重放空间小，房间比例不好，很容易出现低频能量大且不均匀、声染色等声学问题。小空间低频能量大，可以考虑不加低音，但是低频能量不均匀，又需要考虑利用低音音箱进行改善，所以在小空间内重放出良好的低音本来就是一个复杂的问题，而实验研究侧重的是小空间环绕声听感效果的分析。

14.4.3　听音实验方案

实验环境为真实的商用私人影院，是集成化系统。影厅内集成化的重放系统为 5.1 平面环绕声系统，因此无法按照原有的实验要求播放指定的实验片段并按照相应的实验流程

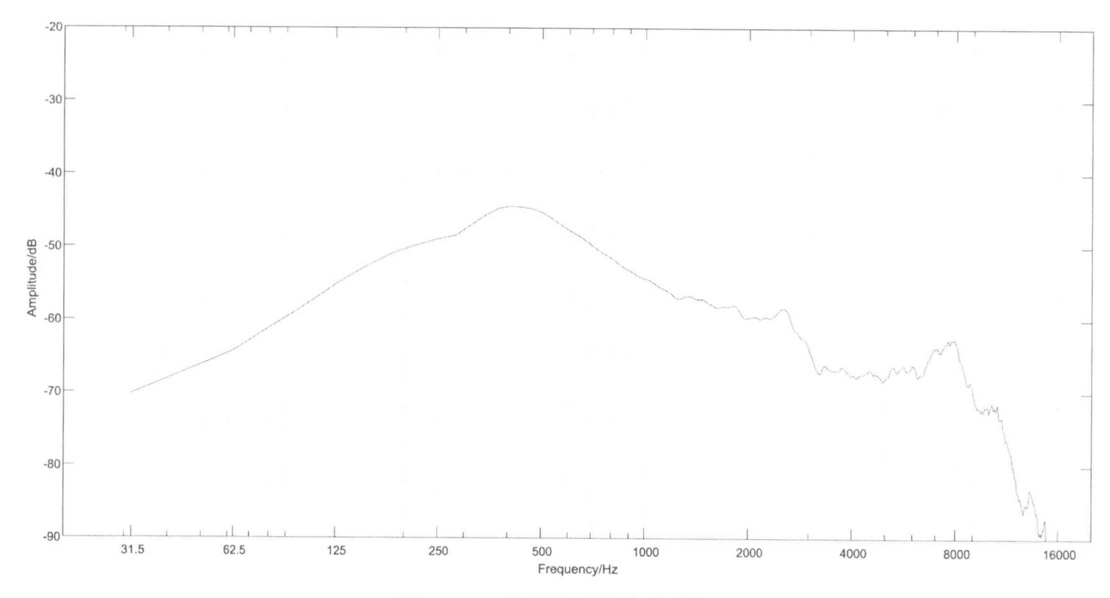

图 14.18 房间脉冲频率响应图

进行实验，故根据实际影厅空间的尺寸自行搭设平面环绕声系统进行听音实验。在听音实验开始前，对实际影厅进行声学参数测量，由测量结果可知实验所用的影厅空间混响时间短，低频能量大，声染色严重，因此进行听音实验时，需注意这些声学缺陷对被试感知环绕声效果的影响。

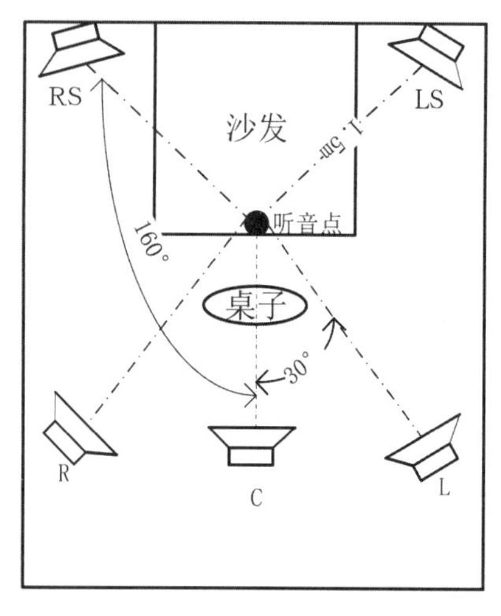

图 14.19 小空间摆放平面示意图

结合实际影厅的尺寸，对音箱的摆放角度进行相应的调整，前面三个音箱摆放角度维持不变，后环绕 LS 和 RS 的间隔角度调整为 60°。将每个扬声器距离被试的听音半径设置为1.5m，高度为 95cm，且保证音箱的高音单元与被试耳朵齐平(图 14.19)。

实验所用的素材与 14.3 小节保持一致，环绕声评价指标则增加了感知声源宽度(ASW)。感知声源宽度是指声源营造的声场在水平面上可感知的宽度。空间舒展性可理解为对虚拟空间大小的感知，简称空间大小。听音实验采用感知声源宽度、空间大小、纵深感、方位感、层次感、包围感及临场感共 7 个评价指标。

根据客观声学参数的实际测量结果，可以观察到，影厅环境中早期反射声序列密集且声能较大，故不太适合采用改变早期反射声声能及序列疏密的方法对影厅空间进行虚拟扩展。本实验通过改变重放声音声能比的方法来进行空间听觉扩展渲染，讨论早期声能与后期声能比值的不同对主观听觉感知空间扩展程度的影响。

对实验所采用的电影片段原声音频文件利用 MATLAB 软件进行信号预处理，即一个电影片段原声文件中包含 5 路音频通道，所有通道的音频信号均采用一致的信号处理方法增加声音的后期声能，将处理后得到的 5 路音频信号分别输送至相应的平面环绕声系统 5

路通道中进行重放，以此保证环绕声系统重放时所有通道保持相同的声能比。结合房间效应，确定最终获得的声能比。实验信号重放感知过程如图 14.20 所示。

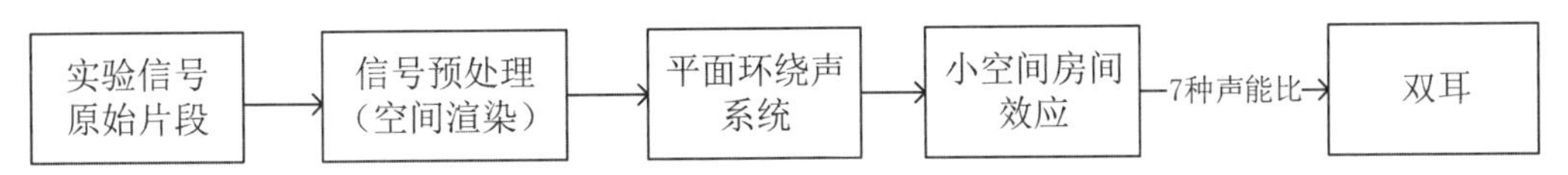

图 14.20　实验信号重放感知过程

通过增加后期反射声及混响的能量，改变后期声能，最终获得 7 种不同声能比的实验场景，此后简称为 S1～S7。S1～S7 中的声能比是依次变小的，也就是后期声能依次增加，而早期声能与后期声能的比值(即声能比)的计算公式见式(14-3)。

$$C_{te}=10\lg\left(\int_{0}^{te}p^{2}(t)dt\Big/\int_{te}^{\infty}p^{2}(t)dt\right)\tag{14-3}$$

其中，C_{te}是声能比，te 是早期时间。从公式可知，当早期时间 te 取不同值时，计算得到的声能比的值也不同。表 14.26 列出了 S1～S7 这 7 种实验场景中，te 取不同时间时所计算得到的声能比数值。而图 14.21 展示 7 种实验场景中，te 取不同时间时对应声能比数值的整体变化趋势。

表 14.26　各实验场景对应声能比 C_{te} 的值

te	声能比	实验场景						
		S1	S2	S3	S4	S5	S6	S7
5ms	C5	−2.89	−3.86	−7.47	−9.14	−14.91	−13.79	−62.41
10ms	C10	0.32	−0.75	−4.90	−7.66	−7.86	−8.01	−52.50
15ms	C15	1.37	0.28	−4.32	−5.21	−6.01	−6.83	−10.67
20ms	C20	4.18	1.15	−3.85	−4.70	−5.58	−6.34	−7.70

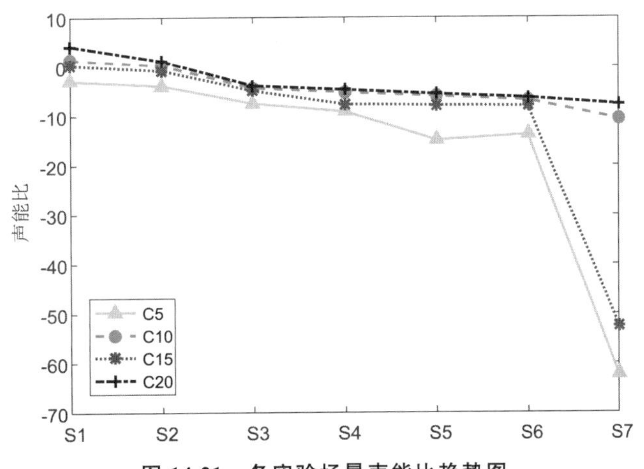

图 14.21　各实验场景声能比趋势图

S1～S7 这 7 种实验场景设置的早期声能与后期声能的比值是逐渐减小的，故后期反射声及混响声的声能是逐渐增大的，这与图 14.21 中的变化趋势是一致的，其中早期时间选择越长，早期声能与后期声能的比值变化曲线越趋于平缓。

实验分两个阶段进行，将 5 个电影原声片段作为参考信号，每个电影片段有 7 种声能比处理的待测信号。

第一阶段为环绕声空间扩展渲染实验，采用对数尺度估计法进行听音实验。相比线性尺度估计法，对数尺度估计法更适合被试进行主观听感判断。实验信号成对播放，被试需判断后一个实验信号与前一个实验信号感知评价指标的倍数关系。将 35 对实验信号分为 5 组，每组有 7 个成对的信号，每对实验信号中包含待测信号和参考信号。每对实验信号随机出现，参考信号随机出现在待测信号的前后。被试会在每组信号后听到 A、B 两段音频信号，被试要判断 B 的声源宽度、纵深感、空间大小感与 A 的声源宽度、纵深感、空间大小感的倍数关系。

第二阶段是环绕声效果听感评价实验，采用系列范畴法。每个评价指标包含五级尺度，分别对应 1～5 分。被试需要对 5 个参考信号和 35 个待测信号(共 40 个实验信号)在评价指标上进行打分，具体指标范畴如表 14.27 所示，实验信号与评价指标对应关系如表 14.28 所示。将实验信号分为 5 组，每组 8 个实验信号。考虑到要对被试进行实验信度检验，故从 40 个实验信号中随机挑选 8 个实验信号组成第 6 组——信度组。被试在每 3 组实验结束后休息 10 分钟。

表 14.27 评价指标范畴表

评价指标	评价等级(对应 1～5 分)				
方位感	差	较差	适中	较好	好
层次感	差	较差	适中	较好	好
包围感	差	较差	适中	较好	好
临场感	差	较差	适中	较好	好

表 14.28 实验信号与评价指标对应表

实验信号	评价指标			
	方位感	层次感	包围感	临场感
独立日			√	√
速度片 1	√	√	√	√
速度片 2	√	√	√	√
金刚			√	√
交响乐			√	√

14.4.4 空间扩展听感效果与渲染听音实验结果分析

利用信度组实验结果对所有被试进行重测信度检验，剔除实验数据信度不合格的被试 1

名，保留剩余 12 名被试的实验数据为整体数据。对整体数据进行单因子方差分析，显著性检验结果见表 14.29，其中环绕声效果评级实验中原声与不同声能比场景之间的显著性结果见表 14.30，实验所选不同信号源在听感上的显著性结果见表 14.31。显著性分析的置信区间设置为 95%，表中 P 值小于 0.05 视为有显著性差异，未有显著性差异的数据采用下划线标出。

表 14.29　不同声能比实验场景之间的显著性结果

实验场景	ASW	纵深感	空间大小	包围感	临场感	层次感	方位感
S1—S2	0.504	0.716	0.480	0.106	0.757	0.441	0.324
S1—S3	0.020	0.000	0.000	0.000	0.001	0.000	0.000
S1—S4	0.022	0.001	0.001	0.005	0.024	0.000	0.008
S1—S5	0.012	0.000	0.000	0.069	0.303	0.027	0.167
S1—S6	0.002	0.000	0.000	0.005	0.051	0.000	0.000
S1—S7	0.001	0.000	0.000	0.007	0.181	0.000	0.000
S2—S3	0.003	0.000	0.000	0.002	0.001	0.000	0.001
S2—S4	0.003	0.000	0.000	0.225	0.010	0.005	0.094
S2—S5	0.002	0.000	0.000	0.840	0.181	0.149	0.693
S2—S6	0.000	0.000	0.000	0.225	0.024	0.000	0.000
S2—S7	0.000	0.000	0.000	0.266	0.100	0.002	0.006
S3—S4	0.983	0.546	0.487	0.055	0.354	0.178	0.076
S3—S5	0.853	0.178	0.363	0.004	0.031	0.007	0.002
S3—S6	0.438	0.027	0.079	0.055	0.217	0.847	0.843
S3—S7	0.309	0.134	0.305	0.044	0.064	0.289	0.490
S4—S5	0.837	0.051	0.109	0.312	0.217	0.178	0.200
S4—S6	0.426	0.005	0.015	1.000	0.757	0.124	0.049
S4—S7	0.299	0.036	0.086	0.919	0.354	0.773	0.278
S5—S6	0.555	0.385	0.398	0.312	0.354	0.004	0.001
S5—S7	0.405	0.879	0.908	0.363	0.757	0.102	0.018
S6—S7	0.809	0.474	0.465	0.919	0.537	0.211	0.374

表 14.30　原声与不同声能比场景之间的显著性结果

显著性	包围感	临场感	层次感	方位感
原声—S1	0.363	0.150	0.847	0.622
原声—S2	0.479	0.258	0.335	0.139
原声—S3	0.000	0.000	0.000	0.000
原声—S4	0.055	0.000	0.000	0.002
原声—S5	0.363	0.014	0.016	0.061
原声—S6	0.055	0.001	0.000	0.000
原声—S7	0.069	0.006	0.000	0.000

表 14.31 实验所用片段之间的显著性结果

片段	ASW	纵深感	空间大小	包围感	临场感	层次感	方位感
独立日—金刚	0.449	0.000	0.017	0.000	0.000		
独立日—速度片 1	0.254	0.001	0.009	0.380	0.000		
独立日—速度片 2	0.108	0.001	0.002	0.000	0.222		
独立日—交响乐	0.001	0.000	0.000	0.000	0.000		
金刚—速度片 1	0.058	0.606	0.816	0.001	0.019		
金刚—速度片 2	0.018	0.820	0.472	0.000	0.000		
金刚—交响乐	0.000	0.001	0.000	0.175	0.625		
速度片 1—速度片 2	0.639	0.774	0.627	0.000	0.000	0.006	0.000
速度片 1—交响乐	0.029	0.000	0.001	0.000	0.062		
速度片 2—交响乐	0.087	0.000	0.003	0.000	0.000		

由表 14.29 可知，实验场景 S1 与 S2 的听感结果间没有显著性差异，但 S1 与其他场景的结果之间均存在显著性差异，实验场景 S4、S5、S6、S7 的感知结果在绝大部分评价指标上没有显著性差异。原声与 S1 和 S2 实验场景在环绕声听感指标评价上没有显著性差异，但与其他实验场景在诸多评价指标上有显著性差异。不同信号源在个别指标上的结果不存在显著性差异，在大部分指标上选择的信号源类型不同将会影响评价指标的结果。

按照尺度估计法的数据处理方法，将衡量空间扩展效果的三个指标（感知声源宽度、纵深感、空间大小）的听感评测结果进行统计分析，得到 7 种实验场景下环绕声空间扩展效果的最终结果，见图 14.22。图中横坐标为 S1－S7 的 7 种实验场景；纵坐标表示与原声信号相比主观感受到的空间扩展的倍数；趋势线选择线性趋势线，反映空间扩展效果随声能比的变化趋势。

S1－S7 实验场景中声能比曲线呈现逐渐下降趋势，对应重放声音中后期反射声及混响声的能量曲线则呈逐渐上升的趋势，曲线整体来看均呈线性上升趋势，故随着后期反射声和混响声的能量的逐渐增加，主观感受到的空间扩展的程度也呈现逐渐提高的趋势。

三个衡量空间扩展效果的指标，在听觉上感知到的空间扩展倍数几乎都大于 1，即增加后期反射声和混响声的能量，可以在听感上达到一定的虚拟空间扩展的效果。

在每个实验片段中，空间大小的感知扩展程度最优，其次是纵深感的扩展程度，最后是声源宽度的扩展程度。此外，信号源为动效丰富的速度片 2、交响乐（纯音乐）片段时，感知结果呈现的上述特征尤为明显。不同信号源的空间扩展程度不一样：纯环境音（独立日片段）的空间大小感知扩展倍数均在 2 至 3 之间，以语言声为主的金刚片段的空间大小的感知扩展倍数可以达到 3 至 4，速度片 1 的评价指标 ASW 的感知扩展倍数最大能到 2.5 左右，速度片 2 的评价指标 ASW 的感知扩展倍数在 1.5 至 2.5 之间，交响乐（纯音乐）片段在评价指标纵深感上的感知扩展倍数在 2 至 4.5 之间。

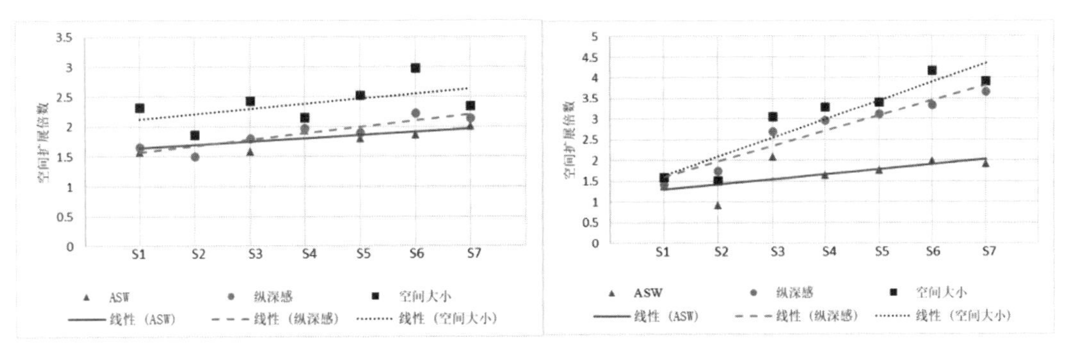

（a）独立日片段空间扩展结果　　（b）金刚片段空间扩展结果

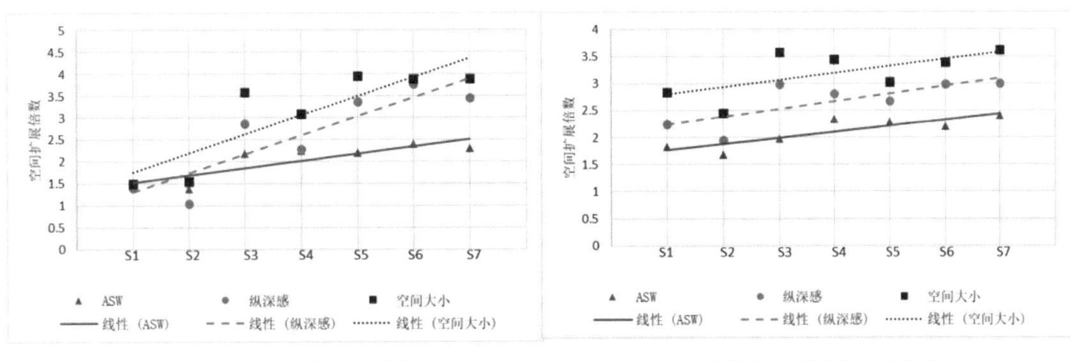

（c）速度片 1 片段空间扩展结果　　（d）速度片 2 片段空间扩展结果

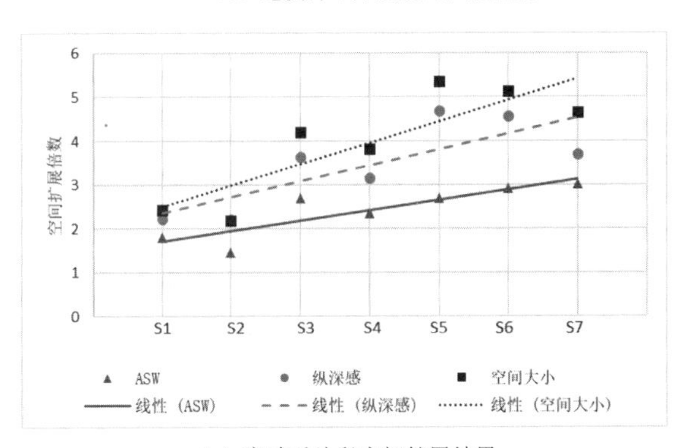

（e）交响乐片段空间扩展结果

图 14.22　各实验场景空间扩展渲染结果

纯音乐交响乐片段的虚拟空间扩展效果最佳，三个指标的感知扩展效果都相对明显；既有动效又有音乐的速度片 1，以及以语音声为主、背景音乐烘托的金刚，空间扩展效果也不错；动效最丰富的速度片 2 也呈现出良好的虚拟空间扩展效果；纯环境音独立日片段的感知空间扩展效果则相对一般。可见，后期声能的增加能够使包含音乐的信号源更容易达到空间扩展的效果。

将所有片段在 7 个实验场景下的感知声源宽度（ASW）、纵深感和空间大小的扩展倍数分别进行数据平均处理（图 14.23），分析不同声能比对感知扩展效果的影响。实验场景 S1－S7 中后期反射声能和混响声能不断增加，在三个评价指标上平均感知空间扩展倍数均在 1 以上，达到了虚拟空间扩展的效果。空间扩展存在有一定的限度，感知声源宽度扩展的限度在

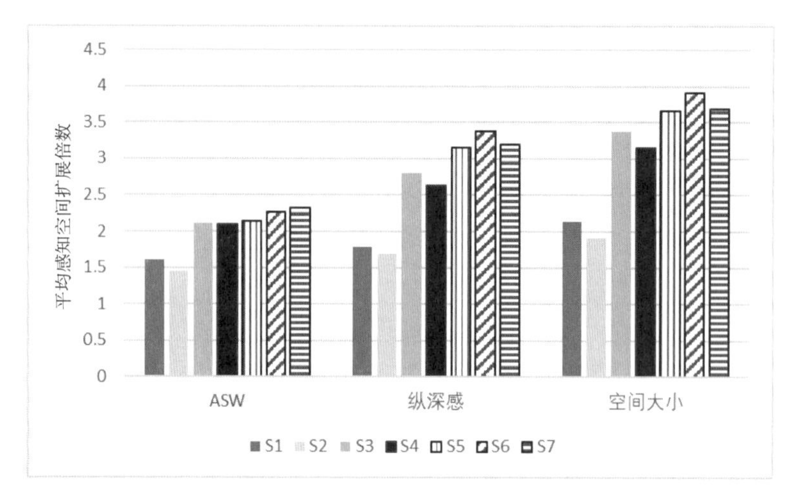

图 14.23　不同实验场景空间扩展结果

1.5 倍左右，纵深感的扩展限度在 2 倍左右，空间大小的扩展限度在 3 倍左右。实验场景 S3 的扩展倍数即可达到限度。达到扩展限度后无论后期声能再增加多少，感知扩展程度也未能出现大幅度提高。

按照系列范畴法，得到没有处理的原声和经处理的 7 种声能比的声音听感的心理尺度值和范畴，由此获得感知分布图，见图 14.24 至图 14.27，其中横轴表示心理尺度值，纵轴用来区分不同声能比(S1—S2)处理的结果。

实验场景 S1 到 S7 重放声音的后期声能逐渐增加，相比没有处理的原声，方位感的感知存在变差的趋势，后期声能的增加对层次感的感知也存在弱化的影响，尤其是实验场景 S3—S7，层次感均在不同程度上变差，甚至从较好的范畴进入较差的范畴。包围感和临场感也有劣化，在实验场景 S2—S7 中较为明显，特别是在 S2 到 S3 实验场景的变换中。分析 S2 到 S3 感知突变显著的片段，发现在四种感知中纯音乐交响乐片段和含有动效及音乐的速度片 1 片段的此种趋势较为明显。

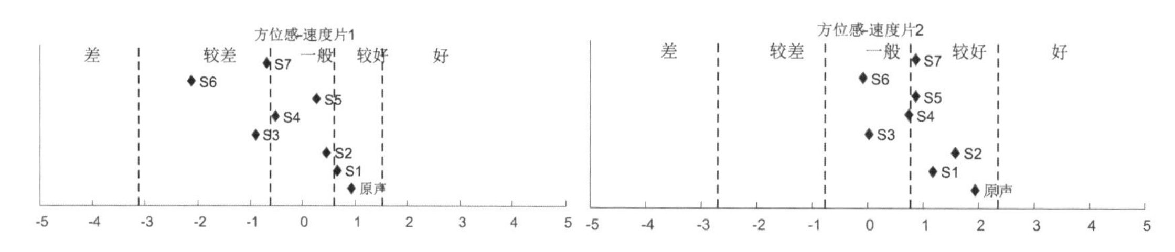

图 14.24　各实验场景中不同片段的方位感结果

从原声听感结果所在的范畴来看，评价指标大多分布在较好的范畴内，可见在此次听音实验中，被试对小空间自身存在的声学问题并未有太多的察觉，故实验所使用的小空间的声学问题对重放环绕声听感效果的影响较小。

计算所有片段在方位感、层次感、包围感、临场感四个环绕声听感评价指标上的心理尺度值的平均值，如图 14.28 所示，在不考虑信号源类型对听感影响的情况下，分析不同声能比的信号处理对环绕声听感的影响。

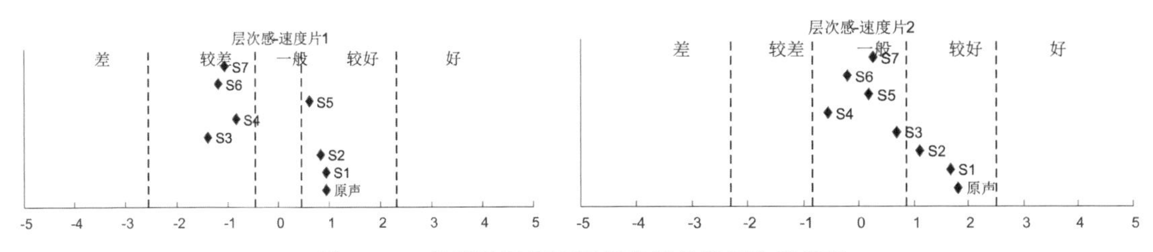

图 14.25　各实验场景下不同电影片段层次感结果

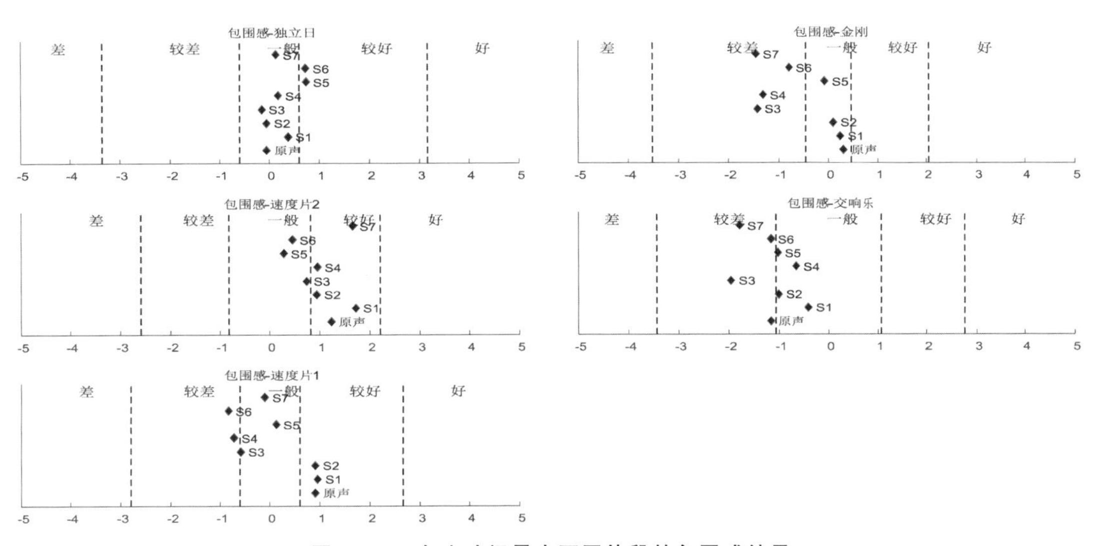

图 14.26　各实验场景中不同片段的包围感结果

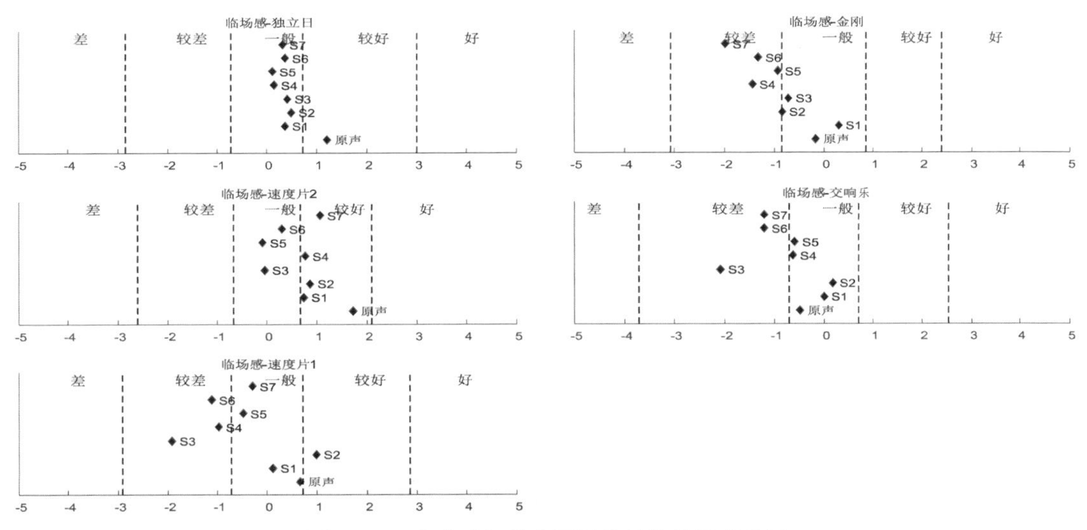

图 14.27　各实验场景中不同片段的临场感结果

相比原声，实验场景 S1－S7 重放声音的声能比逐渐减小(后期声能逐渐增加)，4 个评价感知也呈现劣化的趋势，尤其是实验场景 S2 后出现感知上的突变，劣化程度急剧增加。

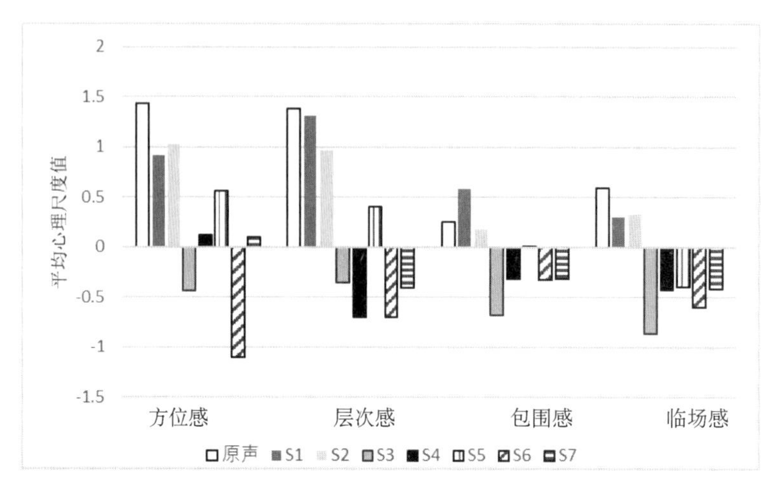

图 14.28　不同实验场景中环绕声听感评价结果

由于选择的分界时间(早期时间)不同,在不同实验场景中计算得到的早期声能与后期声能的声能比也不同,见表 14.25。将 *te* 取不同值得出 S1—S7 声能比的数值,与实际在小空间内进行的环绕声空间扩展结果和听感评价结果进行相关性分析,得到表 14.32 和表 14.33。

表 14.32　声能比与环绕声空间扩展结果相关性

相关性	ASW	纵深感	空间大小
C5 (*te*=5ms)	−0.59	−0.53	−0.50
C10 (*te*=10ms)	−0.58	−0.50	−0.48
C15 (*te*=15ms)	−0.94	−0.91	−0.90
C20 (*te*=20ms)	−0.94	−0.94	−0.93

表 14.33　声能比与环绕声听感评价结果相关性

相关性	方位感	层次感	包围感	临场感
C5(*te*=5ms)	0.17	0.38	0.30	0.26
C10 (*te*=10ms)	0.17	0.40	0.32	0.27
C15 (*te*=15ms)	0.59	0.79	0.69	0.73
C20 (*te*=20ms)	0.67	0.86	0.78	0.81

由环绕声空间扩展效果实验结果分析可知,声能比与空间扩展成负相关关系,即声能比越小,空间扩展效果越好。由环绕声听感评价实验结果分析可知,声能比与听感评价指标成正相关关系,即声能比越小,感知越差。观察表 14.32 和表 14.33,可以得出两个听音实验的结果与早期时间分别选择 15ms 和 20ms 时计算得到的声能比相关性更高。因此,研究客观参数声能比与小空间环绕声空间感知时,早期时间选择不应该太短,一般应选择 10ms 以上,这时声能比可以较好地反映听感上的变化。

14.5　物理空间对虚拟空间感的影响

大量的实验证明，室内的主观空间印象与反射声的时间、空间特性存在相关性。其中早期反射声与空间感知的 ASW 有明显的关联，早期反射声对声源的位置感知也会产生影响，但早期反射声是否对虚拟空间大小的感知有影响还未有相关的研究结果。

实验环境为某一全景声制式电影院，其扬声器的布置为前方 5 只主扩扬声器，左、右、后及顶部共 40 只环绕扬声器。假设全景声电影院为基准空间（又称物理空间），选择中置主扬声器模拟声源重放直达声，将 40 只环绕扬声器悬挂的位置设置为反射点。

实验通过电声系统利用环绕扬声器重放信号来模拟早期反射声，以达到虚拟空间扩展的效果。虚拟扩展空间的容积增加是通过对基准空间的长、宽、高进行均匀扩展达到的，与此同时，反射点在虚拟扩展空间中的位置也会随着尺度的扩展而改变，此时假设基准空间的反射点为基准反射点。

首先在基准空间下根据声波传播理论计算 40 只环绕扬声器的延时和声能衰减，并利用数字调音台进行初始设置。其次，虚拟空间扩展后，基准反射点的位置会发生变化，变化后的反射点称为虚拟反射点，计算虚拟反射点的延时和声能衰减。最后，将虚拟反射点的延时、声能衰减与基准反射点的延时、声能衰减做相应的差值计算，得到不同虚拟扩展空间下环绕扬声器的延时、声能衰减的设置数值，并利用数字调音台进行最后的确认设置。

14.5.1　虚拟扩展空间的参数计算

假设物理空间中声源点的位置保持不变，声音经过壁面反射产生近次反射声，近次反射主要分布在侧墙、后墙及天花板，可以利用 40 只环绕扬声器重放来模拟空间扩展后的早期反射声。同时将观众区内某一听音位置设为参考点，参考点的坐标不随虚拟空间容积大小的变化而改变。不同扩展空间状态下反射声延时和衰减的计算步骤如下。

1）确定声源点、各基准反射点、各虚拟反射点以及参考点的位置。

2）计算不同扩展空间下反射声的位置，保持声源点、参考点位置不变。

3）根据图 14.29 计算物理空间中反射点到听音点的延时 t3，计算不同虚拟扩展空间中声源点到各反射点的延时 t1 和不同虚拟扩展空间中各反射点到听音点的延时 t2。

4）根据 t1、t2、t3 计算各反射点扩展后的延时时间 t，得到不同虚拟扩展

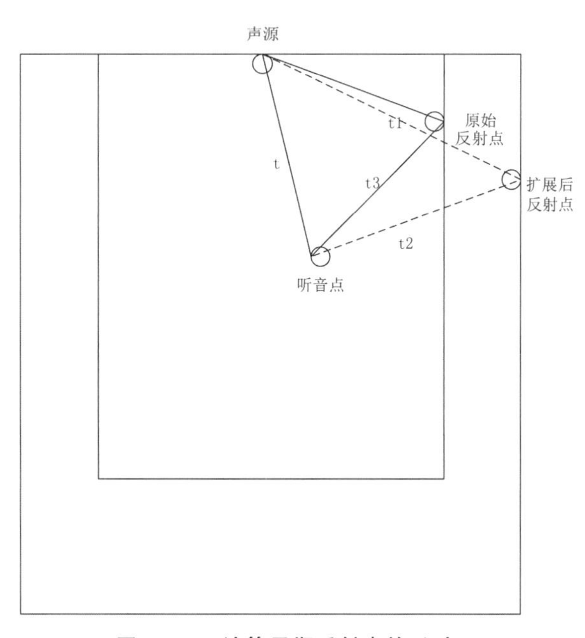

图 14.29　计算早期反射声的延时

状态下各模拟反射声的延时设置。

5)根据空间扩展后各模拟反射点与接收点的距离计算声能衰减,得到不同虚拟扩展状态下各模拟反射点扬声器的声能衰减设置。

表 14.34 举例说明了 1～6 倍基准空间中左环绕扬声器的延时、声能衰减值。

表 14.34　1～6 倍基准空间中左环绕扬声器的延时与声能衰减的设置值

	基准空间		2 倍基准空间		3 倍基准空间	
	延时/s	声能衰减/dB	延时/s	声能衰减/dB	延时/s	声能衰减/dB
左	0.0355	−7.7	0.0517	−10.9	0.0637	−12.7
	0.0375	−8.1	0.0539	−11.3	0.0663	−13.1
	0.0412	−8.9	0.0589	−12.1	0.0724	−13.8
	0.4617	−29.9	0.0663	−13.1	0.0816	−14.9
	0.0521	−11.0	0.0757	−14.2	0.0934	−16.1
	0.0587	−12.0	0.0863	−15.4	0.1068	−17.2
	0.0657	−13.0	0.0979	−16.5	0.1212	−18.3
	0.0731	−13.9	0.1098	−17.5	0.1361	−19.3
	4 倍基准空间		5 倍基准空间		6 倍基准空间	
	延时/s	声能衰减/dB	延时/s	声能衰减/dB	延时/s	声能衰减/dB
左	0.0740	−14.0	0.0824	−15.0	0.0903	−15.8
	0.0770	−14.4	0.0858	−15.3	0.0940	−16.1
	0.0841	−15.1	0.9377	−36.1	0.1028	−16.9
	0.0949	−16.2	0.1058	−17.1	0.1160	−17.9
	0.1086	−17.4	0.1211	−18.3	0.1327	−19.1
	0.1243	−18.5	0.1385	−19.5	0.1516	−20.3
	0.1411	−19.6	0.1571	−20.6	0.1719	−21.4
	0.1583	−20.6	0.1762	−21.6	0.1927	−22.3

14.5.2　听音实验方案

通过数字调音台对各通道进行延时、声能衰减的预设。该调音台具备充足的输入/输出端口,提供 128 路输入和标准的 48 路输出。该调音台具备保存虚拟扩展状态下所有设置的功能,故可保存所有虚拟扩展状态的延时、声能衰减参数设置,以便在进行听音实验时在不同虚拟扩展空间状态间随意快速切换。

实验的输入及输出信号分配流程如下:由电脑输出 1 路实验音乐信号,通过调音台分配给中置扬声器和 40 只环绕扬声器。中置扬声器模拟直达声,40 只环绕扬声器模拟早期反射声。其中分配给环绕声扬声器的输入信号需要通过 40 路不同通道的延时和声能衰减后分别输出到对应的 40 只环绕扬声器。

实验系统由电脑、声卡、数字调音台、功率放大器、主扩扬声器和环绕声扬声器组成。实验系统构成如图 14.30 所示。

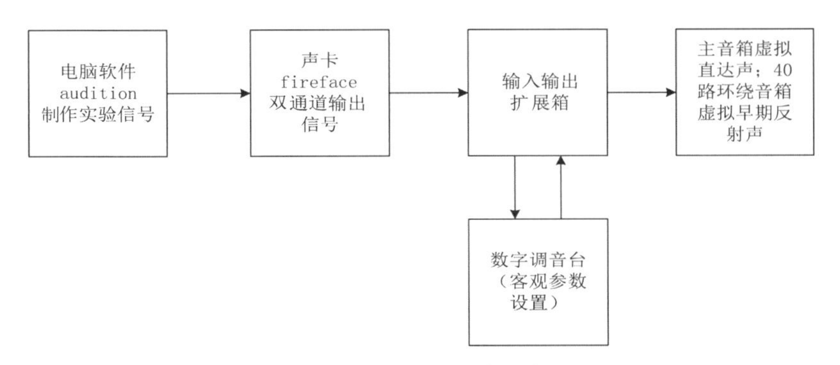

图 14.30　实验系统构成

正式实验之前，需对被试进行一定的背景知识介绍和训练，对空间感、混响感的解释采用引导的方式，不给出明确的定义，但是至少应当让被试达成这样的共识：混响感是指在一个有限空间里聆听有内容的声音时所感受到的与在无限自由空间中不同的一种感觉；空间感是指一个人在一个有限空间里聆听有内容的声音时所感受到的空间大小不同的一种感觉。

本实验中讨论的所有混响感和空间感全部基于声音连续播放时所产生的感觉，而非由最后一个音符或者最后一个音节的衰减而产生的感觉。

首先在消声室内录制民乐干信号（琵琶乐曲《塞上曲》片段），即实验信号；然后对由理论计算得到的不同虚拟扩展空间的早期反射声延时和声能衰减值进行设置，将实验信号通过数字调音台调整参数后利用扬声器重放，得到不同的实验信号，进行主观听音实验。

被试人员由两部分组成，一部分为声学专业的 15 名研究生，年龄在 20～25 岁之间，听力正常，并具有相关的心理实验经验；另一部分为 30 名经过相应听音训练的听音员，年龄在 24～45 岁之间，听力正常。虚拟空间感的效果实验采用尺度估计法（Magnitude Estimation，ME）。尺度估计法通常使用线性尺度[47]，由于正式实验开始前的前期预实验表明，线性尺度标记方式不适用于混响感、空间感的理解标记，因此在分析影响因素的过程中统一使用改进的、符合被试主观感觉的对数尺度估计，设定一个参考信号，假设参考信号的混响感强度、空间感大小为 1。

根据数量将实验信号分为若干组，每组包含 30 个成对的实验信号，每对实验信号包含 1 个待测信号和 1 个参考信号，参考信号随机出现在待测信号的前后。每对实验信号随机出现，被试听完两组信号后休息 10 分钟，每对信号出现两遍，以便于被试通过重测信度检验。其中参考信号是一种实验状态，即只有模拟的直达声存在的状态。

被试在每个信号后会听到 A、B 两个音乐片段，要求被试在听到音乐片段之后首先对 A、B 空间感的强弱或空间大小进行比较和判断，然后对空间感之间的倍数关系进行估计并在右侧的尺度栏里给出答案。

14.5.3 物理空间对虚拟扩展空间早期反射声的掩蔽

根据理论数值的计算结果，对实验信号的延时和声能衰减进行设置并重放信号，同时对虚拟空间感与虚拟空间早期反射声之间的关系进行初探，由 4～5 名有经验的听音人员进行现场试听和评判。结果发现，随着虚拟扩展空间的变化，虚拟空间感基本上保持不变；同时听音员反馈，随着虚拟扩展空间的扩大，各方向的反射声能变得越来越小，直到感觉不到反射声的存在。实验结果见图 14.31。

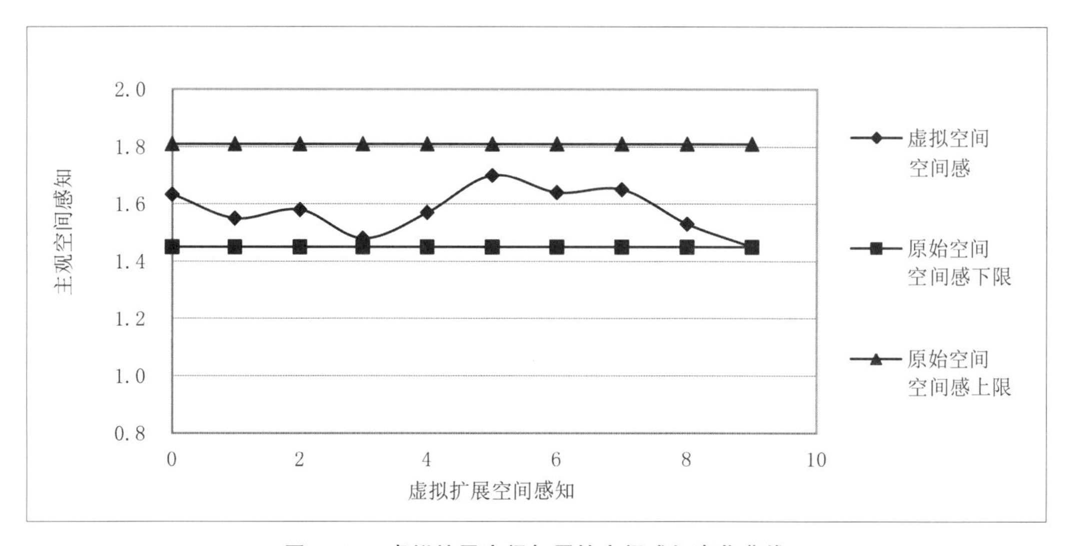

图 14.31 虚拟扩展空间与原始空间感知变化曲线

实验结果表明，在全景声电影院中，由于物理墙壁实际存在，物理声场对虚拟声场具有掩蔽作用，虚拟空间的早期反射声的声能较小，而物理墙面产生的反射声的声能可能会比较大，从而使听众感觉不到空间扩展的变化。

针对四种虚拟扩展空间状态下早期反射声的声能与主观感知空间的关系进行听音实验。听音实验选取基准空间、4 倍基准空间、7 倍基准空间、10 倍基准空间四种模式，保持混响时间不变(RT≈1.0s，且混响曲线基本平直)。在不同扩展空间状态下，改变早期反射声的声能，得到虚拟空间感的变化范围。这个范围的下限即为物理空间对虚拟早期反射声声能的掩蔽阈限，上限代表空间大小主观感知无明显变化的阈限，仅声音响度不断增强。

根据图 14.32～图 14.35 的实验结果可知：

1)不同扩展空间条件下，反射声声能与空间感知心理尺度大体成正相关关系。

2)不同扩展空间条件下，随着反射声声能增加，虚拟空间感会不断增强，最终趋于稳定，即反射声声能增加到一定程度后，虚拟空间感将保持稳定。

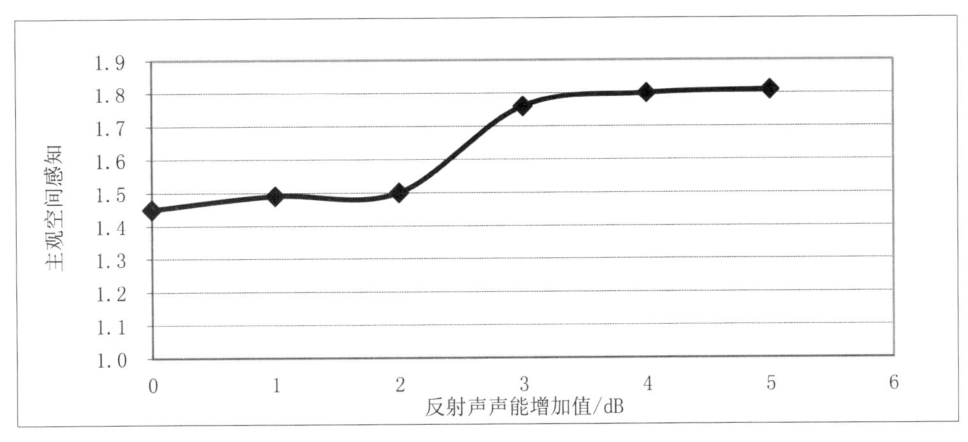

图 14.32　基准空间中空间感与反射声声能变化的关系

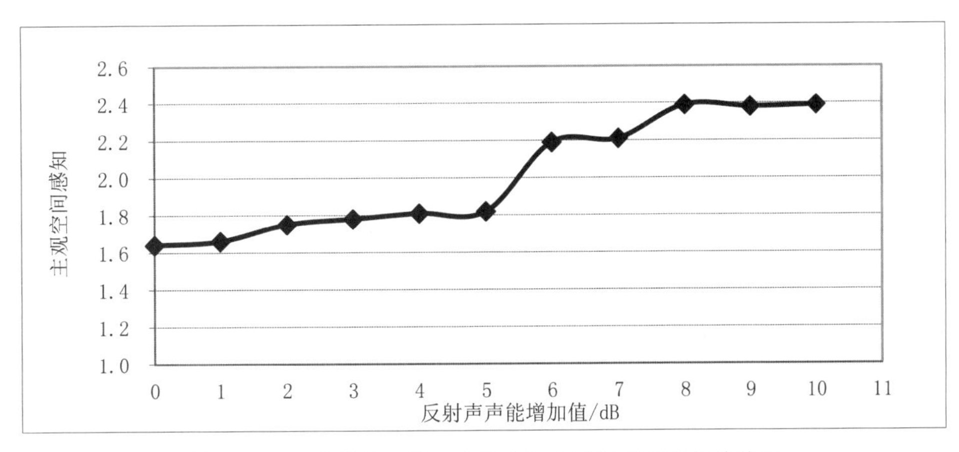

图 14.33　4 倍基准空间中空间感与反射声声能变化的关系

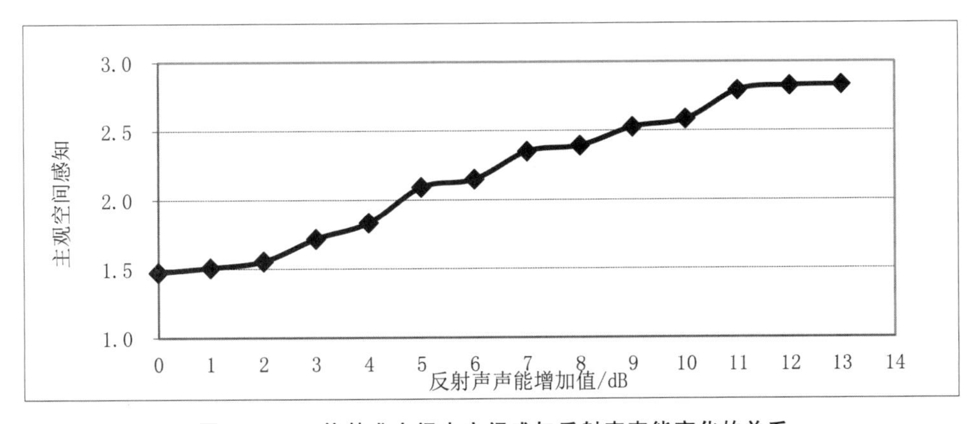

图 14.34　7 倍基准空间中空间感与反射声声能变化的关系

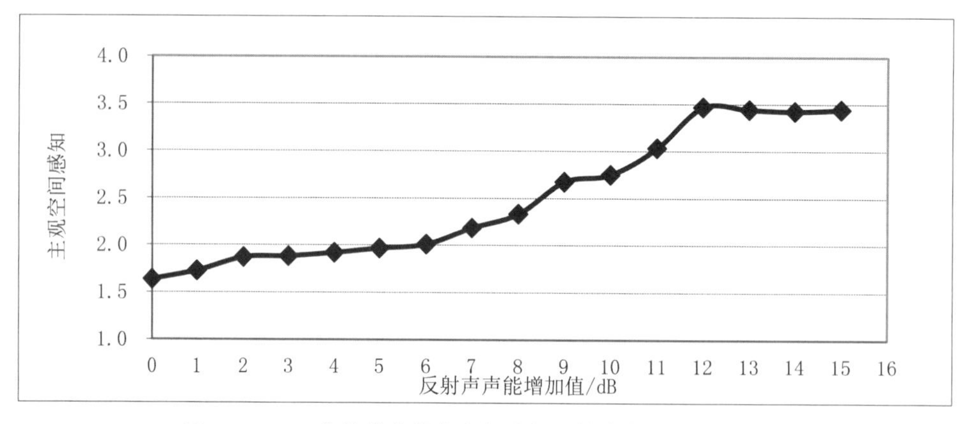

图 14.35 10倍基准空间中空间感与反射声声能变化的关系

在相同声压级下对四种模式的反射声声能与虚拟空间感的变化曲线进行对比，如图14.36所示。

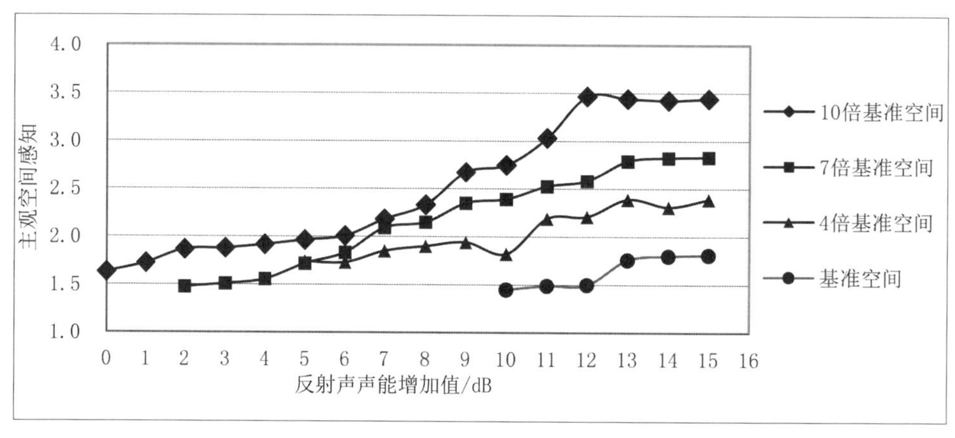

图 14.36 不同虚拟扩展空间中空间感与反射声声能变化的关系

四种扩展空间中各虚拟空间感变化曲线的起点数值是计算各虚拟扩展空间中主观感知虚拟空间感的数值。根据图 14.46 的实验结果可知：

1)对比虚拟扩展空间变化趋势发现，经计算得出的各虚拟扩展空间的声能不改变，虚拟的空间感会被物理声场所掩蔽。图中基准空间为初始状态，主观空间大小变化的感知在 1.5 到 2 倍之间，而其他扩展状态下主观空间大小变化的感知也是在 1.5 到 2 倍之间，故若想早期反射声虚拟的扩展空间被听众感知到，则需要对物理空间进行去掩蔽。

2)对物理声场进行去掩蔽，反射声的声能值设置可以选择虚拟空间感平稳变化时的数值。

参考文献

[1]高玉龙.声学意义上的大、小房间分界频率的界定[J].演艺科技，2016,119(3):15-16.

[2]中华人民共和国建设部.剧场、电影院和多用途厅堂建筑声学设计规范:GB/T 50356—2005[S].北京:中国计划出版社,2005.

[3]SCHROEDER M R .The “schroeder frequency” revisited[J].Journal of the acoustical society of America，1996，99(5):3240-3241.

[4]高玉龙.小房间声学设计及建筑声学处理[M].北京:国防工业出版社，2014:10.

[5]高玉龙.小房间尺寸“合适比例”量化评估方法的探讨[J].电声技术，2015,39(3):1-7.

[6]GRIESINGER D. Spatial impression and envelopment in small rooms[C]//Audio Engineering Society Convention 103. Audio Engineering Society，1997.

[7]WALKER R. Equalization of room acoustics and adaptive systems in the equalization of small room acoustics[C]//Audio Engineering Society Conference: 15th International Conference: Audio，Acoustics & Small Spaces. Audio Engineering Society，1998.

[8]WELTI T.How many subwoofers are enough? [C]//112th AES Convention，Preprint 5602.2002.

[9] FUCHS H V，ZHA X. Requirement for low-frequency reverberation in spaces for music:part 1:smaller rooms for different uses[J]. Psychomusicology，2015，25(3):272-281.

[10]叶煜晖.小空间听音环境的声染色主客观评价研究[D].广州:广州大学，2018.

[11]KAPLANIS N，BECH S，JENSEN S H，et al. Perception of reverberation in small rooms:a literature study[C]//Presented at the 55th International Conference:Spatial Audio，Audio Engineering Society Helsinki，Finland，2014:0-14.

[12]KAPLANIS N，BECH S，LOKKI T，et al. Perception and preference of reverberation in small listening rooms for multi-loudspeaker reproduction[J]. The journal of the acoustical society of America，2019，146(5):3562-3576.

[13]MEISSNER M. Acoustics of small rectangular rooms:analytical and numerical determination of reverberation parameters[J]. Applied acoustics,2017，120(5):111-119.

[14]牛欢,孟子厚.平面环绕声的多声道扩展与效果分析[J].中国传媒大学学报(自然科学版),2018,25(2):53-57.DOI:10.16196/j.cnki.issn.1673-4793.2018.02.009.

[15]ITU-R BS.775-1. Multichannel stereophonic sound system without accompanying picture，Doc 10/63[S].Geneva:ITU，1994.

[16]陆继恒.高品质的影音娱乐体验从家居视听空间开始[J].家庭影院技术，2014.

[17]李忠旭. 杜比全景声影院扬声器位置设计指南[J]. 大陆桥视野，2016(20):2.

[18]清华大学建筑物理实验室,中电声韵声学工程技术(北京)有限公司.QB/ZD 01-2013 小型影院声学设计与认证标准:QB/ZD01—2013[S].2013.

[19]国家广播电影电视总局.数字立体声电影院的技术标准:GY/T 183—2002[S].2002.

[20]FRANCOMBE J，BROOKES T，MASON R. Evaluation of spatial audio reproduction methods (part 1):elicitation of perceptual differences[J]. Audio Eng. Soc，2017，65

(3):198-211.
[21]孟子厚.音质主观评价的实验心理学方法[M].北京:国防工业出版社，2008.
[22]演出用专业音响设备音质评价方法:WH/T 82—2019[S].2019.
[23]金瑜.心理测量[M].上海:华东师范大学出版社，2005.
[24]STANDARDS S . Acoustics-measurement of the reverberation time of rooms with reference to other acoustical parameters:ISO 3382—1997[S].
[25]孟子厚，齐娜.声频声学测量技术原理[M].北京:国防工业出版社，2008.

第 15 章　多声道渲染的声景重构*

15.1　全景声电影与声景

15.1.1　声景渲染的需求背景

声音作为电影的基本构成元素，是电影内容表达的重要方式。电影声音技术，经历了从默片时代到有声电影的过程。单声道声音技术的出现使电影真正成为一门视听艺术，但是仅限于实现了声音的还原。单声道重放毫无空间感，且单声道中声音事件不存在声源的方位信息，听音者只能根据声音响度判断出大致的距离。双声道立体声系统使听音者能感知到某一角度范围内的声音空间信息。之后多声道环绕声技术和全景声技术的出现，使电影声音的艺术创作空间变得更大。

近年来出现了经典老电影“翻新”上映的现象，《美丽人生》《海上钢琴师》《泰坦尼克号》等口碑上佳的影片以 4K 修复版的全新面貌重登银幕，给观众带来了不一样的视听感受。除了画面的修复外，声音修复也是老电影修复的重要环节。老电影的声音修复方案主要有完全修复、部分修复、完全重录三种形式[1]，其中部分修复方案不仅能够还原影片原貌，还能够利用现代电影技术使影片焕发第二次艺术青春。例如经典影片《开国大典》于 2019 年 10 月 18 日以 5.1 环绕声修复版新貌重现历史，此后中国电影资料馆还举行了《上甘岭》的修复版专场放映活动，并宣布单声道、双声道音频修复及渲染工作也正在按部就班地进行。修复是为了更好地保存经典和更好地传承文化，渲染是为了使这些艺术作品更符合现代人的视听审美，并再放异彩。

除了经典类型的影片之外，还有一些珍贵的历史资料和声音节目等音频资料，由于当时的制作条件和音频技术的限制，是用单声道或双声道系统制作的，它们是无法进行重录的。如果在多声道环绕声系统直接播放这些单/双声道的资料，会存在重放格式不兼容的问题，造成硬件资源的浪费，且听音效果也不好，因此对单声道或双声道声音的多声道渲染技术的研究存在现实意义。

近些年来家庭观影需求逐步增长，对家庭观影系统的品质也提出了更高的要求。家庭影院的影片素材大多是单声道或双声道的制式，要想在家庭观影过程中体验到专业电影院多声

---

* 本章内容主要来自《多声道渲染中的声景重构方法》，刘鹏超，中国传媒大学硕士学位论文，2021 年 6 月。

道的声场和观影感觉,同样需要影视声音多声道渲染技术的支持。目前空间声重放的基本思路是通过扬声器阵列或耳机再现特定的声场空间信息,主要的几种重放方式如表15.1所示。

表15.1　空间声重放技术及其特点

方法	原理	特点及应用
模拟声场法[2]	在一定的空间区域实现物理声场的精确重放,重放声场的空间信息和听觉感知与目标声场完全相同	效果理想,准确度高,但是系统复杂,代价高,主要用于实验室科学研究
听觉错觉法[3]	利用心理声学的方法重构声场,重放的声场仅与目标声场近似,但能达到类似的空间听觉效果	结构简单,应用广泛。Dolby Atmos和Auro-3D应用了模拟声场法和听觉错觉法
双耳声信号重放技术[4]	通过精确重放双耳声信号来重放声音的空间信息	结构简单,但人头传输函数存在个性化差异,导致双耳重放本身问题较大,不适合大范围声场重放

由于电影修复对原声形态和格式的要求较高,以上三种声重放方法并不适用于单声道电影声音的渲染,因而需要进一步探索新的渲染方法。在声景研究领域,声音事件、人、声音所存在的空间场景这三个要素是相互联系的整体。这与电影声音创作中以观众为主体,以空间声场为环境,以声音为内容,强调三者发生交互作用的理念是保持一致的。因此,基于声景声学理论的声音思维重构影视声音景观,形成观众、空间声场、声音内容的整体互动,以此实现单声道电影的听觉声场重建。

在作为视听艺术的电影中,影像和声音需要最大限度还原场景中的时间和空间元素。单声道电影的听觉重放效果差,人们希望通过声景重构的方法来重现或模拟原场景,以此提升观影效果。重构的声景应包括与距离感有关的远近、深浅,以及与层次感有关的远景、全景、中景、近景、特写等感知效果。

以声景声学理论为基础,运用多声道重放技术,为单声道电影添加一些声音艺术上的魅力和表现力。无论是从应用的角度出发指导影视作品的声学设计以及电影的渲染创作,还是从理论上充实声景体系的研究,将声景重构的方法引入影视声音制作,都具有一定的应用意义和学术价值。

15.1.2　声景概念基础

下面从声景的概念及延展、声景的应用、影视声景、声景的感知与评价四个方面来论述声景声学的研究现状。

(1)声景的概念及延展

1927年芬兰地理学家Granoe提出了声景观的概念[5],用来描述以听者为中心的声环境。20世纪60年代末至70年代初加拿大作曲家兼科学家Murray Schafer提出了声景的概念[6],其本意是指"环境音乐"。Andringa指出声景是人们在语境中感知和理解的声环境[7]。

国内的声景研究起步相对较晚,目前国内的声景研究大量出现在声音生态学领域[8]、景观设计学领域[9]、音乐人类学领域[10]、电子音乐领域[11]、文学领域[12]等。20世纪末王季卿先生对声景研究的起源及各国声景的研究进展进行了总结[13]。李国棋对国内城市声景进行了早期探索[14]，搜集了大量的声音素材，建立了“声音博物馆”数据库，并提出住宅小区声景的评价方法和评估标准。秦佑国先生指出了声景中的人、环境和声音三者间的关系并界定了声景学的范畴[15]，如图15.1所示。

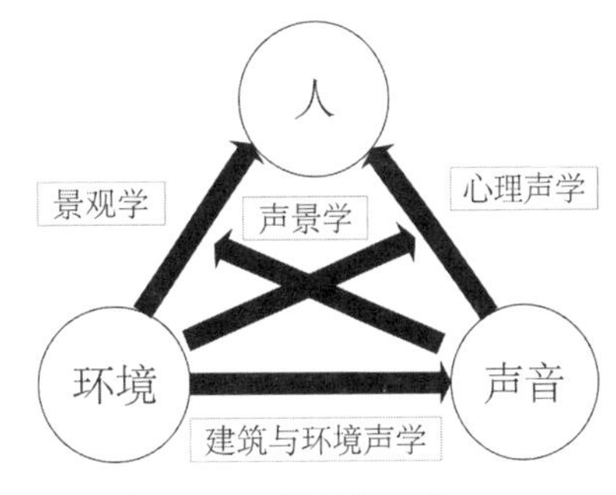

图 15.1　声景学范畴

康健提出城市公共开放空间的声景包括声音、听者和空间环境三种[16]。吴颖娇、张邦俊指出噪声是一种失去平衡的声景观，可以结合保真度和听觉空间来衡量声景观的优劣[17]。

(2)声景的应用

日本在 1993 年成立了声景学会[18]，重点开展城市声景和自然声景的保护工作。欧美声景观的研究比较重视自然声景观的品质，通过提高声环境的质量来提升声景观的舒适度[19]。

随着声景应用的发展，国内也相继开始了相关领域的研究。中国传媒大学传播声学研究所出版的专著《北京声景生态文化遗存的采集整理及传播方法研究》，系统地说明了声景生态资料的采集、整理和传播方法，提出声景也可以通过录音和声音重放带来某种特殊声音环境中的体验和感知[8]。该团队调查和记录了北京天安门广场的声景、北京交通的声景，建立了天安门地区的声景档案和北京交通声景档案，并对档案中的录音内容进行了标注。此外还录制了老北京声景中的叫卖声和响器声，对其韵律特点等做了分析和探讨，为声景文化的传承和传播提供了新方法。

袁晓梅和吴硕贤指出声音是构成园林景观的基本要素之一[20]。刘滨谊和陈丹认为风景园林的声景设计应包括近景、中景和远景，使用多层次的声景可以营造更强的氛围感[21]。韩杰、庄曜总结了声景研究在电子音乐中的应用及声景在国内外音乐创作中的发展，提出了声景创作需要展现的三个层次和声景作品应具有的基本特征[22]。城市规划也利用声景理论，从最开始的“减噪”研究转换到“美声”研究[23]，提出城市的声音规划需要考虑市政建设的听觉效果，创造具有高质量的声景户外空间。葛坚指出声景的出现拓宽了环境声学的研究领域，从声景学的角度出发对噪声污染治理及环境保护进行了相关研究[24]。

(3)影视声景

米歇尔・席翁将声景的概念引入电影声音研究领域，并深入解读了 Murray Schafer 所描述的声音的三个层次，此后的影视制作开始融入声景元素[25]。吕甍把声景研究理论同当代上海电影相结合[26]，指出电影声景生态系统的动力和魅力来自声源和空间的确切关系，但是并没有对如何塑造“电影声景”进行详细阐述。2019 年彼得・杰克逊在纪录片《他们已不再变老》中利用声景来进行影片声音创作，其声景号称“大规模多声道声景”(amassive, multi-channel soundscape)[27]，其声音创作方式为：画外音声道的人声是较早年代的录音采访资料，画面中的人声是后期录音配音，影片中的其他特效声音，包括枪炮声、军事动作声、各种器物碰撞声等，都是用声音素材按照全景声重放制式的规格设计的。虚拟现实电影中的声音景观选择空间环境声作为基调声[28]，将音效作为信号声，将对象声作为标志声，并采用零设计、正设计、负设计三种方式营造声景[29]。朱熠指出城市题材的商业影片需要注重都市空间氛围的塑造，城市氛围在电影的声景创作中显得越发重要，并指出影视声景的重建需要声音工作者寻找、尝试使听众舒适感最佳的声景设计方案[30]。

(4)声景的感知与评价

声景强调听者的感知与评价。目前已有一些理论模型来帮助理解声景感知。Job 等人提出的模型用于将所有声音分为环境声景和心理声景[31]。张和康的模型选用声源、空间、人、环境交互联系的整体声景[32]。Coensel 的研究表明描述声景的方式主要和以下因素存在相关性：与响度有关的因素、与频谱含量有关的因素、与时间结构有关的因素[33]。

Medvedev 通过实验测试了 6 种声音景观对休息时人的自主神经功能的影响[34]。实验结果表明：飞机、交通和建筑噪声被认为是令人不愉快的，而音乐和自然的声音被认为是令人愉快的。Bruce 等人选择使用模拟器来进行声景感知实验，被试在实验中可以通过增添或者删除某些声音对象，同时还可以通过改变声音对象的声学特征参数以及在空间中的位置来进行声音场景的修改[35]。Fan 开发了一种自动的声音感知系统[36]，为声景作曲家和声音设计师提供便利的工作条件。Axelsson 等人在二维声景感知空间中发现：以科技和人类声音为主的声景片段容易让人不愉快，以自然声音为主的声景片段则令人愉快[37]。

综上所述，Murray Schafer 在声景领域的研究中起着引领作用。随着声景研究的不断发展，声景的概念被其他领域的相关学者不断借用和扩展，衍生出新的含义，声景学的范畴也在逐渐扩大，但目前仍以人文社科及建筑园林领域的声景研究为主体。声景领域的研究范围很广，尤其是在与声学相关的交叉领域当中，前人在声景概念的延展和应用以及声景感知方面做了大量的研究工作，但把声景的概念引入电影领域重新界定的研究者非常少见，米歇尔·席翁和吕甍也仅仅停留在理论层面，并没有对“电影声景”的塑造方法展开研究。

15.1.3 多声道技术

(1)单声道和双声道阶段

电影从无声走向有声，影院音响技术也随之发展。在单声道阶段，仅使用一只或若干只扬声器重放由一只传声器拾取的信号，此时重放系统只能根据声音响度来判断声源的远近变化。1933 年贝尔实验室在美国华盛顿特区宪法大厅使用双声道立体声系统播放声音[38]，立体声开始发展起来，电影声音也有了空间的定位信息。

谢兴甫利用心理声学和模拟信号处理的方法将单声道信号变换为双声道立体声信号[39]。具体办法为：将单声道信号 E 相移 φ 后得到 E_φ，将$(E+E_\varphi)$和$(E-E_\varphi)$作为双声道的信号输出。但是用此办法得到的是仿真立体声，它对音域较为宽广的信号有明显的立体声效果，而对音域较狭窄的音乐，如独唱和独奏等，则立体声效果较差。

运用“假”M/S 的方法和劳氏效应可以制作“伪立体声”[40]。“假”M/S 方法利用左右声道间的相位关系制造出假立体声，其中 M 信号是原始的单声道信号，S 信号是原始的单声道信号经过一个高通滤波器处理后得到的信号，并且延时 7ms～100ms。劳氏效应是将单声道信号先延时反相后再叠加到原始单声道上的一种方法，但是利用听众心理上的错觉得到的立体声无法做到自然立体声那样的效果。

差异镜像扩展法是通过复制或重录的办法得到一个与原始单声道声源类似的镜像声

源，再运用哈斯技巧对二者做差异化处理，从而构建虚拟的立体声效果[41]。

(2)平面环绕声阶段

目前已经制定了 5.1 通路系统环绕声的国际标准[42]，系统包括前方左声道 L、中置声道 C、前方右声道 R、左环绕 LS、右环绕 RS 共 5 个独立的全频带通路和 1 个可选择的低频效果通路 LFE。此外主流平面环绕声系统还有 6.1 和 7.1 等环绕声重放系统。环绕声效果的评价目前主要通过主观评价实验进行[43]，常用的评价指标如表 15.2 所示。

表 15.2 环绕声效果评价指标

评价指标	物理意义	评价方法
声像位置	反映重放的保真程度，与声场的物理性质有关	将环绕声重放的声像与单声源重放效果做对比，用 5 级记分法定量地做评价
声像明晰度		
声像自然度		
声场空间感	反映重放“好听”的程度，与声场的物理性质和听音者的听觉心理均有关	5 级记分法
声场包围感		

立体声到环绕声的变换包括前方三声道的产生和环绕声的产生，具体方法如表 15.3 和表 15.4 所示。

表 15.3 前方三声道的产生方法

方　法	原　理	特　点
线性组合变换[44][45]	$\begin{bmatrix} L' \\ C' \\ R' \end{bmatrix} = \begin{bmatrix} 1 & 0 \\ 0.7 & 0.7 \\ 0 & 1 \end{bmatrix} \begin{bmatrix} L \\ R \end{bmatrix}$	前方声像稳定性变强，听音区域扩大，但声像分布范围缩小
	$\begin{bmatrix} L' \\ C' \\ R' \end{bmatrix} = \begin{bmatrix} 1 & -0.35 \\ 0.7 & 0.7 \\ -0.35 & 1 \end{bmatrix} \begin{bmatrix} L \\ R \end{bmatrix}$	可以避免声像范围缩小的现象，也能保证前方声像的稳定性，但是仅适用于低频信号，声像自然度不佳
虚拟声信号处理[46]	$\begin{bmatrix} L' \\ C' \\ R' \end{bmatrix} = \begin{bmatrix} X & Y \\ Z & Z \\ Y & X \end{bmatrix} \begin{bmatrix} L \\ R \end{bmatrix}$ X、Y、Z 均为系数	声像稳定性和明晰度提高，听音区域扩大
频域处理技术[47]	先将立体声信号进行短时傅里叶变换，利用声像系数将不同方向的声源分离后，再将原始双声道信号按比例转换为三声道信号	分离得到的信号需要进行修正，否则会发生声像偏移

表 15.4 环绕声的产生方法

方 法	原 理
人工混响处理[48]	在左环绕和右环绕声道加入固定的环境声学信息
自适应信号处理[48]	将原始双通路信号中相关性较低的信号作为环绕声信号
线性变换法[47]	将左右通道的信号差通过带通滤波器延时 20ms 左右得到的信号进行去相关处理，得到的两个相关系数较小的信号作为左右环绕声信号
频域处理法[48]	将立体声信号转换到频域，判断双声道的相关性，将环境声较大的信号提取出来，经过逆变换并重叠相加得到时域环绕声信号

有研究提出了 5.1 通路环绕声系统变换至 5.1 立体声系统的信号处理方法[49]，但其方法会导致听音区域缩小、声像位置畸变。Kawano 等人提出使用 IIR 滤波器的环绕声馈的方法对声像位置畸变等进行改善[50]，听音区域扩大但环绕感不强。谢波荪等人利用前方 ±15° 的扬声器及音色均衡的信号处理方法，对虚拟重放系统的实现方法进行改进[51]。

(3)三维声阶段

多声道环绕声系统由 5.1 声道扩展为 7.1 声道或 10.2 声道甚至 22.2 声道系统，听音区域的覆盖范围变得更大，同时通过引入高度层声道，以实现全景声重放。

2012 年，杜比公司发布了杜比全景声(Dolby Atmos)系统[52]。该系统通过渲染器处理后最多用 64 个扬声器重放，增加顶层扬声器阵列营造头顶声像，增加前方和侧方环绕扬声器数量以提高系统重放的包围感。

2013 年，国内企业推出了中国多维声 13.1 影院多声道环绕声系统[53]。中国多维声技术基于心理声学重建声场的原理，采用环绕层和顶层的扬声器阵列重放声场，其中 1～8 通路的声道仍使用 5.1 和 7.1 的声道分配方式。该系统具有可扩展性、沉浸感强的特点，通过 5.1 系统的扩展可以实现，但是目前中国多维声技术的影片制作仍需要依靠现有的音频工作站和插件实现。

音王公司推出了 5228 制式的全景声格式，可以将 5 声道平面环绕声扩展到顶层—高度层—水平层—地效层的全景声系统上，其中水平层和高度层各有 11 个声道，顶层 5 个声道，地效层 4 个声道，还有 4 个低频辅助通路[54]。

日本 NHK 公司推出了 22.2 声道系统[55]，听者头部所在平面有 10 只扬声器，头部以上的水平面有 9 只扬声器，下层还有 3 只扬声器和双声道低频音效扬声器。Auro-3D 系统与 22.2 系统相似，也是三层布局，水平面环绕层是整个系统的声场基础，上层环绕声配合下层环绕声可以获得良好的声音定位，顶层单独的声音通道可以模拟头顶上部的声效[38]。

除此之外，还有 IOSONO 3D 系统、Imm Sound 系统、Spheraudio Upmix 环绕声系统、TMH10.2/12.2 声道系统、DTS Neo:X 系统、Audyssey DSX 系统等[38][56][57][58]。

电影声音重放技术的发展经历了从默片到单/双声道，再到平面环绕声，直至现在的全景声或多维声的历程，声音制式的不断发展导致声音制式繁多，各制式兼容效果差，系统兼容性不强，因此众多相关研究集中于制式间的转换方面，例如单声道到立体声的转换、立体声到 5.1 制式的转换、5.1 到立体声制式的转换以及 5.1 到全景声制式的转换等，其中研究的重点主要集中在立体声和平面环绕声的相互间制式转换，而单声道到双声道的转换效果与真实的立体声效果相差甚远。鉴于单声道和双声道制式的老电影声音转换为多声道环绕声渲染重放方法方面的研究成果相对较少，本节尝试基于声景学的理念和方法，通过声景重构来实现单双声道制式电影的多声道渲染，为多声道渲染重放的探究提供一种新思路和新方法。

15.1.4 影视声音要素

电影声音元素包括对白、拟音、后期配音、特殊效果声、环境声和配乐[59]。影视景别是指被拍摄的主体和画面形象在影视屏幕架构中所呈现出的大小和范围。影视声音创作中将景别分为远景、全景、中景、近景和特写[60]，各景别适用的场景类型如表 15.5 所示。

表 15.5　影视景别及其适用的场景

景别	适用场景类型
远景	视野宽广，常用来展现故事发生的环境、气氛，主要用于序幕、转场或者表现开阔的环境、自然风光以及战争场面
全景	表现整个人物的全身或场景的全貌，交代人物和空间环境的关系
中景	成年人膝盖以上或场景局部的电影画面，同一画面中可以有几个人物，还能展示一定范围的背景
近景	成年人胸部以上或物体局部的电影画面，强调人物表情和重要动作，环境和背景的作用进一步降低，更多地使用小景深
特写	成年人肩部以上的头像或某一物体细部的电影画面，突出强调人物或者细节部分

决定景别的主要因素有场景空间、距离、镜头焦距。不同景别的场景空间其广度和深度也存在不同，在影视作品中远景和全景多用于较大的空间范围和场景，中景、近景和特写则多用于较小的空间范围和场景。

电影、电视的声音完全是“构建”出来的[61]，常用的技术手段有电平(多重电平控制和静音)、动态范围控制(压缩、扩展、限幅、嘶声消除)、均衡和滤波、混响等。电影声音创作中常用的艺术表现的技术手段主要有时域和频域两种[62]。其中影响电影声音信号时间特性的信号处理手段有混响、人工回声以及类似回声的效果，主要实现工具是混响器、回声效果器、音调转换器和次谐波合成器。影响信号频响的处理办法除了电平控制外最主要的就是均衡和滤波，它们是决定频率响应的两个主要手段。在经典的单扬声器情况下，深度这个真实的声学主观指标在有声电影早期被充分应用[63]，直达声与反射声的不同混合比，以及混响的声能变换等情形作为判断条件来检测深度，此外多声道环绕声技术通过增加更多的声道获得更多的空间信息。

近几年经典老电影“翻新”上映渐成热潮，一些老电影的声音修复及二次创作在相关部门的大力推动下持续发展，其中利用多声道环绕声技术使经典电影获得新生，是一种崭新且重要的修复模式。这些经典老电影的音频制式基本都是单声道或者双声道，可利用的空间信息不多，传统的声重放方法和声道转换方法并不适用，需要探索新的渲染思路和重放方法。而在声景的研究领域中，人、环境、声音的互动和联系与影视声音制作的理念是基本一致的，因此可以选择基于声景学的方法，从提升重构声景氛围感的角度入手，重新进行影视声景观设计，运用影视声音创作中常用的处理手段，结合多通道技术，改变声景感知的主要因素，来探索单声道电影的声景重构渲染方法。

15.2 影视声景信息标注

15.2.1 影视声景要素的构成

国际标准化组织(ISO)将声景定义为“特定场景下，个人或群体所感知、体验及(或)理解的声环境”[64]。在影视作品中特定场景指的是电影中的某个场景或段落，“景”指的是景物，是一个空间概念，而“场”属于电影中的一个小段落，因此，影视“场景”是时间上的空间信息。声环境，即该场景发生的空间环境，包括基本的声音要素、声音事件的空间方位以及该环境的声场特性，在此基础上影视声景的感知过程如图 15.2 所示。声景学是一门涉及声学、艺术学、社会学、心理学等诸多领域的交叉学科，不同研究领域的声景要素定义及构成存在不同，如表 15.6 所示。

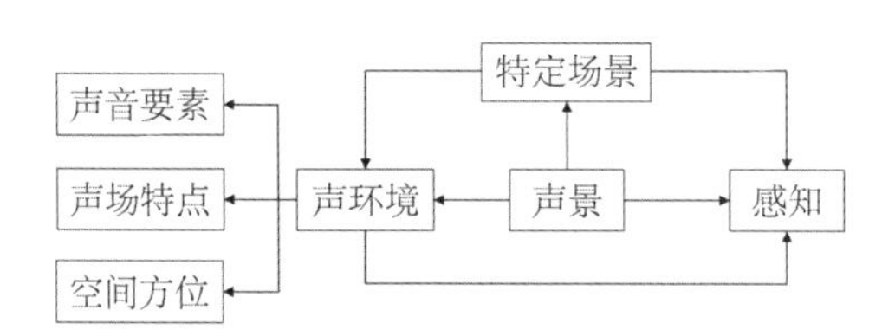

图 15.2 影视声景的感知过程

表 15.6 不同研究领域的声景要素构成

研究领域	声景要素
建筑学	人声、心声、自然声、人工声等[24]
音乐艺术学	基调声、信号声、标志声[6]
声音生态学	地球物理声、生物声、人工声[65]
社会学	环景、心景[31]

表 15.6 中声景要素的构成是各领域的学者结合其研究方向梳理得到的，不同学科的研究者对声景的理解存在差异，因此将现有的声景要素定义直接用于影视声景观的描述缺乏一定的合理性。本章基于声景学理论的声音思维并结合影视声音的基本构成及其特点，将影视声景要素分为角色声、自然声、信号声、背景声和事件声，如表 15.7 所示。

表 15.7　影视声景要素

影视声景要素	特点
角色声	与画面角色相关,多为由画面场景中的人物引起的声音
自然声	自然界的动植物和正常气象引起的声音
信号声	具有警示、提醒、警告、通信作用的声音
背景声	能够营造场景气氛的声音,或者是某特定场景下一直持续的背景声
事件声	一些持续时间短暂的声音,或者是突发性、爆发性的具有毁坏作用的声音

影视声景观的解析过程是声景重构的前提,使用合适的重构系统或框架描述影视中的声景观是至关重要的。根据图 15.2 中影视声景的感知过程,影视声景中的声环境总体上包括声音要素和场景空间信息这两个部分。影视声音主要分为人声、乐声和音响声,在此基础上进行基于声景和二次创作方法的归类,即影视声景要素的聚类。场景空间信息主要包括能体现景深远近变化的景别空间、声音事件的方位和该环境的声场信息,影视声景的解析拓扑如图 15.3 所示。

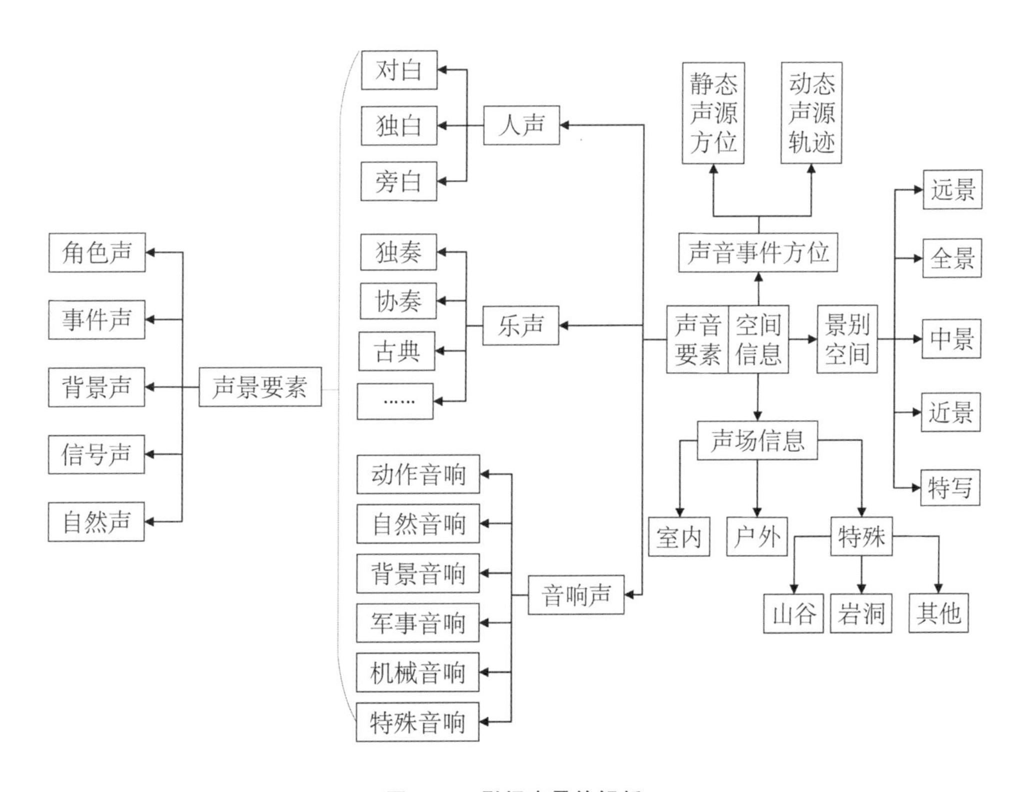

图 15.3　影视声景的解析

15.2.2　电影声音样本集的构建和标注

本章的研究工作首先需要建立一个电影声音的样本集,样本集中的影片集中选取了国产经典老电影，影片总时长为35小时9分38秒，影片所涉及的类型有战争片、剧情片、爱情片、动画片、传记片、动作片、家庭片，样本集相关信息如表15.8所示。

表15.8 电影声音样本集信息

电影类型	时长	片数
战争片	16时47分53秒	10
剧情片	6时03分53秒	4
爱情片	4时02分10秒	3
动画片	1时07分47秒	1
传记片	1时59分37秒	2
动作片	1时39分49秒	1
家庭片	3时28分29秒	2

影视声景解析需对电影声音场景信息进行分类和标注，采用人工标注的方法，标注的具体内容和格式记录如表15.9所示。

表15.9 电影声音场景信息的标注记录表

<table>
<tr><th colspan="2">场景序号</th><th>1</th><th>2</th><th>3</th><th>4</th><th>5</th></tr>
<tr><td colspan="2">起始时刻</td><td>0:00:00</td><td>0:01:00</td><td></td><td></td><td></td></tr>
<tr><td colspan="2">结束时刻</td><td>0:01:00</td><td>0:xx:xx</td><td></td><td></td><td></td></tr>
<tr><td rowspan="5">声景类别</td><td>角色声</td><td></td><td></td><td></td><td></td><td></td></tr>
<tr><td>事件声</td><td></td><td></td><td></td><td></td><td></td></tr>
<tr><td>信号声</td><td></td><td></td><td></td><td></td><td></td></tr>
<tr><td>自然声</td><td></td><td></td><td></td><td></td><td></td></tr>
<tr><td>背景声</td><td></td><td></td><td></td><td></td><td></td></tr>
<tr><td rowspan="5">景别/景深</td><td>远景</td><td></td><td></td><td></td><td></td><td></td></tr>
<tr><td>全景</td><td></td><td></td><td></td><td></td><td></td></tr>
<tr><td>中景</td><td></td><td></td><td></td><td></td><td></td></tr>
<tr><td>近景</td><td></td><td></td><td></td><td></td><td></td></tr>
<tr><td>特写</td><td></td><td></td><td></td><td></td><td></td></tr>
<tr><td rowspan="2">声场</td><td>室内</td><td></td><td></td><td></td><td></td><td></td></tr>
<tr><td>户外</td><td></td><td></td><td></td><td></td><td></td></tr>
<tr><td rowspan="6">静态声源方位</td><td>上</td><td></td><td></td><td></td><td></td><td></td></tr>
<tr><td>下</td><td></td><td></td><td></td><td></td><td></td></tr>
<tr><td>前</td><td></td><td></td><td></td><td></td><td></td></tr>
<tr><td>后</td><td></td><td></td><td></td><td></td><td></td></tr>
<tr><td>左</td><td></td><td></td><td></td><td></td><td></td></tr>
<tr><td>右</td><td></td><td></td><td></td><td></td><td></td></tr>
</table>

续表

场景序号		1	2	3	4	5
起始时刻		0:00:00	0:01:00			
结束时刻		0:01:00	0:xx:xx			
动态声源轨迹	从左到右					
	从右到左					
	从前到后					
	从后到前					
	从上到下					
	从下到上					
声源类别	人声独白					
	人声对白					
	人声旁白					
	车船飞机					
	枪炮子弹					
	爆炸雷击					
	机械电器					
	虫鸣鸟叫					
	坠落塌方					
	风吹雨落					
	锅碗盆勺					
	窗裂杯碎					
	集市叫卖					
	脚步噔噔					
音乐类别	独奏					
	协奏					
	交响					
	古典					
	现代					
	电子					
	轻音乐					
	自然音乐					
	民乐					
	西乐					
	合唱					
	独唱					
	歌剧					
	戏曲					
	民歌					
备注信息						

15.2.3　标注结果的统计分析

对样本集标注过的具体信息进行统计分析，各影片的声景要素比重分布情况如图 15.4 所示。其中片号 1～10 是战争片，11～14 是剧情片，15～17 是爱情片，18～19 是传记片，20～21 是家庭片，22 是动画片，23 是动作片。

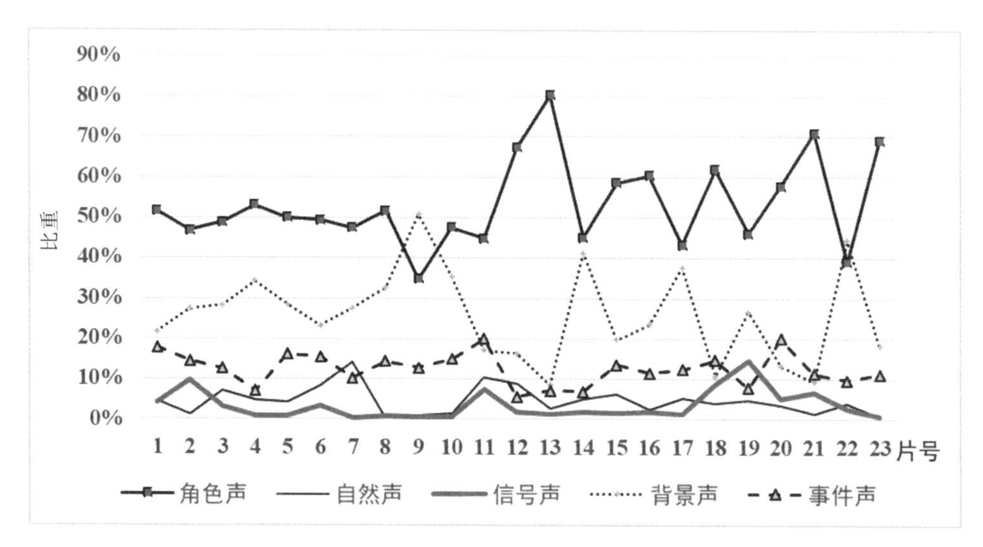

图 15.4　样本集中影视声景要素统计

根据图 15.4 可知：

1)单声道电影声音样本集中的角色声、背景声和事件声是最常用的影视声景要素，总占比高达 80%以上；信号声和自然声的比重相对较低，总占比不到 20%。

2)角色声和背景声的比重分布呈现相反的趋势，在声景重构时可以考虑互补设计。

3)声景要素的比重与影片类型有关，剧情片、家庭片和传记片的角色声与战争片相比占比相对较高，而战争片中事件声的占比相对于其他类型的影片要高。

标注过程中发现某些声音场景会同时存在两种或多种声景要素，进一步统计样本集里单一声景要素和复合声景要素的分布情况，并对复合声景要素的复合方式进行分析，如图 15.5 和图 15.6 所示。

根据图 15.5 和图 15.6 可知，单一声景要素类型的比重远高于复合声景要素类型的比重，并且复合声景要素类型中背景声和角色声的复合方式是最常出现的，占比高达 65%。

对角色声、事件声和背景声进行成分分析，结果发现：

1)角色声和事件声主要包括对白、打喷嚏、咳嗽等语言活动声，解说、旁白等画外音，脚步声、掌声等角色动作声，汽车、火车、机械等非生物运动声。其中语言活动声占 70%以上，远高于其他几类；角色动作声的占比仅次于语言活动声，约占 15%；画外音和非生物运动声的比重较小，总共约占 15%。

2)背景声主要包括主题音乐、背景音乐、画面音(唱歌)等乐音，以及嘈杂的人群声、慌乱的场面声等非乐音，其中乐音占比远远高于非乐音占比，约为 75%。

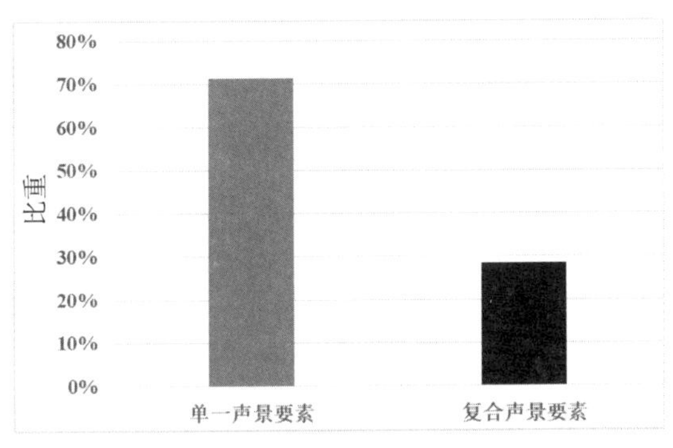

图 15.5　样本集的声景要素类型分布

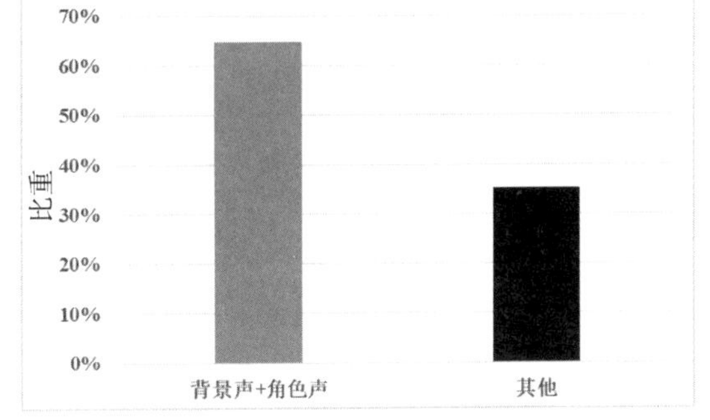

图 15.6　样本集的复合声景要素类型分布

在单声道电影声音样本集中，除了战争片外，其余类型的影片中较少存在动态声源，因此仅统计了战争片的声源动静信息分布情况，如图 15.7 所示。结果可见：在战争片中，静态声源的占比远高于动态声源，并且静态声源的方位信息基本位于前方区域。

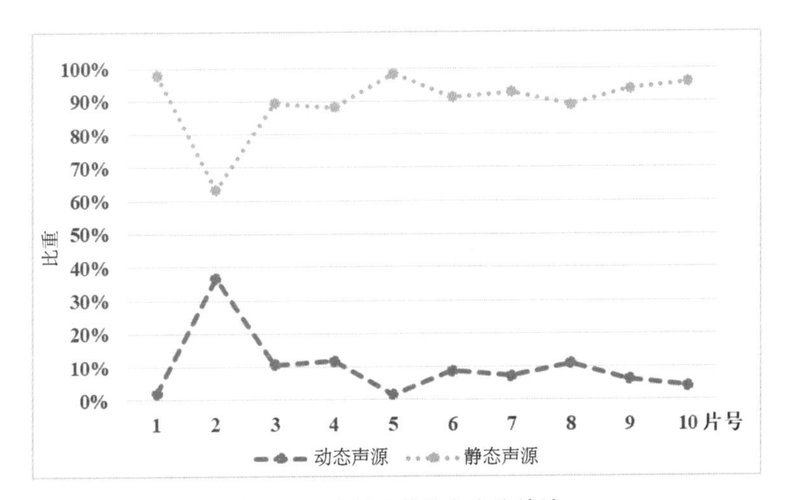

图 15.7　声源动静信息占比统计

对样本集中各景别的比重也进行了统计分析，如图15.8所示。结果发现：中景是最常使用的景别类型，其次是全景和近景，远景和特写景别的比重相对较小。

老电影声音样本集的声场信息包括室内场景和室外场景，简称内景和外景。统计发现：内景的比重为 33%，外景的比重为 67%。内景和外景中的全景系列（远景、全景）、近景系列（近景、特写）、中景景别各部分的比重如图15.9和图 15.10 所示。

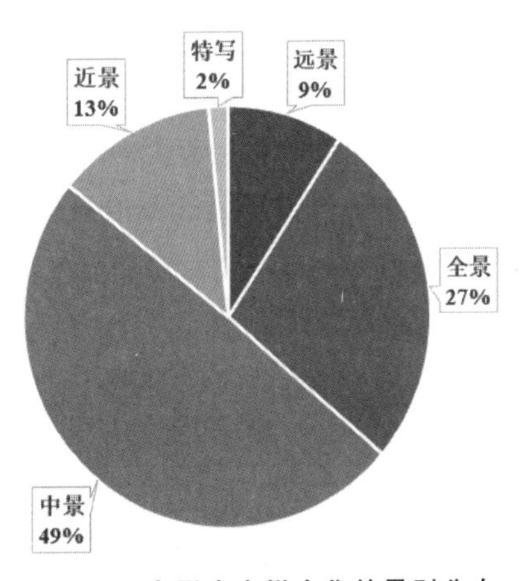

图 15.8　电影声音样本集的景别分布

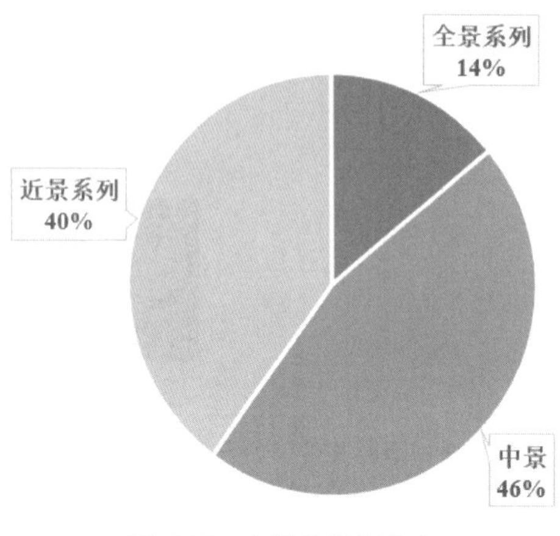

图 15.9 内景的景别分布

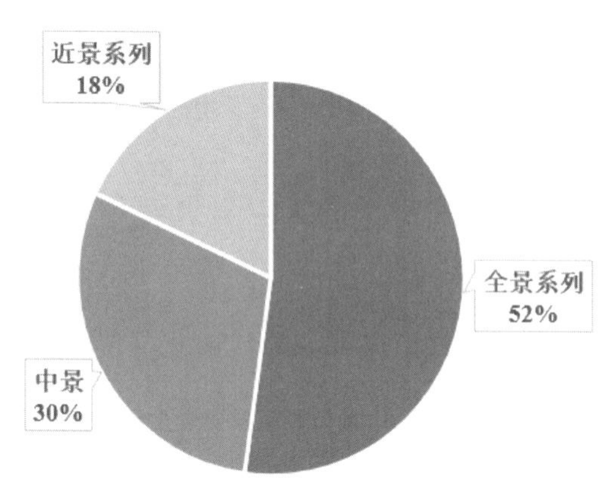

图 15.10 外景的景别分布

由图 15.9 和图 15.10 可知，在内景场景中，特写、近景和中景是最常使用的景别，远景和全景在内景场景中比重相对较小；而在外景场景中，远景和全景是最常用到的景别，特写和近景在外景场景中占比不大，与内景中远景和全景的占比接近。基于上述影视样本集的相关统计结果，为后续基于声景重构的多声道渲染的具体设计和方法提供了理论基础和渲染依据。

15.3 声道扩展中的去相关方法

15.3.1 去相关算法

单通道或双通道信号直接扩展到多通道环绕声重放，就是相干声源重放。相干声源是指频率相同、振动方向相同的声源。相干声源在多声道扩展重放时存在干涉现象，会引起听感上的不适以及声场的不均匀，可以通过去相关技术降低通道间的相关性来解决此类问题。对音频信号进行去相关处理时需要保留原信号的功率谱特性，避免音色产生较大的改变，带来听感上新的不适。

在实际的多通路环绕声重放的应用中，可以通过不同的传声器捡拾技术获得相关性较低的多通路信号，此外也会经常使用去相关算法来获得相关性较低的多通路信号。通过听音实验，对比直接通过平面环绕声系统重放的相干声源和去相关处理后的声源在平面环绕声系统中重放的听感，分析子带延时去相关法[66]、随机相位去相关法[67]、最大长度序列(MLS)滤波器去相关法[68]、DTS Neural Mono2Stereo 和 PS22 StereoMaker[69]去相关法的听感效果，以及几种去相关方法之间的听感差异。

(1)子带延时法

人耳听觉范围内的 20Hz～20kHz 频率宽度可以按照临界频带分为 24 个子带，各子带的中心频率和带宽信息如表 15.10 所示。

表 15.10　临界频带　(单位:Hz)

序号	中心频率	上下频限	带宽	序号	中心频率	上下频限	带宽
1	50	20～100	80	13	1850	1720～2000	280
2	150	100～200	100	14	2150	2000～2320	320
3	250	200～300	100	15	2500	2320～2700	380
4	350	300～400	100	16	2900	2700～3150	450
5	450	400～510	110	17	3400	3150～3700	550
6	570	510～630	120	18	4000	3700～4400	700
7	700	630～770	140	19	4800	4400～5300	900
8	840	770～920	150	20	5800	5300～6400	1100
9	1000	920～1080	160	21	7000	6400～7700	1300
10	1170	1080～1270	190	22	8500	7700～9500	1800
11	1370	1270～1480	210	23	10500	9500～12000	2500
12	1600	1480～1720	240	24	13500	12000～15500	3500

根据各个临界频带的上下限频率，设计 24 个带通滤波器，对不同的子带在一个周期 $(-\pi,\pi)$ 内根据频率进行不同程度的延时，其中对低频信号延时较长，对高频信号延时较短，最后将延时后的子带信号混合，滤波器均采用长度为 1024 阶的 FIR 滤波器，24 个滤波器叠加起来相当于一个全通滤波器，所以不会对信号总功率产生影响。子带延时去相关法的原理如图 15.11 所示。

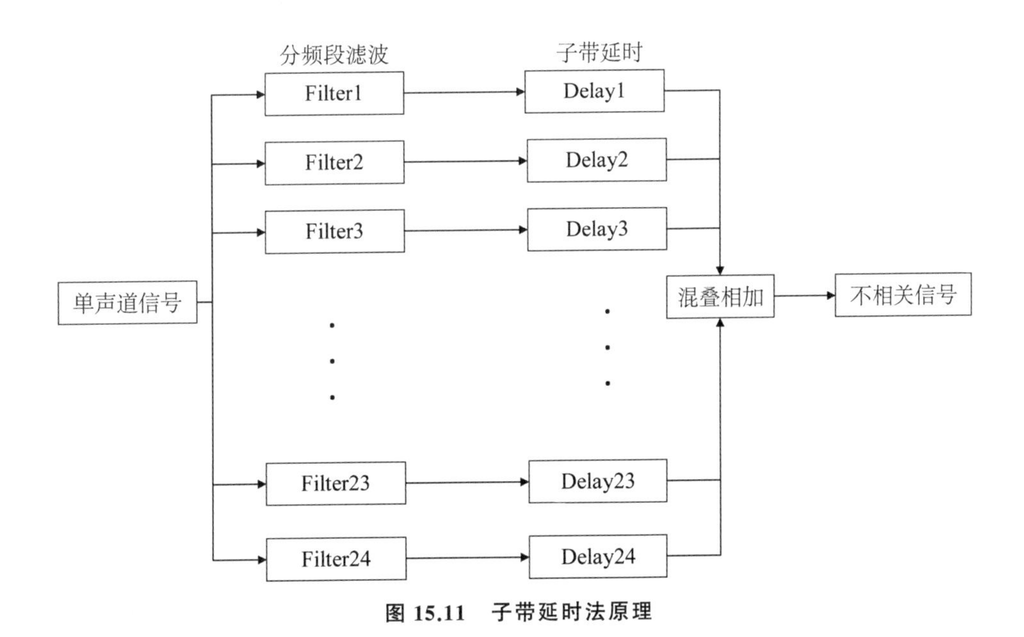

图 15.11　子带延时法原理

(2)随机相位法

随机相位法的实现方法为：设计五个全通的 FIR 滤波器，将全通滤波器的频域传输函数幅度设定为常数 1，滤波器的全通特性使声频信号经过后功率谱不变，因此音色也不会发生改变。传输函数的相位各自设定为$(-\pi,\pi)$范围内的一组随机数，随机相位特性将改变信号的相关性，经过频域反变换之后得到的时域脉冲响应，它们是不相关(相关系数近似为 0)的，与原始音频信号卷积之后可以得到多路不相关的声频信号。随机相位法的原理如图 15.12 所示。

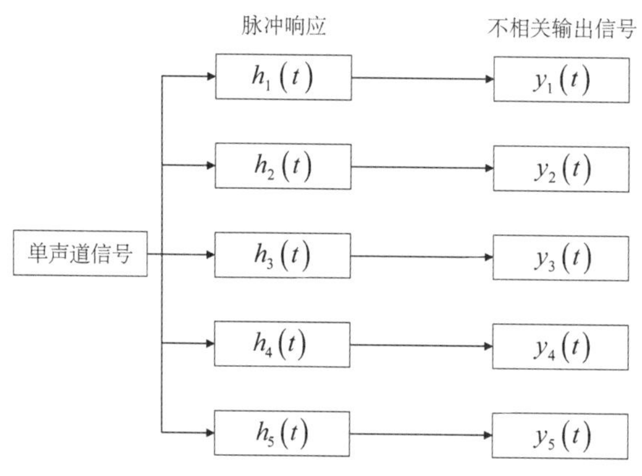

图 15.12　随机相位法原理

(3)MLS 滤波器法

MLS 序列本质上是由一系列整数 0 和 1 组成的二进制脉冲序列，具有功率谱平直、相位随机、峰值因数低的特性[70]。L 阶 MLS 信号的周期为 $N=2^L-1$，MLS 序列具有循环自相关性和时间反演序列循环自相关性，L 阶 MLS 序列与其时间反演序列的归一化 N 点循环自相关函数的最大值[71]为 45。

$$R_{\max}=\frac{2^{1+\frac{L}{2}}-1}{2^L-1} \tag{15-1}$$

可见 L 值越大，N 点循环自相关函数的最大值就越小，如表 15.11 所示。因此当 L 取值较大时，MLS 序列与其时间反演序列可以近似为一对不相关的序列。

表 15.11　N 点循环自相关函数最大值

阶次 L	周期 N	最大值
8	255	0.12
9	511	0.09
10	1023	0.06
11	2047	0.04
12	4095	0.03

由于 MLS 具有周期性，因此截取一个周期并做时间反演，就能得到相关系数近似为 0 的 N 点（$N=2^L-1$）MLS 序列[72]，根据这个原理可以设计多个不同脉冲响应长度为 N 的滤波器对单路声频信号进行去相关，并且由于 MLS 序列具有平直的功率谱特性和类似随机的相位特性，因此卷积之后的信号会保留原信号的功率谱特性，从而达到去相关的目的。

(4) DTS Neural Mono2Stereo

DTS Neural Mono2Stereo 立体声生成插件由 DTS 授权研发，是一种将单声道音频转换为立体声音频的制作工具。通过建立非线性相位差的方法实现通道间信号的去相关，以达到声像的展宽效果。其能够改变高通滤波器的截止频率，控制低频带宽，以及通过改变声道间 0°至 90°的相位差范围以控制扩宽程度，此外还可以通过自动修正技术改善梳状滤波、音色失真等问题。

(5) PS22 StereoMaker

PS22 StereoMaker 通过对单声道信号进行一定次数的往复扫描式结构滤波，将原信号各频段能量均匀分配给多个声道，以及对原信号相位进行非线性的调制处理，以达到立体声效果，区别于一般的伪立体声效果，其具有保留原始音色、低相位差和低延时等特点。

15.3.2 去相关效果分析

实验素材是从标注过的样本集中节选的单声道电影片段，信号包括背景声、角色声、事件声、信号声、自然声。对去相关后的重放声场的评价指标为自然度、空间感、扩展性、分离度、保真度。各指标的解释如表 15.12 所示。

表 15.12　去相关效果评价指标

评价指标	指标定义和解释
自然度	声场自然，没有干涉效应引起的不适感
空间感	各声景要素的声像分散，有空间感
扩展性	听感的声像比视觉上音箱的位置要远，整体向外扩展
分离度	五个声道的听感是清晰可辨的，有明显的分离度
保真度	去相关前后音色的接近程度，如果差异越小，则视为保真度越高

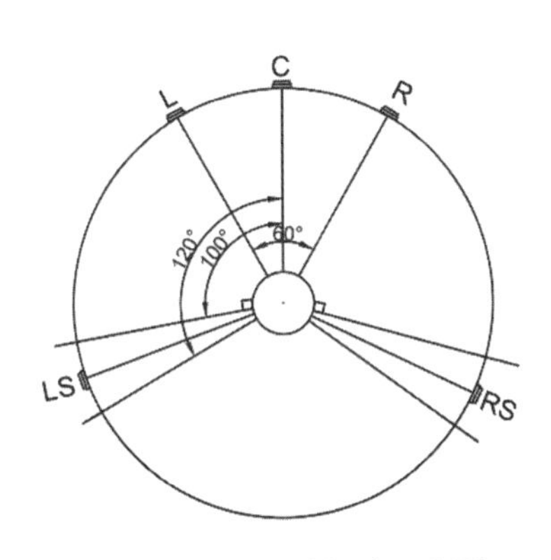

图 15.13　音箱摆放示意图

图 15.14　去相关效果分析实验现场

实验在全消声室进行，消声室面积为 190m^2，体积为 1300m^3，本底噪声在 N1 以下，下限频率为 50Hz，根据国际电信联盟(ITU)推荐的 5 声道环绕声系统标准放置音箱，以听音者所处位置为圆心，音箱与听音者距离 2 米，音箱高度为 120cm，以保证高音单元与人耳齐平，具体摆放方式如图 15.13 所示。实验之前按照《数字立体声电影院的技术标准》(GY/T 183—2002)[73]进行系统校准。

实验采用系列范畴法[74]。每个评价指标的 5 级尺度评分为 1～5 分，具体指标及评价等级如表 15.13 所示。

表 15.13　评价指标及评价等级

评价指标	评价等级				
	1	2	3	4	5
自然度	非常不自然	较不自然	一般	较自然	非常自然
空间感	很弱	较弱	一般	较强	很强
扩展性	劣	较差	一般	较好	优
分离度	非常低	较低	一般	较高	非常高
保真度	非常差	较差	一般	较好	非常好

被试共有 15 名，年龄在 20～26 岁之间，听力正常且受过听力训练，有相关的心理声学和主观评价实验的经验，符合《演出用专业音响设备音质主观评价方法》(WH/T 82－2019)中对听音员的要求[75]。对每个被试的实验数据进行重测信度检验，所有被试重测结果的相关系数都大于 0.6 时，呈现出较好的重测信度。

对声景要素和去相关算法两个不同因素影响下的数据进行显著性检验，发现：声景要素和去相关算法的显著性水平[76]均满足 $P<0.05$，即各声景要素和各算法类别在去相关分析中均有显著性差异。

按照系列范畴法的数理统计和数据处理方法，获得各声景要素在具体评价指标下的心理尺度值和范畴，由此可以得到每个评价指标的感知分布图，如图 15.15～图 15.19 所示。在自然度和空间感两个评价指标的范畴图中，1 表示相干声源的听感结果，2～6 分别表示经 MLS 滤波器法、随机相位法、子带延时法、DTS Neural Mono2Stereo 法和 PS22 StereoMaker 法处理后的听感结果。

由图 15.15 可见，相干声源重放方式在多声道上直接重放时的声场自然度效果很差，其中各声景要素类型的自然度均集中在“较不自然”和“非常不自然”的范畴。与相干声源重放方式相比，去相关处理后的声场自然度有明显提升，并且几种去相关方法中，用 MLS 滤波器去相关法处理后的自然度提升效果最佳，均位于“较自然”的范畴。事件声和自然声的片段在经过几种方法处理后，自然度的尺度值之间差异较小，且均位于“一般”和“较自然”的范畴，背景声和信号声类型的片段在经过 MLS 滤波器法和 PS22 StereoMaker 法处理后，自然度均位于“较自然”的范畴。

由图 15.16 可见，相干声源重放在多声道直接重放时的空间感效果也不佳，各声景要素类型片段的空间感指标均位于“较弱”和“很弱”的范畴。经去相关处理后各声景要素类型的

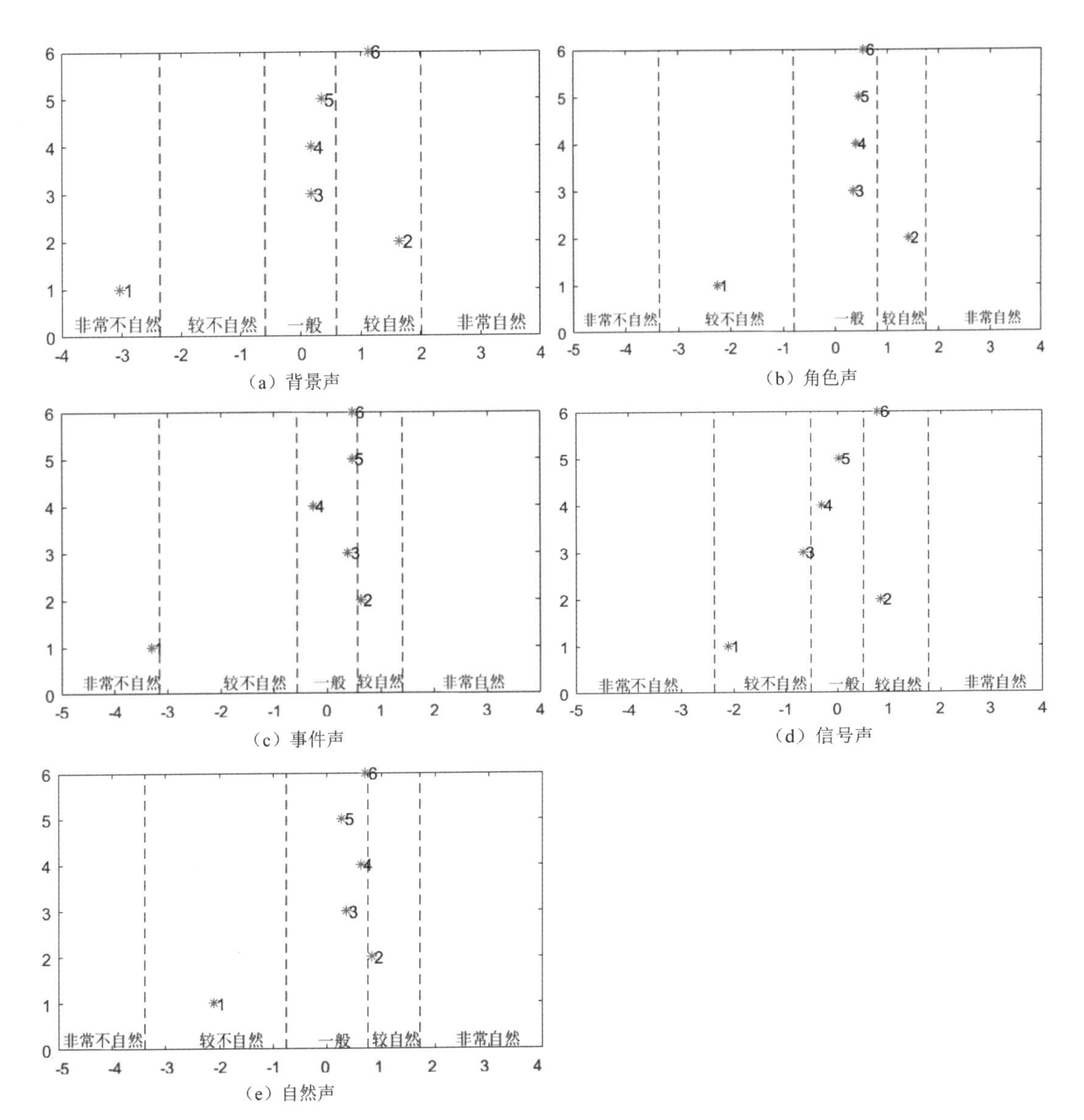

(a) 背景声　(b) 角色声　(c) 事件声　(d) 信号声　(e) 自然声

图 15.15　去相关处理后的自然度

空间感都有明显提升，经几种去相关方法处理后的空间感主要集中在“一般”和“较强”的范畴，并且角色声类型的片段经子带延时法去相关处理后空间感效果更佳，其他类型的片段则经 MLS 滤波器去相关处理后空间感效果更佳。除此之外，信号声类型的片段在经过几种方法处理后空间感效果差异不大，尺度值较为接近。事件声类型的片段在经 MLS 滤波器法和子带延时法处理后空间感均位于“较强”的范畴。

扩展性、分离度和保真度的范畴图中，1 表示 MLS 滤波器去相关法，2 表示随机相位法，3 表示子带延时法，4 表示 DTS Neural Mono2Stereo 法，5 表示 PS22 StereoMaker 法。

由图 15.17 扩展性的范畴图可见，经 MLS 滤波器法和随机相位法处理后各声景要素的声像扩展效果在 5 种去相关方法中相对较好，扩展性集中在“一般”和“较好”的范畴。其中

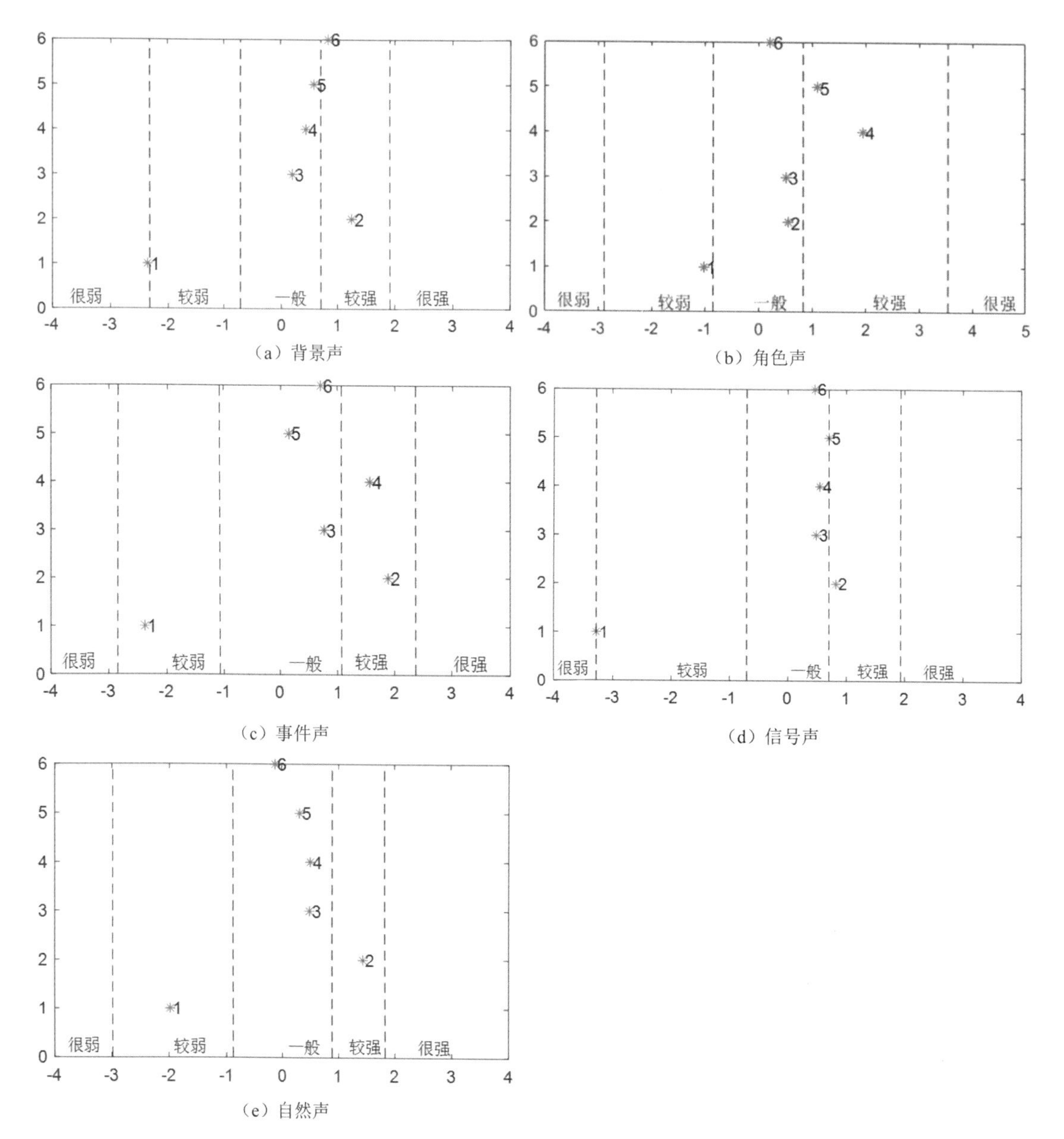

（a）背景声 （b）角色声 （c）事件声 （d）信号声 （e）自然声

图 15.16 去相关处理后的空间感

自然声类型的片段，经子带延时去相关法处理后，听感的声像向外扩展最明显，扩展性位于“较好”的范畴，但信号声类型的片段经子带延时法处理后的扩展性很差，扩展性位于“较差”的范畴。从尺度值的结果来看，除了自然声类型外，其他声景要素类型的片段仍然是经过MLS滤波器去相关法处理后的尺度值更靠前，扩展性更好。

由图 15.18 分离度的范畴图可见，各声景要素类型的片段经 MLS 滤波器法、随机相位法、子带延时法处理后的分离度，集中在“一般”和“较高”的范畴。其中经 MLS 滤波器法和随机相位法处理后的分离度相对来说更高，并且经两种方法处理后各声景要素的分离度评价指标的尺度值非常接近，可见两者效果差异不明显。但从尺度值大小的角度来看，事件声

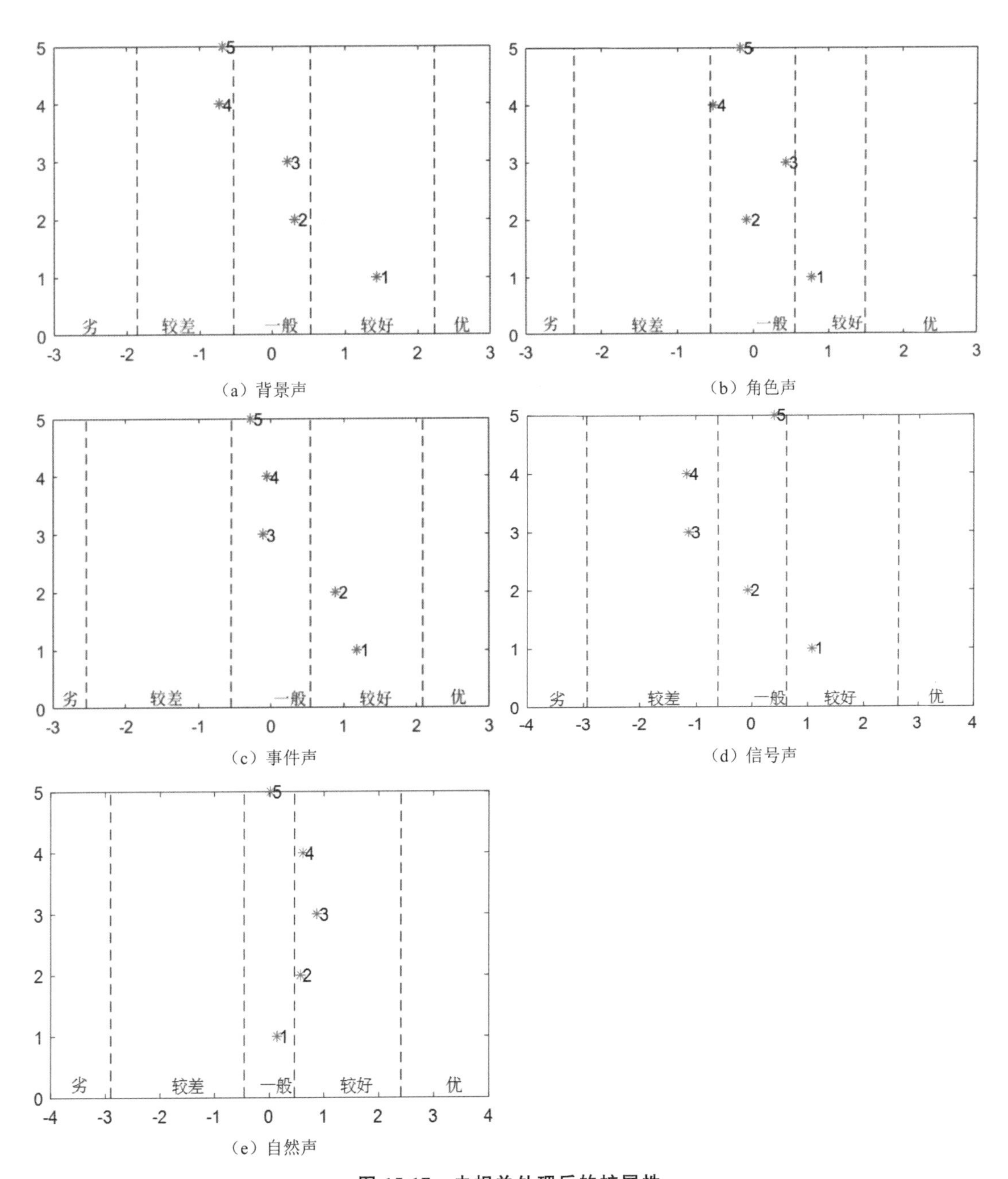

（a）背景声　（b）角色声　（c）事件声　（d）信号声　（e）自然声

图 15.17　去相关处理后的扩展性

和信号声类型的片段经随机相位法处理后五声道听感可辨程度更高，背景声、角色声和自然声类型的片段经 MLS 滤波器法去相关处理后各声道听感的可辨程度较高，分离度较高。

由图 15.19 保真度的范畴图可见，经 5 种去相关方法处理后保真度评价指标的尺度值差异不明显，且均位于“一般”和“较好”的范畴。但整体上来看，各声景要素类型的片段在经过 MLS 滤波器法处理后，尺度值更靠前且均位于“较好”的范畴。经 MLS 滤波器法去相关处理后单声道电影片段的音色与原片段更为接近，对电影原声的音色损伤最小，保真度更高。

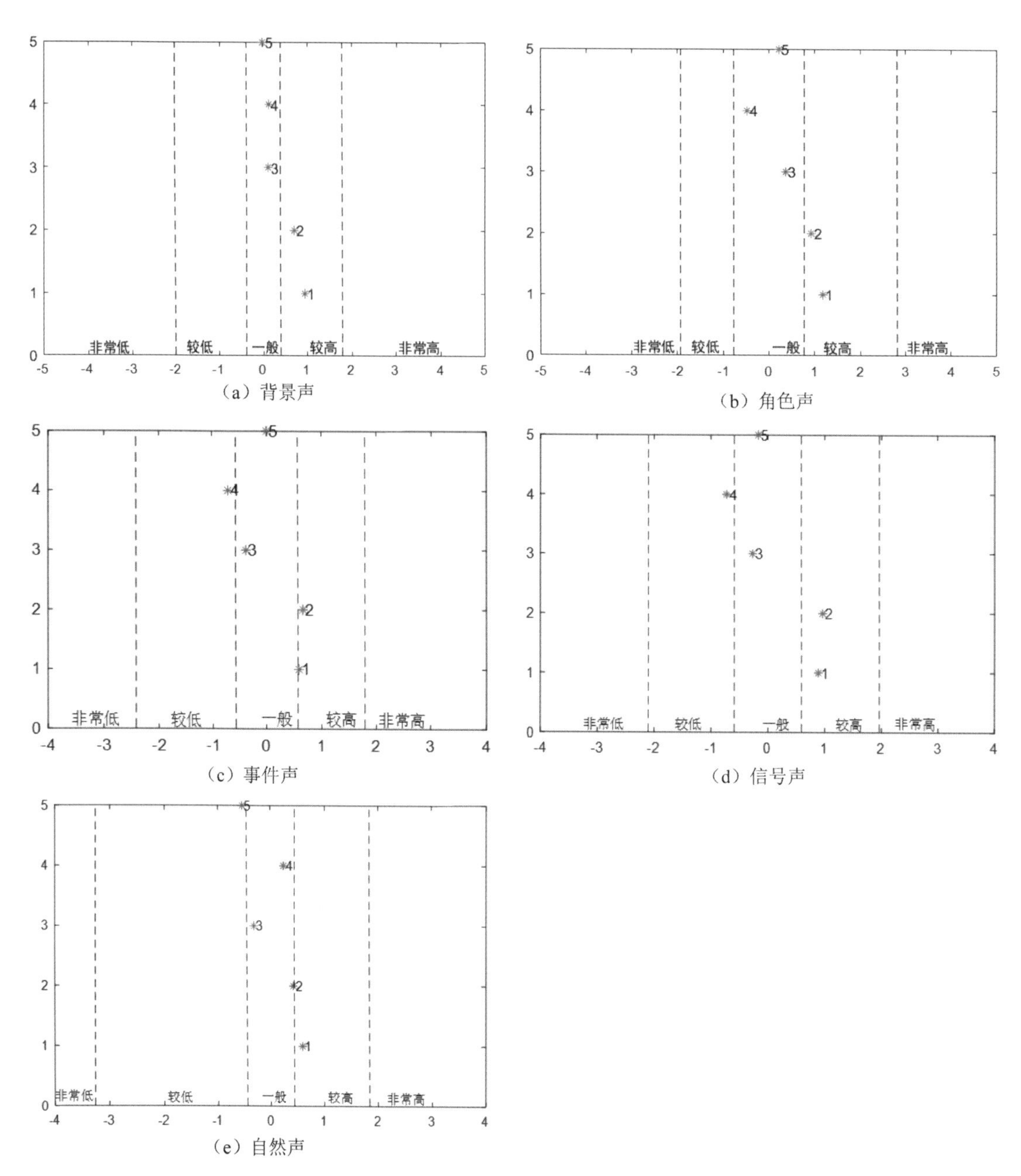

（a）背景声　（b）角色声　（c）事件声　（d）信号声　（e）自然声

图 15.18　去相关处理后的分离度

经随机相位法处理后背景声和事件声片段的保真度要高于角色声、信号声和自然声，背景声片段在经 MLS 滤波器法、随机相位法、子带延时法处理后保真度均位于“较好”的范畴。各声景要素类型的片段在经 DTS Neural Mono2Stereo 法和 PS22 StereoMaker 法处理后保真度均位于“一般”的范畴。

综上所述，相干声源在多通道上直接重放时声场自然度和空间感很差，听感体验不佳。去相关技术可以改善多声道重放时的听音质量，经去相关处理后声场自然度和空间感均得到明显提升，但是不同去相关方法的改善效果存在差异。经 MLS 滤波器去相关法处理后声

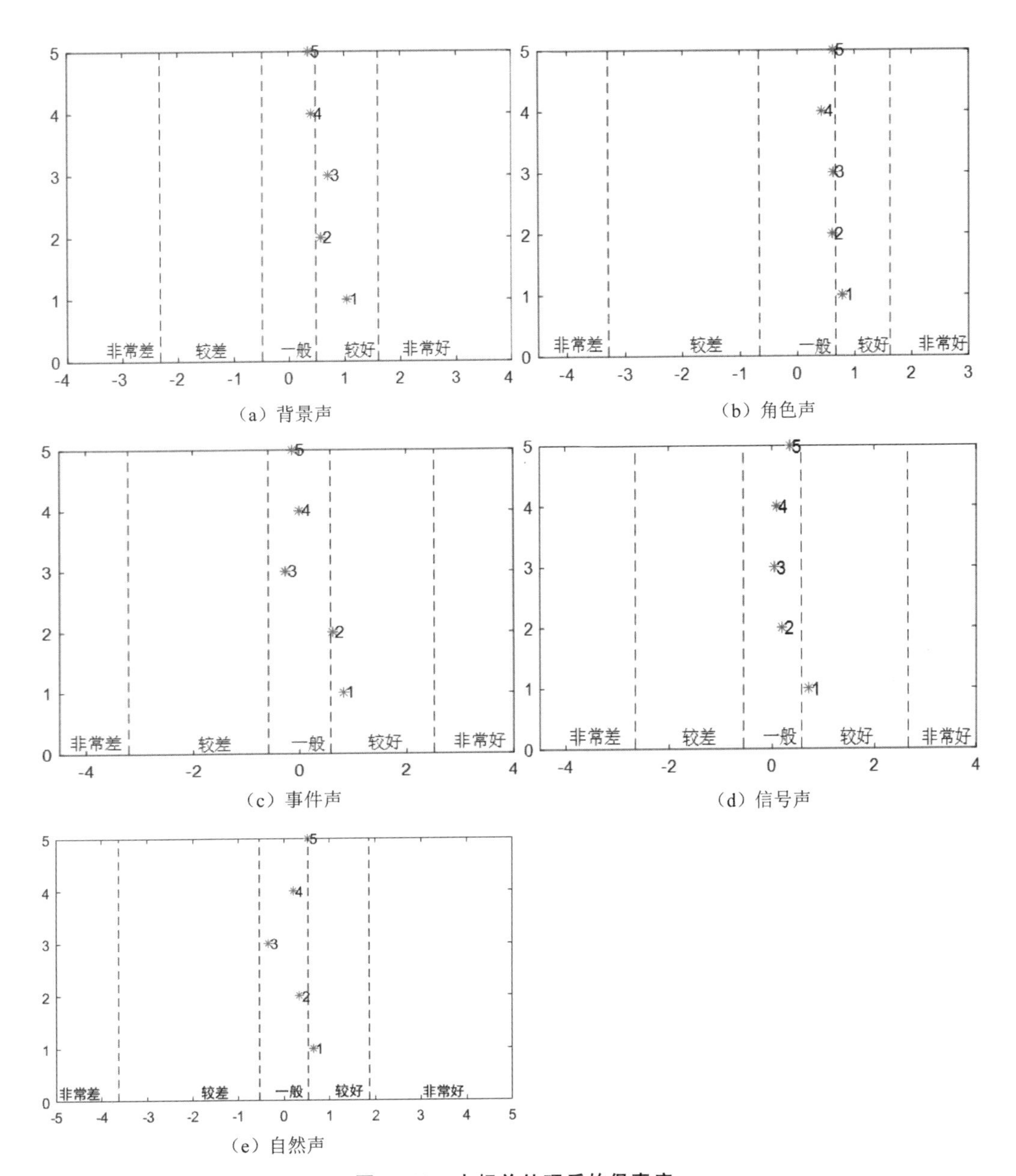

（a）背景声　（b）角色声　（c）事件声　（d）信号声　（e）自然声

图 15.19　去相关处理后的保真度

场自然度、空间感、扩展性更佳，并且相比其他几种方法来说音质的保真度也更高。

单声道电影涉及诸多声景类型，在做去相关处理时要综合考虑不同去相关方法的效果。事件声和信号声这类短时而能量集中的信号，经过随机相位法处理后分离度更高，背景声、自然声这类氛围声以及角色声则经过 MLS 滤波器法处理后分离度较高。

随机相位法的滤波器设计不具有可重复性，很难根据主观听感效果来调整滤波器的特性。子带延时法的延时是在一个周期内随机变化的，同样不具有可重复性。DTS Neural Mono2Stereo 法和 PS22 StereoMaker 法的保真效果不佳。MLS 滤波器去相关法的滤波器是可以重复设计的，也可以根据主观听觉效果调整参数。无论是从听感效果还是滤波器设计而言，MLS 滤波器去相关法都是一种更稳定的去相关方法，故后续单声道电影的多声道扩展预处理会采用 MLS 滤波器去相关法来实现。

15.4 声景重构渲染方法

15.4.1 景别重构

在影视声音制作中通过调整声能大小可以营造不同景别中对白的景深关系[77]，而且电影声音具有与画面同样的景别特征[78]，表现出声音的远近、强弱和深度等空间特征，具体表现为声音的层次感、清晰度、空间感等。影视声音的远近和大小等可以反映景深和空间特征，通过这些特征听众可以尝试勾勒出画面的“近景”“中景”“全景”。声音景别所引发的感知和体验称为“声景感”，可以通过控制音量对比、调整频率特性、调节直达声和反射声的比例等参数改变声景感知。

下面将讨论声能、均衡、混响对单声道电影声景重构渲染效果的影响，以及对重构声景在多声道重放时氛围感营造的影响。通过景深和场景体量感知实验得到各声景要素的景别重构方案，在此基础上讨论均衡和混响对重构声景氛围感的影响，整体思路如图 15.20 所示。

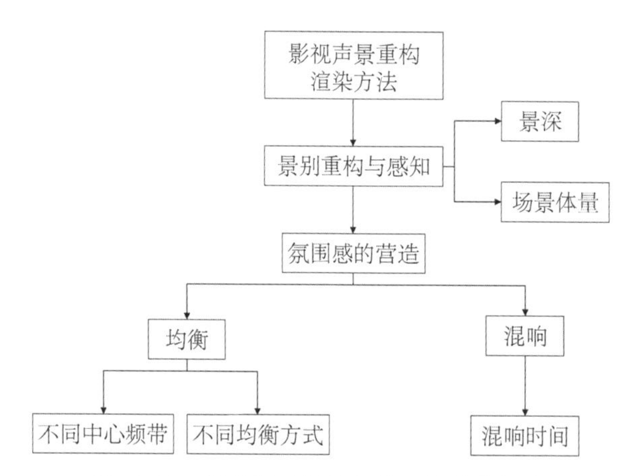

图 15.20 影视声景重构渲染方法整体思路

在景深感知实验前期，通过预实验调试了 6 套声能分配方案，由主观听音实验的结果发现，被试所选 5 个景别的声能分配方式中各通道间的声级差有一定的规律，基本呈现对数的函数形式。在自由场条件下，若声源为点声源，声波强度的衰减与距离符合反平方定律，即距离增加 1 倍，强度衰减 6dB。

将平面环绕声系统分为 L/R、C、LS/RS 三部分，对各部分进行相应的声级调整，为了避免信号波形失真，对各通道均进行声能衰减处理，具体办法为：对 C、L/R、LS/RS 分别进行 0dB、－6dB、－12dB、－18dB 的声级调整，具体方式如表 15.14 所示。

表 15.14　景深感知实验的声能分配方案

序号	声级调整(dB)					序号	声级调整(dB)				
	L	C	R	LS	RS		L	C	R	LS	RS
1	−6	0	−6	−12	−12	13	−12	0	−12	−6	−6
2	−12	−18	−12	−6	−6	14	−12	−18	−12	0	0
3	−12	−6	−12	−18	−18	15	0	−6	0	−12	−12
4	0	−12	0	−6	−6	16	−12	0	−12	−18	−18
5	−6	0	−6	−18	−18	17	−18	−6	−18	0	0
6	−18	−12	−18	0	0	18	0	−18	0	−12	−12
7	0	−18	0	−6	−6	19	−18	−6	−18	−12	−12
8	−18	0	−18	−6	−6	20	−18	0	−18	−12	−12
9	0	−6	0	−18	−18	21	−6	−12	−6	−18	−18
10	−6	−12	−6	0	0	22	−6	−18	−6	0	0
11	0	−12	0	−18	−18	23	−18	−12	−18	−6	−6
12	−6	−18	−6	−12	−12	24	−12	−6	−12	0	0

实验素材是从标注的样本集中节选的各类声景要素的场景片段,信号包括角色声、事件声、背景声、信号声、自然声。实验的评价指标为景深和场景体量。景深评价指标的解释为:被试在主观上感知到某具体声音场景与自己相距的远近。场景体量评价指标的解释为:被试在主观上感知到某声音场景的规模和空间范围。

实验在消声室进行,放音装置为 5 声道环绕声系统,以听音点为圆心,音箱与听音点距离 2 米,音箱高度与人耳齐平。实验开始前先按照《数字立体声电影院的技术标准》对系统的各音箱进行校准。通过个人电脑放音并连接声卡和 DM20 数字调音台进行信号播放及模式切换控制。实验采用系列范畴法,每个评价指标包含 5 级尺度,对应评分 1～5 分,具体评价指标的划分范畴如表 15.15 所示。

表 15.15　评价指标的划分范畴

评价指标	评价等级				
	1	2	3	4	5
景深	很近	较近	一般	较远	很远
场景体量	很小	较小	一般	较大	很大

被试需要在景深和场景体量两个评价指标上进行 1～5 分的打分。如果被试在主观感知上感觉该场景的声音与自己相距很远为 5 分,反之则为 1 分;如果被试感知到该声音场景的空间范围很大为 5 分,反之则为 1 分。被试共有 20 名,听力正常且受过听力训练。

对声景要素和声能分配两个不同因素影响下的景深感知数据进行显著性检验,结果发现声景因素影响下的景深感知结果有显著性差异,声能分配因素影响下的景深感知结果也有显著性差异。同一声景要素的各景别之间需要满足:①特写到远景的景深感知越来越远;②全景和远景的场景规模和空间范围较大,中景、近景和特写的场景规模和空间范围相对较小。

在景深感知的范畴图中,“很近”至“很远”5 个范畴分别对应“特写”至“远景”5 个景别。若多个声能分配方式的景深感知结果均位于同一范畴,则在“很近”“较近”“一般”范畴内选择场景体量平均值较低的分别作为特写、近景、中景的声能分配方式,而在“较远”“很远”范畴内选择场景体量平均值较高的分别作为全景、远景的声能分配方式。各声景要素类型的景深感知范畴如图 15.21～图 15.25 所示。

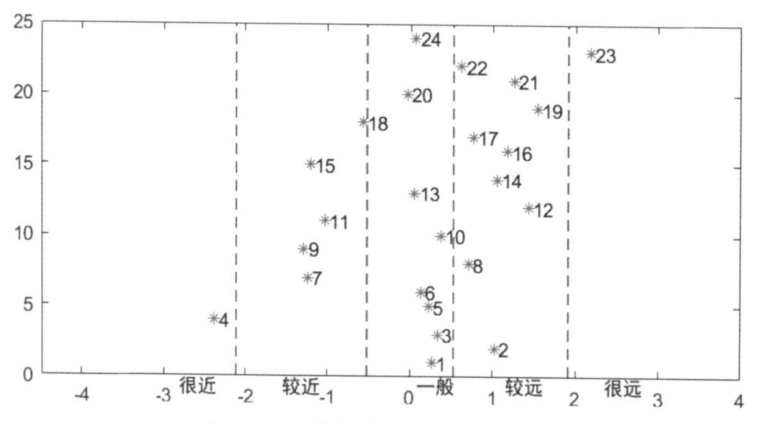

图 15.21　背景声的景深感知范畴

在图 15.21 背景声的景深感知范畴中,序号 4 和序号 23 的尺度值分别位于“很近”和“很远”的范畴,对应的分别是特写和远景的声能分配。“较近”“一般”和“较远”三个范畴内背景声的场景体量感知结果如表 15.16 所示。

表 15.16　背景声的场景体量感知结果

范畴	较近					一般							
序号	7	9	11	15	18	1	3	5	6	10	13	20	24
平均值	1.76	1.63	1.66	1.84	1.92	1.71	1.76	1.78	3.24	2.51	1.99	1.89	2.62
范畴	较远												
序号	2	8	12	14	16	17	19	21	22				
平均值	2.39	2.04	1.92	3.11	1.93	3.25	2.64	2.28	2.79				

由表 15.16 可知:“较近”范畴内序号 9 的场景体量平均值最小,“一般”范畴内序号 1 的场景体量平均值最小,“较远”范畴内序号 17 的场景体量平均值最大。由此得到背景声的声能分配方式,如表 15.17 所示。

表 15.17　背景声各景别的声能分配方式

景别	序号	声能分配(dB)				
		L	C	R	LS	RS
特写	4	0	−12	0	−6	−6
近景	9	0	−6	0	−18	−18
中景	1	−6	0	−6	−12	−12
全景	17	−18	−6	−18	0	0
远景	23	−18	−12	−18	−6	−6

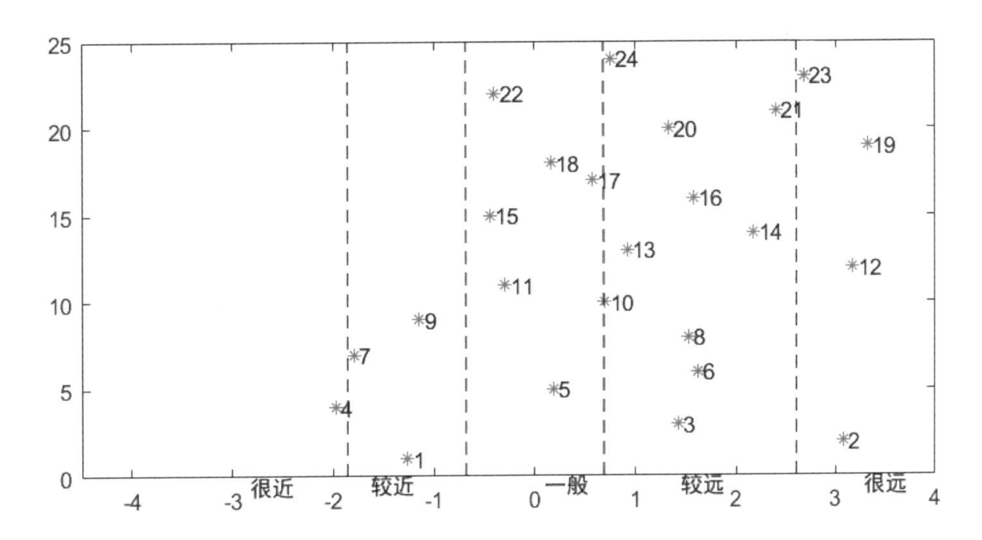

图 15.22　事件声的景深感知范畴图

通过图 15.22 事件声的景深感知实验结果可见，序号 4 的尺度值位于“很近”的范畴，对应的是特写景别的声能分配，另外四个范畴中事件声的场景体量感知结果如表 15.18 所示。

表 15.18　事件声的场景体量感知结果

范畴	较近			一般						很远			
序号	1	7	9	5	11	15	17	18	22	2	12	19	23
平均值	1.6	1.98	1.74	1.73	1.76	1.69	3.13	1.77	2.89	3.16	2.47	2.85	3.34
范畴	较远												
序号	3	6	8	10	13	14	16	20	21	24			
平均值	2.00	3.02	2.23	2.92	2.23	3.14	2.26	1.94	3.23				

根据表 15.18 可见：“较近”范畴内序号 1 的场景体量平均值最小，“一般”范畴内序号 15 的场景体量平均值最小，“较远”范畴内序号 24 的场景体量平均值最大，“很远”范畴内序号 23 的场景体量平均值最大。由此得到事件声的声能分配方式，如表 15.19 所示。

表 15.19　事件声各景别的声能分配方式

景别	序号	声能分配(dB)				
		L	C	R	LS	RS
特写	4	0	−12	0	−6	−6
近景	1	−6	0	−6	−12	−12
中景	15	0	−6	0	−12	−12
全景	24	−12	−6	−12	0	0
远景	23	−18	−12	−18	−6	−6

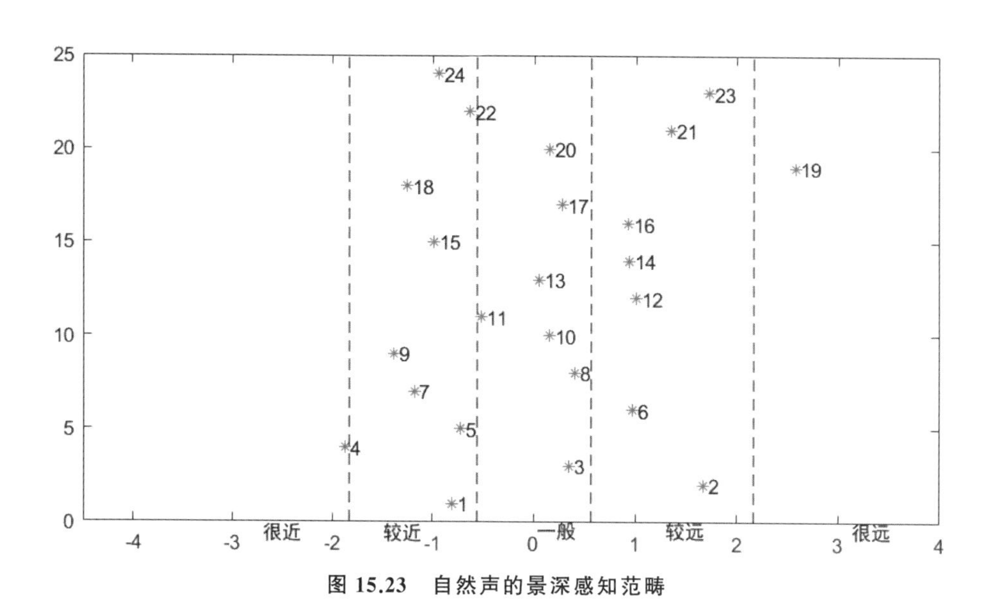

图 15.23　自然声的景深感知范畴

在图 15.23 自然声的景深感知范畴中，特写和远景的声能分配对应的编号分别为序号 4 和序号 19，“较近”“一般”“较远”三个范畴内自然声的场景体量感知结果如表 15.20 所示。

表 15.20　自然声的场景体量感知结果

范畴	较近								一般						
序号	1	5	7	9	15	18	22	24	3	8	10	11	13	17	20
平均值	1.78	1.56	2	1.91	1.79	2.12	3	2.8	1.86	1.93	2.88	1.97	1.98	3.12	1.81
范畴	较远														
序号	2	6	12	14	16	21	23								
平均值	3	2.47	3.24	3.08	2.09	2.26	2.98								

根据表 15.20 可知：“较近”范畴内序号 5 的场景体量平均值最小，“一般”范畴内序号 20 的场景体量平均值最小，“较远”范畴内序号 12 的场景体量平均值最大。由此得到自然声的声能分配方式，如表 15.21 所示。

表 15.21 自然声各景别的声能分配方式

景别	序号	声能分配(dB)				
		L	C	R	LS	RS
特写	4	0	−12	0	−6	−6
近景	5	−6	0	−6	−18	−18
中景	20	−18	0	−18	−12	−12
全景	12	−6	−18	−6	−12	−12
远景	19	−18	−6	−18	−12	−12

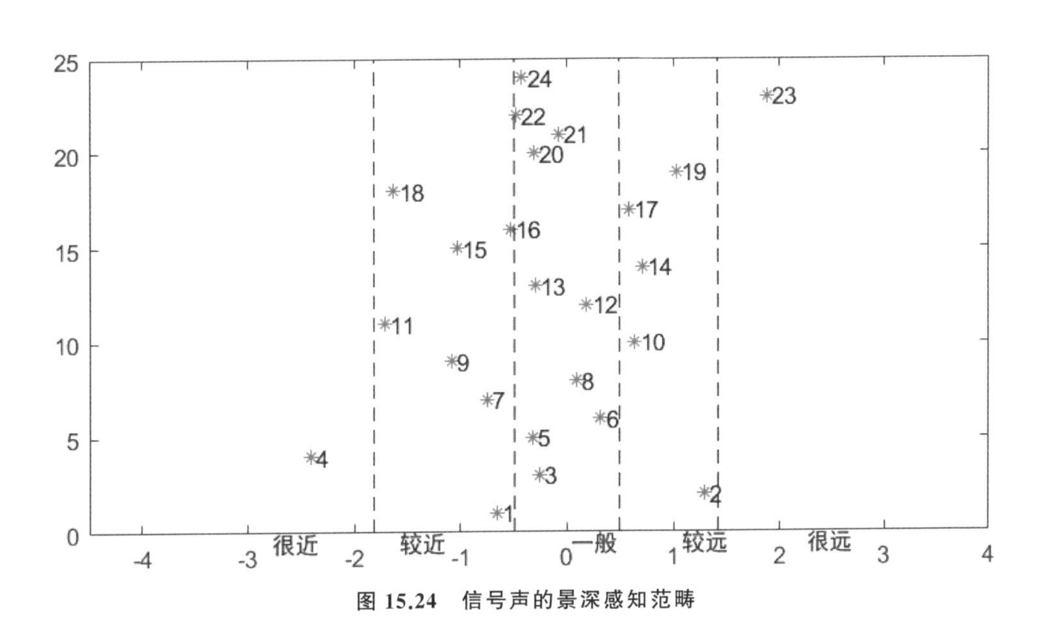

图 15.24 信号声的景深感知范畴

根据图 15.24 信号声的景深感知范畴可知，序号 4 和序号 23 的尺度值分别位于“很近”和“很远”的范畴，由此得到特写和远景的声能分配方式。对比另外三个范畴中信号声的场景体量感知结果，如表 15.22 所示。

表 15.22 信号声场景体量感知结果

范畴	较近							较远				
序号	1	7	9	11	15	16	18	2	10	14	17	19
平均值	1.67	1.46	1.29	1.5	1.25	1.98	1.52	2.89	2.21	2.75	2.94	3.4
范畴	一般											
序号	3	5	6	8	12	13	20	21	22	24		
平均值	2.09	1.75	2.7	2.53	2.8	2.13	2.23	2.44	1.98	2.22		

根据表 15.22 的结果可知：“较近”范畴中序号 15 的场景体量平均值最小，“一般”范畴中序号 5 的场景体量平均值最小，“较远”范畴中序号 19 的场景体量平均值最大。由此得到信

号声的声能分配方式，如表 15.23 所示。

表 15.23　信号声各景别的声能分配方式

景别	序号	声能分配(dB)				
		L	C	R	LS	RS
特写	4	0	−12	0	−6	−6
近景	15	0	−6	0	−12	−12
中景	5	−6	0	−6	−18	−18
全景	19	−18	−6	−18	−12	−12
远景	23	−18	−12	−18	−6	−6

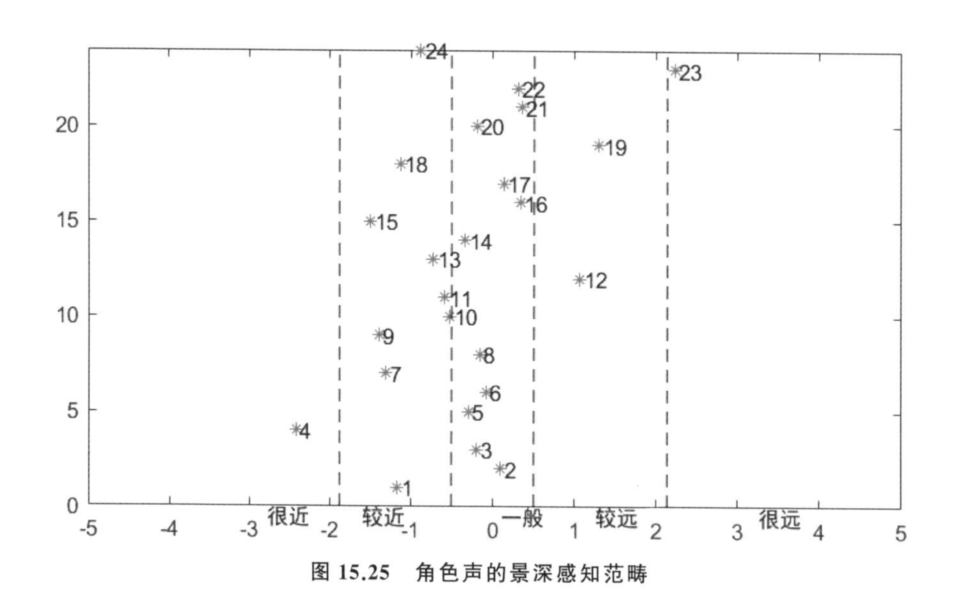

图 15.25　角色声的景深感知范畴

根据图 15.25 角色声的景深感知范畴可知，特写和远景的声能分配方式对应的编号分别为序号 4 和序号 23，另外三个范畴内角色声的场景体量感知结果如表 15.24 所示。

表 15.24　角色声的场景体量感知结果

范畴	较近									较远	
序号	1	7	9	10	11	13	15	18	24	12	19
平均值	1.66	1.88	1.44	2.55	1.65	1.89	1.5	1.82	2.41	2.7	2.39
范畴	一般										
序号	2	3	5	6	8	14	16	17	20	21	22
平均值	2.5	2.02	1.62	3.04	2.04	2.98	1.8	2.75	2.19	2.24	2.3

根据表 15.24 的结果可知：“较近”范畴内序号 9 的场景体量平均值最小，“一般”范畴内序号 5 的场景体量平均值最小，“较远”范畴内序号 12 的场景体量平均值最大。由此得到角

色声的声能分配方式,如表 15.25 所示。

表 15.25　角色声各景别的声能分配方式

景别	序号	声能分配(dB)				
		L	C	R	LS	RS
特写	4	0	−12	0	−6	−6
近景	9	0	−6	0	−18	−18
中景	5	−6	0	−6	−18	−18
全景	12	−6	−18	−6	−12	−12
远景	23	−18	−12	−18	−6	−6

15.4.2　响度均衡与氛围感重构

均衡主要是对每一通路的信号进行高频、中频、低频的补偿和调整。高频段主要是用来补偿声音的清晰度,中高频段可以补偿声音的明亮度,中低频段用于补偿声音的力度,低频段主要用于补偿声音的丰满度。通过听音实验,探究均衡对重构声景氛围感的影响,对比分析不同中心频带和不同均衡方式下重构声景氛围感的感知差异。

通过 MLS 滤波器法去除各通道间的相关性后,将各通路的音频信号以 200Hz、1000Hz、4000Hz 为中心频带进行均衡调整,为了避免声音信号的失真,对各频带均进行衰减处理,具体方式如表 15.26 所示。

表 15.26　各中心频带的衰减方式

方式	200Hz	1000Hz	4000Hz	方式	200Hz	1000Hz	4000Hz
1	↓			4	↓	↓	
2		↓		5		↓	↓
3			↓	6	↓		↓

将平面环绕声系统中中置声道 C 以外的声道分为 L/R、LS/RS 两部分,对各部分进行相同的均衡处理,还有一组不做均衡处理,作为对照组,由此共得到 31 种均衡调整方案,如表 15.27 所示。

实验设计是在景深感知的基础上进行的,实验信号与景深感知的实验信号相同,仍为样本集中各类声景要素的电影片段信号。听音实验的评价指标为氛围感,即感知到某声音场景所营造气氛的强烈程度。

实验在搭建于全消声室中的平面环绕声系统中进行,听音点位于系统的圆心位置,音箱与听音者相距 2 米,调节音箱高度使其与人耳齐平。被试共有 15 名,年龄在 22～26 岁之间。实验采用系列范畴法,氛围感的评价指标包含 5 级尺度,评分对应 1～5 分。如果被试感知该声音场景营造的氛围感最强就打 5 分,反之就打 1 分。每个声音场景(景别——声景要素,例如:特写——背景声)有 31 个声音信号,实验正式开始时会打乱各场景信号的播放顺序，避免被试产生惯性思维。

表 15.27 均衡实验方案

序号	L/R			LS/RS			序号	L/R			LS/RS		
	低频	中频	高频	低频	中频	高频		低频	中频	高频	低频	中频	高频
1	↓				↓		16	↓	↓		↓		
2	↓					↓	17	↓	↓			↓	
3	↓			↓	↓		18	↓	↓				↓
4	↓				↓	↓	19	↓	↓			↓	↓
5	↓			↓		↓	20	↓	↓		↓		↓
6		↓		↓			21		↓	↓	↓		
7		↓					22		↓	↓		↓	
8		↓		↓	↓		23		↓	↓			↓
9		↓			↓	↓	24		↓	↓	↓	↓	
10		↓		↓		↓	25		↓	↓	↓		↓
11			↓	↓			26	↓		↓	↓		
12			↓		↓		27	↓		↓		↓	
13			↓	↓	↓		28	↓		↓			↓
14			↓		↓	↓	29	↓		↓	↓	↓	
15			↓	↓		↓	30	↓		↓		↓	↓

对景别类型、声景要素类型和均衡方式三个不同因素影响下的数据进行显著性检验，结果发现：景别类型、声景要素类型、均衡方式这三个因素影响下的氛围感的感知均有显著性差异。均衡实验的结果如表 15.28 所示，表中包括各景别下经过均衡处理后氛围感增强的声景要素类型及其均衡方式和均衡处理前后氛围感评价指标的心理尺度值。

表 15.28 氛围感的感知实验结果

景别	声景类型	无处理	均衡方案编号	均衡处理
特写	事件声	1.857	18	1.982
	自然声	−0.001	7	1.439
近景	自然声	1.075	16	1.700
中景	自然声	1.258	7	1.803
全景	事件声	0.164	11	0.581
	角色声	1.245	10	1.257
远景	事件声	1.290	7	1.877
	背景声	0.562	7	1.930
	角色声	0.080	1	1.005
	自然声	0.202	7	1.022

根据表 15.28 可知：

1)特写景别中事件声在 L/R 通道的中低频成分减少，LS/RS 通道的高频成分减少时氛围感更强。

2)特写、中景和远景景别中的自然声、远景景别中的事件声和背景声在 L/R 通道的中频成分减少，LS/RS 通道的高频成分减少时氛围感更强。

3)近景景别中的自然声在 L/R 通道的中低频成分减少，LS/RS 通道的低频成分减少时能够营造更强的氛围感。

4)全景景别中的事件声在 L/R 通道的高频成分减少，LS/RS 通道的低频成分减少时氛围感更强。全景景别中的角色声在 L/R 通道的中频成分减少，LS/RS 通道的低频和高频成分减少时能营造较强的氛围感。

5)远景景别中的角色声在 L/R 通道的低频成分减少，LS/RS 通道的中频成分减少时氛围感更强。

15.4.3　混响与氛围感重构

电影声音创作中常用人工延时和混响等技术手段实现影视声音的空间感塑造。在普通的单声道电影中，同样可以通过添加自然混响或人工混响、延迟等手段实现各声音场景的塑造[80]。为了探究单声道电影在多声道环绕声扩展后，混响对重构声景氛围感的影响，选用 9 组混响时间进行实验，分别为 0.5s、0.7s、1s、1.5s、2.2s、3.3s、4.5s、5.2s、6s。各场景的实验信号分为无混响处理的实验信号和经过不同混响处理的实验信号，共有 25 个声音场景，共计 250 个声音信号，正式实验时各场景信号的播放顺序随机。

实验素材是从标注的样本集中节选的单声道电影声音片段，信号包括角色声、背景声、事件声、信号声、自然声 5 种声景要素类型。实验的评价指标有氛围感和清晰度，各指标的解释如表 15.29 所示。

表 15.29　混响渲染实验评价指标

评价指标	指标解释
氛围感	该声音场景所营造的景象或声场环境带给人的强烈感觉
清晰度	该声音场景中的声景要素是否清晰可辨

实验在消声室进行，重放设备为平面环绕声系统，音箱与听音者距离 2 米，调节扬声器的高度使其与人耳齐平。被试共有 10 名，年龄在 20～26 岁之间，听力正常且受过听力训练，有相关音质主观评价实验的经验，所有被试都通过了重测信度检验。

实验采用系列范畴法，各评价指标包含 5 级尺度，评分对应 1～5 分。如果感知该场景所营造的景象给被试的感觉最强烈就打 5 分，反之就打 1 分；如果感知声景要素的清晰可辨程度最高就打 5 分，反之就打 1 分。

对听音实验的结果进行显著性检验，结果发现：景别类型、声景要素类型、混响时间这三个因素影响下的清晰度感知均有显著性差异，这三个因素影响下的氛围感感知也有显著性差异。

在图 15.26 所示的氛围感的实验结果中，数字 1～10 分别表示混响时间为 1.5s、4.5s、1s、3.3s、0.5s、5.2s、0s、6s、2.2s、0.7s 的情况。

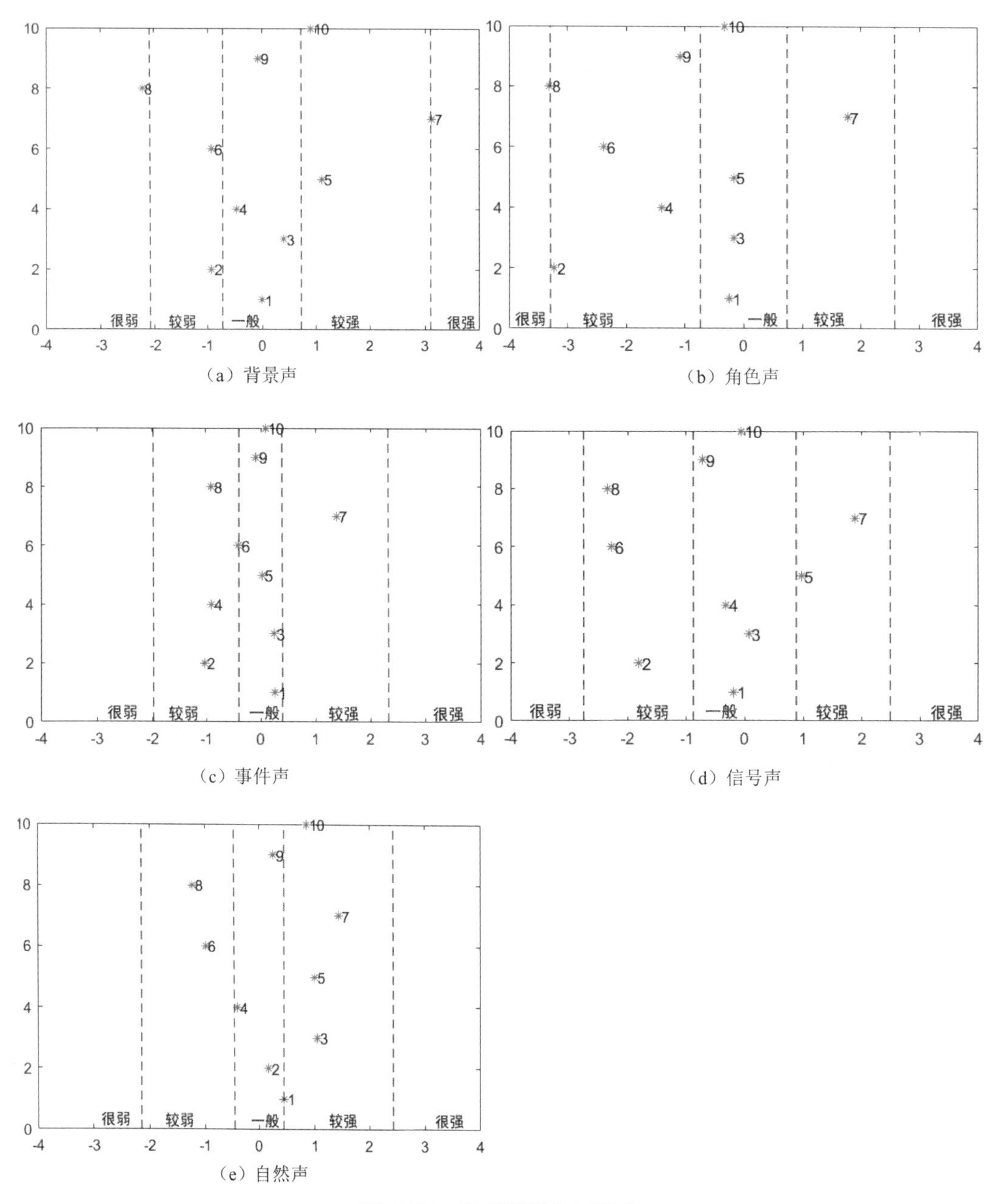

（a）背景声　（b）角色声　（c）事件声　（d）信号声　（e）自然声

图 15.26　特写景别的氛围感

由图 15.26 可知：在特写景别，背景声经过 0.7s 以内的混响处理后，氛围感有所减弱，但尺度值仍位于“较强”的范畴。信号声经过 0.5s 的混响处理后，自然声经过 1s 以内的混响处理后，氛围感的尺度值虽然有所下降，但仍与无混响处理时的尺度值位于同一范畴内，且同样位于“较强”的范畴。而角色声和事件声在经过混响处理后，氛围感主要集中在“一般”和“较弱”的范畴。

由图 15.27 可知：在近景景别，自然声经过 0.5s 和 0.7s 的混响处理后，氛围感比无混响时增强。背景声和事件声经过 0.7s 以内的混响处理后，角色声和信号声经过超出 0.5s 的混响处理后，氛围感的尺度值有所下降，但也仍与无混响处理时的尺度值位于同一范畴。角色声、信号声、事件声在近景景别时，混响对氛围感的营造影响较大。角色声在超过 1s 的混响处理后，氛围感的尺度值均位于“较弱”和“很弱”的范畴。事件声和信号声在超过 0.7s 的混响处理后，氛围感的尺度值均位于“一般”和“较弱”的范畴。

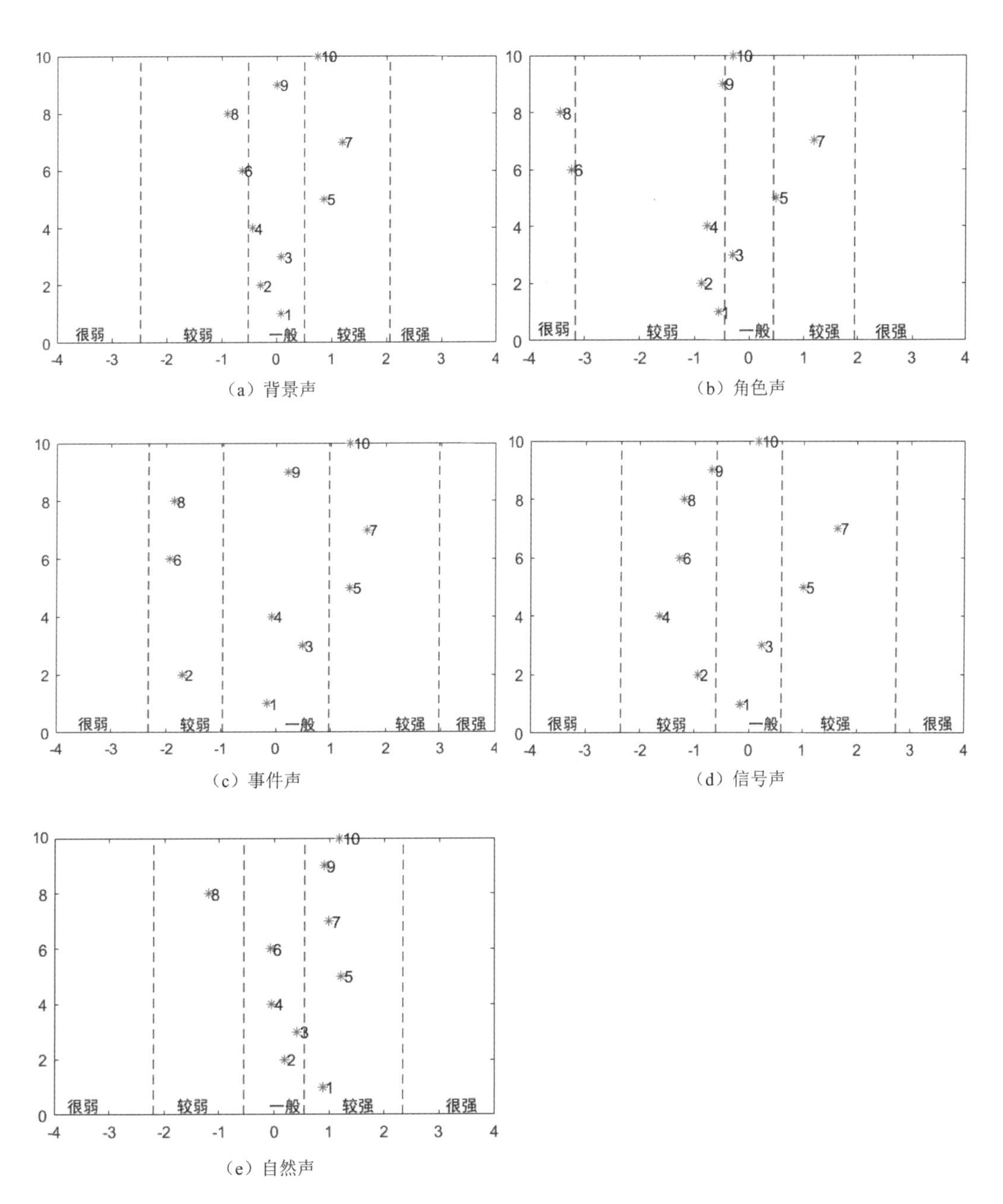

(a) 背景声　(b) 角色声　(c) 事件声　(d) 信号声　(e) 自然声

图 15.27　近景景别的氛围感

由图 15.28 可知：在中景景别，事件声经过 0.5s 的混响处理后，氛围感的尺度值下降，但是仍与无混响处理时的尺度值均位于“较强”的范畴。自然声经过 1.5s 以内的混响处理后，氛围感的尺度值与无混响处理时差距很小，且均位于“较强”的范畴。背景声经过超出 2.2s 的混响处理后，氛围感很差，尺度值均位于“较弱”的范畴。角色声经过超出 1.5s 的混响处理后，氛围感均位于“较弱”和“很弱”的范畴。

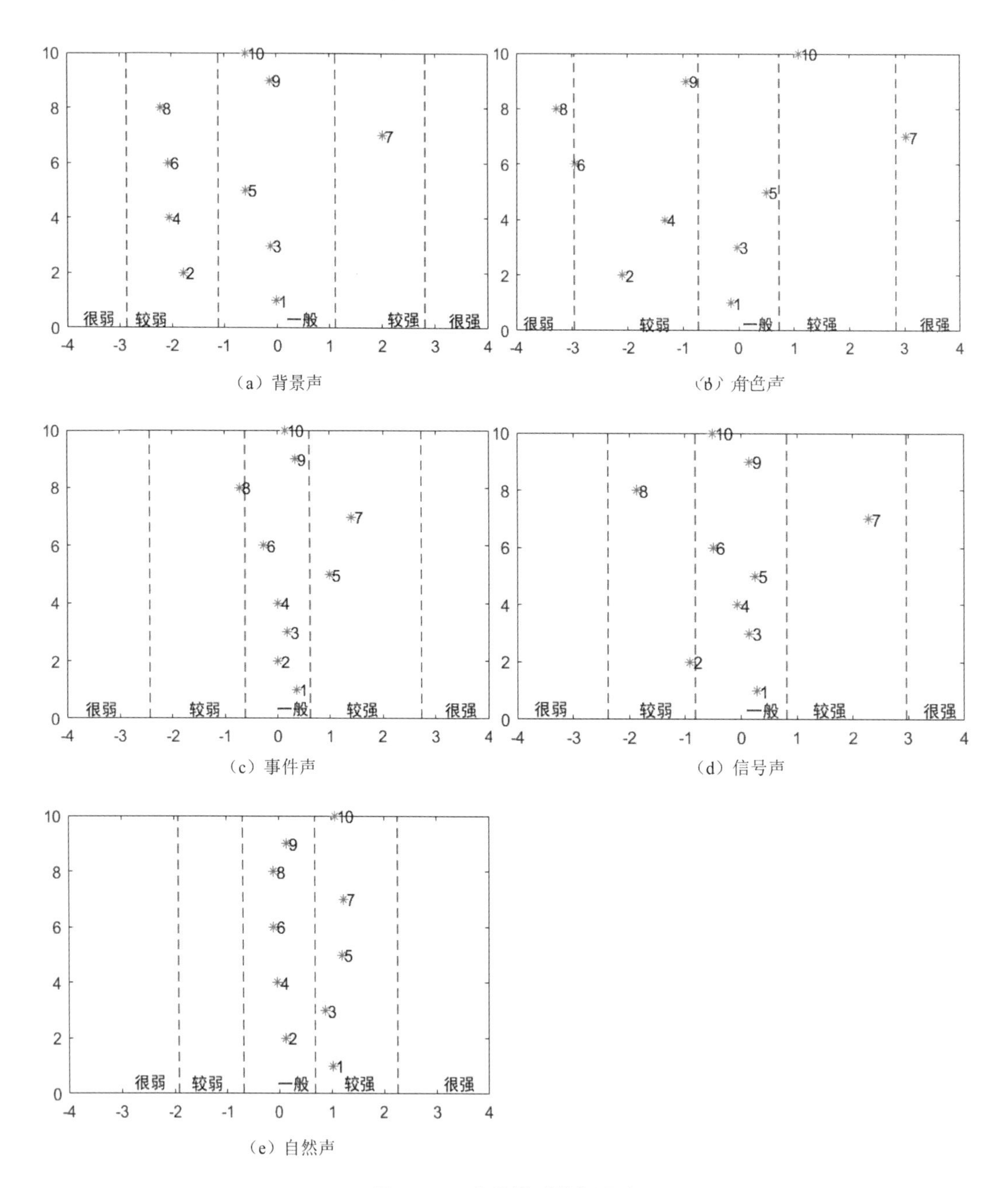

（a）背景声 （b）角色声 （c）事件声 （d）信号声 （e）自然声

图 15.28 中景景别的氛围感

由图 15.29 可知：在全景景别，背景声经过 1.5s 以内的混响处理后，氛围感的尺度值相差不大，且经过 1s 的混响处理后氛围感比无混响处理时的要强。角色声经过 0.7s 以内的混响处理后，信号声经过 1.5s 以内的混响处理后，氛围感虽然位于“一般”的范畴，但是尺度值大小与无混响处理时较为接近。事件声和自然声经过混响处理后,氛围感的尺度值主要集中在“一般”的范畴,且自然声经过 0.5s 混响处理后,氛围感尺度值与无混响处理时的尺度值位于同一范畴。

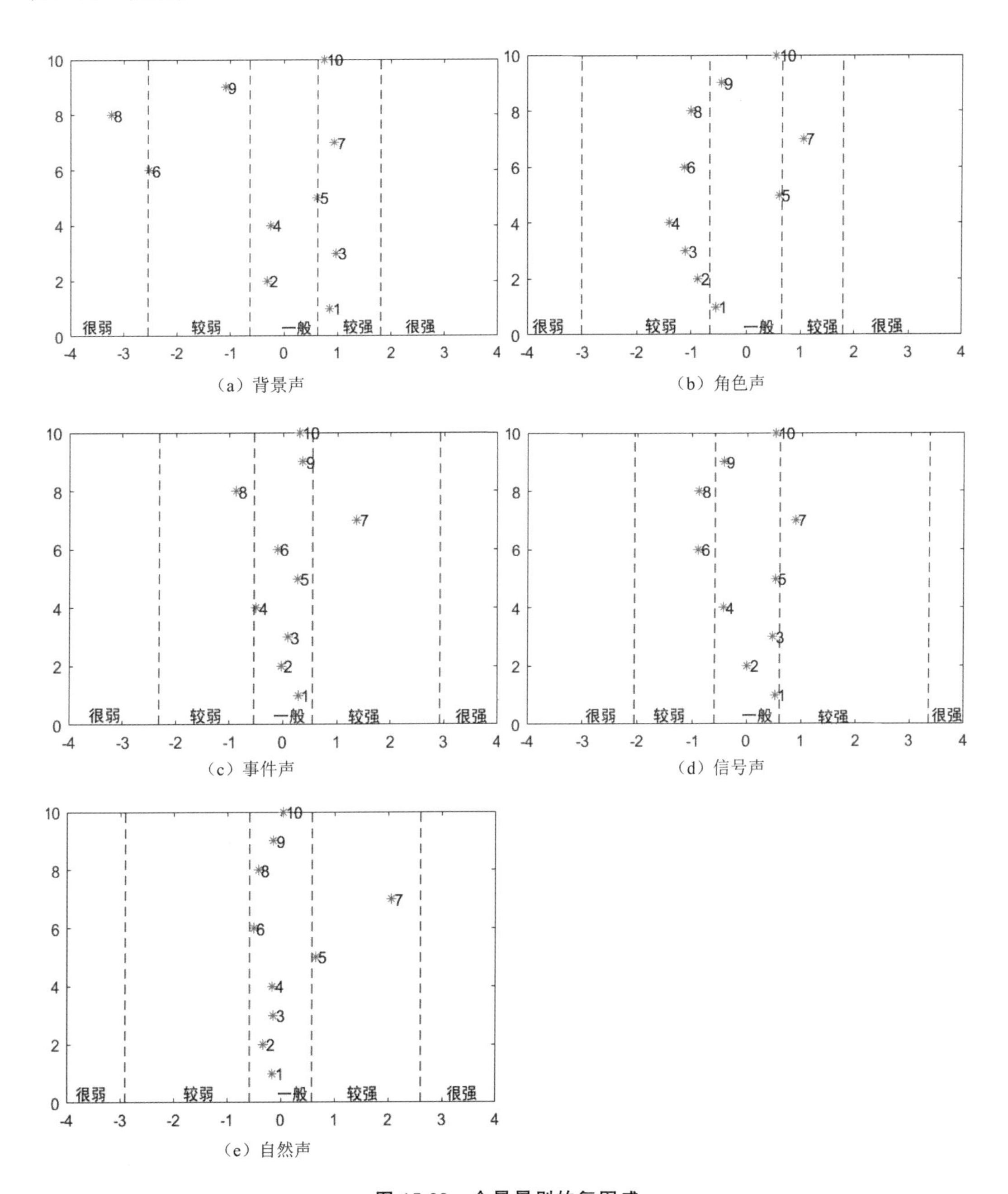

(a) 背景声 (b) 角色声 (c) 事件声 (d) 信号声 (e) 自然声

图 15.29 全景景别的氛围感

由图 15.30 可知:在远景景别,背景声和信号声在经过 0.5s 的混响处理后,氛围感虽然减弱,但是尺度值与无混响处理时的尺度值均位于“较强”的范畴。自然声在经过 1s 以内的混响处理后,氛围感比无混响处理时增强。角色声和事件声在经过混响处理后,氛围感尺度值主要集中在“一般”和“较弱”的范畴。

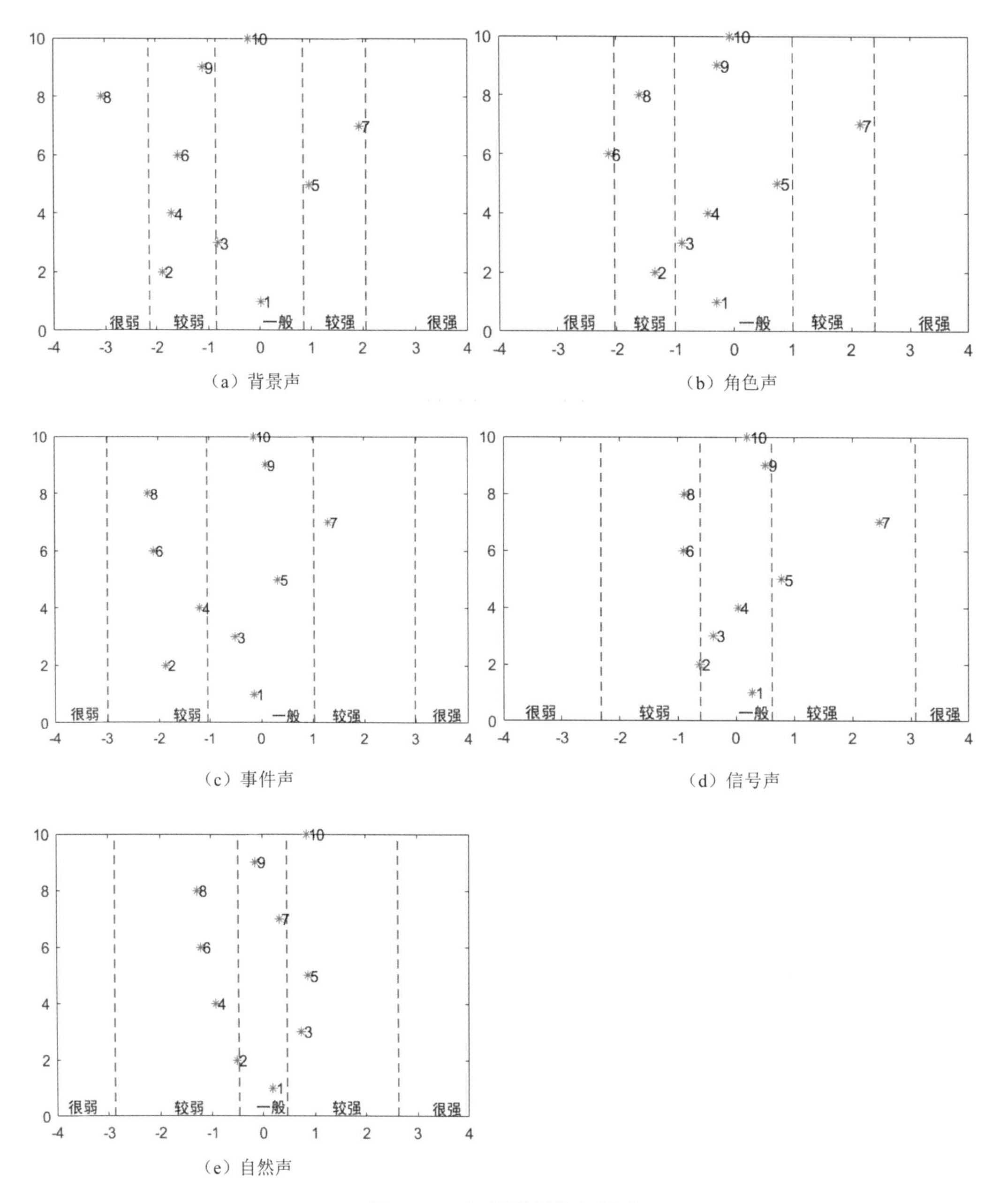

（a）背景声　（b）角色声　（c）事件声　（d）信号声　（e）自然声

图 15.30　远景景别的氛围感

将各声景要素在同一景别下的清晰度主观感知结果汇总，如表 15.30～表 15.34 所示。表格中数字为心理尺度值大小，字母表示尺度值落入的范畴，字母 A～E 分别代表范畴“好”“较好”“一般”“较差”“差”，例如“2.19-A”表示心理尺度值为 2.19，属于“好”的范畴。

根据表 15.30 可知：在特写景别，随着混响时间的增加，声景要素的清晰度逐渐降低。并且特写景别下的背景声和角色声，经过混响处理，对清晰度的影响较大，尺度值均落在“一般”及其之后的范畴；而事件声和自然声经过 0.5s 和 0.7s 的混响处理后，信号声经过 0.5s 的混响处理后，清晰度虽然下降，但其尺度值均位于“较好”的范畴。

表 15.30 特写的清晰度感知结果

混响时间 / 声景要素	0s	0.5s	0.7s	1s	1.5s	2.2s	3.3s	4.5s	5.2s	6s
背景声	2.19-A	0.24-C	-0.13-C	-0.21-C	-0.24-C	-1.76-D	-1.82-D	-2.27-E	-3.07-E	-3.26-E
角色声	3.03-A	0.10-C	-0.11-C	-0.69-D	-1.10-D	-2.06-D	-2.90-E	-2.99-E	-3.24-E	-3.43-E
事件声	2.41-A	1.23-B	0.86-B	-0.23-C	-0.25-C	-0.31-C	-1.58-D	-1.64-D	-1.73-D	-1.73-D
信号声	3.33-A	1.36-B	0.47-C	-0.44-C	-0.45-C	-0.70-D	-1.17-D	-1.76-D	-1.81-E	-1.89-E
自然声	3.25-A	2.03-B	1.30-B	0.40-C	0.21-C	-0.31-C	-0.39-C	-0.95-D	-1.85-E	-2.30-E

根据表 15.31 可知：在近景景别，自然声经过 0.5s 和 0.7s 的混响处理后，清晰度的尺度值与无混响时的尺度值位于同一范畴内。背景声和事件声经过 0.7s 以内的混响处理后，信号声经过 0.5s 的混响处理后，清晰度虽然下降，但仍位于“较好”的范畴。当混响处理时间超过 1s 后，各声景要素清晰度的尺度值均位于“一般”及其之后的范畴。

表 15.31 近景的清晰度感知结果

混响时间 / 声景要素	0s	0.5s	0.7s	1s	1.5s	2.2s	3.3s	4.5s	5.2s	6s
背景声	2.77-A	1.50-B	0.54-B	0.43-C	0.01-C	-0.56-D	-2.97-D	-3.16-D	-3.36-E	-3.50-E
角色声	3.02-A	0.71-C	0.50-C	-0.03-C	-0.14-C	-0.94-D	-1.33-D	-2.09-D	-2.98-E	-3.28-E
事件声	3.16-A	1.02-B	0.95-B	0.57-C	0.17-C	-0.16-C	-1.64-D	-2.95-E	-3.22-E	-3.35-E
信号声	3.38-A	1.09-B	0.56-C	0.50-C	0.32-C	0.13-C	-0.94-D	-1.32-D	-1.60-D	-1.92-D
自然声	1.81-B	0.98-B	0.67-B	0.43-C	-0.16-C	-0.28-C	-0.69-D	-0.75-D	-1.09-D	-1.22-D

根据表 15.32 可知：在中景景别，随着混响时间变长，声景要素的清晰度也逐渐降低。事件声经过 1s 以内的混响处理后，自然声经过 1.5s 以内的混响处理后，角色声经过 0.5s 的混响处理后，信号声经过 0.7s 以内的混响处理后，清晰度虽然下降，但尺度值仍位于“较好”的范畴内。

表 15.32 中景的清晰度感知结果

混响时间 / 声景要素	0s	0.5s	0.7s	1s	1.5s	2.2s	3.3s	4.5s	5.2s	6s
背景声	0.75-B	0.33-C	0.11-C	0.09-C	-0.31-C	-0.93-D	-2.88-E	-3.03-E	-3.24-D	-3.39-D
角色声	2.36-A	1.83-B	0.92-C	-0.12-C	-0.37-C	-1.75-D	-2.13-D	-2.32-D	-3.25-E	-3.36-E
事件声	3.23-A	2.05-B	1.84-B	1.73-B	0.16-C	-0.18-C	-1.31-D	-1.46-C	-1.67-D	-2.96-E
信号声	3.24-A	1.95-B	1.88-B	0.45-C	0.04-C	-0.44-C	-1.00-C	-1.76-D	-1.97-D	-2.25-E
自然声	3.31-A	2.01-B	1.34-B	1.32-B	0.90-B	-0.41-C	-1.05-D	-1.25-D	-1.39-D	-1.65-D

根据表 15.33 可知：在全景景别，当混响处理时间超过 1s 后，各声景要素清晰度的尺度值均位于“一般”及其之后的范畴。背景声和事件声经过 0.7s 以内的混响处理后，清晰度的尺度值与无混响处理的尺度值落在同一范畴。信号声经过 1s 以内的混响处理后，角色声经过0.7s以内的混响处理后，清晰度虽然下降，但尺度值仍位于“较好”的范畴。

表 15.33　全景的清晰度感知结果

声景要素＼混响时间	0s	0.5s	0.7s	1s	1.5s	2.2s	3.3s	4.5s	5.2s	6s
背景声	1.24-B	0.79-B	0.68-B	0.34-C	0.30-C	-0.49-D	-0.59-D	-1.06-D	-1.53-D	-1.53-D
角色声	2.97-A	1.93-B	0.94-B	-0.03-C	-0.31-C	-1.14-D	-1.27-D	-2.96-D	-3.09-D	-3.15-E
事件声	1.81-B	1.43-B	1.04-B	0.26-C	0.26-C	0.19-C	-0.72-D	-0.86-D	-0.94-D	-1.33-D
信号声	3.15-A	1.96-B	1.81-B	0.92-B	0.08-C	-0.25-C	-1.03-D	-1.94-D	-2.21-D	-3.04-E
自然声	3.17-A	0.41-C	0.22-C	0.07-C	-0.12-C	-1.07-D	-1.01-D	-1.34-D	-2.13-D	-2.89-E

根据表 15.34 可知：在远景景别，背景声、角色声和信号声经过 0.5s 的混响处理后，事件声经过 0.7s 的混响处理后，清晰度虽然下降，但仍位于“较好”的范畴。自然声在经过 0.7s 以内的混响处理后，清晰度的尺度值与无混响处理时的尺度值位于同一范畴。

表 15.34　远景的清晰度感知结果

声景要素＼混响时间	0s	0.5s	0.7s	1s	1.5s	2.2s	3.3s	4.5s	5.2s	6s
背景声	2.92-A	1.36-B	0.07-C	-0.22-C	-1.11-D	-1.32-D	-2.09-D	-2.17-D	-2.41-D	-3.27-E
角色声	3.23-A	1.17-B	0.18-C	-0.27-C	-0.81-D	-1.16-D	-1.96-D	-2.94-E	-3.00-E	-3.15-E
事件声	2.88-A	1.59-B	1.59-B	0.11-C	-1.08-C	-1.02-C	-1.99-D	-2.26-D	-2.26-D	-3.18-E
信号声	3.20-A	1.12-B	0.40-C	0.22-C	0.14-C	-0.77-D	-1.00-D	-1.42-D	-1.73-D	-1.92-D
自然声	2.61-B	2.43-B	2.10-B	0.66-C	0.42-C	-0.11-C	-0.57-C	-0.81-C	-1.13-D	-1.68-D

15.4.4　渲染效果评估

为了验证以上方法和实验结果的有效性，从标注好的样本集中选取场景信息尽可能丰富的电影片段，根据标注的景别空间信息和声景要素信息，按照上述的声景重构渲染方法进行声景重构设计，制作出片花后通过主观听音实验对渲染效果进行评价。单声道电影的声景重构渲染方法总结如表 15.35～表 15.39 所示。

表 15.35　背景声的声景重构方法

景别	声能(dB)					均衡						混响时间(s)
						L/R			LS/RS			
	L	C	R	LS	RS	低频	中频	高频	低频	中频	高频	
特写	0	－12	0	－6	－6							
近景	0	－6	0	－18	－18							
中景	－6	0	－6	－12	－12							
全景	－18	－6	－18	0	0							
远景	－18	－12	－18	－6	－6		↓				↓	

表 15.36　事件声的声景重构方法

景别	声能(dB)					均衡						混响时间(s)
						L/R			LS/RS			
	L	C	R	LS	RS	低频	中频	高频	低频	中频	高频	
特写	0	−12	0	−6	−6	↓	↓				↓	
近景	−6	0	−6	−12	−12							
中景	0	−6	0	−12	−12							
全景	−12	−6	−12	0	0							
远景	−18	−12	−18	−6	−6		↓				↓	

表 15.37　自然声的声景重构方法

景别	声能(dB)					均衡						混响时间(s)
						L/R			LS/RS			
	L	C	R	LS	RS	低频	中频	高频	低频	中频	高频	
特写	0	−12	0	−6	−6		↓				↓	
近景	−6	0	−6	−18	−18	↓	↓		↓			0.5
中景	−18	0	−18	−12	−12		↓				↓	
全景	−6	−18	−6	−12	−12							
远景	−18	−6	−18	−12	−12		↓				↓	0.5

表 15.38　信号声的声景重构方法

景别	声能(dB)					均衡						混响时间(s)
						L/R			LS/RS			
	L	C	R	LS	RS	低频	中频	高频	低频	中频	高频	
特写	0	−12	0	−6	−6							
近景	0	−6	0	−12	−12							
中景	−6	0	−6	−18	−18							
全景	−18	−6	−18	−12	−12							
远景	−18	−12	−18	−6	−6							

表 15.39　角色声的声景重构方法

景别	声能(dB)					均衡						混响时间(s)
						L/R			LS/RS			
	L	C	R	LS	RS	低频	中频	高频	低频	中频	高频	
特写	0	−12	0	−6	−6							
近景	0	−6	0	−18	−18							
中景	−6	0	−6	−18	−18							
全景	−6	−18	−6	−12	−12		↓		↓		↓	
远景	−18	−12	−18	−6	−6	↓				↓		

实验素材是从标注的样本集中节选的《董存瑞》《吕梁英雄》《草原上的人们》《白毛女》4部电影的片段，实验素材的详细信息如表15.40所示，实验的评价指标及其解释如表15.41所示。

表15.40　渲染效果评价实验素材信息

片源名称	截取时间段	时长(s)	涉及的景别	涉及的声景要素类型
《董存瑞》	49:14～54:46	332	特写、近景、中景、全景	角色声、背景声、事件声
《吕梁英雄》	33:58～38:00	242	近景、中景、全景	角色声、背景声、自然声
《草原上的人们》	02:34～09:29	415	特写、全景、远景	角色声、自然声、背景声
《白毛女》	18:57～22:09	192	近景、中景、全景、远景	角色声、背景声

表15.41　评价指标及其解释

评价指标	指标解释
层次感	远景、全景、中景、近景、特写的感知是否层次自然、丰富而细腻，是否符合听觉的合理性
真实感	通过声音勾勒出的画面场景内容的准确程度，也就是重构声景与真实场景内容相符的感觉和程度
空间感	通过重构声景的“听觉环境”是否可以觉察其远近和空间大小变化
氛围感	感知到该场景中的声音所营造的气氛的强弱

实验是在家居环境下进行的，房间长6.2米，宽4.2米，高3.3米。实验装置为5声道平面环绕声系统，音箱与听音点距离2米，扬声器的高度与人耳齐平。实验开始前利用声级计校准各扬声器到听音点处的声压级为75dB。被试共有12名，年龄在19～25岁之间。

渲染效果的评价采用打分制，满分为100分，每20分为一个等级，分别对应“劣”“较差”“一般”“较好”“优”5个不同的等级，分数越高表示渲染效果越好。首先向被试介绍景别和声景要素的概念，并对评价指标做出相应的解释。实验前让被试先试听一个片段，待被试理解清楚评价指标后，方可展开正式实验。每进行两个片段的实验后休息5分钟，实验总共需要30分钟。将12名被试在4个评价指标上的听音结果取平均值，结果如图15.31所示。

由图15.31的实验结果可知：

四个片段的层次感较好，其中《董存瑞》片段的层次感位于“优”的范畴，《吕梁英雄》《草原上的人们》《白毛女》片段的层次感位于“较好”的范畴。《草原上的人们》片段的层次感平均值水平相对较低，该片段涉及的景别有特写、全景和远景，由于特写和全景两个景别的景深感知和场景体量感知差异较为明显，特写到全景的场景切换引起被试主观上感知到声音场景的空间范围变化幅度较大，被试感知该片段的层次变化不太自然。

四个片段的空间感指标平均值水平较高，其中《董存瑞》片段的空间感位于“优”的范畴，另外三个片段的空间感均位于“较好”的范畴，可见重构声景的景深远近感和空间大小变化效果较佳，被试均能感知到重构声景的听觉环境变化。

《吕梁英雄》片段的真实感位于“一般”的范畴，另外三个片段的真实感均位于“较好”的范畴，这可能与几个片段中角色声的比重存在关联性。《吕梁英雄》片段中角色声的比重较

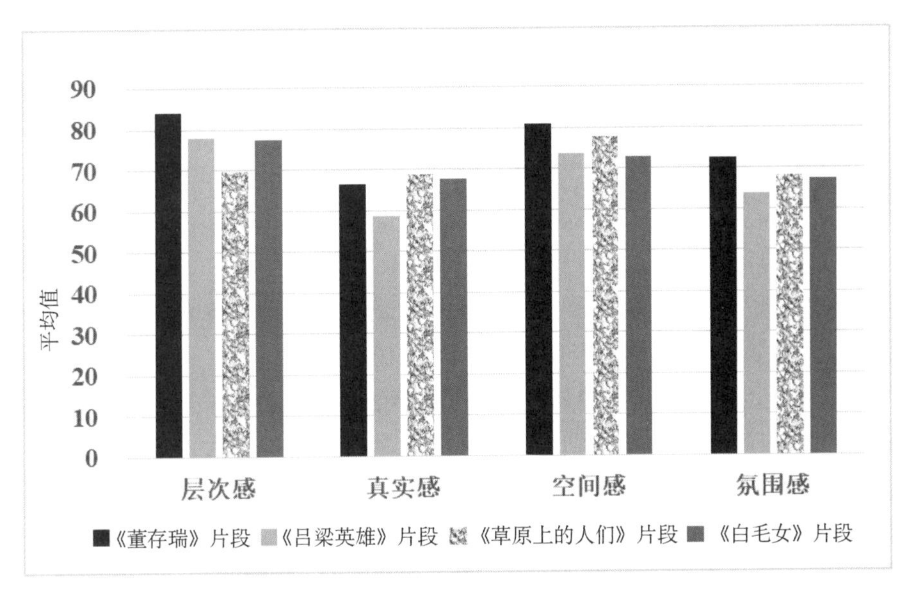

图 15.31　声景重构渲染效果评价实验结果

大，景别的变化导致角色声的塑造与真实场景有差异。另外三个片段中角色声的比重较小，真实感结果相对较好。

四个片段的氛围感均位于“较好”的范畴，可见声景重构渲染方法所营造的氛围感效果较佳。

参考文献

[1]王晓俊，黄飞龙.基于频谱分析的单声道音频信号分离技术——修复版《天书奇谭》音乐与对白分离、声音创作历程[J].电声技术，2020，44(5)：58-64.

[2]谢菠荪，管善群.空间声的研究与应用——历史、发展与现状[J].应用声学，2012，31(1)：18-27.

[3]谢菠荪，管善群.多通路环绕声的发展与心理声学原理——为祝贺《电声技术》创办 200 期而作[J].电声技术，2002(2)：11-18.

[4]谢菠荪.头相关传输函数与虚拟听觉重放[J].中国科学(G 辑：物理学力学天文学)，2009，39(9)：1268-1285.

[5]Uimonen H. Pure Geographer：observations on J.G.Granö and soundscape studies[J]. Soundscape：The Journal of Acoustic Ecology，2008，8 (1)：14-16.

[6]Schafer R M. The Tuning of the world [M]. Printed as our sonic environment and the soundscape. New York：Knopt，1994.

[7]ANDRINGA T，LANSER J. How pleasant sounds promote and annoying sounds impede health：a cognitive approach[J]. Int J Environ Res Public Health，2013，10(4)：1439-1461.

[8]孟子厚，安翔，丁雪.声景生态的史料方法与北京的声音[M].北京：中国传媒大学出版社，

2011:9-18.
[9]张圆.城市公共开放空间声景的恢复性效应研究[D].哈尔滨:哈尔滨工业大学,2016:43-45.
[10]薛艺兵.流动的声音景观——音乐地理学方法新探[J].中央音乐学院学报,2008(1):83-88.
[11]TRUAX B. Soundscape composition as global music: electroacoustic music as soundscape[J]. Organised sound, 2008, 13(2):103-109.
[12]刘丽霞, 周忠新. 从声音景观到心灵景观——评贝克特的广播剧《凡跌倒的》和《余烬》[J]. 燕山大学学报(哲学社会科学版), 2011, 12(1):27-30.
[13]王季卿.开展声的生态学和声景研究[J].应用声学,1999(2):10.
[14]李国棋.声景研究和声景设计[D].北京:清华大学,2004:49-50.
[15]秦佑国.声景学的范畴[J].建筑学报,2005(1):45-46.
[16]康健,杨威.城市公共开放空间中的声景[J].世界建筑,2002(6):76-79.
[17]吴颖娇,张邦俊.环境声学的新领域——声景观研究[J].科技通报,2004,20(6):565-568.
[18]李竹颖,林琳.声景研究进展与展望[J].四川建筑,2017,37(5):42-44.
[19]宋剑玮,马蕙,冯寅.声景观综述[J]. 噪声与振动控制, 2012, 32(5):16-20.
[20]袁晓梅,吴硕贤.中国古典园林的声景观营造[J].建筑学报,2007(2):70-72.
[21]刘滨谊,陈丹.论声景类型及其规划设计手法[J].风景园林,2009(1):96-99.
[22]韩杰,庄曜.电子音乐语境中的声音景观思想研究[J].黄钟(中国·武汉音乐学院学报),2014(1):52-57,97.
[23]芦影.城市音景,以听感心——作为声音研究分支的城市声态考察[J].艺术设计研究,2012(2):82-86.
[24]葛坚,赵秀敏,石坚韧.城市景观中的声景观解析与设计[J].浙江大学学报(工学版),2004,38(8):61-66.
[25]希翁.声音[M].北京:北京大学出版社,2013:27-28.
[26]吕萧.电影声景:流动的城市文化——以新世纪上海电影为中心[D].上海:华东师范大学,2015:39-50.
[27]李丹枫,李迅,岳景萱.声景理论与电影声音创作:对话李丹枫[J].当代电影,2020(2):42-50.
[28]张莹.创造虚拟现实电影的声音景观[J].当代电影,2018(12):95-99.
[29]潘溯源.虚拟现实艺术作品中的声景设计浅析[J].科技风,2015(3):251,258.
[30]朱熠.当代城市电影声音景观的书写探讨[J].未来传播,2019,26(4):101-107.
[31]JOB R F S, HATFIELD J, CARTER N L, et al. Reaction to noise: the roles of soundscape, enviroscape and psychscape[C]. INTER-NOISE and NOISE-CON Congress and Conference Proceedings. 1999.
[32]ZHANG M, KANG J. Towards the evaluation, description, and creation of soundscapes in urban open spaces[J]. Environment and Planning B: Planning and Design, 2007,34(1):68-86.

[33]DE COENSEL B, BOTTELDOOREN D. The quiet rural soundscape and how to characterize it[J]. Acta Acustica united with Acustica, 2005, 92:887-897.

[34]MEDVEDEV O, SHEPHERD D, HAUTUS M J. The restorative potential of soundscapes: a physiological investigation[J]. Applied Acoustics, 2015:20-26.

[35]BRUCE N S, DAVIES W J, ADAMS M D. Development of a soundscape simulator tool[C]//Proceedings of the 38th International Congress and Exposition on Noise Control Engineering (InterNoise) 2009. Ottawa, Canada,2009.

[36]FAN J, THOROGOOD M, PASQUIER P. Automatic soundscape affect recognition using a dimensional approach[J]. Journal of the audio engineering society, 2016, 64(9):646-653.

[37]AXELSSON S, NILSSON M E, BERGLUND B. A principal components model of soundscape perception[J]. The journal of the acoustical society of America, 2010, 128(5):2836-2846.

[38]吴锐.论影院3D环绕声技术的发展[D].南京:南京艺术学院,2014:16-32.

[39]谢兴甫.一种单路输入双路输出的仿真立体声系统[J].华南工学院学报,1964(2):62-73.

[40]冯浩. 试论节目声音格式兼容与变换策略[D].南京:南京艺术学院,2019:17-19.

[41]张建荣.一种基于哈斯效应的立体声混音技法探析[J].电声技术,2015,39 (1):80-82,90.

[42] International Telecommunication Union. Multi-channel stereophonic sound system with and without accompanying picture: ITU-R BS 775-1[S]. Geneva, Switzerland, 1994:257-266.

[43]谢菠荪.环绕声的设计思路与音质评价问题[J].电声技术,1999(8):12-15.

[44]KLIPSCH P W. Stereophonic sound with two tracks, three channels by means of a phantom circuit(2PH3)[J].Audio.Eng.Soc,1958,16(4):118-123.

[45]徐勇,谢菠荪.多通路环绕声系统最佳兼容重发的研究[J].电声技术,1997(11):11-15.

[46]蔡阳生,谢菠荪,饶丹.双通路立体声的三扬声器虚拟重发的实验研究[J].电声技术,2005(4):37-41.

[47]包振锴.立体声上变换5.1环绕声的原理[J].电声技术,2015,39(3):64-68.

[48]AVENDANO C, JOT J M. A frequency-domain approach to multichannel upmix[J]. Journal of the audio engineering society, 2004, 52(7):740-749.

[49]DAVIS M F, FELLERS M C . Virtual surround presentation of Dolby AC-3 and Pro Logic signals[J].Audio. Eng. Soc., 1997, 45(11): 1010.

[50]KAWANO S, TAIRA M, et al. Development of the virtual sound algorithm[J]. IEEE Transactions on Consumer Electronics, 1998, 44(3):1590-1596.

[51]谢菠荪,师勇,谢志文,等.5.1通路环绕声的虚拟重放系统[J].声学学报,2005,30(3):235-241.

[52]詹新,刘媛媛.21声道数字多维度环绕立体声之和谐制作——2010年上海世博会中国馆主题影片《和谐中国》的声音创作[J].音响技术,2010(5):6-10.

[53]卢敬仁.影院多维度环绕声技术的中国之路——“中国多维声 13.1”评析[D].南京:南京艺术学院,2016:12-18.

[54]牛欢,孟子厚.平面环绕声的多声道扩展与效果分析[J].中国传媒大学学报(自然科学版),2018,25(2):53-57.

[55]HAMASAKI K, KOMIYAMA S, HIYAMA K, et al. 5.1 and 22.2 multichannel sound productions using an integrated surround sound panning system [J]. NAB BEC Proceedings, 2005, 382-387.

[56]牛欢.全景声重放中的虚拟声像生成技术的感知机理研究[D].北京:中国传媒大学,2019:1-7.

[57]宋硕.影院声音 3D 硝烟四起[J].现代电影技术,2012(2):43-48.

[58]庄元,范晓玮.完美的 3D 空间声音体验——访 SWD-IOSONO 声音实验室[J].音响技术,2013(4):4-7.

[59]李悦.论声音创作在电影视听中的听觉表达[J].艺术评鉴,2019(11):164-166.

[60]许波勇.景别在影视制作处理中的应用探析[J].办公自动化,2018,23(12):59-60,13.

[61]Tomlinson Holman.电影电视声音[M].北京:人民邮电出版社, 2015:165-180.

[62]霍尔曼. 电影电视声音:录音技术与艺术创作[M].姚国强,王旭锋,李理,译.北京:华夏出版社, 2004:215-226.

[63]希翁.视听:幻觉的构建[M].黄英侠,译.北京:北京联合出版公司,2014:58-63.

[64]International Organization for Standardization. Acoustics- soundscape - part 1: definition and conceptual framework:ISO 12913-1:2014(E)[S]. Switzerland, 2014.

[65]ALMO F. Soundscape ecology: principles, patterns, methods and applications [M]. Berlin: Springer,2014:7-11.

[66]POTARD G, SPILLE J. Study of sound source shape and wideness in virtual and real auditory displays[M]. Seoul:Yonsei University Press, 2003.

[67]KENDALL G S. The decorrelation of audio signals and its impact on spatial imagery [J].Computer music journal,1995,19(4):71-87.

[68]石蓓.环绕声重放听觉空间印象的研究[D].广州:华南理工大学,2009:84-96.

[69]ROTHENBERG M. Waves increases plug-ins' volume[J]. Macweek, 1996.

[70]RIFE D D, VANDERKOOY J. Transfer function measurements with maximum-length sequence[J].Audio Eng.Soc.,1989,37(6):419-444.

[71]NING X, SCHROEDER M R. Reciprocal maximum-length sequence pairs for acoustical dual source measurements [J].Acoustic.Soc.Am.,2003,113(5):2754-2761.

[72]XIE B S, SHI B, XIANG N.Audio signal decorrelation based on reciprocal-maximal length sequence filters and its applications to spatial sound[C]//Audio Engineering Society Conventioin,2012.

[73]数字立体声电影院的技术标准:GY/T183-2002[S].2002.

[74]孟子厚.音质主观评价的实验心理学方法[M].北京:国防工业出版社,2008.

[75]演出用专业音响设备音质评价方法:WH/T 82-2019[S].2019.

[76]武松.SPSS 实战与统计思维[M].北京:清华大学出版社,2019:119-181.
[77]王晓晰.在电影后期制作中营造声音空间感的若干思考[J].科技传播,2016,8(7):23-25.
[78]陈功.电影声音“空间感”的设计规律与方法[J].电影艺术,2016(1):129-133.
[79]姜燕.影视声音艺术与制作[M].北京:中国传媒大学出版社,2008:155-164.
[80]郑春雨.关于电影中的声音(下)[J].电影艺术,1990(5):117-132.